सब्जी अनुसंधान एवं उत्पादन प्रौद्योगिकी

भाग–2

सब्जी अनुसंधान एवं उत्पादन प्रौद्योगिकी

भाग–2

डी. आर. भारद्वाज
सब्जी फसल सुधार विभाग
भारतीय सब्जी अनुसंधान संस्थान, वाराणसी (उ0प्र0)

SSPH

SATISH SERIAL PUBLISHING HOUSE
403, Express Tower, Commercial Complex, Azadpur, Delhi-110033 (India)
Phone : 011-27672852, Fax : 91-11-27672046
E-mail : info@satishserial.com, hkjain1975@yahoo.com
Website : www.satishserial.com

Published by :

SATISH SERIAL PUBLISHING HOUSE

403, Express Tower, Commercial Complex, Azadpur, Delhi-110033 (INDIA)
Phone : 011-27672852 Fax : 91-11-27672046
E-mail : info@satishserial.com, hkjain1975@yahoo.com

ISBN 978-93-81226-68-1

Typing at : Nandlal, Abaleshpur, Varanasi (U.P.)
Typeset at: Harminder Kharb *for* Laxmi Art Creation # 9971212252
Printed at: Salasar Imaging Systems, Delhi-110035

प्रस्तावना

मानव पोषण की दृष्टि से सम्पूर्ण वनस्पति जगत से चुनकर उपभोग की जाने वाली अनकों सब्जी फसलें महत्वपूर्ण हैं चाहे वे पत्तीदार हों, जड. कन्द हों, तना हों, फलियाँ हों या कलियाँ हों। सब्जियों से प्रचुर मात्रा में ऊर्जा, विभिन्न प्रकार के विटामिन्स (ए0, सी0 फोलिक अम्ल, राइबोफ्लेविन) प्रोटीन तथा खनिज पदार्थों जैसे आयरन मैग्नीशियम, पोटैशियम एंव कैल्सियम प्राप्त होती है। वर्तमान समय में खान–पान के स्तर में व्यापक परिवर्तन आया है और विश्व का प्रत्येक व्यक्ति अपने स्वास्थ्य को कम मूल्य अदा कर अच्छा बनाये रखना चाहता है। भाग दौड़ एंव तनावपूर्ण जीवन शैली में लोगों में अनेक प्रकार के मानसिक एवं शारीरिक विकार (सिर दर्द, रतौंधी, स्क्ताल्पता, अस्थिरोग, कैंन्सर आदि) उत्पन्न हो रहे हैं। बच्चों एवं महिलाओं में स्वास्थ्य सम्बन्धी समस्यायें सबसे ज्यादा हैं। अतः आवश्यकता है कि सभी लोगों को सस्ते आहार एवं उच्च पोषकीय गुणों से भरपूर सब्जियाँ प्रचुर मात्रा में उपलब्ध हों। पत्तीदार सब्जियों में विद्यमान कैल्सियम अस्थियों एवं दाँत को स्वस्थ्य रखती हैं और यह तत्व रक्त के थक्का बनने, हृदय के धड़कन तन्त्रिका संप्रेषण के साथ इन्सूलिन के स्राव से भी सम्वन्धित हैं। इसी प्रकार सब्जियों से प्राप्त खाद्य रेशा आँत से स्रवित इन्जाइम्स के प्रति निष्क्रिय होने के कारण पाचन न होने से यह पेट को साफ रखने में मदद करता है, जल को संचित करता है एवं आयनों के विनिमय एवं अणुओं के संयोजन में सहायक होता है। सब्जियाँ विभिन्न प्रकार के एण्टीआक्सीडेन्ट्स से परिपूर्ण होती हैं जो शरीर में बनने वाले स्टेरायड को कम करती हैं और सफाई का काम करती हैं।

सब्जियाँ आर्थिक स्थिति को सुधारने तथा विदेशी मुद्रा अर्जित करने में भी सहायक हैं। सब्जियाँ कम समय में तैयार होने तथा तुरन्त उपभोग में आने के कारण उत्पादकों को हमेशा नकदी मिलती रहती है। इसके अलावा अन्य

फसलों की तुलना में सब्जियाँ 5–10 गुणा ज्यादा उत्पादकता रखती है। भारत वर्ष से उत्पादित सब्जियों की विदेशों में माँग बढ़ी है। सन् 2008–2009 में मात्र भारत वर्ष 680.2 करोण रूपये का सब्जियों का निर्यात करता था और आज सन् 2010–2011 में यह बढ़कर 1221.0 करोण रूपये की हो गयी, जो स्पष्ट करता है कि हमारे देश में सब्जी फसलों का केवल उत्पादन ही नही उत्पादकता में भी वृद्धि हुई हैं। सब्जियों के व्यापक पोषण, औषधीय महत्व एवं निर्यात को ध्यान में रखकर प्रस्तुत पुस्तक "सब्जी अनुसंधान एवं उत्पादन प्रौद्योगिकी" लिखी गयी है। पुस्तक के प्रथम अध्याय में भारतवर्ष में सब्जी उत्पादन व निर्यात का परिदृश्य विश्व के मुकाबले भारत की स्थिति, नवीनतम अनुसंधान की प्राथमिकतायें एवं उपलब्धियों पर प्रकाश डाला गया हैं। अगले अध्यायों में अनेकों कुल की सब्जियों के उद्भव एवं वितरण, वानस्पतिक विवरण जननद्रव्य एवं जंगली प्रभेदों का विवरण, उन्नतिशील प्रजातियों / किस्मों वैज्ञानिक उत्पादन तकनीकें, फसल संरक्षण आदि का विस्तृत उल्लेख किया गया है। इसके अलावा जलीय सब्जियाँ, वृक्षीय सब्जियाँ, निर्यात योग्य सब्जियाँ, अल्प प्रचलित बहुपयोगी सब्जियों का भी विवरण दिया गया है। यह सूचनायें काफी व्यावहारिक तथा वैज्ञानिक आधार पर संकल्पित हैं। इस पुस्तक में तकनीकी प्रबन्धन, मशीनीकरण, समन्वित रोग एवं कीट प्रबन्धन, पादप वृद्धि नियामकों आदि के प्रयोग की अनुशंसा की गयी है।

डी. आर. भारद्वाज
वाराणसी

स्वीकृति

इस पुस्तक की विषय–वस्तु तैयार करने के लिये विभिन्न पुस्तकों, शोध पत्रों व पत्रिकाओं, तकनीकी, आँकड़ों का प्रत्यक्ष एवं परोक्ष रूप से सहयोग लिया गया है। लेखक इन सभी महत्वपूर्ण प्रकाशनों के लेखकों के प्रति आभार व्यक्त करना अपना पुनीत कर्तव्य समझता है। मैं अपने गुरूजनों तथा भारतीय सब्जी अनुसंधान संस्थान के निदेशक डा. पी. एस. नायक, वैज्ञानिकों एवं तकनीकी अधिकारियों के प्रति आभारी हूँ जिन्होंने मेरा उत्साहवर्धन किया तथा पुस्तक रचना में अमूल्य एवं उपयोगी सुझाव दिये।

अन्त में मैं श्री हेमन्त कुमार जैन, सतीश सीरियल पब्लिशिंग हाऊस, नई दिल्ली के प्रति आभार व्यक्त करता हूँ जिन्होंने इस पुस्तक को प्रकाशित करने के लिये अपनी सहज स्वीकृति प्रदान की तथा विषय वस्तु की पाण्डुलिपि को इस पुस्तक के रूप में लाने का कार्य किया।

डी. आर. भारद्वाज

वाराणसी

विषय सूची

अध्याय 9

पत्ती वाली सब्जियाँ

Leafy Vegetables

सब्जी जगत में पत्तीदार सब्जियाँ जैसे पालक, चौलाई, पत्ता गोभी, ललिमानी, मेथी, कलमी साग, धनिया इत्यादि का महत्वपूर्ण स्थान है। इन्हें मुख्य खेत एवं गृहवाटिका में आसानी से उगाया जाता है। हमारे स्वास्थ्य के लिए पत्तीदार सब्जियाँ बहुत महत्वपूर्ण हैं और अच्छे स्वास्थ्य के लिए प्रतिदिन 115 ग्राम पत्ती वाली सब्जी का अवश्य उपभोग करना चाहिए। ये भोजन को स्वादिष्ट एवं सुपाच्य बनाती हैं। इसमें विटामिन ''ए'', ''बी'', ''सी'', कैल्सियम, लौह तत्व, फास्फोरस व रेशा प्रचुर मात्रा में पायी जाती है, जो छोटे बच्चों के शारीरिक विकास एवं गर्भवती महिलाओं के लिए विशेष उपयोगी है। पत्तेदार सब्जियों का प्रयोग बवासीर व आँत के कैंसर को रोकने में सहायक है। साथ ही ये भोजन को रुचिकर, स्वादिष्ट, संतुलित व पौष्टिक बनाने में सहायक होती है। ये सब्जियाँ कब्ज तथा पाचन सम्बन्धी कई रोगों में बहुत लाभदायक है। पीटर एवं देवदास (1989) के अनुसार हमारे देश में 700 वानस्पतिक प्रजातियाँ हैं, जो 125 कुल के अंतर्गत हैं, उनकी पत्तियों को लोग खाने में उपयोग करते हैं। एक वर्षीय शाकीय पौधों के अलावा कुछ बहुवर्षीय पौधों जैसे सहजन, अगाथी आदि की मुलायम पत्तियों को साग के रूप में प्रयोग किया जाता है (पाण्डेय, 1998)। लद्खदा के ऊँचाई वाले क्षेत्रों में लेपिडियम प्रजातियों (*Lepidium* species), आक्जीरिया डाइजिना (*Oxyria digyna*) एवं आर्टिका हाइपरबोरिया (*Urtica hyperborea*) की मुलायम पत्तियों को सब्जी के रूप में प्रयोग करते हैं (चौरसिया एवं सहयोगी, 2000)।

उपयोग के अनुसार इन्हें दो भागों में बाँटा जा सकता है–

(क) हरे साग

इनकी पत्तियाँ या डंठल को साग के रुप में प्रयोग किया जाता है। इनको भी हम मौसम के अनुसार दो भागों में बाँट सकते हैं–

(1) जाड़ों में पैदा होने वाली पत्तीदार सब्जियाँ

जिन पत्तीदार सब्जियों की फसल जाड़े के मौसम में ली जाती हैं उन्हें शीत कालीन पत्तीदार सब्जियाँ कहते हैं। इसमें प्रमुख सब्जियाँ देशी व विलायती पालक, मेथी, सरसों का साग, चने का साग, पत्ता गोभी, बथुआ तथा कुसुम का साग हैं।

(2) गर्मी के मौसम में उगाई जाने वाली पत्तीदार सब्जियाँ

जिन पत्तीदार सब्जियों की खेती गर्मी में की जाती हैं उन्हे ग्रीष्म कालीन पत्तीदार सब्जियाँ कहते हैं। प्रमुख सब्जियाँ चौलाई या मरसा, पोय, कुल्फा तथा अरवी हैं।

(ख) सलाद और मसाले वाली पत्तीदार सब्जियाँ

मुख्यतया ये सब्जियाँ जाड़े में उगाई जाती हैं। प्रमुख सब्जियाँ धनिया, सलाद, पुदीना, हरी प्याज, हरा लहसुन आदि हैं।

पत्ती वाली प्रमुख सब्जियाँ जिनसे साग बनती है, निम्न हैं–

सारिणी (9.1) पत्ती वाली प्रमुख सब्जियाँ, वानस्पतिक नाम, कुल एवं गुणसूत्र

पत्ती वाली सब्जी	वानस्पतिक नाम	कुल	गुणसूत्र संख्या (2एन=)
पालक (Spinach beet)	बीटा वल्गेरिस वार0 बेन्गालेंसिस (*Beta vulgaris var. bengalensis* Roxb.)	चिनोपीडिएसी (Chenopodiaceae)	18
विलायती पालक (Spinach)	स्पाइनेसिया ओलेरेसिया (*Spinacia oleracea* L.)	चिनोपीडिएसी (Chenopodiaceae)	12
चौलाई (Amaranth)	एमरेंथस किस्म (*Amaranthus* spp.)	एमरेंथेसी (Amaranthaceae)	22,34,64
मेथी (Fenugreek)	ट्राइगोनेल्ला फोइनमग्रीकम (*Trigonella foenumgraecum* L.)	लेग्यूमिनोसी (Leguminosae)	16
स्विस चार्ड (Swiss chard)	बीटा वल्गेरिस वार0 सिस्ला (*Beta vulgaris var. cicla* Roxb.)	चिनोपीडिएसी (Chenopodiaceae)	18
कुल्फा (Purslane)	पारचुलाका ओलेरेसिया (*Portulaca oleracea*)	पारचुलेकेसी (Portulacaceae)	18,36,45,54

नींव जीलैण्ड पालक (New Zealand spinach)	ट्रेटागोनिया ट्रेटागोनियाड्स (*Tetragonia tetragonioides*)	एजोऐसी (Aizoaceae)	32
पोई (Indian spinach)	बसेला किस्म (*Basella* spp.)	बसेलेसी (Basellzceae)	44,48,60
अगाथी (Agathi)	सेसबैनिया ग्रेंडीफ्लोरा (*Sesbania grandiflora* (L.) Poir.)	पैपिलिओनेसी (Papilionaceae)	
वाटर क्रेस (Water cress)	नैसर्टियम आफिसिनेल (*Nasturtium officinale*)	ब्रैसिकेसी (Brassicaceae)	64
सिलेरी (Celery)	एपियम ग्रेविओलेन्स (*Apium graveolens* L.)	एपिएसी (Apiaceae)	22
धनिया (Coriander)	कोरिएन्ड्रम सटाइवम (*Coriandrum sativum*)	एपिएसी (Apiaceae)	
सलाद पत्ती (Lettuce)	लैक्टुका सटाइबा (*Lactuca sativa* L.)	कम्पोजिटी (Compositae)	16,18
पार्सले (Parsley)	पेट्रोसेलिनम हार्टेन्स (*Petroselinum hortense* Hoffm.)	एपिएसी (Apiaceae)	22
क्रेस (Cress)	लेपिडियम सटाइवम (*Lepidium sativum* L.)	ब्रैसिकेसी (Brassicaceae)	
केल साग (Kale)	ब्रेसिका ओलेरेसिया एल वार० एसीफेला (*Brassica oleracea* var . *acephala* DC.)	ब्रैसिकेसी (Brassicaceae)	18
कोलार्डस (Collards)	ब्रेसिका ओलेरेसिया एल वार० एसीफेला (*Brassica oleracea* var. *acephala* DC.)	ब्रैसिकेसी (Brassicaceae)	18
कलमी साग (Water spinach)	आईपोमिया एक्वाटिका (*Ipomoea aquatic* Forsk.)	कानवालवुलेसी (Convovulaceae)	30
असमिया पलंग (Ceylon spinach)	टैलिनम ट्राइएन्गुलेरिफा (*Talinum triangulare* Willd.)	पारचुलेकेसी (Portulacaceae)	48
गोगू (Jamaican sorrel)	हिबिस्कस सैब्डरिफा (*Hibiscus sabdariffa* L.)	मालवेसी (Malvaceae)	72
बथुआ (Chenopod)	चीनोपोडियम एलबम (*Chenopodium album*)	चीनोपोडिएसी (Chenopodiaceae)	
चेकुरमानस (Star gooseberry)	सारोपस एन्ड्रोगाइनस (*Sauropus androgynus* (L.) Merill.)	यूफारबिएसी (Euphorbiaceae)	
सहिजन (Drumstick)	मोरिंगा ओलइफेरा (*Moringa oleifera* Lam.)	मोरिंगेसी (Moringaaceae)	88
सब्जी जूट (Vegetable jute)	कारचरस किस्म (*Corchprus* spp.)	टिलिएसी (Tiliaceae)	14,28
लाही पत्ता (Mustard leaf)	बैसिका किस्म (*Brassica juncea*)	ब्रैसिकेसी (Brassicaceae)	

पालक (Spinach beet or Beet Leaf)

वानस्पतिक नाम : बीटा वल्गोरिस वार0 बेन्गालेंसिस (*Beta vulgaris* L. var. *bengalensis* Roxb.)

कुल : चिनोपीडिएसी (Chenopodiaceae)

गुणसूत्र संख्या : 2एन=18

देशी पालक को लीफ बीट (leaf beet), बीट पालक (beet palak), बीट पलंग (बंगला), देशी पालक, पालक, पलंगसाग (हिन्दी) तथा पलंकी (संस्कृत) के नाम से भी जाना जाता है। पत्ती वाली सब्जियों में इसका महत्वपूर्ण स्थान है। इसकी सब्जी अकेले या आलू, बैंगन या अन्य सब्जियों के साथ मिश्रित करके बनाई जाती है। कुछ स्थानों पर इसे दाल में उबाल कर खया जाता है, जो बहुत ही स्वादिष्ट व स्वास्थ्य वर्धक होता है। पालक पनीर और पालक पकौड़े आदि इसके लोकप्रिय व्यंजन है।

उद्‌भव एवं वितरण

देशी पालक की उत्पत्ति स्थल भारत–चीन (Indo-Chinese region especially Bengal region) के लगे भाग में माना जाता है (नाथ, 1976), विशेषतः भारत का बंगाल क्षेत्र (especially Bengal region)। चीन में इसे 647 ई0 पूर्व से जानते थे। ऐतिहासिक दृष्टिकोण से पता चला है कि बहुत समय पहले अरस्तु एवं थियोफ्रास्ट्स ने रंगीन वर्णक प्राप्त करने के लिए पालक की चार्ड किस्म का उपयोग किया था। इसकी पत्तियों का मानव आहार एवं पशुओं के चारे के रुप में प्रयोग की व्याख्या रोमन इतिहासकारों ने की थी। खेती स्वरूप सर्वप्रथम पालक उगाने का कार्य जर्मनी के नागरिकों द्वारा सन् 1557 में प्रारम्भ किया गया। उस समय इसे रोमन बीट के नाम से जाना जाता था। सन् 1647 में इसकी जानकारी चीनवासियों को हुई। कैम्पबेल के अनुसार पालक को वर्ष 1800 में अमेरिका से लाकर गार्डेन में उगाया गया। अतः इसे गार्डेन बीट के नाम से भी जाना जाता है। ऐसा लगाता है कि सबसे पहले पत्तियों का प्रयोग खाने के लिए बंगाल में किया गया, अतः इसका नामकरण बीटा बल्गोरिस वार, बेन्गालेंसिस (*Beta vulgaris* var. *bengalensis*) पड़ गया। पालक की खेती बड़े पैमाने पर उत्तर प्रदेश, पंजाब, हरियाणा, पश्चिम बंगाल, दिल्ली, मध्य प्रदेश, महाराष्ट्र, गुजरात व बिहार में प्रमुखता से की जाती है।

वानस्पतिक विवरण

पालक का वंश बीटा (*Beta*) है जो पुरानी दुनियाँ और मुख्य रुप से युरोप का देशज है। वानस्पतिक वर्गीकरण के आधार पर इसे 3 उपवंशों में बाँटा गया है–

(1) बीटा (*Beta*)

(2) पैटीलेरिस (*Patellaris*)

(3) कोरैलिनी (*Corallinae*)

पालक, बीट रुट (*Beta vulgaris*) एवं स्विस चार्ड (*Beta vulgaris* var. *cicla*) का बहुत नजदीकी प्रभेद है। स्विच चार्ड (*Beta vulgaris* var. *cicla*) से पालक की उत्पत्ति सम्भवतः कृत्रिम रुप में चयन प्रक्रिया द्वारा हुई है (कैम्पबेल, 1976)। बीटा वल्गेरिस (*Beta vulgaris*) किस्म के अन्तर्गत अनेकों महत्वपूर्ण किस्में–जैसे– सुगरबीट, बीट रुट, मैनगोल्डस और चारे वाली बीटा उपकिस्म 'सिक्ला' (*cicla*) है जबकि फेडरोव (1974) ने स्पष्ट किया कि बीटा वल्गेरिस के अन्तर्गत कुल 10 किस्मयाँ आती है जो स्वभाव से द्विगुणित हैं और उनकी गुणसूत्र संख्या 2एन=18 है। बाद में अनुसंधान से पता चला कि वंश बीटा के अन्तर्गत चतुर्गुणित (tetraploid) किस्मयाँ भी उपलब्ध है।

सारिणी (9.2) वंश 'बीटा' (*Beta*) के अन्तर्गत आने वाली प्रमुख किस्मयाँ

किस्मयाँ	वानस्पतिक नाम	गुणसूत्र संख्या 2एन=
बीटा वल्गेरिस उप किस्म बेन्गालेंसिस	*Beta vulgaris* spp. *bengalensis*	18
बीटा वल्गेरिस उपकिस्म लैमेटोगोना	*Beta vulgaris* spp. *lamatogona*	18
बीटा मैक्रोकार्पा	*Beta macrocarpa*	18
बीटा मैक्रोरिजा	*Beta macrorhiza*	18
बीटा मैरिटिमा एल0 बीटेनाना	*Beta maritima L. betanana*	18
बीटा पैटेलिएरिस	*Beta pateliaris*	18
बीटा पैटुला	*Beta patula*	18
बीटा पेरिनिस	*Beta perrennis*	18
बीटा प्रोकम्बेन्स	*Beta procumbers*	18
बीटा वेबियाना	*Beta webbana*	18
बीटा कोरोलिफ्लोरा	*Beta corlliflora*	36
बीटा ट्राइजिना	*Beta trigyna*	36

सामान्यतया पालक को एक वर्षीय (annual) शाकीय पौधा मानते हैं लेकिन जब इसे बीज उत्पादन की दृष्टि से आँकलन करते हैं तो द्विवर्षीय (biennial) कहते हैं। पहले पौधे हरे, मुलायम, मोटे तने तथा गुच्छे वाले होते हैं तथा बाद में तना काफी बड़ा हो जाता है। स्वभाव से जड़ें मूसला (tap root) होती हैं। पत्तियाँ बड़ी तथा तने के चारों तरफ लगी होती हैं। पालक में पुष्पक्रम (racemose with bracts of cymose type) पत्तियों के कक्ष या पौधे के शीर्ष या अन्य द्वितीयक शाखाओं पर विकसित होते हैं। पुष्प आकार में छोटे, वृन्तरहित सम्पूर्ण उभयलिंगी तथा 5 पुंकेसर वाले होते हैं। पुष्प में परागकण प्रचुर मात्रा में बनते हैं। पुष्पों के खिलने का समय सुबह 7:0 बजे से सायंकाल 5.0 बजे तक होता है। परागण हवा के द्वारा (anemophilous) होता है। परागकोष से परागकण सुबह 8.30 बजे से सायंकाल 6.30 बजे तक प्रवाहित होते रहते हैं, लेकिन इसकी अत्यधिक गहनता 12.30 बजे दोपहर से 2.30 बजे तक होता है। वर्तिकाग्र की ग्राह्यता परागोदवन (anthesis) के 8 घण्टे पूर्व से ही आरम्भ हो जाती है और 10 घण्टे बाद तक बनी रहती है (पुरोहित एवं नाथ, 1969)। बीज को सीड बाल (seed ball) कहते हैं।

पोषकीय महत्व

पालक की पत्तियों में प्रचुर मात्रा में कैरोटीन, आयरन, कैल्सियम तथा अन्य खनिज लवण पाये जाते हैं। इसके अलावा इसकी पत्तियों में बहुत अधिक मात्रा में एस्कार्बिक अम्ल या बिटामिन सी (40.9 मिली ग्राम / 100 ग्राम) तथा अनेकों प्रकार के एमीनो अम्ल पाये जाते हैं।

सारिणी (9.3) पालक की पत्तियों का पोषक मूल्य (प्रति 100 ग्राम खाने योग्य भाग में)

पोषक तत्व	मात्रा
नमी	92.1 ग्राम
प्रोटीन	2.0 ग्राम
वसा	0.7 ग्राम
खनिज	1.7 ग्राम
रेशा	0.6 ग्राम
कार्बोहाइड्रेट्स	2.9 ग्राम
ऊर्जा	26 किलो कैलोरी
कैल्सियम	73.0 मिली ग्राम
फास्फोरस	21.0 मिली ग्राम
आयरन	1.14 मिली ग्राम
कैरोटीन	5580 माइक्रोग्राम
थायमिन	0.03 मिली ग्राम
राइबोफ्लेविन	0.26 मिली ग्राम
नियासिन	0.5 मिली ग्राम
विटामिन 'सी'	28.0 मिली ग्राम

स्रोत: गोपालन एवं सहयोगी, 1999

पालक में गुणवत्तायुक्त एमीनो अम्ल प्रचुर मात्रा में विद्यमान होता है, अतः प्रोटीन की अच्छी स्रोत मानी जाती हैं।

सारिणी (9.4) पालक की पत्तियों में पाये जाने वाले एमीनो अम्ल (प्रति ग्राम नत्रजन)

एमीनो अम्ल	मात्रा
आर्जीनिन	350.0 मिली ग्राम
हिस्टीडीन	140.0 मिली ग्राम
लाइसिन	400.0 मिली ग्राम
ट्रिप्टोफेन	100.0 मिली ग्राम
फिनाइल एलेनिन	330.0 मिली ग्राम
टायरोसिन	310.0 मिली ग्राम
मेथिओनिन	110.0 मिली ग्राम

सिस्टीन	080.0 मिली ग्राम
थ्रीओनिन	290.0 मिली ग्राम
ल्यूसिन	530.0 मिली ग्राम
आइसोल्यूसिन	300.0 मिली ग्राम
वैलीन	350.0 मिली ग्राम

स्रोतः गोपालन एवं सहयोगी, 1999

पालक औषधीय गुणों के लिए भी जाना जाता है। लौह तत्व की अधिकता के कारण लाल रुधिर कणिकाओं की मात्रा भी रक्त में बढ़ जाती हैं। इसकी पत्तियों में पेट के विकारों को दूर करने की अद्‌भूत क्षमता होती है। यह यकृत और प्लीहा के रोगों को दूर करने में सहायक होती है तथा बलवर्धक (tonic) का कार्य करती है। पत्तियाँ रेचक (laxative) होती हैं, लेकिन ठण्डा तासीर प्रदान करती हैं। आक्जलेट्स (oxalates) के कारण पालक के अधिक प्रयोग से प्रौढ़ एवं वृद्धों में गुर्दे की पथरी बनने का डर भी रहता है, जबकि बच्चों की वृद्धि एवं विकास के लिए पालक बहुत ही उपयोगी है। पत्तियों का लेप, खरोंच व जलने पर लाभकारी है।

जलवायु

पालक जाड़े की फसल है, लेकिन वर्ष भर उगाई जा सकती है। इसमें पाला तथा उच्च तापमान दोनों को सहन करने की अद्‌भूत शक्ति होती है। यह सत्य है कि अधिक गर्मी पड़ने के कारण अच्छे एवं गुणवत्तायुक्त पत्ते नहीं मिल पाते हैं। ज्यादा गर्मी पड़ने से पुष्पवृन्त जल्दी निकल आते हैं, जिससे पैदावार भी घट जाती है। जहाँ उपयुक्त तापक्रम पर पूरे साल तक बना रहता है, वहाँ पर इसकी खेती पूरे वर्ष की जा सकती है। तापक्रम की अधिकता से पत्तियाँ कड़ी रेशेदार तथा स्वादहीन हो जाती है। प्रायः 10–15 डिग्री सेन्टीग्रेड तापमान इसके लिये उपयुक्त माना जाता है।

उन्नतिशील किस्में

पालक की किस्मों को पत्तियों की मुख्य शिरा तथा शाखावत शिराओं के रंगों के आधार पर दो भागों में बाँटा गया है (पंडिता एवं लाल, 1993)।

(1) मुख्य शिरा तथा शाखावत शिरा लाल रंग वाली।

(2) मुख्य शिरा तथा शाखावत शिरा हरे रंग वाली।

कुछ प्रमुख किस्में जिनकी खेती व्यापक पैमाने पर की जाती है, निम्नलिखित हैं–

आल ग्रीन (All Green)

यह किस्म भारतीय कृषि अनुसंधान संस्थान, नई दिल्ली द्वारा विकसित की गयी है (सिंह एवं जोशी, 1960)। इसमें एक समान हरे, मुलायम व लम्बी पत्तियाँ बनती हैं, जो बीज बुआई के 50–55 दिन बाद तैयार हो जाती हैं। इसमें 6–7 कटाई 15–18 दिन के अन्तराल पर आसानी से की जा

सकती है। जाड़े के समय में इसमें बीज बुआई के 75 दिन बाद पुष्प के डण्ठल निकलते हैं। इसकी पत्ती उपज क्षमता 12.50–19.25 टन/हेक्टेयर है।

पूसा ज्योति (Pusa Jyoti)

इस किस्म को भारतीय कृषि अनुसंधान, नई दिल्ली द्वारा आलग्रीन किस्म को 2 प्रतिशत कोल्चीसिन के घोल से 24 घण्टे उपचारित कर बहुगुणिता (induced polyploidy breeding through colchicines treatment @ 2%) विकसित कर चयन पद्धति द्वारा विकसित किया गया है चौधरी एवं राजेन्द्रन (1980)। यह एक प्रभावी किस्म है, जिसमें काफी बड़ी संख्या में मुलायम, रसीले तथा बिना रेशे की हरी पत्तियाँ आती हैं। आलग्रीन की अपेक्षा इसमें पौटैशियम, कैल्सियम, सोडियम तथा एस्कार्बिक अम्ल की मात्रा अधिक पायी जाती है। इसकी उपज क्षमता 49.0 टन/हेक्टेयर है। इसमें बीज वृन्त भी देर से आते हैं तथा 6–8 कटाई सुगमता से प्राप्त की जा सकती है। इस किस्म में कटाई के बाद पुनः उत्पादन क्षमता ज्यादा होती है।

पूसा पालक (Pusa Palak)

इस किस्म का विकास भारतीय कृषि अनुसंधान संस्थान, नई दिल्ली द्वारा सन् 1967 में स्विसचार्ड और लोकल पालक (Swiss Chard x Local Palak) के बीच संकरण द्वारा किया गया है। इसमें जल्दी से डंठल निकलने की समस्या नहीं है। पत्तियाँ गहरे हरे रंग की तथा एक समान चौड़ी होती हैं। इसकी औसत उपज 15.5 टन प्रति हेक्टेयर है।

पूसा हरित (Pusa Harit)

इस किस्म का भारतीय कृषि अनुसंधान संस्थान, क्षेत्रीय शोध केन्द्र कटराईं (हिमाचल प्रदेश) द्वारा विकास चुकन्दर और लोकल पालक (inter-specific cross between Sugar Beet x Laocal Palak) के बीच संकरण कराकर किया गया है। इसके पौधे गहरे हरे रंग के और बड़ी आकार के होते हैं। इस किस्म को पहाड़ी इलाकों में पूरे वर्ष उगाया जा सकता है। इसको विभिन्न प्रकार की क्षारीय मृदा में भी उगाया जा सकता है। इसकी कई बार कटाई की जा सकती है तथा इसमें बीज वाले डंठल देर से निकलते हैं। इसकी औसत उपज 15.0–20.0 टन/हेक्टेयर है।

बनर्जी जाइण्ट (Banerjee Giant)

इस किस्म का विकास भारतीय कृषि अनुसंधान संस्थान, क्षेत्रीय शोध केन्द्र कटराईं (हिमाचल प्रदेश) द्वारा लोकल पालक और चुकन्दर के बीच संकरण (Local Palak x Beet root) द्वारा (एस0पी0 बनर्जी द्वारा पश्चिम बंगाल से) किया गया है। इसके पत्ते काफी बड़े, मोटे तथा मुलायम होते हैं। इसकी पैदावार 15.0–19.0 टन/हेक्टेयर है। यह बंगाल की प्रसिद्ध किस्म है।

जोबनेर ग्रीन (Jobner Green)

यह किस्म उद्यान विभाग, महाराणा प्रताप कृषि एवं प्रौद्योगिकी विश्वविद्यालय, उदयपुर (राजस्थान) द्वारा जोबनर से प्राप्त स्थानीय जननद्रव्य से चयन कर विकसित की गयी है। इसमें एक समान हरे, बड़े–मोटे, रसीले तथा मुलायम पत्ते आते हैं। इस किस्म को अधिक पी0एच0 मान

(7.0–10.5) वाली भूमियों में भी सुगमतापूर्वक उगाया जा कसता है। इसकी औसत उपज 25.0–30.0 टन/हेक्टेयर है।

एच0एस0–23 (H.S.-23)

यह किस्म चौधरी चरण सिंह हरियाणा कृषि विश्वविद्यालय, हिसार (हरियाणा) द्वारा विकसित की गयी है। इसकी पत्तियाँ बड़ी, गहरे हरे रंग की, मुलायम तथा रसीली होती हैं। पहली कटाई, बीज बुआई के 30 दिन बाद की जा सकती है। इससे 6–8 कटाई 15 दिन के अन्तराल पर की जा सकती है। इसकी औसत उपज 18.0–23.0 टन प्रति हेक्टेयर है।

पंजाब ग्रीन (Punjab Green)

पंजाब ग्रीन किस्म का विकास पंजाब कृषि विश्वविद्यालय, लुधियाना (पंजाब) द्वारा किया गया है। पौधे सीधे, पत्तियाँ चमकीली, गहरी हरी, मोटी, लम्बी और चौड़ी होती हैं। तने पर हल्का बैगनी रंग विकसित होता है। इस किस्म की पहली कटाई बीज बोने के 30 दिन बाद की जा सकती है। इसमें पुष्पवृन्त का विकास धीमी गति से होता है। इसकी विशेषता यह है कि इसमें आक्जेलेट की मात्रा बहुत कम होती है। औसत उपज 30.0 टन/हेक्टेयर है।

लांग स्टैण्डिंग (Long Standing)

इस किस्म की पत्तियाँ गहरे हरे रंग की मोटी व लम्बी होती हैं। इस किस्म में पुष्पवृन्त धीरे–धीरे निकलते हैं। यह अधिक पैदावार देने वाली किस्म है। इसकी औसत पैदावार 10.0–12.0 टन/प्रति हेक्टेयर है। यह किस्म शुष्क एवं शीत तथा ऊँचाई वाले पर्वतीय क्षेत्रों के लिए उपयुक्त है। इस पर सर्कोस्पोरा पर्ण धब्बा (*Cercospora* leaf spot) रोग का प्रकोप नहीं होता है।

पंत कम्पोजिट–1 (Pant Composit-1)

इस किस्म का विकास गोविन्द बल्लभ पंत कृषि एवं प्रौद्योगिकी विश्वविद्यालय, पंतनगर (उत्तराखण्ड) द्वारा किया गया है। यह काफी उपजाऊ किस्म है तथा इस फसल पर सर्कोस्पोरा लीफ स्पाट् (*Cercospora* leaf spot) रोग का प्रकोप नहीं होता हैं। इसकी औसत उपज 14.5 टन प्रति हेक्टेयर है।

पूसा भारती (Pusa Bharti)

इस किस्म का विकास भारतीय कृषि अनुसंधान संस्थान, नई दिल्ली द्वारा पूसा ज्योति से चयनित एकल पौध विधि से किया गया है। पत्तियाँ हरी, मुलायम, ह्रदयाकर, 25.0 सेन्टी मीटर लम्बी तथा 15.0 सेन्टी मीटर चौड़ी होती हैं। पहली कटाई बीज बुआई के 30–40 दिन बाद की जाती है। इस किस्म में विटामिन 'सी' तथा बीटा कैरोटीन की प्रचुरता होती है। औसत उपज 50.0 टन/हेक्टेयर है। इस किस्म में पूसा ज्योति की तुलना में 100 प्रतिशत अधिक विटामिन 'सी' तथा 15 प्रतिशत अधिक बीटा कैरोटिन पाया जाता है। पूसा भारती की अन्य प्रचलित किस्मों से उपज का तुलनात्मक विवरण नीचे की सारिणी में दिया गया है।

सारिणी (9.5) पालक की पूसा भारती किस्म की अन्य किस्मों से तुलनात्मक अध्ययन

किस्म	उपज (कुन्तल/हेक्टेयर)				
	1994	1995	1996	1997	औसत
पूसा भारती	496.6	500.0	525.5	515.6	510.0
पूसा ज्योति	475.3	486.6	480.6	475.8	482.2
आल ग्रीन	390.1	386.6	395.1	385.2	389.0
पूसा हरित	384.2	390.0	390.6	385.4	387.0

स्रोत: सिरोही, 1999

अर्का अनुपमा (Arka Anupama)

इस किस्म का विकास भारतीय बगवानी अनुसंधान संस्थान, बैंग्लुरु (कर्नाटक) द्वारा आई0आई0 एच0आर0–10 × आई0आई0एच0आर0–8 के संकरण से चयन कर किया गया है। पत्तियाँ मध्यम, गहरी हरी, रसदार, व आकर्षक होती हैं। इसमें बीजवृन्त देर से आते हैं तथा कटाई के बाद पुनः जल्द तैयार हो जाती हैं। पहली कटाई बीज बोने के 35 दिन बाद की जाती है तथा एक मौसम में 10–12 बार कटाई की जा सकती है। औसत उपज 41.0 टन/हेक्टेयर है। यह किस्म सर्कोस्पोरा लीफ स्पाट् (*Cercospora* leaf spot) के प्रति रोगरोधी है। इस किस्म के पौधों की पत्तियों में क्लोरोफिल एवं विटामिन सी प्रचुर मात्रा में पाया जाता है।

उटी–1 (Ooty -1)

इस किस्म का विकास तमिलनाडु कृषि विश्वविद्यालय के क्षेत्रीय केन्द्र, ऊँटी (तमिलनाडु) द्वारा हिमाचल प्रदेश से प्राप्त जननद्रव्य से चयन कर किया गया है। पत्तियाँ हरी 50.0–60.0 सेन्टी मीटर लम्बी तथा 8.0–10.0 सेन्टी मीटर चौड़ी होती है। पहली कटाई बीज बोने के 45 दिन बाद की जाती है। औसत उपज 15.0 टन/हेक्टेयर है।

पालक नं0 51–16 (Palak No. 51-16)

इस किस्म का विकास महाराष्ट्र के कृषि विभाग द्वारा किया गया है। इसकी पत्तियाँ हरे रंग की होती हैं और इसके बीज के डण्ठल देर से निकलते हैं। इसकी पत्तियों की कटाई कई बार की जा सकती है। औसत उपज 16.0 टन/हेक्टेयर है।

सिल्वर (Silver)

यह लद्दाख की स्थानीय किस्म हैं (कौल एवं मीर, 2001)। इसकी बुआई मार्च से सितम्बर तक किसी भी समय की जा सकती हैं। पत्तियाँ स्वादिष्ट एवं मुलायम होती हैं।

भूमि तथा भूमि की तैयारी

इसकी खेती किसी भी प्रकार की मिट्टी में की जा सकती है, लेकिन बलुई दोमट भूमि उत्तम होती है। अनुसंधानों से यह सिद्ध हो चुका है कि इसे अम्लीय एवं क्षारीय भूमियों में भी सफलतापूर्वक उगाया जा सकता है। गुणवत्तायुक्त पत्तियों की अधिक उपज मृदा पी0एच0 मान 7.0 रहने पर प्राप्त होती है। इसके लिये खेत की 3–4 बार गहरी जुताई करके प्राप्त की जा सकती है और प्रत्येक जुताई के बाद पाटा लगा देना चाहिए, जिससे ढेलें टूट जायें तथा मिट्टी भुरभुरी एवं समतल हो जाये। अच्छी प्रकार तैयार खेत में क्यारियाँ तथा सिंचाई की नालियाँ बना ली जाती हैं।

पोषक तत्व प्रबंधन

पालक से अच्छी उपज प्राप्त करने के लिए खेत की तैयारी करते समय 20.0–25.0 टन अच्छी प्रकार सड़ी हुई गोबर की खाद या वर्मी कम्पोस्ट प्रति हेक्टेयर खेत में मिला देना चाहिए। सामान्यतया इसकी पत्तियों की बढ़वार के लिए नत्रजन वाली खाद की अधिक आवश्यकता पड़ती है। भारतीय कृषि अनुसंधान परिषद, नई दिल्ली की संस्तुतियों के अनुसार इसकी फसल के लिए 60.0 किलो ग्राम नाइट्रोजन, 40.0 किलो ग्राम, फास्फोरस एवं 40.0 किलो ग्राम पोटाश प्रति हेक्टेयर के हिसाब से आवश्यकता पड़ती है। इनमें नत्रजन की आधी मात्रा, फास्फोरस व पोटाश की पूरी मात्रा का मिश्रण बनाकर खेत की तैयारी के समय खेत में डालनी चाहिए तथा नत्रजन की शेष आधी मात्रा को 3 बार में प्रत्येक कटाई के बाद 10.0 किलोग्राम/हेक्टेयर के हिसाब से छिड़काव करनी चाहिए, जिससे पत्तियों की बढ़वार अच्छी होती है तथा अधिक उपज प्राप्त होती है (सिरोही, 1999)। पालक की किस्म आलग्रीन में 120 किलो ग्राम नत्रजन प्रति हेक्टेयर की दर से देकर 14.0–27.0 टन प्रति हेक्टेयर उपज प्राप्त की है और लाभ अनुपात 1:1.75 पाया है (राजपूत एवं सहयोगी, 1989)। डे तथा सहयोगी (1997) ने नत्रजन की मात्रा का पौधों में नाइट्रेट संचयन के बीच सीधा सम्बन्ध पाया और यह निष्कर्ष दिया कि नत्रजन को यदि कार्बनिक स्रोत के साथ मिलाकर दिया जाये तो पौधों में नाइट्रेट संचयन कम होता है। पालक में वृद्धि पादप नियामक जैसे – सोडियम मोनो नाइट्रोगुईकाल के घोल में बीज के 8 घन्टे उपचारित कर बुआई करने और इसी वृद्धि नियामक की इतनी ही सान्द्रता का खड़ी फसल में पाँच बार छिड़काव करने से पत्तियों की सर्वाधिक उपज (10.0 टन प्रति हेक्टेयर) प्राप्त होती है। जबकि पालक की बीज फसल हेतु 8 घन्टे बीज को उपचारित करने एवं 15 दिन के अन्तराल पर 3 बार पर्णीय छिड़काव करने से सर्वाधिक बीज उपज (57.67 कुन्तल) प्राप्त होती है (पंडिता एवं सहयोगी, 1981)।

बुआई का समय

पालक की बुआई किसी भी महीने में की जा सकती हैं, लेकिन मैदानी भागों में मुख्य फसल की बुआई सितम्बर से नवम्बर–दिसम्बर तक तथा पहाड़ी भागों में मार्च से मई तक का समय काफी उपयुक्त है। जनवरी या जनवरी के बाद बुआई करने से अच्छी उपज नहीं मिलती है, क्योंकि पत्तियाँ

कम बनती है और पुष्पवृन्त जल्दी निकल आते हैं। बुआई करते समय इस बात का ध्यान रखना चाहिए कि पालक की बुआई कभी भी एक साथ बड़े पैमाने पर नहीं करनी चाहिए। सामान्यतः 10–15 दिन के अन्तर पर किस्तवार बुआई करने से बाजार में लगातार उत्पाद की उपलब्धता बरकरार रखी जा सकती है।

बीज दर

पालक का बीज लगभग 20.0–25.0 किलोग्राम/हेक्टेयर की दर से ग्रीष्मकाल में तथा शरदकाल में 10.0–15.0 किलोग्राम/हेक्टेयर की दर से लगता है। बीज विश्वसनीय स्रोतों से ही लेना चाहिए। बुआई से पहले बीज को थाइरम नामक फफूँद नाशक दवा से (2.0 ग्राम) दवा को 1.0 किलो ग्राम बीज में मिलाकर उपचारित कर लेना चाहिए, जिससे बीमारी का कम प्रकोप होता है। तापमान एवं नमी को अनुकूल अवस्था में पालक के बीज 8–10 दिन में अंकुरित हो जाते हैं।

बुआई की विधि

पालक की बुआई दो प्रकार से की जाती है–

1. छिटकवाँ – इस विधि में बीज क्यारियों में बिखेर कर मिट्टी में मिला दिया जाता है, लेकिन यह विधि उत्तम नहीं है।

2. कतारों में – इसमें क्यारियों में 15.0–20.0 सेन्टी मीटर की दूरी पर कतारें बना ली जाती हैं तथा इन कतारों पर कुदाली की सहायता से कुड़ बना लिये जाते हैं। इन कूड़ों में बीज की 2.0–5.0 सेन्टी मीटर की गहराई पर बुआई कर उन्हें बन्द कर दिया जाता है। यह विधि उत्तम होती है। जब पौधे उग आते हैं तो पौध से पौध के बीच की दूरी 8.0–10.0 सेन्टी मीटर रखते हुए पौध बिगलन (thining) करते हैं। इस विधि से लगाई गयी फसल में निकाई–गुड़ाई एवं फसल की कटाई आसानी से की जा सकती है।

सिंचाई जल प्रबन्धन

खेत में नमी कम होने पर अगर बीज अच्छी प्रकार से न उग सकें तो बुआई के बाद एक हल्की सिंचाई की जाती है। गर्मी के मौसम में पालक की सिंचाई एक सप्ताह बाद तथा जाड़ें में लगभग 10–12 दिन के अन्तर पर की जाती है। वर्षा होने पर यह अन्तराल भी बढ़ जाता है। सिंचाई करते समय ध्यान रखें कि ज्यादा पानी न लगे अन्यथा पत्तियाँ लटकने से उस पर मिट्टी आदि से सड़ने की सम्भावना ज्यादा रहती है। अधिकतम गर्मी की दशा में 2–3 दिन के अन्तराल पर सिंचाई करना आवश्यक हो जाता है। सामान्यतया बलुई दोमट भूमि में चिकनी मिट्टी की अपेक्षा अधिक पानी की आवश्यकता होती है।

निकाई–गुड़ाई एवं खरपतवार प्रबन्धन

फसल की प्रारम्भिक अवस्था में प्रथम सिंचाई के बाद पहली निकाई खुरपी से करनी चाहिए। बाद में 1–2 बार गुड़ाई कुदाली से करनी चाएिह, लेकिन गुड़ाई गहरी नही होनी चाहिए, अन्यथा

जड़ों को नुकसन पहुँचने का डर रहता है। वैसे प्रत्येक कटाई के बाद अगर गुड़ाई की जाये, तो अति उत्तम होता है। रासायनिक विधि से खरपतवार नियन्त्रण के लिए खरपतवारनाशी लिनसिल (Leancil) की 0.8–1.2 किलो ग्राम मात्रा प्रति हेक्टेयर या पाइरेजोन की 2.4–2.8 किलो ग्राम/हेक्टेयर की दर से जमाव पूर्व के रुप में प्रयोग किया जा सकता है (मिटिडिएरी एवं बियानचिनी, 1973)। पालक की फसल में खरपतवार नियन्त्रण के लिये मेट्रीब्यूजीन, टरब्यूटीन, एट्राजिन, टारफ्लुरेलिन, क्लोरथेल या डाईयूरान का प्रयोग नहीं किया जाता है (सिजारी एवं सहयोगी, 1975)।

अन्तःसस्य फसलें

पालक अल्प अवधि की फसल होने के कारण सफलतापूर्वक अन्य फसलों के साथ उगायी जा सकती है। उदाहरण के लिए फूल गोभी की फसल के साथ पालक को उगाकर एवं नत्रजन की मात्रा बढ़ाकर अधिक पत्तियों की उपज प्राप्त की जा सकती है (सिंह एवं सहयोगी 1987) एवं (नन्द लाल व श्रीवास्तव, 1986)। इसी प्रकार परवल के खेत में रोपाई करते समय रिक्त स्थानों में पालक लगाने से अधिक उपज मिलती है जबकि टमाटर के साथ लगाने पर उपज घट जाती है (मैती एवं सहयोगी, 1996)।

फसल की कटाई

पालक की फसल बीज बुआई के गलभग 3–4 सप्ताह (21–28 दिन) बाद कटाई के लिये तैयार हो जाती है। पहली कटाई के बाद 8–10 दिन के अन्तर पर फूल आने तक कटाई की जाती है। इस प्रकार किस्मों के अनुसार औसतन पालक की 4–7 कटाई की जाती है। कटाई के तुरन्त बाद पत्तियों की गड्डियाँ बनाते हैं। पत्तियों की कटाई के पश्चात् धुलाई नही करनी चाहिए अन्यथा पत्तियाँ टूट जायेगी और संक्रमण बढ़ जायेगी।

उपज एवं भण्डारण

इसकी पैदावार मुख्यतया किस्म एवं कटाई के ऊपर निर्भर करती है। औसत उपज 25.0–45.0 टन/हेक्टेयर तक होती है।

भण्डारण

कम तापक्रम की अवस्था (शून्य डिग्री सेन्टीग्रेड तापमान) व 90.0–95.0 प्रतिशत सापेक्ष आर्द्रता पर 10–14 दिन तक भण्डारित किया जा सकता है। पालक की पत्तियों को 200 गेज मोटी पालीथीन की थैली में 2.0 प्रतिशत वातायन सुविधा में 8.0 डिग्री सेन्टीग्रेड तापमान तथा 90.0–92.0 प्रतिशत सापेक्ष आर्द्रता पर रखने से कम क्षति की दर पाई गयी (वासकर एवं सहयोगी, 1998)।

पौध संरक्षण

प्रमुख कीट एवं उनका प्रबन्धन

इसकी फसल को निम्न कीड़ों से अधिक हानि होती है–

एफीड (Aphid)

यह काले रंग का छोटा कीड़ा होता है, जो पत्तियों की निचली सतह पर अधिक पाया जाता है। यह पत्तियों का रस चूस लेता है, जिससे पौधे कमजोर हो जाते हैं तथा उनकी बढ़वार रुक जाती है।

प्रबन्धन

(1) एफीड से बचाव के लिये मैलाथियान 50 ई0सी0 दवा का 0.8 प्रतिशत (400 मिली लीटर दवा 250 लीटर पानी में) घोल 10 दिन के अन्तराल पर छिड़काव करना चाहिए।

(2) एफीड के नियन्त्रण के लिए 0.1 प्रतिशत मेटासिस्टाक्स या 0.2 प्रतिशत थायोडान का छिड़काव करना उत्तम रहता है।

पालक की सूण्डी या कैटरपिलर

कटुवा (**caterpillar**) या सूण्डी या कैटरपिलर (*Laphygma exiqua*) द्वारा पालक की फसल को काफी नुकसान होता है। ये सूड़ियाँ पौधों की पत्तियों को किनारे से काटकर या बीच में छेद करके उनको कुरुप बना देती हैं। इस प्रकार उनका बाजार भाव कम हो जाता है तथा उपभोक्ता इस प्रकार की पत्तियों को पसन्द नहीं करता है।

प्रबन्धन

इससे बचने के लिए मैलाथियान 0.05 प्रतिशत या थायोडान 0.02 प्रतिशत का छिडकाव करना चाहिए।

पालक का पिस्सू भृंग

यह भृंग लगभग 0.6 सेन्टी मीटर लम्बा होता है इसके पंख नीले रंग के होते हैं। ये पत्तियों को काटकर उसमें छेद कर देते हैं।

प्रबन्धन

इससे बचाव के लिए 0.2 प्रतिशत सेविन या थायोडान 0.2 प्रतिशत का छिड़काव करना चाहिए या बुआई से पहले 5 प्रतिशत हेप्टाक्लोर धूल 25.0–30.0 किलो ग्राम/हेक्टेयर की दर से भूमि में बुआई से पहले खेत में मिला देनी चाहिए।

पालक का पर्ण सुरंगक कीट

इसके मैगट (**maggot**) पत्तियों के तन्तुओं में सुरंग कर देते हैं, जिसके कारण पत्तियाँ सफेद हो जाती हैं।

प्रबन्धन

खेत के चारों तरफ उग रहे खरपतवरों को नष्ट कर देना चाहिए तथा 0.2 प्रतिशत थायोडान या 0.2 प्रतिशत रसायन का छिड़काव कर सकते हैं।

प्रमुख रोग एवं उनका प्रबन्धन

पौध का आर्द्रगलन रोग (Damping off)

पालक में पौध का आर्द्रगलन रोग "पिथियम अल्टीमम" (*Pythium aultimum*) नामक फफूँद के कारण होता है। नवोद्भिद संक्रमित पौधे जड़ों के पास से गलकर गिरने लगते हैं तथा बाद में सूख जाते हैं। इससे बचाव के लिये बीज की बुआई से पहले सेरेसान, कैप्टान, एग्रोसान, सेरेडेक्स या थाइरम नामक फफूँद नाशक में से किसी एक की 2.5 ग्राम मात्रा प्रति किलो ग्राम बीज में मिलाकर उपचारित करना चाहिए।

पत्तीदार या बुकनीदार दाग (Cercospora leaf sopt)

यह भी रोग एक प्रकार के फफूँद सरकोस्पोरा बटाटीकोला (*Cercospora bataticola*) द्वारा होता है। संक्रमित पत्तियों के ऊपर गोलाई में छोटे भूरे रंग के धब्बे पड़ जाते हैं तथा बाद में ये धब्बे बढ़ जाते हैं और पत्तियाँ सड़ कर सूख जाती हैं। संक्रमण से पत्तियों की गुणवत्ता खराब हो जाती है तथा बजार में मूल्य कम मिलता है।

प्रबन्धन

1. ग्रसित पौधों को उखाड़कर खेत से बाहर निकाल देना चाहिए।
2. ब्लाइटाक्स या डाइथेन एम–45 या डाइथेन जेड–78 दवा के 0.3 प्रतिशत घोल का छिड़काव करना चाहिए।

पालक की पर्ण धब्बा (Leaf sopt)

पालक में पर्ण धब्बा रोग फाइलोस्टिक्टा स्पाइनेसिया (*Phyllosticta spinacia*) नामक फफूँद से होता है। रोग का प्राथमिक लक्षण हल्के पीले रंग के सूक्ष्म बिन्दू के रुप में प्रकट होते हैं और बाद की अवस्था में कई धब्बे आपस में मिलकर बड़े हो जाते हैं। रोग की उग्र अवस्था में पत्तियाँ सूख जाती है।

प्रबन्धन

(1) ब्लाइटाक्स (Blitox) दवा की 0.3 प्रतिशत घोल का छिड़काव खड़ी फसल में करने से लाभ होता है।

श्वेत किट्ट (White rust)

पालक में श्वेत किट्ट रोग एलब्यूगो आक्सीडेंटेलिस (*Albugo oxidentalis*) नामक फफूँद से होता है। प्राथमिक रोग का लक्षण पत्तियों की निचली सतह पर सफेद फफोले के समान अनियमित गोलाकार फफोलों या स्फोटों के रुप में प्रकट होता है। कवक की परिपक्व अवस्था में बीजाणु धानियाँ पत्ती की पूरी सतह पर फैल जाती है और पत्तियों में प्रकाश संश्लेषण की कमी व सतह पर प्रकाश न पहुँचने के कारण, सूख जाती हैं।

प्रबन्धन

(1) सामान्यतया 4–5 वर्षों का फसल चक्र अपनायें।

(2) खेत में पड़े पौधों के अवशेषों को जलाकर नष्ट कर दें।

(3) रोग नियन्त्रण के लिए डाइथेन जेड़–78 के 0.3 प्रतिशत घोल का छिड़काव करें।

मृदुरोमिल आसिता (Downy mildew)

पालक में मृदुरोमिल आसिता नामक बीमारी पेरोनोस्पोरा एफफूसा (*Perenospora effusa*) फफूँद से होता है। प्राथमिक रोग का लक्षण पत्तियों की निचली सतह पर रुई की तरह उभरे हुए सफेद या पीले रंग के चकत्ते के रुप में प्रकट होते हैं।

प्रबन्धन

(1) प्रभावित फसल पर डाइथेन जेड–78 की 0.3 प्रतिशत घोल का छिड़काव करना चाहिए।

चूर्णिल आसिता (Powdery mildew)

कभी–कभी पालक की देर से बुआई की जाती है जिससे फसल में चूर्णिल आसिता नामक बीमारी का प्रकोप बहुत ज्यादा होता है। संक्रमित पत्तियों की सब्जी नहीं बनाई जा सकती, जिससे उत्पादकों को काफी नुकसान होता है।

प्रबन्धन

(1) बचाव के लिए सल्फेक्स 0.2 प्रतिशत या कैराथेन 0.06–0.1 प्रतिशत घोल का छिड़काव करना चाहिए।

विलायती पालक (Spinach)

वानस्पतिक नाम : स्पिनेसिया ओलेरेसिया (*Spinacia oleracea* L.)

कुल : चिनोपोडिएसी (Chenopodiaceae)

गुणसूत्र संख्या : 2एन=12

विलायती पालक (vilaiti palak), देशी पालक से पूर्णतया भिन्न होता है, जिसे पोथर्ब (pot herb) के रुप में जाना जाता है। 'स्पिनाच' (spinach) शब्द की उत्पत्ति पर्सियन शब्द 'इस्पानई' (ispanai) से हुआ है, जिसका तात्पर्य 'हरा हाथ' (green hand) है। विलायती पालक का सम्बन्ध स्वीस चार्ड, सुगर बीट, टेबल बीट, पीग बीड तथा सलबीट से है।

उद्भव एवं वितरण

विलायती पालक की उत्पत्ति स्पिनेसिया टेट्रान्डा (*Spinacia tetranda* L.) से हुई है जिसे आज भी जंगली रूप में एनाटोलिया (Anatolia) में देखा जा सकता है। विलायती पालक की खेती का जिक्र सर्वप्रथम अरब में प्रारम्भ हुई, ऐसा इतिहासकारों ने स्पष्ट किया है। अतः इसकी उत्पत्ति ईरान से हुई है और यहाँ इसकी खेती ग्रीक–रोमन सभ्यता (2,000 वर्ष पूर्व) से प्रारम्भ हो गयी थी (नाथ, 1971)। चीनी इतिहासकारों से इसे 'हर्ब ऑफ पर्सिया' (Herb of Persia) की संज्ञा दी है। इसकी उत्पत्ति दक्षिण पश्चिमी एशिया से हुई होगी, ऐसी सम्भावना व्यक्त की गयी है (चौधरी, 1967)। इसके वितरण के बारे में कहा जाता है कि 647 ई० में यह नेपाल लाया गया। अरब लोगों द्वारा 1100 ई० में विलायती पालक को स्पेन लाया गया तथा जर्मनी में 13वीं शताब्दी में पहुँचा। संयुक्त राज्य अमेरिका में 1806 ई० में पहुँचा, ऐसा सीड कैटालाग (seed catalogue) से पता चलता है तथा 14वीं शताब्दी तक इसकी खेती पूरे यूरोप में की जाने लगी। वर्तमान समय में संयुक्त राज्य अमेरिका, कनाडा, यूरोप, एशिया आदि देशों में व्यापक स्तर पर उगाई जाती है। विश्व में विलायती पालक का सबसे बड़ा उत्पादक देश चीन (कुल उत्पादन का लगभग 76 प्रतिशत) है। इसके बाद संयुक्त राज्य अमेरिका का स्थान आता है, जो विश्व के कुल उत्पादन का 4 प्रतिशत है। अन्य उत्पादक देशों में यूनाइटेड किंगडम, कनाडा, न्यूजीलैण्ड तथा मेक्सिको है। विलायती पालक की खेती उत्तर भारत के मैदानी क्षेत्रों में जाड़े की फसल के रुप में किया जाता है। दक्षिण भारत के पर्वतीय क्षेत्रों में भी इसकी खेती ज्यादा होती है।

वानस्पतिक विवरण

विलायती पालक एक शाकीय एकलिंगाश्रयी (dioecious) पौधा है जो भारत के मैदानी भागों में सब्जी के लिये एकवर्षीय (annual) तथा बीजोत्पादन के लिये द्विवर्षीय (biennial) होता है। पौधा चिकने, शाकीय एवं 20.0–25.0 सेन्टी मीटर ऊँचे होते हैं। पौधों में मूसला जड़ें विकसित होती हैं। पत्तियाँ प्रारम्भ में छोटे तनों पर एक ही स्थान से गुच्छे में चारों तरफ से विकसित होती हैं। बाद

में पत्तियों के कक्ष से पार्श्व शाखाएँ निकलती हैं तथा बाद में मुख्य तने तथा पार्श्व शाखाओं से द्वितीयक पार्श्व शाखाएँ निकलती हैं। पत्तियाँ गहरे हरे रंग की, पर्णवृन्त 6.0–12.0 सेन्टी मीटर लम्बे हरे या हल्के गुलाबी रंग के होते हैं। बड़े तनों तथा छोटी शाखाओं के कक्ष से पुष्प गुच्छों में विकसित होते हैं। नर तथा मादा पुष्प अलग–अलग पौधों पर आते हैं। लैंगिक अभिव्यक्ति के आधार पर विलायती पालक में चार तरह के पौधे होते हैं (रोजा, 1925)।

1. अधिकृत नर पौधे–इसके पौधे छोटे तथा शीघ्र पुष्पन करते हैं।
2. वानस्पतिक नर पौधे– इसके पौधे बड़े आकार के होते हैं।
3. उभय लिंगी पौधे (monoecious) प्रारम्भ में मुख्य रुप से नर, मादा या विशुद्ध मादा होता है। सिर्फ कुछ नर फूल या बराबर मात्रा के नर या मादा फूल पूरे मौसम में आते हैं।
4. मादा पौधे–इसके पौधे बड़े आकार के होते हैं तथा बहुत दिनों तक वानस्पतिक अवस्था में बने रहते हैं। इसमें पुष्पन देर से होता है और सभी पुष्प एक ही बार विकसित होते हैं।

नर पुष्प में 3–5 पुंकेसर जबकि मादा पुष्प में 4–6 वर्तिकाग्र होते हैं। उभयलिंगी पुष्प में एक वर्तिका तथा 1–2 परागकोष होते हैं। विलायती पालक के बीज मौलिक रुप से कटीले ही थे। चिकने बीज का विकास उत्परिवर्तन के फलस्वरुप हुआ है (चौधरी, 1977)। इसके फल को अर्टिकल (urticle) कहते हैं। इसके बीजों का अंकुरण भूम्यपरिक (epigeal) होता है। यह वायु द्वारा परपरागित (cross pollinated) फसल है। परागण के 60–70 दिन बाद बीजवृन्त आ जाते हैं। बीज 150 दिन में पककर तैयार हो जाते हैं। बीज एक साथ पकते हैं तथा बीजों का बिखराव भी नहीं होता है।

सारिणी (9.6) पालक एवं विलायती पालक में वानस्पतिक आधार पर अन्तर

पालक	विलायती पालक
1. पालक का नाम बीटा वल्गेरिस वार0 बेन्गा–लेन्सिस (*Beta vulgaris* var. *bengalensis*) है	1. विलायती पालक का नाम स्पाइनेसिया ओलेरेसिया एल0 (*Spinacia oleracea* L.) है।
2. पालक में गूणसूत्रों की संख्या 2 एन=18 है।	2. विलायती पालक में गुणसूत्रों की संख्या 2एन=12 है।
3. पालक की पत्तियाँ पूर्ण छत्रक (entire margin) वाली होती है।	3. विलायती पालक में पर्णक अलग–अलग होते है।
4. पालक में उभयलिंगी (Hermaphrodite) पुष्प विकसित होते हैं।	4. विलायती पालक में सामान्यतया नर और मादा पुष्प अलग–अलग पौधे पर आते हैं या नर व मादा पुष्प एक ही पौधे पर अलग–अलग स्थान (Monoecious) पर विकसित होते हैं।

पोषकीय महत्व

सामान्यतः पालक की तरह विलायती पालक भी सब्जी बनाने के लिए उपयोग किया जाता है। इसमें विटामिन 'ए', 'बी', 'सी', प्रोटीन, 'कार्बोहाइड्रेट' एवं लौह तत्व प्रचुर मात्रा में पाया जाता है। विलायती पालक में पाया जाने वाला कैरोटिनायड्स ट्रान्सल्यूटिन, ट्रान्स प्लस 15, 15, 16–सिस–बीटा कैरोटीन, सिस निवोजैन्थिन क्रमशः 39.6, 18.4, 13.4 और 11.6 प्रतिशत पाया जाता है (कहेसिक एवं सहयोगी, 1986)। पत्तियों में विटामिन 'के' या काइलोक्वीनोन भी 299.5 माइक्रोग्राम तथा 123 माइक्रोग्राम फोलेट प्रति 100 ग्राम खाने योग्य भाग में पाया जाता है (वूथ एवं सहयोगी, 1994)। इसमें हिस्टैमिन भी प्रचुरता से पाया जाता है (माटसुमोटो एवं कया, 1982)। विलायती पालक में पाये जाने वाले पोषक तत्वों को सारिणी में दिया गया है।

सारिणी (9.7) विलायती पालक का पोषकीय मूल्य (प्रति 100 ग्राम खाने योग्य भाग में)

पोषक तत्व	मात्रा
नमी	90.7 ग्राम
प्रोटीन	3.2 ग्राम
वसा	0.3 ग्राम
खनिज लवण	1.7 ग्राम
रेशा	0.6 ग्राम
कर्बोहाइड्रेट्स	4.7 ग्राम
ऊर्जा	2.6 किलो कैलोरी
कैल्सियम	93.0 मिली ग्राम
फास्फोरस	51.0 मिली ग्राम
पोटैसियम	20.6 मिली ग्राम
सोडियम	58.5 मिली ग्राम
कापर	0. 01 मिली ग्राम
क्लोरिन	54.0 मिली ग्राम
आयरन	3. 10 मिली ग्राम
सल्फर	30 मि0ग्रा0 मिली ग्राम
विटामिन 'ए'	8100 अन्तर्राष्ट्रीय इकाई
थाइमिन	0.01 मिली ग्राम
रिबोफ्लेविन	0.02 मिली ग्राम
नियासिन	0.6 मिली ग्राम
आक्जेलिक अम्ल	658.0 मिली ग्राम
विटामिन 'सी'	51.0 मिली ग्राम

स्रोत: गोपालन एवं सहयोगी, 1999

विलायती पालक में मुख्य पोषक तत्वों के अलावा अन्य सूक्ष्म पोषक तत्व प्रचुर मात्रा में पाये जाते हैं।

सारिणी (9.8) विलायती पालक की पत्तियों में पाये जाने वाले सूक्ष्म तत्व (प्रति 100 ग्राम खाने योग्य भाग में)

सूक्ष्म पोषक तत्व	मात्रा
मैग्नीशियम	64.0 मिली ग्राम
सोडियम	58.5 मिली ग्राम
पोटैशियम	20.6 मिली ग्राम
कापर	0.10 मिली ग्राम
मैग्नीज	0.56 मिली ग्राम
मालीब्डेनम	0.10 मिली ग्राम
जिंक	0.30 मिली ग्राम
क्रोमियम	0.005 मिली ग्राम
सल्फर	30.0 मिली ग्राम
क्लोरीन	54.0 मिली ग्राम

स्रोतः गोपालन एवं सहयोगी, 1999

उपरोक्त गुणों के अतिरिक्त विलायती पालक में विभिन्न प्रकार के एमीनो अम्ल पाये जाते हैं।

सारिणी (9.9) विलायती पालक की पत्तियों में पाये जाने वाले विभिन्न प्रकार के एमीनो अम्ल

एमीनो अम्ल	मिली ग्राम / नत्रजन	मिली ग्राम / 100 ग्राम
आइसो ल्यूसिन	303.0	106.0
ल्यूसिन	594.0	208.0
लाइसिन	454.0	159.0
मेथिओनिन	132.0	46.0
सिस्टीन	102.0	36.0
फिनाइल एलेनिन	380.0	133.0
टाइरोसिन	313.0	110.0
थ्रियोनिन	332.0	116.0
ट्रिप्टोफेन	97.0	34.0
वैलीन	380.0	133.0
आर्जिनीन	398	139
हिस्टीडिन	159	56
एलैनिन	396	139
एस्पार्टिक एसीड	621	217
ग्लूटामिक एसीड	734	257
ग्लाइसिन	324	113
प्रोलीन	301	105
सीरीन	247	104

स्रोतः एफ0ए0ओ0 (न्यूट्रिशनल स्टडीज सीरीज नं0–24)

पोषकीय तत्वों के अलावा विलायती पालक में प्रचुर मात्रा में औषधीय गुण पाया जाता है। इसमें सबसे प्रमुख है, एन्टीट्यूमर नियामक जिनका प्रमुख घटक 1–ओमिक्रान अल्फा लिनोलेनोइल–2 ओमिक्रान (7 जेड, 10 जेड, 13 जेड)–हेक्सा डिकैट्री इनोइल–3 ओमिक्रान–बीटा–डी–गेलेक्टो पाइरैनोसिल–एस0एम0 ग्लीसराल और 1–2 डाई ओमिक्रान–बीटा–डी0 गेलेक्टोपाइरेनोसिल–एस0एन0–ग्लीसीराल है (वाँग एवं सहयोगी, 2002)।

उन्नतिशील किस्में

विलायती पालक के बीज की संरचना तथा पत्तियों के अनुसार निम्न समूहों में वर्गीकृत किया जाता है–

(क) बीज संरचना के अनुसार वर्गीकरण

1. **काँटेंदार बीज वाली किस्में**– काँटेंदार बीज वाली किस्में पहाड़ों पर जाड़े के मौसम में अच्छी प्रकार उगती हैं। उदाहरण के लिए वर्जिनिया सेवाय।
2. **चिकने बीज वाली किस्में**–चिकने बीज वाली किस्में सामान्य प्रजातियों के अन्तर्गत आती हैं। कुटने, साफ करने एवं संग्रहण की दृष्टि से चिकने बीज वाली किस्में अधिक पसन्द की जाती है।

(ख) पत्तियों की संरचना के अनुसार वर्गीकरण

1. **सेवाय टाइप (Savoy type)** – विलायती पालक की किस्मों में सामान्यतया पत्तियाँ मुड़ी होती हैं। ऐसी किस्में कम तापक्रम से ज्यादा प्रभावित होती हैं। रात का कम तापक्रम पत्तियों को सेवाय रुप देने के लिए उत्तरदायी होता है।
2. **चिकनी पत्ती वाली (Smooth leaf type)** – विलायती पालक की ऐसी किस्में सामान्यतया चिकनी होती है।

चिकनी पत्ती वाली विलायती पालक की कुछ प्रमुख किस्में जिनकी खेती व्यापक पैमाने पर की जाती हैं, इस प्रकार हैं–

वर्जिनिया सेवाय (Virginia Savoy)

वर्जिनिया सेवाय की पत्तियाँ गहरे हरे रंग की मोटी व गोल सिरा वाली होती हैं। पत्तियों पर फफोला (blisters) जैसा स्वरुप मिलता है। पौधे सीधे एवं अधिक बढ़वार वाले होते हैं। इस किस्म की बुआई सितम्बर–अक्टूबर के महीने में की जाती है। इस किस्म की औसत उपज 40.0 टन/हेक्टेयर होती है। इसके बीज नाशपाती के आकार के एवं काँटेदार होते हैं। यह किस्म स्पिनाच मोजैक के प्रति रोगरोधी है।

अर्ली स्मूथ लीफ (Early Smooth Leaf)

'अर्ली स्मूथ लीफ' किस्म चिकने बीज वाली है। पत्तियाँ स्वाभावतः पतली, चिकनी व हल्के हरे रंग की होती हैं और पत्तियों का सिरा नुकीला होता है। इस किस्म को भारत के उत्तर–मैदानी भागों में सुगमतापूर्वक उगाया जा सकता है।

लांग स्टैन्डिग (Long Standing)

लांग स्टैन्डिग किस्म को संयुक्त राज्य अमेरिका से आयातित किया गया है। पत्तियाँ गहरी हरी लम्बी, मोटी व सूच्याकार होती है। इस किस्म में प्रथम कटाई बीज बोने के मात्र 48 दिनों बाद की जा सकती है। इसकी औसत उपज 10.0–12.5 टन/हेक्टेयर है।

जलवायु

विलायती पालक ठण्डी जलवायु की फसल है। लगातार अच्छी उपज प्राप्त करने के लिए लम्बे समय तक शीतकाल व छोटी प्रकाश काल आवश्यक है। लम्बे दिनों से पत्तियों के विकास की जगह फूल आना शुरु हो जाता है। गर्म मौसम फसल वृद्धि के लिए प्रतिकूल है। अधिक तापमान तथा लम्बी अवधि में बीजवृन्त जल्दी निकलने प्रारम्भ हो जाते हैं। इस फसल की विशेषता यह है कि अन्य सब्जियों की अपेक्षा वर्फीली मौसम को सहन कर लेती है। शोध से पता चला है कि विलायती पालक के बीज का अंकुरण न्यूनतम 2.0 डिग्री सेन्टीग्रेड तथा अधिकतम 3 डिग्री सेन्टीग्रेड तक होता है। लेकिन अच्छी जमाव के लिए उपयुक्त तापक्रम 4.0–5.0 डिग्री सेन्टीग्रेड है। पौधे 0.0–9.0 डिग्री सेन्टीग्रेड तक तापक्रम सहन कर लेते हैं, लेकिन पौधों की अच्छी बढ़वार के लिए 15.0–20.0 डिग्री सेन्टीग्रेड तापमान उपयुक्त है।

भूमि तथा भूमि की तैयारी

विलायती पालक की खेती किसी भी प्रकार की भूमि में की जा सकती है, लेकिन भारी दोमट मिट्टी में सबसे ज्यादा उपज मिलती है। इस फसल की खेती अम्लीय मृदा में अच्छी नहीं होती है क्योंकि अम्लीय मृदा के प्रति बहुत संवेदनशील है। उपयुक्त मृदा पी0एच0 मान 6.0–7.0 है (डिकाट्यु, 2000)। अम्लीय मृदा में बीज का जमाव नहीं होता है, पौधे जल्द ही पीले या भूरे पड़ जाते हैं। अम्लीय मृदा में चूना का प्रयोग कर मृदा गुणवत्ता में सुधार लाया जा सकता है।

बुआई का समय

विलायती पालक की बुआई मैदानी भागों में अक्टूबर से दिसम्बर के प्रथम सप्ताह तक किया जाता है, जबकि पहाड़ी क्षेत्रों में इसकी बुआई मार्च के महीने में की जाती है। कुछ पर्वतीय क्षेत्रों में इसकी बुआई अगस्त से अक्टूबर तक की जाती है। काँटेंदार बीज वाली किस्मों की बुआई वसन्त–शरद मौसम (autmon-winter) में किया जाता है तथा चिकने बीज वाली किस्मों की बुआई वसन्त–ग्रीष्म (पहाड़ों पर) तथा वसन्त ऋतु (मैदानी भागों में) की जाती है।

बीज दर व बीज शोधन

विलायती पालक का बीज दर किस्मों, मृदा के प्रकार तथा मौसम के अनुसार निर्धारित की जाती है। एक हेक्टेयर खेत की बुआई के लिए 25.0–35.0 किलो ग्राम बीज पर्याप्त होता है। कतारों में बीज की बुआई करने से मात्र 13.0–17.0 किलो ग्राम बीज लगता है। विलायती पालक का बीज दर ज्यादा है, क्योंकि औसतन 50 प्रतिशत नर निकलते हैं जो बहुत कमजोर होते हैं तथा बीज वृन्त बनने के पहले निकालना संभव नहीं होता है। एक वर्ष से अधिक पुराने बीज के प्रयोग करने पर 80 प्रतिशत से अधिक अंकुरण नहीं होता है। अध्ययन में यह पाया गया है कि पुराने बीजों में अंकुरण धीमी गति से तथा अनियमित रुप से होता है। बीज का शीघ्र, समान रुप से व अधिक अंकुरण प्राप्त करने के लिए बीज को हाइड्रोजन पराक्साइड (hydrogen peroxide) से उपचारित करना चाहिए (काट्जमैन एवं सहयोगी, 2001)। इसी प्रकार हुआँग एवं सहयोगी (2002) ने स्पष्ट किया कि विलायती पालक के बीज को पालीएथीलिन ग्लाइकाल घोल के 0.8 एमीए आस्मोटिक पोटैंशियल पर 4 दिन तक 10 डिग्री सेन्टीग्रेड तापक्रम पर प्राइमिंग (priming) करने से अंकुरण क्षमता अधिक पाई गयी तथा अंकुरण अवधि में कमी पाई गयी। इसके अलावा प्राइम्ड बीज में तेजी से अंकुरण हुआ और उनकी हरी पत्ती की उपज क्षमता बिना प्राइम किये बीज की तुलना में अधिक थी।

बुआई की विधि

विलायती पालक की बुआई सामान्यतया बीज को छिटक कर किया जाता है। कतारों में बुआई करने के लिए पंक्तियों से पंक्तियों की दूरी 30.0 सेन्टी मीटर तथा पौधे की दूरी 7.5–10.0 सेन्टी मीटर रखना चाहिए (नाथ एवं सहयोगी 1996)। बीज को जमीन में 1.0 सेन्टी मीटर की गहराई पर करना उपयुक्त रहता है।

पोषक तत्व प्रबंधन

विलायती पालक में खाद एवं उर्वरक का प्रयोग मृदा परीक्षण की संस्तुतियों के आधार पर किया जाना चाहिए। सामान्यतया इसकी अच्छी पैदावार लेने के लिए 50.0 टन/हेक्टेयर गोबर या कम्पोस्ट की अच्छी तरह सड़ी खाद खेत की तैयारी के समय मिट्टी में मिला देनी चाहिए। खड़ी फसल में 100.0 किलो ग्राम नत्रजन उर्वरक, 60 किलो ग्राम फास्फोरस तथा 60.0 किलो ग्राम पोटैशियम प्रति हेक्टेयर के हिसाब से खेत में डालना चाहिए। फास्फोरस व पोटैशियम की पूरी मात्रा तथा नत्रजन की एक चौथाई मात्रा बुआई के समय तथा नत्रजन की शेष 3/4 मात्रा को प्रत्येक कटाई के बाद देना चाहिए (चड्ढा, 2000)। नत्रजन के ज्यादा प्रयोग से पत्तियों में नाइट्रेट का संचयन होता है। मैग्नीशियम का खेत में प्रयोग करने से पत्तियाँ लम्बी, हरी तथा गूदेदार हो जाती हैं। अतः खेत में 12.0–15.0 किलो ग्राम इपोस्म साल्ट (eposm salt) का प्रयोग किया जाना उत्तम पाया गया है। अन्य सूक्ष्म तत्वों में मैंगनीज, बोरान तथा मालीब्डीनम का लाभदायक प्रभाव विलायती पालक पर पाया गया है।

सिंचाई जल प्रबन्धन

खेत में पर्याप्त नमी न होने के दशा में बीजों का अंकुरण कम होता है। अतः खेत में बीज बोने के बाद हल्की सिंचाई अवश्य करना चाहिए। वृद्धि काल में 2–3 सिंचाई की आवश्यकता पड़ती है। इसके बाद सिंचाई प्रत्येक कटाई के पश्चात् (8–10 दिन के अन्तराल पर) की जानी चाहिए। बलुई भूमि में प्रति सप्ताह 2.5 सेन्टी मीटर सिंचाई की जाती है।

निकाई गुड़ाई एवं खरपतवार प्रबन्धन

फसल की प्रारम्भिक अवस्था में सिंचाई के बाद अनेकों प्रकार के खरपतवार जैसे पार्थेनियम हिस्टेरोफेरस (*Parthenium hysterophorus*), दूब घास (*Cynodon dactylon*), मोथा (*Cyperus rotundus*), कोमेलिना बेंघालेन्सिस (*Commelina benghalensis*) आदि उग आते हैं (जाधव एवं सहयोगी, 2000)। खरपतवारों को प्रभावी रुप से कम करने के लिए सिंचाई के बाद 2–3 बार खुरपी की सहायता से निकालना उपयुक्त रहता है। इससे खेत की हल्की गुड़ाई भी हो जाती है, जिससे जड़ों में पूर्ण वातायन हो जाता है। इससे पौधों में विकास की गति तेज हो जाती है। रासायनिक रुप से खरपतवार नियंत्रण के लिए बीज जमाव पूर्व (pre-emergence) के रुप में पेंडिमेथिलिन 1.0 किलो ग्राम सक्रिय तत्व (a.i.) प्रति हेक्टेयर की दर से प्रयोग करना चाहिए। अन्य खरपतवारनाशी जैसे साइक्लोएट (Cycloate), एलाक्लोर (Alachlor) और लिनेसिल (Lenacil) का प्रयोग विलायती पालक में खरपतवार नियंत्रण के लिए किया जा सकता है। शोध से ज्ञात हुआ है कि विलायती पालक के पौधे एस–मिटैलोक्लोर के प्रति सहिष्णु होते हैं और इसकी 1.06 किलोग्राम मात्रा प्रति हेक्टेयर की दर से बीज जमाव के पूर्व प्रयोग की जा सकती है (फेनिमोरे एवं सहयोगी, 2001)।

फसल की कटाई

विलायती पालक की बीज बुआई के लगभग एक माह (30 दिन) बाद कटाई के योग्य हो जाते हैं। फसल की लगभग 4–5 बार कटाई 15 दिन के अन्तराल पर की जा सकती है। पौधों में बीज के डण्ठल निकल जाने पर कटाई बन्द कर देनी चाहिए।

उपज एवं भण्डारण

विलायती पालक की उपज 10.0–12.0 टन/हेक्टयर होती है। इसकी पत्तियों को 0^0 सेन्टीग्रेड तापमान एवं 95–100 प्रतिशत सापेक्ष आर्द्रता पर 10–14 दिन तक सफलतापूर्वक भण्डारित किया जा सकता है। नियंत्रित वातावरण भण्डारण (controlled atmopshere storage) में 10 प्रतिशत कार्बनडाई आक्साइड का स्तर पत्तियों को पीलापन से बचाता है तथा 5 डिग्री सेन्टीग्रेड तापक्रम पर 3 सप्ताह तक संरक्षित किया जा सकता है।

पौध संरक्षण

प्रमुख रोग एवं उनका प्रबन्धन

विलायती पालक में सामान्यतः निम्नलिखित रोगों का प्रकोप पाया गया है–

पत्ती धब्बा (Leaf spot)

विलायती पालक में पत्ती धब्बा रोग "हेटरोस्पोरियम वैरिएविली" (*Heterosporium variable*) एवं "फाइलोस्टिक्टा चिनोपोडिआई" (*Phyllosticta chenopodii* Sacc.) नामक कवकों से होता है। प्राथमिक लक्षण पत्ती के ऊपरी भाग पर प्रकट होता है। संक्रमित भाग मटमैला, जलशिक्त (water soaked) व वृत्ताकार धब्बा बनाता है।

प्रबन्धन

पर्णधब्बा विमारी को प्रभावी रुप से नियंत्रित करने के लिए बोर्डों मिश्रण (5:5:50) या बाविस्टिन का 0.50 किलो ग्राम मात्रा/हेक्टेयर की दर से छिड़काव करना चाहिए।

श्वेत किट्ट (White rust)

विलायती पालक में श्वेत किट्ट रोग एल्ब्यूगो आर्क्स।डेंटेलिस (*Albugo occidentalis*) नामक कवक से होता है। प्रथम लक्षण पत्तियों की निचली सतह पर अनियमित गोलाकार सफेद फफोले (blisters) के रुप में प्रकट होता है। बाद की अवस्था में पत्तियों की उपरी सतह पर सफेद या क्रीम रंग के धब्बे बनते हैं। रोग का संक्रमण जब विकराल रुप धारण करता है, तब पत्तियाँ सूखना प्रारम्भ करती है।

प्रबन्धन

- सामान्यतः 4–5 वर्ष का फसल चक्र अपनाये।
- संक्रमित पौधों को एकत्रित कर जला देना चाहिए।
- फसल पर बोर्डों मिश्रण (5:5:50) का छिड़काव उपयोगी है।

मृदुरोमिल आसिता (Downy mildew)

विलायती पालक में मृदुरोमिल आसिता बीमारी पेरोनोस्पोरा एफ्यूसा (*Peronospora effusa*) नामक कवक से होता है। संक्रमित पौधों की पत्तियों की निचली सतह पर रुई के समान उभरे हुए अनेक सफेद से लेकर कुछ पीले रंग के चकत्ते दिखाई पड़ते हैं। इस रोग के प्रभावी नियंत्रण के लिये मैंकोजेब या डालथेन जेड–78 का 0.3 प्रतिशत को घोल छिड़कना चाहिए।

प्रमुख कीट एवं उनका प्रबन्धन

कैटरपिलर (Caterpiller)

विलायती पालक में कैटरपिलर का प्रकोप कभी–कभी होता है, जो पत्तियों को काटकर नुकसान करता है। नियंत्रण के लिए नीम आधारित कीटनाशी जैसे–नींबीसिडिन, नीमगोल्ड आदि का प्रयोग लाभकारी है।

चौलाई (Amaranth)

वानस्पतिक नाम : एमरेंथस स्पीशीज (*Amaranthus* species)

कुल : एमरेंथेसी (Amaranthaceae)

गुणसूत्र संख्या : 2एन= 32, 34, 64

चौलाई ग्रीष्म कालीन पत्तीदार सब्जी है, जो बहुत कम समय में उपभोग के लिये तैयार हो जाती है। इसकी खेती करना बहुत आसान है। इतना नही नहीं चौलाई की उपज प्रति इकाई बहुत ज्यादा है। इस फसल को भारत के मैदानी भागों में लाल साग, चुलेरी साग या मरसा इत्यादि नामों से पुकारते हैं। पर्वतीय क्षेत्रों में चौलाई को रामदाना, मासा, चुआ, राजागिरा आदि नामों से जाना जाता है। इसकी कोमल पत्तियाँ तथा मुलायम व रसीली शाखाओं की सब्जी अकेले या आलू के साथ पकाकर खाने के प्रयोग में लायी जाती है। चौलाई की कुछ ऐसी किस्मयाँ हैं जिनको पत्तियों के साथ–साथ दानों के लिए उगाते हैं।

उद्‌भव एवं वितरण

चौलाई के कुछ पूर्वज व वंशज की उत्पत्ति उष्ण कटिबन्धी क्षेत्रों (भारत व चीन) ''एमरेंथस गेन्जेटिकम, एमरेंथस मेंगोस्टेनस, एमरेंथस पेनीकुलेटस तथा एमरेंथस एंगस्टीफोलियस से हुआ है ऐसा माना जाता है। अन्य जातियों की उत्पत्ति विभिन्न जलवायु क्षेत्रों जैसे–उत्तरी अमेरिका, मध्य अमेरिका, मेक्सिको, दक्षिण अमेरिका तथा भुमध्य सागरीय क्षेत्रों में मानी जाती है (जेवन एवं झुकोबस्की, 1975)। कुछ वनस्पति वैज्ञानिकों ने स्पष्ट किया कि एमरेंथस स्पाइनोसस, एमरेंथस हाइब्रिड्स और एमरेंथस डूबियस विशेष प्रकार की उष्ण कटिबन्धीय किस्मयाँ हैं, जबकि एमरेंथस रिट्रोप्लेक्सस, एमरेंथस विर्डिस, एमरेंथस लिविड्स और एमरेंथस ग्रैसीसिजेन्स शीतोष्ण प्रकार के खरपतवार हैं। अतः इसकी उत्पत्ति स्थल को निर्धारित करना कठिन है। इसी प्रकार दाने वाली चौलाई की किस्मयों की उत्पत्ति मध्य एवं दक्षिण अमेरिका से हुई। मुख्य रुप से पत्ती वाली किस्म एमरेंथस ट्राईकलर (*Amaranthus tricolor*) की उत्पत्ति दक्षिण या दक्षिण पूर्व एशिया और मुख्य रुप से भारत से हुई है। चौलाई को स्पेनिश शासकों ने अमेरिका से प्राप्त किया और इसकी खेती को पूर्णतया प्रतिबन्धित कर दिया। मेक्सिको में इसकी खेती 7000 वर्ष पूर्व व्यापक पैमाने पर होती थी। भारत वर्ष में इसकी खेती 2000 वर्ष पूर्व से की जा रही है। चौलाई के वितरण के सम्बन्ध में ऐसा मत है कि बौद्ध भिक्षुओं एवं मुस्लिम शासकों ने इसे विश्व के अन्य देशों में पहुँचाया। सोलहवीं शताब्दी में इसका उपरस्थापन यूरोप में सजावटी पौध के रुप में की गयी। वर्तमान समय में पत्ती वाली किस्म एमरेंथस डूबियस (*Amaranthus dubius*) मध्य अमेरिका, इण्डोनेशिया, भारत एवं अफ्रीका में फैली हुई है जबकि एमरेंथस लिविडस (*Amaranthus lividus*) दक्षिण एवं मध्य यूरोप में व्यापक स्तर पर पायी जाती है। एमरेंथस हाइपोकोनड्रियाकस का उपयोग 18वीं शताब्दी में भारत एवं श्रीलंका में दाने के लिए होता था तथा 19वीं शताब्दी में हिमालय के तराई क्षेत्रों में सब्जी व दाना दोनों खाने के रुप में किया जाने लगा। आजकल यह नेपाल, चीन, मुंचूरिया व उगाण्डा में लोकप्रिय है।

वानस्पतिक विवरण

वंश एमरेंथस (*Amaranthus*) के अन्तर्गत 60 से अधिक किस्मयाँ विभिन्न जलवायु क्षेत्रों में पायी जाती हैं, जिन्हें मुख्य रुप से दाने वाली, हरी पत्ती वाली, सब्जी वाली या खरपतवार के रुप में वर्गीकृत किया गया है। कुछ प्रमुख किस्मयों का विवरण नीचे की सारिणी में दिया गया है।

सारिणी (9.10) एमरेंथस् की कुछ प्रमुख किस्मयाँ एवं उनका वर्णन

क्र0सं0	किस्मयाँ	गुण सूत्र सं0 (2एन=)	वर्णन
1.	एमरेंथस ट्राइकलर (*Amaranthus tricolor* L.)	34	यह उगाई जाने वाली किस्म है, इसके बीजों का रंग काला होता है। इसे बड़ी चौलाई के नाम से जानते हैं।
2.	एमरेंथस ब्लीटम (*Amaranthus blitum* L.)	32	इसे छोटी चौलाई कहते हैं, इसे सब्जी के लिए उगाया जाता है और इसके बीजों का रंग काला होता है।
3.	एमरेंथस विर्डिस (*Amaranthus virdis* L.)	34	यह सामान्य रुप से खरपतवार के रुप में उगती है। इसके बीज काले रंग के होते हैं।
4.	एमरेंथस स्पाइनोसस (*Amaranthus spinosus* L.)	34	यह किस्म भी खरपतवार के रुप में उगती है तथा इसके पौधे पर काँटें पाये जाते हैं। बीज काले रंग के होते हैं।
5.	एमरेंथस डूबियस (*Amaranthus dubius* Mart. ex 'Thellung)	64	यह खरपतवार के रुप में उगती है तथा इसको पत्तियों के लिए भी उगाया जाता है। बीज काले रंग के होते हैं।
6.	एमरेंथस रिट्रोपलेक्सस (*Amaranthus retroflexux* L.)	32	यह किस्म भी खरपतवार के रुप में उगती है। बीज काले रंग के होते हैं।
7.	एमरेंथस हाइब्रिडस (*Amaranthus hybridus* L.)	---	यह भी किस्म खरपतवार के रुप में उगती है। इसे बीज के लिए उगाते हैं।
8.	एमरेंथस हाइपोक्रोनड्रिएकस (*Amaranthus hypoc hrondriacus* L.)	32	इसे पत्ती, बीज तथा शोभा के लिए उगाते हैं। इसके बीज सफेद, भूरे या काले रंग के होते हैं।
9.	एमरेंथस कुएन्टस (*Amaranthus cruentus* L.)	32	इसे पत्ती, बीज तथा शोभाकारी पौधों के लिए उगाते हैं। बीज का रंग सफेद, भूरा या पीला होता है।
10.	एमरेंथस कौडेटस (*Amaranthus caudatus* L.)	32	इस किस्म को सामान्य रुप से पत्ती बीज तथा शोभाकारी पौध के रुप में उगाया जाता है। बीज सफेद रंग के होते हैं जिनका किनारा लाल होता है।

भारतवर्ष उपरोक्त किस्मयों में से एमरेंथस ब्लीटम या बड़ी चौलाई (*Amaranthus blitum*) तथा एमरेंथस ट्राइकलर या छोटी चौलाई (*Amaranthus tricolor*) को ही प्रमुखता से उगाया जाता है। किस्म एमरेंथस ट्राइकलर को ही एमरेंथस मेलैनकोलिकस (*Amaranthus melancholicus*), एमरेंथस मैंगोस्टैनस (*Amaranthus mangostanus*) तथा एमरेंथस गैगेटिकस (*Amaranthus gangeticus*) के रुप में नामांकित किया जाता है (पीटर, 1998)। इसी प्रकार एमरेंथस ब्लीटम को ही एमरेंथस ब्लीटम वार० ओलेरेसियस (*Amaranthus blitum* var. *oleraceus*) कहते हैं तथा एमरेंथस लिविडस (*Amaranthus lividus*), एमरेंथस क्रुएन्टस (*Amaranthus cruentus*) को एमरेंथस पैनीकुलेटस (*Amaranthus paniculatus*) के रुप में पहचान की जाती है। चौलाई की दाने वाली किस्मयों के अन्तर्गत एमरेंथस हाइब्रिड्स (*Amaranthus hybridus*), एमरेंथस कोडेटस उपनाम एमरेंथस ग्रासिलिस (*Amaranthus caudatus* syn. *Amaranthus graculis*), एमरेंथस रिट्रोफ्लेक्सस (*Amaranthus retroflexus*), एमरेंथस एल्बस (*Amaranthus albus*) और एमरेंथस ग्रेसिसिजेन्स उपनाम एमरेंथस ब्लिट्वायस, एमरेंथस अंगस्टीफोलियस (*Amaranthus gracecizans* syn. *Arnaranthus blitoids*, *Anaranthus angustifolius*) आती है।

चौलाई की विभिन्न स्पीशीज में विभिन्न गुण जैसे पौधों की ऊचाई (30.0–100.0 सेन्टी मीटर), आकार–प्रकार, पत्तियों के रंग–रुप, शाखाओं तथा काँटों की स्थिति एवं कटाई के बाद पुनः बढ़ने की क्षमता आदि भिन्न होती है (नाथ एवं सहयोगी, 1996)। वैसे चौलाई का पौधा शाकीय, सीधा रेंगकर बढ़ने वाला होता है, जिस पर स्पीशीज के अनुसार कम या अधिक शाखाएँ पाई जाती हैं। जड़ें मूसला एवं तना हरा या बैगनी या मिश्रित रंग वाला होता है। पत्तियाँ पूर्ण, शीर्ष नुकीला तथा उनका रंग सामान्यतः हरा या बैगनी होता है। चौलाई के पुष्प बैगनी या गहरे हरे रंग से लेकर नारंगी होते हैं। पुष्प का आकार छोटा, नियमित, एकलिंगी तथा उभयलिंगाश्रयी (monoecuous) होते हैं। चौलाई की कुछ किस्मयाँ पृथकलिंगी (dioecious) होती हैं। पुंकेसर 2–5, पेरियन्थ के विपरित परागकोष एक या द्विकोषीय, कार्पेल्स 2–3, संयुक्त, वर्तिकाग्र एकल या 2–3 शाखाओं में विभक्त, फल पेरियन्थ (perianth) से ढका होता है। बीज सामान्यतः काले, भूरे या सफेद रंग के होते हैं। चौलाई में हवा द्वारा परागण (anemophily) होता है अतः परपरागित (cross pollinated) फसल है, जबकि अधिक संख्या में परागकण बनने के कारण स्वपरागित भी है। प्रोटोगाइनस (protogynous) प्रकृति के कारण एलोगैमी (allogamy) भी होता है। कुछ पृथककृत पौधों में आटोगैमी (autogamy) प्रकृति भी मिलती है।

वानस्पतिक दृष्टि से चौलाई 4 कार्बन चक्र (C_4 plant) समूह का पौधा है, जिसमें प्रकाश संश्लेषण की अद्भूत क्षमता होने के कारण सूर्य के प्रकाश का पूर्ण उपयोग करती है। अन्य 4 कार्बन चक्र वाले पौधों की तुलना में इसमें शीघ्र एवं तेज गति से वृद्धि होती है और जीवन चक्र थोड़े समय में ही पूरा हो जाता है। स्वांगीकरण की प्रक्रिया तेज होती है, लेकिन कार्बनडाइ आक्साइड की क्षतिपूर्ति बिन्दु तथा वाष्पोत्सर्जन गुणांक कम होता है (मार्टिन तथा टेलक, 1979 तथा सानमुगावेलु, 1989)। चौलाई की किस्म एमरेंथस ट्राईकलर में अल्प अवधि से लाल रंग की पत्तियाँ अधिक बनती हैं। विश्लेषण में पाया गया कि कम हरित लवक का निर्माण अपेक्षाकृत अधिक लाल वर्णक (बीटा साइनिन) बनने से अधिक प्रभावी था (इवोमोटो एवं सहयोगी, 2001)।

पोषकीय महत्व

चौलाई की पत्तियाँ पोषण की दृष्टि से बहुत ही उपयोगी हैं। इनमें आयरन, कैल्सियम विटामिन 'ए', 'सी', फोलिक अम्ल तथा अन्य सूक्ष्म तत्व प्रचुर मात्रा में पाये जाते हैं। चौलाई के पोषक मूल्य को नीचे की सारिणी में दिया गया है—

सारिणी (9.11) चौलाई का पोषक मूल्य (प्रति 100 ग्राम खाने योग्य भाग में)

पोषक तत्व	मात्रा
नमी	85.7 ग्राम
प्रोटीन	4.0 ग्राम
वसा	0.5 ग्राम
रेशा	1.0 ग्राम
अन्य कार्बोहाइड्रेट्स	6.3 ग्राम
ऊर्जा	46 किलो कैलोरी
कैल्सियम	397.0 मिली ग्राम
मैग्नीशियम	247.0 मिली ग्राम
फास्फोरस	83.0 मिली ग्राम
सोडियम	230.0 मिली ग्राम
कापर	0.33 मिली ग्राम
क्लोरीन	88.0 मिली ग्राम
पोटैशियम	341.0 मिली ग्राम
सल्फर	61.0 मिली ग्राम
आयरन	25.5 मिली ग्राम
आक्जेलिक अम्ल	772.0 मिली ग्राम
विटामिन 'ए'	9200 अंतर्राष्ट्रीय इकाई
थाइमिन	0.03 मिली ग्राम
रिबोफ्लेबिन	0.10 मिली ग्राम
नियासिन	1.0 मिली ग्राम
विटामिन 'सी'	99.0 मिली ग्राम

स्रोत: गोपालन एवं सहयोगी, 1999

चौलाई की पत्तियों में 15.2–53.6 प्रतिशत आयरन (रेड्डी एवं कुलकर्णी, 1986) तथा प्रोटीन 17.4–33.5 प्रतिशत शुष्क भार के आधार पर पाई जाती है (ट्यूटोनिको एवं कनार, 1985)। इसमें पाच्य प्रोटीन 80.0 प्रतिशत होता है, जिसका जैव मूल्य 75–80 प्रतिशत होता है (किदवई एवं जैन, 1969)। पत्तियों में 220 पी0पी0एम0 विटामिन 'के' पाया जाता है (गंजू एवं पूरी, 1959)।

सारिणी (9.12) चौलाई की विभिन्न किस्मयों में पाये जाने वाले प्रोटीन तथा एमीनो एसिड

एमीनो एसिड	चौलाई की प्रजातियाँ		
	अमरेन्थस काडेटस	अमरेन्थस हाइपोकान्ड्रीकस	अमरेन्थस कुरेन्टस
लाइसीन	5.3 मिली ग्राम	5.5 मिली ग्राम	5.1 मिली ग्राम
हिस्टीडीन	2.5 मिली ग्राम	2.5 मिली ग्राम	2.4 मिली ग्राम
थिरोनीन	3.5 मिली ग्राम	3.6 मिली ग्राम	3.4 मिली ग्राम
मिथोनीन	2.3 मिली ग्राम	2.1 मिली ग्राम	2.1 मिली ग्राम
वेलाइन	2.4 मिली ग्राम	2.6 मिली ग्राम	1.9 मिली ग्राम
आइसोलीयोसीन	4.1 मिली ग्राम	4.5 मिली ग्राम	4.2 मिली ग्राम
लीयोसीन	3.6 मिली ग्राम	3.9 मिली ग्राम	3.6 मिली ग्राम
ट्राइयोसीन	5.3 मिली ग्राम	5.7 मिली ग्राम	5.1 मिली ग्राम
फिनेलेमाइन	2.8 मिली ग्राम	3.3 मिली ग्राम	2.6 मिली ग्राम
सिराइन	3.4 मिली ग्राम	4.0 मिली ग्राम	3.4 मिली ग्राम
गलाइसीन	5.9 मिली ग्राम	6.3 मिली ग्राम	5.4 मिली ग्राम

चौलाई की एमरेन्थस (ट्राइकलर) किस्म में विभिन्न प्रकार के एमीनो एसिड भी प्रचुर मात्रा में पाया जाता है।

सारिणी (9.13) चौलाई की एमरेंथस ट्राइकलर किस्म में एमीनो एसिड की मात्रा

एमीनो एसिड	मात्रा
अर्जीनिन	240.0 मिली ग्राम
हिस्टीडीन	130.0 मिली ग्राम
लाइसिन	250.0 मिली ग्राम
ट्रिप्टोफन	070.0 मिली ग्राम
फिनाइल एलेनिन	180.0 मिली ग्राम
टाइरोसिन	150.0 मिली ग्राम
मेथिओनिन	070.0 मिली ग्राम
सिस्टीन	040.0 मिली ग्राम
थ्रिओनिन	140.0 मिली ग्राम
ल्यूसिन	370.0 मिली ग्राम
आइसोल्यूसिन	290.0 मिली ग्राम
वैलीन	280.0 मिली ग्राम

चौलाई की पत्तियाँ अनेकों खनिज तत्वों की प्रमुख स्रोत है

सारिणी (9.14) पत्तियों में पाये जाने वाले खनिज तत्व (प्रति 100 ग्राम खाने योग्य भाग में)

खनिज तत्व	मात्रा
मैग्नीशियम	122.0 मिली ग्राम
सोडियम	230.0 मिली ग्राम
पोटैशियम	341.0 मिली ग्राम
कापर	0.08 मिली ग्राम
मैगनीज	0.36 मिली ग्राम
मालीब्डेनम	0.130 मिली ग्राम
जिंक	0.18 मिली ग्राम
क्रोमियम	0.007 मिली ग्राम
सल्फर	6.0 मिली ग्राम
क्लोरीन	88.0 मिली ग्राम

चौलाई में विटामिन 'ए' बीटा कैरोटीन के रुप में पाया जाता है। बीटा कैरोटीन विटामिन 'ए' का पूर्वगामी (precursor) पदार्थ है। चौलाई की पत्तियों में पाये जाने वाले विभिन्न प्रकार के कैरोटीन को सारिणी में दिया गया है–

सारिणी (9.15) चौलाई की पत्तियों में पाये जाने वाले कैरोटिन

कैरोटिन	मात्रा (माईक्रोग्राम प्रति 100 ग्राम)
बीटा कैरोटिन	110.0
अल्फाक्रिप्टोजैंथिन	1.3
ल्यूटिन+वाइओलेजैंथिन	237.0
जिया जैंथिन	8.2
नीओ जैंथिन	43.0
सम्पूर्ण	**400.0**

चौलाई की पत्तियों में 'आक्सलेटस्' (oxalates) एवं 'नाइट्रेट्स''(nitrates) नामक हानिकारक पदार्थ पाये जाते हैं (सिरोही, 1991)। चौलाई में आक्सलेट 1.0–2.0 प्रतिशत पाया जाता है जिसे अगर 15 मिनट तक उबालकर खाया जाये तो अच्छा है। चौलाई की डंठल तथा तना द्वारा नाइट्रेट का अधिक अवशोषण कर संचयन किया जाता है। अतः इनको प्रयोग करते समय निकाल देना चाहिए। उबालने से भी नाइट्रेट की मात्रा कम होती है।

सारिणी (9.16) चौलाई की स्पीशीज में पाये जाने वाले आक्जलेट व नाइट्रेट की मात्रा

प्रजातियाँ		आक्जलेट (प्रतिशत)	नाइट्रेट (प्रतिशत)
एमरेंथस ट्राइकलर	(*Amaranthus tricolor*)	4.61	0.68
एमरेंथस लिविडस	(*Amaranthus lividus*)	4.30	0.33
एमरेंथस विरिडिस	(*Amaranthus viridis*)	4.27	0.63
एमरेंथस डुबीयस	(*Amaranthus dubius*)	3.77	0.20
एमरेंथस हाइपोक्रोनड्रिएकस	(*Amaranthus hypochrondriacus* L.)	3.66	0.55
एमरेंथस कुएन्टस	(*Amaranthus cruentus* L.)	3.94	0.53
एमरेंथस कौडेटस	(*Amaranthus caudatus* L.)	3.60	0.48
एमरेंथस स्पीनोसस	(*Amaranthus spinosus*)	5.10	0.69

स्रोतः मल्लिका, 1987

चौलाई के बीजों की गुणवत्ता अन्य अनाजों की तुलना में अच्छा होता है।

सारिणी (9.17) चौलाई के बीजों की गुणवत्ता

	चौलाई की बीजों की अन्य अनाजों की तुलना में पौष्टिक गुणवत्ता									
अनाजों के नाम	नमी (ग्राम)	प्रोटीन (ग्राम)	वसा (ग्राम)	खनिज (ग्राम)	तंतु (ग्राम)	कार्बोहा–इड्रेट (मि0ग्रा0)	कैल्सि–यम (मि0ग्रा0)	फास–फोरस (मि0ग्रा0)	लोहा (मि0ग्रा0)	ऊर्जा कैलोरी
चौलाई	2.5	4.4	1.5	0.8	0.6	18.7	63.0	185.0	–	106
गेंहूँ	3.6	3.6	0.4	0.4	0.3	20.2	14.0	91.0	1.5	98
चावल	4.1	1.9	0.2	0.2	–	22.0	3.0	45.0	0.5	97
ज्वार	3.3	3.0	0.5	0.5	–	21.0	8.0	79.0	1.8	101
बाजरा	3.5	3.3	1.4	0.6	0.3	19.1	14.0	99.0	3.1	102
झंगोरा	3.7	2.0	0.4	0.6	–	21.7	94.0	77.0	1.5	98
मक्का	4.2	3.2	1.0	0.4	0.8	18.8	3.0	93.0	0.6	97

उन्नतिशील किस्में

चौलाई की अनेकों उन्नतिशील किस्में विकसित की गयी हैं। स्पीशीज के अनुसार निम्नलिखित समूहों में बाँटा जा सकता है–

1. ट्राईकलर (*Amaranthus tricolor* L.)
2. एमरेंथस ब्लीटम (*Amaranthus blitum* L.)
3. एमरेंथस डूबियस (*Amaranthus dubius*)
4. एमरेंथस ट्रिस्टीस (*Amaranthus tristis*)
5. एमरेंथस हाइपोकोनड्रिएकस (*Amaranthus hypochrondriacus*)

1. एमरेंथस ट्राईकलर (*Amaranthus tricolour* L.)

सामान्यतः इसे छोटी चौलाई के नाम से जाना जाता है, लेकिन बड़ी पत्तीदार किस्में भी उपलब्ध हैं। इस समूह की प्रमुख किस्में निम्न हैं–

कोयम्बटूर–2 (CO-2)

इस किस्म का विकास तमिलनाडु कृषि विश्वविद्यालय, कोयम्बटूर (तमिलनाडु) द्वारा स्थानीय जनन द्रव्य के संकलन से चयन पद्धति द्वारा सन् 1976 में किया गया। इस किस्म की पत्तियाँ हरे रंग की, लम्बी तथा उपर की तरफ नुकीली होती हैं तथा तना भी हरे रंग के तथा बहुत ही मुलायम होते हैं। यह शीघ्र बढ़ने वाली अगेती किस्म है, जिसकी प्रथम कटाई बीज बुआई के मात्र 25 दिन बाद की जा सकती है। हरी पत्तियों की उपज 40.0 टन/हेक्टेयर होती है। जब इस किस्म की बुआई बीज के लिए की जाती है, तो फसल 85–90 दिनों में तैयार हो जाती है। प्रति पौध बीज की उपज 48.0 ग्राम होती है। यह किस्म रोग एवं कीट के प्रति सहिष्णु है।

कोयम्बटूर–5 (CO-5)

इस किस्म का विकास तमिलनाडु कृषि विश्वविद्यालय, कोयम्बटूर (तमिलनाडु) द्वारा आयातित जननद्रव्य के संकलन से चयन करके किया गया है। पत्तियों में दो रंग हरा व गुलाबी (green and pink) होता है जो विकास की प्रारम्भिक अवस्था में कुछ गुच्छेदार प्रतीत होती है। तना काफी मुलायम होता है। इस किस्म की प्रथम कटाई बीज बुआई के 25 दिनों बाद की जा सकती है। औसत उपज 40.0 टन प्रति हेक्टेयर होती है।

पूसा बड़ी चौलाई (Pusa Badi Chaulai)

इस किस्म का विकास भारतीय कृषि अनुसंधान संस्थान, नई दिल्ली द्वारा स्थानीय जननद्रव्यों से चयन करके किया गया है। इसका तना काफी मोटा (3.0–4.0 सेन्टी मीटर व्यास का), हरे रंग का तथा रसीला होता है। पत्तियाँ हरे रंग की चौड़ी तथा 6.0–8.0 सेन्टी मीटर लम्बी होती हैं। प्रत्येक कटाई के बाद अच्छी वृद्धि होती है तथा लम्बे समय तक कटाई चलती रहती है। यह वर्षा व ग्रीष्म ऋतु में उगाने के लिये एक उपयुक्त किस्म है। इसमें पहली कटाई बीज बुआई के 3–4 सप्ताह बाद की जाती है। ग्रीष्म ऋतु में 6–8 कटाई की जा सकती है।

पूसा किरण (Pusa Kiran)

इस किस्म का विकास भारतीय कृषि अनुसंधान संस्थान, नई दिल्ली द्वारा अन्तः किस्म एमरेंथस ट्राईकलर × एमरेंथस ट्रिस्टीस (*Amaranthus tricolor* x *Amaranthus tristis*) के संकरण व चयन पद्धति से किया गया है, लेकिन इसमें प्रभावी गुण एमरेंथस ट्राईकलर के ही होते हैं। तना तथा पत्तियाँ दोनों चमकीली व चिकनी होती है। यह किस्म बुआई के 25 दिन बाद कटाई के लिये तैयार हो जाती है तथा 70–75 दिन तक लगातार कटाई योग्य बनी रहती है। इसकी औसत उपज 35.0 टन/हेक्टेयर होती है। यह वर्षाकालीन फसल के रुप में प्रचलित है।

सारिणी (9.18) पूसा किरण की उत्पादकता का अन्य किस्मों के साथ तुलनात्मक अध्ययन

	पूसा किरण की उत्पादकता (खरीफ मौसम में)						
किस्म	**उपज (टन / हेक्टेयर)**				**प्रथम कटाई की अवधि**	**कटाई की अवधि**	**फूल आने का समय**
	1987	**1988**	**1989**	**1990**			
पूसा कीर्ति	–	32.36	36.80	35.05	21–25	70–75	90–100
पूसा किरण	1.09	29.36	–	28.07	21–25	54–65	75–85
बड़ी चौलाई	14.91	24.73	20.00	23.00	21–25	39–45	60–75
को. 2	–	22.79	18.62	21.05	21–25	34–40	55–65

स्रोतः सिरोही एवं शिवाकामी, 1995

अर्का सगुन (Arka Sagun)

इस किस्म का विकास भारतीय बागवानी अनुसंधान संस्थान, बेंग्लुरू (कर्नाटक) द्वारा ताइवान से आयातित जननद्रव्य ''आई0आई0एच0आर0–13560'' से विशुद्ध वंश चयन (pure line selection) से किया गया है (वारालक्ष्मी एवं सहयोगी, 1996)। इसकी कई बार कटाई की जा सकती है। इस किस्म में पहली कटाई बीज बुआई के 24 दिन बाद तथा इसके बाद की कटाई 10–12 दिन के अन्तराल पर की जा सकती है। इस किस्म की सबसे बड़ी विशेषता यह है कि यह 90 दिनों तक वानस्पतिक वृद्धि की अवस्था में रहती है। इसकी औसत उपज 25.0–30.0 टन / हेक्टेयर होती है। इस किस्म में 'सफेद किट्ट' (white rust) नामक बीमारी का प्रकोप नहीं होता है।

अर्का अरुणिमा (Arka Arunima)

इस किस्म को भी भारतीय बागवानी अनुसंधान संस्थान, बेंग्लुरू (कर्नाटक) द्वारा आई0आई0एच0आर0–45 किस्म से विशुद्ध वंश चयन (pure line selection) द्वारा विकसित किया गया है। इस किस्म के पौधों की पत्तियाँ बैंगनी रंग की होती है। बैंगनी रंग की पत्तियों की किस्में प0 बंगाल तथा केरल में काफी प्रचलित हैं। इसकी औसत उपज 27.60 टन प्रति हेक्टयर है। यह किस्म व्हाइट रस्ट (white rust) रोग के प्रति अवरोधी है।

पूसा लाल चौलाई (Pusa Lal Chaulai)

इस किस्म का विकास भारतीय कृषि अनुसंधान संस्थान, नई दिल्ली द्वारा किया गया है। इसकी पत्तियाँ तथा दाना, दोनों लाल रंग की होती हैं। सामान्यतया पत्तियाँ 8.5 सेन्टी मीटर लम्बी तथा 6.5 सेन्टी मीटर चौड़ी होती हैं। पर्णवृन्त की लम्बाई 4.2 सेन्टी मीटर होती है। तना और पत्ती का अनुपात 1:5 का होता है। इसकी पहली कटाई वसन्त–ग्रीष्म ऋतु में 33 दिन बाद तथा खरीफ में 24 दिन बाद मिलती है। इसकी औसत उपज 45.0 टन / हेक्टेयर है।

अरूण (Arun)

चौलाई की अरूण किस्म का विकस अमरेन्थस ट्राई कलर से केरल कृषि विश्वविद्यालय (केरल) द्वारा स्थानीय जनन द्रव्य ''पालाप्पुर लोकल'' से समूह चयन पद्धति से किया गया है। इस किस्म से पौधों में अनेकों बार कटाई की जा सकती है। पत्तियाँ मैरून लाल रंग की 25 सेन्टी मीटर लम्बी तथा 11 सेन्टी मीटर चौड़ी होती है। इस किस्म से औसतन 20.1 टन प्रति हेक्टेयर उपज प्राप्त होती है।

मोहिनी (Mohini)

चौलाई की मोहिनी किस्म का विकस अमरेन्थस ट्राई कलर से केरल कृषि विश्वविद्यालय (केरल) द्वारा स्थानीय जनन द्रव्य से समूह चयन पद्धति से किया गया है। इस किस्म से पौधों में अनेकों बार कटाई की जा सकती है। पत्तियाँ हरे रंग की होती है। और तने का रंग प्रारम्भिक अवस्था में हल्का बैगनी रंग का होता है। इस किस्म की कटाई 8–10 बार की जा सकती है। औसत उपज 13.2 टन प्रति हेक्टेयर प्राप्त होती है।

रेनू श्री (Renu shri)

चौलाई की रेनू श्री किस्म का विकस अमरेन्थस ट्राई कलर से केरल कृषि विश्वविद्यालय (केरल) द्वारा स्थानीय जनन द्रव्य से समूह चयन पद्धति से किया गया है। इस किस्म से पौधों में अनेकों बार कटाई की जा सकती है। इस किस्म की पत्तियाँ लाल हरे रंग की होती है। पत्ती : तना का अनुपात 1:10 का होता है। औसत उपज 15.50 टन प्रति हेक्टेयर प्राप्त होती है।

कृष्णा श्री (Krishna shri)

चौलाई की कृष्णा श्री किस्म का विकस अमरेन्थस ट्राईकलर से केरल कृषि विश्वविद्यालय (केरल) द्वारा स्थानीय जनन द्रव्य से समूह चयन पद्धति से किया गया है। इस किस्म से पौधों में अनेकों बार कटाई की जा सकती है। सामान्यतः पत्तियाँ लाल हरे रंग की होती है। पत्ती : तना का अनुपात 1:10 का होता है। औसत उपज 14.8 टन प्रति हेक्टेयर प्राप्त होती है।

2. एमरेंथस डुबियस (*Amaranthus dubius*)

कोयम्बटूर–1 (CO-1)

इस किस्म का विकास तमिलनाडु कृषि विश्वविद्यालय, कोयम्बटूर (तमिलनाडु) से स्थानीय जननद्रव्य संकलन से चयन पद्धति द्वारा किया गया है। इसकी पत्तियाँ गहरे हरे रंग की तथा पत्तियों पर कुछ धारियाँ होती हैं। तना गोल, मुलायम तथा हरे रंग का होता है। बीज बुआई के 25–30 दिन बाद तीव्र गति से पौधों में वानस्पतिक वृद्धि होती है। अतः पहली कटाई 30–35 दिन बाद होती है। हरी पत्तियों का औसत उपज 10.0 टन/हेक्टेयर है। इसमें बीज 90 दिन बाद पक जाते हैं। प्रति पौध बीज उपज 13.0 ग्राम होती है।

3. एमरेंथस ट्रिस्टीस (*Amaranthus tristis*)

कोयम्बटूर–3 (CO-3)

यह किस्म एमरेंथस ट्राईकलर की किस्म ट्रिस्टीस है, जिसका विकास तमिलनाडु कृषि विश्व–विद्यालय, कोयम्बटूर (तमिलनाडु) से स्थानीय जननद्रव्य संग्रहण से चयन करके किया गया है। यह किस्म ग्रीष्म व वर्षा कालीन मौसम के लिए उपयुक्त हैं। इसके पौधे में अनेक शाखाएँ विकसित होती हैं, सामान्यतः 20 दिन के अन्तराल पर 8-10 कटाई की जा सकती है। इसकी हरी पत्तियों की उपज लगभग 30.0 टन/हेक्टेयर होती है। इसकी बीज फसल 85–90 दिन में तैयार हो जाती है।

4. एमरेंथस ब्लीटम (*Amaranthus blitum* L.)

पूसा कीर्ति (Pusa Kirti)

इस किस्म का विकास भारतीय कृषि अनुसंधान संस्थान, नई दिल्ली द्वारा किया गया है। पत्तियाँ हरे रंग की चौड़ी, 6.0–8.0 सेन्टी मीटर लम्बी तथा डंठल 3.0–4.0 सेन्टी मीटर मीठा होता है। इसमें तने और पत्ती का अनुपात 1.34 का होता है। पत्तियों की पहली कटाई बुआई के 30–35 दिन बाद की जाती है तथा 70–90 दिन की अवधि तक कटाई की जाती है। इसकी औसत उपज 55.0 टन/हेक्टेयर है। यह यह ग्रीष्म ऋतु में उगाने के लिए सबसे उपयुक्त फसल है। तना हरा और मुलायम होता है।

सारिणी (9.19) पूसा कीर्ति की उत्पादकता (ग्रीष्म काल में)

किस्म	उपज (टन/ हेक्टेयर)				प्रथम कटाई की अवधि	कटाई की अवधि	फूल आने का समय
	1987	1988	1989	1990			
पूसा कीर्ति	52.73	53.33	65.97	5104	30–35	70–80	100–120
पूसा किरण	–	–	52.84	38.00	30–35	70–80	100–115
बड़ी चौलाई	40.12	41.21	40.30	34.47	30–35	60–70	90–105
को0 2	–	39.92	37.33	34.03	30–35	40–50	70–85

पूसा छोटी चौलाई (Pusa Choti Chaulai)

पूसा छोटी चौलाई का विकास स्थानीय जननद्रव्य से चयन करके भारतीय कृषि अनुसंधान संस्थान, नई दिल्ली ने विकसित किया है। इस किस्म के पौधे छोटे, सीधे तथा कमजोर तना वाले होते हैं। पत्तियाँ छोटी तथा हरे रंग की होती हैं। ग्रीष्मकाल में अगेती तथा वर्षाकाल में मुख्य फसल के रुप में उगाई जा सकती है। प्रत्येक कटाई के बाद तेजी से वृद्धि करती हैं।

5. एमरेंथस हाइपोकोनड्रिएकस (*Amaranthus hypochondriacus*)

कोयम्बटूर–4 (CO-4)

इस किस्म का विकास तमिलनाडु कृषि विश्वविद्यालय, कोयम्बटूर (तमिलनाडु) से स्थानीय जनन द्रव्य से चयन कर किया गया है। इसकी पत्तियाँ हरी व लम्बी होती हैं तथा शीर्ष काफी नुकीला होता है। तना मुलायम और हरे रंग का होता है। यह किस्म दाने तथा पत्ती दोनों के लिए उपयुक्त है।

जलवायु

चौलाई नम एवं उष्ण जलवायु की फसल है, इसलिए इसकी खेती भारत के मैदानी भागों में गर्मी एवं बरसात दोनों ऋतुओं में सफलतापूर्वक की जाती है। चौलाई की खेती मैदानी भागों से लेकर 8000 फुट की ऊँचाई तक पहाड़ों पर आसानी से की जा सकती है। कम तापमान वाले पहाड़ी क्षेत्रों में जब गर्मी पड़ती है, इसकी खेती की जाती है। इसके लिए उपयुक्त तापक्रम 25–30 डिग्री सेन्टीग्रेड है। जब मृदा तापक्रम 20 डिग्री सेन्टीग्रेड या उससे अधिक होता है, तो बीजों का जमाव अच्छा होता है। वैसे चौलाई की विभिन्न किस्में विभिन्न तापमान व जलवायु तथा विभिन्न प्रकाश काल में बढ़ते हैं, लेकिन ज्यादातर प्रभेद (species) 12 घण्टे से कम दिनमान (day length) में पुष्पन करते हैं।

भूमि तथा भूमि की तैयारी

चौलाई की खेती किसी भी प्रकार की भूमि में की जा सकती है, लेकिन भूमि में जल निकास का उत्तम प्रबन्ध होना चाहिए, नहीं तो जल जमाव से पौधे पीले पड़ जाते हैं। इसके लिए उर्वर दोमट मिट्टी अति उत्तम होती है। मिट्टी का सर्वोत्तम पी0एच0 मान 5.5–7.5 उपयुक्त है। चौलाई की कुछ ऐसी भी किस्में हैं, जिन्हें 10.0 पी0एच0 मान वाली मिट्टी में सफलतापूर्वक उगाया जा सकता है। चूँकि चौलाई के बीज सीधे खेत में छिटक कर बुआई की जाती है, अतः खेत को भुरभुरी बनाने के लिए खेत की 3–4 बार गहरी जुताई करनी चाहिए व प्रत्येक जुताई के बाद पाटा चला देना चाहिए, जिससे ढेलें टूट जायें तथा मिट्टी भुरभुरी हो जायें। इसके बाद खेत में इच्छानुसार लम्बाई व चौड़ाई की क्यारियाँ बना ली जाती है।

पोषक तत्व प्रबन्धन

चौलाई की फसल लेने के लिए प्रेम नाथ (1976) के अनुसार 25.0–30.0 टन गोबर की अच्छी सड़ी खाद मिट्टी में खेत की तैयारी करते समय मिला देनी चाहिए। इसके अलावा फसल की अच्छी वृद्धि के लिए 27.0 किलो ग्राम नत्रजन, 27.0 किलो ग्राम फास्फोरस तथा 54.0 किलो ग्राम पोटाश/हेक्टेयर की आवश्यकता होती है। नत्रजन युक्त उर्वरक का छिड़काव 3 बार में करना चाहिए प्रथम छिड़काव बुआई के एक माह बाद, दूसरा तथा तीसरा छिड़काव पहली और दूसरी कटाई के तुरन्त बाद किया जा सकता है। फास्फोरस एवं पोटाश वाले उर्वरकों को बुआई के समय खेत में डाल देना उचित होगा। भारतीय कृषि अनुसंधान परिषद (1961) ने 25.0 किलो ग्राम नत्रजन, 25.0 किलो ग्राम फास्फोरस एवं 50.0 किलो ग्राम पोटाश/हेक्टेयर के मिश्रण को खेत की तैयारी

के समय तथा 25.0 किलो ग्राम नत्रजन/हेक्टेयर हिसाब से प्रत्येक कटाई के बाद छिड़काव करने की सिफारिश की है। कटाई या छँटाई की जाने वाली किस्म जैसे–कोयम्बटूर–3 (CO-3) के लिए 75.0 किलो ग्राम नत्रजन, 25.0 किलो ग्राम फास्फोरस तथा 25.0 किलो ग्राम पोटाश/हेक्टेयर प्रयोग की संस्तुति की गयी है। ज्यादा नत्रजन के प्रयोग से पत्तियों में नाइट्रोजन की मात्रा का एकत्रीकरण ज्यादा होता है, अतः संस्तुत मात्रा का ही प्रयोग करना चाहिए।

बुआई का समय

मैदानी भागों में इसकी बुआई ग्रीष्म कालीन फसल के लिए फरवरी–मार्च में तथा बरसात में जून–जुलाई में खेत की तैयारी अच्छी प्रकार से करके की जाती है। पहाड़ी इलाकों में इसकी बुआई मई से जुलाई तक की जाती है। दक्षिणी राज्यों में जलवायु अनुकूल होने के कारण चौलाई पूरे साल उगाई जा सकती है।

बीज दर

चौलाई के बीज बहुत ही छोटे, काले रंग के व चमकदार छोटे होते हैं। एक हेक्टेयर भूमि के लिए 2.0–2.5 किलो ग्राम बीज पर्याप्त होता है। पौध रोपण करने पर मात्र 1.0 किलो ग्राम बीज/हेक्टेयर लगता है।

बुआई की विधि

बुआई करने के लिए बीज में थोड़ा मिट्टी मिलाकर करते हैं। चूँकि बीज बहुत छोटे होते हैं, इसलिए सूखी मिट्टी मिलाकर बुआई करने से एक समान खेत में वितरण होता है। चौलाई की बुआई आमतौर पर निम्न तीन प्रकार से की जाती है–

1. **छिटकवा**–इस पद्धति में बीज छिटककर मिट्टी मिला में दिया जाता है। चूँकि बीज छोटे होते हैं। अतः बुआई करते समय महीन मिट्टी या बालू मिलाकर छिड़काव करना चाहिए।
2. **कतारों में**–इस विधि से बुआई करते समय छोटी चौलाई के लिए कतारों से कतारों की दूरी 20.0–25.0 सेन्टी मीटर तथा बड़ी चौलाई के लिए 30.0–35.0 सेन्टी मीटर रखते हैं। इन कतारों पर मेंड़ बनाकर 1.5 सेन्टी मीटर गहराई पर बीज की बुआई कर दिया जाता है तथा पौध से पौध की दूरी छँटनी/पौध विगलन कर 10.00 सेन्टी मीटर रखना चाहिए।
3. **पौध रोपण**–भारत के दक्षिणी भागों में कभी–कभी बड़ी चौलाई की पौध रोपण करते हैं। इसके लिए बरसात में इसकी पौध तैयार करते हैं तथा पौधों के तैयार हो जाने पर क्यारियों में 45.0 सेन्टी मीटर की दूरी पर कतार बनाकर तथा पौधे से पौधे की दूरी 30.0 सेन्टी मीटर रख कर रोपण कर दी जाती है। पौध लगाने के तुरन्त बाद हल्की सिंचाई कर देते हैं, जिससे खेत में पौधे स्थापित हो जायें।

सिंचाई जल प्रबन्धन

अगर खेत में नमी की मात्रा कम हो, तो बीज के अच्छे जमाव के लिए एक हल्की सिंचाई बीज बुआई के बाद आवश्यक होता है। वैसे चौलाई को कम पानी या हल्का सूखे की स्थिति में सफलतापूर्वक उगाया जा सकता है। सामान्यतया गर्मी के मौसम में अंकुरण के बाद चौलाई की सिंचाई 4–5 दिन के अन्तराल पर की जाती है। बरसात वाली फसल में सिंचाई की कोई आवश्यकता नहीं होती है, बल्कि जल जमाव से फसल को बचाना चाहिए।

निकाई–गुड़ाई

फसल की अच्छी बढ़वार के लिए खरपतवार को खेत से बाहर निकालना तथा गुड़ाई करना आवश्यक है। कतारों में बोई गई फसल में खुरपी या हैण्ड हो (Khurapi or Hand hoe) से गुड़ाई करनी चाहिए। अगर 2–3 बार खरपतवार खेत से निकाल दिये जायें तो उपज व पत्ती की गुणवत्ता बढ़ जाती है।

फसल की कटाई

छोटी चौलाई बुआई के 3 सप्ताह बाद तथा बड़ी चौलाई बुआई के 4 सप्ताह बाद कटाई के लिए तैयार हो जाती है। पहली कटाई के बाद छोटी चौलाई को 8 दिन के अन्तर पर तथा बड़ी चौलाई को 10 दिन के अन्तर पर कटाई करना चाहिए। छोटी चौलाई की 6 बार तथा बड़ी चौलाई की 8 बार कटाई की जा सकती है। कहीं–कहीं पर वृद्धि के बाद पूरे पौधे को उखाड़कर बाजार में बेचा जाता है। चौलाई की कटाई दिन के ठण्डक वाले समय जैसे–सुबह या सायंकाल करने से अच्छा रहता है।

उपज

चौलाई की उपज किस्म एवं कटाई के ऊपर निर्भर करती है। इसकी औसत उपज 9.0–10. 0 टन/हेक्टेयर तक हो जाती है। कुछ क्षेत्रों में अच्छी प्रबन्धन को अपनाकर उत्पादक 40.0 टन प्रति हेक्टेयर तक उपज प्राप्त करते हैं।

पौध संरक्षण

प्रमुख कीट एवं उनका प्रबंधन

चौलाई के प्रमुख हानिकारक कीड़े निम्न है–

एफिड (Aphid)

यह काले रंग का छोटा कीट होता है, जो पत्तियों का रस चूस लेता है जिससे पौधे कमजोर हो जाते हैं।

प्रबन्धन

इसकी रोकथाम के लिए नूवाक्रान दवा के 0.1 प्रतिशत घोल का छिड़काव करना चाहिए।

पत्ती खाने वाला कीड़ा

पत्ती खाने वाला कीड़ा (हाइमीनिया रिकरवैलिस) गण लैपिडोप्टेरा का प्रमुख कीट है। इस कीट के वयस्क भूरे रंग के होते हैं तथा कीट के पंखे के किनारे पर छोटी–छोटी रोमिकायें पायी जाती हैं। इस कीट के वयस्क पत्तियों के शिराओं पर अण्डे देते हैं जिससे हरे रंग की इल्लियाँ निकलकर पत्तियों के हरित भाग को खाकर क्षति पहुँचाती हैं। सूड़ी 24 घण्टे में लगभग 8.0 सेन्टी मीटर पत्ती को खा जाती हैं तथा फसल पर भीषण प्रकोप होने पर तनों में केवल डंठल ही शेष रह जाते हैं। सामान्यतः अगस्त से सितम्बर तक लगभग 50–60 प्रतिशत पत्तियाँ इस कीट के द्वारा क्षतिग्रस्त हो जाती हैं जिससे पौधों में पुष्पक्रम नहीं बन पाते हैं।

प्रबन्धन

इस कीट के वयस्क जून के अन्तिम पखवाड़े में जमीन से निकल आते हैं। इनको नियंत्रित करने के लिए प्रकाश प्रपंच (**light trap**) का प्रयोग अत्यन्त लाभकारी पाया गया है। प्रकाश प्रपंच जुलाई के प्रथम सप्ताह तक लगा देना चाहिए तथा प्रकाश प्रपंच (**light trap**) के लिए फ्लोरसेन्ट लाइट का प्रयोग करना चाहिए। इस कीट के वयस्क पतंगे, प्रकाश पर आकर्षित होकर इसमें फंस जाते हैं। एक रात में 60–70 वयस्क पतंग नष्ट किये जा सकते हैं तथा एक मादा कीट के नियंत्रण से लगभग 120–140 इल्लियों का नियंत्रण हो जाता है। सामान्यतया रासायनिक विधि से रोकथाम के लिए मैलाथियान दवा के 0.1 प्रतिशत घोल का प्रयोग करें। जैविक नियंत्रण हेतु प्रारम्भिक अवस्था में बी0टी0 किस्म कुरुस्तकी नामक जैविक कीटनाशी का 1.0 किलोग्राम/हेक्टेयर की दर से छिड़काव करना चाहिए। वैकन (डेकन), (मीलिया ऐजाडेरक्टा) के बीज का 5.0 प्रतिशत, बिच्छू घास (अराटिका किस्म) का 10 प्रतिशत व लहसुन (*Allium sativum*) का 60 प्रतिशत का पर्ण छिड़काव इस कीट के इल्लियों के नियंत्रण में प्रभावकारी पाया गया है। प्राकृतिक शत्रु जैसे–ऐपेन्टीलिस किस्म की सूड़ी के उपर परजीवी पाये गये हैं। कैराविड बीटल कीट की सूड़ियों का भक्षण करके नष्ट कर देता है।

प्रमुख रोग एवं उनका प्रबंधन

चौलाई की फसल को निम्नलिखित रोगों से नुकसान होता हैः–

आर्द्रगलन (Damping off)-चौलाई की फसल में यह बीमारी पीथियम एफैनीडरमैटम (*Pithium aphanidermatum*) नामक कवक से होता है। नवोद्‌भिद पौधे (**seedling**) संक्रमित होकर जमीन की सतह पर गलकर गिरने लगते हैं और सड़कर दूसरे पौधे में रोग फैलाते हैं।

प्रबन्धन

(1) बिरल बुआई करें।

(2) क्यारियों या नालियों में जल कम मात्रा में प्रयोग करें।

(3) खेत में जीवांश की वृद्धि करें ।

(4) ट्राइकोडर्मा 4.0 किलो ग्राम/हेक्टेयर की दर से खेत में प्रयोग करें।

वेट राट (Wet rot)-चौलाई में वेटराट नामक बीमारी ''कोयमीफोरा कुकुरबिटेरम'' (*Choanephora cucurbitarum*) से होता है। पौधों की कटाई के बाद सड़न जैसे लक्षण स्पष्ट होते हैं। इसके छोटे पौधे कमजोर होकर मरने लगते हैं, लेकिन बड़े पौधों में पार्श्व शाखाएँ विकसित हो जाती हैं।

प्रबन्धन

(1) बीज की बुआई छायादार स्थान पर न करें।
(2) खेत में जीवांश की मात्रा बढ़ायें
(3) सहनशील किस्मयों की बुआई करें।

सफेद किट्ट रोग (White rust)

दक्षिण एशिया के देशों में इस बीमारी का प्रकोप बहुत ज्यादा है। यह बीमारी मुख्यतः ''एल्ब्यूगो ब्लीटी'' (*Albugo blite*) नामक कवक से होता है।

प्रबन्धन

सहनशील किस्मों की बुआई करें।

मेथी (Fenugreek)

वानस्पतिक नाम : सामान्य मेथी–ट्राइगोनेल्ला फोइनम् ग्रीकम (*Trigonella foenum-graecum* L.)
कसूरी मेथी–ट्राइगोनेल्ला कार्निकुलेटा (*Trigonella corniculata*)

कुल : फाबेसी (Fabaceae)

गुणसूत्र संख्या : 2एन= 16

फेनुग्रीक (fenugreek) एक लातिनी शब्द (Latin word) ग्रीक हे (Greek hey) है से बना है, जिसका मतलब चारा (fodder) से है। कसूरी मेथी (kasuri methi) शब्द पाकिस्तान के कसूएर (Kasuer in Pakistan) नामक जगह से लिया गया है। ट्राइगोनेल्ला (*Trigonella*) शब्द लातिनी के ट्राइगोनोन (Trigonon) से लिया गया है जिसका मतलब त्रिकोण पुष्प (triangle shape of flower) से है। मेथी (methi) एक दलहनी (leguminous) पत्तीदार सब्जी है, जिसकी खेती व्यापक पैमाने पर हरी पत्तियों, फलियों तथा बीजों के लिए सर्वत्र की जाती है। प्राचीन समय से यह एक औषधीय पौधे के रुप में जाना जाता है। भारतवर्ष में इसे विभिन्न नामों जैसे–मेथिका, चन्द्रिका, असंमांधगम (संस्कृत), मेथी, मेथी शाक, मेथुकन, होमग्रीव (बंगला), मेथी, गुजराती मेथी, मेथिनी भॉजी (मराठी), मेटिंकुर (तेलगू), वेन्डयाम (तमिल), मेंथिया, मेटी सोप्पु, मेन्क–पल्ले, मेन्टे (कन्नड़), तथा उलुका व वेंथियम (मलयालम) से जानते हैं। सामान्यतया मेथी का साग अकेले या आलू के साथ बनाया जाता है। मेथी का शाक दक्षिण भारत की अपेक्षा उत्तर भारत में अधिक लोकप्रिय हैं।

उद्भव एवं वितरण

मेथी का उत्पत्ति स्थल एशिया (दक्षिण पूर्व यूरोप व पश्चिम एशिया) एवं भूमध्य क्षेत्र है। वैज्ञानिकों के अनुसार इसकी उत्पत्ति इथोपिया से हुई ऐसा माना जाता है। भारत के उत्तर पश्चिम भागों में मेथी की जंगली किस्में वर्तमान समय में भी बहुलता से उगती हुई देखी जा सकती हैं। अगर विश्व स्तर पर इसके वितरण को देखा जाये तो आभ्यान्तरिक देशों (mediterranean countries), अर्जेन्टिना, फ्रांन्स, भारत, पाकिस्तान, चीन, इजिप्ट, टर्की, स्पेन मोरक्को, लेबनान, उत्तरी अमेरिका तथा संयुक्त राज्य अमेरिका में ज्यादा मिलता हैं। इसे अमेरिका ने पत्ती वाली सब्जी के रुप में, इंजिप्ट के लोग सर्वप्रथम इसका उपयोग व्यंजनों को सुगन्धित करने तथा ग्रीक व रोमन निवासी पशुओं के चारे के रुप में तथा औषधीय गुणों के लिए भूमध्य रेखीय देशों, रसियन फेडरेशन व अन्य उपोष्ण क्षेत्रों में भी उगाया जाता था। भारतवर्ष विश्व में सबसे बड़ा मेथी उत्पादक (क्षेत्रफल–52,000 व बीज उत्पादन–42,000–48,000 टन प्रति हेक्टेयर) व निर्यातक (5,000–14,000 टन) देश माना जाता है। भारतवर्ष में भी कुल राष्ट्रीय उपज (बीज) का लगभग 90 प्रतिशत अकेले राजस्थान उत्पादन करता है। अतः राजस्थान को मेथी का कटोरा कहा जाता है। पत्ती तथा बीज के रुप में अन्य अग्रणी उत्पादक राज्य पंजाब, महाराष्ट्र, हरियाणा, छत्तीसगढ़, उत्तर प्रदेश, तमिलनाडु, मध्य प्रदेश, राजस्थान और गुजरात हैं।

वानस्पतिक विवरण

मेथी एकवर्षीय व स्वपरागित फसल (**self pollinated crop**) है। वंश ट्राइगोनेल्ला (*Trigonella*) की दो किस्मयों की खेती की जाती हैं

1. ट्राइगोनेल्ला फोइनमग्रीकम (*Trigonella foenum-graecum*)
2. ट्राइगोनेला कार्निकुलाटा (*Trigonella corniculata*)

मेथी की ट्राइगोनेल्ला फोइनमग्रीकम (*Trigonella foenum-graecum*) किस्म का फूल सफेद रंग का तथा 2–3 की संख्या में होता है जबकि कसूरी मेथी ट्राइगोनेल्ला कार्निकुलाटा (*Trigonella corniculata*) किस्म के पुष्प वृन्त पर फूल नारंगी व पीले रंग के होते हैं। कसूरी मेथी का आर्थिक महत्व ज्यादा है, लेकिन विकास मन्द गति से होती है (वानस्पतिक वृद्धि काल में प्रायः गुच्छे के रुप में रहते हैं) जबकि सामान्य मेथी की वृद्धि तेज गति से होती है। कसूरी मेथी की फलियाँ सामान्य मेथी (6.0–7.0 सेन्टी मीटर) की तुलना में छोटी (2.0–3.0 सेन्टी मीटर) व मुड़ी होती है। सामान्य मेथी की पत्तियाँ साधारण, लम्बी, सीधी व पाणिवत होती हैं जबकि कसूरी मेथी की पत्तियाँ दो पालियों वाली होती हैं। साधारण मेथी के फूल व बीज बड़े होते हैं, जबकि कसूरी मेथी के बीज छोटे होते हैं। सामान्यतः साधारण मेथी की कटाई 2–3 बार ही होती है जबकि कसूरी मेथी की कटाई 5–6 बार की जा सकती है। पौधों के प्ररोह सीधे उपर की तरफ बढ़ते हैं।

मेथी के बीज का इलेक्ट्रोफोरेसिस विश्लेषण से ज्ञात हुआ कि ट्राइगोनेल्ला ग्लैडिएटा (*Trigonella gladiata*) और ट्राइगोनेल्ला मैक्रोराइनेन्चा तथा ट्राइगोनेल्ला बेरीथिया और खेती योग्य किस्म ट्राइगोनेल्ला फोइनमग्रीकम में काफी समानता है। इसी प्रकार बाह्यदृश्य प्रारुप (phenotypic) गुणों के आधार पर ट्राइगोनेल्ला फोइनमग्रीकम तथा ट्राइगोनेल्ला बेरिथिया में भी काफी समानता है (लेडिजिनस्की, 1979)। वंश ट्राइगोनेल्ला के अन्तर्गत आने वाली अन्य किस्मयाँ इस प्रकार हैं–

सारिणी (9.20) ट्राइगोनेल्ला वंश की अन्य किस्मयाँ

किस्मयाँ	गुणसूत्र संख्या (2एन=)
ट्राइगोनेल्ला एनजियुना (*Trigonella angeuna*)	16
ट्राइगोनेल्ला एरेबिका (*Trigonella arabica*)	16
ट्राइगोनेल्ला बैलेन्से (*Trigonella balansae*)	16
ट्राइगोनेल्ला कैलिसिरास (*Trigonella calliceras*)	16
ट्राइगोनेल्ला कोरुलिया (*Trigonella coerulea*)	16
ट्राइगोनेल्ला कार्निकुलाटा (*Trigonella corniculata*)	16
ट्राइगोनेल्ला क्रेटिका (*Trigonella cretica*)	16
ट्राइगोनेल्ला ग्लैडिएटा (*Trigonella gladiata*)	16
ट्राइगोनेल्ला ग्लोमेरेट (*Trigonella glomerate*)	16
ट्राइगोनेल्ला गोरडेज (*Trigonella gordej*)	16
ट्राइगोनेल्ला हैमोसा (*Trigonella hamosa*)	16

ट्राइगोनेल्ला लिपोकाई (*Trigonella lipokyi*)	16
ट्राइगोनेल्ला मानपेलियाक (*Trigonella monpeliach*)	16
ट्राइगोनेल्ला रेडिएला (*Trigonella radiala*)	16
ट्राइगोनेल्ला स्टेलाटा (*Trigonella stellata*)	18
ट्राइगोनेल्ला स्ट्रीएटा (*Trigonella striata*)	18
ट्राइगोनेल्ला आर्निथेपोडिओआयड्स (*Trigonella ornithopodioides*)	18
ट्राइगोनेल्ला जेमिनीफ्लोरा (*Trigonella jeminiflora*)	44
ट्राइगोनेल्ला ग्रेंडिफ्लोरा (*Trigonella grandiflra*)	44
ट्राइगोनेल्ला पालीसिरेटा (*Trigonella polycerata*)	44

स्रोत : फेडरोरा, 1974, सिंह एवं राय, 1970

पोषकीय महत्व

मेथी बहुत ही स्वास्थ्य वर्धक सब्जी है, जिसकी हरी पत्तियाँ तथा कच्ची फलियाँ साग बनाने के लिये प्रयोग की जाती हैं। इसके बीजों को मसाले के रुप में उपयोग किया जाता है। इसकी हरी ताजी पत्तियों में विटामिन 'ए', 'बी', 'सी' (80 प्रतिशत) और लौह तत्व भूरपूर मात्रा में पाई जाती है। यह प्रोटीन और सूक्ष्म तत्वों में काफी धनी होती है। इसमें विटामिन 'के' तथा अल्फा एवं बीटा–टोकोफेराल्स (α and β tocopherols) भी प्रचुर मात्रा में पाया जाता है। इसके अलावा पत्तियों में जैन्थोफिल (xanthophyll) 397.2 माइक्रोग्राम तथा बिटा कैरोटीन (β carotene) 178.4 माइक्रोग्राम प्रति ग्राम पाया जाता है। सामान्तया इन उपयोगी वर्णकों की सान्द्रता 18–28 दिन की पत्तियों में सर्वाधिक होता है तथा इसके बाद इनकी सान्द्रता कम हो जाती है (डब्लू0ओ0आई0, 1972)। पत्तियों में बीटा कैरोटीन के अतिरिक्त निओ बीटाकैरोटीन बी एवं निओ बीटा कैरोटिन यू पाया जाता है। मेथी की पत्तियाँ कोलीन (13.5 ग्राम प्रति ग्राम शुष्क भार) की अच्छी स्रोत हैं। सूक्ष्म पोषक तत्वों में सेलेनियम (167.0 मिली ग्राम) तथा क्रोमियम (0.006 मिली ग्राम) प्रति 100 ग्राम खाने योग्य भाग में प्राप्त होता है। इसके अलावा अल्प मात्रा में स्ट्रांशियम एवं लेड भी पाया जाता है।

सारिणी (9.21) मेथी की पत्ती का पोषण मूल्य (प्रति 100 ग्राम खाने योग्य भाग में)

पोषक तत्व	मात्रा	बीज
नमी	86.1 ग्राम	8.8 ग्राम
प्राटीन	4.4 ग्राम	23.0 ग्राम
वसा	0.9 ग्राम	6.4 ग्राम
खनिज लवण	1.5 ग्राम	1.5 ग्राम
रेशा	1.1 ग्राम	10.1 ग्राम
कार्बोहाइड्रेट्स	6.0 ग्राम	58.4 ग्राम
ऊर्जा	49.0 किलो कैलोरी	323 किलो कैलोरी
कैल्सियम	395.0 मिली ग्राम	176.0 मिली ग्राम
फास्फोरस	51.0 मिली ग्राम	296.0 मिली ग्राम

आयरन	1.93 मिली ग्राम	34.0 मिली ग्राम
कैरोटीन	2340.0 मिली ग्राम	–
थायमिन	0.04 मिली ग्राम	–
राइबोफ्लेविन	0.31 मिली ग्राम	–
नियासिन	0.8 मिली ग्राम	–
विटामिन 'सी'	52.0 मिली ग्राम	–

स्रोत: गोपाल एवं सहयोगी, 1999

आयुर्वेदिक दवाओं में मेथी का उपयोग कई रोगों से मुक्ति दिलाने के लिये किया जाता है। इसकी सब्जी खाने से पेट सम्बन्धी विकारों से छूटकारा मिलता है। इसका सेवन अपच को दूर कर पाचन शक्ति को बढ़ता है। इसके अलावा प्लीहा व यकृत को सक्रिय रखनें में मदद करता हैं। यह वात प्रकोप, जोड़ों के दर्द, गठिया, पीठ व कमर के दर्द को दूर करने में उपयोगी है। शरीर के आन्तरिक व बाहरी सूजन में मेथी की सब्जी अत्यन्त लाभकारी सिद्ध होती है। मधुमेह रोगी के लिए हरी मेथी व बीज दोनों बहुत ही गुणकारी हैं। प्रसव के बाद प्रसूता को किसी भी रुप में मेथी का सेवन कराया जा सकता है।

सारिणी (9.22) मेथी की पत्तियों में पाये जाने वाले सूक्ष्म तत्वों की मात्रा (प्रति 100 ग्राम खाने योग्य भाग में)

सूक्ष्म तत्व	मात्रा
मैग्नीशियम	33.0 मिली ग्राम
सोडियम	76.1 मिली ग्राम
पोटैशियम	31.0 मिली ग्राम
कापर	0.10 मिली ग्राम
मैग्नीज	0.23 मिली ग्राम
मालिब्डेनम	0.400 मिली ग्राम
जिंक	0.36 मिली ग्राम
क्रोमियम	0.006 मिली ग्राम
सल्फर	167.0 मिली ग्राम
क्लोरीन	165.00 मिली ग्राम

स्रोत: गोपालन एवं सहयोगी, 1999

कसूरी मेथी (ज्यादातर) व सामान्य मेथी (कम) की पत्तियों का उपयोग सूखाकर भी किया जाता है। अध्ययन में पाया गया कि सूखी पत्तियों में दाल के बराबर पोषक तत्वा होता है। इसमें प्राप्त होने वाला प्रोटीन का सापेक्ष मूल्य व जैविक मूल्य क्रमशः 77.6 व 84 प्रतिशत है। इंजाइम पाचन क्रिया से स्पष्ट हुआ कि यह प्रोटीन व लाइसिन तत्व से भरपूर होती है।

सारिणी (9.23) मेथी की पत्तियों में पाये जाने वाले एमीनो अम्ल (प्रति ग्राम नत्रजन)

एमीनो अम्ल	मात्रा
आर्जिनिन	350.0 मिली ग्राम
हिस्टीडीन	110.0 मिली ग्राम
लाइसिन	300.0 मिली ग्राम
ट्रिप्टोफेन	080.0 मिली ग्राम
फिनाइल एलेनिन	300.0 मिली ग्राम
टाइरोसिन	–
मेथिओनिन	090.0 मिली ग्राम
सिस्टीन	–
थ्रिओनिन	200.0 मिली ग्राम
ल्यूसिन	390.0 मिली ग्राम
आइसोल्यूसिन	330.0 मिली ग्राम
वैलीन	320 मिली ग्राम

स्रोतः गोपालन एवं सहयोगी, 1999

पत्तियों में ट्रान्सर्मिनेज तथा किम्पफेराल प्रचुर मात्रा में पाया जाता है जिसका बहुत ही औषधीय महत्व है। हैडाड एवं सहयोगी (2001) ने स्पष्ट किया कि भारत में ही नहीं बल्कि मोरक्कों में भी मेथी को 10 महत्वपूर्ण औषधीय पौधों की सूची में रखा गया है। मेथी में पाये जाने वाला डाइओरजेनिन स्टेरायड का उपयोग यौन एवं गर्भनिरोधक दवा तैयार करने में होता है।

उन्नतिशील किस्में

मेथी को सामान्यतः दो प्रकार की किस्में में वर्गीकृत किया जा सकता है–

(क) सुगन्ध रहित (Non Scented) किस्में

इस समूह की किस्में शीघ्र बढ़ने वाली होती हैं और इनके पौधे सीधे विकसित होते हैं। इसमें सफेद रंग के फूल आते हैं। पत्तियों की लम्बाई 8.0–10.0 सेन्टी मीटर और प्रत्येक फली में 8–10 बीज होते हैं।

(ख) सुगन्धित (Scented) किस्में

इस समूह के पौधों में वृद्धि धीमी होती है। इसकी खेती मुख्यतः उत्तर भारत के मैदानी भागों में होती है। इस समूह में कसूरी मेंथी, चम्पा व भारवाडी मेथी आती हैं।

पूसा अर्ली बन्चिंग (Pusa Early Bunching)

यह सामान्य मेथी की किस्म है, जिसका विकास भारतीय कृषि अनुसंधान संस्थान, नई दिल्ली से स्थानीय जननद्रव्य से चयन कर किया गया है। यह बहुत जल्द तैयार हो जाती है। इस किस्म

में पत्तियाँ ज्यादा लगती है। पत्तियाँ सीधी, गोल, फूल सफेद और 2–3 गुच्छे में लगते हैं। फली लम्बी व बीज ठोस होते हैं, जिसमें बुआई से बीज बनने तक 125 दिन का समय लगता है। पत्ती तथा बीज दोनों के लिये उपयुक्त किस्म है। इसकी पत्ती उपज क्षमता 18.0–20.0 टन प्रति हेक्टेयर है व बीज उपज क्षमता 1.0–1.6 टन प्रति हेक्टेयर है।

पंत रागिनी (Pant Ragini)

इस किस्म का विकास गोविन्द बल्लभ पंत कृषि प्रौद्योगिकी विश्व विद्यालय, पंतनगर (उत्तराखण्ड) द्वारा किया गया है जिसका अनुमोदन उत्तर प्रदेश स्टेट वैरायटी रिलीज कमेटी द्वारा सन् 2001 में व्यावसायिक खेती के लिये किया गया। यह जननद्रव्य से चयन कर विकसित की गयी है। यह मध्यम अवधि की फसल है। जिसकी फलियाँ 170–175 दिन में तैयार होती हैं।

राजेन्द्र क्रान्ति (Rajendra Kranti)

इस किस्म के पौधे मध्यम ऊँचाई वाले झाड़ीदार होते हैं। इसके बीज में 9.5 प्रतिशत प्रोटीन पाया जाता है।

लाम सेलेक्शन–1 (Lam Selection -1)

इस किस्म के पौधे मध्यम ऊँचाई वाले और झाड़ीदार होते हैं तथा इसमें शाखायें अधिक निकलती है। इसकी उपज अधिक है।

प्रभा (Prabha)

इस किस्म को नागपुर के स्थानीय जननद्रव्य संकलन से विशुद्ध वंश क्रम विधि द्वारा विकसित किया गया है। इसके पौधे सीमित रुप से झुके होते हैं। यह किस्म रोग और कीड़ों के प्रति अवरोधी है तथा इसकी बीज उपज क्षमता अच्छी होती है (शर्मा एवं भाटी, 1984)। इसकी पत्ती उपज क्षमता 25.0–28.0 टन प्रति हेक्टेयर है व बीज उपज क्षमता 1.5–1.8 टन प्रति हेक्टेयर है।

बरबरा (Barbara)

यह एक सीधी बढ़वार वाली किस्म है। इसके बीज पीले रंग के होते हैं और इसमें ट्राईगोनेलिन की काफी मात्रा पाई जाती है (कालकागंसे एवं सहयोगी, 1986)।

यू0 एम0–112 (U.M. 112)

यह एक सीधी बढ़वार वाली किस्म है, जिसके पौधे काफी लम्बे होते हैं और यह पत्ती तथा बीज दोनों की दृष्टि से अच्छी है।

यू0एम0–50 (U.M. 50)

यह एक अच्छी किस्म है, जिसको पत्ती तथा बीज दोनों उद्देश्य से लगाया जा सकता है।

आई0सी0–74 (IC-74)

यह एक स्थानीय किस्म है, जिसके पौधे सीधी बढ़वार वाले होते हैं और उसमें काफी शाखाएँ निकलती हैं। इसे पत्ती तथा बीज दोनों उद्देश्य से उगाया जा सकता है।

पूसा कसूरी मेथी (Pusa Kasuri Methi)

इस किस्म को भारतीय कृषि अनुसंधान संस्थान, नई दिल्ली से विकसित किया गया है। यह देर से तैयार होने वाली, पत्तियाँ छोटी, गोल धीमी, बढ़ने वाली, झाड़ीनुमा, फूल आकर्षक, पीले व लम्बी टहनी से निकलते हैं। फली दरातीनुमा होते हैं। पत्तियाँ स्वादिष्ट व दूसरे के मुकाबले सुगन्धित होती है। इसकी 2–3 कटाई कर 6.0–7.0 टन/हेक्टेयर हरी पत्तियों की पैदावार ली जा सकती है। बीज की फसल 150–160 दिन में तैयार हो जाती है।

को–1 (Co-1)

इस किस्म को तमिलनाडु कृषि विश्वविद्यालय, कोयम्बटूर (तमिलनाडु) से विकसित किया गया है। यह एक अधिक उपज देने वाली किस्म है, जिसे बीज व पत्ती दोनों उद्देश्य से उगाया जा सकता है। उचित जल निकास प्रबन्धन द्वारा फसल को भारी भूमि में भी उगाया जा सकता है। यह किस्म लवणीय मृदा को भी कुछ स्तर तक सहन कर सकती है। इसकी पत्ती उपज क्षमता 9.0–12.0 टन प्रति हेक्टेयर है व बीज उपज क्षमता 6.8 कुन्तल प्रति हेक्टेयर है।

मेथी संख्या 47 (Methi No. 47)

मेथी की इस किस्म का विकास महाराष्ट्र कृषि विभाग द्वारा किया गया है। इसकी पत्तियाँ चौड़ी तथा रसीली होती है। इसमें विटामिन सी की मात्रा अधिक होती है (नाथ एवं सहयोगी, 1995)।

कश्मीरी मेथी (Kashmiri Methi)

यह किस्म 'पूसा अर्ली बन्चिंग' किस्म के समान गुणों वाली है, लेकिन 10–15 दिन देर से तैयार होती है और ज्यादा उपज देती है। अन्य किस्मयों की अपेक्षा ज्यादा ठण्ड सहन करने की क्षमता रखती है। इसके पुष्प सफेद रंग के होते हैं तथा फलियों की लम्बाई 6.0–8.0 सेन्टी मीटर होती है। यह किस्म पर्वतीय क्षेत्रों के लिए सब्जी एवं बीज दोनों की दृष्टि से उपयोगी है (राम एवं सहयोगी, 1996)।

हिसार मेथी–346 (Hisar Methi-346)

इस किस्म का विकास चौधरी चरण सिंह हरियाणा कृषि विश्वविद्यालय, हिसार (हरियाणा) से विकसित किया गया है। यह आई0एल0 335–1 जननद्रव्य से प्रेरित उत्परिवर्त्य (induced mutants) है। यह किस्म मृदुरोमिल आसिता (downy mildew) के प्रति अवरोधी है (प्रताप एवं सहयोगी, 2002)।

हिसार मेथी–350 (Hisar Methi-350)

इस किस्म का विकास चौधरी चरण सिंह हरियाणा कृषि विश्वविद्यालय, हिसार (हरियाणा) से एल0एम0ई0 46–1 किस्म से एकल पौध चयन विधि से विकसित किया गया है। यह किस्म चूर्णिल आसिता (powery mildew) के प्रति अवरोधी है जबकि मृदुरोमिल आसिता (downy mildew) के प्रति सहिष्णु है (प्रताप एवं सहयोगी, 2002)।

कुछ किस्मों का तुलनात्मक अध्ययन नीचे सारिणी में दिया गया है।

सारिणी (9.24) उन्नतिशील किस्मों का तुलनात्मक अध्ययन

किस्में	अवधि दिन	उपज क्विंटल	स्थान	टिप्पणी
राजेन्द्र क्रांति	120	12.0–14.0	बिहार	पत्ता रोग के लिए प्रतिरोधी
राजस्थान मेथी–1	–	16.0–18.0	जोबनेर	सूत्रकृमि प्रतिरोधी
लाम सलेक्शन–1	68	7.4	गुन्टूर	
राजस्थान मेथी–143	–	–	जोबरेन	
राजस्थान मेथी–303	140–150	19.0	जोबनेर	
राजस्थान मेथी–305	120–125	18.0	जोबनेर	बौनी प्रकार की
कोयम्बटूर–1	85–90	9.0	कोयम्बटूर	15–20 प्रतिशत प्रोटीन
एन0आर0सीएम0 एस0–ए0एम0–1	137	20.79	अजमेर	कम कड़ुवापन
एन0आर0सी0एस0ए स0–ए0एस0–2	138	18.1	अजमेर	अधिक कड़ुवापन
पूसा अर्ली बंचिंग	125	–	नई दिल्ली	पत्तियों के लिए 2–3 कटाई
कसूरी मेथी	156	6.0–7.0	नई दिल्ली	
मेथी संख्या–47	–	–	महाराष्ट्र	
मेथी संख्या–47	–	–	महाराष्ट्र	
प्रभा	–	–	–	
यू0एम0–112	–	–	–	डाइओसजेनिन
बरबरा	–	–	–	ट्राइगोनेलिन
हिसार मेथी–346	–	–	हरियाणा	उत्परिवर्तन द्वारा
हिसार मेथी–350	–	–	हरियाणा	
जी0एफ0–1	–	–	गुजरात	

जलवायु

मेथी शरद ऋतु/ठंडे मौसम की फसल है, जिसमें पाला सहन करने की क्षमता अधिक होती है। अगर ठण्डक लम्बे समय तक बनी रहती है, तो उपज ज्यादा मिलती है। कम से मध्यम वर्षा वाले क्षेत्रों में सफलतापूर्वक मेथी की खेती की जा सकती है। उत्तर भारत में इसकी खेती रबी फसल के रुप में तथा दक्षिण भारत में खरीफ की फसल के रुप में उगाया जाता है। अतः वृद्धि एवं विकास के लिए मध्यम जलवायु तथा कम तापमान (8.0–27.0 डिग्री सेन्टी ग्रेड) की आवश्यकता पड़ता है।

ज्यादा नमी और ऊँचा तापमान तथा बादल वाला मौसम बीमारियों एवं कीड़ों को बढ़ावा देती है। मेथी ऐसी फसल है, जिसे अधिक व लगातार वर्षा होने वाले क्षेत्र में भी सफलतापूर्वक उगाया जा सकता है। बीज बनते समय ठंडा एवं शुष्क मौसम अच्छा होता है। सामान्य मेथी की तुलना में कसूरी मेथी को कम तापमान की आवश्यकता पड़ती है।

भूमि तथा भूमि की तैयारी

मेथी की खेती किसी भी प्रकार की भूमि में सफलतापूर्वक की जा सकती है, लेकिन दोमट, बलुई दोमट तथा जीवांश से भरपूर चिकनी मिट्टी में उत्पादन ज्यादा मिलता है। सामान्यतः 6.0–7.0 पी0एच0 मान वाली मृदा ज्यादा उपयुक्त है। खेत में जल निकास का अच्छा प्रबन्ध आवश्यक है। महाराष्ट्र की काली मिट्टी में भी मेथी की खेती सफलतापूर्वक की जा सकती है और ऐसे क्षेत्रों में इसकी दो फसल लेना संभव होता है। अन्य फलीदार सब्जियों की तुलना में मेथी की फसल क्षारीय अवस्था के प्रति अधिक सहनशील मानी जाती है (हबीन एवं सहयोगी, 1971)। मेथी की अधिक उपज प्राप्त करने के लिए भूमि को भलि–भाँति तैयार करना आवश्यक है। पहली जुताई मिट्टी पलटने वाले हल से तथा बाद की 2–3 जुताई हैरो से करना चाहिए। प्रत्येक जुताई के बाद पाटा चलाकर भूमि को समलत व भुरभुरा करना आवश्यक है। अगर खेत में दीमक की समस्या हो तो इण्डोसल्फान 4 प्रतिशत चूर्ण की 25.0 किलो ग्राम मात्रा या इतनी ही क्लोरीपाइरीफास का प्रयोग करना चाहिए।

पोषक तत्व प्रबन्धन

मेथी की फसल के लिये 40.0–50.0 टन/हेक्टेयर गोबर की अच्छी तरह सड़ी खाद खेत की तैयारी के समय मिट्टी में मिला देना चाहिए, जिससे मिट्टी खुली रहे तथा उसमें हवा का संचार अच्छा हो सके। दलहनी फसल होने के कारण मेथी की जड़ों में राइजोबियम जीवाणु की गाँठें होती हैं जो हवा से नत्रजन का अवषोशण कर पौधों को प्रदान करने में सहायता करते हैं। बीज की बुआई के समय 20.0–25.0 किलो ग्राम नत्रजन तथा 45.0 किलो ग्राम फास्फोरस का प्रयोग करना चाहिए। खड़ी फसल में 50.0 किलो ग्राम नत्रजन बुआई के 15–20 दिन के बाद डालना चाहिए। यह पाया गया है कि बुआई के 25 दिन बाद यूरिया का 0.15 प्रतिशत का छिड़काव करने से फसल की वृद्धि तेज गति से होती है। प्रत्येक कटाई के बाद 25.0 किलोग्राम नत्रजन टाप ड्रेसिंग के रूप में डालना चाहिए।

सारिणी (9.25) प्रांत के अनुसार नत्रजन, फास्फोरस व पोटाश का प्रयोग

प्रांत	नत्रजन	फास्फोरस	पोटाश
जम्मू व काश्मीर	60.0–80.0	60.0	30.0
गुजरात	20.0	60.0	30.0
राजस्थान	20.0	50.0	–
तमिलनाडु	50.0	25.0	–
बिहार	20.0	60.0	40.0

बुआई का समय

देशी व कसूरी दोनों किस्मों की बुआई मध्य अक्टूबर से दिसम्बर तक की जाती है। हमेशा उपलब्धता बनाये रखने हेतु इसकी बुआई जनवरी से फरवरी तक की जाती है। पर्वतीय व कम ऊँचाई वाले क्षेत्रों में जुलाई से नवम्बर तक, मध्यम ऊँचाई वाले क्षेत्रों में जुलाई से अक्टूबर तक और अधिक ऊँचाई वाले क्षेत्रों में मार्च से मई तक बुआई की जाती है। बीज फसल की बुआई अक्टूबर के प्रथम पक्ष में करते हैं। देर से बुआई करने पर अंकुरण, प्रतिशत पौध की लम्बाई तथा ओज में कमी आती है (सियाग एवं भारद्वाज, 2002)। उत्तरी भारत के मैदानी भागों में मेथी की बुआई का उपयुक्त समय सितम्बर से मध्य नवम्बर तक होता है परन्तु हरी पत्तियों के लिये मार्च तक इसकी बुआई की जा सकती है।

बीज दर

देशी किस्म का बीज 25.0 किलो ग्राम तथा कसूरी मेथी का बीज 15.0–20.0 किलोग्राम/हेक्टेयर लगता है। बीज और पत्ती दोनों के लिए सामान्य दशा में 30.0 किलोग्राम/हेक्टेयर बीज लगता है।

बीजोपचार

बीज जनित रोग/जड़ गलन की रोकथाम हेतु बीज को 2.5 ग्राम/किलो ग्राम बीज दर से कार्बेण्डाजिम या थाइरम फफूँदनाशक से उपचारित करना चाहिए। तत्पश्चात राइजोबियम (Rhizobium) जीवाणु से बीज को उपचारित करके छाया में सुखाकर ही बोना चाहिए। बुआई पूर्व बीज को जल में 48 घन्टे भिगोना चाहिए (थंगाराज एवं विजय कुमारन, 2004)।

बुआई की विधि

मेथी की बुआई दो प्रकार से की जाती है–

- **छिटकवा**–छिटकवा विधि से बुआई समतल क्यारियों में क्यारी 3.0 X 2.0 मीटर के आकार की बनाई जाती है। नालियाँ, क्यारियों के बीच में अवश्य रखना चाहिए। अब इन क्यारियों में समान रुप से बीज को बिखेर कर उनको हाथ द्वारा या रेक द्वारा मिट्टी में मिला दिया जाता है। भारी भूमि में पलेवा देकर खेत को तैयार करके बुआई करनी चाहिए
- **कतारों में**–कतारों में बुआई करना अधिक सुविधा जनक रहता है। इस विधि में निकाई–गुड़ाई तथा कटाई करने में भी कठिनाई नही होती है। कतारों से कतारों की दूरी 20.0–25.0 सेन्टी मीटर रखकर कुदाली से कूड़ बनाकर बुआई करते हैं। बुआई के बाद कूड़ बन्द कर दिया जाता है। पौधे उग जाने पर घने पौधों को निकालकर आपसी दूरी 10.0–15.0 सेन्टी मीटर रखना चाहिए।
- देशी मेथी, कसुरी मेथी की तुलना में शीघ्र जमाव हो जाता है। अगेती बोने पर इसका जमाव 6–8 दिन में हो जाता है।

सिंचाई जल प्रबन्धन

बीज बुआई के बाद मिट्‌टी में कम नमी महसूस होने पर पहली बार हल्की सिंचाई कर देनी चाहिए, जिससे बीज अच्छी प्रकार उग जाये। इसके बाद मौसम व मिट्‌टी के आधार पर 8–10 दिन के अन्तर पर सिंचाई की जाती है। पूरे जीवन काल में 4–6 सिंचाई की जरुरत होती है। पौधे बढ़ने के समय, फूल व फली तैयार होने के समय नमी की कमी से उपज कम व गुणवत्ता खराब होती है। मुख्यतः सर्दी के दिनों में 2 सिंचाइयों का अंतराल 15–20 दिन तथा गर्मी के दिनों में 5–7 दिन रखना चाहिए। प्रत्येक कटाई के बाद सिंचाई आवश्यक है।

निकाई तथा गुड़ाई

मेथी की फसल जब 25–30 दिन की हो जाये व पौधों पर 3–4 पत्तियाँ निकल आयें तब 2–3 बार निकाई तथा हल्की गुड़ाई की जाती है। इससे खेत साफ सुथरा व कीड़ों से मुक्त हो जाता है व इससे फसल की बढ़वार अच्छा तथा मिट्‌टी के अन्दर वातायन होता है। दूसरी बार निकाई–गुड़ाई 45–50 दिन बाद की जाती है। रासायनिक विधि से खरपतवार नियन्त्रण के लिए फ्लूक्लोरोलिन 1.0 किलोग्राम/हेक्टेयर 500–600 लीटर पानी में घोलकर बीज बोने के पूर्व प्रयोग करके मिट्‌टी में मिला देना चाहिए तथा बुआई के बाद हल्की सिंचाई करनी चाहिए।

फसल की कटाई

देशी मेथी बुआई के 20–25 दिन बाद तथा कसूरी मेथी 25–30 दिन बाद कटाई के योग्य हो जाती है। पहली कटाई के लगभग 15 दिन के अन्तराल के बाद शेष कटाई की जाती है। कटाई जमीन की सतह से 2.0–3.0 सेन्टी मीटर की ऊँचाई पर करते हैं। पत्तियाँ देर से काटने पर कड़ुवी हो जाती हैं। कभी–कभी 2–3 कटाईयों के बाद फसल को बीज के लिए छोड़ दिया जाता है, जिससे पत्तियाँ एवं बीज दोनों मिल जाते हैं। मेथी के पूरे जीवन काल में 4–6 कटाई की जाती है। बीज के लिए जब उपर की पत्तियाँ पीली पड़कर गिर जायें, तो कटाई करनी चाहिए। बीज हेतु फसल 120–140 दिन में तैयार हो जाती है। देर करने पर मेथी की फलियों से बीज बिखर कर गिर जाते हैं।

उपज

देशी मेथी की पैदावार 8.0–10.0 टन हरी साग तथा 1.2–1.5 टन बीज/हेक्टेयर होती है। कसूरी मेथी से 10.0–15.0 टन हरी पत्तियाँ (साग) तथा 0.6–0.7 टन बीज मिल जाता है। बरसात के उपर आधारति फसल से 0.5–0.7 टन बीज प्राप्त होता है। साधारण अवस्था में पत्तियों का भण्डारण कुछ घण्टों से अधिक नहीं होता है। अतः पत्तियों को कटाई के तुरन्त बाद गुच्छा बनाकर बाजार भेज दिया जाता है।

पौध संरक्षण

प्रमुख कीट एवं उनका प्रबन्धन

एफीड (Aphid)

यह काले रंग का छोटा कीट होता है, जो मुख्य रुप से इसकी फसल को हानि पहुँचाता है। यह पत्तियों का रस चूस लेता है, जिससे पौधे कमजोर होकर पीले पड़ जाते हैं। एफीड से बचाव के लिए डाइमेक्रान या रोगार या मेटासिस्टाक्स की 0.1 प्रतिशत का छिड़काव करना चाहिए। आवश्यकतानुसार 10–12 दिन के अन्तर पर दुबारा किया जा सकता है।

प्रबंधन

जब मेथी का बीज उत्पादन करना हो तो एफीड से बचाव के लिए मैलाथियान दवा के 0.80 प्रतिशत (400 मिली लीटर 50 ई0सी0 दवा, 250 लीटर पानी में) घोल का छिड़काव 3 बार 15 दिन के अन्तर पर किया जाता है, जिससे बीज उत्पादन काफी अच्छा होता है। एफीड से बचाव के लिए डाइमेथोएट 30 ई0सी0 और मिथाइल डिमेटान 25 ई0सी0 का छिड़काव करना चाहिए। छिड़काव के पूर्व फसल की कटाई कर ली जाये, छिड़काव के उपरान्त 10 दिन तक पत्तियों को खाने के काम में न लाया जाये (कुमावत एवं सहयोगी, 2000)। कीट के प्रति मध्यम प्रतिरोधी किस्म जैसे सेलेक्सन–35 और सेलेक्सन–95 को उपयोग में लाना चाहिए (पवार एवं सहयोगी, 2001)।

प्रमुख रोग एवं उनका प्रबन्धन

चूर्णिल आसिता (Powdery mildew)

मेथी की फसल पर चूर्णिल आसिता का प्रकोप व्यापक स्तर पर होता है, जो एक एरीसाइफी पालगोनी (*Erisiphe polygoni*) नामक कवक से होता है। रोग ग्रस्त पत्तियों के उपर सफेद चूर्ण जैसी पर्त दिखाई पड़ती है। इसकी रोकथाम के लिए प्रति हेक्टेयर 25.0 किलो ग्राम गंधक पाउडर का प्रयोग करना चाहिए या 0.2 प्रतिशत केराथेन का छिड़काव करें। इसकी रोकथाम 0.2 प्रतिशत सल्फेक्स, ब्लाइटाक्स–50 या कोई अन्य कॉपर फफूँदनाशी से भी कर सकते हैं।

मृदुरोमिल आसिता (Downy mildew)

पत्तियों के नीचले सतह पर धब्बे बनते हैं, जो पेरोनास्पोरा ट्राइगोनेल्ली (*Peronospora trigonelle*) नामक कवक से होता है। रोग की उग्र अवस्था में पत्तियाँ पीली पड़कर गिरने लगती है।

प्रबन्धन

नियन्त्रण के लिए मैंकोजेब या कापर आक्सीक्लोराइड का 0.2 प्रतिशत पानी में घोल बनाकर छिड़काव करें। आवश्यकता पड़ने पर 10–15 दिन के अन्तराल पर दूसरी बार छिड़काव किया जा सकता है। इसके अलावा ब्लाइटाक्स या फाइटोलान दवा के 0.23 प्रतिशत घोल के छिड़काव करने से संक्रमण को कम किया जा सकता है।

गुच्छा या पीलिया रोग

यह विषाणु द्वारा होता है इसमें रोग ग्रस्त पौधे पीले पड़ जाते हैं।

प्रबन्धन

1. इसकी रोकथाम के लिए विषाणु फैलाने वाले कीड़ों की रोकथाम करना आवश्यक है, जो मैलाथियान दवा की 1.5 प्रतिशत से नियंत्रित किया जा सकता है।
2. रोगी पौधों को खेत से बाहर निकाल देना चाहिए।

पत्ती धब्बा (Leaf spot)

यह रोग एक प्रकार की फफूँद सरकोस्पोरा ट्रेवर्सिनिया (*Cercospora traversinia*) से फसल में कभी–कभी फैलता है। इसमें पत्तियों पर संक्रमण होने से गहरे रंग के वृत्ताकार धब्बे पड़ जाते हैं, जो प्रारम्भिक अवस्था में एक–दूसरे से अलग होते हैं परन्तु रोग की उग्र स्थिति में यह मिलकर बड़े धब्बे बनाते हैं।

प्रबन्धन

- मेथी फसल में ब्लाइटाक्स–50 की 0.3 प्रतिशत घोल का छिड़काव किया जाना चाहिए। छिड़काव के पूर्व पत्तियों की कटाई कर लें तथा छिड़काव के 7–8 दिन बाद पत्तियों को खाने के लिए प्रयोग करें।
- इससे बचाव के लिये डाइथेन जेड–78 दवा के घोल का भी छिड़काव 10–15 दिन के अन्तर पर करना चाहिए। एक हेक्टेयर फसल के लिए 2.0 किलो ग्राम दवा की जरुरत पड़ती है। प्रभावित फसल को बचाने के लिए ब्लाइटाक्स–50 की 0.3 प्रतिशत घोल का छिड़काव किया जा सकता है।

जड़ गलन (Root Rot)

मेथी के खेती में जड़ गलन भी एक भयंकर समस्या है। जड़ सड़ने से पौधे समूह में पीले पड़कर सुखने लगते हैं।

प्रबन्धन

बचाव के लिए गर्मी के दिनों में गहरी जुताई कर खेत को खुला छोड़ देना चाहिए। जिस खेत में इस रोग का प्रभाव पिछले वर्ष रहा हो, उसमें 3 वर्ष का फसल चक्र अपनाकर उसमें मेथी न बोयें। बीज को ट्राइकोडर्मा 4.0 ग्राम/किलो ग्राम बीज दर से उपचारित करके बोयें।

कुल्फा (Kulfa or Purslane or Portulaca)

वानस्पतिक नाम : पार्चुलाका ओलेरेसिया (*Portulaca oleraceae*)

कुल : पार्चुलेकेसी (Portulacaceae)

गुणसूत्र संख्या : 2एन= 18, 36, 45, 54

कुल्फा को भारतवर्ष के विभिन्न भागों में भिन्न–भिन्न नामों से जाना जाता है। इसे कुल्फा (हिन्दी एवं पंजाबी), घोल (मराठी एवं गुजराती), नुनिया साग (बंगला), कुल्फा साग (उड़िया), पविला (तेलगू), पसाली कीरई (तमिल), पसाली कीरा (मलयामल), डोडा गोनी सोपू (कन्नड़), कुल्फी, लूनाक (कुमॉयु) तथा लोनिया (गढ़वाली) के नाम से पहचानते हैं। अंग्रेजी भाषा में इसे 'स्माल पर्सलेन' (small purslane) के नाम से पुकारा जाता है। कुल्फा की पत्तियों में अच्छी सुगन्ध तथा कुछ नमकीन होने के कारण सब्जी एवं सलाद के रुप में प्रयोग की जाती है। सब्जी के रुप में हमारे देश के अलावा यूरोप एवं अन्य एशियाई देशों में बहुत अधिक प्रयोग करते हैं। पत्तियों के साथ–साथ इसके रसीले डण्ठल को भी सब्जी बनाने के लिए प्रयोग करते हैं। इसकी सब्जी पालक की तरह बनाई जाती है। पत्तियों में आक्जिलेट (oxalate) तथा नाइट्रेट (nitrate) होने के कारण कम प्रचलित हो रहा है।

उद्भव एवं वितरण

कुल्फा एक प्रचलित खरपतवार है। ऐसा विश्वास किया जाता है कि कुल्फा की किस्म का उद्भव पुरानी दुनिया का उष्ण कटिबन्धीय (Old World Tropics) क्षेत्र है। इसकी सबसे अधिक विविधता मैक्सिको और आस्ट्रेलिया में पाई जाती है। भारतवर्ष के लगभग सभी राज्यों में यह खरपतवार के रुप में पाया जाता है।

वानस्पतिक विवरण

वंश पार्चुलाका (*Portulaca*) के अन्तर्गत 40 से ज्यादा किस्मयाँ समाहित है, लेकिन दक्षिण एशिया के देशों में 5 किस्मयाँ पाई जाती है। प्राकृतिक घटकों के कारण द्विगुणित, चर्तुगुणित तथा षट्गुणित (hexaplaid) प्रकार की बहुगुणिता पायी जाती है। इस आधार पर कुल्फा को दो उपसमूहों में बाँटा जाता है।

(1) पार्चुलाका ओलेरेसिया उप किस्म ओलेरेसिया (*Portulaca oleracea* ssp. *oleracea*)

(2) पार्चुलाका ओलेरेसिया उपकिस्म सटाइवा (*Portulaca oleracea* ssp. *sativa*)

यह षट्गुणित (hexaplaid) स्पीशीज है। कुल्फा के पौधे छोटे (40.0–50.0 सेन्टी मीटर ऊँचा), सीधे बढने वाले तथा शाकीय होते हैं। पत्तियाँ 1.0–1.5 सेन्टी मीटर व तने पर आमने–सामने या चक्र में लगी होती है। पुष्प पीले रंग के होते हैं, जिसमें 4–5 पंखुड़ियाँ होती है। पुंकेसर में पुमंग 7–10 की संख्या में, वर्तिका 5 शाखाओं वाली, फल गोलाकार तथा 4.0–5.0 मिली मीटर आकार के होते हैं। फल में काले रंग के बीज अधिक संख्या में बनते हैं जिनका वितरण हवा व पानी के

माध्यम से होता है। कुल्फा का जीवन चक्र कम समय (2–4 महीना) का होता है। अतः यह एक ''एफीमेराल प्लाण्ट'' (ephimeral plant) है। पुष्प में स्वपरागण होता है और निषेचन के बाद फल 7–12 दिन में पूर्णतया पक जाता है।

पोषकीय महत्व

कुल्फा की सब्जी बहुत ही सुपाच्य और तासीर की ठण्डी होती है तथा इसमें विटामिन ''सी'' अधिक मात्रा में पायी जाती है। इसकी मुलायम टहनियों में अच्छी सुगन्ध होने के कारण इसका प्रयोग सलाद के लिए भी किया जाता है। इसकी पत्तियाँ प्रोटीन, आयरन और खनिज तत्वों में काफी धनी होती हैं। इसके औषधीय गुणों को देखते हुए विश्व स्वास्थ्य संगठन एक महत्वपूर्ण औषधीय पौध के रुप में अंकित किया है। यह मूत्र रोगों, हड्डी के जोड़ों और अन्य स्त्री रोगों में लाभकारी है। इसे हृदय वर्धक (cardiotonic) के रुप में प्रयोग किया जाता है और इसका सेवन पेचिस तथा बुखार में लाभकारी होता है। इसकी पत्तियों का लेप चर्म रोगों जैसे इक्जिमा (eczema) आदि में लाभकारी होता है। कुल्फा में अधिक मात्रा में एल नारएड्रिनालाइन (l-noradrenaline) 0.25 प्रतिशत ताजे भार के आधार पर पाया जाता है, जो स्नायुवर्धक (nerve hormone) का कार्य करता है। कुल्फा में शुष्क भार के आधार पर 3.5 प्रतिशत लिपिड्स पाया जाता है, जिससे 25 प्रतिशत स्वतंत्र वसा अम्ल (free fatty acids) होते हैं। इसमें पाये जाने वाले ओमेगा–3 बहुअसंतृप्त वसा अम्ल (omega-3 poly unsaturated fatty acids) की अधिक मात्रा के कारण इसका बहुत अधिक औषधीय महत्व है (ओमरा एवं सहयोगी, 1991, कोच, 1988)। ओमेगा–3 वसा अम्ल शरीर में कोलेस्ट्राल की मात्रा को कम करता है। इसमें पाये जाने वाले लिपिड में 19 प्रतिशत स्टेराल्स (sterols) होता है, जिसमें 72 प्रतिशत सिस्टेराल्स (sisterals) एवं 14 प्रतिशत स्टिग्मैस्टेराल (stigmasterol) होता है (सिम्पोलस एवं सलेम, 1989)। कुल्फा में पालक की तुलना में 7 गुना अधिक टोकोफेराल (α-tocopherol) पाया जाता है (सिम्पौलस एवं सहयोगी, 1992)। इसकी पत्तियों में 381 मिली ग्राम प्रति 100 ग्राम खाने योग्य भाग में फाइलोक्वीनिन या विटामिन के–1 (Vitamin K-1) पाई जाती है जो पकाते समय नष्ट नहीं होती है (लेजेनवर्ग एवं सहयोगी, 1986)। इसी प्रकार इसकी पत्तियों के 100 ग्राम खाने योग्य भाग में 14.8 मिली ग्राम ग्लूटैथिओन (glutathione) पाया जााता है (सिम्पौलस एवं सहयोगी, 1992)। कुल्फा की पत्तियों में पाये जाने वाले पोषक तत्वों को सारिणी में दिया गया है।

सारिणी (9.26) कुल्फा की पत्तियों का पोषक मूल्य (प्रति 100 ग्राम खाने योग्य भाग में)

पोषक तत्व	मात्रा
नमी	90.5 ग्राम
प्रोटीन	2.4 ग्राम
वसा	0.6 ग्राम
खनिज	2.3 ग्राम
रेशा	1.3 ग्राम
कार्बोहाइड्रेट्स	2.9 ग्राम
ऊर्जा	27 किलो कैलोरी

कैल्सियम	111.0 मिली ग्राम
फास्फोरस	45.0 मिली ग्राम
आयरन	14.8 मिली ग्राम
कैरोटीन	2292 माइक्रो ग्राम
थाइमिन	0.10 मिली ग्राम
राइबोफ्लेविन	0.22 मिली ग्राम
नियासिन	0.7 मिली ग्राम
विटामिन 'सी'	99.0 मिली ग्राम

स्रोतः गोपालन एवं सहयोगी, 1999

उपरोक्त पोषक तत्वों के अलावा कुल्फा की पत्तियों में 89 माइक्रो ग्राम प्रति ग्राम बीटा कैरोटीन (β carotene) पाया जाता है, जो पकाते समय (2.3 प्रतिशत) नष्ट हो जाता है (रहमान एवं सहयोगी, 1990)। इसमें पाये जाने वाले अन्य कैरोटिन भी प्रचुर मात्रा में मिलते हैं। बीटा कैरोटीन (30.0 माइक्रो ग्राम), अल्फा क्रिप्टो जैंथिन (0.6 माइक्रो ग्राम), ल्यूटिन + वाइलोजैंथिन (48.0 माइक्रो ग्राम) जिया जैंथिन (0.7 माइक्रो ग्राम) तथा नियो जैंथिन (9.0 माइक्रो ग्राम) प्रति ग्राम में मिलते हैं। इसमें पाये जाने वाले केरोटिनायड्स को सारिणी में दिया गया है।

सारिणी (9.27) कुल्फा की पत्तियों में पाये जाने वाले केरोटिनायड्स की मात्रा

कैरोटिनायड्स	मात्रा (माइक्रोग्राम / ग्राम)
बीटा कैरोटीन (β carotene)	30.0
अल्फा क्रिप्टोजैंथिन (α crypto xanthin)	0.6
ल्यूटिन + वाइलोजैंथिन (Lutein + violoxanthin)	48
जियाजैंथिन (Zea xanthin)	0.7
नियोजैंथिन (Neo xanthin)	9.0
सम्पूर्ण	**89.0**

कुल्फा की पत्तियों में पाये जाने वाले कुछ सूक्ष्म तत्वों को सारिणी में दिया गया है।

सारिणी (9.28) कुल्फा की पत्तियों में पाये जाने वाले अन्य सूक्ष्म तत्व

पोषक तत्व	मात्रा (मि0ग्रा0)
मैग्नीशियम	120.0 मिली ग्राम
सोडियम	67.2 मिली ग्राम
पोटैशियम	716.0 मिली ग्राम
कॉपर	0.19 मिली ग्राम
सल्फर	63.0 मिली ग्राम
क्लोरीन	73.0 मिली ग्राम

स्रोतः गोपालन एवं सहयोगी, 1999

जलवायु

कुल्फा गर्मी की सब्जी है, अतः इसकी खेती गर्म मौसम में अच्छी तरह से की जा सकती है। यह सत्य है कि पार्चुलाका ओलेरेसिया (*Portulaca oleraceae*) कम तापमान पर भी अच्छी प्रकार वृद्धि एवं विकास करता है। यही कारण है कि इसके पौधे जावा में 1800.C मीटर की ऊँचाई तक देखे जा सकते हैं। इसकी दूसरी किस्म पार्चुलाका क्वाड्रीफिडा (*Portulaca quadrifida*) के पौधे कम ऊँचाई वाले स्थानों पर मिलते हैं। कुल्फा में 4 कार्बन चक्र प्रकाश संश्लेषण प्रक्रिया (C_4 cycle photosynthesis) के कारण प्रकाश की तीब्रता, गहनता और अधिक तापक्रम से ज्यादा प्रभावित होता है।

भूमि तथा भूमि की तैयारी

यह किसी भी प्रकार की भूमि में उगाया जा सकता है, लेकिन दोमट भूमि इसकी खेती के लिए अच्छी होती है। अच्छी ऊपज प्राप्त करने के लिए खेत में जीवाश्म की प्रचुर मात्रा होनी चाहिए। इसके लिये खेत की जुताई 4–5 बार करनी चाहिए तथा प्रत्येक जुताई के बाद पाटा लगाना आवश्यक होता होता है, जिससे मृदा मुलायम, भुर भुरी एवं महीन हो जाये। इसके बाद खेत में क्यारियाँ व सिंचाई की नालियाँ बनाई जाती है।

पोषक तत्व प्रबन्धन

कुल्फा की एक अच्छी फसल लेने के लिए सिंह और ठाकुर (1968) ने 10.0–12.0 मैट्रिक टन प्रति हेक्टेयर गोबर की अच्छी प्रकार सड़ी खाद या कम्पोस्ट व 100.0 किलो ग्राम प्रति हेक्टेयर अमोनियम सल्फेट देने की सिफारिश की है। गोबर की खाद खेत की तैयारी करते समय मिट्टी में अच्छी तरह मिला देना चाहिए। अमोनियम सल्फेट का छिड़काव 4 बार में करना चाहिए। छिड़काव प्रत्येक कटाई के बाद करना अति उत्तम होता है।

बुआई का समय तथा बीज दर

उत्तर भारत में कुल्फा की बुआई फरवरी–मार्च तथा दक्षिण में जनवरी–फरवरी में की जाती है। इसका बीज लगभग 1.0–1.5 किलो ग्राम प्रति हेक्टेयर की दर से लगता है।

बुआई की विधि

कुल्फा की बुआई दो प्रकार से की जाती है–

1. **छिटकवा**–छिटकवा विधि में कुल्फा की बुआई करने के लिए छोटी–छोटी क्यारियाँ 2×3 मीटर का बनाकर करते हैं। बुआई के बाद बीजों को हल्की गुड़ाई करके मिट्टी से ढक दिया जाता है
2. **कतारों में**–कतारों के मध्य की दूरी 15.0–20.0 सेन्टी मीटर रखते हैं तथा इसके ऊपर कूड़ बनाकर इन कूड़ों में बीज की बुआई करके इन्हें बन्द कर दिया जाता है। कुल्फा में ताजे बीजों

के अंकुरण के लिए प्रकाश की आवश्यकता होती है, जबकि पुराने बीजों के लिए प्रकाश की आवश्यकता नहीं होती है। लि एवं सहयोगी (2000) ने पाया कि कुल्फा के बीजों में 5–6 महीने की सुप्तावस्था (**dormancy**) होती है। इसके बीजों के अंकुरण के लिए 30^0 सेंटीग्रेट तापमान उपयुक्त होता है और बीजों को जिब्रेलिक अम्ल के 200 पी0पी0एम0 घोल से उपचार करने से अंकुरण, ओज तथा अंकुरण सूचकांक में वृद्धि होती है।

सिंचाई जल प्रबन्धन

बुआई के बाद बीज को अच्छी प्रकार उगने के लिए कम नमी की अवस्था में एक हल्की सिंचाई कर देनी चाहिए। इसके बाद जरुरत पड़ने पर 8–10 दिन के अन्तर पर सिंचाई करने रहना चाहिए। पौधे के पूरे जीवन काल में 6–7 सिंचाई की आवश्यकता पड़ती है।

निकाई–गुड़ाई

अच्छी पैदावार लेने के लिए कुल्फा के खेत से खरपतवार निकालना और फसल की गुड़ाई करना आवश्यक होता है।

फसल की कटाई

फसल बुआई के एक माह बाद जब पौधों की ऊँचाई 10.0–12.0 सेन्टी मीटर पहुँच जाये तब कटाई के योग्य हो जाती है। पहली कटाई के बाद 15 दिन के अन्तर पर नियमित रुप से कटाई की जाती है। पूरे जीवन काल में 3–4 बार कटाई की जाती है। इसके तने काफी मुलायम होते हैं और कटाई करने पर भी गुणवत्ता पर कोई विशेष प्रभाव नहीं पड़ता है। उत्तर भारत के मैदानी क्षेत्रों में इसकी जून–जुलाई तक कटाई की जाती है।

उपज

कुल्फा की हरी पत्तियों की औसत उपज लगभग 14.0 टन/हेक्टेयर तक होती है। कुल्फा की पत्तियों को 0–1 डिग्री सेन्टीग्रेड तापक्रम पर 3–5 दिन तक भण्डारित किया जा सकता है। कुल्फा की फसल में बीज उत्पादन थोड़ा कठिन है, क्योंकि फल पकते ही बिखर जाते हैं। बीज प्राप्त करने के लिए फल पकने के अवस्था में कटाई कर पालिथिन की चादरों पर सुखा दिया जाता है। डंठलों को पीट कर उसमें से बीज निकाला जाता है। बीज भण्डारण के लिए 8 प्रतिशत नमी की अवस्था तक सुखाना आवश्यक है।

पोई (Indian Spinach or Climbing Spinach or Ceylon Spinach)

वानस्पतिक नाम : बासेल्ला एल्बा (*Basella alba*)
बासेल्ला रुब्रा (*Basella rubra*)

कुल : बैसेलेसी (Basellaceae)

गुणसूत्र संख्या : बासेल्ला एल्बा 2एन= 48
बासेल्ल रुब्रा 2एन= 44

पोई साग (Indian spinach or Climbing spinach or Ceylon spinach) को बन पोई (बंगाल), पोथी, बाल्वी भाजी (गुजराती), पोई (हिन्दी) एवं पंजाब बिनिबसाले, बल्ली (कन्नड़), बसेला किरा, पसालीकीरा (मलयालम), मयालू, रुचिवेल मयाल (मराठी), अपोदिका, निविति, पोटाकी (संस्कृत), पसाली कीरई (तमिल), बटसालन, बत्सचली, पेड्डा बसाला (तेलगू) तथा पूई (आसाम) नाम से जाना जाता है। इसके अलावा विदेशों में इसे इण्डियन स्पिनाच, मालाबार स्पिनाच, वाइन स्पीनाच, क्लाइम्बिंग स्पीनाच या मालाबार नाइट शेड के नाम से जाना जाता है। यह विशेषकर गृह वाटिका के लिये बहुत उपयुक्त पत्ती वाली सब्जी है, जिसे छोटे वृक्षों अथवा झाड़ियों के आस–पास सहारा देकर चढ़ाया जाता है। पूरे देश में पोई की पत्तियाँ तथा रसीला डण्ठल सब्जी बनाने के लिये उपयोग किया जाता है।

उद्‌भव एवं वितरण

पोई का उत्पत्ति स्थल भलिभाँति ज्ञात नहीं है, लेकिन ऐसा विश्वास किया जाता है कि यह दक्षिण एशिया, विशेषतः भारतीय मूल का पौधा है। इसका वितरण उष्ण कटिबन्धीय अफ्रीका, एशिया और उत्तरी अमेरिका में है और यहाँ पर इसकी खेती भी बड़े पैमाने पर की जाती है। उत्तर भारत की तुलना में इसकी खेती दक्षिण भारत व पूर्वी भारत में व्यापक पैमाने पर की जाती है। पंजाब, उत्तर प्रदेश, बिहार, बंगाल, आसाम व मध्य प्रदेश के प्रान्तों में गर्मियों में उगाया है। भारत, मलेशिया और फिलीपिन्स में इसकी खेती बड़े पैमाने पर की जाती है।

वानस्पतिक विवरण

पोई एक बहुवर्षीय (perennial) लतायुक्त तथा 2.0–10.0 मीटर की लम्बाई तक वृद्धि करने वाला पौधा है। सामान्यतः तना कोणीय, हरा या लाल, चिकना एवं शाखायुक्त गूदेदार होता है। पत्तियाँ आकार में गोल या ह्रदयाकार, मुलायम चिकनी तथा रसीली होती हैं। पुष्प विन्यास कक्षीय, सफेद–हरे रंग के पेरियन्थ, द्विलिंगी तथा फल गोलाकार होते हैं। पकने पर फल गहरे काले रंग के होते हैं तथा उसमें ठोस बीज विकसित होते हैं। प्रतिग्राम बीजों की संख्या 30 के आस–पास होती है। पोई को मुख्यत तीन उप समूहों में बाँटा जा सकता है।

(1) **बासेल्ला एल्बा एल0** (*Basella alba* L.)—सबसे ज्यादा उगाई जाने वाली किस्म है। इसकी पत्तियाँ हरी, गोल या अण्डाकार होती है।

(2) **बासेल्ला रुब्रा एल0** (*Basella rubra* L.)—यह कम उगाई जाने वाली किस्म है। सामान्यतः पत्तियाँ, गहरे रंग की सिराएं एवं तना लाल रंग के होते हैं।

(3) **गहरी हरी एवं हृदयाकार पत्ती वाली**—इस प्रभेद की पत्तियाँ गहरे रंग की होती है। पत्तियों का आकार पान के पत्तेनुमा या हृदयाकार होती है (पीटर एवं देवदास, 1989)। परागण के बाद परागकण वर्तिकाग्र पर 4–6 घण्टे बाद अंकुरित होते हैं और 6–11 घण्टे वर्तिकाग्र से होते हुए 11–16 घण्टे में अण्डाशय में प्रवेश करते हैं और 16–24 घण्टे में दोहरी निषेचन (double fertilization) की प्रक्रिया पूरी हो जाती है। सामान्यतः 2–8 दिना में द्विकोषीय भ्रूण विकसित होते हैं। भ्रूण का विकास एस्टेराड प्रकार का होता और भ्रूण में स्वतंत्र केन्द्रक होता है (जून, 1986)।

पोषकीय महत्व

पोई की पत्तियाँ पोषण की दृष्टि से स्वास्थ्य के लिये काफी उपयोगी हैं। इसकी सब्जी अकेले या आलू के साथ मिश्रित करके बनाया जाता है। कुछ क्षेत्रों में इसकी पत्तियों को दाल में डालकर खाते हैं। इसमे प्रचुर मात्रा में कैल्शियम, आयरन व कैरोटिन पाया जाता है। पत्तियों में विभिन्न प्रकार के विटामिन ज्यादा होते हैं, लेकिन विलेय आक्जिलेट (soluble oxalate) कम मात्रा में होता है। इसे सूक्ष्म तत्वों जैसे जिंक, मैग्नीशियम, सोडियम, मैग्नीज, गंधक, क्लोरीन, आयोडिन और फ्लूओरीन का खजाना माना जाता है। कैरोटिननायड के अतिरिक्त कार्बनिक अम्ल और जल विलेय पालीसेकराइड्स, बाइओफ्लैवोनायड्स एवं विटामिन "के" की प्रमुख स्रोत हैं। सब्जी के अलावा पके फलों से निकाले गये रंग को विभिन्न व्यंजनों, जेली, पेस्ट्री और मुरब्बे आदि में रंग देने के लिये प्रयोग किया जाता है।

सारिणी (9.29) पोई में पाये जाने वाले पोषक तत्व (प्रति 100 ग्राम खाने योग्य भाग में)

पोषक तत्व	मात्रा
नमी	90.8 ग्राम
प्रोटीन	2.8 ग्राम
वसा	0.4 ग्राम
खनिज	1.08 ग्राम
कार्बोहाइड्रेट्स	4.2 ग्राम
ऊर्जा	32 कि. कैलोरी
कैल्सियम	200.0 मिली ग्राम
फास्फोरस	35.0 मिली ग्राम
कैरोटीन	7440 माइक्रोग्राम
थाइमिन	0.03 मिली ग्राम
रिबोफ्लेविन	0.16 मिली ग्राम
नियासिन	0.5 मिली ग्राम
विटामिन 'सी'	11.0 मिली ग्राम

स्रोतः गोपाल एवं सहयोगी, 1999

पोई की पत्तियों में कुछ आवश्यक एमीनो अम्ल जैसे–आर्जीनिन, ल्यूसिन, आइसोल्यूसिन, लाइसिन, थ्रियोनिन एवं ट्रिप्टोफेन भी प्रचुर मात्रा में पाये जाते हैं। इसकी पत्तियाँ औषधीय गुणों में धनी है। इसके सेवन से पित्त रोग समाप्त हो जाता है और पाचन तंत्र ठीक राहता है। पत्तियों की पुल्टिस बनाकर छाले, फोड़े आदि पर लगाने से आराम मिलता है। संथाल आदिवासी नाक में घाव के उपचार के लिए पोई का प्रयोग करते हैं। पत्तियों का जूस स्पंदन, प्रतिरोधी, रेचक व मूत्र वर्धक होने के कारण इसे गोनोरहोइया (gonorrhoea), बैलेनटिस (balantis) एवं मोतिया बिन्द संक्रमण में प्रयोग किया जाता है। जावा में पोई की लाल रंग की किस्म के पौधों से जूस निकालकर आँख के संक्रमण को समाप्त करने के लिए प्रयोग करते हैं। इसका रस गर्भवती स्त्रियों तथा बच्चों में कब्ज की शिकायत दूर करता है।

उन्नतिशील किस्में

पत्तियों के रंग के आधार पर इसकी दो किस्में है–

1. लाल पत्तियों वाली (बासेला रुब्रा)

यह किस्म पश्चिम बंगाल, आसाम और दक्षिण भारत में बहुतायत से उगाई जाती है। इसकी पत्तियाँ और तना दोनों लाल रंग के होते हैं। हरा तना माँसल तथा पत्तियाँ 10.0–12.0 सेन्टी मीटर लम्बी व 7.0–8.0 सेन्टी मीटर चौड़ी होती है।

2. हरे पत्तियों वाली (बासेला अल्बा)

इस किस्म की खेती उत्तर प्रदेश व पंजाब में बहुतायत से की जाती है। इसकी पत्तियाँ गहरे रंग की अण्डाकार या गोल होती हैं। पत्तियों का आकार 12.5 सेन्टी मीटर लम्बी व 7.0–8.0 सेन्टी मीटर चौड़ी होती है। इसके अतिरिक्त एक और किस्म है, जिसके पत्ते गहरे हरे रंग के होते हैं और पत्तियों का आकार पान के नुमा होता है। सामान्यतः पत्तियाँ 12.5 सेन्टी मीटर लम्बी व 7.5 सेन्टी मीटर चौड़ी होती हैं। (पीटर एवं देव दास, 1989)।

जलवायु

पोई शुष्क अथवा गर्म नम जलवायु की सब्जी है। अतः पोई को समुद्र तट से 500.0 मीटर की ऊँचाई से लेकर 3000.0 मीटर की ऊँचाई वाले (उपोष्ण क्षेत्रों से लेकर शीतोष्ण) प्रदेशों तक सफलतापूर्वक उगाया जा सकता है। यह पाला सहन नहीं कर सकता है। यह अल्प प्रकाश अवधि का पौधा है और प्रकाश संश्लेषण की क्रिया चौलाई के पौधे जैसी 4 कार्बन चक्र (C4 cycle) के अनुसार होती है (सिमोन्समा एवं पिलुएक, 1993)। पूरे उत्तर भारत में ठण्ड के कारण दिसम्बर–जनवरी में पौधों और पत्तियों की वृद्धि रुक जाती है। इसकी खेती करने के लिए उपयुक्त तापमान 25.0–32.0 डिग्री सेन्टी ग्रेड होना चाहिए।

भूमि एवं भूमि की तैयारी

पोई की पौधो को प्रकृति ने ऐसा सवारा है, जिसे किसी भी प्रकार की भूमि में उगाया जा सकता है लेकिन अम्लीय बलुई दोमट भूमि जिसका पी0एच0 मान 5.6–7.0 तक हो, उपज की दृष्टि से सर्वोत्तम मानी जाती है। पौधों की अच्छी तरह वृद्धि एवं विकास के लिए खेत में जल निकास की व्यवस्था अच्छी होनी चाहिए। खेत तैयार करने के लिए 3–4 बार गहरी जुताई करना चाहिए। प्रत्येक जुताई के बाद पाटा चलाकर खेत कों समतल करना आवश्यक है। जब खेत तैयार हो जाये और जहाँ पर पोई लगाना हो वहाँ 30.0 × 30.0 × 20.0 सेन्टी मीटर आकार का गड्ढ़ा पक्ति से पंक्ति 60.0–70.0 सेन्टी मीटर तथा पौध से पौध 25.0 सेन्टी मीटर की दूरी पर खोद लेना चाहिए। प्रत्येक गड्ढे में 5.0–10.0 किलो ग्राम गोबर की सड़ी खाद, 23.0 ग्राम नत्रजन, 16.0 ग्राम फास्फोरस तथा 12.0 ग्राम पोटाश भरकर बन्द कर दें तथा उस पर हल्की सिंचाई कर दें। इसके 8–10 दिन बाद ही पौध या बीज लगावें।

पोषक तत्व प्रबन्धन

पोई की फसल से अच्छी उपज प्राप्त करने के लिए सरसों की खली 50.0 किलो ग्राम प्रति हेक्टेयर प्रयोग करना चाहिए। इससे फसलों की बढ़वार व पत्तियों की गुणवत्ता में भी वृद्धि होती है (चट्टोपाध्याय, 1977)। इसी प्रकार गोगोई एवं राजगोपाल (1986) ने अपने अध्ययन में स्पष्ट किया कि फास्फोरस, पोटैशियम को 40:40 किलो ग्राम प्रति हेक्टेयर + मुर्गी की खाद (8.0 टन/हेक्टेयर) देने से अधिक उपज प्राप्त होती है। पौधों में नत्रजन, फास्फोरस, पोटैशियम, कैल्सियम, मैग्नीशियम एवं सल्फर का सिंचाई के साथ नियन्त्रित अवस्था में प्रयोग करने से पत्तियों में सान्द्रता क्रमशः नत्रजन (1.25 एवं 2.63), फास्फोरस (0.17 एवं 0.36), पोटैशियम (0.46 एवं 3.55), कैल्सियम (0.62 एवं 1.78), मैग्नीशियम (0.37 एवं 0.80) एवं सल्फर (0.19 एवं 0.23), पाया गया। बुरुमेन एवं ग्रुवेन (1977) ने पाया कि पोई में नत्रजन के प्रयोग से पत्तियों के ताजे एवं शुष्क भार में वृद्धि होती है। इसके अलावा प्रोटीन, आक्जेलिक अम्ल, कैरोटीन और आयरन के सान्द्रण में भी वृद्धि होती है। झुन–झुन एवं सहयोगी (1994) ने स्पष्ट किया कि पत्तियों में नाइट्रेट तत्व का संचयन मुख्य रुप से पत्तियों की कोशिकाओं की रिक्तिकाओं (vacuoles) में होता है। नयी फसल लगाते समय प्रत्येक गड्ढे में आधी मिट्टी, पूरी गोबर की खाद (5.0 किलोग्राम), 50.0 ग्राम फस्फोरस तथा 30.0 ग्राम पोटाश की पूरी मात्रा आपस में अच्छी प्रकार मिलाकर भर देवें। नत्रजन की आधी मात्रा पौध रोपण के एक माह बाद तथा शेष आधी मात्रा पुनः रोपण के 3 माह बाद पौधों के तनों से दूर भुरकाव विधि द्वारा डाले और सिंचाई कर देवें। पोई में अनेकों प्रकार के पादप वृद्धि नियामकों के प्रयोग का परीक्षण किया गया है। सिन्नी दुरई एवं सहयोगी (1971) ने स्पष्ट किया कि लम्बा प्रकाश अवधि एवं साइकोसिल नामक पादप वृद्धि नियामक के प्रयोग से पुष्पन रुक जाता है, जबकि मैलिक हाइड्राजाइड (MH) का प्रयोग कम प्रकाश अवधि की अवस्था में पुष्पन रोकने में प्रभावी है। अगर खड़ी फसम में क्लोरमीक्वाट नामक रसायन का 500 या 1000 पी0पी0एम0 का पर्णीय छिड़काव या पौध की दो पत्ती अवस्था पर की जाये, तो पौधों की लम्बाई नियन्त्रित होता है लेकिन एक ही सप्ताह में प्रभाव कम हो जाता है (वेल्टकैम्प एवं सैमसन, 1973)।

बुआई का समय

फसल की बुआई उत्तर भारत में जून–जुलाई तथा दक्षिणी भारत में 2 बार जून–जुलाई तथा अक्टूबर–नवम्बर में की जाती है। पहाड़ों पर पाला पड़ने के कारण बुआई मार्च व अप्रैल के महीने में करते हैं।

प्रसारण विधि

पोई का प्रसारण विधि निम्न है–

1. बीज द्वारा (By seed)

बीज लगभग 12.5–16.0 किलो ग्राम प्रति हेक्टेयर की दर से लगता है। बीजों को 24 घण्टे पानी में भिगोकर यदि कमरे के तापक्रम पर रखकर बुआई की जाये, तो अंकुरण अच्छा होता है। बीज को जिब्रेलिक अम्ल के 300 पी0पी0एम0 व हाइड्रोजन परआक्साइड के 2.3 प्रतिशत घोल से उपचारित करने पर अंकुरण ज्यादा व पौध विकास अच्छा होता है। म्यूरा एवं सहयोगी (1997) ने एक परीक्षण से सिद्ध किया कि 10 दिन तक 15.0 डिग्री सेन्टी ग्रेड तापक्रम पर बीज रखने पर 41–45 प्रतिशत अंकुरण ज्यादा होता है।

2. जड़ द्वारा (Root cutting)

इस विधि में जड़ों की कलम काट कर लगायी जाती है, लेकिन ध्यान रहे कि प्रत्येक जड़ प्रयोग में विकसित कलिकाएँ मौजूद हों। यह पद्धति वर्षा ऋतु में सफलतापूर्वक प्रयोग करते हैं।

3. तनें द्वारा (Stem cutting)

इस विधि में तने की कलम काटकर लगायी जाती है। तनें की कलम में कम से कम 2–3 गाँठ अवश्य होनी चाहिए। मानसून के पहले 45.0 सेन्टी मीटर लम्बी लताओं की कलम तैयार करके उन्हें 30.0–40.0 सेन्टी मीटर के अन्तराल पर रोपण कर दिया जाता है। इस तकनीक से सफलतापूर्वक व्यावसायिक रुप से प्रसारण किया जा सकता है।

4. बीज द्वारा नर्सरी तैयार कर

पहले पोई के बीजों व कलमों को नर्सरी की क्यारी में डालकर/रोपण कर पौध तैयार कर लेते हैं। जब पौधे पर 3–4 पत्तियाँ यानी 10.0–12.0 सेन्टी मीटर ऊँचें हो जायें तभी मुख्य खेत में रोपण करना चाहिए। एक हेक्टेयर क्षेत्रफल में रोपण के लिए 4500 कलमें लगती हैं। पौधों रोपण के लिए कतार से कतार की दूरी 60.0–70.0 सेन्टी मीटर जबकि पौध से पौध की दूरी 25.0–30.0 सेन्टी मीटर रखी जाती है। प्रायः यह पाया गया है कि रोपण विधि से उगायी गयी फसल की उपज बिना रोपण किये गये फसल से अधिक होता है।

पोई शाक की बुआई कतारों में की जाती है। कतार से कतार की दूरी 150.0 सेन्टी मीटर तथा पौध से पौध की दूरी 60.0 सेन्टी मीटर रखी जाती है। कलम विधि से लगाए गये पौधों में पत्तियाँ बहुत जल्द निकलने लगती हैं। इसके लिए 45.0 × 45.0 × 45.0 सेन्टी मीटर आकार का गड्ढा खोद

लेते हैं। गड्ढे में गोबर की सड़ी खाद की आधी मात्रा व मिट्टी की आधी मात्रा मिलाकर ढक देते हैं। जुलाई अगस्त के महीनें में कलम का रोपण कर देते हैं।

सिंचाई जल प्रबन्धन

पोई शाक के लिए 5–6 सिंचाई ही काफी होती है। सिंचाई आवश्यकतानुसार की जाती है, जिससे पौधों के आस–पास नमी बनी रहें। प्रत्येक कटाई के बाद हल्की सिंचाई कर देने से पौधों में नई कलिकाएँ तेजी से विकसित होती हैं।

निकाई–गुड़ाई

अन्य शाकीय पौधों की तरह पोई की भी निकाई–गुड़ाई समय–समय पर करना आवश्यक होता है। पौधों को खरपतवार से मुक्त रखना चाहिए।

पौधों को सहारा देना

जब पौधा छोटा हो तभी से उसे सहारा (support) देना चाहिए। इसके लिए मेड़ या झाड़ी अथवा डंडा लगाकर सहारा देना चाहिए। इससे पत्तियों में ज्यादा बढ़वार होती है व स्वस्थ पत्तियाँ प्राप्त होती हैं।

फसल की कटाई

पोई की पत्तियाँ तथा कोमल डंठल सब्जी के रुप में प्रयोग होते हैं। बीज द्वारा बुआई करने पर फसल की पत्तियाँ 8–10 सप्ताह बाद कटाई के लिए तैयार हो जाती है। परन्तु जड़ तथा तने के कलम से उगाई गई फसल में 6 सप्ताह में ही खाने के लिए पत्तियाँ उपलब्ध हो जाती हैं। पत्तियों एवं कोमल तनों की तुड़ाई का कार्य 5–6 महीने तक चलती रहती है। हरी पत्तियों तथा मुलायम डंठलों की कटाई तेज चाकू से करना चाहिए। पोई के पत्ते व डंठल पर्याप्त मात्रा में अप्रैल–मई से अक्टूबर–नवम्बर तक उपलब्ध रहते हैं।

उपज

पोई की औसत उपज लगभग 14.00–18.5 टन प्रति हेक्टेयर तक हो जाती है। यदि वैज्ञानिक तकनीकों को अपनाकर खेती की जाये तो और अधिक पैदावार (40.0–45.0 टन प्रति हेक्टेयर) प्राप्त की जा सकती है। अगर कुल उपज को मात्र 1.0 रु0 प्रति किलो ग्राम की दर से बेचा जाये तो 14,000.0–18,500.0 रुपये प्राप्त होते हैं तथा कुल लागत 5,000 प्रति हेक्टेयर निकाल देने पर 11,000.0–13,500.0 रुपये की शुद्ध आय प्राप्त होती है।

उत्तर भारत में पोई के बेलों की वृद्धि नवम्बर तक रुक जाती है तथा दिसम्बर में पौधों की बेलों पर गुलाबी रंग के फूल लगते हैं। फरवरी के अन्त या मार्च में पोय के हरे लाल बीज पककर काले हो जाते हैं। दक्षिण भारत में भी जाड़े के समय में स्वतंत्र रुप से बीज बनता है। गूदेयुक्त फल गुच्छे में बनते हैं, जिन्हें एकत्रित कर लिया जाता है। इन्हें मसलकर बीज निकालते हैं व सूखा लेते हैं। एक फल में एक ही बीज होता है। बीज को भण्डारित करने से पूर्व अच्छी तरह से छाया में सुखाना आवश्यक होता है।

सरसों साग (Mustard Leaves)

वानस्पतिक नाम : ब्रैसिका जुंसिया (*Brassica juncea*)
कुल : ब्रैसिकेसी (Brassicaceae)
गुणसूत्र संख्या : 2एन=36

आमतौर पर सरसों एक तेल वाली फसल है लेकिन जब पौधे छोटे एवं कोमल अवस्था में होते हैं, इसकी कोमल पत्तियाँ, तना, व फूल वाला रसीला डण्ठल, मुलायम होने के कारण साग के रुप में प्रयोग किया जाता है। वैसे तो साग के रुप में सरसों का उपयोग लगभग भारत के सभी प्रान्तों में किया जाता है, लेकिन पंजाब, हरियाणा, दिल्ली, राजस्थान तथा उत्तर प्रदेश में अधिक की जाती है। इन राज्यों में सरसों का साग ज्यादा प्रिय है। पंजाब व हरियाणा में सरसों के साग का उपयोग मक्के की रोटी, मक्खन और छांछ (मट्ठा) के साथ किया जाता है (सिंह एवं जोशी, 1960)। वर्तमान समय में पर्वतीय क्षेत्रों (आसाम, पश्चिम बंगाल, हिमाचल प्रदेश तथा उत्तर पूर्वी पर्वतीय क्षेत्र) एवं मैदानी भागों (उत्तर प्रदेश, मध्य प्रदेश, छत्तीसगढ़ आदि राज्यों) में व्यावसायिक रुप से इसकी खेती की जाने लगी है। बाजार में इसके रसीले डण्ठल युक्त कोमल पत्तियाँ विक्रय की जाती है। इसे गृह वाटिका में भी लगाया जाता है।

उद्‌भव एवं वितरण

सरसों की उत्पत्ति स्थल के बारे में काफी मतभेद है। यह सत्य है कि एम्फीडिप्लायड प्रवृत्ति के कारण इसके पितृ किस्मयाँ ब्रैसिका नाइग्रा (*Brassica nigra*) और ब्रैसिका रैपा (*Brassica rapa*) के उत्पत्ति स्थल को ही सरसों का उत्पत्ति स्थल मानते हैं। प्राथमिक विविधता स्थल–उत्तरी पश्चिमी भारत जिसमें पंजाब और कश्मीर का भाग आता है, मानते हैं जबकि द्वितीयक विविधता के क्षेत्र मध्य एवं पश्चिमी चीन का क्षेत्र, पूर्वी भारत, म्यांमार और एशिया माइनर (ईरान) का क्षेत्र है। ब्रैसिका जुंसिया (*Brassica juncea*) को दो प्रमुख समूहों में बाँटा जाता है।

(1) तेल वाली।
(2) पत्ती वाली।

तेल वाली किस्में भारत, बांग्लादेश और चीन में काफी प्रचलित है, जबकि पत्ती या सब्जी वाली किस्मों की एशियाई देशों में खेती की जाती है। भारत के अलावा सरसों साग को इण्डोनेशिया, मलेशिया, फिलिपिन्स तथा थाइलैण्ड में प्रमुखता से उगाया जाता है। हांगकांग में मूईच्वाय ब्रैसिका जुंसिया वार0 सारेप्टना (*Brassica juncea* var. *sareptna*) को जाड़े की प्रमुख सब्जी मानते हैं।

वानस्पतिक विवरण

सरसों ब्रैसिका जुंसिया (*Brassica juncea*) ब्रैसिकेसी कुल का एक महत्वपूर्ण सदस्य है। इसकी एक एम्फीडिप्लायड किस्म (amphidiploid species) है। जिसका गुणसूत्र संख्या 2एन=36 है और

दूसरी किस्म काली सरसों ब्रैसिका निग्रा (*Brassica nigra*) है, जिसकी गुणसूत्र संख्या 2एन=20 है। इस कुल के पौधे पालीमार्फिक (**polymorphic**) होने के कारण अनेकों किस्मयों एवं वानस्पतिक समूहों में विभेदित किया गया है। सरसों समूह का पौध एकवर्षीय या द्विवर्षीय पौधा है, जिसकी ऊँचाई लगभग 50.0–150.0 सेन्टी मीटर होता है। पत्तियों के आकार में विभिन्नता होती है। पत्तियों का डण्ठल हरा एवं चिकना होता है। पौधे पर अत्यधिक संख्या में पुष्प बनते हैं, जिससे फली बनती है। फलियों को सिलुकुवा (**siliqua**) कहा जाता है। एक फली में 10–20 दाने बनते हैं।

पोषकीय महत्व

पोषण की दृष्टि से सरसों का साग काफी महत्वपूर्ण है। इसमें प्रोटीन विटामिन 'ए','सी','ई', रेशा, फोलेट, कैल्सियम, आयरन एवं पोटैशियम प्रचुर मात्रा में पाया जाता है। सरसों की साग में कैल्सियम की जैव उपलब्धता (**biological availability**) बहुत अधिक होता है।

सारिणी (9.30) सरसों तथा लाही पत्ता का पोषक मूल्य (प्रति 100 ग्राम खाने योग्य भाग में)

पोषक तत्व	सरसों		लाही
	पत्ता	डंठल	पत्ती
नमी	98.8 ग्राम	91.4 ग्राम	84.9 ग्राम
प्रोटीन	4.0 ग्राम	3.1 ग्राम	5.1 ग्राम
वसा	0.6 ग्राम	0.1 ग्राम	0.4 ग्राम
खनिज	1.6 ग्राम	1.4 ग्राम	2.5 ग्राम
रेशा	0.8 ग्राम	–	1.2 ग्राम
कार्बोहाइड्रेट्स	3.2 ग्राम	4.0	5.9 ग्राम
ऊर्जा	34	29	49 कि0कैलोरी
कैल्सियम	155.0 मिली ग्राम	100.0 मिली ग्राम	370.0 मिली ग्राम
फास्फोरस	26.0 मिली ग्राम	100.0 मिली ग्राम	110.0 मिली ग्राम
आयरन	16.3 मिली ग्राम	1.2 मिली ग्राम	12.5 मिली ग्राम
कैरोटीन	2622.0 मिली ग्राम	–	1380.0 मिली ग्राम
थाइमिन	0.03 मिली ग्राम	–	0.01 मिली ग्राम
राइबोफ्लेविन	–	–	0.9 मिली ग्राम
नियासिन	–	–	0.9 मिली ग्राम
विटामिन 'सी'	33.0 मिली ग्राम	–	65.0 मिली ग्राम

स्रोतः गोपालन एवं सहयोगी, 1999

जलवायु

पत्ती वाली सरसों को ठण्डी मौसम के अतिरिक्त उच्च तापक्रम व अधिक आर्द्रता की आवश्यकता पड़ती है। ऐसे वातावरण में पौध की वृद्धि एवं विकास तेज गति से होती है।

उन्नतिशील किस्में

सरसों के बीज के आधार पर कई किस्में हैं जैसे–भूरी सरसों, पीली सरसों, बंगा, बनारसी राई तथा जापानी सरसों। अभी हाल में चौ0 चरण सिंह हरियाणा कृषि विश्वविद्यालय, हिसार (हरियाणा) के सब्जी विभाग से ''हरियाणा साग'' नामक सरसों की किस्म विकसित की है, जिसकी पत्तियाँ चौड़ी व कोमल होती हैं। इस किस्म में फुटाव बाद में आता है। यह फसल अकेले या मिलवा फसल के रुप में गेंहूँ इत्यादि फसल के साथ उगाई जाती है।

भूमि तथा भूमि की तैयारी

सरसों फसल को किसी भी प्रकार की भूमि में उगाई जा सकती है, लेकिन अच्छी उपजाऊ भूमि जिसमें नमी धारण करने की क्षमता अधिक हो तथा जल निकास अच्छी हो, उत्तम मानी जाती है।

पोषक तत्व प्रबन्धन

इसकी अच्छी उपज के लिए 8.0–10.0 टन प्रति हेक्टेयर गोबर की सड़ी खाद खेत की तैयारी के समय मिला दिया जाता है। इसके अतिरिक्त बुआई के समय 100.0 किलो ग्राम नत्रजन, 60.0 किलो ग्राम फास्फोरस तथा 50.0 किलो ग्राम पोटैशियम तत्व के रुप में प्रति हेक्टेयर की दर से खेत में देना चाहिए। नत्रजन की एक तिहाई मात्रा बुआई के समय तथा शेष दो तिहाई मात्रा को दो बार 30 दिन के अन्तराल पर टापड्रेसिंग (top dressing) के रुप में देना चाहिए।

बुआई का समय तथा बीज दर

मैदानी भागों में इसकी बुआई मध्य सितम्बर से मध्य नवम्बर तक तथा पहाड़ी भागों में मई से अगस्त तक की जाती है। एक हेक्टेयर भूमि के लिये 6.0–7.0 किलो ग्राम बुआई के लिये बीज पर्याप्त होता है। बीज बुआई के 5–6 दिन में उग आते हैं। छिटकवा या पक्तियों में बीजों की बुआई की जा सकती है, लेकिन पक्तियों में बुआई करने से कृषि क्रियाओं तथा विकसित पत्तियों की तुड़ाई में सुविधा होती है।

बुआई की विधि

पालक की तरह इसकी भी बुआई दो प्रकार से छिटकवा विधि तथा कतारों में की जाती है। पंक्तियों में बुआई के लिए कतारों से कतारों की दूरी 30.0 सेन्टी मीटर तथा पौध से पौध की दूरी 10.0 सेन्टी मीटर रखी जाती है तथा बीज 1.28 सेन्टी मीटर गहराई तक बोया जाता है। देश के पर्वतीय क्षेत्रों एवं उत्तर–पूर्वी पर्वतीय राज्यों में लाही पत्ता की खेती मुख्य रुप से पौध उगाकर व रोपण करके की जाती है। जब पौधशाला में इसके पौधे 3–4 सप्ताह के व 3–4 सत्य पत्ती वाले हो जाते हैं तब उनकी मुख्य खेत में रोपण करते हैं।

सिंचाई जल प्रबन्धन

इसकी पहली सिंचाई बुआई के 3 सप्ताह बाद करनी चाहिए तथा हसके बाद आवश्यकता होने पर 10–15 दिन के अन्तर पर सिंचाई करते रहना चाहिए। रोपण की गयी फसल में रोपण के तुरन्त बाद एक हल्की सिंचाई करने से पौधे अच्छी तरह से खेत में स्थापित हो जाते हैं।

निकाई–गुड़ाई

पहली दो सिंचाईयों के बाद खेत में रेक चलाना जरुरी होता है, जिससे खेत की पपड़ी टूट जायें एवं उग रहे खरपतवार नष्ट हो जायें। कतारों के बीच खुरपी से खरपतवार निकाल देना चाहिए या हैण्ड–हो (hand hoe) से गुड़ाई करना चाहिए। रोपण की गयी फसल के बीच के अन्तराल में उगे खरपतवार के पौधे को निकालकर गुड़ाई करके पौधों के पास मिट्टी चढ़ा देने से पौधों की बढ़वार पर अनूकूल प्रभाव पड़ता है। इससे पत्तियों की गुणवत्ता भी बढ़ती है।

फसल की कटाई

साग के लिए पत्तियाँ बुआई के लगभग 25–30 दिन बाद तैयार हो जाती है। इसकी पत्तियाँ एवं कोमल डंठल साग के लिए काट लिये जाते हैं। कहीं–कहीं पर पौधों को जड़ सहित प्रयोग में लाया जाता है। लाही पत्ता के नीचे की माँसल पत्तियों की तुड़ाई की जाती है और बीच के डण्ठल को बढ़ने दिया जाता है। अगर फसल को बीज के लिए छोड़नी हो, तो डण्ठल की कटाई नहीं की जाती है। इस स्थिति में केवल पत्तियाँ ही तोड़ ली जाती है। जब फलियाँ पक कर तैयार हो जायें, तब इसकी फसल बीज के लिए काट ली जाती है।

उपज

एक हेक्टेयर फसल से लगभग 10.0 टन हरी सब्जियों की उपज प्राप्त होती है। पत्तियों की कटाई धार दार चाकू से करना चाहिए। कटाई के बाद पत्तियों को गीले कपड़े से ढकना चाहिए। अन्यथा पत्तियाँ सुखने लगती है। उत्तर–पूर्वी पर्वतीय क्षेत्रों में लाही पत्ता के छोटे–2 गट्ठरों में बाँधकर बाजार में बेचने के लिए भेजा जाता है। साग की उपज के साथ–साथ इसका बीज भी अन्य उपयोग के लिये पैदा कर लिया जाता है।

पौध संरक्षण

प्रमुख कीट एवं उनका प्रबन्धन

(1) माँहू (Aphid)

यह कीट फसल को अधिक हानि पहुँचाता है। सामान्यतः यह काले रंग का सूक्ष्म कीट होता है, जो ज्यादातर पत्तियों की निचली सतह पर या डंठल पर चिपक कर रस चुसता है, जिससे पौधे कमजोर हो जाते हैं।

(2) डायमण्ड बैकमाथ (Diamond Backmoth)

दूसरी प्रमुख कीट सरसों का डायमण्ड बैकमाथ (*Plutella xylostella*) है। फली बीटल–इस फसल पर कभी–कभी फली बीटल का भी प्रकोप होता है।

रोकथाम

इन कीटों की रोकथाम के लिए मैलाथियान दवा के 0.01 प्रतिशत घोलकर छिड़काव किया जा सकता है। यह बात ध्यान देने योग्य है कि दवा छिड़कने के एक सप्ताह बाद ही इसकी पत्तियाँ साग के लिए काटी जायें।

माउण्टेन स्पिनाच या चकवत (Orach)

वानस्पतिक नाम : एट्रीप्लेक्स हार्टेन्सिस (*Atriplex hortensis*)

कुल : चिनोपोडिएसी (Chenopodiaceae)

गुणसूत्र संख्या : 2एन=8

इसे मराठी में उसतहक एवं अंगेजी में माउण्टेन स्पिनाच, फ्रेंच स्पिनाच, सी पर्सलेन आदि नामों से भी जाना जाता है। यह एक पत्ती वाली सब्जी है। माउण्टेन स्पिनाच पालक से क्लिस्ट होता है। प्रारम्भिक अवस्था में इसकी पत्तियाँ हरी, मुलायम एवं तने कोमल होते हैं। इसका साग अन्य सागों के साथ मिलाकर बनाया जाता है। इसकी पत्तियाँ प्रोटीन एवं खनिज तत्वों में काफी धनी होती है। इसकी पत्तियों से क्लोरोफिल विहिन प्रोटीन प्राप्त की जा सकती है। एक अध्ययन में कार्लसन (1980) ने 400 किलो ग्राम प्रति हेक्टेयर की दर से नत्रजन का प्रयोग कर 14–15 सप्ताह में माउण्टेन स्पिनाच की 1200.0 किलो ग्राम प्रति हेक्टेयर शुद्ध प्रोटीन प्राप्त किया। विलायती पालक की तुलना में माउण्टेन स्पिनाच में क्रुड प्रोटीन (crude protein) तथा नाइट्रेट नत्रजन (nitrate N.) की मात्रा अधिक होती है। साथ ही इसमें सैपोनिन (saponin) तथा फिनोलिक यौगिक (phenolic compounds) की मात्रा अधिक होती है (कार्लसन एवं हालक्विस्ट, 1981)।

उद्‍भव एवं वितरण

माउण्टेन स्पिनाच या चकवत का उत्पत्ति स्थल भारत माना जाता है। प्राचीन समय से ही ग्रीकवासी इसको औषधीय पौधे के रुप में प्रयोग करते थे। इसका सर्वप्रथम भूमध्य रेखीय क्षेत्र से फ्रांस में प्रवेशन (introduction) हुआ, ऐसा माना जाता है। इसके बाद यह इग्लैण्ड एवं अमेरिका में पहुँचा। अब यह अमेरिका के मध्य पश्चिमी एवं पर्वतीय क्षेत्रों में प्रचलित है, क्योंकि यहाँ उस समय भी उगाया जा सकता है, जबकि विलायती पालक नहीं उगाई जा सकती है, क्योंकि वहाँ पर विलायती पालक में जल्दी से पुष्प डण्ठल (bolting) विकसित होने लगती है। इसकी खेती अधिकतर महराष्ट्र, आन्ध्र प्रदेश, कर्नाटक एवं कश्मीर में की जाती है। इसे जाड़े की फसल के रुप में जम्मू कश्मीर में भी उगाया जाता है।

वानस्पतिक विवरण

माउण्टेन स्पिनाच का वानस्पतिक नाम एट्रिप्लेक्स हार्टेन्सिस (*Atriplex hartensis*) है, जो चिनोपोडिएसी कुल (Chenopodiaceae family) का महत्वपूर्ण पौधा है। इसकी अनेकों किस्मयाँ हैं, जो खरपतवार के रुप में उगती हैं। जैसे–एट्रिप्लेक्स पैटुला, (*Atriplex patula*), एट्रिप्लेक्स प्रोस्ट्रेटा (*Atriplex prostrata*), एट्रिप्लेक्स रोजीया (*Atriplex rosea*), एट्रिप्लेक्स आबलांगीफोलीया (*Atriplex oblangifolia*), एट्रिप्लेक्स हेटेरोस्परमा (*Atriplex heterosperma*), एट्रिप्लेक्स सब्सपिकेटा (*Atriplex subspicata*), एवं एट्रिप्लेक्स अर्जेन्टीया (*Atriplex argentea*), जिनमें गुणसूत्र की संख्या 2एन=18 होता है। इसमें पुष्प एकलिंगी (unesexual) एवं बैक्टीओल्स (bracteoles) से घिरे होते हैं (बसेट एवं

सहयोगी, 1983)। माउण्टेन स्पिनाच का पौधा 2.0–3.0 मीटर ऊँचा होता है। इसकी पत्तियाँ लम्बी एवं गोल आकार की 10.0–12.0 सेन्टी मीटर एवं हृदयाकार होती हैं।

जलवायु

माउण्टेन स्पिनाच शीतकालीन फसल है। माउण्टेन स्पिनाच 3 कार्बन चक्र प्रकार का पौधा (C_3 plant) है और कम प्रकाश गहनता (low light intensity) तथा अधिक पानी की उपलब्धता में पौधों की बढ़वार अच्छी होती है और इसके पौधे 3 डिग्री सेन्टीग्रेड तापमान पर भी अंकुरित होते हैं। यह उच्च तापमान के प्रति सहनशील है (ओजतुर्क एवं सहयोगी, 1981)। इसे क्षारीय तथा लवणीय भूमि में भी सफलतापूर्वक उगाया जा सकता है क्योंकि यह काफी सहिष्णु पौधा है। विलर्ड एवं सहयोगी (1982) के अनुसार माउण्टेन स्पिनाच एक लवण अवरोधी पौधा (salt resistant plant) है और अपने बाह्य भागों में सोडियम (Na^+) का संचयन करता है। लवणता बढ़ने से पोटैशियम (K^+) का स्तर भी बढ़ता है (विलसन एवं सहयोगी, 2000)। स्पिनाच की खेती महराष्ट्र एवं कर्नाटक में जाड़ों में तथा कश्मीर में गर्मी में की जाती है।

उन्नतिशील किस्में

माउण्टेन स्पिनाच की कोई उन्नतिशील किस्म नहीं है। महाराष्ट्र द्वारा नं0 8 तथा नं0 11 किस्में विकसित की गयी हैं।

भूमि तथा उसकी तैयारी

माउण्टेन स्पिनाच की खेती भारी या हल्की दोमट मिट्टी में की जाती है। खेत की तैयारी के समय ध्यान रखना चाहिए कि उसमें ढेलें न हों।

खाद तथ उर्वरक

माउण्टेन स्पिनाच के लिये खाद तथा उर्वरक की ज्यादा आवश्यकता नहीं होती है। यह अधिक उपजाऊ भूमि (महराष्ट्र) में भी पैदा होता है। आवश्यकतानुसार गोबर की खाद खेत में डाली जा सकती है।

बुआई का समय तथा बीज की मात्रा

माउण्टेन स्पिनाच की बुआई महाराष्ट्र एवं कर्नाटक में जाड़े के मौसम में तथा कश्मीर में गर्मी के मौसम में की जाती है।

बीज की मात्रा

बीज की मात्रा 5.0–6.0 किलो ग्राम प्रति हेक्टेयर पर्याप्त होती हे। इसके बीज को एथरेल के घोल से 3–4 घन्टे उपचारित करके 40 घन्टे तक हवा में सुखाने से पौधों की बढ़वार अच्छी होती है (स्वस्वथमा, 1979)।

बुआई की विधि

माउण्टेन स्पिनाच बीज को सीधे खेत में क्यारी बनाकर बुआई करते हैं। इसकी बुआई कतारों में 1.25–2.5 सेन्टी मीटर की गहराई में की जाती है। कतारों से कतारों की दूरी 30.0–45.0 सेन्टी मीटर रखी जाती है। इन कतारों में कूड़ बनाकर बीज की बुआई की जाती है। बुआई के पश्चात् हल्की सिंचाई करना आवश्यक होता है। पौधे उग जाने पर आवश्यकता से अधिक पौधों को उखाड़ दिया जाता है और उन्हें भी सब्जी के रुप में उपयोग किया जा सकता है। पौधों के बीच समुचित अन्तराल होने पर फसल की वृद्धि अच्छी होती है।

सिंचाई जल प्रबन्धन तथा निकाई–गुड़ाई

आवश्यकता पड़ने पर समय–समय पर सिंचाई तथा निकाई–गुड़ाई की जाती है।

फसल की कटाई

इसकी फसल बुआई के लगभग 4–5 सप्ताह बाद जब पौधा 10.0–15.0 सेन्टी मीटर ऊँचाई के हो जायें तब कटाई के योग्य समझना चाहिए। इस अवस्था में डंठल से लगी उपर की पत्तियों की तुड़ाई करके सब्जी के रुप में प्रयोग किया जाता है। इसके पौधे तथा पत्तियाँ काफी समय तक कोमल बनी रहती हैं।

उपज

एक पूर्ण विकसित पौधे से 1.5 किलो ग्राम उपज मिलती है। इस प्रकार इसकी औसत पैदावार 7.5–10.0 टन प्रति हेक्टेयर तक हो जाती है।

बथुआ (Bathua or Chenopod)

वानस्पतिक नाम : चिनोपोडियम एल्बम एल0 (*Chenopodium album* L.)
कुल : चिनोपीडिएसी (Chenopodiaceae)
गुणसूत्र संख्या : 2 एन = 36, 54

बथुआ शीघ्र बढ़ने वाला एकवर्षीय (annual) खरपतवार है, जिसे भारतीय भोजन में सम्मिलित किया गया है। बथुआ को सामान्यतः बाथु (हिन्दी), व्हाइट गूजफूट, पीगबीड, लैम्बस क्वार्टरस, लैम्बरस्क्वार्टरस (अंग्रेजी), चिनोपोड ब्लांक, असेराइन ब्लान्चे (फ्रेंच) तथा काटेसाल (पोलैण्ड) के नाम से जाना जाता है। भारतवर्ष के विभिन्न भागों में इसे विभिन्न नामों से पुकारते हैं, जैसे चन्दन बेतु (बंगला), चील व तनको (गुजराती), बथुआ साग (हिन्दी), हुचुच कोथा (कन्नड़), चकवट (मराठी), अगरलोहित व चिलिका (संस्कृत) तथा परीकुक्की राई (तेलगू)। कभी–कभी इसे जंगली पालक के नाम से भी पुकारते हैं। वर्तमान समय में पत्तीदार सब्जियों में बथुआ का महत्वपूर्ण स्थान है। पहले बथुआ को एक हानिकारक खरपतवार की संज्ञा दी जाती थी।

उद्भव एवं वितरण

बथुआ 4700 मीटर की ऊँचाई तक पाया जाता है। शिमला में इसके पौधे 1500–2100 मीटर की ऊँचाई तक देखे जा सकते हैं। इतिहासकारों तथा पुरातत्व वैज्ञानिकों ने स्पष्ट किया है कि नई दुनिया तथा पुरानी दुनिया में बथुआ के बीज का प्रयोग किये जाने का प्रमाण मिलता है। इसकी उपस्थिति 70 डिग्री उत्तर से 50 डिग्री दक्षिण तक देखी गयी है। पूरे विश्व में इस फसल का समान रुप से वितरण है। लिनियस ने इस फसल की व्याख्या सन् 1753 में किया था। सबसे ज्यादा यह हिमालय के क्षेत्रों, नेपाल, बांग्लादेश, पाकिस्तान तथा अन्य पड़ोसी देशों में पाया जाता है। वर्तमान समय में इस सब्जी का उपस्थापन/ग्राम्यन अफ्रीका, आस्ट्रेलिया, एशिया, उत्तरी अमेरिका एवं ओसनिया में हो चुका है। इसकी उत्पत्ति यूरोप से हुई ऐसा माना जाता है। संचेज–मारुक्विन (1983) ने स्पष्ट किया कि बथुआ की किस्म चिनोपोडियम क्विनोआ (*Chenopodium quinova*) की उत्पत्ति सम्भवतः दक्षिण अमेरिका के एण्डियन क्षेत्र से हुई है। चिनोपोडियम क्विनोआ को सब्जी के रूप में अधिक पसन्द नहीं किया जाता है क्योंकि इसमें कडुवाहट एवं सैपोनिन जैसे हानिकारक तत्व पाये जाते हैं (मोरेल्स एवं कर्ल, 1986)। सर्वेक्षण कर्ताओं ने भी स्पष्ट किया है कि बथुआ का प्रयोग अति प्राचीन काल से दक्षिण अमेरिका के इण्डियन क्षेत्र में, अफ्रीका एवं यूरोप में बहुतायत से होता रहा है। विश्व के शितोष्ण जलवायु में पाये जाने वाले प्रभेदों (species) की संख्या 100–500 होती है। एशिया में बहुलता से मिलने एवं अनुकूलन करने वाली बथुआ के प्रभेद को ''चिनोपोडियम एल्बम'' (*Chenopodium album*) के अन्तर्गत रखा गया है। एशिया के प्रभेद यूरोपीय प्रभेद से भिन्न होते हैं। खुदाई के दौरान प्राप्त कार्बनयुक्त पौधों के विश्लेषण से स्पष्ट होता है कि बथुआ के बीज लौह काल (Iron age) से गड्ढे में उपस्थित हैं। यूरोप के रोमन क्षेत्रों में प्राप्त बीज जो अन्य बीजों के साथ मिश्रित थे तथा ''डैनिश बाग बाडी'' के उदर में भी मिले।

वानस्पतिक विवरण

बथुआ के अन्तः किस्म प्रभेद (inter specific taxa) का विवरण फ्लोरा यूरोपिया (Flora Europaea) के अनुसार निम्न प्रकार है–

1. चिनोपोडियम एल्बम सबस्पीशीज एल्बम (*Chenopodium album* subsp. *album*)
2. चिनोपोडियम एल्बम सबस्पीशीज स्ट्रीएटम (*Chenopodium album* subsp. *striatum*)
3. चिनोपोडियम एल्बम वार0 रेटीकुलेटम (*Chenopodium album* var. *reticulatum*)

प्रकाशित उपनाम के अन्तर्गत चिनोपोडियम एल्बम वार0 माइक्रोफिल (*Chenopodium album* var. *microphyllum*), चिनोपोडियम एल्बम वार0 स्टेवेन्सी (*Chenopodium album* var. *stevensii*) चिनोपोडियम ऐसेन्ट्रीफोलियम (*Chenopodium acentrifolium*), चिनोपोडियम सेन्ट्रोरुब्रुम (*Chenopodium centrorubrum*), चिनोपोडियम जीजैन्टियम (*Chenopodium giganteum*), चिनोपोडियम जेनीसेजेन्स (*Chenopodium jenissejense*), चिनोपोडियम लैन्सीयोलैटम (*Chenopodium lanceolatum*), चिनोपोडियम पेउन्कुलेरी (*Chenopodium pedunculare*) तथा चिनोपोडियम प्रोबस्टी (*Chenopodium probstii*) हैं। इनका संकरण भी सुगमता से चिनोपोडियम के अन्य प्रभेदों जैसे चिनोपोडियम बरलैण्डीएरी (*Chenopodium barlandieri*), चिनोपोडियम फीसीफोलियम (*Chenopodium ficifolium*), चिनोपोडियम अपुलीफोलियम (*Chenopodium opulifolium*), चिनोपोडियम स्ट्रीक्टम (*Chenopodium strictum*) एवं चिनोपोडियम सुऐसीकम (*Chenopodium suecicum*) से हो जाता है।

बथुआ की कुछ प्रमुख स्पीशीज को नीचे की सारिणी में दिया गया है।

सारिणी (9.31) बथुआ की स्पीशीज का विवरण

स्पीशीज		देश
चिनोपोडियम क्वीनोवाब	(*Chenopodium quinova*)	दक्षिण अमेरिका, पेरु, ग्वाटेमाला, बोलविया, चीली, अर्जेन्टीना
चिनोपोडियम पैलीडिकुएली	(*Chenopodium pallidicaule*)	दक्षिण अमेरिका
चिनोपोडियम बेरीलैण्डीयरी	(*Chenopodium berlandieri*)	मैक्सिको
चिनोपोडियम एल्बम	(*Chenopodium album*)	भारत
चिनोपोडियम एम्ब्रोसाइड्स	(*Chenopodium ambrosoides*)	भारत
चिनोपोडियम एमरेंटीकलर	(*Chenopodium amaranticolor*)	भारत
चिनोपोडियम म्यूरेल	(*Chenopodium murale*)	भारत
चिनोपोडियम स्ट्रिएटम	(*Chenopodium striatum*)	चेकोस्लोवाकिया
चिनोपोडियम ओपुलिफोलियम	(*Chenopodium opulifolium*)	चेकोस्लोवाकिया
चिनोपोडियम फोलिओसम–पालीस्परमम	(*Chenopodium foliosum-polyspermum*)	फिनलैण्ड

स्रोत–सिंघल एवं कुलकर्णी, 1988

वंश चिनोपोडियम के अन्तर्गत 260 किस्मयाँ पाई जाती है (ऋषि एवं गोलवे, 1984) जिसमें 8 किस्मयाँ भारत में पाई जाती हैं (डब्ल्यू0 ओ0 आई0, 1972)।

बथुआ मुख्यतः स्वपरागित (self pollinated) फसल है और इसमें पर–परागण 10 प्रतिशत से कम ही होता है। बथुआ सीधे बढ़ने वाला एकवर्षीय (annual) शाकीय पौधा है। जो सामान्यतः 10.0–150.0 सेन्टी मीटर की ऊँचाई तक बढ़ जाता है। कभी–कभी 3.0 मीटर की ऊँचाई तक पौधों को बढ़ते हुए देखा गया है। तना गूदेदार, कोणीय, सफेद या लाल रंग के तथा रोम विहिन होते हैं। पत्तियाँ साधारण तथा एकान्तर क्रम में तने पर लगी होती हैं, जिनकी लम्बाई 3.0–7.0 सेन्टी मीटर तथा चौड़ाई 3.0–6.0 सेन्टी मीटर होती हैं। पत्तियाँ अन्त में नुकीली तथा किनारे पर असमान रुप से कटी–फटी होती हैं। पत्तियों के निचले सिरे पर सफेद संरचना बनती हैं। अग्र सीरा 1.5–18.0 × 0.05–80.0 सेन्टी मीटर होता हैं। पुष्प आकार में छोटे, हरे रंग के या धुसर सफेद, साधारणतया बढ़ा हुआ व गुच्छे में मुख्य तने पर या शाखाओं पर विकसित होते हैं। बाह्य दलपुन्ज (calyx) संख्या में 3–5 तथा दलपुंज (crolla) नहीं होते हैं। पुतंतु संख्या में 5 या कम, अण्डाशय साधारण, बाह्य दलपुंज संयुक्त तथा किनारे पर 2–3 प्रासेस (processes) पाये जाते हैं। अण्डाशय दबा हुआ, एक कोशिकीय होता है तथा वर्तीकाग्र संख्या में 2 होते हैं। फल छोटी, कागजी (papery), गोलाकार, शिम्बी तथा किनारे पर फटाव होता है। प्रत्येक कोष्ठ में काले रंग के चमकीले बीज होते हैं, जिसका व्यास 1.5 मिली मीटर डिस्क (disc) आकार के होते हैं। औसतन 1000 बीज का भार 1.4 ग्राम होता है (ऋषि एवं गोलवे, 1984)।

पोषक मूल्य

बथुआ की पत्ती में अन्य पत्ती वाली सब्जियों की तुलना में लाइसिन एमीनों अम्ल की अधिक मात्रा एवं मेथियोनिन की कम मात्रा पाया जाना इसकी प्रमुख विशेषता है। बथुआ से अनेकों प्रकार के व्यंजन जैसे बथुआ रोटी, बथुआ पराठा, बथुआ साग, बथुआ भुजिया, रायता एवं पकौड़ा तैयार किया जाता है। इसकी कोमल पत्तियों का सलाद और दही में पकाकर खाते हैं। बथुआ पशुओं एवं मुर्गियों के लिए उत्तम चारा है। बथुआ की पत्तियों को सुखाकर भविष्य में उपयोग में लाया जा सकता है। खाने योग्य बथुआ की किस्म 'चिनोपोडियम एल्बम' (*Chenopodium album*) औषधियों का खजाना है। बथुआ का पोषक मूल्य नीचे सारिणी में दिया गया है–

सारिणी (9.32) बथुआ का पोषक मूल्य (प्रति 100 ग्राम खाने योग्य भाग में)

पोषक तत्व	मात्रा
नमी	89.6 ग्राम
प्रोटीन	3.7 ग्राम
वसा	0.4 ग्राम
खनिज	2.6 ग्राम
रेशा	0.8 ग्राम
कार्बोहाइड्रेट्स	2.9 ग्राम

ऊर्जा	30 किलो कैलोरी
कैल्सियम	150.0 मिली ग्राम
फास्फोरस	80.0 मिली ग्राम
आयरन	4.2 मिली ग्राम
कैरोटीन	3660 माइक्रोग्राम
थाइमिन	0.03 मिली ग्राम
राबोफ्लेविन	0.06 मिली ग्राम
नियासिन	0.2 मिली ग्राम
विटामिन 'सी'	12.0 मिली ग्राम

स्रोत–गोपालन एवं सहयोगी, 1999

इसमें पाये जाने वाले एमीनो अम्ल को सारिणी में दिया गया है।

सारिणी (9.33) बथुआ में पाये जाने वाले एमीनो अम्ल

एमीनो अम्ल	**मात्रा (मिली ग्राम / नत्रजन)**
लाइसिन	750
ट्रिप्टोफान	020
फिनाइल एलेनिन	110
मेथिओनिन	050
थ्रिओनिन	170
ल्यूसिन	410
आइसोल्यूसिन	440
वैलीन	290

स्रोतः गोपालन एवं सहयोगी, 1999

उपर्युक्त पोषक तत्वों के अतिरिक्त इसकी पत्तियों में 250 पी0पी0एम0 विटामिन 'के' पाया जाता है (गंजू एवं पूरी, 1959)। बथुआ की पत्तियाँ नाइट्रेट का संचयन (3.5–5.0 प्रतिशत शुष्क भार के आधार पर) करती हैं (प्रकाश एवं सहयोगी, 1963)। प्रायः यह पाया गया है कि अन्य हरी पत्ती वाली सब्जियों की तुलना में बथुआ में नाइट्रेट का संचयन अधिक होता है लेकिन इसमें नाइट्रेट का संचयन तने वाले भाग में होता है जिसे सब्जी के रुप में प्रयोग करते समय अलग कर दिया जाता है। नाइट्रेट के अतिरिक्त इसमें 4.2 पी0पी0एम0 नाइट्राइट और 0.9–3.9 ग्राम आक्जिलेट (oxalate) प्रति 100 ग्राम (ताजे भार के आधार पर) पाया जाता है, जो मुख्य रुप से तने में होता है। बथुआ के बीज को चावल जैसे उबालकर दाल के साथ खाया जाता है और बक व्हीट (buck wheat) की तुलना में अधिक पौष्टिक होता है। कुल्लू घाटी में इसके बीज से फाम्ब्रा (phambra) नामक डिश तैयार करने में प्रयोग किया जाता है। इसके बीज से तैयार आटे को केक आदि बनाने में प्रयोग किया जाता है। शिमला में इसका किण्डवित पेय जिसे 'शुरा' एवं 'घानी' कहते हैं बनाने में प्रयोग किया

जाता है। हिमालय में उपलब्ध बथुआ के बीज में प्रति 100.0 ग्राम में 395 किलो कैलोरी ऊर्जा, 16.0 ग्राम प्रोटीन, 7.0 ग्राम वसा व 66.0 ग्राम कार्बोहाईड्रेट पाया जाता है (प्रताप एवं सहयोगी, 1998)। बथुआ की पत्तियों का औषधीय महत्व भी है। स्वभावतः यह कृमिनाशक, दस्तावर व ओज में वृद्धि करता है। यह रेचक, कृमि नाशी एवं ह्रदय वर्धक होता है। इसके सेवन से पेट के गोल एवं हुकवर्म (hookworm) कृमि नष्ट हो जाते हैं। इसकी पत्तियों का जूस, जलने से उत्पन्न घाव को ठीक करता है। इसकी पत्तियों का काढ़ा एल्कोहल के साथ शरीर पर मालिश करने से हड्डी के जोड़ों एवं इससे सम्बन्धी रोग में लाभप्रद होता है। इससे फोड़ा, फुंसी बनने में कमी, पेट दर्द से छुटकारा, नेत्र रोग को दूर करने में सहायक तथा गला सम्बन्धी बीमारी को रोकता है। इतना ही नहीं यह भगन्दर, रक्त, ह्रदय व प्लीहा सम्बन्धी रोगों को दूर करने में भी सहायक है।

जलवायु

बथुआ, जलवायु के दृष्टिकोण से सब जगह अनुकूलन की क्षमता रखता है। सामान्यतया 1000 मीटर की ऊँचाई तक बड़ी सुगमता से उगता है, लेकिन इसके जंगली प्रभेद 4700 मीटर की ऊँचाई तक वृद्धि एवं विकास करते हैं। अगर तापक्रम के अनुकूलन को देखा जाये तो यह 5.0–30.0 डिग्री सेल्सियस तक सहनशील है। रात्रि में पाला पड़ने पर भी प्रभावित नहीं होता है। अगर लम्बा दिनमान की उपलब्धता शीतोष्ण एवं उपोष्ण वातावरण में होता है, तो पौधों का आकार ज्यादा बढ़ जाता है। मैदानी भागों में बथुआ ठण्डे मौसम की पत्तीदार सब्जी है। मृदा का तापमान 20.0 डिग्री सेंटीग्रेड होने पर बीज का जमाव अच्छा होता है।

उन्नतिशील किस्में

क्षेत्र विशेष में उपलब्ध बथुआ की किस्मों को सामान्यतः सब्जी बनाने के लिए उपयोग किया जाता है। मानव स्वास्थ्य के लिए उपयोगी इस फसल की जंगली जननद्रव्यों को एकत्र करके मूल्यांकन देश के कई स्थानों पर प्रारम्भ किया गया है। कुछ संस्थानों से विकसित बथुआ की किस्मयाँ इस प्रकार हैं–

पूसा बथुआ नं0 1 (Pusa Bathua No.1)

इस किस्म का विकास जननद्रव्यों के मूल्यांकन, स्वयं सेचन तथा एकल पौध चयन (single plant selection) विधि द्वारा शुद्ध चयन करके भारतीय कृषि अनुसंधान संस्थान, नई दिल्ली द्वारा किया गया है (सिरोही, 1999)। इस किस्म के पौधों की ऊँचाई 2.25 मीटर तक होती है। पत्तियों की लम्बाई 10.5 सेन्टी मीटर एवं चौड़ाई 3.0 सेन्टी मीटर होती है तथा इनका रंग बैंगनी हरा होता है। मुलायम तने की मोटाई 0.45 सेन्टी मीटर तथा दो गाँठों के बीच का अंतर 2.5 सेन्टी मीटर और तने का रंग बैंगनी हरा होता है। यह किस्म बीज बुआई के लगभग 40–45 दिन बाद कटाई के लिए तैयार हो जाती है। यह लगभग 150 दिन तक वानस्पतिक वृद्धि की अवस्था में बनी रहती है और बीज बुआई के 175–180 दिन बाद इसमें फूल आता है।

इड्यूलिस (Edulis) – यह एक उत्तम किस्म है, जिसे सलाद के रूप में प्रयोग किया जा सकता है।

मैजेन्टा (Magenta) – इस किस्म का रंग मैजेन्टा जैसा होता है। लोगों का कहना है कि यह एक उत्तम प्रभेद है, जिसका स्वाद काफी अच्छा होता है।

भूमि एवं भूमि की तैयारी

बथुआ के बीज क्षारीय भूमि में ज्यादा उगते हैं। सामान्यतः अम्लीय भूमि में बीजों का अंकुरण नहीं होता है। बथुआ की खेती सभी प्रकार की भूमियों में सफलता पूर्वक की जा सकती है, लेकिन बलुई दोमट तथा दोमट मिट्टी सबसे उपयुक्त है। ऐसी भूमि में गुणवत्तायुक्त अधिक उपज प्राप्त होती है। चिकनी मिट्टी में भी इसे उगाया जा सकता है। बथुआ की व्यावसायिक खेती करने के लिए खेत की 2–3 बार गहरी जुताई करके मिट्टी को अच्छी प्रकार भुरभुरा और समतल कर लिया जाता है। प्रत्येक जुताई के बाद पाटा चलाना आवश्यक है, जिससे खेत में नमी बनी रहे। तैयार खेत में क्यारियाँ 4.0 × 5.0 मीटर के आकार की बनाते हैं। उचित जल निकास के लिए मेड़ या नालियाँ ऊपर उठी हुई बनाना चाहिए।

बीज दर, बुआई एवं पौध रोपण

कतारों में बोने के लिए एक हेक्टेयर क्षेत्रफल हेतु 6.0–10.0 किलो ग्राम बीज की आवश्यकता पड़ती है। क्यारी में कतार बनाने से 2.0 किलो ग्राम बीज की ही आवश्यकता पड़ती है। सामान्यतः तैयार खेत में बीज की बुआई करते हैं। चूँकि बथुआ के बीज आकार में बहुत छोटे होते हैं। अतः बालू या रेतयुक्त मिट्टी में मिलाकर पर्याप्त नमी की अवस्था में 1.5–2.0 सेन्टी मीटर की गहराई में 25.0–50.0 सेन्टी मीटर की दूरी पर बुआई करते हैं। जब मेड़ बनाकर बुआई की जाती है तो पंक्ति से पंक्ति के बीच की दूरी 30.0–40.0 सेन्टी मीटर रखते हैं। इस प्रकार प्रति वर्ग मीटर क्यारी 100–150 पौधे उगते हैं। कहीं–कहीं पर बथुआ की फसल को पौध तैयार करके रोपण द्वारा भी सफलतापूर्वक उगाया जाता है। इस प्रकार मात्र 1.0–1.5 किग्रा बीज ही एक हेक्टेयर क्षेत्रफल के लिये पर्याप्त होता है। नर्सरी में बीज बुआई के एक माह बाद जब पौधा 7.0–8.0 सेन्टी मीटर लम्बा हो जाये तो तैयार क्यारियों में 30.0–40.0 सेन्टी मीटर के अन्तराल पर रोपण कर दिया जाता है। रोपड़ करते समय पौधे से पौधे के बीच की दूरी 8–10 सेन्टी मीटर रखते हैं। पौध रोपण के तुरन्त बाद हल्की सिंचाई करना आवश्यक है। इससे पौधे खेत में अच्छी प्रकार स्थापित हो जाते हैं। छिटकवा विधि से बीज बुआई करने पर 20.0 किलो ग्राम प्रति हेक्टेयर बीज की आवश्यकता होती है। बीज बुआई के एक सप्ताह बाद जमाव करते हैं।

बीज बुआई का समय

बीज की बुआई का उचित समय अक्टूबर का महीना है। बथुआ के बीज की बुआई उच्च पहाड़ी क्षेत्रों में अप्रैल के महीने में तथा निचले क्षेत्रों में जून से अगस्त तक की जाती है।

पोषक तत्व प्रबन्धन

बथुआ में पोषक तत्वों की आवश्यकता का परीक्षण नहीं किया गया है, लेकिन गुणवत्तायुक्त अधिक उपज प्राप्त करने के लिए 50.0–60.0 किलो ग्राम यूरिया प्रति हेक्टेयर की दर से 2–3 बार में टाप ड्रेसिंग (top dressing) के द्वारा उपलब्ध करानी चाहिए। सामान्यतः प्रत्येक कटाई के बाद 500.0 ग्राम यूरिया प्रति 1365 वर्ग फीट की दर से करना चाहिए।

सिंचाई जल प्रबंधन

बथुआ को अन्य पत्तीदार सब्जियों के समान ज्यादा सिंचाई की आवश्यकता पड़ती है। जब पौधे 4.0–5.0 सेन्टी मीटर ऊँचाई के हों या रोपण के बाद स्थायित्व प्राप्त कर लिये हों तो हल्की सिंचाई कर देना चाहिए। अगर पैधों को पूर्णतः उखाड़कर जड़ सहित बाजार में बेचते हैं, तो 12. 0–15.0 सेन्टी मीटर ऊँचाई प्राप्त करने तक सिंचाई करते रहते हैं।

गुड़ाई एवं मिट्टी चढ़ाना

बथुआ से लगातार अधिक उपज प्राप्त करने हेतु मेड़ विधि से बोये गये फसल में हल्की मिट्टी चढ़ाना अति आवश्यक है। गुड़ाई करने से पूर्व एक बार खुरपी की सहायता से हानिकारक खरपतवार को निकाल देना चाहिए। इसके बाद हल्की गुड़ाई करके जड़ों के पास मिट्टी चढ़ा देवें।

मिश्रित खेती

बथुआ की खेती आलू, मक्का, धान, चौलाई, सोयाबीन, तील, लोबिया, बीन्स, सांवा, कोदों आदि के साथ मिश्रित रुप से की जाती है। इसके अलावा यह स्वतः गेहूँ, जौ, सरसों, चना आदि की फसल में उगकर मिश्रित फसल का रुप ले लेता है।

पौध संरक्षण

प्रमुख रोग एवं उनका प्रबंधन

मृदुरोमिल आसिता (Downy mildew)

बथुआ में मृदुरोमिल आसिता बीमारी पेरोनोस्पोरा फरीनोसा एफ0 स्पीशीज चिनोपोडी (*Peronospora farinose* f. sp. *chenopodii*) नामक फफूँद से होता है, जिससे पूरे विश्व में बथुआ की फसल को ज्यादा नुकसान होता है। इस बीमारी का प्रकोप उष्ण एवं आर्द्र मौसम में ज्यादा होता है।

प्रबंधन

1. रोग प्रतिरोधी किस्म जैसे पूसा बथुआ न0 1 की बुआई करें।
2. बीज शोधन ट्राइकोडर्मा (Trichoderma) से करें।
3. संक्रमित फसल अवशेष को जला देवें।

लागोस स्पिनाच या सिल्वर स्पाइक्ड काक्सकाम्ब (Lagos Spinach or Silver Spiked Cockscomb)

वानस्पतिक नाम : सिलोसिया अर्जेन्टीया (*Celosia argentea* L.)
कुल : एमारेंथेसी (Amaranthaceae)
उपकुल : एमेरंथोयडी (Amaranthoideae)
गुणसूत्र संख्या : 2 एन = 34

लागोस स्पिनाच एक महत्वपूर्ण पत्तीदार सब्जी है, जिसका तना और मुलायम पत्तियाँ पूरे वर्ष सब्जी के लिए उपयोग की जाती हैं। इसका उपभोग बड़े पैमाने पर पुरानी दुनिया के लोग करते हैं। विश्वस्तर पर इसे लागोस स्पिनाच (*Celosia*), क्वेलग्रास (Quail grass) या शोकों योकोटो नाम से जाना जाता है। भारतवर्ष के विभिन्न प्रान्तों में इसे विभिन्न नामों से पुकारतें है जैसे–श्वेत मुर्गा (बंग्ला), लम्बाडी या लपाडी (गुजराती), अन्नेसोपू (कन्नड़), कुरडा या कुरडू (मराठी), गंगाचुलियॉ (उड़िया), पिटुना (संस्कृत),–पन्ना कीरई (तमिल), गुरुगू या पन्चेचेट्ट (तेलगू), बोग्स या कुकुरजोवा (असम), गोगिया (गढ़वाल) तथा सरपंखा या सरवाली (पंजाब)। कही–कहीं पर यह एक खरपतवार माना जाता है।

उद्भव एवं वितरण

लागोस स्पिनाच की उत्पत्ति स्थल सेनेगल से कामेरुन अफ्रीका माना जाता है। इसकी दो किस्मयाँ सिलोसिया अर्जेन्टीया (*Celosia argentea*) व सिलोसिया क्रीसटाटा (*Celosia cristata*) सब्जी के रुप में स्थापित है। यह फसल पूरी दूनियॉ में जंगली रुप में पायी जाती है। इसकी व्यावसायिक खेती सेन्ट्रल अमेरिका (Central America) में व्यापक स्तर पर की जाती है। इसे भारतवर्ष के मैदानी क्षत्रों में समुद्र की सतह से 1500 मीटर की ऊँचाई तक देखा जा सकता है। इसका वितरण सेन्ट्रल अमेरिका, मार्टिनीक्स तथा गौडेलाय दक्षिण पूर्वी तथा पूर्वी एशिया में देखा जा सकता है। इसकी 50 अन्य किस्मयाँ कम महत्व की है। इण्टरनेशनल प्लाण्ट जेनेटिक रिसोर्स (International Plant Genetic Resource) के अनुसार जापान नेशनल इन्टीट्यूट आफ एग्रोबायोलोजिक रिसोर्सेज, टुशकुवा (National Institute of Agrobiological Resources, Tuskuva), दक्षिण अफ्रीका (Directorate of Plant and Liquer Control Pretoria) तथा संयुक्त राज्य अमेरिका (National Plant Germplasm System) में संरक्षित किया गया है। भारतवर्ष में भी कुछ जननद्रव्य का संग्रह किया गया है। नाइजेरिया व बेनिन में इस फसल पर शोध कार्य हो रहा है।

वानस्पतिक विवरण

लागोस स्पिनाच एकवर्षीय, शाकीय व कम दिनमान अवधि (short day plant) का पौधा है, जो 1.0–2.0 मीटर की ऊँचाई तक बढ़ता हैं। तना कठोर एवं कई शाखाओं में विभाजित होता है। पुष्पवृन्त बड़ा तथा नुकीला होता है, जो सामान्यतया चाँदी जैसा सफेद या कभी–कभी नारंगी से लाल

रंग का होता है। इसी आनुवांशिक गुण के कारण इसे सिलोसिया ग्रीक भाषा केलोस (Kelos) तात्पर्य ''बर्निग''(burning) से लिया गया है। पश्चिम अफ्रीका में इसके पौधे उभयलिंगी (bisexual) हैं, जिनमें पुष्पन पूरे वर्ष होता रहता है। पुष्प सफेद, पीला या भूरा होता है। इसकी पत्तियाँ पूर्ण या पिण्डाकार होती है। पुष्प छोटे व सफेद रंग के होते हैं और रेसीम लम्बे होते हैं। फलियाँ वक्राकार व छोटी होती हैं। पत्तियाँ एकान्तर क्रम में उत्पन्न होती है। पुंकेसर टेट्रास्पोरेन्जिएट होता है लेकिन पुष्पन के समय द्विकक्षीय हो जाता है। इस फसल में ''यूनीओवूलेट'' विजाण्डासन पाया जाता है। वर्तिकाग्र (stigma) द्विशाखित तथा तंतुरूप/सूत्राकार (filiform) होता है। बीज काले रंग के, चमकीले, गोल खांचायुक्त या दाँतेंदार होते हैं। 1000 बीज का कुल भार 1 ग्राम होता है। यह फसल छायादार स्थान में भी उग सकता है।

सारिणी (9.34) सिलोसिया की विभिन्न किस्मयाँ

सिलोसिया ट्राइजीना (*Celosia trigyna*)	सवाना व अफ्रीका के जंगलों में पाया जाता है। यह एक खरपतवार है लेकिन इसकी खेती सब्जी के लिए की जाती है। इसकी पत्तियाँ तीखी होती हैं लेकिन अकाल के समय खाने के काम आता है। पत्तियों का उपयोग सूप, सास व सलाद की सुन्दरता बढ़ाने के लिए किया जाता है। ज्यादा उपभोग नुकसानदेय है। औषधीय रुप में उपयोगी है।
सिलोसिया ग्लोबोसा (*Celosia globosa*)	इस खरपतवार का वितरण दक्षिण नाइजेरिया, पश्चिम कामेरुन से जायरे व युगाण्डा में है। जायरेवासी पत्तियों से सब्जी बनाते हैं।
सिलोसिया इजर्टी (*Celosia isertii*)	इसका वितरण तंजानिया, जाम्बिया व अंगोला है। पश्चिम अफ्रीका, गाबीन व जायरे में पत्तियों को खाया जाता है।
सिलोसिया लेप्टोस्टाइका (*Celosia leptostachya*)	जायरे में पत्तियों की सब्जी बनाते हैं। इसका वितरण अफ्रीका में सियेरा लियोन से जायरे तक है।
सिलोसिया स्यूडोबीरगाटा (*Celosia pseudovirgata*)	जायरे में पत्तियों की सब्जी बनाते हैं। इसका वितरण नाइजेरिया व पश्चिम कामरुन व जायरे तक है।
सिलोसिया क्रिस्टाटा (*Celosia cristata*)	काक्सकाम्ब के रुप में पुष्पीय पौध है, जो चमकीला पुष्प बनाता है। अष्टगुणित किस्म है।

पोषकीय महत्व

इसकी पत्तियाँ सब्जी के रुप में प्रयोग की जाती है। इसकी पत्तियों में ज्यादा पोषक तत्व पाया जाता है। कोमल पत्तियों में प्रोटीन व विटामिन 'सी' प्रचुर मात्रा में पाया जाता है। इसकी पत्तियों में पाये जाने वाले पोषक मूल्य को सारिणी में दिया गया है।

सारिणी (9.35) लागोस स्पिनाच की पत्तियों का पोषक मूल्य (प्रति 100 ग्राम खाने योग्य भाग में)

पोषक तत्व	मात्रा	
	1	2
नमी	85.7 ग्राम	88.0 ग्राम
प्रोटीन	3.3 ग्राम	2.0 ग्राम
वसा	0.8 ग्राम	0.7 ग्राम
खनिज लवण	2.7 ग्राम	2.0 ग्राम
रेशा	–	1.5 ग्राम
कार्बोहाइड्रेट्स	7.5 ग्राम	5.8 ग्राम
ऊर्जा	50 किलो कैलोरी	38 किलो कैलोरी
कैल्सियम	322 मि0ग्रा0	323 मि0ग्रा0
आयरन	16.8 मि0ग्रा0	–

स्रोतः (1) गोपालन एवं सहयोगी, 1999, (2) वेल्थ ऑफ इण्डिया, 1969

उपरोक्त पोषकीय गुणों के अलावा पत्तियों में विटामिन बी–1 एवं विटामिन बी–6 प्रचुर मात्रा में पाया जाता है। एक परीक्षण में पत्तियों में उपलब्ध विटामिन की मात्रा नीचे की सारिणी में दी गयी है।

सारिणी (9.36) लागोस स्पिनाच की पत्तियों में उपलब्ध विटामिन्स (प्रति 100 ग्राम खाने योग्य भाग में)

विटामिन्स	मात्रा (मिली ग्राम)
विटामिन बी–1	29.00
विटामिन बी–2	5.40
विटामिन बी–6	18.2
नियासिन	7.7
हाइड्रोसाइनिक अम्ल	2.0

नाइजेरिया में पाये जाने वाले कुछ जननद्रव्यों के पत्तियों में विटामिन ''सी'' की मात्रा बहुत ज्यादा (533.0 मिली ग्राम प्रति 100.0 ग्राम) पाया जाता है। इसमें आक्जेलिक अम्ल 11.0 प्रतिशत (शुष्क भार के आधार पर) पाया गया है। पोषकीय गुणों के अलावा लागोस स्पिनाच औषधीय गुणों के लिए भी जाना जाता है। इसकी पत्तियों के लेप को बिच्छू के डंक मारने पर प्रभावी है। इसके पुष्प खूनी दस्त एवं थूक के साथ रक्त आने वाला मिनौरेजिया (menorrhagia) में उपयोगी है। इसके पौधे का सत (extracts) पेशाब नलिका या थैली में जमी पत्थर (stone) को गलाता है। इसके बीज मूत्र रोग, हृदय रोग, ट्यूमर छाले आदि में सहायक है। नेत्रों में असमय होने वाले विकार को दूर करता है। लागोस स्पिनाच पूरे अफ्रीकी देशों में घावों की पुल्टिस, व भारत में जलने पर या कट जाने पर मलहम के रुप में प्रयोग किया जाता है। सापों के काटने पर भी पत्तियों को विष उतारने के

लिए उपयोग करते हैं। इसके जड़ों का इस्तेमाल उदर शूल, सूजाक, खाज–खुजली के लिए किया जाता है। पूर्वी अफ्रीका में पत्ती सहित पूरे पौधे को उबालकर बच्चों को स्नान कराने से फुन्सी में राहत मिलती है। कई देशों में इसके पुष्प व दानों का प्रयोग दस्त रोकने के लिए किया जाता है।

जलवायु

लागोस स्पिनाच सामान्यतः चौलाई की तुलना में ज्यादा छायादार स्थान में उगाया जाता है। इसकी खेती के लिए 25.0–30.0 डिग्री सेल्सियस तापमान उपयुक्त रहता है। ऐसे क्षेत्र जहाँ सापेक्ष आर्द्रता ज्यादा होता है, इसकी खेती करने से उपज प्रभावित होती है। जहाँ पर लम्बे समय तक सूखा पड़ने की स्थिति हो, सिंचाई करके फसल उगाई जा सकती है। इसकी लाल किस्म सूखे के प्रति ज्यादा संवेदनशील है। दिनमान अवधि का अन्तराल पौधों पर बहुत कम पड़ता है, लेकिन पौधे पर पत्तियाँ लगातार बनती रहें, इसके लिए आवश्यक है कि वातावरण उच्च प्रकाश सधनता स्तर ज्यादा हो। लागोस स्पिनाच कम दिन मान अवधि का पौधा है। अतः जब दिनमान अवधि ज्यादा हो जाता है, तो मुश्किल से पुष्पन होता हैं। इस फसल में 35.0 डिग्री सेल्सियस तापमान से ज्यादा होने पर प्रकाश संश्लेषण में कोई वृद्धि नही पायी गयी।

उन्नतिशील किस्में

लागोस स्पिनाच की दो किस्में उपलब्ध हैं–

1. हरी किस्म
2. लाल किस्म

पूरे विश्व में दोनों किस्में उपलब्ध हैं और इसकी खेती की जाती है। इस फसल की कुछ ऐसी स्थानीय किस्में हैं, जो मात्र 14–20 दिन में पुष्पन प्रारम्भ कर देती है। ऐसी किस्मयों की पहचान नुकीली पत्ती व हरा पौध देखकर की जा सकती है। कभी–कभी लाल रंग की किस्में मुश्किल से प्राप्त होती है। ब्रिटेन (आर0ओ0) से एक किस्म टी0एल0वी0–8 (TLV-8) को नाइजेरिया में उपस्थापित (introduced) की गयी, जो कुल उपज व पत्तियों के गुण के लिए सर्वोत्तम पायी गयी। टी0एल0वी0–8 किस्म की वर्धीय उपज 15.0–20.0 टन प्रति हेक्टेयर होती है। इस किस्म को काटकर या पूरे पौध को उखाड़कर बेचा जा सकता है।

भूमि व भूमि की तैयारी

लगोस स्पिनाच की खेती से अधिक उपज प्राप्त करने के लिए मिट्टी की उर्वरता सबसे महत्वपूर्ण है। इसकी खेती के लिए सबसे उपयुक्त मृदा बलुई दोमट या दोमट है। भारी चिकनी मिट्टी में इसकी खेती कार्बनिक पदार्थ की मात्रा बढाकर की जा सकती है। मृदा पी0एच0 मान 6.0–7.00 के मध्य होना चाहिए। खेत की तैयारी 4–5 बार गहरी जुताई करके किया जाता है। प्रत्येक जुताई के बाद पाटा चलाकर मिट्टी को समतल कर लेना चाहिए। अच्छा होगा कि बीजों की बुआई हेतु छोटी–छोटी क्यारी बना ली जाये।

बुआई का समय व बीज दर

लागोस स्पिनाच की नर्सरी लगाने का उपयुक्त समय जून का अन्तिम सप्ताह है। सामान्यतः 3.0 ग्राम बीज प्रति वर्गमीटर बुआई करने से 3000 नर्सरी पौध तैयार होते हैं। अभी भी कृषक पहले खेत में बीज की बुवाई करते हैं तथा बीज जमाव के बाद पौधों को निश्चित दूरी पर रखने के लिए अनावश्यक पौधों को उखाड़ देते हैं। पौधों की आपसी दूरी 25.0–30.0 सेन्टी मीटर उचित रहता है। वैसे प्रति वर्गमीटर 20–100 पौध उपज प्राप्त करने के आधार पर निश्चित दूरी पर लगाया जाता है। जब पौधों की कर्त्तन करना है, तो आपसी दूरी 15.0 × 15.0 सेन्टी मीटर रखते हैं। पौधों को उखाड़ने की दशा में रोपण 10.0 × 10.0 सेन्टी मीटर की दूरी पर लगाते हैं। फसल लगाने की प्रचलित विधियों में चौड़ी क्यारी, उठी नालियाँ या उठी हुई क्यारियाँ ज्यादा उपयोगी है। ऊँची उठी क्यारी/उठी मेड़ों की तुलना में समतल क्यारी में ज्यादा उपज मिलती है।

पोषक तत्व प्रबन्धन

लागोस स्पिनाच को उचित मात्रा में पोषक तत्व देने से 3–4 गुना उपज ज्यादा प्राप्त होती है। अगर जमीन में उर्वरता का स्तर निम्न या मध्यम है, तो प्रति हेक्टेयर नत्रजनःफास्फोरसःपोटाशः (10:10:20) की 400.0 किलो ग्राम मात्रा के उपयोग की संस्तुति की गयी है। वर्षा ऋतु के मौसम में उर्वरकों की आधी मात्रा खेत व क्यारी की तैयारी करते समय और आधी मात्रा फसल विकास के समय देना चाहिए।

मिश्रित खेती

लागोस स्पिनाच की खेती ज्यादातर मक्का, जिमिकन्द, कसावा, शिमला मिर्च, लोबिया, मूंगफली, भिण्डी, टमाटर आदि के साथ मिश्रित रुप से करते हैं।

उपज

लागोस स्पिनाच की उपज प्राप्त करने के लिए पालक के समान समूचे पौधों को उखाड़ लेते हैं या पौधों को कुछ ऊँचाई पर काटकर बाजार में बेचते हैं। कभी–कभी पौधों को 30 दिन में ही उखाडकर बेचते हैं। काटकर बेचने के लिए लगभग 2–3 सप्ताह के अन्तराल पर जमीन से 20.0 सेन्टी मीटर की ऊँचाई पर काटते हैं। कर्त्तन करने पर ताजे तना सहित उपज 58.77 टन प्रति हेक्टेयर तथा केवल ताजी पत्तियाँ 42.0–35.0 टन प्रति हेक्टेयर उपज मिलती है। उखाड़ने पर ताजे तना की उपज 48.0–61.0 टन प्रति हेक्टेयर तथा पत्ती उपज 26.06 टन प्रति हेक्टेयर 10.0 × 10.0 सेन्टी मीटर की दूरी पर रोपण करने से प्राप्त होता है।

पौध संरक्षण

प्रमुख कीट एवं उनका प्रबन्धन

लागोस स्पिनाच में निम्न कीटों का प्रकोप होता है–

कैटरपिलर (*Hymenia reculvalis*)

यह कीट कोमल पत्तियों व तनों को खाकर नुकसान पहुँचाता है। इनके नियन्त्रण के लिए मैलाथियान या इन्डोसल्फान का प्रयोग 0.75 मि0ली0/लीटर पानी में घोलकर छिड़काव करना चाहिए, लेकिन ध्यान रहे कि पत्तियों की कटाई तभी करें जब विषालुता का प्रभाव न रह गया हो।

इसके अलावा इस फसल पर कुछ अन्य कीटों जैसे--एल्सीडोड्स एल्बोलीनीएट्स, (*Alcidodes albolieatus*), एनाकैटानटोप्स नोटैट्स (*Anacatantops notatus*), एस्पाविया आर्मीजेरा (*Aspavia armigera*), कैसीडा इनरवीज (*Cassida enerviz*), क्लेट्स फससेसीन्स (*Cletus fuscescens*), क्लेट्स यूनीफासीएटा (*Cletus unifaseiata*), लार्जियसा विलोसा (*Lorgia villosa*), माइजस पर्सिकी (*Myzus persicae*), निसियस अल्बीड्स (*Nysius albidus*) आदि का प्रकोप होता है। उपरोक्त कीट के नियन्त्रण के लिए मोनोक्रोटोफास दवा की 1.5 मिली लीटर मात्रा प्रति लीटर पानी में डालकर छिड़काव करना चाहिए।

सूत्रकृमि (*Meloidogyne incognita*)

इस फसल में जड़ सूत्रकृमि का प्रकोप बहुत ज्यादा होता है। चूँकि सूत्रकृमि की ज्यादा संख्या मिट्टी के अन्दर रहाता है, अतः इनका नियन्त्रण भी मुश्किल से होता है। अतः नियन्त्रण के लिए पानी के साथ नेमागान 0.5 मिली लीटर प्रति लीटर पानी में घोलकर जड़ों के पास प्रयोग करना चाहिए।

रोग एवं उनका प्रबन्धन

कवक जनित रोग (Fungal diseases)

पौधों पर कवक जनित रोग के आक्रमण से पत्तियाँ बदरंग हो जाती हैं और खाने योग्य नहीं रह पाती हैं। कवक जनित रोगों में रस्ट (**rust**) व आसिता (**mildew**) ज्यादा प्रमुख है। पत्तियों पर अनेकों चकत्ते बनते हैं। यह तभी होता है जब पौधे सूखे की स्थिति में होते हैं। इसके अलावा आल्टरनेरिया पत्ती धब्बा (***Alternaria* leaf spot**), एल्ब्यूगो ब्लिटी (***Albugo blitii***), सर्कोस्पोरा सिलोसी (*Cercospora celosiae*), कोलेटोट्राइकम किस्म (***Colletotrichum* sp.**), फ्यूजेरियम किस्म (***Fusarium* sp.**) आदि का प्रकोप होता है। नियन्त्रण के लिए ट्राइकोडर्मा पावडर या डाईथेम एम0–45 का प्रयोग बीज शोधन 20 ग्राम दवा प्रति किलोग्राम बीज या जमीन शोधन करना चाहिए।

विषाणु (Virus)

लगोस स्पिनाच में बीट वेस्टर्न वायरस, बीट कर्लीटाप वायरस, कार्नेशन इटैलियन रिंग स्पाट वायरस कार्नेशन मोटल वायरस, कार्नेशन वेन मोटल वायरस, पोपलर मोजैक वायरस, पोटैटो लीफराल वायरस तथा रैस्पबरी वुश ड्वार्फ वायरस का प्रकोप होता है। बचाव के लिए ग्रसित पौधों को उखाड़ना व जलाना प्रक्षेत्र की सफाई तथा खरपतवार निकाल कर करना चाहिए। विषाणु प्रसारण करने वाले कीट टिण्डी दल, एफीड्स, थ्रीप्स आदि को नियन्त्रित करने के लिए रोगार 1.0 मिली लीटर/लीटर पानी में घोलकर छिड़काव करना चाहिए।

□□□

अध्याय 10

कन्दीय सब्जियाँ

Tuberous Vegetables

शकरकन्द (Sweet Potato)

वानस्पतिक नाम : आइपोमिया बटाटास (*Ipomoea batatas* (L.) Lam.)

कुल : कनवोवुलेसी (Convolvulaceae)

गुणसूत्र संख्या : 2 एन = 90

कुछ देशों में शकरकन्द को आलू के नाम से जाना जाता है, वहाँ आलू को सफेद आलू या आइरीस आलू कहते हैं। संसार के उष्ण तथा शीतोष्ण भागों में एक प्रमुख स्थान है। कन्द वाली फसलों में उपयोगिता के आधार पर इसका स्थान आलू के बाद आता है। विकसित देशों में शकरकन्द को खेती योग्य फसलों में प्रति ईकाइ ऊर्जा उत्पादन (194 Mj/ha/day) की दृष्टि से प्रथम स्थान है (लीला बाबू, 2000)।

उद्भव एवं वितरण

शकरकन्द का जन्म स्थान उपोष्ण दक्षिण अमेरिका/सेन्ट्रल अमेरिका है। आइपोमिया (*Ipomoea* species) की कुल 400 से अधिक प्रजातियाँ प्रकृति में पायी जाती हैं, जिनमें ''आइपोमिया बटाटास'' (*Ipomoea batatas*) में ही खाने योग्य कन्द विकसित होता है। इसकी खेती मुख्यतः उष्ण व उपोष्ण देशों जैसे चीन, उगान्डा, नाइजेरिया, इण्डोनेशिया, वियतनाम, जापान, तन्जानिया एवं भारत में विस्तृत पैमाने पर किया जाता है। यह समुद्र तल से 5000–6000 फुट की ऊँचाई तक उगायी जा सकती है।

सारिणी (10.1) विश्व में शकरकन्द के प्रमुख उत्पादक देश एवं उत्पादन की मात्रा

देश	उत्पादन (मिलियन टन)
चीन	10.7
युगाण्डा	2.7
नाईजेरिया	2.5
इण्डोनेशिया	1.8
वियतनाम	1.6
जापान	1.1
तन्जानिया	0.97
भारत	0.90
रवाण्डा	0.89
ब्रुण्डी	0.84

सारिणी (10.2) शकरकन्द का क्षेत्रफल एवं उत्पादन

विश्व का उत्पादन	भारत का उत्पादन
क्षेत्रफल–8.7 मिलियन हेक्टेयर	क्षेत्रफल–0.1 मिलियन हेक्टेयर
उत्पादन–129.2 मिलियन टन	उत्पादन–0.9 मिलियन टन
उत्पादकता–14.8 टन/हेक्टेयर	उत्पादकता–9.0 टन/हेक्टेयर

भारत वर्ष में इसकी खेती लगभग प्रत्येक राज्य में की जाती है लेकिन इनमें ओडिशा, बिहार, तमिलनाडु, महाराष्ट्र, उत्तर प्रदेश, पंजाब, हरियाणा और पश्चिम बंगाल प्रमुख है। क्षेत्रफल और पैदावार की दृष्टि से ओडिशा का प्रथम स्थान है। उत्तर प्रदेश इस दृष्टि से दूसरा स्थान रखता है।

सारिणी (10.3) भारतवर्ष में शकरकन्द का क्षेत्रफल, उत्पादन एवं उत्पादकता

वर्ष	क्षेत्रफल (000, हेक्टेयर)	उत्पादन (000, मैट्रिक टन)	उत्पादकता (000, मैट्रिक टन/हेक्टेयर)
1991–92	136.5	1130.7	8.3
2001–02	131.9	1130.3	8.6
2002–03	131.9	1130.3	8.6
2003–04	133.1	1179.1	8.9
2004–05	133.3	1179.4	8.8
2005–06	122.8	1066.5	8.7
2006–07	123.0	1067.2	8.7
2007–08	123.0	1094.0	8.9
2008–09	124.0	1120.0	9.0
2009–10	118.9	1094.7	9.1
2010–11	113.0	1047.0	9.3

स्रोतः नेशनल हार्टीकल्चर डाटा बेस, (2010–2011)

सारिणी (10.4) भारतवर्ष में प्रमुख शकरकन्द उत्पादक राज्य

राज्य	2008–2009			2009–2010			2010–2011		
	क्षेत्रफल	उत्पादन	उत्पादकता	क्षेत्रफल	उत्पादन	उत्पादकता	क्षेत्रफल	उत्पादन	उत्पादकता
ओडिशा	49.2	417.0	8.5	50.5	438.8	8.7	44.1	410.2	9.3
पश्चिम बंगाल	22.5	231.1	10.3	22.5	231.1	10.3	22.9	235.7	10.3
उत्तर प्रदेश	22.7	273.0	12.0	16.8	227.9	13.6	16.8	206.6	12.3
आसाम	8.7	31.5	3.6	8.9	34.3	3.9	9.1	35.1	3.9
छत्तीस गढ़	3.8	33.3	8.8	3.6	32.4	8.9	3.7	36.7	9.9
कर्नाटक	2.8	34.8	12.3	2.4	30.9	12.9	2.6	33.5	12.8
आन्ध्र प्रदेश	0.7	13.9	20.0	1.3	26.6	20.0	0.5	9.5	20.2
मध्य प्रदेश	4.6	25.7	5.5	4.5	26.0	5.8	5.1	29.7	5.8
मेघालय	5.5	19.2	3.5	5.5	19.2	3.5	5.5	19.2	3.5
तमिलनाडु	1.3	22.4	16.8	0.8	11.5	14.9	0.8	12.4	15.5
अन्य	**2.4**	**17.7**	**7.3**	**2.1**	**16.0**	**7.6**	**2.1**	**18.0**	**8.4**
सम्पूर्ण	**124.3**	**1119.7**	**9.0**	**118.9**	**1094.7**	**9.2**	**113.2**	**1046.6**	**9.2**

स्रोतः नेशनल हार्टीकल्चर डाटा बेस, (2010–2011)

भारतवर्ष से प्रतिवर्ष शकरकन्द की प्रचुर मात्रा में निर्यात किया जाता है जिससे विदेशी मुद्रा प्राप्त होती है। जिन देशों शकरकन्द को निर्यात किया जाता है उनका विवरण नीचे दिया गया है।

सारिणी (10.5) शकरकन्द के निर्यात का विवरण

देश	2008–2009		2009–2010		2010–2011	
	मात्रा (मैट्रिक टन)	मूल्य (लाख)	मात्रा (मैट्रिक टन)	मूल्य (लाख)	मात्रा (मैट्रिक टन)	मूल्य (लाख)
यूनाइटेड अरब अमिरात	664.1	69.5	388.7	43.6	554.5	61.2
मालद्वीप	146.0	1.0	141.4	10.8	194.7	12.1
मलेशिया	0.0	0.0	0.0	0.0	13.0	3.1
बहरीन	0.0	0.0	2.4	0.3	4.6	0.6
कुबैत	0.0	0.0	0.0	0.0	2.0	0.2
नेपाल	9.3	0.7	0.0	0.0	0.2	0.03
अन्य	59.8	10.0	17.9	1.4	0.0	0.0
कुल योग	**879.2**	**81.2**	**550.4**	**56.1**	**769.0**	**77.3**

स्रोतः अपेडा वेबसाइट, फरवरी 2012

वानस्पतिक विवरण

शकरकन्द कमजोर तना वाला शाकीय पौधा है जो साधारण, पूर्ण और हस्ताकार पत्तियों व अनित्य जड़ों (**adventitious rcots**) द्वारा जमीन पर फैलती रहती है। इन्हीं में कुछ जड़ें विकसित होकर भोज्य पदार्थों को एकत्रित करती हैं, जो बाद में कन्दील होकर शकरकन्द का स्वरूप धारण करती हैं। शकरकन्द की जड़ें अपने गुणों में विशिष्ट होती हैं, जिन पर पूर्ण विकसित आँख या सहायक कलिका फैली रहती है। यही कलिका उपयुक्त वातावरण में विकसित होकर नये पौधों को जन्म देती हैं। मुख्यतः शकरकन्द हेक्साप्लायड होता है और इसके पौधे में स्वअसंगता (**self-incompatibility**) होती है। परागण की प्रकिया मधुमक्खी द्वारा सम्पन्न होती है।

पोषकीय महत्व

पौष्टिकता की दृष्टि से शकरकन्द ऊर्जा, कैरोटिन, खनिज तत्वों जैसे पोटैशियम, फास्फोरस एवं विटामिन 'सी' का अच्छा स्रोत है। इसकी नारंगी रंग की गूदेदार कन्दों में अन्य किस्मों की तुलना में कैरोटिन अधिक पाया जाता है। इसमें शर्करा अधिक मात्रा में पाया जाता है। उपवास एवं त्योहार के दिनों में शकरकन्द को फलाहार के रूप में प्रयोग किया जाता है। शकरकन्द के आटे को गेंहूँ आदि के आटे के साथ मिलकार चपाती बनाई जाती है। इसकी बेलें पशुओं के चारे के रूप में प्रयोग की जाती है। औद्योगिक रूप में इससे स्टार्च प्राप्त होता है, जो विभिन्न किस्मों में 50–80 प्रतिशत तक होती है। स्टार्च में 20.0–28.0 प्रतिशत तक एमिलोस शेष एमिलोपेक्टिन होता है। शकरकन्द में 6.0–14.0 प्रतिशत शर्करा मुख्यतः सुक्रोज, ग्लूकोज तथा माल्टोज शर्करा के रूप में होती है। इसकी कुछ किस्मों में उबालने या पकाने से 45.0 प्रतिशत तक शर्करा की मात्रा बढ़ जाती है। इसमें स्टार्च तथा शर्करा के अतिरिक्त खाद्य रेशा भी काफी मात्रा में होता है। इसके कन्दों में अन्य विटामिन जैसे पैरीडाक्सिन, पैन्टोथिनिक अम्ल एवं फोलिक अम्ल भी पाया जाता है जिससे एल्कोहल तैयार किया जाता है। पीली किस्मों में कैरोटिन की अधिक मात्रा पाई जाती है। यदि नास्ता के रूप में इसे प्रयोग किया जाये तो हमारे दिन–प्रतिदिन की नास्ता की वस्तुओं में विभिन्नता भी आती है और शरीर को भरपूर ऊर्जा मिलती है। विदेशों में शकरकन्द से तरह–तरह के स्वादिष्ट और पौष्टिक व्यंजन बनाये जाते हैं। इसकी डिब्बा बंदी भी की जाती है। इसका आलू की तरह चिप्स भी बनाते हैं। इससे बिस्कुट, पाउडर व अन्य बेकरी उत्पाद बनाये जाते है। बेकरी पदार्थों के रूप में 'क्रोपेक' नाम का शकरकन्द से बनने वाला एक महत्वपूर्ण खाद्य पदार्थ है।

सारिणी (10.6) शकरकन्द में पाये जाने वाले पोषक तत्व (प्रति 100 ग्राम खाने योग्य भाग में)

पोषक तत्व	मात्रा	पोषक तत्व	मात्रा
नमी	68.0 ग्राम	फास्फोरस	50.0 मिली ग्राम
कार्बोहाइड्रेट्स	28.2 ग्राम	आयरन	0.21 मिली ग्राम
प्रोटीन	1.2 ग्राम	थायमीन	0.08 मिली ग्राम
वसा	0.3 ग्राम	रिबोफ्लेवीन	0.04 मिली ग्राम
खनिज लवण	1.0 ग्राम	नियासिन	0.7 मिली ग्राम
रेशा	0.8 ग्राम	विटामिन–सी	24.0 मिली ग्राम
कैल्सियम	46.0 मिली ग्राम	कैरोटिन	6.0 माइक्रोग्राम

उन्नतिशील किस्में

शकरकन्द की अनेकों किस्में हैं, जिनका वर्गीकरण निम्न प्रकार से कर सकते हैं–

1. कोमलता के आधार पर
(क) मुलायम किस्में
(ख) कड़ी या सख्त किस्में

2. रंग के आधार पर
(क) सफेद–पूसा सफेद
(ख) सुनहरी–पूसा सुनहरी
(ग) लाल–पूसा लाल

उत्पादकों द्वारा अपनायी जा रही उन्नतिशील किस्में निम्नलिखित हैं।

पूसा सफेद (Pusa Suffaid)

इस किस्म को ताइवान की किस्म 'एफ0ए0–17 (FA-17) से चयन प्रक्रिया द्वारा भारतीय कृषि अनुसंधान संस्थान, नई दिल्ली से विकसित हुई है। यह अधिक उपज देने वाली सफेद किस्म है। इसके कन्द मध्यम आकार के और अच्छे गुणों वाले होते हैं। इसकी औसत उपज 16'18 टन प्रति हेक्टेयर है।

पूसा लाल (Pusa Lal)

इस किस्म को जापान की नौरिन (Norin) से प्राप्त जननद्रव्य से चयन प्रक्रिया द्वारा भारतीय कृषि अनुसंधान संस्थान, नई दिल्ली द्वारा विकसित की गई है। इसके कन्द मध्यम आकार के तथा बीच में मोटे होते हैं। इसके छिलके लाल व गूदा सफेद रंग का होता है। इस किस्म को दूर के बाजार में सुगमता से भेजा जा सकता है और इसमें भण्डारण के गुण हैं। इसकी औसत उपज 14–16 टन प्रति हेक्टेयर है।

पूसा सुनहरी (Pusa Sunheri)

इस किस्म का विकास संयुक्त राज्य अमेरिका (USA) से आयातित (imported) किस्म में चयन करके भारतीय कृषि अनुसंधान संस्थान, नई दिल्ली द्वारा किया गया है। कन्दों का गूदा नारंगी होता है। इसमें कैरोटिन की मात्रा सबेस ज्यादा पायी जाती है। इसकी औसत उपज 17–19 टन प्रति हेक्टेयर है।

वी0एल0 शकरकन्द–6 (V.L. Sakarkand-6)

संयुक्त राज्य अमेरिका (USA) से आयातित (imported) किस्म है जिसे बी–129 के नाम से उत्तर प्रदेश के पहाड़ी क्षेत्रों के लिये सन् 1974 में अनुमोदित किया गया है। यह किस्म लगभग 4.5–5.0 महीने में तैयार हो जाती है। इसके कन्द मध्यम से बड़े आकार के होते हैं। कन्द 15.0–

18.0 सेन्टी मीटर लम्बा तथा व्यास 12.0–14.0 सेन्टी मीटर होता है। गूदा पीला तथा छिलका लाल होता है। फसल का जीवन काल 13.5–14.0 दिन का होता है।

नरेन्द्र शकरकन्द–9 (Narendra Sakarkand-9)

इस किस्म का विकास नरेन्द्र देव कृषि एवं प्रौद्योगिकी विश्वविद्यालय, फैजाबाद (उत्तर प्रदेश) द्वारा किया गया है। इस किस्म के कन्द का रंग सफेद होता है। यह मध्य समय की फसल है जो 120–130 दिन में तैयार हो जाती है। इसकी औसत उपज 25.0–27.5 टन प्रति हेक्टेयर है।

नरेन्द्र शकरकन्द–10 (Narendra Sakarkand-10)

इस किस्म का विकास नरेन्द्र देव कृषि एवं प्रौद्योगिकी विश्वविद्यालय, फैजाबाद (उत्तर प्रदेश) से किया गया है। इस किस्म के कन्द का रंग लाल होता है। यह किस्म 120–130 दिन में तैयार होती है। औसत उपज 25.0–27.5 टन प्रति हेक्टेयर है।

वी0एल0 शकरकन्द–8 (V.L. Sakarkand-8)

इस किस्म के कन्द बड़े होते है। छिलका सफेद और गूदा क्रीम रंग का होता है। यह किस्म लगभग 4.0–4.5 महीने में तैयार हो जाती है। औसत उपज 24 टन प्रति हेक्टेयर है।

वी0एल0 शकरकन्द–12 (V.L. Sakarkand-12)

यह भी 4.0–4.5 महीने में तैयार होने वाली किस्म है। इसके कन्द मध्यम से बड़े होते हैं। छिलका हल्का भूरा तथा गूदा क्रीम रंग का होता है। इस किस्म की औसत उपज 22 टन प्रति हेक्टेयर है।

एच0–41 (H-41)

इस संकर किस्म का विकास मोरिन x भारतीय जनन द्रव्य के आपसी संकरण से किया गया और खेती के लिए वर्ष 1971 में अनुमोदित किया गया। यह लगभग 150 दिन में तैयार हो जाती है। इसके कन्द मध्यम आकार के व मीठे तथा कन्द में रेशा कम बनता है। कन्द का छिलका तथा गूदा सफेद होता है। औसत उपज क्षमता 20.0–25.0 टन प्रति हेक्टेयर होती है।

एच0–42 (H-42)

इस किस्म को स्थानीय किस्म ''बेला डम्फ'' (Vella Damph) और अमेरिकन किस्म ''ट्रिम्फ'' (Triumph) के बीच संकरण कर वर्ष 1971 में विकसित किया गया। इसकी लतायें मध्यम बढ़वार वाली तथा एक पत्रक वाली होती हैं पत्तियों का किनारा अँगुलीदार कटाव वाली होती है। कन्द तकुये जैसे मध्यम आकार के, लाल छिलके वाले तथा गूदा सफेद होता है। यह फसल 120–130 दिन में पककर तैयार हो जाती है। इसकी औसत उपज 22.0–25.0 टन प्रति हेक्टेयर है। इस किस्म में ''विविल'' (weevil) का प्रकोप कम होता है। इस किस्म को केरल, तमिलनाडु व कर्नाटक में उगानें के लिये अनुमोदित की गयी है।

राजेन्द्र शकरकन्द–5 (Rajendra Sakarkand-5 or X-5)

इस किस्म का विकास राजेन्द्र कृषि विश्व विद्यालय, ढोली (बिहार) से क्रास–4 (Cross-4) x एच0–5 (H-5) के संकरण से विकसित किया गया। पत्तियों एवं कोमल लताओं के कारण कम नमी युक्त जमीन पर लगानें के लिए उपयुक्त है। इस किस्म के कन्द गोलाकार व हल्के भूरे रंग के होते हैं। यह बिहार की बहुत प्रचलीत किस्म है, जिसमें कन्द ''विविल'' का प्रकोप बहुत कम होता है। इसकी औसत उपज क्षमता 25–30 टन प्रति हेक्टेयर है। यह सेन्ट्रल सब कमेटी आन क्राप स्टेन्डर्डस द्वारा बिहार राज्य के लिये सन् 1985 में अनुमोदित की गयी। इसमें जलमग्नता सहन करने की क्षमता है।

एच0–268 (H-268)

इस संकर किस्म का विकास दोहरे संकरण (दो आयातित एवं दो भारतीय किस्म) से किया गया है। पौधे अर्द्ध फैलाव वाले तथा पत्तियाँ 3–5 भागों में विभक्त व गहरे हरे रंग की होती हैं। इसके कन्द बड़े गुलाबी छिलके तथा गूदा हल्के पीले रंग के होते हैं। फसल का जीवन काल 120 दिन का होता है। औसत उपज 20–25 टन प्रति हेक्टेयर होती है। इस संकर किस्म में कुछ स्तर तक सूखा सहन करने की क्षमता होती है।

राजेन्द्र शकरकन्द–43 (Rajendra Sakarkand-43)

इस किस्म का विकास राजेन्द्र कृषि विश्व विद्यालय, ढोली (बिहार) से किया गया है। इस किस्म को आसाम, कर्नाटक, महाराष्ट्र तथा केरल में उगाने के लिए अनुमोदित किया गया है। इसकी फसल अवधि 110–120 दिन की है। और औसत उपज 20.0–25.0 टन प्रति हेक्टेयर है।

राजेन्द्र शकरकन्द–35 (Rajendra Sakarkand-35)

इस किस्म के कन्द बेलनाकार और दूधिया सफेद रंग के होते हैं। कन्दों पर ''विविल'' कीट का प्रकोप कम होता है। यह प्रजाति मात्र 105–120 दिन में तैयार हो जाती है। इसकी औसत उपज क्षमता 25.0–30.0 टन प्रति हेक्टेयर है। कन्द का रंग गहरा भूरा एवं गूदा का रंग सफेद होता है। इस प्रजाति को व्यावसायिक खेती के लिये आसाम, कर्नाटक एवं पश्चिम बंगाल में अनुमोदित की गयी है।

कालमेघ (Kalmegh)

इस किस्म का विकास राजेन्द्र कृषि विश्वविद्यालय, ढोली (बिहार) से किया गया है। यह एक अत्यन्त अगेती किस्म है। इसके कन्द गोल तथा हल्के भूरे रंग के होते हैं। इसकी औसत उपज 26. 5–32.5 टन प्रति हेक्टेयर है।

श्री अरूण (Sree Arun)

इस किस्म का विकास आवर्ती चयन प्रकिया के द्वारा केन्द्रीय कन्द फसल अनुसंधान संस्थान, थिरुवनन्थपरुम्, केरल (Central Tuber Crop Research Institute, Thiruvanathapuram, Kerala)

से विकसित की गई है। इसके कन्द अगेती, शीघ्र पकने वाले व पाक गुणयुक्त होते हैं। पौधे ज्यादा फैलने वाले व हरे रंग के होते हैं। कन्द का छिलका हल्का गुलाबी रंग व गूदे का रंग मक्खन जैसा होता है। फसल की अवधि 90–100 दिन की होती है। इसकी औसत उपज 20.0–28.0 टन प्रति हेक्टेयर है। यह केरल व बिहार के लिए उपयुक्त किस्म है। इसमें कुल शुष्क पदार्थ 29.0–30.5 प्रतिशत, कुल स्टार्च 19.7–20.4 प्रतिशत प्रोटीन 1.3–1.5 प्रतिशत तथा कुल शर्करा 1.5 से 1.6 प्रतिशत होता है।

श्री वरूण (Sree Varun)

इस किस्म का विकास सी0आई0पी0, लिमा (पेरू) से प्राप्त उन्नत बीज से समूह चयन (mass selection) प्रक्रिया के माध्यम से केन्द्रीय कन्द फसल अनुसंधान संस्थान, थिरुवनन्थपरुम्, केरल (Central Tuber Crop Research Institute, Thiruvanathapuram, Kerala) द्वारा किया गया है। कन्द की आकृति गोल (fusi form), छिलका व गूदा का रंग दूधिया सफेद होता है। यह किस्म 90–100 दिनों में तैयार हो जाती है और इसकी औसत उपज 20.0–28.0 टन प्रति हेक्टेयर है। यह केरल व बिहार के लिए उपयुक्त किस्म है। इस किस्म में शुष्क पदार्थ 30.5–32.1 प्रतिशत, कुल स्टार्च 20.6–21.5 प्रोटीन 1.5–1.6 प्रतिशत तथा कुल शर्करा 1.6–1.7 प्रतिशत होता है।

श्री रथना (Sree Rethna, X-108-2)

इस संकर किस्म का विकास केन्द्रीय कन्द फसल अनुसंधान संस्थान, थिरुवनन्थपरुम्, केरंल (Central Tuber Crop Research Institute, Thiruvanathapuram, Kerala) से एस0–187 x श्री वर्धनी के आपसी संकरण से वर्ष 1996 में किया गया है। यह किस्म 90–105 दिनों में पक कर खुदाई के लिए तैयार हो जाती है। कन्द का छिलका बैगनी तथा गूदा नारंगी रंग का होता है। कन्द खाने में बहुत ही स्वादिष्ट होते हैं। कन्द में शुष्क पदार्थ 30.0–32.0 प्रतिशत, कुल स्टार्च 22.0–23.0 प्रतिशत, कुल शर्करा 1.5–2.0 प्रतिशत व प्रोटीन 1.2–2.0 प्रतिशत होता है। इसके कन्द में 3200–3500 आई0यू0 कैरोटिन प्रति 100.0 ग्राम होता है। इसकी औसत उपज क्षमता 20.0–22.0 टन प्रति हेक्टेयर है।

श्री भद्रा (Sree Bhadra S-1010)

इस किस्म का विकास नाइजेरिया (Nigeria) से प्राप्त बीज (सन् 1984) से पौध चयन द्वारा चयन कर केन्द्रीय कन्द फसल अनुसंधान संस्थान, थिरुवनन्थपरुम्, केरल क्षेत्रीय केन्द्र भुवनेश्वर (Central Tuber Crop Research Institute, Thiruvanathapuram, Kerala Regional Centre, Bhubaneshwar) से किया गया तथा खेती के लिए सन् 1996 में अनुमोदित किया गया। पौधे मध्यम फैलने वाले तथा पत्तियाँ चौड़ी होती है। नई पत्तियाँ भूरे रंग की होती हैं। यह किस्म मात्र 90 दिनों में खुदाई के लिए तैयार हो जाती है। कन्दों का छिलका गुलाबी रंग का तथा गूदा दूधिया सफेद रंग का होता है। इसके कन्दों में शुष्क पदार्थ 30–33 प्रतिशत, कुल स्टार्च 18–20 प्रतिशत व प्रोटीन 1.2–1.5 प्रतिशत होता है। इस किस्म के कन्दों में कैरोटीन की मात्रा 800–1000 आई0यू0 प्रति 100 ग्राम होती है। इसकी औसत उपज क्षमता 20.0–22.0 टन प्रति हेक्टेयर है।

श्री कनका (Sree Kanaka)

इस संकर प्रजाति का विकास एस0–187 x एच0 633 के संकरण से वर्ष 2004 में किया गया। यह प्रजाति मात्र 70–85 दिनों में पक कर तैयार हो जाती है। पौधे का तना हरा तथा पत्तियाँ गहरी बैंगनी होती हैं। पत्तियों में कटाव 3–5 तक होता है। कन्द का आकार बेलनाकार, छिलका लालिमायुक्त तथा पीली सफेद होती है जबकि गूदा नारंगी होता है। कन्दों में कुल शुष्क पदार्थ 23.8 प्रतिशत, कुल स्टार्च 14.7 प्रतिशत व कुल शर्करा 1.8 प्रतिशत होता है। कन्द में 8.8–10.0 मिली ग्राम प्रति 100 ग्राम ताजे भार में कैरोटिन की मात्रा पायी जाती है। इसकी औसत उपज क्षमता 10.0–15.0 टन प्रति हेक्टेयर है।

श्री वर्धिनी (Sree Vardhini)

इस किस्म को मुक्त परागित किस्म एस–13 से चयन कर केन्द्रीय कन्द फसल अनुसंधान संस्थान, थिरुवनन्थपरुम्, केरल (Central Tuber Crop Research Institute, Thiruvanathapuram, Kerala) विकसित से किया गया है। इसकी लताएँ मध्यम बढ़वार वाली होती हैं। जिन पर 3–5 पिण्डों वाली पत्तियाँ लगती हैं। कन्द मध्यम आकार के तथा बैगनी रंग के होते हैं। गूदे का रंग सामान्यतः पीला होता है। यह 110–115 दिन में पककर तैयार होने वाली अल्पावधि किस्म है जिसे केरल में खेती के लिए उपयुक्त पाया गया है। इसमें कैरोटीन की मात्रा 1200 आई0यू0 प्रति 100 ग्राम ताजे भार में पाया जाता है। इसमें शुष्क पदार्थ 18–20 प्रतिशत और कुल स्टार्च 13–15 प्रतिशत तक होता है। यह सुड़ी के लिए संवेदनशील किस्म है। इसकी औसत उपज से 20.0–25.0 टन प्रति हेक्टेयर है।

श्री नन्दनी (Sree Nandini)

इस किस्म को सुडान से आयातित किस्म एस0–32 से चयन द्वारा केन्द्रीय कन्द फसल अनुसंधान संस्थान, थिरुवनन्थपरुम्, केरल (Central Tuber Crop Research Institute, Thiruvanathapuram, Kerala) से किया गया है। यह किस्म शीघ्र (100–105) दिन में तैयार होती है। इसलिए इसकी खेती केरल राज्य में विस्तृत स्तर पर की जाती है। इसके कन्द मध्यम आकार के सफेद व गूदा भी सफेद होता है। खाने में स्वादिष्ट यह किस्म सुड़ी कीट के प्रति रोधक क्षमता रखती है। इस किस्म की औसत उपज 20.0–25.0 टन प्रति हेक्टेयर होती है। इसकी फसल लगभग 135 दिन में तैयार हो जाती है। यह बहुत ही मीठी किस्म है। इसके कन्दों में शुष्क पदार्थ 25–26 प्रतिशत, कुल स्टार्च 13–18 प्रतिशत तथा कुल शर्करा 3.3–4.4 प्रतिशत होता है।

को–1 (Co-1)

इस किस्म का विकास तमिलनाडु कृषि विश्वविद्यालय, कोयम्बटूर (तमिलनाडु) से नवोद्भिद चयन (seedling clone IB-3) कर किया गया है। इस किस्म को तमिलनाडु व आस–पास के क्षेत्रों में उगानें के लिए अनुमोदित किया गया है। इसकी लतायें मध्यम बढ़वार वाली होती हैं। प्रति पौध 3 कन्द बनते हैं। कन्द का छिलका हल्का गुलाबी तथा गूदा सफेद रंग का होता है इसकी फसल अवधि 130 दिन की है और औसत उपज 28.3 टन प्रति हेक्टेयर है। गूदे में स्टार्च 24.2 प्रतिशत होता

है। कन्द में कुल विलेय ठोस 10.6 प्रतिशत, अम्लता 1.2 प्रतिशत, एस्कार्बिक अम्ल 20 मिली ग्राम/100 ग्राम होते है। इसमें कन्द विविल का प्रकोप मात्र 11–15 प्रतिशत तक होता है।

को–2 (Co-2)

इस किस्म का विकास तमिलनाडु कृषि विश्वविद्यालय, कोयम्बटूर (तमिलनाडु) से नवोद्भिद चयन (seedling clone IB-8) तथा मुक्त किस्म किस्म आई0बी0 37 के संकरण से किया गया है। इस किस्म के पौधों की लतायें मध्यम आकार वाली होती हैं। गूदा सफेद रंग का होता है। फसल की अवधि 110–125 दिन की होती है। औसत उपज क्षमता 30.0–32.0 टन प्रति हेक्टेयर है। इस किस्म को तमिलनाडु के क्षेत्रों में उगाने के लिए अनुमोदित किया गया है। कन्द में स्टार्च की मात्रा 29.5 प्रतिशत तथा कैरोटीन 3.2 मिली ग्राम प्रति 100 ग्राम खाने योग्य भाग में होता है।

को–3 (Co-3)

इस किस्म का विकास तमिलनाडु कृषि विश्वविद्यालय, कोयम्बटूर (तमिलनाडु) से नवोद्भिद चयन (seedling clone IB-2837) कर किया गया है। इस किस्म की फसल अवधि 110–120 दिन की है। इसकी औसत उपज क्षमता 43.6 टन प्रति हेक्टेयर है। इस किस्म को तमिलनाडु क्षेत्रों में उगाने के लिए अनुमोदित किया गया है। कन्द का रंग लाल व गूदा गहरा नारंगी होता है। कन्द में कैरोटिन की मात्रा 13.28 प्रति 100 ग्राम, स्टार्च 30.72 प्रतिशत, एस्कार्बिक अम्ल 21.1 मिली ग्राम प्रति 100 ग्राम तथा एमीलोपेक्टीन 81.31 प्रतिशत होता हैं। इस किस्म में कंद विविल का प्रकोप 0–3 प्रतिशत तक ही होता है।

इन्दिरा मधुर (Indira Madhur)

इस किस्म का विकास सी0आई0पी0 से प्राप्त जनन द्रव्यों से कायिक चयन पद्धति द्वारा इन्दिरा गाँधी कृषि विश्वविद्यालय, रायपुर (छत्तीसगढ़) में किया है। इस किस्म का तना 100–120 सेन्टी मीटर की दूरी तक फैलता है। इसकी औसत उपज 26.0 टन प्रति हेक्टेयर है। फसल 110–120 दिन में पक जाती है। कन्दों में कैरोटिन की मात्रा 5524 अ0ई0 प्रति 100 ग्राम खाने योग्य भाग में पाया जाता है।

इन्दिरा नवीन (Indira Navin)

इस किस्म का विकास श्री वर्धनी किस्म से चयन कर इन्दिरा गाँधी कृषि विश्वविद्यालय, रायपुर (छत्तीसगढ़) से किया गया है। लता 80–100 सेन्टी मीटर होती है। इस किस्म की औसत उपज 33. 8 टन प्रति हेक्टेयर है जो 90–100 दिन के फसल काल से मिलता है।

कलिंगा (Kalinga)

कलिंगा किस्म का विकास मुक्त परागित बीज से चयन कर केन्द्रीय कन्द फसल अनुसंधान संस्थान, थिरुवनन्थपरुम्, केरल क्षेत्रीय केन्द्र भुवनेश्वर (Central Tuber Crop Research Institute,

Thiruvanathapuram, Kerala Regional Centre, Bhubaneshwar) से सन् 2004 में किया गया है। यह किस्म 105–110 दिनों में पक कर तैयार हो जाती है। कन्द गोलाकार से अण्डाकार, छिलके बैंगनी लाल तथा गूदा दूधिया सफेद होता है। कन्दों में कुल शुष्क पदार्थ 29.6 प्रतिशत, कुल स्टार्च 28 प्रतिशत तथा कुल शर्करा 2.5–3.3 प्रतिशत होता है। इसकी औसत उपज 37.2 टन प्रति हेक्टेयर होती है।

गौतम (Gautam)

शकरकन्द की गौतम किस्म का विकास बहुसंकरण से उत्पन्न ढेकेनाल स्थानीय किस्म मादा पितृ के रूप में प्रयोग कर वर्ष 2005 में केन्द्रीय कन्द फसल अनुसंधान संस्थान, थिरुवनन्थपरुम्, केरल, क्षेत्रीय केन्द्र भुवनेश्वर (Central Tuber Crop Research Institute, Thiruvanathapuram, Kerala Regional Centre, Bhubaneshwar) से किया गया है। पौधे फैलने वाले तथा तना व पत्तियाँ बैगनी रंग की होती है। कन्द का छिलका सफेद रंग का तथा गूदा दूधिया सफेद रंग का होता है। कन्दों में शुष्क पदार्थ 29.9–31.0 प्रतिशत, कुल स्टार्च 24.0–25.5 प्रतिशत तथा कुल शर्करा 2.5–3.0 प्रतिशत होता है। इस किस्म के कन्द का गूदा मुलायम तथा ज्यादा मीठा होता है। इसकी औसत उपज क्षमता 38.9 टन प्रति हेक्टेयर है।

सौरीन (Saurin)

इस किस्म का विकास बहुसंकरण पद्धति से किया गया हैं जिसमें संग्रहण संख्या –1162 मादा पितृ के रूप में प्रयोग कर केन्द्रीय कन्द फसल अनुसंधान संस्थान, थिरुवनन्थपरुम्, केरल क्षेत्रीय केन्द्र भुवनेश्वर (Central Tuber Crop Research Institute, Thiruvanathapuram, Kerala Regional Centre, Bhubaneshwar) से वर्ष 2005 में किया गया है। इस किस्म के कन्द 105–110 दिन में खुदाई के योग्य हो जाते हैं। तना बैगनी तथा पत्तियों का रंग हल्का बैगनी लिये हुए हरा होता है। कन्दों का छिलका लाल रंग का तथा गूदा दूधिया सफेद रंग का होता है। कन्दों में शुष्क पदार्थ 26.9–27.5 प्रतिशत, कुल स्टार्च 24.8–25.6 प्रतिशत तथा कुल शर्करा 2.8–3.5 प्रतिशत होता है। इसकी औसत उपज 36.2 टन प्रति हेक्टेयर है।

किसान (Kisan)

शकरकन्द की 'किसान' किस्म का विकस बहुसंकरण प्रक्रिया द्वारा जननद्रव्य संग्रहण संख्या–1016 को मादा पितृ के रूप में उपयोग कर केन्द्रीय कन्द फसल अनुसंधान संस्थान, थिरुवनन्थपरुम्, केरल क्षेत्रीय केन्द्र भुवनेश्वर (Central Tuber Crop Research Institute, Thiruvanathapuram, Kerala Regional Centre, Bhubaneshwar) से किया गया है। यह किस्म 110–120 दिन में पककर तैयार हो जाती है। सामान्यतः पौधे कम फैलने वाले तथा तना व पत्तियाँ हरी बैगनी रंग की होती है। कन्द का छिलका लाल बैगनी तथा गूदा दूधिया सफेद रंग का होता है। इसके कन्द में शुष्क पदार्थ 32.0–34.0 प्रतिशत, कुल स्टार्च 29.0–30.0 प्रतिशत, कुल निकलने योग्य स्टार्च 18.2 प्रतिशत तथा कुल शर्करा 3.0–3.5 प्रतिशत होता है। इसकी औसत उपज 37.0 टन प्रति हेक्टेयर हैं।

वर्षा (Varsha)

इस किस्म को बाहर से आयातित दो जननद्रव्य तथा दो स्थानीय जननद्रव्य के बीच द्विगुणित संकरण द्वारा विकसित किया गया है। इसके पौधे सीमित बढ़वार वाले होते हैं, जिन पर तीन पिण्डों वाली पत्तियाँ विकसित होती हैं। कन्द तकुये के आकार वाले लाल रंग के और गूदा हल्का पिला रंग का होता है। इस किस्म के कन्दों में शुष्क पदार्थ 23.25 प्रतिशत, कुल स्टार्च 14–16 प्रतिशत तथा कुल विलेय शर्करा 2.2–2.8 प्रतिशत होत है। इस किस्म में सूखे के प्रति अच्छी सहनशीलता है। इस फसल की अवधि 120 दिन की है और उपज क्षमता 17.0–22.0 टन प्रति हेक्टेयर है।

किरण (Kiran)

इस किस्म के कन्द थोड़ा मुड़े हुये तथा लाल रंग के होते हैं। गूदा नारंगी रंग का होता है। यह किस्म 110–120 दिनों में पककर तैयार हो जाती है। औसत उपज क्षमता 26–29 टन प्रति हेक्टेयर है।

जवाहर शकरकन्द 145 (Jawahar Sakarkand-145)

इस किस्म का विकास जवाहरलाल नेहरू कृषि विश्वविद्यालय, जबलपुर (मध्य प्रदेश) द्वारा अमेरिका से आयातित जननद्रव्य सब्जी प्रजनन प्रयोगशाला, दक्षिण कैरोलीना (U.S. Vegetable Breeding Lab, South Caroline, America) के सौजन्य से किया गया है। यह मध्य प्रदेश के लिए अनुमोदित किस्म है। यह किस्म 135–140 दिन में पककर तैयार हो जाती है। कन्द 5–6 के गुच्छों में बनते हैं। कन्द मध्यम आकार का तथा छिलका लाल रंग का होता है। इसमें 21.0 प्रतिशत शर्करा, 5.0 प्रतिशत प्रोटीन, 27.0 प्रतिशत स्टार्च और 16.0 मिली ग्राम प्रति 100.0 ग्राम ताजे कन्द भार में कैरोटीन पाया जाता है। इसकी औसत उपज क्षमता 23.5–26.0 टन प्रति हेक्टेयर होती है।

जवाहर शकरकन्द 114 (Jawahar Sakarkand-114)

इस किस्म का विकास जवाहरलाल नेहरू कृषि विश्वविद्यालय, जबलपुर (मध्य प्रदेश) द्वारा अमेरिका से आयातित जननद्रव्य सब्जी प्रजनन प्रयोगशाला, दक्षिण कैरोलीना (U.S. Vegetable Breeding Lab, South Caroline, America) के सौजन्य से किया गया है। यह मध्य प्रदेश के लिए अनुमोदित किस्म है। यह किस्म मात्र 110–115 दिन में पककर खुदाई के लिए तैयार हो जाती है। सामान्यतः कन्द तकुये के आकार के 12.0–14.0 सेन्टीमीटर लम्बे तथा 12.5–13.5 सेन्टीमीटर मोटे लाल रंग के होते हैं। गूदा गुलाबी रंग लिए हुये दूधिया सफेद रंग के होते हैं। इसकी औसत उपज 22.5–30.0 टन प्रति हेक्टेयर होती है। यह किस्म असिंचित क्षेत्रों में उगाने के लिए उपयुक्त है।

गौरी (Gauri or 85-16)

इस किस्म का विकास एच0 219 x एच–42 के आपसी संकरण से विकसित किया गया है और सन् 1998 में व्यावसायिक खेती के लिये अनुमोदित किया गया। तना अर्द्ध सीमित बढ़वार वाले तथा बैगनी रंग के होते हैं। पत्तियाँ बैगनी रंग की, 5–6 खण्डों में विभक्त तथा पर्णवृन्त हरा होता है। यह 110–120 दिन की फसल है जिससे लगभग 19.00 टन उपज प्राप्त होती है। इसके कन्द

में कैरोटीन की मात्रा ज्यादा होती है। इस किस्म की खेती प्राप्त होती है। इसके कन्द में कैरोटीन की मात्रा ज्यादा होती है। इस किस्म की खेती खरीफ एवं रबी मौसम में सुगमता पूर्वक की जा सकती है।

एच–3 (H-3)

यह एक संकर किस्म है जो 150 दिन में पककर तैयार हो जाती है। इसकी पत्तियाँ गुलाबी रंग की तथा कन्द मध्यम आकार के होते हैं। कन्द का गूदा सफेद तथा खाने में स्वादिष्ट होता है। इस किस्म की औसत उपज 23.0 टन प्रति हेक्टेयर है।

जलवायु

शकरकन्द की फसल के लिए लम्बे समय (लगभग 4 महीने) तक गर्म मौसम, जिसमें मध्यम वर्षा तथा दिन में सूर्य का प्रकाश अधिक व गर्म रातों की आवश्यकता होती है। इसकी फसल सुखे इलाकों में अच्छी प्रकार पैदा की जा सकती है। शकरकन्द की फसल के लिए पाला अधिक हानिकारक है, इसलिए इसकी फसल जाड़े में (5 माह तक) नहीं उगाई जाती है। इसका विकास दिन का तापमान 29.0 डिग्री सेन्टीग्रेड व रात्रि का तापमान 21.0 डिग्री सेन्टीग्रेड होने पर ज्यादा अच्छा होता है। औसतन उचित पौध वृद्धि कि लिए 24.0 डिग्री सेन्टीग्रेड के उपर का तापमान होना चाहिए। छायादार स्थान में उपज कम होती है। फसल वृद्धि के समय 500.0 मिली मीटर वार्षिक वर्षा उपयुक्त है। अगर वर्षा का वितरण एक समान हो तो 750–1500 मिली मीटर वार्षिक वर्षा पर्याप्त है। अधिक वर्षा व जल मग्न की स्थिति से फसल वृद्धि एवं उपज घट जाती है। पहाड़ों पर इसे ग्रीष्म ऋतु में लगाया जाता है। लम्बा प्रकाश काल लता की वृद्धि तथा छोटे प्रकाश काल जड़ों के मोटे होने के लिये अच्छा होता है।

भूमि और भूमि की तैयारी

शकरकन्द की खेती अनेक प्रकार की भूमि में की जा सकती है, लेकिन बलुई दोमट भूमि सबसे उत्तम होती है। इसके लिये गहरी व भारी बलई भूमि भी उपयोगी नहीं होती है क्योंकि इसमें कन्द पतली व लम्बी, पेन्सिल की तरह कम गुणवत्ता वाली बनती है। भूमि में जल निकास का अच्छा प्रबन्ध होना चाहिए। भूमि में गर्मी का होना फसल के लिए अधिक उपयोगी होता है अतः भूमि का तापक्रम लगभग 20.0–39.0 डिग्री सेन्टीग्रेड होना चाहिए तथा पी0एच0 मान लगभग 5.8–6.7 होना चाहिए, जिससे शकरकन्द की जड़ ज्यादा गुणवत्ता वाली बनती है तथा जिस मृदा में पानी लगता है वहाँ पर टेढ़े–मेढ़े कन्दों का विकास होता है। इस प्रकार की मृदा में जड़ों का फटना व त्वचा का कठोर होना भी पाया गया है। शकरकन्द का पौधा लवणीय व ऊसर भूमि के प्रति संवेदन शील होता है। अगर मृदा की सतह से 15.0–20.0 सेन्टी मीटर गहराई तक भूमि भुर भुरा हो तो कन्दों का विकास अच्छा होता है।

शकरकन्द का प्रसारण

शकरकन्द का प्रसारण तीन प्रकार से किया जाता है –

1. तना द्वारा प्रसारण 2. जड़ कर्त्तन द्वारा 3. एडवेन्टिसियस या स्लिप द्वारा प्रसारण

पौध लगाने का समय

इसकी बेल लगाने का समय स्थान के ऊपर निर्भर करता है। उत्तरी भारत में बेल लगाने का उचित समय जून–जुलाई है। जहाँ सिंचाई का साधन उपलब्ध है, वहाँ इससे पहले भी लगा दिया जाता हैं। अगेती फसल अधिक पैदावार देती है। मध्य भारत (मध्य प्रदेश, आन्ध्र प्रदेश, महराष्ट्र और गुजरात) में बेल लगाने का उत्तम समय अक्टूबर–नवम्बर है। कुछ भागों में जहाँ दो फसलें, खरीफ व रबी, ली जाती है, वहाँ खरीफ की फसल के लिए मई–जून में तथा रबी की फसल के लिए अक्टूबर–नवम्बर में पौध रोपण की जाती है। नीलगिरी की पहाड़ियों में इसकी बेलें अप्रैल–मई में लगाते हैं।

सारिणी (10.7) राज्यवार शकरकन्द के पौधों का रोपण

राज्य	रोपण का समय
आन्ध्र प्रदेश	खरीफ (जून–अगस्त) तथा रबी (अक्टूबर–दिसम्बर) सिंचित दशा
बिहार, पश्चिम बंगाल, आसाम व पूर्वोतर राज्य	सितम्बर के द्वितीय पखवाड़े से अक्टूबर के प्रथम पखवाड़े तक
बिहार के अन्य भाग	मध्य जनवरी से मध्य फरवरी (सिंचित दशा)
बिहार एवं पूर्वी उत्तर प्रदेश का दियरा क्षेत्र	बाढ़ समाप्त हो जाने के बाद (नवम्बर के महीने में)
मध्य प्रदेश, झारखण्ड एवं छत्तीसगढ़	अगस्त–सितम्बर
तमिलनाडु	मई–जून (वर्षा आधारित फसल) सितम्बर–अक्टूबर (सिंचित दशा)

बेल तैयार करना

शकरकन्द की पूर्ण विकसित बेल रोपण हेतु प्रयोग की जाती है। आमतौर पर इसकी बेलें दो प्रकार से तैयार की जाती है। पहली विधि में फसल की खुदाई करते समय कुछ कन्द छोड़ देते हैं और इनसे फूटी हुई बेलों को काट कर खेत में लगाते हैं, लेकिन यह तरीका अच्छा नहीं होता है। दूसरी विधि में बेलें चयनित कन्दों को पौधघर में लगाकर तैयार की जाती है। इस विधि में बेलें तैयार करने के लिए अच्छी प्रकार तैयार क्यारियों में कन्दों को 30.0 सेन्टी मीटर की दूरी पर 45.0 सेन्टी मीटर की दूरी पर बनी कतारों में लगाया जाता है एक हेक्टेयर खेत में बेल लगाने के लिए लगभग 0.05 हेक्टेयर पौध घर (क्रमशः 20:1 के अनुपात) की आवश्यकता होती है। कन्दों को 5.0–6.0 सेन्टी मीटर गहराई पर लगाना चाहिए। पौधघर में लगाये गये कन्द से बेल मार्च–अप्रैल में निकल कर जमीन पर फैलने लगती है। बेलों को शीघ्र बढ़ने के लिए 100.0 किलो ग्राम अमोनियम सल्फेट प्रति हेक्टेयर पौध घर के हिसाब से एक माह के अन्तर पर 2 बार छिड़काव कर सिंचाई कर देनी चाहिए।

बेल की मात्रा

एक हेक्टेयर खेत की रोपण के लिए लगभग 15.0–25.0 सेन्टी मीटर लम्बी 60,000–70,000 बेल के टुकड़ों की आवश्यकता होती है। बेलों की लम्बाई गाँठों की दूरी के ऊपर निर्भर करती है।

एक टुकड़े में कम से कम 4 गाँठें होनी चाहिए। अच्छी पैदावार तथा अधिक कन्द जमीन में विकसित होने के लिए बेल के ऊपरी भाग के टुकड़े अधिक उपयोगी होते हैं।

बेल लगाने की विधि

बेल के टुकड़ों को खेत में दो प्रकार से लगाते हैं।

1. समतल क्यारियों में
2. मेड़ों पर

कतार से कतार की दूरी 60.0 सेन्टी मीटर तथा बेल से बेल की दूरी 30.0 सेन्टी मीटर रखते हैं। बेल के टुकड़े की बीच की 2 गाँठों को जमीन मे दबा देना चाहिए और दोनों किनारे वाली गाँठों को जमीन से बाहर रखना चाहिए। बेल लगाने के बाद सिंचाई कर देनी चाहिए।

खाद तथा उर्वरक

अधिक उपज के लिए भूमि में भरपूर पोषक तत्वों की मात्रा का उपलब्ध होना आवश्यक है। इसलिए उचित मात्रा में खाद व उर्वरक खेत में मिलाने चाहिए। नत्रजन की अधिक मात्रा हो जाने पर बेलों की बढ़वार अधिक होता है तथा कन्द कम बनती है। नत्रजन, फास्फोरस और पोटाश उर्वरीकरण की मात्रा, भूमि की उर्वरा शक्ति के ऊपर निर्भर करती है। इसकी अच्छी पैदावार के लिए 20.0 टन प्रति हेक्टेयर गोबर की खाद, 60.0 किलो ग्राम नत्रजन, 60.0 किलो ग्राम फास्फोरस और 120.0 किलोग्राम पोटाश प्रति हेक्टेयर की दर से मिट्टी में मिलाना चाहिए। हरियाणा कृषि विश्वविद्यालय, हिसार (हरियाणा) द्वारा सिफारिश की गयी है कि इसकी फसल के लिए 25.0 टन प्रति हेक्टेयर गोबर की अच्छी सड़ी खाद खेत की तैयारी करते समय मिलानी चाहिए। इसके अतिरिक्त 62.5 किलो ग्राम नत्रजन, 62.6 किलो ग्राम फास्फोरस और 125.0 किलो ग्राम पोटाश प्रति हेक्टेयर के हिसाब से देना चाहिए। एक विश्लेषण में पाया गया कि 20.0 टन शकरकन्द प्राप्त करने में मिट्टी से 123.0 किलो ग्राम नत्रजन, 150.0 किलो ग्राम फास्फोरस, तथा 175.0 किलो ग्राम पोटाश प्रति हेक्टेयर खेत से अवशोषण होता है।

सिंचाई जल प्रबन्धन

सिंचाई की आवश्यकता वर्षा की बारम्बारता व मात्रा, मृदा के प्रकार, पौध का आकार और तापमान पर निर्भर करता है। खेत में कम पानी की वजह से शकरकन्द की उपज कम होती है जबकि अधिक पानी से भी उपज कम होती है। फसल के लिए लगभग 12–14 सिंचाईयों की आवश्यकता होती है। सिंचाई 10 दिन के अन्तर पर करनी चाहिए। अगर कर्त्तन रोपण के प्रारम्भ के 6 सप्ताह तक पानी न मिलने व सूखा की दशा में कन्द की उपज घट जाती है।

निकाई–गुड़ाई तथा मिट्टी चढ़ाना

जब तक बेलें न बढ़ जायें, खेत को खरपतवारों से 30–40 दिनों तक खरपतवार रहित रखना चाहिए तथा निकाई के बाद हल्की गुड़ाई कर देनी चाहिए, क्योकि शकरकन्द के 4–5 सप्ताह के रोपित पौधे खरपतवार से मुक्त हो जाते हैं। गुड़ाई करने के बाद जड़ों पर आलू की तरह मिट्टी चढ़ाना चाहिए।

खरपतवार नियन्त्रण

शकरकन्द में रासायनिक विधि से खरपतवार नियन्त्रण के लिए संस्तुत मात्रा इस प्रकार है।

सारिणी (10.8) शकरकन्द में खरपतावार नियन्त्रण हेतु प्रयोग होने वाले रासायनिक पदार्थ तथा उनकी मात्रा

रसायन	मात्रा सक्रिय तत्व (किलो ग्राम/हेक्टेयर)	प्रयोग विधि
क्लेथोडीम (सेलेक्ट)	0.11–0.28	अंकुरण उपरान्त
क्लोमोजोन (कमाण्ड 3 एम0 ई0)	0.54–0.64	रोपण उपरान्त
डी0सी0पी0ए0 (डैक्थाल)	9.1–11.9	रोपण उपरान्त
ग्लाइकोसेट (राउण्डअप)	0.57–1.14	रोपण पूर्व
सेथोक्सीडीम (पोएस्ट)	0.21	अंकुरण उपरान्त

पादप वृद्धि नियामक

शकरकन्द के पौध रोपण के 45 दिन बाद यदि साइकोसिल (Cycocel) की 1000 पी0पी0एम0 की सान्द्रता का फसल पर छिड़काव किया जाये, तो फसल वृद्धि रूक जाती है तथा कन्दों की तरफ कार्बोहाइड्रेट का संचरण व एकत्रीकरण हो जाता है।

फसल की खुदाई

शकरकन्द की खुदाई प्रचुर मात्रा में कन्द बनने के बाद कभी भी किया जा सकता है। किस्म के अनुसार फसल 3.5–5.0 महीनों में तैयार हो जाती है। पकने पर पौधों की पत्तियाँ पीली पड़ जाती है तथा फल आने लगते हैं। पौधे की पीली पत्तियाँ होने पर पकने का संकेत है। कन्द की खुदाई फावड़े से की जाती है तथा बड़े क्षेत्रफल में यान्त्रिक विधि या मशीन द्वारा खुदाई किया जाता है। खुदाई के बाद कन्दों को मिट्टी आदि से साफ कर 4–5 दिन तक सुखा लेना चाहिए।

उपज

इसकी औसत उपज 50.0–57.5 टन प्रति हेक्टेयर होती है। अधिकतम पैदावार 60.0 टन प्रति हेक्टेयर तक ली जा सकती है। उपज प्रायः भूमि व किस्म इल्यादि पर निर्भर करती है।

खुदाई उपरान्त प्रबन्धन

उचित रूप से श्रेणीकरण (grading) करने के लिए प्राथमिक कन्दों को सहायक कन्दों से सावधानीपूर्वक अलग करना चाहिए। श्रेणीकरण बाजार व उपभोक्ता के चुनाव के अनुसार करना चाहिए। बाजार में अच्छी मूल्य प्राप्त हो, इसलिए उत्पाद से घटिया आकार प्रकार, रोगी तथा कटे कन्दों को निकाल देना चाहिए। शकरकन्द के कन्द मुलायम होते हैं, अतः जल्दी छिलके उतर कर व टूट कर नष्ट हो जाते हैं। अतः नुकसान हो, इसके पहले कन्दों को अच्छी प्रकार शोधित करना चाहिए। भण्डारण करने हेतु या कन्दों को प्रसारण में प्रयोग करने के पहले तुरन्त शोधित करना

चाहिए। कन्द शोधन, घाव भरने की प्रक्रिया है जिसमें 3–4 दिनों तक 28.0–30.0 डिग्री सेन्टीग्रेड तथा 85–90 प्रतिशत सापेक्ष आर्द्रता पर की जाती है। इससे कन्द की सतह पर एक कार्की सतह बन जाती है, जिनसे सड़न पैदा करने वाले कारकों के विरूद्ध तथा भण्डारण में नमी समाप्त करने की प्रवृत्ति पर रोक लगती है। कन्दों को भण्डारित करने से स्टार्च में कमी, शर्करा में वृद्धि, पानी की कमी तथा सिकुड़न होती है। अतः उचित भण्डारण दशा 13.0–16.0 डिग्री सेन्टीग्रेड तथा 85.0–90.0 प्रतिशत सापेक्ष आर्द्रता पर 6 महीनें तक भण्डारण किया जा सकता है। इससे कम तापमान पर भण्डारण करने पर शकरकन्द को नुकसान होता है।

पौध संरक्षण

प्रमुख बीमारियाँ एवं उनका प्रबन्धन

स्कार्फ (Scarf)

शकरकन्द में स्कार्फ नामक बीमारी मोनीलोचिटेस इनफसकान्त नामक फफूँद से होता है, जो कन्दों पर लगकर प्रसारित होता है। इसकी पहचान जड़कन्दों पर गहरे–भूरे से काले बदरंग धब्बों के रूप में देखी जा सकती है। यह धब्बा कई तरह के आकार–प्रकार में बनते हैं जिसका निश्चित मापन करना मुश्किल है। सबसे उचित पहचान जड़कन्द के अन्तिम तना भाग पर, इस प्रकार के लक्षण से किया जा सकता है। इसमें छिलका नष्ट नहीं होता है, अतः छिलका रगड़कर हटा देनें से उपभोग किया जा सकता है। बचाव के लिए बीज शोधित करना चाहिए।

माटल बीमारी (Feathery mottle virus disease)

यह बीमारी विषाणु के द्वारा होता है जिसकी पहचान ''रिंग स्पाट'' व ''लीफ स्पाट'' पत्तियों पर तथा ''रसेट क्रैक'' व ''इन्टरनलकार्क'' कन्दों पर परिलक्षित होता है। प्राथमिक संक्रमण ग्रसित कन्दों के माध्यम से होता है जबकि द्वितीय संक्रमण एफीड (*Myzus persicae*) के द्वारा होता है। लक्षण के रूप में पत्ती के मध्य शीरा में अनियमित लवक हिनता तथा स्पष्ट बैगनी रिंग स्पाट के धब्बे बनते हैं। पौधों की वृद्धि अवस्था में पुरानी पत्तियों पर विकसित होते हैं। कुछ समय बाद धब्बे बढ़कर आपस में मिल जाते हैं तथा सम्पूर्ण पत्ती को ग्रसित करते हैं। नियन्त्रण के लिए वाहक को समाप्त करना चाहिए। इसके लिए मैलाथियान या इण्डोसल्फान की 0.5 प्रतिशत घोल का प्रयोग उत्तम रहता है।

स्वीट पोटैटो मोजैक (Sweet potato mosaic)

यह भी एक विषाणु रोग है जो एफीड के द्वारा रोपण सामग्री में पहुँचता है। लक्षण के रूप में पत्तियों पर अनियामित व पीले धब्बे से पहचान होती है। कभी–कभी पत्तियाँ मरोड़ जाती हैं और पौधा बौना रह जाता है। प्रबन्धन के तहत रोगी पौधों को निकाल कर जला देना चाहिए। वाहक कीट के नियन्त्रण के लिए रोगार या मेटासिस्टाक्स की 0.05 प्रतिशत घोल का छिड़काव उत्तम रहता है।

प्रमुख कीट एवं उनका प्रबन्धन

शकरकन्द को मुख्य रूप से घुन एवं पत्ती खाने वाले कीड़ों से अधिक नुकसान पहुँचता है।

घुन (Weevil)

यह कीट (*Cylas formicarius*) कन्द में छेद कर ज्यादा नुकसान (5–85 प्रतिशत) पहुँचाते हैं। इसकी रोकथाम के लिए स्वस्थ कन्द व तना ही लगाये जाने चाहिए। समन्वित प्रबन्धन के अन्तर्गत स्वस्थ कन्द/तना को 10 मिनट तक 0.05 प्रतिशत फेनथियान या फेनीटोथियान के घोल में डुबोकर शोधन कर लगाना चाहिए और रोगार की 0.75 मिली लीटर/लीटर पानी में घोलकर छिड़काव करना चाहिए।

पत्ती खाने वाला कीड़ा

इसके गिड़ार पत्तियों को खा कर छेद कर देते हैं। इसकी रोकथाम के लिए 0.1 प्रतिशत रोगोर का छिड़काव किया जाता है।

सूत्रकृमि

इसकी फसल को प्रमुख रूप से सूत्रकृमि "मेलोडोगापन प्रजाति" (*Meloidogyne incognita,* and *Rotylenchulus reniformis*) से नुकसान होता है। ग्रसित पौध छोटा व पीला पड़ जाता है। सहायक जड़ों में गाँठें बन जाती है। कन्द जगह–जगह दब जाती है, अतः आधार बिगड़ जाता है। बचाव के लिए खेत में नीम की खली का प्रयोग उचित रहता हैं।

एरायड्स (Aroids)

एरायड्स के अन्तर्गत मुख्यतः तीन सब्जियों (तारों, तानिया तथा सूरन या जिमीकन्द) को रखा जाता है, जो भारत वर्ष में सब्जी के रूप में महत्वपूर्ण है। इस समुदाय की सब्जियाँ एरेसी या एरायडी (Araceae or Aroideae) कुल में आती है। ये सब्जियाँ एकबीजपत्री (monocotyledons) हैं। इसके कन्द व उपकन्द को पकाकर सब्जी के रूप में उपयोग की जाती है। एरायड्स मुख्यतः गर्म व आर्द्र में ज्यादा विकसित होते हैं। उपजाऊ दोमट मृदा में कन्दों की उपज ज्यादा प्राप्त होती है। देखा जाये तो इनकी खेती वर्षा आधारित है, लेकिन सिंचाई करके भी उपज ली जाती है। खाने योग्य एरायड्स भारत वर्ष में ज्यादा उगाये जाते हैं, लेकिन इनकी उत्पादन व उत्पादकता का विवरण नहीं मिलता है।

सारिणी (10.9) एरायड्स कुल की सब्जियाँ

सब्जियाँ	वानस्पतिक नाम	गुणसूत्र संख्या 2एन=2एक्स	उत्पत्ति स्थल
तारों (पुराना कोको याम्स)	कोलोकेशिया एस्कुलन्टा स्काट (*Colocasia esculent* (L.) Schott.)	28, 42	इण्डोमलयान क्षेत्र

तानिया	जैन्थोसोमा सागीटीफोलियम (एल) स्काट (*Xanthosoma sagittifolium* (L) schott.)	26	ट्रापिकल अमेरिका
सूरन या जिमीकन्द	एमाफोफैलस पैओनीफोलियस (डेन्सट) निकोलसन (*Amorphophallus paeniifolius* (Dennst.) Nicolson syn. *Amorphophall-uscompanulatus* Decne)	26	ट्रापिकल एशिया व अफ्रिका

सारिणी (10.10) एरायड्स का क्षेत्रफल व उत्पादन

	1991 –92	2001 –02	2002 –03	2003 –04	2004 –05	2005 –06	2006 –07	2007 –08	2008 –09	2009 –10	2010 –11
क्षेत्रफल (लाख हेक्टेयर)	11.35	12.60	13.37	14.85	15.24	15.69	17.43	17.95	18.28	18.35	18.98
उत्पादन (मिलियन टन)	18.20	24.46	23.16	27.93	28.79	29.17	28.60	34.66	34.39	36.58	40.24
उत्पादकता टन/हेक्टेयर	16.00	19.40	17.30	18.80	18.90	18.60	16.40	19.30	18.80	19.90	21.20

विश्व में एरायड्स का अनुमानित क्षेत्रफल 1.8 मिलियन हेक्टेयर, उत्पादन 9.9 मिलियन टन तथा उत्पादकता 5.6 टन/हेक्टेयर है, जबकि भारतवर्ष में क्षेत्रफल 40,000 (0.04 मिलियन) हेक्टेयर, उत्पादन 1.0 मिलियन टन तथा उत्पादकता 25.8 टन/हेक्टेयर है। विश्व में एरायड्स के प्रमुख उत्पादक देश निम्नलिखित हैं–

सारिणी (10.11) विश्व के प्रमुख एरायड्स उत्पादक देश तथा उपज की मात्रा

देश	उत्पादन (मिलियन टन)
नाइजेरिया	3.5
घाना	1.8
चीन	1.6
कामेरून	1.0
कोटेड इवोरी	0.37
पापुआन्यूगुनिया	0.26
जापान	0.21
मेडागास्कर	0.20
खान्डा	0.14
सेन्ट्रल अफ्रीका रिपब्लीक	0.10
फिलीपीन्स	0.1
थाइलैण्ड	0.07
कोन्गो	0.07
बुरून्डी	0.06

एफ0ए0ओ0 डापटाबेस, 2011

अरवी या घुईयाँ या तारो (Colocasia)

वानस्पतिक नाम : कोलोकेशिया एस्कुलेन्टा (*Colocasia esculenta* (L.) Schott.)

कुल : एरेसी (Araceae)

गुणसूत्र संख्या : 2 एन = 28, 42

अरवी एक कन्द वाली फसल है। अरवी को भारतवर्ष में विभिन्न नामों जैसे– कोन्बुसाग (बांग्ला), अरवी (हिन्दी), समन गड्डे मेले (कन्नड़), चेम्बू इलागत (मलयालम) आलू पान (मराठी), सेरूई (उड़िया), सेवम इलेगल (तमिल) तथा चमा अकुलु (तेलगू) कहते हैं।

उद्‌भव एवं वितरण

अरवी का जन्म स्थान दक्षिण पूर्वी एशिया है (वाट, 1989, चाँग, 1958)। केलोनी (1962) इसे मलेशिया का वंशज मानते हैं। इसकी खेती भारत के लगभग सभी भागों में की जाती है अतः इथनो बोटैनिकल अध्ययन के आधार पर घुइयाँ का जन्म स्थान भारत है (स्पीयर, 1951)। कोंकण और महाराष्ट्र में इसे लगभग प्रत्येक घर में हरी पत्तियों के लिए लगाया जाता है। लगभग ईशा से 1000 वर्ष पूर्व घुइयाँ चीन की प्रमुख खाद्य फसल थी (प्लकनेट एवं सहयोगी, 1970)। ऐसा विश्वास किया जाता है कि घुईया पूर्वोत्तर भारत (East India) से फारमोसा और सोलोमन द्वीप पहुँची (स्पेंशर, 1966) और यही से चीन तथा फ्रान्स में प्रवेश हुआ (प्लकनेट, 1976) वर्तमान में फ्रान्स द्वीप एवं दक्षिण पूर्व एशियाई देश की महत्वपूर्ण सब्जी है। उत्तर पूर्वी क्षेत्रों तथा दक्षिण भारत में बहुत ही अधिक प्रचलित है। तारो के उत्पादन में अफ्रीका का प्रथम स्थान है। इसके बाद एशिया एवं ओसीनिया का स्थान है। इसके अलावा वेस्टइण्डिज, अमेरिका, दक्षिण अफ्रीका का पैसीफिक आईलैण्ड, व एशियन आर्केपीलेगों का स्थान आता है। हमारे देश में मणिपुर, आसाम, नागालैण्ड, मेघालय, गुजरात, महाराष्ट्र, केरल, तमिलनाडु और मध्य प्रदेश में ज्यादा उगाया जाता है।

वानस्पतिक विवरण

घुइयाँ का पौधा एक बीज पत्री (monocotyledonous) घनकन्द है। वंश कोलोकेशिया के अन्तर्गत केवल एक ही प्रजाति कोलोकेशिया एस्कुलेन्टा (*Colocasia esculenta* L.) जो पालीमार्फिक (polymorphic) प्रकृति का है जिसे कोलोकेशिया एस्कुलेन्टा वार0 एस्कुलेन्टा (*Colocasia esculenta* var. *esculenta*) तथा कोलोकोशिया एस्कुलेन्टा वार0 एन्टीकोरम (colocasia esculenta var. antiquorum) में वर्गीकृत किया जाता है। अरवी का मुख्य तना घनकन्द (corm) कहलाता है जिससे स्पेथेसियस (spathacious) पत्ती निकलती है। पत्तियाँ आकार में बड़ी होती है तथा ये लम्बे डण्ठल लिये होती हैं। पत्तियों का शिरा विन्यास जालिकावत (reticulate) होता है जबकि एक बीज पत्री पौधों में अपवाद है। जड़ें झकड़ा (adventitious) होती हैं। वंश कोलोकेशिया में कायिक गुणसूत्र संख्या द्विगुणित में (2 एन = 42) होता है (शर्मा एवं दास, 1954, मुखर्जी, 1955, रामचन्द्रन, 1978 तथा कुरूविला एवं सिंह, 1981)। सामान्यतया त्रिगुणित किस्में द्विगुणित किस्मों की तुलना में लम्बी, तथा देर से तैयार होती हैं लेकिन उपज सबसे ज्यादा होती है। अरवी की द्विगुणित किस्मों में पुष्पन,

निषेचन, फल तथा बीज निर्माण होता है। यह सत्य है कि कुछ त्रिगुणित किस्में है जिनमें पुष्प विकसित होता है लेकिन फल नहीं बनते। इसमें पुष्पक्रम (inflorescence) स्पैडिक्स प्रकार का होता हैं जो पत्तियों के कक्ष से विकसित होते हैं। पुष्प एक लिंगी (unisexual), पुष्पवृन्त रहित (sessile) और पेरियन्थ रहित (without perianth) होता है। स्पैडिक्स में मादा पुष्प नीचे की तरफ जबकि नर पुष्प एवं बांझ पुष्प (sterile flowers) उपर की तरफ विकसित होते हैं। पुष्प प्रोटोगाइनस (proto gynous) होता है और परागोदवन के 24 घन्टे पहले परागण होने पर अत्याधिक फल धारण होता है। एक फल के गुच्छे में 100 से अधिक फल विकसित होते हैं और प्रत्येक फल में 20–40 बीज होते हैं। घुइयाँ के बीज 7–8 दिन में अंकुरित हो जाते हैं लेकिन बीज की अंकुरण क्षमता 5 महीने बाद समाप्त हो जाती है। तारो को मुख्यतः तीन प्रकार की उपप्रभेदों दशीन (dasheen), इडोई (eddoe) व बण्डा (banda) में विभाजित किया जाता है।

1. दशीन टाइप (Dasheen type)

दशीन टाइप के अन्तर्गत सिलीन्ड्रीकल (cylindrical) व सीधे घनकन्द तथा कुछ छोटे घनकन्द (corm and cormels) होते हैं। दोनों खाने के लिए प्रयोग किये जाते हैं। इसमें एक घनकन्द प्रधान होता है। इसमें कोलोकेशिया एस्कुलेन्टा वार0 एस्कुलेन्टा (*Colocasia esculenta* var. *esculenta*) आता है (ओनुमे, 1978)।

2. इडोई (Eddoe)

इडोई टाइप में कार्म्स (corm) छोटे, वर्तुल या गोलाकार होते हैं अर्थात मुख्य कन्द छोटा होता है। अनेकों छोटे कार्मेल्स (stem tubers) व डाटर कार्म्स (doughter corms) जो गोल होते हैं, मुख्य कन्द के चारों ओर लगे होते हैं। इसमें कोलोकेशिया एस्कुलेन्टा वार0 एन्टीकोरम (*Colocasia esculenta* var. *antiquorum*) आता है (ओनुमे, 1978)।

3. बण्डा टाइप (Banda type)

बण्डा टाइप में बहुत बड़े व सिलीन्ड्रीकल कार्म्स (cylindrical corms) होते हैं, जिनमें बहुत कम कार्मेल्स होते हैं या बिल्कुल नही होते हैं। बण्डा टाइप में बहुत ज्यादा उपज (3.0–5.0 किलो ग्राम प्रति पौध) होता है।

पोषकीय महत्व

अरवी गृह वाटिका के लिए अत्यन्त उपयोगी फसल है। इसके सभी भागों का उपयोग खाने के लिए किया जाता है, लेकिन विशेषतः घनकन्दों के लिए उगाई जाती है। इसमें कार्बोहाइड्रेट प्रचुर मात्रा में पायी जाती है। इसकी पत्तियाँ भी खनिज लवण की अच्छी स्रोत हैं, जिसमें फास्फोरस, कैल्सियम और आयरन अधिक पाया जाता है। अरवी की पत्तियाँ विटामिन "ए" का बहुत अच्छी स्रोत हैं। अरवी की पत्तियों में एपीजिन 3' 4–डाई ओमी ल्यूटिन (apegine, 3' 4 die Ome luteioline) और एन्थोसाइनिन (anthocyanin) फ्लेवोनायडस पाये जाते हैं। घुइयाँ की काली पत्ती वाली किस्मों में हरी पत्ती वाली किस्मों की तुलना में प्रोटीन, कार्बोहाड्रेट कैरोटीन तथा विटामिन सी की मात्रा ज्यादा होती है। इसकी पत्तियों में 9000 माइक्रोग्राम से अधिक बिटा कैरोटिन (β carotene) पाया जाता

है। अरवी के कन्दों में स्टार्च की मात्रा आलू और शकरकन्द से अधिक होती है। इसके कन्द में फास्फोरस, कैल्सियम और आयरन अधिक पाया जाता है, लेकिन इसमें विटामिन 'सी' कम पायी जाती है। इसमें कार्बोहाइड्रेट्स की प्रचुर मात्रा पाई जाती है। इसमें फास्फोरस, कैल्सियम और आयरन अधिक पाया जाता है। अरवी के स्टार्च में 15–25 प्रतिशत एमिलोज पाया जाता है। अरवी के कन्द, डंठल व पत्तियों से सब्जी बनाई जाता है। बच्चों के बनने वाले विभिन्न प्रकार के खाद्य पदार्थ में इसके स्टार्च का प्रयोग ज्यादा होती है। सौन्दर्य प्रसाधनों में भी इसका प्रयोग ज्यादा होता है। औषधीय गुणों में अरवी के पत्तों के जूस को स्टिप्टिक, उत्तेजक और एबफेसिएंक के रुप में प्रयोग करते हैं। इसके कन्द में चरपरापन या खुजली बनाने वाले तत्व उसमें उपस्थित आक्जलेट के कारण होता है। कन्दों को उबालने पर चरपरापन समाप्त हो जाती है। यद्यपि पत्तियों (0.008 प्रतिशत आक्सिलेट) एवं धनकन्दों में कैल्सियम अक्सिलेट के कारण खाने के बाद गले में एक विशेष प्रकार का स्पंदन (irritation) होता है, फिर भी लोग इसको बड़े चाव से खाते हैं। इसकी आधुनिक किस्मों में कैल्सियम आक्सिलेट (calcium oxalate) की मात्रा कम होती है जिसके सेवन से स्पन्दन कम या बिल्कुल नही होता है। यदि इनके व्यंजन बनाते समय, खाने वाले सोड़ा का प्रयोग किया जाये तो स्पंदन कम होता है। अरवी का औषधीय महत्व भी है। इसके डंठल एवं पत्तियों का गर्म जूस, घी के साथ सेवन करने से पेट का दर्द एवं अपच दूर हो जाता है। इसमें पाया जाने वाला कैल्सियम आक्सिलेट (calcium oxalate), ओइडमा की बीमारी को कम करता है।

सारिणी (10.12) अरवी के कन्द एवं पत्ती का पोषक मूल्य (प्रति 100 ग्राम खाने योग्य भाग में)

पोषक तत्व	**पोषक मूल्य**				
	घनकन्द	**हरी पत्ती**	**काली पत्ती**	**सुखी पत्ती**	**डंठल**
नमी	73.1 ग्राम	82.7 ग्राम	72.8 ग्राम	9.3 ग्राम	94.0 ग्राम
प्रोटीन	3.0 ग्राम	3.9 ग्राम	6.8 ग्राम	3.7 ग्राम	0.3 ग्राम
वसा	0.1 ग्राम	1.5 ग्राम	2.0 ग्राम	5.9 ग्राम	0.3 ग्राम
खनिज लवण	1.7 ग्राम	2.2 ग्राम	2.5 ग्राम	12.8 ग्राम	1.2 ग्राम
रेशा	1.0 ग्राम	2.9 ग्राम	1.8 ग्राम	16.0 ग्राम	0.6 ग्राम
कार्बोहाइड्रेट्स	21.1 ग्राम	6.8 ग्राम	8.1 ग्राम	42.3 ग्राम	3.6 ग्राम
ऊर्जा	97.0 कि0कैलारी	56.0 कि0कैलारी	77 कि0कैलारी	27.7 कि0कैलारी	18 कि0ग्राम
कैल्सियम	40.0 मि0ग्राम	227.0 मि0ग्राम	460 मि0ग्राम	1546 मि0ग्राम	60 मि0ग्राम
फास्फोरस	140.0 मि0ग्राम	82.0 मि0ग्राम	125 मि0ग्राम	308 मि0ग्राम	20 मि0ग्राम
आयरन	0.42 मि0ग्राम	10.0 मि0ग्राम	98.0 मि0ग्राम	–	0.5 मि0ग्राम
कैरोटीन	24.0 माइक्रोग्राम	102,78 माइक्रोग्राम	12000 अ0ई0	–	104 मि0ग्राम
थाइमिन	0.0 मि0ग्राम	0.22 मि0ग्राम	0.6 मि0ग्राम	–	.07 मि0ग्राम
रिबोफ्लेविन	0.03 मि0ग्राम	0.26 मि0ग्राम	1.9 मि0ग्राम	–	0.1 मि0ग्राम
नियासिन	0.4 मि0ग्राम	1.1 मि0ग्राम	–	–	–
फोलिक अम्ल	16.0 मि0ग्राम	–	–	–	–
विटामिन 'सी'	–	12.0 मि0ग्राम	63.0 मि0ग्राम	–	3.0 मि0ग्राम

सारिणी (10.13) घुइयाँ की पत्तियों में एमीनो अम्ल की मात्रा

एमीनो अम्ल	मात्रा (प्रति ग्राम नत्रजन)
आर्जीनिन	250
हिस्टीडिन	130
लाइसिन	260
ट्रिप्टोफेन	040
फिनाइल एलेनिन	180
टाइरोसिन	—
मेथिओनिन	060
सिस्टीन	—
थ्रियोनिन	150
ल्यूसिन	360
आइसोल्यूसिन	310
वैलीन	280

स्रोतः गोपालन एवं सहयोगी, 1999

जलवायु

अरवी के लिये गर्म (4–5 महीने तक) व वर्षा युक्त जलवायु की जरूरत होती है। इसकी खेती गर्मी एवं कम बरसात के मौसम में सिंचाई द्वारा की जाती है। इसकी औसत तापमान 21.0 डिग्री सेन्टीग्रेट की जरूरत होती है। इसको समुद्र तल से लगभग 2400.0 मीटर की ऊँचाई तक उगाया जा सकता है। उत्तरी भारत की जलवायु अरवी की खेती के लिए उपयुक्त है। जायद के मौसम में पौधों की ऊँचाई में तेजी से वृद्धि होती है। वैसे अरवी की खेती बाढ़ ग्रस्त क्षेत्रों में भी सफलतापूर्वक की जाती है, लेकिन पाला की दशा में इसकी खेती नहीं की जा सकती है। छायादार स्थान में भी उपज अच्छी होती है। अतः मिलवा व अर्न्त फसल (inter crop) के रूप में फलदार वृक्षों के साथ की जा सकती है।

उन्नतिशील किस्में

अरवी की अनेकों उन्नतिशील किस्मों का विकास किया गया है।

श्री रश्मि (Sree Rashmi)

इस किस्म का विकास केन्द्रीय कन्द फसल अनुसंधान संस्थान, थिरुवनन्थपरुम्, केरल (Central Tuber Crop Research Institute, Thiruvanathapuram, Kerala) द्वारा किया गया है। इसके पौधे सीधे एं 100–150 सेन्टी मीटर लम्बे होते है। यह किस्म 205–210 दिन में तैयार होती है। इस किस्म का कन्द बैगनी रंग का होता है। इस किस्म के कन्द, डंठल तथा पत्तियाँ तीनों ही खाई जा सकती है। यह केरल राज्य में मुख्य रूप से उगाई जाती है। इस किस्म की औसत पैदावार 15–20 टन/हेक्टेयर है। इसके कन्द में 15 प्रतिशत स्टार्च, तथा 2.5 प्रतिशत प्रोटीन पाया जाता है (धनकम्मापिलाई एवं सहयोगी, 1993)।

श्री पल्लवी (Sree Pallavi)

इस किस्म का विकास मेघालय द्वारा एकत्रित जननद्रव्य से चयनित कर इस किस्म का विकास केन्द्रीय कन्द फसल अनुसंधान संस्थान, थिरुवनन्थपरुम्, केरल (Central Tuber Crop Research Institute, Thiruvanathapuram, Kerala) द्वारा वर्ष 1987 में किया गया है। पौधे सीधे तथा 100–150 सेन्टी मीटर लम्बे होते हैं यह भी लगभग 205–210 दिन में तैयार हो जाती है। केरल राज्य में प्रचलित इस किस्म का छिलका भूरा व गूदा सफेद एवं स्वादिष्ट होता है। इस किस्म में छोटे–छोटे घन कन्द काफी मात्रा में बनते हैं। इसकी औसत उपज 16.0–18.0 टन प्रति हेक्टेयर होती है। इसमें पत्ती धब्बा बीमारी का प्रकोप नहीं होता है। कन्दों में स्टार्च 24.5 प्रतिशत, प्रोटीन 2.5 प्रतिशत, कुल एमिलोज 22.5–24.7 प्रतिशत व विलेय एमिलोज 15.3–16.7 प्रतिशत होता है। यह केरल के लिए उपयोगी किस्म है।

श्री किरण (Sree Kiran)

इस संकर किस्म का विकास केन्द्रीय कन्द फसल अनुसंधान संस्थान, थिरुवनन्थपरुम्, केरल (Central Tuber Crop Research Institute, Thiruvanathapuram, Kerala) द्वारा किया गया है, जिसका पितृ सी–303×सी–383 है। इसको व्यावसायिक खेती के लिए सन् 2004 में अनुमोदित किया गया। यह किस्म 190–210 दिनों में पककर तैयार होती है। इसके कन्दों में शुष्क पदार्थ 24–26 प्रतिशत, कुल स्टार्च 17.8 प्रतिशत, प्रोटीन 2.5 प्रतिशत तथा कुल शर्करा 1 प्रतिशत होता है। यह मात्र 20 मिनट पकाने पर कन्द खाने योग्य हो जाते हैं। कार्मेल्स गोल से अण्डाकार होते हैं। इसकी औसत उपज 17.5 टन/हेक्टेयर होती है।

सतमुखी (Satmukhi)

इस किस्म का विकास केन्द्रीय कन्द फसल अनुसंधान संस्थान, थिरुवनन्थपरुम्, केरल (Central Tuber Crop Research Institute, Thiruvanathapuram, Kerala) द्वारा किया गया है। इस किस्म के पौधों की उँचाई 1.0–1.5 मीटर तक होती है तथा घनकन्द मध्यम आकार के होते हैं, जबकि बाहरी घनकन्द काफी संख्या में और मोटे होते हैं। पकाने पर इसके घनकन्द गल जाते हैं। इसकी औसत उपज 15.0–20.0 टन प्रति हेक्टेयर है। इस किस्म को आन्ध्र प्रदेश, बिहार, पश्चिम बंगाल में उगाने के लिए अनुमोदित किया गया है।

नरेन्द्र अरवी–1 (Narendra Arvi-1)

यह किस्म नरेन्द्र देव कृषि एवं प्रौद्योगिकी विश्वविद्यालय, कुमारगंज, फैजाबाद (उत्तर प्रदेश) के सब्जी विज्ञान विभाग द्वारा विकसित की गयी है। इसके पौधों की औसत ऊँचाई 50.0–100.0 सेन्टी मीटर होती है। पौधे सीधे बढ़ते हैं तथा औसतन प्रति पौधा 4–6 कल्ले निकलते हैं। पत्तियों का रंग हरा तथा कन्द गोलाकार के होते हैं। यह किस्म बुआई के 140–170 दिन बाद तैयार हो जाती है। बीमारी का प्रकोप बहुत कम होता है। यह किस्म कम वर्षा वाले क्षेत्रों के लिये उपयुक्त पायी गयी है। इस किस्म की औसत उपज 12.0–15.0 टन प्रति हेक्टेयर है जो अन्य प्रचलित किस्मों जैसे सी–189 तथा स्थानीय की तुलना में क्रमशः 44 प्रतिशत तथा 43 प्रतिशत अधिक है।

नरेन्द्र अरवी–2 (Narendra Arvi-2)

यह किस्म नरेन्द्र देव कृषि एवं प्रौद्योगिकी विद्यालय, फैजाबाद (उत्तर प्रदेश) के सब्जी विज्ञान विभाग द्वारा विकसित की गयी है। सम्पूर्ण उत्तर प्रदेश के लिए अनुमोदित अरवी की यह एक उत्तम किस्म है। यह किस्म वर्षा तथा ग्रीष्म दोनों ऋतुओं के लिए उपयुक्त है। यह किस्म बुआई के 180–190 दिन बाद तैयार हो जाती है। प्रत्येक कन्द का औसत वजन 15.0–20.0 ग्राम होता है। पत्तियों का रंग गहरा हरा तथा पौधे की ऊँचाई 50.0–100.0 सेन्टी मीटर होता है। इसकी औसत उपज 15.0–20.0 टन/हेक्टेयर है जो अन्य प्रचलित किस्मों जैसे सी–266 तथा स्थानीय किस्म से क्रमशः 25 प्रतिशत एवं 39 प्रतिशत अधिक है।

आजाद अरवी–1 (Azad Arvi-1)

इस किस्म का विकास उसके उत्तम गुणों के आधार पर चन्द्रशेखर आजाद कृषि एवं प्रौद्योगिकी विश्वविद्यालय, कानपुर (उत्तर प्रदेश) द्वारा किया गया है। पौधा सामान्यतः 39.0 सेन्टी मीटर ऊँचा होता है जिसके पत्तियों की लम्बाई 29.00 सेन्टी मीटर व चौड़ाई 18.40 सेन्टी मीटर होती है। प्रति पौध 5 पत्तियाँ और 24.20 की संख्या में कन्द बनते हैं। कन्द की लम्बाई 18.80 सेन्टी मीटर व व्यास 2.02 सेन्टी मीटर होता है। यह एक अगेती किस्म है, जिसकी कन्दों की खुदाई मात्र 135 दिनों में की जा सकती है। इसकी औसत उपज क्षमता 29.98 टन/हेक्टेयर है (सिंह एवं सहयोगी, 2006)।

मुक्ताकेशी (Muktakeshi)

इस किस्म का विकास ओडिशा के भाटपारा गाँव (खण्ड–शोलापुर, जिला–कटक) से प्राप्त जननद्रव्य द्वारा चयन कर केन्द्रीय कन्द फसल अनुसंधान संस्थान, तिरूवनन्तपुरम (केरल) से किया गया है। फसल 150–180 दिन में पककर तैयार हो जाती है। कन्द में स्टार्च की मात्रा 23.0 प्रतिशत, कुल स्टार्च 17.8 प्रतिशत, प्रोटीन 2.8 प्रतिशत, कुल शर्करा 2.0 प्रतिशत एवं खाने में स्वादिष्ट होता है। कन्दों का छिलका हरा--भूरा व गूदा सफेद रंग का होत है। इस किस्म को सफलता पूर्वक ऊँची व नीची जमीन तथा ग्रीष्म व वर्षा दोनों ऋतुओं में उगाया जा सकता है। इसकी औसत उपज क्षमता 20.0 टन/हेक्टेयर है।

पानी सारू–1 (Panu Saru-1)

इस किस्म का विकास कान्टीलों से प्राप्त जननद्रव्य के चयन से विकसित किया गया तथा सन् 2005 में ओड़िशा के जलमग्न/जल प्लावित क्षेत्रों में खेती करने के लिए अनुमोदित किया गया। यह किस्म 6–7 माह में पककर तैयार हो जाती है। इसमें शुष्क पदार्थ 26.0 प्रतिशत, कुल स्टार्च 12.0 प्रतिशत व कुल शर्करा 3.3 प्रतिशत होता है। कन्दों का छिलका सफेद व भूरा तथा गूदा सफेद रंग का होता है। इसकी औसत उपज 15.7 टन/हेक्टेयर है।

पानी सारू–2 (Pani Saru-2)

इस किस्म का विकास स्थानीय किस्म जो "बिगुनिया" से प्राप्त जननद्रव्य के चयन से हुआ है। इसके पकने की अवधि 6–7 माह है। कन्द गोले, भूरे–सफेद रंग के व गूदा सफेद होता है। इसमें

शुष्क पदार्थ 32.0 प्रतिशत, कुल स्टार्च–17.0 प्रतिशत तथा कुल शर्करा 2.8 प्रतिशत होता है। पकने में अच्छा व खाने में स्वादिष्ट है। कुल उपज 13.0 टन/हेक्टेयर है। जल मग्न व उपरी जमीन के लिए उपयुक्त है।

विलासपुर अरुम (Bilaspuri Arum)

इस किस्म का विकास जवाहरलाल नेहरु कृषि विश्वविद्यालय, जबलपुर (मध्य प्रदेश) द्वारा विलासपुर के स्थानीय जननद्रव्यों से चयन करके किया गया है। इसके कन्द गोल व छोटे होते हैं, जिनका वजन 50.0–100.0 ग्राम होता है। गूदा सफेद रंग का तथा स्वादिष्ट होता है। औसत उपज 30.0 टन/हेक्टेयर होती है।

स्थानीय किस्में

अरवी की अनेक स्थानीय किस्में है। इनमें से कुछ ऐसी किस्में हैं जो 7–8 महीने में तैयार होती हैं, लेकिन कुछ किस्में 4–6 महीने में ही तैयार हो जाती हैं। प्रमुख स्थानीय किस्में इस प्रकार है–

1. गुरी कचू
2. आसू कचू
3. सर कचू – यह किस्म पश्चिम बंगाल में अधिक प्रचलित है।
4. नम्बर 22, 12, 36, 40 तथा वार्ग 1 और वार्ग 2 महाराष्ट्र में प्रचलित किस्में हैं।
5. एस–3 और एस–11 किस्में पंजाब में प्रचलित है।

भूमि और भूमि की तैयारी

सामान्यतः अरवी की खेती किसी भी प्रकार की मृदा में की जा सकती है, लेकिन अच्छी फसल लेने के लिए बलुई दोमट या दोमट भूमि जिसमें जीवांश की मात्रा अधिक हो और जल निकास का उचित प्रबन्ध हो, उत्तम होती है। इसके लिए उत्तम पी0एच0 मान 5.5–6.5 होता है। गहरी भुरभुरी भूमि में घनकन्दों की बढ़वार अच्छी तरह होती हैं। इसलिए भूमि की 4–5 बार जुताई करनी चाहिए। प्रत्येक जुताई के बाद पाटा लगाना आवश्यक होता है, जिससे मिट्टी भुरभुरी एवं समतल हो जाये। खेत तैयार हो जाने पर सुविधानुसार क्यारियाँ और सिंचाई की नालियाँ बनाई जाती है।

पोषक तत्व प्रबंधन

अरवी की फसल के लिए ज्यादा पोषक तत्वों की जरुरत पड़ती है। खेत की तैयारी के समय लगभग 20.0–30.0 टन/हेक्टेयर की दर से गोबर की सड़ी खाद डालकर हैरो से भली–भाँति मिला देना चाहिए। भारतीय कृषि अनुसंधान परिषद्, नई दिल्ली द्वारा सिफारिश की गई है कि अरवी की अच्छी पैदावार के लिए अमोनियम सल्फेट, सिंगल सुपर फास्फेट और म्यूरेट आफ पोटाश, प्रत्येक की 2.00 टन/हेक्टेयर की मात्रा मेड़ बनाने के पहले खेत में डालनी चाहिए। सामान्यतः 20.0 टन गोबर की खाद और 125.0 किलो ग्राम नत्रजन प्रति हेक्टेयर खेत में डालने से उपज ज्यादा मिलती है। चौ0 चरण सिंह हरियाणा कृषि विश्वविद्यालय, हिसार (हरियाणा) द्वारा सिफारिश की गई है कि

अरवी की अच्छी पैदावार के लिए 60.0–65.0 टन/हेक्टेयर गोबर की खाद खेत की तैयारी के समय मिला दी जानी चाहिए। इसके अलावा फसल में 125.0 किलो ग्राम नत्रजन, 50.0 किलो ग्राम फास्फोरस और 50.0 किलो ग्राम पोटाश/हेक्टेयर की आवश्यकता होती है। जब पौधे 20.0–25.0 सेन्टी मीटर के हो जाये, यूरिया की टाप ड्रेसिंग (top dressing) से अच्छी उपज मिलती है। पोटाश की अधिक मात्रा देने से कन्दों में स्टार्च का एकत्रीकरण ज्यादा होता है। एक विश्लेषण से पता चला कि 1.7 टन कन्द पैदा करने में मृदा से 59.9 किलो ग्राम नत्रजन, 26.4 किलो ग्राम फास्फोरस तथा 71.4 किलो ग्राम पोटाश अवशोषण होता है।

बीजाई का समय

अरवी साल में दो बार उगाई जाती है। गर्मी वाली फसल फरवरी–मार्च एवं बरसात वाली फसल जून–जुलाई में लगाई जाती है। दक्षिणी भारत में कन्द रोपण अप्रैल व मई के महीनें में किया जाता है। इसके लगाने का समय, स्थान व क्षेत्र के ऊपर भी निर्भर करता है।

सारिणी (10.14) अरवी लगाने का क्षेत्रवार समय व स्थान

क्रम संख्या	स्थान	लगाने का समय
1. उत्तरी भारत	1. अगेती फसल	फरवरी–मार्च
2. दक्षिणी भारत	2. पिछेती फसल	जून–जुलाई
3. पहाड़ी क्षेत्रों में	–	सितम्बर–अक्टूबर
		जून–जुलाई

बीज की मात्रा

अरवी के बीज की मात्रा कन्दों के आकार पर निर्भर करती है। एक हेक्टेयर भूमि के लिए लगभग 7.5–10.0 कुन्तल अरवी के घनकन्दों की जरूरत होती है। घुइयाँ लगाने के लिए 20–25 ग्राम के घनकन्दों का चयन करना चाहिए।

लगाने की विधि

अरवी की फसल दो प्रकार से लगाई जाती है–

1. समतल क्यारियों में

इस विधि में कतार से कतार की दूरी 45.0 सेन्टी मीटर तथा पौधे से पौधे की दूरी 30.0 सेन्टी मीटर रखकर घन कन्दों को लगभग 8.0 सेन्टी मीटर की गहराई में लगाया जाता है। परन्तु यदि कन्दों की खुदाई जल्दी करनी हो तो 60.0 × 20.0 सेन्टी मीटर का फासला रखते हैं। फसल रोपण उपरान्त पलवार करने से अंकुरण अच्छा होता है तथा जमीन में नमी भी संचित रहती है।

2. मेड़ों पर

इस विधि में मेड़ से मेड़ की दूरी 45.0 सेन्टी मीटर तथा मेड़ों की चौड़ाई 45.0 सेन्टी मीटर रखते हैं। इन मेड़ों के दोनों ओर 30.0 सेन्टी मीटर की दूरी पर घनकन्द लगाये जाते हैं।

गृह वाटिका में लगाने के लिये 60X45 सेन्टी मीटर के अन्तराल पर 5–10 सेन्टीमीटर आकार के गड्ढे तैयार करके उसमें लगाया जाता हैं।

सिंचाई जल प्रबन्धन

अरवी की पत्तियों का फैलाव ज्यादा होने के कारण वाष्पोत्सर्जन ज्यादा होता है। अतः प्रति इकाई पानी की आवश्यकता अन्य फसलों से ज्यादा होती है। कन्द रोपण के समय पर्याप्त नमी नही रहने पर पहली सिंचाई घनकन्द लगाने के तुरन्त बाद जमाव के लिये की जाती है। इसके बाद गर्मी के मौसम में एक सप्ताह के अन्तराल पर तथा बरसात में आवश्यकता पड़ने पर सिंचाई की जाती है। धान व कमल के अलावा अरवी ही एक ऐसी फसल है, जो जलमग्न दशा में भी खेती के योग्य है। सामान्यतः 150–200 मिली मीटर वार्षिक वर्षा में इसकी उपज ज्यादा होती है। सूखे की दशा में उपज कम होने के साथ–साथ कन्दों का आकार टेढ़ा–मेढ़ा हो जाता है। फसल खुदाई के 3–4 सप्ताह पूर्व सिंचाई बन्द कर देनी चाहिए।

निकाई–गुड़ाई तथा मिट्टी चढ़ाना

अरवी की फसल रोपण के 3 महीने तक खरपतवार निकालना जरूरी होता है। इसके बाद पत्तियों के फैलने से खरपतवार स्वतः कम हो जाते हैं। घास निकालने के साथ ही एक या दो बार गुड़ाई कन्द रोपण के 30–45 दिन बाद कर दी जाती है तथा जड़ों के पास मिट्टी भी चढ़ा दी जाती है, जिससे जड़े ढक जायें। अगर आवश्यकता हो तो 60–65 दिन बाद पुनः मिट्टी चढ़ा दी जाती है। चूँकि कन्द जमीन के ऊपरी सतह से थोड़े ही गहराई पर विकसित होते हैं, अतः खरपतवार व मिट्टी चढ़ाते समय ज्यादा ध्यान देना चाहिए। रासायनिक विधि द्वारा खरपतवार नियंत्रण के लिए प्रोमट्रीने (Promtryne) की 1.2 किलो ग्राम की दर से या डालापान (Dalapon) की 3.0 किलो ग्राम की दर से या डायूरान (Diuron) की 3.4 किलो ग्राम की दर से या एट्राजीन की 3.4 किलो ग्राम की प्रति हेक्टेयर खेत में डालने से उत्तम परिणाम प्राप्त होते हैं। खेत में पलवार बिछाने से खरपतवार कम निकलते हैं तथा नमी का संरक्षण भी होता है।

फसल की खुदाई

अरवी की खुदाई कन्द रोपण के 5–6 माह बाद की जा सकती है। कुछ किस्में लगभग 140–160 दिन में खुदाई के योग्य हो जाती हैं। फसल की खुदाई जब पत्तियाँ सूख जाती हैं, तब करनी चाहिए। इस समय घनकन्द अच्छी तरह पक जाते हैं। खदाई कुदाली से की जाती है। प्रमुख कन्द के पास से मिट्टी हटाकर छोटे कन्दों को भी एकत्र कर लेना चाहिए।

उपज

इसकी पैदावार, खुदाई के समय एवं किस्म के ऊपर निर्भर करती है। अच्छी प्रकार पकी हुई फसल की खुदाई करने पर इसकी पैदावार लगभग 3.0–4.0 टन/हेक्टेयर होती है। ओसीनिया में इस फसल की उपज 6.2 टन तथा एशिया में 12.6 टन/हेक्टेयर होती है। विश्व की औसत उपज 30.2 टन/हेक्टयर होती है। एक हेक्टेयर से 8.0–10.0 टन हरी पत्तियों की उपज होती हैं।

भण्डारण

अरवी की घनकन्दों को ऐसे कमरे में फैलाकर रखें, जहाँ गर्मी न हो। इसे कुछ दिनों के अन्तराल में पलटते रहना चाहिए। समय–समय पर सड़ी हुई गाँठों को निकालते रहना चाहिए। चूँकि कन्दों में 60 प्रतिशत तक पानी होता है। अतः सामान्य तापमान पर कम समय तक ही भण्डारण किया जा सकता है।

पौध संरक्षण

प्रमुख कीट एवं उनका प्रबन्धन

अरवी को कीड़ों तथा बीमारियों से कोई खास नुकसान नहीं होता है, लेकिन पत्ती खाने वाला कीड़ा पत्तियों को खाकर उनमें छेद कर देता है। इससे बचाव के लिए मैलाथियान दवा के 0.5 प्रतिशत घोल का छिड़काव किया जा सकता है।

प्रमुख बीमारियाँ एवं उनका प्रबन्धन

अरवी में लगने वाले बीमारियों में झुलसा रोग एक गम्भीर बीमारी है, जिससे फसल को अधिक हानि पहुँचती है। इसमें पत्तियों पर धब्बे पड़ जाते हैं तथा पत्तियाँ सुखने लगती है। इससे बचाव के लिए डाइथेन जेड–78 दवा के 0.2 प्रतिशत घोल का छिड़काव खड़ी फसल पर करना चाहिए।

सूरन या जिमीकन्द
(Elephant Foot Yam or Jimmikand)

वानस्पतिक नाम : एमाफोफैलस पैओनीफोलियस (डेन्सट) निकोलसन (*Amorphophallus paeniifolius* (Dennst.) Nicolson
एमारफोफैलस कैम्पेनुलेट्स (*Amorphophallus companulatus* Decne.)

कुल : एरेसी (Araceae)

गुणसूत्र संख्या : 2 एन = 26, 28

भारतवर्ष में जिमीकन्द (Jimmikand) को सूरन या ओल के नाम से भी जाना जाता है। यह एक अधिक उपज देने वाली कन्दीय सब्जी है एवं बाजार में इसके कन्दों से अधिक मूल्य मिलता है। इसको अधिक दिनों तक भण्डारण करके रखा जा सकता है तथा यह भण्डारण में सड़ता नहीं है।

उद्‌भव एवं वितरण

जिमीकन्द का उत्पत्ति स्थल दक्षिण पूर्व एशिया माना जाता है। कुछ लोग जिमीकन्द का जन्म स्थान भारतवर्ष को बताते हैं। मेडागास्कर, भारत, फिलीपिन्स, मलेशिया, इण्डोनेशिया, दक्षिण चीन, जावा, उत्तरी आस्ट्रेलिया तथा दक्षिण पूर्व एशिया के देशों में खेती की जाती है। हमारे देश में आन्ध्र प्रदेश, तमिलनाडु, पॉण्डीचेरी, गुजरात, महाराष्ट्र तथा केरल राज्यों में इस फसल की खेती व्यावसायिक स्तर पर की जाती है तथा उत्तर पूर्व राज्यों में स्वयं उगे पौधों के कन्दों को सब्जी बनाने में प्रयोग करते हैं। इसकी खेती पश्चिमी उत्तर प्रदेश सहित तराई एवं भावर क्षेत्रों में की जा सकती है, जहाँ कन्दों की अच्छी पैदावार मिलती है। अब मध्य प्रदेश एवं राजस्थान के कुछ क्षेत्रों में इसकी खेती होने लगी है।

वानस्पतिक विवरण

एमार्फोफैलस जिनस के अन्तर्गत 90 से अधिक प्रजातियाँ हैं, जिनका वितरण एशिया और अफ्रीका महाद्वीप के अन्तर्गत है। हमारे देश में इसकी 14 प्रजातियाँ पायी जाती हैं, जिनमें एमार्फोफैलस कम्पैनुलेटस (*Amorphophallus companulatus*), एमार्फोफैलस आन्कोफीलस (*Amorphophallus oncophyllus*), एमार्फोफैलस वैरियेबिलिस (*Amorphophallus variabilis*), और एमार्फोफैलस रिवेरी (*Amorphophallus rivieri*) प्रजातियाँ खाने योग्य हैं (बेली, 1950)। जिमीकन्द एकबीजपत्रीय (monocotyledons) पौधा है। तना सिकुड़कर एक ठोस कन्द (कार्म्स) व उपकन्द (कार्मेल्स) में बदल जाता है। एक तरह से कन्द भोज्य पदार्थों का संग्रह होता है। जिमिकन्द की फसल 9–10 महीने में ही तैयार होती है, लेकिन कुछ ऐसी किस्में उपलब्ध हैं जो केवल 7 महीने में ही तैयार हो जाती हैं। बीज फसल के रूप में 10 महीने बाद खुदाई करनी चाहिए।

पोषकीय महत्व

जिमीकन्द (Jimmikand) सब्जी बनाने के लिये प्रयोग में लाया जाता है। विशेष तौर पर दीपावली के दिन इसकी सब्जी खाना शुभ होता है। इसमें आलू की अपेक्षा खनिज पदार्थ, रेशा एवं विटामिन "ए" और "बी" की मात्रा अधिक पाई जाती है। इनके अतिरिक्त कार्बोहाइड्रेट की मात्रा भी इसमें अधिक होती है। इसमें कैल्सियम आक्सिलेट नामक तत्व पाया जाता है, जिसके खाने पर गले में जलन या पीड़ादायक उद्दीपन (throat irritation) होती है। इस चरपराहट को दूर करने के लिए कन्दों के टुकड़ों को अच्छी तरह उबालने से घुलनशील कैल्सियम आक्सलेट (calcium oxalate) कम किया जा सकता है। सूरन में पाये जाने वाले पोषक तत्वों को सारिणी में दिया गया है–

सारिणी (10.15) सूरन में पाये जाने वाले पोषक तत्व (प्रति 100 ग्राम खाने योग्य भाग में)

पोषक तत्व	मात्रा
नमी	78.7 ग्राम
प्रोटीन	1.2 ग्राम
वसा	0.01 ग्राम
खनिज लवण	0.8 ग्राम
रेशा	0.8 ग्राम
कार्बोहाइड्रेट्स	18.4 ग्राम
ऊर्जा	79.0 किलो कैलोरी
कैल्सियम	50.0 मिली ग्राम
फास्फोरस	34 मिली ग्राम
आइरन	0.6 मिली ग्राम
कैरोटीन	260 माइक्रोग्राम
थाइमिन	0.06 मिली ग्राम
रिबोफ्लेबिन	0.07 मिली ग्राम
नियासिन	0.7 मिली ग्राम

स्रोतः गोपालन एवं सहयोगी, 1999

भारतीय पद्धति की दवाओं में इसका बहुतायत से उपयोग होता है। इसके उपभोग से अत्यधिक रक्तचाप, हाइपोलाइसेमिया और डाइपोक्लस्ट्रालेमिया में मदद मिलती है। (दोई एवं सहयोगी 1979 ए0, मिश्रा तथा श्रीराम, 2002) इसका सेवन अर्शरोग (बवासीर), पेचिस, तिल्ली की सूजन, ट्यूमर, दमा, फेफडें की सूजन, वमन, उदर पीड़ा, रक्त विकार व फाइलेरिया (पील पांव) में उपयोगी पाया गया है। सूरन के कन्दों को गुड़, प्लम्बैगो की जड़ तथा कुछ सुगन्धित पदार्थ मिलाकर मुरब्बा तैयार किया जाता है, जो अजीर्ण रोग में लाभकारी होता है। औषधीय गुणों के लिए एमार्फोफैलस पोइनीफोलियस (*Amorphophallus paeniifolius* (Dennst.) Nicolson का प्रयोग पेट दर्द, टानिक, रेस्टोरेटीव व कार्मिनेटिव गुणों के कारण ज्यादा महत्वपूर्ण माना जाता है। ताजा कन्द

चरपरेपन, उद्दीपक और बलगम निकालने का काम करता है। जिमीकन्द की जंगली प्रजातियों से अनेकों प्रकार की आयुर्वेदिक दवाईयाँ बनायी जाती हैं। इसी प्रकार एमार्कोफैलस सिल्वाटिक्स (*Amorphophallus sylvotix*) के बीज का प्रयोग दाँत के दर्द एवं ग्रंथी के बढ़ने में किया जाता है।

उन्नतिशील किस्में

कन्द के गुणों आधार पर सूरन दो प्रकार का होता है–

1. चिकने कन्द वाला

इस समूह के कन्द अधिक चिकने होते हैं और टुकड़ों में काट कर खेत में लगाया जाता है। इसमें कैल्सियम आक्सेलेट की मात्रा अधिक होती है, जिसके कारण मुँह एवं गले में खराश उत्पन्न होती है, लेकिन इस किस्म से उपज अधिक मिलती है और लागत कम लगता है।

2. कम जलन वाला

इस समूह के कन्द के गूदे का रंग सफेद से हल्का गुलाबी होता है। खाने में स्वादिष्ट तथा चरपराहट कम या नहीं होता है, लेकिन इसकी उपज कम होती है। अधिक पसंद किये जाने के कारण बाजार में इसका भाव पहले की अपेक्षा अधिक रहता है।

कुछ प्रचलित किस्मों का उल्लेख निम्नवत है–

श्री पद्मा (Sree Padma)

श्री पद्मा (एम–15) किस्म का विकास केन्द्रीय कन्द फसल अनुसंधान संस्थान तिरूवनन्तपुरम् (केरल) द्वारा वायनाड (Wyanad) के स्थानीय किस्म में से चयन करके सन् 1998 किया गया है। इसके पौधे मध्यम (78 सेन्टी मीटर) ऊँचे, पत्तियाँ हरी व पत्तियों पर हल्के चकत्ते पाये जाते हैं। फसल 8–9 महीने में तैयार हो जाती है। कन्द का छिलका भूरे रंग का तथा गूदा दूधिया सफेद होता है। इस किस्म में तिक्षणता नगण्य है। कन्दों में शुष्क पदार्थ 11.5–12.5 प्रतिशत कुल एमाइलोज 23.3 प्रतिशत तथा घुलनशील एमाइलोज 10.5 प्रतिशत होता है। इसमें ''कालर राट'' नामक बीमारी का प्रकोप कम होता है और मोजैक बीमारी भी कम लगती है। इसकी औसत उपज क्षमता 80 टन / हेक्टेयर है।

श्री अथीरा (Sree Athira)

श्री अथीरा (MH-2) संकर किस्म का विकास केन्द्रीय कन्द फसल अनुसंधान संस्थान, थिरुवनन्थपुरम, केरल (Central Tuber Crop Research Institute, Thiruvanathapuram, Kerala) द्वारा संकरण ए0एम0–15×ए0एम0–45 से चयन कर किया गया है तथा सन् 2006 में केरल में व्यावसायिक खेती के लिए अनुमोदित किया गया। फसल मध्यम ऊँची (85.0–110.0 सेन्टी मीटर) तथा पत्तियाँ हरी व उन पर चकत्ते पाये जाते हैं। फसल 9–10 महीने में खुदाई के योग्य हो जाती है। कन्द का

छिलका भूरा तथा गूदे का रंग गुलाबी होता है। कन्दों में शुष्क पदार्थ 24.5 प्रतिशत, कुल स्टार्च 18.0 प्रतिशत, कुल शर्करा 4.6 प्रतिशत तथा प्रोटीन 1.03 प्रतिशत होता है। इस किस्म में "कालर राट" तथा मोजैक बीमारी का प्रकोप बहुत कम होता है। इसकी औसत उपज 40.5 टन/हेक्टेयर होती है।

गजेन्द्र (Gajendra)

यह किस्म आन्ध्र प्रदेश के कवूर क्षेत्र की स्थानीय किस्म है जिसको चयन द्वारा विकासित किया गया है। अखिल भारतीय स्तर पर आन्ध्र प्रदेश, बिहार, पश्चिम बंगाल और भारत के अन्य भागों में उगाने के लिए अनुमोदित किया गया है। इसके पौधों की ऊँचाई 100.0–120.0 सेन्टी मीटर होती है। कन्दों में गला काटने या तिक्षणता उत्पन्न करने वाला तत्व बहुत ही कम होता है। इस किस्म में सिर्फ एक ही कन्द बनता है तथा अन्य स्थानीय किस्मों की तरह इसमें अगल–बगल से छोटे कन्द नहीं बनते हैं। कन्द भूरे रंग का सूडौल तथा आकार में बड़ा होता है और गूदा हल्का नारंगी रंग का होता है। कन्द पकाने पर आसानी से गल जाते हैं। इसकी उत्पादन क्षमता 80.0–100.0 टन प्रति हेक्टेयर है।

कोऊर (Kower)

यह किस्म दक्षिण भारत में बहुतायत से उगाई जाती है। एक अधिक उपजाऊ किस्म है। इसके कन्द बड़े तथा चिकने होते हैं। कन्द में गला काटने वाला तत्व कम होता है। इस किस्म की विशेषता है कि इसमें छोटे–छोटे कन्द नहीं निकलते। इसकी उपज 80.0 टन/हेक्टेयर है।

संतरा गाची (Santra Gachhi)

इनके पौधे काफी बढ़ने वाले होते हैं। कन्द खुरदुरे सतह वाले होते हैं और इससे काफी संख्या में छोटे कन्द निकलते हैं। इसके कन्दों में गला काटने वाला तत्व अपेक्षाकृत कम होता है। यह किस्म हमारे देश के पूर्वी क्षेत्रों में उगाने के लिए काफी उपयुक्त है। इसकी क्षमता 50.0–70.0 टन/हेक्टेयर होती है।

जलवायु

सूरन या जिमीकन्द की खेती आर्द्र–गर्म मौसम में की जाती है, लेकिन पाला के प्रति बहुत संवेदनशील है। आर्द्र जलवायु में पत्तियों की वृद्धि ज्यादा होती है तथा कन्द बनने में सहायक होती हैं। सामान्यतः 25–35 डिग्री सेन्टीग्रेड तापमान सबसे उत्तम होता है। अध्ययन में पाया गया है कि दिन के समय अधिकतम 22 डिग्री सेन्टीग्रेड तथा रात्रि के समय 29 डिग्री सेन्टीग्रेड तापमान अधिक उपज के लिए उपयुक्त है। अच्छी फसल उन क्षेत्रों में ज्यादा होती है, जहाँ पर 1000.0–1500.0 मिली मीटर वार्षिक वर्षा होती है। अगर इसकी खेती आंशिक छायादार स्थान पर की जाये जैसे नारियल के साथ मिश्रित या अन्य बागों में लगाया जाये तो उपज ज्यादा मिलती है।

भूमि और भूमि की तैयारी

सूरन को लगाने के लिए समशीतोष्ण और शीतोष्ण क्षेत्रों में जीवांशयुक्त व दोमट हल्की भूमि उपयुक्त है। भारी भूमि उपयुक्त नहीं होती है क्योंकि ऐसी भूमि में कन्द बढ़ते नहीं, साथ ही पानी

अधिक रूकने के कारण फसल को हानि होती है। सूरन के लिए अधिक उपयोगी व उत्तम भूमि, दोमट या बलुई दोमट मानी जाती है। भूमि में जल निकास का उत्तम प्रबन्ध होना आवश्यक होता है। भूमि अधिक उपजाऊ तथा भुरभुरी होनी चाहिये। इसके लिये खेत की पहली जुताई मिट्टी पलटने वाले हल से एवं 2–3 जुताई कल्टीवेटर से करनी चाहिए, जिससे मिट्टी भुरभुरी हो जाये और कन्द के अच्छी तरह बढ़ने में सहायक हों। खेत की अन्तिम जुताई के समय कम्पोस्ट तथा सड़ी गोबर की खाद की निर्धारित मात्रा में मिला देना चाहिए। तदोपरान्त 1.0×1.0 मीटर की दूरी पर 30.0 × 30.0 × 10.0 सेन्टी मीटर आकार के गड्ढे खोद लेना चाहिए। इस प्रकार प्रति हेक्टेयर 10,000 गढ्ढे बनते हैं।

पोषक तत्व प्रबंधन

जिमीकंद अत्यधिक उर्वरकग्राही फसल है। गोबर की सड़ी हुई खाद 20.0–25.0 टन/हेक्टेयर की दर से अंतिम जुताई के समय खेत में मिला देनी चाहिए। यदि गड्ढों में रोपण की जानी है, तो गोबर की खाद को मिट्टी में मिलाकर गड्ढों में भर देना चाहिए। रासायनिक खादों में नत्रजन, फास्फोरस तथा पोटाश की मात्रा 150:100:150 किलोग्राम/हेक्टेयर की दर से देना चाहिए। दक्षिण भारती के कुछ राज्यों में 80:60:80 किलोग्राम/हेक्टेयर मात्रा लाभदायक सिद्ध हुई है। आन्ध्र पदेश के गोदावरी जिलों में अधिक उपज हेतु 250:100:250 किलोग्राम/हेक्टेयर की दर से नत्रजन, फास्फोरस तथा पोटाश की मात्रा देते हैं। रोपण करते समय फास्फोरस की पुरी मात्रा तथा नत्रजन और पोटाश की आधी मात्रा देनी चाहिए। नत्रजन तथा पोटाश की बची हुई मात्रा दो बार में रोपण के 30 तथा 60 दिन बाद खरपतवार निकाल कर पौधों पर मिट्टी चढ़ाते समय दे देनी चाहिए। अधिक वर्षा वाले क्षेत्रों में नत्रजन तथा पोटाश की मात्रा 3–5 बार में देना ठीक रहाता है, पर फास्फोरस की पूरी मात्रा रोपण के समय ही दे देनी चाहिए।

लगाने का समय

सूरन से अधिक उपज प्राप्त करने के लिए बुआई फरवरी में कर लेना चाहिए परन्तु अच्छी उपज एवं बीज बनाने के उद्देश्य से उगाने हेतु अप्रैल में बुआई का समय उचित रहता है।

बीज की मात्रा

सूरन के जड़ कन्दों में 3–7 महीने की सुप्तावस्था (dormancy) होती है। अतः खेत में जड़ कन्दों को लगाने के लिए दैहिक रूप से परिपक्व कन्दों का ही चुनाव करना चाहिए। सूरन की अगेती फसल के लिए छोटे कन्दों को लगाया जाता है। छोटे कन्द वाले बीज एक हेक्टेयर भूमि के लिए लगभग 30–35 क्विंटल कन्द पर्याप्त होते हैं। किस्मों के अनुसार 500.0–750.0 ग्राम तक का कन्द रोपण के लिये अच्छा रहता है। यदि कन्दों का आकार काफी बड़ा है तो उसे 600.0–750.0 ग्राम के टुकड़ों में काटकर 2.0 प्रतिशत तुतिया (alum) के घोल में 10 मिनट तक डुबोकर छाये में सुखा लेना चाहिए। कन्दों को टुकड़ों में विभक्त करते समय इस बात का ध्यान रखना चाहिए कि प्रत्येक टुकड़ों में कन्द की एक मूल कलिका अवश्य है। अध्ययन से परिणाम प्राप्त हुए हैं कि यदि गाय के गोबर के गाढ़े घोल में मैंकोजेब (0.2 प्रतिशत) तथा मोनोक्रोटोफास (0.05 प्रतिशत) मिलाकर कन्दों के कटे हुए

टुकड़ों को डूबोकर उपचारित कर लेने पर पौधों का विकास अच्छा होता है, लेकिन ध्यान रहे कि गोबर की घोल से निकालने के बाद कन्दों को उलट–पुलटकर 4–6 घण्टे सुखाने के बाद ही रोपण क्रिया प्रारम्भ करनी चाहिए।

सारिणी (10.16) रोपण अन्तर के आधार पर कुल कन्द की मात्रा तथा कन्द का वजन

प्रति कंद बीज का वजन (ग्राम)	रोपण अन्तर (सेन्टी मीटर)	कुल कंदों की संख्या प्रति हेक्टेयर	कुल कन्द वजन (कुन्तल/हक्टेयर)
200–400	50×50	40000	80–160
500–600	90×60	18518	92–111
800–1000	90×90	12345	98–123

कन्द रोपण विधि

सूरन को लगाने की दो विधियाँ है–

1. समतल क्यारियों में
2. मेड़ों पर

दोनों ही विधियों में कन्दों को मिट्टी में दबा देते हैं। सामान्यतः 400.0–500.0 ग्राम वजन के कन्द लगाने चाहिए और प्रत्येक टुकड़े में एक कलिका अवश्य होनी चाहिए। कतार से कतार की दूरी 60.0–75.0 सेन्टी मीटर तथा कन्द से कन्द की दूरी 30.0–35.0 सेन्टी मीटर रख कर कन्दों को लगाया जाता है। कटे हुए टुकड़ों को पहले से तैयार गड्ढों में रखकर उपर से मिट्टी द्वारा ढक देना चाहिए। कन्द रोपण के समय इस बात का ध्यान रखना चाहिए कि कलिका उपर की ओर हो तथा एक टुकड़ा सीधा रखना चाहिए। कन्द रोपण के तुरन्त बाद गड्ढों को सूखी पत्तियों से ढक देना चाहिए जिससे गड्ढों में पर्याप्त नमी बनी रहे तथा अंकुरण एवं खरपतवार नियन्त्रण में सहायक सिद्ध हो। बुआई के 15–20 दिन के अन्दर नये प्ररोह निकल आते हैं। खेत में नमी कम रहने पर वर्षा पूर्व एक सिंचाई आवश्य करना चाहिए। सड़ी गोबर की खाद, महीन बालू तथा मिट्टी 1:1:1 के अनुपात में मिलाकर तैयार कर लेना चाहिए। कन्दों के टूकड़ों में लगाने के बाद धान के पुआल से ढ़क कर हल्का पानी देते रहना चाहिए। वर्षा शुरू होते ही क्यारियों में अंकुरित हो रहें कन्दों के टुकड़ों को मुख्य खेत में रोपण कर देना चाहिए।

निकाई–गुड़ाई

बुआई के बाद लगभग 50 दिनों तक पौधों के आस–पास से खरपतवारों को निकालना अति आवश्यक होता है। खुर्पी से घास निकालना इसके लिये पर्याप्त होता है तथा साथ ही साथ एक हल्की गुड़ाई भी कर देनी चाहिए। प्रारम्भ में 2 बार निकाई–गुड़ाई आवश्यक है। सामान्यतः 50–60 दिन बाद सूरन की पत्तियाँ पूर्ण फैलाव ले लेती हैं। प्रत्येक निकाई–गुड़ाई के समय थोड़ी–थोड़ी मिट्टी पौधों पर चढ़ाने से फसल की अच्छी उपज प्राप्त होती है।

सिंचाई जल प्रबन्धन

यदि मार्च मे जिमीकंद की फसल की रोपण की गई है, तो कन्द रोपण के तुरन्त बाद हल्की सिंचाई कर देनी चाहिए तथा उसके बाद समय–समय पर आवश्यतानुसार हल्की सिंचाई करते रहना चाहिए। इस बात का ध्यान रखना चाहिए कि फसल वृद्धि की किसी भी अवस्था में खेत में पानी का जमाव नहीं होना चाहिए। कन्दों की खुदाई से पूर्व भी हल्की सिंचाई कर देने से कन्द निकालने में सुविधा रहती है।

फसल की खुदाई

सूरन की फसल को तैयार होने में 6–9 महीने लग जाते हैं। फरवरी में बुआई की गयी फसल की खुदाई नवम्बर–दिसम्बर में की जाती है। इसकी खुदाई फावड़े से करनी चाहिए। खुदाई के बाद कन्दों को अच्छी तरह साफ कर लेना चाहिए तथा जड़ों को तोड़ देना चाहिए। बड़े आकार के कन्दों को खाने के लिये तथा छोटे आकार वाले कन्दों को बीज के रूप में प्रयुक्त किया जाता है। यदि पहले वर्ष खुदाई नहीं की गई तो अगले वर्ष घनकन्द और बड़े हो जाते हैं। कटे हुए कन्दों को तत्काल सब्जी हेतु विक्रय कर देना चाहिए। अच्छे कन्दों को आकार के अनुसार अलग–अलग कर लेना चाहिए तथा 4–5 दिन तक छायादार स्थान पर फैलाकर सुखा लेना चाहिए।

उपज

जिमीकन्द की पैदावार रोपण के समय तथा प्रयुक्त कन्दों की मात्रा पर निर्भर करती है। अच्छी फसल होने पर कन्दों की मात्रा तथा पैदावार का अनुपात 1:10 का होता है। यदि 90.0×90.0 सेन्टी मीटर की दूरी पर लगभग 500 ग्राम वजन के कन्द रोपण के लिए प्रयोग किए जाते हैं तो 6.0 टन/हेक्टेयर रोपण हेतु बीज कन्द लगेगी तथा 40.0–60.0 टन/हेक्टेयर पैदावार प्राप्त की जा सकती है। बीज उत्पादन हेतु 60.0×60.0 सेन्टी मीटर की दूरी पर 100.0 ग्राम वजन के कटे हुए कन्दों के टुकड़े लगाने पर लगभग 2.0–4.0 टन/हेक्टेयर रोपण कन्द बीज तथा 15.0–20.0 टन/हेक्टेयर उपज प्राप्त होती है।

सारिणी (10.17) सूरन की खेती का आर्थिक लेखा–जोखा (एक एकड़ हेतु)

प्रबंधन	लागत	प्रबंधन	लागत
अ. खेत की तैयारी	रू0 1000	ब–30 कुन्तल बीज की कीमत (रू0 1000 प्रति कुन्तल)	रू0 30000
100.0 किलो ग्राम डी0ए0पी0	रू0 920		
100.0 किलो ग्राम यूरिया	रू0 640	बुआई लागत	रू0 800
50.0 किलो ग्राम पोटाश	रू0 280	निकाई–गुड़ाई एवं मिट्टी	रू0 1600
8 ट्राली गोबर की खाद	रू0 3200	चढ़वाई लागत	रू0 400 /ट्राली
सिंचाई (सम्पूर्ण फसल)	रू0 1000		रू0 33400
	रू0 5860		
स–खुदाई लागत	रू0 2500		
परिवहन (मण्डी तक)	रू0 1500	(अ+ब+स+) कुल लागत =	रू0 43260
	रू0 4000		

उत्पादन–मूल्यांकन

औसत उत्पादन 160.0 कुन्तल प्रति एकड़

160×600 रू0 = 96000 रू0 कुल उत्पादन मूल्य

शुद्ध लाभ = रू0 96000–43260

= रू0 52740 / एकड़

फसल की अवधिः 180 दिन

पौध संरक्षण

जिमीकन्द के रोग एवं प्रबन्धन

इस फसल पर लगने वाली बीमारियाँ इस प्रकार है–

(क) खेत में लगने वाला रोग

फफूँद जनित

बाटरियोडिपलोडिया थियोब्रोमी, स्केलेरोशिया राल्फसी, फ्यूजेरियम स्पीशीज, फाइटोफ्थोरा कोलोकेसी और राइजोपस आदि रोगाणु सूरन के लिए घातक हैं।

जीवाणु जनित

केवल एक जीवाणु ''इरविनिया कैरोटोवोरा'' ज्यादा नुकसान पहुँचाता है। जब कन्द को अधिक तापमान पर भण्डारण किया जाता है तो रोग ज्यादा उग्र हो जाता हैं।

मोजैक (Mosaic)

यह सूरन की भयंकर बीमारी है और बीज के रूप में प्रयोग होने वाले कन्द से रोग फैलाने वाले एफीड कीटाणु से तथा खेत में बहुत दिन से पनप रहे रोगाणु से फैलता है। इस बीमारी के प्रकोप का लक्षण पहले 3–4 पत्ती पर परिलक्षित होते हैं। प्रभावित पौधे बौने, चितकबरे तथा सिंकुड़े रहते हैं। पत्तियों पर धारियाँ आना, मुड़ना और पत्ती के लैमिना (lamina) का उपर की तरफ ऐठना इसका लक्षण है। अगर बढ़ रहें कन्दों को देखते हैं, तो ग्रसित कन्द में सहायक जड़ें स्वस्थ्य पौधों की अपेक्षा कम बनती है।

नियन्त्रण

- संक्रमणमुक्त कन्द की रोपण करें। अच्छा रहेगा कि सूक्ष्म प्रवर्धन तकनीकी (micro propagation technique) से विकसित पौधें लगावें।
- जड़ कन्दों को 55 डिग्री सेन्टीग्रेट पर 10 मिनट तक उबाल कर लगावें।
- रोपण के 60–90 दिन बाद मेटासिस्टाक्स 1.5 मिली लीटर / लीटर पानी में घोलकर छिड़काव करें।

कालर राट (Collar rot)

सूरन के पौधों पर जमीन की पास से पौधों के तने की सड़ने की बीमारी कालर राट कहलाती है, जिसका कारण स्क्लेरोसियम रोलफसाई या राइजोटोनिया सोलेनी नामक कवक हैं। जब पौधे 2 महीने के हो जाते हैं तब यह लक्षण उत्पन्न होता है। जमीन के पास प्रभावित तने का भाग जलशिक्त (water soaked) हो जाता है तथा पूरा पौधा पीला पड़कर गिर जाता है। रोगाणु बेमौसम में खेत में पड़े ठूँठ (stub) पर जीवनचक्र पूरा करते हैं।

प्रबंधन

- एक ही खेत में सूरन की फसल बार–बार न लगाकर उचित फसल चक्र अपनाना चाहिए।
- खेत में बचे अवशेष को जलाना सबसे उत्तम तरीका है।
- पौधे के पास कापर आक्सीक्लोराइड की 2.0 ग्राम मात्रा को प्रति लीटर की दर से पानी में घोलकर जमीन के अन्दर प्रयोग करना चाहिए।
- रोपण से पूर्व मैंकोजेब की 25.0 ग्राम मात्रा को प्रति लीटर की दर से पानी में घोलकर कन्दों को उपचारित कर लगाना चाहिए।
- पुआल व अन्य कार्बनिक पदार्थ तथा पालिइथलिन के पलवार (mulch) से रोगाणु के बढ़ने से मुक्ति मिलती है।
- सूरन के पौध में कालर राट को रोकने में ट्राइकोडर्मा काफी सहायक है। अतः खेत में कन्द रोपण के समय प्रति थाले 25 ग्राम टाइकोडर्मा (trichoderma) प्रयोग करना चाहिए।

कन्द सड़न (Corm rot or Root rot)

कन्द सड़न की बीमारी पीथिएम एफिनीडरमैटम व राइजोक्टोनिया सोलानी जैसे रोगाणु से फैलता है। इसके अलावा कोर्टिकम सेन्ट्रीफ्यूगाम, फ्यूजैरियम सोलानी व बैसिलस कैरोटोवोरस के माध्यम से भी फैलता है। बचाव के लिए फसल चक्र व अच्छादित फसल (cover crops) पद्धति उत्तम है।

पत्ती धब्बा सड़न (Leaf rot/leaf blight)

पत्ती सड़न की बीमारी फाइटोप्थोरा कोलोकेसी कवक से होता है तथा आर्द्र व गर्म क्षेत्रों में ज्यादा प्रभावी रहता है। प्रथमतः निचली पत्तियों पर जलमग्न धब्बे विकसित होते हैं, जो पहले चारकोल जैसे छोटे व बाद में बड़े हो जाते हैं। द्वितीयक स्पोरैन्जीया (sporangia) व जूस्फोर (zoospore), पानी की बूँदों से फैलते हैं। इस प्रकार की पत्ती सड़न बीमारी स्यूडोमोनास स्यूडोएल्कालीजेन्स सब स्पीशीज कोनजाती और इरविनिया कैरोटावोरा सब स्पीशीज कैरोटोवोरा से भी होता है।

प्रबंधन

- स्वस्थ्य जड़ कन्द की बुआई करें।
- पलवार (mulch) अवश्य लगावें।
- मैक्कोजेब की 0.2 प्रतिशत मात्रा को मोनोक्रोटोफास की 0.05 प्रतिशत मात्रा के साथ मिलाकर 60 व 90 दिन बाद छिड़काव करें।

पर्ण दाग (Leaf spot)

पर्णदाग की बीमारी जीवाणु जैसे–पैन्थोमोनास एमार्फोफैली (*Panthomonos amorphophalli*) से होता है। इसकी रोक थाम कन्द को गर्म पानी में एग्रीमाइसिन डालकर शोधन से ठीक हो जाता है।

(ख) भण्डारण में लगने वाले रोग

खेत से कन्द निकालते समय जो रोगाणु चिपके रहते हैं या कटने से प्रभावित होते हैं, यातायात व भण्डारण में पुनः समस्या उत्पन्न करते हैं। अक्सर यह देखा गया है कि सूत्रकृमि (मेलोयडोगाइन इन्कागनीटा) के संक्रमण से कन्द पर अनेकों फफूँद के रोगाणु बनते हैं।

सारिणी (10.18) सूरन के भण्डारण में लगने वाले रोग

स्कलेरोशियम राल्फ्सी	• कन्द का निचला हिस्सा सड़ने लगता है और उपर की तरफ बढ़ता है। • सड़ा हुआ भाग काफी मुलायम हो जाता है। • सड़े भाग से सफेद स्राव होता है।
बाटरियोडीपलोडिया स्पीशीज	• प्रभावित कन्द काले पड़ जाते हैं। • प्रभावित कन्द गद्देदार (spongy) हो जाते हैं।
फ्यूजेरियम स्पीशीज	• उपर का सड़ा भाग काला होता है लेकिन काटने पर नीचे का भाग सफेद रहता है।
फाइटोफ्थोरा कोलोकेसी	• सड़े भाग से बदबू आती है। • सड़ा हुआ भाग सफेद हो जाता है।
राइजोप्टस स्पीशीज	• कन्द का प्रभावित हिस्सा काला व गद्देदार (spongy) होती है। • गोल्ड जैसा संरचना दिखाई पड़ती है।
इर्रविनिया कैरोटोवोरा	• निम्न वातायन की दशा में कन्द प्रभावित होते हैं। • सड़े भाग से बदबू आती है व प्रभावित भाग से पानी का स्राव होता है।
मेलोइडोगाइन इन्कागनीटा	• कन्द का आकार गाँठयुक्त होते हैं। • गाँठ वाले भाग का छिलका महीन होने के कारण सड़ जाता है। • फफूँद जनित रोग के कवक तन्तु दिखते हैं।

प्रबन्धन

भण्डारण में रोगों द्वारा हानि को कम करने के लिए निम्न प्रबंधन करें–

- भण्डारण में कटे, रोगग्रसित व मिट्‌टी युक्त कन्द को न रखें।
- प्रभावित कन्द के भाग को काटकर निकाल देवें व तुरन्त उस पर मैकोजेब के 0.2 प्रतिशत का छिड़काव करें।
- वातायन के लिए एक सतह से दूसरी सतह में उचित दूरी पर कन्द को रखें।
- भण्डारण पूर्व सभी कन्दों को एक सप्ताह तक छाया में रखकर सूखा लेवें।
- प्रत्येक महीने कन्दों की जाँच करें व सड़े हुए कंद को निकाल देवें।
- भण्डारण का स्थान ठण्डा, हवादार व पानी आदि से सुरक्षित होना।

कसावा (Tapioca or Cassava)

वानस्पतिक नाम : मैनिहाट एस्कुलेन्टा (*Manihot esculenta* L.)

कुल : यूफोरबियेसी (Euphorbiaceae)

गुणसूत्र संख्या : 2 एन = 36, 72

कसावा को यूरोप व यूनाइटेड अमेरिका में मैनियाक (manioc), यूका (yuca) व मन्डीओका (mandioca) के नाम से जाना जाता है। भारतवर्ष व मलेशिया में टापियोका (tapioca) के नाम से जानते हैं। शब्द टापियोका पूर्णतया टीपीयोका (tipioca) का अपभ्रंश है, जो तूपी (tupi) से बनता है। इसका तात्पर्य भारतीय भाषा में भोजन से होता है। अमेरिका में टापियोका का मतलब कसावा के आटे से बने उत्पाद से है।

उद्भव एवं वितरण

कसावा की उत्पत्ति स्थल ट्रापिकल ब्राजील (tropical Brazil) है। कसावा या टापियोका की खेती उत्तरी भारत में बहुत कम लेकिन दक्षिणी भारत में अधिक की जाती है। यह जडों के लिए उगाया जाता है, जिसके कन्द खाने के काम आते हैं।

सारिणी (10.19) भारतवर्ष में कसावा का क्षेत्रफल, उत्पादन एवं उत्पादकता

वर्ष	क्षेत्रफल (000, हेक्टेयर)	उत्पादन (000, मैट्रिक टन)	उत्पादकता (000, मैट्रिक टन/हेक्टेयर)
1991–92	250.9	5832.5	23.2
2001–02	238.9	6515.9	27.3
2002–03	207.0	5426.2	26.2
2003–04	220.0	5949.6	27.0
2004–05	244.7	7462.8	30.5
2005–06	244.6	7854.9	32.1
2006–07	255.0	8232.0	32.3
2007–08	270.0	9056.0	33.5
2008–09	280.0	9623.0	34.4
2009–10	231.9	8059.9	34.8
2010–11	221.0	8076.0	36.5

स्रोतः नेशनल हार्टीकल्चर डाटा बेस, (2010–2011)

सारिणी (10.20) भारतवर्ष के प्रमुख कसावा उत्पादक राज्य
क्षेत्रफल (000, हेक्टेयर), उत्पादन (000, मैट्रिक टन), उत्पादकता (मैट्रिक टन/हेक्टेयर)

राज्य	2008–2009			2009–2010			2010–2011		
	क्षेत्र–फल	उत्पा–दन	उत्पा–दकता	क्षेत्र–फल	उत्पा–दन	उत्पा–दकता	क्षेत्र–फल	उत्पा–दन	उत्पा–दकता
तमिलनाडु	165.1	6664.7	40.4	129.4	5113.6	39.5	134.6	5522.7	41.0
केरल	86.9	2516.8	29.0	74.9	2525.4	33.7	72.3	2409.0	33.3
आन्ध्र प्रदेश	17.9	357.5	20.0	16.5	329.5	20.0	3.0	60.9	20.0
मेघालय	4.9	26.4	5.4	4.9	26.4	5.4	4.9	26.4	5.4
पोण्डीचेरी	0.6	25.0	40.9	0.6	25.0	40.9	0.2	4.0	25.0
आसाम	2.8	13.5	4.8	3.6	20.8	5.7	4.2	32.0	7.6
कर्नाटक	1.0	13.0	12.8	1.0	13.1	12.8	0.9	12.3	13.4
नागालैण्ड	1.0	6.0	6.3	1.0	6.0	6.3	1.0	6.0	6.0
अन्दमान एवं निकोबार	–	–	–	–	–	–	0.3	2.2	7.7
दमन एवं दियू	0.02	0.01	0.87	0.02	0.01	0.9	0.0	0.0	0.0
अन्य	–	–	–	–	–	–	**0.1**	**0.7**	**14.6**
सम्पूर्ण	**280.2**		**34.35**	**231.9**	**8059.8**	**34.8**	**221.4**	**8076.0**	**36.5**

स्रोतः नेशनल हार्टीकल्चर डाटा बेस, (2010–2011)

वानस्पतिक विवरण

कसावा की शाखाएँ सीधी, परिपक्व तना गहरा भूरा, पत्तियाँ चौड़ी व पुष्पन करने वाला होता है। कन्दिल जड़ें सीधी होती हैं। कसावा की जड़ों, शाखाओं व पत्तियों में साइनोजेम होता है।

पोषकीय मूल्य

कसावा में कार्बोहाइड्रेट्स (स्टार्च), खनिज व विटामिन की मात्रा अधिक पाई जाती है। इन कन्दों से स्टार्च बनाया जाता है, जो कागज इत्यादि बनाने में काम आता है। कसावा के कन्दों से आटा भी बनाया जाता है, जिससे चपाती बनाई जाती है। इसकी जड़ें उबाल कर भी प्रयोग में लाई जाती है। इसके स्टार्च में 20 प्रतिशत एमिलोस तथा 80 प्रतिशत एमिलोपेक्टिन होता है। इसमें शर्करा का स्तर कम होता है। इसमें उपलब्ध प्रमुख शर्करा सुक्रोज, ग्लूकोज, फ्रक्टोज और माल्टोज है। यह एस्कार्बिक अम्ल और विटामिन 'बी' का मुख्य स्रोत है। इसके कुछ पीले गूदे वाली किस्मों में कैरोटीन की मात्रा अधिक पाई जाती है। कसावा का औद्यौगिक एवं प्रसंस्करण उद्योग में भी बहुत अधिक महत्व है। इसके स्टार्च से मैदा बनता है, जिससे साबूदाना, ग्लूकोज, डेक्सट्रोज, ग्लीसरीन, शक्कर, व इथायल एल्कोहल बनाये जाते हैं। इसके स्टार्च का बेकरी में विस्कुट, रेस्तरां आदि में रोटी व पूड़ी बनाई जाती है। इससे गोद (एडहेसिव पेस्ट) भी बनायी जाती है। इससे प्राप्त स्टार्च का प्रयोग

टूथपेस्ट, फेस पाउडर, ड्राई बैटरी सेल, कागज व कपड़े की सजावट में किया जाता है। इसमें पाये जाने वाले पोषक तत्वों को सारिणी में दिया गया है–

सारिणी (10.21) कसावा में पाये जाने वाले पोषक मूल्य (प्रति 100 ग्राम खाने योग्य भाग में)

पोषक तत्व	मात्रा
नमी	59.5 ग्राम
प्रोटीन	0.7 ग्राम
वसा	0.2 ग्राम
खनिज लवण	1.0 ग्राम
रेशा	0.6 ग्राम
कार्बोहाइड्रेट्स	38.1 ग्राम
ऊर्जा	157.0 किलो कैलोरी
कैल्सियम	50 मिली ग्राम
फास्फोरस	40 मिली ग्राम
आयरन	0.9 मिली ग्राम
कैरोटीन	–
थाइमिन	0.05 मिली ग्राम
रिबोफ्लेविन	0.10 मिली ग्राम
नियासिन	0.30 मिली ग्राम
विटामिन 'सी'	25.0 मिली ग्राम

स्रोतः गोपालन एवं सहयोगी, 1999

उन्नतिशील किस्में

कसावा की अनेक उन्नतिशील किस्में हैं। इन किस्मों को मिठास, गूदे के रंग इत्यादि के आधार पर वर्गीकृत किया जा सकता है। इसकी प्रचलित किस्में निम्नलिखित है।

एच–97 (H-97)

यह संकर किस्म (Manjavella x Accession No. 300) केन्द्रीय कन्द फसल अनुसंधान संस्थान, थिरुवनन्थपरुम्, केरल (Central Tuber Crop Research Institute, Thiruvanathapuram, Kerala) से वर्ष 1971 में विकसित किया गया। इस किस्म के पौधे 1.5–2.0 मीटर लम्बें होते हैं। कन्द शंकुवाकार (conical shaped) व मध्यम (medium) होते हैं। कन्द का छिलका दूधिया सफेद व गूदा बिल्कुल सफेद होता है। कन्द में माड़ (starch) की मात्रा 27.0–29.0 प्रतिशत होती है। इस किस्म में कसावा मोजैक व सर्कोस्पोरा लीफ स्पाट का प्रकोप नही होता है। औसत उपज 25.0–35.0 टन/हेक्टेयर है।

एच–165 (H-165)

इस संकर किस्म (Chadayamangalam Vella x Kalikalan) का विकास केन्द्रीय कन्द फसल अनुसंधान संस्थान, थिरुवनन्थपरुम्, केरल (Central Tuber Crop Research Institute,

Thiruvanathapuram, Kerala) से वर्ष 1971 में किया गया है। इस किस्म के पौधे 1.5–2.5 मीटर लम्बें होते हैं। इसमें कन्दों का विकास बहुत जल्द होता है। कन्द में माड़ (starch) की मात्रा 23.0–25.0 प्रतिशत होती है। इसमें कसावा मोजैक वाइरस कम व सर्कोस्पोरा लीफ स्पाट ज्यादा आता है। स्पाइडर माइट व स्केल कीट का प्रकोप नही होता है। औसत उपज 33.0–38.0 टन/हेक्टेयर है।

एच–226 (H-226)

इस संकर किस्म (Malyan-4 x Ethakkakaruppan) का विकास केन्द्रीय कन्द फसल अनुसंधान संस्थान, थिरुवनन्थपरुम्, केरल (Central Tuber Crop Research Institute, Thiruvanathapuram, Kerala) से वर्ष 1971 में किया गया है। इस किस्म के पौधे 2.0–2.5 मीटर लम्बें होते हैं। इस किस्म के कन्द के छिलके हल्के बैगनी रंग के तथा गूदे सफेद होते है। कन्द में माड़ (starch) की मात्रा 28.0–30.0 प्रतिशत होती है। इसमें कसावा मोजैक तथा सर्कोस्पोरा लीफ स्पाट ज्यादा लगता है। स्केल कीट व स्पाइडर माइट का प्रकोप कम होता है। इस किस्म की औसत उपज 30.0–35.0 टन/हेक्टेयर है।

श्री विसाखम् (Sree Visakham)

इस संकर किस्म (Accession No. 1501 x S-2312) का विकास व केन्द्रीय कन्द फसल अनुसंधान संस्थान, थिरुवनन्थपरुम्, केरल (Central Tuber Crop Research Institute, Thiruvanathapuram, Kerala) से वर्ष 1977 में किया गया था। यह किस्म 8–10 महीने में पककर तैयार हो जाती है। इसकी खेती केरल तथा तमिलनाडु में विस्तृत रूप से की जाती है। इसके कन्द–गुणों में उत्तम होते हैं। पौधों में कन्द का विकास शीघ्र एवं तीव्र गति से होता है। कन्द में कैरोटीन की मात्रा 466 आई0यू0/100 ग्राम होती है और माड़ (starch) की मात्रा 25.0–27.0 प्रतिशत होती है। इसमें कसावा मोजैक वायरस ज्यादा आता है, लेकिन सर्कोस्पोरा लीफ स्पाट बहुत कम लगता है। स्पाइडर माइट व स्केल कीट का प्रकोप भी कम होता है। इसकी औसत उपज 35.0–38.0 टन प्रति हेक्टेयर तक हो जाती है।

श्री सह्या (Sree Sahya)

इस संकर किस्म का विकास टाप संकरण (top cross hybrid) सन् 1977 में केन्द्रीय कन्द फसल अनुसंधान संस्थान, थिरुवनन्थपरुम्, केरल (Central Tuber Crop Research Institute, Thiruvanathapuram, Kerala) से किया गया है। यह एक बहुसंकरण हाइब्रिड है। यह किस्म 10 महीने में तैयार हो जाती है। इसकी खेती तमिलनाडु तथा कर्नाटक के साथ–साथ उत्तर–पूर्वी राज्यों में भी की जाती है। इस किस्म में स्पाइडर माइट व स्केल कीट का आक्रमण कम होता है तथा माइट के प्रति प्रतिरोधक क्षमता रखती है। कसावा मोजैक वायरस से ज्यादा प्रभावित होता है। कन्द उत्तम गुणों वाले व अधिक शुष्क पदार्थ युक्त होते हैं। यह किस्म औद्योगिक दृष्टि से अच्छी है क्योंकि इसमें माड़ (starch) की मात्रा अधिक (29–31 प्रतिशत) पाई जाती है। औसत उपज 35.0–40.0 टन प्रति हेक्टेयर तक होती है।

श्री प्रकाश (Sree Prakash)

इस किस्म का विकास केन्द्रीय कन्द फसल अनुसंधान संस्थान, थिरुवनन्थपरुम्, केरल (Central Tuber Crop Research Institute, Thiruvanathapuram, Kerala) से किया गया है। यह एक जल्दी तैयार होने वाली किस्म है, जो लगभग 6–7 महीने में तैयार हो जाती है। इसमें कूल माड़ (starch) 29–31 प्रतिशत व साइनोंजेन 30–50 पी0पी0एम0 होता है। केरल राज्य में इसकी खेती काफी प्रचलित है। कन्द का छिलका दूधिया रंग का तथा गूदा सफेद होता है। इसकी औसत उपज 30–35 टन/हेक्टेयर तक होती है। इस किस्म में स्पाइडर माइट व कसावा मोजैक वायरस ज्यादा लगता है लेकिन सर्कोस्पोरा लीफ स्पाट बिल्कुल नहीं लगता है।

श्री हर्षा (Sree Harsha)

इस किस्म का विकास सन् 1996 केन्द्रीय कन्द फसल अनुसंधान संस्थान, थिरुवनन्थपरुम्, केरल (Central Tuber Crop Research Institute, Thiruvanathapuram, Kerala) से त्रिगुणित संकरण (ओपी 04 डिप्लायड)×एच–2304 (चतुर्गुणित) से किया गया है। यह किस्म 10 महीने में पककर तैयार हो जाती है। इसमें कसावा मोजैक ज्यादा लगता है लेकिन सर्कोस्पोरा लीफ स्पाट स्पाइडर माइट तथा स्केल कीट का प्रकोप नहीं होता है। इसमें माड़ (starch) 38–41 प्रतिशत व साइनोजैन 40–55 पी0पी0एम0 होता है। कन्द का छिलका दूधिया रंग का तथा गूदा सफेद रंग का होता है। इसकी उपज क्षमता 35–40 टन/हेक्टेयर है।

श्री जया (Sree Jaya)

इस किस्म का विकास सन् 1998 में केन्द्रीय कन्द फसल अनुसंधान संस्थान, थिरुवनन्थपरुम्, केरल (Central Tuber Crop Research Institute, Thiruvanathapuram, Kerala) से किया गया है। यह किस्म सम्पूर्ण केरल प्रान्त में खेती करने के लिए अनुमोदित है। फसल मात्र 6–7 माह में पककर तैयार हो जाती है। छिलके का रंग बैगनी तथा गूदा सफेद होता है। माड़ (starch) 24–27 प्रतिशत एवं साइनोजेन 40–50 पी0पी0एम0 होता है। इसमें कसावा मोजैक वायरस का प्रकोप मध्यम होता है। स्पाइडर माइट का प्रकोप कम तथा स्केल कीट का प्रकोप नहीं होता है। इसकी औसत उपज 26.0–30.0 टन/हेक्टेयर होता है।

श्री विजया (Sree Vijaya)

इस किस्म का विकास सन् 1998 में केन्द्रीय कन्द फसल अनुसंधान संस्थान, थिरुवनन्थपरुम्, केरल (Central Tuber Crop Research Institute, Thiruvanathapuram, Kerala) से किया गया है। केरल में खेती के लिए अनुमोदित की गयी है। यह एक अगेती किस्म है जो 6–7 माह में ही तैयार हो जाती है। कन्द का छिलका दूधिया सफेद तथा गूदा हल्का पीला होता है। इसमें शुष्क पदार्थ की मात्रा 38–40 प्रतिशत, कुल माड़ (starch) 27–30 प्रतिशत तथा साइनोजेन 40–60 पी0पी0एम0 होता है। इसमें कसावा मोजैक वायरस का प्रकोप मध्यम होता है तथा सर्कोस्पोरा लीफ स्पाट का प्रकोप बिल्कुल नहीं होता है, लेकिन यह किस्म स्पाइडर माइट व स्केल कीट से ज्यादा ग्रसित होती है। औसत उपज 25.0–28.0 टन/हेक्टेयर है।

श्री रेखा (Sree Rekha)

इस संकर किस्म का विकास सन् 2000 में केन्द्रीय कन्द फसल अनुसंधान संस्थान, थिरुवनन्थपरुम्, केरल (Central Tuber Crop Research Institute, Thiruvanathapuram, Kerala) से किया गया है। इस किस्म का विकास टाप संकरण पद्धति (top cross system) द्वारा टी0एम0एस0 63198 × श्री विसाखम् के संकरण से किया गया है। यह किस्म केरल में खेती करने के लिए अनुमोदित है। यह किस्म 8–10 महीनें में तैयार हो जाती है। कन्द में कुल माड़ (starch) 28–30 प्रतिशत व साइनोजेन 49–60 पी0पी0एम0 होता है। खाने में उत्तम स्वादयुक्त है। कन्द की छिलके व गूदा दूधिया सफेद रंग के होते हैं। इस किस्म में कसावा मोजैक ज्यादा लगता है, लेकिन सर्कोस्पोरा लीफ स्पाट कम लगता है। प्रमुख कीट जैसे–स्पाइडर माइट व स्केल कीट का आक्रमण बिल्कुल नहीं होता है। इसकी औसत उपज 45.0–48.0 टन/हेक्टेयर है।

श्री प्रभा (Sree Prabha)

इस किस्म का विकास सन् 2000 में केन्द्रीय कन्द फसल अनुसंधान संस्थान, थिरुवनन्थपरुम्, (केरल) (Central Tuber Crop Research Institute, Thiruvanathapuram, Kerala) से किया गया है। इस किस्म का विकास टी0एम0एम0 631734 × श्री विसाखम् के संकरण से किया गया तथा सम्पूर्ण केरल प्रान्त में खेती के लिए अनुमोदित किया गया। इसके अलावा आन्ध्र प्रदेश, कर्नाटक व तमिलनाडु में भी खेती के लिये उत्तम है। यह मध्यम (8–10 माह) समय में तैयार होने वाली किस्म है। इसके कन्द का छिलका तथा गूदा हल्का पीला रंग का होता है। इसमें कुल माड़ (starch) 26–29 प्रतिशत तथा साइनोजेन की मात्रा 50–85 पी0पी0एम0 होता है। खाने में स्वादयुक्त है। इसकी औसत उपज 40.0–45.0 टन/हेक्टेयर है। इसमें कसावा मोजैक बीमारी ज्यादा आती है, लेकिन सर्कोस्पोरा लीफ स्पाट नहीं आता है। प्रमुख कीट जैसे–स्पाइडर माइट व स्केल कीट का प्रकोप बिल्कुल नहीं होता है।

श्री अथुल्या (Sree Athulya)

इस किस्म का विकास केन्द्रीय कन्द फसल अनुसंधान संस्थान, थिरुवनन्थपरुम्, (केरल) (Central Tuber Crop Research Institute, Thiruvanathapuram, Kerala) द्वारा त्रिगुणित संकरण ओ0पी0–4 (2 एक्स)× श्री विसाखम् (4 एक्स)0 से वर्ष 2006 में किया गया है। यह किस्म तमिलनाडु प्रान्त के लिए अनुमोदित है। यह किस्म 10 माह में पककर तैयार हो जाती है। कन्द में शुष्क पदार्थ 48.5 प्रतिशत, निकलने योग्य माड़ (starch) 30.2 प्रतिशत तथा साइनोजेन की मात्रा 80–90 पी0पी0एम0 होता है। छिलके का रंग दूधिया तथा गूदे का रंग सफेद होता है। इसमें कसावा मोजैक बीमारी ज्यादा लगती है, लेकिन सर्कोस्पोरा लीफ स्पाट का प्रकोप कम होता है। इसमें स्पाइडर माइट व स्केल कीट का आक्रमण नहीं होता है। इसकी औसत उपज 38.7 टन/हेक्टेयर है।

श्री अपूर्वा (Sree Apurva)

इस किस्म का विकास केन्द्रीय कन्द फसल अनुसंधान संस्थान, थिरुवनन्थपरुम्, (केरल) (Central Tuber Crop Research Institute, Thiruvanathapuram, Kerala) अम्बाकादान (द्विगुणित) × श्री सह्या (चतुर्गुणित) के संकरण से सन्, 2006 में किया गया तथा तमिलनाडु प्रान्त के लिए

अनुमोदित किया गया है। फसल 10 माह में पककर तैयार हो जाती है। कन्द के छिलके दूधिया रंग के तथा गूदे सफेद रंग के होते हैं। इसमें शुष्क पदार्थ 46.8 प्रतिशत, निकलने योग्य माड़ (starch) 29.9 प्रतिशत तथा साइनोजेन 85–93 पी0पी0एम0 तक होता हैं। इसकी औसत उपज 38.0 टन / हेक्टेयर है।

श्री पद्मानाभा (Sree Padmanabha)

इस किस्म का विकास केन्द्रीय कन्द फसल अनुसंधान संस्थान, थिरुवनन्थपरुम्, (केरल) (Central Tuber Crop Research Institute, Thiruvanathapuram, Kerala) द्वारा आयातित जनन द्रव्य ''टी0एम0एम0 30001 (आईआई0टी0ए0 नाइजेरिया) के चयन से सन् 2006 में किया गया। इस किस्म को तैयार होने में 270–300 दिन लगते हैं। छिलका एवं गूदा दोनों सफेद रंग का होता है। इसमें शुष्क पदार्थ की मात्रा 34.0 प्रतिशत, माड़ (starch) 25.8 प्रतिशत तथा साइनोजेन 38.2 माइक्रोग्राम / 100 ग्राम होता है। यह खाने के लिए एक उत्तम किस्म है। इसकी उपज क्षमता 38 टन / हेक्टेयर है। इसका अनुमोदन केरल तथा तमिलनाडु दोनों राज्य के लिए व्यावसायिक स्तर पर खेती करने के लिए किया गया है।

कोयम्बटूर–1 (Coimbatore-1)

इस किस्म को तमिलनाडु में उगाने के लिए अनुमोदित किया गया है। इसमें प्रति पौध 8–10 कन्द बनते हैं। कन्द के छिलके का रंग भूरा तथा गूदा सफेद होता है। फसल की अवधि 8–9 माह की होती है। औसत उपज 30.0–35.0 टन / हेक्टेयर होती है।

कोयम्बटूर–2 (Coimbatore-2)

इस किस्म को भी तमिलनाडु में उगाने के लिए अनुमोदित किया गया है। इसकी पौधों पर शाखाएँ अधिक निकलती है। फसल की अवधि 9–10 महीने की होती है। औसत उपज 30.0–35.0 टन / हेक्टेयर है। यह किस्म कोयम्बटूर–1 की तुलना में यह जल्दी तैयार होती है तथा उपज भी अधिक है। दोनों किस्मों का तुलनात्मक अध्ययन सारिणी में दिया गया है।

सारिणी (10.22) कोयम्बटूर–1 और कोयम्बटूर–2 किस्मों का तुलनात्मक अध्ययन

क्र.सं.	गुण	कोयम्बटूर–2	कोयम्बटूर–1
1.	परिपक्वता की अवधि	250–270 दिन	260–280 दिन
	प्रति हेक्टेयर पौध संख्या 75×75 सेन्टी मीटर	17213	17213
2.	90 × 90 सेन्टी मीटर	––	14345
3.	स्टार्च के दानों का आकार	बड़ा	मध्यम
4.	स्टार्च उपज (टन / हेक्टेयर)	12.98	8.85
5.	कन्द की उपज (टन / हेक्टेयर)	37.50	29.80

स्रोत: रामास्वामी एवं सहयोगी, 1985

जलवायु

यह उष्ण कटिबंधीय और उपोष्ण कटिबंधीय भागों की फसल है, जो 20^0 अक्षांश उत्तर व 20^0 अक्षांश दक्षिण में स्थित जगह पर आसानी से खेती की जा सकती है। इसके लिए खुली जगह और अधिक प्रकाश की आवश्यकता होती है। सामान्यतः 25.0–27.0 डिग्री सेन्टीग्रेड तापमान पर जड़ों का विकास अच्छा होता है, लेकिन 10 डिग्री सेन्टीग्रेड से कम तापमान होने पर पौधा मर जाता है। सूखे इलाकों में भी इसकी खेती सफलतापूर्वक की जा सकती है। इसके लिये पाला बहुत ही हानिकारक है। पौधों का विकास रुक–रुक कर वर्षा होने पर ज्यादा होता है। कसावा ऐसी फसल है जो 500 मिली मीटर से लेकर 5000 मिली मीटर तक की वर्षा होने पर सुगमता से उगता है। कसावा कम दिनमान का पौधा है। अतः औसत प्रकाश काल 12 घण्टे की आवश्यकता होती है। ज्यादा प्रकाश होने की दशा में प्रकाश संश्लेषण से निर्मित पदार्थ का एकत्रीकरण जड़ों में नहीं हो पाता है।

भूमि और भूमि की तैयारी

कसावा की खेती किसी भी प्रकार की भूमि में की जा सकती है, लेकिन चिकनी भूमि इसकी खेती के लिए अच्छी नहीं होती है। इसके लिए गहरी ऊपजाऊ, बलुई दोमट भूमि उत्तम होती है। भूमि में जल निकास का उत्तम प्रबन्ध होना चाहिए। ऐसी मिट्टी जिसमें पोषक तत्व कम मात्रा में होता है, वहाँ भी कसावा की खेती की जा सकती है। अगर मिट्टी में पोषक तत्व ज्यादा हो तो वानस्पतिक वृद्धि ज्यादा होती है और जड़ों का विकास कम होता है। इसका लिए मृदा पी0एच0 मान 4.0–8.0 के बीच होना चाहिए।

पोषक तत्व प्रबंधन

जल्द तैयार होने वाली तथा कार्बोहाइड्रेट्स देने वाली अन्य फसलों की तरह कसावा को बहुत ज्यादा पोषक तत्वों की आवश्यकता होती है तथा मृदा से इनका अवशोषण भी ज्यादा करती है। सामान्यतः 30.0 टन कसावा उपज में मृदा से 180.0 किलो ग्राम नत्रजन, 22.0 किलो ग्राम फास्फोरस तथा 160.0 किलो ग्राम पोटाश का उपयोग होता है। इसकी अच्छी फसल के लिए 10.0–15.0 टन प्रति हेक्टेयर की दर से गोबर की सड़ी खाद खेत में डालते हैं। नत्रजन, फास्फोरस व पोटाश की मात्रा 100:50:50 किलो ग्राम प्रति हेक्टेयर है। इसके अलावा रोपण के 1–2 माह बाद 125.0 किलो ग्राम प्रति हेक्टेयर अमोनियम सल्फेट या यूरिया का फसल में छिड़काव कर देने से उपज बढ़ जाता है। अच्छा होगा कि पहली बार मिट्टी चढ़ाते समय 45.0 किलो ग्राम नत्रजन व 50.0 किलो ग्राम पोटाश जड़ों को दिया जाये। इससे उपज के साथ कन्दों की गुणवत्ता में भी विकास होती है। कम दिनों में तैयार होने वाली किस्म ''श्री प्रकाश'' हेतु नत्रजन फास्फोरस व पोटाश की मात्रा 75:25:75 किलो ग्राम है जो 75.0 × 75.0 सेन्टी मीटर की दूरी पर रोपण की गयी फसल हेतु संस्तुत की गयी हैं।

कसावा लगाने की विधि

कसावा का पौध संवर्धन कलम द्वारा की जाती है। पिछली फसल के पके तनों से लगभग 15.0–20.0 सेन्टी मीटर लम्बे व 2.0–3.0 सेन्टी मीटर व्यास के टुकड़े काट लिये जाते हैं। कर्तन

आधार से 10.0 सेन्टी मीटर व उपर से 20.0–30.0 सेन्टी मीटर छोड़कर तना लेना चाहिए। इन टुकड़ों को मिट्टी में थोड़ा झुकाकर 45^0 का कोण बनाते हुए हाथ या मशीन के द्वारा लगाया जाता है। कसावा के कर्तन का रोपण तीन प्रकार से करते हैं–

- बिल्कुल सीधा रोपण (Vertical planting)
- सीधे जमीन के नीचे रोपण (Flat below the soil surface planting)
- झुकाकर 45^0 के कोण पर रोपण (Tilted to 45^0 planting)

चयनित तने को 15 दिन तक रखकर कर्तन तैयार करने से जमाव तीव्र होता है। कतार से कतार की दूरी 90.0 सेन्टी मीटर तथा पौधे से पौधे की दूरी 90.0 सेन्टी मीटर रखी जाती है। आन्ध्र प्रदेश जहाँ 4–5 माह तक वर्षा लगातार होती रहती है, पहले नर्सरी तैयार करते हैं और 20–25 दिनों बाद रोपण करते हैं। एक हेक्टेयर भूमि में कसावा लगाने के लिए लगभग 12,500–18000 टुकड़ों की आवश्यकता होती है। कम वर्षा वाले क्षेत्रों में बिल्कुल सीधा रोपण करने से कर्तन सूखने लगते हैं तथा अधिक वर्षा क्षेत्रों में सीधी रोपाई से कर्तनों में सड़न प्रारम्भ हो जाती है। समान्यतः सुखे क्षेत्रों में सीधे जमीन के नीचे 5.0–10.0 सेन्टी मीटर गहराई पर कर्तन रोपण उत्तम पाया गया है। इस प्रकार रोपण करने से वृद्धि कर रहे पौधों को पूर्ण पोषण तत्व को उपयोग करने में सुगमता होती है। बिल्कुल सीधा रोपण (vertical planting) अधिक वर्षा वाले क्षेत्रों में तथा झूकी कर्तन रोपण विधि मध्यम वर्षा में अच्छा परिणाम देता है। लगभग 5 प्रतिशत कर्तन पौध रूप से विकसित नही होते हैं। कसावा की फसल रोपण का उत्तम समय वर्षा ऋतु है। इस मौसम के कन्दों में स्टार्च की मात्रा ज्यादा पड़ती है। सिंचित अवस्था में कसावा की रोपण किसी भी समय की जा सकती है। तेज व ज्यादा बहुगुणन के लिए दो आँखों वाले 3.0–5.0 सेन्टी मीटर लम्बे कर्तन लगाते है, जिससे बहुगुणन 1:10 से 1:60 के अनुपात में हो जाता है। अर्द्ध व अशाखित किस्मों को 75.0×75.0 सेन्टी मीटर की दूरी पर लगाते हैं। मध्य प्रदेश में 90×90 सेन्टी मीटर व 90×75 सेन्टी मीटर में तथा तमिलनाडु में अशाखित किस्मों को 75×90 सेन्टी मीटर की दूरी पर लगाते हैं।

सिंचाई जल प्रबन्धन

अगर वर्षा सामान्य ढंग से हो रही है तो सिंचाई की आवश्यकता नहीं पड़ती है। सिंचित दशा में पहली सिंचाई कर्तन रोपण के तुरन्त बाद करनी चाहिए और उसके बाद की सिंचाई 3–5 दिन के अन्तराल पर करनी चाहिए। नमी युक्त मृदा में कर्तन का जमाव रोपण के प्रथम सप्ताह में हो जाता है। जब पौध पूरी तरह लग जाये तो 10–15 दिनों के अन्तराल पर सिंचाई करना उपयुक्त रहता है।

खरपतवार नियन्त्रण

फसल से समयानुसार खरपतवार के जड़ों, भूस्तारी, जड़ कन्द आदि को निकालना चाहिए। प्रारम्भिक अवस्था में खरपतवार निकाल देने से जड़ों का विकास अच्छा होता है। इसके लिए 2–3 बार खरपतवार निकाल कर गुड़ाई पर्याप्त होती है। गुड़ाई करने के बाद पौधों पर मिट्टी चढ़ा देनी चाहिए। खेतों में पलवार लगाने से न केवल खेतों से खरपतवार कम होते हैं बल्कि मृदा में नमी की

मात्रा लम्बे समय तक संचित रहती है। रासायनिक विधि से खरपतवार नियन्त्रण के लिए डाइयूरान की 1.6 किलो ग्राम मात्रा या एट्राजिन की 2.0 किलो ग्राम मात्रा प्रति हेक्टेयर कर्तन रोपण के बाद प्रयोग करने से उत्तम परिणाम प्राप्त होते हैं।

फसल की खुदाई

कसावा की फसल को पूर्णतया पककर तैयार होने में लगभग 8–12 महीने लगते हैं, लेकिन कुछ किस्में 7–8 महीनें में ही पककर तैयार हो जाती हैं अतः फसल की खुदाई का समय किस्म पर निर्भर करता है। फसल अधिक दिन तक खेत में नहीं छोड़नी चाहिए अन्यथा जड़ों की गुणवत्ता खराब हो जाती है और खाने योग्य नहीं रहती है। अधिकतर कसावा की खुदाई हाथ द्वारा करते हैं। ऊपरी भाग को काटकर हटाने के बाद जड़ों की खुदाई कर लिया जाता है या उखाड़ लिया जाता है। ब्राजील में कसावा की खुदाई व तनों की कटाई के लिए मशीन का प्रयोग किया जाता है। सावधानी पूर्वक खुदाई करने पर भण्डारण क्षमता बढ़ जाती है।

पैदावार

सामान्यतः कसावा की खेती छोटे व कम ऊर्वर जमीन में की जाती है। इसकी पैदावार मौसम, मृदा के प्रकार, किस्म व अन्य उत्पादन घटकों पर निर्भर करता है। औसत पैदावार 25.0–40.0 टन/हेक्टयर तक होती है। अगर अच्छी सस्य क्रियाएँ व देखभाल की जाये तो 40.00 टन/हेक्टयर से ज्यादा उपज प्राप्त की जा सकती है।

तुड़ाई उपरान्त प्रवन्धन

कसावा के जड़ बहुत जल्दी खराब होने लगते हैं, अतः उनका भण्डारण लम्बे समय तक करना मुश्किल होता है। भण्डारण के समय जड़ कन्दों का बदरंग होना, आन्तरिक वाहक नलियों का सूखना, स्टार्च की मात्रा का दिन प्रतिदिन कम होना व शर्करा की मात्रा का वृद्धि होना जैसे कुछ परिवर्तन देखने को मिलते हैं। कन्दों पर नीली रेखा के विकास से पता चलता है कि इनमें पालीफिनाल की मात्रा में वृद्धि हो रही है। नमी युक्त मृदा बालू व बुरादा में कसावा का भण्डारण एक महीने तक आसानी से किया जा सकता है। अगर उपरोक्त माध्यम में नमी बढ़ गई तो कन्दों में जमाव होने लगता है। इसकी भण्डारण क्षमता में 15 दिनों तक वृद्धि करने के लिए कन्दों को 0.04 प्रतिशत थायाब्लेण्डाजोल के घोल में कुछ मिनट तक डूबोकर छायादार स्थान में सुखाकर छिद्रयुक्त पालीइथीलीन थैले में पैकिंग किया जाता है।

कसावा का मूल्य संबर्धन

कसावा के मूल्य संबर्धन से अनेकों उत्पाद तैयार किये जाते हैं। छिलका उतारकर कन्दों के फॉक (slice) बनाकर सुखाते हैं व चिप्स तैयार करते हैं। ''पारब्याल्ड चिप्स'' तैयार करने के लिए फॉक को पानी में 10 मिनट तक उबालकर सुखाते हैं। कसावा से आटा तैयार करने के लिए कन्दों के टूकड़े बनाकर उबालते व सुखाते हैं। सुखे फॉक को पीसकर आटा बनाते हैं, जिससे पुनः विभिन्न उत्पाद तैयार किए जाते हैं। परम्परागत भारतीय भोज्य जैसे—चपाती, उपमा, पून्तू, इटली व डोसा

की तैयारी कसावा के आटा से किया जाता है। रोटी, बिस्कुट, कटलेट्स, कस्टर्ड पावडर, आइसक्रीम पावडर, फ्लेक्स की तैयारी कसावा के आटा से किया जाता है। कसावा के जड़ कन्दों का उपयोग स्टार्च, सागो, लिक्विड ग्लूकोज, डेक्सीट्रीन, गोंद व उच्च गुणवत्तायुक्त फ्रक्टोज, सीरप व पशु चारा भी तैयार किया जाता है।

पौध संरक्षण

प्रमुख कीट एवं उनका प्रबन्धन

सफेद सूड़ी (White Grubs)

सूड़ी नव विकसित पौधों के जड़ों को खाकर नुकसान पहुँचाती है। इसके प्रकोप से जड़ें प्रभावित होती है। अतः पौधा पीला होकर सूखने लगता है। प्रथम लक्षण उकठा नामक बीमारी जैसी होती है। सफेद सूड़ी के नियन्त्रण हेतु थिमेट–3–जी (फोरेट) दाने 25.0–30.0 किलो ग्राम या फ्यूराडान–3–जी (कार्बोफ्यूरान) की 30.0–40.0 किलो ग्राम मात्रा प्रति हेक्टेयर खेत में रोपण पूर्व उपयोग करना चाहिए।

स्पाइरिंलीग व्हाइट फ्लाई (Spiriling White Fly)

स्पाइरिंलीग व्हाइट फ्लाई (*Aleurodicus disperus*) का प्रकोप होने पर सड़ने का चिन्ह पत्तियों पर विकसित होता है, जो बाद में पत्तियों पर सूटी मोल्ड (shooty mould) विकसित होने के कारण काली हो जाती है। नियन्त्रण के लिये 1.0 मिली लीटर रोगार प्रति लीटर पानी में घोलकर फसल पर छिड़काव करना चाहिए।

मकड़ी व थ्रिप्स (Mites and Thrips)

मकड़ी व थ्रिप्स दोनों रस चूसने वाले कीट है, अतः पौधों की पत्तियों के रस चूस लेने के कारण पत्तियाँ बदरंग व पीली हो जाती हैं। बाद में पौधों से पत्तियों का निष्पत्रण हो जाता है। थ्रिप्स के आक्रमण से पौधों की पत्तियाँ हल्की और मुड़ जाती है। इसके नियन्त्रण के लिए पौधों पर रोगार की 30 ई0सी0 (डाईमेथोएट) की 0.05 प्रतिशत घोल का छिड़काव करना चाहिए। अनेकों चलने वाले मकड़ी (माइट्स) टाइफ्लोड्रोमाल्स अरीपो (*Typholodromalus aripo*), टाइफ्लोड्रोमाल्स मैनीहोटी (*Typholodromalus manihot*) तथा नियोसैयूलस इडियस (*Neoseiulus idaeus*) मकड़ी के नियन्त्रण में सहायक होते हैं।

स्केल कीट (Scale insect)

स्केल कीट का प्रकोप लगने वाले तने के उपर होता है। डाईमेथोएट या मिथाइल डेमेटान की 0.05 प्रतिरात छिड़काव तीन बार जनवरी, फरवरी व मार्च में करने से पूर्ण नियन्त्रण हो जाता है।

प्रमुख रोग एवं उनका प्रबंधन

कसावा मोजैक (Cassava mosaic)

जेमिनी वायरस (Gemini virus) द्वारा फैलने वाला कसावा मोजैक एक भयंकर बीमारी है, जिससे पौधे का विकास प्रभावित होता है व कन्दों का विकास रूक जाता है। इस बीमारी को फैलाने

वाला वाहक सफेद मक्खी (white fly) बेमिसिया टबकी (जेन) (*Bemisia tabaci* Genn.) है। अधिक तापमान, कम आर्द्रता व अवर्षा के कारण फरवरी–मार्च के महीनें में सफेद मक्खी की संख्या ज्यादा बढ़ जाती है। रोगी पत्तियों में मोजैक के लक्षण गहरे व हल्के हरे धब्बे तथा कम व सिकुड़नयुक्त पत्ती के किनारे देखने को मिलते हैं। इस बीमारी के प्रति अधिकांश प्रजातियाँ व प्रभेद संवेदनशील है। इसका प्रसारण मुख्यतः रोगी कर्तनों से होता है। अतः रोगमुक्त कर्तनों के प्रयोग की अनुशंसा की जाती है। रोग ग्रसित पौधों की छटनी व चयन सबसे उत्तम उपाय है। नर्सरी में कर्तन कर रोपण करने से भी रोगमुक्त फसल ली जा सकती है।

याम्स (Yams)

खाने योग्य याम्स (yams) डायस्कोरिया (*Dioscorea species*) प्रजाति के अन्तर्गत आते हैं, जिनकी खेती बड़े पैमाने पर उष्णकटिबन्धीय देशों (tropical countries) में की जाती है। सामान्यतः यह समूह अल्प उपयोगी कन्द के रूप में एकवर्षीय (annuals) या बहुवर्षीय (perennials) शाकीय बढ़ने वाले पौधे होते हैं। इसके अन्तर्गत विश्व की कुल 600 प्रजातियाँ समाहित हैं। याम्स एकालिंगाश्रयी (dioecious) प्रकृति के होते हैं। केवल चीन से 53 प्रजातियों का विवरण मिलता है। अफ्रीका, दक्षिणी अमेरिका तथा केरिबियन में याम्स महत्वपूर्ण खाद्य पदार्थ माना जाता है।

सारिणी (10.23) सब्जियों के रूप में उपयोगी याम्स की प्रजातियाँ

फसल	वानस्पतिक नाम	गुणसूत्र संख्या	उत्पत्ति स्थान
लेसर याम (Lesser yam) चायनिज याम (Chinese yam)	डायस्कोरिया एस्क्यूलेन्टा (*Dioscorea esculenta* Laur. Work.)	2एन=9एक्स=90 10एक्स=100	दक्षिण पूर्व एशिया
ग्रेटर याम (Greater yam) वाटर याम (Water yam) विंग्ड याम (Winged yam)	डायस्कोरिया एलाटा एल. (*Dioscorea alata* L.)	2एन=4एक्स=40 6एक्स=60 8 एक्स=80	इण्डो वर्मा क्षेत्र व दक्षिण पूर्व एशिया
व्हाइट याम (White yam) व्हाइट गुनिया याम (White guinea yam)	डायस्कोरयि रोटन्डाटा पोयर (*Dioscorea rotundata* Poir.)	2एन=4एक्स=40 6 एक्स=60	पश्चिम अफ्रीका
एरियल याम (Aerial yam) पोटैटो याम (Potato yam)	डायस्कोरिया बल्बीफेरा एल (*Dioscorea bulbifera* L.)	2एन=4एक्स=40 6 एक्स=60 8 एक्स=80 10एक्स=100	दक्षिण पूर्व एशिया व अफ्रीका

सन् 2000 के आकड़ों के अनुसार (एफ0ए0ओ0, स्टैट) पूरी दुनिया में 37.5 मिलियन टन याम का उत्पादन हुआ, जिसमें अफ्रीका अकेले 24.4 मिलियन टन याम का उत्पादन किया है, जो कुल उत्पादन का 65 प्रतिशत बैठता है। विश्व में प्रमुख याम उत्पादक देश कामेरून (Cameroon), नाइजेरिया (Nigeria), बेनिन रिपब्लीक (Benin Republic), टोगो (Togo), घाना (Ghana) व आवोरी कोस्ट (Ivory coast) है। अफ्रीका के बाहरी देशों जैसे चीन व दक्षिण पूर्व एशिया में भी खेती की जाती है। भारत वर्ष में याम की खेती धान्य फसलों (cereal crops) के पूरक रूप में उगाई जाती है। नीचे की सारिणी में याम का क्षेत्रफल, उत्पादन व उत्पादकता दिया गया है।

सारिणी (10.24) विश्व तथा भारतवर्ष में याम्स का क्षेत्रफल, उत्पादन व उत्पादकता

विश्व	आँकड़ा	भारत	आँकड़ा
क्षेत्रफल	4.4 मिलियन हेक्टेयर	**क्षेत्रफल**	0.03 मिलियन हेक्टेयर
उत्पादन	40 मिलियन टन	**उत्पादन**	0.8 मिलियन टन
उत्पादकता	9.2 टन प्रति हेक्टेयर	**उत्पादकता**	2.8 टन प्रति हेक्टेयर

सारिणी (10.25) विश्व के प्रमुख याम उत्पादक देश तथा उत्पादन

देश	उत्पादन (टन/हेक्टेयर)0
नाइजेरिया	27.0
घाना	3.9
कोटे डी आइवोरी	3.0
बेनिन	2.5
टोगो	0.57
कोन्गो	0.33
कोलम्बिया	0.32
इथियोपिया	0.30
पपुवा न्यूगिनिया	0.28

सूथनी या चायनीज याम या लेसर याम (Chinese Yam or Lesser Yam)

वानस्पतिक नाम : डायस्कोरिया एस्क्यूलेन्टा (*Dioscorea esculenta* Laur. Bork.)

कुल : डायस्कोरेसी (Dioscoreaceae)

गुणसूत्र संख्या : 2 एन = 20

चायनीज या लेसर याम या सूथनी की खेती का इतिहास दक्षिण चीन में लगभग 1700 वर्ष पुराना है। याम एकबीजपत्रीय पौधा है। इसको लेसर याम इसलिये कहा जाता है कि इसका भण्डारण अच्छी प्रकार से नही किया जा कसता है। इसे एशियाई या चीनी रतालू या सूथनी के नाम से भी जाना जाता है। इसके तने पतले व लतानुमा हाते हैं और उन पर छोटे–छोटे रोयें पाये जाते हैं। पत्तियाँ छोटी व पान के पत्तानुमा एकान्तरण क्रम में लगी होती है। इसकी खेती मुख्य रूप से भारत के पूर्वी उत्तर प्रदेश और बिहार प्रान्त में होती है। इसके कन्द अण्डाकार व छोटे होते है और 10–15 के गुच्छे में बनते हैं। कन्द पीले भूरे रंग का होता है तथा गूदा सफेद होता है। इसके कन्द उबालने या पकाने पर मीठे लगते हैं।

वानस्पतिक विवरण

सूथनी या चायनीज याम या लेसर याम में पतले रोयें व काटेंदार तना होता है, जो बायें हाथ की दिशा में चढ़ता है। पत्तियाँ बहुत छोटी, विस्तृत रूप से हृदयाकार एवं एकान्तर क्रम से लगी होती हैं। कन्द बहुत छोटे तथा 10–20 की संख्या में गुच्छे स्वरूप होती हैं। ये कन्द अन्त में भूस्तारी बनाते हैं। कन्द पतला व पीले हरे रंग का होता है, जिसके गूदे सफेद होते हैं।

उन्नतिशील किस्में

श्री कला (Sree Kala)

इस किस्म का विकास केन्द्रीय कन्द फसल अनुसंधान संस्थान, थिरुवनन्थपुरम्, केरल (Central Tuber Crop Research Institute, Thiruvanathapuram, Kerala) द्वारा आयातीत जनन द्रव्य से चयन कर की गयी है। पौधे बढ़ने वाले तथा बायें तरफ मुड़कर चढ़ने वाले होते हैं। पत्तियाँ हृदयकार होती हैं। कन्द चिकने, अण्डाकार, छिलका–भूरे रंग का तथा गूदा सफेद होता है। कन्दों में शुष्क पदार्थ 35–37 प्रतिशत, कुल स्टार्च 23–25 प्रतिशत तथा कुल शर्करा 1.0–1.3 प्रतिशत होता है। औसत उपज लगभग 20.0 टन प्रति हेक्टेयर होती है। इसमें याम मोजैक बीमारी नहीं आती है।

श्री लता (Sree Latha)

इस किस्म का विकास केन्द्रीय कन्द फसल अनुसंधान संस्थान, थिरुवनन्थपुरम्, केरल (Central Tuber Crop Research Institute, Thiruvanathapuram, Kerala) द्वारा भारतीय जननद्रव्यों से

चयन कर किया है तथा वर्ष 1983 में व्यावसायिक खेती के लिए संस्तुत की गई। यह किस्म लगभग 8 महीनें में तैयार होती है। पौधे बायें तरफ लपेट कर चढ़ते है। पत्तियाँ ह्रदयाकार, कन्द चिकने, अण्डाकार, छिलका भूरे रंग का तथा गूदा सफेद रंग का होता है। यह केरल, बिहार, महाराष्ट्र, आन्ध्र प्रदेश तथा पश्चिमी बंगाल के लिये उपयुक्त मानी जाती है। खाने में स्वादिष्ट, कन्दों की औसत उपज 25.0 टन प्रति हेक्टेयर तक होती है। कन्दों में शुष्क पदार्थ 28.5–30.0 प्रतिशत, कुल स्टार्च 18.0–19.0 प्रतिशत, प्रोटीन 2.0–2.5 प्रतिशत तथा कुल शर्करा 2.0–2.5 प्रतिशत होता है। इसमें मोजैक बीमारी कम लगाती है।

बीज दर

एक हेक्टेयर भूमि में लगाने के लिए 10.0–12.0 क्विंटल सुथनी के कन्द पर्याप्त होते हैं।

लगाने की विधि

इसको कतार से कतार तथा पौधों के बीच 30.0 सेन्टी मीटर की दूरी रखकर लगाया जाता है।

पोषक तत्व प्रबन्धन

इसकी अच्छी फसल के लिए लगभग 15.0–20.0 टन प्रति हेक्टेयर की दर से गोबर की खाद, खेत की तैयारी करते समय मिट्टी में मिला दी जाती है। पोषक तत्व के रूप में नाइट्रोजन 120 किलो ग्राम, फास्फोरस 150 किलो ग्राम तथा पोटाश 90 किलो ग्राम प्रति हेक्टेयर देना चाहिए।

सिंचाई जल प्रबन्धन

सुथनी के लिए 6–7 सिंचाई की जरूरत होती है।

फसल की खुदाई

इसकी फसल को तैयार होने में लगभग 5–6 महीने लगते हैं। खुदाई अक्टूबर से जनवरी तक की जाती है।

पैदावार

औसत पैदावार 20.0–25.0 टन प्रति हेक्टेयर तक होती है।

रतालू या ग्रेटर याम (Greater Yam) या वाटर याम (Water Yam) या विंग्ड याम (Winged Yam)

वानस्पतिक नाम : डायस्कोरिया एलाटा (*Dioscorea alata* L.)

कुल : डायस्कोरेसी (Dioscoreaceae)

गुणसूत्र संख्या : 2 एन = 40

रतालू उष्ण कटिबंधीय अमेरिका और एशिया का एक प्रमुख खाद्य कन्द है। अफ्रीका में रतालू की फसल की खेती सम्पन्नता का प्रतीक माना जाता है। इसमें कार्बोहाइड्रेट्स तथा विटामिन "बी" अधिक मात्रा में पाये जाते हैं। इसको आलू की तरह उबाल कर सब्जी बनाई जाती है। व्यवहार में इसके कन्दों को भूनकर, चिप्स तथा आटे के रूप में उपयोग में लाया जाता है।

वानस्पतिक विवरण

डायस्कोरिया अलाटा (*Dioscorea alata*) का पौधा परदार (winged) होता है, जो सामान्यतः हाथ के दाहिने तरफ मुड़ता है। पत्तियाँ बड़ी, अण्डाकार व हृदयाकार होती हैं। कन्द बड़ा व आकार–प्रकार में भिन्न होता है। प्रति पौध 1–3 कन्द बनते हैं। कन्द का गूदा सफेद, दुधिया, हल्का पीला व बैगनी होता है। कई प्रभेद ऐसे हैं, जिनमें आकाशीय (aerial) कुप्पेदार उपकन्द (bulbills) पत्तियों के कक्ष से विकसित होते हैं। इस प्रजाति में प्राकृतिक रुप से बीज विकास मुश्किल से होता है, जबकि संकर बीज व लैंगिक संतति का उत्पादन केन्द्रीय कन्द फसल अनुसंधान संस्थान, थिरुवनन्थपरुम्, केरल (Central Tuber Crop Research Institute, Thiruvanathapuram, Kerala) द्वारा किया गया है, जिसमें उचित जननद्रव्य संग्रह, उचित चयन प्रक्रिया और समय से पुष्पन करने वाले पौधों को लगाना महत्वपूर्ण है, जिससे नर व मादा पुष्पन समय से हो व कृत्रिम रुप से परागण कर सके। इस पद्यति से संस्थान ने विश्व में पहली संकर "श्री शिल्पा" का विकास किया है।

पोषकीय महत्व

पोषण की दृष्टि से इसके कन्दों का विशेष महत्व है। सिर्फ हमारे देश में ही नहीं विश्व के अनेक देशों में इसके कन्दों को बड़े चाव से खाया जाता है। इसके कन्दों में अनेक औषधीय गुण भी पाये जाते हैं। रतालू कार्बोहाइड्रेट्स का अच्छा स्रोत है और इसके कार्बोहाइड्रेट्स में स्टार्च मुख्य रूप से होता है, जबकि शर्करा की मात्रा 1 प्रतिशत से भी कम होती है। उपलब्ध शर्करा में ग्लूकोज, सुक्रोज तथा अल्प मात्रा में फ्रक्टोज होता है। इसके स्टार्च में एमिलो पेक्टिन होता है, जिसमें 10–25 प्रतिशत तक एमिलोज होता है।

डायस्कोरिया अलाटा (*Dioscorea alata*)

इसका कन्द कृमिनाशी है और इसको कोढ़, बवासीर और गोनोरिया के इलाज के लिए प्रयोग किया जाता है।

डायस्कोरिया बल्बीफेरा (*Dioscorea bulbifera*)

इसके कन्द को बवासीर और दस्त के इलाज के लिए प्रयोग करते हैं। इसको घाव, अल्सर, रक्तस्राव, सूजन और साँप काटने पर त्वचा के उपर लगाया जाता है। रतालू में पाये जाने वाले पोषक तत्वों को सारिणी में दिया गया है—

सारिणी (10.26) रतालू में पोय जाने वाले पोषक तत्व (प्रति 100 ग्राम खाने योग्य भाग में)

पोषक तत्व	मात्रा
नमी	74 ग्राम
प्रोटीन	1.5 ग्राम
वसा	0.2 ग्राम
कार्बोहाइड्रेट्स	24.2 ग्राम
थाइमिन	0.1 ग्राम
रिबोफ्लेविन	0.01 ग्राम
नियासिन	0.8 ग्राम
एस्कार्बिक अम्ल	15 मिली ग्राम
कैल्सियम	12 मिली ग्राम
फास्फोरस	35 मिली ग्राम
आयरन	0.08 मिली ग्राम

स्रोतः गोपालन एवं सहयोगी, 1999

उन्नतिशील किस्में

इसकी किस्में कन्दों के आकार और रंगों के अनुसार होती है। रंगों के आधार पर इसकी दो किस्में सफेद व लाल होती है। रतालू की मुख्य किस्में निम्न हैः—

1. श्री कीर्थी (Sree Keerthi)

श्री कीर्थी (डी0ए0 60) किस्म का विकास केन्द्रीय कन्द फसल अनुसंधान संस्थान, थिरुवनन्थपुरम्, केरल (Central Tuber Crop Research Institute, Thiruvanathapuram, Kerala) द्वारा सन् 1987 में एकत्रित जननद्रव्यों से कायिक चयन करके किया गया है। इसके पौधे दाहिने तरफ चढ़ने वाले, हरे रंग के, पत्तियाँ तीर की नोक जैसी (sagittate) व चौड़ी होती हैं। यह किस्म लगभग 9—10 माह में तैयार हो जाती है। केरल में आमतौर पर उगाई जाने वाली इस किस्म के कन्द अच्छी किस्म के होते हैं, जिसके छिलके भूरे तथा हल्के पीले कतार वाले व गूदा सफेद होता है। इसकी औसत उपज 25.0—30.0 टन/हेक्टेयर होती है। कन्द में स्टार्च 20.0—22.0 प्रतिशत, कुल शुष्क पदार्थ 29.0—31.0 प्रतिशत तथा प्रोटीन 1.5 से 2.0 प्रतिशत होता है। इस किस्म में पत्ती धब्बा, एन्थ्रेकनोज ज्यादा आता है लेकिन स्केल कीट (scale insect) कम लगता है।

2. श्री रूपा (Sree Roopa)

श्री रूपा (डी0ए0—80) किस्म का विकास स्थानीय जननद्रव्यों के संग्रह व चयन कर केन्द्रीय कन्द फसल अनुसंधान संस्थान, थिरुवनन्थपुरम्, केरल (Central Tuber Crop Research Institute,

Thiruvanathapuram, Kerala) द्वारा सन् 1987 में किया गया है। पौधे दाहिने हाथ मुड़कर चढ़ने वाले, पत्तियाँ हृदयाकार, हरी, कन्द चिकने, छिलका काला व गूदा सफेद होता है। यह किस्म भी तैयार होनें में 9–10 माह लेती है। केरल में इसकी खेती विस्तृत क्षेत्र में की जाती है। इसके कन्द स्वाद में उत्तम होते हैं। इस किस्म के कन्दों में कुल शुष्क पदार्थ 22–24 प्रतिशत, कुल स्टार्च 16–18 प्रतिशत, प्रोटीन 1.2–2.0 प्रतिशत तथा कुल शर्करा 1.0–1.5 प्रतिशत होता है। इसमें एन्थ्रेकनोज व पत्ती धब्बा बीमारी ज्यादा लगता है।

3. श्री शिल्पा (Sree Shilpa)

श्री शिल्पा (डी0 ए0 197) एक संकर किस्म है जिसको डी0ए0 140×श्री कीर्थी के आपसी संकरण करके केन्द्रीय कन्द फसल अनुसंधान संस्थान, थिरुवनन्थपरुम्, केरल (Central Tuber Crop Research Institute, Thiruvanathapuram, Kerala) द्वारा विश्व में पहली बार विकास किया गया है। इसको व्यावसायिक रूप से खेती करने के लिए सन् 1987 में अनुमोदित किया गया है। पौधे दाहिने हाथ की दिशा में चढ़ने वाले पत्तियाँ हृदयाकार व कटे भाग एक दूसरे पर चढ़े हुए होते हैं। तना बैंगनी हरा तथा नवीन पत्तियाँ हरे रंग की होती हैं। फसल मात्र 8 महीनें में पककर तैयार हो जाती हैं। कन्द पूर्ण रूप से फूले हुए अण्डाकार, चिकने, छिलका काला तथा पीली कार्टेक्स का तथा गूदा सफेद होता है। कन्दों में कुल शुष्क पदार्थ 33–35 प्रतिशत, कुल स्टार्च 17–19 प्रतिशत, प्रोटीन 1.4–2.0 प्रतिशत तथा कुल शर्करा 0.8–1.2 प्रतिशत होता है। पकाने में जल्दी पकता है तथा खाने में स्वादिष्ट होता है। इस किस्म की औसत उपज 28.0 टन प्रति हेक्टेयर है। एन्थ्रेक्नोज (Anthracnose) के प्रति संवेदन शील है लेकिन पर्ण धब्बा लगने की सूचना नहीं है।

4. श्री कार्थिका (Sree Karthika)

श्री कार्थिका (डी0ए0 199) किस्म का विकास स्थानीय जननद्रव्यों के संग्रह से चयनित करके केन्द्रीय कन्द फसल अनुसंधान संस्थान, थिरुवनन्थपरुम्, केरल (Central Tuber Crop Research Institute, Thiruvanathapuram, Kerala) द्वारा सन् 2004 में किया गया है। इस किस्म के पौधे दाहिने तरफ लपेटकर चढ़ने वाले, पत्तियाँ लम्बी व हृदयाकार, तना हरा व नवीन पत्तियाँ बैगनी होती हैं। फसल 9 महीने में तैयार हो जाती हैं। कन्द मध्यम लम्बे, अण्डाकार, भूरे–काले जिनमें नारंगी छाल होता है तथा गूदा सफेद होता है। कन्दों में कुल शुष्क पदार्थ 30.3 प्रतिशत, कुल स्टार्च 21.4 प्रतिशत, प्रोटीन 2.5 प्रतिशत तथा कुल शर्करा 1.1 प्रतिशत होता है। पकने में जल्दी तथा खाने में स्वादिष्ट होता है। इस किस्म की औसत उपज 30.0 टन/हेक्टेयर होती है।

5. ओडिशा इलाइट (Odisha Elite)

ओडिशा इलाइट (elite) प्रजाति का विकास कायिक चयन द्वारा इस प्रजाति का विकास केन्द्रीय कन्द फसल अनुसंधान संस्थान, थिरुवनन्थपरुम्, केरल (Central Tuber Crop Research Institute, Thiruvanathapuram, Kerala) क्षेत्रीय केन्द्र भुवनेश्वर (ओडिशा) द्वारा सन् 2005 में किया गया हैं। फसल दाहिने हाथ चढ़ने वाले, पत्तियाँ हृदयाकार, तना हरा, कन्द सफेद, बेलनाकार, छिलका गहरा भूरा तथा दूधिया कार्टेक्स वाले गूदा सफेद होता है। फसल मात्र 5–6 महीने में तैयार

हो जाती है। कन्दों में शुष्क पदार्थ 28.9 प्रतिशत, कुल स्टार्च 20.1 प्रतिशत तथा कुल शर्करा 3.8 प्रतिशत होता है। कन्द मुलायम, न चिपकने वाले तथा खाने में स्वादिष्ट होते हैं। इस किस्म की औसत उपज 25.0 टन/हेक्टेयर है। याम विषाणु तथा सर्कोस्पोरा पर्ण धब्बा का प्रकोप कम होता है।

जलवायु

रतालू के लिए उष्ण कटिबंधीय जलवायु की आवश्यकता होती है।

भूमि

रतालू गहरी उपजाऊ भूमि जिसमें जल निकास का उत्तम प्रबन्ध हो, अच्छी होती है।

कन्द लगाने का समय

रतालू का प्रसारण कन्द द्वारा होता है। कन्दों को लगाने का समय फरवरी से मई माह तक होता है।

बीज की मात्रा

एक हेक्टेयर भूमि के लिए 0.10–1.25 टन रतालू के कन्दों की आवश्यकता होती है।

लगाने की विधि

जड़ का ऊपरी भाग और बगल वाले जड़ें लगाने के लिए उत्तम होती हैं। रतालू को 75.0 × 75.0 सेन्टमीटर दूरी पर नालियाँ बनाकर लगाया जाता है। इन नालियों में कन्द लगाकर मिट्टी से दबा दिये जाते हैं।

पोषक तत्व प्रबंधन

पटेल (1968) के अनुसार इसकी फसल को 25.0 टन/हेक्टेयर गोबर की अच्छी सड़ी खाद तथा 75.0 किलो ग्राम नत्रजन की आवश्यकता होती है। शर्मा (1954) के अनुसार 15.0–20.0 टन/हेक्टेयर गोबर की अच्छी सड़ी खाद खेत में डालने से कन्दों की गुणवत्ता बढ़ जाती है। पोषक तत्व के रूप में नत्रजन 150 किलो ग्राम, फास्फोरस 180 किलो ग्राम तथा पोटाश 125 किलो ग्राम प्रति हेक्टेयर प्रयोग करना चाहिए।

सिंचाई जल प्रबन्धन

रतालू की फसल के लिए 6–7 सिंचाईयों की आवश्यकता होती है। गर्मी के महीनों में सिंचाई अपेक्षाकृत जल्दी–जल्दी करनी चाहिए।

फसल की खुदाई

रतालू की फसल की खुदाई फरवरी–मार्च में की जाती है। इसकी फसल लगभग 6–7 महीनें में खुदाई के लिए तैयार हो जाती है।

पैदावार–इसकी औसत पैदावार 15.0–17.5 टन/हेक्टेयर होती है।

व्हाइट याम या व्हाइट गुनिया याम
(White Yam or White Gunia Yam)

वानस्पतिक नाम : डायस्कोरिया रोटन्डाटा पोयर0 (*Dioscorea rotundata* Poir.)

कुल : डायस्कोरेसी (Dioscoreaceae)

गुणसूत्र संख्या : 4 एक्स = 40, 6 एक्स = 60

अन्य याम की तुलना में पूरे विश्व में ह्वाइट याम की खेती सबसे ज्यादा की जाती है। सब्जी के अलावा इसको प्रसंस्कृति कर चिप्सं व अन्य तले उत्पाद बनाये जाते हैं।

उद्‌भव एवं वितरण

व्हाइट याम की उत्पत्ति स्थल पश्चिम अफ्रीका है। ये एकलिंगाश्रयी हैं। सामान्यतः यह कहा जाता है, कि डायस्कोरिया रोटनडाटा (*Dioscorea rotundata* Poir.) की कोई जंगली प्रजाति नहीं है और सम्भवतः प्रकृति में इसका प्रादुर्भाव डायस्कोरिया प्रीहेन्सीलिस (*Dioscorea praehensilis*) से हुआ है। पष्चिम अफ्रीका इसकी खेती के लिए ज्यादा महत्वपूर्ण है। इसके अलावा इसकी खेती वेस्टइण्डिज व कुछ स्तर तक पूर्वी अफ्रीका में भी होता है। जबकि एशियाई देशों बहुत कम या बिल्कुल नहीं होती है।

वानस्पतिक विवरण

व्हाइट याम एक लिगांश्रयी (dioecious) पौधा है। तना तथा पत्ती परहीन (wingless), कठोर तना जिस पर सामन्यतः काँटें विकसित होते हैं। पत्तियाँ बहुत छोटी, साधारणतया वृहद् स्तर पर हृदयाकार और एकान्तर क्रम में लगी रहती हैं। तना दायें दिशा की तरफ चढ़ती है और पौधों की लम्बाई कई मीटर तक होती है। तने पर सफेद फूल विकसित होते हैं। कन्द बहुत छोटे और 10–20 के गुच्छे में विकसित होते हैं। इनके कन्द बेलनाकार, पीले–भूरे छिलके वाले, तथा गूदा सफेद होता है। कन्द में बनने वाले स्टार्च के कण बड़े व अण्डाकार होते हैं।

पोषकीय महत्व

व्हाइट याम का पोषकीय गुण आलू के गुण के बराबर ही होते हैं। व्हाइट याम को प्रसंस्करण कर अनेकों प्रकार के खाद्य पदार्थ जैसे स्लाइस (slice), बोल्स (bolls), चिप्स (chips),व फ्लेक्स (flakes) आदि बनाये जोते हैं। इसके अलावा स्टार्च उत्पादन, मुर्गी व पशु आहार भी बनाये जाते हैं। वर्तमान समय में इसका आटा व बिस्कुट ज्यादा प्रचलित हो रहा।

जलवायु

व्हाइट याम की खेती वर्षा आधारित होती है। यह पुरी तरह से उष्ण कटिबन्धीय मौसम (tropica climate) का पौधा है और 20.0 डिग्री सेन्टीग्रेड के नीचे का तापमान सहन नहीं कर पाता है। इसके उचित विकास के लिए 25–30 डिग्री सेन्टीग्रेड तापमान की आवश्यकता पड़ती है। अगर

दिनमान अवधि 12 घण्टे से ज्यादा है, तो पौधों का वर्धीय विकास तेजी से होता है और कम दिनमान अवधि 10–11 घण्टे से ज्यादा तो कन्द विकसित होते हैं। इसकी खेती उन क्षेत्रों में सफलता पूर्वक की जा सकती है, जहाँ पर 1500 मिली मीटर या उसके उपर वर्षा होती है।

उन्नतिशील किस्में

श्री प्रिया (Sree Priya)

श्री प्रिया (यू–195–2) किस्में का विकास केन्द्रीय कन्द फसल अनुसंधान संस्थान, थिरुवनन्थपरुम्, केरल (Central Tuber Crop Research Institute, Thiruvanathapuram, Kerala) द्वारा अफ्रीकन किस्में ''यूमीडीका'' के नवोद्भिद पौध (seedling) चयन द्वारा सन् 1987 में किया गया है। फसल दाहिने हाथ की दिशा में चढ़ने वाले, तना व पत्तियाँ हरी, कन्द बेलनाकार, चिकना, कन्द का छिलका भूरा तथा गूदा सफेद होता है। फसल 9–10 माह मे पककर तैयार हो जाती है। कन्दों में शुष्क पदार्थ 25–27 प्रतिशत, कुल स्टार्च 19–21 प्रतिशत तथा प्रोटीन 2.0–2.5 प्रतिशत होता है। खाने में स्वादिष्ट व कम समय में पकने का गुण है। फसल की औसत उपज 35.0 टन/हेक्टेयर होती है। इसमें विषाणु व एन्थ्रेक्नोज बीमारी का प्रकोप नहीं होता है।

श्री सुभ्रा (Sree Subhra)

श्री सुभ्रा (1–146) किस्म का विकास अफ्रीकन किस्म ''आई0डब्लू0ओ0''(Iwo) के नवोद्भिद पौध चयन (seedling selection) केन्द्रीय कन्द फसल अनुसंधान संस्थान, थिरुवनन्थपरुम्, केरल (Central Tuber Crop Research Institute, Thiruvanathapuram, Kerala) द्वारा वर्ष 1987 में किया गया। पौधे दाहिने हाथ की दिशा में बढ़कर चढ़ने वाले व काँटेंदार होते हैं। पत्तियाँ ह्रदयाकार, तना हरा, कन्द बेलनाकार तथा आंशिक रूप से रोयेंदार होती हैं। कन्द का छिलका भूरा तथा गूदा सफेद रंग का होता है। कन्दों में शुष्क पदार्थ 27–28 प्रतिशत, कुल स्टार्च 21–22 प्रतिशत तथा प्रोटीन 1.8–2.0 प्रतिशत होता है। खाने में स्वादिष्ट व पकने में कम समय लगता है। इस किस्म की औसत उपज 35.0–40.0 टन/हेक्टेयर है। इसमें विषाणु व एन्थ्रेक्नोज का प्रकोप नहीं होता है।

श्री धन्या (Sree Dhanya)

श्री धन्या (1–184) किस्म का विकास केन्द्रीय कन्द फसल अनुसंधान संस्थान, थिरुवनन्थपरुम्, केरल (Central Tuber Crop Research Institute, Thiruvanathapuram, Kerala) द्वारा सन् 1993 में नवोद्भिद पौध चयन (seedling selection) अर्द्ध संतति विधि से किया गया है। फसल सामान्यतः 9 महीनें में पककर तैयार हो जाती है। यह एक अत्यन्त बौनी (30.0–35.0 सेन्टी मीटर लम्बी) किस्म है, जिसको सहारे की आवश्यकता नहीं पड़ती है। पत्तियाँ छोटी, हरी व नुकीली होती है। कन्द बेलनाकार व आंशिक रूप से रोयेंदार होती हैं। कन्द का छिलका भूरा तथा गूदा सफेद रंग का होता है। कन्दों में कुल शुष्क पदार्थ 28–30 प्रतिशत, कुल स्टार्च 22–24.0 प्रतिशत, प्रोटीन 2.0–2.5 प्रतिशत तथा कुल शर्करा 0.3–0.5 प्रतिशत होता है। इस किस्म में विषाणु व एन्थ्रेक्नोज रोग का प्रकोप नहीं होता है। इस किस्म की संस्तुति पूरे देश के लिए की गयी है।

भूमि एवं भूमि की तैयारी

बहुत गहरी व उर्वरा मृदा जहाँ पर जलमग्न व कठोर परत न हो, इसकी खेती के लिये सर्वोत्तम होती है। जिस खेत में कार्बनिक पदार्थ की मात्रा बहुत ज्यादा हो, कन्दों का विकास बहुत अच्छा होता है। हल्की परत या छिछली मिट्टी (shallow soils) में कन्दों का विकास बहुत अच्छा नहीं होता है और कन्दों का आकार भी अनियमित हो जाता है।

प्रसारण

व्हाइट याम में कन्द की सुप्तावस्था (dormancy) होती है, अतः अनुकूल वातावरण मिलने के बावजूद भण्डारण के पहली अवस्था में जमाव नहीं होता है। सुप्तावस्था का समय इस फसल में लगभग 14–16 सप्ताह का होता है। कन्दों को 4–8 प्रतिशत इथीलीन क्लोरोहाड्रिन के घोल में डुबोकर सुप्तावस्था को समाप्त किया जा सकता है।

लगाने का समय

व्हाइट याम को वर्षा ऋतु में लगाया जाता है, जब वे सुप्तावस्था (dormancy) में होते हैं। याम की सुप्तावस्था (dormancy) 4–8 सप्ताह का होता है। छोटे कन्द या कन्दों के टूकड़े जिनमें 2–3 आँखें हो, रोपण सामग्री के रूप में प्रयोग किया जा सकता है। इस फसल का रोपण 45.0× 45.0×45.0 सेन्टी मीटर के गड्ढे में 90.0×90.0 सेन्टी मीटर की दूरी पर की जाती है। कन्दों के टूकड़े, जिनका वजन 200–250 ग्राम हो उपयुक्त होता है।

पोषक तत्व प्रबन्धन

व्हाइट याम के 30.0 टन/हेक्टेयर उत्पादन लेने पर मृदा से 91.2 किलो ग्राम नत्रजन, 34.4 किलो ग्राम फास्फोरस तथा 124.9 किलो ग्राम पोटाश तत्व का अवषोषण होता है। (कबीराथुम्मा एवं सहयोगी, 1987) अतः उच्च माँग को देखते हुए इस फसल को प्रचुर मात्रा में पोषक तत्व देना चाहिए। फास्फोरस व पोटाश उर्वरक के प्रयोग करने से भण्डारण क्षमता में वृद्धि होती है तथा कन्दों में जमाव नही होता है। खेत की तैयारी के समय 20.0 टन अच्छी प्रकार सड़ी गोबर की खाद या कम्पोस्ट खेत में मिलाना चाहिए। इससे कन्दों का विकास अच्छी प्रकार होता है। जब खेत में पौधों का जमाव हो जाये तब 40.0 किलो ग्राम नत्रजन, 50.0 किलो ग्राम फास्फोरस तथा 40.0 किलो ग्राम पोटाश प्रति हेक्टेयर की दर से देना चाहिए। मिट्टी चढ़ाने के पहले दूसरी खुराक 40.0 किलो ग्राम नत्रजन व पोटाश भी देना चाहिए। ध्यान रहें कि अकार्बनिक पोषक तत्वों को पौधों की जड़ से 10.0 सेन्टी मीटर की दूरी पर दिया जाये।

सिंचाई जल प्रबन्धन

व्हाइट याम से अच्छी उपज प्राप्त करने के लिए नियमित पानी पूरे फसल अवधि में देना आवश्यक है। खेत में कन्द लगाने के तुरन्त बाद पहली सिंचाई करनी चाहिए। इसके बाद की सिंचाई 3–5 दिन के अन्तराल पर कर देना चाहिए लेकिन पूर्व विकसित पौधों में 10–15 दिन के अन्तराल पर सिंचाई करनी चाहिए। अगर कन्द बनते समय पानी की कमी हो जाती है, तो कन्दों का बनना

रूक जाता है। जहाँ पर पानी की कमी या तापमान ज्यादा होते हैं, वहाँ पलवार (mulching) लगाने से मिट्टी की सतह से पानी का नुकसान कम होता है।

खरपतवार नियन्त्रण

व्हाइट याम की फसल में प्रारम्भ के 4 महीने तक खरपतवार की समस्या ज्यादा रहती है। अतः 2–3 बार एक माह के अन्तराल पर खरपतवार निकाल देना चाहिए। प्रत्येक बार खरपतवार निकालने के बाद मिट्टी चढ़ाना आवश्यक है। पलवार लगाने से भी खरपतवार की वृद्धि रूक जाती है। रासायनिक विधि से खरपतवार नियन्त्रण के लिए एट्राटाफ 50 डब्ल्यू0पी0 (एट्राजीन) या डाइयूरान (Diuron) या मेट्रीब्यूजीन (Metribuzin) की 3.00 किलो ग्राम मात्रा प्रति हेक्टेयर का प्रयोग करने से खरपतवार प्रभावी रूप से नियंत्रित किये जा सकते हैं।

सहारा देना

व्हाइट याम के फसल को जमाव के 15 दिन बाद सहारा देकर उपर चढ़ाना आवश्यक है। इसके लिए खूँटा (stake) 2.0 मीटर की ऊँचाई पर बनाना चाहिए।

खुदाई

व्हाइट याम की खुदाई पत्तियों के पीली पड़ने और पौधों के सूखने व पत्तियाँ गिरने के बाद की जाती है। खुदाई का काम फावड़े से की जाती है, जो एक महँगी प्रक्रिया है। खुदाई के समय जड़ों को कम नुकसान होना चाहिए। व्हाइट याम की खुदाई सामान्यतः 9–10 महीने बाद की जाती है।

उपज

व्हाइट याम की उपज 25.0–30.0 टन/हेक्टेयर होती है।

खुदाई उपरान्त प्रबन्धन

व्हाइट याम की खुदाई के तुरन्त बाद 4–6 दिन तक 29 डिग्री सेन्टीग्रेड तापमान पर कन्दों को रखकर क्यूरिंग (curing) करना आवश्यक है। कन्दों पर लगे चोट से घाव/खरोंच बन जाता है और क्यूरिंग से भण्डारण में सड़कर नुकसान की स्थिति से बचा जा सकता है। अगर कन्दों को जिब्रेलिक एसीड (GA_3) की 75.0 मिली ग्राम मात्रा प्रति किलो ग्राम कन्द के हिसाब से शोधित करने पर भण्डारण क्षमता व सुप्तावस्था (dormancy) 3–7 सप्ताह तक बढ़ाया जा सकता है व व्हाइट याम को 12–16 डिग्री सेन्टीग्रेड 80 प्रतिशत सापेक्ष आर्द्रता पर 6–7 महीने तक भण्डारित किया जा सकता है। कम तापमान पर रखने से ठंडक नुकसान (chilling injury) हो जाती है।

मूल्य संबर्धन

व्हाइट याम को प्रसंस्कृत कर अनेकों प्रकार के खाद्य पदार्थ स्लाइस, बोल्स, चिप्स, या फ्लेक्स आदि बनाये जाते हैं। इसके अलावा स्टार्च उत्पादन मुर्गी व पशु आहार भी बनाया जाता है। वर्तमान समय में इसका आटा व बिस्कुट ज्यादा प्रचलित हो रहा है।

डायस्कोरिया की अन्य प्रजातियाँ
यलो याम या यलो गुनिया याम
(Yellow Yam or Yellow Guinea Yam)

वानस्पतिक नाम : डायस्कोरिया कायनेसिस (*Dioscorea cayenesis* Lam.)

कुल : डायस्कोरेसी (Dioscoreaceae)

गुणसूत्र संख्या : 4 एक्स = 40

डायस्कोरिया या यलो गुनिया याम (Yellow Yam or Yellow Guinea Yam)

यह प्रजाति कई रूप में डायस्कोरिया रोटन्डाटा (*Dioseorea rotundata*) के समान है। कुछ शोधकर्ता डायस्कोरिया रोटन्डाटा को डायस्कोरिया कायनेसिस (*Dioscorea cayenesis* Lam.) का एक उप–समूह मानते हैं, लेकिन आधुनिक डी0एन0ए0 तकनीक से पता चला है कि डायस्कोरिया कायनेसिस, डायस्कोरिया रोटन्डाटा का वानस्पतिक प्रभेद है (टेरौची एवं सहयोगी, 1992)। इस प्रजाति का उत्पत्ति स्थल पश्चिमी अफ्रीका है। इसे यलो याम इसलिए कहा जाता है कि कन्दों के गूदे पूर्णतया पीले रंग के होते हैं लेकिन कुछ प्रभेद सफेद रंग के भी उपलब्ध हैं। इसमें उपलब्ध पीला रंग कैरोटीन की अधिकता के कारण होता है। इसके कन्द का छिलका कसावट युक्त और कम गड्ढे वाले होते हैं लेकिन ऐसा डायस्कोरिया रोटन्डाटा में नहीं पाया जाता है। कन्द के शीर्ष भाग पर भी गूदा ज्यादा विकसित होता है। पत्तियाँ बहुत बड़ी होती हैं और पत्तियों का अन्तिम छोर कम नुकीला होता है। तने दाहिने दिशा में मुड़कर बढ़ती हैं और उस पर काँटे होते हैं। तने पर फूल विकसित नहीं होता है। इसकी खेती वहाँ पर सफलतापूर्वक की जा सकती है, जहाँ पर वर्षा कुछ लम्बे समय तक चलती रहती है। यह प्रभेद जंगली रूप में दक्षिणी अफ्रीका में पाया जाता है। कहा जाता है कि पश्चिमी अफ्रीका से इस प्रजाति का प्रचार–प्रसार 16वीं शताब्दी में वेस्टइण्डिज में हुआ।

डायस्कोरिया कायेनेसिस की अनेकों प्रजातियाँ उपलब्ध है, लेकिन उचित प्रभेद के चुनाव के लिए शोधकार्य बहुत कम हुआ है। यह सत्य है कि डायस्कोरिया रोटन्डाटा व डायस्कोरिया एलाटा की तुलना में डायस्कोरिया कायनेसिस प्रजाति के अन्तर्गत विविधता का स्तर बहुत कम है, जो उन्नत प्रभेद विकसित न होने का एक कारण हो सकता है।

बिटर याम/ट्राईफोलिएट याम
(Bitter Yam/Trifoliate Yam)

वानस्पतिक नाम : डायस्कोरिया ड्यूमेटोरम (कुन्थ) पैक्स (*Dioscorea dumetorum* (Kunth) Pox.)

कुल : डायस्कोरेसी (Dioscoreaceae)

गुणसूत्र संख्या : 4 एक्स = 40

डायस्कोरिया ड्यूमेटोरम् (*Dioscorea dumetorum* (Kunth) Pox.) प्रजाति में तने पर रोयें पाये जाते हैं। पत्तियाँ तीन (त्रिदल) संरचना बनाती हैं, जो महत्वपूर्ण गुण है। इसी कारण से इस प्रजाति को याम की अन्य प्रजातियों में अलग से पहचाना जा सकता है। प्रत्येक पत्तीदल अण्डाकार होता है। हल्के काँटें तने पर विकसित हो जाते हैं। इसके कन्द बड़े तथा मोटे/भद्दे (coarse) होते हैं। एक पौध से एक ही कन्द विकसित होता है। कभी–कभी कन्द गुच्छे में भी विकसित हो जाते हैं। कन्द बहुत कडुवा (bitter) होता है। कई प्रजातियों में जहरीला (poisonous) तत्व एल्कलायड डायस्कोरीन (alkaloid dioscorine), उच्च मात्रा में पाया जाात है। अतः यह आवश्यक है कि कन्द को काटकर पानी में घुलाई करना चाहिए या नमक पानी में कुछ समय तक रखना चाहिए या पकाने के पूर्व उबाल कर पानी बाहर कर देना चाहिए। इसके बाद ही कन्द का प्रयोग उचित है।

डायस्कोरिया ड्यूमेटोरम की उत्पत्ति स्थल उष्ण कटिबन्धीय अफ्रीका है, जहाँ पर इसकी जंगली व खाने योग्य प्रभेद आज भी उपलब्ध है। इस प्रजाति की खेती केवल पश्चिमी अफ्रीका में ही की जाती है। कुछ जंगली प्रभेदों के कन्द ब्रहुत जहरीले होते हैं। अतः इन जहरीले कन्दों को दक्षिण अफ्रीका में शिकार करने व अन्य उद्‌देश्य से बिषचारा (poisons poits) तैयार करते हैं। इस प्रजाति मे जैव विविधता बहुत ज्यादा हैं, लेकिन उपयोगी तथा खाने योग्य उन्नतिशील प्रभेद का विकास व विश्लेषण नहीं उपलब्ध है।

पोटैटो याम या एरियल याम
(Potato Yam or Arial Yam)

वानस्पतिक नाम : डायस्कोरिया बल्बीफेरा एल0 (*Dioscorea bulbifera* L.)

कुल : डायस्कोरेसी (Dioscoreaceae)

गुणसूत्र संख्या : 2 एन = 20

डायस्कोरिया बल्बीफेरा (*Dioscorea bulbifera* L.) के पौधे बहुवर्षीय चढ़ने वाले व 3.0–10.0 मीटर लम्बे होते हैं। मुख्यतः तना टेरेट (terete), अनआर्म्ड (unarmed) तथा 0.5–0.7 सेन्टी मीटर व्यास के होते हैं। कन्द जोड़े में बनते हैं जिसमें एक बड़ा तथा दूसरा छोटा होता है। पँखे के आकार

के फैले हुए तथा बाहरी भाग लालिमायुक्त भूरे रंग के होते हैं। कन्द 10.0–20.0 सेन्टी मीटर लम्बे, 20.0–30.0 सेन्टी मीटर चौड़े व 2.5–8.0 सेन्टी मीटर मोटे होते हैं। पत्तियाँ एकान्तर क्रम में, साधारण, विस्तृत, अण्डाकार, बेलनाकार तथा बड़ी पत्ती गहरी कटी होती है, जबकी छोटी पत्ती अक्सर आधार पर नोची हुई किनारेदार (emargintate) होती है तथा प्रारम्भ की नुकीला व सीधी होती है। इसमें 7–13 शिरायें, 8.0–40.0 सेन्टी मीटर लम्बी व 6.0–30.0 सेन्टी मीटर चौड़ी होती हैं। पत्ती का डण्ठल शाँखित व आधार पर मोटा होता है तथा इसकी लम्बाई 2.5–15.0 सेन्टी मीटर होती है। इसमे नर व मादा दोनों प्रकार के लिंग भेद (sex type) प्राप्त होते हैं। इसमें सुगंधित पुष्प डण्ठल पर विकसित होते हें जो 2–6 की संख्या में होते हैं और एक में जुड़कर दिखावटी (Pseudo) पुष्प गुच्छ (terminal panicle) बनाते हैं। नर पुष्पक्रम की लम्बाई 2.0–12.0 सेन्टी मीटर होती है, जबकि मादा 12.0–15.0 सेन्टी मीटर लम्बी होती है, जिसमें 6 उर्वर पुंकेसर (fertile stamens) होते हैं। कन्द भूरे रंग का होता है, जिसकी औसत लम्बाई 18.30 सेन्टी मीटर होता है।

कुश–कुश याम (Cush-Cush Yam)

वानस्पतिक नाम : डायस्कोरिया ट्रिफीडा एल0 (*Dioscorea trifida* L.)

कुल : डायस्कोरेसी (Dioscoreaceae)

गुणसूत्र संख्या : 2 एन = 20,40, 45, 54, 72

डायस्कोरिया ट्रिफीडा (*Dioscorea trifida* L.) ऐसी प्रजाति है, जिसकी लता दाहिनी दिशा में मुड़कर चढ़ती है। यह प्रजाति डायस्कोरिया एस्क्यूलेन्टा (*Dioscorea esculenta*) की तरह अनेकों छोटे–छोटे कन्द विकसित करते हैं। तना कोणीय होता है। यह कोणीय भाग कभी–कभी पँखदार जैसा बन जाता है। पत्तियाँ साधारण लेकिन अन्दर की तरफ गहरी व 3–5 भागों में कटी होती हैं तथा पत्ती का डण्ठल पँखदार होता है। पत्तियों और तनों पर काँटा नहीं पाया जाता है। पुंकेशरीय पुष्प ''रेसेम्स''(racemes) में बनते हैं, जबकि जायाँगी पुष्प नुकीली खूँटी प्रर विकसित होता है। कन्द का गूदा सफेद, पीला, नारंगी व बैगनी है, जो खाने में स्वादिष्ट व पाचक होता है।

डायस्कोरिया ट्रीफीडा का उत्पत्ति स्थल दक्षिण अमेरिका का उत्तरी भाग है और यही याम ''न्यू वर्ल्ड'' का देशज है जिसको खाने के लिए महत्वपूर्ण माना जाता है। इसकी खेती केवल वेस्टइण्डिज में की जाती है।

सिन्नामोन याम (Cinnamon Yam)

वानस्पतिक नाम : डायस्कोरिया अप्पोजीटा थुन्ब0 (*Dioscorea opposiata* Thunb.)

कुल : डायस्कोरेसी (Dioscoreaceae)

गुणसूत्र संख्या : 2 एन = 140

डायस्कोरिया अप्पोजीटा थुन्ब0 (*Dioscorea opposiata* Thunb.) का उत्पत्ति स्थल चीन है। यह याम की ऐसी प्रजाति है, जो आर्थिक रूप से उपयोगी याम की अन्य प्रजाति से ठण्डक ज्यादा सहन कर सकती है। इसका तना बेलनाकार (cylindrical) व दायीं दिशा में मुड़कर चढ़ने वाला होता है लेकिन इसकी ऊँचाई 3.0 मीटर से ज्यादा नहीं होती है। पत्तियाँ साधारण व अभिमुख (opposite) क्रम में होती है। कन्द पतले व बहुत लम्बे होते हैं और जमीन में सीधे विकसित होते हैं। अतः इनकी खुदाई का कार्य बड़ा मुश्किल वाला होता है। पत्तियों के कक्ष से उपकन्द विकसित होते हैं। इस प्रजाति की खेती चीन, कोरिया व दक्षिण जापान में ज्यादा होता है। चीन में औषधीय रूप में इसकी पहचान बन चुकी है।

डायस्कोरिया जैपोनिका (*Dioscorea japonuca* Thunb.)

डायस्कोरिया जैपोनिका (*Dioscorea japonuca*) प्रजाति काफी हद तक डायस्कोरिया अप्पोजीटा की संरचना से मिलता जुलता है। ठण्डी मौसम में ज्यादा अनुकूलित है। यह जापान देश का वंशज है इसकी विस्तृत खेती चीन व जापान में किया जाता है। इसकी उपयोगिता खाद्य व औषधीय गुणों के लिए ज्यादा है।

चायनीज पोटैटो या कोलियस
(Chiness Potato or Coleus)

वानस्पतिक नाम : सोलेनेस्टेमोन रोटन्डीफोलियस (पोयर) जे0 के0 मोरटन
(*Solenostemon rotundifolius* (Poir.) J.K. Morton
कोलियस पोरवीफ्लोरस (*Coleus porviflorus*)

कुल : लबिएटी (Labiatae)

गुणसूत्र संख्या : 2 एन = 68

चायनीज पोटैटो को कोलियस के नाम से भी जानते है जो एक अल्प उपयोगी कन्दीय फसल (minor tuber crop) है जिसकी उपयोगीता वर्तमान सन्दर्भ में बहुत ज्यादा है। इसकी खेती उष्ण कटिबन्धीय (tropical) क्षेत्रों में ज्यादा होती है लेकिन उत्पादन व उत्पादकता सम्बन्धी आँकड़ा उपलब्ध नहीं है। केरल में इसे कुर्का चिवाकीझांगु व कन्ट्री पोटैटो के नाम से जाना जाता है।

उद्‌भव एवं वितरण

चायनीज पोटैटो का उत्पत्ति स्थल उष्ण कटिबन्धीय अफ्रीका (Tropical Africa) है। इसकी खेती मुख्यतः भारत, श्री लंका, दक्षिण पूर्व एशिया, मलाया, चीन, इण्डोनेशिया और अफ्रीका के कुछ भागों में किया जाता है। भारतवर्ष में प्रान्तीय वितरण को देखा जाये तो केरल के मुक्त बागान खेतों में तथा तमिलानाडु के मिश्रित खेती के रूप में प्रमुख स्थान रखता हैं। इस फसल की खेती तिरूनेलवेली जिले में सबसे ज्यादा किया जाता है।

वानस्पतिक विवरण

चायनीज पोटैटों का पौधा छोटा, झाड़ीनुमा, एकवर्षीय शाकीय, गूदेदार तना तथा सुगन्धित पत्तियों वाला होता है। इसका पौधा 40.0–100.0 सेन्टी मीटर ऊँचा, नीचे फैलने वाला, पत्तियाँ सुगन्धित, गोलाकार से अण्डाकार व पर्णतन्तयुक्त पत्तियाँ जिसके किनारे कटे होते हैं। तना व पत्तियाँ मोटी, रसदार होती हैं व रगड़ने पर सुगंध उत्पन्न करती हैं। पौधों के जड़ों में गुच्छे व गहरे भूरे रंग वाले विषमरूपी (heteromorphs) कन्द विकसित होते हैं। फसल की अवधि लगभग 5 माह की होती है। पुष्प छोटे तथा हल्के बैगनी रंग के होते हैं।

पोषकीय महत्व

चायनीज पोटैटो या कोलियस के कन्द छोटे व काले से भूरे रंग के होते हैं। इसमें स्टार्च प्रचुर मात्रा में पाया जाता है। यह खाने में मीठा तथा सुगन्धित होता है। इसके कन्दों में पानी 77.6 प्रतिशत, प्रोटीन 1.5 प्रतिशत, कार्बोहाइड्रेट 19.7 प्रतिशत, वसा 0.1 प्रतिशत, रेशा 0.4 प्रतिशत तथा खनिज पदार्थ 0.9 प्रतिशत होता है।

उन्नतिशील किस्में

केरल व तमिलनाडु प्रान्त में चायनीज पोटैटो की खेती व्यापक पैमाने पर की जाती है, लेकिन इसकी उन्नतिशील किस्म नहीं है। उत्पादकों के बीच केवल एक ही किस्म उपलब्ध है।

श्री धारा (Shree Dhara)

चायनीज पोटैटो के "श्री धारा" किस्म का विकास केन्द्रीय कन्द फसल अनुसंधान संस्थान, थिरुवनन्थपरुम्, केरल (Central Tuber Crop Research Institute, Thiruvanathapuram, Kerala) से सन् 1993 में किया गया है। इस किस्म का चयन भारत में उपलब्ध जननद्रव्यों के चयन द्वारा किया गया है। फसल 5 महीनें में तैयार हो जाती है। पौधे फैलने वाले, पत्तियाँ गोलाकार, कन्द 2.0–5.0 सेन्टी मीटर व्यास का छिलका गहरा भूरा तथा गूदा दूधिया रंग का होता है। इस किस्म का औसत उत्पादन 25.0 टन प्रति हेक्टेयर है। इसमें जड़ गाँठ सूत्रकृमि *(Meloidogyne incognita)* का प्रकोप ज्यादा होता है। इसके जड़ कन्दों में शुष्क पदार्थ 25.0–29.0 प्रतिशत, कुल स्टार्च 16.0–20.0 प्रतिशत तथा शर्करा 0.6–0.8 प्रतिशत होता है। कन्द स्वादयुक्त व पकाने पर जल्द खाने योग्य हो जाता है।

जलवायु

सामान्यतः चायनीज पोटैटो की खेती वर्षा ऋतु के मौसम में किया जाता है। अतः इसकी वृद्धि के लिए गर्म तापमान तथा आर्द्र मौसम उपयुक्त है। अगर रूक–रुक कर वर्षा होती रही तो जड़कन्दों का विकास अच्छा होता है। इसलिए पौधे ज्यादातर उष्ण तथा सम शीतोष्ण जलवायु में पाये जाते हैं।

भूमि एवं भूमि की तैयारी

चायनीज पोटैटो की खेती सभी प्रकार की मिट्टी में की जा सकती है, लेकिन बलुई दोमट व भुरभूरी मिट्टी सबसे उपयुक्त है। भारी व चिकनी मिट्टी में पौधों का विकास बहुत मन्द गति से होता है। चाइनीज पोटैटो की खेती करने के लिए खेत की गहरी जुताई 5–6 बार कल्टीवेटर से करनी चाहिए। अच्छा होगा कि प्रत्येक जुताई के बाद पाटा चलाकर मिट्टी को भूरभूरी बना दिया जाना चाहिए।

प्रसारण

चायनीज पोटैटो का प्रसारण 10.0–12.0 सेन्टी मीटर लम्बे तना कर्त्तन या जड़ कन्दों से होता है। मानसून के प्रारम्भ (मई–जून) में पौधों का रोपण किया जाता है और पौधे पर बहुत ज्यादा पुष्पन सितम्बर महीने में देखा जा सकता है। इस फसल में अनुर्वर परागकण (sterile pollen grains) व बहुगुणिता (polyploidy) की कमी के कारण बीज नहीं बनते हैं। वर्धीय प्रसारण के कारण इसमें ज्यादा विविधता नहीं होती है। पौधे पूर्णतया बन्ध्य (sterile) होने की वजह से संकरण कर फसल में सुधार नहीं किया जा सकता है। तमिलनाडु में इस फसल के छोटे बीज जड़ कन्द को बाँस/रीड

की टोकरियों, सूखी पत्तियों से ढककर रखा जाता है। इससे जड़ कन्दों में जमाव हो जाता है और इसे ही रोपण हेतु उपयोग किया जाता है। नर्सरी में तना कर्त्तन तैयार करने के लिए जड़कन्दों द्वारा प्रसारण करने हेतु रोपण के एकमाह पहले करते हैं। अनुमानतः 500 वर्ग मीटर क्षेत्रफल में उगाई गई नर्सरी पौध से एक हेक्टेयर क्षेत्रफल में रोपण के लिए उपयुक्त है। नर्सरी तैयार करने के लिए 5. 0 टन गोबर की सड़ी खाद उपरोक्त क्षेत्रफल के लिए उपयुक्त होता है। सामान्यतः मेड़ 45.0–60. 0 सेन्टी मीटर की दूरी पर तैयार करते हैं और बीज जड़ कन्द की बुआई इन्ही मेड़ों पर 15.0 सेन्टी मीटर की दूरी पर की जाती है। तीन सप्ताह के बाद 5.0 किलो ग्राम यूरिया का प्रयोग 500 वर्गमीटर क्षेत्रफल में करते हैं। ऐसा करने से पौधे में तना का विकास बहुत ज्यादा हो जाता है। एक महीने के बाद 10.0–15.0 सेन्टी मीटर लम्बा तना कर्त्तन पौध के उपरी भाग से कर लिया जाता है और इस तने का रोपण करते हैं।

पौध रोपण व पोषण तत्व प्रबन्धन

पौध रोपण के पहले खेत की गहरी जुताई कर उसमें 10.0 टन/हेक्टेयर की दर से गोबर की सड़ी खाद या वर्मी कम्पोस्ट मिलाना चाहिए। खेत में नत्रजन, फास्फोरस व पोटाश को 50:50:50 किलो ग्राम की दर में प्रयोग करने पर ज्यादा उपज मिलती है। फास्फोरस की पूर्ण मात्रा तथा नत्रजन व पोटाश की आधी मात्रा खेत की तैयारी के समय आधारीय (basal) रूप में देना चाहिए। बची मात्रा को 6 सप्ताह बाद प्रयोग करना चाहिए। अब तैयार खेत में 45.0 सेन्टी मीटर की दूरी पर मेड़ बनाकर 30.0 सेन्टी मीटर की दूरी पर पौधों के कर्त्तन का रोपण करते हैं। कर्त्तन रोपण के 45 दिन बाद नत्रजन व पोटाश को 30.0 व 50.0 किलोग्राम/हेक्टेयर की दर से प्रयोग करना चाहिए। ऊर्वरक प्रयोग के बाद जड़ों पर मिट्टी चढ़ा देना चाहिए। आधारीय तने को मिट्टी से ढकने पर कन्दों का विकास बहुत अच्छा होता है।

फसल लगाने का समय

केरल प्रान्त में चायनिज पोटैटो की खेती सामन्यतया जुलाई से अक्टूबर तक किया जाता है। अन्य मौसम में खेती करने से उपज में भारी कमी होती है, क्योंकि वर्धीय वृद्धि ज्यादा होती है। कभी–कभी शाकीय वृद्धि ज्यादा होने से फसल में ट्यूबेराइजेशन (tuberisation) बिल्कुल नहीं होता है।

पौध लगाने की दूरी

पौध को 30.0×30.0 सेन्टी मीटर की दूरी पर लगाया जाता है।

पौध संख्या

एक हेक्टेयर क्षेत्रफल में रोपण करने के लिए 3700 पौधों की आवश्यकता होती है।

खरपतवार प्रबन्धन

चायनीज पोटैटो के खेत में खरपतवार ज्यादा नुकसान करते हैं। अतः समय–समय पर खरपतवार हाथ द्वारा निकालना चाहिए।

मिट्टी चढ़ाना

गुडाई के बाद हल्की मिट्टी चढ़ाने से उपज बहुत ज्यादा मिलती है।

खुदाई व उपज

कन्द 5–8 महीने में पककर तैयार हो जाते हैं। पहले शाकीय भाग काटकर अलग करते हैं तथा 2–3 दिन बाद खुदाई करते हैं। उपज 16.0 टन प्रति हेक्टेयर होता है।

पौध संरक्षण

सूत्रकृमि प्रबन्धन

चायनीज पोटैटो में जड़ग्रन्थि सूत्रकृमि *(Meloidogyne incognita)* का प्रकोप भयंकर रूप से होता है। ग्रसित पौधों की जड़ों में गाँठें बन जाती हैं, जिससे पौधे छोटे व अविकसित रह जाते हैं। बाद में पौधे उकठा बीमारी जैसे पीले लक्षण पैदा करते हैं और सूख जाते हैं। उत्पन्न कन्द बाजार में विपणन योग्य नहीं रहते हैं। बचाव के लिए निम्न प्रबन्ध करना चाहिए–

(अ) खेत से फसल अवशेष निकाल देना चाहिए।

(ब) गर्मी में खेत की गहरी जुताई व फसल चक्र को अपनाना चाहिए।

(स) नेमागान 0.5 मिली लीटर या टेराकुर पी0 नामक रसायन की 2.0 ग्राम मात्रा प्रति 30.0 वर्ग सेन्टी मीटर की दर से प्रति लीटर पानी में घोलकर खेत को गिला करना चाहिए। छिड़काव का अन्तराल 30 दिन का रखना चाहिए।

पत्ती व अग्र प्ररोह फोल्डर्स (Leaf and top shoot folders)

चायनीज पोटैटो में प्ररोह से बहुत ज्यादा नुकसान होता है। पहले तो कीट पत्तियों तथा विकसित प्ररोह के अग्र भाग को मोड़कर गोलाकार संरचना बनाता है तथा उसके बाद खाकर नुकसान पहुँचाता है। पत्तियाँ ऐठने व गोलाकार स्वरूप में आने के कारण प्रकाश संस्लेषण की क्रिया को बन्द कर देती है, जिससे पौधों की वृद्धि पूरी तरह रूक जाती है। इस कीट का ज्यादा प्रकोप सितम्बर से दिसम्बर तक होता है। कीट नियन्त्रण के लिए कार्बेरिल की 1.0 प्रतिशत या मैलाथियान की 0.05 प्रतिशत मात्रा का छिड़काव 20–25 दिन के अन्तराल पर करना चाहिए।

कैना या क्वीन्सलैण्ड एरोरुट
(Canna or Quinsland Arrowroot)

वानस्पतिक नाम : कैना इडूलिस् एल0 (*Canna edulis* L.)
कुल : कैनासी (*Cannaceae*)
गुणसूत्र संख्या : 2 एन = 18, 27

अल्प उपयोगी एवं तिरस्कृत कन्दीय कैना (*Canna)* को क्वीन्सलैण्ड एरोरुट (quinsland arrowroot), पर्पल एरोरुट व आस्ट्रेलियन एरोरुट के नाम से भी जाना जाता है। दक्षिण अमेरिका में इस सब्जी फसल को अचीरा (achira) व टाउस लेस मोइस (tous les mois) के नाम से पुकारते हैं। खाने योग्य कैना पूर्णतया सजावटी कैना से मिलता–जुलता पौधा है। वर्तमान समय में इसकी पहचान एक प्रमुख सब्जी के रुप में की गयी है। कैना को कहीं–कहीं पर ''स्वीट कोलोकेशिया'' (sweet colocasia) भी कहते हैं क्योंकि इसका राइजोम उचित समय पर उपभोग करने पर मीठा स्वाद देता है। इसकी उपयोगिता को अगर समझा जाये तो भविष्य के लिए एक महत्वपूर्ण कन्दीय खाद्य पदार्थ तथा अधिक नकदी फसल (cash crop) के रुप में स्थान बना सकती है।

उद्‌भव एवं वितरण

कैना या क्वीन्स लैण्ड एरोरुट की उत्पत्ति स्थल वेस्टइण्डिज व दक्षिण अमेरिका का पेरु (Peru) माना जाता है। कैना की कुल 67 प्रजातियाँ पाई जाती है, जिनका वितरण उष्ण एवं उपोष्ण जलवायु में देखा जा सकता है। सब्जी के लिए इसकी खेती, एन्डीज (Andes), पेरु (Peru), आस्ट्रेलिया (Australlia), इक्वाडार (Ecuador) आदि में व्यापक पैमाने पर होने लगी है। इस फसल की ज्यादा व्यापकता दक्षिण अमेरिका व वेस्टइन्डिज में मिलती हैं।

वानस्पतिक विवरण

एकबीजपत्रीय खाने योग्य कैना का वानस्पतिक नाम कैना इडुलिस (*Canna edulis*) और पर्याय (synonym) के रुप में कैना एस्क्यूलेन्टा (*Canna esculenta*) या कैना अचीरास (*Canna achiras*) कहते हैं। कैना का पौधा सामान्तया बहुवर्षीय, शाकीय, हल्के हरे या लाल भूरे रंग के तना धारण करते हैं। इसका तना 1.0–3.5 मीटर लम्बा, मध्यम मोटा तथा गूदेदार होता है। खाने योग्य भाग जड़ कन्द या राइजोम (rhizome) कहलाता है। राइजोम बहुखण्डीय होता है। राइजोम सफेद या पीले रंग के 2.5–3.5 सेन्टी मीटर मोटे होते हैं। पौधे पर विकसित होने वाली पत्तियाँ हल्के हरे–पीले रंग की तथा ज्यादा लम्बी होती हैं। पर्णवृन्त आकार में लम्बा तथा चारों तरफ पत्तियों से घिरा होता है। पौधों में पुष्पन अगस्त से अक्टूबर तक होता है। पुष्प उभयलिंगी (hermaphrodite) होते हैं, जिसके प्रत्येक पुष्प में नर एवं मादा पुष्पांग पाये जाते हैं। शीर्ष पर पीले या लाल रंग के जोड़े में पुष्प बनते हैं। फल अण्डाकार कैप्सूल (capsule) कहलाता है, जिसमें सख्त गोलाकार बीज पाये जाते हैं। कैना की सभी प्रजातियों के राइजोम में स्टार्च का संचय होता है।

पोषकीय महत्व •

कैना के बड़े गोलकार राइजोम (कन्द) को आलू जैसे उबालकर खाने के लिए, कच्चा आटा के रुप में या व्यंजनों में गाढ़ापन लाने के लिए किया जाता है। इसके राइजोम में प्रचुर मात्रा में कार्बोहाइड्रेट तथा स्टार्च (75.0–80.0 प्रतिशत) पाया जाता है, जिसके उपयोग से शरीर में सुगमतापूर्वक पाचन हो जाता है। अतः इसे प्रमुख खाद्य स्रोत के रुप में पहचान मिली है। राइजोम को 12 घण्टे तक भून देने से सफेद, लिबलिबा (mucilaginous) व मीठा स्वाद (sweet taste) का हो जाता है। भूनकर राइजोम का विक्रय पेरु व कुज्को (Cuzco) में विभिन्न उत्सवों पर बाजार में बेचा जाता है। कोलम्बिया (Colombia) में आटा तथा केक (cake) तैयार किया जाता है। इससे तैयार पाउडर का विक्रय कई देशों में होते है। इससे बच्चों के लिए अनेकों खाद्य पदार्थ जैसे–साबूदाना या स्वादिष्ट बिस्कुट तैयार किये जातो हैं, जो एरुरोट नाम से प्रचलित है। इससे एरोरुट तैयार होता है। एरोरुट तैयार करने के लिए राइजोम से गूदा तथा गूदे से रेशा निकाल कर तैयार किया जाता है। कहीं–कहीं पर कैना के मुलायम व नवीन प्ररोह (young shoots) का उपयोग हरी सब्जी के रुप में किया जाता है, जो काफी पौष्टिक होता है। इसमें लगभग 1–3 प्रतिशत तक प्रोटीन पाया जाता है। सब्जी के अलावा कैना का उपयोग मानव शरीर में खनिज लवण के सन्तुलन बनाये रखने में भी किया जाता है। जड़ कन्द में शर्करा 6–14 प्रतिशत होता है। कई क्षेत्रों में इसकी जड़ों को भुनकर या उबालकर खाते हैं। वियतनाम में कैंना स्टार्च से पारदर्शी सेलोफेन नूडल्स (cellophane noodles) तैयार करते हैं। मक्का के आटा व स्टार्च के समान कैना के जड़ कन्दों से निकले स्टार्च का उपयोग अन्य सब्जियों या व्यंजनों को गाढ़ा करने के लिये किया जाता है।

सारिणी (10.27) कैना से प्राप्त होने वाले पोषक तत्व (प्रति 100 ग्राम खाने योग्य भाग में)

पोषक तत्व	मात्रा
पानी	73.0 ग्राम
प्रोटीन	1.1 ग्राम
वसा	0.4 ग्राम
कार्बोहाइड्रेटस	24 ग्राम
रेशा	0.5 ग्राम
खनिज लवण	1.0 ग्राम
कैल्सियम	20.0 मिली ग्राम
फास्फोरस	25.0 मिली ग्राम
लौह तत्व (आयरन)	0.8 मिली ग्राम
थाइमिन	0.06 मिली ग्राम
राइबोफ्लेविन	0.0 मिली ग्राम
नियासिन	1.7 मिली ग्राम
विटामिन 'सी'	5.0 मिली ग्राम
ऊर्जा	104 किलो कैलोरी

स्रोतः गोपालन एवं सहयोगी, 1999

उन्नतिशील किस्में

कैना की कोई उन्नतिशील प्रजाति नहीं है। मुख्यतः स्थानीय प्रभेद जैसे कैना एडुलिस (*Canna edulis*) तथा कैना ग्लौका (*Canna glauca*) के राइजोम खाने के लिए उपयोग में लाया जाता है। इसकी अन्य प्रजाति जैसे कैना जिगेंटिया (*Canna gigantea*) और कैना वार्सजेविसिजाई (*Canna warszewicizii*) को औषधीय रुप में प्रयोग किया जाता है।

जलवायु

कैना की खेती विविध जलवायु क्षेत्र में की जा सकती है। कैना की वृद्धि एवं विकास के लिए उपोष्ण जलवायु की आवश्यकता होती है। जलवायु की विभिन्नता के अनुसार समुद्र तल से औसतन 9000.0 मीटर की ऊँचाई तक इसका पौधा पाया जाता है। पौधों की वृद्धि 22.0–25.0 डिग्री सेल्सियस तापमान पर अच्छी होती है। गर्मी के प्रति सहनशील है एवं हल्का पाला (frost) को भी सहन कर सकता है। इसकी खेती छाया में बिल्कुल नहीं की जा सकती है। अगर रुक–रुक कर हल्की वर्षा होती है, तो राइजोम का विकास एवं संवाद अच्छा होता है। इस प्रकार देखा जाये तो कैना कई जैविक व अजैविक घटकों के प्रति सहनशील है।

मृदा एवं मृदा की तैयारी

कैना की खेती किसी भी प्रकार की मिट्टी में की जा सकती है। विशेषतः बलुई, दोमट, मध्यम दोमट तथा भारी मिट्टी जिसमें जीवांश की मात्रा अच्छी हो सफलतापूर्वक की जा सकती है। अम्लीय मृदा, उदासीन मृदा (neutral soil) एवं क्षारीय मृदा में भी इसके पौधे वृद्धि करते हैं, लेकिन खेत से जल निकास की सुविधा अच्छी हो। जिस खेत में कैना की खेती की जानी है, उसकी तैयारी गर्मी में गहरी जुताई करके प्रारम्भ करनी चाहिए। खेत की जुताई के समय पाटा चलाकर मिट्टी को समतल व भुरभूरी बना लेनी चाहिए।

पौध प्रसारण

कैना का प्रसारण बीज व जड़ कर्तन तथा जड़ गुच्छा (root clum) के द्वारा किया जाता है।

बीज द्वारा प्रसारण

पौध प्रसारण का यह तरीका प्राकृतिक रुप से होता रहता है, व्यावसायिक रुप से खेती करने में इसकी भूमिका नहीं है। सामान्यतः इस विधि का उपयोग करते समय फरवरी–मार्च में बीज को हल्के गर्म पानी में 24 घण्टे तक डूबोकर रखते हैं। अब प्रत्येक गमले में 2.0–5.0 सेन्टी मीटर की गहराई पर बुआई करते हैं। बीज का जमाव 3–9 सप्ताह में हो जाता है। अगर बीज कवच को रगड़कर (scarifying) बुआई की जाये, तो जमाव जल्द होता है। नवोद्भिद पौध (seedlings) को कुछ दिनों के लिए सुरक्षित स्थान पर रख देते हैं और स्थायी रुप से पौध स्थापन वर्षा पूर्व करते हैं।

जड़ गुच्छों को अलग कर प्रसारण

कैना का प्रसारण व्यावसायिक रुप से जड़ गुच्छों को अलग–अलग करके किया जाता है। अलग करते समय ध्यान देना चाहिए कि प्रत्येक भाग में एक आँख अवश्य हो। प्रत्येक गुच्छे में 15–20 पुत्तियाँ (suckers) होते हैं। पहले इसे गमलों में लगाते हैं तथा पौध विकसित होने पर मुख्य स्थान पर स्थापित करते हैं।

जड़ कर्तन

कहीं–कहीं पर कैना का प्रसारण जड़ कर्तन द्वारा भी किया जाता है। अगर किसी कारण से पौधे का प्ररोह व पत्तियाँ (**shoots and leaves**) समाप्त हो जाती हैं, तो पुनः राइजोम से नये प्ररोह का विकास होता है।

पौध स्थापन का समय

कैना के पौधों का मुख्य खेत में स्थापन बरसात के समय या मई–जून के महीने में किया जाता है। अगर सूखे की स्थिति न हो तो कैना का प्रसारण पूरे वर्ष भर किया जा सकता है।

पौध रोपण दूरी

कैना के पौधों का स्थापन पंक्तियों के बीच 1.0 मीटर तथा पौधों के बीच 0.5 मीटर की दूरी रखकर किया जाता है। उपलब्ध प्रजातियों के गुणधर्म के अनुसार यह दूरी कम या ज्यादा की जा सकती है।

पोषण प्रबन्धन

कैना की खेती भारतीय परिदृश्य में बहुत कम की जाती है। अतः पोषकीय प्रबन्धन का विश्लेषण उपलब्ध नहीं है। सामान्यतः इसका पौधा कार्बनिक पोषक तत्वों की उपलब्धता में ज्यादा वृद्धि एवं विकास करता है। अगर वर्षा के प्रारम्भ में प्रति पौधा 50.0 ग्राम यूरिया, 60.0 ग्राम सिंगल सुपर फास्फेट तथा 40.0 ग्राम म्यूरेट आफ पोटाश प्रदान की जाये तो जड़ कन्दों का विकास अच्छा होता है।

सिंचाई जल प्रबन्धन

सामान्यतः कैना की फसल के लिए सिंचाई की ज्यादा आवश्यकता नहीं पड़ती है, लेकिन जड़ कन्द के विकास की अवस्था में मौसम शुष्क रहने पर या वर्षा के लम्बे अन्तराल की स्थिति में मृदा को नम बनाये रखना आवश्यक है। खेत में ज्यादा पानी लगे रहने पर कन्द पतले तथा कभी–कभी सड़ने लगते हैं।

मिट्टी चढ़ाना

कैना में उचित जड़ कन्द विकास हेतु गुड़ाई के बाद पोषक तत्व प्रयोग कर मिट्टी चढ़ाना आवश्यक है। कभी–2 मिट्टी न चढ़ानें के कारण कैना की जड़ें मिट्टी से बाहर निकल आती हैं, जिससे कन्द की गुणवत्ता खराब होती है।

खरपतवार नियन्त्रण

कैना के उचित वृद्धि एवं विकास हेतु फसल की प्रारम्भिक अवस्था में खरपतवार मुक्त रखना चाहिए। बाद में पौधे बढ़कर स्वतः खरपतवार को दबा दते हैं।

खुदाई

किस्म के अनुसार कैना के कन्द रोपण के 4–8 महीनें बाद परिपक्व कन्दों की खुदाई की जा सकती है। इस समय एक–तिहाई तनों में पुष्पन हो जाता है और राइजोम में फुलाव सबसे ज्यादा इसी समय होता है। राइजोम मुलायम व गूदेदार होता है। खुदाई करते समय तना की कटाई कर बाहर निकाल देते हैं और राइजोम की सावधानीपूर्वक फावड़े की सहायता से खुदाई करते हैं। अगर राइजोम काफी समय तक खेत में पड़ा रहता है, तो भी सड़न नहीं होता है। अतः खुदाई किसी भी समय की जा सकती है।

उपज

कैना के जड़कन्दों की उपज 30.0–40.0 टन प्रति हेक्टेयर होती है।

भण्डारण

कैना के जड़कन्दों को ठण्डे व छायादार स्थान पर बिना किसी नुकसान के लम्बे समय तक रखा जा सकता है। स्टार्च तैयार करने के लिए तुरन्त प्रसंस्करण करना चाहिए।

□□□

अध्याय 11

नई सब्जियाँ

New Vegetables

स्प्राउटिंग ब्रोकोली (Sprouting Broccoli)

वानस्पतिक नाम : ब्रैसिका ओलेरेसिया ग्रुप इटैलिका प्लेन्क (*Brassica oleracea* var. *italica* Plenk.)

कुल : ब्रैसिकेसी (Brassicaceae)

गुणसूत्र संख्या : 2 एन = 18

ब्रोकली एक इटैलियन शब्द है, जिसकी उत्पत्ति लैटिन ब्रान्चियम (branchium) से हुआ है और इसका तात्पर्य आर्म (arm) या ब्रांच (branch) से होता है। स्प्राउटिंग ब्रोकली के पौधे में भी फूल गोभी की तरह नर्म शीर्ष बनते हैं लेकिन इसके पौधे फूल गोभी से लम्बे होते हैं और शीर्ष (head) छोटे व हरे रंग के बनते हैं। अतः इसे हरी गोभी भी कहते हैं। मुख्य शीर्ष (head) निकालने के बाद छोटे–छोटे सहायक शीर्ष इसके तने पर पत्तियों के कक्ष से भी बनते हैं, जो सख्त होते हैं। इसके डंठल लम्बे व कोमल होते हैं।

उद्भव एवं वितरण

फूल गोभी की तुलना में ब्रोकली सबसे ज्यादा प्राचीन सब्जी फसल है। इसके प्राचीनतम इतिहास की जानकारी नहीं है। वैज्ञानिकों ने स्पष्ट किया है कि ब्रोकली का जन्म स्थान इटली है। केवल 16वीं शताब्दी में गुच्छा गोभी भी लेवंत, साइप्रस तथा ग्रीस से इटली में आयी। ईसा मसीह के बाद द्वितीय शताब्दी में रोमवासियों ने ब्रोकली को उगाया। इसके बाद इसका प्रसार पूर्वी देशों में हुआ, जहाँ पर इसके पुष्प (शीर्ष) को खाने के लिए अपनाया व भोजन में काफी सराहा गया। फ्रांस में ब्रोकली का उपनिवेशन (introduction) सन्

1533 में तथा इंग्लैण्ड में 18वीं शताब्दी में हुआ। संयुक्त राज्यं अमेरिका में ब्रोकली की खेती सन् 1767 में प्रारम्भ हुई। इतिहासकारों ने ब्रोकली की उत्पत्ति केवल 2500 वर्ष पूर्व माना है। वर्तमान समय में ब्रोकली यूरोप व उत्तरी अमेरिका की प्रमुख सब्जी है। प्रमुख ब्रोकली उत्पादक देशों में संयुक्त राज्य अमेरिका, चीन, इंग्लैण्ड, जापान व इटली है। यह भारत की व्यावसायिक सब्जी नहीं है, लेकिन बड़े शहरों के होटलों में आपूर्ति हेतु आस–पास उगायी जाती है।

वानस्पतिक विवरण

ब्रोकली मुख्यतः दो प्रकार की होती है।

1. हेडिंग ब्रोकली (Heading broccoli)–ब्रोकली के इस समूह में फूल गोभी की तुलना में घने कसे हुए सफेद शीर्ष बनते हैं।
2. स्प्राउटिंग ब्रोकली (Sprouting broccoli)–ब्रोकली के इस समूह में विभेदित गुच्छे में हरी पुष्प कलिका जो शीर्ष पर मोटी होती है, विकसित करती है। छोटी कक्षीय शीर्ष/स्प्राउट, तने के पत्ती कक्ष से निकलते हैं।

शीर्ष के रंग के आधार पर ब्रोकली को दो भागों में बाँटा जा सकता है–

1. **हरी स्प्राउटिंग ब्रोकोली**–इसके शीर्ष हरे रंग के होते हैं।
2. **बैगनी स्प्राउटिंग ब्रोकोली**–इसके फूल बैगनी रंग के होते हैं।

विशेष गुणों के आधार पर ब्रोकली का वर्गीकरण

1. **परिरक्षण के लिए** – परिरक्षण (processing) के लिए प्रयोग की जाने वाली किस्मों में अकार्डिया, इमरल्डसीटी, पाकमैन, पाइरेट, पैट्रियाट व रीगल प्रमुख हैं।
2. **ताजी सब्जी के लिए** – ताजी सब्जी के लिए फिएस्टा, अकार्डिया, इमरल्डसीटी, इम्परर, एरारेस्ट, ग्रीन बेल्ट, लीजेन्ट, लीबर्टी, मैगथन, पाक मैन, पैट्रियाट, रीगल, पिरेट, शगुन इत्यादि किस्में ताजी अवस्था में कटाई के बाद बाजार में बेचने के लिए उपयुक्त हैं।
3. **गर्मी के प्रति सहिष्णु** – अधिक तापक्रम पर उगाने के लिए उपयुक्त है। उदाहरण के लिए एम्बेसी, ग्रीन कोमेट एवं पूसा के0टी0एस–1
4. **रोग के प्रति सहिष्णु** – एरारेस्ट, प्रिमियम, ग्रीन कोमेट, आइडल, शगुन, क्रुसेडर, हाइकैलिवर व साइटेंशमा किस्में काला विगलन रोग एवं मृदुरोमिल आसिता बीमारियों में प्रति सहिष्णु है।
5. **जीवाणु सड़न के प्रति सहिष्णु** – पिरेट, शगुन, ग्रीन डिफेन्डक एवं ग्रीन बैलिएन्ट जीवाणु सड़न के प्रति सहिष्णु हैं।
6. **भण्डारण के लिए** – ग्रीन बेल्ट किस्म शमरल्डसीटी व स्प्रीन्डर को अन्य किस्मों की अपेक्षाकृत अधिक दिनों तक भण्डारित किया जा सकता है।

पोषकीय महत्व

मुख्य तथा सहायक शीर्ष दोनों सब्जी के लिए प्रयोग किये जाते हैं। ब्रोकली का औषधीय महत्व फूल गोभी की तुलना में ज्यादा है। ब्रोकली में विटामिन 'ए', 'बी' व 'सी' की प्रचुरता के साथ–2 कार्बोहाइड्रेट्स, प्रोटीन, रेशा व ग्लूकोसिनोलेट प्रचुर मात्रा में विद्यमान है। ग्लूकोसिनोलेट के कारण, इसका प्रयोग मुख्य रूप से सब्जी, सूप व सलाद के लिए किया जाता है। इससे कैन्सर (cancer) जैसे भयंकर रोग को नियन्त्रित किया जा सकता है। उत्तम पाचन, भूख बढ़ाने, मसूड़ों की सूजन दूर करने तथा मुख शुद्धि में इसका बहुत महत्व है। इसके साथ–2 लम्बी जिन्दगी जीने, स्वस्थ रहने, घातक व जानलेवा बिमारियों से छुटकारा पाने, मधुमेह व ह्रदय रोग से मुक्ति व हड्डियों को कमजोर व गलन से बचाने में ब्रोकली का अन्यन्त महत्वपूर्ण योगदान है। ब्रोकली के पोषण मूल्य को सारिणी में दिया गया है–

सारिणी (11.1) ब्रोकली का पोषण मूल्य (प्रति 100 ग्राम खाने योग्य भाग में)

पोषक तत्व	मात्रा
नमी	88.2 ग्राम
कुल नत्रजन	0.71 ग्राम
प्रोटीन	4.4 ग्राम
वसा	0.9 ग्राम
कार्बोहाइड्रेट्स	1.8 ग्राम
ऊर्जा	138 किलो कैलोरी
स्टार्च	0.1 ग्राम
कुल शर्करा	1.5 ग्राम
खाद्य रेशा	2.6 मिली ग्राम
सोडियम	8.0 मिली ग्राम
पोटैशियम	370.0 मिली ग्राम
कैल्सियम	56.0 मिली ग्राम
मैग्नीशियम	22.0 मिली ग्राम
फास्फोरस	87.0 मिली ग्राम
कापर	0.02 मिली ग्राम
जिंक	0.6 मिली ग्राम
गंधक	130.0 मिली ग्राम
क्लोराइड	100.0 मिली ग्राम
मैग्नीज	0.2 मिली ग्राम
आयोडीन	2.0 मिली ग्राम
कैरोटीन	575.0 मिली ग्राम

थाइमिन	0.10 मिली ग्राम
रिबोफ्लेविन	0.06 मिली ग्राम
नियासिन	0.9 मिली ग्राम
विटामिन बी–6	0.14 मिली ग्राम
फोलेट	90.0 मिली ग्राम
एस्कार्बिक अम्ल	87.0 मिली ग्राम
आयरन	1.5 मिली ग्राम
विटामिन 'ए'	5500 अ0ई0

स्रोतः गोपालन एवं सहयोगी, 1999

उन्नतिशील किस्में

1. **अगेती किस्में** – अगेती किस्में रोपण के 60–70 दिन में तैयार हो जाती हैं। इनकी अच्छी बढ़वार हेतु मध्यम ठण्ढक की आवश्यकता पड़ती है। डी सिक्को (De Cicco), ग्रीन बड एवं (Green Bud), स्पार्टन अर्ली (Spartan Early)।
2. **मध्यावधि किस्में** – इस वर्ग में ग्रीन स्प्राउटिंग मिडियम (Green Sprouting Medium) प्रमुख है, जो 100 दिन में तैयार हो जाती है।
3. **पिछेती किस्में** – इस वर्ग में ग्रीन स्प्राउटिंग लेट (Green Sprouting Late) प्रमुख किस्म है जो 120 दिन में तैयार हो जाती है।

   उपरोक्त किस्मों के अतिरिक्त वालथम–29 (Waltham-29), ग्रीन माउण्टेन (Green Mountain), कोस्टल (Coasal) तथा अटलांटिक (Atlantic) ब्रोकली की ऐसी किस्में हैं जो बटनिंग कार्यिकी विकृति से कम प्रभावित होती हैं और इन किस्मों को अगेती या पिछेती दोनों रुपों में उगाया जा सकता है।

   ब्रोकली की कुछ ऐसी प्रचलित किस्मे हैं, जो बटनिंग कार्यिकी विकृति से कम प्रभावित होती हैं।

पालम कंचन (Palam Kanchan)

पालम कंचन किस्म के शीर्ष हल्का पीला लिए, हरे रंग की देर से पकने वाली हेडिंग प्रकार (heading type) की ब्रोकली है। इसके पत्ते लम्बे, चौड़े, नीला रंग लिए हुए उपर की तरफ बढ़ने वाले तथा सफेद नसों वाली होती हैं। इसका शीर्ष (हेड) बड़ा कसा हुआ एवं आकर्षक होता है। पौध रोपण के 140–145 दिन बाद बाजार योग्य शीर्ष प्राप्त होने लगते हैं। इसके शीर्ष मुलायम, सुगन्धित और पाचक होते हैं, जिसे सलाद के रूप में कच्चा भी खा सकते हैं। औसत उपज 25.0–27.5 टन प्रति हेक्टेयर होता है (कालिया एवं सिंह, 2004)।

सारिणी (11.2) पालम कंचन का पोषण मूल्य (प्रति 100 ग्राम खाने योग्य भाग में)

पोषक तत्व	मात्रा
प्रोटीन	3.18 प्रतिशत
शुष्क पदार्थ	9.07 प्रतिशत
एस्कार्बिक अम्ल	67.12 मिली ग्राम
कैल्सियम	62.83 मिली ग्राम
आयरन	1.40 मिली ग्राम
फास्फोरस	52.57 मिली ग्राम
पोटैशियम	326.18 मिली ग्राम
कापर	3.65 मिली ग्राम
मैग्नीशियम	0.32 मिली ग्राम
जिंक	0.34 मिली ग्राम
क्लोरोफिल 'ए'	0.11 मिली ग्राम
क्लोरोफिल 'बी'	0.10 मिली ग्राम

स्रोतः कालिया एवं सिंह, 2004

पालम समृद्धि या डी0पी0जी0बी0–1 (Palam samridhi D.P.G.B.-1)

इस किस्म का विकास हिमाचल प्रदेश कृषि विश्वविद्यालय, पालमपुर (हिमाचल प्रदेश) से चयन द्वारा किया गया है। यह हरे शीर्ष वाली किस्म है। इसके शीर्ष लगभग 85–90 दिनों में काटने के लिए तैयार हो जाते हैं। प्रत्येक शीर्ष का भार 300.0–400.0 ग्राम होता है। यह किस्म यलो आई बीमारी व ब्रैक्टिंग विकार से प्रतिरोधी है। मुख्य शीर्ष को काटने के बाद छोटे–छोटे शीर्ष पत्तों के पास से निकलते हैं, जो उत्पादन वृद्धि में सहायक होते हैं। इसकी औसत पैदावार 15.0–20.0 टन प्रति हेक्टेयर है।

सारिणी (11.3) पालम समृद्धि का पोषण मूल्य (प्रति 100 ग्राम खाने योग्य भाग में)

पोषक तत्व	मात्रा
एस्कार्बिक अम्ल	101.51 मिली ग्राम
बीटा कैरोटीन	3.50 पी0पी0एम0
प्रोटीन	3.63 प्रतिशत
कैल्सियम	5448.0 मिली ग्राम
आयरन	0.92 मिली ग्राम
फास्फोरस	61.20 मिली ग्राम
गंधक	19.70 मिली ग्राम
पोटैशियम	123.47 मिली ग्राम
मैग्नीशियम	18.04 मिली ग्राम

स्रोतः कालिया एवं सिंह, 2004

पूसा ब्रोकली–1 या के0टी0एस0–1 (Pusa Broccoli KTS-1)

इस किस्म का विकास भारतीय कृषि अनुसंधान संस्थान, नई दिल्ली के क्षेत्रीय शोध केन्द्र, कटराईं से किया गया है। इसके शीर्ष गँठें हुए हल्के हरे रंग के तथा 250.0–400.0 ग्राम वजन के होते हैं। इसे तैयार होने में 85–95 दिन का समय लगता है।

पंजाब ब्रोकली–1 (Punjab Broccoli-1)

इस किस्म का विकास पंजाब कृषि विश्वविद्यालय, लुधियाना (पंजाब) से किया गया है। पत्तियाँ गहरे हरे रंग की व कक्षों से छोटे–छोटे ब्रोकली धारण करते हैं। इस किस्म की औसत उपज 7.0 टन प्रति हेक्टेयर है तथा पौध रोपण के 65–79 दिन बाद शीर्ष कटाई योग्य तैयार हो जाती हैं।

संकर किस्में

जापान तथा संयुक्त राज्य अमेरिका में अनेकों प्रकार के संकर किस्मों का प्रचलन है, जो मुख्यतः व्यक्तिगत बीज कम्पनियों द्वारा विकसित की गयी है। परिवक्वता के आधार पर संकर किस्मों को निम्नलिखित समूहों में बाँटा गया है–

1. **अगेती संकर किस्में**–सदर्न कोमैट, प्रीमियम क्राप, कलियर व लेसर
2. **मध्यावधि संकर किस्में**–कौर सायर, एक्सकालीबर, क्रुइजर, ऐमराल्ड, कौरौना
3. **पिछेती संकर किस्में**–लेट कौरौना, स्टिफ कायक, ग्रीन सर्फ

फिस्टा (Fiesta)

यह किस्म बीजोशीतल बीज कम्पनी द्वारा तैयार की गयी है। इनके शीर्ष हल्के हरे से गहरे हरे रंग के, 800.0–1000.0 ग्राम वजन के तथा रोपण के 65–70 दिनों में कटाई योग्य तैयार हो जाती हैं। इसकी औसत उपज 10.0–15.0 टन प्रति हेक्टेयर है।

लकी (Lucky)

इस किस्म का विकास भी बीजोशीतल बीज कम्पनी द्वारा किया गया है। इसके शीर्ष बड़े आकार के बैगनी रंग के लिये हुए एवं गँठें होते हैं। इसके शीर्ष का औसत वजन 800.0 ग्राम के आस–पास होता है, जो रोपण के 65–70 दिन बाद तैयार हो जाते हैं।

जलवायु

स्प्राउटिंग ब्रोकली शीतोष्ण मौसम की फसल है तथा इसमें पाला सहन करने की शक्ति होती है। पौधे की अच्छी वृद्धि के लिए 18.0–20.0 डिग्री सेल्सियस तापक्रम की आवश्यकता पड़ती है और अच्छे शीर्ष वजन के लिए 12.0–18.0 डिग्री सेल्सियस तापक्रम उत्तम होता है। तापक्रम बढ़ने पर शीर्ष घटियाँ व ढीले पड़ने लगते हैं तथा कभी–कभी शीर्षों में पत्तियाँ निकल आती हैं। इसकी कुछ किस्में ऐसी हैं, जो 20.0–25.0 डिग्री सेन्टीग्रेड तापमान पर भी गुणवत्तायुक्त अधिक उपज देती

हैं। सामान्यतः 24.0 डिग्री सेल्सियस पर शीर्षों से फूल निकलने प्रारम्भ हो जाते हैं। ब्रोकली की अधिकतर पिछेती किस्में पाले को सुविधापूर्वक सह सकती हैं, किन्तु अगेती किस्में नहीं।

भूमि एवं भूमि की तैयारी

ब्रोकली एक महत्वपूर्ण सब्जी है, जिसकी खेती लगभग उन सभी प्रकार की भूमि में की जा सकती है जहाँ पर फूल गोभी की खेती की जाती है। सामान्यतः भुरभुरी जीवांशयुक्त दोमट या बलुई दोमट भूमि उपयुक्त होती है। ऐसी भूमि जिसका पी0एच0 मान 6.5–7.5 के आसपास हो ब्रोकली की खेती के लिए उपयुक्त मानी जाती है। मिट्टी में पानी को देर तक सुरक्षित रखने की क्षमता होनी चाहिए। बहुत हल्की भूमि इसके लिए उपयुक्त नही है। खेत की पहली जुताई डिस्क (disc plough) से व बाद की जुताई कल्टीवेटर से करके मिट्टी भुरभुरी बना लेते हैं। खेत से खरपतवार को निकालकर पाटा लगा देना चाहिए। इसके बाद रोपण हेतु क्यारियाँ बनाते हैं।

पौधशाला में पौध तैयार करने का समय

निचले पहाड़ी क्षेत्रों तथा उत्तर भारत के मैदानी भागों में पौधशाला में पौध तैयार करने हेतु बीज की बुआई का उपयुक्त समय अक्टूबर का प्रथम सप्ताह है, लेकिन मध्य क्षेत्र एवं ऊँचे पहाड़ी क्षेत्रों मे क्रमशः बीज की बुआई अक्टूबर के अन्त व मार्च अप्रैल में करते हैं। अधिक जल्दी बुआई कर रोपण करने पर उच्च गुणवक्ता वाले शीर्ष नहीं बनते हैं। वैसे बीज की बुआई अक्टूबर से दिसम्बर तक किसी भी समय की जा सकती है। परन्तु देर होने पर शीर्षों की पैदावार व गुणों में कमी आ जाती है। अगेती फसल के लिए पौधशाला में बीजों की बुआई सितम्बर के प्रथम सप्ताह में की जाती है।

पौधशाला हेतु भूमि व बीज शोधन

एक हेक्टेयर क्षेत्रफल में पौध रोपण हेतु 450.0 ग्राम बीज पर्याप्त होता है। पौधशाला हेतु भूमि शोधन के लिए 5.0 ग्राम दवा प्रति वर्ग मीटर क्षेत्र और बीज शोधन के लिए व बाविस्टीन/थिरम/कैप्टान की 3.0 ग्राम दवा प्रति किलो ग्राम बीज की दर से शोधित करना चाहिए।

पौध तैयार करना

शोधित बीज को शोधित पौधशाला में उठी हुई 3.0 मीटर लम्बी व 1.0 मीटर चौड़ी क्यारियों में चौड़ाई के समानान्तर 5.0 सेन्टी मीटर के दूरी पर पतली–पतली कतार बना लेते हैं और 2.0–3.0 सेन्टी मीटर की गहराई पर बीज की बुआई करनी चाहिए। प्रत्येक क्यारी में 20.0–25.0 अच्छी प्रकार सड़ी गोबर की खाद, 250.0 ग्राम सिंगलसुपर फास्फेट, 15.0–20.0 ग्राम इण्डोफील एम–45 तथा 15.0–20.0 ग्राम एल्ड्रीन/फालीडाल धूल को खेत में डालकर पौधशाला तैयार करते हैं। बीज बुआई के बाद बीज को ढकने के लिए अच्छी प्रकार सड़ी हुई गोबर की खाद या वर्मी कम्पोस्ट का प्रयोग करना चाहिए। चूँकि जिस समय पौध तैयार की जाती है, उस समय वर्षा होने की सम्भावना ज्यादा रहती है, इसलिए पौधशाला में बनी क्यारियों को ढकने के लिए घास–फूस, सरपत इत्यादि

का प्रयोग करना चाहिए। बीज में सफेद अखुँआ (germinating seed) दिखलाई पड़ते ही खरपतवार या घास–फूस की पर्त हटा देनी चाहिए। तत्पश्चात् आवश्यकतानुसार सिंचाई फौब्बारे की सहायता से करते हैं। लगभग 25–28 दिनों में रोपण योग्य पौध तैयार हो जाते हैं, लेकिन पालम हरीतिमा किस्म के पौध बीज बोन के 35–40 दिन बाद रोपण योग्य हो जाता है।

पौध रोपण

ब्रोकली के पौधों का रोपण भूमि की उर्वरता, किस्म, स्थानीय जलवायु के अनुसार अलग–अलग होती है, परन्तु सामान्य तौर पर पौध से पौध तथा कतार से कतार की दूरी 45.0×45.0 या 50.0 × 50.0 सेन्टी मीटर रखना चाहिए। कहीं–कहीं पर 60.0 × 45.0 सेन्टी मीटर या 75.0×30.0 सेन्टी मीटर रखना चाहिए। अधिक नजदीक रोपण करने पर शीर्ष छोटे हो जाते हैं। पौध रोपण दोपहर बाद (सायंकाल) या बदली की अवस्था में पूरे दिन किया जा सकता है। बदली वाली मौसम में पौध रोपण के एक दिन बाद पौधे खड़े हो जाते हैं।

पोषक तत्व प्रबन्धन

ब्रोकली हेतु कार्बनिक खादों में कम्पोस्ट खाद का 10.0 टन प्रति हेक्टेयर की दर से अन्तिम जुताई के समय खेत में एक समान सर्वत्र मिला देना चाहिए। रासायनिक उर्वरकों में 100.0 किलो ग्राम नत्रजन, 60.0 किलो ग्राम फास्फोरस व 80.0 किलो ग्राम पोटाश प्रति हेक्टेयर देना उपयुक्त रहता है। इन उर्वरकों में नत्रजन की आधी व फास्फोरस व पोटास की पूरी मात्रा रोपण से पूर्व मिट्टी में देना चाहिए तथा शेष नत्रजन (1/4 भाग), 30 दिन बाद व (1/4 भाग) रोपण के 45–50 दिनों बाद खेत में ट्राप ड्रेसिंग (top dressing) करना चाहिए। यदि पौध रोपण से पूर्व पौधों की जड़ों को जैविक उर्वरक जैसे–एजोटोबैक्टर या एजोस्पाईरीलम के घोल में डुबोने से उत्तम परिणाम मिलता है। शोधित पौधे सूखने न पाये अन्यथा उपस्थित जीवाणु मर जायेंगे और इसका प्रभाव पौधों पर नहीं होगा। जब पौधे 30–32 के दिन के हो जायें तब सूक्ष्म तत्व जैसे मालीब्डेनम या बोरोन की 20–40 पी0पी0एम0 (20.0–40.0 मिली ग्राम दवा प्रति लीटर पानी में) घोल का पर्णीय छिड़काव अधिक लाभप्रद पाया गया है तथा पोषक तत्वों की कमी से होने वाली विकृतियों से छुटकारा मिलती है।

निकाई–गुड़ाई एवं खरपतवार प्रबन्धन

ब्रोकली से अधिक एवं गुणवत्तायुक्त उपज प्राप्त करने के लिए समय से खेत में निकाई–गुड़ाई करना अत्यन्त आवश्यक है। पौध रोपण के 25–30 दिन बाद खुर्पी की सहायता से पहली बार निकाई करके एक हल्की गुड़ाई कर देनी चाहिए, ताकि जड़ों में वायु का संचार बराबर बना रहें। गुड़ाई के बाद जड़ों के पास ब्रोकली के पौधों को कतारों में लगाया गया है, तो पौधों के दोनों तरफ से फावड़े की सहायता से हल्की मिट्टी चढ़ा देना चाहिए। रासायनिक विधि से खरपतवार नियंत्रण के लिए स्टाम्प (पेण्डीमीथलीन) खरपतवारनाशी की 3.5 लीटर मात्रा 1000 लीटर पानी में घोलकर खेत में अच्छी तरह छिड़काव कर देना चाहिए, फिर पौध लगाना चाहिए। इसके प्रयोग से 30–40 दिनों तक

खरपतवार नहीं उगते हैं। अगर 40–42 दिनों बाद अगर खेत में खरपतवार उग आयें तो निकाई करके खरपतवार नियंत्रण उत्तम रहता है।

सिंचाई जल प्रबन्धन

ब्रोकली में सिंचाई की मात्रा का निर्धारण उनकी किस्म, मिट्टी की जल धारण क्षमता, जलवायु एवं मौसम के उपर निर्भर करती है। ब्रोकली को अपना जीवन चक्र पूरा करने के लिए 25.0–35.0 सेन्टी मीटर पानी की आवश्यकता पड़ती है। सामान्यतः शरद ऋतु में उत्तर–भारत के मैदानी प्रान्तों में बहुत हल्की सिंचाई 10–15 दिन के अन्तराल पर करने की आवश्यकता पड़ती है। ध्यान रहें कि पौध रोपण के तुरन्त बाद सिंचाई फुहारे से करें। प्रारम्भ के 2–3 दिनों तक इसी प्रकार से सिंचाई करते रहें तथा बाद में आवश्यकतानुसार नालियों द्वारा खुला पानी लगा सकते हैं।

फसल की कटाई

अगेती किस्में कटाई के लिए दिसम्बर में, मध्यावधि किस्में जनवरी के अन्त से फरवरी तक तथा पिछेती किस्में मध्य फरवरी के बाद परिपक्व होती हैं। फसल तैयार होने पर उसकी उचित अवस्था में कटाई अनिवार्य है। ब्रोकली के शीर्ष की कटाई उस समय करनी चाहिए जब पुष्प कलिकायें छोटी एवं गँठी हुई हों तथा किसी भी कलिका में पीले फूल विकसित न हुए हों। शीर्ष की कटाई 10.0–20.0 सेन्टी मीटर तने के साथ किया जाता है। कटाई के समय शीर्ष का औसत व्यास 15.0–25.0 सेन्टी मीटर तथा उसका भार लगभग 400.0–600.0 ग्राम होना चाहिए। कटाई तेज धार वाली चाकू से करना चाहिए। इस प्रकार कटाई करने से शीर्ष का वजन, भण्डारण क्षमता अधिक एवं रंग गहरा बना रहता है। कटाई के कुछ दिनों पश्चात् पत्तियों के कक्ष से नई कोपलें आती हैं, जिन्हें समय–समय पर काटकर सब्जी के लिए उपयोग किया जाता है। उपज की उच्च गुणवत्ता बनाये रखने के लिए कटाई 4–7 दिनों के अन्तराल पर करनी चाहिए। यदि मौसम गर्म हो तो यह अवधि घटकर 2–5 दिन की हो जाती है। प्रमुख शिखर के शीर्ष तथा पत्तियों के कोष्ठों में लगे शीर्षों की कटाई अलग–अलग करना चाहिए।

उपज

ब्रोकली की अच्छी देख रेख व सन्तुलित मात्रा में खाद एवं उर्वरकों का प्रयोग करने से कम फैलने वाली किस्मों से 10.0–15.0 टन प्रति हेक्टेयर एवं बड़े फैलाव वाली किस्मों से 15.0–20.0 टन प्रति हेक्टेयर तक उपज प्राप्त की जा सकती है।

रख–रखाव व शीर्ष भण्डारण

कटाई के बाद उत्पाद की उचित देखभाल व रख–रखाव अनिवार्य है। कटाई के बाद तुरन्त ही कटे शीर्ष को धूप से बचाकर छाया में रखना चाहिए। फसल की कटाई साधारणतः सांयकाल में करना चाहिए। ब्रोकली शीघ्र खराब होने वाली सब्जी है, परन्तु यदि इसे 90–95 प्रतिशत आर्द्रता एवं 40.0 डिग्री सेन्टीग्रेड तापक्रम पर भण्डारण किया जाये तो इसका रंग एवं विटामिन 'सी' की मात्रा

अधिक दिनों तक बनी रहती है। नियन्त्रित दशा जहाँ कार्बन डाई आक्साइड 10.0 प्रतिशत व आक्सीजन 1.0 प्रतिशत हो वहाँ 40.0 डिग्री सेन्टीग्रेड तापमान पर 10–14 दिन से भी अधिक समय तक भण्डारण किया जा सकता है।

पौध संरक्षण

प्रमुख रोग एवं उनका प्रबन्धन

आर्द्र पतन (Damping off)

यह पौधशाला की बीमारी है, जो बीजांकुरों में होती है। मुख्यतः पिथियम, फाइटोफ्थोरा, फ्यूजेरियम एवं राइजोक्टोनिया की रोगकारक किस्में (strains) प्रमुख हैं। बीजों के अंकुरण के समय जब मूलांकुर तथा प्रांकुर बाहर आते हैं, रोगकारक आक्रमण कर सड़ा देते हैं।

प्रबंधन

- जहाँ पौधशाला बनानी हो, वहाँ की मिट्टी को 0.2 प्रतिशत फाइटोलान या कैप्टान नामक दवा से उपचारित करना चाहिए।
- पौधशाला में बीज घना नहीं होना चाहिए।
- बीज को एग्रोसान या सेरासन में मिलाकर उपचारित करना चाहिए।
- पौधशाला में सिंचाई हल्की करनी चाहिए।

काला बिगलन (Collar rot)

यह रोग जैन्थोमोनास कैम्पेस्ट्रिस (*Xanthomonas campestris* pv. *campestris*) नामक जीवाणु से होता है। पौधों की पत्तियाँ किनारे की तरफ से पीली पड़ती हैं और सिराओं का रंग काला या भूरा हो जाता है।

प्रबंधन

1. खेतों में फसल के अवशेषों को जला देना चाहिए।
2. रोग रहित किस्मों की खेती करनी चाहिए।
3. बीज को 30 मिनट तक 48.9 डिग्री सेल्सियस तापक्रभ पर गर्म पानी में डुबोकर शोधित कर लगाना चाहिए (राव एवं श्रीवास्तव, 1964)।

काली पर्ण चित्ती (Leaf spot or black spot)

ब्रोकली में काली पर्ण चित्ती रोग आलटरनेरिया ब्रासिकी (*Alternaria brassicae*) नामक फफूँद से होती है। आक्रमण से पत्तियों पर छोटे–छोटे गहरे रंग की चित्तियाँ बनती हैं, जो आपस में मिलकर गोलाकार विक्षत बनाती हैं। पत्तियों पर ज्यादा बीजाणु बनने के कारण रंग काला हो जाता है।

प्रबंधन

1. फसल के अवशेष को जलाकर नष्ट कर देना चाहिए।
2. बीज को गर्म पानी (50 डिग्री सेल्सियस) पर 30 मिनट तक उपचारित करना चाहिए।
3. फसल पर मैनेब की 0.2 प्रतिशत घोल को 2–3 बार छिड़काव करना चाहिए।

प्रमुख कीट एवं उनका प्रबन्धन

एफीड (Aphid)

एफीड (*Brevicoryne brassicae*) छोटे, हल्के या काले रंग का कीट होता है, जो कोमल पत्तियों एवं डण्ठलों से रस चुसकर नुकसान पहुँचाता है। उग्र अवस्था में पत्तियाँ कुरकुरी हो जाती हैं तथा सूखकर गिर जाती हैं।

प्रबंधन

एफीड के नियंत्रण के लिए 0.5 प्रतिशत मैलाथियान या निकोटिन सल्फेट का छिड़काव करना चाहिए (थोम्पसन, 1963)।

सरसों मक्खी (Mustered Sawfly)

सरसों मक्खी के प्रौढ़ सामान्यतः छोटे, काले रंग के मक्खी जैसे होते हैं। मादा मक्खी उत्तकों के मध्य में अण्डे देती हैं। अण्डों से निकलकर कैटरपिलर (Bihar hairy caterpillar-*Spilosoma obliqua*) बीजांकुर को खा जाती हैं।

प्रबंधन

नियंत्रण के लिए कैटरपिलर को हाथ से चुनकर फेंक देना चाहिए तथा 0.02 प्रतिशत रोगार या मैलाथियान का छिड़काव करना चाहिए।

गोभी की तितली

तितली ब्रोकली की पत्तियों को काटकर छेद कर देती हैं, जिसके कारण बहुत हानि होती है। आक्रमण उग्र होने पर पत्तियाँ नर्म तना, फूल व फल पूर्णतया नष्ट हो जाते हैं।

प्रबंधन

तितली के नियंत्रण हेतु 1500.0 मिली लीटर मैलाथियान 50 ई0सी0 घोल अथवा 1000.0 मिली लीटर इण्डोसल्फान के घोल का छिड़काव पौध रोपण के 15 दिन बाद करना चाहिए। दूसरा छिड़काव 15 दिन के अन्तर पर पुनः करना चाहिए।

चीनी पत्ता गोभी (Chinese Cabbage)

वानस्पतिक नाम : पाकचोई या पत्ते वाली–ब्रैसिका चाइनेन्सिस (*Brassica chinensis*)
पैटसाई या शीर्ष वाली–ब्रैसिका पैकाईनेन्सिस (*Brassica pekinensis*)

कुल : ब्रैसिकेसी (Brassicaceae)

गुणसूत्र संख्या : 2 एन = 22

चीनी पत्ता गोभी, बन्द गोभी की अपेक्षा सरसों से अधिक सम्बन्धित है। विश्व के कुछ ही देशों में शाकीय फसल के रुप में लोकप्रिय है। कभी–कभी इस सब्जी को चीनी सरसों या एशियाई पत्ता गोभी के नाम से भी जाना जाता है।

उद्भव एवं वितरण

चीनी पत्ता गोभी का उत्पत्ति स्थान चीन है, जहाँ इसकी खेती होने का प्रमाण 5वीं शताब्दी से मिलता है। चीनी पत्ता गोभी दक्षिण पूर्वी एशिया में एक प्रमुख शाकीय फसल है। इसकी खेती मुख्य रुप से चीन, जापान तथा एशिया के दक्षिण–पूर्वी देशों में की जाती है। भारतवर्ष में चीनी पत्ता गोभी के उपनिवेशन (introduction) के इतिहास की निश्चित जानकारी नहीं है और न ही इस फसल के अन्तर्गत क्षेत्रफल अथवा उसके उत्पादन के विषय में किसी प्रकार का ब्यौरा या अनुमान उपलब्ध है। भारत में इसकी खेती मैदानी व पहाड़ी क्षेत्रों में अत्यत्न ही सीमित स्तर पर होती है।

वानस्पतिक विवरण

चीनी पत्ता गोभी के अन्तर्गत ब्रैसिका (*Brassica species*) के दो प्रमखु उपवंशों को सम्मिलित किया गया है–

1. पाकचोई या पत्ते वाली–ब्रैसिका चाइनेन्सिस (*Brassica chinensis*)
2. पैटसाई या शीर्ष वाली– ब्रैसिका पैकाईनेन्सिस (*Brassica pekinensis*)

पाकचोई के अन्तर्गत किस्मों की पत्तियाँ लम्बी, गहरे रंग की तथा अण्डाकार या लम्बी होती हैं। सामान्यतः पत्तियाँ अलग–अलग खुली रहती हैं। पत्तियों का डण्ठल सफेद तथा इनमें ठोस शीर्ष नहीं बनता है। पैटसाई शीर्ष वाली किस्मों में बड़े आकार के अण्डाकार या लम्बी गँठें हुए या ठोस शीर्ष बनते हैं। पत्तियाँ कुछ सिकुड़ी, हरे रंग की व पतली होती है तथा इनकी सिरायें बहुत प्रखर होती हैं। पत्ती की मध्य धारी चौड़ी तथा हरे रंग की होती हैं। इसका अभिप्राय यह हुआ कि चीनी पत्ता गोभी "ब्रैसिका ओलेरेसिया" के अन्तर्गत नहीं आती तथा अलग पादप उपवंश की सदस्य है। अतः कभी–कभी इसको गोभी वर्गीय सब्जियों में भी वास्तविक रुप से सम्मिलित नहीं किया जाता है।

पोषकीय महत्व

चीनी पत्ता गोभी की खुली पत्तियों वाली किस्में पोषक गुणों में अधिक धनी होती हैं। साधारण बन्द गोभी के औसत पोषक मूल्य 3.66 की अपेक्षा चीनी बन्द गोभी का औसत पोषक मान 6.99 है। अतः यहाँ कहा जा सकता है कि बन्द गोभी की अपेक्षा चीनी पत्ता गोभी में पोषक तत्वों की मात्रा लगभग दो गुनी होती है। पत्तियों के हरे भाग में प्रखर मध्यम धारियों तथा पत्तियों के डण्ठलों की अपेक्षा खाद्य पदार्थ अधिक मात्रा में विद्यमान रहते हैं। चीनी पत्ता गोभी का उपयोग प्रमुख रुप से सब्जी के लिए ही किया जाता है। बन्द गोभी और अन्य पत्ते वाली हरी सब्जियों के समान इसका उपयोग सब्जी के रुप में होता है। कोमल पत्तियाँ सलाद के रुप में भी उपयोग की जाती हैं, लेकिन सलाद के रुप में इसकी खपत केवल नाम मात्र की है। चीनी पत्ता गोभी के पोषक मूल्य को सारिणी में दिया गया है।

सारिणी (11.4) चीनी पत्ता गोभी में पाये जाने वाले पोषक मूल्य (प्रति 100 ग्राम खाने योग्य भाग में)

पोषक तत्व	मात्रा
नमी	95.0 ग्राम
प्रोटीन	1.2 ग्राम
वसा	0.1 ग्राम
कार्बोहाइड्रेट्स	3.0 ग्राम
ऊर्जा	14 किलो कैलोरी
कैल्सियम	43.0 मिली ग्राम
फास्फोरस	40.0 मिली ग्राम
आयरन	0.6 मिली ग्राम
सोडियम	23.0 मिली ग्राम
पोर्टशियम	253.0 मिली ग्राम
विटामिन 'ए'	150 अ0ई0
थाइमिन	0.05 मिली ग्राम
रिबोफ्लेविन	0.04 मिली ग्राम
नियासिन	2.6 मिली ग्राम
एस्कार्बिक अम्ल	25.0 मिली ग्राम

स्रोतः गोपालन एवं सहयोगी, 1999

उन्नतिशील किस्में

शीतोष्ण कटिबन्धीय क्षेत्रों में ग्रीष्म ऋतु में उगाने के लिए खुली पत्तियों वाली किस्में तथा अन्य क्षेत्रों में ठोस शीर्ष धारण करने वाली किस्में अधिक लोकप्रिय हैं। चीनी पत्ता गोभी की निम्नलिखित किस्में व्यावसायिक स्तर पर उगायी जाती हैं–

1. पाकचोई या पत्ती वाली किस्में–ताई साई, क्रिस्पीचोय, पाकचोई आदि।
2. पैटसाई या शीर्ष वाली किस्में–वांगवोक, मिचिहली, चिहिली आदि।

चाइनीज कैबेज की किस्मों के शीर्ष के आकार एवं अन्य वानस्पतिक गुणों के आधार पर निम्न प्रकार वर्गीकृत किया जाता है–

(क) **सिफेलेटा टाईप (Cephalata Type)** – इस प्रकार की किस्मों के शीर्ष बड़े सख्त एवं अण्डाकार होते हैं। शीर्ष बनने वाली पत्तीयाँ नीचे की तरफ मुड़ी हुई होती है एवं एक दूसरे के उपर फैली होती है।

(ख) **सिलिन्ड्रिका टाईप (Cylindrica Type)** – इस किस्म के शीर्ष सख्त, सीधा एवं लम्बवत होते हैं। सामान्यतया शीर्ष नुकीला होता है और शीर्ष पर चारों ओर पत्तियाँ लगी होती हैं।

(ग) **लक्सा टाईप (Laxa Type)** – इस प्रकार की किस्मों में शीर्ष खोखला एवं खुला होता है तथा शीर्ष पर पत्तियाँ सीधी एवं बाहर की तरफ मुड़ी हुई होती है। पत्तियों का रंग हल्का हरा या पीला होता है।

जलवायु

चीनी पत्ता गोभी शीतोष्ण जलवायु की फसल है। अतः भारत के मैदानी क्षेत्रों में यह शीतकाल में उगायी जाती है। उत्तर भारत के पहाड़ी क्षेत्रों में इसकी खेती ग्रीष्म ऋतु में की जाती है।

भूमि तथा भूमि की तैयारी

किसी भी प्रकार की जीवांशयुक्त उपजाऊ भूमि जिसमें आर्द्रता को धारण करने की क्षमता हो, समतल हो तथा उसमें पानी का निकास उचित हो, चीनी पत्ता गोभी की फसल उगाने के लिए उत्तम होती है। अगेती फसल की खेती दोमट भूमि में की जाती है, तो गुणवत्तायुक्त उपज ज्यादा मिलती है। सामान्यतः 6.0–6.5 तक पी0एच0 मान वाली भूमि इस फसल के लिए सर्वश्रेष्ठ है। अधिक अम्लीय भूमि में इसकी खेती नहीं की जा सकती है। यदि मिट्टी का पी0एच0 मान 5.5 से कम हो, तो उसमें चूना मिलाना चाहिए। खेत को उचित नमी की अवस्था में जोतकर मिट्टी को बारीक एवं पाटा चलाकर समतल कर लेना चाहिए। खेत की अंतिम जुताई के समय 10.0–15.0 टन गोबर की सड़ी खाद खेत में अवश्य डालना चाहिए। पौध रोपण हेतु खेत में क्यारियाँ बना लेनी चाहिए और पौध रोपण 60.0 × 45.0 सेन्टी मीटर की दूरी पर करना चाहिए।

बीज, बीज की बुआई, पौध तैयारी एवं रोपण

एक हेक्टेयर क्षेत्रफल में पाकचोई या पैटसाई की खेती करने के लिए लगभग 400.0 ग्राम बीज की आवश्यकता पड़ती है। उत्तर भारत के मैदानी क्षेत्रों में पौधशाला में बीजों की बुआई सितम्बर के अंत में करनी चाहिए। बीज बुआई के 4–5 सप्ताह बाद जब पौधे 6 पत्तियाँ धारण कर लेते हैं तथा उसकी ऊँचाई लगभग 10.0 सेन्टी मीटर हो जाती हैं, तो उनको खेत में उचित समय पर तथा उचित दूरी पर रोपण कर दिया जाता है। रोपण हेतु पौध उखाड़ते समय ध्यान रहे कि पौधों की जड़ों को क्षति न पहुँचे। पौध उखाड़ने के बाद तथा रोपण से पूर्व पौधों को गीले बोरे से ढककर रखना चाहिए। पौध का रोपण करते समय खुर्पी की सहायता से मिट्टी में दरार बनाकर करना

चाहिए। पौध रोपण साधारणतः समतल क्यारियों में 60.0 × 45.0 सेन्टी मीटर की दूरी पर की जाती है तथा रोपण के तुरन्त बाद हल्की सिंचाई कर देते हैं। जब पौधा ठीक प्रकार बढ़ने लगता है, तो पौधों की जड़ों के पास मिट्टी चढ़ा देनी चाहिए।

पोषक तत्व प्रबंधन

चीनी पत्ता गोभी में गुणवत्तायुक्त शीर्ष तथा अच्छी उपज प्राप्त करने के लिए संतुलित पोषक तत्व प्रबंधन अनिवार्य है। मृदा में पर्याप्त मात्रा में कार्बनिक पदार्थ होना चाहिए। इसके लिए मुर्गी की खाद (poultry manure), वर्मी कम्पोस्ट आदि का भी प्रयोग किया जा सकता है। उत्तर भारत के मैदानी क्षेत्रों के लिए 25.0–30.0 टन कम्पोस्ट अथवा गोबर की सड़ी खाद तथा 100.0–120.0 किलो ग्राम नत्रजन, 60.0–80.0 किलो ग्राम फास्फोरस तथा 80.0 किलो ग्राम पोटैशियम तत्व के रूप में प्रति हेक्टेयर खेत में बेसल ड्रेसिंग (basal dressing) के रूप में प्रयोग करना चाहिए। फास्फोरस एवं पोटाश उर्वरक की सम्पूर्ण मात्रा तथा नाइट्रोजन उर्वरक की आधी मात्रा भली भाँति मिश्रित करके पौध रोपण से पूर्व खेत में मिला देना चाहिए। शेष नत्रजन की मात्रा पौध रोपण के लगभग 21 दिन बाद सिंचाई के साथ फसल में देना चाहिए। यदि इसे भी 2 भागों में समान रुप से बाँटकर 3 सप्ताह बाद तथा शेष 5 सप्ताह बाद टाप ड्रेसिंग (top dressing) के रूप में सिंचाई के साथ देना चाहिए।

सिंचाई जल प्रबन्धन

चीनी पत्ता गोभी के पौधों के सन्तोषप्रद वृद्धि एवं विकास के लिए खेत में उचित नमी का होना आवश्यक है। पौध रोपण के तुरन्त बाद हल्की सिंचाई करना अनिवार्य है। इसके पश्चात् 10–15 दिनों के अन्तर पर लगातार सिंचाई करते रहना चाहिए। फसल की पूरी अवधि में 6–8 बार सिंचाई करना अनिवार्य है।

फसल की देखभाल

चीनी पत्ता गोभी के रोपण के पश्चात् उचित देखभाल जरुरी है। सर्वप्रथम पौध रोपण के बाद पौधों के जड़ों के पास हल्का पानी देना चाहिए। यह क्रिया 2–3 दिनों तक 10–12 घण्टों के अन्तराल पर करना चाहिए, जिससे पौधा स्थापित हो जाये। फसल की देखभाल के अन्तर्गत निम्नलिखित सस्य क्रियाएँ आती हैं।

निकाई–गुड़ाई व मिट्टी चढ़ाना

चीनी पत्ता गोभी की अच्छी उपज के लिए फसल की कुल अवधि में 2–3 बार निकाई–गुड़ाई करनी पड़ती है, जिससे पौधे की जड़ों में वायु संचार हो जाये। इससे फसल की वृद्धि एवं विकास अच्छा होता है। प्रारम्भिक अवस्था में मिट्टी चढ़ाने का कार्य खुरपी की सहायता से की जाती है और बाद की अवस्था में कुदाली की सहायता से मिट्टी को चढ़ाना चाहिए। रोपण के लगभग 3–4 सप्ताह बाद जब पौधों की पत्ती भूमि के समानान्तर फैलने लगे उससे पहले ही पौधों की जड़ों पर मिट्टी चढ़ाना लाभप्रद है। इससे पौधे सीधे व स्थिर रहते हैं।

खरपतवार प्रबंधन

सामान्यतः चीनी पत्ता गोभी की प्रारम्भिक अवस्था में खरपतवार से ज्यादा नुकसान होता है। अतः प्रारम्भिक अवस्था में निकाई–गुड़ाई के द्वारा ही खरपतवार नियंत्रण करना चाहिए। रासायनिक विधि से खरपतवार नियंत्रण के लिए वासालिन या ट्राइफ्ल्युरालिन का 500.0 मिली लीटर मात्रा प्रति हेक्टेयर की दर से या डैसमैट्रिन की 200.0 मिली लीटर मात्रा प्रति हेक्टेयर की दर से पौध रोपण के पहले पानी में घोल बनाकर खेत में छिड़काव करना चाहिए। आधुनिक प्रयोगों में पाया गया है कि काले रंग की पालीइथिलीन का आवरण भी खरपतवार के सफल नियंत्रण के साथ–साथ नमी को सुरक्षित रखने, फसल की अच्छी वृद्धि एवं अधिक उपज प्रदान करने में सक्षम सिद्ध हुआ है।

फसल की कटाई

पत्तियों एवं शीर्ष के पूर्णतः विकसित होने पर चीनी पत्ता गोभी की कटाई की जाती है। इसके शीर्ष को तने के ठीक उपर से तेज धार वाले चाकू से काटकर पौधे से अलग कर लिया जाता है। शीर्ष वाली किस्मों में शीर्ष की बाहरी खुली पत्तियों को भी काट कर अलग कर दिया जाता है। शीर्ष कटाई का उचित समय संध्याकाल या प्रातःकाल है, क्योंकि तेज धूप में कटाई करने से चीनी पत्ता गोभी की गुणवत्ता को अत्यन्त तीव्रगति से क्षति पहुँचती है।

उपज

चीनी पत्ता गोभी की औसत उपज 30.0–35.0 टन प्रति हेक्टेयर है। आधुनिक किस्मों एवं वैज्ञानिक तकनीकों के समावेश से 45.0–50.0 टन तक उपज प्राप्त किया जा सकता है।

कटाई उपरान्त देखभाल

फसल की कटाई के बाद चीनी पत्ता गोभी के शीर्षों को स्वच्छ पानी में धुलाई करने के बाद उनका श्रेणीकरण करना चाहिए। क्षतिग्रस्त शीर्षों को बाजार योग्य शीर्षों से अलग कर देना चाहिए। चीनी पत्ता गोभी का बाजार में विपणन, गट्ठरबन्द टोकरियों में या बोरियों आदि में की जाती है। खुली चीनी पत्ता गोभी के शीर्षों को इकट्ठा करके रस्सी में बाँध कर ही उनके गट्ठर बनाये जाते हैं। फसल को बाजार में भेजने के लिए लकड़ी या गत्तों के बाक्स उपयुक्त हैं।

भण्डारण

चीनी पत्ता गोभी को सर्दी के मौसम में एक सप्ताह तक साधारण वातावरण के तापमान पर छाया में भण्डारित किया जा सकता है। कृत्रिम साधनों द्वारा परिवर्तित वातावरण में चीनी पत्ता गोभी के शीर्षों को दो माह तक भण्डारित किया जा सकता है।

लाल बन्द गोभी (Red cabbage)

वानस्पतिक नाम : ब्रैसिका ओलेरेसिया सब ग्रुप रुब्रा (*Brassica oleracea* sub group *rubra*)
कुल : ब्रैसिकेसी (Brassicaceae)
गुणसूत्र संख्या : 2 एन = 18

लाल बन्द गोभी भारतवर्ष में ज्यादा लोकप्रिय नहीं है, लेकिन वर्तमान समय में इसकी खेती कुछ क्षेत्रों में की जा रही है। रेड कैबेज एन्थोसाइनिन वर्णक का प्रमुख स्रोत है। मोनो एवं डाई एसिलेटेडेसाइनिन के व्युत्पन्न पदार्थ इसमें पाये गये हैं जो रंग के लिये जिम्मेदार हैं। कुछ एन्थोसाइनेडिन पिगमेन्ट इस प्रकार हैं–3–ओ (6 ओ0ई0 फेरलिल बीटा डी–ग्लुकोपाइरेनोसिल)–5 ओ0 (बीटा डी ग्लुकोपारेनोसिल) साइनेडिन 3 ओ (2–ओ–बीटा डी ग्लुकोपाइरेनोसिल साइनेडिन)।

पोषक मूल्य

सन् 1970 के मध्यकाल में रेड कैबेज के प्राकृतिक रंगों को निकालने के लिए काफी पहल की गयी थी और इससे प्राप्त वर्णक संश्लेषित रंग (रेड नं0 40) से अच्छा पाया गया है और इसका विभिन्न प्रसंस्कृत पदार्थों में काफी लम्बे समय तक टिकाउ बना रहता है। वर्तमान में इनसे प्राप्त रंग की सैनरेड आरसी (San Red RC) के नाम से बाजार में उपलब्ध है, जिसका पेय पदार्थ, च्विंगम, कैण्डी, शरबत, योगर्ट एवं अन्य प्रसंस्कृत पदार्थों (fermented beverages) के बनाने में प्रयोग किया जाता है (घोष एवं कायबी, 1991)। लाल बंद गोभी के पोषक मूल्य को सारिणी में दिया गया है–

सारिणी (11.5) लाल बंद गोभी का पोषक मूल्य (प्रति 100 ग्राम खाने योग्य भाग में)

पोषक तत्व	मात्रा
नमी	90 ग्राम
प्रोटीन	2.0 ग्राम
वसा	0.2 ग्राम
कार्बोहाइड्रेट	6.5 ग्राम
ऊर्जा	31 किलोकैलोरी
कैल्सियम	42.0 मिली ग्राम
फास्फोरस	35.0 मिली ग्राम
आयरन	0.8 मिली ग्राम
सोडियम	26.0 मिली ग्राम
पोटैशियम	268.0 मिली ग्राम
विटामिन 'ए'	40 अ0ई0
थाइमिन	0.09 मिली ग्राम
राइबोफ्लेविन	0.06 मिली ग्राम
नियासिन	0.4 मिली ग्राम
स्कार्बिक अम्ल	61.0 मिली ग्राम

स्रोतः गोपालन एवं सहयोगी, 1999

उन्नतिशील किस्में

य0कें0 शरद एवं वसन्त वीट किस्में विदेशों में खेती के लिये महत्वपूर्ण हैं। लेंजेडिजीक रेड अर्ली नारमा (Lengedijik Red Early-Norma) एवं एफ0–1 रबीवाल को वसन्त में लगाने के लिए उपयुक्त है, जबकि संकर एफ0–1 आटोरो एवं हारडोरो (Autoro and Hardoro) को शरद में उगाने के लिए पसन्द किया जाता है। हिमाचल प्रदेश में सब्जी की दो किस्में–रेड राक (Red Rock) व रेड ड्रम (Red Drum Head) ज्यादा प्रचलित हैं।

प्राइम रोव (Prime Rov)

बीजोशीतल कम्पनी द्वारा प्राइम रोव किस्म विकसित की गयी है। इसके शीर्ष बहुत आकर्षक, गोल आकार के सख्त एवं 1.0–2.0 किलो ग्राम वजन के होते हैं।

रेड एकर (Red Acre)

रेड एकर किस्म के शीर्ष की आकृति गोल है। आकार लगभग 2.0–3.0 किलो ग्राम वजन का होता है तथा रोपण से लगभग 90 दिनों बाद इसकी फसल तैयार हो जाती है। लाल पत्तों पर पतली मोम जैसी पर्त स्पष्ट प्रकट होती है तथा देखने में अत्यन्त सजावटी लगती है।

बीज दर एवं पौध रोपण

उत्तर भारत के मैदानी क्षेत्रों में इसे वसन्त ऋतु में उगाते हैं। इसके लिए अक्टूबर–नवम्बर के महीने में नर्सरी उगाकर नवम्बर–दिसम्बर के महीने में रोपण का कार्य किया जाता है। इसके एक ग्राम बीज में 375 दाने होते हैं और एक हेक्टेयर क्षेत्रफल में रोपण के लिए पौध तैयार करने हेतु 450.0 ग्राम बीज की आवश्यकता होती है। तैयार पौधा 45.0 × 45.0 सेन्टी मीटर या 60.0 × 30. 0 सेन्टी मीटर के अन्तराल पर रोपण का कार्य किया जाता है।

खेत की तैयारी एवं पोषक तत्व प्रबन्धन

खेत की तैयारी के लिए 2–3 बार गहरी जुताई करके पाटा चला देना चाहिए। अंतिम जुताई के समय 20.0 टन गोबर की सड़ी खाद मिला देते हैं। इसके अतिरिक्त खेत में 100.0 किलो ग्राम नत्रजन, 100.0 किलोग्राम फास्फोरस एवं 100.0 किलोग्राम पोटाश प्रति हेक्टेयर की दर से खेत में मिलाना चाहिए (पाण्डेय एवं राय, 2004)। इसके अतिरिक्त रोपण के 30 दिन बाद 100.0 किलो ग्राम नत्रजन को टापड्रेसिंग (top dressing) के रुप में प्रयोग किया जाता है। यदि मृदा अम्लीय प्रकृति की हो तो बोरान एवं मालिब्डेनम प्रयोग करने की संस्तुति की जाती है।

फफोलेदार बन्द गोभी या सेवाय कैबेज (Savoy cabbage)

वानस्पतिक नाम : ब्रैसिका ओलेरेसिया एल0 वार0, सबोडा (*Brassica Oleracea* L. var. *sabouda*)

कुल : ब्रैसिकेसी (Brassicaceae)

गुणसूत्र संख्या : 2 एन = 18

फफोलेदार बन्द गोभी या सेवाय कैबेज की पत्तियाँ सामान्यतः पत्ता गोभी से भिन्न आकर्षक रुप से मुड़ी हुई तथा फफोलेदार होती हैं। इसका वानस्पतिक नाम ब्रेसिका ओलेरेसिया एल0 वार0, सबोडा (*Brassica Oleracea* L. var. *sabouda*) है।

हमारे देश में इसकी खेती महाराष्ट्र, गुजरात व सिंधु गंगा के मैदानी क्षेत्रों में की जाती है। इसकी पत्तियाँ मोटी एवं गहरे हरे रंग की होती हैं। भारतवर्ष में इस गोभी की खेती ज्यादा लोकप्रिय नहीं है। अतः बड़े पैमाने पर खेती नहीं की जाती। इसकी अलंकृत मुड़ी हुई पत्तियों को सलाद, सूप सब्जी आदि बनाने में प्रयोग किया जाता है। सेवाय कैबेज को गोभी वर्गीय सब्जियों में अत्यन्त महत्वपूर्ण माना जाता है, जो अक्टूबर से जनवरी तक तैयार होकर मार्च–अप्रैल तक बाजार में उपलब्ध रहता है।

पोषकीय महत्व

सेवाय कैबेज, पोषक तत्व विशेषकर विटामिन 'सी' एवं आयरन में काफी धनी होती हैं। सेवाय कैबेज का पोषकीय महत्व नीचे की सारिणी में दी जा रही है–

सारिणी (11.6) सेवाय कैबेज का पोषक मूल्य (प्रति 100 ग्राम खाने योग्य भाग में)

पोषक मूल्य	मात्रा
पानी	92 ग्राम
प्रोटीन	2.4 ग्राम
वसा	0.2 ग्राम
कार्बोहाइड्रेट्स	4.6 ग्राम
ऊर्जा	24 किलोकैलोरी
कैल्सियम	67.0 मिली ग्राम
फास्फोरस	54.0 मिली ग्राम
आयरन	0.5 मिली ग्राम
सोडियम	22.0 मिली ग्राम
पोटैशियम	269.0 मिली ग्राम
विटामिन 'ए'	200 अ0ई0
राइबोफ्लेबिन	0.02 मिली ग्राम
नियासिन	0.3 मिली ग्राम
स्कार्बिक अम्ल	55.0 मिली ग्राम

स्रोत: गोपालन एवं सहयोगी, 1999

उन्नतिशील किस्में

सेवाय कैबेज की कोई उन्नतिशील किस्म उपलब्ध नहीं है, केवल विदेशों से आयातित किस्में ही हमारे देश में उगायी जाती हैं। आकार के अनुसार सेवाय कैबेज को 3 भागों में बाँटा जा सकता है।

1. नुकीले आकार की
2. गोले आकार की
3. चपटा गोलाकार

चिप्टकम (Chiptcum)

सामान्यतः किसानों के बीच में चिप्टकम ज्यादा प्रचलित है। इसकी पत्तियाँ बड़ी, चिकनी और शीर्ष चौड़ा होता है।

परफेक्शन (Perfection)

परफेक्शन लगभग बड़े आकार की, चिकनी व चपटी किस्म हैं, जिसकी पत्तियाँ हल्के हरे रंग की फफोलेदार होती हैं। यह किस्म भारतवर्ष में उपलब्ध है, लेकिन इसका उत्पादन बहुत ही सीमित है।

भूमि एवं भूमि की तैयारी

सेवाय कैबेज की खेती जीवांशयुक्त किसी भी मिट्टी में की जा सकती है, लेकिन ध्यान रहे कि मृदा का पी0एच0 मान 6.5–7.5 के मध्य होना चाहिए। खेत तैयार करने के लिए 2–3 बार गहरी जुताई करके पाटा चलाना चाहिए।

बीज दर एवं पौध रोपण

सेवाय कैबेज के एक हेक्टेयर क्षेत्रफल में रोपण के लिए मात्र 300.0–400.0 ग्राम बीज की पौधशाला में आवश्यकता होती है। उत्तर भारत के मैदानी क्षेत्रों में अक्टूबर–नवम्बर में पौधशाला में पौध तैयार की जाती है। पौधशाला तैयार करने के लिए 5.0 मीटर लम्बी 1.0 मीटर चौड़ी एवं 20.0 सेन्टी मीटर ऊँची उठी क्यारियाँ बनायी जाती हैं। एक हेक्टेयर खेत में रोपण के लिए 200.0 वर्ग मीटर के क्षेत्रफल में पौधशाला तैयार की जाती है। इसमें बीज को शोधित करके 5.0 सेन्टी मीटर के अन्तराल पर पंक्तियों में 2.0 सेन्टी मीटर की गहराई पर बुआई की जाती है। बुआई के बाद क्यारी को पुआल या अन्य घास–फूस या धान के पुआल से ढक देना चाहिए। सेवाय कैबेज के बीज 2–3 दिन में अंकुरित हो जाते हैं। अंकुरण के पश्चात् घास–फूस को हटा देते हैं। सामान्यतः 3–4 सप्ताह में पौधे रोपण के लिए तैयार हो जाते हैं। पौध का रोपण 60.0 × 45.0 सेन्टी मीटर की दूरी पर की जाती है (पाण्डेय एवं राय, 2004)।

पोषक तत्व प्रबंधन

सेवाय कैबेज एक अधिक उपज देने वाली फसल है। अतः इसके लिए खाद एवं उर्वरकों की अधिक मात्रा में आवश्यकता होती है। साधारणतः खेत की तैयारी के समय 10.0–12.0 टन अच्छी

प्रकार सड़ी गोबर की खाद या कम्पोस्ट खाद खेत में मिलाना चाहिए। पौध रोपण के समय 150.0 किलो ग्राम नत्रजन, 80.0 किलो ग्राम फास्फोरस एवं 60.0 किलो ग्राम पोटाश की आवश्यकता प्रति हेक्टेयर की दर से पड़ती है। नत्रजन की आधी मात्रा एवं फास्फोरस एवं पोटाश की पूरी मात्रा पौध रोपण के समय ही खेत में प्रयोग कर दिया जाता है। नत्रजन की बची आधी मात्रा को 2 बराबर भागों में बाँटकर 30 व 45 दिन बाद टाप ड्रेसिंग (top dressing) के रुप में दिया जाता है।

उपज एवं कटाई

सवाय कैबेज के शीर्ष (head) की कटाई मुलायम अवस्था में की जाती है। सामान्यतया 90–100 दिन बाद बाजार में विक्रय हेतु तैयार हो जाते हैं। प्रत्येक शीर्ष का औसत वजन 3.0–3.5 किलो ग्राम तक होता है। एक हेक्टेयर क्षेत्रफल में 62500 पौधे समाहित होते हैं। इस प्रकार कुल उपज 40.0–50.0 टन प्राप्त हो जाती है।

कोलार्ड (Collord)

वानस्पतिक नाम : ब्रैसिका ओलेरेसिया एल0 वार0, एसफ्ला (*Brassica Oleracea* L. var. *acephla*)

कुल : ब्रैसिकेसी (Brassicaceae)

गुणसूत्र संख्या : 2 एन = 18

केल के समान कोलार्ड भी बिना शीर्ष वाली पत्ता गोभी है। इसकी मुलायम पत्तियाँ गुच्छे में तने के उपर लगती हैं, जिनसे सब्जी बनायी जाती है। इस सब्जी की खेती हमारे देश में बहुत कम होती है। विशेष तौर से हिमाचल के पर्वतीय क्षेत्रों में इसकी खेती की जाती है।

उद्‌भव एवं वितरण

कोलार्ड का उत्पत्ति स्थल पूर्वी भूमध्य रेखीय क्षेत्र माना जाता है। सर्व प्रथम इसकी खेती प्राचीन ग्रीक एवं रोमन वासियों द्वारा प्रारम्भ की गयी। लोगों का विश्वास है कि रोमन या सेल्ट्स द्वारा ब्रिटेन या फ्रान्स में इसे उपस्थापित किया गया। इसका प्रवेश ब्रिटिश आइजल्स में 400 ई0 पूर्व किया गया, जबकि अमेरिका में इसके उपनिवेशन (introduction) का विवरण सन् 1669 में किया गया (डिकाट्‌य, 2000)। वर्तमान समय में कोलार्ड दक्षिण अमेरिका की एक महत्वपूर्ण फसल है। कोलार्ड फ्लोरिडा, साउथ कैरोलिना, जार्जिया, वर्जिनिया और एल्बामा में दिसम्बर से अप्रैल तक उगाया जाता है।

वानस्पतिक विवरण

कोलार्ड गोभी कुल ब्रैसिकेसी (Brassicaceae) का सदस्य है। केल और कोलार्ड में थोड़ा ही अन्तर होता है। कोलार्ड की पत्तियों पर शिरायें अधिक स्पष्ट होती हैं। यह सही है कि प्रारम्भिक अवस्था में पत्ता गोभी एवं कोलार्ड के पौधों के बीच अन्तर नहीं होता है।

पोषकीय महत्व

कोलार्ड पोषण की दृष्टि से एक महत्वपूर्ण सब्जी है। इसमें अपेक्षाकृत अधिक कैलोरी प्राप्त होती है, लेकिन पर्याप्त मात्रा में विटामिन 'सी' एवं कैरोटीन पायी जाती है। इसमें अन्य खनिज तत्वों के साथ कैल्सियम भी अधिक पाया जाता है। इसकी पत्तियों के पोषक मूल्य को सारिणी में दिया गया है।

सारिणी (11.7) कोलार्ड का पोषक मूल्य (प्रति 100 ग्राम खाने योग्य भाग में)

पोषक मूल्य	मात्रा
नमी	85.0 ग्राम
प्रोटीन	4.8 ग्राम
वसा	0.8 ग्राम

कार्बोहाइड्रेट्स	7.5 ग्राम
ऊर्जा	45 किलोकैलोरी
कैल्सियम	250.0 मिली ग्राम
फास्फोरस	82.0 मिली ग्राम
आयरन	1.5 मिली ग्राम
सोडियम	—
पोटैशियम	450.0 मिली ग्राम
विटामिन 'ए'	9300 अ0ई0
थाइमिन	0.16 मिली ग्राम
राइबोफ्लेबिन	0.31 मिली ग्राम
नियासिन	1.7 मिली ग्राम
स्कार्बिक अम्ल	152.0 मिली ग्राम

स्रोतः गोपालन एवं सहयोगी, 1999

उन्नतिशील प्रजातियाँ

जार्जिया (Gargia)

यह बंचिंग प्रकार (bunching type) की किस्म है, जिसे व्यापक स्तर पर उगाया जाता है। इसके पौधे 75.0–90.0 सेन्टी मीटर ऊँचे होते हैं। पत्तियाँ नीले एवं हरे रंग की होती हैं तथा पत्तियाँ एक–दूसरे के उपर चढ़ी हुई होती हैं। इसमें बीज बुआई के 80 दिन बाद पौधों की कटाई की जाती है।

वेट्स (Wets)

इसके पौधे कम तापक्रम पर सहिष्णु होती हैं और इसमें बोल्टिंग (bolting) भी धीमी गति से होती है। इसमें बहुत दिनों तक हरा रंग बना रहता है। पौधे 50.0–60.0 सेन्टी मीटर ऊँचे, खड़े एवं सघन होते हैं। इसकी उपज क्षमता अच्छी होती है। इसमें बुआई के 75 दिन बाद पौधे कटाई के लिए तैयार हो जाते हैं।

मोरिस हेडिंग (Moris Heading)

इसके पौधे भी कम तापक्रम के प्रति सहिष्णु होते हैं तथा बोल्टिंग (bolting) देर से होती हैं। इसकी पत्तियाँ सेवाय की तरह होती हैं। पौधे 75.0–85.0 सेन्टी मीटर ऊँचे होते हैं। पत्तियाँ बड़ी, लहरदार तथा मध्यम हरे रंग की होती हैं। तना अपेक्षाकृत छोटा होता है और इसमें पत्ता गोभी की तरह शीर्ष बनते हैं।

लूइसियाना स्वीट (Luiciana Sweet)

इस किस्म को लूइसियाना स्टेट यूनिवर्सिटी परीक्षण केन्द्र से विकसित किया गया है। यह जार्जिया की तरह होती है। पत्तियाँ मोटी व मुलायम होती हैं। इसमें पौध रोपण के 75 दिन बाद शीर्ष की कटाई की जा सकती है।

जलवायु

कोलार्ड ठण्डक के प्रति सहिष्णु होती है और पौधे 10.0 डिग्री सेल्सियस के तापमान को भी सहन करने की क्षमता रखते हैं। अगर लम्बे समय तक तापमान कम बना रहता है, तो पौधों में शर्करा एवं सुगन्ध में ज्यादा वृद्धि होती है।

भूमि

कोलार्ड की खेती जीवांशयुक्त भूमि में सफलतापूर्वक की जा सकती है। इसकी सबसे ज्यादा उपज दोमट भूमि में पायी गयी है। मृदा में जल निकास का उचित व्यवस्था होनी चाहिए। खेत का पी0एच0 मान 6.5 होना चाहिए।

बीज दर

कोलार्ड की खेती पौधशाला में पौध तैयार करके किया जाता है। इसके लिए बौनी किस्मों के बीज की मात्रा 500.0–750.0 ग्राम, मध्यम रुप से बढ़वार वाली किस्मों के लिए 400.0–500.0 ग्राम तथा ऊँची कद वाली किस्मों के लिए 300.0–400.0 ग्राम की आवश्यकता होती है।

बुआई का समय एवं पौधशाला की तैयारी एवं पौध रोपण

उत्तरी भारत के मैदानी क्षेत्रों में लगाने के लिए अक्टूबर–नवम्बर के महीने में पौध तैयार किया जाता है, लेकिन पर्वतीय क्षेत्रों में अगस्त–सितम्बर के महीने में पौध तैयार कर रोपण करना चाहिए। रोपण के लिए सामान्यतया बौनी एवं मध्यम बढ़वार वाली किस्मों के लिए 60.0 × 45.0 सेन्टी मीटर तथा ऊँची कद वाली किस्मों के लिए 90.0 × 60.0 सेन्टी मीटर का पौध अन्तराल रखना चाहिए।

पोषक तत्व प्रबंधन

कोलार्ड के पौध रोपण से पूर्व अच्छी तरह से तैयार खेत में 20.0–25.0 टन सड़े हुए गोबर की खाद प्रति हेक्टेयर मिला देना चाहिए। इसके अतिरिक्त पौध रोपण के समय 200.0 किलो ग्राम नत्रजन, 80.0 किलो ग्राम फास्फोरस तथा 100.0 किलो ग्राम पोटाश की प्रति हेक्टेयर की दर से आवश्यकता होती है। नत्रजन की एक–चौथाई मात्रा तथा फास्फोरस की पूरी मात्रा पौध रोपण के समय देना चाहिए तथा नत्रजन की शेष मात्रा को 20.0–25.0 दिन के अन्तराल पर टाप ड्रेसिंग (top dressing) करना चाहिए।

सिंचाई

कोलार्ड की जड़ें उथली (45.0–60.0 सेन्टी मीटर) होती हैं। अतः पौधों को कम अन्तराल पर सिंचाई की आवश्यकता पड़ती है।

खरपतवार प्रबंधन

कोलार्ड के खेत से प्रारम्भिक अवस्था में खरपतवार को निकाल देना चाहिए अन्यथा पाधे कमजोर हो जाते हैं। प्रारम्भिक अवस्था में खेत को खरपतवार से मुक्त रखने के लिए 2–3 बार निकाई करनी चाहिए। पौधे स्थिर खड़े रहें, इसके लिए जड़ों के पास मिट्टी चढ़ाना चाहिए।

कटाई एवं उपज

चूँकि कोलार्ड के हरी पत्तियों की सब्जी बनाई जाती है। अतः मुलायम अवस्था में ही पत्तियों की कटाई करनी चाहिए। जब पौधे 15.0–25.0 सेन्टी मीटर के हो जाते हैं तब उनकी जमीन की सतह से कटाई की जाती है। एक हेक्टेयर क्षेत्रफल से 15.0–20.0 टन उपज प्राप्त होती है।

भण्डारण

कोलार्ड की पत्तियों को 6.0 डिग्री सेल्सियस तापमान एवं 90.0–95.0 प्रतिशत सापेक्ष आर्द्रता पर 10–14 दिन तक भण्डारित किया जा सकता है।

पौध संरक्षण

प्रमुख रोग एवं उनका प्रबन्धन

फ्यूजेरियम येलो (*Fusarium* Yellow)

यह एक कवक जनित बीमारी है, इससे प्रभावित पौधों की पत्तियाँ उपर की तरफ पीली पड़ जाती हैं और पत्तियाँ सुखने लगती हैं। रोग प्रतिरोधी किस्मों को लगाना चाहिए और बीज शोधन 2.0 ग्राम बापिस्टीन से प्रति किलो ग्राम बीज में मिलाकर करना चाहिए।

काला विगलन (Black rot)

काला विगलन जीवाणु जनित रोग है, जो जैन्थोमोनास कैम्पेस्ट्रिस (*Xanthomonos campestris*) के कारण होता है। इससे प्रभावित पौधों के पत्तियों के किनारे वी0 (V) आकार की संरचना बनती है, जो पत्तियों के मध्य की ओर फैल जाती है। परिणामतः पत्तियों की शिरायें काली पड़ जाती हैं। नियंत्रण के लिए रोग रहित बीज की बुआई करनी चाहिए और फसल के अवशेषों को जला देना चाहिए। बीज बुआई के पूर्व 30 मिनट तक 48.9 डिग्री सेल्सियस तापक्रम पर गर्म पानी में उपचारित करना चाहिए।

आल्टरनेरिया पर्ण दाग (Alternaria leaf spot)

इस रोग से ग्रसित पत्तियों पर गोल एवं गहरे धब्बे बनते हैं। नियंत्रण के लिए लम्बी अवधि का फसल चक्र एवं रोग प्रतिरोधी किस्मों की खेती करनी चाहिए।

मृदुरोमिल आसिता (Downy mildew)

यह बीमारी पेरोनास्पोरा पैरासिटिका नामक (*Perenospora parasitica*) कवक से होता है। रोग ग्रस्त पौधों की पत्तियों पर छोटे नियमित आकार के धब्बे बनते हैं। इसके बाद धब्बों के नीचे सफेद या बैगनी रंग के मोल्ड की वृद्धि होती है। नियंत्रण के लिए लम्बी अवधि का फसल चक्र एवं रोग प्रतिरोधी किस्मों की खेती करनी चाहिए।

घरकीन (Gherkin or Pickling cucumber)

वानस्पतिक नाम : कुकुमिस अन्गुरिया वार0 अन्गुरिया (*Cucumis anguria* var. *anguria*)

कुल : कुकुरबिटेसी (Cucurbitaceae)

गुणसूत्र संख्या : 2 एन = 14

घरकीन कुकुमिस अन्गुरिया वार0 अन्गुरिया (*Cucumis anguria* var. *anguria*) के कच्चे फलों का महत्व औषधीय एवं पोषकीय दृष्टि से ज्यादा है। विश्व के अनेक देशों में इसे वेस्ट इण्डियन घरकीन (West Indian Gherkin), वेस्ट इण्डिज गोर्ड, अन्गुरिया कुकुम्बर, कोन्कोम्बर डेस एन्टी लेस, कोन्कोम्बर, कार्नीकान, पेपीनों, पेपीन्टों, बर घरकीन या मारु कुकुम्बर के नाम से जानते हैं। कभी–कभी शब्दों की विसंगतियाँ किसी शब्द की मूल प्रासंगिकता को बदल देती है, उदाहरण के लिए बोहेनियन ने इसे एग्रीका, जर्मन लोग गुर्ले, ग्रीनवासी अन्गुरिया और वर्तमान में घरकीन शब्द बन गया। ऐतिहासिक दृष्टिकोण से घरकीन एक प्राचीन आर्यन शब्द है। कभी–कभी मजाकिया तौर पर इस सब्जी समूह को ''काउकुम्बर'' अंग्रेजी लेखकों ने आज से 300 वर्ष पूर्व की थी। इसे पिकलिंग कुकुम्बर (pickling cucumber) या बर–कुकुम्बर (bur cucumber) भी कहते हैं।

उद्‌भव एवं वितरण

घरकीन की जन्म स्थली उत्तरी अमेरिका माना जाता है। मीयूस (1958) ने पाया कि कुकुमिस की जंगली प्रजाति कुकुमिस अन्गुरियाँ उपप्रजाति लौंगीपेस (*Cucumis anguria* spp. *longipes*) खाने में कड़ुवी होती है। अकारिकीय में कुकुमिस अन्गुरियाँ उपप्रजाति लौंगीपेस का ही कड़ुवा रहित (bitterless) रुप है। अगर इस समूह की खाने वाली खीरे (कुकुमिस सैटाइवस) को देखा जाये तो यह पूर्ण रुप से भारतीय वातावरण के हिमालय क्षेत्र का पौधा है, जिसकी विस्तृत व्याख्या ऋग्वेद में ''उर्वारुकता'' तथा चरक संहिता ''इर्वारुका'' के रुप में की गयी है। वेस्ट इण्डियन घरकीन, जिसे अब घरकीन की संज्ञा दी जा रही है, मूलतः पश्चिमी भारत, के क्षेत्र का ही पौध है। कभी–2 इस महत्वपूर्ण सब्जी को अफ्रीकी मूल का पौधा माना जाता है, लेकिन भारत के केरल राज्य के सर्वेक्षण से पता चलता है कि इस राज्य में इसे सब्जी के रुप में आज भी प्रयोग की जाती है। दास व्यापार (slave trade) के समय पश्चिमी अफ्रीकी लोगों को जब वेस्ट इण्डिज लाया गया तो घरकीन के बीजों को भी इन लोगों ने अपने साथ लाया, अतः इसे वेस्ट इण्डिज घरकीन के नाम से जाना गया। बाद में यह कई अमेरिकी देशों में फैल गया। आज विश्व में घरकीन के सबसे बड़े उत्पादक चीन, टर्की, इराक व संयुक्त राष्ट्रसंध है। भारत में मुख्यतः आन्ध्र प्रदेश, कर्नाटक व तमिलनाडु में लगभग 9000–15000 हेक्टेयर जमीन पर उगाया जाता है। भारत को सन् 2002–03 में घरकीन निर्यात से 140 करोड़ रुपये का लाभ हुआ। संयुक्त राज्य अमेरिका, आस्ट्रेलिया व दक्षिण अमेरिका सहित अन्य यूरोप के देशों में इसकी माँग दिन प्रतिदिन तेजी से बढ़ रही है। अकेले दक्षिण अमेरिका में ही प्रतिवर्ष 150,000–9,43000 टन घरकिन उपयोग में लाया जाता है, क्योंकि इसमें पोषक तत्व ज्यादा पाया जाता है।

वानस्पतिक विवरण

घरकीन एक उभयलिंगश्रायी (monoecious) व पर–परागित (cross pollinated) एकवर्षीय (annual) शाकीय पौधा है, जो प्रतानों की सहायता से (सहारा उपलब्ध होने पर) उपर चढ़ जाता है। इसके पौधे 60.0–300.0 सेन्टी मीटर तक लम्बे होते हैं, जिस पर प्रभावी रोयें पाये जाते हैं। पत्ती हृदयाकार, जिसका आकार 8.0 X 25.0 सेन्टी मीटर होता है। पत्तियाँ आने वाली नयी शाखाओं को ढक लेती हैं। फल छोटे अण्डाकार व पेन्डूल्स (pendulus) होता है। फल की सतह चिकनी या काँटेंदार/उभार दार होती है। फल की लम्बाई/मोटाई का अनुमात 28.0–32.0 सेन्टी मीटर के बीच होता है। सामान्यतः 15.0 सेन्टी मीटर लम्बे व 3.2 सेन्टी मीटर चौड़े आकार के फल बाजार में विक्रय हेतु सर्वोत्तम है। पुष्प सुबह पुष्पित होते हैं और परागण मधुमक्खियों द्वारा सुर्योदय के एक या दो घन्टे बाद तक होता है (गिनग्रस, 1997)। घरकीन की जायाँगी (gynoecious) किस्में भी उपलब्ध हैं।

पोषकीय महत्व

घरकीन को कच्चे सलाद के रुप में उपयोग बहुतायत से किया जाता। इसके मुलायम फलों को एसीटिक एसिड, या सिरका (vinegar), राई व सोआ की पत्तियों के साथ अचार बनाकर संरक्षित रखा जाता है। पोषकीय तत्वों की प्रचुरता के कारण हैमवर्गर, पिज्जा व सैन्डविच के लिए ज्यादा माँग की जाती है। घरकीन में उपलब्ध पोषक तत्वों को सारिणी में दिया जा रहा है।

सारिणी (11.8) घरकीन में पाये जाने वाले पोषक तत्वो की मात्रा (प्रति 100 ग्राम खाने योग्य भाग में)

पोषक तत्व	मात्रा	विटामिन	मात्रा
ऊर्जा	442.0	नियासिन	0.2 मिली ग्राम
नमी	73.4 ग्राम	विटामिन"बी–6"	0.02 मिली ग्राम
नत्रजन	0.07 ग्राम	बीटा कैरोटीन	38.0 माइको ग्राम
प्रोटीन	0.4 ग्राम	बीटा कैरोटीन तुल्यांक	38.0 माइको ग्राम
वसा	0.3 ग्राम	विटामिन "ई"	0.2 मिली ग्राम
राख	1.4 ग्राम	विटामिन "सी"	7.0 मिली ग्राम
फ्रक्टोज	10.0 ग्राम	**खनिज लवण**	**मात्रा**
ग्लूकोज	10.1 ग्राम	कैल्सियम	22.0 मिली ग्राम
सुक्रोज	3.5 ग्राम	कापर	0.23 मिली ग्राम
सुगर	23.6 ग्राम	फ्लोराइड	67.0 माइको ग्राम
स्टार्च	0.8 ग्राम	आरयन (लौह तत्व)	0.5 मिली ग्राम
कार्बोहाइड्रेट	24.4 ग्राम	मैग्नेशियम	8.0 मिली ग्राम
रेशा	1.0 ग्राम	फास्फोरस	10.0 मिली ग्राम
एसीटीक एसीड	1.6 ग्राम	पोटैशियम	11.0 मिली ग्राम
लैक्टीक एसिड	0.1 ग्राम	सोडियम	520.0 मिली ग्राम
		सल्फर	15.0 मिली ग्राम

स्रोतः www.foodstandards.gov.au 2012

किस्मों का चुनाव

प्राथमिक तौर पर घरकीन की किस्मों का चुनाव दो बातों पर निर्भर करता है:–

कतरा या पतला फॉक बनाने के लिए

(अ) खेत में उगने वाला

(ब) ग्रीन हाउस में उगने वाला

अचार बनाने के लिए पिकलिंग (pickling) टाइप/प्रासेसिंग (processing) टाइप

कतरा या पतला फाँक बनाने के लिए भारतीय बाजार में अभी इसकी महत्ता कम है लेकिन अमेरिका व यूरोपियन बाजार में महत्तवपूर्ण भागीदारी है। इससे कतरा या पतला फाँक बनाकर ताजे सब्जी के रुप में प्रयोग किया जाता है। कहीं–कहीं हल्के हरे रंग का बाजार ज्यादा है तो कहीं–कहीं पर चिकनी मुलायम त्वाचा का बाजार है या कही कठोर व ज्यादा मोटे छिलके वाले बिकते हैं, क्योंकि खाने या फॉक बनाने के पूर्व छिलका उतारते हैं।

अचार बनाने के लिए घरकीन का उत्पादन भारत एवं अफ्रीका में ज्यादा है। पिकलिंग टाइप/प्रासेसिंग टाइप (pickling type/processing type) की घरकीन की माँग विदेशों में ज्यादा रहता है। इस किस्म के फल पर कंटक होते हैं। घरकीन पर अनेकों प्रसंस्करण उद्योग धन्धे विकसित किए गए हैं, जो मानक के अनुसार अचार बनाते हैं। दोनों प्रकार की प्रजातियों की उत्पादन तकनीकी अलग– अलग है। घरकीन का वर्गीकरण उसके फलों पर बनाने वाले छोटे–छोटे कंटिका के रंग के आधार पर भी किया जाता है, जिसे बाजार में ज्यादा महत्व दिया जाता है। काँटे के रंग व बाजार माँग के अनुसार इसे दो भागों में बाँटा जा सकता है।

- सफेद कंटिका
- काला कंटिका

सफेद कंटिका

छोटे–छोटे सफेद कंटिका वाले ताजे फलों को व्यापार के लिए ज्यादा महत्व दिया जाता है, क्योंकि काँटे का हल्का हरा रंग काफी लम्बे समय तक बाजार में बना रहता है, जबकि काले रंग की कंटिका जल्दी समाप्त होने लगती है।

काला कंटिका

छोटे–छोटे काले कंटिका वाले फलों को विशेष तौर पर प्रसंस्करण (पिकलींग टाइप) के लिए ज्यादा उपयोग किया जाता है क्योंकि "ब्राइन घोल" (brine solution) में रखनें पर रंग काफी दिनों तक बना रहता है।

इसी प्रकार जापान में इसे प्रकाश काल (photo period) की माँग के अनुसार दो भागों में बाँटा गया है।

उत्तरी चीन प्रजाति (North China group) – इस समुदाय की प्रजातियाँ प्रकाश माँग के प्रति असंवेदनशील होती है अर्थात मौसम से वृद्धि एवं फलत कम प्रभावित होती है।

दक्षिण चीन प्रजाति (South China group)–ऐसी प्रजाति को कम से कम 10 घन्टे का प्रकाश अवधि आवश्यक है, जिसमें पौधे मुख्यतः जायॉगी फूलों को जन्म देते हैं, लेकिन ज्यादा प्रकाशकाल में केवल कुछ माँदा पुष्प बनते हैं तथा नर पुष्प ज्यादा आते हैं।

किस्मों के चयन हेतु कुछ सुझाव

किस्मों के चुनाव में मानक इस प्रकार निर्धारित किया जाना चाहिए–

- फलों के आकार के अनुसार मध्यम, छोटा अण्डाकार तथा दीर्घाकार होना चाहिए, जिसकी लम्बाई 4.5 सेन्टी मीटर व फल व्यास लगभग 2.5–3.5 सेन्टी मीटर होना चाहिए। कुछ बाजारों में छोटा तथा कँटीली किस्म को पंसद करते हैं, जो लम्बे मुलायम बालों से युक्त होते हैं।
- विश्व बाजार में घरकीन के रंगों पर विशेष ध्यान दिया जाता है। अतः किसी देश के मानक के अनुसार आकर्षक किस्म का उत्पादन किया जाना चाहिए। छिलका पीला–हरा होने पर बाजार मूल्य ज्यादा मिलता है। ऐसी किस्म पकने पर पीली पड़ जाती है। इसी प्रकार फल का गूदा सफेद या हल्का हरा होना चाहिए।
- शुरुआती गाँठों पर मादा फल बनने वाली किस्मों का चुनाव करना चाहिए। अक्सर देखा गया है कि घरकीन की उपलब्ध प्रजातियों में पहले नर पुष्प ज्यादा बनते हैं और मादा पुष्प कम आते हैं। अतः नर व मादा पुष्पों का अनुपात 6:1 का हो उसी का चयन करें। यह देखा गया है कि घरकीन में नर पुष्प 10 दिन पहले आते हैं और मादा पुष्प बाद में। पादप वृद्धि नियामक के प्रयोग से मादा पुष्प को ज्यादा विकसित किया जाता है।
- बौनी व झाड़ीदार घरकीन की किस्म में फल ज्यादा लगते हैं जबकि लम्बी बढ़ने वाली किस्म में फल कम बनते हैं। एक अध्ययन में पाया गया है कि घरकीन की पौध में 60 सेन्टी मीटर तक लगभग 75.0–90.0 प्रतिशत तक फल लग जाते हैं और शेष फल सिरे के 18 सेन्टी मीटर में लगते हैं।
- घरकीन में सुगन्ध एवं स्वाद ज्यादा महत्व रखता है क्योंकि इस गुण से जल्दी पाचन ही नही होता, बल्कि सलाद को अति स्वादिष्ट बनाता है। ऐसी किस्मों के फल बाजार में ऊँचे मूल्य पर बेचे जाते हैं।
- घरकीन में गूदे की मोटाई, बाजार मूल्य को निर्धारित करते हैं। अतः हमेशा ज्यादा मोटे गूदे वाली किस्म को चुनना चाहिए अन्यथा प्रसंस्करण के लिए इसकी महत्ता नहीं रहती है।
- तीखा रहित किस्म का चुनाव करना अति आवश्यक है, क्योंकि ताजे बाजार व प्रसंस्करण के लिए किसी प्रकार से तीखी किस्म को स्वीकार नहीं किया जाता है। अतः कुछ ही फल पूरे उत्पाद को बेकार कर सकते हैं।

- एक समान आकार के उत्पादन देने वाली किस्मों की कमी रहती है, जिसमें श्रेणीकरण एवं छँटनी में समय और रुपयों की बर्बादी होती है। भारतीय उत्पाद कई प्रकार की किस्मों से मिश्रित होते है। अतः भौतिक गुणों में विभिन्नता आना स्वभाविक है। बाजार में फल की एकरुपता न होने के कारण मूल्य कम मिलता है तथा प्रसंस्कृत पदार्थ के गुणों में भी परिर्वतन देखने को मिलता है। अतः फल की एकरुपता के लिए निर्धारित लम्बाई के मोमिया कागज के लिफाफे फूल बनने के तुरन्त बाद लगा देना चाहिए और लिफाफे के अन्तिम छोर तक पहुँचते ही उसकी तुड़ाई करना चाहिए।
- निर्यात करने के लिए ऐसी किस्म का चुनाव करना चाहिए जिसमें परिवहन क्षमता ज्यादा हो। अक्सर देखा गया है कि जिस किस्म के फल के छिलके चिकने व मोटे होते हैं, उसमें परिवहन क्षमता ज्यादा होती है। पतली व मुलायम छिलका नजदीक के देशों में भेजने के लिए उत्तम मानी जाती है।
- ऐसी किस्मों की बेहद कमी है जिनकी तुड़ाई के बाद काफी दिनों तक बिना किसी नुकसान के रखी जा सकें।
- निश्चित रुप से ऐसी किस्मों का विकास किया जाना चाहिए, जिनमें परजीवी व अपरजीवी रोगों के प्रति रोगरोधिता विद्यमान हों। ऐसी प्रजातियों के विकास से निश्चित रुप से रोगों से छुटकारा पाने के लिए हमारी रासायनिक दवाओं पर निर्भरता कम होगी।
- ऐसी किस्मों का विकास आवश्यक है, जो नदियों के किनारें, पहाड़ों पर व समुद्रों के किनारे सफलता पूर्वक उगायी जा सके, जिससे हमेशा उपज मिलने की सम्भावना बनी रहें।
- सफेद कंटक वाली किस्म का विकास मन्दगति से होता है और इनमें हरा रंग व कसावट लम्बे समय तक होती है, जबकि काले कंटक किस्म पकने के पूर्व पीले पड़ने लगते हैं।

संकर किस्में

वैज्ञानिकों द्वारा घरकिन की अनेक संकर किस्में विकसित की गयी हैं, जिनकी वैज्ञानिक तरीके से उत्पादन करने पर अधिक से अधिक लाभ प्राप्त किया जा सकता है। घरकीन की प्रमुख संकर किस्में निम्न हैं–

- अजाकस (Ajax)–इससे 30.0–35.0 टन प्रति हेक्टेयर उपज प्राप्त की जा सकती है
- एस्टीरिक्स (Astirix)–इससे 40.0–50.0 टन प्रति हेक्टेयर उपज प्राप्त होती है।
- कैलीप्सो (Calypso)–इससे उपज 40.0–50.0 टन प्रति हेक्टेयर प्राप्त होती है।

जलवायु

घरकीन उष्णकालीन फसल है। इसका बीज कम तापमान में अंकुरित नहीं हो पाता है, लेकिन यह ठंडी मिट्टी में काफी समय तक रह सकता है और अनुकूल वातावरण मिलने पर अंकुरित हो जाता है। बीजों का अंकुरण 18.0 डिग्री सेल्सियस तापमान पर संतोषजनक अंकुरण होता है। अंकुरण की क्षमता तापमान के बढ़ने से बढ़ती जाती है। इसके अंकुरण के लिए अनुकूल तापमान 20.0–

24.0 डिग्री सेल्सियस है तथा इसकी वृद्धि का अनुकूल तापमान 27–35 डिग्री सेल्सियस होता है। यह सही है कि तापमान 30.0 डिग्री सेल्सियस से ज्यादा होने पर मादा पुष्प कम बनते हैं (थम्बुराज एवं सिंह, 2003)। अधिक वर्षा तथा आर्द्रता में घरकीन को कुछ बीमारियों का सामना करना पड़ता है (चौधरी, 2000)। इस कारण ऐसे क्षेत्र जहाँ धूप की अधिकता व आर्द्रता कम हो धरकीन उत्पादन के लिए सर्वोत्तम माना गया है। उच्च प्रबलता का प्रकाश एवं मध्यम तापक्रम समय तक बने रहने पर उपज ज्यादा मिलती है। प्रतिदिन तापमान 65–75 डिग्री फारेनहाइट तापक्रम पर फसल की वृद्धि मन्द पड़ जाती है। सामान्यतः 92 डिग्री फारेनहाइट के उपर के तापक्रम पर फल तीखे हो जाते हैं। इसी प्रकार बहुत कम तापक्रम पर उगाने से तीखा ज्यादा होता है। रक्षा कृषि अनुसंधान प्रयोगशाला, पिथौरागढ़ (समुद्र सतह से ऊँचाई 1600 मीटर) में पालीहाउस के अन्दर इसकी सफलतापूर्वक उत्पादन किया है।

मिट्टी

घरकीन की खेती करने के लिए बलुई दोमट मिट्टी सबसे उपयुक्त होती है। मिट्टी का पी0एच0 मान 6.0–7.0 तक होना चाहिए। खेत में जल निकास का प्रबन्ध अवश्य होना चाहिए (नाथ, 2002)।

बीज बुआई का समय

घरकीन की खेती खरीफ, रबी एव ग्रीष्म काल में सुगमता से की जा सकती है। भारत के विभिन्न भागो में घरकीन की बुआई निम्न समय पर की जाती हैः

सारिणी (11.9) क्षेत्रवार बुआई का समय

क्षेत्र	मौसम	समय
उत्तर भारत	ग्रीष्म कालीन	जनवरी से फरवरी
	खरीफ	मई से जून
दक्षिण भारत	रबी	अक्टूबर से नवम्बर

खेत की तैयारी व थालें बनाना

खेत की 2–3 बार गहरी जुताई करके पाटा लगा देना चाहिए जिससे मिट्टी भुरभुरी हो जाये। घरकीन का बीज थाले बनाकर लगाते है, जिनमें पौध से पौध की दूरी 30.0 सेन्टी मीटर व कतार से कतार की दूरी 1.0 सेन्टी मीटर रखा जाता है।

बीज दर

लगभग 2.5–3.0 ग्राम बीज प्रति हेक्टेयर लगाना चाहिए। बीज बोने की गहराई 2.5–3.0 सेन्टी मीटर रखा जाता है। ट्राइकोडर्मा विरडी (Trichoderma viride) के 4.0 ग्राम, 1.0 ग्राम या कार्बेन्डाजिम (Carbenddizim) के 2 ग्राम मात्रा को प्रति किलो ग्राम बीज में मिलाकर बीज शोधन करना चाहिए।

पोषक तत्व प्रबन्धन

खेत की अन्तिम जुताई के समय 10.0–15.0 टन गोबर की सड़ी खाद 100.0 किलो ग्राम डाइमोनियम फास्फेट (डी0ए0पी0) व 50.0 किलो ग्राम म्यूरेट आफ पोटाश (MOP) प्रति एकड़ प्रयोग करना चाहिए। नाइट्रोजन, फास्फोरस, व पोटाश (NPK) की प्रथम पोषण प्रबन्धन (17:17:17) 100.0 किलो ग्राम प्रति एकड़ बुआई के 15–20 दिन दूसरी खुराक 100.0 किलो ग्राम कैल्सियम अमोनियम नाइट्रेट + 50.0 किलो ग्राम म्यूरेट आफ पोटाश 8–10 दिन के अन्तरल में दो बार प्रयोग करना चाहिए। नाइट्रोजन, फास्फोरस व पोटाश 175:125:125 किलो ग्राम प्रति हेक्टेयर प्रयोग करने से उपज व गुणवत्ता दोनों में वृद्धि होती है (शिवशंकरमुर्थी एवं सहयोगी, 2007)।

पादप वृद्धि नियामकों का प्रयोग

पादप वृद्धि नियामकों के प्रयोग से मादा पुष्पों की संख्या में वृद्धि करके अधिक उपज प्राप्त की जा सकती है। मेपीक्वाट क्लोराइड (**mepiquat chloride**) की 200 पी.पी.एम. या इथरेल (**ethrel**) की 100 पी.पी.एम. के प्रयोग से प्रति पौध 169.35 मादा पुष्प एवं 73.32 फल धारण किया और इथरेल के 100 पी.पी.एम. के प्रयोग से प्रति पौध 665.34 ग्राम तथा प्रति हेक्टेयर 26.61 टन उपज प्राप्त की गयी।

सिंचाई जल प्रबन्धन एवं अन्तः सस्य क्रियायें

घरकीन की फसल में हमेशा उचित नमीं बनाये रखना आवश्यक होता है। सिंचाई सदैव दोपहर से पहले करना चाहिए, जिससे रात से पहले पानी आदि खेत में सुख जायें अन्यथा रोग लगने की सम्भावना बढ़ जाती है। घरकीन फसल में अधिक सिंचाई नहीं करना चाहिए अन्यथा फल की गुणवत्ता पर प्रतिकूल प्रभाव पड़ता है। घरकीन की प्रारम्भिक अवस्था में खरपतवार निकलना आवश्यक होता है। निकाई–गुड़ाई का कार्य हमेशा 5 सेन्टी मीटर की गहराई तक करते हैं। रासायनिक रूप से खरपतवार नियंत्रण के लिए बीज बुवाई के समय एसुलम–सोडियम की 2 किलो ग्राम सक्रिय तत्व प्रति हेक्टेयर की दर से जमाव पूर्व में प्रयोग किया जाये। इसके अतिरिक्त क्लोरथल या क्लोरोजुरान का भी प्रयोग किया जा सकता है। सन्धू एवं सहयोगी (1986) ने परीक्षण में पाया कि 0.4 किलो ग्राम + 0.5 किलो ग्राम नाइट्रोफेन के जमाव पूर्व प्रयोग से घरकीन में खरपतवार नियन्त्रण होता है।

सहारा देना

घरकीन के पौधों की बढ़वार आरम्भ होते ही लतायें किसी सहारे के साथ बढ़ना शुरू करती हैं। इसके लिए आवश्यक है कि तार या रस्सी के सहारे लताओं को किसी मचान आदि पर चढ़ा दिया जाये। ट्रेलिस (**trellis**) पर पौधों को उपर ले जाकर फिर नीचे लटका दिया जाता है इससे फलों की तुड़ाई में सुविधा होती है। पौधों को चढ़ा देने से फलों का रंग अच्छी तरह से विकसित होता है।

फल तुड़ाई एवं उपज

इसकी पूर्ण उत्पाकता प्राप्त करने लिए फलों की कई बार (5–7 बार) तुड़ाई की आवश्यकता पड़ती है। फल, बीज बुआई के 40–45 दिन के बाद तुड़ाई योग्य हो जाते हैं। घरकीन के तुड़ाई की सही अवस्था फल की लम्बाई व व्यास अनुपात 3:1 का होना चाहिए। सामान्यतः घरकीन की संकर प्रजातियाँ उपब्ध है, जिनकी उपज 40.0–50.0 टन प्रति हेक्टेयर है। सामान्यतः घरकीन के लिए निम्न ग्रेड निर्धारित किये गये हैं–

सारिणी (11.10) घरकीन का श्रेणीकरण

ग्रेड	फल का आकार
एक	फल का व्यास 2.5 सेन्टी मीटर
दो	फल का व्यास 2.5–3.75 सेन्टी मीटर
तीन	फल का व्यास 3.75–5.00 सेन्टी मीटर

शिशु मक्का या बेबी कॉर्न (Baby Corn)

वानस्पतिक नाम : जिया मेज (*Zea mays*)

कुल : पोएसी (Poaceae)

गुणसूत्र संख्या : 2 एन = 20

शिशु भूट्टा या बेबी कॉर्न को किसान कल्प की संज्ञा दी जाती हैं। आज अपनी विशिष्ट गुणों की लोकप्रियता के कारण शहरों व देश–विदेश के पाँच सितारा होटलों में पहुँच गयी है। बेबी कॉर्न सामान्यः मक्के में बनने वाली भूट्टों की परागण पूर्व (असेचित) की अपरिपक्व कोमल अवस्था है। यह अवस्था भूट्टों में रेशे निकलने से पहले या यदि रेशे निकले (2–3 दिन बाद) भी हो लेकिन दाने का पूर्ण विकास न हुआ हो, होता है। बेबी कॉर्न मिठी, स्वादिष्ट एवं पौष्टिक गुणों से भरपूर होती है। बेबी कॉर्न का उत्पादन एवं उपभोग थाइलैण्ड ताइवान, हॉगकांग आदि देशों में व्यापक पैमाने पर किया जाता है। भारवतर्ष में भी दिन प्रतिदिन इसकी माँग बढ़ती जा रही है। सीमित क्षेत्रों में इसकी खेती महानगरों के आस–पास ज्यादा की जाती है, क्योंकि विक्रय हेतु बाजार आसानी से उपलब्ध हो जाती है। वर्तमान में सब्जी उत्पादक अपनी आर्थिक स्थिति मजबूत करने के लिए इसकी व्यावसायिक खेती करने लगे हैं। इसकी राष्ट्रीय व अन्तर्राष्ट्रीय माँग व कीमत (रुपये 40.0–50.0 प्रति किलो ग्राम) अधिक होनें से, अधिक आय प्राप्त की जा सकती है। हरियाणा के पानीपत व सोनीपत, उत्तर प्रदेश के आगरा, मथुरा और अलीगढ़, महाराष्ट्र के पुणे एवं नासिक, बिहार के पटना तथा पूर्वोत्तर राज्यों के कई जिलों के ग्रामीण क्षेत्रों में इसकी खेती का प्रचलन बढ़ रहा है। दिल्ली में बेबी कॉर्न का विक्रय राष्ट्रीय डेयरी विकास परिषद द्वारा किया जा रहा है। विभिन्न निजी संस्थाओं तथा कृषक समूहों द्वारा निर्यात हेतु इस फसल की खेती की जाने लगी है। बेबी कॉर्न की एक वर्ष में 3–4 फसलें ली जा सकती हैं।

वितरण

बेबी कॉर्न के प्रमुख उत्पादक देश थाइलैण्ड, ताईवान, ग्वाटेमाला, दक्षिण अफ्रीका, जाम्बिया, जिम्बाबे, चीन, नेपाल, जापान एवं श्रीलंका हैं। ताजे बेबी कॉर्न की सबसे ज्यादा माँग संयुक्त राज्य अमेरिका, सिंगापुर, आस्ट्रेलिया, मलेशिया, कनाडा, न्यूजीलैंड एवं अरब में है। यूरोपिय देशों में कैनिंग (canning) किया हुआ बेबी कॉर्न चाव से खाया जाता है। थाइलैण्ड, ताईवान, हांगकांग, सिंगापुर, मलेशिया, अमेरिका, कनाडा तथा जर्मनी में कैनिंग किया हुआ बेवी कॉर्न की ज्यादा माँग है। स्वयं थाइलैण्ड में बेबी कॉर्न फसल को कई करोड़ डालर के व्यापार के रुप में विकसित किया गया है। हमारे देश की जलवायु के अनूसार जिन क्षेत्रों में तापमान 10.0 डिग्री सेल्सियस से नीचे नहीं आता है, वहाँ एक वर्ष में बेबी कॉर्न की 3–4 फसल उगाई जा सकती है। बेबी कॉर्न के विकास और फसल सुधार हेतु अखित भारतीय समन्वित मक्का विकास कार्यक्रम के अन्तर्गत बजौरा, अनुसंधान केन्द्र, कुल्लू घाटी (हिमाचल प्रदेश) और मक्का अनुसंधान केन्द्र, करीम नगर और आन्ध्र प्रदेश कृषि विश्वविद्यालय, हैदराबाद (आन्ध्र प्रदेश) में अनुसंधान कार्य शुरु किया गया है। बेवी कॉर्न की डिब्बा

बन्दी के लिए 6.0–11.0 सेन्टी मीटर लम्बे तथा 1.0–1.5 सेन्टी मीटर व्यास वाले शिशु भूट्टों या बेबी कॉर्न का चयन किया जाता है। इनमें 3.0 प्रतिशत नमक, 2.0 प्रतिशत चीनी, 0.3 प्रतिशत साइिट्रिक अम्ल के घोल में संरक्षित कर आज थाइलैण्ड ताजे एवं डिब्बा बंद बेबी कॉर्न निर्यात में पूरे विश्व में अग्रणी है। सन् 1988–1992 तक थाइलैण्ड का औसत निर्यात लगभग 18100 टन था, जिससे 16.0 लाख अमेरिकी डालर अर्जित किये थे।

पोषकीय महत्व

बेबी कॉर्न का प्रयोग सब्जी, सलाद, सूप अचार, पकौड़ा तथा अन्य चायनीज व्यंजन तैयार करनें में किया जाता है। चीन में इससे एक प्रमुख खाद्य पदार्थ बनाया जाता है, जिसे मंचूरियन **(manchurian)** कहते हैं। पौष्टिकता की दृष्टि से देखा जाये तो इसमें कैल्सियम, फास्फोरस, प्रोटीन कार्बोहाइड्रेट, विटामिन्स आदि प्रचुर मात्रा में पाया जाता है। इसमें पाये जाने वाले पोषक तत्वों को सारिणी में दिया गया है–

सारिणी (11.11) बेबी कॉर्न का पोषक मूल्य (प्रति 100 ग्राम खाने योग्य भाग में)

पोषक तत्व	मात्रा
नमी	89.10 ग्राम
वसा	0.20 ग्राम
प्रोटीन	1.90 ग्राम
कार्बोहाइड्रेट्स	8.2 ग्राम
राख	0.06 ग्राम
कैल्सियम	28.0 मिली ग्राम
फास्फोरस	26.0 मिली ग्राम
आयरन	86.0 मिली ग्राम
विटामिन 'ए'	64.0 अन्तरराष्ट्रीय इकाई
थाइमिन	0.05 मिली ग्राम
रिबोफ्लेविन	0.078 मिली ग्राम
एस्कार्बिक अम्ल	11.0 मिली ग्राम
नियासिन	0.03 मिली ग्राम

स्रोतः गोपालन एवं सहयोगी, 1999

अन्य सब्जियों की तुलना में बेवी कॉर्न ज्यादा पौष्टिक एवं पाचक है, जिसका तुलनात्मक विवरण नीचे की सारिणी में दिया गया है–

सारिणी (11.12) बेबी कॉर्न तथा अन्य सब्जियों में पोषक तत्वों का तुलनात्मक विवरण (प्रति 100 ग्राम खाने योग्य भाग में)

तत्व	बेबी कॉर्न	पत्ता–गोभी	टमा–टर	सेम	भिण्डी	मूली	बैंगन	फूल–गोभी	पालक	खीरा
नमी (%)	89.10	91.90	93.10	91.40	89.60	94.40	92.70	90.80	92.10	96.40
कार्बोहाइड्रेट्स (ग्राम)	8.20	4.60	3.60	4.50	6.40	3.40	4.00	4.00	2.90	2.40
प्रोटीन (ग्राम)	1.90	1.80	1.90	1.70	1.90	0.70	1.40	2.60	2.00	0.60
वसा (ग्राम)	0.20	0.10	1.90	0.10	0.20	0.10	0.30	0.40	0.70	0.20
फास्फोरस (मिली ग्राम)	86.00	47.00	36.00	28.00	56.00	22.00	47.0	57.00	21.00	12.00
कैल्सियम (मिली ग्राम)	28.00	18.00	20.00	50.00	66.00	50.00	18.00	33.00	73.00	19.00
लोहा	0.10	0.90	1.80	1.70	1.50	0.40	0.90	1.50	10.90	0.10
थाइमिन	0.50	0.04	0.07	0.08	0.07	0.06	0.04	0.04	0.03	0.02
राइबोफ्लेबिन	0.08	0.11	0.01	0.06	0.01	0.02	0.11	0.10	0.07	0.02
एस्कारबिक अम्ल	11.00	12.00	31.00	11.00	13.00	15.00	12.00	56.00	28.00	10.00
नियासिन (मिली ग्राम)	0.03	0.30	0.60	–	–	–	0.60	0.70	–	0.10

स्रोत: मक्का अनुसंधान निदेशालय, नई दिल्ली तथा योडपेड, 1979

पौध का हरा ठूँठ व छिलका खिलाने से पशुओं का दूध 25.0–30.0 प्रतिशत बढ़ जाता है।

उन्नतिशील किस्में

बेबी कॉर्न की खेती करने के लिए साधारणतया मक्के की कोई भी शंकुल या संकर किस्म का प्रयोग किया जा सकता है, लेकिन व्यावसायिक स्तर पर खेती के करने के लिए ऐसी किस्मों का चुनाव करना चाहिए, जिनमें निम्नलिखत गुण विद्यमान हों।

1. अगेती परिपक्वता

बेबी कॉर्न के लिए मक्के की ऐसी किस्म का चुनाव मुख्य है, जिनमें अगेती परिपक्वता (45–70 दिन) होती है। अगेतीपन न केवल बेबी कार्न की नकदी फसल लेने के लिए लाभ प्रद है, बल्कि मक्के में फूल आने के बाद की विभिन्न व्याधियों से स्वतः बचाव हो सकता है।

2. अधिक संख्या में प्रति पौध भुट्टा बनना

साधारणतया मक्के की किस्मों में प्रति पौध 2–8 भुट्टे लगते हैं, जो अधिकतम दाने से भरे होते हैं, लेकिन बेबी कॉर्न के लिए ऐसी किस्मों का चुनाव करना चाहिए जिसमें प्रति पौध 4–5 भुट्टे लगें।

अधिक भुट्टे प्रति पौध निकलने के साथ–साथ किस्म को अधिक पौध सधनता के प्रति सहिष्णु होना चाहिए।

3. एक समय भुट्टे का बनना

बेबी कॉर्न की अधिक उपज प्राप्त करने तथा कम से कम तुड़ाई करने के लिए इसकी किस्म में एक साथ कई भुट्टों के निकलने का गुण होना चाहिए। इसके लिए एकल संकरण, संकर किस्म का प्रयोग करना चाहिए।

सुनहरा या पीला दाना

सुनहरा या पीले अपरिपक्व बीज (immature seed) जो एक समान कतारों में व्यवस्थित होते हैं, अन्तर्राष्ट्रीय बाजार मानक के अनुरुप होते हैं। ऐसी किस्मों के चुनाव से बाजार में विपणन की समस्या नहीं होती हैं। थाइलैण्ड में बेबी कॉर्न की सबसे प्रचलित किस्म है रैन्गसिट–1(Rangsit-1) लेकिन भारतवर्ष की जलवायु के लिए यह उपयुक्त नहीं है। हाल ही में मक्का अनुसंधान निदेशालय, नई दिल्ली ने मक्के की दो किस्मों वी0एल0–42 (VL-42) तथा एम0ई0एच0–114 (MEH-114) को बेबी कॉर्न के उत्पादन के लिए उपयुक्त पाया है, जिसमें निम्नलिखित विशेषतायें हैं–

1. ये जल्दी तैयार होने वाली किस्में है।
2. इसमें एक समान और अधिक भुट्टे (multiple and uniform earing) बनते हैं।
3. पूर्ण विकसित बीजाण्ड कतारें (properly developed ovule rows) होती है।

सारिणी (11.13) बेबी कॉर्न किस्म विवरण

किस्में	**स्रोत एवं विवरण**
वी0 एल0 बेबी कॉर्न–1 (VL Baby corn-1)	यह मक्के की किस्म है, जिसे विवेकानन्द पर्वतीय कृषि अनुसंधानशाला, अल्मोड़ा से विकसित किया गया है।
वी0 एल0–42 (VL-42)	यह मक्के की मुक्त परागित किस्म है, जिसे विवेकानन्द पर्वतीय कृषि अनुसंधानशाला, अल्मोड़ा से विकसित किया गया है।
वी0 एल0–78 (VL-78)	यह मक्के की मुक्त परागित किस्म है, जिसे विवेकानन्द पर्वतीय कृषि अनुसंधानशाला, अल्मोड़ा से विकसित किया गया है।
प्रकाश (Prakash)	इस किस्म को भारतीय कृषि अनुसंधान संस्थान, नई दिल्ली से विकसित किया गया है।
एम0ई0एच0 (MEH-114)	इस किस्म को मक्का अनुसंधान निदेशालय, नई दिल्ली द्वारा विकसित किया गया है।
को0 वी0 सी0–1 (CO. V C-1)	इस किस्म को तमिलनाडु कृषि विश्वविद्यालय, कोयम्बटूर (तमिलनाडु) द्वारा विकसित किया गया है। यह किस्म दक्षिण भारत के क्षेत्रों में उगाने के लिए बहुत उपयुक्त है

जी0एच0–3189 (G.H.-3189)	इस संकर किस्म का विकास महाराष्ट्र हाइब्रिड सीड कम्पनी (महिको) द्वारा किया गया है।
अन्य प्रजातियाँ	इसके अलावा बेबी कॉर्न की प्रजाति एच0 एम0–4, गोल्डेन बेवी, केसरी एम0 ई0 एच0–133, नवीन, तरुण, सूर्या आदि को सब्जी के रुप में उपयोग किया जा सकता है

जलवायु

बेबी कॉर्न की फसल को भारत के विभिन्न जलवायु क्षेत्रों में पूरे वर्ष सफलतापूर्वक उगाया जा सकता है, लेकिन सभी अवस्थाओं में तापक्रम लगभग 25.0 डिग्री सेल्सियस के आसपास होना चाहिए। उत्तर भारत में अधिक गर्मी के कारण भुट्टों का विकास तेजी से होता है, जिसके कारण कोमल अवस्था में ही कार्न की गुणवत्ताा में गिरावट आने लगती है।

भूमि एवं भूमि की तैयारी

बेबी कॉर्न की खेती बलुई मिट्टी से लेकर भारी मृदा तक सफलता पूर्वक की जा सकती है। अधिकतम पैदावार के लिए अधिक उपजाऊ दोमट भूमि जिसमें जीवांश की पर्याप्त मात्रा हो तथा जिसका पी0एच0 मान 6.0–7.0 हो, उपयुक्त पाया गया है। भूमि की तैयारी के लिए दो बार गहरी जुताई कर पाटा चला देना चाहिए, जिससे मिट्टी भुर–भुरी हो जाये। जल निकास की उचित व्यवस्था अति आवश्यक है। निचली भूमि में या जहाँ पानी भरने की आशंका हो भूमि में कूड़ के बगल में बुआई करना लाभप्रद होता है। जल निकास लिए जमीन के प्रकार व ढ़ाल के आधार पर 5.0–10.0 मीटर के अन्तर से ढलाव देना चाहिए, जिससे अतिरिक्त पानी शीघ्रता से खेत से बाहर निकल जाये। वर्षा ऋतु में अधिक खरपतवार एवं बीमारियों के कारण उपज कम मिलती है। अच्छी उपज लेने के लिए बुआई मानसून शुरु होने के 15–20 दिन पूर्व करनी चाहिए। इससे अधिक वर्षा के कारण जल–भराव की अवस्था आने तक पौधे बड़े हो जाते हैं।

पोषक तत्व प्रबन्धन

खेत में क्यारियाँ बनाते समय 8.0–10.0 टन प्रति हेक्टेयर गोबर की सड़ी खाद, कम्पोस्ट खाद या केंचुआ (vermicompost) द्वारा बनाई गई खाद का प्रयोग कतारों में करना लाभप्रद होगा। इन खादों का प्रयोग कतार में करने से भूमि में नमी की कम उपलब्धता की दशा में भी पानी सोखकर रखने की क्षमता को बढ़ाती है। वही अधिक पानी के भराव की दशा में जल निकास हेतु सहायता मिलती है। बेबी कॉर्न की अच्छी फसल लेने के लिए 130.0–150.0 किलो ग्राम नत्रजन, 50.0–60.0 किलो ग्राम फास्फोरस तथा 40.0–50.0 किलो ग्राम पोटाश की प्रति हेक्टेयर आवश्यकता होती है। फास्फोरस व पोटाश की पूरी मात्रा तथा नत्रजन की एक तिहाई मात्रा बुआई के समय खेत में अच्छी तरह मिला देते हैं तथा नत्रजन की एक तिहाई मात्रा बुआई के 25–30 दिन बाद तथा शेष मात्रा नर मंजरी निकलते समय टाप ड्रेसिंग (top dressing) के रुप में देना चाहिए। सूक्ष्म पोषक तत्वों में जिंक सल्फेट 20.0 किलो ग्राम प्रति हेक्टेयर बुआई के समय देना जरुरी है। जैविक खाद के रुप

में 'एजेटोबैक्टर (*Azotobacter*), एजोस्प्रीलम (*Azospirillum*) एवं पी0एस0बी0 (PSB) का प्रयोग जरुरी है। इसके अलावा यूरिया का 2.0 प्रतिशत का घोल बनाकर पत्तियों पर छिड़कने से भी लाभ होता है परन्तु यूरिया की सान्द्रता अधिक नहीं होनी चाहिए अन्यथा पत्तियों के झुलसने का भय रहता है। यूरिया का छिड़काव बुआई के 3–5 सप्ताह तक करना उचित रहता है।

बीज दर

बीज की मात्रा मृदा में नमी, फसल बोने का समय तथा विधि आदि कारकों पर निर्भर करता है। मक्के की तुलना में बेबी कॉर्न के लिए थोड़ी अधिक मात्रा में बीज की आवश्यकता पड़ती है। इसके लिए औसतन 25.0–30.0 किलो ग्राम बीज प्रति हेक्टेयर पर्याप्त होता है। बुआई करने से पहले बीज को थिरम या कैप्टान आदि रसायन से (3.0 ग्राम प्रति किलो ग्राम बीज) उपचारित कर लेना चाहिए।

बुआई का समय

बेबी कॉर्न को वर्षा, ठण्ड एवं गर्मी तीनों ऋतुओं में सफलतापूर्वक उगाया जा सकता है। भारतवर्ष में बेबी कॉर्न को बरसात (जून–जुलाई) के महीने में, जाड़े की फसल, नवम्बर–दिसम्बर तथा गर्मी की फसल को, फरवरी का प्रथम सप्ताह उपयुक्त होता है। वर्षा ऋतु में फसल के लिए वर्षा प्रारम्भ होने के 15 दिन पहले इसकी बुआई शुरु करनी चाहिए। कम वर्षा वाले क्षेत्रों में मानसून की पहली वर्षा के तुरन्त बाद शीघ्रता से बुआई करें। विभिन्नि मौसमों में बुआई का समय क्रमशः 25 मई से 15 जून, 28 अक्टूबर से 20 नवम्बर एवं 15 जनवरी से 15 अप्रैल तक पाया गया है (नारायण एवं सहयोगी, 1998)।

बुआई की पद्वति

बेबी कॉर्न की बुआई बीज छिड़क कर नही करना चाहिए। जहाँ तक सम्भव हो बेबी कॉर्न की बुआई कतारों में की जानी चाहिए। बेबी कॉर्न की बुआई के लिए कतार भूमि की ढाल से विपरित दिशा में बनाना चाहिए। बीज की बुआई के लिए क्यारी में हैण्ड हो या कुदाल की सहायता से (40.0–60.0 सेन्टी मीटर) की दूरी पर नालियाँ बनाते हैं और इन नालियों पर 20.0–25.0 सेन्टी मीटर के अन्तराल पर 3.0–5.0 सेन्टी मीटर की गहराई पर बीज डालते हैं। बीज को मक्का बोने वाली मशीन से या हल के पीछे कुड़ में बुआई करनी चाहिए।

पौध सघनता

बेबी कॉर्न की फसल में पौध सघनता का ध्यान अति आवश्यक है, क्योंकि 60–70 प्रतिशत उत्पादक अपने खेतों में वाँछित पौध संख्या स्थापित नहीं करते हैं, जिससे उत्पादन में कमी आती है। इसलिए बुआई के समय कतार का अन्तर निश्चित रहता है। परन्तु पौध से पौध के अन्तर हेतु कम दूरी रखते हैं। बाद में 15–20 दिन पर प्रथम गुड़ाई के तुरन्त बाद पौध निकालने का कार्य किया जाता है। इसमें पौध 10.0–15.0 सेन्टी मीटर के अन्तर पर दूरी बनाये रखते हुए कमजोर पौधों को

निकाल दिया जाता है। साथ ही जहाँ जगह खाली है, वहाँ इन पौधों को रोपित किया जाता है। आवश्यक है कि खाली जगह में रोपण के समय हल्की वर्षा का मौसम होना चाहिए। अधिकतम उपज प्राप्त करने के लिए बेबी कॉर्न की 1,10,000–1,15,000 पौध प्रति हेक्टेयर अवश्य होनी चाहिए। कहीं–कहीं पर बेबी कॉर्न फसल की प्रति हेक्टेयर पौधों की संख्या 1,25,000 रखी जाती है।

सिंचाई जल प्रबन्धन

जहाँ फसल अवधि में 50.0–60.0 सेन्टी मीटर तक वर्षा होती है, वहाँ सिंचाई की जरुरत नही होती है। बरसात में सिंचाई की आवश्यकता नही पड़ती है, लेकिन वर्षा न होने पर 3–4 सिंचाई फसल की स्थिति के अनुसार करनी पड़ती है। जाड़े और गर्मी में उगाई गई फसल के लिए ज्यादा सिंचाई की आवश्यकता होती है। इसके लिए जाड़े के मौसम में 8–10 दिन के अन्तराल पर, जबकि गर्मी के मौसम में 5–6 दिन के अन्तराल पर सिंचाई करना चाहिए। सामान्यतः बलुई–दोमट मिट्टी में 4–5 सिंचाई करनी पड़ती है।

सारिणी (11.14) बेबी कॉर्न के लिए सिंचाई की क्राँतिक अवस्था

क्राँतिक अवस्था	बुआई के बाद सिंचाई (दिनों में)
पौध की प्रारम्भिक वृद्धि की अवस्था	5–15
घुटने की ऊँचाई वाली अवस्था	30–35
पुष्पन की अवस्था	50–55

उपरोक्त अवस्थाओं में नमी की कमी होने पर बेबी कार्न की उपज पर विपरित प्रभाव पड़ता है, किन्तु इसी समय पानी की अधिकता एवं पानी का भराव होने पर फसल को काफी नुकासान होता है। पौध की वृद्धि अवस्था एवं पुष्पन के समय भूमि में नमी की कमी होने के प्रति अति संवेदनशील है।

खरपतवार प्रबन्धन

बेबी कॉर्न की फसल 35–40 दिन तक खरपतवाररहित होना जरुरी है। अतः 15–20 दिन पर प्रथम एवं 25–30 दिन पर दूसरी गुड़ाई करना आवश्यक है। खेत में खरपतवारनाशी द्वारा खरपतवार प्रबन्धन हेतु बीज बुआई के तुरन्त बाद एवं बीज उगने के पूर्व एट्राजीन की 1.0 किलो ग्राम मात्रा प्रति हेक्टेयर की दर से 600.0 लीटर पानी में घोलकर बुआई के तुरन्त बाद प्रयोग करना चाहिए। अन्तरावर्ती (बेबी कॉर्न + दलहन/तिलहन) फसल अवस्था में पेन्डीमिथेलिन 1.5 किलो ग्राम बुआई के बाद परन्तु बीज उगने के पूर्व प्रयोग किया जा सकता है। चौड़ी पत्ती वाली खरपतवारों को समाप्त करने हेतु 30–35 दिन पर 2, 4–डी की 1.0 किलो ग्राम/हेक्टेयर उगे हुए खरपतवारों पर डालना चाहिए।

पौधों से नर मंजरी को तोड़ना

बेबी कॉर्न की अच्छी उपज लेने के लिए इसमें सबसे महत्वपूर्ण कार्य नर मंजरी को तोड़ना होता है। पौधों में फूल बनने से पहले नर मंजरी को तोड़ देना चाहिए। नर मंजरी तोड़ने से पौधे पर 16.0 प्रतिशत अधिक भुट्टे बनते हैं तथा परागण न होने से भुट्टे की गुणवत्ता भी खराब नहीं होती है।

तुड़ाई

बेबी कॉर्न की फसल पर तुड़ाई के समय का पौष्टिक गुणवत्ता पर बहुत प्रभाव पड़ता है, क्योंकि तुड़ाई में एक दिन की देर होने से भुट्टों की कोमलता व पौष्टिकता पर प्रतिकूल प्रभाव पड़ता है जिससे गुणवत्ता में कमी आ जाती है। स्थानीय बाजार के लिए कोमल बेबी कॉर्न की तुड़ाई प्रत्येक दिन सुबह के समय बेबी कॉर्न से सिल्क (Silk) या पुछिंया निकलने के 1–4 दिन के अन्दर करना चाहिए ताकि बेबी कॉर्न का अण्ड परागित न हो सके। इस प्रकार 7–8 बार तुड़ाई की जाती है। दूर के बाजार या निर्यात के लिए बेबी कॉर्न की तुड़ाई सायंकाल करते हैं और तुरन्त कोमल भुट्टों से छिलका को हटा दिया जाता है। छिलका विहिन भूट्टों को पालीथीन के थैलों में भरकर बाजार में भेजा जाता है।

फसल की अवधि

सामान्यतः अच्छी किस्मों में 6–7 तुड़ाई 45–55 दिन की फसल अवधि में हो जाती है। फसल की अवधि रबी मौसम में 15–20 दिन बढ़ जाती है। इस प्रकार बेबी कॉर्न के फसल की अवधि 45–75 दिन की हो होती है (कल्लू गौतम, 2006)।

उपज

भारतवर्ष विकसित देशों की तुलना में अभी भी बेबी कार्न की उपज काफी कम है। देश में बेबी कॉर्न के क्षेत्र तथा उत्पादन में बढ़ोत्तरी हो रही है, परन्तु उचित कृषि तकनीक के अभाव में अनुमान से कम है। बेबी कॉर्न की औसत उपज 3.5–4.0 टन प्रति हेक्टेयर प्राप्त होती है। इसके अतिरिक्त 25.0–40.0 टन प्रति हेक्टेयर हरा चारा भी प्राप्त होता है।

बेबी कॉर्न की खेती का आर्थिक विश्लेषण

वर्तमान समय में छोटे–बड़े सभी किसानों द्वारा बेबी कॉर्न की खेती की जा रही है। इसकी खेती का आर्थिक विश्लेषण प्रति हेक्टेयर इस प्रकार है।

सारिणी (11.15) बेबी कॉर्न की खेती का विश्लेषण

क्रियाएँ	**लागत मूल्य (रुपये में)**
खेत को तैयार करने हेतु जुताई व मेड़ बनाना	2,750/–
बीज की लागत (55 रु0 प्रति किलो ग्राम की दर से (25.0 किलोग्राम/ हेक्टेयर)	1,3750/–
बीज की बुआई	1,000/–
चार बार सिंचाई की लागत (500 रु0 प्रति बार सिंचाई)	2,000/–
वर्मीकम्पोस्ट/गोबर की सड़ी खाद (2.5 टन प्रति हेक्टेयर 2500 रुपये प्रति टन की दर से)	6,250/–
उर्वरक (नाइट्रोजन, फास्फोरस व जिंक सल्फेट)	3,000/–
खरपतवारनाशी–एट्राजीन (1.25 किलो ग्राम प्रति हेक्टेयर)	275/–
कीटनाशक इण्डोससल्फान (1.0 लीटर)	230/–
तुड़ाई, पैकिंग एवं अन्य लागत	12,000/–
कुल व्यय (एक बार खेती करने का)	28,880/–
कुल व्यय प्रतिवर्ष तीन फसल लेने का (28,880 × 3)	86,640/–
कुल विक्रय	**2,67,000/–**
कुल शुद्ध लाभ	**180,360/–**

मीठा मक्का या स्वीट कॉर्न (Sweet Corn)

वानस्पतिक नाम : जिया मेज वार0 सेकरेटा (*Zea mays* var. *schereta*)

कुल : पोएसी (Poaceae)

गुणसूत्र संख्या : 2 एन = 20

बागवानी फसलों में स्वीट कार्न (sweet corn) एक नई फसल के रुप में सब्जी उत्पादकों के बीच आयी है। अमेरिका व कनाडा जैसे देशों के अलावा स्वीट कॉर्न अन्य देशों में भी लोकप्रिय हो गयी है। भारत के बड़े शहरों में पिछले दो वर्षों में स्वीट कार्न की माँग बहुत बढ़ी है। कुछ शहरों जैसे जयपुर, चंडीगढ़, लखनऊ आदि में स्वीट कार्न की बहुत माँग रहती है। स्वीट कार्न व साधारण मक्का में मुख्य अन्तर स्टार्च प्रभावित करने वाले वंशाणु (gene) का विद्यमान होना है, जिसके कारण स्वीट कार्न के दाने सामान्य मक्के से बहुत मीठे होते हैं। इस वंशाणु (gene) की क्षमता ऐसी होती है, जो कार्बोहाइड्रेट्स को पानी में घुलनशील पालीसकरायड (polysachride) फाइटोग्लाइकोजेन शर्करा में बदल देती है एवं स्टार्च को कम कर देती है। इसके दाने का बीज पत्र आम मक्का के बीज पत्र से मुलायम होता है। वर्तमान में मीठापन कुछ वंशाणु (gene) (एस0एच0–2) एवं (एस0ई0) से बढ़ाया गया है। ऐसे मक्का को सुपर स्वीट कॉर्न कहते हैं। इनमें शर्करा 20–40 प्रतिशत तक होता है एवं भुट्टा तुड़ाई के 10 दिन बाद भी मीठापन बना रहता हैं।

पोषकीय महत्व

स्वीट कॉर्न द्वारा सूप व अन्य व्यंजन बनाये जाते हैं। सामान्यतः स्वीट कॉर्न के विपणन किस्मों में मिठास 25–30 प्रतिशत तक होती है। शर्करा अधिक होने से दाना सूखने पर सिकुड़ जाता है।

जलवायु

उत्तर भारत के मैदानी भागों में मक्के की खेती खरीफ फसल के रुप में करते हैं, जिसकी बुआई जून–जुलाई में की जाती है तथा यह फसल दशहरे या अधिकतम दिपावली त्यौहार तक समाप्त हो जाती है। बिहार प्रान्त में रबी मक्का को उगाने का कुछ प्रचलन अवश्य है, लेकिन उपयुक्त बाजार न उपलब्ध होने के कारण किसान वहाँ ज्यादा लाभ नहीं कमा पाते हैं। बड़े शहरों के आस पास रहने वाले सब्जी उत्पादक स्वीट कार्न की खेती करके अधिक लाभ अर्जित कर सकते हैं।

उन्नतिशील किस्में

स्वीट कॉर्न की अधिक मिठास वाली किस्मों में माधुरी, प्रिया, अल्मोड़ा–स्वीट कार्न, शुगर–74, शुगर–75, स्वीट पर्ल, गोल्डन हनी आदि प्रमुख हैं।

बीज दर एवं बीज शोधन

स्वीट कॉर्न में शर्करा अधिक एवं स्टार्च कम होने से दाना सुखने पर सिकुड़ जाता है एवं हल्का होता है। सामान्यतः 8.0–10.0 किलो ग्राम बीज प्रति हेक्टेयर लगता है। बुआई से पूर्व बीजों को

3.0 ग्राम थाइरम प्रति किलो ग्राम बीज की दर से उपचारित करते हैं। इस उपचार के बाद एजेटोबैक्टर एवं पी0एस0बी0 (PSB) जीवाणु खाद से बीजों को उपचारित करना चाहिए। इसके लिए 1.0–2.0 लीटर पानी में 250.0 ग्राम गुड़ घोलकर दोनों जीवाणुओं की 600 ग्राम मात्रा अलग–अलग ले एवं गुड़ के घोल में मिलायें। तैयार घोल को बीजों पर छिड़काव कर हल्के से मिलायें ताकि घोल की परत बीजों पर चढ़ जाये। बीजों को छाया में सुखाकर बुआई करना चाहिए।

बुआई

स्वीट कॉर्न (स्वीट शुगर–74) की बुआई सितम्बर के प्रथम सप्ताह से मध्य अक्टूबर तक की जाती है। इसके बाद कम तापमान होने लगता है, जिससे बीज अंकुरण में समस्या आने लगती है। वर्षा कालीन फसल लेने के लिए जून में बीजों की बुआई 60.0 सेन्टी मीटर दूर कतारों में करते हैं एवं प्रत्येक कतार में पौधे से पौधे की दूरी 20.0 सेन्टी मीटर रखते हैं। इस दूरी से प्रति हेक्टेयर 83,000 पौधों का समावेश हो जाता है, जो स्वीट कॉर्न के लिए पर्याप्त है।

भूमि एवं भूमि की तैयारी

स्वीट कॉर्न की खेती जीवांश युक्त दोमट मिट्टी में सफलतापूर्वक की जा सकती है। पहली जुताई मिट्टी पलटने वाले हल से करें या फिर हैरो चलाकर तथा पाटा देकर भूमि को समतल बना लेना चाहिए। बुआई हेतु पहले ट्रैक्टर चालित रोटावेटर द्वारा जमीन से 6.0–8.0 सेन्टी मीटर उपर उठी हुई क्यारियाँ तैयार की जाती हैं।

जल प्रबन्धन

स्वीट कॉर्न की खेती में ड्रिप सिंचाई पद्धति (drip irrigation system) का उपयोग कर उत्पादक 30–40 प्रतिशत तक सिंचाई जल की बचत कर सकता है। ड्रिप सिंचाई प्रणाली द्वारा सतही सिंचाई के मुकाबले अधिक उपज प्राप्त की जा सकती है।

पोषक तत्व प्रबन्धन

स्वीट कॉर्न की अधिक उपज प्राप्त करने के लिए समन्वित उर्वरक प्रबन्धन अपनाना चाहिए। बीज बुआई से पूर्व 20.0–25.0 टन प्रति हेक्टेयर गोबर की सड़ी खाद या 3–4 टन वर्मी कम्पोस्ट का प्रयोग करना चाहिए। इसके बाद 70.0–80.0 किलो ग्राम नत्रजन व 30.0–40.0 किलो ग्राम फास्फोरस का प्रयोग प्रति हेक्टेयर करनी चाहिए। नत्रजन की आधी मात्रा एवं सम्पूर्ण फास्फोरस बुआई के समय देना चाहिए एवं नत्रजन की शेष आधी मात्रा फसल जब घुटने तक की अवस्था की हो, तब देना चाहिए।

अन्तः सस्यावर्तन

स्वीट कॉर्न के साथ सोयाबीन, मूंग, उड़द, एवं ग्वार की आसानी से अन्तः सस्यावर्तन किया जा सकता है। सोयाबीन, मूंग, उड़द एवं ग्वार के लिए स्वीट कार्न की दो कतारें 30 सेन्टी मीटर की

दूरी पर बोयें। इसके पश्चात् दो कतारें अन्तः सस्य वाली फसल को बोयें और इसी प्रकार 2:2 के क्रम में इनकी बुआई करें।

निकाई–गुड़ाई एवं खरपतवार प्रबंधन

स्वीट कॉर्न में खरपतवार प्रबंधन हेतु खुरपी द्वारा दो निकाई व गुड़ाई की आवश्यकता पड़ती है। पहली निकाई–गुड़ाई बुआई के 30 दिन बाद तथा दूसरी निकाई–गुड़ाई बीज बुआई के लगभग 50 दिन बाद की जानी चाहिए। रासायनिक विधि से खरपतवार नष्ट करने के लिए 0.5.0 किलो ग्राम एट्राजिन (सक्रिय तत्व) को 600.0 लीटर पानी में घोल बनाकर बुआई के तुरन्त बाद छिड़काव करना चाहिए। खेत में बुआई के 20–25 दिनों बाद गुड़ाई कर पौधों के पास हल्की मिट्टी चढ़ाना आवश्यक है। अगर छिड़काव के बाद वर्षा हो जाये तो दुबारा छिड़काव नहीं करना चाहिए। अगर अन्तः सस्यावर्तन की गयी है, तो एट्राजिन के स्थान पर पेण्डीमिथेलिन 0.75 किलो ग्राम प्रति हेक्टेयर की दर से छिड़काव करना चाहिए। एट्राजिन एवं पैन्डीमिथेलिन के इस दर के छिड़काव का रबी की फसल पर कोई विपरीत प्रभाव नहीं होता है।

भुट्टों की तुड़ाई

बीज बुआई के लगभग 80–100 दिन व परागण के 18–21 दिन बाद भुट्टे तोड़ने योग्य हो जाते हैं। अगेती किस्में 70–75 दिन में ही तैयार हो जाती हैं। इस अवस्था पर तुड़ाई करने से भुट्टों में 25–30 प्रतिशत तक मिठास विद्यमान रहता है। भुट्टों को कच्ची अवस्था में तोड़ा जाये, जब उनमें दाने को दबाने पर मीठा सफेद दूध का स्राव हो, उसके बाद भुट्टों में मिठास लगातार कम होना शुरु हो जाती है। शरद ऋतु में बुआई के अनुसार भुट्टों की तुड़ाई दिसम्बर के प्रथम सप्ताह में शुरु हो जाती है जो जनवरी के प्रथम सप्ताह तक चलता रहता है। देर से भूट्टों को तोड़ने से दाने का मिठास कम हो जाता है एवं दाने कठोर हो जाते हैं।

उपज

अच्छी गुणवत्तायुक्त भुट्टों की उपज 11.0 टन प्रति हेक्टेयर तक होती है। इन भुट्टों को बड़े शहरों तथा स्थानीय बाजार में 20–25 रुपये प्रति किलो ग्राम के हिसाब से बेचा जा सकता है। भुट्टों को तोड़ने के बाद फसल हरे चारे के रुप में प्रयोग करते हैं। हरे चारे की उपज 45.0–60.0 टन प्रति हेक्टेयर तक होती है।

पौध संरक्षण

प्रमुख रोग एवं उनका प्रबन्धन

मृदुरोमिल आसिता (Downy mildew)

मृदुरोमिल आसिता रोग के लक्षण बुआई के 15–20 दिन बाद में ही दिखाई देने लगते हैं। रोगी पौधे हल्के हरे से पीले दिखाई देते हैं। ऊपर की पत्तियाँ क्रमशः आधार से सिरे की ओर रोग ग्रस्त होकर उन पर हल्के हरे से पीली धारियाँ बन जाती हैं। रोगी पौधे छोटे एवं कमजोर रह जाते हैं, जिन्हे दूर से ही पहचाना जा सकता है। रोग ग्रसित पौधे 40–50 दिन की अवस्था में सूखकर मर जाते हैं। इस रोग के उग्र होने पर लगभग 7.0 प्रतिशत हानि की सम्भावना रहती है।

प्रबंधन •

- स्वीट कार्न की बुआई, पहली वर्षा होते ही कर दें ताकि फसल को इस रोग से मुक्त रखा जा सके।
- जिन क्षेत्रों में रोग का प्रकोप अधिक होता हो, उनमें बीज की मात्रा थोड़ी अधिक रखें ताकि रोगी पौधे नजर आने पर उन्हें निकाला जा सके।
- मक्का के खेतों एवं मेड़ों पर अवाँछित घासों को पनपने न दें।
- रोग रोधी किस्में सिंचित क्षेत्रों में बोयें।
- जिन क्षेत्रों में स्वीट कार्न की बुआई देर से करनी हो, ऐसी स्थिति में बुआई से पूर्व बीज को मेटालेक्सिल–35 एस0डी0 (4.0 ग्राम प्रति किलो ग्राम बीज दर) से बीज उपचारित करके बोना चाहिए।

तना विगलन (Stem rot)

इस रोग को उकठा रोग से भी जाना जाता है। इस रोग में पौधे पर पुष्प मंजर आने के बाद की अवस्था में खड़े–खड़े अचानक मुरझाकर सुखने लगतें हैं। रोगी पौधे के तने का रंग भूमि सतह के पास से भूरा पड़ जाता है, जो धीरे–धीरे सूखकर सिकुड़ जाता है। रोगी पौधे पर भुट्टे पकने से पूर्व सूखकर नीचे लटक जाते हैं।

प्रबंधन

- मई–जून में खेत की गहरी जुताई करना चाहिए तथा फसल चक्र अपनाना चाहिए।
- उर्वरकों का सन्तुलित प्रयोग करें।
- पौधों की संख्या अधिक न रखें तथा जल निकास का उचित प्रबन्धन करें।
- रोगरोधी किस्में बोयें।

पत्ती झुलसा (Leaf blight)

इस रोग के प्रकोप से प्रारम्भ में छोटे भूरे रंग के धब्बे बनते हैं, जो बाद में मिलकर पत्ती की सतह पर फैलकर झुलसा देते हैं। कवक के बीजाणु जो सूखे पत्तियों व मिट्टी में जीवित रहते हैं, हवा द्वारा पत्तियों पर पहुँचकर उन्हें रोग ग्रसित करते हैं।

प्रबंधन

- स्वीट कॉर्न की बुआई मानसून की पहली वर्षा के साथ करना चाहिए।
- उर्वरकों का सन्तुलित प्रयोग करना चाहिए।

- फसल पर रोग के लक्षण दिखाई देते ही मैन्कोजेब नामक दवा का घोल 0.2 प्रतिशत यानी 30.0 ग्राम दवा 15.0 लीटर पानी में मिलाकर 10–12 दिन के अन्तराल पर फसल पर छिड़काव करना चाहिए।
- रोग रोधी किस्में सिंचित क्षेत्रों में लगाना चाहिए।

धारीदार स्क्लेरोशियम रोग (Striped Sclerotium Disease)

जमीन के पास की रोगी पौधों की पत्तियों पर धारीदार बैण्ड्स (striped bands) नजर आते हैं, जो बाद में सभी उपरी भागों पर फैल जाते हैं एवं भुट्टे के बाहरी एवं अन्दर के भाग भी प्रभावित होकर सड़ने लगते हैं। रोग उग्र होने पर तना नीचे से टूट जाता है। जल निकास के उचित प्रबन्ध नहीं होने पर यह रोग फैलता है।

प्रबंधन

- खेत में जल निकास का उचित प्रबन्ध रखना चाहिए।
- फसल चक्र अपनायें तथा कटाई के पश्चात् रोगी अवशेषों को इकट्ठा कर जला देना चाहिए।
- रोगरोधी किस्मों की बुआई करनी चाहिए।
- खेतों के आसपास खरपतवार एवं घासों को न पनपने दें।

कर्वुलेरिया पत्ती धब्बा (Carvularia Leaf Spot)

रोगी पत्तियों पर छोटे पीले रंग के असंख्य धब्बे दिखाई देते हैं। रोग के उग्र होने पर पत्ती की पूरी सतह पर ये धब्बे फैलकर झुलसा कर सूखा देते हैं। ऐसे पौधों पर कमजोर भुट्टे लगते हैं।

प्रबंधन

- उन्नत एवं प्रमाणित बीजों की बुआई करना चाहिए।
- फसल कटाई के पश्चात् रोगग्रस्त अवशेषों को इकट्ठा कर जला देना चाहिए।
- रोग के लक्षण दिखाई देते ही मैन्कोजेब 2.0 ग्राम प्रति लीटर पानी की दर से घोल बनाकर छिड़काव करना चाहिए।

भूरा धब्बा (Brown Spot)

इस रोग के कारण पत्तियों व तनों की सतह, मध्य शिरायें, भुट्टों की पत्ती (sheath) एवं तने पर पीले से भूरे रंग के अनेक छोटे–छोटे गोल धब्बे बन जाते हैं, जो बड़े होकर गहरे भूरे लाल रंग के दिखाई देते हैं।

प्रबंधन

- जिन क्षेत्रों में रोग का प्रकोप अधिक होता है, वहाँ उचित फसल चक्र अपनाना चाहिए।
- खेत में जल निकास का उचित प्रबन्ध रखना चाहिए।
- रोग रोधी किस्मों की बुआई करनी चाहिए।
- फसल की कटाई के पश्चात् रोगग्रस्त अवशेषों को इकट्ठा कर जला देना चाहिए।

शीर्ष एवं आभासी कंडुवा

रोग के लक्षण भुट्टे आने के समय ही दिखाई देते हैं। रोगग्रसित पौधों पर भुट्टों में दाने की जगह काला चूर्ण सा बन जाता है। यही चूर्ण भूमि में गिरकर अगले वर्ष फसल में रोग फैलाता है। रोगी पौधों से पैदावार बिल्कुल नहीं मिलती है। आभासी कंडुवा रोग में पुष्प मंजर पर काली–काली गाँठ नुमा संरचनाएँ बन जाती हैं।

प्रबंधन

- मई–जून में गहरी जुताई करना चाहिए तथा उचित फसल चक्र अपनाना चाहिए।
- बुआई से पूर्व थाइरम नामक दवा (2.0–3.0 ग्राम प्रति किलो ग्राम बीज) से उपचारित करके बुआई करना चाहिए।
- रोगी भागों को कागज के लिफाफे या थैली में इकट्ठा कर जला देना चाहिए।

सूत्रकृमि (Nematode)

इस सूत्रकृमि से स्वीट कार्न में 18–44 प्रतिशत तक उपज में कमी देखी गयी है। सूत्रकृमि ग्रसित पौधे आकार में बौने रह जाते हैं। इनकी पत्तियाँ पीली पड़ने लगती हैं। भुट्टों तथा दानों का आकार छोटा रह जाता है। रोग ग्रसित पौधे आसानी से उखड़ जाते हैं व इनकी जड़े गुच्छेदार होने के साथ इन में सफेद मोतीनुमा मादा सूत्रकृमि पाई जाती है।

प्रबंधन

- गर्मियों में 20 दिन के अन्तराल पर खेत की 2–3 बार गहरी जुताई करना चाहिए।
- नीम की खली 0.5 टन प्रति हेक्टेयर मृदा में मिलाकर उपचार करना चाहिए।
- बुआई के समय कार्बोफ्यूरान 3 जी0 25.0–30.0 किलो ग्राम प्रति हेक्टेयर कतारों में प्रयोग करना चाहिए।
- फसल चक्र अपनाना चाहिए।
- पूर्व में रोगग्रस्त खेतों में तिल, मूंगफली, ग्वार, मूंग, उड़द आदि की बुआई करना चाहिए।

स्नो–पी (Snow Pea)

वानस्पतिक नाम : पाइसम सैटाइवम वार0 मैक्रोकार्पन (*Pisum sativum* var. *macrocarpon*)
कुल : फाबेसी (Fabaceae)
गुणसूत्र संख्या : 2 एन = 14

सामान्यतः सब्जी मटर की फलियों के बीज को खाया जाता है जबकि 'स्नो पी' पुरी की पुरी फलियाँ कोमल अवस्था में खायी जाती हैं। स्नो पी को फ्रेन्च भाषा में मैन्जे टाउट के नाम से जानते हैं, जिसका तात्पर्य पूर्ण भागों के खाने से है। स्नो पी पाइसम सैटाइवम वार0 मैक्रोकार्पन (*Pisum sativum* var. *macrocarpon*) प्रजाति है, जिसे स्वीट पी या ग्रीन पी (sweet pea or green pea) के नाम से जाना जाता है, जो पाइसम सैटाइवम वार0 सैकरैटम (*Pisum sativum* var. *saccaharatum*) से भिन्न है। अन्य मटर की तुलना में यह काफी कम समय में पककर तैयार हो जाती है। भारत के अधिकांश क्षेत्रों में लोग इसकी विशेषता से अनभिज्ञ हैं। स्नो पी की खेती और इसके निर्यात को बढ़ावा देने के लिए भारतीय सब्जी अनुसंधान संस्थान, वाराणसी तथा अन्य शोध संस्थानों में विगत 3–4 वर्षों से शोध कार्य चल रहे हैं।

उद्‌भव एवं वितरण

स्नो पी को पश्चिम आस्ट्रेलिया में वाने–रू (Wanne-roo) में प्रमुखता से उगाया जाता है। कुछ वर्षों से इसकी खेती एशियाई देशों में प्रारम्भ की गयी है। भारतीय कृषि अनुसंधान परिषद के विभिन्न सब्जी शोध संस्थानों में स्नो पी पर अनुसंधान प्रारम्भ की गयी है। कम तापक्रम वाले क्षेत्र जैसे हिमाचल प्रदेश के तराई क्षेत्र, राँची के क्षेत्र तथा कुछ मैदानी क्षेत्रों में इसकी खेती प्रारम्भ की गयी है। वर्तमान समय में स्नो पी का निर्यात इंग्लैण्ड जैसे देश को बहुलता से किया जा रहा है। भारतीय सब्जी अनुसंधान संस्थान, वाराणसी पर शोध एवं प्रसार का कार्य प्रारम्भ किया गया है (पाण्डेय, 2009)।

पोषकीय महत्व

स्नो पी कोमल अवस्था में खाने में बहुत ही स्वादिष्ट होती है तथा इसका प्रयोग सब्जी, सूप, सलाद, मिलवा सब्जी एवं दाल के रुप में किया जाता है। इसमें प्रोटीन, कार्बोहाइड्रेट, विटामिन तथा खनिज पदार्थ अन्य मटर की तुलना में अधिक होते हैं। दाल के रुप में इसका प्रचलन तेजी से बढ़ रहा है। इसमें उर्जा मूल्य कम होता है लेकिन विटामिन सी, खाद्य रेशा तथा पोटैशियम की बहुलता होती है। इसका पोषकीय मूल्य नीचे की सारिणी में दिया गया है–

सारिणी (11.16) स्नो पी का पोषक मूल्य (प्रति 100 ग्राम खाने योग्य भाग में)

पोषक तत्व	मात्रा
नमी	83.0 ग्राम
उर्जा	53 किलो कैलोरी
प्रोटीन	3.4 ग्राम

वसा	0.2 ग्राम
कार्बोहाईड्रेट्स	12.0 ग्राम
कैल्सियम	62.0 मिली ग्राम
फास्फोरस	90.0 मिली ग्राम
आयरन	0.7 मिली ग्राम
पोटैशियम	170.0 मिली ग्राम
विटामिन ए	680 अ0ई0
थाईमिन	0.28 मिली ग्राम
राइबोफ्लेविन	0.12 मिली ग्राम
स्कार्बिक अम्ल	21.0 मिली ग्राम

स्रोतः गोपालन एवं सहयोगी, 1999

स्नो पी की विशेषता

1. हरी फली के रुप में फली बनने के 5–6 दिन के अन्दर इसका उपयोग कर लिया जाता है।
2. इसकी फली में चर्मपत्र पार्चमेंट लेयर (प्लास्टिक की तरह पतली झिल्ली) नहीं बनती, जिसके कारण इसकी पूरी फली का उपयोग करते हैं।
3. इसकी हरी फलियों में शर्करा विटामिन 'सी', रेशा, कार्बोहाइड्रेट आदि की मात्रा अधिक पायी जाती है।
4. अन्य मटर की तुलना में इसमें 2–3 शाखाएँ बनती हैं जिससे इसका उत्पादन बढ़ जाता है।
5. फली की परिपक्वता के समय कठोर चर्मपत्र पार्चमेंट लेयर (parchment layer) बन जाती है, जिससे कटाई के समय फली चिटकने की सम्भावना नगण्य हो जाती है।

सरिणी (11.17) स्नो पी एवं मटर की किस्मों का पोषकीय अध्ययन (प्रति 100 ग्राम खाने योग्य भाग में)

किस्में	फली में विटामिन 'सी' (मिली ग्राम)	बीज में प्रोटीन प्रतिशत	बीज में कार्बो–हाइड्रेट प्रतिशत	फली/पौधा	बीज/फली	उपज हरी फली टन/हेक्टेयर	उपज बीज टन/हेक्टेयर
स्नो पी	30.1	24.5	55.1	10–15	7–9	6–7	0.8–0.9
आजाद पी0–3	26.7	23.6	55.0	7–10	6–8	5–5.5	0.7–0.8
आजाद पी0–1	26.9	23.0	52.0	5–8	8–10	5–6	0.7–0.8
अर्कल	25.8	23.2	54.1	6–8	5–6	4.5–6	0.6–0.7
वी0आर0पी0–7	26.1	23.1	54.3	5–8	6–8	5–6.5	0.6–0.7

वानस्पतिक विवरण

मटर के समान पौधों का गुणधर्म होता है केवल अन्तर इतना है कि स्नो पी की फलियाँ मोटी तथा मिठास युक्त होती है। स्नो पी की अपेक्षा सुगर स्नो पी की फलियों की तुड़ाई देर से (फलियाँ मोटी एवं गोलाकार) की जाती है।

उन्नतिशील किस्में

ओरीगान सुगर पाड (Oregan Sugar Pod)

इस किस्म का विकास संयुक्त राज्य अमेरिका से आयातित जननद्रव्य से किया गया है। यह एक स्नो पी किस्म है। इसके पौधे 140.0 सेन्टी मीटर ऊँचे होते हैं, जिनमें हल्की हरी, चौड़ी और 12.0–13.0 सेन्टी मीटर लम्बी फलियाँ लगती हैं। फलियों की प्रथम तुड़ाई 90 दिनों में की जाती है और औसत उपज 12.0 टन प्रति हेक्टेयर होती है।

ओरीगान सुगर पाड–2 (Oregan Sugar Pod-2)

इस किस्म का विकास संयुक्त राज्य अमेरिका से आयातित जननद्रव्य से किया गया है। यह एक स्नो पी किस्म है। इसके पौधे बौने तथा 75.0–90.0 सेन्टी मीटर ऊँचे होते हैं। फलियाँ 10.0–12.0 सेन्टी मीटर लम्बी, मुलायम, कुरकुरी एवं तेल में भुनने के लिए उपयुक्त है। फलियों की तुड़ाई 60 दिन में की जाती है।

सिल्विया (Sylavia)

इस किस्म के पौधे लम्बे होते हैं। फूल बुआई के 60 दिन बाद आता है। फलियाँ 12.0 सेन्टी मीटर लम्बी तथा हसियें (sickle) के आकार की होती हैं।

सुगर स्नैप (Sugar Snap)

इस किस्म का विकास संयुक्त राज्य अमेरिका से आयातित जननद्रव्य से किया गया है। यह एक स्नो पी किस्म है। पौधे 120.0 सेन्टी मीटर लम्बे होते हैं अतः पौधों को सहारे की आवश्यकता पड़ती हैं। फलियाँ 7.0–8.0 सेन्टी मीटर लम्बी तथा खाने में स्वादिष्ट होती हैं। फलियों की तुड़ाई 70–75 दिनों में की जा सकती है।

जलवायु

मटर के समान ही स्नो पी ठण्डे तापक्रम पर वृद्वि, पुष्पन एवं फलत करता है। तापक्रम बढ़ने पर वानस्पतिक वृद्वि के साथ–साथ फल धारण क्षमता व फल की गुणवत्ता समाप्त होने लगती है। तापक्रम 30 डिग्री सेल्सियस से अधिक होने पर परागण की प्रक्रिया प्रभावित होती है, जिससे फलियों की उपज कम हो जाती है। तापक्रम के अधिकता के कारण फलियाँ सीधी नहीं बनती।

भूमि एवं भूमि की तैयारी

समान्यतः स्नो पी की खेती समान्य मटर की खेती करने वाली मृदा में सफलता पूर्वक की जा सकती है। पौधों के वृद्वि एवं विकास के लिए मृदा पी0एच0 मान 6.0–7.0 के बीच उत्तम पाया गया है। शोध से स्पष्ट हुआ है कि मृदा का तापक्रम 10.0 डिग्री सेल्सियस से कम नहीं होनी चाहिए।

बुआई का समय

स्नो पी की खेती उत्तर भारत में रबी के मौसम में की जाती है। इसकी बुआई के लिए उपयुक्त समय अक्टूबर का अंतिम सप्ताह या नवम्बर का प्रथम सप्ताह होता है।

बीज दर एवं दूरी

स्नो पी की बुआई के लिए प्रति हेक्टेयर 80.0–100.0 किलो ग्राम बीज की आवश्यकता पड़ती है। बुआई सदैव सीड ड्रिल से करना चाहिए, जिससे बीज बराबर गहराई पर गिरें और जमाव अच्छा हो तथा कतार से कतार एवं पौधे से पौधे की दूरी नियमित की जा सके। बीज की बुआई 45.0–50. 0 सेन्टी मीटर की दूरी पर बनी कतारों में 12.0–15.0 सेन्टी मीटर के अन्तराल पर 2.0–3.0 सेन्टी मीटर की गहराई पर करनी चाहिए। ज्यादा लता विकसित करने वाली किस्मों की बुआई 1.0–1. 5 मीटर के अंतराल पर करना चाहिए। सबसे अधिक उपज (14.49 टन/हेक्टेयर) 20.0 सेन्टी मीटर की दूरी पर बनी कतारों में बुआई से प्राप्त हुई (पेकसेन, 2002)।

पोषक तत्व प्रबंधन

समान्य मटर की तरह स्नो पी में भी वायुमण्डलीय नत्रजन के अवशोषण की क्षमता होती है। बीज बुआई के समय राइजोबियम (*Rhizobium*) कल्चर का प्रयोग करने से नत्रजन अवशोषण की क्षमता कई गुना बढ़ जाती है। समान्यतः अच्छी उपज प्राप्त करने के लिए खेत में कार्बनिक खादों का प्रयोग करना चाहिए। इसके लिए 10.0 टन प्रति हेक्टेयर सड़ी हुई गोबर की खाद पर्याप्त है। इसके अलावा प्रति हेक्टेयर क्षेत्रफल में 60.0 किलो ग्राम सुपर फास्फेट का प्रयोग करना चाहिए। अच्छा होगा की बीज बुआई के समय नत्रजन की पूर्ति के लिए 40.0 किलो ग्राम नत्रजन, 60.0 किलो ग्राम फास्फोरस तथा 20.0 किलो ग्राम पोटाश प्रति हेक्टेयर की दर से देना चाहिए।

सिंचाई जल प्रबन्धन

स्नो पी को भी मटर की तरह अधिक पानी की आवश्यकता नहीं पड़ती है। बुआई के समय खेत में पर्याप्त नमीं होना आवश्यक है। इसके लिए प्रक्षेत्र का पलेवा करके ही बुआई करते हैं। इस प्रकार स्नो पी में फूल आने के समय एक सिंचाई स्प्रिंकलर (sprinkler) की सहायता से करना चाहिए। स्नो पी में पुष्पन एवं फली विकास की अवस्था जल क्राँतिक अवस्था होती है। अतः इस अवस्था में खेत में पर्याप्त नमी बनाये रखना चाहिए।

खरपतवार प्रबंधन

स्नो पी की फसल में शीतकालीन खरपतवार बथुआ (*Chenopodium album*), कृष्ण नील (*Anagalis arvensis*), हिरन खुरी (*Convolvulus arvensis*), मोथा (*Cyperus rotundus*), दूब (*Cynodon dactylon*) आदि का प्रकोप ज्यादा होता है। ये सभी खरपतवार हाथ द्वारा निकाई–गुड़ाई करने से सुगमता पूर्वक नियंत्रित किये जा सकते है। आवश्यकता पड़ने पर रासायनिक खरपतवारनाशकों जैसे–स्टाम्प की 1.0 किलो ग्राम सक्रिय तत्व को 750.0–800.0 लीटर पानी में घोल कर बीज बुआई

के 48 घण्टे के अन्दर खेत में प्रयोग करना चाहिए। इससे खरपतवार को 40–45 दिनों तक नियंत्रित किया जा सकता है। ध्यान रहे कि खरपतवारनाशकों के प्रति स्नो पी काफी संवेदनशील है।

पौधों को सहारा देना

स्नो पी के पौधों की लम्बाई 65.0–70.0 सेन्टी मीटर या अधिक होती है। लम्बाई अधिक होने के कारण पौधों के गिरने की सम्भावना अधिक होती है। पौधों के गिर जाने पर फूल एवं फल कम बनते हैं। इसलिए पौधों को सहारा देकर उत्पादन प्रभावित होने से बचाया जा सकता है तथा संदुषित फलियाँ नहीं प्राप्त होती हैं। चढ़ाने के लिए 6.0–10.0 मीटर के अंतराल पर 5–10 X 2.5 सेन्टी मीटर के आकार के मोटे खम्भे पर दो समानान्तर तार खींचकर उसपर 20–40 सेन्टी मीटर के अंतराल पर तार द्वारा बाँध देते हैं और विकसित हो रहे पौधों को पतली रस्सी के सहारे तार पर चढ़ा देते हैं।

फलियों की तुड़ाई, विपणन एवं भण्डारण

स्नो पी की फलियों की तुड़ाई बुआई के 50–60 दिनों के उपरान्त फली बनने के 5–6 दिनों बाद (लम्बाई 4.0–5.0 सेन्टी मीटर) तुड़ाई करते रहते हैं। तुड़ाई करने हेतु सबसे उत्तम आकार 7.5–10.0 X 2.5 सेन्टी मीटर होती है और इस समय फली का औसत वजन 7.0 ग्राम होता है। तुड़ाई की प्रक्रिया 8–10 सप्ताह तक चलती रहती है, और तुड़ाई 2–3 दिन के अंतराल पर करते रहना चाहिए। तुड़ाई पूरी फली का उपयोग करने के उद्देश्य से करते हैं, जिससे अच्छा मूल्य प्राप्त किया जा सकें। बीज प्राप्त करने के लिए फलियों को उसी प्रकार छोड़ देते हैं और लगभग 90–100 दिनों में बीज सूख जाते हैं। तत्पश्चात् कटाई करके बीज अलग कर लिया जाता है। स्नो पी में फलियों के चटकने (स्फुटन) की समस्या कम होती है। अतः बीज पूर्ण रुपेण एकत्रित किया जा सकता है। स्नो पी का विपणन करने के लिए सामान्यतः क्रैट्स या पालीस्ट्रीन कंटेनर्स का उपयोग किया जाता है। विपणन से पूर्व ताजी फलियों को 2.0 डिग्री सेल्सियस तापक्रम एवं 90–95 प्रतिशत सापेक्ष आर्द्रता पर 1–2 सप्ताह तक भण्डारित किया जा सकता है।

उपज

अच्छी प्रबन्धन एवं देखरेख से स्नो पी की हरी फली 6.0–8.0 टन प्रति हेक्टेयर एवं बीज 0.8–0.9 टन प्रति हेक्टेयर प्राप्त होता है।

पौध संरक्षण

प्रमुख रोग एवं उनका प्रबन्धन

चूर्णिल आसिता (Powdery mildew)

यह बीमारी इरिसिफी पालीगेनी (*Erisyphe polygoni*) नामक फफूँद के कारण होती है। प्रभावित पत्तियों, फलों एवं तनों पर सफेद पाउडर दिखलाई पड़ते हैं, जिससे पत्तियाँ पीली होकर सूख जाती हैं। फलियों में दाने भी कम बनते हैं। स्नो पी में साधारणतः यह बीमारी नहीं के बराबर आती है फिर भी बचाव के तौर पर सल्फर, कैल्सियम सल्फेट या निकोटीन सल्फेट की 3.0 ग्राम मात्रा 1.0 लीटर पानी की दर से घोल बनाकर छिड़काव करने से इस रोग से पूरी तरह बचाया जा सकता है।

प्रमुख कीट एवं उनका प्रबन्धन

मटर किस्म में माहूँ कीट (Aphid) का प्रभाव देखा जाता है, जो टहनियों, पत्तियों एवं फलियों से रस चूसकर उन्हें क्षति पहुँचाता है। इससे फली ठीक ढंग से विकसित नहीं हो पाती। स्नो पी में किसी प्रकार के कीड़ों का प्रभाव नहीं के बराबर होता है, फिर भी बचाव की दृष्टि से 4 प्रतिशत नीम सीड कर्नल (neem seed kernel) के घोल का 1–2 बार छिड़काव कर दिया जाता है।

चेरी टोमैटो (Cherry Tomato)

वानस्पतिक नाम : सोलेनम लाइकोपर्सिकम वार0 सेरासीफार्मी
(*Solanum lycopersicum* var. *cerasiforme*)

कुल : सोलेनेसी (Solanaceal)

गुणसूत्र संख्या : 2 एन = 24

चेरी टोमैटो सामान्य टमाटर की ही प्रभेद है लेकिन इसके फल आकार में काफी छोटे होते हैं। आधुनिक समय में चेरी टमाटर का महत्व एवं कीमत सामान्य टमाटर की तुलना में ज्यादा है। इसके फल को खाने के बाद या सलाद के रुप में बहुतायत से प्रयोग होता है। अध्ययन में पाया गया है कि चेरी टमाटर में मीठास, सुगन्ध एवं उसका आकर्षक रंग उपभोक्ता को ज्यादा आकर्षित करता है। इसके फल आकार में गोलाकार, अण्डाकार या लम्बोतर होते हैं। लम्बोतर आकार वाले चेरी टमाटर को प्लम टोमैटोज कहा जाता है।

उद्भव एवं वितरण

चेरी टमाटर को 15वीं शताब्दी में मेक्सिको द्वारा पहचाना गया था ऐसा विश्वास किया जाता है। सैन्टोरीनी (santorine) अभिलेख के अनुसार चेरी टमाटर की खेती व्यापक पैमाने पर ग्रीस में वर्ष 1875 के आस–पास की जाती थी जिसका बीज उनकों वर्ष 1800 में एक सन्यासी (monk) से प्राप्त हुआ था। ग्रीस के स्थानीय लोगों का यह भी मानना है कि चेरी टमाटर के बीज का आयात इजिप्ट से किया गया था। सन् 1919 से संयुक्त राज्य अमेरिका में चेरी टमाटर ज्यादा प्रचलन हो आया। व्यंजनों में इसके प्रयोग का विवरण सन् 1967 से मिलता है। संयुक्त राज्य अमेरिका के राष्ट्रपति रिचार्ड निक्सन ने सन् 1971 में चेरी टोमैटो को सलाद में प्रयोग किया।

वानस्पतिक विवरण

चेरी टमाटर के पौधे सीधे जड़ वाले एवं पौध लगभग 1.0–3.0 मीटर की ऊँचाई तक जाती है। तना कमजोर होता है। स्वभावतः किसी पौधे के सहारे ऊपर चढ़ता है या जमीन पर रेंगता है। प्राकृतिक वातावरण में यह बहुवर्षीय व्यवहार प्रदर्शित करता है जबकि खेती वाली प्रभेद एकवर्षीय हैं। यह स्वपरागित फसल है।

पोषकीय महत्व

चेरी टमाटर का पोषकीय महत्व उसमें विद्यमान एन्टी आक्सीडेण्ट, लाइकोपिन एवं विटामिन 'सी' के साथ शर्करा का अनुपातिक मिश्रण के कारण ज्यादा है। इसके फल बीमार लोगों के लिए ज्यादा महत्वपूर्ण है क्योंकि यह पाचक होने के साथ–साथ शरीर एवं मन को ताजगी प्रदान करता है। वर्तमान समय में चेरी टमाटर का निर्यात विश्व के अनेक देशों में किया जाता है। चेरी टमाटर का पोषकीय महत्व नीचे की सारिणी में दिया गया है–

सारिणी (11.18) चेरी टमाटर का पोषकीय मूल्य (प्रति 100 ग्राम खाने योग्य भाग में)

पोषकीय घटक	मात्रा
नमी	93.2 ग्राम
ऊर्जा	22 किलो कैलोरी
कार्बोहाइड्रेट्स	4.5 ग्राम
प्रोटीन	1.0 ग्राम
वसा	0.2 ग्राम
रेशा	0.4 ग्राम
विटामिन 'ए'	2000 आ0ई0
विटामिन 'सी'	50.0 मिली ग्राम
विटामिन 'बी–1'	0.05 मिली ग्राम
विटामिन 'बी–2'	0.04 मिली ग्राम
कैल्सियम	29.0 मिली ग्राम
फास्फोरस	6.2 मिली ग्राम
लौह	1.7 मिली ग्राम

स्रोतः यू0एस0डी0ए0, 2012

उन्नतिशील किस्में

चेरी टमाटर के किस्म विकास का इतिहास सान्टोटिनी ग्रीसा से सन् 1818 में किया गया और स्थानीय नाम के अनुसार सन्टोटिनी चेरी टोमैटो नाम दिया गया। इसके बाद टोमासियो (**tomaccio**) का विकास हिस्टील नर्सरी (इजराइल) से किया गया जिसमें पेरूवियेनम के जंगली प्रजाति का प्रयोग किया गया।

सुपर स्वीट–100 (Super Sweet-100)

यह संकर किस्म अमेरिका में ज्यादा प्रचलित है। फ्यूजेरियम एवं वर्टीसिलियम के प्रति यह किस्म प्रतिरोधी है।

बीज दर

चेरी टमाटर को एक हेक्टेयर क्षेत्रफल में लगाने के लिए मात्र 75.0–100.0 ग्राम बीज पर्याप्त होता है। चूँकि चेरी टमाटर का बीज ज्यादा महँगा होता है अतः पौधशाला में इसकी सावधानीपूर्वक नर्सरी तैयार करनी चाहिए। नियंत्रित दशा में नर्सरी तैयार करने के लिए पाटिंग प्लग (**potting plug**) का प्रयोग किया जाना चाहिए। पाटिंग प्लग में परलाइट, बर्मीकुलाइट एवं कोकोनट पीट का मिश्रण 1:1:1 के अनुपात में भरना चाहिए। उत्तर भारत के मैदानी भागों में चेरी टमाटर की नर्सरी अक्टूबर–नवम्बर में सफलतापूर्वक तैयार की जा सकती है।

पौध रोपण

चेरी टमाटर के पौध जब 5–6 पत्तियों वाले या 20–21 दिन के हो जायें तब मुख्य खेत में पौध रोपण करना चाहिए। मुक्त वातावरण में चेरी टमाटर की खेती काफी लाभप्रद नहीं है क्योंकि फलों का रंग एवं आकार बहुत अच्छा नहीं बनता है। अतः इसकी खेती संरक्षित दशा में जैसे पाली हाउस में ज्यादा लाभप्रद है। प्राकृतिक रुप से हवा संचरण करने वाली संरचना इसकी खेती के लिए सबसे उत्तम माना जाता है। प्राकृतिक रुप से हवा संचरित संरचना स्थानीय रुप से उपलब्ध संसाधनों से तैयार किया जा सकता है और इसमें अलग से कोई विशेष उपकरण लगाने की आवश्यकता नहीं होती है। मुक्त वातावरण में खेती करने पर एक हेक्टेयर क्षेत्रफल में लगभग 22222.0 पौधों की आवश्यकता होती है। मुख्यतः रोपण सीधी कतारों में करते हैं, जिसमें पंक्ति से पंक्ति के बीच की दूरी 100.0 सेन्टी मीटर तथा दो पौधों के बीच का अन्तराल 45.0 सेन्टी मीटर रखी जाती है।

पोषक तत्व प्रबंधन

चेरी टमाटर के पौधों पर फल बहुत अधिक संख्या में बनते हैं। इसलिए खेत की उर्वरता बहुत ही महत्वपूर्ण घटक माना जाता है। खेत की प्रारम्भिक तैयारी करते समय प्रति हेक्टेयर क्षेत्रफल में 20–25 टन सड़ी हुई गोबर की खाद या वर्मी कम्पोस्ट अवश्य प्रयोग करना चाहिए। पौध रोपण के समय खेत में 150.0 किलो ग्राम नत्रजन, 80.0 किलो ग्राम फास्फोरस तथा 100.0 किलो ग्राम पोटाश देना चाहिए। नत्रजन की 1/3 मात्रा तथा फास्फोरस तथा पोटाश की पूरी मात्रा आधारीय रुप (basal dressing) में प्रयोग करना चाहिए। शेष नत्रजन की मात्रा को दो बराबर भागों में बाँटकर पौध रोपण के 30 दिन बाद तथा दूसरी बार पौध रोपण के 45 दिन बाद खड़ी फसल (top dressing) में देना चाहिए।

सिंचाई जल प्रबन्धन

चेरी टमाटर के पौधे रोपण के समय बहुत ही मुलायम होते हैं और संरक्षित दशा से बाहर आने पर वातावरणीय घटकों से जैसे सूर्य की रोशनी, हवा, आर्द्रता आदि से ज्यादा प्रभावित होते हैं। अतः आवश्यक है कि पौध रोपण दोपहर बाद (सायंकाल) करना चाहिए और रोपण के तुरन्त बाद जड़ों को हल्का पानी फौब्बारे की सहायता से देना चाहिए। इस प्रकार सिंचाई का क्रम लगातार 8–10 दिनों तक करना चाहिए। इसके बाद पूरे खेत की एक बार हल्की सिंचाई कर देना चाहिए।

सस्य क्रियाएँ

चेरी टमाटर खरपतवार के प्रति ज्यादा संवेदनशील है। अतः खरपतवार खेत में बिल्कुल न विकसित होने पायें इसके लिए खुरपी की सहायता से खरपतवार निकालते रहना चाहिए। निकाई–गुड़ाई एवं मिट्टी चढ़ाना भी एक आवश्यक सस्य क्रिया है, जो पौध स्थापित हो जाने के बाद करना चाहिए।

पौधों को सहारा देना एवं छँटाई

सामान्यतः चेरी टमाटर की किस्में असीमित बढ़वार या मध्यम बढ़वार वाली होती हैं। अतः अच्छी वृद्धि एवं विकास के लिए इन्हें सहारा देना आवश्यक है। इसके लिए स्थानीय स्तर पर उपलब्ध संसाधनों जैसे बाँस या एंगिल आयरन के खम्भे का प्रयोग करना चाहिए। इन खम्भों के बीच में तार की संरचना बनाते हैं तथा प्रत्येक पौधे को नारियल की रस्सी के सहारे से चढ़ा देते हैं। जब पौधे बहुत ही छोटे हों, उचित आकार एवं बढ़वार देने के लिए नीचे की शाखाओं को काट देना (pruning) चाहिए। प्रूनिंग करते समय केवल दो मुख्य तने को ही बढ़ने दिया जाता है और इन्हीं तनों को चढ़ा दिया जाता है।

फलों की तुड़ाई

चेरी टमाटर की किस्में गुच्छे में फल धारण करती हैं अतः तुड़ाई करते समय गुच्छे में लगे फलों के आकार एवं फलों की परिपक्वता पर विशेष ध्यान रखा जाता है। सामान्यतः जब गुच्छे के 3/4 फल परिपक्व हो जायें और शेष फल पकने के समीप हों, गुच्छों की कटाई करनी चाहिए।

उपज

एक हेक्टेयर क्षेत्रफल से 60.0–80.0 टन उपज प्राप्त होती है।

भण्डारण

चेरी टमाटर के फलों को 4.0–5.0 डिग्री सेल्सियस तापक्रम तथा 90.0 प्रतिशत सापेक्ष आर्द्रता पर 8–10 दिनों तक भण्डारित किया जा सकता है।

पेप्रिका (Paprika)

वानस्पतिक नाम : कैप्सिकम एनम (*Capsicum annuum*), कैप्सिकम कूटीसेन्स (*Capsicum frutescens*) तथा कैप्सिकम चाइनेन्स (*Capsicum chinense*)

कुल : सोलेनेसी (Solanaceal)

गुणसूत्र संख्या : 2 एन = 24

सर्वप्रथम शब्द पेप्रिका (Paprika) का उपयोग अंग्रेजी में सन् 1896 में किया गया जो हंगेरियन शब्द पापरिका (Paprika) से लिया गया जिसका तात्पर्य कम से होता है। इसे सेर्बो–क्रोटियन के शब्द पपाई (Serbo Croatian Word) मतलब पेपर (Pepper) से हैं। यह बदलकर लैटिन में पाइपर (Piper) व वर्तमान में पाइपेरी (Piperi) हो गया।

पेप्रिका सामान्य मिर्च (Bell peppar or Chilli pepper) की एक प्रभेद है जिसे सामान्य भाषा में हंगेरियन पेप्रिका, स्वीट पेपर या स्पेनिश पिमिण्टों (Spanish Piminto) कहा जाता है। भारतवर्ष में पेप्रिका के उत्पाद को डेगी मिर्च के नाम से भी जानते हैं। पेप्रिका से प्राप्त उत्पाद को व्यंजनों के रंगने, स्वादिष्ट बनाने तथा औषधीय गुण प्रदान करने के लिए उपयोग किया जाता है। इसके अलावा इसका उपयोग वृहद् स्तर पर अण्डे, पोल्ट्री, मछली, आलू, सलाद जैसे भोज्य पदार्थों को सजाने के लिए भी किया जाता है। पेप्रिका एक प्राकृतिक वर्णक है, अतः कृत्रिम रंग का एक सशक्त विकल्प है, जिससे विदेशी बाजार में इसकी सबसे ज्यादा माँग है। सौन्दर्य प्रसाधन में इससे प्राप्त ओलियोरेजिन को विभिन्न उत्पादों को आकर्षक रंग प्रदान करने के लिए प्रयोग करते हैं। प्रसंस्करण उद्योग में इसके उत्पाद को सास, सूप, सलाद, ड्रेसिंग और सुगन्ध प्रदान करने के लिए व्यापक पैमाने पर प्रयोग होता है। इतना ही नहीं अनेकों प्रकार के पेय पदार्थ में भी इसका प्रयोग होता है। इससे प्राप्त ओलियोरेजिन का उपयोग मुर्गियों के आहार में जापान, दक्षिण कोरिया, थाइलैण्ड जैसे देश व्यापक पैमाने पर प्रयोग करते हैं। अध्ययन से स्पष्ट हुआ है कि इसके उपयोग से मुर्गियों के त्वचा का रंग एवं अण्डे की जर्दी बहुत ही आकर्षक हो जाती है।

उद्‌भव एवं वितरण

कैप्सिकम के सभी प्रजातियों का उद्‌भव स्थल दक्षिण अमेरिका में माना जाता है, जो दक्षिण ब्राजील या बोलविया के समीप है और यही से इन प्रजातियों का उपस्थापन अन्य क्षेत्रों में विभिन्न माध्यमों से हुआ। मुख्यतः कैप्सिकम की तीन प्रजातियाँ कैप्सिकम एनम, कप्सिकम फ्रूटीसेंस एवं कैप्सिकम चाइनेन्स का उद्‌भव अमेजन बेसिन में एक ही पूर्वज द्वारा हुई है। यह भी स्पष्ट किया गया है कि कैप्सिकम एनम एवं कप्सिकम फ्रूटीसेंस का प्रसार यही से मध्य अमेरिका में हुई जहाँ मैक्सिको तथा पनामा क्षेत्र में खेती की जाने लगी, जबकि कैप्सिकम चाइनेन्स पश्चिम की ओर फैली जहाँ इसे पेरु में व्यापक पैमाने पर उगाया जाने लगा। दक्षिण अमेरिका में कैप्सिकम बकैटम जिसकी खेती पेरुवियन के निचले क्षेत्र में तथा कैप्सिकम प्यूबीसेंस को एन्डीज के ऊँचाई वाले क्षेत्रों में उगाया जाने लगा। पेप्रिका की खेती मुख्यतः स्पेन, हंगरी, मैक्सिको, बुल्गारिया, मोरक्को, केन्या एवं

यूगोस्लाबिया में व्यापक पैमाने पर किया जाता है। अमेरिका में इसकी खेती मुख्यतः कैलिफोर्निया में ज्यादा होता है जहाँ पर इसका वार्षिक उत्पादन 10,000 टन है।

वानस्पतिक विवरण

पेप्रिका की जड़ें गहराई (90.0–121.0 सेन्टीमीटर) तक प्रवेश करने वाली मूसला जड़ (Tap root) होती हैं जिसमे पतली तन्तुमय जड़ें विकसित होती हैं। मुख्य तना पर द्विभगित शाखाएँ विकसित होती है जो आधर पर रेसीमोज (Racemose) तथा ऊपर साइमोस (Cymase) होती है। तना पर एकल पत्तियाँ विकसित होती हैं। पत्तियाँ साधारण, पूर्ण व विषम होती है। पुष्प एकल या दुहरा या त्रिक होते है जिसमें उभयलिंगी विन्यास होता है और पुष्पवृत्त से जुड़ें होते हैं। फल फुला हुआ फल बेरी (berry) कहलाता हैं। बीज गुर्दाकार, 3.0–4.0 मिली मीटर व्यास के तथा 0.5–1.0 मिली मीटर मोटे होते हैं (सोमोस, 1984)। बीज केन्द्रीय ढोड़ी (placenta) पर बनता है।

पोषकीय महत्व

तीखापन के लिए जिम्मेदार घटक जिसे कैप्सेसिन कहा जाता है, जो पेप्रिका में बहुत ही कम मात्रा (0.001–0.005 प्रतिशत) में पाया जाता है। इसमें पाये जाने वाले आवश्यक तेल (1 प्रतिशत) में एलिफैटिक हाइड्रोकार्बन की लम्बी श्रृंखला, वसा अम्ल एवं मिथाइल एस्टर की बहुलता होती है। इसमें विद्यमान सुगंध एल्किल मिथाक्सी पाइरेजिन के कारण होती है, जिसका मुख्य घटक 3–आइसो ब्युटाइल 2–मिथाक्सी पाइरेजिन है। पूर्ण परिपक्व पेप्रिका के फल में शर्करा की मात्रा 6 प्रतिशत तथा विटामिन 'सी' 0.1 प्रतिशत के लगभग होती है। पेप्रिका में उपलब्ध विटामिन 'सी' का सर्वप्रथम निर्धारण हंगेरियान रसायन वैज्ञानिक श्री एलवर्ट स्जेंट जिआर्जी द्वारा किया गया है और इस उपलब्धि के लिए उन्हें नोबल पुरस्कार से सम्मानित किया गया है। पेप्रिका में पाये जाने वाला रंग कैरोटिनायड वर्णक (carotenoid pigment) के कारण होता है, जो गहरा लाल रंग कैप्सेथिन (chapsanthrine) तथा पीला रंग कैप्सोरुबिन (capsorubin) के लिए जिम्मेदार है। सूखे पेप्रिका में कैरोटिन की मात्रा 0.1–0.5 प्रतिशत तक होती है। पेप्रिका की कुछ किस्मों में एंथोसाइनिन वर्णक (anthocyanin pigment) विकसित होता है जो फल के प्रारम्भिक अवस्था में काले या बैगनी रंग के लिए जिम्मेदार होता है। पेप्रिका में पाये जाने वाले पोषक तत्व को नीचे की सारिणी में दिया गया है–

सारिणी (11.19) पेप्रिका में पाये जाने वाले पोषक तत्व (प्रति 100 ग्राम खाने योग्य भाग में)

पोषकीय घटक	मात्रा
नमी	91 प्रतिशत
ऊर्जा	31 किलो कैलोरी
प्रोटीन	1.4 ग्राम
वसा	0.3 ग्राम
कार्बोहाइड्रेट्स	7.1 ग्राम

कैल्सियम	13.0 मिली ग्राम
फास्फोरस	30.0 मिली ग्राम
विटामिन 'ए'	4450 अ0ई0
लौह	0.6 मिली ग्राम
थाइमिन	0.08 मिली ग्राम
राइबोफ्लेविन	0.08 मिली ग्राम
नियासिन	0.5 मिली ग्राम
एस्कार्बिक अम्ल	204 मिली ग्राम

स्रोत: यू0एस0डी0ए0, 2012

पेप्रिका में उपलब्ध तत्व कैप्सैन्थीन (Capsanthin) कैप्सोरूबिन (Capsorubin), बिटा कैरोटीन (β carotene), क्रिप्टोजैन्थीन (Crypto xanthin), जिया–जैन्थीन (Zeaxanthin) आदि का उपयोग, दवा तैयार करने, सौन्दर्य प्रसाधन, वस्त्र उद्योग, शराब, माँस, मुर्गीपालन आदि में किया जा रहा हैं।

उन्नतिशील किस्में

अर्का अभीर (Arka Abheer)

इस पेप्रिका किस्म का विकास शुद्ध लाइन चयन भारतीय बागवानी अनुसंधान संस्थान, बेंगलुरु (कर्नाटक) द्वारा किया गया है। इसके पौध बड़े और फैलने वाले होते हैं। पौधे पर हरे झुर्रीदार (Wrinkle) व 10.0 सेन्टीमीटर लम्बे फल विकसित होते हैं। इस किस्म में चूर्णिल आसिता एवं विषाणु रोग का प्रकोप नहीं होता है। इससे 38.0 टन प्रति हेक्टेयर हरी फलियाँ तथा 5.0 टन प्रति हेक्टेयर सूखी फलियाँ प्राप्त होती है। इसमें रंग मूल्य 165541 सी0यू0 होता है। तीखापन मात्र 0.05 प्रतिशत होता है।

आई0वी0पी0बी0सी0–535 (IVPBC-535)

इस किस्म का विकास वर्ल्ड बेजीटेबल सेन्टर, ताईवान (World Vegetable Centre, Taiwan) से उपस्थापन एवं चयन पद्धति द्वारा भारतीय सब्जी अनुसंधान, संस्थान, वाराणसी (उत्तर प्रदेश) द्वारा सन् 2009 में किया गया है। पौधे सीधे एवं बौने होते हैं। फलियाँ 11.5–12.5 सेन्टीमीटर लम्बी व 1.3–1.5 सेन्टीमीटर व्यास की होती हैं। प्रत्येक फल का औसत भार 6.0–7.0 ग्राम होता है। इसमें 15 प्रतिशत ओलियोरेजिन (ASTA Value-225) होता है।

ब्यादगी (Byadagi)

इस किस्म का विकास धारवाड (कर्नाटक) द्वारा किया गया है। इस किस्म की गुणवत्ता स्पेन व हँगरी में उत्पन्न होने वाली किस्म के समतुल्य है। इस किस्म की खेती धारवाड, बालागोम, बेल्लारी व रायचुर (कर्नाटक), रायलसीमा, गुन्टूर विजयवाड़ा, कमाम (आन्ध्र प्रदेश) तथा नागपुर, कोल्हापुर, सोलापुर, साँगली व सतारा (महाराष्ट्र) में की जा रही है।

भूमि एवं भूमि की तैयारी

पेप्रिका की खेती दोमट, काली मिट्टी व हल्की बलुई मिट्टी में की जा सकती है। अगर इसकी खेती भारी चिकनी मिट्टी में की जा रही है तो, मेंड़ बनाकर खेती करनी चाहिए। पेप्रिका के पौधे क्षारीय मिट्टी के प्रति संवेदनशील होते है।

खेत तैयार करते समय ध्यान देना आवश्यक है कि जमीन में कहीं पर पानी न रूके अर्थात जल निकास बराबर रहे। खेत समतल व मिट्टी भुर–भुरी होनी चाहिए। खेत में 20–25 टन गोबर की सड़ी खाद या वर्मी कम्पोस्ट खेत तैयार करते समय अन्तिम जुताई में प्रयोग करें।

नर्सरी में पौध तैयार करना

एक हेक्टेयर क्षेत्रफल के लिए पेप्रिका के पौधे तैयार करने के लिए 300 ग्राम बीज की आवश्यकता पड़ती है। नर्सरी तैयार करने के लिए 1.0 मीटर चोड़ी, 5.0 मीटर लम्बी तथा 20–25 सेन्टी मीटर ऊँची क्यारियों में तैयार करना चाहिए तथा 21 दिन के पौधों का रोपण तैयार खेत में करना उत्तम रहता है।

रोपण

पेप्रिका के पौधों का रोपण कतार से कतार की दूरी 80 सेन्टी मीटर तथा पौध से पौध की दूरी 23–25 सेन्टी मीटर रखना चाहिए। अगर एक हेक्टेयर क्षेत्रफल में 40,000–50,000 पौधे लगाये जायें तो वाँछित उपज प्राप्त होती है।

रोपण समय

अक्टूबर में पौध रोपण कर पेप्रिका की खेती की जा सकती हैं।

सिंचाई जल प्रबन्धन

पौध रोपण के तुरन्त बाद हल्की सिंचाई आवश्यक है जिससे जड़ें अच्छी प्रकार खेत में स्थापित हो जायें। पहले 2–4 सप्ताह तक पानी देते रहें। इसके बाद पुष्पन पूर्व तथा फल धारण व वृद्धि के समय खेत में नमी बनाये।

उपज

पेप्रिका की उपज किस्म एवं स्थान पर निर्भर करती है। सामान्यतः पेप्रिका की झुर्रीदार फलियों की उपज 20.0–35.0 टन प्रति हेकटेयर होती है लेकिन सूखी फलियों की उपज 5.0–7.5 टन प्रति हेक्टेयर होती हैं

लीक (Leek)

वानस्पतिक नाम : एलियम पोरम उपनाम एलियम एम्पेलेप्रासम वार0 पोरम (*Allium porrum* L.) [syn. *Allium ampeloprasum* var. *porrum* (L.) Regel.]

कुल : एलिएसी (Alliaceae)

गुणसूत्र संख्या : 2 एन = 32

लीक, प्याज कुल की एक महत्वपूर्ण फसल है लेकिन इसमें प्याज की तरह गाँठ/शुष्क कन्द विकसित नही होते हैं। लीक का खाने योग्य भाग छद्म बढ़ा हुआ आधारीय एवं पत्तियों से विकसित तना होता है।

उद्‌भव एवं वितरण

लीक की विस्तृत व्याख्या बाइबिल में प्राचीनकाल से ही मिलती है। इसका उपस्थापन मुख्यतः पूर्व मेडिटेरेनियन में हुआ, जहाँ पर इससे सम्बन्धित उपप्रभेद टर्कीस लीक (Turkish leek) और कुराट (Kurrat) मिलते हैं। लीक की खेती मुख्यतः उत्तर यूरोप, संयुक्त राज्य अमेरिका एवं कनाडा में की जाती है। इसके अलावा मुख्य फसल के रुप में उत्तर यूरोपीय देश जैसे बेल्जियम, डेनमार्क व निदरलैण्ड में ज्यादा प्रचलित है। हमारे देश में इसकी खेती बड़े पैमाने पर नहीं की जाती है।

पोषकीय महत्व

लीक को हरी पत्तियों एवं तनों के लिए उगाया जाता है। इसकी पत्तियों को कच्चे सलाद के रूप में, सब्जी के रूप में तथा अन्य सब्जियों की सुगन्ध बढ़ाने के लिए किया जाता है। प्याज की तुलना में लीक प्रोटीन, खनिज–लवण एवं शुष्क भार के लिए ज्यादा महत्वपूर्ण है। मसाले के लिए इसका प्रयोग किया जाता है। पोषण की दृष्टि से इसकी पत्तियाँ विटामिन 'सी' में काफी धनी होती है। इसके पोषण मूल्य को सारिणी ( ) में दिया गया है–

सारिणी (11.20) लीक का पोषण मूल्य (प्रति 100 ग्राम खाने योग्य भाग में)

पोषक तत्व	मात्रा
नमी	85 ग्राम
प्रोटीन	2.2 ग्राम
वसा	0.3 ग्राम
कार्बोहाइड्रेट्स	11.2 ग्राम
ऊर्जा	52 किलोकैलोरी
कैल्सियम	52.0 मिली ग्राम
फास्फोरस	50.0 मिली ग्राम
आयरन	1.1 मिली ग्राम

सोडियम	5.0 मिली ग्राम
पोटैशियम	347.0 मिली ग्राम
विटामिन 'ए'	40 अन्तर्राष्ट्रीय इकाई
थाइमिन	0.11 मिली ग्राम
रिबोफ्लेविन	0.6 मिली ग्राम
नियासिन	0.5 मिली ग्राम
एस्कार्बिक अम्ल	17.0 मिली ग्राम

स्रोतः यू0एस0डी0ए0, 2012

उन्नतिशील किस्में

सामान्यतः जो प्रजातियाँ बाजार में उपलब्ध हैं, उनका विवरण इस प्रकार है–

1. करीना

इस किस्म के पौधे भारी, बड़े, मोटे व लम्बे सफेद रंग के होते हैं।

2. टाइटन

यह किस्म ज्यादा वृद्धि एवं विकास करती है। ज्यादा ओज होने के कारण पौधा गठीला दिखता है। पत्तियाँ गहरी हरी व तना सफेद होता है।

3. अलास्का

इस किस्म की पत्तियाँ गहरी हरी व पौधा छोटा होता है।

4. पंचो

लीक की यह अगेती किस्म है, जिसके तने मोटे व पौधे लम्बे होते हैं।

5. हिमाचल प्रदेश में लीक की दो प्रचलित किस्में हैं

   1. मसलबर्घ (Musselburgh)
   2. प्राइज टेकर (Prizetaker)

6. लिंकोन (Lincoln)

इसे बुल्गेरियन जाइन्ट टाइप लीक भी कहते हैं। यह किस्म भारतवर्ष में बीजोशीतल बीज कम्पनी द्वारा विक्रय किया जाता है। यह पौध रोपण के 80 दिन बाद तैयार हो जाती है। इस किस्म में एक समान लम्बे व मोटे तने विकसित होते हैं।

जलवायु

लीक की खेती के लिए उपयुक्त तापक्रम 20–25 डिग्री सेल्सियस है। यह मुख्यतः उच्च पर्वतीय क्षेत्रों में 1000 मीटर की ऊँचाई तक उगायी जाती है। इस प्रकार लीक को ठण्डे मौसम की फसल

कहते हैं। लीक के लिए दिनमान की तुलना में तापमान का ज्यादा महत्व है क्योंकि बीज तना का विकास इसी घटक से प्रभावित होता है।

भूमि एवं भूमि की तैयारी

लीक की खेती सुगमतापूर्वक किसी भी मिट्टी में की जा सकती है, लेकिन सबसे उत्तम वृद्धि एवं विकास जीवांश युक्त मृदा में होती है। इसके लिए मृदा का पी0एच0 मान 6.0–8.0 होना चाहिए।

प्रसारण

लीक का प्रसारण बीज के द्वारा किया जाता है। लीक में सुप्तावस्था (dormancy) नहीं होती है और इसमें भूम्यपरिक जमाव (epigeal germination) होता है। बीज के जमने के लिए सबसे उपयुक्त तापक्रम 18–22 डिग्री सेल्सियस है।

रोपण के लिए पौध तैयार करना

लीक के पौधों से अच्छी उपज प्राप्त करने के लिए खेत व क्यारी दोनों की तैयारी करना आवश्यक होता है। इसके लिए क्यारी की कई बार खुदाई करके उसमें से खरपतवार एवं अन्य अवाँछित वस्तुओं को निकाल दियां जाता है।

लीक की खेती करने के लिए प्याज की तरह पौधशाला में पौधे तैयार किये जाते हैं। उत्तर भारत के मैदानी क्षेत्रों में पौधशाला डालने का उत्तम समय सितम्बर के अन्त या अक्टूबर का प्रथम सप्ताह है जबकि पर्वतीय क्षेत्र में उपयुक्त समय मई–जून का महीना है। जिस क्यारी में पौधशाला तैयार करना हो, उसमें गोबर की सड़ी खाद या कम्पोस्ट को अच्छी प्रकार मिला देना चाहिए। पौध तैयार करने के लिए बीज की बुआई कतारों में करनी चाहिए। बुआई के बाद बीज को हल्के राख व क्यारी को घास–फूस से ढक दिया जाता है। जब बीजों मे अंकुरण दिखाई पड़ने लगे, बीज शैया के उपर से घास–फूस का हटा दिया जाता है। हिमाचल प्रदेश में बीज की बुआई अगस्त से अक्टूबर तक मध्य पर्वतीय क्षेत्रों में तथा मार्च से अप्रैल तक उच्च पर्वतीय क्षेत्रों में की जाती है।

बीज दर

लीक के बीज बहुत छोटे होते हैं। सामान्यतः 1.0 ग्राम बीज में 370 दाने होते हैं। अगर एक हेक्टेयर क्षेत्र में पैध रोपण करना है, तो 1.5 किलो ग्राम बीज की आवश्यकता होगी।

पौध रोपण

पौधशाला में बुआई के 40–45 दिन बाद पौधा (15.0 सेन्टी मीटर लम्बे) रोपण योग्य तैयार हो जाता है। खेत में छोटी–छोटी क्यारियाँ बनाकर रोपण करना अच्छा होता है। क्यारी में रोपण के लिए कतार से कतार की दूरी 30.0 सेन्टी मीटर तथा पौध से पौध की दूरी 10.0–12.0 सेन्टी मीटर रखी जाती है। रोपण का कार्य गहरी नालियाँ बनाकर करनी चाहिए।

पोषक तत्व प्रबंधन

चूँकि प्याज की तुलना में लीक के पौधे बड़े होते हैं, अतः मृदा से ज्यादा पोषक तत्व शोषण करते हैं। अगर एक हेक्टेयर क्षेत्रफल से 30.0 टन उपज मिलती है तो 100.0 किलो ग्राम नत्रजन, 65.0 किलो ग्राम फास्फोरस व 130.0 किलो ग्राम पोटाश मृदा से अवशोषित होते हैं। शोध से प्राप्त परिणाम स्पष्ट करते हैं कि अगर खेत में नत्रजन की मात्रा ज्यादा हो तो लीक के पौधों की लम्बाई व व्यास ज्यादा होती है। सामान्यतः लीक से अच्छी उपज प्राप्त करने के लिए 25.0 टन अच्छी प्रकार सड़ी कम्पोस्ट की खाद खेत की तैयारी के समय देना चाहिए। इसके अलावा 200.0 किलो ग्राम नत्रजन, 120.0 किलो ग्राम फास्फोरस व 100.0 किलो ग्राम पोटाश प्रति हेक्टेयर देना आवश्यक है। नत्रजन को 4 बराबर भागों में बाँटकर एक माह के अन्तराल पर प्रयोग करना चाहिए।

सिंचाई जल प्रबन्धन

लीक के पौधों को ज्यादा पानी की आवश्यकता पड़ती है। अतः निश्चित अन्तराल पर खेत में नमी बनाये रखना आवश्यक है। पौध रोपण के बाद खेत में हल्की सिचाई करें एवं उसके बाद 5–6 दिन के अन्तराल पर सिंचाईं की जानी चाहिए।

निकाई–गुड़ाई तथा मिट्टी चढ़ाना

लीक की उचित वृद्धि एवं विकास तथा गुणवत्ता के साथ–साथ अधिक उपज प्राप्त करने के लिए खेत में उगे खरपतवार को निकाल देना चाहिए। रासायनिक विधि से खरपतवार नियंत्रण हेतु पेण्डीमेथिलीन की 1.0 किलो ग्राम सक्रिय तत्व (a.i.) प्रति हेक्टेयर क्षेत्रफल में पौध रोपण के पूर्व करना चाहिए। लीक की अच्छी पैदावार के लिए पौधों की जड़ों के पास मिट्टी चढ़ाना आवश्यक है, जिससे तने का आकार अच्छा तथा सफेद रहें।

खुदाई एवं उपज

हरी प्याज जैसे ही लीक की खुदाई की जाती है। जब पौधा पूर्ण रूप से विकसित (28–30 सप्ताह) हो जाता है, तो उसे जड़ से उखाड़कर नीचे की पत्तियाँ काटकर हटा दी जाती है। खुदाई के बाद पौधों को ठण्डे स्थान पर रखना चाहिए। औसतन एक हेक्टेयर क्षेत्रफल से 30.0–40.0 टन उपज प्राप्त होती है। ठण्डे क्षेत्रों में पौधों को 1–3 महीने तक शून्य डिग्री सेन्टी ग्रेड तापमान व 85–90 प्रतिशत सापेक्ष आर्द्रता पर रखा जा सकता है।

□□□

अध्याय 12

अल्प प्रचलित सब्जियाँ

Underutilized Vegetables

बनकुनरी (Bankunari)

वानस्पतिक नाम : मेलोथ्रिया हेट्रोफाइला (*Melothria heterophylla* Lour. (*Solena amplexicaulis*) Lamk. Gandhi Cogn.)
कुल : कुकुरबिटेसी (Cucurbitaceae)
गुणसूत्र संख्या : 2 एन = 24

बनकुनरी कद्दू वर्गीय सब्जियों में एक महत्वपूर्ण अल्प प्रचलित फसल है, जिसके हरे फलों की सब्जी बनाई जाती है। इसे हिन्दी में तराली, पंजाबी में बनककरा, संस्कृत में गुमथी तथा महाराष्ट्र में गोमेटा कहते हैं। इसी प्रकार इसे तमिल में पुलीमांग और तेलगू में थियांउडा के नाम से सम्बोधित किया जाता है। इसे टिंगकेसान (इण्डोनेशिया), किलांग लपांग (पश्चिम जावा), टिनूम टिकूस (मलेशिया), म्रेच दमोच (कम्बोडिया), टामनिन (लाओस), टामलंग टौकू (थाइलैण्ड) और होआ (वियतनाम) नाम से जाना जाता है। बनकुनरी के फल कुन्दरु की तरह होते हैं, लेकिन आकार–प्रकार कुछ छोटे होते हैं। इसके फलों में बीज परवल की तरह गोलकार होते हैं, जबकि कुन्दरु के बीज खीरा की तरह चपटे और पतले होते हैं। बनकुनरी के फल भी पकने पर कुन्दरु के समान लाल रंग के हो जाते हैं। महाकवि कालीदास ने बनकुनरी के पके फलों की तुलना सुन्दरियों के लाल होठों से की है। कहावत के अनुसार इसे सुन्दरी से कुमारी और फिर इसका नाम कुनरी तथा जंगल में उपलब्धता के कारण वनकुनरी हो गया। यह फसल सब्जी के रुप में भारत–चीन एवं दक्षिण पूर्व एशिया में इसकी कहीं–2 पर खेती की जाती है। अभी भी यह सब्जी जंगल में आदिवासियों के द्वारा उपयोग की जाती है। ग्राम्यन (domestication) के लिए प्रयास कम हुआ है।

उद्‌भव एवं वितरण

वनकुनरी भारतीय मूल की सब्जी है। इसके पौधे भारत से लेकर चीन एवं आस्ट्रेलिया एवं पूरे दक्षिणी पूर्वी एशियाई देशों में मिलता है, लेकिन इसके पौधे फिलीपीन्स में नहीं पाये जाते हैं (सिन्नोसमा एवं पिलएक,1993)। भारत वर्ष में इस फसल का वितरण संथाल परगना मंडल के राजमहल पहाड़ियों में (साहेब गंज के पास), ललमटिया के पास सिमरा डाक बंगला में, चान्दना (सुन्दर पहाड़ी) में और टिकीगोरा पहाड़ियों पर पाई जाती है। इस फसल के पौधे बंगाल के पूर्णिया जिलें में मौजूद हैं। उत्तर, पश्चिम भारत के गर्म स्थनों, आसाम, त्रिपुरा, खासिया पहाड़ियों, कोनमोन, डेकान, केरल, विशाखापट्‌टनम की मटगोल पहाड़ियों, उत्तर पदेश के बुन्देलखण्ड के ललितपुर बन क्षेत्र के मंडवारा क्षेत्र, मिर्जापुर, सोनभद्र, नैनीताल और कुमायूँ पर्वत पर भी पायी जाती है। इस पौध की उपलब्धता सम्पूर्ण भारत वर्ष में 2100 मीटर की ऊँचाई तक देखी जा सकती है। पौधा मुख्यतः पहाड़ी क्षेत्रों में उगता है और विषम परिस्थिति के प्रति अनुकूललित होता है (हूकर, 1885)।

वानस्पतिक विवरण

सोलेना वंश (Genus-*Solena*) के अन्तर्गत विश्व में कुल 88 प्रजातियाँ पाई जाती है, जिसमें से 12 प्रजातियाँ भारतवर्ष में उपलब्ध हैं (अम्बस्ट, 2000)। इसकी सभी प्रजातियों से भिन्न बनकुनरी में बहुत अधिक अनुवांशिक विविधता पाई जाती है। बनकुनरी के भी पौधे अन्य कद्‌दू वर्गीय सब्जियों की तरह लतायुक्त, 1.5–3.0 मीटर लम्बे होते हैं तथा पत्तियाँ 3–4 पिण्ड युक्त, 4–10 x 3–9 सेन्टी मीटर आकार की होती हैं। पत्ते छूने पर खर–खरे होते हैं। प्रतान (tendrils) काफी लम्बे एवं सामान्य प्रकार के होते हैं। इसके नर एवं मादा पुष्प अलग–अलग पौधों पर (dioecious) आते हैं। नर पुष्प में पुष्प वुन्त 2.8 मिली मीटर लम्बी, बाह्‌य दलपुंज का आधार 5.0 मिली मीटर लम्बा एवं 3.0 मिली मीटर मोटी होती है। नर पुष्प गुच्छे में बनते हैं। पंखुड़ियाँ हल्की पीली, पुंकेसर संख्या में 3, मादा पुष्प कक्षीय, क्रीमी सफेद से पीले रंग के, पेडिसिल 5.0–10.0 मिली मीटर लम्बी, अण्डाकार फल (2.5–3.5 मिली मीटर), वर्तिकाग्र 3 खण्डों में विभाजित, अपरिपक्व अवस्था में फल हरे रंग के, गूदे का रंग सफेद जबकि परिपक्व अवस्था में पीले से गहरे लाल रंग के हो जाते हैं। प्रथम मादा पुष्प 7.9वीं पर्व पर, पुष्प खुलने (anthesis) का समय सायंकाल 3.0–4:30 बजे होता है। नर पुष्प खिलने के 24 घन्टे के बाद गिर जाते हैं। पृथक लिंगी होने के कारण हाथ द्वारा सायंकाल परागण करने से फल धारण ज्यादा होता है। परागण की किया सम्पन्न होने के 15 दिन बाद फल तुड़ाई योग्य हो जाते हैं। बनकुनरी का तना प्रत्येक वर्ष मर जाता है, लेकिन भूमिगत कन्द बहुत दिनों तक जीवित रहते हैं और उनसे प्रत्येक वर्ष वर्षा काल में लताएँ विकसित होती है।

पोषकीय महत्व

बनकुनरी के फलों की बहुत ही स्वादिष्ट सब्जी बनती है। यह खाने में परवल से अच्छी लगती है। फल के अतिरिक्त कोमल पत्तियों एवं टहनियों को भी साग, सब्जी एवं सूप बनाने में प्रयोग किया जाता है। इसके पौधों के भूमिगत भाग में कंद बनते हैं, जिसका अन्य कन्द वाली सब्जियों की भाँति

प्रयोग किया जा सकता है। फल का अत्यधिक पोषकीय महत्व है और इसमें पर्याप्त मात्रा में कैल्सियम एवं अन्य खनिज तत्व पाये जाते हैं। इसके फल तथा कन्द के पोषक मूल्य को सारिणी में दिया गया है।

सारिणी (12.1) बनकुनरी के फल में पोषक मूल्य (प्रति 100 ग्राम खाने योग्य भाग में)

घटक	मात्रा
कुल विलेय ठोस	6.37 प्रतिशत
पी0एच0	5.95
अम्लता (मैलिक अम्ल)	0.01 ग्राम
कुल शर्करा	7.22 ग्राम
रिड्यूशिंग शर्करा	4.62 ग्राम
नान रिडयूशिंग शर्करा	2.58 ग्राम

स्रोतः भारती एवं सहयोगी, 2006

सारिणी (12.2) बनकुनरी के कन्द का पोषक मूल्य (प्रति 100 ग्राम खाने योग्य भाग में)

पोशक तत्व	मात्रा
नमी	66.5 ग्राम
प्रोटीन	6.7 ग्राम
वसा	0.4 ग्राम
खनिज लवण	0.9 ग्राम
रेशा	1.6 ग्राम
कार्बोहाइड्रेट्स	29.9 ग्राम
ऊर्जा	126.0 किलो कैलोरी
कैल्शियम	200.0 मिली ग्राम
फास्फोरस	40.0 मिली ग्राम

स्रोतः गोपालन एवं सहयोगी, 1999

बनकुनरी को औषधीय गुणों का खजाना माना जाता है। इसके पौधे का रस चोट, घाव, आदि पर रामबाण जैसा काम करता है और तुरन्त आराम प्रदान करता है। इसका सेवन मधुमेह रोगियों के लिये भी लाभप्रद है (मिश्र, 1994)। इसके कन्द का चूर्ण दूध के साथ सेवन करने से धातु रोगियों को लाभ मिलता है। कन्द का पाउडर हलुवा बनाने के लिए भी किया जाता है। इसके कन्द को शकरकन्द की तरह भून कर खाते हैं।

जलवायु और भूमि

यह गर्मी एवं वर्षा ऋतु की फसल है। रानीखेत में, जहाँ जून में अधिकतम तापमान 35.0 डिग्री सेल्सियस हो जाता है, वहाँ भी यह अच्छी तरह पनपते देखी गई है। उच्च तापमान और गर्म हवा/लू चलने पर तलाओं का विकास सिंचित अवस्था में भी अवरुद्ध हो जाता है और ऊपर की पत्तियाँ

झुलस जाती हैं। इस लिए मैदानी क्षेत्रों में, जहाँ काफी गर्मी पड़ती है और लू चलती है, इसकी खेती सिंचित अवस्था में सफलतापूर्वक की जा सकती है। यह सभी प्रकार की भूमि में जहाँ पर जल निकास की उत्तम व्यवस्था हो, आसानी से पनपती है। भूमि में जैविक खाद तथा जिवांश प्रचुर मात्रा में होना चाहिए। मिट्टी कुछ अम्लीय, जिसकी पी0एच0 मान 5.5–6.8 हो, इसके लिए उपयुक्त है। वार्षिक वर्षा 900.0–1250.0 मिली मीटर वाले स्थानों में भी यह पायी जाती है। फरवरी–अप्रैल में जब भी वर्षा होती है, नम नालियों के किनारे इसकी लता तेजी से निकलती है। इस समय इसमें पत्ते नही के बराबर होते हैं। अगर होते हैं तो वे भी बहुत छोटे होते हैं। इसके तनों पर फूल लगे रहते हैं। अगर वर्षा समय पर नहीं हुई तो लताओं में शीघ्र ही 1–2 फल आ जाते हैं। यह फसल तुरन्त बीज बना कर अपना जीवनचक्र पूरा करते हैं। अगर बीच–बीच में वर्षा होती गई तो लता बढ़ती है और इसमें सितम्बर में फिर फूल–फल आते हैं। अक्टूबर के बाद इन्हें फलते नहीं देखा गया है। सिंचाई कर इन्हें फरवरी तक जीवित रखा गया, लेकिन कोई फल प्राप्त नहीं हुआ। कंद वाली बहुवर्षीय लताओं को कुछ समय के लिए सुप्तावस्था (dormancy) में जाना आवश्यक है। यह अच्छा है कि अक्टूबर से जनवरी तक यह विश्राम करें और फरवरी के अंत में इसकी सिंचाई कर गर्मी में फल प्राप्त किए जायें या जहाँ सिंचाई की सुविधाएं नहीं है, वहाँ वर्षा पर इसे छोड़ दिया जाये।

यह पहाड़ पर ढलानों और कँटीली झाडियों में मिलती है। जब इनके कंदों (tubers) को समतल में लगाया गया तो वे नष्ट हो गये। पौध जल जमाव को थोड़ा भी सहन नहीं कर सकता है। गर्मी और सूखा पड़ने पर इसकी जड़ या पत्थरों के नीचे मिलती है, जहाँ तेज धूप और जल जमाव दोनों से इसकी रक्षा होती है। इसके लिए झाड़ियाँ सहारे का भी काम करती है, जिस पर चढ़कर यह सूर्य की रोशनी प्राप्त करती है। स्थाई वातावरण में रहने के कारण इसे अपनी वानस्पतिक वृद्धि (तना एवं जड़) बनाने में ही अधिक शक्ति व्यय करनी पड़ती है तथा इसमें बहुत कम फल आते हैं। इसमें सूखा सहन करने तथा अन्य पौधों के साथ रहने की क्षमता है। इसलिए यह कृषि वानिकी के लिए एक उपयोगी है।

प्रवर्धन

बनकुनरी को बीज, कन्द और लता के तना कत्तर्न (stem cutting) से लगाया जा सकता है।

1. बीज द्वारा

बनकुनरी के पके फलों के बीज एकतित्रत कर उन्हें पालीथीन के थैलों में खाद व मिट्टी 1:1 के अनुपात में रख दें। मिट्टी नम हो। बीज लगाने के बाद सिंचाई नहीं करें। पोलीथीन के थैलों को वृक्ष की छाया में रखे और पूरे मिट्टी भर दें ताकि वर्षा का जल इसमें जमा न हो। अगर बीज सुप्तावस्था (dormancy) में चले गयें हो तो लगभग 6 महीने के बाद वसन्त में ये जमाव करेंगे, तब तक इन्तजार करें।

2. जड़ कन्द द्वारा

जब जड़ कन्द सुप्तावस्था में जा रहें हों (अक्टूबर–नवम्बर) जमीन से निकाल लिया जाता है। जड़ कन्द रोपण व जड़ कन्द के चयन के लिये विवरण सारिणी में दिया गया है।

सारिणी (12.3) जड़ कन्द रोपण व पौध विकास का विवरण

जड़ कन्द का आकार	जड़ कन्द का भार (ग्राम)	अंकुरण (कन्द रोपण के दिन बाद)	जड़ विकास	पौध विकास
छोटा	>120.0	18–20	अच्छा	कमजोर व पतला
मध्यम	120.0–140.0	15–16	अच्छा	ओज वाला
बड़ा	<180.0	10–12	घटिया	सामान्य

स्रोत: राम एवं सहयोगी, 2003

नर व मादा पौधों का अनुपात तथा परागण

बनकुनरी में नर व मादा पुष्प अलग–अलग पौधे पर बनते हैं। अतः सार्थक परागण व अधिक फल उपज के लिए नर व मादा पौधों का सही अनुपात में लगाया जाना आवश्यक है। इसके लिए 9 मादा पौधों पर एक नर पौध का अनुपात (9:1) उत्तम पाया गया है। पौधों पर पुष्प व फल देखकर नर व मादा पौधों की पहचान की जाती है और इसी आधार पर भूमिगत कन्दों या लता की कर्त्तनों को तैयार करने हेतु चुनाव करते हैं। पौधों पर पुष्प व फल जुलाई से आने प्रारम्भ हो जाते हैं और नवम्बर के अन्त तक बनते रहते हैं।

सिंचाई एवं जल निकास

बनकुनरी जंगलों की ढलुवा जमीन पर असिंचित अवस्था में उगते रहते हैं लेकिन जब खेती के रुप में उपज प्राप्त करने की बात आती है, तो सिंचाई व जल निकास काफी महत्वपूर्ण घटक बन जाते हैं। ग्रीष्मकाल में विकसित पौधों को समय से पानी देना बहुत ही आवश्यक है अन्यथा पौधों का विकास रुक जाता है और फल छोटे–छोटे बीज वाले बनते हैं। अतः ग्रीष्मकाल में साधारणतया 6–10 दिन के अन्तराल पर सिंचाई करते रहना चाहिए। वर्षा के दिन में अगर वर्षा समय से हो रहीं हो, तो सिंचाई की विशेष आवश्यकता नहीं पड़ती है। भूमिगत कन्दों के रोपण के बाद 4–5 दिन तक लगातार सिंचाई करते रहना चाहिए, जिससे पौधे अच्छी प्रकार स्थापित हो जायें। सिंचाई व वर्षा का अधिक जल जब पौधों की जड़ों के पास लग जाता है तब पौधे पीले पड़कर मरने लगते हैं। अतः थालों को काफी ऊँचा व चौड़ी नालियों को बनाकर पानी तुरन्त निकाल देना चाहिए। ज्यादा पानी लगने से कन्द भी सड़ने लगते हैं और पौधे सूख जाते हैं।

मचान बनाना व पौधों को सहारा देना

बनकुनरी की खेती बिना मचान बनाये करना बिल्कुल सम्भव नहीं है। प्राकृतिक अवस्था में इनके पौधे झाड़ियों या छोटे–छोटे पेड़ों जैसे बेर व करौंदा आदि पर चढ़कर खूब फलते हैं। प्रयोग में यह पाया गया है कि जब पौधों को जमीन पर रेंगकर फैलने के लिए छोड़ दिया गया तो उन पर फलत कम आयी और फलों की गुणवत्ता भी अच्छी नहीं थी। अतः अधिक उपज प्राप्त करने के लिए लम्बे एवं कोमल बेलों को मचान पर चढ़ाकर खेती करना चाहिए। इसके लिए बाँस के मचान उत्तम माने जाते हैं। मचान बनाने के लिए बाँस की ऊँचाई 4.5 फीट जमीन की सतह से उपर रखते

हैं और जमीन के अन्दर 1.5 फीट गहराई तक गाड़ देते हैं। जमीन पर दो समानान्तर बाँस रखते हैं, इन बाँसों को सुविधानुसर 15.0–20.0 फीट की दूरी पर गाड़े जाते हैं। अब बाँसों पर पतले तारों से जाल बना देते हैं। किनारे के बाँसों को सहारा व मजबूती देने के लिए छोटे–छोटे खूँटें गाड़कर लोहे के तार से कस देते हैं। अब 30.0–40.0 सेन्टी मीटर लम्बे कोमल बेलों को रस्सियों के सहारे मचान तक ले जाते हैं और उपर फैलने देते हैं। अगर जमीन की सतह से कोई शाखा निकल रही हो तो उसे काट देते हैं।

अंतः सस्य क्रियायें

प्रारम्भिक अवस्था में 2–3 बार निकाई–गुड़ाई करना अति आवश्यक है, जिससे मिट्टी भुरभुरी हो जाये और जड़ें तेजी से विकास करें। इस सब्जी में अगर जड़ों में वायु का संचार अच्छा होता है, तो उपज ज्यादा मिलती है। जब पौधा बढ़कर मचान पर फैलने लगता है, तो नीचे गुड़ाई करके जड़ों के पास मिट्टी चढ़ा देते हैं, जिससे खपतवार मर जाये।

फलों की तुड़ाई

बनकुनरी का मुख्य खेत में रोपण के 45–55 दिन बाद फूल आने प्रारम्भ हो जाते हैं। पौधे के आधार से 8–10 गाँठों पर फल बनते हैं। पुष्प आने के 30–35 दिनों बाद हरे कोमल फल तुड़ाई के योग्य हो जाते हैं। अगर पौधे पर 2–3 दिन से ज्यादा समय के लिए फलों को छोड़ दिया जाये तो वे कड़े हो जाते हैं, क्योंकि फल के बीज पकने लगते हैं। अतः सप्ताह में कम से कम दो बार तुड़ाई अवश्य करना चाहिए। खाने योग्य अवस्था के 5–10 दिन बाद फल पीले पड़ने लगते हैं और खाने योग्य नहीं रहते हैं। प्रत्येक पौधे पर 100–125 फल लगते हैं। फलों की तुड़ाई जुलाई से अक्टूबर तक की जाती है।

उपज

बनकुनरी की उपज 7.0–9.0 टन प्रति हेक्टेयर तक प्राप्त होती है।

करतोली व ककरोल
(Spine gourd or Kheska and Sweet gourd)

वानस्पति नाम : करतोली–मोमार्डिका डाइओका (*Momordica dioica* Roxb.)
ककरोल–मोमार्डिका कोचिनचाइनेन्सिस (*Momordica cochinchinensis* Roxb.)

कुल : कुकुरबिटेसी (Cucurbitaceae)

गुणसूत्र संख्या : 2 एन = 28

करतोली या खेक्सा सामान्यतया मीठा करेला या भाट करेला के नाम से भी जाना जाता है। करेला जैसा इसका स्वाद तीखा नहीं होता है, सम्भवतः इसलिए इसे मीठा करेला कहते हैं। यह उत्तर पूर्वी पर्वतीय क्षेत्रों जैसे मेघालय, मिजोरम, मणिपुर, नागालैण्ड तथा ओडिशा, प0 बंगाल, बिहार और उत्तर प्रदेश में प्रचलित है।

सारिणी (12.4) करतोली व ककरोल में अन्तर

करतोली	ककरोल
जड़ों में छोटे कंद बनते हैं।	जड़ों में बड़े कंद बनते हैं।
पत्तियाँ छोटी होती हैं।	पत्तियाँ बड़ी होती हैं।
फूल पीले व छोटे होते हैं।	फूल सफेद–पीले व बड़े होते हैं।
फूल सायंकाल खिलते हैं।	फूल सुबह के समय खिलते हैं।
फूल खिलने में 7.0–22.0 मिनट लगते हैं।	फूल खिलने में 72.0 मिनट लगते हैं।
फल छोटे गोल–अण्डाकार (round-oval) होते हैं।	फल बड़े आयताकार (oblong) होते हैं।
करतोली के फल का वजन 10.0–15.0 ग्राम व अधिकतम 30.0 ग्राम तक होते हैं।	करतोली के फल का वजन 40.0–125.0 ग्राम या अधिक होते हैं।
फल का पकाव अन्दर से बाहर (inner to periphery) होता है।	फल का पकाव बाहर से अन्दर (periphery to inner) होता है।
फल गहरे हरे (dark green) होते हैं।	फल हल्क हरे व पीले (green to yellow) होते हैं।
फल का सतह चिकना व कुट काँटें (false spines) होते हैं।	फल का सतह सख्त (tpough) व काँटें (spines) होते हैं।
परागण के 20 दिन बाद फल खाने योग्य हो जाते हैं।	परागण के 26 दिन बाद फल खाने योग्य हो जाते हैं।
पुष्पन व फलत लगातार (longer period) चलता रहता है।	पुष्पन व फलत कम समय (short period) तक चलता रहता है।

स्रोतः राम एवं सहयोगी, 2002

वानस्पतिक विवरण

यह बहुवर्षीय व एक लिंगाश्रयी लता है, जिसे एक बार लगाने के बाद कई वर्षों तक लगातार फल प्राप्त होता रहता है। करतोली और ककरोल बहुवर्षीय जंगली सब्जी है। करतोली के फल गोल, 10.0–30.0 ग्राम वजन के और ककरोल के फल अण्डाकार, लगभग 40.0–125.00 ग्राम वजन के होते हैं। करतोली में पीला फूल लगभग 9 बजे रात्रि के बाद और ककरोल में फूल सफेद सुबह के समय खिलते हैं।

पोषकीय महत्व

फल में पानी की मात्रा कम होने तथा कार्बोहाइड्रेट की मात्रा अधिक होने के कारण सब्जी में बहुत अच्छा मिठास होता है। इसके मुलायम तथा कोमल फलों से स्वादिष्ट और पौष्टिक सब्जी बनती है। सब्जी के साथ–साथ इसके फलों को काटकर अचार के लिए भी प्रयोग किया जाता है।

सारिणी (12.5) करतोली में पाये जाने वाले पोषक तत्व (प्रति 100 ग्राम खाने योग्य भाग में)

पोषक तत्व	मात्रा
नमी	90.4 ग्राम
प्रोटीन	0.6 ग्राम
वसा	0.1 ग्राम
खनिज	0.9 ग्राम
रेशा	1.6 ग्राम
कार्बोहाइड्रेट्स	6.4 ग्राम
ऊर्जा	29.0 किलो कैलोरी
कैल्सियम	27.0 मिली ग्राम
फास्फोरस	38.0 मिली ग्राम
लौह	3.5 मिली ग्राम
विटामिन सी	48.0 मिली ग्राम
थियामिन	145.0 मिली ग्राम
बिटा कैरोटिन	5.1 माईको ग्राम
राईबोफ्लेविन	0.20 मिली ग्राम

स्रोत: गोपालन एवं सहयोगी, 1982

आयुर्वेदिक ग्रंथों के अनुसार करतोली एवं ककरोल दोनों कफ और पित्तनाशक हैं। इसके फल मधुर तथा गुल्म, शूल, पित्त, त्रिदोष, कफ, कुष्ट, खाँसी, प्रमेह, ज्वर, अरुचि और हृदय पीड़ा को दूर करते हैं। इसके पत्ते रुचिकारक, वीर्यवर्द्धक व कृमि, क्षय, श्वास, खाँसी, हिचकी एवं बवासीर में भी लाभप्रद है। इस पौधे में जमीन के अन्दर बनने वाले कन्द को मधु के साथ प्रयोग करने पर मस्तिष्क रोगों के लिए हितकारी है। अधिक प्रोटीन एवं रेशा युक्त इस सब्जी की माँग बाजार में बहुत अधिक है, लेकिन उपलब्धता कम रहती है।

उन्नतिशील किस्में

करतोली एवं ककरोल दोनों की उन्नतिशील किस्मों का विकास अभी तक नहीं किया गया है। क्षेत्र विशेष में उपलब्ध स्थानीय किस्मों का चयन करके इसकी खेती की जा सकती है। ककरोल (sweet gourd) की खेती जहाँ–तहाँ छोटे स्तर पर की जाने लगी है, लेकिन करतोली (spine gourd) अभी तक पूर्णतया जंगली अवस्था में ही उगती है।

जलवायु

करतोली एवं ककरोल दोनों ही आर्द्र एवं गर्म जलवायु को पसन्द करते हैं। ऐसे क्षेत्र जहाँ पर औसत तापमान 25.0–35.0 डिग्री सेन्टी ग्रेड तथा वार्षिक वर्षा 150.0–250.0 सेन्टी मीटर तक होती है, वहाँ पर इनकी खेती सफलतापूर्वक की जा सकती है। जिन क्षेत्रों में पाला पड़ता है, वहाँ पर इनकी खेती करना सम्भव नहीं है। भारत का मैदानी क्षेत्र इनकी खेती के लिए उत्तम पाया गया है। भूमि के ऊपर विस्तृत रुप से फैली हुई लतायें शीतकाल में प्रायः मर जाती है और शीतकाल समाप्त होते ही सुप्तावस्था में भूमिगत जड़ों से नई शाखाएँ निकलनी प्रारम्भ करती हैं। यही प्ररोह आगे वृद्धि करके जून–जुलाई से फूल–फल धारण करने लगती हैं। लोगों का मानना है कि मई–जून के महीने में जितनी ज्यादा लू (sun stroke) चलेगी उस पर बनने वाले फल उतने ही स्वादिष्ट होंगें। अधिक वर्षा का जल पौधों की जड़ों के पास एकत्र हो जाने से पौधा मर जाता है या पीला पड़कर कमजोर हो जाता है।

भूमि एवं भूमि की तैयारी

बलुई दोमट एवं दोमट मिट्टी जिसमें जीवांश पर्याप्त मात्रा में हो, इसकी खेती के लिए उत्तम मानी जाती है। मृदा का पी0एच0 मान 6.0–7.0 के बीच होना चाहिए। जंगलों, खुले स्थानों एवं पहाड़ियों की ढलुआ मृदा में इसके पौधे खूब फूलते–फलते हैं। करतोली एवं ककरोल दोनों की जड़ें काफी गहराई तक पहुँचकर पोषक तत्वों को प्राप्त करती हैं। अतः भूमि की तैयारी, इसकी खेती के लिए ज्यादा महत्वपूर्ण है। प्रारम्भ में 2–3 बार मिट्टी पलटने वाले हल से गहरी जुताई कर लेनी चाहिए। बाद में मिट्टी भुरभुरी बनाने के लिए 3–4 बार कल्टीवेटर चलाया जाता है। पाटा चलाकर भूमि को समतल कर लेना चाहिए। खेत की तैयारी के समय पुरानी फसल के अवशेष, कंकड़, पत्थर इत्यादि निकाल देते हैं और अन्तिम जुताई के समय 15.0–20.0 टन अच्छी प्रकार सड़ी हुई गोबर की खाद या कम्पोस्ट खेत में मिला देना चाहिए।

नालियाँ तथा गड्ढे बनाना और खाद एवं उर्वरक प्रयोग

अच्छी प्रकार खेत तैयार कर लेने के बाद जून–जुलाई में नालियाँ तथा गड्ढे बनाना चाहिए। इसके लिए सामान्यतः 1.5–2.0 मीटर की दूरी पर नालियों का निर्माण करते हैं। नालियों की गहराई लगभग 30.0 सेन्टी मीटर और चौड़ाई 40.0–50.0 सेन्टी मीटर रखते हैं। इन्हीं नालियों पर 2.0 मीटर की दूरी पर 45.0 घन सेन्टी मीटर आकार के गड्ढे या थाले बना लेते हैं। इस प्रकार एक हेक्टेयर क्षेत्रफल में 2500 पौध लगाने हेतु थाले बनाते हैं। प्रत्येक थाले में लगभग 4.0 किलो ग्राम सड़ी गोबर

की खाद, 100.0 ग्राम नीम या अरण्डी की खली, 5.0 ग्राम फ्यूराडान, 100.0 ग्राम यूरिया, 200.0 ग्राम सिंगल सुपर फास्फेट व 100.0 ग्राम म्यूरेट आफ पोटाश, थाले की मिट्टी में अच्छी तरह मिला देते हैं। जुलाई के महीने में प्रत्येक पौधों की जड़ के पास 20.0 ग्राम यूरिया देकर मिट्टी चढ़ा देना चाहिए। प्रत्येक बार फल तोड़ने के बाद जड़ों के पास 20.0 ग्राम यूरिया अवश्य देते रहना चाहिए। थोड़ी बालू एवं शेष मिट्टी को मिश्रित कर 10.0 सेन्टी मीटर की ऊँचाई तक थालों को भर देना चाहिए। इस प्रकार एक हेक्टेयर क्षेत्रफल के लिए 50.0 किलो ग्राम नत्रजन, 40.0 किलो ग्राम फास्फोरस व 60.0 किलो ग्राम पोटाश की आवश्यकता पड़ती है।

कलम लगाने का समय

तैयार थालों में पौध लगाने का उत्तम समय जून–जुलाई या फरवरी–मार्च का महीना होता है। इस समय फुटाव ज्यादा होता है और प्ररोह तेजी से विकास करते हैं।

पौध प्रवर्धन

करतोली एवं ककरोल का पौध प्रवर्धन निम्न विधियों से किया जाता है–

- बीज द्वारा प्रवर्धन
- भूमिगत कन्दों द्वारा प्रवर्धन
- लताओं के कर्तन द्वारा प्रवर्धन

• बीज द्वारा प्रवर्धन

करतोली एवं ककरोल दोनों के फलों में बीज प्रचुर मात्रा में बनते हैं और बीजों में सुप्तावस्था नहीं होती है अर्थात् तुरन्त पके फलों के बीज लगाने पर जमाव हो जाता है। बीज द्वारा पौध प्रसारण के लिए अगस्त से अक्टूबर तक लताओं पर पक कर पीले हुए फल (अन्दर का गूदा लाल हो गया हो) को एकत्र करते हैं। फल से बीज निकालकर धुलाई कर लेते हैं और छायादार स्थान पर सूखा लेते हैं। बीज बोने के बाद लगभग 10–12 दिन में बीज का जमाव हो जाता है। औसतन एक हेक्टेयर क्षेत्रफल की बुआई के लिए 5.0–6.0 किलो ग्राम बीज की आवश्यकता पड़ती है। बीज द्वारा प्रसारण करने पर कुछ परेशानियाँ भी आती हैं, जैसे बीज बोने पर एक साथ जमाव न होना, खेत में नर एवं मादा पौधों का सही अनुपात में न होना, और पौधों का देर से फल धारण करना आदि। इस विधि से प्रसारण करने से उपज पर प्रतिकूल प्रभाव पड़ता है।

• भूमिगत कन्दों द्वारा प्रवर्धन

करतोली एवं ककरोल से शीघ्र एवं अच्छी उपज प्राप्त करने के लिए भूमिगत कन्दों द्वारा प्रसारण की विधि अपनायी जाती है। करतोली के लिए 150.0–200.0 ग्राम वजन के भूमिगत कन्द, जो 2 वर्ष या अधिक आयु के मादा व नर पौधों से लिए गये हों, को अलग–अलग लगाना चाहिए। कन्दों से विकसित मादा पौध उसी वर्ष फल देना प्रारम्भ कर देती हैं। इन फसलों की 2–3 वर्ष पुरानी

जड़ें कन्दिल हो हाती हैं और कन्दिल जड़ें बनने के कारण इन्हें अलग–अलग करके लगाते हैं। गड्ढे में कंद लगाने का उत्तम समय फरवरी–मार्च या जून–जुलाई का महीना है। वर्षा प्रारम्भ होने के बाद (रोहिणी नक्षत्र) भूमिगत कन्दों से अंकुरण प्रारम्भ होता है। एक हेक्टेयर क्षेत्रफल के लिए लगभग 2500–3000 जड़ कन्दों की आवश्यकता पड़ती है।

सारिणी (12.6) जड़ कन्द रोपण व पौध विकास का विवरण

जड़ कन्द का आकार	जड़ कन्द का भरा (ग्राम)	अंकुरण (कन्द रोपण के दिन बाद)	जड़ विकास	पौध विकास
छोटा	>100.0	20–25	अच्छा	कमजोर व पतला
मध्यम	100.0–150.0	18–12	अच्छा	ओज वाला
बड़ा	<160.0	15–16	घटिया	ज्यादा ओज लेकिन सामान्य विकास

स्रोत: राम एवं सहयोगी, 2001

- लताओं के कर्तन द्वारा प्रवर्धन

चूँकि भूमिगत कन्द ज्यादा मात्रा में उपलब्ध नहीं रहते हैं, अतः विस्तृत पैमाने पर इसकी खेती सम्भव नहीं हो पा रही है। अतः इस कमी को दूर करने के लिए लताओं के कर्तन द्वारा प्रसारण करना चाहिए। इसके लिए 2–3 माह पुरानी अपेक्षाकृत गहरे हरे रंग की लताओं के कड़े भाग से 4–5 गाँठ वाली 20.0–25.0 सेन्टी मीटर लम्बी कलमें मादा व नर पौधे से काटकर सेराडिक्स बी पाउडर के घोल में डूबा कर 2–3 मिनट बाद बाहर निकाल लेते हैं। इन कलमों को भूमि से 10.0 सेन्टी मीटर ऊँची बनी क्यारियों में या 15.0 सेन्टी मीटर लम्बी और 10.0 सेन्टी मीटर व्यास की थैलियों में जिनमें 50 प्रतिशत गोबर की सड़ी खाद, 50 प्रतिशत मिट्टी और बालू का मिश्रण भरा हो, लगाते हैं। नर्सरी छायादार स्थान में ही लगानी चाहिए। कर्तन से प्रसारण करने के लिए जुलाई–अगस्त का महीना उत्तम माना जाता है। कर्तन लगाने के बाद फौब्बारे से प्रतिदिन हल्की सिंचाई करते रहना चाहिए, जिससे कर्तन सूखने न पायें। इस प्रकार कर्तनों में 15–20 दिन के अन्दर जड़ें व कोमल पत्तियाँ आ जाती हैं। लगभग 50–60 दिन बाद जड़ सहित कर्तनों की खुदाई करके मुख्य खेत में बने गड्ढों में लगाना चाहिए। प्लास्टिक की थैलियों में तैयार पौधों को मुख्य खेत में रोपण करने के 3–4 दिन पहले थैलियों की सिंचाई अवश्य कर लेनी चाहिए। इसके बाद तेज चाकू के सहारे प्लास्टिक की थैलियों को फाड़कर अलग कर लेते हैं और मिट्टी के पिंड के साथ पौध रोपण करते हैं।

नर व मादा पौधों का अनुपात तथा परागण

करतोली व ककरोल दोनों में ही नर व मादा पुष्प अलग–अलग पौधे पर बनते हैं। अतः सार्थक परागण व अधिक फल उपज के लिए नर व मादा पौधों का सही अनुपात में लगाया जाना आवश्यक है। इसके लिए 9 मादा पौधों पर एक नर पौध का अनुपात (9:1) उत्तम पाया गया है। पौधों पर

पुष्प व फल देखकर नर व मादा पौधों की पहचान की जाती है और इसी आधार पर भूमिगत कन्दों या लता की कर्तनों को तैयार करने हेतु चुनाव करते हैं। पौधों पर पुष्प व फल जुलाई से आने प्रारम्भ हो जाते हैं और नवम्बर के अन्त तक बनते रहते हैं। पौधों पर फल ज्यादा बनना इस बात पर निर्भर करता है कि पुष्पों में सार्थक परागण कितना हो पाया है। कभी–कभी परागण का कार्य हाथों से भी किया जाता है। चूँकि करतोली के पुष्प छोटे होते हैं, अतः इसमें हस्त परागण सम्भव नहीं हो पाता है। ककरोल के पुष्प बड़े होते हैं, अतः इसमें हस्तपरागण की प्रक्रिया काफी आसानी से सायंकाल की जा सकती है। ककरोल में हस्तपरागण करने से 30–35 प्रतिशत तक अधिक उपज पायी गयी है।

सिंचाई जल प्रबन्धन

करतोली व ककरोल दोनों ही जंगलों की ढलुवा जमीन पर असिंचित अवस्था में उगते रहते हैं लेकिन जब खेती के रुप में उपज प्राप्त करने की बात आती है, तो सिंचाई व जल निकास काफी महत्वपूर्ण घटक बन जाते हैं। ग्रीष्मकाल में विकसित पौधों को समय से पानी देना बहुत ही आवश्यक है अन्यथा पौधों का विकास रुक जाता है और फल छोटे–छोटे बीज वाले बनते हैं। अतः ग्रीष्मकाल में साधारणतया 6–10 दिन के अन्तराल पर सिंचाई करते रहना चाहिए। खरीफ मौसम में अगर वर्षा समय से हो रहीं हो, तो सिंचाई की विशेष आवश्यकता नहीं पड़ती है। भूमिगत कन्दों या कर्तनों के रोपण के बाद 4–5 दिन तक लगातार सिंचाई करते रहना चाहिए, जिससे पौधे अच्छी प्रकार स्थापित हो जायें। सिंचाई व वर्षा का अधिक जल जब पौधों की जड़ों के पास लग जाता है तब पौधे पीले पड़कर मरने लगते हैं। अतः थालों को काफी ऊँचा व चौड़ी नालियों को बनाकर पानी तुरन्त निकाल देना चाहिए। ज्यादा पानी लगने से कन्द भी सड़ने लगते हैं और पौधे सूख जाते हैं।

मचान बनाना व पौधों को सहारा देना

करतोली व ककरोल की खेती बिना मचान बनाये करना बिल्कुल सम्भव नहीं है। प्राकृतिक अवस्था में इनके पौधे झाड़ियों या छोटे–छोटे पेड़ों जैसे बेर व करौंदा आदि पर चढ़कर खूब फलते हैं। प्रयोग में यह पाया गया है कि जब पौधों को जमीन पर रेंगकर फैलने के लिए छोड़ दिया गया तो उन पर फलत कम आयी और फलों की गुणवत्ता भी अच्छी नहीं थी। अतः अधिक उपज प्राप्त करने के लिए लम्बे एवं कोमल बेलों को मचान पर चढ़ाकर खेती करना चाहिए। इसके लिए बाँस के मचान उत्तम माने जाते हैं। मचान बनाने के लिए बाँस के टुकड़ों की ऊँचाई 5.5 फीट जमीन की सतह से उपर रखते हैं और जमीन के अन्दर 1.5 फीट गहराई तक गाड़ देते हैं। जमीन पर दो समानान्तर बाँस रखते हैं, इन बाँसों को सुविधानुसर 15.0–20.0 फीट की दूरी पर गाड़ते जाते हैं। अब बाँसों पर पतले तारों से जाल बना देते हैं। किनारे के बाँसों को सहारा व मजबूती देने के लिए छोटे–छोटे खूँटें गाड़कर लोहे के तार से कस देते हैं। अब 30.0–40.0 सेन्टी मीटर लम्बे कोमल बेलों को रस्सियों के सहारे मचान तक ले जाते हैं और उपर फैलने देते हैं। अगर जमीन की सतह से कोई शाखा निकल रही हो तो उसे काट देते हैं।

अंतः सस्य क्रियायें

प्रारम्भिक अवस्था में 2–3 बार निकाई–गुड़ाई करना अति आवश्यक है, जिससे मिट्टी भुरभुरी हो जाये और जड़ें तेजी से विकास करें। इस सब्जी में अगर जड़ों में वायु का संचार अच्छा होता है, तो उपज ज्यादा मिलती है। जब पौधा बढ़कर मचान पर फैलने लगता है, तो नीचे गुड़ाई करके जड़ों के पास मिट्टी चढ़ा देते हैं, जिससे खपतवार मर जाये।

फलों की तुड़ाई

करतोली एवं ककरोल का मुख्य खेत में रोपण के 50–60 दिन बाद फूल आने प्रारम्भ हो जाते हैं। पौधे के आधार से 8–10 गाँठों पर फल बनते हैं। पुष्प आने के 30–35 दिनों बाद हरे कोमल फल तुड़ाई के योग्य हो जाते हैं। अगर पौधे पर 2–3 दिन से ज्यादा समय के लिए फलों को छोड़ दिया जाये तो वे कड़े हो जाते हैं, क्योंकि फल के बीज पकने लगते हैं। अतः सप्ताह में कम से कम दो बार तुड़ाई अवश्य करना चाहिए। खाने योग्य अवस्था के 5–10 दिन बाद फल पीले पड़ने लगते हैं और खाने योग्य नहीं रहते हैं। प्रत्येक पौधे पर 100–125 फल लगते हैं। फलों की तुड़ाई जुलाई से अक्टूबर तक की जाती है।

उपज

करतोली की उपज 10.0–12.0 व ककरोल की 17.5–20.0 टन प्रति हेक्टेयर तक प्राप्त होती है।

मतीरा (Mateera)

वानस्पतिक नाम : सिट्रलस लैनेटस (*Citrllus lanatus*)
कुल : कुकुरबिटेसी (Cucurbitaceae)
गुणसूत्र संख्या : 2 एन = 22

वानस्पतिक विवरण

मतीरे (mateera) की बेल मौसमी होती है। इसकी पत्तियाँ गहराई तक विभक्त होती हैं व पौधे प्रायः मोनोसियस (monoecious) होते हैं, लेकिन पुउभयिलिंगाश्रयी पौधे भी पाए जाते हैं। फूलों में परागण प्रातः 6.0–8.0 बजे के बीच होता है। फूलों के आकार व रंग में विविधता पायी जाती है। फल गोल, दीर्घायताकार या लंबे तथा छोटे से मध्यम आकार (2.0–6.0 किलोग्राम) के होते हैं। फलों पर हल्की से गहरी हरी धारियाँ होती है। सफेद से हल्का गुलाबी–लाल रंग का गूदा मीठा, रसदार एवं मुलायम होता है। गूदा तरबूज की तरह ठोस नहीं होता। बीज कुछ बड़े एवं अधिक संख्या में होते हैं। पर–परागण की क्रिया होने से मतीरे के जननद्रव्य में फलों के आकार, वजन, छिलके की धारियाँ एवं गूदे का रंग, मिठास, कठोरता व मात्रा तथा बीजों के आकार, रंग व मात्रा में काफी विविधता पाई जाती है। उन्नत किस्म के बीज उपलब्ध न होने से फलों की गुणवत्ता एवं उपज अविश्वसनीय बनी रहती है। प्रायः देखा गया है कि 4–5 प्रतिशत बेलों से ही मीठे खाने योग्य फल मिल पाते हैं तथा अधिकतर उत्पाद अखाद्य होने से केवल पशुओं को खिलाने योग्य होता है।

पोषकीय महत्व

असिंचित रेगिस्तान में 45–50 दिन तक ग्रीष्मकालीन लाभकारी आहार है। मतीरे के बीजों का व्यावसायिक महत्व भी है। बीज की गीरी में 35.0–40.0 प्रतिशत वसा होती है। इससे प्राप्त खुशबूयुक्त हल्का पीला तेल स्वादिष्ट ही नहीं गुणवत्ता में मूँगफली या तिल के तेल के समान होता है। मतीरे के बीजों में 10.0 प्रतिशत प्रोटीन होती है। उत्तम पौष्टिकता के कारण बीज की गिरी का उपयोग ठंडई, शर्बत, मिठाई एवं औषधियों में होता है। इनको भूनकर भी खाया जाता है। तेल निकालने पर प्राप्त खली का उपयोग पशुओं को खिलाने अथवा खाद के रुप में किया जा सकता है।

उन्नतिशील किस्में

मरु प्रदेश में पैदा होने वाला मतीरा, तरबूज की स्थानीय प्राजाति है। अच्छी किस्म न उपलब्ध होने से अभी तक सब्जी उत्पादक स्वस्थ एवं मीठे फलों के बीज बुआई हेतु काम में लेते हैं लेकिन परंपरागत होने से इस प्रकार एकत्र किए बीज बोने पर उत्पादित फलों के आकार, रंग व रुप, गूदे का रंग, ठोसपन एवं मिठास में काफी भिन्नता आ जाती है तथा अधिकांश उत्पाद निम्न कोटि का ही प्राप्त होता है। केन्द्रीय शुष्क बागवानी संस्थान, बीकानेर (राजस्थान) में विगत चार वर्षों

से हुए अनुसंधान कार्य के आधार पर चयनित मतीरे की दो अच्छी गुणवत्ता एवं उपज वाली किस्मों (ए0एच0डब्ल्यू0–19 एवं (ए0एच0डब्ल्यू0–65) को वर्ष 1998 में किसानों के लिए जारी किया गया। इनकी मिठास के साथ–साथ उत्पादकता पर विशेष ध्यान रखा गया है। किसान इनकी खेती कर रेगिस्तानी क्षेत्र में नियमित उत्पादन लेकर अधिक लाभ प्राप्त कर सकते हैं।

ए0एच0डब्ल्य0–19 (AHW-19)

यह एक मध्य मौसमी किस्म है, जिसका विकास केन्द्रीय शुष्क बागवानी संस्थान, बीकानेर (राजस्थान) में किया गया हैं। मोनोसियस (monoecious) पौधे होते हैं जिनकी लम्बाई 3.5–4.0 मीटर तक होती है। इस किस्म के फल दीर्घायत, 3.75–4.50 किलो ग्राम भार वाले होते हैं। फलों के छिलको पर हरी से गहरी हरी धारियाँ होती है। एक बेल पर 3–4 फल आसानी से मिल जाते हैं। फलों की तुड़ाई बीज बुआई के 75–78 दिन बाद प्रारम्भ हो जाती है। फलों की औसत लम्बाई 31.0– 33.0 सेन्टी मीटर तथा परिधि 60.0 सेन्टी मीटर तक होती है। फलों में खाने योग्य पका गूदा 11.0–13.0 सेन्टी मीटर तथा अखाद्य गूदा 1.4–1.6 सेन्टी मीटर मोटा होता है। फलों का गूदा गहरा गुलाबी तथा ठोस होता है, जिसमें मिठास की मात्रा 8.0–8.4 प्रतिशत होती है। बीज बड़े एवं भरे हुए होते हैं। फलों की औसत उपज 46.0–50.0 टन प्रति हेक्टेयर होती है।

ए0एच0डब्ल्य0–65 (AHW-65)

यह मतीरे की अगेती किस्म है। इस किस्म के फल का औसत वजन 2.5–3.0 किलो ग्राम होता है। बेल की लम्बाई लगभग 3.0 मीटर होती है जिससे 3–4 पके फल मिल सकते हैं। इस किस्म के पौधों में पु–उभयलिगाश्रयी फूल आने से फल अधिक लगते हैं। इस कारण इस किस्म से सब्जी हेतु कच्चे फल (लोइयां) पैदा किये जा सकते हैं। बुआई के 72 दिन बाद पके फलों की तुड़ाई प्रारम्भ हो जाती है तथा एक हेक्टेयर में 37.5–40.0 टन उपज आसानी से हो जाती है। फलों की लम्बाई 25.0–29.0 सेन्टी मीटर एवं परिधि 58.0–61.0 सेन्टी मीटर होती है। फलों में खाने योग्य गूदा 14.0–15.0 सेन्टी मीटर तथा आखाद्य गूदा 1.5–1.7 सेन्टी मीटर तक होता है। गूदा, ठोस, गुलाबी एवं 1.0–1.7 सेन्टी मीटर तक होता है।

जलवायु

ग्रीष्म ऋतु में मतीरे की फसल की अच्छी बढ़वार एवं उपज हेतु 30.0–35.0 डिग्री सेल्सियस तापमान उत्तम है। फल पकते समय मौसम गर्म एवं शुष्क रहने से फलों में उत्तम सुगन्ध तथा अधिक मिठास के गुण विकसित होते हैं। इसकी खेती के लिये अत्यधिक आर्द्रता वाला क्षेत्र उपयुक्त नहीं होता है। फल पकते समय अधिक वर्षा ठीक नहीं रहती है।

भूमि एवं भूमि की तैयारी

मतीरे की खेती रेतीली टीलों व बलुई मिट्टी में सफलता पूर्वक की जा सकती है, लेकिन अच्छे जल निकास वाली बलुई दोमट भूमि में इसकी खेती उत्तम होती है। अच्छी उपज के लिए मृदा का पी0एच0 मान 5.5–7.0 तक होना चाहिए।

ग्रीष्म कालीन फसल हेतु दिसम्बर के अन्त तक खेत की 2–3 बार हैरो (harrow) से जुताई करके पाटा लगा देना चाहिए। इससे खरपतवार नष्ट हो जाते हैं तथा वर्षा का पानी भी भूमि में संग्रहित हो जाता है, जो आगामी फसल के लिए लाभदायक होता है। वर्षाकालीन फसल हेतु खेत को जून के अन्तिम सप्ताह में जुताई करके तैयार रखना चाहिए जिससे वर्षा शुरु होते ही बुआई की जा सके। दीमक से बचाने के लिये एन्डोसल्फान (4.0 प्रतिशत) या क्यूनालफास (1.5 प्रतिशत) या मिथाइल मैलाथियान (2.0 प्रतिशत) चूर्ण 25.0 किलो ग्राम प्रति हेक्टेयर की दर से बुआई से पूर्व भूमि में मिलना चाहियें।

पोषक तत्व प्रबन्धन

सामान्यतः मतीरे में कोई खाद व उर्वरक नहीं लगाते, लेकिन अच्छे उत्पादन के लिए 20.00–25. 00 टन गोबर की सड़ी खाद या कम्पोस्ट या 8–10 ट्रैक्टर ट्राली भेड़ की मींगनी अन्तिम जुताई के समय खेत में अच्छी तरह मिला देनी चाहिए। इसके अतिरिक्त 80.0 किलो ग्राम नाइट्रोजन, 40.0 किलो ग्राम फास्फोरस व 40.0 किलो ग्राम पोटाश प्रति हेक्टेयर की दर से खेत में देना चाहिए। नाइट्रोजन की एक तिहाई मात्रा तथा फास्फोरस व पोटाश की पूरी मात्रा बुआई से पहले नालियाँ या कुण्ड या थाले बनाते समय देना चाहिए। इन तत्वों की आपूर्ति के लिए 80.0 किलो ग्राम डी0ए0पी0 100.0 किलो ग्राम अमोनियम सल्फेट या यूरिया तथा 80.0 किलो ग्राम म्यूरेट ऑफ पोटाश प्रति हेक्टेयर की दर से देना चाहिए। नाइट्रोजन की शेष मात्रा दो बार, बुआई के 30 व 50 दिन बाद, खेत में छिड़काव (top dressing) करनी चाहिए। इसके लिए प्रति हेक्टेयर 50.0 किलो ग्राम यूरिया बुआई के 50 दिन बाद (फूल आने के समय) पर्याप्त रहता है। यूरिया छिड़काव के पश्चात् सिंचाई अवश्य करनी चाहिए। वर्षा ऋतु में 2 प्रतिशत यूरिया का पर्णीय छिड़काव करना उत्तम रहता है। इसके लिए 500–700 लीटर यूरिया के घोल (20 ग्राम यूरिया प्रति लीटर पानी में) को एक हेक्टेयर में छिड़काव करना पर्याप्त रहता है।

बुआई का समय

ग्रीष्मकालीन फसल हेतु 10–15 दिनों तक जंगली छिपकली एवं कीटों द्वारा नुकसान को ध्यान में रखकर एक जगह पर 3–4 बीज बोना चाहिए तथा अंकुरण के 15–20 दिन बाद एक स्थान पर एक–दो पौधे छोड़ कर अतिरिक्त पौधे निकाल देना चाहिए। इस प्रकार एक हेक्टेयर के लिए बुआई की विधि एवं ऋतु के आधार पर 4.0–6.0 किलो ग्राम बीज पर्याप्त रहता है।

बीज का चयन एवं उपचार

बुआई के लिये सही किस्म के बीज का चयन करना चाहिए। बीज स्वस्थ एवं अच्छी अंकुरण क्षमता वाला होना चाहिये। बोने से पहले प्रति किलो बीज को 2.0 ग्राम बाविस्टिन या थाइरम या कैप्टान से उपचारित करना चाहिये। उपचार करने के लिये एक भाग दवा में दस भाग लकड़ी की राख का मिश्रण मिलाते हैं तथा इसे बीज के साथ मटकी या डिब्बे में बंद करके हिलाते हैं। बुआई से पहले बीज को नमक के घोल (50.0 ग्राम प्रति लीटर पानी) में डूबोते हैं, जिससे हल्के बीज पानी

की सतह पर आ जाये तथा उनको अलग कर दिया जाये। तली में बैठे स्वस्थ बीजों को 24 घण्टे तक गीली टाट में बाँध कर एक फूट गहरे गड्ढ़े में अंकुरित करने के लिए रखना चाहिए।

बुआई की विधियाँ

(अ) नाली विधि

वर्षा एवं ग्रीष्म काल में नाली विधि उपयुक्त रहती है। समतल खेत में खाद, उर्वरक व सिंचाई का पानी इन नालियों में दिया जा सकता है तथा पौधों की प्रारंभिक अवस्था में देखभाल एवं निकाई–गुड़ाई अच्छी तरह से की जा सकती है। जुताई तथा पाटा लगाने के पश्चात् खेत में 2.0–2.5 मीटर की दूरी पर 75.0–90.0 सेन्टी मीटर चौड़ी नालियाँ बना ली जाती हैं, जिनके एक किनारे पर 60.0–60.0 सेन्टी मीटर की दूरी पर बीज लगाया जाता है। इस विधि से बुआई करने के लिए 4.0–4.5 किलो ग्राम बीज प्रति हेक्टेयर पर्याप्त रहता है।

(ब) कूड़ विधि

वर्षा ऋतु में देशी हल से खेत में 1.5–2.0 मीटर की दूर पर कूड़ बना कर इनमें 75.0–90.0 सेन्टी मीटर की दूरी पर 3.0–4.0 सेन्टी मीटर गहराई पर 3–4 बीज लगाया जाता है। एक जगह पर 1–2 पौधे रखकर उनके चारों ओर 1.0–1.5 मीटर व्यास के थाले बना लिये जाते हैं। बुआई के लिए 5.0–6.0 किलो ग्राम बीज प्रति हेक्टेयर पर्याप्त रहाता है।

(स) बाड़ी विधि

रेगिस्तान में मतीरे की खेती करने की यह प्राचीन व प्रचलित विधि है। इस विधि द्वारा असिंचित ऊबड़–खाबड़ खेत में भी मतीरे की बारानी फसल किसान ले लेते हैं, लेकिन इस प्रकार 2 वर्ष में मतीरे की एक फसल ही ली जा सकती है। खेत को दो बराबर भागों में बाँट लिया जाता है। एक भाग को मतीरे की फसल समाप्त होने के तुरन्त बाद (नवम्बर) से आगामी वर्षा ऋतु के पश्चात् अगले वर्ष के मार्च महीने (मतीरे की बुआई का समय) तक खरपतवार से मुक्त रखा जाता है, जिससे उस समय तक भूमि में अधिकतम् जल संग्रहित रहे। खेत के दूसरे भाग को (जिसे पिछले वर्ष खाली छोड़ा गया था) मार्च में मतीरे की बुआई के लिए तैयार किया जाता है। सबसे पहले क्षेत्र को 100.0 X 100.0 सेन्टी मीटर की क्यारियों में बाँट लिया जाता है। रेतीली भूमि में इन क्यारियों की मेड़ स्थानीय उपलब्ध सनई (क्रोटोलेरिया जंसिया) अथवा बूई (एर्वा स्यूडोटोमेन्टोरा) के सूखे पौधों को भूमि में उलटा गाड़ कर बनाई जाती है। क्यारियों की मेड़ वायुरोधी दीवार की तरह काम करती है तथा ग्रीष्म ऋतु में तेज हवाओं व लू (**sun stroke**) से फसल को बचाती है। इससे गर्म रेत के छोटे कणों को भी पत्तियों व फूलों पर गिर कर नुकसान पहुँचाने से रोका जाता है। इन छोटी–छोटी क्यारियों में 15.0 X 15.0 X 15.0 सेन्टी मीटर आकार के 4–8 गड्ढे बना लिये जाते हैं। प्रत्येक गड्ढे को मिट्टी के साथ 1.0 किलो ग्राम सड़ी खाद या भेड़ बकरी की मींगनी, 10.0 ग्राम डी0ए0पी0, 5.0 ग्राम यूरिया तथा 5.0 ग्राम मिथाइल पैराथियान या इण्डोसल्फान चूर्ण मिला कर भर देते हैं। यह कार्य मार्च के शुरु में ही कर लिया जाना चाहिए, जिससे मार्च के मध्य तक बाड़ियों में बुआई की जा सके। प्रत्येक

गड्ढा में 4–5 बीज बोते हैं। बुआई से पूर्व बीज को उपचारित करना चाहिए। बुआई के तुरंत बाद हर गड्ढे में लगभग 1.0 लीटर पानी दिया जाता है। इससे बीज अंकुरण में तो सहायता मिलती है और ऊपरी सूखी भूमि की परत गीली होने से नीचे संग्रहित की गई गीली भूमि से जल मिल जाता है। जमाव के 15–20 दिन बाद अवाँछित पौधों को उखाड़ देते हैं, जिससे एक गड्ढे में केवल एक ही पौधा रखा जाता है। इस समय पौधे के चारों तरफ हल्की खुरपी से खुदाई करनी चाहिए तथा बाड़ी को खरपतवार से मुक्त रखना चाहिए। गर्मी के मौसम में पौधे भूमि की निचली सतह में संग्रहित जल के आधार पर वृद्धि करते रहते हैं तथा इनकी जड़ों का वर्षा ऋतु प्रारंम्भ होने से पूर्व अवस्था में पौधों पर कुछ छोटे–छोटे फल (लोइयां) आते हैं। इनको कच्चे ही तोड़कर सब्जी हेतु बेचा जाता है। लोईयां अगस्त तक तोड़ी जा सकती हैं। उसके पश्चात् वर्षा जल मिलने से बेलों का तेजी से विकास होने हेतु रखा जाता है। प्रत्येक पौधे पर लगभग 3 फल रखना उपयुक्त रहता है, लेकिन फलों की संख्या पौधे की वानस्पतिक वृद्धि के अनुसार रखी जा सकती है। मतीरे के फल सितम्बर–नवम्बर तक पक कर तैयार होते हैं। पूर्ण तुड़ाई के पश्चात् खेत की जुताई करके लगभग अगले 16 माह तक खाली छोड़ दिया जाता है। इस प्रकार खेत के प्रत्येक आधे भाग से 2 वर्ष में एक बार फसल ली जा सकती है।

- समय–समय पर निकाई–गुड़ाई कर भूमि को खरपतवार से मुक्त रखें।
- फूल आने के समय यूरिया के घोल (20.0 ग्राम प्रति लीटर पानी) का छिड़काव करें।
- फूल आने के समय मेलाथियान या इन्डोस्ल्फान के घोल (1.0 मिली लीटर प्रति लीटर पानी) का 500.0 लीटर का एक हेक्टेयर में छिड़काव करें।
- वर्षा ऋतु प्रारंम्भ होने से पूर्व समय–समय पर कच्चे फलों को तोड़ते रहें।
- सिंचाई की सुविधा हो तो सूखा पड़ने पर जीवनदायी सिंचाई करना लाभप्रद होता है।

सिंचाई जल प्रबन्धन

मतीरे की ग्रीष्मकालीन फसल लेने के लिए सिंचाई की पर्याप्त सुविधा होनी चाहिए। पौधों की वृद्धि की प्रारंम्भिक अवस्था 7–8 दिन के अन्तराल पर सिंचई करना चाहिए। फलों का आकार पूर्ण होने के उपरांत सिंचाई बंद कर देनी चाहिए। सामान्य रुप से सिंचाई नालियों या थालों में की जाती है। ग्रीष्म कालीन फसल के लिए 7–8 सिंचाई तथा वर्षा कालीन फसल के लिए 1–2 सिंचाई पर्याप्त होती है। सिंचाई करते समय पानी नालियों के बाहर की भूमि (जहाँ पर लताएँ फैली हैं तथा फलने लगे हैं) में फैला कर गीला न करें। ऐसा करने से रोग अधिक आसानी से फैल जाता है तथा फलों में सड़न भी हो सकती है।

निकाई–गुड़ाई

वर्षा या सिंचाई के बाद रेतीली मिट्टी की सतह पर प्रायः कठोर परत बन जाती है, जो बीज अंकुरण तथा उसके पश्चात् पौधों की प्रारम्भिक वृद्धि में बाधक होती है। अतः बीज के अंकुरण के

बाद से समय–समय पर हल्की गुड़ाई करनी चाहिए। इससे बेलों की वृद्धि तो अच्छी होती ही है, भूमि में नमी भी बनी रहती है। यह कार्य प्रत्येक सिंचाई के पश्चात् करना चाहिए। सिंचाई करने से नालियों तथा थालों में आई खरपतवार को भी समय–समय पर निकालते रहना चाहिए। निकाई से प्राप्त खरपतवार को पौधों के थालों पर पलवार के रुप में बिछाया जा सकता है। यदि गुड़ाई द्वारा खरपतवार नियंत्रण में अधिक कठिनाई हो तो पेंडीमिथोलीन (3.3 मिली लीटर स्टाम्प प्रति लीटर पानी) के 1000 लीटर घोल को एक हैक्टेयर में बुआई के एक–दो दिन बाद छिड़कना चाहिए।

फल संख्या निर्धारण

अवाँछित फलों को छोटी अवस्था में ही छँटाई आवश्यक है। एक बेल पर 3–4 उत्तम फल छोड़कर अन्य फलों को तोड़ते रहना चाहिए। फल लगने के बाद लताओं के अग्रभाग को काट कर अवाँछित वानस्पतिक वृद्धि को भी रोका जाना चाहिए।

फलों की तुड़ाई

मतीरे के फलों को पूर्ण रुप से पकने पर ही तोड़ा जाता है। इस अवस्था में उनमें अधिकतम मिठास विकसित हो जाता है। आवश्यकता से अधिक पकने से भी फलों की गुणवत्ता कम हो जाती है। उचित परिपक्वता की जाँच खेत में तुड़ाई से पूर्व निम्न प्रकार से की जाती है।

- रंग सफेद या हल्के पीले रंग का होने की अवस्था फल तोड़ने के लिये उत्तम मानी जाती है।
- पके फल को हाथ से थपथपाने पर धब–धब की भारी आवाज आनी चाहिए। कच्चे फल से टन–टन की आवाज आती है।
- फल की डंडी के पास लगा प्ररोह पूर्ण रुप सूखा होना तथा तने के रोयें सूख कर समाप्त होना भी फल पकने की पहचान मानी जाती है।

उपज

मतीरे की उपज किस्म, कृषि विधि और उचित जल प्रबंधन पर निर्भर है। सामान्यतः एक हैक्टर से 30.00–50.00 टन फल प्राप्त हो जाते हैं। तुड़ाई के बाद फलों को छायादार स्थान पर एकत्र करना चाहिए। क्षतिग्रस्त, बदरंग, बदरुप तथा बहुत छोटे आकार के फलों की छँटनी कर देनी चाहिए। मतीरे के फलों को ट्रक अथवा ऊँटगाड़ी में भर कर बाजार भेजा जाता है। यात्रा के समय रगड़ से फलों को नुकसान से बचाने के लिये भूसी की परतें बिछा देनी चाहिए।

भण्डारण

सामान्य तापमान पर मतीरे के फलों को 10–12 दिनों तक आसानी से रखा जा सकता है। फल के रंग, मिठास व सुगंध में विशेष परिवर्तन नहीं होता है, परंतु बीजों के पास वाला गूदा उत्तरोत्तर मुलायम हो जाता है।

तुम्बा (Tumba)

वानस्पतिक नाम : सिट्रलस कोलोसिन्थ्राइड (*Citrullus colocinthroid*)
कुल : कुकुरबिटेसी (Cucurbitaceae)
गुणसूत्र संख्या : 2एन =24

पश्चिमी भारत के सूखाग्रस्त तथा मरूस्थलीय क्षेत्रों में फसलों का उत्पादन वर्षा पर निर्भर होता है। कृषि फसल एवं उत्पाद में पूँजी लगानें के पश्चात् भी किसानों को उत्पादन के घाटे की वजह से निराश होना पड़ता है। फलस्वरूप किसान कम लागत वाले एवं अधिक उत्पादन देने वाली वैकल्पिक फसलों को तलाशते रहते हैं। कम से कम वर्षा में अधिक उत्पादन देने वाली फसलों की खोज करने में कृषि वैज्ञानिक निरन्तर कार्यरत रहे हैं। इस दिशा में कम से कम वर्षा में उत्पादन देने वाली एक फसल ''तुम्बा'' है। इस महत्वपूर्ण पौधे को देश में भिन्न–भिन्न नामों से जाना जाता है। जैसे–करतम्मा कड़वृंदावन (बंगाल), टुमटीकार्ड (आन्ध्र प्रदेश), इन्दक (गुजरात), कड़कवृन्दावन (महाराष्ट्र) एवं कोड़तुम्बा (पंजाब) आदि नाम प्रचलित है। इस भूसायी बेल (vine plant) को अंग्रेजी में सिट्रलस कोलोसिन्थीस (*Citrullus colocynthes*) नाम से पहचाना जाता है।

वानस्पतिक विवरण

तुम्बा कुकरबिटेसी (Cucurbitaceae) परिवार का एक सदस्य है, जिसका वानस्पतिक नाम सिट्रलस कोलोसिन्थ्रोयड (*Citrullus colocinthroid*) है। यह एक बहुवर्षीय भूसायी पौधा (vine plant) है जिसकी बेलें जमीन पर करीब 5.0–7.0 मीटर तक चारों तरफ फैलती है। फल गेंद की तरह गोल होता है। प्राथमिक अवस्था में इसका रंग हरा होता है व परिपक्व होने के बाद इसका रंग पीला हो जाता है। इसके बीजों का रंग भूरा और प्रति एक हजार दानों का वजन 25.0–30.0 ग्राम होता है। इसका छिलका एवं बीज कड़ुवा होता है। रेतीली एवं गहरी जमीन में इसकी उपज अच्छी होती है। कम से कम वर्षा में उत्पादन देने वाली यह एक अच्छी फसल है।

पोषकीय महत्व

तुम्बा के उपयोग के बारे में जानकर आपकों आश्चर्य होगा कि प्रकृति ने इस कड़ुवे फल को मानव के हित में ही बनाया है। इसकी उपयोगिता निम्न बिन्दुओं से समझी जा सकती है।

- तुम्बे की दूर–दूर तक एवं घनी फैली हुई बेलों से रेत के क्षरण को रोकने में सहायता मिलती है और यह जमीन की नमी को भी सुरक्षित रखती है।
- तुम्बे के बीजों में पाया जाने वाला 14.0–16.0 प्रतिशत तेल आयुर्वेदिक दवाओं में उपयोगी है।
- तुम्बे के गूदे से बनने वाला मुरब्बा एवं चूर्ण दवाइयों के लिये उपयोग में लाया जाता है। विशेषतः मधुमेह के रोगियों के लिये इसका इस्तेमाल किया जाता है।

- बकरियों एवं ऊँटों को तुम्बा का फल पौष्टिक आहार के रूप में दिया जाता है ।
- सूखे छिलके एवं पाउडर मिश्रित करने से कीटों का प्रबंधन किया जा सकता है ।
- कम वर्षा वाले क्षेत्रों में 200.0 किलो ग्राम प्रति हेक्टेयर तुम्बा बीज का उत्पादन ले सकते हैं।

जलवायु

तुम्बा पौधे की सर्वाधिक आर्थिक उपादेयता 150.0–300.0 मिली मीटर वार्षिक वर्षा वाले क्षेत्रों में है।

भूमि एवं भूमि की तैयारी

तुम्बा की खेती रेतीली एवं गहरी जमीन में सफलतापूर्वक की जा सकती है। इसकी खेती करने के लिए खेत में 3–4 बार गहरी जुताई करने की आवश्यकता होती है। ध्यान खना चाहिए कि खेत में खरपतवार या अन्य फसलों के ठूँठ न हों।

बीज दर

बीजों द्वारा सीधी बुआई करने के लिए 500.0 ग्राम बीज प्रति हेक्टेयर तथा पौध रोपण द्वारा 250.0 ग्राम बीज प्रति हेक्टेयर की आवश्यकता पड़ती है।

बीज बुआई का समय एवं विधि

तुम्बा की बुआई मानसून की पहली वर्षा (जून–जुलाई) के बाद करनी चाहिए। तुम्बा के बीजों को जुट के बोरी या टाट में डालकर पानी में भिगो देते हैं एवं भिंगे हुए बीजों को जमीन में 45.0 सेन्टी मीटर गहरा गड्ढा खोदकर उसमें गाड़ देना चाहिए। ध्यान रहे कि गड्ढे पर हमेशा पानी छिड़कते रहें ताकि बीज भींगे रहे। तीन दिन के बाद बीज बाहर निकाल कर जूट के बोरी या टाट से अच्छी तरह रगड़कर साफ करें। जब बीज हवा में रखने पर सूख जाये तब बीज की बुआई करें। बीजों को पूर्णतया अंकुरित कर (नर्सरी तैयार) खेत में लगाया जा सकता है जिससे अगेती उपज प्राप्त होती है। इसके लिए मई के अन्तिम सप्ताह में 20.0×15.0 सेन्टी मीटर आकार की पाली एथीलीन की थैलियों में रेत, मिट्टी तथा गोबर की सड़ी खाद का मिश्रण 1:1:1 के अनुपात में तैयार कर भर दिया जाता है। इसके उपरान्त प्रत्येक थैली में 2–3 उपचारित बीज 2.00 सेन्टी मीटर गहराई तक बुआई कर पानी देना चाहिए। समय एवं आवश्यकतानुसार थैलियों में पानी देते रहें, ताकि बीज का अंकुरण अच्छा हो एवं पौधे की वृद्धि भली–भाँति हो सके। पाली इथीलीन के थैलियों में बोये गये बीज को 4.0–5.0 मीटर की दूरी पर बने कतारों में 1.0–1.0 मीटर की दूरी पर बने गड्ढों में पौध रोपण करना चाहिए। ध्यान रखें कि बुआई के समय पाली इथीलीन की थैलियों को हटा दें और पूरी मिट्टी सहित पौध रोपण करें। पौध रोपण के बाद हल्का पानी अवश्य देना चाहिए, जिससे

पौधे खेत में पूर्णतया स्थापित हो जाये। यदि 10–15 दिन तक वर्षा न हो तो प्रति पौध 3.0–5.0 लीटर पानी देने से जमाव अच्छी होती है।

मिश्रित फसल

बाजरा, मक्का व मोंठ के साथ तुम्बा की फसल ली जा सकती है और यह लाभप्रद भी है। तुम्बा की बेल भूसायी (creeper) होने के कारण जमीन की नमी को सुरक्षित रखती है और यही नमी मिश्रित फसलों के बढ़ने के लिए भी लाभप्रद होती है।

फलों की तुड़ाई व बीज निकलना

तुम्बा के फल नवम्बर–दिसम्बर में पककर पीले पड़ने शुरु हो जाते हैं। अतः पहली तुड़ाई करीब एक महीने पश्चात् जब फसल में सभी फल पककर तैयार हो जायें, तब करें। तुड़ाई के बाद फलों को खेत में जगह–जगह एकत्रित करके रखें या भूमि में गड्ढा खोदकर गाड़ दें। लगभग 20–25 दिनों बाद फलों के सूख जाने पर बीज अलग–अलग कर लें। फल से बीज निकलने के बाद तुम्बे के उपरी छिलके को सूखा देवें।

उपज

तुम्बा की फसल से औसतन 3.0–5.0 कुन्तल प्रति हेक्टेयर बीज प्राप्त होती है। प्रथम वर्ष में इसकी पैदावार कम होती है, लेकिन अगले वर्षों में अच्छी उपज मिलनी शुरु हो जाती है।

काचरी (Kacchari)

वानस्पतिक नाम : कुकुमिस कैलोसस (*Cucumis callosus*)
कुल : कुकुरबिटेसी (Cucurbitaceae)
गुणसूत्र संख्या : 2 एन = 14

काचरी कद्दू वर्गीय सब्जियों के परिवार की एक प्रमुख सब्जी है। ग्रमीण लोगों के खान–पान, तीज–त्योहार, रीति–रिवाज और संस्कृति में काचरी का स्थान महत्वपूर्ण है। इस कद्दू वर्गीय सब्जी को काचरीया (Kachariya), पाथ्या (Pathya) और सेंघा (Sengha) के नाम से भी जानते हैं। इसे संस्कृत में चित्राफल, मृग्राक्षी के नाम से पुकारते हैं। इसे अंग्रेजी में कुकुम्बर प्यूबीसेन्ट (*Cucumber pubiscent*) कहते हैं (विजयवर्गीया, 1999)।

वानस्पतिक विवरण

काचरी कद्दू वर्गीय कुल की एकवर्षीय लता है, जिसमें नर व मादा फूल एक ही पौधे पर अलग–अलग पाये जाते हैं। एक पौधे पर 5–10 तक शाखाएँ होती है। सामान्यतः प्रारम्भिक अवस्था में नर फूल अधिक आते हैं और कुछ दिनों बाद मादा फूल आने प्रारम्भ हो जाते हैं। फूल प्रातः काल 5.0–9.0 बजे के मध्य खिलते हैं। काचरी के फल अण्डाकार, गोल, दीर्घायताकार अथवा लम्बे आकार के होते हैं तथा उनका वजन 5.0–125.0 ग्राम तक होता है। प्रारम्भिक अवस्था में कच्चे फल कड़ुवे होते हैं लेकिन पकने पर फलों से एक विशेष सुगन्ध आती है व रंग हल्का पिला हो जाता जाता है। फल बेल से स्वतः अलग हो जाते हैं। काचरी के जननद्रव्य का संग्रह केन्द्रीय शुष्क बागवानी संस्थान बीछवाल, बीकानेर (राजस्थान) द्वारा किया जा रहा है। इस अनुसंधान केन्द्र पर देश के कोने–2 से जननद्रव्यों का संग्रह किया जा रहा है।

पोषकीय महत्व

इसके फल से सब्जी, अचार, चटनी तथा सलाद बनाया जाता है। सुखाकर भण्डारण की हुई काचरी का प्रयोग चटनी तथा अन्य व्यंजनों में किया जाता है। मरुस्थलीय अंचल की लोकप्रिय सब्जी 'पंच कूटा' के पाँच घटकों में सांगरी, केर, काचरी, लसोड़ा और कुमुट में काचरी भी एक महत्वपूर्ण अवयव है। सूखी काचरी के चूर्ण का उपयोग कई प्रकार से मसालों में (मसाला पावडर) व्यावसायिक स्तर पर प्रयोग होता है। काचरी के सुखे फलों को विभिन्न तरह के नमक, काली मिर्च, जीरा, शक्कर और सूखी सौंठ के साथ मिला कर एक विशेष चूर्ण बनाया जाता है, जो कई तरह की पेट की बीमारियों, पाचन क्रिया व कफ के लिए लाभदायक है। काचरी का उपयोग कुछ स्थानीय औषधियों में भी किया जाता है। काचरी के सूखें फलों में पाये जाने वाले पोषकीय गुणों को सारिणी में दिया गया है।

सारिणी (12.7) काचरी का पोषकीय मूल्य (प्रति 100 ग्राम सूखे फलों के चूर्ण में)

पोषक तत्व	मात्रा
नमी	88.2 ग्राम
कार्बोहाइड्रेट्स	7.45 ग्राम
प्रोटीन	0.28 ग्राम
वसा	1.28 ग्राम
रेशा	1.21 मिली ग्राम
राख	1.46 मिली ग्राम
विटामिन 'सी'	29.81 मिली ग्राम
कैल्सियम	0.09 मिली ग्राम
लौह	0.182 मिली ग्राम
ताँबा	0.0046 मिली ग्राम
जिंक	0.0052 मिली ग्राम
फास्फोरस	0.0029 मिली ग्राम
ऊर्जा	47.24 किलो कैलोरी

स्रोतः समादिया, 2007

राजस्थान में काचरी के पूर्ण विकसित एवं पके फलों को विभिन्न सब्जियों के साथ मिश्रित सब्जी बनाकर खाया जाता है, जिसमें ग्वार फली, चवला फली, टिण्डा, (लोईयों) लौकी, तोरई, एवं आलू प्रमुख हैं। टमाटर की तरह काचरी के ताजा फलों को सभी तरह की दालों, साबुत चना, मूंग, चवला मसूर आदि में खटाई का विशेष स्वाद के लिए इस्तेमाल किया जाता है। सूखी काचरी चटनी सब्जियों एवं दालों में किया जाता है।

काचरी और ग्वार फली की मिश्रित रसीला व स्वादिष्ट सब्जी बनाने के लिए निम्नलिखित सामग्री का इस्तेमाल किया जा सकता है।

काचरी का फल (500.0 ग्राम), हरी ग्वार फली (500.0 ग्राम), प्याज (500 ग्राम), हरी मिर्च (4–5 फल), लहसुन (10–12 कलियाँ), हल्दी मिर्च तथा धनिया पाउडर (एक–एक चम्मच) या स्वादानुसार), हींग, जीरा, राई, लौंग, (जरुरत के अनुसार, नमक) व तेल (100.0 से 150.0 ग्राम)। ताजा काचरी के फलों और ग्वार फली को अच्छी तरह साफ कर छोटे–छोटे टुकड़ों में काट लें साथ ही प्याज, हरी मिर्च, लहसुन को भी काटकर तैयार कर लें। तेल को कड़ाही में अच्छी तरह गर्म कर उसमें मसाले तथा काचरी एवं ग्वार फली के तैयार टूकड़ों को डालकर सब्जी को पकाएं।

जलवायु

काचरी की खेती के लिए शुष्क क्षेत्र व जलवायु की आवश्यकता पड़ती है, लेकिन फल पकते समय मौसम सूखा होना चाहिए। तापमान की दृष्टि से बीजों के अंकुरण के लिए 25.0 डिग्री सेन्टी ग्रेड और पौधों की बढ़वार व फसल के लिए 30.0–35.0 डिग्री सेन्टी ग्रेड तापमान उत्तम रहता है,

लेकिन शुष्क क्षत्रों में जहाँ तापमान 45.0 डिग्री सेन्टी ग्रेड से भी उपर रहता है। वहाँ पर इससे भरपूर उत्पादन मिलता है। सूखा सहन करने एवं कम पानी में उपज देने की क्षमता होने की वजह से ही प्रदेश की विषम परिस्थितियों में इसकी खेती वर्षा ऋतु में आसानी से ही होती है, परन्तु जहाँ सिंचाई की थोड़ी भी सुविधा है, वहाँ गीष्म कालीन फसल के रुप में इसकी खेती सुगमता से की जा सकती है।

उन्नतिशील किस्में

उन्नतिशील किस्मों की कमी से अभी तक इस बहुउपयोगी फसल को व्यावसायिक स्वरुप नहीं मिल सका है। काचरी की मरुस्थली शुष्क क्षेत्र की प्रतिकूल परिस्थितियों में अच्छी उत्पादन क्षमता व व्यावसायिक उपयोग को देखते हुए इस फसल के उन्नयन हेतु केन्द्रीय शुष्क बागवानी संस्थान, बीकानेर (राजस्थान) द्वारा वर्ष 1994 में वैज्ञानिक अनुसंधान कार्य प्रारम्भ किये गये, जिसके परिणााम स्वरुप अच्छी गुणवत्ता, स्वाद और अधिक दिनों तक भण्डारण करने की क्षमता वाली किस्मों का विकास किया है।

1. ए0एच0के0–119 (AHK-119)

सामान्यतः बेल की लम्बाई 1.7–2.5 मीटर तक होती है, जिसपर 5–7 मुख्य शाखाएँ बनती हैं। इस किस्म के पूर्ण रुप से विकसित फल आकार में छोटे तथा अण्डाकार होते हैं। छिल्का हरा व कठोर जिस पर हरे रंग की गहरी धारियाँ होती हैं। फलों का औसत भार 50–60 ग्राम, लम्बाई 5–6 सेन्टी मीटर, तथा व्यास 4.0–4.5 सेन्टी मीटर होता है। फलों का गूदा 0.4 सेन्टी मीटर मोटा, तथा उसके बीच का खाली स्थान 3.04 सेन्टी मीटर होता है जिसमें बीज की अधिक मात्रा पायी जाती है। यह शीघ्र पकने वाली किस्म है, जिसमें बीज बुआई के 25–28 दिनों बाद नर फूल तथा 35–40 दिनों बाद मादा फूल आनें प्रारम्भ हो जाते हैं। पूर्ण विकसित पके फलों की तुड़ाई 68–75 दिनों बाद प्रारम्भ हो जाती है, जो 110–120 दिनों तक चलती रहती है। एक बेल से 20–23 फल आसानी से उपलब्ध हो जाते हैं, जिसमें 9.5–10.0 टन प्रति हेक्टेयर उपज मिलती है (समादिया एवं पारीक 2000)।

2. ए0एच0के0–200 (AHK-200)

सामान्यतः बेल की लम्बाई 1.75–2.25 मीटर होती है, जिस पर 5–6 मुख्य शाखाएँ बनती है। यह शीघ्र पकने वाली किस्म है। इसके फलों की सब्जी व सलाद बनाने हेतु उपयुक्त पाया गया है। पूर्ण विकसित फल आकार में बड़े तथा दीर्धायताकार होते हैं। छिल्का कठोर, तथा हल्का पीलापन लिए होता है। परन्तु अधिक पकने पर हल्का केसरिया हो जाता है। फलों का औसत वजन 100.0–200.0 ग्राम लम्बाई 7.0–8.0 सेन्टी मीटर तथा व्यास 5.0–5.2 सेन्टी मीटर तक होता है। फलों का गूदा 1.0 सेन्टी मीटर तथा बीच में 2.5 सेन्टी मीटर खोखला भाग होता है। इसमें बीज की मात्रा कम होती है, जिनको गूदे के साथ खाया जाता है। गूदा स्वादिष्ट और मीठा होता है। बीज बुआई के 25–27 दिन बाद नर फूल तथा 30–35 दिन बाद मादा फूल आने प्रारम्भ हो जाते हैं। पूर्ण

विकसित और पके फलों की तुड़ाई 65–70 दिन बाद प्रारम्भ होकर 100–110 दिन तक चलती रहती है। एक बेल से 18–20 फल प्राप्त होते हैं। इस किस्म की कुल उपज 11.5–12.0 टन प्रति हेक्टेयर है (समादिया एवं पारीक 2000)।

3. ए0एच0के–120 (AHK-120)

यह शुष्क सहन करने वाली किस्म है, जिसके फल, बीज बोने के लगभग 60–70 दिन बाद तुड़ाई के योग्य हो जाते हैं (समादिया एवं पारीक 2000)। इसकी औसत उपज 9.0–12.0 टन प्रति हेक्टेयर है।

बुआई का समय

काचरी की खेती वर्ष में 2 बार की जा सकती है। ग्रीष्मकालीन फसल हेतु बीजों की बुआई फरवरी–मार्च तथा वर्षा कालीन फसल के लिए बुआई जून–जुलाई में की जाती है। फरवरी मार्च में बुआई करने से काचरी के पके फलों को मई–जून की प्रचण्ड घूप में आसानी से सुखाया जा सकता है।

बीज दर व बीज शोधन

बीज अच्छी गुणवत्ता की हो तथा एक वर्ष से ज्यादा पुराना बीज न हो। एक हेक्टेयर क्षेत्रफल के लिए 1.5–2.0 किलो ग्राम बीज पर्याप्त होता है। बीज को बुआई से पूर्व उपचारित करने के लिए बेवेस्टिन 2.0 ग्राम दवा प्रति किलो ग्राम बीज हेतु पयाप्त होता है।

भूमि व भूमि की तैयारी

काचरी की खेती सफलतापूर्वक किसी भी प्रकार की मिट्‌टी में की जा सकती है, लेकिन दोमट मृदा जिसमें जीवांश अधिक हो तथा जल निकास का उत्तम प्रबन्ध हो, अच्छा रहता है। खेत की 3–4 बार गहरी जुताई करके पाटा लगा देना चाहिए, जिससे खेत समतल हो जाये, तथा कड़ी सतह टूट जाये। पहली जुताई मिट्‌टी पलटने वाले हल से व 4–5 जुताई देशी हल या कल्टीवेटर से करनी चाहिए। खेत की तैयारी के समय 20.0–25.0 टन अच्छी प्रकार सड़ी गोबर या कम्पोस्ट की खाद प्रति हेक्टेयर देना चाहिए।

बुआई की पद्धति

काचरी की बुआई नालियों, कुड़ों या मिश्रित फसल के रुप में की जाती है। ग्रीष्म कालीन फसल हेतु नाली विधि तथा वर्षा कालीन फसल हेतु नाली या कूँड़ विधि अधिक उपयुक्त रहती है। दो नालियों अथवा कूँड़ों के बीच में 1.5 सेन्टी मीटर की दूरी रखी जाती है तथा पौध से पौध की दूरी 50.0–60.0 सेन्टी मीटर रखते हैं। कूँड विधि से बुआई के लिए प्रत्येक स्थान पर जमाव के बाद 1–2 पौधे रखकर थाले बना लिए जाते हैं।

पोषक तत्व प्रबन्धन

काचरी की फसल हेतु खाद और उर्वरकों का प्रयोग कम किया जाता है। परन्तु अधिक उत्पादन हेतु 80.0 किलो ग्राम नत्रजन, 40.0 किलो ग्राम फास्फोरस तथा 40.0 किलो ग्राम पोटाश प्रति हेक्टेयर की दर से देना चाहिए जिससे खेत की उर्वरा शक्ति बनी रहे और भरपूर उत्पादन मिले। नत्रजन की एक तिहाई मात्रा तथा फास्फोरस और पोटाश की पूरी मात्रा बुआई के समय खेत में बनी नालियों या कूड़ों में देना चाहिए। नत्रजन की शेष मात्रा को दो बराबर भागों में बाँटकर बुआई के क्रमशः 30 व 40 दिन बाद खड़ी फसल में ट्राप ड्रेसिंग (top dressing) करनी चाहिए। उपरोक्त उर्वरकों की आपूर्ति के लिए 80.0 किलो ग्राम म्यूरेट आफ पोटाश, 80.0 किलो ग्राम डी0ए0पी0, 100.0 किलो ग्राम अमोनियम सल्फेट तथा 80.0 किलो ग्राम यूरिया प्रति हेक्टयर की दर से दी जा सकती है। ग्रीष्म ऋतु में यूरिया देने के बाद सिंचाई अवश्य करें तथा वर्षा ऋतु में वर्षा होने वाले दिन ही यूरिया का प्रयोग करें। बारानी क्षेत्रों में यूरिया का छिड़काव करना उत्तम रहता है। इसके लिए 20.0 ग्राम यूरिया प्रति लीटर पानी की दर से छिड़काव करना उत्तम रहता है। इसके लिए 20.0 ग्राम यूरिया प्रति लीटर पानी की दर से घोलकर 500.0–700.0 लीटर प्रति हेक्टेयर की दर से छिड़काव करें।

सिंचाई जल प्रबन्धन

ग्रीष्म कालीन फसल में 5–6 सिंचाई पर्याप्त होती है जबकि वर्षा कालीन फसल में बरसात सही अन्तराल पर होती रहे तो सिंचाई की आवश्यकता नहीं होती है। अगर सूखा ज्यादा समय तक रहे तो 1–2 जीवनदायी सिंचाई करने से उत्पादन बढ़ाया जा सकता है। अधिक वर्षा की स्थिति में जल निकास का उचित प्रबन्ध करना आवश्यक है।

खरपतवार प्रबन्धन

बीज बुआई के 4–7 दिन बाद बीज अंकुरित होने लगते हैं। इस समय खरपतवार के साथ उनकी प्रतियोगिता पोषक तत्व के लिए होने लगता है। इसी समय खेत की पहली निकाई–गुड़ाई करनी चाहिए। बाद की निकाई–गुड़ाई 35 दिनों बाद करनी चाहिए। फसल के दौरान 5–6 निकाई करना उत्तम रहता है। रासायनिक विधि से खरपतवार नियन्त्रण के लिए प्रारम्भिक अवस्था में ग्रेमेक्जोन की 0.2.0 प्रतिशत का प्रयोग करना चाहिए। रासायनिक खरपतवारनाशक का प्रयोग करते समय फसल पर किसी अन्य रसायन का छिड़काव न हो, इसका ध्यान रखें।

सहारा देना

अच्छे फलों की गुणवत्ता लेने हेतु बेलों के जमीन पर फैलने से पहले भूसा, पत्तियाँ, अरहर के सूखे पौधे आदि डाल दिये जाते हैं, ताकि बेलें इन पर फैल जायें व फल मृदा को नही छू पाये अन्यथा फल सड़ जाते हैं।

फलों की तुड़ाई

बीज बुआई के 60–70 दिनों बाद परिपक्व फल बेलों से अलग हो जाते हैं जिन्हें एकत्रित कर लेते हैं (मौर्या, 2003)। फलों से आने वाली गंध से भी तैयार फलों को तोड़ सकते हैं। पके फलों को छाया में एकत्रित रखते हैं।

उपज

उन्नत कृषि कियाएँ अपनाकर सब्जी उत्पादक छोटी काचरी से 100.0–150.0 कुन्तल प्रति हेक्टेयर व बड़ी काचरी से 150.0–200.0 कुन्तल प्रति हेक्टेयर का उत्पादन कर सकता है। राजस्थान में काचरी का उपज वर्षा काल में प्रतिवर्ष 20.0–30.0 टन है। एक वर्ष में काचरी की दो फसल लेकर 60,000–70,000 रुपये तक की आय कम लागत पर प्रति हेक्टेयर की दर से आसानी से प्राप्त की जा सकती है।

फल भण्डारण

अधिक पके फल ज्यादा समय तक साधारण ताप पर नहीं रखे जा सकते हैं। अतः एकत्रित फलों पर पानी छिड़कें व शीत भण्डार गृह में 6.0–8.0 डिग्री सेन्टी ग्रेड तापमान पर 15–20 दिन तक रख सकते हैं।

फल परिरक्षण

फलों को लम्बे समय तक गुणवत्तायुक्त बनाये रखने के लिए छोटे–छोटे टुकड़ों में काटकर धूप में सुखा लिया जाता है तथा वर्षा उपरान्त उपयोग में लाया जाता है। सब्जी बनाने के पहले इन्हें पानी में भिगोकर उपयोग करते हैं।

पौध संरक्षण

फल मक्खी प्रबन्धन

काचरी के फलों को फल मक्खी से बचाने के लिए रोगोर या मोनोक्रोटोफास 1.0 मिली लीटर प्रति लीटर पानी की दर से घोल बनाकर 200.0–300.0 लीटर प्रति हेक्टेयर की दर से छिड़काव करें। छिड़काव बीज बुआई के 30–40 दिन बाद, जब फूल आना प्रारम्भ हो तब करें।

चो–चो या चयोटे (Chow-Chow or Chayote)

वानस्पतिक नाम : सेचियम इड्यूल (*Sechium edule*)

कुल : कुकुरबिटेसी (Cucurbitaceae)

गुणसूत्र संख्या : 2 एन = 28

चो–चो या चयोटे (*Sichium edule*) पर्वतीय क्षेत्रों की एक बीज (single seeded) सब्जी है। इसे मैदानी क्षेत्रों में सफलतापूर्वक नहीं उगाया जा सकता है। पर्वर्तीय क्षेत्रों में इसे गृह वाटिका में प्रमुखता से उगाते हैं।

उद्‌भव एवं वितरण

चो–चो या चयोटे का उद्‌भव स्थल सेन्ट्रल अमेरिका का शीत (cool mountains) क्षेत्र है, जहाँ पर सबसे पहले उपस्थापित हुआ (सिंह, 1990, न्यूस्ट्रोम, 1990, सोब्ती एवं सिंह, 1961)। हमारे देश के उत्तर पूर्वीय पर्वतीय क्षेत्रों में विशेषकर सिक्किम, मेघालय, मिजोरम आदि में इसे बहुतायत से उगाया जाता है। कम स्तर पर इसे तमिलनाडु, कर्नाटक, पश्चिम बंगाल व हिमाचल में उगाया जाता है। मिजोरम में इसकी खेती 845 हेक्टेयर में की जाती है, जिससे 10, 985 मैट्रिक टन उपज मिलती है। उत्तर पूर्वीय पर्वतीय क्षेत्रों में इस फसल की विविधता भी अधिक मिलती है (राय एवं सहयोगी, 2005, यादव एवं सहयोगी, 2005)।

वानस्पतिक विवरण

यह बहुवर्षीय प्रकृति की होती है। एक वर्ष लगा देने पर कई वर्षों तक फलत में रहती है। चयोटे के पौधे पर रोयें होते हैं। इसकी लता 15.0–20.0 मीटर लम्बी होती है। फल में ही बीज का जमाव हो जाता है। इस वंश में सेचियम इड्यूल (*Sechium edule*), सेचियम कम्पोजिटम (*Sechium compositum*), व सेचियम हिन्टोनी (*Sechium hintoniie*) प्रमुख है।

पोषकीय महत्व

इसके फलों की बहुत अच्छी सब्जी बनती है। पूर्वोत्तर क्षेत्रों के लोग इसे उबालकर भी खाते हैं। पोषण की दृष्टि से इसमें कार्बोहाइड्रेट्स और कैल्सियम बहुत अधिक पाया जाता है (सनवाल एवं सहयोगी, 2007)। इसमें पाये जाने वाले पोषक तत्वों को सारिणी में दिया गया है।

सारिणी (12.8) चो–चो में पाये जाने वाले पोषक तत्व (प्रति 100 ग्राम खाने योग्य भाग में)

पोशक तत्व	मात्रा
नमी	92.5 ग्राम
प्रोटीन	0.7 ग्राम
वसा	0.1 ग्राम

खनिज	0.4 ग्राम
रेशा	0.6 ग्राम
कार्बोहाइड्रेट्स	5.7 ग्राम
ऊर्जा	27.0 किलो कैलोरी
कैल्सियम	140.0 मिली ग्राम
फास्फोरस	30.0 मिली ग्राम
आयरन	0.6 मिली ग्राम
कैरोटीन	0
थाइमिन	0
रिबोफ्लेविन	0.04 मिली ग्राम
नियासिन	0.4 मिली ग्राम
विटामिन 'सी'	4.0 मिली ग्राम

स्रोतः गोपालन एवं सहयोगी, 1999

उन्नतिशील किस्में

चो–चो की अभी कोई विकसित किस्म उपलब्ध नहीं है। स्थानीय किस्में ही उगाई जाती हैं, जिन्हें फल के आकार एवं रंग के आधार पर निम्न वर्ग में बाँटते हैं–

1. **गोल सफेद**–इसके फल गोल आकार के छोटे, चिकने तथा सफेद रंग के होते हैं।
2. **लम्बा सफेद**–इसके फल वृत्ताकार से नाशपाती के आकार के होते हैं। फलों के ऊपर लम्बी धारियाँ होती है जिस पर सफेद रोये होते हैं।
3. **नुकीला हरा**–इस किस्म के फल छोटे, गहरे हरे रंग के चिकने या दानेदार सतह वाले होते हैं।
4. **चौड़ा हरा**–इस किस्म के फल बड़े, गहरे रंग के होते हैं। फलों के ऊपर सख्त रोयें होते हैं।

   दूसरे देशों में विकसित किस्में
   - फ्लोरीडा ग्रीन
   - मोंटीसेलो ह्वाइट

   सनवाल एवं सहयोगी (2008) ने 50 जननद्रव्यों का एकत्रण एवं मूल्यांकन भारतीय कृषि अनुसंधान परिषद के रिसर्च कम्पलेक्स फार एन0 ई0 एच0 रिजन शिलांग (मेधालय) में किया।

जलवायु

चो–चो की खेती 800.00–2000.0 मीटर तक किया जाता है (राय एवं सहयोगी 2002)। इसकी खेती के लिए गर्म एवं आर्द्र मौसम की आवश्यकता पड़ती है।

जगह का चुनाव एवं गड्ढे की तैयारी

चो–चो कई वर्ष तक फलत में रहता है। अतः लगाते समय इस बात का ध्यान दिया जाये कि इसकी बाड़ को हटाने की आवश्यकता न पड़े। पौध स्थापन के लिए पंक्ति से पंक्ति की दूरी 3.0 मीटर

और पौध से पौध की दूरी 2.0 मीटर रखते हैं। इसके लिए 20.0 घन सेन्टी मीटर आकार के गड्ढे खोद कर 5.0 किलो ग्राम सड़ी हुई गोबर की खाद तथा जमीन के ऊपर की मिट्टी भर देते हैं। इन गड्ढों में चो–चो को लगाया जाता है।

लगाने की विधि

चो–चो में बीज का अंकुरण फल के अन्दर ही हो जाता है। अतः लगाने के लिए पूर्ण रुप से विकसित फल को इन गड्ढों में इस प्रकार लगाया जाता है कि फल का चौड़ा वाला सिरा नीचे की तरफ जबकि नुकीला वाला सिरा ऊपर की तरफ रहे। सामान्यतः 8–10 दिनों में अंकुरण हो जाता है।

पोषक तत्व प्रबंधन

चो–चो से अच्छी उपज प्राप्त करने के लिए खेत में जीवांश प्रचुर मात्रा में होना आवश्यक है। इसके लिए 15.0–22.0 टन गोबर की सड़ी खाद या कम्पोस्ट प्रति हेक्टेयर की दर से पौध स्थापन के पूर्व देना चाहिए। इसके अलावा नत्रजन, फास्फोरस, पोटाश को 120.0 किलो ग्राम प्रति हेक्टेयर की दर से पौध लगाने के पूर्व प्रयोग करना चाहिए। पौध रोपण के 2 महीने बाद नत्रजन व पोटाश की 17.5 किलो ग्राम मात्रा प्रति हेक्टेयर देने से अधिक उपज मिलती है। अधिक उर्वरता में पौधों का वर्घीय विकास ज्यादा होता है और फल कम बनते हैं। अधिक उर्वरक प्रयोग से कभी–कभी फलों की गुणवत्ता खराब हो जाती है व बीमारियों का प्रकोप भी ज्यादा होता है।

सिंचाई जल प्रबन्धन

प्रारम्भिक अवस्था में पौधों की विशेष देखभाल की आवश्यकता होती है। जब पौधा फलत में होता है तब भी समय–समय पर सिंचाई की आवश्यकता होती है।

लताओं को चढ़ाना

चो–चो की बेलें काफी बढ़वार वाली होती है। अतः इनको चढ़ाने के लिए मजबूत तार के मचान बना लिया जाता है और उस पर इनको चढ़ाया जाता है।

फलों की तुड़ाई

चो–चो में फलों की तुड़ाई कच्ची अवस्था में ही की जाती है। फलों को तेज चाकू की सहायता से काटना चाहिए, जिससे बेलें अव्यवस्थित न हो, साथ ही फल को चोट न लगे।

उपज

औसतन प्रथम वर्ष के एक पौध से 200–300 फल प्राप्त होते हैं। प्रत्येक फल का वजन 200.0–450.0 ग्राम होता है। प्रति एकड़ 8.0–10.0 टन उपज प्राप्त होती है।

ककड़ी

वानस्पतिक नाम : कुकुमिस मेलो वार0 यूटिलिसिमस (*Cucumis melo* var. *utilissimus*)
कुकुमिस मेलों वार0 फ्लेक्सुओसस उपनाम कुकुमिस मेलो वार0 यूटिलिसिमस (*Cucumis melo* var. *flexuosus* syn. *utilissimussyn.*)

कुल : कुकरबिटेसी (Cucurbitacea)

गुणसूत्र संख्या : 2एन=24

ककड़ी को स्थानीय भाषा में ककरी/ककड़ी (हिन्दी), ककड़ी मराठी व गुजराती, कचरा, कचरिया, मुलुवेल्लरी (तमिल), सासा (बंगाली) आदि के नामों से जाना जाता है। भारत की प्रचलित भाषा संस्कृत में ककरी को साकुसा कहते हैं। विदेशी भाषा में इसे स्नेक मेलन (snake melon), सरपेन्ट कुकुम्बर (serpent cucumber), स्नेक कुकुम्बर (snake cucumber), सरपेंट मेलन (serpent melon), अमेरिकन कुकुम्बर (Americant cucumber) तथा ओरियन्टल कुकुम्बर के नाम से जाना जाता है। खीरा के बाद सलाद के रुप में ककरी का स्थान आता है। ककड़ी मैदानी भागों तथा नदियों के किनारे उगायी जाने वाली प्रमुख ग्रीष्मकालीन सब्जी है। यह कम समय में तैयार होने वाली कद्दू वर्गीय सब्जी है।

उद्भव तथा वितरण

ककड़ी की उत्पत्ति के सम्बन्ध में कोई स्पष्ट प्रमाण नहीं मिलता है। वानस्पतिक वैज्ञानिकों ने सम्भावना व्यक्त की है कि इस फसल की उत्पत्ति स्थल भारत है क्योंकि वर्तमान समय में भी भारतवर्ष के जंगलों एवं बिना खेती वाले स्थानों पर इसके पौधे जंगली अवस्था में देखने को मिलते हैं। ककड़ी की खेती भारत के लगभग सभी प्रान्तों में की जाती है लेकिन उत्पादन एवं उत्पादकता के आधार पर उत्तर प्रदेश, हरियाणा, कर्नाटक, दिल्ली व पंजाब महत्वपूर्ण हैं। बिहार प्रान्त के सोन व अन्य नदियों के किनारे इसकी अगेती फसल वृहद् स्तर पर एवं अगेती ली जाती है। भारतवर्ष के अलावा ककड़ी की खेती टर्की, सउदी अरबिया एवं इजिप्ट में बड़े पैमाने पर की जाती है।

वानस्पतिक विवरण

ककड़ी जमीन पर फैलने वाली एकवर्षीय लता है जिसकी औसत लम्बाई 2.5–3.0 मीटर होती है तथा पूरी लता पर हल्के रोयें मौजूद रहते हैं। यह एक उभयलिंगाश्रयी पौधा है। पौधे पर प्रारम्भिक रुप से पीले रंग के नर पुष्प ज्यादा बनते हैं लेकिन बाद में नर व मादा पुष्प साथ–साथ आते हैं। पुष्पों में परागण सायंकाल (5.0–8.0 बजे) तथा प्रातःकाल (7.0–9.0 बजे) होता है। अधिक तापमान (45.0 डिग्री सेन्टीग्रेड) से अधिक होने पर फल धारण करने की क्षमता कम हो जाती है एवं फल नहीं बनते हैं। मादा पुष्पों में वर्तिकाग्र परागण के 36 घण्टे पूर्व से लेकर 48 घण्टे बाद तक सुग्राही रहती हैं। ककड़ी का फल पेपो (pepo) कहलाता है। फल सामान्यतया 2.5–5.0 सेन्टीमीटर व्यास के तथा

40.0–90.0 सेन्टीमीटर लम्बे होते हैं। फल हल्के पीले या गहरे हरे चिकने या धारीदार सतह वाले होते हैं। कुछ किस्मों के फलों के छिलके पर मुलायम रोयें जैसी संरचना बनती है। पके फलों में सफेद रंग के बीज विकसित होते हैं। ककड़ी के बीज सामान्यतया खरबूजा के बीज से छोटे होते हैं।

उन्नतिशील किस्में

ककड़ी की प्रमुख किस्में निम्नलिखित हैं–

1. अर्का शीतल (Arka Sheetal)

ककड़ी की इस किस्म का विकास भारतीय बागवानी अनुसंधान संस्थान, बैंग्लूरु (कर्नाटक) से लखनऊ से एकत्रित जननद्रव्यों के संकलन एवं चयन पद्धति द्वारा किया गया है। है। इसके फल काफी कोमल एवं हल्के हरे रंग के होते हैं। फल की लम्बाई लगभग 22 सेन्टीमीटर होती है। इसका औसत भार 80–90 ग्राम तक होती है। इस किस्म में तीखापन (कडुवाहट) बिल्कुल नहीं होता है। गूदा कुरकूरा एवं अच्छी सुगंध लिये होता है। औसत उपज 30 टन प्रति हेक्टेयर होती है।

2. पंजाब नं0 1 (Punjab No.1)

इस किस्म का विकास पंजाब कृषि विश्वविद्यायल, लुधियाना (पंजाब) द्वारा किया गया है। ककड़ी की यह किस्म पंजाब एवं आसपास के क्षेत्रों में अधिक प्रचलित है। इसके फल 50–60 सेन्टीमीटर लम्बे तथा हरे होते हैं। फल अत्यन्त मुलायम तथा कुरकुरा होता है। इसकी औसत उपज 35–40 टन प्रति हेक्टेयर होती है।

3. लखनऊ अर्ली (Lucknoe Early)

यह किस्म उत्तर प्रदेश के लखनऊ व आसपास के जिलों में बहुत प्रचलित है। इसके फल मुलायम, लम्बे, गूदेदार तथा कम बीज वाले होते हैं।

इसके अलावा स्थानीय तौर पर लांग ह्वाइट, फैजाबादी, लखनऊ लेडी लव, मजनू की पसली, लैला की उँगलियाँ, सिक्किम की ककड़ी, नसरहित लम्बा हरा, नसदार लम्बा हरा आदि नामों से प्रचलित किस्मों को उगाया जाता है।

पोषकीय महत्व

ककड़ी का उपयोग ज्यादातर सलाद के रुप में किया जाता है। ककड़ी से रायता, अचार एवं अन्य व्यंजन तैयार किया जाता है। आयुर्वेद के अनुसार कच्ची ककड़ी शीतल, मधुर, भारी एवं रुचिकारक होता है। ककड़ी के कच्चे फलों को टुकड़ों में काटकर सलाद के रुप में प्रयोग किया जाता है। इसके फल जल्दी पचते नहीं हैं। इसके कोमल फलों से स्वादिष्ट सब्जी बनायी जाती है। ककड़ी हमेशा ताजा खायें, भूखे पेट ककड़ी न खायें साथ ही कफ के विकारों में इसका सेवन वर्जित है। शीतल प्रकृति वालों के लिए ककड़ी हानिकारक है। यह अजीर्ण, अफरा एवं उदरशील पैदा कर

सकता है (पूरेवाल, 1957)। ककड़ी के बीज में प्रचूर मात्रा में प्रतिआक्सीकारक पाया जाता है, जो मेथानोलिक तत्व के रुप में होता है (गील एवं सहयोगी, 2010)। इस तत्व का उपयोग चिकित्सा क्षेत्र में बहुत ज्यादा है। सामान्यतया ककड़ी के 100 ग्राम खाने योग्य भाग में 96.4 ग्राम पानी, 2.8 ग्राम कार्बोहाइड्रेट, 0.4 ग्राम प्रोटीन, 0.1 ग्राम वसा तथा 0.3 ग्राम खाद्य लवण (0.01 ग्राम कैल्सियम, 0.03 ग्राम फास्फोरस, 0.0015 ग्राम लौह तत्व) पाया जाता है।

औषधीय गुण

1. गर्मी के दिनों में ककड़ी औषधी का काम करती है। गर्मी या धूप में आँख लाल हो गयी हो या रात भर जागने या बारीक कार्य करने से आँखों को थकान आ गयी हो तो ककड़ी को पीसकर उसका गूदा आँखों पर रखने से शीघ्र लाभ होता है। गर्मी के कारण त्वचा लाल हो गयी हो तथा जलन हो तो ककड़ी खाने तथा ककड़ी को पीसकर शरीर पर लेप करने से आराम मिलता है। गर्मियों में बार–बार प्यास लगती हो तथा पानी पीने से भी प्यास न बुझती हो तो ककड़ी की एक कप रस में दो चम्मच शक्कर मिलाकर दिन में दो–तीन बार पीने से आराम मिलता है।

2. ककड़ी के बीज शीतल, मधुर एवं पौष्टिक होते हैं तथा प्रदर रोगों का नाश करते हैं। फल तरावट देने वाले तथा पेशाब बढ़ाने वाले होते हैं। रक्त, पीत तथा उष्णताजन्य विकारों में काफी उपयोगी होते हैं। गर्मी के दिनों में ककड़ी के बीजों की ठण्डाई बनाकर उपयोग किया जाता है। यह शीतल तरावट देने वाली तथा ताकतवर होती है। पेशाब से सम्बन्धित बीमारियों में ककड़ी के बीज तथा धनिया के बीजों को भिंगोकर पानी के साथ कई दिनों तक सेवन करने में लाभ प्राप्त होता है। प्रतिदिन ककड़ी के 50 बीज खाने से पथरी रोग में मरीज को फायदा मिलता है। ककड़ी के बीजों के साथ जीरा एवं शक्कर मिलाकर प्रयोग करने से श्वेत प्रदर रोग में लाभ मिलता है। बच्चा यदि सूखने लग गया हो तो उसे खाने के साथ प्रतिदिन 25–50 बीज, एक चम्मच शहद तथा एक चम्मच मक्खन खिलाने से स्वास्थ्य में काफी सुधार होता है। ककड़ी के छिलके, फूल और जड़ भी औषधीय गुणों वाले होते हैं।

3. ककड़ी की जड़ें कुत्ते के काटने पर तथा उदर रोग में लाभ पहुँचाता है। ककड़ी का छिलका कफ नाशक, पित्त नाशक एवं पाचक होता है। ककड़ी के फूलों का रस आँखों में लगाने से जलन से छूटकारा मिलती है तथा शीतलता का अनुभव होता है।

सौन्दर्यवर्धक उपयोग

सामान्यतया 10–15 दिनों तक प्रतिदिन चेहरे पर ककड़ी का नर्म गूदा मलकर थोड़ी देर बाद धो लेने से मुहासें मिट जाते हैं तथा चेहरे पर चमक आ जाती है। प्रतिदिन आधा कप ककड़ी का रस पीने और चेहरे पर लेप लगाने से चेहरे का रंग निखर जाता है तथा दाग–झांईयाँ दूर हो जाती हैं। ककड़ी के रस में थोड़ा नीबू का रस मिलाकर आधा चम्मच हल्दी के साथ मिलाकर लेप बनाने और उसका उपयोग मुंह एवं शरीर के अन्य भागों पर लगाने से सौन्दर्य वृद्धि होती है। ककड़ी के रस को बालों में अच्छी तरह लगाकर थोड़ी देर बाद स्नान करने से बालों की जड़ें मजबूत होती हैं

तथा बाल घने होने लगते हैं। ककड़ी का रस, मूली का रस, टमाटर का रस, गुलाब जल के साथ 5–6 बूँद नीबू का रस मिलाकर शरीर पर लेप करें तथा गुनगुने पानी से स्नान करने से शरीर में चमक आती है।

सावधानियाँ

ककड़ी हमेशा ताजा खायें, भूखे पेट ककड़ी न खाये, साथ ही कफ विकारों में भी इसका सेवन वर्जित है। शीतल प्रकृति वालों के लिये ककड़ी हानिकारक है क्योंकि यह अजिर्ण, अफरा एवं उदरशील पैदा कर सकता है।

जलवायु

ककड़ी जायद ऋतु की सब्जी है अतः कम आर्द्रता एवं साफ मौसम उत्तम मानी जाती है। उष्ण एवं समशीतोष्ण जलवायु वाले क्षेत्रों में इसकी वृद्धि, विकास तथा अधिक उपज प्राप्त होती है क्योंकि इस मौसम में यहाँ सूर्य का प्रकाश तेज होता है और पाला पड़ने की सम्भावना नहीं रहती है। ककड़ी के खेती के लिये औसतन 20.0–35.0 डिग्री सेन्टीग्रेड तापमान की आवश्यकता होती हैं। ककड़ी के बीज का जमाव 25.0–32.0 डिग्री सेन्टीग्रेड तापमान पर काफी अच्छा होता है। पौध की वृद्धि 32. 0–38.0 डिग्री सेन्टीग्रेड तापमान पर सबसे उत्तम होता है। इस प्रकार का तापमान भारत के मैदानी भागों में फरवरी व मार्च के महीने में उपलब्ध होता है।

भूमि एवं भूमि की तैयारी

सामान्यतः ककड़ी के लिये हल्की भुर–भुरी दोमट या बलुई दोमट मिट्टी काफी अच्छी होती है। इसके अलावा ककड़ी की खेती नदियों के किनारे और कछारों/दियरा क्षेत्र में अच्छी प्रकार से की जा सकती है। इसकी खेती करने के लिये विशेष रूप से यह ध्यान देने की जरूरत होती है कि सिचाई के समुचित साधन विद्यमान हो तथा जल निकास की अच्छी व्यवस्था भी। अम्लीय एवं क्षारीय भूमि में इसकी खेती नहीं की जा सकती है। अच्छी उपज प्राप्त करने के लिये यह आवश्यक है कि भूमि का पी0एच0 मान 6.5–6.8 के मध्य हो।

ककड़ी के खेती के लिए 2–3 बार गहरी जुताई मिट्टी पलटने वाले हल एवं कल्टीवेटर से करना चाहिए। अच्छा होगा कि प्रत्येक जुताई के बाद पाटा चलाकर मिट्टी को भुर–भुरी बना लिया जाये। बीज लगाने से पूर्व खेत से खरपतवार एवं अन्य फसलों के अवशेष को खेत से बाहर निकाल देना चाहिये।

बुआई का समय

उत्तर भारत में सामान्यतः ककड़ी के मुख्य फसल की बुआई फरवरी–मार्च के महीने में की जाती है लेकिन पहाड़ों पर मार्च–अप्रैल में की जाती है। मध्य भारत में पिछेती फसल के बीज की बुआई फरवरी–जून तक और दक्षिणी भारत में बीज बुवाई का उपयुक्त समय जनवरी–मार्च तक है। मैदानी

भागों में अगेती फसल के लिये ककड़ी की बुवाई नवम्बर–दिसम्बर के महीने में की जाती है लेकिन ठण्ड होने के कारण कृत्रिम साधनों द्वारा पाले से नवजात पौधों की रक्षा आवश्यक है।

बीज की मात्रा

एक हेक्टेयर क्षेत्रफल के लिये 2–3 किलो ग्राम ककड़ी के बीज की आवश्यकता पड़ती है।

बुआई की दूरी एवं नालियाँ बनाना

ककड़ी लगाने के लिये तैयार खेत में नालियाँ, मेड़े तथा थाला बनाने की आवश्यकता पड़ती है। इसके लिये नालियाँ (कतार से कतार) की दूरी 2.0 मीटर तथा थाले से थाले की दूरी 50.0–60. 0 सेन्टी मीटर रखना चाहिये। बनाये गये प्रत्येक थाले में गोबर की सड़ी खाद, वर्मी कम्पोस्ट या जिवांश खाद 4–5 किलो ग्राम की दर से प्रयोग करना चाहिये। इन्हीं गड्ढ़ों में 3–4 बीजो की बुवाई की जाती है।

बुवाई की विधी

ककड़ी की बुआई करने के लिये अच्छी प्रकार तैयार खेत में 2.00 मीटर की दूरी पर लगभग 30.00 सेन्टी मीटर चौड़ी नालियाँ बना ली जाती हैं। इन नालियों के दोनों ओर 45.00–60.00 सेन्टी मीटर की दूरी पर बीज की बुआई 2.0–3.00 सेन्टी मीटर की गहराई पर की जाती है। एक स्थान पर 2–3 बीज की बुआई करना चाहिये और पौध जमाव के बाद एक स्थान पर 1 या 2 पौध को छोड़कर अन्य को निकाल देना चाहिये।

पोषक तत्व प्रबन्धन

ककड़ी से अधिक उपज प्राप्त करने के लिये प्रचुर मात्रा में खाद एवं उर्वरकों का संतुलित प्रयोग अतिआवश्यक है। यह सही है कि खाद एवं उर्वरकों की मात्रा, मिट्टी की किस्म, जलवायु और खेती की पद्धति पर निर्भर करता है। ककड़ी की अच्छी उपज प्राप्त करने के लिये बलुई दोमट भूमि में 15–20 टन सड़ी हुई गोबर की खाद खेत की तैयारी के समय ही प्रयोग करना चाहिये। अगर खेत में पौधों का रोपड़ किया जा रहा है तो 10–12 किलो ग्राम गोबर की सड़ी खाद प्रत्येक गड्ढे में प्रयोग करने से उपज के साथ अधिक गुणवत्तायुक्त फल प्राप्त होते है (शर्मा, 2008)। इसी प्रकार नाथ एवं सहयोगी (1987) ने स्पष्ट किया की 37–49 टन प्रति हेक्टेयर गोबर की सड़ी खाद देने से मृदा संरचना एवं और ककड़ी की उपज में वृद्धि होती है। सामान्यतः ककड़ी की खेती करने के लिये 60 किलो ग्राम नत्रजन, 40 किलो ग्राम फास्फोरस तथा 40 किलो ग्राम पोटाश प्रति हेक्टेयर तत्व के रूप में देना चाहिये। नत्रजन की आधी मात्रा तथा पोटाश एवं फास्फोरस की पुरी मात्रा खेत तैयार करने के समय ही देना चाहिये। बची हुई नत्रजन की मात्रा को बीज बुआई के 25 तथा 50 दिन बाद देना चाहिये।

सारिणी (12.9) ककड़ी के लिये राज्यवार उर्वरकों की संस्तुति

राज्य	पोषक तत्व (किलो ग्राम / हेक्टेयर)		
	नत्रजन	फास्फोरस	पोटाश
पंजाब	100	50	50
हिमाचल प्रदेश	100	50	50
जम्मू एवं काश्मीर	80	60	40
कर्नाटक	60	0	50
ओडिशा	50	30	75
तमिलनाडु	35	0	0

सिंचाई जल प्रबन्धन

ककड़ी की बीज लगाने के तुरन्त बाद हल्की सिचाई करने से बीजों का जमाव जल्द हो जाता है। प्रारम्भ में 2 सिचाईयाँ 10 दिन के अन्तराल पर और गर्मी बढ़ते ही 3–4 दिन के अन्दर हल्की सिंचाई करते रहना चाहिये। जाड़े में 10–15 दिन के अन्तराल पर सिंचाई करते रहना चाहिये। सिंचाई करते समय ध्यान देना चाहिये कि खेत में किसी भी दशा में 50 प्रतिशत से कमी नहीं होनी चाहिये। इसमें यह ध्यान रखना भी आवश्यक है कि जब फल की तुड़ाई करना उसके 2 दिन पहले अवश्य सिंचाई कर दें। इससे फल चिकना, मुलायम और आकर्षक बना रहता है।

खरपतवार नियन्त्रण

ककड़ी में बार–बार सिंचाई करने में नालियों एवं पौधों के पास कई प्रकार के खर–पतवार उग आते हैं। अतः समय–समय पर उन्हें निकालना आवश्यक है। अन्यथा पौधों के खुराक को वे स्वयं लेने लगते है जिससे पैदावार एवं गुणों में कमी आ जाती है। रासायनिक विधि से खरपतवार नियन्त्रण के लिये फ्लोक्लोरैलीन या ट्राईफ्लूरैलीन (0.75–1.5 किलो ग्राम / हेक्टेयर) अथवा बेनसुलाइड (5.0–8.0 किलो ग्राम / हेक्टेयर) का बीज बुआई के 2 सप्ताह पूर्व करना चाहिये। इससे खरपतवार का प्रकोप कम होता है। इसी प्रकार ब्युटाक्लोर (1.0 किलो ग्राम / हेक्टेयर) अथवा क्लोरैम्बान (2.0–3.0 किलो ग्राम / हेक्टेयर) का उपयोग जमाव पूर्व और नैक्टालाम (2.0–4.0 किलो ग्राम / हेक्टेयर) का जमाव उपरांत प्रयोग करने से खरपतवार को नियन्त्रित किया जा सकता है।

निकाई, गुड़ाई एवं मिट्टी चढ़ाना

ककड़ी के खेत में अक्सर सिंचाई के बाद मिट्टी सख्त हो जाती है अतः 3–4 बार नालियों की गुड़ाई आवश्य की जानी चाहिये। अच्छा होगा कि प्रत्येक गुड़ाई के बाद मिट्टी चढ़ा दिया जाये। इससे पौधों के जड़ों को काफी मात्रा में पोषक तत्व उपलब्ध हो जाते हैं।

फलों की तुड़ाई

ककड़ी के फलों की तुड़ाई मुलायम अवस्था में ही (किस्म के अनुसार जब फल हरे या हल्के पीले हों) करनी चाहिये अन्यथा फल का आकर्षण कम होने के कारण बाजार में दाम घट जाता है।

यह अवस्था बीज बुआई के लगभग 3 महीने में आ जाता है। तुड़ाई के समय फलों की लम्बाई 15.0–30.0 सेन्टी मीटर होनी चाहिये। अगेती फसल से अच्छे दाम प्राप्त करने के लिये फलों को कुछ पहले ही तोड़ लेना चाहिये। मुलायम फलों को प्रायः सुबह या सांयकाल करना चाहिये। तुड़ाई उपरान्त फलों को श्रेणीकरण कर लेना चाहिये और उचित टोकरी में रखकर बाजार में भेजना चाहिये। फलों को छाया में रखकर हल्का पानी का छिड़काव करते रहना चाहिये जिससे फल मुलायम व ताजा बना रहे।

उपज

ककड़ी की उपज किस्म, मिट्टी की दशा, उर्वरक प्रबन्धन व मौसम पर निर्भर करता है। यह इस बात पर भी निर्भर करता है कि ककड़ी की फसल को अकेले उगाया गया है या किसी अन्य फसल की पक्तियों के बीच में। सामान्य तौर पर 20.0–25.0 टन प्रति हेक्टेयर उपज प्राप्त होती है।

चिचिण्डा (Snake Gourd)

वानस्पतिक नाम : खेती वाली किस्में ट्राइकोसेन्थस कुकुमेरिना वार. अन्गुइना (*Trichosanthes cucumerina* var. *anguina*)
जंगली किस्में – ट्राइकोसेन्थस कुकुमेरिना वार. कुकुमेरिना (*Trichosanthes cucumerina* var. *cucumerina*)

कुल : कुकरबिटेसी (Cucurbitaceae)

गुणसूत्र संख्या : 2एन=22

स्वाद एवं पोषण की दृष्टि से चिचिण्डा कद्दू वर्गीय सब्जियों में महत्वपूर्ण है। इसे चचेण्डा, चिचुइगा, पटला पोटल किया (तेलगू) पऊवलु, गरलतोरी, चचिन्ड्रा (उड़िया), धुन्धुली (आसाम), पुडाल काई (तमिल) चिचिंगा या चिचिन्गो (बंगाली), पुरला (सम्बलपुरी भाषा), पथोला (सिनाला, पंडोल, नुकीली तोरई आदि नामों से जाना जाता है। नेपाली भाषा में चिचिण्डो या चाइनिज कुकुम्बर के नाम से जानते है। अंग्रेजी भाषा में इसे स्नेक गोर्ड (snake gourd) के नाम से जाना जाता है क्योंकि इसके फल का आकार टेढ़ा–मेढ़ा ''स्नेक'' (सर्प) के समान प्राकृतिक दशा में विकसित होता है। गाँवों में लोग फल टेढ़ा–मेढ़ा न हो इसके लिये फल के किनारे पर वजनी समान बाँध कर लटका देते है जिससे फल जमीन की तरफ सीधे बढ़ता है। यह सब्जी उत्तर भारत में वर्षाकाल के दिनों में तथा दक्षिण भारत में पूरे वर्ष उपभोक्ता को मिलती रहती है।

उद्भव एवं वितरण

चिचिण्डा का उद्भव स्थल भारत वर्ष माना जाता है क्योंकि इसकी जंगली किस्में (wild strain) पुरे भारतवर्ष में पाई जाती हैं। सामान्यतः 19वीं सदी के प्रारम्भ में चिचिण्डा को जंगली फल समझकर नहीं उपभोग किया जाता था लेकिन समय के साथ ज्ञान प्राप्त होने से लोग सब्जी के रूप में उपभोग करने लगे। चिचिण्डा का प्रसार भी भारतवर्ष से अन्य उष्ण जलवाुय वाले देशों में हुआ। अगर इसके वितरण को देखा जाये तो चिचिण्डा की विस्तृत खेती भारत वर्ष, दक्षिण पूर्व एशिया, चीन, जापान, पश्चिम अफ्रीका, लैटिन अमेरिका, कैरेबियन एवं उष्ण कटिबन्धीय आस्ट्रेलिया में ज्यादा की जाती है। भारत वर्ष में इसकी खेती सबसे ज्यादा दक्षिणी प्रान्तों में विशेषकर समुन्द्र तटीय क्षेत्रों में की जाती है। जहाँ पर उष्ण एवं आर्द्र मौसम हमेशा मिलता रहता है। इसके अलावा इसकी खेती पंजाब, दिल्ली, उत्तर प्रदेश, बिहार, गुजरात एवं महाराष्ट्र में भी की जाती है। चिचिण्डा की व्यावसायिक खेती गुजरात, केरल, आन्ध्र प्रदेश व महाराष्ट्र में होती है।

वानस्पतिक विवरण

चिचिण्डा एक वर्षीय उभयलिंगाश्रयी (monoecious) सब्जी है जिसकी बेलें तेज गती से वृद्धि करती हैं। पत्तियाँ कोणीय होती हैं जिनमें 5–7 कटाव होता है। पत्तियों के रगड़ने पर तेज

दुर्गन्ध निकलती है। पौधों पर विकसित होने वाले प्रतानं तीन भागों में बँटे होते हैं। लता की औसतन लम्बाई 3.0–4.0 मीटर होती है। सामान्यतः सफेद रंग के नर व मादा पुष्प लगभग एक ही समय पुष्पित होते हैं। फूलों में परागण सायंकाल 5.00–7.30 बजे के बीच होता है। अधिकतम परागण प्रक्रिया उच्चतम तापमान (30.00–45.00 डिग्री सेन्टीग्रेड) व न्यूनतम तापमान (30.00–35.00 डिग्री सेन्टीग्रेड) के आस–पास पाया गया है। शीतकालीन फसल में परागण सायंकाल 6.00–8.00 के बीच होता है। मादा पुष्पों का वर्तिकाग्र परागण के 36 घण्टे के पूर्व से लेकर 48 घण्टे बाद तक सुग्राही बना रहता है। चिचिण्डा का फल चिकना व लम्बा (30.0–150.00 सेन्टी मीटर) होता है।

पोषकीय महत्व

चिचिण्डा का हरा फल सब्जी के लिये प्रयोग किया जाता है जो बहुत ही स्वादिष्ट व पाचक होता है। इस सब्जी में विटामिन ए, विटामिन बी व विटामिन सी प्रचुर मात्रा में पाया जाता है। इसके कोमल छोटे फलों की भरवा सब्जी ही बनती हैं। बड़े एवं कठोर फलो से आचार बनाया जाता है। यह शीघ्र पाचक होने के कारण बीमार व्यक्तियों के लिये काफी स्वास्थ्यदायी है। कहीं–कहीं पर चिचिण्डा की हरी पत्तियों तना, व प्रतान का उपयोग सब्जी बनाने के लिये किया जाता है। कोमल पत्तियाँ प्रोटीन, कार्बोहाइड्रेट, खनीज लवण व वसा की अच्छी स्रोत है। चिचिण्डा के फल का छिलका उतारकर छोटे–छोटे टुकड़े (Sliced) कर उबालते है एवं हरी बीन्स मिलाकर सब्जी बनाते है। इसके अलावा इनसे करी, साम्भर व कलौंजी बनाई जाती है। पके फलों का लाल गूदा निकालकर टमाटर के जैसा उपयोग अन्य सब्जियों में किया जाता है। इसका फल भूख बढ़ाने वाला तथा शरीर के लिये टानिक का कार्य करता है। इसके जड़ों तथा बीजो से दस्त एवं गले का सूजन कम करता है तथा बुखार को भी कम करने में सहायक होता है।

सारिणी (12.10) चिचिण्डा का पोषक मूल्य

पोशक तत्व	प्रति 100 ग्राम खाने योग्य भाग में	पोषक तत्व	प्रति 100 ग्राम खाने योग्य भाग में
नमी	94.6 ग्राम	खनिज पदार्थ	0.5 मिली ग्राम
वसा	0.3 ग्राम	कार्ब्रोहाइड्रेट्स	3.0 मिली ग्राम
रेशा	1.0 ग्राम	कैल्सियम	26.0 मिली ग्राम
कैलोरीज	18.0 ग्राम	आक्जैलिक अम्ल	34.0 मिली ग्राम
मैग्नीशियम	53.0 मिली ग्राम	लोहा	1.0 मिली ग्राम
फास्फोरस	20.0 मिली ग्राम	पोटैशियम	34.0 मिली ग्राम
सोडियम	25.4 मिली ग्राम	गंधक	35.0 मिली ग्राम
कापर	0.11 मिली ग्राम	विटामिन ए	160.0 अ.यू.
क्लोरिन	21.0 मिली ग्राम	कैरोटिन	96.0 मिली ग्राम
थायामिन	0.04 मिली ग्राम	रीबोफ्लेविन	0.06 मिली ग्राम
नियासिन	0.3 मिली ग्राम	विटामिन सी	0.0 मिली ग्राम
प्रोटीन	0.5 मिली ग्राम	उर्जा	18.0 कैलोरिज

उन्नतिशील किस्में

चिचिण्डा की किस्में मुख्यतः स्थानीय नाम व स्वाद से जानी जाती है। चिचिण्डा में केवल लम्बाई के आधार पर ही विभिन्नता नहीं होती है बल्कि उसके धारियों में भी विभिन्नता होती है। कुछ किस्मों में धारियाँ पूरे फल की लम्बाई तक पहुचती हैं जबकि कुछ किस्मों में हल्की हरी रूक–रूक कर धारियाँ विकसित होती है। रंग एवं धारियों के आधार पर चिचिण्डा को मुख्य रूप से दो भागों में बाटा जा सकता है।

1. हल्के हरी सफेद पट्टी वाली।
2. गहरी हरी पिली पट्टी वाली।

कुछ प्रमुख किस्मों का विवरण इस प्रकार है।

सी.ओ.–1 (Co-1)

यह किस्म चयन पद्धति द्वारा विकसित की गयी है। इसकी उपज ज्यादा एवं फल लम्बा तथा सीधा होता है। यह शीघ्र तैयार होने वाली (70 दिन) किस्म है। सामान्यतः फल 160.00–180.00 सेन्टीमीटर लम्बे व गहरे हरे रंग के होते है जिसपर सफेद धारियाँ होती हैं। फल का गूदा हल्का हरा होता है। एक लता पर 10–12 फल लगते हैं। इस प्रकार प्रति पौधा 4.00–5.00 किलो ग्राम फल प्राप्त हो जाता है। इस किस्म की औसत उपज 22.00–25.00 टन प्रति हेक्टेयर होती है।

सी.ओ.–4 (Co-4)

इस किस्म का विकास चयन पद्धति द्वारा तमिलनाडु कृषि विश्वविद्यालय, कोयमबटूर (तमिलनाडु) से किया गया है। यह एक अगेती किस्म है जो बीज बुआई के मात्र 70 दिन बाद पहली तुड़ाई की जा सकती है। इसके फल लगभग 190.00 सेन्टीमीटर लम्बे होते हैं और फलों पर गहरे हरे रंग की धारियाँ विकसित होती हैं। फल का गूदा हल्के हरे रंग का होता है। इस किस्म की औसत उपज 25.00–28.00 टन प्रति हेक्टेयर है।

टी.–19 (T-19)

इस किस्म के फल लगभग 60.00 सेन्टीमीटर लम्बे हल्के हरे रंग के होते है जिस पर सफेद रंग की धारियाँ विकसित होती हैं। प्रत्येक फल का औसत वजन 600.00 ग्राम होता है। इस किस्म के पौधों पर मात्र 65–70 दिन में फल बनने लगते है। इसकी औसत उपज 25.00 टन प्रति हेक्टेयर है।

बेबी (Baby)

चिचिण्डा की बेबी किस्म का विकास केरल कृषि विश्वविद्यालय वेल्लानीकारा (त्रिशुर) (केरल) से स्थानीय जनन द्रव्य पेरूवा जिला इर्नाकुलम से एकत्रित कर किया गया है। इस किस्म को स्टेट सीड सब कमेटी आन क्राप स्टैण्डर्ड द्वारा वर्ष 2002 में अनुमोदित किया गया। इस किस्म में बीज बुआई के बाद फलों की प्रथम तुड़ाई 55 दिनों में की जा सकती है। सामान्यतः फल छोटे

(30.00–40.00 सेन्टी मीटर) आगे की तरफ नुकिला व सफेद होता है। प्रत्येक फल का औसत वजन 475.00 ग्राम व फलों की लम्बाई 22.00–24.00 सेन्टी मीटर होता है। इस किस्म से औसतन 56.83 टन प्रति हेक्टेयर उपज मिलती है।

मनुश्री (Manusree)

मनुश्री किस्म का विकास केरल कृषि विश्वविद्यालय, कृषि शोध केन्द्र मानुथी (केरल) से स्थानीय जननद्रव्यों में से चयन करके किया गया है। फल बड़े ही आकर्षक, मध्यम लम्बे (65.00–70.00 सेन्टी मीटर) व फल के अन्त में हरी सफेद धारियाँ विकसित होती हैं। बीज बुआई के 55 दिनों बाद पहली तुड़ाई की जाती है। प्रत्येक फल का औसत वजन 750.00–800.00 ग्राम होता है तथा उपज 55.00–60.00 टन प्रति हेक्टेयर होता है।

कोनकन स्वेता (Konkan Sweta)

कोनकन स्वेता किस्म का विकास कोनकन कृषि विद्यापीठ, दपोली द्वारा स्थानीय जननद्रव्यों से चयन करके किया गया है। फल मध्यम लम्बे (90.00–100.00 सेन्टी मीटर) व सफेद हरे होते हैं। प्रति हेक्टेयर औसत उपज 25.00–30.00 टन होता है।

इसके अलावा सी.ओ.–2, पी.के.एम.–1, एम.डी.यू.–1 तथा पी.एल.आर–1 (एस.जी.) भी महत्वपूर्ण किस्म है।

जलवायु

चिचिण्डा गर्म जलवायु का पौधा है लेकिन वृहद् रूप से जलवायु के प्रति अनुकूलन क्षमता रखता है। गर्म जलवायु इसके लिये सबसे उत्तम होती है। पाला इसके लिये हानिकारक होता है। इसके बीजों का अंकुरण 30.00–35.00 डिग्री सेन्टीग्रेड पर अच्छा होता है तथा पौधों की वृद्धि सामान्य से अधिक होती है। सामान्यतः 31.00–37.00 डिग्री सेन्टी ग्रेड तामान पर अधिकतम उपज एवं पौध विकास दर्ज किया गया है। इसकी खेती 1500 मीटर से अधिक उँचाई पर नहीं की जा सकती है।

भूमि एवं भूमि की तैयारी

सामान्यतः चिचिण्डा की खेती किसी भी प्रकार की मिट्टी में सुगमता पूर्वक की जा सकती है लेकिन जीवांश युक्त दोमट मिट्टी जिसका पी.एच. मान 6.00–7.00 हो, काफी उत्तम माना जाता है। अच्छी उपज प्राप्त करने के लिये खेत की 4–5 बार गहरी जुताई करते हैं। खेत को समतल बनाने के लिये प्रत्येक जुताई के बाद पाटा लगाना चाहिये। चूँकि इस फसल की खेती वर्षा ऋतु में ज्यादा होती है। अतः अच्छी सुविधा बनानी चाहिये। खेत की अन्तिम तुताई के समय 25.00–30.00 टन अच्छी प्रकार सड़ी हुई गोबर की खाद मिलाना चाहिये।

पोषक तत्व प्रबन्धन

यावल्कर (1968) ने स्पष्ट किया कि चिचिण्डा की वृद्धि एंव विकास के लिये 37.00–40.00 टन प्रति हेक्टेयर गोबर की अच्छी प्रकार सड़ी खाद खेत में डालना चाहिये। इसके अलावा पौधों

में वृद्धि एंव पुष्पन के समय अमोनियम सल्फेट या यूरिया का छिड़काव भी फायदेमंद पाया गया है। कटियाल (1977) ने बताया कि 40.00–50.00 प्रति टन हेक्टेयर सड़ी हुई गोबर की खाद डालने से चिचिण्डा की कुल उपज एवं फलों में आकर्षक रंग बढ़ जाता है। अगर प्रति हेक्टेयर 100.00 किलो ग्राम यूरिया दो बराबर भागों में बाँट कर दिया जाये तो उपज में आशातित वृद्धि होती है। कुलकर्णी (1962) के अनुसार अगर खेत में 20.00–25.00 टन गोबर की अच्छी प्रकार सड़ी खाद, 45.00 किलो ग्राम नत्रजन तथा 50.00 किलो ग्राम फास्फोरस प्रति हेक्टेयर प्रयोग किया जाये तो उपज में वृद्धि होती है। पादप वृद्धि नियामक जैसे– इथरेल (150 पी.पी.एम.) या पोटैशियम नैथ्थीनेट (0.1–0.2 प्रतिशत) की दर से बीज बुआई के 2–3 सप्ताह बाद प्रयोग करने से पौधों पर मादा पुष्पन ज्यादा होता है।

बीज बुआई का समय और बीज दर

चिचिण्डा की मुख्य फसल (वर्षा कालीन) की बुआई जुलाई के प्रारम्भ में की जाती है। अगर मौसम अनुकूल हो तो इसकी बुआई अक्टूबर–नवम्बर में भी की जा सकती है। जायद ऋतु में अगेती फसल प्राप्त करने के लिये पहले चिचिण्डा के बीजों की बुआई पालीथीन की थैलियों में बुआई कर दिसम्बर–जनवरी में पौध तैयार करते है और जब पौधे 15–20 सेन्टी मीटर की ऊँचाई प्राप्त कर लें, पीण्ड सहित खेत में लगाकर पानी तुरन्त लगाना चाहिये। पर्वतीय क्षेत्रों में इसकी बुआई मार्च से मई में की जा सकती है। चिचिण्डा की सीधी बुआई करने पर जायद के मौसम में 5.00 किलो ग्राम प्रति हेक्टेयर बीज की आवश्यकता होती है। जबकि खरीफ के फसल के लिये मात्र 3.00 किलो ग्राम बीज ही उपयुक्त होता है। बुआई से पहले बीज को 10–15 घण्टे पानी में भिगोकर लगाने से जमाव अच्छा होता है। बीज शोधन ट्राइकोडर्मा विरडी की 40.00 ग्राम प्रति किलो ग्राम बीज या स्यूडोमोनास फ्लोरेसेन्स की 10.00 ग्राम प्रति किलो ग्राम बीज या कार्बेन्डाजीम की 2.00 ग्राम प्रति किलो ग्राम बीज में मिलाकर शोधन करना चाहिये।

बुआई की विधि

चिचिण्डा की बुआई अन्य कद्दू वर्गीय सब्जियों की तहर नालियों या उठी हुई मेड़ों पर की जाती है। कभी–कभी इसकी बुआई क्यारियाँ बनाकर दोनों किनारे पर की जाती है।

जब पौधे उगकर बड़ें हो जायें, तब उनको फैलने के लिये बाँस व एगिल आयरन द्वारा मचान बनाकर सहारा देना चाहिये। मचान बनाकर खेती करने पर फल सीधे व एक समान बनते हैं तथा फल सड़ते नहीं। अगर पौधों को जमीन पर छोड़ दिया जाये तो फल सड़ने लगते हैं तथा उपज भी कम होती है। अक्सर गांवों में थाला बनाकर चिचिण्डा के बीजों को लगाया जाता है। अतः ग्रीष्म कालीन फसल के लिये थाले 1.5 X 1.0 मीटर या 2.0 X 2.5 मीटर की दूरी पर और खरीफ फसल के लिये 1.5 X 1.5 मीटर की दूरी पर 30.0 X 30.0 X 30.0 सेन्टी मीटर आकार के थाले बनाये जाते हैं। प्रत्येक गड्ढे में 10.00 किलो ग्राम गोबर की सड़ी खाद, 100.00 ग्राम की दर से नत्रजन, फास्फोरस तथा पोटाश देना चाहिये। प्रत्येक थाले में ग्रीष्म कालीन फसल हेतु 3 बीज व खरीफ फसल हेतु 2 बीज की बुआई करनी चाहिये।

सिंचाई जल प्रबन्धन

सामान्यतः वर्षा ऋतु में सिंचाई की आवश्यकता नहीं पड़ती है लेकिन यदि समय से वर्षा न हो तो आवश्यकतानुसार सिंचाई करनी चाहिये। गर्मी में 4–5 दिनों के अंतराल पर सिंचाई करते रहना चाहिये। वैसे सिंचाई का अन्तर व पानी की मात्रा भूमि, तापमान व उर्वरकों की मात्रा पर निर्भर है। साधारणतया जायद की फसल में एक सप्ताह के अन्तर से सिंचाई केवल थालों या नालियों में ही की जानी चाहिए लेकिन वर्षा ऋतु में 24 घण्टे से ज्यादा समय तक जड़ों के पास पानी एकत्रित हो जाने पर पौधें मरने लगते हैं। फलतः पुरी फसल बर्बाद हो जाने के कारण उपज बिल्कुल नहीं प्राप्त हो पाती है।

निकाई गुड़ाई

चिचिण्डा की खेती वर्षा काल में की जाती है अतः खेत में अनेकों प्रकार के खर–पतवार उग आते है। यदि समय पर खर–पतवारों को न निकाला जाये तो पौधें कमजोर पड़ जाते हैं। पौधे की प्रारम्भिक अवस्था (दो पत्तियों की अवस्था) में 0.2 प्रतिशत ग्रैमेक्सोन का छिड़काव करने से सभी खर–पतवार नष्ट हो जाते है लेकिन छिड़काव के समय ध्यान रखना आवश्यक है कि खर–पतवारनाशी पौधों पर न पड़े।

तुड़ाई, उपज एवं भण्डारण

चिचिण्डा के किस्मों के अनुसार जब उचित लम्बाई में बढ़ जाये (30.00–70.00 सेन्टी मीटर लम्बे) लेकिन कोमल हो तभी उन्हें तोड़ लेना चाहिए। देर से तुड़ाई करने पर फल सख्त व रेशेदार हो जाते हैं। अतः खाने योग्य नहीं रहते। जल्दी तोड़े गये फल पूर्ण आकार के नहीं होते हैं और पैदावार कम हो जाती है। सामान्यतः फल धारण के 20–25 दिन बाद खाने योग्य हो जाते है। यह अवस्था बीज बुआई के 75–80 दिन बाद आती है। तुड़ाई 5–6 दिनों के अंतराल पर करना चाहिये। फसल के जीवन काल में 6–8 बार तुड़ाई की जा सकती है।

चिचिण्डा की उपज पूर्णतः किस्म व मौसम पर निर्भर करता है। सामान्यतः जायद में 10.00–12.00 टन व खरीफ में 25.00–28.00 टन प्रति हेक्टेयर उपज प्राप्त होती है। बाजार में अच्छा मूल्य प्राप्त करने के लिये तुड़ाई के बाद कीट ग्रस्त कठोर एवं छोटे फलों को छाँट कर निकाल देना चाहिये। उत्तम फलों को टोकरियों में भरकर बाहर भेजा जाता है।

साधारण अवस्था में तोड़े गये फलों को किसी छायेदार स्थान व ढक कर रखे गये फलों पर पानी का छिड़काव करते रहने से 3–4 दिनों तक भण्डारित किया जा सकता है। शीत भण्डार गृहों में फलों को 6.00–10.00 डिग्री सेन्टीग्रेड तापमान पर 15–20 दिन के लिये आसानी से भण्डारित किया जा सकता है। इसी प्रकार 15.00–18.00 डिग्री सेन्टीग्रेड तथा 80.00–85.00 प्रतिशत सापेक्ष आर्दता पर 2–3 सप्ताह तक भण्डारित किया जा सकता है।

पेपीनो (Pepino)

वानस्पतिक नाम : सोलेनम मूरीकेटम (*Solanum muricatum* Aiton)

कुल : सोलेनेसी (Solanaceae)

गुणसूत्र संख्या : 2 एन = 24

पेपीनो एक झाड़ीनुमा फल वृक्ष है, लेकिन इसके फलों व पत्तियों की स्वादिष्ट सब्जी बनायी जाती है। पेपीनो गृह वाटिका के लिए उत्तम पौधा है। मुख्य खेत में जब बहुवर्षीय फलदार वृक्षों (perennial) की खेती की जाती है, उसके बीच में इसकी खेती सुगमतापूर्वक कुछ वर्षों तक की जा सकती है। इसे अंग्रेजी में पेपीनो (Pepino), स्वीट कुकुम्बर (sweet cucumber), पियर मेलन), सेन्ट्रल दक्षिण पेरु माटासेरानो, कैनारिस में पियर मेलन (pear melon) तथा कोलम्बिया, इक्वाडोर, पेरु व बोलविया में पेपीनो (Pepino) या पेपीनो डल्से (Pepino Dulce) के नाम से जानते हैं।

उद्‌भव एवं वितरण

पेपीनो का उद्‌भव स्थल अमेरिका का एण्डियन क्षेत्र (सम्भवतः पेरु या इक्वाडोर) है। दक्षिणी अमेरिकी देशों में पेपीनो की खेती का ज्यादा प्रचलन है। इसके अलावा इस वृक्ष का वितरण चिली, न्यूजीलैण्ड, कैलीफोर्निया एवं आस्ट्रेलिया में मिलता है। उत्तरी एण्डिज एवं दक्षिणी अमेरिका से इसके पौधे मँगाकर भारतवर्ष के नीलगिरि पहाड़ियों (तमिलनाडु) में उपस्थापित किया गया है।

वानस्पतिक विवरण

पेपीनो सामान्यतः बहुवर्षीय एवं झाड़ीनुमा पौधा है, जिसकी ऊँचाई 100.0–150.0 सेन्टी मीटर होती है। इसमें शाखाएँ ज्यादा संख्या में विकसित होती हैं। पत्तियाँ लैंसियोलेट (lanceolate) होती है, जिसके किनारे उबड़–खाबड़ (undulating) व किनारे की तरफ पतली होती हैं। प्रारम्भिक अवस्था में पूर्ण तथा बाद में 3 अथवा 5 फलकों वाली हो जाती हैं। पुष्प छोटे होते हैं, जिनका रंग हल्का नीला लिए हुए तथा बैंगनी लिए हुए सफेद रंग का होता है। फल गुच्छे में लगते हैं। प्रत्येक गुच्छे में 7–15 फल बनते हैं। फल गोलाकार तथा अण्डाकार होते हैं। फल मध्यम से बड़े आकार (150.0–600.0 ग्राम) के होते हैं। कोमल फलों का रंग हल्का पीला–हरा अथवा सफेद होता है, जिस पर बैंगनी रंग की धारियाँ बनती हैं। पकने पर फल सुनहरे पीले रंग के व आकर्षक होते हैं। फलों में बहुत छोटे–छोटे बीज बनते हैं, जो गहरे भूरे रंग के होते हैं।

पोषकीय महत्व

पेपीनो के कोमल पत्तियों एवं फलों से स्वादिष्ट सब्जी बनती है। फलों में खनिज लवण एवं विटामिन 'सी' ज्यादा होता है, लेकिन स्टार्च एवं घुलनशील शर्करा बहुत कम होती है। इसके फलों में आक्जलेट (oxalate) नहीं होता। इसके पके फलों से सलाद, फल रस, स्क्वास आदि तैयार किया

जाता है। पेपीनो के प्रसंस्करण करने पर फलों से बनने वाले उत्पाद में मुख्य सुगंध बना रहता है जिसके कारण बाजार में इसकी माँग बनी रहती है। पेपीनों का पोषकीय महत्व सारिणी में दिया गया है।

सारिणी (12.11) पेपीनो का पोषकीय मूल्य (प्रति 100 ग्राम खाने योग्य भाग में)

पोषकीय तत्व	मात्रा
सूखा पदार्थ (प्रतिशत)	7.05–8.92
कुल विलेय शर्करा (प्रतिशत)	6.00–10.80
सुक्रोस (प्रतिशत)	4.00–5.50
ग्लूकोज (प्रतिशत)	2.20–3.00
फ्रक्टोज (प्रतिशत)	1.40–1.90
विटामिन 'सी' (मिली ग्राम / 100 ग्राम फलभार)	38.30–68.80
विश्लेषित अम्लता (मिली ग्राम / 100 ग्राम)	78.00–106.00
स्टार्च (मिली ग्राम / 100 ग्राम)	22.80–97.50
प्रोटीन (प्रतिशत)	0.12–0.15
रस की उपलब्धता (प्रतिशत)	94.75–98.50

उन्नतिशील किस्में

पेपीनो हमारे देश में एक नवीन फसल के रुप में प्रचलित हो रहा है। सर्वप्रथम इसका उपस्थापन तमिलनाडु कृषि विश्वविद्यालय, कोयम्बटूर (तमिलनाडु) में 9 प्रभेदों एस0एम0यू0–1 से एस0एम0यू0–9 को लाकर किया गया है (मोहन एवं सहयोगी, 2000)। विदेशों में क्लोसाल, इक्वाडोरियन गोल, इल कमिनो मिल्की प्रोलिफिक, न्यू यार्कर, टोमा विस्टा आदि ज्यादा प्रचलित प्रजातियाँ हैं।

जलवायु

पेपीनो उपोष्ण एवं शीतोष्ण जलवायु (15.0–25.0 डिग्री सेल्सियस) में अच्छी प्रकार विकसित होता है। उच्च तापमान (25.0 डिग्री सेल्सियस से अधिक) पर पुष्प गिरने लगते हैं, जिससे पौधों पर फल धारण कम हो जाता है। तेज धूप के कारण भी फल धारण व फल गुणवत्ता प्रभावित होती है। सबसे कम तापमान (शून्य डिग्री सेल्सियस) से भी फलों को नुकसान (chilling injuries) होता है। यह समुद्री किनारे की जलवायु में भी अच्छी प्रकार वृद्धि एवं विकास करता है। इसके पौधे 3000.0 मीटर की ऊँचाई तक उगते हुए पाये गये हैं। ऊँची पहाड़ियों पर पौधे –2.5 डिग्री सेल्सियस तापमान पर भी जीवित रहते हैं।

भूमि एवं भूमि की तैयारी

पेपीनो उपजाऊ जलोढ़ मृदा में अच्छी प्रकार उगता है। अच्छी प्रकार वृद्धि एवं विकास के लिए कम पी0एच0 मान (6.5–7.5) एवं पर्याप्त जल निकास का होना आवश्यक है। टमाटर के समान पेपीनो क्षारीयता एवं लवणीयता को सहन नहीं कर पाता है।

प्रसारण

पेपीनो का प्रसारण निम्न प्रकार किया जाता है–

1. बीजों के द्वारा
2. तना कर्त्तन के द्वारा

1. बीजों के द्वारा

प्राकृतिक रुप से पेपीनों का प्रसारण बीजों के द्वारा होता रहता है, लेकिन पौधे की अनुवांशिक परिवर्तन की सम्भावना बनी रहती है और पौध विकास में समय ज्यादा लगता है। अतः यह प्रसारण की उत्तम विधि नहीं है। सामान्यतः फल से निकले हुए 15 दिनों के सूखे बीजों की बुआई कर नये पौधे तैयार किये जा सकते हैं।

2. तना कर्त्तन के द्वारा

तना कर्त्तन द्वारा प्रसारण करने हेतु 8.0–12.0 सेन्टी मीटर के तने जिसमें 4–5 पत्तियाँ लगी हों, का चयन करते हैं। ये चयनित तना अपने मातृ पौधे के समान पौधे उत्पन्न करते हैं। मोहन एवं सहयोगी (2000) ने स्पष्ट किया कि तना कर्त्तन में जड़ों का विकास एवं विकसित पौधों का अवस्थापन मिट्टीःपीटःखाद (**soil:peat:compost**) को 1:1:1 के अनुपात में मिश्रण करके लगाने से उत्तम परिणाम प्राप्त होता है। तना में जड़ का विकास मात्र 15 दिनों में ही हो जाता है।

पौध रोपण

पौध रोपण अच्छी प्रकार तैयार खेत में सांयकाल करना चाहिए। पौध रोपण हेतु आपसी दूरी 90.0 × 75.0 सेन्टी मीटर रखना चाहिए।

पोषक तत्व प्रबंधन

पेपीनो से अच्छी उपज प्राप्त करने के लिए खेत में जीवांश प्रचुर मात्रा में होना आवश्यक है। इसके लिए 25.0 टन गोबर की सड़ी खाद या कम्पोस्ट प्रति हेक्टेयर की दर से पौध स्थापन के पूर्व देना चाहिए। इसके अलावा नत्रजन, फास्फोरस व पोटाश प्रत्येक की 135.0 किलो ग्राम प्रति हेक्टेयर की दर से पौध लगाने के पूर्व प्रयोग करना चाहिए। पौध रोपण के 2 महीने बाद नत्रजन व पोटाश की 17.5 किलो ग्राम मात्रा प्रति हेक्टेयर देने से अधिक उपज मिलती है। अधिक उर्वरता में पौधों का वर्धीय विकास ज्यादा होता है लेकिन फल कम बनते हैं। अधिक उर्वरक प्रयोग से कभी–कभी फलों की गुणवत्ता खराब हो जाती है व बीमारियों का प्रकोप भी ज्यादा होता है।

सिंचाई जल प्रबन्धन

पेपीनों में उथली जड़ें विकसित होती हैं। यह फसल पानी के प्रति ज्यादा संवेदनशील है। शोध से स्पष्ट हुआ है कि सिंचाई की सही अवस्था व सिंचाई पद्यति के अभाव में परागण, फल

धारण व फल की गुणवत्ता प्रभावित होती है। अधिक गुणवत्ता युक्त उपज प्राप्त करने के लिए फौब्बारे से सिंचाई करनी चाहिए।

पलवार लगाना (Mulching)

पेपीनो के फलों की गुणवत्ता व खेत में नमी बनाये रखने हेतु कार्बनिक पलवार (सूखा भूसा, पुआल आदि) लगाना चाहिए। पलवार लगाने से फल जमीन के सम्पर्क में न आने के कारण सड़ते नहीं हैं।

पौधों को सहारा देना (Staking)

पेपीनों के पौधे स्वभाव से झाड़ीनुमा होते हैं, अतः फल विकसित होने पर कभी–कभी जमीन के सम्पर्क में आ जाते हैं जिससे उनकी गुणवत्ता खराब हो जाती है। पौधों को सहारा देकर फलों की गुणवत्ता उत्तम बनायी जा सकती है। सहारा देने से पौधे जमीन पर गिरते नहीं। ग्रीन हाउस, पालि हाउस, छायादार घर (शेड हाउस) आदि में पौधों को 2.0 मीटर की ऊँचाई तक सहारा दिया जाये तो फलों का आकार, खुले वातावरण की तुलना में ज्यादा अच्छा होता है।

कटाई–छँटाई (Pruning)

अच्छी उपज प्राप्त करने के लिए पेपीनों के पौधों को जमीन से 15.0–20.0 सेन्टी मीटर छोड़कर कटाई–छँटाई करना चाहिए। छँटाई के बाद खेत में खाद एवं उर्वरकों की समुचित मात्रा प्रयोग करना चाहिए।

पौध संरक्षण

• प्रमुख कीट एवं उनका प्रबंधन

पेपीनों के पौधों पर निम्नलिखित कीटों का प्रकोप होता है–

1. मकड़ी (mites)
2. पत्ती एवं तना खाने वाले कीट (weevil)
3. सफेद मक्खी (white fly)

चींटी एवं सफेद मक्खी के नियंत्रण के लिए डाइकोफाल (0.05 प्रतिशत) व एसीफेट (0.01 प्रतिशत) छिड़काव करना चाहिए। पत्ती एवं तना खाने वाले कीट के नियंत्रण के लिए फालीडाल का भुरकाव करना चाहिए।

• प्रमुख रोग एवं उनका प्रबंधन

पेपीनों में कभी–कभी फफूँद जनित रोग का प्रकोप होता है। अतः फफूँद जनित रोग के नियंत्रण के लिए क्लोरोथैनोनिल (0.2 प्रतिशत) का छिड़काव उत्तम पाया गया है। इसके अलावा मैंकोजेब (0.05 प्रतिशत) का भी छिड़काव किया जा सकता है।

तीखा बैंगन (Bitter brinjal)

वानस्पतिक नाम : सोलेनम गिलो (*Solanum gilo* Raddi.)
कुल : सोलेनेसी (solanaceae)
गुणसूत्र संख्या : 2 एन = 24

सामान्यतः तीखा बैंगन को स्कारलेट बैंगन (scarlet brinjal) भी कहा जाता है। तीखा बैंगन सामान्यतः खासी (Khasi) तथा मिजो (Mizo) जनजातियों में एक महत्वपूर्ण सब्जी के रुप में प्रचलित है। इसकी खेती मेघालय, मिजोरम, अरुणाचल प्रदेश, आसाम, त्रिपुरा व नागालैण्ड में मुलायम व तीखे हरे फलों की सब्जी बनाकर चाव से खाया जाता है। अफ्रीकी देशों में तीखे फलों द्वारा व्यंजनों को सुगन्धित करने के लिए उपयोग किया जाता है। तीखा बैंगन तना तथा फल छेदक कीट के प्रति अवरोधी है (बेहरा एवं सिंह, 2002)।

उद्भव एवं वितरण

सोलेनम गिलो (*Solanum gilo*) की उत्पत्ति स्थल सेन्ट्रल अमेरिका माना जाता है। विश्व में लगभग 185 स्पीशीज (species) सब्जी के रुप में उपयोग होती हैं, जिसका वितरण विश्व के अनेकों देशों में मिलता है। एक अध्ययन में पाया गया है कि भारत के उत्तरी पूर्वी राज्यों में सोलेनेसी कुल की लगभग 35 स्पीशीज (species) पायी जाती है (राव, 1982)। इन प्रभेदों में 15–16 स्पीशीज (species) सब्जी के रुप में उपयोग जनजातीय परिवारों में किया जा रहा है। भारत वर्ष में तीखे बैंगन के प्रभेद मुख्यतः मेघालय, मिजोरम, अरुणाचल प्रदेश, आसाम, त्रिपुरा एवं नागालैण्ड में बहुतायत से पाये जाते हैं।

वानस्पतिक विवरण

सोलेनेसी कुल की लगभग 185 खाने योग्य प्रजातियाँ है जिसमें 40 प्रजातियाँ/प्रभेदों (species) की खेती की जाती है तथा इनमें 18 व्यावसायिक स्तर पर उगाई जाने वाले प्रभेद हैं (हरलान, 1975)। तीखा बैंगन एक काँटे रहित झाड़ीनुमा पौधा है, जिसके तने लगभग 150.0 सेन्टी मीटर ऊँचे तथा 4–5 शाखाओं वाले होते हैं। पर्णवृन्त (petiole) 2.5–3.0 सेन्टी मीटर लम्बे, पत्तियाँ वक्र (oblique) कटावदार (3 बायें तथा 2 दायें तरफ लैमिना के आधे भाग में) मध्य नस एवं द्वितीयक नस पत्ती की निचले हिस्से में उभड़ी हुई, उपर की तरफ नुकीला, उपरी भाग हरा और नीचे का भाग हल्का सफेद होता है। पत्तियों का आकार 15.0–20.0 सेन्टी मीटर लम्बी, 10.0–12.0 सेन्टी मीटर चौड़ी तथा पत्तियाँ बिना रोम की होती हैं। पुष्प विन्यास एक्सीलरी (axillary) तथा प्रत्येक गाँठ पर 3 पुष्प बनते हैं। पुष्प सफेद रंग के आधार पर गेमोपेटेलस (gamopetelous), संरचना, पुटचक्र (calyx), सफेद तथा दृढ़ता से जुड़े होते हैं। फल, फलवृन्त पर विकसित होते हैं तथा फलवृन्त की लम्बाई 2.0–2.5 सेन्टी मीटर होता है। फलवृन्त की संरचना गोलाकार, चिकना तथा नालीनुमा

(grooved), हरा–पीला चमक या पीला कुछ हरापन लिये हुए, फल 2.5–3.0 सेन्टी मीटर व्यास वाले होते हैं और पकने पर सुनहरे पीले या नारंगी रंग के हो जाते हैं। फलों के अन्दर 4 खाँचे, केन्द्र में मज्जा (pith), गूदा कम रस.दार एवं स्वाद में तीखा होता है। बीज, सेम के बीज के समान (kidney), चिकने, सतह सफेद तथा रंग में दूधिया या भूरे रंग का होता है। दैहिक संरचना की भ्रामकता तथा नामकरण की जटिलता के कारण बैंगन की जंगली व खेती योग्य प्रभेदों के मध्य सम्बन्ध को स्पष्ट करना काफी कठिन है। लेस्टर एवं सहयोगी (1990) ने अफ्रीका के कई देशों से जननद्रव्यों को एकत्र किया तथा आपसी संकरण (inter crossability) को आधार मानकर उनका वर्गीकरण सोलेनम ऐथियोपिकम (*Solanum aetheopicum*) के अन्तर्गत किया और स्पष्ट किया कि उनकी उत्पत्ति अवश्य रुप से सोलनम अन्गैवी (*Solenum anguivi* L.) (=*S. indicum* Auct., L.) से हुआ है। उनके अनुसार, सोलेनम ऐथियोपिकम (*Solanum aetheopicum*) के अन्तर्गत चार समूह बनते हैं।

- एक्यूलियेटम *(aculeatum)*
- (ख) गिलो (*gilo*)
- (ग) शम (*shum*)
- (घ) कुम्बा (*kumba*)

प्रजाति सोलेनम गिलो को सोलेनम ऐथियोपिकम एल. (गिलो समूह) के अन्तर्गत रखा जाता है। सोलनम ऐथियोपिकम (*Solanum aetheopicum*) (कुम्बा समूह) के फल आकार में बड़े तथा बहुत ज्यादा खाँचे वाले होते हैं। इसके साथ ही इनमें स्टार हेयर "परिपक्वता" नहीं पाया जाता है। शम समूह (=सोलेनम जूक्काग्नीएनम डून0) में ग्लैबरस पत्तियों व छोटे फल होते हैं। इसकी खेती व्यापक स्तर पर नहीं होती है। एक्यूलियेटम समूह यूरोप में पाया जाता है। काफी तीखा होता है। फल के अन्दर अनेकों खाँचे (multilocular) होते हैं।

विपरित परिस्थितियों में अनुकूलन रखने के कारण इसका उपयोग सामान्य बैंगन की तुलना में ऐसी प्रजातियों का विकास किया जा सकता है, जो विपरित वातावरण में भी पुष्पन व फलन कर सके। अन्य प्रभेद सोलेनम इण्डिकम (*Solanum indicum*), सोलेनम इथियोपिकम (*Solanum aethiopicum*), सोलेनम इन्टेग्रीफोलियम (*Solanum integrifolium*), सोलेनम ओलीवारे (*Solanum olivare*) आदि सोलेनम मोलान्जेना (*Solanum melongena*) (खेती योग्य बैंगन) के नजदीक सम्बन्ध रखते हैं। अतः उपयोगी जीन का स्थानान्तरण सुगमता से किया जा सकता है (पियर्से एवं लेस्टर, 1979)।

पोषकीय गुण

तीखा बैंगन औषधीय गुणों का भण्डार कहा जाता है, जिसमें मलेरिया दूर करने की क्षमता तथा दूग्धोत्पादन में वृद्धि प्रमुख है (लेस्टर एवं सहयोगी, 1990)। उत्तरी पूर्वी राज्यों में जनजातीय परिवार तीखे बैंगन के पौधे अपने घर के बगीचों में अवश्य लगाते हैं (शर्मा एवं सहयोगी 1994)। हरे तीखे बैंगन के फलों में निम्नलिखित पोषकीय गुण पाये जाते है–

सारिणी (12.12) तीखे बैंगन के फलों का पोषकीय मूल्य (प्रति 100 ग्राम खाने योग्य भाग में)

पोषक तत्व	मात्रा
नमी	28 प्रतिशत
प्राटीन	5 प्रतिशत
स्टार्च	13 प्रतिशत
कुल शर्करा	4 प्रतिशत
मुक्त एमीनो अम्ल	0.92 प्रतिशत
फिनोलिक्स	2.8 प्रतिशत

स्रोतः शर्मा एवं सहयोगी, 1994

तीखा बैंगन (सोलेनम गिलो) प्रोटीन का प्रमुख स्रोत माना जाता है। इसमें पाये जाने वाले उच्चतम फिनोलिक्स तत्व भोजन के लिए अति उत्तम माने जाते हैं, क्योंकि ये विषालुता के प्रभाव को कम करते हैं। इनमें एन्टीसेप्टिक (antiseptic) तथा वैक्टिरिया स्टेटिक (bacteria static) क्रिया होती है और आँत (intestine) के पी0एच0 मान को सन्तुलित रखने में मदद करते है (वेस्ट एवं सहयोगी, 1966)। अरोड़ा एवं हरदास (1977) ने स्पष्ट किया कि सोलेनम गिलो (*Solanum gilo*), सोलेनम इन्टेग्रीलियम (*Solanum initegrifolium*) एवं सोलेनम टोरवम (*Solanum torvum*) तीखापन के बावजूद मुलायम पत्तियाँ, प्ररोह तथा बिना पके हरे फलों को उबालकर या पकाकर सब्जी के रुप में चावल के साथ उपयोग करते हैं।

जलवायु

तीखा बैंगन में विषम जलवायु को सहन करने की अद्भूत क्षमता है। ज्यादा वर्षा या सूखा जैसे मौसम में यह बैंगन पूर्णतः पुष्पन व फलन में रहता है।

उन्नतिशील किस्में

तीखे बैंगन की कोई उन्नतिशील प्रभेद उपलब्ध नहीं है। केवल जंगली प्रभेदों से ही फल प्राप्त करते हैं।

- टर्कीस आरेन्ज–फल छोटे (6.0 सेन्टमीटर व्यास), छिलका चमकीला आरेन्ज रंग का, सगन्धित।
- स्वीट रेड–फल छोटे (2.5 सेन्टमीटर व्यास), छिलका हरा।
- रेड रफल्स– फल मध्यम बड़े (2.5 सेन्टमीटर व्यास)।

भूमि एवं भूमि की तैयारी

तीखे बैंगन की खेती किसी भी प्रकार की मिट्टी में की जा सकती है, लेकिन कंकरीली, दोमट आदि मृदा में सुगमता से वृद्वि करता है। इसके लिए सामान्यतः 7.00 पी0एच0 मान की आवश्यकता होती है, लेकिन थोड़ा कम या ज्यादा पी0एच0 मान पर भी उगाया जा सकता है।

क्लोव बीन (Clove-bean)

वानस्पतिक नाम : आइपोमिया टर्बीनाटा लगास्का (*Ipomoea turbinate* Lagasca)

उपनाम : आइपोमिया मुरीकाटा कैव., नान (एल.) जैक. (*Ipomoea muricata*, cav., non (L.), Jacq.)
आइपोमिया कैपिलासियस कुंथ (*Ipomoea capillacea* Kunth)
कैलोनिक्टन मुरीकैटम (*Calonyction muricatum* G. Don)
कनवालवुलस कैपिलासियस कुंथ (*Convolvulus capillacea* Kunth)

कुल : कनवालवुलेसी (Convolvulaceae)

गुणसूत्र संख्या : 2 एन = 24, 28, 30

भारतवर्ष में क्लोव बीन को हिन्दी में मिची (michi) या विंद्यायन (vindhyan) या खोटलैया (khotlaiya), गुजराती में गरायो (garayo), तमिल में कट्टूथाली (kathuthali) और मलयालम में निथ्या वाजूथाना (nithya vazhuthana) के नाम से जानते हैं। अंग्रेजी में इसे क्लोव बीन (clove bean) या मार्निंग ग्लोरी (morning glory) या परपल मार्निंग ग्लोरी (purple morning glory) के नाम से पुकारा जाता है। मसाले वाले पौध "क्लोव वृक्ष" के समान होने के कारण इसे क्लोव बीन (clove bean) कहा जाता है। फूला हुआ फल वृन्त (swallen pedicel) ही सब्जी के रुप में उपयोग की जाती है। वर्तमान समय में क्लोव बीन (clove bean) एक महत्वपूर्ण सब्जी के रुप में पहचान बना रही है। क्लोव बीन (clove bean) ही एक ऐसी सब्जी है, जिसकी खेती दुनिया के सभी देशों में की जा सकती है।

उद्भव एवं वितरण

क्लोव बीन (clove bean) के जंगली प्रभेद प्रचुरता से उत्तरी हिमालय में पाये जाते हैं। इस प्रकार देखा जाये तो क्लोव बीन (clove bean) की फसल केरल के पश्चिम समुद्र तटीय क्षेत्र से लेकर हिमालय के 1700.0 मीटर ऊँचे क्षेत्रों में उगते हैं। कम स्तर पर इसकी खेती गंगा के मैदानी भागों तथा डेकेन की पहाड़ियों में की जाती है। विश्व के अन्य गर्म क्षेत्रों जैसे दक्षिण तथा दक्षिण पूर्व एशिया, जिसमें जापान, चीन, वर्मा तथा श्रीलंका भी शामिल है, इसकी खेती के लिए उपयुक्त है।

वानस्पतिक विवरण

क्लोव बीन (clove bean) एकवर्षीय, कमजोर, लतादार तथा मूरीकेट स्टेम (muricate stem) यानी हल्की काँटेदार तना के सहारे उपर चढ़ता है। इसकी पत्तियाँ हृदयाकार, पूर्ण, बिना रोम की तथा हृदय जैसा आकार देने वाली शिरा अन्दर की तरफ दबी होती है। पुष्प का आकार घण्टाकार परपल वायलेट (purple violet) होता है। फल डण्ठल (pedicel) तथा उपर की तरफ मोटा तथा क्लोव (clove) के आकार का होता है, जिस पर कैप्सूल फल (capsule fruit) विकसित होता है।

पुटचक्र / वाह्यदलपुंज (calyx) व फल डण्ठल फसल के साथ बढ़ते हैं। सामान्यतया क्लोव बीन का बीज काला या सफेद होता है। इस सब्जी की वानस्पतिक स्थिति इस प्रकार है।

किंगडम (Kingdom)	प्लान्टी–प्लान्टा
सब किंगडम (Sub-Kingdom)	ट्रैकियोबायोन्टा
डिविजन (Division)	मैग्नोलियोफाइटा
क्लास (Class)	मैग्नोलियोप्सीडा
सब क्लास (Sub-Class)	एस्टेरीडी
आर्डर (Order)	सोलानेल्स
कुल (Family)	कनवालवुलेसी
वंश (Genus)	आइपोमिया
प्रजाति (Species)	आइपोमिया कैलिसियस (*Ipomoea capillacea*)
अन्य प्रजाति (Species)	आइपोमिया अबरप्टा (*Ipomoea abrupta*), आइपोमिया अल्बा (*Ipomoea alba*), आइपोमिया अल्पीना (*Ipomoea alpina*), आइपोमिया अम्नीकोला (*Ipomoea amnicola*), आइपोमिया अक्वाटीका (*Ipomoea aquatica*), आइपोमिया असारीफोलिया (*Ipomoea asarifolia*), आइपोमिया बारबाटीसेप्ला (*Ipomoea barbatisepala*), आइपोमिया बटाटास् (*Ipomoea batatas*), आइपोमिय बटाटोइड्स् (*Ipomoea batatoides*), आइपोमिया बोना–नाक्स (*Ipomoea bona-nox*), आइपोमिया कैरीका (*Ipomoea cairica*), आइपोमिया कैपीलैसी (*Ipomoea capillacea*), आइपोमिया कारनिया (*Ipomoea carnea*), आइपोमिया काक्सीनिया (*Ipomoea coccinea*), आइपोमिय कोरडटोट्रीलोबा (*Ipomoea cordatotriloba*), आइपोमिया कोरडीफोलिया (*Ipomoea cordifolia*), आइपोमिया कोस्टाटा (*Ipomoea costata*), आइपोमिया कोस्टेलाटा (*Ipomoea costellata*), आइपोमिया कीस्टुलाटा (*Ipomoea cristulata*), आइपोमिया साइनासीफोलिया (*Ipomoea cynanchifolia*), आइपोमिया डाटुरीफोलिया (*Ipomoea daturaefolia*), आइपोमिया डेमेरारीआना (*Ipomoea demerariana*), आइपोमिया डाइवर्सीफोलिया (*Ipomoea diversifolia*), आइपोमिया डुमेटोरम (*Ipomoea dumetorum*), आइपोमिया इगर्सीआना (*Ipomoea eggersiana*), आइपोमिया इगर्सी (*Ipomoea eggersii*), आइपोमिया इरीओकर्पा (*Ipomoea eriocarpa*), आइपोमिया घीका (*Ipomoea ghika*), आइपोमिया ग्रासीलिस (*Ipomoea gracilis*), आइपोमिया ग्रामीनीआ (*Ipomoea graminea*), आइपोमिया हेडेरसिया (*Ipomoea hederacea*), आइपोमिया हालीअर्का (*Ipomoea halierca*), आइपोमिया हेडेरफोलिया (*Ipomoea hederifolia*), आइपोमिया होरीडा (*Ipomoea horrida*), आइपोमिया होर्सफालि (*Ipomoea horsfalliae*), आइपोमिया इम्पेराटी (*Ipomoea imperati*), आइपोमिया इनसिसा (*Ipomoea incisa*),

आइपोमिया इंडिका (*Ipomoea indica*), आइपोमिया जलपा (*Ipomoea jalapa*), आइपोमिया कुगी (*Ipomoea krugii*), आइपोमिया लाकुनोसा (*Ipomoea lacunosa*), आइपोमिया लेप्टोफल्ला (*Ipomoea leptophylla*), आइपोमिया ल्युकान्था (*Ipomoea leucantha*), आइपोमिया लिन्धेमेरी (*Ipomoea lindheimeri*), आइपोमिया लिटोरैलिस (*Ipomoea littoralis*), आइपोमिया लोबाटा (*Ipomoea lobata*), आइपोमिया लोंजीफोलिया (*Ipomoea longifolia*), आइपोमिया मैकरांथा (*Ipomoea macrantha*), आइपोमिया मैकोरइजा (*Ipomoea macrorhiza*), आइपोमिया मार्जीनाटा (*Ipomoea marginata*), आइपोमिया मौरीसियाना (*Ipomoea mauritiana*), आइपोमिया मेयरी (*Ipomoea meyeri*), आइपोमिया माइक्रोडाक्टाइला (*Ipomoea microdactyla*), आइपोमिया आब्सकुरा (*Ipomoea obscura*), आइपोमिया आक्रेसिया (*Ipomoea ochracea*), आइपोमिया ओनो (*Ipomoea oenotherae*), आइपोमिया (*Ipomoea pandurata*), आइपोमिया (*Ipomoea pes-caprae*), आइपोमिया (*Ipomoea plebeia*), आइपोमिया (*Ipomoea plummerae*), आइपोमिया (*Ipomoea polymorpha*), आइपोमिया (*Ipomoea pubescens*), आइपोमिया (*Ipomoea pulcherrima*), आइपोमिया (*Ipomoea purga*), आइपोमिया (*Ipomoea purpurea*), आइपोमिया (*Ipomoea quamoclit*), आइपोमिया (*Ipomoea racemigera*)

पोषकीय महत्व

क्लोव बीन का फूला हुआ डण्ठल (**swollen pedicel**) ही सब्जी बनाने हेतु उपयोग किया जाता है। इसमें कोमल पूटचक्र तथा फल भी सम्मिलित होते हैं। सब्जी बनाने के लिए पुष्पन के 7–8 दिन की विकसित फल कलिकाओं का उपयोग किया जाता है। सामान्यतया इसके 100.0 ग्राम खाने योग्य भाग में नमी 87.0 ग्राम, प्रोटीन 1.56 ग्राम तथा खनिज लवण 0.69 ग्राम पाया जाता है (विवेकानन्द पर्वतीय कृषि अनुसंधानशाला, अल्मोड़ा, वार्षिक प्रतिवेदन, 1988)। क्लोव बीन में पोषक मूल्यों के अलावा ज्यादा मात्रा में औषधीय तत्व पाये जाते हैं। छोटा नागपुर के 'मुन्डोस' (**Mundosh**) आदिवासी परिवार में क्लोव बीन के बीज का पाउडर बनाकर बुखार कम करने के लिए उपयोग करते हैं। कहीं–कहीं पर पूरे पौधे को पीसकर रस निकालते हैं, जिसका उपयोग घर के अन्दर या घर के आस–पास खटमल या अन्य नुकसानदायक कीटों को मारने/रोकने के लिए छिड़काव किया जाता है।

उन्नतिशील किस्में

क्लोव बीन की मुख्यतः दो प्रभेद खेती के लिए उपयोग की जाती हैं।

1. गहरे रंग वाली बीजकोष तथा लम्बी फलवृन्त वाली प्रभेद।
2. हल्के रंग वाली बीजकोष तथा छोटी फलवृन्त वाली प्रभेद।

जलवायु

क्लोव बीन उष्ण मौसम में उगने वाली सब्जी फसल है। इसकी खेती छायादार स्थान पर सफलतापूर्वक की जा सकती है।

भूमि एवं भूमि की तैयारी

क्लोव बीन की खेती सामान्यतः सभी प्रकार की मृदा में सफलतापूर्वक की जा सकती है, लेकिन अधिक उत्पादन तथा गुणवत्तायुक्त फलियाँ प्राप्त करने के लिए अम्लीय मृदा ज्यादा उपयुक्त है। खेत की 3–4 बार गहरी जुताई करनी चाहिए तथा प्रत्येक जुताई के बाद पाटा चलाकर खेत को समतल कर लेना चाहिए। बीज की बुआई या पौध रोपण के लिए 30.0 × 30.0 × 30.0 सेन्टी मीटर आकार के गड्ढे बना लिया जाता है। प्रत्येक गड्ढे में 10.0 किलो ग्राम अच्छी सड़ी हुई गोबर की खाद खेत में डालना चाहिए। खाद देने के बाद गड्ढे के उपरी भाग में खेती की उपरी मिट्टी से ढक देना चाहिए।

बीज की बुआई तथा पौध रोपण

सामान्यतया क्लोव बीन की बुआई बीज के द्वारा किया जाता है। इस विधि में प्रत्येक गड्ढे में मात्र 2–3 बीज की बुआई करते हैं। बीज के द्वारा तैयार नर्सरी पौध का रोपण करके भी इसकी खेती की जा सकती है। बीज को पालीथीन की थैलियों में बुआई करते हैं तथा जब पौध 8.0–10.0 सेन्टी मीटर ऊँचाई प्राप्त कर लें, मुख्य खेत में रोपण करते हैं। रोपण के लिए नाली व बरहे बनाते हैं तथा नाली से 10.0–12.0 सेन्टी मीटर छोड़कर पालीइथिलिन में तैयार पौध को मिट्टी की पिण्ड सहित रोपण कर दिया जाता है।

बीज बुआई व पौध रोपण का समय व आपसी दूरी

मुख्यतः क्लोव बीन के बीजों की बुआई मानसून के प्रारम्भ (जुलाई–अगस्त) में किया जाता है। क्लोव बीन के बीजों को 1.0 × 1.0 मीटर या 1.0 × 0.6 मीटर की दूरी पर बुआई/पौध रोपण करते हैं। प्रति हेक्टेयर 6.00–7.00 किलो ग्राम बीज की आवश्यकता पड़ती है।

पौधों को सहारा देना

क्लोव बीन का पौधा काफी कोमल तथा लता वाला होता है। बीज बुआई के लगभग 10–12 दिन बाद पौधा सहारे पर चढ़ना प्रारम्भ कर देता है। अगर पौधों को सहारा नहीं दिया जाता है तो पौधे आपस में लिपट जाते हैं, जिससे कम उपज के साथ घटिया गुणवत्ता वाले फलियाँ प्राप्त होती हैं। सहारा देने के लिए स्थानीय रुप से उपलब्ध बाँस की टहनियाँ या एंगिल लोहें की छड़ें लगाकर करना अच्छा रहता है। गृह वाटिका में इनको चहारदीवारी या झोपड़ियों के छतों पर सहारा देकर चढ़ाया जाता है।

पोषक तत्व प्रबंधन

क्लोव बीन एक ऐसी सब्जी है, जिसको सबसे कम पोषक तत्व की आवश्यकता पड़ती है, क्योंकि इसके पौधे कमजोर तथा कम पोषक तत्व का अवशोषण करते हैं। अगर खेत में उर्वरा शक्ति कम हो तो प्रत्येक गड्ढे में 10.0–15.0 किलो ग्राम अच्छी प्रकार सड़ी गोबर की खाद या वर्मी कम्पोस्ट देना आवश्यक है। इसके अलावा नत्रजन, फास्फोरस तथा पोटाश की मात्रा 35:50:25 किलो ग्राम प्रति हेक्टेयर देने से उपज बढ़ जाती है। जब पौधों की वृद्धि एवं विकास हो रही हो, तो पौधों पर 1.5 प्रतिशत यूरिया का घोल बनाकर पर्णीय छिड़काव करनी चाहिए। अगर पौधों की वृद्धि मन्द गति से हो रही है या पत्तियाँ छोटी या हल्के पीले रंग की हो रही है तो 500.0 ग्राम यूरिया प्रति 1360 वर्गफीट की दर से खड़ी फसल में प्रयोग करना चाहिए।

सिंचाई जल प्रबन्धन

क्लोव बीन चूँकि स्वभाव से कमजोर तथा दूसरे के सहारे बढ़ने वाला पौधा है, अतः पौधों को पानी प्रचुर मात्रा में उपलब्ध रहने पर कोशकीय दबाव ज्यादा होता है और पौधे ज्यादा शाखाएँ विकसित करते हैं और अधिकतम ऊँचाई तक जाते हैं। अगर पौधों को पानी कम मिलती है तो फलियाँ छोटी व कठोर हो जाती हैं।

फसल की कटाई एवं उपज

प्रजातियों के अनुसार क्लोव बीन मात्र 45–60 दिनों में तुड़ाई के योग्य हो जाते हैं। पूर्ण विकसित एवं मुलायम फलियों की तुड़ाई की जानी चाहिए। क्लोव बीन से प्रति पौध 600.0–700.0 ग्राम फलियों की उपज प्राप्त होती है। औसतन एक हेक्टेयर क्षेत्रफल से 5.0–6.0 टन उपज प्राप्त होती है।

ग्वार (Cluster bean)

वानस्पतिक नाम : साइमोप्सिस टेट्रागोनोलोबा (*Cyamopsis tetragonoloba* (L.) Taub.)

कुल : फाबेसी (Fabaceae)

गुणसूत्र संख्या : 2 एन = 14

उद्भव एवं वितरण

ग्वार की उत्पत्ति स्थल के बारे में अभी कुछ निश्चित नही है, फिर भी लम्बे समय से इसकी खेती भारत, पेरु एवं जावा में होती आ रही है तथा इन क्षेत्रों में इसका व्यापारिक स्तर पर भी उत्पादन होता है। अनुमान लगाया गया है कि इसका जन्म स्थान भारत या अफ्रीका है। ग्वार उत्तरी भारत की एक प्रमुख दलहनी सब्जी फसल है, परन्तु दक्षिण भारत में भी ग्वार की सब्जी बहुत ही लोकप्रिय है। राजस्थान ग्वार उत्पादन में अग्रणी है, लेकिन उत्पादकता कम है। इसकी खेती बरानी इलाकों के लिए अधिक प्रचलित है, क्योंकि इसमें सूखा सहन करने की शक्ति होती है।

वानस्पतिक विवरण

ग्वार का वानस्पतिक नाम साइमोप्सिस ट्रेट्रागोनोलोबा (*Cyamopsis tetragonoloba* (L.) Taub.) और फाबेसी का सदस्य है। वंश साइमोप्सिस के अन्तर्गत 3 और प्रजातियाँ पायी जाती है, जिसमें प्रजाति साइमोंप्सिस टेट्रागोनोलोबा (2एन=14) ही आर्थिक दृष्टि से महत्वपूर्ण है।

पोषकीय महत्व

ग्वार की हरी मुलायम फलियाँ सब्जी बनाने में प्रयोग की जाती हैं। सब्जी के अलावा इसकी फलियों को उबाल कर "भुर्ता" बनाया जाता है, जो बहुत ही स्वादिष्ट होता है। इसकी हरी फलियों में रेशा, विटामिन "ए", "सी" व फोलिक अम्ल आयरन (लोहा) की मात्रा अधिक पाई जाती है, जिससे इसके सेवन से पाचन सम्बन्धी विकार दूर हो जाते हैं। सब्जी के अतिरिक्त इसकी फसल चारे तथा हरी खाद के लिए भी उगाई जाती है। दलहनी फसल होने के कारण मृदा में नत्रजन एवं कार्बनिक अवशेषों में वृद्धि कर उर्वरा शक्ति बढ़ाती है। इसके बीज से गोंद या आटा भी बनाया जाता है, जिसका कागज व कपड़ा उद्योगों में अधिक महत्व है। गोंद का उपयोग डाक टिकटों, बिस्कुट उद्योग में निर्मित पदार्थों में चिकनाहट लाने, छपाई की स्याही, कागज बनाने, लुग्दी (pulp) को उच्च कोटि का बनाने तथा रेशम व कपड़ा उद्योग में किया जाता है (अज्ञात, 1979)। ग्वार के बीज में चिपचिपा गोंद जैसा पदार्थ होता है। ग्वार के दाने से 28.0–30.0 प्रतिशत गोंद पाया जाता है, जिसे ग्वार गम (gum) या गैलेक्टोमैनन (glactomannan) कहते हैं, जिसका व्यापक उपयोग टेक्सटाइल, पेपर, कास्मेटिक (cosmetic) और आयल इन्डस्ट्रीज (oil industries) में किया जाता है। विदेशी मुद्रा अर्जित करने में ग्वार का योगदान लगभग 200 करोड़ है, जो कपड़ा उद्योग, श्रृंगार प्रसाधन, दवाईयाँ एवं विस्फोटक पदार्थ बनाने में उपयोग किया जाता है। ग्वार की फसल से हरी खाद बनती है। ग्वार की फलियों में पाये जाने वाले पोषक तत्वों को सारिणी में दिया गया है।

सारिणी (12.13) ग्वार की फलियों में पाये जाने वाले पोषक तत्व (प्रति 100 ग्राम खाने योग्य भाग में)

पोषक तत्व	मात्रा
नमी	81.0 ग्राम
प्रोटीन	3.2 ग्राम
वसा	0.4 ग्राम
खनिज तत्व	1.4 ग्राम
रेशा	3.2 ग्राम
कार्बोहाइड्रेट्स	10.8 ग्राम
ऊर्जा	16 किलो कैलोरी
कैल्शियम	130.0 मिली ग्राम
फास्फोरस	57.0 मिली ग्राम
आयरन	1.08 मिली ग्राम
कैरोटिन	198 माइकोंग्राम
थाइमिन	0.09 मिली ग्राम
रिबोफ्लेविन	0.03 मिली ग्राम
नियासिन	0.6 मिली ग्राम
फोलिक अम्ल	50.0 माइकोग्राम
विटामिन 'सी'	49.0 मिली ग्राम

स्रोत : गोपालन एवं संहयोगी, 1999

उन्नतिशील प्रजातियाँ

ग्वार की अनेक किस्में है। दक्षिण भारत में उगाई जाने वाली ग्वार की किस्में मुख्य रूप से सब्जी वाली है, जब कि पश्चिमोत्तर भारत में इसकी दाल वाली किस्में उगाई जाती हैं। इन किस्मों को पौधों की बढ़वार, शाखाओं एवं रोयें के रहने के आधार पर दो समूहों में बाँटा जा सकता है–

(अ) लम्बी बढ़ने वाली किस्में

इस समूह की किस्मों के पौध काफी लम्बी होती हैं। ऐसी किस्मों को गुजरात एवं महाराष्ट्र में ज्यादा उगाया जाता है।

(ब) बौनी किस्में

इस समूह के पौधे छोटे होते हैं। बौनी किस्मों की खेती ज्यादातर पंजाब, उत्तर प्रदेश एवं महाराष्ट्र में किया जाता है। ग्वार की सब्जी वाली मुख्य किस्में निम्नलिखित हैं–

पूसा सदाबहार (Pusa Sadabahar)

पूसा सदाबहार किस्म भारतीय कृषि अनुसन्धान संस्थान, नई दिल्ली द्वारा 'जयपुरी' स्थानीय किस्म से चयन पद्धति से विकसित की गयी है। यह किस्म गर्मी तथा बरसात में उगाने के लिए

उपयुक्त है। इसकी फलियाँ 12.0–13.0 सेन्टी मीटर लम्बी, मुलायम व बिना रेशे की होती हैं। फलियों की तुड़ाई गर्मी में बीज बुआई के लगभग 45 दिन बाद तथा बरसात में 55 दिन बाद प्रारम्भ हो जाती है। यह अधिक उपज देने वाली एकल शाखा किस्म है।

पूसा मौसमी (Pusa Mausami)

इस किस्म का विकास भारतीय कृषि अनुसंधान संस्थान नई दिल्ली द्वारा उत्तर भारत के स्थानीय जननद्रव्य से चयन करके किया गया है। यह अधिक उपज देने वाली पिछेती किस्म है। पौधों पर कई शाखाएँ निकलती हैं। इसकी फलियाँ देर से तैयार होती हैं। बोने के लगभग 65–80 दिन बाद प्रथम तुड़ाई की जाती है। इसकी फलियाँ 10.0–12.0 सेन्टी मीटर लम्बी, चमकीली, तथा हरी होती हैं। यह किस्म खरीफ ऋतु में लगाने के लिए उपयुक्त है।

पूसा नवबहार (Pusa Navbahar)

इस किस्म का विकास भारतीय कृषि अनुसंधान संस्थान, नई दिल्ली द्वारा पूसा सदाबहार व पूसा मौसमी के संकरण से किया गया है। यह एकल तना (single stem) वाली किस्म है अर्थात इस किस्म में शाखाएँ नहीं बनती हैं। इसकी खेती दोनों मौसमों गर्मी तथा बरसात में की जा सकती है। इसकी फलियाँ पूसा मौसमी जैसी होती हैं जबकि पौधों की बढ़वार पूसा सदाबहार जैसी होती है। इसकी फलियाँ 15.0 सेन्टी मीटर लम्बी, मुलायम व हरे रंग की होती है। फलियों की पहली तुड़ाई बीज बुआई के लगभग 45.0–55.0 दिन में प्रारम्भ हो जाती है। इस किस्म की उपज 12.0 टन प्रति हेक्टेयर होती है। इस किस्म के पौधे जमीन पर नहीं गिरते हैं और जीवाणु झुलसा (bacterial blight) से जल्दी प्रभावित नहीं होती है।

शरद बहार (Sharad Bahar)

इस किस्म का विकास महाराष्ट्र से प्राप्त जननद्रव्य आई0सी0 011704 से एकल पौध चयन के द्वारा विकसित किया गया है। यह एक अच्छी पैदावार देने वाली किस्म है। बीज का रंग हल्का गुलाबी, भूरा तथा आकार में चपटा होता है। पौधे की ऊँचाई 107.0 सेन्टी मीटर तक होती है। इसमें प्रत्येक पौधे से 12–14 शाखायें निकलती हैं और सामान्यतः एक पौधे पर 133 फलियाँ लगती हैं। फलियाँ मुलायम, चिकनी एवं आकर्षक होती हैं।

पी0–28–1–1 (P-28-1-1)

इस किस्म का विकास राष्ट्रीय पादप अनुवांशिकीय संसाधन ब्यूरो, नई दिल्ली से पूसा नवबहार और आई0सी0–11521 के बीच संकरण द्वारा किया गया है। पौधों पर प्रकाश अवधि का प्रभाव नहीं पड़ता है अर्थात् यह किस्म प्रकाश असंवेदनशील है। यह 14.0–15.0 टन/हेक्टेयर उपज देती है। यह किस्म ग्रीष्म तथा बरसात दोनों मौसमों में उगाने के लिए उपयुक्त है।

आई0 सी0 011388 (IC 011388)

इस किस्म को कच्छ से एकत्रित किये गये जननद्रव्य से एकल पौध चयन (single plant selection) विधि द्वारा विकसित किया गया है। यह किस्म शरद बहार किस्म की तुलना में जल्दी तैयार होती है। इसकी उपज क्षमता 16.0 टन/हेक्टेयर है।

कंचन बहार (एम–83) (Kanchan Bahar or M-83)

ग्वार की यह एक उत्तम सब्जी वाली किस्म है, जिसकी खेती खरीफ एवं जायद दोनों ऋतुओं में सफलता पूर्वक की जा सकती है। यह शाखा रहित, सफेद फूल एवं प्रत्येक गाँठ पर फलियाँ गुच्छे में बनती हैं। फसल समान्यतः 85–90 दिन में तैयार हो जाती हैं। औसत हरी फली उपज 7.0–8.0 टन/हेक्टेयर है।

दुर्गा बहार (Durga Bahar)

इस किस्म का विकास कृषि अनुसंधान केन्द्र, दुर्गापुरा (राजस्थान) द्वारा किया गया है। पौधे बिना शाखा वाले, पत्तियाँ चिकनी व फूल सफेद रंग के होते हैं। पौधे की प्रत्येक गाँठ पर लम्बी, चिकनी एवं मुलायम फलियों के गुच्छे लगते हैं। फलियाँ 45 दिनो बाद तोड़ने योग्य हो जाती हैं।

उपरोक्त किस्मों के अतिरिक्त कोयम्बटूर, तमिलनाडु से सी0पी0 78, आनन्द गुजरात से 160–1, एस–299–7, एस–279 और सिरसा हरियाणा से पंजाब ग्वार नं0 1,2,3,4 तथा 5 विकसीत की गयी है (पार्थ सारथी, 1990)।

जलवायु

ग्वार गर्म मौसम की फसल है। इसकी फसल दोनों मौसमों गर्मी व वर्षा ऋतु में उगाई जाती है। इसमें सूखा सहन करने की अद्भूत शक्ति होती है। इसलिए इसकी खेती, गर्मी में और उन भागों में जहाँ वर्षा कम होती है या सिंचाई का साधन नहीं होता है, सफलतापूर्वक की जा सकती है। प्रयोग में पाया गया है कि जहाँ वर्षा 100.0–150.0 मिली मीटर प्रति वर्ष हो रही हो, वहाँ भी इसकी भरपूर उपज मिलती है।

भूमि एवं भूमि की तैयारी

ग्वार की खेती अनेकों प्रकार की भूमि में की जा सकती है, लेकिन बलुई या बलुई दोमट, भूमि जिसमें जल निकास का अच्छा प्रबन्ध हो, उत्तम मानी जाती है। जिस मिट्टी का पी0एच0 मान 7.5–8.0 हो, इसकी खेती काफी सफल पायी गयी है। असिंचित एवं सिंचित दोनों स्थितियों में इसकी खेती की जा सकती है। गर्मी के महीने में भूमि की 2–3 बार जुताई हैरो से करने के बाद पाटा चलाकर तथा वर्षा होने पर 2 बार जुताई करके अच्छी तरह से खेत को तैयार कर लिया जाता है। यदि खेत में दीमक या सफेद लट का प्रकोप ज्यादा हो रहा हो, तो भूमि का उपचार करना आवश्यक है। भूमि उपचार के लिए क्लोरोपायरीफास 10 प्रतिशत या क्यूनालफास 5 प्रतिशत या कार्बोफ्यूरान 3 प्रतिशत, धूल की 25.0 किलो ग्राम मात्रा प्रति हेक्टेयर की दर से खेत की अन्तिम जुताई के समय भूमि में मिलाना चाहिए।

पोषक तत्व प्रबंधन

ग्वार दलहनी कुल की फसल है, इसलिए इसको अधिक खाद तथा उर्वरकों की आवश्यकता नहीं पड़ती है, लेकिन अच्छी फसल के लिए भारतीय कृषि अनुसन्धान परिषद, नई दिल्ली द्वारा सिफारिश की गई है कि 10.0–20.0 किलो ग्राम नाइट्रोजन, 50.0–70.0 किलो ग्राम फास्फोरस और 50.0–70.0 किलो ग्राम पोटाश प्रति हेक्टेयर की दर से फसल में दें (Hand Book of Agriculture, ICAR)। जहाँ फास्फोरस तत्व डी0ए0पी0 (86.0 किलो ग्राम/हेक्टेयर) द्वारा किये जाये वहाँ यूरिया देने की आवश्यकता नहीं है। चौ0 चरण सिंह हरियाणा कृषि विश्वविद्यालय, हिसार (हरियाण) द्वारा सिफारिश की गई है कि इसकी अधिक पैदावार के लिए खेत की तैयारी करते समय लगभग 10–15 टन प्रति हेक्टेयर गोबर की खाद मिट्टी में मिला देनी चाहिए। इसके अतिरिक्त 30.0 किलो ग्राम नाइट्रोजन और 50.0 किलो ग्राम फास्फोरस की आवश्यकता होती है। ग्वार की हरी फलियों की ज्यादा उपज प्राप्त हो, इसके लिए खेत में 150.0 किलो ग्राम जिप्सम (gypsum) प्रति हेक्टेयर बुवाई पूर्व मिट्टी में मिलाना चाहिए। जिन भूमि में जिंक (zinc) की कमी हो, 25.0 किलो ग्राम जिंक सल्फेट/हेक्टेयर की दर से बुवाई पूर्व मिट्टी में मिलाना आवश्यक है।

बुआई का समय

ग्वार की फसल साल में दो बार गर्मी व वर्षा ऋतु में उगाई जाती है। गर्मी वाली फसल की बुआई फरवरी–मार्च में तथा वर्षा ऋतु वाली फसल की बुआई वर्षा प्रारम्भ होने के समय यानी जून–जुलाई में की जाती है। विलम्ब से मानसून आने की स्थिति में अगस्त के मध्य तक भी बोने से उपज अच्छी मिलती है।

बीज की मात्रा

अगर ग्वार की खेती हरी फलियों के लिए की जाती है, तो एक हेक्टेयर क्षेत्रफल की बुआई के लिए 12.0–15.0 किलो ग्राम बीज पर्याप्त होता है। देरी से बुआई करने पर 30.0 किलो ग्राम बीज प्रति हेक्टेयर लगता है, जबकि चारा वाली फसल के लिए 35.0–40.0 किलो ग्राम बीज लगता है। बीज सुडौल, बड़े आकार के व रोग रहित होने चाहिए। बुआई के पूर्व प्रति किलो ग्राम बीज को राइजोबियम कल्चर (*Rhizobium* culture) के 10 ग्राम मात्रा से उपचारित करना चाहिए। बीज को छाया में सूखाकर सायंकाल बुआई करना चाहिए। अंगमारी रोग की रोकथाम हेतु बीज को एग्रोमाइसिन 250 पी0पी0एम0 या स्ट्रेप्टोसाइक्लिन 100 पी0पी0एम0 (10 लीटर पानी में क्रमशः 25 मिली लीटर एवं 10 मिली लीटर) दवा के घोल में 5–6 घन्टें भिगोकर उपचारित करना चाहिए।

बुआई की विधि

ग्वार की बुआई दो प्रकार से छिटकवाँ तथा कतारों में की जाती है। छिटकवाँ विधि उत्तम नहीं होती है, क्योंकि इसमें बीज की अधिक मात्रा की आवश्कता होती है तथा कृषि क्रियाओं में कठिनाई होती है। अतः कतारों वाली विधि अति उत्तम है। इसमें कतार से कतार की दूरी 30.0–45.0 सेन्टी मीटर तथा पौधे से पौधे की दूरी 20.0–30.0 सेन्टी मीटर रख कर 5.0–7.0 सेन्टी मीटर गहराई पर बुआई की जाती है।

सिंचाई जल प्रबन्धन

ग्वार की खेती बारानी इलाकों (rainfed regions) में सफलतापूर्वक की जा सकती है। वर्षा ऋतु वाली फसल को सिंचाई की आवश्यकता नहीं होती है, फिर भी अगर सिंचाई की आवश्यकता हो तो 1–2 सिंचाई करनी चाहिए। गर्मी वाली फसल की सिंचाई आवश्यकतानुसार 2–3 बार की जाती है। खरीफ के मौसम में जल निकास सही होना चाहिए, क्योंकि ग्वार पानी सहन नहीं कर सकता है। अच्छी वर्षा नहीं होने पर फसल की क्रान्तिक अवस्थाओं जैसे फसल बढवार की अवस्था, फूल बनने की अवस्था एवं फलियों के विकसित होने की अवस्था पर सम्भव हो तो सिंचाई अवश्य करें।

पादप वृद्धि नियामक

ग्वार में पुष्प आने से पहले 500 पी0पी0एम0 साइकोसील (cycocel) का छिड़काव करने से उपज में वृद्धि होती है।

निकाई–गुड़ाई

फसल की प्रारम्भिक अवस्था (20–30 दिन बाद) में 2–3 बार निकाई–गुड़ाई कर देनी चाहिए, जिससे खेत खरपतवार मुक्त हो जायें। फसल की बढ़वार हो जाने पर खरपतवार स्वतः कम उगते हैं। बीज फसल के लिए खरपतवारनाशी जैसे वासालिन 2.5 लीटर प्रति हेक्टयर में 1000 लीटर पानी में घोल बनाकर छिड़काव करना चाहिए या फ्लूक्लोरेलिन 750.0 मिली लीटर 1000.0 लीटर पानी में घोलकर प्रति हेक्टेयर बुवाई के पहले भूमि पर छिड़काव करें।

फलियों की तुड़ाई

इसकी हरी, कोमल फलियाँ जिनमें रेशे नहीं बने हों, की तुड़ाई सब्जी हेतु की जाती है। सब्जी वाली फसल के लिए 6–8 सप्ताह में फलियाँ खाने योग्य हो जाती हैं।

उपज

इसकी हरी फलियों की पैदावार 8.0–10.0 टन प्रति हेक्टेयर होती है। ग्वार की पैदावार मौसम और किस्म के उपर निर्भर करती है।

पौध संरक्षण

• प्रमुख कीट एवं उनका प्रबन्धन

माहूँ (Aphid)

माहूँ या चेपा (*Aphis craccivora*) कीट का प्रकोप जनवरी के महीने में आरम्भ हो जाता है। सामान्यतः यह कीट पत्तियों और कोमल टहनियों का रस चूसता है।

प्रबन्धन

प्रबन्धन के तौर पर कीटनाशी मैलाथियान 50 ई0सी0 दवा की 1.5 मिली लीटर प्रति लीटर पानी की दर से घोल बनाकर 10 दिनों के अन्तराल पर छिड़काव करना चाहिए।

फल छेदक (Pod borer)

फल छेदक (*Adisura atkinsoni* and *Exelastis atomosa*) कीट की सूड़ी फलियों में छेद करके अन्दर ही अन्दर नुकसान पहुँचाती है।

प्रबन्धन

इस कीट के प्रबन्धन हेतु मोनोक्रोटोफास कीटनाशी दवा का 2.0 मिली लीटर प्रति लीटर पानी में घोल बनाकर छिड़काव करना चाहिए।

सफेद मक्खी (White fly)

ग्वार की फसल पर कभी–2 सफेद मक्खी का भी प्रकोप होता है।

प्रबंधन

नियन्त्रण के लिए मिथायल पैराथियान की 2.0 प्रतिशत या इन्डोसल्फान की 4.0 प्रतिशत चूर्ण की 25.0 किलो ग्राम मात्रा प्रति हेक्टेयर की दर से भुरकाव करना चाहिए।

कातरा (Catterpillar)

कातरा बड़ी तेजी से फसल पर आक्रमण करता है और कोमल पत्तियों को खाकर नुकसान पहुँचाता है।

प्रबंधन

बचाव के लिए प्रथम व द्वितीय अवस्था में इण्डोसल्फान 4 प्रतिशत या क्यूनालफास, 1.5 प्रतिशत का भुरकाव प्रति हेक्टेयर की दर से करना चाहिए। बड़ी अवस्था पर जहाँ पानी उपलब्ध हो, वहाँ डाईक्लोरोवास 100 ई0सी0 की 300 मिली लीटर या मिथायल पैराथियान 50 ई0सी0 की 625 मिली लीटर प्रति हेक्टेयर की दर से छिड़काव करना चाहिए।

• प्रमुख बीमारियाँ एवं उनका प्रबन्धन

एन्थ्रक्नोज (Anthracnose)

यह रोग कोलेटोट्राइकम लिंडेमुथियेनम (*Colletotrichum lindemuthianum*) फफूँद द्वारा होता है। इसमें तनों, पत्तियों, फलों और बीज के उपर लम्बें सिकुड़े हुये गहरे लाल रंग के कैंकर (canker) बनते हैं।

प्रबंधन

बीज का उपचार 2.0 ग्राम सेरसान या कैप्टान दवा प्रति किलो ग्राम बीज के हिसाब से करना चाहिए। बीज को ट्राइकोडर्मा (trichoderma) पावडर की 10.0 ग्राम मात्रा प्रति किलो ग्राम बीज में मिलाकर बीजोपचार किया जा सकता है।

चूर्णिल आसिता (Powdery mildew)

ग्वार की फसल पर सफेद चूर्णिल फफूँद रोग का प्रकोप ज्यादा होता है, जिससे पौधे की पत्तियों के अलावा तने व फलियों पर भी चूर्ण विकसित होते हैं। फलों पर बिन्दुनुमा कवक तन्तु विकसित होते हैं।

प्रबंधन

पैराथियान दवा का 0.2 प्रतिशत घोल बनाकर 10–15 दिन के अन्तर पर छिड़काव करना चाहिए। इसके अलावा बेनोमील 0.2 प्रतिशत या डाइनोकेप 0.10 प्रतिशत घोल का छिड़काव भी उत्तम है।

जीवाणु झुलसा (Bacterial blight)

यह एक बीज जनित (seed born) बीमारी है इस बीमारी में धब्बे तथा झुलसा साथ–2 होती है। वर्षा ऋतु में अधिक आर्द्रता व अधिक गर्मी (28–30 सेन्टीग्रेड) के समय इस बीमारी का प्रकोप ज्यादा होता है।

प्रबंधन

बीज को गर्म पानी (50 डिग्री सेन्टीग्रेड) के साथ स्टेप्टोसाइक्लीन की 0.02 प्रतिशत घोल को मिलाकर उपचार करना चाहिए। बुआई से पहले बीज को 2.0 ग्राम प्रति लीटर स्ट्रेप्टोसाईक्लीन के घोल में रखना काफी लाभप्रद होता है। रोग प्रतिरोधक प्रजातियाँ लगाना उत्तम है। सड़े एवं प्रभावित पौधे खेत में दिखने पर उखाड़ कर नष्ट कर देना चाहिए।

आल्टरनेरिया लीफ राट (Alternaria leaf rot)

आल्टरनेरिया साइमोप्सिडिस (*Alternaria cyamopsidis*) बीमारी में पत्तियों के कोने में गोलाकार धब्बे 2.0–10.0 मिली मीटर आकार के होते हैं।

प्रबंधन

मैंकोजेब या जाइनेब 0.25 प्रतिशत घोल के साथ स्ट्रेप्टोसाइक्लीन 0.02 प्रतिशत का मिश्रण बोने के 5 सप्ताह बाद छिड़काव करने से लीफ स्पाट (leaf spot) की रोकथाम किया जा सकता है।

ड्राई रूट राट (Dry root rot)

यह बीमारी जड़ के सड़ने के साथ शुरू होती है। बाद में भूरापन व कालापन तनों में विकसित होता है।

प्रबंधन

बचाव के लिए फसल चक्र अपनाना चाहिए। बीज को कारबेन्डाजिम 0.2 प्रतिशत से उपचारित करने से बीमारी कम होती है अथवा ट्राइकोडर्मा (trichoderma) 250.0 ग्राम प्रति हेक्टेयर की दर से छनी गोबर की खाद में मिलाकर मिट्‌टी में डालना चाहिए।

झुलसा (Blight)

झुलसा (*Xanthomonos axonopodis* pv. *cyamopsidis*) रोग से पत्तियाँ एवं फल झुलसने लगते हैं।

प्रबंधन

नियन्त्रण के लिए खड़ी फसल में 100 पी0पी0एम0 स्ट्रेप्टोसाइक्लिन 15 दिन के अन्तराल पर 2 बार छिड़काव करना चाहिए।

सब्जी सोयाबीन (Vegetable Soy Bean)

वानस्पतिक नाम : ग्लाइसिन मैक्स एल0 (*Glycine max* L.)

कुल : फाबेसी (Fabaceae)

गुणसूत्र संख्या : 2 एन = 18

उद्‌भव एवं वितरण

ऐसा विश्वास किया जाता है कि सोयाबीन की उत्पत्ति चीन में हुई, जहाँ से यह कोरिया के रास्ते संसार के अन्य भागों में पहुँचा। हजारों वर्षों से यह पूर्वी देशों में एक प्रमुख सब्जी के रूप में काम में लाया जाता रहा है। भारत में इसकी खेती उत्तरी हिस्सों–उत्तर प्रदेश के पहाड़ी क्षेत्रों, पंजाब, हिमाचल प्रदेश तथा मध्य प्रदेश के कुछ हिस्सों तक ही सीमित है। यहाँ के किसानों में इस फसल के अधिक प्रचलित न होने का मुख्य कारण इसकी काली किस्मों को पसन्द न करना, कम उपज, फसल तैयार होने में अधिक समय का लगना तथा फलियों के पकने के बाद दानों का खेत में ही झड़ जाना है।

पोषकीय महत्व

सोयाबीन एक अत्यन्त महत्वपूर्ण पौष्टिक सब्जी है। इसमें 40.0 प्रतिशत प्रोटीन और 20.0 प्रतिशत वसा (fat) पायी जाती है। इनके अतिरिक्त इसमें विटामिन और खनिजों की पर्याप्त मात्रा भी पाई जाती है। इसमें उपलब्ध प्रोटीन का गुण माँस, दूध तथा अण्डे की प्रोटीन के समकक्ष होने के कारण अन्य सब्जियों की प्रोटीनों से यह श्रेष्ठ है। सब्जी के रूप में सोयाबीन से काफी पोषक और स्वादिष्ट व्यंजन बनाने जा सकते हैं। सोयाबीन की फलियों के हरे दानों में हरी मटर की अपेक्षा प्रोटीन की मात्रा दुगनी होती है। इसकी सब्जी हरे मटर की तरह ही बनाई जाती है।

उन्नतिशील किस्में

सब्जी के लिए आदर्श किस्में इस प्रकार हैं –

1. डिसोय
2. वर्डे
3. किम
4. कनरिच
5. प्राइस
6. बनसाई

दाने वाली किस्मों की अपेक्षा इन किस्मों के बीज बड़े होते हैं, फलियाँ लम्बी और चपटी होती हैं। सब्जी वाली किस्मों के हरे दानों में प्रोटीन की मात्रा अधिक और तेल की मात्रा कम पाई जाती है।

भूमि एवं भूमि की तैयारी

इसकी खेती प्रायः सभी प्रकार की मिट्टियों में की जा सकती हैं लेकिन अच्छी उर्वरा शक्ति और अच्छे जल निकास वाली दोमट या बलुई दोमट मिट्टी श्रेष्ठ होती है। खेत में पानी रूक जाने से पौधों को काफी हानि होती है। खेत की पहली बार गहरी जुताई तथा 2 या 3 बार अच्छी तरह कल्टीवेटर से जुताइयाँ करनी चाहिए। प्रत्येक जुताई के बाद पाटा लगा देना चाहिए, जिससे ढेलें टूट जायें व मिट्टी भुरभुरी हो जाये।

पोषक तत्व प्रबंधन

यह दलहन वाली फसल है और जीवाणुओं के द्वारा वायुमण्डल से नाइट्रोजन अर्जित करती है। बीजों को बोने से पहले शोधित करने से अच्छी फसल मिलती है। प्रति हेक्टेयर 20.0–30.0 किलोग्राम नाइट्रोजन, 80.0 किलोग्राम फास्फोरस और 40.0–60.0 किलोग्राम पोटाश फसल में देना उचित रहता है, उर्वरकों को जमीन में अच्छी तरह फैलाने के पश्चात् खेत की जुताई करके मिला देना चाहिए।

बीज की मात्रा

एक हेक्टेयर भूमि की बीजाई करने के लिए लगभग 60.0–70.0 किलोग्राम बीज पर्याप्त होता है।

बीज का शोधन

लगभग 100 ग्राम चीनी या गुड़ को एक लीटर पानी में घोल कर 15 मिनट तक उबालना चाहिए। घोल के ठण्डा होने पर बीज को इस घोल में अच्छी तरह भिगों देना चाहिए। सोयाबीन कल्चर को भीगे हुए बीज में अच्छी तरह मिलाना चाहिए। इसके बाद बीज को छाया में सूखने देना चाहिए तथा उपचार के तुरन्त बाद इसकी बुआई कर देनी चाहिए। एक हेक्टेयर बीज के लिए 1.0 किलोग्राम कल्चर पर्याप्त होता है।

बुआई का समय

सोयाबीन की साल में दो फसल ली जाती है। जायद वाली फसल की बुआई फरवरी के दूसरे सप्ताह तथा खरीफ वाली फसल की बुआई जून के अंतिम सप्ताह से जुलाई के पहले सप्ताह में करना अधिक उपयोगी होता है।

बुआई की विधि

बीज की बुआई के लिए सीड ड्रिल का प्रयोग करना उत्तम होता है। एक कतार से दूसरी कतार की दूरी 40.0 सेन्टी मीटर तथा बीज की दूरी 5.0 सेन्टी मीटर रखते हैं। बीज की बीजाई मिट्टी में लगभग 4.0 सेन्टी मीटर गहराई पर की जाती है।

सिंचाई जल प्रबन्धन

खरीफ के मौसम में साधारणतया सिंचाई की आवश्यकता नहीं होती है, लेकिन जायद मे 4–5 सिंचाईयाँ करनी पड़ती है। फलियाँ लगने और दाने बढ़ने की अवस्था में सिंचाई बहुत जरूरी होती है।

फलियों की तुड़ाई

सब्जी वाली किस्मों की फलियाँ दाने वाली किस्मों की फलियों से अधिक चौड़ी होती हैं। इन किस्मों की फलियों से दाने निकलने का प्रतिशत 40–50 के बीच होता है। ये किस्में 80–90 दिनों मे पककर तैयार हो जाती है। फलियों की तुड़ाई हाथ से की जाती है ।

उपज

सब्जी वाली किस्मों से हरी फलियों की औसत पैदावार लगभग 12.5–15.0 टन प्रति हेक्टेयर होती है।

पौध संरक्षण

• प्रमुख रोग एवं उनका प्रबन्धन

इसकी फसल को निम्न रोगों से अधिक हानि होती है।

पौध गलन रोग

इसमें बीज उगते ही पौधे गल जाते हैं। इससे बचने के लिए थीरम दवा का 2.4–4.5 ग्राम प्रति किलो ग्राम बीज के हिसाब से बीजोपचार करना चाहिए।

मोजैक

इस बीमारी से ग्रसित पौधों की पत्तियाँ पीली पड़ जाती हैं तथा इससे ग्रसित पौधों से उपज कम मिलती है। इस बीमारी से बचने के लिए रोगी पौधों को उखाड़ कर फेंक देना चाहिए।

• प्रमुख कीट एवं उनका प्रबन्धन

जड़ काटने वाला कीट

अन्य कीटों की अपेक्षा इस कीट से सोयाबीन की फसल को अधिक हानि पहुचती है। ये कीट जमीन के अन्दर रहते हैं तथा जड़ों को काट देते हैं इन कीटों पर नियन्त्रण पाने के लिए 25.0 किलो ग्राम प्रति हेक्टेयर की दर से एल्ड्रिन या हेप्टाक्लोर की 5 प्रतिशत धूल को बुआई के पहले खेत मे मिला देना चाहिए।

बाँकला (Broad bean or Faba bean)

वानस्पतिक नाम : विसिया फाबा (*Vicia faba* L.)
कुल : फाबेसी (Fabaceae)
गुणसूत्र संख्या : 2 एन = 12

हिन्दी में प्रचलित बाँकला को बंगाली में मक्खन सेम, उड़ीया में तिम्बा, गुजराती में फाफदा पापड़ी, कन्नड़ में चप्परा दायरे, मलयालम में अवारका, तमिल में अवराई तथा तेलगु में पेड्डा थिवकुड्डु के नाम से जानते हैं। इसके अलावा इसे हार्सबीन, पीकबीन, बकेलाबीन आदि नामों से जानते हैं। बाँकला की खेती बहुत सीमित क्षेत्रफल में की जाती है। इसे ब्राडबीन या फेबा बीन के नाम से भी जानते हैं।

उद्भव एवं वितरण

प्राथमिक तौर पर बाँकला का उद्भव स्थल उत्तरी अमेरिका एवं कैस्पियन सागर है। (डी कन्डोले, 1967, लेडिजिन्सकी, 1975)। कुछ पुरातत्व विभाग के तथ्यों को सम्मिलित करने पर इसकी उत्पत्ति इजिप्ट को माना जाता है (अबदुल्ला, 1979)। ऐसा विश्वास किया जाता है कि बाँकला की खेती 6800–6500 ई0 पूर्व इजराइल में प्रारम्भ हुई थी और इसकी उपस्थापन (introduction) मेडिटेरैनियन एवं सेन्ट्रल यूरोप में 3000 वर्ष बाद में हुआ (कबरेरो, 1973)। अमेरिका की खोज के समय केवल यही एक सब्जी थी, जिसकी जानकारी लोगों को थी। भारत वर्ष के अलावा जर्मनी, फ्रांस, इटली, इजिप्ट, इथोपिया, मोरक्को, चीन आदि देशों में इसकी व्यापक खेती हरी फलियों एवं सूखे दानों के लिए की जाती है। चीन में अकेले बाँकला की खेती का योगदान विश्व में 60 प्रतिशत तक है। भारत वर्ष में बिहार, मध्य प्रदेश, उत्तर प्रदेश, पंजाब, हरियाणा, राजस्थान, कश्मीर, कर्नाटक, तमिलनाडु व केरल कुछ अग्रणी राज्य माने जाते हैं।

वानस्पतिक विवरण

बाँकला को दो उपजातियों में बाँटा जा सकता है। प्रथम समूह फाबा (faba) है जिसे एक पत्ती में चार से अधिक पर्णक (पत्रक) व दूसरी समूह पौसिजूगा है, जिसमें एक पत्ती में चार से कम पत्रक पाये जाते हैं। प्रथम समूह के फाबा को बीज विन्यास व विकास के आधार पर तीन वानस्पतिक किस्मों, मेजर, इक्यूइना तथा माइनर में विभाजित किया जा सकता है (मुराटोवा,1931)। बाँकला एकवर्षीय शाकीय पौधा है जिसकी ऊँचाई लगभग 50.0–120.0 सेन्टी मीटर होती है। पौधे सीधे बढ़ने वाले तथा चतुष्कोणीय होते हैं। पत्तियों का विन्यास एक दूसरे के विपरीत होती है। पत्र फलकों में 1–3 जोड़ा, अनुपर्ण उपर की तरफ निकला हुआ तथा शीर्ष का किनारा दन्ताकार (serrated) होता है। पर्णक अण्डाकार एवं शीर्ष का भाग उभरा हुआ (म्यूकोनेट) होता है। सामान्यतः पूर्ण विकसित पत्रक की लम्बाई 3.0–50.0 सेन्टी मीटर होता है। पौधों पर पुष्पक्रम पत्तियों के कक्ष

से निकलते हैं। पुष्प असीमाक्ष, 1–6 की संख्या में व छोटे डंठलयुक्त होते हैं। बाह्य दलपुंज दन्ताकार एवं दलपुंज सफेद रंग की होती है। फलियों पर छोटे–छोटे कोमल रोयें बनते हैं। फलियाँ 5–7 के गुच्छे में निकलती हैं। प्रत्येक फली 3.0–4.0 सेन्टी मीटर लम्बी होती हैं।

पोषकीय महत्व

जाड़ें के मौसम में यह दलहनी सब्जी (winter legume vegetable) के रूप में काफी महत्वपुर्ण है। इसकी मुलायम हरी फलियों को सब्जी के रूप में प्रयोग किया जाता है, जबकि सूखे दानों का दाल के लिए प्रयोग किया जाता है। पशुओं के लिए यह एक आदर्श चारा माना जाता है। इसके फूलों के परागकणों से कभी–कभी लोगों को एलर्जी की शिकायत होती है। फलियों के सेवन से एक घातक बीमारी फेविज्म (favism) होती है (चौधरी, 1990)। फेविज्म बीमारी में आक्सीकारण नुकसान (oxidational loss) एवं रक्त कोशिकाओं के फटने की समस्या हो जाती है। इसमें व्याप्त नुकसानदायक तत्व को उचित समय तक पकाने से खत्म किया जा सकता है। इसकी फलियाँ कार्बोहाइड्रेट्स, प्रोटीन और रेशा की अच्छी स्रोत हैं। इसमें पाये जाने वाले पोषक तत्वों को सारिणी में दिया गया है–

सारिणी (12.14) बाँकला की हरी फलियों में पाये जाने वाले पोषक तत्व (प्रति 100 ग्राम खाने योग्य भाग में)

पोषक तत्व	मात्रा
नमी	85.04 ग्राम
प्रोटीन	4.5 ग्राम
वसा	0.1 ग्राम
खनिज लवण	0.8 ग्राम
रेशा	2.0 ग्राम
कार्बोहाइड्रेट्स	7.2 ग्राम
ऊर्जा	48 कि0 कैलारी
कैल्सियम	50.0 मिली ग्राम
फास्फोरस	64.0 मिली ग्राम
आयरन	1.4 मिली ग्राम
कैरोटिन	9 माइक्रो ग्राम
थाइमिन	0.08 मिली ग्राम
रिबोफ्लेविन	–
नियासिन	0.8 मिली ग्राम
फोलिक अम्ल	–
विटामिन 'सी'	12.0 मिली ग्राम

स्रोतः ड्यूक, 1981

बाँकला के हरे फलियों एवं दानों को सब्जी के लिए तथा डिब्बा बंदी के लिए प्रयोग किया जाता है। जापान में बाँकला को सोरामेम बीन के नाम से जानते हैं और वृहद् पैमाने पर अचार बनाने के

लिए प्रयोग होता है। इसकी फलियों में एल0 डोपा तत्व पाया जाता है, जो हाइपरटेन्सन रोकने में सहायक है (वेरेड एवं सहयोगी, 1997)।

उन्नतिशील किस्में

यह एक अल्प उपयोगी सब्जी के रूप में जानी जाती है, जिसकी वजह से उन्नतिशील किस्मों के विकास की दिशा में शोध कार्य कम हुआ है। फलियों के आकार–प्रकार एवं बीजों के रंग के आधार इसकी निम्नलिखित प्रजातियाँ प्रचलित हैं।

1. फलियों के आकार के आधार पर

   अ **छोटी फलियों वाली या विंडसर किस्में**–इसकी फलियाँ छोटी (4.0 सेन्टी मीटर) गूदेदार एवं मोटी होती हैं। उदाहरण के लिए ह्वाइट विंडसर, इम्पिरियल ग्रीन विंडेसर, ज्वाइण्ट फोट इत्यादि।

   ब **लम्बी फलियों वाली**–इसकी फलियाँ (4.0–8.0 सेन्टी मीटर) लम्बी व पतली होती हैं। उदाहरण के लिए इम्पिरियल व्हाइट लांग पाड, एक्सप्रेस रेडड्रपिक्कोर, इम्पिरियल ग्रीन लांग पॉड, मास्टर पीस, ग्रीन लांग पाड इत्यादि।

2. बीजों के रंग के आधार पर

   अ सफेद बीजों वाली

   ब हरे रंग की बीजों वाली

हरे रंग की बीजों वाली किस्में ज्यादा मुलायम व मीठी होने के कारण फ्रीजिंग (freezing) के लिए अच्छी मानी जाती है। इस समूह में 'रेलन' (Relon) एक महत्वपूर्ण किस्म है।

पूसा सुमित (Pusa Sumeet)

इस किस्म का विकास भारतीय कृषि अनुसन्धान संस्थान, नई दिल्ली द्वारा किया गया है। इसके पौधे लम्बे (75.0 सेन्टी मीटर) तथा प्रति पौध औसतन 10 शाखायें निकलती हैं। एक पौधे से लगभग 90–100 पूर्ण विकसित फलियाँ प्राप्त होती हैं। फलियाँ 6.0 सेन्टी मीटर लम्बी तथा 1.3 सेन्टी मीटर मोटी होती हैं। इसकी फलियाँ चमकदार हरे रंग की होती हैं। पौधे पर फल लगने की प्रवृत्ति गुच्छों में होती है। इस किस्म से औसतन 18.0 टन प्रति हेक्टेयर हरी फलियाँ प्राप्त की जा सकती है।

पूसा उदित (Pusa Udit)

इस किस्म का विकास भारतीय कृषि अनुसन्धान संस्थान, नई दिल्ली द्वारा सन् 2012 में किया गया है तथा दिल्ली के आस–पास उगाने के लिए संस्तुति की गयी है। इस किस्म की फलियाँ बड़ी, चौड़ी तथा हल्के हरे रंग की होती हैं। यह एक द्वि–उद्देशीय (बीज तथा सब्जी की कोमल फलियों के लिए) किस्म है। इसे सुगमता से पैंकिग कर दूर के बाजार में भेजा जा सकता है। पूसा सुमित की तुलना में 88.52 प्रतिशत अधिक उपज देती है।

सेलेक्सन बी0 आर.–1 (Selection B.R. 1)

इस किस्म का विकास बिहार से स्थानीय जननद्रव्यों के मुल्यांकन एवं चयन से किया गया है। इसके बीजों का रंग काला होता है। इसकी औसत उपज 14.0 से 16.9 टन प्रति हेक्टेयर है।

सेलेक्सन बी0 आर–2

इस किस्म का विकास बिहार प्रान्त से स्थानीय जननद्रव्यों के चयन से किया गया है। पौधे मध्यम ऊँचाई के होते हैं। यह किस्म हरी फलियों के लिए उपयुक्त है। इसके दाने पीले रंग के होते हैं।

जलवायु

उत्तर भारत के मैदानी क्षेत्रों में बाँकला को रबी की फसल के रूप में उगाया जाता है। अतः इसकी वृद्धि एवं विकास के लिए ठण्डी जलवायु की आवश्यकता होती है। इस फसल में पाला सहन करने की अद्‌भूत क्षमता (4 डिग्री सेल्सियस से कम तापमान) होती है। बीजों का अंकुरण शून्य (0 डिग्री सेल्सियस) तापमान पर होता पाया गया है। इसकी कुछ किस्में ऐसी हैं जो –10 डिग्री सेल्सियस तापमान पर भी बिना नुकसान के जीवित रहती हैं। उचित अंकुरण के लिए 22 डिग्री सेल्सियस तापमान उपयुक्त होती है। औसत वृद्धि एवं विकास के लिए 18–27 डिग्री सेल्सियस तापमान सबसे उपयुक्त होता है। अगर तापमान 30 डिग्री सेल्सियस से उपर चला जाता है तो पुष्प गिरने लगते हैं और फलियों का विकास मंद पड़ जाता है।

भूमि एवं भूमि की तैयारी

बाँकला की खेती किसी भी प्रकार की मृदा में सफलता पूर्वक की जा सकती है, लेकिन उचित जल निकास वाली जीवांशयुक्त भारी मिट्‌टी जिसका पी0एच0 मान 6.0–7.0 के बीच हो, इसकी खेती के लिए उपयुक्त है। अगर मृदा में अम्लीयता हो (5.8 पी0एच0 मान) तो चूने का प्रयोग करके मृदा की स्थिति को सुधारा जा सकता है। खेत में जल जमाव की स्थिति से पौधे तुरन्त सुखने व सड़ने लगते हैं। अगर अम्लीय भूमि में बाँकला की खेती करनी हो तो मृदा शोधन के रूप में चूने का प्रयोग करना चाहिए। खेत तैयार करने के लिए पहले खेत की पलेवा करनी चाहिए। खेत में उपयुक्त नमी आने पर गहरी जुताई डिस्क हैरो से व 2–3 जुताई कल्टीवेटर से करना चाहिए। प्रत्येक जुताई के बाद खेत में पाटा अवश्य लगाना चाहिए, जिससे मिट्‌टी भुर–भुरी हो जाये।

बीज की बुआई तथा बीज दर

उत्तर भारत के मैदानी क्षेत्रों में बाँकला की बुआई सितम्बर–अक्टूबर के महीने में करना उपयुक्त रहता है। पहाणी क्षेत्रों में इस फसल की बुआई फरवरी के अन्तिम सप्ताह से मध्य मार्च तक की जा सकती है। बीज की बुआई के लिए कतार से कतार की दुरी 45.0–50.0 सेन्टी मीटर तथा पौधे से पौधे की दूरी 10.0–15.0 सेन्टी मीटर और 3.0–5.0 सेन्टी मीटर गहराई पर बीज की बुआई करना उत्तम रहता है। बाँकला के बीज को बोने के पूर्व 24–48 घण्टे तक पानी में भिंगोकर नम कर लेना चाहिए, इससे जमाव अच्छा होता है। बीजों को राइजोबियम लेग्यूमिनोसोरम (*Rhizobium leguminosorum*) नामक जैव पदार्थ से शोधित कर लेने से पौधे वातावरणीय नत्रजन का स्थिरीकरण

(fixation) खेत में ज्यादा करते हैं। बीजों का जमाव 10–15 दिन के अन्दर हो जाता है। बाँकला की एक हेक्टेयर क्षेत्रफल में बुआई करने के लिए 90.0–120.0 किलोग्राम बीज की आवश्यकता पड़ती है।

पोषक तत्व प्रबन्धन

बाँकला की अच्छी उपज प्राप्त करने के लिए खेत की तैयारी के समय 10.0–15.0 टन सड़ी गोबर की खाद या कम्पोस्ट को भलि भाँति खेत में मिला देनी चाहिए। इसके अलावा तत्व के रूप में 15.0–20.0 किलोग्राम नत्रजन, 50.0–60.0 किलोग्राम फास्फोरस तथा 40.0–50.0 किलोग्राम पोटाश प्रति हेक्टेयर की दर से आवश्यकता पड़ती है। नत्रजन की आधी मात्रा तथा फास्फोरस व पोटाश की पूरी मात्रा बीज की बुआई के समय देना चाहिए। शेष नत्रजन की आधी मात्रा पौध वृद्धि एवं पुष्पन पूर्व देना चाहिए। इससे फलियों का विकास तेजी से होता है।

सिंचाई जल एवं खरपतवार प्रबन्धन

बाँकला की फसल से अधिक गुणवत्तायुक्त उपज प्राप्त करने के हेतु खेत में पर्याप्त नमी का होना आवश्यक है। शरद कालीन फसल होने के कारण 10–12 दिन के अन्तराल पर सिंचाई की आवश्यकता पड़ती है। ध्यान रहे कि खेत में सिंचाई हल्की करें एवं जल–जमाव की स्थिति न आने दें अन्यथा फसल उकठ (wilting) जाती है। इस फसल में खरपतवार 30–40 दिनों तक ज्यादा प्रभावित करते हैं। अतः नियमित निकाई–गुड़ाई करने से नियन्त्रण किया जा सकाता है। रासायनिक विधि से खरपतवार नियन्त्रण के लिए पेन्डामेथिलीन नामक रसायन की 3.0 मिली लीटर मात्रा को प्रति लीटर पानी में घोलकर बीज बुआई के 72 घन्टे के अन्दर प्रयोग करना चाहिए। अगर आवश्यकता पड़े तो ग्लाइफोसेट 1.0 लीटर प्रति हेक्टेयर की दर से छिड़काव किया जा सकता है।

बाँकाला की फँसल में पलवार (mulch) हेतु गेंहूँ, मटर, धान की पुआल, मूँगफली के छिल्के तथा आम, अमरूद, नीम, व केले की सूखी पत्तियों के प्रयोग से उपज वृद्धि के साथ खेत में नमी भी ज्यादा समय तक संरक्षित रहती है। साथ ही पलवार के प्रयोग से खरपतवार पर प्रभावी नियंत्रण भी किया जा सकता है।

तुड़ाई एवं उपज

बाँकला की हरी व मुलायम फलियों की तुड़ाई करनी चाहिए। तुड़ाई करते समय जाँच लेना चाहिए की दाने कोमल व फलियों में रेशा विकसित न हुआ हो। यह अवस्था किस्म के अनुसार मैदानी भागों में बीज बुआई के 90–100 दिन में तथा पहाड़ी क्षेत्रो में 120–140 दिन मे आ जाती है। हरी फलियों की तुड़ाई 3.5 सेन्टी मीटर लम्बी होने की अवस्था में उपयुक्त मानी जाती है। हरी फलियें की बार–2 तुड़ाई हाथ द्वारा की जाती है। हरी फलियों की औसत उपज 10.0–11.0 टन प्रति हेक्टेयर होती है तथा दाने की उपज 1.2–1.5 टन प्रति हेक्टेयर होती है।

भण्डारण

हरी फलियों को तोड़ने के बाद छायादार स्थान पर गिले बोरे से ढ़क कर रखना चाहिए। फलियों में ताजगी बनाये रखने के लिए बीच–बीच में पानी का छिड़काव करते रहना चाहिए। हरी

फलियों को यदि समय से विपणन हेतु बाजार या मण्डी में नही भेजा गया तो गुणवत्ता में कमी आ जाती है। हरी फलियों एवं दानों को 4.0–7.0 डिग्री सेल्सियस एवं 95 प्रतिशत सापेक्ष आर्द्रता पर भण्डारित किया जा सकता है। बाँकला को ऐसे पात्र में रखकर बाजार भेजना चाहिए, जिसमें पूर्णतया वातायन हो अन्यथा फलियों से निकलने वाली गर्मी के कारण सड़न प्रारम्भ हो जाती है।

पौध संरक्षण

• प्रमुख रोग एवं उनका प्रबंधन

चाकलेट धब्बा (Chocolate spot)

चाकलेट धब्बा बोटराइटीस फेबी एवं बोटराइटीस सिनेरिया (*Botryits fabae* and *Botryits cinerea*) नामक रोगकारक से होता है। यह बीज एवं मृदा जनित बीमारी है। इसका प्रथम लक्षण पत्तियों एवं तनों पर लाल–भूरे रंग के धब्बे के रुप में उत्पन्न होता है। इसके बाद धब्बे गहरे रंग के हो जाते हैं और बड़े–बड़े धब्बे बन जाते हैं।

प्रबंधन

1. रोग ग्रसित भागों को जमीन के नीचे दबा देना चाहिए।
2. रोग रहित बीज का प्रयोग करना चाहिए।
3. उचित फसल चक्र अपनाना चाहिए।
4. बीज शोधन थीरम या कैप्टान से 2.0–3.0 ग्राम मात्रा प्रति किलोग्राम बीज में मिलाकर शोधित करना चाहिए।

रस्ट (Rust)

यह बाँकला की सामान्य बीमारी है, जो यूरोमाइसी वीसीफेवी (*Uromyces viciae fabae*) नामक रोगकारक से होता है। इसका प्रथम लक्षण पत्तियों पर दूधिया पीले रंग के धब्बे से होता है, जो बाद में चलकर नारंगी भूरे रंग के चकत्ते बनाते हैं। कभी–कभी पीले धब्बा युक्त स्थानों पर छिद्र भी बन जाते हैं। ज्यादा संक्रमण की अवस्था में नवीन पत्तियों का निष्पत्रण हो जाता है और फलियाँ अविकसित रह जाती हैं।

प्रबंधन

1. रोगरहित बीज का प्रयोग करना चाहिए।
2. संक्रमित पौधों के भागों को जमीन के नीचे दबा देना चाहिए।
3. रोग प्रतिरोधी प्रजातियों का प्रयोग करना चाहिए।
4. रासायनिक विधि से नियंत्रण के लिए इण्डोफिल एम0–45 की एक किलो ग्राम मात्रा प्रति हेक्टेयर की दर से घोल बनाकर छिड़काव करना चाहिए।

जड़ गलन (Root rot)

यह बीमारी पिथियम प्रभेद (*Pythium* species) नामक कवक के प्रकोप से होता है जिससे नवोद्भिद (seedlings) सड़कर गिरने लगते हैं। तनों पर जलसिक्त लक्षण दिखता है।

प्रबंधन

1. उचित फसलचक्र अपनाना चाहिए।
2. कम तापमान पर बीजों की बुआई नहीं करनी चाहिए।
3. बीज शोधन थीरम या कैप्टान से 2–3 ग्राम मात्रा प्रति किलोग्राम बीज में मिलाकर शोधित करना चाहिए।

एस्कोचिटा ब्लाइट (Ascochyta blight)

इस बीमारी के संक्रमण में पत्तियों पर पहले भूरे रंग के धब्बे पड़ते हैं। जब धब्बे बड़े हो जाते हैं, तब इन धब्बों के बीच में काले रंग की वृद्धि दिखायी देती है। तनों पर धब्बे बड़े एवं गहरे रंग के होते हैं। कभी–कभी ज्यादा संक्रमण होने पर तने फट जाते हैं। यह बीमारी ज्यादातर ठण्डे एवं आर्द्र मौसम में होता है।

प्रबंधन

1. रोग ग्रसित भागों को निकाल कर जमीन के नीचे दबा देना चाहिए।
2. रोग रहित बीज का प्रयोग करना चाहिए।
3. उचित फसल चक्र अपनाना चाहिए।
4. रासायनिक विधि से नियंत्रण के लिए डाइथेन एम0–45 की 5.0 ग्राम मात्रा प्रति लीटर पानी में मिलाकर छिड़काव करना चाहिए।

बीन एलो मोजैक वाइरस (Bean yellow mosaic virus)

बीन एलो मोजैक वाइरस (Bean yellow mosaic virus) के प्रकोप से पत्तियाँ नीचे की तरफ मुड़ जाती हैं और संक्रमित भाग मृतप्रायः हो जाता है। कभी–कभी अग्र भाग भी मृतप्रायः हो जाता है।

प्रबन्धन

चूँकि इस बीमारी का प्रकोप एफिड (aphid) के माध्यम से होता है। अतः कीटनाशक दवा का प्रयोग कर संक्रमण को कम किया जा सकता है।

प्रमुख कीट एवं उनका प्रबंधन

ब्लैक बीन एफिड (Black bean aphid)

ब्लैक बीन एफिड (*Aphis fabae*) का प्रकोप पौधे के अग्र एवं मुलायम भागों पर ज्यादा होता है। यह कीट मुलायम तनों एवं पत्तियों से रस चुसकर ज्यादा नुकसान पहुँचाता है। कभी–कभी आक्रमण ज्यादा होने पर पत्तियाँ, पुष्प एवं फलियाँ गिरने लगती हैं। यही कीट बीन एलो मोजैक वाइरस को फैलाता है।

प्रबंधन

1. प्रभावित पत्तियों एवं पौधों को जला देना चाहिए।
2. बुआई के समय कार्बोफ्यूरान दाने की एक किलो ग्राम सक्रिय तत्व प्रति हेक्टेयर खेत में देने से कीट का नियंत्रण हो जाता है।
3. डाईमिथोयेट की 2.0–2.5 मिली लीटर मात्रा प्रति लीटर पानी में डालकर छिड़काव करना चाहिए।

लाल मकड़ी या रेड माइट्स (Red mites)

यह कीट पौधों की कोशिकाओं से रस चुसकर नुकसान पहुँचाता है। प्रथम लक्षण पत्तियों की निचली सतह पर चाँदी जैसे सतह बनी हुई प्रतीत होती हैं। बाद में ये धब्बे का रुप धारण करते हैं, जो भूरे रंग के हो जाते हैं। ज्यादा प्रकोप होने पर पत्तियाँ गिरने लगती हैं। अग्र भाग मृतप्रायः हो जाते हैं और पौधों के जड़ों में नत्रजन स्थिरीकरण नहीं होता है।

प्रबंधन

डाईमिथोयेट या थायोडान 35 ई0सी0 की 2.0–2.5 मिली लीटर मात्रा प्रति लीटर पानी में डालकर छिड़काव करना चाहिए।

वेलवेट बीन या कौंच (किवांच)
Velvet Bean or Kaunch (Kiwanch)

वानस्पतिक नाम : मुकूना प्रूरीटा (*Mucuna prurita*)
उपनाम (synonym) मुकूना प्रूरीएन्स (*Mucuna pruriens*)

कुल : फाबेसी (Fabaceae)

गुणसूत्र संख्या : 2 एन = 12

वेलवेट बीन (Velvet bean) को हिन्दी में किवांच, संस्कृति में ककिच्छुका व मर्करी, बंगला में अल्कुमी या विछोटी, मराठी में कवांच या कुचिली या कंचकुरी, गुजराती में किवच या कवच, तेलगू में दुला या गोडी या पिलिन्डुगु, तमिल में पुनई पिडुकम या पुनई लेई या पिलियन्डुगी या हसनगुनीगिड, मलयालम में नई कोरना तथा उड़िया में कैचों, कुमायूँ में विलायती सेम/अलकुसी के नाम से जानते हैं। ग्रामीण क्षेत्रों में छेड़–छाड़ के लिए कौंच की फली का उपयोग आम बात है। कौंच या किवांच का नाम लेते ही खुजली होने लगती है। कौंच के पूर्ण विकसित फलों में बारीक रेशे (trichomes) होते हैं, जो शरीर के सम्पर्क में आने पर असहनीय खुजली उत्पन्न करते हैं, लेकिन कोमल फलियाँ एक प्रमख सब्जी के रुप में स्थान बना ली है। किवांच का उपयोग हरी खाद के रूप में किया जाता है (बकलेस, 1995)। प्रुरिएन्स लेटिन शब्द ('pruiens' from the Latin word) है जिसका मतलब खुजली (itching sensatiob) उत्पन्न करने से है।

उद्भव एवं वितरण

वेलवट बीन या किवांच भारत देश का मूल वंशज हैं। दक्षिण एवं पूर्व के देशों (Africa and West Indies) में प्रचुरता से पाया जाता है। भारतीय प्रकृति में वेलवेट बीन की कुल 15 प्रजातियों का पता चल पाया है। इसकी विभिन्न प्रजातियों की उपलब्धता हिमालय की तलहटी से लेकर पश्चिम बंगाल के मैदानी क्षेत्र, मध्य प्रदेश, कर्नाटक, आन्ध्र प्रदेश एवं अण्डमान निकोबार तक देखा जा सकता है (रस्तोगी एवं मेहरोत्रा, 2001, फरूकी एवं श्रीरामू, 2001)।

वानस्पतिक विवरण

किवांच एकवर्षीय, चक्रारोही, रोयेयुक्त लता (3.0–18.0 मीटर लम्बा) है। यह वर्षा ऋतु में उत्पन्न होता है, लेकिन पुष्पन शरद ऋतु में तथा फलन हेमन्त ऋतु में होता है। इसकी जड़ें रक्त वर्ण, तना हरा, शाकीय, बेलनाकार तथा अत्यधिक रोमिल होता है। इसकी पत्तियाँ हरी, त्रिपत्रक, संयुक्त, समचतुर्भुजाकार तथा आकृति में विषम कोणीय जो 7.5–9.0 सेन्टी मीटर लम्बी होती हैं। पत्तियों के मुख्य सिरा से 6–7 पार्श्व शिरायें निकलती हैं। इसकी पत्ती का उपरी भाग चिकना होता है जबकि निचला भाग अत्यधिक रोमिल होता है। इनका पर्णवृन्त 6.0–11.0 सेन्टी मीटर लम्बा होता है। पुष्प बैंगनी रंग के होते हैं जो 2.5–3.75 सेन्टी मीटर लम्बा तथा मंजरी की लम्बाई 2.0–8.0 सेन्टी मीटर तक होती है। फल शिम्ब या फली के रुप में लगते हैं। फलियाँ 3–5 गुच्छों में पायी जाती

हैं तथा फलियाँ ''उल्टे एस'' (S) के आकार में मुड़ी रहती हैं, जो 5.0–10.0 सेन्टी मीटर लम्बी और 1.5×1.8 सेन्टी मीटर मोटी होती है। फलियाँ खाकी, चमकीले रंग की धारीदार तथा मुलायम भूरे रोम या रेशे से ढकी होती हैं। किवांच की ऐसी प्रजातियाँ भी पायी जाती हैं जिस पर रोम बिल्कुल नहीं होते हैं। प्रत्येक फली में 5–6 चमकीले, काले, सफेद या चितकबरे रंग के बीज होते हैं। बीज प्रायः अण्डाकार या चपटे होते हैं।

सब्जी के लिए उपयोग होने वाली स्पीशीज का नाम मुकूना प्रुटीरा पर्याय मुकूना प्रुरिएन्स (*Mucuna prurita* syn. *Mucuna pruriens*) है। इसके अलावा मुकूना पैचीलोबिया (*Mucuna pachylobia*) और मुकूना यूटिलिस (*Mucuna utilis*) है, जिसे हरे चारे एवं फलियों के लिये उगाया जाता है। इसकी अन्य प्रमुख प्रजातियाँ–मुकूना कोचिनसाइनेनसिस पर्याय मकूना निवेआ, स्टिजोलोबियम निवियम (*Mucuna cochinchinensis* syn. *Mucuna nivea, Stizolobium niveum*), मुकूना डिरिंगीआना पर्याय स्टिजोलोबियम डीरींगीएनम (*Mucuna deeringiana* syn. *Stizolobium deeringianum*), मुकूना मोनोस्पर्मा (*Mucuna monosperma*), मुकूना एट्रोपरपुरिया (*Mucuna atropurpurea*), मुकूना ब्रेक्टीओटा (*Mucuna bracteota*), मुकूना कैपीटाटा (*Mucuna capitata*), मुकूना जिगैन्टीया (*Mucuna gigantea*), मुकूना हर्सूटा (*Mucuna hirsuta*), मुकूना मैक्रोकार्पा (*Mucuna macrocarpa*), मुकूना निग्रीकैन्स पर्याय मुकूना इम्ब्रीकाटा (*Mucuna nigicans* syn. *Mucuna imbricata*) एवं मुकूना यूटीलिस (*Mucuna utilis*) महत्वपूर्ण है।

पोषकीय महत्व

किवांच की हरी फलियों में प्रचुर मात्रा में प्रोटीन, रेशा, खनिज लवण एवं अनेकों प्रकार के विटामिन्स पाये जाते हैं। इसके कोमल फलियों को अन्य बीन (bean) वाली सब्जी के समान ही पकाकर खाते हैं या उबालने के बाद भुर्ता बनाकर उपयोग करते हैं। किवांच के बीज में पाये जाने वाले पोषकीय तत्वों को नीचे की सारिणी में दिया गया है–

सारिणी (12.15) किवांच के बीज में पाये जाने वाले पोषक तत्वों की मात्रा (प्रति 100 ग्राम खाने योग्य भाग में)

पोषक तत्व	मात्रा
नमी	9.1 ग्राम
कार्बोहाइड्रेट	55.6 ग्राम
प्रोटीन	28.02 ग्राम
वसा	7.0 ग्राम
ईथर एक्ट्रेट	2.96 ग्राम
रेशा	2.25 ग्राम
खनिज	3.95 ग्राम
कैल्सियम	188.0 मिली ग्राम
फॉस्फोरस	211 मि0 ग्राम
लोहा	0.02 मि0 ग्राम

स्रोतः काइस, 1989

किवांच का प्रत्येक भाग औषधीय रूप से उपयोगी है (काइस, 1989)। मुख्य पोषक तत्वों के अलावा 0.53 एल्केलाइड्स भी पाये जाते हैं, जिनमें प्रमुख मुकुनेडीन, मुखुवाडिनी, नाइकोटिन, प्यूरिनन व प्यूरीनाइडीन हैं। इसमें सम्पूर्ण ऊर्जा 398 किलो कैलोरी होती है। बीज में 5.9 प्रतिशत गहरे भूरे रंग का तेल भी पाया जाता है, जिसमें 22.4 प्रतिशत सेचुरेटेड फैटी अम्ल (स्टीअरिक तथा पामिटिक) तथा 76.7 प्रतिशत अनसेचुरेटेड फैटी अम्ल (ओलियेक तथा लिनोलिक) पाये जाते हैं। इसका बीज व मूल काफी 'शक्तिवर्धक' होता है, जिसका उपयोग दवाईयाँ बनाने व टॉनिक (tonic) में होता है। कौंच के बीज, पत्ते, जड़ व फल का औषधीय महत्व है। पार्किन्सन (parkinson) नामक जानलेवा बीमारी की चिकित्सा में इसका प्रयोग होता है। आयुर्वेदिक मतानुसार इनका मुख्य प्रभाव प्रजनन अंगों पर शुक्रजनक के रुप में पड़ता है। इसकी जड़ उत्तेजक व मूत्र स्रावजनक होती है। फलों से एक विशेष प्रकार का क्षार तत्व मिलता है, जो ह्रदय रोग में उपयोगी है। इसकी जड़ रेचक, रक्तवर्ण, शक्तिदायक व मूत्रल होती हैं। यह ज्वर, जलोधर तथा हैजा में लाभकारी होती है। पत्ते कामोद्दीपन, पौष्टिक, कृमिनाशक व रक्तशोधक होते हैं। यह प्रदोह को नष्ट करते हैं। पत्तों का रस सिरदर्द निवारण एवं खून भी साफ करता है। आयुर्वेद में कौंच बीज एक प्रधान औषधी मानी गई है। इसमें उत्तेजक, स्तम्भक और धातुवर्धक तीनों ही गुण मौजूद हैं। इसकी फलियाँ कीटनाशी होती हैं। इनकी फलियों के रोम अत्यन्त विषैले होते हैं। इससे लीवर व पित्ताषय रोगों की औषधी निर्मित की जाती है। किवांच मूत्रल प्रकृति का है जो वृक्क सम्बन्धी परेशानियों एवं ड्राप्सी को दूर करने में सहायक है। बीज में एल0 डोपा (L. DOPA L. 3.5-dihydroxy phenylamine) तत्व होने के कारण पर्किन्सस एवं तनाव को दूर करता है (डाइमाक एवं सहयोगी, 1980)। इसके अलावा बीज में ग्लूटैथियान, गैलिक अम्ल, ग्लाइकोसाइड्स निकोटीन, प्रयूरिएनिन, प्ररिनिडिन आदि बहुलता से मिलते हैं। फलियों के ट्राइकोम्स (trichomes) में म्युकुनैन (mucunain) एवं सीरोटोनिन (serotonin) के कारण शरीर में खुजली होती है (ड्यूक, 1981)।

उन्नतिशील किस्में

वेलवेट बीन की कोई सुधरी किस्म उपलब्ध नहीं है, लेकिन मणिपुर में स्थानीय जननद्रव्यों से दो प्रजातियों एम0 एन0–1 तथा मुकूना एम0 यू0–1 का चुनाव किया गया है (सिंह, 1994)।

जलवायु

सामान्यतः किवांच (वेलवेट बीन) की खेती के लिए उष्ण एवं नम जलवायु उपयुक्त पाया गया है। पौधों के वृद्धि एवं विकास के लिए 18.0–25.0 डिग्री सेन्टीग्रेड तापक्रम उपयुक्त है, लेकिन वृद्धिकाल में लतायें पाले के प्रति बहुत संवेदनशील होती हैं।

भूमि एवं भूमि की तैयारी

किवांच की खेती के लिए बलुई, दोमट व चिकनी मिट्टी (पी0एच0 मान 5.5–6.0) जिसमें जल निकास का उचित प्रबन्ध हो उपयुक्त होती है।

खेत की तैयारी

किवांच की खेती के लिए चयनित खेत को अच्छी तरह से 2–3 बार जुताई करके समतल बना लेना चाहिए।

बुआई का समय एवं बीज दर

मैदानी भागों में किवांच की बुआई सामान्यतया अक्टूबर–नवम्बर के महीनें में किया जा सकता है। एक हेक्टेयर क्षेत्रफल की बुआई के लिए लगभग 50.0–60.0 किलो ग्राम बीज पर्याप्त होता है। पौध से पौध के बीच की दूरी 1.0 मीटर से अधिक नहीं होनी चाहिए। बीज 3.0–4.0 सेन्टी मीटर की गहराई पर बुआई करना चाहिए। बीज का अंकुरण 4–5वें दिन प्रारम्भ हो जाता है लेकिन प्ररोह लगभग 7–15 दिन बाद ही भूमि के ऊपर आते हैं।

पौधों को सहारा देना

एक माह उपरान्त किवांच की लता को सहारा देकर ऊपर चढ़ाना शुरु कर देते हैं। किवांच की लता को चढ़ाने के लिए सहारा वृक्षों की आवश्यकता होती है। अतः सहारा वृक्षों का चयन करते समय ध्यान रहे कि वृक्ष अति तीव्र वृद्धि करने वाला हों। इसके लिए अलग–अलग जलवायु के अनुसार अलग–अलग वृक्षों का चयन करना चाहिए। जैसे अग्रस्ती, जेट्रोफा, सहजन इत्यादि। प्रथम वर्ष चयनित सहारा वृक्षों को कतार में 2.0 मीटर की दूरी पर लगाना चाहिए। एक वर्ष तक वृक्षों को बड़ा होने देना चाहिए। दूसरे वर्ष मानसून की प्रथम वर्षा के तुरन्त बाद जून–जुलाई माह में प्रत्येक सहारा वृक्ष (supporting plant) के नीचे 1–2 बीज बो देना चाहिए।

पोषक तत्व प्रबन्धन

किवांच की खेती कम उर्वरा शक्तिवाली मिट्टी में भी सफलता पूर्वक की जा सकती है। बीजों की बुआई के 40–45 दिनों के बाद खेतों में 35.0 किलो ग्राम नाइट्रोजन एवं 20.0 किलो ग्राम फास्फोरस प्रति हेक्टेयर की दर से खेत में डालना चाहिए। इसके एक माह पश्चात् 75.0 किलो ग्राम नाइट्रोजन एवं 50.0 किलो ग्राम पोटाश की दो समान खुराक 30 एवं 60 दिन की फसल हो जाने पर, खड़ी फसल में दी जानी चाहिए। उपरोक्त मात्रा भूमि की उर्वरक क्षमता के अनुसार घट बढ़ सकती है। अच्छा होगा अगर प्रति हेक्टेयर 20.0–25.0 टन अच्छी प्रकार सड़ी गोबर की खाद खेत की अन्तिम जुताई के समय मिला दिया जायें।

सिंचाई जल प्रबन्धन

वर्षा ऋतु में सिंचाई की आवश्यकता नहीं होती है। इसकी फसल में 5–6 बार सिंचाई की आवश्यकता होती है। यदि वर्षा न हो तो 2–3 बार सिंचाई अप्रैल से जून तक की जानी चाहिए। शेष 3–4 सिंचाई अक्टूबर से कटाई होने तक, मौसम के अनुसार की जानी चाहिए।

निकाई व गुड़ाई

किवांच की फसल में 2–3 बार खरपतवार के अनुसार निकाई–गुड़ाई करते रहना चाहिए।

प्रमुख कीट रोग व उनकी रोकथाम

किवांच की फसल में कभी–कभी सरकोस्पोरा (*Cercospora*) नामक कवक लग जाता है जबकि पीला मोजेक नामक रोग से फसल बहुत प्रभावित होती हैं। कभी–कभी एफीड भी नुकसान पहुँचाते हैं। इनकी रोक–थाम के लिए मेंकोजेब 2.0 ग्राम प्रति लीटर का पहला छिड़काव बुवाई के 30 दिनों बाद तथा दूसार 90 दिनों बाद करना चाहिए।

कटाई व संग्रहण

नवम्बर–दिसम्बर माह में किवांच के पौधों पर फलियों का आना प्रारम्भ हो जाता है। दिसम्बर के अंतिम सप्ताह तक फलियाँ परिपक्व हो जाती हैं। किवांच की फलियों को बाँस के आगे लोहे को बाँधकर तैयार यत्र द्वारा तोड़ते हैं। तत्पश्चात् फलियों को एकत्रित कर लेते हैं। इस प्रकार किवांच के बीज व जड़ दोनों की प्राप्ति होती है।

उपज

किवांच में बुआई के लगभग 45 दिन बाद पुष्प आने लगते हैं। फलियों की 3–4 बार तुड़ाई की जाती है। इसकी उपज अच्छी फसल प्रबन्धन करने से 25.0–30.0 टन प्रति हेक्टेयर हरी फलियाँ प्राप्त होती है। लताओं को सहारा देकर खेती करने से उपज की गुणवत्ता तथा कुल उपज में वृद्धि होती है। किवांच की अच्छी फसल से 3.0–3.75 टन बीज प्रति हेक्टेयर एवं 0.4–0.5 टन जड़ प्राप्त होती है। किवांच के बीज व जड़ों का वर्तमान बाजार मूल्य क्रमशः रु0 20–30/–व रु0 15–25/– किलो ग्राम तक होता है। प्रति हेक्टेयर लगभग 10000–12000 रुपया खर्च आता है, जबकि बीज व जड़ से लगभग 95000 रुपये की आय हो जाती है।

पंखिया सेम (विंग्ड बीन) (Winged bean)

वानस्पतिक नाम : सोफोकारपस टेट्रागोनोलोबस (*Psophocarpus tetragonolobus* (L.) DC.)
कुल : फाबेसी (Fabaceae)
गुणसूत्र संख्या : 2 एन = 26

दलहनी फसलों में विंग्ड बीन (winged bean) ही एक चमत्कारी गुणों वाला पौधा है, जो अपने प्रत्येक अंग से किसी न किसी रुप में मनुष्य, पशु एवं वातावरण को लाभ पहुँचाता है। विंग्ड बीन का नाम उसकी फलियों की बाह्य संरचना के आधार पर रखा गया, जिसकी चार कोनों पर पंखदार धारियाँ पूरी लम्बाई तक जाती हैं। इसके अलावा इसे गोवा बीन (Goa bean), चओधारी–फोली, एस्पेरेगस बीन, मनीला बीन, बोटोर, विंग्ड पी, प्रिन्सेज बीन (Princes bean bean) आदि नामों से भी जाना जाता है।

उद्भव एवं वितरण

विंग्ड बीन (winged bean) की उत्पत्ति स्थान अनिश्चित है। वेवीलोव (1951) ने स्पष्ट किया कि विंग्ड बीन का उद्भव स्थल भारतवर्ष है, क्योंकि इसकी खेती की व्याख्या 18वीं शताब्दी में कोलकाता (पश्चिम बंगाल) के वानस्पतिक उद्यान विभाग में किया गया। कुछ लोग इस फसल की उत्पत्ति स्थल दक्षिणी अमेरिका मानते हैं। बरकिल (1935) ने स्पष्ट किया कि विंग्ड बीन की उत्पत्ति स्थल अफ्रीका में मेडागास्कर है, जबकि मैकमिलन (1956) ने इसे मारिसस का वंशज माना है। खान (1976 व 1993) के अनुसार यद्यपि पपुआ न्यूगाइना की किस्मों में बहुत विविधता पायी जाती है, फिर भी इसकी जंगली जातियों के सोफोकारपस वंश में अन्य संवर्धन की किस्में उपलब्ध नहीं है। इसकी कुछ जंगली किस्में ब्राजील, उत्तरी अफ्रीका तथा इण्डोनेशिया में मिलती हैं। थाइलैण्ड, मलेशिया, श्रीलंका, फीलीपिन्स, वियतनाम, दक्षिणी म्यांमार और केरल, कर्नाटक एवं तमिलनाडु का कुछ भाग उत्पत्ति का द्वितीयक केन्द्र है (गोपाल कृष्णन एवं सहयोगी, 1981)। राजमोहन एवं सहयोगी (1987) के अनुसार दक्षिण भारत संभवतः इसकी उत्पत्ति का द्वितीयक क्षेत्र है। विंग्ड बीन की खेती प्राचीनकाल से दक्षिण तथा दक्षिण पूर्व एशिया की सम–शीतोष्ण तथा आर्द्र जलवायु में होती आ रही है। इसी प्रकार वैलीसर एंव सहयोगी (1987) ने स्पष्ट किया की एशिया एवं अफ्रीका के कई देशों जैसे–भारत, श्रीलंका, बांग्ला देश, मयन्मार (बर्मा), मलाया, मलेशिया, इण्डोनेशिया, फिलिपाइन, थाइलैण्ड, वियतनाम, लाओस, कम्पूचिया, न्यू गाइना, मारीशस आदि में बहुत पहले से होती चली आ रही है। हक एवं स्मार्ट (1973) के अनुसार बांग्ला देश में इसकी खेती विगत 2 शताब्दी से हो रही है। भारत में मुख्य रुप से इसकी खेती आसाम, मणिपुर, मिजोरम तथा दक्षिण में केरल, तमिलनाडु, व कर्नाटक के आदिवासियों द्वारा विशेष रुप से गृह वाटिका में देखने को मिलती है। उत्तर भारत के मैदानी भागों में विंग्ड बीन की खेती ज्यादा लोकप्रिय नहीं है, फिर भी विभिन्न परीक्षणों द्वारा स्पष्ट हुआ है कि उत्तर भारत के मैदानी भागों में इसकी खेती सफलतापूर्वक की जा सकती है। देश के उत्तर–पूर्वी एवं प्रायद्वीप क्षेत्रों में विंग्ड बीन के लिए असीम विविधता पायी जाती

है। परन्तु आज भी इस विस्मयकारी फसल की गणना उपेक्षित एवं अल्प उपयोग में आने वाली फसलों में होती है। राष्ट्रीय पादप अनुवांशिक संसाधन ब्यूरो, नई दिल्ली ने इसके जननद्रव्य के संग्रह का अभियान चलाया है। विंग्ड बीन के जननद्रव्यों का संग्रहण अकोला उप–केन्द्र (महाराष्ट्र) तथा राँची (झारखण्ड) को सौंपा गया है। इसके अलावा राँची (झारखण्ड), रानी चौरी (उत्तराखण्ड), लखनऊ (उत्तर प्रदेश), दिल्ली, बर्धमान (पश्चिम बंगाल) तथा बैंग्लुरु (कर्नाटक) में विभिन्न समन्वित परियोजनाओं के अन्तर्गत इन राज्यों में कृषि हेतु इसकी अनेक किस्मों को पहचाना गया है।

वानस्पतिक विवरण

बर्किल (1935) में स्पष्ट किया है कि विग्ड बीन की 4–5 जंगली प्रजातियाँ है जबकि हारडर एवं सहयोगी (1990) ने 8–9 प्रजातियों की उत्पत्ति उपोष्ण अफ्रीका से हुई है, ऐसा मानते हैं। विंग्ड बीन एक बहुवर्षीय लता वाली दलहनी फसल है, जिसकी एकवर्षीय फसल के रुप में भी खेती की जाती है। विंग्ड बीन की पत्तियाँ त्रिपाती (trifoliate) होती हैं। सामान्यतया इस फसल की लता फैलने वाली होती है। फूल बड़े हल्के, नीले अथवा सफेद होते हैं। फलियाँ चौकोर होती हैं, जिसके चारों किनारे पर पंख होते हैं, इसके कारण ही इसे पंखिया सेम कहते हैं। फलियाँ प्रायः 15.0–20.0 सेन्टी मीटर लम्बी तथा 2.5–3.5 सेन्टी मीटर चौड़ी होती हैं। कभी–कभी फलियों की लम्बाई 50.0 सेन्टी मीटर तक पहुँच जाती है। बीज बुआई के 50–90 दिनों बाद पौधे पर सफेद, नीले–पीले या नीले–हरे रंगों के पुष्प आने लगते हैं तथा इसके 15 दिन बाद फलियाँ बनना शुरु हो जाती हैं। फलियों को परिपक्व होने में 3–5 महीने का समय लगता है। प्रत्येक फली में 4–17 बीज बनते हैं। यह मुख्य रुप से स्वपरागित फसल (self pollinated) है। परन्तु 7.6 प्रतिशत परपरागण (cross pollination) भी होता है (इर्सकिन, 1980)। विंग्ड बीन की जड़ें 2.0–4.0 सेन्टी मीटर व्यास व 8.0–12.0 सेन्टी मीटर लम्बी होती हैं। वंश सोफोकारपस के अंतर्गत 9 प्रजातियाँ सम्मिलित की गई, जिनमें सोफोकारपस टेट्रागोनोलोबस को ही उगाया जाता है (वर्डकोर्ट एवं हैलिडी, 1978)। इसकी सोफोकारपस पालूस्ट्रिस (*Psophocarpus palustris* Desv.) अर्द्ध जंगली अवस्था में पाई जाती है, जिसे पश्चिम अफ्रीका में दुर्भिक्ष आदि के समय बहुतायत से प्रयोग किया जाता है। इसकी अन्य सम्बन्धित प्रजाति सोफोकारपस लांगिपेडन्कुलेटस (*Psophocarpus longipedenculatus*) है। यह सत्य है कि उपरोक्त तीनो प्रजातियाँ का उत्पत्ति एक ही पूर्वज से हुई है (पीटर, 1998)। इन तीनों प्रजातियों का विवरण नीचे की सारिणी में दिया गया है–

सारिणी (12.16) प्रजातियों का विवरण

प्रजाति	विवरण
सोफोकारपस ग्रेन्डीफ्लोरस (*Psophocarpus tetragonolobus* DC.)	यह जैरे से लेकर उगाण्डा तक पाई जाती है और इसे विंग्ड बीन की नजदीकी प्रजाति माना जाता है।
सोफोकारपस पालूस्ट्रिस (*Psophocarpus palustris* Desv.)	प्राकृतिक रूप से यह प्रजाति सेनेगल से लेकर सुडान तक पाई जाती है। इस प्रजाति को वर्तमान समय में अफ्रीका और एशिया में उपस्थापित किया गया है। यह जैरे आदिवासियों का परम्परागत भोजन बन गया है। कृषि क्षेत्र में इसे कवर क्राप (cover crop) के रूप में उगाया जाता है।

सोफोकारपस स्कैन्डेन्स [*Psophocarpus scandenss* (Endl.) Verde.]	इस प्रजाति का वितरण अफ्रीका के उपोष्ण भागों में समान रूप से देखा जाता है। यह प्रजाति फाल्स रस्ट (**false rust**) के प्रति अवरोधी है। कृषि क्षेत्र में इसे कवर क्राप (**cover crop**) के रूप में उगाया जाता है।

पोषकीय महत्व

सामान्यतः विंग्ड बीन की खेती इसकी हरी अपरिपक्व, कोमल फलियों के लिए की जाती है, जिससे सब्जी बनायी जाती है। फलियों में पर्याप्त मात्रा में प्रोटीन, कार्बोहाइड्रेट, खाद्य रेशा, खनिज लवण आदि पाये जाते हैं। इसके बीजों में पायी जाने वाली प्रोटीन में एमिनो अम्ल सोयाबीन की तुलना में अधिक होता है। इसकी फलियाँ वानस्पतिक प्रोटीन एवं तेल का उत्तम स्रोत हैं। इसके बीज में लगभग 30.0–40.0 प्रतिशत प्रोटीन तथा 15.0–20.0 प्रतिशत तेल होता है। इसकी कोमल हरी फलियों में 2–4 प्रतिशत प्रोटीन होता है जबकि शुष्क वजन के आधार पर 15.0 प्रतिशत प्रोटीन होता है। विंग्ड बीन के सूखे बीज में 40.0 प्रतिशत प्रोटीन होता है (गारसिया एवं पाल्मर, 1980)।

विंग्ड बीन के कन्दिल जड़ों का उपयोग खाने के लिए भी किया जाता है। इसकी कन्द में 11–15 प्रतिशत प्रोटीन होता है, जो आलू, शकरकन्द तथा कसावा से लगभग 5–10 गुना अधिक है। यद्यपि इसमें ट्रिप्सिन नामक अवरोधक पदार्थ पाया जाता है, फिर भी इसमें टेकोफेरोल नामक प्रति आक्सीकारण पदार्थ भी होता है, जो शरीर में विटामिन 'ए' के उपयोग को बढ़ाता है (सिंह एवं परोदा, 1983)।

सारिणी (12.17) विंग्ड बीन तथा सोयाबीन के बीज प्रोटीन में पाये जाने वाले अमीनो अम्ल के घटकों की तुलना

अमीनो अम्ल	विंग्ड बीन (प्रतिशत)	सोयाबीन (प्रतिशत)
लाइसीन	7.4–8.0	6.6
थ्रियोनीन	4.3–4.5	3.9
हिस्टीडीन	2.7	2.5
सिस्टीन	1.6–2.6	1.2
मिथियोनीन	1.2	1.1
एलेनीन	4.3	4.5
ग्लाइसीन	4.6	3.8
वेलीन	4.9–5.7	5.2
आइसोल्यूसिन	4.9–5.1	5.8
ल्यूसिन	8.6–9.2	7.6
फिनाइलएलेनिन	4.8–5.8	4.8
सिरीन	4.9–5.2	5.6
आर्जिनीन	6.5–6.6	7.0
एस्पर्टिक एसिड	11.5–12.5	8.3
ग्लूटामिक एसिड	15.3–15.6	18.5

स्रोतः सिंह एवं परोदा, 1983

विंग्ड बीन के पौधे के विभिन्न भागों की पौष्टिकता एवं उपयोगिता वाले विषिष्ट गुणों के कारण इसके प्रत्येक भाग उपयोगी हैं। विंग्ड बीन की पत्तियों से प्रतिदिन 6.75 किलो ग्राम प्रोटीन, 63,000 किलो कैलोरी ऊर्जा, 39—150 मिली ग्राम विटामिन 'सी', 4.1 ग्राम बीटा कैरोटीन, 2.7 ग्राम लौह तथा 108.0 ग्राम कैल्सियम की मात्रा प्रति हेक्टेयर के हिसाब से प्राप्त की जा सकती है। इस प्रकार मनुष्य के लिए ही नहीं बल्कि पशुओं के लिए एक पौष्टिक चारे एवं भूमि के लिए एक उर्वरक कार्बनिक खाद के रुप में भी इसका एक विशिष्ट स्थान है। औषधीय रुप में भी इन पत्तियों का प्रयोग चेचक के इलाज के लिए एक कम्पाउण्ड लोसन (compound lotion) तैयार किया जाता है। इसी प्रकार विंग्ड बीन के फूल विटामिन 'ए' तथा विटामिन 'सी' के समृद्ध स्रोत हैं। इनका प्रयोग चावल एवं विभिन्न प्रकार के व्यंजनों के रंगने तथा केक—पेस्ट्री आदि में होता है। तले फूल, मशरुम की तरह का स्वाद देते हैं। इसके अलावा इन्हें पकौड़े, आमलेट तथा अन्य खाद्य पकवानों में भी प्रयोग किया जाता है। विंग्ड बीन की हरी फलियाँ जब मुलायम तथा उनका गूदा अंशतः अर्ध—पारदर्शक हो तब इन्हें सब्जी के लिए प्रयोग किया जाता है। कोमल अवस्था में फलियों का स्वाद हल्का मीठा तथा एस्पेरेगस जैसा होता है। ये फलियाँ प्रोटीन एवं विटामिन 'ए' (300—900 अन्तर्राष्ट्रीय इकाई) से भरपूर होती हैं। इसके अतिरिक्त फलियों में प्रचुर मात्रा में सूक्ष्म पोषक तत्व पाये जाते हैं। इसके प्रति 100 ग्राम खाने योग्य भाग में कैल्सियम 53.0—236.0 मिली ग्राम, फास्फोरस 26.0—60.0 मिली ग्राम तथा लौह तत्व 0.2.0—12.0 मिली ग्राम की मात्रा में पाये जाते हैं। फलियों की सब्जी बनाकर या अचार बनाकर उपयोग करते हैं, लेकिन कहीं—कहीं पर इन्हें भूनकर, सलाद या पकौड़े बनाकर प्रयोग किया जाता है।

सारिणी (12.18) विंग्ड बीन के विभिन्न भागों के पोषण मूल्य (प्रति 100 ग्राम खाने योग्य भाग में)

घटक	पौधे के भाग				
	कोमल फलियाँ	बीज	जड़ कन्द	पत्तियाँ	फूल
नमी	76— 92	7—25	70—90	64—78	70—84
प्रोटीन	2—3	38—40	18—20	5.0—7.6	5.0—7.6
वसा	0.2—0.3	15—20	0.5—1.10	0.7—1.1	0.4—0.9
कार्बोहाइड्रेट	3.1—3.8	24—42	27.2—30.5	3.0—8.5	—
रेशा	1.2—2.6	5.0—12.5	17—19	—	—
राख	0.5—2.0	3.3—4.3	1.0—2.0	—	—

विंग्ड बीन के अपरिपक्व एवं पके हुए बीजों का भी प्रयोग किया जाता है। इन्हें दालों के रुप में सब्जी की तरह, तलकर या भूनकर खाया जा सकता है। इसके अलावा पके बीजों को पीसकर ऑटे में परिवर्तित करके केक व अन्य व्यंजनों जैसे काफी की तरह के पेय बनाये जा सकते हैं। अन्य दलहनी फसलों की तुलना में विंग्ड बीन के बीजों में उपस्थित प्रोटीन की मात्रा सोयाबीन के समकक्ष पाया जाता है। परिपक्व बीजों में अन्य पौष्टिक तत्वों के साथ 2.8—4.8 प्रतिशत स्टार्च, 6.4—8.9 प्रतिशत घुलनशील शर्करा एवं सूक्ष्म पोषक तत्वों के रुप में 215.0—340.0 मिली ग्राम कैल्सियम, 210.0—500.0 मिली ग्राम फास्फोरस तथा 3.0—18.0 मिली ग्राम आयरन प्रति 100.0 ग्राम खाद्य

पदार्थ के हिसाब से विद्यमान रहते हैं। अपने इन्हीं अवयवों के कारण इसके बीज हमारे शरीर की सृजनात्मक एवं रक्षात्मक क्रियाओं के लिए परिपूर्ण होते हैं तथा शरीर की ऊर्जा के लिए भी इनके प्रति 100.0 ग्राम भोज्य पदार्थ द्वारा 410.0 किलो ग्राम कैलोरी का योगदान होता है (क्लेडोन, 1975)। इसके बीजों में 'ट्रिप्सिन इन्हिबीटर' तथा 'हीमोग्लूटेनिन' जैसे कुछ विषाक्त पदार्थ भी पाये जाते हैं, परन्तु प्रेशर कुकर (Pressur cooker) के प्रयोग द्वारा उन्हें आसानी से नष्ट किया जा सकता है। हरी फलियों में ये पदार्थ नहीं पाये जाते।

सारिणी (12.19) कुछ प्रमुख दलहनी फसलों के बीज प्रोटीन की मात्रा

फसल	बीज प्रोटीन (प्रतिशत)
चना	17.1
मटर	19.7
अरहर	22.3
मूँग	24.0
उर्द	24.0
लोबिया	24.6
मसूर	25.1
राजमा	25.0
सोयाबीन	43.2
विंग्ड बीन	40.0

विंग्ड बीन के बीजों में खाद्य तेल की मात्रा 17–19 प्रतिशत होती है, जिसे अच्छे जीन प्ररुपों में 25 प्रतिशत तक पहुँचाकर खाद्य तेल के उत्पादन में भी वृद्धि लायी जा सकती है। विंग्ड बीन के तेल में पाली अनसेचुरेटेड अम्ल (poly unsaturated acid) भी प्रचुर मात्रा में पाये जाते हैं और साथ में टोकोफेराल (125.9 मिली ग्राम/100 ग्राम) पाया जाता है, जो एक प्रभावशाली प्रतिआक्सीकारक (एंटीआक्सिडेंट) का काम करता है। इसके तेल से साबुन भी बनाया जा सकता है तथा खलियों को पशुओं को खिलाया जा सकता है।

सारिणी (12.20) विंग्ड बीन एवं सोयाबीन के बीजों में वसा अम्लों के अवयवों की मात्रा

वसा अम्ल	विंग्ड बीन (भार के अनुसार प्रतिशत)		सोयाबीन (भार के अनुसार प्रतिशत)	
	भार	प्रतिशत	भार	प्रतिशत
माइरिस्टिक	14:0	0.06	14:0	–
पामिटिक	16:0	8.9–9.7	16:0	11.0
पामिटोलिक	16:1	0.83	16:1	–
स्टिअरिक	18:0	5.7	18:0	4.0

ओलिक	18:1	32.3–39.0	18:1	25.0
लिरियोलिक	18:2	27.2–27.8	18:2	50.0
लिनोलिनिक	18:3	1.1–2.0	18:3	–
पेरिनैरिक	18:4	2.5	18:4	–
एरेकिडी	20:0	2.0	20:0	0.4
विहीनिक	22:0	13.4–15.5	22:0	0.3

विंग्ड बीन की कन्दयुक्त जड़ों का आलू की भाँति सब्जियों में प्रयोग किया जा सकता है। कन्द का स्वाद हल्का मीठा तथा जायका कुछ–कुछ सुपारी जैसा होता है। कन्दिल जड़ों में 18.7–20.0 प्रतिशत (सूखे भार में) अपक्व प्रोटीन की मात्रा पायी जाती है, जो अन्य कन्दिल फसलों जैसे कसावा (1.2 प्रतिशत), आलू (2.0 प्रतिशत), शकरकन्द (2.0 प्रतिशत), रतालू (2.0 प्रतिशत) आदि से कहीं अधिक है। कन्दिल जड़ों से अधिक प्रोटीन के कारण कुपोषित जनसंख्या के लिए वरदान है। प्रोटीन के अलावा 2.0–4.0 सेन्टी मीटर व्यास एवं 8.0–12.0 सेन्टी मीटर लम्बाई वाली ये जड़ें 27.2–30.5 प्रतिशत कार्बोहाइड्रेट (करीब 50.4 प्रतिशत स्टार्च), 90.0 प्रतिशत जल तथा 0.5–1.1 प्रतिशत वसा के साथ सूक्ष्म तत्वों में प्रति 100.0 ग्राम खाद्य भार में 25.0 मिली ग्राम कैल्सियम, 30.0 मिली ग्राम फास्फोरस तथा 0.5 मिली ग्राम लौह तत्व भी प्रदान करती है।

उन्नतिशील किस्में

विंग्ड बीन की कोई विकसित किस्म नहीं है। केवल पत्तियों, फूलों, फलियों तथा बीजों के रुप–रंग, आकार एवं प्रकार में विविधता के अनुसार चयन कर प्रजातियों की खेती की जाती है। प्रजातियों के विकास के लिए इस फसल को अखिल भारतीय समन्वित अनुसंधान परियोजना में सम्मिलित किया गया है। अंतर्राष्ट्रीय अनुसंधान केन्द्र, श्रीलंका नवीन प्रजातियों के विकास के लिए प्रयासरत है। विश्व स्तर पर अंतर्राष्ट्रीय गोष्ठी का आयोजन श्रीलंका एवं फिलिपाइन में इस फसल पर सफल आयोजन किया गया। भारत में भी भारतीय बागवानी अनुसंधान संस्थान, बैंग्लुरु (कनार्टक) राष्ट्रीय पादप अनुवांशिक संसाधन ब्यूरो, नई दिल्ली एवं राष्ट्रीय वानस्पतिक अनुसंधान संस्थान, लखनऊ (उत्तर प्रदेश) इस फसल पर शोध कार्यक्रम चला रहे हैं। भारतवर्ष में इसकी खेती के लिए ए0के0डब्ल्यू0बी0–1, जी0आर0डब्ल्यू0बी0–23, जी0आर0डब्ल्यू0बी0–10ए, आई0आई0एच0आर0–13 आदि अनेक किस्मों को हरी फलियों एवं बीज के उत्पादन के लिए उपयुक्त माना गया है। बीज उत्पादन के लिए एक बृहद अनुकूलित लाइन ई0सी0 178331 पहचानी गयी है, जिसका उत्पादन 8.49 कुन्तल/प्रति हेक्टेयर है।

- एस0एल0एस0–44 एवं यू0पीएस0–122 (श्रीलंका से विकसित लाइन)
- डब्ल्यू0बी0सी0–2 (मेघालय से विकसित लाइन)
- पी0टी0–62, पी0टी0–16, पी0टी0–49 एवं पी0टी0–2 (केरल से विकसित लाइन)
- जी0 डब्ल्यू0बी0– जी0आर0डब्ल्यू0बी0–11 (राष्ट्रीय पादप अनुवांशिक संसाधन ब्यूरो, नई दिल्ली से विकसित लाइन)

जलवायु

विंग्ड बीन उष्ण कटिबन्धीय फसल होने के साथ–साथ यह समुद्र के सतह से 2200 मीटर की ऊँचाई तथा भूमध्य रेखा से 20^0 अक्षांश तक सफलतापूर्वक उगायी जा सकती है। विंग्ड बीन की खेती के दौरान पौधों की वृद्धि फूलों के खिलने के लिए पर्याप्त ठण्डी जलवायु की आवश्यकता होती है। वर्षा का सामान्य वितरण तथा प्रकाश की अल्प दीप्तिकाल की आवश्यकता पड़ती है। वार्षिक रुप से 410.0 सेन्टी मीटर वर्षा तथा 15.4–27.5 डिग्री सेल्सियस तापक्रम के विस्तार तथा पुष्पन के समय 12 घण्टों से कुछ ही अधिक दीप्तिकाल की जरुरत पूरी हो जाने पर इसके पौधों का सफलतम प्रदर्शन किया जा सकता है। हालाँकि वर्षा की अधिकता में इसे पानी के जमाव से बचाने के लिए जल निकास आवश्यक है। विंग्ड बीन अत्यधिक गर्मी सहन कर सकती है, परन्तु पाला सहन नहीं कर सकती है। कम समय के लिये सूखा विंग्ड बीन की फसल को प्रभावित नही करता है (मार्टीन एवं डल्पीन, 1978)।

भूमि एवं भूमि की तैयारी

विंग्ड बीन की खेती सभी जल निकास वाली, बलुई से चिकनी मिट्टी में सफलतापूर्वक की जा सकती है। मिट्टी का उपयुक्त पी0एच0 मान 4.3–8.5 होना चाहिए तथा अत्यधिक क्षारीय मिट्टी इसके लिए अनुपयुक्त होती है।

बुआई का समय

विंग्ड बीन को दक्षिण भारत में जुलाई–अक्टूबर तक लगाई जा सकती है।

बीज की बुआई

विंग्ड बीन की बुआई के लिए पंक्ति से पंक्ति की दूरी 100.0–125.0 सेन्टी मीटर तथा पौधे से पौधे के बीज की दूरी 25.0–50.0 सेन्टी मीटर रखते हैं। बीजों को 2.0–3.0 सेन्टी मीटर गहरा बोते हैं (वीररागवाथथ्म एवं सहयोगी, 1988)। बीजों को तेज चाकू से छिलका काटकर हटाने एवं बुआई पूर्व शोधन से जमाव अच्छा होता है (स्टीफेन्सन, 1980)।

बीज दर

एक हेक्टेयर खेत में विंग्ड बीन की बुआई करने के लिए 15.0–20.0 किलो ग्राम बीज की आवश्यकता होती है। बीज 5–15 दिन में अंकुरित हो जाते हैं (वीररागवाथथ्म एवं सहयोगी, 1988)।

पोषक तत्व प्रबंधन

प्रति हेक्टेयर 10.0 टन अच्छी प्रकार सड़ी गोबर की खाद खेत की अन्तिम जुताई के समय मिला दिया जायें। विंग्ड बीन को 50.0 किलो ग्राम नत्रजन, 50.0 किलो ग्राम फास्फोरस तथा 50.0 किलो ग्राम पोटाश प्रति हेक्टेयर आवश्यकता पड़ती है। फास्फोरस एवं पोटाश की पूरी तथा नत्रजन की

आधी मात्रा खेत में बुआई से पहले देते हैं। शेष आधी मात्रा फूल आने के समय दी जाती है (पार्थीपान एवं कुलसोफिया, 1989)।

सिंचाई जल प्रबन्धन

जब तक पौधे छोटे रहते हैं तथा उनकी जड़ें गहरी नहीं हो जाती, उनकी नियमित सिंचाई करते हैं। गहरी जड़ें हो जाने पर सूखा सहने की क्षमता विकसित हो जाती है। बरसात में भी अगर वर्षा नियमित नहीं हो तो कुछ सिंचाई की आवश्यकता पड़ सकती है।

खरपतवार नियंत्रण

प्रारम्भ के एक महीने में खरपतवार के नियंत्रण के लिए निकाई–गुड़ाई करते हैं। रासायनिक विधि से खरपतवार नियन्त्रण के लिए पेन्डीमेथिलिन नामक खरपतवारनाशी की 3.3 लीटर मात्रा 1000 लीटर पानी में घोलकर बीज बुआई के बाद तथा बीज जमाव पूर्व प्रयोग किया जा सकता है।

पौधों को सहारा देना

लताओं की वृद्धि के लिए सहारे की आवश्यकता होती है। प्रायः लताओं को 1.5 मीटर ऊँचे बाँस या तार के पण्डाल पर फैला देते हैं।

फलों की तुड़ाई

साधारण रुप से 50–90 दिनों में पुष्प आने लगते हैं तथा इसके 15 दिन बाद फलियाँ निकलने लगती हैं। अगर हरी फलियों की समय पर तुड़ाई होती रहे तो लगभग 8 महीने तक फूल आते रहेंगे।

उपज

प्रत्येक पौधे से लगभग 75 फलियाँ प्राप्त होती हैं। बागची एवं सहयोगी (1988) ने स्पष्ट किया कि फूल खिलने के 21–35 दिन बाद मुलायम फलियाँ तोड़ कर उपयोग करनी चाहिये। इसकी हरी फलियों की औसत उपज 25.0–35.0 टन प्रति हेक्टेयर होती है। बीज का औसत उत्पादन 2.0–4.0 टन और कन्द का 8.0–11.0 टन प्रति हेक्टेयर होता है।

रोग एवं कीट

विंग्ड बीन की फसल में रोग एवं कीट कम लगते हैं (मासफिल्ड, 1973)।

हार्स रैडिस (Horse Radish)

वानस्पतिक नाम : रेडिकोला अर्मोरासिया (*Radicola armoracia*)

कुल : ब्रेसिकेसी (*Brassicaceae*)

गुणसूत्र संख्या : 2 एन = 16

हार्स रैडिस को स्थानीय भाषा में भूला, घिन्डया मूला या घिन्डया आदि नामों से पुकारते हैं। हार्स रैडिस (horse radish) पहाड़ी क्षेत्रों (उत्तराखण्ड, कश्मीर, हिमाचल आदि) की अल्प उपयोगी जड़वाली सब्जी है, जो तीखी जडों के लिए उगाई जाती है। उत्तराखण्ड राज्य में हार्स रैडिस की खेती सीमित क्षेत्र में किया जाता है। पहाड़ी लोगों के बीच यह सब्जी ज्यादा महत्वपूर्ण है, क्योंकि अकाल या अन्य विषम परिस्थितयों में इसकी उपलब्धत रहती है। जब अन्य सब्जियाँ बाजार में उपलब्ध नहीं होती हैं, तो इसकी जड़ों की सब्जी तैयार की जाती है। जब मुख्य मौसम में इसकी जड़ों की उपलब्धता ज्यादा होती है, तो जड़ों की छोटे–छोटे टुकड़ो में काटकर सुखा लेते हैं, जिसका उपयोग बे–मौसम में प्रचुरता से किया जाता है। हार्स रैडिस को विशेषकर गृह वाटिका में उगाया जाता है। कहीं–कहीं पर हार्स रैडिस की खेती मंडुवा या रागी फसल के साथ मिलाकर करते हैं (चन्डोला, 2002)।

उद्‌भव एवं वितरण

हार्स रैडिस, यूरोप का देशज है और उत्तरी अमेरिका के कुछ भागों में व्यापक स्तर पर देखा जा सकता है।

वानस्पतिक विवरण

हार्स रैडिस का जड़ तकुवाकार नीचे की तरफ पतली व लम्बी होती है। मुख्य जड़ के चारों तरफ छोटे–छोटे रोयेंदार जड़ें विकसित होती हैं। जड़ का व्यास लगभग 12.0–18.0 सेन्टी मीटर होता है।

पोषकीय महत्व

हार्स रैडिस की उपयोगिता उसकी तीखी (चरपरी) जड़ों के रुप में है। मुलायम जड़ों को नमक व सिरका (vinegar) के साथ मिश्रित कर उपयोग करते हैं। इसे मसाले में प्रयोग करने के अलावा माँस व अन्य भोज्य पदाथों में "क्षुधावर्धक" (appetizer) के रुप में भी उपयोग करते हैं। अन्य व्यंजन जैसे–सरसों (mustard), कैटसप (catsup), सी–फ्रुड (sea food), काकटेल (cocktail), चटनी (sauce) आदि में कुतरकर मिलाया जाता है। हार्स रैडिस में तीखापन एक एलिल आइसोथासाइनेट (allyl isothiocynate) तथा व्यूटाइल आइसोथायोसाइनेट (Butyl isothiocynate) जो के सरसों तेल जैसी गन्ध उत्पन्न करता है। इसकी आधारीय संरचना में ग्लूकोसाइड सीनीग्रीन (glucoside sinigrin) है। इसकी उबली पत्तियों का अर्क / सत् मानव में पेट सम्बन्धी बीमारियों को ठीक करने में सहायक है। जड़ को पोषक मूल्य नीचे की सारिणी में दिया गया है।

सारिणी (12.21) हार्स रैडिस की जड़ का पोषकीय मूल्य (प्रति 100 ग्राम खाने योग्य भाग में)

पोषक तत्व	मात्रा
पानी	74.6 ग्राम
ऊर्जा	87.0 किलो कैलोरी
राख	2.2 ग्राम
वसा	0.3 ग्राम
कार्बोहाइड्रेट	19.7 ग्राम
प्रोटीन	3.2 ग्राम
कैल्सियम	140.0 मिली ग्राम
फास्फोरस	64.0 मिली ग्राम
लौह तत्व	1.4 मिली ग्राम
सोडियम	8.0 मिली ग्राम
पोटैशियम	564.0 मिली ग्राम
थायमिन	0.07 मिली ग्राम
राइबोफ्लेविन	–
निकोटिनिक एसीड	–
एस्कार्बिक अम्ल	81.0 मिली ग्राम

स्रोत : गोपालन एवं सहयोगी – 1999

उन्नतिशील किस्में

हार्स रैडिस (horse radish) की मुख्यतः दो किस्में हैं–

1. सामान्य हार्स रैडिस (Common horse radish)
2. बोहेमियन हार्स रैडिस (Bohemian horse radish)

1. सामान्य हार्स रैडिस (Common horse radish)

सामान्य हार्स रैडिस की पत्तियाँ चौड़ी (broad) व झुर्रीदार (crinkle) होती हैं तथा उत्तम गुणों वाली जड़ें विकसित करती हैं।

2. बोहेमियन हार्स रैडिस (Bohemian horse radish)

बोहेमियन किस्म की हार्स रैडिस में सकरी व चिकनी पत्तियाँ विकसित होती हैं। जड़ें कम गुणवत्ता वाली होती हैं। इस किस्म में कुछ रोगों के प्रति रोधक क्षमता होती है। नवीन बोहेमियन प्रजाति की खेती संयुक्त राज्य अमेरिका में बृहद स्तर पर की जाती है।

जलवायु

पहाणी क्षेत्रों की ठण्डी जलवायु इस फसल के लिए सबसे उपयुक्त है। एक समान ठण्डक पड़ने पर जड़ों की गुणवत्ता अच्छी होती है और रेशे का विकास कम होता है।

भूमि एवं भूमि की तैयारी

हार्स रैडिस की खेती किसी भी अच्छी मृदा में सफलतापूर्वक की जा सकती है लेकिन जड़ों का विकास गहरी, कार्बनिक पदार्थ से भरपूर हल्की नमीयुक्त दोमट भूमि में सबसे होती है। अगर मृदा में कार्बनिक पदार्थ की कमी है, तो गोबर की सड़ी खाद, वर्मी कम्पोस्ट, नीम या महुवा की खली आदि के प्रयोग से पूरा किया जा जाना चाहिए। खेत की तैयारी में सावधानी रखनी आवश्यक है चूँकि पहाणों पर मिट्टी की हल्की सतह होती है। अतः गहरी जुताई की आवश्यकता नहीं होती है। अच्छा होगा मेंड़ व नालियाँ बनाकर खेती की जाये। वैसे हार्स रैडिस के लिए मूली की अपेक्षा कम जमीन की गहराई चाहिए।

बीज बुआई/पौध प्रसारण

हर्स रैडिस की बुआई/पौध प्रसारण दो प्रकार से किया जाता है–

1. बीज द्वारा (Through seed)

सामान्यतया हार्स रैडिस के बीज की उपलब्धता एक बड़ी समस्या है। सरसों कुल का पौधा होने के कारण बीज उत्पादन काफी कठिन है। बीज की बुआई 2.0–3.0 ग्राम प्रति वर्ग मीटर के हिसाब से किया जाता है। बीज की बुआई मुख्य खेत में मंडुवा या रागी काटने के बाद किया जाता है। बीज की बुआई अगस्त या सितम्बर के महीने में किया जाता है। बीज की बुआई अगस्त या सितम्बर के महीने में किया जाता है।

2. जड़ कर्त्तन प्रसारण (Root cutting propagation)

हार्स रैडिस का प्रसारण जड़ कर्त्तन द्वारा सफलतापूर्वक किया जाता है। इसमें आँख युक्त जड़ों को 2–3 भागों में लम्बवत् काटकर लगाते हैं।

पोषक तत्व प्रबन्धन

हार्स रैडिस में पोषक प्रबन्धन पर कोई विशेष शोध नहीं किया गया है, लेकिन उत्पादक अपने खेतों में गोबर की सड़ी खाद, वर्मी कम्पोस्ट या अन्य कार्बनिक खाद का प्रयोग करते हैं। इन पोषक तत्वों में प्रयोग से उत्पादित जड़ें अच्छी गुणों वाली, सुगन्ध एवं स्वादयुक्त होती है।

जड़ों की खुदाई

सामान्यतया बीज या पौध प्रसारण के 3 महीने बाद विकसित जड़ों की खुदाई सफलतापूर्वक की जा सकती है। जड़ों की खुदाई के समय यह निश्चित कर लेना चाहिए कि उनमें हल्की

सुगन्ध व चरपरापन विकसित हो गयी हो। जड़ों की खुदाई के 3–4 दिन पूर्व पौधों के उपरी भाग को जमीन के सतह से काटकर निकाल देना चाहिए। जड़ों की खुदाई के बाद सहायक जड़ों को काटकर निकाल देना चाहिए।

उपज

हार्स रैडिस की औसत उपज 25.0–30.0 टन प्रति हेक्टेयर होती है।

विपणन

बाजार में हार्स रैडिस को भेजने के पूर्व यूरोपीय देशों में जड़ों को खरोंचकर सभी प्रकार की कमियों को निकाल देना चाहिए। इस प्रकार स्वस्थ जड़ों को सीधे सफेद वाइन विनेगर (white wine vinegar) या आसूत विनेगर (Distilled vinegar) के 4.5–5.0 प्रतिशत सान्द्रता में संरक्षित करना चाहिए। इसके बाद बाजार में विपणन हेतु जा सकता है।

पौध संरक्षण

- कीट प्रबन्धन

हार्स रैडिस की फसल पर शुरुआती अवस्था में पेंटेडबग पत्तियों को काटती हैं, इससे बचाव के लिए मिथाईल पैराथियान चूर्ण का भुरकाव राख में मिलाकर 5.0 किलो ग्राम प्रति 0.25 हेक्टेयर करना चाहिए। एफीड, सरसों की मक्खी व सूँडी से बचाव हेतु मैलाथियान 1.5 मिली लीटर प्रति लीटर पानी के घोल का छिड़काव करना प्रभावी पाया गया है।

- रोग प्रबन्धन

हार्स रैडिस में पत्ती धब्बा, सफेद रोली व रतुआ रोग का प्रकोप कभी–कभी लगता है। अतः नियंत्रण के लिए मैन्कोजेब नामक दवा की 2.00 ग्राम मात्रा प्रति लीटर पानी की दर से घोल बनाकर 10 दिन के अन्तराल पर 2–3 बार छिड़काव करना चाहिए।

□□□

अध्याय 13

बहुवर्षीय सब्जियाँ

Perennial Vegetables

बहुवर्षीय सब्जियाँ

वे सब्जियाँ जिनको एक बार लगाने के बाद उनके फल, जड़कन्द या अन्य खाने योग्य भाग कई वर्षों तक मिलते रहते हैं, उन्हें बहुवर्षीय सब्जियाँ कहते हैं। इन सब्जियों का विवरण नीचे दिया गया है।

सतावर या एस्पैरेगस (Asparagus)

वानस्पतिक नाम : एसपैरेगस आफिसीनैलिस वार0 अल्टीलीस (*Asparagus officinalis* var. *altilis* L.)

कुल : लिलिएसी (Liliaceae)

गुणसूत्र संख्या : 2 एन = 20

सतावर कोमल शाखाओं, जिन्हें स्पीयर्स (spears) कहते हैं, के लिए उगाया जाता है। स्पिअरस (spears) की माँग होटलों में बहुत अधिक हैं।

उद्‌भव एवं वितरण

इसका जन्म स्थान पूर्वी मेडीटरेनियन (Eastern Mediterranean) एवं एशिया माइनर (Asia Minor) का क्षेत्र माना जाता हैं। इसकी खेती का प्रचलन 2000 वर्ष से भी अधिक पुराना है। इसके जंगली पौधे यूरोप, काकासस (Caucasus) एवं पश्चिम साइबेरिया में बहुतायत से पाये जाते हैं। सतावर को व्यावसायिक रूप से अमेरिका एवं न्यूजीलैण्ड में उगाया जाता है। विश्व में 150,000 हेक्टेयर से अधिक क्षेत्रफल में एस्पैरेगस की खेती की जाती है। उत्तरी अमेरिका, यूरोप एवं दक्षिणी अमेरिका में अधिक उगाया जाता है।

वानस्पतिक विवरण

लिलिएसी कुल के अंतर्गत 150 से अधिक प्रजातियाँ पायी जाती हैं। इसकी सब्जी वाली प्रजाति को एसपैरेगस आफिसीनैलिस वार0 अल्टीलीस (*Asparagus officinalis* var. *altilis* Linn.) के अंतर्गत रखा गया है, जबकी इसकी अलंकृत प्रजाति को एसपैरेगस स्माइलैक्स वार0 स्माइलैक्स (*Asparagus officinalis* var. *smilax* Linn.) के अंतर्गत है। इसकी जंगली प्रजातियाँ यूरोप, अफ्रीका एवं एशिया में पायी जाती हैं। एसपैरेगस कोचिनचाइनेंसिस [(*Asparagus cochinchinensis* (Lour) Merrill] दक्षिण एशिया पूर्व, इण्डो चाइना, जापान एवं फिलीपींस में पायी जाती है। इसकी दूसरी प्रजाति एसपैरेगस रोसीमोसस (*Asparagus rocemosus* Willds) अफ्रीका से एशिया तक फैली हुई है। एसपैरेगस एक बहुवर्षीय, पृथकलिंगी (dioecious) शाकीय, लतायुक्त व 2.0 मीटर लम्बा पौधा है। जड़ें कन्दिल होती हैं। नीचे तना मुलायम, रसीली व उपरी तना शाखित धागेनुमा पतला होता है। वास्तविक पत्तियाँ ब्रैक्ट (bract) होती हैं। पुष्प कक्षीय, छोटे व नलिकायुक्त होते हैं। इसके नर पुष्प टेपल (tepals) 6.0–8.0 मिली मीटर लम्बे व मादा 4.0–6.0 मिली मीटर लम्बे होते हैं। फल बेरी (berry) व लाल रंग के होते हैं। इसमें 1–6 काले रंग के बीज होते हैं।

पोषकीय महत्व

सतावर के स्पिअरस (white spears) को सूप अथवा उबालकर सब्जी के रूप में प्रयोग किया जाता है। व्हाइट स्पिअरस (white spears) को छिलकर व ग्रीन स्पिअरस (green spears) बिना छिले प्रयोग किया जाता है। ग्रीक एवं रोमनवासियों को इसके औषधीय गुण के बारे में पहले से जानकारी थी। वर्तमान समय में विभिन्न प्रकार के स्वादिष्ट व्यंजन की उपयोगिता बढ़ाने के लिए सतावर का प्रयोग किया जाता है। यही कारण है कि इसका उपयोग प्रसंस्करण उद्योग जैसे कैनिग (canning) एवं फ्रोजेन (frozen) में ज्यादा होता है। सतावर के बीज काफी (coffee) के विकल्प के रूप में प्रयोग किया जाता है। इसका पोषकीय मूल्य नीचे की सारिणी में दिया गया है।

सारिणी (13.1) सतावर के ग्रीन स्पीयर्स का पोषकीय मूल्य (प्रति 100 ग्राम खाने योग्य भाग में).

पोषक तत्व	मात्रा
नमीं	92.0 प्रतिशत
प्रोटीन	2.8 ग्राम
वसा	0.2 ग्राम
कार्बोहाइड्रेट्स	2.2 ग्राम
विटामिन ए	980 अ0इ0
विटामिन बी	0.23 मिली ग्राम
बी–2	0.1 मिली ग्राम
नियासिन	2.2 मिली ग्राम
विटामिन सी	48.0 मिली ग्राम
कैल्सियम	24.0 मिली ग्राम
आयरन	1.5 मिली ग्राम
फास्फोरस	52.0 मिली ग्राम
ऊर्जा	113.0 किलो कैलोरी

स्रोतः गोपालन एवं सहयोगी, 1999

जलवायु

सतावर की खेती पर्वतीय क्षेत्रों में जहाँ मौसम ठंण्डा रहता है, इसकी खेती के लिए उपययुक्त है, लेकिन अधिक सर्दी में इसके पत्ते व शाखाएँ सूख जाती हैं। परन्तु वसन्त ऋतु में कोमल शाखाएँ (spears) मिट्टी के अन्दर से निकलने लगते हैं। मैदानी भागों में भी इसकी खेती की जा सकती है।

उन्नतिशील किस्में

भारतीय कृषि अनुसंधान संस्थान, नई दिल्ली द्वारा इसकी परफेक्सन किस्म लगाने की सिफारिश की गई है। इसके अलावा सेलेक्सन–841, यू0सी0–73 व डी0पी0ए0–1 भी काफी प्रचलित किस्म है।

भूमि और भूमि की तैयारी

सतावर किसी भी भूमि में सफलता पूर्वक उगाया जा सकता हैं, लेकिन गहरी बलुई या बलुई दोमट भूमि जिसमें जीवांश्म की अच्छी मात्रा हो और जल निकास का उत्तम प्रबन्ध हो, उत्तम होती है। भूमि की तैयारी अच्छी तरह की जानी चाहिए।

पोषक तत्व प्रबन्धन

खेत की तैयारी करते समय गोबर की सड़ी खाद 20.0 टन प्रति हेक्टेयर की दर से मिलाने के अतिरिक्त 50.0–60.0 किलो ग्राम नत्रजन, 25.0 किलो ग्राम फास्फोरस और 50.0 किलो ग्राम पोटाश प्रति हेक्टेयर प्रति वर्ष देना चाहिए (चौधरी, 1967)। इन तत्वों की आपूर्ति के लिए 400.0 किलो ग्राम कैल्सियम अमोनियम नाइट्रेट, 750.0 किलो ग्राम सिंगल सुपर फास्फेट तथा 250.0 किलो ग्राम म्यूरेट आफ पोटाश प्रति हेक्टेयर की दर से देना चाहिए।

सारिणी (13.2) सस्तुत पोषक तत्व की मात्रा

पोषक तत्व	मात्रा प्रति हेक्टेयर
गोबर की खाद	20.0 टन
कैल्सियम अमोनियम नाइट्रेट	4.00 कुन्तल
सुपर फास्फेट	7.5 कुन्तल
म्यूरेट आफ पोटाश	2.5 कुन्तल

खाद एवं उर्वरकों की आधी मात्रा वसन्त ऋतु में पौधों पर बढ़वार आने से पूर्व (सुप्तावस्था) और शेष आधी मात्रा स्पीअरस काटने के बाद प्रयोग करना चाहिए।

प्रसारण

ऐस्पैरागस का संवर्धन बीज व क्राउन (crown) दोनों से किया जाता है।

- बीज द्वारा प्रसारण
- क्राउन द्वारा प्रसारण

1. बीज द्वारा प्रसारण (Seed)

पौध तैयार करने के लिए 600.0 ग्राम बीज प्रति हेक्टेयर लगता है। इसके बीज की पौध घर में 50.0 सेन्टी मीटर की दूरी पर कतारें बनाकर बुआई की जाती है। बीज बुआई का उचित समय वसन्त ऋतु के मध्यकाल में होती है। बीज 3–4 सप्ताह में उग आते हैं। पौधे नर्सरी में एक साल तक रखे जाते हैं और इसके बाद उन्हें स्थाई जगह पर लगा दिया जाता है।

2. क्राउन द्वारा प्रसारण (Crown)

व्यावसायिक स्तर पर प्रसारण के लिए क्राउन ही अधिक उपयुक्त होते हैं। सतावर में नर और मादा फूल अलग–अलग पौधों पर निकलते हैं। नर पौधों में स्पीयर मादा पौधों की अपेक्षा अधिक होते हैं। चूँकि पौधों में फूल एक साल के अन्दर नहीं आते, इसलिए इन्हें नर्सरी में पहचानना मुश्किल होता है। अतः क्राउन (crown) जिसमें अधिक बढ़वार और शाखाएँ हो, लगाने के लिए चुन लिये जाते हैं। क्राउन द्वारा संवर्धन सुप्तावस्था में किया जाता है तथा उचित समय निम्नलिखित है।

- मध्य पर्वतीय क्षेत्र–जनवरी
- ऊँचे पर्वतीय क्षेत्र–मार्च–अप्रैल

बोने का समय

पहाड़ी भागों में इसकी वसन्त और गर्मी में तथा मैदानी भागों में जुलाई से नवम्बर तक की जाती है।

लगाने की विधि

अच्छी प्रकार तैयार खेत में पौधों को कतारों में 1.5–2.0 मीटर दूरी पर और पौधे से पौधे की दूरी 45.0–60.0 सेन्टी मीटर रख कर लगा दिया जाता है। क्राउन (crown) को 30.0 सेन्टी मीटर चौड़ी व 25.0 सेन्टी मीटर गहरी नालियों में लगाकर मिट्टी से ढ़क देते हैं।

सिंचाई जल प्रबन्धन

फसल की आवश्यकतानुसार सिंचाई की जाती है।

सस्य क्रियाएँ

आवश्यकतानुसार वर्ष में एक बार हैरो चलाना चाहिए। इस प्रकार घास समाप्त हो जायेगी और गुड़ाई करने से पौधों की जड़ के पास भी वातायन हो जाती है। रासायनिक विधि द्वारा खरपतवार नियन्त्रण हेतु पैराक्वेट (ग्रामस्कोन) का छिड़काव स्पीअरस निकलने से पहले तथा 2,4–डी0 का छिड़काव स्पीअरस निकलना समाप्त हो जाने पर करें। ग्लाइफोसेट का छिड़काव स्पीअरस निकालने के पहले तथा अन्तिम कटाई के बाद किया जा सकता है।

फसल की कटाई

सतावर में स्पीयर (spears) 3 वर्ष या इससे अधिक आयु के पौधों से निकलने लगते हैं। स्पीअरस् (spears) वसन्त ऋतु में निकलने लगते हैं तथा प्रारम्भ के 8–10 सप्ताह तक अधिक मात्रा में निकलते हैं। स्पीअरस को मिट्‌टी की सतह से बाहर निकालने के बाद 2–5 दिनों के भीतर चाकू की सहायता से भूमि की सतह से 1.0 सेन्टी मीटर उपर काँटा जाता है। कँटाई 1–2 के अन्तर पर करते हैं। हरे स्पीअरस् (spears) अच्छे होते हैं। स्पीअरस् (spears) का बंड़ल बनाकर सब्जी मंडियों या होटलों में भेजे जाते हैं।

पैदावार

प्रति पौध 10–15 स्पीअरस् (spears)/वर्ष निकलते हैं। इसकी औसत पैदावार 40.0–50.0 कुन्तल प्रति हेक्टेयर होती है, परन्तु 7–8 वर्ष बाद औसत उपज 100.0 कुन्तल प्रति हेक्टेयर होती है।

अर्टीचोक या ग्लोब अर्टीचोक
(Artichoke or Globe Artichoke)

वानस्पतिक नाम : सिनारा स्कोलिमस् (*Cynara scolymus* L.)
कुल : कम्पोजिटी (Compositae)
गुणसूत्र संख्या : 2 एन = 34

इसकी फूल वाली कलियाँ खिलने के पहले ही सब्जी बनाने या कच्ची खाने में प्रयोग की जाती है। इसकी एक बार लगाई गई फसल लगभग 2–3 वर्ष तक चलती है। यह यूरोप में बहुत प्रचलित सब्जी है, लेकिन अब भारत में भी इसका प्रचार हो रहा है। इसका जन्म स्थान भूमध्यसागरीय भाग और उत्तरी अफ्रीका माना जाता है। इसकी कलियों से अचार भी बनाया जाता है।

उन्नतिशील किस्में

1. जार्जग्रीन ग्लोब
2. परपल ग्लोब

जलवायु

अर्टीचोक के पौधों में प्रतिकूलता सहन करने की शक्ति होती है लेकिन ये अधिक ठण्ड सहन नहीं कर सकते। जाड़ों में इसके पौधो को ठण्ड से बचाने की आवश्यकता होती है।

भूमि एवं भूमि की तैयारी

अर्टीचोक की खेती किसी भी प्रकार की भूमि में की जा सकाती है। भूमि में नमी धारण करनें की शक्ति अधिक होनी चाहिए तथा वह उपजाऊ होनी चाहिए। इसमें जल निकास का उत्तम प्रबन्ध होना बहुत ही आवश्यक होता है।

खाद तथा उर्वरक

अर्टीचोक की अच्छी फसल के लिए शर्मा (1954) के अनुसार 15.0–20.0 टन प्रति हेक्टेयर गोबर की अच्छी तरह सड़ी खाद भूमि में मिला देनी चाहिए। पोषक तत्व के रूप में 100 किलोग्राम नत्रजन, 60 किलोग्राम फास्फोरस तथा 40 किलोग्राम पोटाश का प्रयोग करना चाहिए।

बीजाई का समय

अर्टीचोक की बीजाई जुलाई से अक्टूबर तक की जाती है।

लगाने की विधि

इसका प्रजनन बीज, सकर (suckers) या जड़ की कलम द्वारा होता है। अर्टीचोक के पौधे कतारों में 120.0 सेन्टी मीटर और पौधे से पौधे के मध्य 30.0 सेन्टी मीटर की दूरी पर लगाये जाते हैं।

सिंचाई जल प्रबन्धन

फसल में आवश्यकातानुसार सिंचाई की जाती है।

फसल की कटाई

कलियों की कटाई फूल बनने के पहले दिसम्बर के महीने से ही प्रारम्भ हो जाती है।

उपज

एक हेक्टर क्षेत्र से कलियों की लगभग 50.0–60.0 क्विंटल औसत पैदावार हो जाती है।

हाथीचक या जेरूसलम अर्टीचोक (Jerusalem Artichoke)

वानस्पतिक नाम : हेल्एिन्थस ट्यूबरोसस (*Helianthus tuberosus*)

कुल : कम्पोजिटी (Compositae)

गुणसूत्र संख्या : 2 एन = 34

यह एक कन्द वाली फसल है। इसमें कार्बोहाइड्रेट की अधिक मात्रा पाई जाती है। इसका जन्म स्थान उत्तरी अमेरिका माना जाता है। हाथीचक, मधुमह रोगियों के लिए अधिक लाभप्रद होता हैं। इसकी खेती भारत में अपेक्षाकृत कम प्रचलित है।

सी केल (Sea Kale)

वानस्पतिक नाम : क्राम्बे मारीटीमा (*Crambe maritima*)

कुल : क्रुसीफेरी (Cruciferae)

गुणसूत्र संख्या : 2 एन = 60

सी केल की कोमल पत्तियों और शाखाएँ सब्जी बनाने के प्रयोग में लाई जाती है इसकी खेती भी भारत में प्रचलित नहीं है।

रूबार्ब (Rhubarb)

वानस्पतिक नाम : (*Rheum rhaponticum* L.)

कुल : पालीगोनेसी (Polygonaceae)

गुणसूत्र संख्या : 2 एन = 44

इसकी खेती भारत में अपेक्षाकृत कम प्रचलित है। यह अपनी हरी कोमल पत्तियों के लिए उगाया जाता है। इनमें विटामिन "सी" की मात्रा अधिक पायी जाती है।

रूबार्ब ठण्डी जलवायु में सफलतापूर्वक लगाया जाता है। इसका प्रजनन जड़ एवं बीज दोनों से होता है। चयनित जड़ों की कलम 75.0 x 75.0 सेन्टी मीटर की दूरी पर लगायी जाती है। एक बार लगाई गई फसल 5 साल तक चलती है।

□□□

अध्याय 14

जलीय सब्जियाँ

Water Vegetables

दक्षिण पूर्व एशिया में नदियों के किनारे, दलदली जमीन, तालाबों और धान के खेतों के किनारे विभिन्न प्रकार की जलीय सब्जियों की खेती की जाती है। यह सत्य है कि जलीय सब्जियाँ व्यावसायिक तौर पर बहुत कम उगायी जाती हैं, पर उष्ण व शीतोष्ण क्षेत्रों में कुछ जलीय सब्जियाँ उत्पादकों के लिए ज्यादा महत्वपूर्ण है। लगभग 27 प्रकार के एकवर्षीय (annual) और बहुवर्षीय (perennial) सब्जियों की विभिन्न प्रजातियाँ हैं, जो रूके या बहते हुए पानी में और दलदली जगहों पर स्वतः उगते हैं, जो अधिकांश लोगों के लिये प्रतिदिन की खाद्य सामाग्री है। कुछ ही सब्जियाँ ऐसी हैं, जो ठण्डे जलवायु वाले स्थानों में उगती हैं। ये जलीय सब्जियाँ पोषकीय गुणों के अलावा जलमग्न क्षेत्रों में पानी के गुणवत्ता को बनाये रखने में सहायक हैं। इसके अलावा जलीय सब्जियाँ अनेकों प्रकार के जलीय जीवों के लिये स्वास्थ्य पूर्ण वातावरण बनाये रखने में योगदान देते हैं। बाजार में जलीय सब्जियाँ ऊँचें दामों पर बेची जाती हैं। उदाहरण के लिये–आस्ट्रेलिया में पानी सिंघाड़ा का लगभग 25.0–30.0 टन ताजा उत्पाद एक वर्ष में बेची जाती है। इसी प्रकार थाइलैंण्ड व चीन में डिब्बा बन्द पानी सिघांड़ा की विक्रय कीमत लगभग स्थानीय उत्पादक मूल्य से आधा से दो तीहाई तक ज्यादा है। यही नहीं एशियन रेस्टोरेण्ट (Asian Restaurant) में पानी सिंघाड़ा काटकर और तलकर व्यापक पैमाने पर उपभोग किया जाता है, और घरों में भी उपवास के दिन बड़े चाव से खाते हैं। अधिकतर उपभोक्ता जलीय सब्जियों के ताजे उत्पाद को ज्यादा पसन्द करते हैं। सप्ताहिक मण्डियों में 1.5–2.0 टन पानी सिंघाड़े का विक्रय होता है, जिसका मूल्य 8000–10000 डालर होता है। जलीय सब्जियों के ताजे उत्पाद के निर्यात का औसत दिन प्रतिदिन बढ़ता ही जा रहा है। उदाहरण के तौर पर जापान, ताईवान और संयुक्त राज्य अमेरिका का वार्षिक आयात मूल्य 45.0–50.0 मिलियन डालर है, जो डिब्बा

बन्द सिंघाड़ा थाईलैण्ड और चीन से आता है। उत्तरी अमेरिका के तटीय इलाकों में जलीय सब्जियों के उत्पाद के उछाल की प्रबल सम्भावना है, क्योंकि एशिया से लोगों का पलायन इन्हीं क्षेत्रों में ज्यादा हो रहा है। जलीय सब्जियों में अरवी, पानी सिंघाड़ा, ऐरो हेड, कैट टेल, जल पालक, जल बाँस, जल सेलरी आदि महत्वपूर्ण हैं। कूछ जलीय सब्जियों का पोषक संगठन नीचे की सारिणी में दिया गया है–

सारिणी (14.1) कुछ जलीय सब्जियों के पोषक संगठन (प्रति 100 ग्राम खाने योग्य भाग में)

पोषक तत्व	जलीय बाँस	जलीय पालक	जलीय कमल कंद
पानी (प्रतिशत)	92.60	92.00	75.00
उर्जा (कैलोरी)	26.00	25.00	69.00
प्रोटीन (ग्राम)	1.20	2.60	2.60
कार्बोहाइड्रेट (ग्राम)	5.50	3.40	14.70
रेशा (ग्राम)	1.00	–	–
राख (ग्राम)	0.50	–	–
कैल्सियम (मिली ग्राम)	5.00	95.00	45.00
फासफोरस (मिली ग्राम)	36.00	40.00	100.00
लौह तत्व (मिली ग्राम)	0.60	2.20	1.60
सोडियम (मिली ग्राम)	–	6.00	40.00
पौटैशियम (मिली ग्राम)	–	370.00	730.00
मैग्नेशियम (मिली ग्राम)	–	49.00	25.00
विटामिन 'ए' (आई0यू0)	0.00	3500.00	0.00
विटामिन बी–1 (मिली ग्राम)	0.09	0.03	0.16
विटामिन बी–2 (मिली ग्राम)	0.04	0.10	0.22
नियासिन (मिली ग्राम)	0.20	0.90	0.40
विटामिन सी (मिली ग्राम)	2.00	55.00	54.00

कलमी साग (Water spinach)

वानस्पतिक नाम : आइपोमिया एक्वाटिका (*Ipomoea aquatica*)
कुल : कानवालवुलेसी (Convolvulaceae)
गुणसूत्र संख्या : 2 एन = 30

कलमी साग फैलने वाला बहुवर्षीय खरपतवार है, जो मुख्यतः जलाशयों, सिंचाई की नालियों या जल निकास वाले स्थानों पर बहुतायत से पाया जाता है। यह सत्य है कि उत्तर भारत में जब मानसून का आगमन होता है, उस समय अन्य पत्तीदार सब्जियाँ उपभोक्ताओं को उपलब्ध नहीं रहती हैं। केवल प्राकृतिक रुप से कलमी साग ही मिल पाता है। गाँवों में इसे बड़े चाव से खाया जाता है, क्योंकि इसकी पत्तियाँ पकाने के बाद बहुत ही स्वादिष्ट हो जाती हैं। इसे भारतीय भाषा में कलमी साग, करनी साग, पटुआ साग (हिन्दी), कलमी साग (बंगाली), नदी शाका या नलिनी भाजी (मराठी), नलिनीं भाजी (गुजराती), तुतीकुरा (तेलगू), वेलई–किरई (तमिल) आदि नामों से जाना जाता है। दक्षिण पूर्व एशिया एवं अन्य भागों में इसे ''वाटर स्पीनाच या वाटर कैबेज'' के नाम से जानते हैं। इसे विभिन्न देशों में विभिन्न नामों जैसे आलू तना (आस्ट्रेलिया), कलमी साक (बंग्लादेश), ट्राकौन क्नाटेक (कम्बोडिया), आग त्सोई (चीन), ओटा कारिसी (फिजी), क्रीपींग स्वाम्प या मार्निंग ग्लोरी (हवाई), ट्राकौन (इण्डोनेशिया), योशाई (जापान एवं ताइवान), फाक बंग (लाओस एवं थाइलैण्ड), लैलाण्डी (मेडागास्कर), कांग–कांग आयर (मलेशिया), डेमो (नाइजीरिया), ग्लाटगट कांग–कांग (फिलीपिंस) जानते हैं।

उद्भव एवं वितरण

कलमी साग मुख्यतः उपोष्ण जलवायु क्षेत्र ''एशिया'' का पौधा है, जिसकी उत्पत्ति स्थल संभवतः भारतवर्ष ही है। इस बहुपयोगी पौधे को उपोष्ण क्षेत्रों से गर्म–शीतोष्ण क्षेत्रों तक देखा जा सकता है। कार्लक्विस्ट (1967) के अनुसार इसका प्रसार अन्य देशों में समुद्रों में उठती लहरों से बीज व पौध के विखंडित भागों से हुआ। विदेशों में यह सवाना के झीलों तथा अफ्रीका के नदियों में पाया जाता है। दक्षिण पूर्व एशिया के देशों में इसकी जंगली एवं खेती योग्य प्रजातियों की पहचान की गयी है। मलेशिया के झीलों में आइपोमिया एक्वाटिका (*Ipomoea aquatica*) एवं आइपोमिया सालविनिया (*Ipomoea salvinia*) बहुत पाया जाता है। उत्तर प्रदेश, पश्चिम बंगाल, ओड़िशा और कर्नाटक में इसको व्यापक पैमाने पर खेतों, तालाबों एवं झीलों आदि में देखा जा सकता है। विदेशों में यह खरपतवार के रुप में आस्ट्रेलिया, हवाई, जिम्बांबे, सुडान, थाइलैण्ड, बोल्टा, कम्बोडिया, इण्डोनेशिया, नाइजीरिया, फिलीपीन्स एवं पश्चिम अफ्रीका में पाया जाता है। थाइलैण्ड एवं मलेशिया में कलमी साग को व्यावसायिक स्तर पर उगाया जाता है। इण्डोंनेशिया में एक अनुमान के अनुसार 15000–20000 हेक्टेयर क्षेत्रफल में उगाई जाती है (वेस्टफल, 1993)। कलमी साग दक्षिण चीन में एक प्रमुख हरी सब्जी के रुप में जानी जाती है। इस महत्वपूर्ण सब्जी के जननद्रव्यों का संग्रह

एशियन सब्जी अनुसंधान एवं विकास केन्द्र ताइवान (Asian Vegetable Research and Development Center, Taiwan) जिसे वर्तमान में वर्ल्ड वेजिटेबल सेण्टर (World Vegetable Centre) कहते हैं, पर वृहद् रुप में किया गया है। इसकी सफेद पुष्पन वाली प्रजाति ''कांग–कांग'' के लगभग 50 स्थानीय प्रभेदों का संग्रह कैसेट सर्ट यूनिवर्सिटी ऑफ बैंकाक में किया गया है।

वानस्पतिक विवरण

विश्व में वंश आइपोमिया (Genus *Ipomoea*) के अन्तर्गत 500 से अधिक प्रजातियाँ पायी जाती हैं। कलमी साग एक जलीय, शाकीय, चिकना एवं लतायुक्त फैलने वाला बहुवर्षीय पौधा है और कभी–कभी असामान्य या प्रतिकूल मौसम में एकवर्षीय पौध के रुप में अपना व्यवहार प्रदर्शित करता है। खोखला एवं गूदेदार तना कीचड़ या तालाब या गड्ढों में रुके पानी के ऊपर तैरता है, जिसकी औसत लम्बाई 3.0 मीटर होती है। तने के प्रत्येक गाँठ से जड़ें विकसित होती हैं। पत्तियाँ एकान्तर क्रम में विभिन्न आकार वाली, लम्बवत, अण्डाकार या भाले की धार या वर्छी के आकार की आधारीय होती हैं। कभी–कभी पान की पत्ती के समान या धड़नुमा होता है। पत्तियों का आधारीय भाग गोल या नुकीला या शिखर नुकीला या भुथरा तथा किनारे का भाग लहरिया होता है। पत्तियाँ 3.0–15. 0 सेन्टी मीटर लम्बी और 1.0–10.0 सेन्टी मीटर चौड़ी होती हैं। पत्ती का डण्ठल 3.0–20.0 सेन्टी मीटर लम्बा होता है। पुष्प कक्षीय सीधे, पूर्ण लम्बे (5.0 सेन्टी मीटर), पुष्प डण्ठल में एक या दो पुष्प जो सामान्यतः 2.0–10.0 सेन्टी मीटर लम्बे तथा सूक्ष्म कोष्ठक, बाहय दलपुंज 5, आधार पर संयुक्त, चिकने, 8 मिली मीटर लम्बे, लम्बवत, भुथरा या नुकीला जो लम्बाई में लगभग एक बराबर भूरे–बैगनी, दलपुंज 5 कीप के आकार के संयुक्त, 3.0–5.0 सेन्टी मीटर लम्बे, 2.5 सेन्टी मीटर या ज्यादा व्यास के बैगनी या हल्के नीले तथा मध्य में गहरे बैंगनी रंग, पुंकेसर 5 दलपुंज के एकान्तर क्रम में जो दलपुंज के आधार पर चढ़े हुए पंखुड़ियों से छोटे होते हैं। तन्तु दुबला–पतला एवं आधार पर रोमयुक्त होता है। परागकोष का स्फुटन लम्बवत, परागकण गोलाकार, अण्डाशय विशिष्ट, बीना रोम का द्विकोशीय जिनमें 4 अण्डकोष, फल संफुट अण्डाकार 6.0–10.0 मिली मीटर लम्बा, पतली दीवार, जिसके चारों तरफ बाह्य दलपुंज से लगा होता है। बीज संख्या में 2–4 चिपटे एवं काले–भूरे रंग के होते हैं।

पोषकीय महत्व

कलमी साग की पत्तियाँ बहुत ही पौष्टिक मानी जाती हैं। कुछ देशों में अन्य पत्तीदार सब्जियों में पाकचोई के बाद दूसरी प्रमुख सब्जी मानी जाती है। पत्तियाँ खनिज एवं विटामिन की अच्छी स्रोत हैं। इसमें पाये जाने वाले कैरोटिन में मुख्यतः बीटा कैरोटिन, जैन्थोफिल तथा सूक्ष्म मात्रा में टेराजैन्थिन होता है। इसके मुलायम डंठल एवं पत्तियों में पाये जाने वाले पोषक तत्वों को सारिणी में दिया गया है–

सारिणी (14.2) कलमी साग के डंठल एवं पत्ती में पाये जाने वाले पोषक तत्व (प्रति 100 ग्राम खाने योग्य भाग में)

पोषक तत्व	डंठल	पत्ती
नमी	93.7 ग्राम	90.3 ग्राम
प्रोटीन	0.9 ग्राम	2.9 ग्राम
वसा	0.2 ग्राम	0.4 ग्राम
खनिज लवण	1.8 ग्राम	2.1 ग्राम
खाद्य–रेशा	3.4 ग्राम	1.2 ग्राम
कार्बोहाइड्रेट	19.0 ग्राम	3.1 ग्राम
ऊर्जा	80 किलो कैलोरी	28 किलो कैलोरी
कैल्सियम	30.0 मिली ग्राम	110 मिली ग्राम
फास्फोरस	0.8 मिली ग्राम	46 मिली ग्राम
आयरन	–	3.9 मिली ग्राम
कैरोटिन	–	1980.0 माइक्रोग्राम
थाइमिन	–	0.05 मिली ग्राम
राइबोफ्लेविन	–	0.13 मिली ग्राम
नियासिन	–	0.6 मिली ग्राम
विटामिन 'सी'	–	37 मिली ग्राम

स्रोतः गोपालन एवं सहयोगी, 1999

उपरोक्त पोषक तत्वों के अतिरिक्त 11.8 मिली ग्राम प्रति 100 ग्राम विटामिन 'ई' भी पायी जाती है (डब्ल्यू0 ओ0 आई0, 1978)। इसमें व्याप्त लिपायड्स (lipoids) में हेन्ट्रिया कोन्टेन (hentria cantane), सिस्टोस्टेराल (sistosterol), सिस्टोराल ग्लूकोसाइड (sisterol glucoside) और एल्कोहल का अंश होता है। इसकी जड़ें मीठी होती हैं और अकाल के समय लोग इसका सेवन करते हैं। औषधीय महत्व के रुप में पौधे का रस आर्सेनिक एवं अफीम से उत्पन्न विषालुता को दूर करता है। इसकी पत्तियाँ एवं तने का प्रभाव शीतकारी होता है। पहाड़ी क्षेत्रों (आसाम, मेघालय आदि) में इस सब्जी को तंत्रिका वर्धक के रुप में उपयोग करते हैं। यह पशुओं के लिए उत्तम चारा है, जिसके खाने से पशुओं में गुणवत्तायुक्त दूध की मात्रा बढ़ जाती है। विदेशों में कलमी साग को व्यापक स्तर पर सुअर के लिए चारे के रुप में उपयोग करते हैं।

उन्नतिशील किस्में

कलमी साग की कोई उन्नतिशील किस्म नहीं है, बल्कि प्रत्येक क्षेत्र में अपनी–अपनी महत्व की स्थानीय किस्में उगाई जाती हैं। थाईलैण्ड एवं मलेशिया में इसकी सफेद फूलों वाली किस्म कांग–कांग (Kong-Kong) को उगाया जाता है। पौधे के तने एवं पत्तियों के आकार एवं रंग के आधार पर इसको 3 वर्गों में वर्गीकृत किया गया है।

1. हल्की हरे रंग की किस्में

इस समूह के पौधों के तने हल्के हरे रंग के होते हैं। शाखाएँ मुलायम, चिकनी, गोलाकार तथा पत्तियाँ लम्बे वृन्त वाली होती हैं और यह कम गहरे पानी में उगाने के लिए उपयुक्त हैं। इस समूह में आयातीत किस्में हाँग–काँग व चिंगक्वेट–1 उपलब्ध हैं। इन पर कम तापक्रम (low temperature) का कम प्रभाव पड़ता है। भारतीय परिप्रेक्ष्य में यह किस्म अधिक उत्पादक सिद्ध नहीं हुई है।

2. लाल–हरी रंग की किस्में

इस समूह के पौधों के तने लाल रंग के होते हैं। तने मुलायम एवं चिकने होते हैं। इस समूह के किस्मों की लताएँ बहुत लम्बी होती हैं। पत्तियों के डण्ठल, पत्तियों की लम्बाई और पर्व हल्के हरे रंग की किस्मों की अपेक्षा अधिक होती है।

3. लाल रंग वाली किस्में

इस समूह की किस्मों के तने गहरे लाल रंग के होते हैं। तना मुलायम, चिकना तथा अन्य किस्मों की अपेक्षा पतला होता है। इसके पत्तियों के डण्ठल एवं पत्तियों की चौड़ाई हरे रंग वाली किस्मों की तुलना में अधिक होती है।

4. सफेद तने वाली किस्में

"पाक क्वेट" एक सफेद तने वाली किस्म है। इस किस्म की खेती सूखी जगहों पर आसानी से किया जा सकता है। इसकी कुल उपज एवं गुणवत्ता अच्छी होती है। इस किस्म को पालक के समान आधार से कई बार कटाई की जा सकती है। इसमें बहुत अधिक पार्श्व शाखाएँ निकलती हैं।

जलवायु

कलमी साग उष्ण एवं आर्द्र जलवायु का पौधा है। पौधों में वृद्धि एवं विकास अधिक तापमान एवं अल्प प्रकाश अवधि में अच्छी होती है, लेकिन तापमान 20.5 डिग्री सेल्सियस से कम होने पर पौधों की बढ़वार रुक जाती है।

भूमि एवं भूमि की तैयारी

कलमी साग की खेती के लिए अधिक नमी धारण करने वाली भूमि की आवश्यकता पड़ती है। विशेषतः इसकी खेती जलमग्न चिकनी मिट्टी में अच्छी प्रकार से की जा सकती है। इसके लिए चिकनी मिट्टी का पी0एच0 मान 5.0–7.0 तक होने पर फसल की बढ़वार अच्छी होती है।

कलमी साग का प्रसारण

कलमी साग का प्रसारण दो विधियों द्वारा किया जाता है।

1. बीज द्वारा प्रसारण
2. तने की कर्त्तन कलम एवं भुस्तारिकाओं द्वारा प्रसारण

1. बीज द्वारा प्रसारण

सामान्यतः कलमी साग में अक्टूबर–नवम्बर के महीने में पुष्पन प्रारम्भ हो जाता है। पौध–रोपण के 40–50 दिन बाद फल पकने प्रारम्भ हो जाते हैं। प्रत्येक पौधे पर 175–250 फल लगते हैं और प्रत्येक फल में 2–4 बीज बनते हैं। इस प्रकार प्रति पौध 350 से 500 या 1000 के लगभग बीज बनते हैं (दत्ता एवं विश्वास, 1970, 1973)। पके हुए बीजों को एकत्रित करके पौध तैयार की जाती है। पौध तैयार करने का उत्तम समय जून–जुलाई का महीना हैं। नर्सरी में पौध तैयार करने के लिए 15.0×30.0 सेन्टी मीटर के आकार वाले पालीइथीलीन के थैले में जिनमें चारों तरफ व निचली सतह पर कुछ छेंद बने हो, का प्रयोग करते हैं। इन थैलियों में सड़ी गोबर, बालू व मिट्टी का समान मिश्रण मिलाकर एक–एक बीज की बुआई करते हैं एवं तुरंत फौब्बारे से हल्की सिंचाई कर देते हैं। नर्सरी में बीज बुआई के 5–6 दिन बाद पौध उग आते हैं। लगभग 5–6 सप्ताह के तैयार पौध जलमग्न खेत में रोपण के लिए उपयुक्त होते हैं। ताजे बीजों को बोने से जमाव नहीं होता है बल्कि सूखे बीजों को बोने से 3 दिन के अन्दर 80 प्रतिशत तक जमाव होता है। ताजे बीजों को 2 सप्ताह तक रखकर रसायन द्वारा निद्रितावस्था / सुप्तावस्था (dormancy) को भंग किया जा सकता है।

2. तने की कर्त्तन कलम एवं भुस्तारिकाओं द्वारा प्रसारण

कलमी साग का प्रसारण जड़युक्त भुस्तारिकाओं द्वारा भी किया जाता है। इसकी कर्त्तन कलम तैयार करने के लिए 10.0–20.0 सेन्टी मीटर लम्बी, 4–8 पर्व वाली कलमें चयनित करते हैं। परीक्षणों में पाया गया है कि 5.0–10.0 सेन्टी मीटर लम्बी दो पर्व वाली कलमें प्रसारण के लिए उपयुक्त होती हैं (तिवारी एवं चन्द्रा, 1985)। कलमों को पूर्ण रुप से तैयार क्यारी में 40.0–50.0 सेन्टी मीटर के अन्तराल पर रोपण करना चाहिए। इस प्रकार एक हेक्टेयर क्षेत्रफल में रोपण के लिए 25000 कलमों की आवश्यकता पड़ती है। सामान्यतः प्रत्येक गाँठ से 1–10 तक जड़ें निकलती हैं। जड़ों की लम्बाई 15.0–45.0 मिली मीटर होती है। प्रत्येक गाँठ पर एक पत्ती बनती है।

पौध रोपण का समय

अप्रैल–जून का महीना कलमी साग के रोपण के लिए सर्वोत्तम माना जाता है। इस समय लगाई गयी कलमों में वानस्पतिक बढ़वार अधिक होती है।

पौध रोपण विधि

कलमी साग का रोपण दो विधियों द्वारा किया जाता है

1. सूखे खेत में
2. गीले खेत में

1. सूखे खेत में

सूखे खेत में फसल का रोपण करने के लिए ऊँची क्यारियाँ जिनका आकार 8.0 मीटर लम्बी × 3.0 मीटर चौड़ी व जमीन से 22.5 सेन्टी मीटर ऊपर उठी हुई बना लेते हैं। उनके साथ 40.0 सेन्टी

मीटर गहरी नालियाँ बनाकर कलमों का रोपण किया जाता हैं। इन नालियों में हमेशा पानी लगा रहना चाहिए। अत्यधिक जल भराव की दशा में अतिरिक्त जल निकाल देना चाहिए।

2. गीले खेत में

इस विधि में रोपण करने के लिए खेत की गहरी जुताई 3–4 बार करना चाहिए। तत्पश्चात खेत को समतल बनकर क्यारियाँ आवश्यकतानुसार बना लेना चाहिए। क्यारियों में कतारे बनाकर 30.0–40.0 सेन्टी मीटर की दूरी पर पौध रोपण करना चाहिए, लेकिन ध्यान रहे कि कलमों के रोपण के तुरन्त बाद हल्की सिंचाई करना चाहिए। पौध लग जाने के बाद खेत में 15.0–20.0 सेन्टी मीटर गहरा पानी भर देना चाहिए।

सिंचाई जल प्रबन्धन

उचित जल प्रबन्ध के बिना कलमी साग की खेती असम्भव है। यदि खेत में पानी की कमी हो जाती है तो इसके प्रत्येक पर्व से बहुत अधिक जड़ें निकलती हैं और पौधे का खाने योग्य भाग कड़ा हो जाता है तथा सब्जी के लिए उपयुक्त नहीं रहता है। अतः इसकी गूदेदार एवं रसदार पत्तियों तथा मुलामय टहनियों के लिए पर्याप्त मात्रा में नमी होना आवश्यक है। पानी की गुणवत्ता का सीधा प्रभाव पौधे से प्राप्त होने वाले खाने योग्य भाग पर पड़ता है। मलेशिया में सड़कों के किनारे उगे कलमी साग के पौधे में वाहनों से निकले प्रदूषण के कारण इसमें सीसा (lead) का सान्द्रण 2–4 गुना अधिक पाया जाया गया है। कलमी साग में उपस्थित सीसा (lead) के सान्द्रण को 10–50 प्रतिशत तक कम किया जा सकता है। इसी प्रकार थाइलैण्ड में कास्टिक सोडा की फैक्ट्री के पास उगे कलमी साग के पौधे में मर्करी की मात्रा निर्धारित विषाक्तता के स्तर से अधिक पाई गयी (सकेचेरियन, 1978)।

कटाई एवं उपज

पौध रोपण के 30–40 दिन बाद कलमी साग की कँटाई करते हैं। जलप्लावित अवस्था में पौधे के उपर की हरी पत्तियों के साथ टहनियों को जल की सतह से काट लिया जाता है। कटाई करने से पार्श्व शाखाएँ विकसित होती है,जो तेज गति से वृद्धि करती हैं। सामान्यतः गर्मी एवं बरसात के मौसम में एक सप्ताह के अन्तराल पर कटाई करते हैं। इस प्रकार प्रत्येक महीने मे 4–5 कटाई की जाती है। जब पौधों में पुष्पन प्रारम्भ हो जाये, तब कटाई नहीं करना चाहिए।

उपज

कलमी साग की कोमल पत्तियों एवं टहनियों से लगभग 6.0–7.0 टन प्रति हेक्टेयर तक उपज मिल जाती है। कलमी साग में पुष्पन अगस्त के अन्त से नवम्बर–दिसम्बर के महीने तक होता रहता है। इस अवस्था में खेत से पानी निकाल देने पर और अधिक पुष्प बनते हैं, जिससे फलत ज्यादा मिलती है। परिपक्व फलों को एकत्रित कर धूप में अच्छी प्रकार से सुखाते हैं। सुखे हुए फलों को पीटकर बीज निकालते हैं। अच्छी तरह से बीज अंकुरण के लिए वायु निरोधित डिब्बों में रखना चाहिए।

पौध संरक्षण

कलमी साग पौधों पर व्याधियों एवं कीटों का प्रकोप कम होता है।

प्रमुख रोग एवं उनका प्रबंधन

1. सफेद रस्ट (**White rust**) : सफेद रस्ट जीवाणु एल्व्यूगो आइपोमी एक्वाटिकी (*Albugo ipomoae aquaticae*) के कारण होता है इसके आक्रमण से पत्तियों एवं तनों पर सफेद रंग का धब्बा बनता है।

2. विलस्टर रस्ट (**Blister rust**) : बिलस्टर रस्ट एल्ब्यूगो आइपोमी पेंडुरेनी (*Albugo ipomoae penduranae*) जीवाणु के कारण होता है। इसकी मुख्य पहचान फफोले जैसी संरचना देखकर की जा सकती है।

3. सर्कोस्पोरा धब्बा (*Cercospora* spot) : पत्तियों एवं तनों पर उठे धब्बे बनते हैं।

4. आल्टरनेरिया धब्बा (*Alternaria* spot) : पत्तियों पर गोल एवं अनेक आकार के असीमित धब्बे बनते हैं।

5. फोमोप्सिस धब्बा (*Phomopsis* spot) : पत्तियों पर असमान धब्बे बनते हैं एवं प्रभावित पत्तियों में सड़न प्रारम्भ हो जाती है।

प्रमुख कीट एवं उनका प्रबन्धन

1. कैसीडा बीटल (*Cassida* spp.) : कलमी साग का प्रमुख कीट कैसीडा बीटल है, जो कोमल पत्तियों एवं तनों को खाता है। इसके द्वारा प्रभावित पत्तियों में अनेकों छेद देखने को मिलती है। नियंत्रण के लिए मैलाथियान पाउडर का छिड़काव करना चाहिए।

कमल (Lotus)

वानस्पतिक नाम : निलम्बो न्यूसीफेरा (*Nelumbo nucifera*)
निलम्बो ल्यूटीया (*Nelumbo lutea*)

कुल : निलम्बोनेसी (Nelumbonaceae)

गुणसूत्र संख्या : 2एन= 16

भारतवर्ष में कमल को राष्ट्रीय पुष्प माना जाता है, क्योंकि इस पुष्प की धार्मिक मान्यता बहुत ज्यादा है। देवी–देवताओं को मन्दिरों में चढ़ाया जाने वाला यह जलीय पौधा बहुपयोगी है। भारतवर्ष ही नहीं अन्य देशों में भी इससे प्राप्त कच्चे बीजों का प्रयोग तथा पुष्प दलों से बनाये जाने वाला "कमल इत्र" आयुर्वेद में बनने वाली औषधियाँ इत्यादि व्यापक महत्व को दर्शाती हैं। कमल को संस्कृत में अम्बुज, पद्यम, पंकज; हिन्दी में कमल, कवल; बंग्ला में पद्यमा; मराठी में कमल; गुजराती में सूर्य कमल; तेलगु में कलुंग; तमिल में अम्बल, थमराई; कन्नड़ में कमला; मलयालम में थमरा तथा उड़िया में पद्यम के नाम से जाना व पहचाना जाता है।

उद्भव एवं वितरण

कमल को संभवतः चीन, जापान या भारत का वंशज (मूल पौध) माना जाता है। प्राचीन समय में इजिप्ट (Egypt) वास्तुकला के अन्तर्गत कमल के पुष्प, फल व बाह्य दलपुंज का विस्तृत चित्रांकन किया गया है। इजिप्ट से इसका प्रचार प्रसार आस्रिया (Assyrio) में हुआ। इसके बाद कमल का रोपण पार्सिया, भारत व चीन में व्यापक स्तर पर किया गया। औद्यानिकी के अन्तर्गत कमल को स्थान पश्चिम यूरोप में सन् 1787 में वाटर लिली (water lilly) के नाम से मिला, जिकों सर जोसेफ बैंक्स (Sir Joseph Banks) ने दिया था। वर्तमान में कमल का व्यापक उपयोग एवं प्रचार आस्ट्रेलिया, चीन, भारत, इरान व जापान में देखा जा सकता है। कमल का उपस्थापन (introduction) चीन से जापान में हुआ। भारतवर्ष में कमल का प्रसार हिमालय के झीलों में 1000 वर्ष पूर्व, 1400.0 मीटर की ऊँचाई पर देखा जा सकता है (पोलोनीन व स्टेनटोन, 1984)।

वानस्पतिक विवरण

कमल निलम्बोनेसी (Nelumbonaceae) कुल का द्विबीजपत्रीय व बहुवर्षीय जलीय पौधा है। पुष्प के रंगों के आधार पर इसे कई समूहों में बाँटा जा सकता है।

1. निलम्बो न्यूसीफेरा (*Nelumbo nucifera*) - गुलाबी से क्रीम रंग के फूल वाले।
2. निलम्बो ल्यूटीया (*Nelumbo lutea*) - पीले रंग के फूल वाले।

कमल का वर्गीकरण डहलग्रीन (Dahl Gren's system of classification) ने सन् 1980 में इस प्रकार प्रस्तुत किया–

किंगडम	प्लाण्टी (Plantae)
फाइलम	मैग्नोलियोफाइटा (Magnoliophyta)
क्लास (वर्ग)	मैग्नोलियाप्सीडा (Magnoliopsida)
उप वर्ग (Sub-class)	मैग्नोलीडी (Magnoliidae)
क्रम (Super order)	मैग्नोलीफ्लोरी (Magnoliiflorae) प्राटीलेस (Proteales)
कुल (Family)	निलम्बोनेसी (Nelumbonaceae)
वंश (Genus)	निलम्बो (*Nelumbo*)
प्रजाति (Species)	निलम्बोयूसीफेरा (*Nelumbo nucifera*)
	निलम्बो ल्यूटीया (*Nelumbo lutea*)

कमल की पत्तियाँ गोलाकार या कुछ हृदयाकार संरचना बनाती हैं। पत्तियों का व्यास औसतन 60.0–90.0 सेन्टी मीटर होती है। पुष्प का डण्ठल काफी लम्बा तथा रोयेंदार होता है। पत्तियाँ एवं पुष्प दोनों पानी की सतह पर तैरते रहते हैं। सामान्यतया कमल के फूल गुलाबी या सफेद रंग के होते हैं। पुष्प में पंखुड़ियों का विन्यास चक्रीय एवं संख्या 20 या अधिक होती है। पुष्प में पुंकेसरों की संख्या अनगिनत होती है। वर्तिका के चारों तरफ फैले हुए फल संख्या में 5.0–10.0 सेन्टी मीटर व्यास वाले तथा लम्बे लट्टू के आकार के होते हैं। कमल पर–परागित फसल (cross pollinated crop) है और मुख्य रुप से परागण मधुमक्खियों (honey bees) के द्वारा होता है।

पोषकीय महत्व

कमल एक महत्वपूर्ण जलीय सब्जी के रुप में जाना जाता है, जिसकी मुलायम पत्तियाँ, डंठल एवं पुष्प कलिका को सब्जी के रुप में उपयोग किया जाता है। इसकी पंखुड़ियों का सूप (soup) व भोजन को सजाने के लिए भी किया जाता है। मोटी स्टार्चयुक्त राइजोम (rhizome) को उबालकर सब्जी, तले हुए व्यंजन तथा अचार (pickle) बनाने में ज्यादा होता है। इसके स्वस्थ व मोटे राइजोम (rhizome) को टुकड़े–टुकड़े कर सूखा लिया जाता है, जिसे भविष्य में सब्जी, करी या चिप्स के लिए उपयोगी करते हैं। कमल के ताजे राइजोम का निर्यात "फ्रोजेन वेजिटेबुल" (frozen vegetable) के रुप में ज्यादा हो रहा है। इसके कच्चे बीजों का उपयोग कई देशों में बड़े पैमाने पर किया जाता है। कमल के पुष्प में विकसित पुंकेसर का प्रयोग चाय को सुगन्धित करने के लिए व पके बीज को भुनकर खाया जाता है। कमल के बीज में प्रोटीन की मात्रा 10.6–14.8 प्रतिशत होता है तथा अनेकों खनिज लवण का खजाना माना जाता है (इब्राहीम व इल–इराक्व, 1996; इन्द्रायन एवं सहयोगी, 2005)। औषधीय रुप में शरीर के सूजन को कम करता है व कैन्सर से सुरक्षा प्रदान करता है। यह मूत्रवर्धक है (लीयू एवं सहयोगी, 2004)। त्वचा सम्बन्धी बीमारी को रोकने वाला व विषपान हो जाने पर एन्टीडोट का काम करता है (चोपरा एवं सहयोगी, 1956)। यह एस्ट्रीजेन्ट (astrigent), एमोलिएन्ट (amolliant) एवं सुडोरफिक (sudorific) प्रकृति का होता है। यह कवक अवरोधी, एन्टीपायरेटिक व हृदय को ताकत पहुँचाता है। कमल के राइजोम (rhizome) में पाये जाने वाले पोषक मूल्य को नीचे की सारिणी में दिया गया है।

सारिणी (14.3) कमल के राइजोम का पोषक मूल्य (प्रति 100 ग्राम खाने योग्य भाग में)

पोशक तत्व	मात्रा (प्रतिशत में)
पानी	83.8
क्रुड प्रोटीन	2.7 (शुद्ध प्रोटीन 1.7 प्रतिशत)
वसा	0.11
रिड्यूशिग षर्करा	1.5
सुक्रोज	0.41
स्टार्च	09.25
रेशा	0.80
राख	1.10
कैल्सियम	0.06
थाइमिन	0.22
राइबोफ्लेविन	0.06
नियासिन	2.1
एस्कार्बिक अम्ल	15.0 मिली ग्राम

स्रोतः गोपालन एवं सहयोगी, 1999

उपरोक्त पोषक तत्वों के अलावा राइजोम (rhizome) में लौह तत्व (2.4 मिली ग्राम) तथा जिंक (0.2 मिली ग्राम) प्रचुर मात्रा में पाया जाता है। कमल की पत्तियों का उपयोग जापान व चीन में तेज गर्मी से उत्पन्न परेशानी के दूर करने में किया जाता है। चीन में पेट सम्बन्धी तकलीफ को दूर करने में भी उपयोग होता है (ओनो एव सहयोगी, 2006)। भूने हुए बीज का प्रयोग कॉफी (coffee) के रुप में कि या जाता है, क्योंकि इसमें सैपोनिन्स (saponins), फिनालिक्स (phenolics) व कार्बोहाइड्रेटस् प्रचुर मात्रा में पाया जाता है। इसमें नमी (10.5 प्रतिशत), प्रोटीन (10.6–15.9 प्रतिशत), क्रुड वसा (1.93–2.8 प्रतिशत), कार्बोहाइड्रेट (70.0–72.17 प्रतिशत), रेशा (2.7 प्रतिशत), राख (3.9–4.5 प्रतिशत) तथा कुल ऊर्जा (384.45 कैलारी), पाया जाता (रैड, 1977 तथा इन्द्रायन एवं सहयोगी, 2005) है। इसके अलावा खनिज लवणों में क्रोमियम (0.0042 प्रतिशत), सोडियम (1. 0 प्रतिशत) पोटैशियम (28.5 प्रतिशत), कैल्शियम (22.1 प्रतिशत), मैग्नेशियम (9.2 प्रतिशत), कॉपर (0.0463 प्रतिशत), जिंक (0.084 प्रतिशत), मैग्नीज (0.356 प्रतिशत) व लौह तत्व (0.199 प्रतिशत) पाया जाता है। पत्तियों के उपयोग से ट्राइग्लीसीराइड (triglyceride) एवं कोलेस्ट्रल (cholestrol) कम होता है। कमल में एक क्षारीय तत्व पाया जाता है, जो उच्च रक्त चाप को कम करता है। सिंह एवं सहयोगी (2006) ने स्पष्ट किया कि बिहार के वैशाली जिलें में कमल से हृदय को लाभ प्रदान करने वाली औषधि तैयार होती है। इसके बीज का अर्क प्रतिआक्सीकारक (anti-oxident) का कार्य करता है (सिद्वकी एवं सहयोगी, 2001)।

उन्नतिशील किस्में

कमल के गुणवत्तायुक्त व अधिक राइजोम (rhizome) उत्पादन प्रदान करने वाली किस्मों का विकास नहीं किया गया है। केवल स्थानीय उपलब्ध किस्मों की खेती की जाती है। राइजोम (rhizome) के रंग के आधार पर इसे दो भागों में बाँटा जाता है।

1. सफेद रंग की राइजोम (white) प्रदान करने वाली किस्म।
2. लाल रंग की राइजोम (red) प्रदान करने वाली किस्म।

साउ एवं सहयोगी (1995) ने अपने अध्ययन से स्पष्ट किया कि बाजार में ऐसी प्रजातियाँ जिनके राइजोम 60.0–90.0 सेन्टी मीटर लम्बे व 6.0–9.0 सेन्टी मीटर व्यास वाले, हों उत्तम होती है। रंग चाहे सफेद हो या नारंगी, इससे बाजार मूल्य में अन्तर नहीं आता है। जब कमल के राइजोम में बड़ी–बड़ी गुहिकायें (cavities) बन जाती हैं, उसे बाजार में "कमल ककड़ी" नाम से विक्रय किया जाता है।

जलवायु

कमल के पौधे अधिक वर्षा व ज्यादा गर्मी तथा अधिक आर्द्रता में ज्यादा वृद्धि एवं विकास करते हैं तथा राइजोम की गुणवत्ता भी ज्यादा अच्छी होती है। रुक–रुक कर वर्षा होने से राइजोम में कसावट तथा रेशा बहुत कम होता है।

भूमि एवं भूमि की तैयारी

कमल की खेती करने के लिए छिछली या हल्की गहरी तथा चिकनी भारी मिट्टी सबसे उपयुक्त होती है। मृदा पी0एच0 मान 6.5–7.0 तक उत्तम होता है। खेत तैयार करने के लिए गर्मी में 2–3 बार गहरी जुताई करके भूमि को पाटा चलाकर समतल बना लेना चाहिए। इसके बाद खेत में 10.0–15.0 सेन्टी मीटर तक पानी लगाना चाहिए।

प्रसारण

कमल की खेती करने के लिए पौध प्रसारण एक महत्वपूर्ण प्रक्रिया है। कुछ स्थानों पर इसका प्रसारण बीज द्वारा किया जाता है तो कहीं–कहीं पर वानस्पतिक विधि द्वारा भी प्रसारण किया जाता है।

1. बीज द्वारा प्रसारण

कमल के बीजों में अद्भूत अंकुरण क्षमता होती है। कार्बन डेटिंग (corbon dating) द्वारा मिनामिकावा एवं सहयोगियों (1995) ने स्पष्ट किया कि कमल के बीज की अंकुरण क्षमता 580 + 70 वर्ष होती है। बीज की बुआई करने पर 90 प्रतिशत बीज जम जाते हैं। बीज की नर्सरी बलुई दोमट भूमि जिसमें 5.0–8.0 सेन्टी मीटर पानी लगा हो, डालते हैं। पौध तैयार होने पर उखाड़कर रोपण करते हैं। एक हेक्टेयर क्षेत्रफल में लगाने के लिए 10.0–12.0 किलोग्राम बीज की आवश्यकता होती है।

2. वानस्पतिक विधि द्वारा प्रसारण

व्यावसायिक रुप से कमल का प्रसारण उनके विकसित राइजोम (rhizome) के द्वारा किया जाता है। आधार से कलिकायुक्त राइजोम के टूकड़ों को सावधानीपूर्वक अलग करके लगाया जाता है।

पौध रोपण का समय

सामान्यतया कमल के राइजोम से अलग किये गये टुकड़े या नर्सरी से तैयार पौध का रोपण मार्च से अप्रैल के महीने में किया जाता है। ध्यान रहे कि जब तक वर्षा प्रारम्भ न हो जाये, लगातार खेत में पानी लगाते रहना चाहिए। वर्षा प्रारम्भ होने के बाद पौधा स्वयं वृद्धि करता है। चीन में कमल की खेती जब राइजोम के लिए की जाती है तो गेंहूँ की कटाई के बाद अच्छी प्रकार खेत तैयार कर तुरन्त पौध रोपण करते हैं।

कन्द लगाने का दर

कमल के कलिकायुक्त राइजोम का रोपण करने के लिए 2.5–4.0 टन टुकड़ों की आवश्यकता पड़ती है।

कन्द रोपण की गहराई

कमल के कलिकायुक्त कन्द का रोपण अच्छी प्रकार तैयार खेत जो जलमग्न हो, 10.0–15.0 सेन्टी मीटर की गहराई पर लगाते हैं।

जल प्रबन्धन

जलीय पौधा होने के कारण, वृद्धि एवं विकास के लिए खेत में हमेशा जल लगा रहना आवश्यक है। अगर पानी की कमी रहती है तो राइजोम का विकास बहुत अच्छा नहीं होता है। नोहरा एवं किमुरा (1997) ने अपने अध्ययन में पाया कि पत्तियों के डंठल का शुष्क भार एवं प्रति इकाई पानी में रहने वाली पत्तियों की लम्बाई एवं जमीन के उपर, जल के अन्दर विकसित भाग के अनुपात में पानी की गहराई 2.0 मीटर तक रखने पर कुल उपज में वृद्धि हुई।

पोषक तत्व प्रबन्धन

कमल से ज्यादा राइजोम उपज प्राप्त करने के लिए खेत में जीवांश की मात्रा अधिक होनी चाहिए। सामान्यतः 20.0–25.0 टन सड़ी हुई गोबर की खाद या वर्मी कम्पोस्ट देना चाहिए। अगर गर्मी में हरी खाद का प्रयोग किया गया है, तो राइजोम का विकास ज्यादा होता है। लिं एवं झाओं (1998) में एक हेक्टेयर क्षेत्रफल से 50.0–70.0 कुन्तल उपज प्राप्त करने के लिए 270.0 किलो ग्राम नत्रजन, 120.0 किलो ग्राम पोटैशियम तथा 15.0 किलो ग्राम बोरान का प्रयोग किया। अपने अध्ययन से यह भी स्पष्ट किया कि बोरान के प्रयोग से कुल उपज में ज्यादा वृद्धि होती है।

राइजोम की खुदाई

कमल के पौध रोपण या कलिकायुक्त राइजोम रोपण के 5–6 महीनें में फसल की खुदाई की जा सकती है। जिस फसल की रोपण मार्च–अप्रैल के महीनें में किया जाता है, उनकी खुदाई सितम्बर–अक्टूबर के महीने में करते हैं। खुदाई का काम आगामी महीनों में चलता रहता है। खुदाई

करने के लिए सबसे पहले खेत से पानी निकाल दिया जाता है। पूर्ण विकसित राइजोम को तेज चाकू या धारदार औजार से काटते हैं। सफेद रंग के राइजोम की बाजार में ज्यादा माँग होती है। राइजोम की खुदाई कर सूर्य की रोशनी में रखने पर जल्द ही आक्सीकरण–अवकरण (Oxidation-reduction) रासायनिक प्रक्रिया के कारण भूरे होने लगते हैं, क्योंकि राइजोम में लौह तत्व की अधिकता होती है। खुदाई करने के बाद सावधानीपूर्वक सफाई व छँटनी करनी चाहिए।

विपणन एवं भण्डारण

विपणन व भण्डारण करने के लिए कटे राइजोम को 0.25 प्रतिशत एस्कोर्बिक अम्ल या 0.5 प्रतिशत सोडियम सल्फाइड + 0.20 प्रतिशत साइट्रिक अम्ल के उपचार से भूरापन आने की समस्या से छुटकारा मिलती है। लिन एवं सहयोगी (1997) ने स्पष्ट किया कि राइजोम का शोधन 0.25 प्रतिशत सोडियम बायोसल्फेट एवं 0.1 प्रतिशत एस्कार्बिक अम्ल से कर दिया जाये तो भूरापन रुक जाता है।

पैकेजिंग

खुदाई के तुरन्त बाद राइजोम का निर्वात पैकेंजिंग (vaccum packaging) किया जाये तो भूरापन नहीं आता है। दूर के बाजार में भेजने के लिए या कुछ समय तक भण्डारण करने के लिए खुदाई उपरान्त राइजोम को 5 मिनट तक 50.0 डिग्री सेल्सियस तापमान पर गर्म पानी में रखकर शोधित किया जाये तो भूरापन बिल्कुल नहीं आता है।

उपज

क़मल की खेती सही तकनीक से किया जाये तो राइजोम 30.0–50.0 टन प्रति हेक्टेयर उपज प्राप्त होती है।

□□□

अध्याय 15

सलाद एवं सुगंधित पत्तियाँ

Shallot & Aromatic Leaf

सलाद (Lettuce)

वानस्पतिक नाम : लैक्टूका सटाइवा (*Lactuca sativa*)
कुल : एस्टेरेसी (कम्पोजीटी) Asteraceac (Compositae)
गुणसूत्र संख्या : 2 एन = 18

सलाद विश्व की सबसे महत्वपूर्ण और अधिक खाई जाने वाली पत्तीदार सब्जी है। इसका प्रयोग कच्चा सलाद के रुप में प्रयोग किया जाता है। कभी–कभी सब्जियों को सजाने के लिए भी प्रयोग किया जाता है।

उद्‌भव एवं वितरण

दमानिया (1975) के अनुसार सलाद फसल की उत्पत्ति के सम्बन्ध में 3 तर्क प्रस्तुत किये गये हैं–

1. इस सब्जी फसल का ग्राम्यन (domestication) जंगली सलाद की प्रभेद ''लैक्टुका सटाइवा'' (*Lactuca sativa*) से हुआ है।
2. इसकी उत्पत्ति लैक्टुका सटाइवा (*Lactuca sativa*) × लैक्टुका सेरीओला (*Lactuca serriola*) के प्राकृतिक संकरण से हुआ है।
3. कई प्रभेदों के आपसी संकरण से हुआ है।

अन्तिम तथ्यों की व्यापकता कोशिकीय व अनुवांशिक घटनाओं से सम्बन्धित है, (लिण्ड क्वीस्ट, 1960)। सबसे स्पष्ट तथ्य यह है कि सलाद लैक्टुका सटाइवा (*Lactuca sativa*) की उत्पत्ति बहुत ही नजदीक के जंगली वंशज (progenitor) लैक्टुका सेरीओला (*Lactuca serrila*) से हुआ है, जो

काँटेदार, द्विवर्षीय तथा ठण्डे क्षेत्र का पौधा है (पुर्सेग्लोब, 1968)। वैसे लैक्टुका सटाइवा की उत्पत्ति पूर्वी आभ्यन्तरिक (Eastern Mediterranean) भागों में आज से 7000 पूर्व इजिप्ट से हुआ ऐसा माना जाता है। उस समय उत्तर–पूर्वी अफ्रीका का तापमान उतना गर्म नहीं था, जितना अब है। इजिप्ट के उपरी हिस्से में लैक्टुका सटाइवा एक प्रमुख तेल फसल के रुप में 4500 ईसा पूर्व जाना जाता था जैसा थेबेस के मकबरा (2500 ईसा पूर्व) में लिखित है। जंगली फसल के लेटेक्स (latex) को कहीं–कहीं पर उत्पादकता के प्रतीक के रुप में माना जाता है (दमानिया, 1975)। कुछ गुणों जैसे देर से पुष्पन, काँटे रहित पत्तियाँ, लैटेक्स में कमी, ह्रदयाकार शीर्ष व स्तरीय समूह वाली पत्तियाँ आदि के कारण इसका ग्राम्यन सलाद के रुप में हुआ (रायडेर व व्हाइटेकर 1976)। सलाद / लेट्यूस को नई दुनिया में लाने का श्रेय कोलम्बस को जाता है, जो सन् 1942 तथा सन् 1965 में इसे स्थापित किया। इसे हैती व कैरीबियन में पहले उगाया गया। आज से लगभग 6500 ई0 पूर्व लेट्यूस का निर्यात ग्रीस को किया गया और धीरे–धीरे पूरे रोमन इम्पायर में फैल गया। इसकी जानकारी हिप्पोक्रेट्स एरीस्टोटल और प्लीनी को हुई। स्पेन में अनेकों उपयोगी प्रजातियों का विकास किया गया। बिजान्टाइन के समय, सिटिया व पैलेस्टाइन में इसकी खेती कर सब्जी के रुप में प्रयोग किया गया ऐसा उल्लेख है। लेट्यूस 7वीं शताब्दी–ए0डी0 में चीन पहुँचा, जहाँ ऐस्परागस टाइप की प्रजाति (लैक्टुका सेरियोला एफ– इन्टेग्रीफोलिया) का विकास किया गया (फच्स–1543)। इस प्रजाति का स्थानीय नाम यूसुम ऑफ आन–सेन (Usum of on-sen) रखा गया। प्रायोगिक तौर पर इस प्रजाति की जानकारी दक्षिण पश्चिम एशिया में नहीं थी (वैविलोव–1992)। चीन व जापान में उपस्थापित ''लैक्टुका इण्डिका'' की खेती होती है, जो जावा व मलेशिया तक पहुँच गया।

वानस्पतिक विवरण

सलाद एक शाकीय पौधा है जो शाकोत्पादन के लिए एकवर्षीय (annual) है, लेकिन जब बीजोत्पादन किया जाता है तो द्विवर्षीय (biennial) हो जाता है। इसके पुष्प द्विलिंगी एवं आवृत या बन्द होते हैं, जो कभी–कभी नहीं खिलते हैं। इसमें मुख्यतः स्वपरागण (self pollination) होता है। भारत के मैदानी भागों में आसानी से बीज बनते हैं। इसका बीज वानस्पतिक दृष्टि से वास्तव में एक फल ''एकीन'' है।

इसकी पत्तियों में प्रचुर मात्रा में विटामिन 'ए', विटामिन 'सी', प्रोटीन, कैल्सियम, लौह तत्व, फास्फोरस कार्बोहाइड्रेट, गन्धक, मैग्नीशियम, पोटैशियम आदि पाया जाता है। उपरोक्त गुणों के कारण बड़े शहरों, पर्यटक रेस्तरां और होटलों में बहुत अधिक माँग है। सलाद का पोषक मूल्य सारिणी में दिया गया है।

सारिणी (15.1) सलाद का पोषक मूल्य (प्रति 100 ग्राम खाने योग्य भाग में)

पोषक तत्व	मात्रा
नमी	93.4 ग्राम
प्रोटीन	2.1 ग्राम
वसा	0.3 ग्राम

खनिज लवण	1.2 ग्राम
रेशा	0.5 ग्राम
कार्बोहाइड्रेट्स	2.5 ग्राम
ऊर्जा	21.0 किलो कैलोरी
कैल्शियम	50.0 मिली ग्राम
फास्फोरस	98.0 मिली ग्राम
आयरन	2.4 मिली ग्राम
कैरोटीन	990.0 माइक्रो ग्राम
थाइमिन	0.09 मिली ग्राम
रिबोफ्लेबिन	0.13 मिली ग्राम
नियासिन	0.50 मिली ग्राम
विटामिन 'सी'	10.0 मिली ग्राम

स्रोत: गोपालन एवं सहयोगी, 1999

उन्नतिशील किस्में

सलाद (lettuce) का चयन कर उगाई जा रही 16 किस्मों का विवरण सन् 1806 में एक कैटालॉग द्वारा प्रकाशित किया गया (हेडरिक 1919)। खेती योग्य प्रजातियों में बहुत विविधता होती है लेकिन 4 समूह जैसे–ऐस्परागस, कैबेज, कोस तथा कर्ल्ड लेट्यूस प्रमुख हैं (पुसेनलोव, 1968)। इसकी प्रमुख किस्में दो प्रकार की होती हैं–

1. **पत्तियों वाली (*Lactuca sativa*, cutting or leaf, variety *crispa*)**

   इस समूह में स्वभावतः पत्तियाँ ढीली होती हैं। अतः इसका शीर्ष गठीला एवं ठोस नहीं बन पाता है। पत्तियाँ प्रायः कटी हुई, अत्यधिक खण्डित एवं झुर्रीदार होती हैं। पत्तियों का रंग प्रायः लाल या हरा होता है। इस समूह में स्लोबाल्ट, चाइनीज यलो, सिंपसन ब्लैक सीडिड, ग्रांड रेपिड्स आदि किस्में आती हैं।

सिंपसन ब्लैक सीडिड

पत्ते लम्बे, हरे रंगयुक्त होते हैं, जो बड़े होने पर कड़ुवे हो जाते हैं। इसकी औसत उपज 6. 5–7.5 टन प्रति हेक्टेयर होती है। यह सभी क्षेत्रों के लिए उपयुक्त किस्म है।

2. **सीधे शीर्ष (head) वाली या कोस या रोमेन किस्म लांगीफोलिया (*Lactuca sativa*, cos or romaine, variety *longifolia*)**

   इस समूह में सीधे खड़े शीर्ष (head) वाली किस्में आती हैं। सामान्यतः पौधे 25.0 सेन्टी मीटर तक ऊँचे होते हैं। पत्ते पतले, लम्बे एवं सीधे होते हैं। आवरण की पत्तियाँ चिकनी एवं हरी होती हैं तथा अन्दर की पत्तियाँ सफेदी लिए हुए हरी होती हैं। इसकी प्रमुख किस्में पेरिस व्हाइट, डार्कग्रीन, सेल्ट्यूस तथा अलामा है।

अलामा (Alama)

यह खुले प्रॉगण वाली किस्म है। इसके पत्ते कड़क, मुड़े हुए तथा गहरे हरे रंग के होते हैं। शीर्ष गँठे हुए 500.0–800.0 ग्राम वजन के होते हैं। फसल 90–100 दिन में तैयार हो जाती है। इसकी औसत उपज 23.5 टन प्रति हेक्टेयर होती है। यह मध्यम एवं उच्च पर्वतीय भागों से लेकर शीतल मरुस्थलीय जलवायु के क्षेत्रों में सफलतापूर्वक उगाई जा सकती है।

3. **शीर्ष वाली (*Lactuca sativa*, head type variety *capitata*)**

इस समूह में मुख्य दो प्रकार की किस्में आती हैं–

(क) चिकने पत्तों वाली या बटर हैड (*Lactuca sativa*, butter head type)

इस समूह के शीर्ष (head) मुलायम एवं ठोस होते हैं। अन्दर की पत्तियाँ चिकनी तथा मक्खन की तरह कोमल, हल्का पीलापन लिये सफेद रंग की होती हैं। बाहर की पत्तियाँ हरी होती हैं। इस वर्ग में व्हाइट बोस्टन, बिग बोस्टन बीब, मेकिंग आदि किस्में आती हैं।

(ख) कुरकुरे पत्तों वाली या क्रिस्प हैड (*Lactuca sativa*, crisp head or iceberg type)

यह अच्छे ठोस शीर्ष वाली किस्म है। पूरे पौधे हरे रंग के होते हैं। पत्तियाँ पतली तथा कुरकुरी होती हैं। पत्तियाँ प्रायः किनारे की तरफ कटी होती हैं। इस वर्ग में ग्रेट लेक्स, आइस वर्ग, क्रिस्प हेड तथा इम्पीरियल किस्में आती हैं।

4. **तने वाली (Asparagus or stem lettuce variety *asparagina*)**

इस वर्ग के सलाद में शीर्ष नहीं बनता है। केवल इन्हें गूदेदार डंठलों के लिये उगाया जाता है। डंठलों का छिलका हटाकर खाने के काम में लाया जाता है। इसका उपयोग विभिन्न प्रकार के चायनीज व्यंजन बनाने के लिए किया जाता है। प्रारम्भिक अवस्था मे कोमल पत्तियों को भी खाने के लिये उपयोग किया जाता है।

इनकी कुछ प्रचलित किस्में इस प्रकार है–

स्लोबोल्ट (Snowbolt)

यह पत्ती वाली किस्म है। इसकी पत्तियाँ चौड़ी तथा हल्के पीले रंग की और झालरदार आकृति की होती हैं। इसमें पुष्पवृन्त (bolting) बहुत विलम्ब से विकसित होती है। यह किस्म गृह वाटिका में लगाने के लिए बहुत उपयुक्त है।

चायनीज येलो (Chinese Yellow)

यह भी पत्ती वाली किस्म है, जो शीघ्र तैयार होती है। इसकी पत्तियाँ हल्के हरे रंग की मुलायम, चिकनी, तैलीय और कुरकुरी होती हैं। इसके बीज सफेद होते हैं।

वहाइट बोस्टन (White Boston)

यह बटर हेड टाइप (butter head type) किस्म हैं जिसमें सख्त शीर्ष (hard head) बनते हैं और अन्दर की पत्तियाँ मुलायम, चिकनी तथा तैलीय होती हैं।

डार्कग्रीन (Dark Green)

यह बटर हेड टाइप ''कोस'' या रोमेन वर्ग की किस्म है, जिसमें ऊपर की तरफ लम्बे शीर्ष बनते हैं तथा पत्तियाँ पतली, मुलायम एवं कुरकुरी होती है। इसके शीर्ष (head) लम्बे तथा सीधे उपर की तरफ जाते हैं।

ग्रेट लेक्स (Great Lakes)

यह क्रिस्प हेड टाइप किस्म है, जिसमें बड़े और सख्त शीर्ष बनते हैं और बाहर की पत्तियाँ हरे रंग की होती हैं। यह किस्म टिपबर्न रोग (tip burn disease) के प्रति अवरोधी है, लेकिन इस पर पाउडरी मिल्ड्यू (powdery mildew) रोग का प्रकोप होता है।

सेल्टयूस (Seltuce)

यह स्टेम टाइप (stem type) किस्म है, जिसमें शीर्ष नहीं बनते हैं और इनको लम्बे, गूदेदार डण्ठलों के लिए उगाया जाता है। इसके डण्ठलों को छिलकर उपयोग में लाया जाता है।

इंपिरियल–859 (Imperial-859)

यह किस्म हेड टाइप (head type) किस्म है, जिनमें मध्यम आकार के ठोस (सख्त) शीर्ष बनते हैं, जो बाहरी फफोलेदार पत्तियों से अच्छी तरह से ढके होते हैं। यह किस्म ग्रीष्म ऋतु में आसानी पूर्वक उगती है।

जलवायु

यह जाड़े की फसल है। इसकी वृद्धि के लिए औसतन 12.8–15.6 डिग्री सेन्टीग्रेड तापक्रम की आवश्यकता होती है। मृदा तापक्रम 30.0 डिग्री सेन्टीग्रेड से ज्यादा होने पर बीज नहीं उगता है (दमानिया, 1986)। बीज जमाव के लिए तापमान 25.0–29.0 डिग्री सेन्टीग्रेड उपयुक्त है (दमानिया, 1975)। अधिक तापक्रम रहने से पुष्प मंजरी जल्दी विकसित होते हैं तथा पत्तियों का स्वाद कड़ुवा हो जाता है। अधिक तापमान पर शिरा झुलसन तथा सड़न हो जाती है।

भूमि तथा भूमि की तैयारी

सलाद के लिए दोमट या बलुई भूमि उत्तम होती है जिसमें जीवांश की मात्रा अधिक हो तथा नमी धारण करने की शक्ति अच्छी हो। इसके लिए भूमि का पी0एच0 मान 5.8–6.6 के बीच होना चाहिए। सामान्यतः 5.0 से कम तथा 7.0 से अधिक पी0एच0 मान होने पर उपज कम हो जाती है। अगेती फसल बलुई, दोमट मिट्टी में तथा पिछेती फसल भारी मिट्टी में अच्छी होती है। इसके लिए खेत की 3–4 बार जुताई करके उसे अच्छी प्रकार तैयार कर लिया जाता है। सलाद की फसल उथली जड़ वाली होती है, अतः अधिक गहरी जुताई की आवश्यकता नहीं होती है। इसके बाद क्यारियाँ तथा सिंचाई की नालियाँ बना ली जाती है।

पोषण प्रबन्धन

सलाद की अच्छी पैदावार लेने के लिए प्रति हेक्टेयर 50.0–86.0 किलो ग्राम नत्रजन, 24.0–50.0 किलो ग्राम फास्फोरस तथा 50.0–54.0 किलो ग्राम पोटाश के साथ–साथ 30.0 टन कम्पोस्ट की आवश्यकता होती है। नत्रजन युक्त उर्वरक की आधी मात्रा तथा फास्फोरस एवं पोटाश वाले उर्वरकों की पूरी मात्रा बुआई के समय देनी चाहिए। नत्रजन युक्त उर्वरक की शेष मात्रा को फसल में छिड़काव करके देना चाहिए। (मेहता तथा नाथ 1959, यावलकर 1969 तथा चौधरी 1977)।

बुआई का समय तथा बीज की मात्रा

ठण्डे मौसम की फसल होने के कारण मैदानी भागों में इसकी बुआई अक्टूबर–नवम्बर तथा पहाड़ी इलाकों में फरवरी से जून तक की जाती है। पौध रोपण करने के लिए 500.0 ग्राम प्रति हेक्टेयर की दर से बीज लगता है।

बुआई की विधि

सलाद की बुआई दो तरह से की जाती है–

1. बीज द्वारा
2. पौध रोपण द्वारा

बीज द्वारा लगाने की विधि उतनी प्रचलित नहीं है, लेकिन कुछ जगहों पर की जाती है। अंकुरण के बाद घने पौधों को छाँटकर उनकी आपसी दूरी 15.0–20.0 सेन्टी मीटर कर देते हैं। मुख्यतया इसकी पौध पहले पौधशाला (nursery) में तैयार करके रोपण की जाती है। लगभग एक माह में पौध रोपण के योग्य हो जाते हैं।

पौध रोपण दो प्रकार से की जा सकती है।

1. समतल क्यारियों में

इस विधि में पौध रोपण समतल खेतों में क्यारियों बनाकर की जाती है। रोपण हेतु पंक्ति से पंक्ति के बीच की दूरी 20.0–25.0 सेन्टी मीटर रखते हैं।

2. मेड़ों पर

इस विधि में ऊँची उठी हुई मेड़ें बनाकर पौध रोपण किया जाता है। सामान्यतः मेड़ों की आपसी दूरी 45.0–60.0 सेन्टी मीटर रखते हैं।

सिंचाई जल प्रबन्धन

सलाद फसल में वानस्पतिक वृद्धि के लिए मिट्टी में बराबर नमी होनी चाहिए। पहली सिंचाई पौध लगाने के तुरन्त बाद तथा इसके बाद 15 दिन के अन्तर पर सिंचाई करते रहना चाहिए।

अधिक सिंचाई करना फसल के लिए हानिकारक होती है। भारी मिट्टी में गहरी सिंचाई करने से पत्तियाँ गलने लगती हैं।

निकाई–गुड़ाई

इसकी फसल में खरपतवार नहीं होने चाहिए। अतः फसल की प्रारम्भिक अवस्था में खुरपी से 2–3 बार खेत की निकाई कर गुड़ाई की जा सकती है। सलाद की जड़ उथली होने के कारण गहरी निकाई व गुड़ाई का अनुमोदन नहीं किया गया है।

फसल की कटाई

1. पत्तियों वाली किस्म

जब पत्तियाँ पूर्ण रुप से विकसित हो जायें, लेकिन कोमल, हो तभी कटाई करते हैं। यह अवस्था रोपण के लगभग 45–50 दिन बाद आता है।

2. शीर्ष किस्में

शीर्ष (head) उचित आकार के तथा ठोस हो जाने पर किया जाना चाहिए। यह आवश्यक है कि बाहरी पत्तियाँ जो शिरों को ढकें रहती हैं, उनका नुकसान न हो।

उपज

सलाद की औसत पैदावार 5.0–7.0 टन प्रति हेक्टेयर होती है।

पौध संरक्षण

प्रमुख कीट एवं उनका प्रबन्धन

सलाद की फसल को एफिड से अधिक नुकसान होता है। यह पौधों से रस चूसकर उन्हें कमजोर बना देती हैं।

रोकथाम

इसकी रोकथाम के लिए मैलाथियान दवा के 0.1 प्रतिशत घोल का छिड़काव 15 दिन के अन्तर पर 2–3 बार करना चाहिए। यहाँ यह ध्यान देने की बात है कि दवा छिड़कने के एक सप्ताह तक सलाद की कटाई नहीं करनी चाहिए।

प्रमुख बीमारियाँ एवं उनका प्रबन्धन

इसकी प्रमुख बीमारियाँ स्लाइमी साफ्ट राट, डाउनी मिल्डयू तथा मोजैक है।

1. साफ्ट रॉट (Soft rot)

नर्म गलन (soft rot) जीवाणु रोग है जो ''इरवीनिया'' प्रजाति (*Ervinia* spp.) द्वारा होता है। यह मुख्य रुप से शीर्ष वाली किस्मों में होता है। सर्व प्रथम फलों पर जल सिक्त, स्निग्ध एवं नर्म धब्बे

बन जाते हैं। धब्बे बाद में तेजी से फैल जाते हैं और काले, भूरे एवं चिपचिपे हो जाते हैं। यह बीमारी बैक्टीरिया द्वारा फैलती है। हेड (head) वाली किस्में इससे अधिक प्रभावित होती हैं।

रोकथाम

1. इससे बचने के लिए शीर्ष (head) की कटाई में देरी नहीं करनी चाहिए।
2. भूमि की सतह को सूखा रखना चाहिए।
3. रोग ग्रस्त शीर्ष को नष्ट कर देना चाहिए।

3. मृदुरोमिल आसिता (Downy mildew)

यह एक प्रकार की फफूँद ब्रीमिया लैक्ट्यूसी *(Bremia lactucae)* द्वारा फैलती है। इसमें पत्तियों का रंग पीला या सफेद पड़ जाता है व पत्तियों पर पीले रंग के छोटे–छोटे धब्बे पड़ जाते हैं। पत्ती की दूसरी तरफ सफेद मृदुरोमिल फफूँद की वृद्धि पाई जाती है। ये धब्बे बाद में जुड़ जाते हैं और पूरी पत्तियाँ पीली एवं भूरी पड़ जाती है।

रोकथाम

- रोग ग्रसित पौधों को निकाल देना चाहिए।
- फसल पर डाइथेन एम0–45 अथवा डाइथेन जेड0–78 के 0.2 प्रतिशत घोल का छिड़काव करना चाहिए। इम्पीरियल–17 किस्म को इस रोग का प्रतिरोधी पाया गया है (चौधरी, 1967)।

4. मोज़ैक (Mosaic)

इस विषाणु रोग से सलाद की फसल को अधिक हानि होती है, जो सर्वप्रथम बीजांकुर पर दिखाई पड़ता है। यह रोग बीजों द्वारा होता है तथा एफीड से फैलता है। पत्तियाँ चितकबरी तथा अन्दर की तरफ मुड़ जती हैं तथा पौधे छोटे व पीले पड़ जाते हैं।

रोकथाम

- रोग ग्रसित पौधों को उखाड़ दें।
- यह बीमारी एफीड से फैलती है अतः इसकी रोकथाम के लिये रोगार कीटनाशी की 1.5 मिली लीटर मात्रा प्रति लीटर पानी में घोल बनाकर छिड़काव करें।
- रोग मुक्त पौधों से ही बीज प्राप्त करना चाहिए।

हरी धनिया (Coriander)

वानस्पतिक नाम : कोरिएन्ड्रम सटाइवम (*Coriandrum sativum*)

कुल : एपिएसी (Apiaceae)

गुणसूत्र संख्या : 2 एन = 22

विभिन्न भाषाओं में धनिया को धनिया (हिन्दी, असमी); लंका परिच, धनिया (बंग्ला), लंका, धनिया (उड़िया); मीर पाकाया, धनियालु (तेलगू); कोठामाली (तमिल मलयालम); कोटाम्बरी (कन्नड़); कोठिनबीर धाने (मराठी); धनि (गुजराती); धनिया (पंजाबी) तथा कसतुम्बरी व धनिया के (संस्कृत) नाम से जानते हैं। पत्तीदार सब्जियों में धनिया का महत्वपूर्ण स्थान है। इसकी सब्जी पकाकर नहीं खाई जाती बल्कि व्यंजनों, सूप आदि को सुगन्धित करने के लिए उपयोग किया जाता है।

उद्‌भव एवं वितरण

धनिया का उत्पत्ति स्थल भूमध्य सागरीय क्षेत्र माना जाता है। धनिया प्रकृति का एक अनमोल उपहार है, जिसका उपयोग ईसा से 5000 वर्ष से चला आ रहा है। इसकी औषधीय उपयोग एवं भोज्य पदार्थों को सुगन्धित करने का विवरण ईसा से 1500 वर्ष पूर्व माना जाता है। खेती के रुप में इसका वितरण भारत, मोरक्को, रुमानिया, फ्रान्स, स्पेन, ईटली, हालैण्ड, यूगोस्लाविया, सोवियत रुस व मिस्र में मिलता है। धनिया की खेती भारत के लगभग सभी राज्यों में की जाती है, लेकिन हरी पत्ती की व्यावसायिक खेती के रुप में पंजाब, उत्तर प्रदेश, मध्य प्रदेश, बिहार, महाराष्ट्र, कर्नाटक, तमिलनाडु तथा आन्ध्र प्रदेश ज्यादा महत्वपूर्ण है, जबकि मसाले के रुप में राजस्थान, गुजरात, तमिलनाडु और आन्ध्र प्रदेश प्रमुख हैं।

वानस्पतिक विवरण

धनिया एकवर्षीय (annual) पौधा है, जिसकी ऊँचाई 20.0–90.0 सेन्टी मीटर तक होता है। इसका तना चिकना व शाखित होता है। नीचे की पत्तियाँ 2.5–10.00 सेन्टी मीटर लम्बी तथा 2.75 सेन्टी मीटर चौड़ी होती हैं। उपरी पत्तियाँ छोटे–छोटे भागों में विभक्त होकर पर्ण फलकों के रुप में बदल जाती है। पुष्प छोटे आकार के छत्रक (umbel) के रुप में आते हैं। बाहय दलपुंज संयुक्त होते हैं, जिससे फूल की पंखुड़ी (sepals) का भाग होता है। दलपुंज में पंखुड़ी की संख्या 5 होती है, जो सफेद या गुलाबी रंग की होती हैं। पुष्प में 5 पुंकेसर हाते हैं, जो तंतु के रुप में फैले रहते हैं। पुष्प उभयलिंगी (hermaphrodite) होता है। जायॉग में 2 संयुक्त स्त्रीकेसर होते हैं। अण्डाशय (ovary) द्विकोष्ठीय एवं अधोवर्ती (inferior) होता है। फल वेश्मस्फोटी (schizocarpic) होते हैं, जिसमें दो एकस्फोटी (mericarpic) बनते हैं। वंश कोरिएन्ड्रम (*Coriandrum*) के अन्तर्गत दो प्रजातियाँ होती हैं–

1. कोरिएन्ड्रम सटाइवम (*Coriandrum sativum*)
2. कोरिएन्ड्रम टार्डीलियम (*Coriandrum tordylium* Fenzl. Bornm.)

उपरोक्त में से केवल कोरिन्ड्रम सटाइवम (*Coriandrum sativum*) को ही उगाया जाता है। अतः प्रजातीय संकरण द्वारा इसके चतुर्गुणित (**tetraploid**) पौधे विकसित किये गये हैं (बीज, 2002)।

पोषकीय महत्व

धनिया का उपयोग सब्जी, करी, सूप में सुगन्ध तथा स्वाद लाने के लिए प्रयोग किया जाता है। विशेष सुगन्ध के कारण इससे सॉस तथा चटनी भी बनाई जाती है। धनिया की पत्तियाँ पोषक तत्वों से भरपूर होती हैं। इसमें पर्याप्त मात्रा में प्रोटीन, खनिज तत्व जैसे–कैल्सियम, फास्फोरस एवं आयरन पाया जाता है। इसके अलावा पत्तियाँ कैरोटीन, विटामिन ''ए'' तथा विटामिन 'सी' की धनी होती हैं। इसमें लोहे की मात्रा काफी होती है।

सारिणी (15.2) धनिया की पत्तियों का पोषण मूल्य (प्रति 100 ग्राम खाने योग्य भाग में)

पोषक तत्व	मात्रा
नमी	86.3 ग्राम
प्रोटीन	3.3 ग्राम
वसा	0.6 ग्राम
खनिज लवण	2.3 ग्राम
रेशा	1.2 ग्राम
कार्बोहाइड्रेट्स	6.3 ग्राम
ऊर्जा	44 किलो कैलोरी
कैल्सियम	184.0 मिली ग्राम
फास्फोरस	7.0 मिली ग्राम
आयरन	1.42 मिली ग्राम
कैरोटीन	6918 माइक्रोग्राम
थाइमिन	0.05 मिली ग्राम
राइबोफ्लेबिन	0.06 मिली ग्राम
नियासिन	0.8 मिली ग्राम
विटामिन ''सी''	135.0 मिली ग्राम

स्रोतः गोपालन एवं सहयोगी, 1999

धनिया की ताजी पत्तियों में सुगन्धित तेल (0.1–0.21 प्रतिशत) होता है, जिससे सुगन्ध/खुशबू निकलती है। यह खुशबू पौधों के पुष्पन के समय सर्वाधिक होता है। तेल में लगभग 40 किस्म के यौगिक पाये जाते हैं, जिसमें सर्वाधिक मात्रा (लगभग 80 प्रतिशत) डिसिल (decyl) और नोनिल एल्डीहाइड्स (nonylaldehydes) होता है तथा 16 प्रतिशत एल्कोहल भी होता है (पाटर एवं फर्गुसन, 1990)। धनिया के बीज में वाष्पशील तेल (hydrocarbons-20-28% and oxygenated compounds such as d-linalol or coriand-ol-45-70%) होता है। धनिया की पत्तियों में मुख्य तत्वों के अलावा सूक्ष्म मात्रा में अनेकों प्रकार के खनिज लवण होते हैं।

सारिणी (15.3) धनिया की पत्तियों में पाया जाने वाला सूक्ष्म तत्व (प्रति 100 ग्राम खाने योग्य भाग में)

सूक्ष्म तत्व	मात्रा
मैग्नीशियम	31.0 मिली ग्राम
सोडियम	583.0 मिली ग्राम
पोटैशियम	256.0 मिली ग्राम
कापर	0.14 मिली ग्राम
मैगनीज	0.50 मिली ग्राम
मालीब्डेनम	1.12 मिली ग्राम
जिंक	.032 मिली ग्राम
क्रोमियम	0.014 मिली ग्राम
सल्फर	49.0 मिली ग्राम
क्लोरीन	43.0 मिली ग्राम

स्रोतः गोपालन एवं सहयोगी, 1999

धनिया की पत्तियाँ सामान्यतः शरीर के मोटेपन, पित्त ठीक करने, मूत्रवर्धक, भूख बढ़ाने तथा पाचन को ठीक करने में सहायक है। इसके पौधे का रस फफोला तथा त्वचा की लालिमा को दूर करता है।

उन्नतिशील किस्में

पंत धनिया (Pant Dhania)

धनिया की इस किस्म का विकास गोविन्द बल्लभ पंत कृषि एवं प्रौद्योगिकी विश्वविद्यालय, पंतनगर (उत्तराखण्ड) द्वारा किया गया है। इस किस्म को हरी पत्तियों एवं बीजों के लिए उगाया जाता है। यदि इस किस्म से बीज बनाया जाता है, तो इसमें तने के फूलने की बीमारी (**stem gall**) नहीं लगती है। कई बार कटाई करके छोड़ दिया जाये तो मसाले हेतु बीज भी प्राप्त हो जाता है।

सिन्धु (Sindhu)

सिन्धु किस्म के पौधे बहुत छोटे होते हैं, लेकिन इसमें सुगन्ध ज्यादा होता है। इस किस्म में चूर्णिल आसिता (**powdery mildew**) एवं माँहू कीट (**aphid**) का प्रकोप कम होता है। इससे सुगमतापूर्वक बीज बनाया जा सकता है।

साधना (Sadhana)

यह किस्म वर्षा आधारित क्षेत्रों के लिए उपयुक्त है। इस किस्म के पौधे सीधे बढ़ते हैं। यदि बीज उत्पादन के लिए उगाया जाता है, तो उस पर सफेद मक्खी एवं पत्तियों पर सुरंग बनाने वाले कीट का प्रकोप कम होता है। यह किस्म माँहू कीट के लिए अवरोधी है। बीज के लिए यह किस्म 95–110 दिन में पककर तैयार हो जाती है।

स्वाती (Swathi)

स्वाती किस्म के पौधे सीधे बढ़ने वाले मध्यम ऊँचाई एवं सुगन्धित होते हैं। इस किस्म के बीज भूरे पीले रंग के होते हैं। इस पर भी सफेद मक्खी कीट का कम प्रकोप होता है तथा उकठा (**wilt**)

बीमारी का प्रकोप कम होता है। अगर मसाले के लिए इसकी खेती करते हैं तो 1.2–1.4 टन प्रति हेक्टेयर उपज प्राप्त की जा सकती है। बीज 110 दिन में पककर तैयार हो जाती है।

पंत हरितिमा (Pant Haritima)

यह किस्म गोविन्द भल्लभ पंत कृषि एवं प्रौद्योगिकी विश्वविद्यालय, पंतनगर (उत्तराखण्ड) द्वारा किया गया है। यह किस्म हरी पत्तियों तथा मसाले दोनों के लिए उपयुक्त है। पत्तियों की पैदावार 10.0–12.5 टन प्रति हेक्टेयर तथा मसाले की पैदावार 1.5 टन प्रति हेक्टेयर तक प्राप्त की जा सकती है। उत्तर भारत के राज्यों के लिए यह उत्तम किस्म है। यह किस्म तना पितिका (stem gall) बीमारी से ग्रसित नहीं होती है।

गुजरात धनिया–1 (Gujrat Dhania-1)

यह किस्म गुजरात कृषि विश्वविद्यालय (गुजरात) द्वारा विकसित की गयी है। पौधे मध्यम ऊँचाई के होते हैं तथा दाने काफी बड़े होते हैं। यह किस्म बीज हेतु 112 दिन में पककर तैयार हो जाती है। पत्तियों की पैदावार 10.0–12.5 टन प्रति हेक्टेयर तथा बीज की पैदावार लगभग 1.1 टन प्रति हेक्टेयर होती है।

गुजरात धनिया–2 (Gujrat Dhania-2)

यह किस्म गुजरात कृषि विश्वविद्यालय (गुजरात) द्वारा विकसित की गयी है। यह किस्म अधिक पैदावार के लिए प्रसिद्ध है। पौधे पर शाखाओं की संख्या अधिक होती है। पत्तियाँ घनी एवं बड़े–बड़े पुष्प छत्रक होते हैं। यह किस्म मसाले के लिए उपयुक्त है। इस किस्म की सबसे बड़ी खासियत है कि पौधे गिरते नहीं है। पत्तियों की पैदावार 14.0–20.5 टन प्रति हेक्टेयर तथा बीज की पैदावार लगभग 1.5 टन प्रति हेक्टेयर होती है।

आर0सी0आर0–41 (RCR-41)

इस किस्म के पौधे लम्बे व सीधे होते हैं। यह किस्म सिंचित दशा के लिए अत्यन्त ही उपयुक्त पायी गयी है। यह तना पितिका के प्रति सहनशील है। यह 130–140 दिन में पककर तैयार हो जाती है और औसत बीज उपज 1.2 प्रति हेक्टेयर है।

को–1 (CO-1)

इन किस्म का विकास तमिलनाडु कृषि विश्वविद्यालय, कोयम्बटूर (तमिलनाडु) से किया गया है। यह किस्म सिंचित तथा असिंचित दोनों क्षेत्रों के लिए उपयुक्त है। पत्तियों की औसत उपज 4.0–5.0 टन प्रति हेक्टेयर है।

को–2 (CO-2)

इस किस्म का विकास तमिलनाडु कृषि विश्वविद्यालय, कोयम्बटूर (तमिलनाडु) से किया गया है। को–2 सूत्रकृमि के लिए अवरोधी है। पत्तियों की औसत उपज 5.2–7.9 टन प्रति हेक्टेयर है।

को–3 (CO-3)

इस किस्म का विकास तमिलनाडु कृषि विश्वविद्यालय, कोयम्बटूर (तमिलनाडु) से किया गया है। को–3 म्लानि बीमारी के लिए सहनशील है। पत्तियों की औसत उपज 8.5–12.5 टन प्रति हेक्टेयर है।

हिसार सुगन्ध (Hisar Sugandh)

इस किस्म का विकास हरियाणा कृषि विश्वविद्यालय, हिसार (हरियाणा) से किया गया है। यह तना पितिका (stem gall) के प्रति प्रतिरोधी है। पत्तियों की औसत उपज 14.0–15.0 टन/हेक्टेयर है।

जलवायु

धनिया की खेती उष्ण तथा उपोष्ण जलवायु (12.0–24.0 डिग्री सेन्टीग्रेड) वाले स्थानों पर सफलतापूर्वक की जाती है। इसके बीज के अंकुरण के लिए 12.0–15.5 डिग्री सेंटीग्रेड तापमान (हल्की गर्मी) तथा पौधे की बढ़वार के लिए 20.0 डिग्री सेन्टीग्रेड से कम (ठण्डक) तथा बीज बनते समय अपेक्षाकृत अधिक तापमान की आवश्यकता होती है। वसन्त ऋतु में फूल आते समय व दाना बनते समय पाला पड़ने से पौधों के नुकसान होने की सम्भावना रहती है। अगर पुष्पन व बीज बनते समय बदली का मौसम (cloudy weather) होने पर चुर्णील फफूँद (powdery mildew) रोग की सम्भावना अधिक होती है। धनिया के पौधे अवधि के प्रति दिन निष्क्रिय (day neutral) होते हैं, फिर भी लम्बी प्रकाश अवधि का पौधों की बढ़वार पर प्रभाव पड़ता है।

भूमि एवं भूमि की तैयारी

धनिया की खेती सभी प्रकार की मृदाओं में की जा सकती है, जिसमें प्रचुर मात्रा में कार्बनिक पदार्थ (जीवांश) उपलब्ध हो तथा जल निकास का अच्छा प्रबन्ध हो। अधिक एवं गुणवत्तायुक्त उपज प्राप्त करने के लिए दोमट मिट्टी उपयुक्त है। इसकी खेती के लिए मृदा का पी0एच0 मान 6.5–8.0 के मध्य होना चाहिए, क्योंकि अधिक अम्लीय एवं लवणीय भूमि इसकी खेती के लिए उपयुक्त नहीं है। अगर खेत में लवणता का स्तर 6 डी0एस0एम0–1 से अधिक होने पर उपज में 50 प्रतिशत की कमी हो जाती है। यहाँ तक कि लवणता के 4 डी0एस0एम0^{-1} स्तर पर पौधों में शाखाओं के निकलने, पुष्पन व बीज उपज पर प्रभाव पड़ता है (यादव एवं सहयोगी, 2000)।

खेत की तैयारी हेतु 2–3 जुताई मिट्टी पलटने वाले हल से तथा 3–4 जुताई कल्टीवेटर से करना चाहिए। प्रत्येक जुताई के बाद पाटा भी लगा दिया जाता है, जिससे ढेलें टूट जायें तथा मिट्टी भुरभुरी हो जाये। खेत में खरपतवारों के अवशेष निकाल देने चाहिए। अच्छी प्रकार खेत तैयार हो जाने पर अन्तिम जुताई के समय खेत में 30.0–35.0 टन प्रति हेक्टेयर गोबर की सड़ी खाद या वर्मी कम्पोस्ट को मिला देना चाहिए।

बुआई का समय

देश के विभिन्न भागों में इसकी खेती अलग–अलग समय पर की जाती है। बंगाल तथा उत्तर प्रदेश में जाड़े में एवं महाराष्ट्र तथा तमिलनाडु में वर्षा ऋतु में की जाती है। हरी पत्तियों के लिए खरीफ (अगस्त–सितम्बर) तथा रबी (अक्टूबर–दिसम्बर) दोनों मौसमों में बुआई की जाती है।

बीज की मात्रा व बीज उपचार

सिंचित दश में 15.0–20.0 किलो ग्राम बीज की मात्रा प्रति हेक्टेयर प्रयोग की जाती है। बुआई से पहले बीज को दो भगों में तोड़ लेना चाहिए तथा रातभर पानी में भिंगो लेने से जमाव शीघ्र होता है। जिब्रेलिक एसीड (GA_3- 50 ppm) से उपचारित करने पर बीज का जमाव ज्यादा होता है। बुआई से पहले बीज को बाविस्टिन (Bavistin) 2.0 ग्राम/किलो ग्राम बीज की दर से उपचारित करना चाहिए।

बुआई की विधि

इसकी बुआई दो तरीकों से की जाती है।

1. छिटकवा विधि–छिटकवा विधि में बीज को क्यारियों में छिटककर मिट्टी में मिला दिया जाता है।
2. कतारों में–इस विधि में कतारों से कतारों की दूरी 25.0–30.0 सेन्टी मीटर रखकर उन पर कूड़ बना लिये जाते हैं। बीज की बुआई करके सभी कूड़ बन्द कर दिये जाते हैं। बरसात में बीज को कूड़ों में बुआई न करके मेडों पर करना चाहिए। पौध अन्तराल 5.0–10.0 सेन्टी मीटर का रखा जाता है तथा बीजों को मिट्टी में 2.0–3.0 सेन्टी मीटर गहराई पर बुआई करना चाहिए। बीजों का जमाव 10–15 दिन में हो जाता है।

पोषक तत्व प्रबन्धन

जीवांश की कमी से उपज प्रभावित होती है, अतः खेत की तैयारी के समय 30.0–35.0 टन गोबर की सड़ी खाद प्रति हेक्टेयर मिट्टी में मिला दिया जाता है। इसके अलावा 80.0 किलो ग्राम नत्रजन, 50.0 किलो ग्राम फास्फोरस तथा 50.0 किलो ग्राम पोटाश की आवश्यकता होती है (प्रकाश, 1993)। नत्रजन वाली उर्वरक की आधी मात्रा तथा फास्फोरस एवं पोटाश वाली उर्वरक की पूरी मात्रा को बुआई के समय खेत में डाल दिया जाता है। नत्रजन की बची हुई मात्रा को 2 बार फसल में टाप ड्रेसिंग (top dressing) करके दिया जाता है। पहली बार टाप ड्रेसिंग प्रथम बार पत्ती काटने पर एवं दूसरी बार टाप ड्रेसिंग द्वितीय बार पत्ती काटने पर करना चाहिए। ध्यान रखें कि जमीन नम न हो, तभी टाप ड्रेसिंग किया जाये तथा उसके उपरान्त हल्की गुड़ाई भी कर दी जाये। (अली एवं सहयोगी, 1993) ने स्पष्ट किया कि धनिया के खेत में अगर 60:60:20 के अनुपात में नत्रजनःफास्फोरसः पोटाश देने से सर्वाधिक बीज उपज (1.852 टन/हेक्टेयर) प्राप्त होती है। सिंह (1998) ने पौधों की अच्छी बढ़वार, उपज, एवं गुणों के लिये 50.0 किलो ग्राम नत्रजन का प्रयोग प्रति हेक्टेयर की दर से देने की सलाह दी जबकि बाबू एवं राणा (1995) ने सर्वाधिक उपज (3.25–4. 12 टन/हेक्टेयर) नत्रजन की 100.0 किलो ग्राम तथा फास्फोरस की 30.0 किलो ग्राम प्रति हेक्टेयर की दर से देकर प्राप्त की। देसाई एवं सहयोगी (1999) ने महाराष्ट्र के पूणे में परीक्षण से पाया की गेंहूँ की फसल में 120.0 किलो ग्राम नत्रजन/हेक्टेयर की आधी मात्रा को वर्मी कम्पोस्ट देकर कटाई के बाद धनिया बोने तथा खड़ी फसल में 20.0 किलो ग्राम नत्रजन देने से 2.0–3.0 टन प्रति हेक्टेयर हरी पत्तियों की उपज बढ़ जाती है।

सिंचाई जल प्रबन्धन

नमी कम होने पर बीज के उचित जमाव के लिए बुआई के बाद एक सिंचाई कर दी जाती है। इसके बाद, बरसात वाली फसल में आवश्यकता पड़ने पर तथा रबी वाली फसल में 10–15 दिन के अन्तर पर सिंचाई की जाती है। हल्की अथवा अधिक बलुई मिट्टी में 5–6 सिंचाई की आवश्यकता होती है। अच्छी पैदावार के लिए पत्तियों की विकसित अवस्था व बीज हेतु फूल बनते समय खेत में नमी की उचित मात्रा रहनी चाहिए।

निकाई–गुड़ाई

फसल की प्रारम्भिक अवस्था में 25–30 दिन बाद (घने पौधों को हटाने का समय) खरपतवारों को खेत से निकालना अति आवश्यक होता है, नहीं तो वे फसल को बढ़ने नहीं देते। अगली गुड़ाई इसके 30 दिन बाद करें। निकाई के समय ही हल्की गुड़ाई भी कर दी जाती है। फसल बढ़ जाने पर निकाई–गुड़ाई करने की आवश्यकता नहीं होती है।

फसल की कटाई

धनिया की पत्तियों की कटाई जमाव के 10–15 दिन बाद से लेकर फूल आने तक की जाती है। हरी पत्तियों की कटाई उपयुक्त समय पर न करने पर पत्तियाँ रेशेदार हो जाती हैं और बाजार के लिए उपयुक्त नहीं रहती हैं। कभी–कभी पूरा पौधा जब 20 दिन का हो जाता है, तब उखाड़ लेते हैं। हरे पौधों की कटाई 4–5 बार की जाती है। सामान्यतः पत्तियों की कटाई की संख्या किस्म पर निर्भर करती है। अधिक लाभ प्राप्त करने के लिए एक–दो कटाई के बाद फसल को फूलने के लिए छोड़ देते हैं। पत्तियों की कटाई करने पर प्ररोह की संख्या बढ़ जाती है और बीज उत्पादन भी बढ़ जाता है। बीज वाली फसल की कटाई बीज पकने (बीजों का रंग धूसर पीले या हल्के भूरे रंग) पर की जाती है। कटाई सुबह करें, क्योंकि इस समय वातावरण में नमी की मात्रा अपेक्षाकृत अधिक होती है।

उपज

धनिया की हरी पत्तियों की पैदावार 0.5–12.0 टन तथा बीज की पैदावार 0.6–0.8 टन प्रति हेक्टेयर होती है।

पौध संरक्षण

प्रमुख कीट एवं उनका प्रबन्धन

एफीड (Aphid)

एफीड (*Hyadaphis corianderii*) धनिया के पौधों पर छोटे–छोटे जू के आकार के पंखरहित एवं पंखदार कीट होते हैं। उनका रंग पौधों के अनुसार गहरे हरे रंग के या पीले, भूरे रंग के होते हैं। ये पत्तियों से रस चूसते हैं और उन पर बहुत बड़ी संख्या में देखें जा सकते हैं। पत्तियों से रस चूसने के फलस्वरुप पत्तियाँ पीली पड़ जाती हैं और उनका बाजार भाव कम पड़ जाता है। देखने में पत्तियाँ आकर्षक नहीं रह जाती हैं।

प्रबन्धन

प्रारम्भिक अवस्था में प्रकोप होने पर कार्बेरिल, मैलाथियान या डाइक्लोरोवास 0.05 प्रतिशत का छिड़काव करना चाहिए। बाद की अवस्था में अन्य कीटनाशी, जैसे मैलाथियान, एल्ड्रिन आदि का प्रयोग भी लाभकारी सिद्ध होता है। कीटनाशकों के प्रयोग के बाद निर्धारित दिनों (waiting period) के बाद ही पत्तियों की कटाई करें।

कटुआ सूँडी (Caterpillar)

इस कीट की इल्लियाँ ही धनिया के पौधों को क्षति पहुँचाती हैं। छोटी अवस्था में ये पत्तियों को कुतर कर खा जाती हैं। दिन में ये जमीन की दरारों या ढेलों के नीचे छिपी रहती हैं। इनका आक्रमण अधिक होने पर पौधों में पत्तियों का पूर्णतः अभाव हो जाता है।

प्रबन्धन

खेत के चारों तरफ सफाई रखने से इस कीट की क्रियाशीलता कम हो जाती है। सामान्यतः 0.05 प्रतिशत मैलाथियान के घोल के छिड़काव से इस कीट को नष्ट किया जा सकता है।

पर्ण सुरंगक कीट (Leaf miner)

यह कीट धनिया की पत्तियों में सुरंग बनाते हैं, जिससे पत्तियों की कोशिकायें नष्ट हो जाती हैं। फलतः पौधों की भोजन बनाने की क्षमता कम हो जाती है तथा पत्तियाँ मुरझाकर सूख जाती हैं।

प्रबन्धन

सामान्यतः 0.05 प्रतिशत मैलाथियान के घोल के छिड़काव से इस कीट को नष्ट किया जा सकता है।

प्रमुख रोग एवं उनका प्रबन्धन

इसकी फसल को निम्नलिखित रोगों से अधिक हानि होती है–

1. सूखा रोग (Wilt) – इसमें पत्तियाँ सूखने लगती हैं एवं पौधे जमीन पर गिर जाते हैं। फल पकते नहीं हैं।

प्रबन्धन

1. बीज का उपचार एग्रोसन–जी0एन0 से करें। लगभग 2.0 ग्राम दवा 1.0 किलो ग्राम बीज के लिए पर्याप्त होती है।
2. उन्नतिशील किस्मों की ही बुआई करें जैसे–टी–5365। इसमें यह रोग नहीं लगता है।

चूर्णिल आसिता (Powdery mildew)

यह फफूँद जनित रोग है तथा पौधे के प्रत्येक भाग (तना, पत्तियाँ, फूल एवं फल) पर सफेद चूर्ण जम जाता है, जो बाद में पूरे पौधे को ढँक लेती है। ज्यादा प्रकोप से पत्तियाँ सूखने लगती हैं।

प्रबन्धन

1. गंधक के चूर्ण का बुरकाव 10.0–12.0 किलो ग्राम प्रति हेक्टेयर के हिसाब से किया जा सकता है।
2. कोसान दवा के 0.1 प्रतिशत (1.0 किलो ग्राम दवा एक हजार लीटर पानी में) घोल का छिड़काव 2–3 बार किया जा सकता है।
3. फेरामेन (0.05 प्रतिशत) का 10–15 दिन के अन्तर पर छिड़काव करना चाहिए।

तना पिटिका या गाँठ (Stem gall or tumor)

यह फफूँद जनित रोग है। इस रोग में पत्तियों, शाखाओं तथा तनों में गाँठें उभरी हुई गोल जैसी संरचनायें बन जाती हैं। रोगग्रस्त पत्तियाँ तथा बीज अपनी सुगन्ध खो देते हैं तथा अनियंत्रित वृद्धि करके माँसल संरचना बना लेते हैं।

प्रबन्धन

1. इसकी रोकथाम, फफूँदनाशक दवा थायरम (Thiram) से बीज शोधन द्वारा की जा सकती है। इसका उपयोग बीज में 250.0 ग्राम दवा प्रति 100.0 किलो ग्राम बीज के हिसाब से तथा मिट्टी में 20.0 किलो ग्राम दवा प्रति हेक्टेयर क्षेत्रफल के हिसाब से किया जा सकता है।
2. रोगी पौधों को उखाड़ कर फेंक देना चाहिए।

म्लानि (Wilt)

यह भी फफूँद जनित रोग है। रोग ग्रसित पौधों का अग्रभाग लटक जाता है और सूखकर पौधा मर जाता है। यह बीमारी जड़ों को प्रभावित करती है और बीमारी लगने के बाद उपचार कठिन है।

प्रबन्धन

- स्वस्थ बीज ही प्रयोग करें।
- एक ही खेत में धनिया की खेती लगातार तीन वर्षों से अधिक न करें।
- नीम की खली 150 किलो ग्राम प्रति हेक्टेयर प्रयोग करें।
- ग्रीष्म ऋतु में गहरी जुताई करें।
- बोने से पहले बीज को कार्बेन्डाजिम दवा की 2.5 ग्राम प्रति किलो ग्राम बीज की दर से उपचारित करें।

पुदीना (Mint)

वानस्पतिक नाम : मेंथा लॉगीफोलिया (*Mentha langifolia* L.) – जंगली पुदीना
मेंथा पाइपेरीटा (*Mentha piperita* L.) – विलायती पुदीना
मेंथा स्पीकाटा (*Mentha spicata*) – स्पीयर पुदीन

कुल : लैविएटी (Laviate)

गुणसूत्र संख्या : 2 एन = 24

पुदीना मेंथा लॉगीफोलिया (*Mentha langifolia* L.) का उपयोग प्राचीन काल से ही भारत में होता आया है। आज भी भारत में लगभग हर घर में पुदीना का उपयोग किया जाता है। पुदीना मुख्य रुप से गृह वाटिका की औषधीय फसल है। हमारे देश में बड़े पैमाने पर इसकी खेती का विकास धीरे–धीरे हो रहा है। इसकी हरी व सुगन्धित पत्तियाँ स्वाद बढ़ाने तथा सूप, सॉस, पेय पदार्थ, मछली इत्यादि में सुगन्ध लाने के लिए डाली जाती है। धनिया की पत्तियों एवं कच्चे आम के साथ पीसकर पुदीना की चटनी भी बनाई जाती है, जो बहुत ही लोकप्रिय है। पुदीना से पेपरमिन्ट भी बनाया जाता है, जिसका आद्यौगिक एवं औषधीय जगत में बहुत महत्व है। आयुर्वेद में इसके नाम से पूदीनहरा नामक दवा बनायी जाती है। इसकी पत्तियों का प्याज के रस के साथ मिलाकर जूस देने से उल्टी रुक जाती है। भारत पुदीना से प्राप्त तेल और मेन्थाल का निर्यातक भी है। पोषण की दृष्टि से भी इसकी पत्तियाँ प्रोटीन, कैल्सियम तथा आयरन में काफी धनी होती है। यह विटामिन 'ए' और 'सी' के साथ–साथ फोलिक अम्ल का अच्छा स्रोत है। इसकी पत्तियों में पाये जाने वाले पोषक तत्वों को सारिणी में दिया गया है।

सारिणी (15.4) पुदीना की पत्तियों में पाये जाने वाले पोषक मूल्य (प्रति 100 ग्राम खाने योग्य भाग में)

पोषक तत्व	मात्रा
नमी	84.9 ग्राम
प्रोटीन	4.8 ग्राम
वसा	0.6 ग्राम
खनिज लवण	1.9 ग्राम
रेशा	2.0 ग्राम
कार्बोहाइड्रेट्स	5.8 ग्राम
ऊर्जा	48.0 किलोकैलोरी
कैल्सियम	200.0 मिली ग्राम
फास्फोरस	62 मिली ग्राम
आयरन	15.6 मिली ग्राम
कैरोटीन	1620.0 माइक्रोग्राम
थाइमिन	0.05 मिली ग्राम
रीबोफ्लेविन	0.26 मिली ग्राम
नियासीन	1.0 मिली ग्राम
फोलिक अम्ल	9.7 माइक्रोग्राम
विटामिन 'सी'	27 मिली ग्राम

स्रोत: गोपालन एवं सहयोगी, 1999

उन्नतिशील किस्में

पुदीना की 3 वानस्पतिक प्रजातियाँ पाई जाती है।

1. मेंथा लॉगीफोलिया (*Mentha langifolia* L.) – जंगली पुदीना
2. मेंथा पाइपेरीटा (*Mentha piperita* L.) – विलायती पुदीना
3. मेंथा स्पीकाटा (*Mentha spicata*) – स्पीयर पुदीना

पेपरमिन्ट (peper mint) या मेन्था लॉगीफोलिया (*Mentha langifolia* L.), स्पीयर मिन्ट (spear mint) या मेन्था स्पीकाटा (*Mentha spicata*), और लेमन मिन्ट (lemon mint) या मेन्था पिपेरिता (*Mentha piperita* L.) के नाम से जानते हैं। घरों में लोग स्पीयर मिन्ट या मेन्था स्पीकाटा (*Mentha spicata*) को लगाते हैं।

इसकी कोई उन्नतिशील किस्म नहीं। सामान्यतया 'पंजाब पुदीना' नामक एक किस्म प्रचलित है, जिसके पौधे सीधे बढ़वार वाले होते हैं।

जलवायु

पुदीना उष्ण एवं उपोष्ण जलवायु का पौधा है। जहाँ पर अपेक्षाकृत हल्के जाड़े एवं ग्रीष्म–ऋतु गर्म हो, में आसानी से इसकी खेती की जा सकती है। इसकी खेती समुद्र की सतह से 1050.0 मीटर की ऊँचाई तक की जा सकती है। यह बहुवर्षीय (perennial) फसल होने के कारण पूरे वर्ष वृद्धि एवं विकास करता रहता है। इसके लिए बरसात का मौसम अच्छा नहीं होता है, क्योंकि इस मौसम में पत्तियाँ पीली पड़कर/सूख कर गिर जाती है। सर्दी में जहाँ पाला पड़ता हो वहाँ पर इसे नहीं उगा सकते हैं, क्योंकि ठण्डी वातावरण में पुदीना के पौधों के पत्तियों की उपज कम हो जाता है।

भूमि तथा भूमि की तैयारी

पुदीना की खेती किसी भी प्रकार की भूमि में की जा कसती है, लेकिन बलुई दोमट या दोमट भूमि अति उत्तम होती है। भूमि में पानी के निकास का उत्तम प्रबन्धन एवं जीवांश की मात्रा अधिक होनी चाहिए। लवणीय व क्षारीय मिट्‌टी पुदीने की खेती के लिए उपयुक्त नहीं है। खेत की 3–4 बार जुताई व पाटा चलाकर इसे अच्छी प्रकार तैयार कर लिया जाता है, जिससे भूमि समतल व मिट्‌टी भुरभुरी हो जाती है। इसके बाद क्यारियाँ व सिंचाई की नालियाँ बना ली जाती है। सिंचाई के लिये सुविधानुसार 4.0 × 4.0 मीटर या इससे बड़ी क्यारियाँ बना लेते हैं।

पोषण प्रबन्धन

पटेल (1968) द्वारा सिफारिश की गयी है कि पुदीना की पहली बार फसल लगाते समय 20.0–30.0 टन गोबर की सड़ी खाद खेत की तैयारी के समय खेत में मिलाना चाहिए। शर्मा (1954), के अनुसार खेत की तैयारी करते समय 12.5 टन प्रति हेक्टेयर गोबर की अच्छी प्रकार सड़ी खाद मिट्‌टी में मिला देनी चाहिए। इसके अतिरिक्त 120.0–130.0 किलो ग्राम नत्रजन, 50.0–100.0 किलो

ग्राम फास्फोरस व 40.0–50.0 किलो ग्राम पोटाश प्रति हेक्टेयर की दर से देना चाहिए। फास्फोरस व पोटाश की पूरी मात्रा तथा नत्रजन की 1/5 भाग बुआई से पहले अंतिम जुताई के समय खेत में मिला दें। नजत्रन के शेष भागों को 4 भागों में विभाजित कर एक भाग बुआई के 2 माह बाद व दूसरा 3 माह के बाद व तीसरा कटाई के बाद व चौथा पहली कटाई के 50–60 दिन बाद सिंचाई के साथ देना चाहिए। बरसात में जब पत्तियाँ गिर जाती है, तो उस समय गोबर की अच्छी प्रकार सड़ी हुई खाद क्यारियों में डालकर गुड़ाई कर मिट्टी में मिला देना चाहिए। खड़ी फसल में कटाई के बाद खाद देना आवश्यक है। पुदीना में अमोनियम सल्फेट या यूरिया का छिड़काव प्रत्येक तुड़ाई के बाद काफी उपयोगी होता है।

पौध लगाने का समय

पुदीना का पौध किसी भी समय लगाया जा सकता है, लेकिन इसके पौधे जब मैदानी भागों में जनवरी, फरवरी तथा पहाड़ों में मार्च में लगाये जाते हैं, तब पौधों के मरने की सम्भावना कम होती है। एक बार लगाने के पश्चात् पौधे 2–3 वर्ष तक चलते रहते हैं। इसके बाद पुनः पौध लगायी जाती है।

पौध प्रसारण (Plant propagation)

पुदीना का प्रसारण बहुत आसानी से होता है। इसके पौधे दो प्रकार से तैयार किये जाते हैं–

1. जड़ द्वारा (Roots)

पुदीना लगाने के लिए मिट्टी के अन्दर की भूस्तारिकों की 10.0–15.0 सेन्टी मीटर की लम्बाई में 3–4 पर्व संधियों वाले टुकड़े काट कर अच्छी प्रकार बनी क्यारियों में लगा दिया जाता है सामान्यतया 8–10 दिनों बाद इनमें फुटाव होता है और नई शाखाएँ निकल आती है और बाद में पूरा पौधा बन जाता है। एक बार पौध लगाने पर अन्दर की भूस्तरिकायें जमीन के अन्दर चलती जाती है और पूरा पौधा फैलता जाता है।

2. तने की कलम द्वारा (Stem)

पुदीना के तने जिन्हें रनर (runner) कहते हैं, छोटे–छोटे टुकड़ों में काट लिये जाते हैं। प्रत्येक टुकड़े में एक या दो आँखें रखी जाती हैं। तैयार टुकड़ों को क्यारियों में लगा दिया जाता है। उपरोक्त विधि से प्रति हेक्टेयर 100.0–250.0 किलो ग्राम भूस्तारी की आवश्यकता होती है।

पौध दूरी

जड़ अथवा तने के टुकड़ें को 40.0–60.0 सेन्टी मीटर की दूरी पर बनी कतारों में 15.0 सेन्टी मीटर के फासले पर लगाया जाता है। हर पंक्ति में भूस्तारी के टुकड़ों को सिरे में सिरा मिलाकर 3.0–5.0 सेन्टी मीटर की गहराई पर लगा देते हैं।

सिंचाई

पौध लगाने के तुरन्त बाद हल्की सिंचाई कर दी जाती है। इसके बाद पत्तियों तथा पौधों की अच्छी बढ़वार के लिए हल्की सिंचाई 8–15 दिन के अन्तराल पर की जाती है। गर्मी के दिनों में इसकी नियमित रुप से सिंचाई की जानी चाहिए। इससे पौधे की बढ़वार अच्छी होती है तथा पत्तियाँ हरी–भरी बनी रहती है। बरसात में जल निकास के लिए अच्छी सुविधा होनी चाहिए अन्यथा पौधा अधिक पानी के कारण जड़ गलन का शिकार हो जाता है।

निकाई–गुड़ाई

पुदीना की फसल से खरपतवार निकालना बहुत जरुरी है। शुरु की अवस्था में पौधों के आस–पास यदि खरपतवार उग आयें तो उनको खुरपी की सहायता से बाहर निकला देना चाहिए। अच्छा होगा और साथ–साथ गुड़ाई भी कर दी जाये। प्रत्येक कटाई के बाद गुड़ाई करना लाभप्रद होता है। गर्मी के महीने में पौधों की बढ़वार कम होती है। इसलिए पौधों की उचित बढ़वार के लिए वर्षा के पहले मिट्टी हटा दी जाती है और पुनः खाद डालकर मिट्टी को भुरभुरी करके भर दिया जाता है।

कटाई या पत्तियों की तुड़ाई

पौध लगाने के 2–3 सप्ताह बाद पुदीना की पत्तियों की तुड़ाई की जाती है। जब पौधे 15.0–20.0 सेन्टी मीटर की ऊँचाई तक के हो जाते हैं तो पौधों के शीर्ष के साथ कटाई की जा सकती है। सामान्यतः 2–3 वर्ष के बाद एक स्थान से बदलकर दूसरे स्थान पर पौधों को लगा देना चाहिए। पुरानी लगी हुई फसल में सामान्यतया बरसात में पत्तियाँ गिर जाती है तथा बाद में नई पत्तियाँ निकलती है, जो अक्टूबर के प्रथम सप्ताह तक तुड़ाई के योग्य हो जाती है। तुड़ाई के लिए धारदार चाकू का प्रयोग किया जाता है।

उपज

पुदीने की उन्नत शस्य क्रियाओं द्वारा 3.0–4.0 टन प्रति हेक्टेयर हरी पत्तियों की उपज प्राप्त होती है।

पौध संरक्षण

प्रमुख कीट एवं उनका प्रबन्धन

पुदीने की फसल में निम्नलिखित कीट का प्रकोप होता है–

एफीड (Aphid)

यह कीट हल्के पीले, हरे रंग के पंखहीन होते हैं। कोमल तनों और निकलने वाली कोमल पत्तियों से रस चुसते हैं। इससे पुदीने का पौधा धीरे–धीरे कमजोर हो जाता है। कभी–कभी पुदीने में झुलसा रोग भी इस कीट के कारण फैलता है। नियंत्रण हेतु फॉस्फोमिडान 300.0–500.0 मिली लीटर प्रति हेक्टेयर की दर से पानी में घोल कर छिड़काव करना चाहिए। आसमान में बादल आने

पर माँहू कीट की संख्या बढ़ती है। अतः इस समय इसकी रोकथाम के लिये एक छिड़काव लाभकारी होगा।

बीटल कीट (Beetle insect)

यह काले रंग का बीटल कीट होता है। विकसित कीट 5.0–7.0 मिली मीटर लम्बा होता है। पुदीना में जब केवल 4–5 पत्तियाँ निकली होती हैं, तो यह कीट उनकी पत्तियों को काटकर खा जाता है। नियन्त्रण हेतु एण्डोसल्फान 400–500 मिली लीटर या मैलाथियान 300.0–500.0 मिली लीटर प्रति हेक्टेयर की दर से पानी में घोल बनाकर छिड़काव करना चाहिए। ध्यान रहे कि पत्तियों की कटाई कीटनाशी का प्रभाव समाप्त हो जाने पर ही करें।

सफेद मक्खी (White fly)

यह 1.0–1.5 मिली लीटर लम्बी, सफेद दूध की तरह पंख वाली मक्खी होती है। यह पौधों की निचली पत्तियों पर नीचे की सतह पर रहती है व पौधों से रस चूसती है। ये कीट विभिन्न प्रकार के विषाणु भी एक पौधे से दूसरे पौधों में पहुचाते हैं। नियन्त्रण हेतु फॉस्फोमिडान 200.0–400.0 मिली लीटर या मैलाथियसान 300.0–500.0 मिली लीटर या इण्डोसल्फान 500.0 मिली लीटर प्रति हेक्टेयर की दर से पानी में मिलाकर छिड़काव करना चाहिए।

पत्ती लपेटने वाली कीट (Leaf rolling insect)

इस कीट में हरे रंग की सूंडी होती है, जिसके ऊपर लाल व पीले रंग की बिंदियों की तरह निशान होते हैं। कीट की यही अवस्था फसल को नुकसान पँहुचाती है। प्रारम्भ में इस कीट की सॅूड़ी पत्ते की ऊपरी सतह को खुरचकर खाती है और 1–2 दिन बाद अपने लार से पत्ती की लम्बाई के आकार में बुनने लगती है। इसके बाद भीतर रहकर पत्ती को सफेद बना देती है, जिससे पत्तियों की भोजन बनाने की क्षमता कम हो जाती है।

प्रबन्धन

फॉस्फोमिडान 400.0 मिली लीटर प्रति हेक्टेयर की दर से पानी में घोल बनाकर छिड़काव करना चाहिए। पुदीने की कटाई शीघ्र प्रारम्भ कर देनी चाहिए। पुदीने की अगेती रोपण से भी कीट से बचाव होता है।

सेमीलूपर (Semi looper)

इस कीट की सॅूडी पुदीने की पत्ती को लपेटकर खा जाती है। इस कीट की प्रौढ़ अवस्था फसल को नुकसान नहीं पहुँचाती है, परन्तु सूंडी पत्तियों को काटकर खाती है और गोल या टेढ़ा छेद बनाती है। नियंत्रण हेतु मेलाथियान 200.0–500.0 मिली लीटर या क्वीनालफॉस 300.0–500.0 मिली लीटर प्रति हेक्टेयर की दर से घोल बनाकर छिड़काव करना चाहियें।

लेस बग (Lace bug)

यह कीट भूरे–काले रंग के होते हैं, जिनके पंखों पर स्पष्ट रोयें और जाल की तरह निशान बना होता है, जिसके कारण इसे लेस बग के नाम से जाना जाता है। कीट का प्रौढ़ और शिशु पुदीना

की कोमल पत्तियों के रस को चूसते हैं, जिससे पत्तियों का रंग पीला पड़ने लगता है। ये कीट काले रंग का पदार्थ अपने शरीर से निकालते हैं, जिससे पत्तियाँ दूर से जली हुयी दिखाई देती हैं। इसके प्रकोप से पुदीने की बढ़वार रुक जाती है और उत्पादन बहुत कम हो जाती है। नियन्त्रण हेतु डायमेथोएट 500.0 मिली लीटर या फॉस्फोमिडान 300.0 मिली लीटर का 1500 लीटर पानी में घोल बनाकर प्रति हेक्टेयर छिड़काव करने से फसल को बचाया जा सकता है।

दीमक (White ant)

दीमक को सफेद चींटी भी कहा जाता है। यह पुदीने के रेशेदार भाग (तना जो जमीन से लगा रहता है) को काटकर उसके भीतर घुस जाता है और तने के भीतरी भाग को खाता रहता है, जिसके फलस्वरुप तने के ऊपरी भाग को खाद्य पदार्थ नहीं मिल पाता है और पौधा धीरे–धीरे सूख जाता है। नियंत्रण हेतु जिस खेत में पुदीने की खेती करनी हो वहाँ हरी खाद और कच्चे गोबर की खाद का प्रयोग नहीं करना चाहिए। नियंत्रण हेतु 0.65 प्रतिशत लिन्डेन धूल का पुदीने की खेत की तैयारी करते समय 20.0–25.0 किलो ग्राम प्रति हेक्टेयर की दर से सिंचाई के पानी के साथ प्रयोग करना चाहिए।

प्रमुख रोग एवं उनका प्रबन्धन

पुदीना में निम्नलिखित रोग लगते हैं–

जड़ और तना सड़न (Root and stem rot)

यह बीमारी पुदीने में थिलेविया वैसिकोला नामक फफूँद के कारण होती है। इसके प्रभाव से पुदीने की जड़ों के ऊपर काले बैगनी रंग की चित्तियाँ बनने लगती है। बाद में इनका रंग काला भूरा हो जाता है तथा इसमें सड़न होने लगती है। धीरे–धीरे ये चित्तियाँ जड़ों से बढ़कर तनों की तरफ ज्यादा होने लगती है, जिससे पौधा विकसित होने से पूर्व ही सूखने लगता है। पत्तियाँ सूखकर गिरने लगती है और अत्यधिक रोग ग्रस्त होने पर पौधा नष्ट हो जाता है। नियंत्रण हेतु मैंकोजेब 3.0 किलो ग्राम प्रति हेक्टेयर की दर से पानी में घोल बनाकर रोपण के पूर्व मृदा में मिलाना चाहिये या रोपण के पहले 3.0 ग्राम उपरोक्त दवा प्रति लीटर पानी में घोल बनाकर जड़ों को आधे घण्टे के लिये उपचारित करके बुआई करना चाहिए।

पत्ती धब्बा (Leaf spot)

यह रोग पुदीने की पत्तियों की ऊपरी सतह पर भूरे रंग के रुप में लगता है जिसके चारों तरफ पीले रंग का घेरा बन जाता है। इन धब्बों के कारण पत्तियों के अन्दर भोजन बनाने की क्षमता कम हो जाती है व पत्तियाँ पीली पड़कर गिरने लगती है। नियंत्रण हेतु डाईफोलेटेन या मैंकोजेब या कॉपर आक्सी क्लोराइड का 0.2–0.3 प्रतिशत का घोल पानी में मिलाकर 15 दिन के अन्तराल में 2–3 बार छिड़काव करना चाहिए।

सूत्रकृमि (Nematode)

संक्रमण से खेत में पुदीने के पौधों की बढ़वार जगह–जगह पर रुकी हुई दिखाई देती है और इसके प्रकोप से पत्तियों में पीलापन होने लगता है। सूत्रकृमि पुदीने की जड़ों में गाँठें बनाकर उनके अंदर अनगिनित संख्या में जीवित रहते हैं।

नियंत्रण हेतु नीम की खली 1500.0 किलो ग्राम प्रति हेक्टेयर और कार्बोफ्यूरान 3 जी0 की 10.0 किलो ग्राम प्रति हैक्टेयर की दर से रोपण के पूर्व खेत में मिला देना चाहिए।

सुवा (Dill)

वानस्पतिक नाम : एनिथम ग्रेविओलेन्स वार० सोआ (*Anethum graveolens* var. *sowa*)

कुल : अम्बेलीफेरी (Umbelliferae)

गुणसूत्र संख्या : 2 एन = 22

शरद कालीन सुगन्धित पत्तीदार सब्जियों में सुवा का स्थान सबसे महत्वपूर्ण है। चूँकि उत्तर भारत के मैदानी भागों में कुछ लोगों द्वारा सुवा और पालक की खेती मिश्रित रुप से की जाती है और बाजार में विपणन भी मिश्रित सुवा–पालक के रूप में की जाती है। अतः सामान्य बोल–चाल की भाषा में सुवा–पालक के नाम से ही पुकारा जाता है। वैसे इसकी पत्तियों की सब्जी अकेले बनाई जाती है, लेकिन पालक के साथ इसकी बहुत ही स्वादिष्ट सब्जी बनती है। चूँकि सुवा की पत्तियों में बहुत ही अच्छा सुगन्ध होता है, अतः अन्य व्यंजनों में सुगन्ध पैदा करने के लिये उपयोग किया जाता है। वर्तमान समय में इसकी पत्तियों का उपयोग सलाद के रुप में भी किया जाता है। भारतीय सुवा, यूरोपियन डिल (Dill) से थोड़ा भिन्न होता है।

उद्‌भव एवं वितरण

इतिहासकारों ने स्पष्ट किया है कि सुवा (Dill) का उपयोग प्राचीन काल से ही ग्रीक एवं रोमवासियों द्वारा विभिन्न व्यंजनों को सुगन्धित करने, सुगन्धित तेल निकालने आदि प्रयोजन हेतु किया जाता था। इसके वितरण के बारे में कहा जाता है, कि रोमन सैनिकों द्वारा सन् 1000 ई० में यूरोप लाया गया जहाँ यह दिल नाम से जाना गया। वर्तमान समय में इसकी खेती अनेक उद्‌देश्यों हेतु इंग्लैण्ड, फिनलैण्ड, जर्मनी, रुमानिया तथा भूमध्य सागरीय क्षेत्रों में की जाती है। भारतवर्ष में इसकी खेती गुजरात, उत्तर प्रदेश राजस्थान, मध्य प्रदेश एवं आन्ध्र प्रदेश में की जाती है। कम स्तर पर इसकी खेती बिहार, पश्चिम बंगाल, छत्तीसगढ़ आदि राज्यों में किया जाता है।

वानस्पतिक विवरण

सुवा एकवर्षीय शाकीय पौधा है तथा 50.0–150.0 सेन्टी मीटर ऊँचा होता है। तना गोलाकार तथा सुखने पर नुकीली होती है। निचली पत्तियों के पर्णवृन्त उपर की पत्तियों की तुलना में लम्बे होते हैं। पुष्पक्रम संयुक्त छत्रक होता है। छत्रक के डंठल काफी बड़े होते हैं। प्राथमिक छत्रक का आकार द्वितीयक एवं तृतीयक छत्रक से काफी बड़ा होता है। यद्यपि बहुत बड़े छत्रक से बीज कम मिलता है। अतः ऐसी प्रजातियों का चुनाव करना चाहिए, जिसमें छत्रक मध्यम आकार के होते हों (बिज, 1966)। छत्रक में पुष्प छोटे, नियमित एवं पीले रंग के होते हैं। पुष्प में 5 बाह्य दलपुंज (calyx), 5 संयुक्त दल, दल में 5 पंखुड़ियाँ एवं 5 पुंकेसर होते हैं। पुँकेसर तन्तु पीले रंग के जायॉगी–2 संयुक्त स्त्रीकेसर, अण्डाशय द्विकोष्ठीय तथा अधोवर्ती होता है। प्रफुल्लन (anthesis) संयुक्त छत्रक, बाहरी छत्रक से प्रारम्भ होकर उपर की छत्रकों की ओर क्रमशः बढ़ता जाता है। परागकोष का परागोदवन सूर्योदय के समय होता है। सुवा पर–परागित फसल है, जिसमें परागण मधुमक्खियों के द्वारा होता है।

पोषकीय महत्व

सुवा का उपयोग साग, पत्तियों की सब्जी, पकौड़ा, कोफ्ता आदि बनाने के लिये किया जाता है। इसके अलावा अचार, पकौड़ा आदि बनाने के लिये किया जाता है। सुगन्धित पत्तियाँ पोषण की दृष्टि से काफी महत्वपूर्ण है। इसमें बहुत अधिक मात्रा में प्रोटीन, खनिज तत्व, आयरन और कैरोटीन पाया जाता है। सुवा की 1.00 किलो ग्राम पत्तियों में 109.0 मिली ग्राम लौह तत्व उपलब्ध रहता है, लेकिन शरीर में इसकी उपलब्धता मात्र 3.7 प्रतिशत होता है (चावला एवं सहयोगी, 1998)। सुवा की पत्तियों का पोषण मूल्य नीचे की सारिणी में दिया गया है।

सारिणी (15.5) सुवा की पत्तियों का पोषण मूल्य (प्रति 100 ग्राम खाने योग्य भाग में)

पोषक तत्व	मात्रा
नमी	98.0 ग्राम
प्रोटीन	3.0 ग्राम
वसा	0.5 ग्राम
खनिज लवण	2.2 ग्राम
रेशा	1.1 ग्राम
कार्बोहाइड्रेट	5.2 ग्राम
ऊर्जा	37.0 कि0 कैलोरी
कैल्सियम	190.0 मिली ग्राम
फास्फोरस	42.0 मिली ग्राम
आयरन	17.4 मिली ग्राम
कैरोटिन	7182 माइक्रोग्राम
राइबोफ्लेविन	0.13 मिली ग्राम
नियासिन	0.20 मिली ग्राम

स्रोतः गोपालन एवं सहयोगी, 1999

सुवा की पत्तियों में आवश्यक एमीनो अम्ल प्रचुर मात्रा में उपलब्ध होता है, जिसमें लाइसिन सर्वाधिक होता है।

सारिणी (15.6) सुवा की पत्तियों में उपलब्ध एमीनो अम्ल/ग्राम नत्रजन

एमीनो अम्ल	मात्रा (मिली ग्राम/ग्राम नत्रजन)
लइसिन	450.0 मिली ग्राम
ट्रिप्टोफेन	30.0 मिली ग्राम
मेथियोनिन	20.0 मिली ग्राम
थ्रियोनिन	120.0 मिली ग्राम
ल्यूसिन	290.0 मिली ग्राम
आइसोल्यूसिन	350.0 मिली ग्राम
वैलीन	280.0 मिली ग्राम

सुवा की सुगन्धित पत्तियों के अलावा इसके बीज का उपयोग मसालों एवं आयुर्वेदिक औषधियों में किया जाता है। इसके बीज को शाहजीरा का विकल्प मानते हैं (शर्मा एवं सहयोगी, 2001)। सुवा के बीज में 3.0–4.0 प्रतिशत वाष्पशील तेल होता है, जिसका उपयोग कई दवाओं में किया जाता है। संयुक्त रुप से पत्तियों, मुलायम तनों तथा पुष्पों में 0.6 प्रतिशत वाष्पशील तेल पाया जाता है। भारतवर्ष से इसके बीज और तेल का दूसरे देशों को निर्यात भी किया जाता है। इसके बीज का सेवन पेट के रोगों को दूर करने में बहुत उपयोगी है। नवजात बच्चों को दिया जाने वाला 'ग्राइप वाटर' में सुवा के बीज के घोल की मात्रा काफी अधिक होती है। इसके बीज से प्राप्त होने वाला 30–63 प्रतिशत कार्वोन (carvone) नामक पदार्थ कई आयुर्वेदिक दवा एवं अन्य सुगन्धित पदार्थों के बानाने में उपयोग किया जाता है।

उन्नतिशील किस्में

सुवा एक अल्प–उपयोगी सब्जी होने के कारण इसके फसल सुधार पर बहुत कम ध्यान दिया गया है। इस फसल की अभी तक कोई उन्नतिशील किस्म उपलब्ध नहीं है। क्षेत्र विशेष के अनुसार स्थानीय किस्में ही उगाई जाती हैं, जो निम्न हैं–

1. मेहसाना–गुजरात की प्रमुख प्रचलित किस्म है।
2. रुबी लोकल–यह गुजरात तथा महाराष्ट्र में उगाई जाती है।
3. प्रतापगढ़ लोकल–यह किस्म राजस्थान में उगाई जाती है।

जलवायु

सुवा की खेती प्रमुखतः शीतोष्ण जलवायु (गर्मी की फसल के रुप में) से उष्ण जलवायु (रबी की फसल के रुप में) में की जाती है। भारतवर्ष में इसकी खेती रबी के मौसम में की जाती है। पौधों की सामन्य बढ़वार के लिए 14.20 डिग्री सेन्टीग्रेड तापमान (दिन का) चाहिए। जब तापक्रम 25.0 डिग्री सेन्टीग्रेड से अधिक या 10.0 डिग्री सेन्टीग्रेंड से कम हो जाता है, पौधों की बढ़वार रुक जाती है। सुवा पाला के प्रति संवेदनशील है। वर्धीय वृद्धि के लिए सुवा सामान्यतः प्रकाश काल के प्रति उदासीन (neutral) होते हैं, जबकि पुष्पन की दृष्टि से इसके पौधे लम्बी प्रकाशकाल (long day plant) होते हैं अर्थात पुष्पन हेतु 11–14 धन्टे प्रकाश काल आवश्यक है। सुवा के पौधे छायादार जगह की तुलना में खुली जगह में ज्यादा हरी पत्तियाँ तथा पुष्प विकसित करते हैं। फलतः शाकीय तेल की मात्रा अधिक मिलती है (विज, 2002)।

भूमि एवं भूमि की तैयारी

सुवा की फसल से अधिक गुणवत्तायुक्त ऊपज प्राप्त करने के लिए हल्की मध्यम प्रकार की काली मिट्टी व बलुई दोमट मिट्टी उपयुक्त है। मृदा का पी0एच0 मान 6.0–7.5 के मध्य होना चाहिए। सुवा की खेती कम वर्षा वाले क्षेत्रों तथा लवणीय मृदा में भी की जा सकती है। ऐसी काली मृदा जिसमें लवणों की मात्रा संतृप्त घोल से 6–8 डेसीमन्स प्रति मीटर विद्युत चालकता के बराबर हो, खेती के योग्य होती है (नायक एवं सहयोगी, 2001)।

क्यारी की तैयारी

साधारणतया पालक के साथ ही सूवा भी उगाया जाता है। यदि पालक के साथ उगाया जाना है तो क्यारी को अच्छी तरह से तैयार करके उसमें पालक के बीज के साथ सुवा के बीज मिश्रित करके बुआई कर दें। यदि सुवा का अलग क्यारी में लगाना है, तो क्यारी की खुदाई करके उसमें बुआई से पूर्व पानी लगा दें, जिससे अच्छी नमी हो जाये।

पोषण प्रबन्धन

सुवा की पैदावार के लिए शर्मा (1954) के अनुसार खेत की तैयारी के समय 8.0–10.0 टन प्रति हेक्टेयर गोबर की अच्छी प्रकार सड़ी खाद मिट्टी में मिला देनी चाहिए। यदि सुवा को पालक के साथ मिश्रित फसल के रुप में उगाया गया है, तो अलग से खाद देने की आवश्यकता नहीं है। यदि सुवा की क्यारी अलग है, तो प्रति 10 वर्ग मीटर की दर से किलो ग्राम सड़ी हुई गोबर की खाद क्यारी की अन्तिम बार तैयार करते समय जमीन में मिला देवें। पुनः बुआई से एक दिन पूर्व 50 ग्राम यूरिया, 250 ग्राम सिंगल सुपर फास्फेट, तथा 50.0 ग्राम म्यूरेट आफ पोटाश प्रति 10 वर्गमीटर की दर से क्यारी में मिला दें।

बीज दर

एक हेक्टेयर भूमि की बुआई के लिए लगभग 10.0 किलो ग्राम बीज पर्याप्त होता है।

बुआई की विधि

इसकी बुआई की दो विधियाँ है–

1. **छिटकवा विधि**–बीज को क्यारियों में छिटककर बो दिया जाता है।
2. **कतारों में**–इस विधि में बुआई के लिए कुदाल की सहायता से कतारें बना ली जाती हैं। कतार से कतार की दूरी 30.0–40.0 सेन्टी मीटर रखकर कुड़ बना लेते हैं तथा कुड़ों में बुआई 1.0–2.0 सेन्टी मीटर गहराई पर की जाती है। उगने के बाद आवश्यकता से अधिक पौधे निकाल दिये जाते हैं और पौधे की आपसी दूरी 10.0–15.0 सेन्टी मीटर रखते हैं।

बुआई

बुआई के लिये सुवा की सम्पूर्ण फल (बीज) की बुआई की जाती है लेकिन बीज को रगड़कर दो भागों मे विभक्त कर देने से अंकुरण शीघ्र होता है। बुआई से पूर्व बीज को वाविस्टीन नामक दवा की 2.0 ग्राम मात्रा प्रति किलो ग्राम बीज मे मिलाकर बोना चाहिए। अगर बीज को 24 घन्टे तक पानी में भिगो लिया जाये तो अंकुरण अच्छा होता है। बीज में राख मिलाकर बुआई करते हैं क्योंकि बीज बहुत छोटे होते है।

सिंचाई जल प्रबन्धन

यदि खेत में बुआई के समय नमी की कमी हो तो बुआई के बाद एक हल्की सिंचाई कर देना चाहिए अन्यथा अंकुरण के बाद हल्की सिंचाई करें। इसकी फसल की सिंचाई 9–10 दिन के अन्तर पर की जाती है। इसके बाद प्रत्येक कटाई के बाद हल्की सिंचाई कर देना चाहिए।

निकाई–गुड़ाई

इसकी फसल से खरपतवार निकालते रहना आवश्यक होता है। फसल की प्रारम्भिक अवस्था में 1–2 बार गुड़ाई करना चाहिए।

फसल की कटाई

हरे साग के लिए सूवा की कटाई पालक की तरह ही की जाती है, जो बीज बुआई के 5–6 सप्ताह बाद कटाई के योग्य हो जाते हैं। सामान्यतः 15–20 दिनों के अन्तराल पर कटाई 8–10 बार तक की जा सकती है। बीज वाली फसल की कटाई बीज पकने पर की जाती है।

उपज

सूवा के हरे साग क़ी औसत पैदावार 8.0–10.0 टन तथा बीज की पैदावार 5.0–6.0 क्विंटल प्रति हेंक्टेयर होती है।

□□□

अध्याय 16

अदरक एवं हल्दी

Ginger and Turmeric

अदरक (Ginger)

वानस्पतिक नाम : जिंजीबर आफिसीनेल (*Zingiber officinale* Roscoe.)
कुल : जिंजीबिरेसी (Zingiberaceae)
गुणसूत्र संख्या : 2 एन = 22

अदरक की खेती के लिए भारत का संसार में प्रथम स्थान है। मुख्यतः अदरक एक बहुवर्षीय कन्दीय मसाले फसल है। इसकी गाँठों का प्रयोग व्यंजनों को खुशबूदार एवं चटपटा अनाने के लिये किया जाता है।

उद्‌भव एवं वितरण

अदरक का उद्‌भव स्थल दक्षिण पूर्व एशिया का भारत व चीन माना जाता है। हिन्दू ग्रंथ 'महाभारत' (Mahabharta) में अदरक का उल्लेख है कि माँस को अदरक व अन्य मसालों से मिलाकर खाने के लिए भूनते थे। यह संस्कृत के शब्द स्ट्रिंगवेरा (stringavera) से लिया गया है जिसका मतलब सींग जैसा शरीर (with a body like a horn) से है। अदरक का वर्णन कन्फ्यूसियस के लेख में भी मिलता है। मुसलमानों के पवित्र पुस्तक 'कुरान' (Koran) में भी इसका जिक्र है। इससे स्पष्ट होता है कि अरब देशों में अदरक को 650 ई0पू0 से लोग जानते हैं। पश्चिमी यूरोप में इसे मसाला फसल के रुप में प्रथम स्थान प्राप्त है, क्योंकि 9वीं शताब्दी से इसका उपयोग किया जा रहा है। यूरोप में इसकी महत्ता व उपयोग नमक व काली मिर्च के समान व्यापक है। प्राचीनकाल में भारतवर्ष से अदरक रोम को भेजा जाता था। रोमवासी (Romans) इसका उपयोग व्यापक पैमाने मसाले के रूप में करते थे लेकिन जब रोमन राजसत्ता का पतन हुआ तो लगभग अदरक का उपयोग बन्द हो गया। इसके बाद पूर्व से व्यापार अरब लोगों के अधीन हो गया। मध्य काल

में इसका आयात संरक्षित रुप में होता था, जिसका उपयोग मिठाई बनाने के लिए किया जाता था। 15वीं शताब्दी में अदरक के पौधों को पानी के जहाज के द्वारा कैरेबियन (Caribbean) व अफ्रीका में पहुँचाया गया। स्पेन के लोगों द्वारा अदरक का उपस्थापन जमैका (Jamaica) व वेस्ट इण्डिज (West Indies) के द्वीपों पर हुआ। व्यापक पैमाने पर अदरक का निर्यात वेस्टइण्डिज (West Indies) से स्पेन में 1547 ई0पू0 तक होता रहा। वर्तमान में कुल अदरक उत्पादन का आधा भाग भारत से प्राप्त होता है, जबकि इसकी खेती चीन, नाइजेरिया, बांग्लादेश, ताइवान, जमैका, सायेरालियोन, जापान, इण्डोनेशिया, आस्ट्रेलिया व वेस्टइण्डिज के द्वीपों पर व्यापक पैमाने पर की जाती है। सामान्यतः 4.3 लाख हेक्टेयर क्षेत्रफल से कुल 13.9 लाख मैट्रिक टन की उपज प्राप्त होती है।

सारिणी (16.1) विश्व में अदरक का क्षेत्रफल व उत्पादन

वर्ष	क्षेत्रफल (हेक्टेयर)	उत्पादन (मैट्रिक टन)
1998	312,108	864,760
1990	308,631	952,222
2000	305,696	953,152
2001	310,923	988,951
2002	317,099	1,007,503
2003	341,360	1,109,833
2004	341,829	1,141,319
2005	372,271	1,64,891
2006	414,183	1,337,188
2007	429,481	1,387,400

विश्व में अदरक का प्रति वर्ष 190.0 मिलियन डालर का व्यापार किया जाता है, जिसमें भारतवर्ष का योगदान मात्र 6.0 प्रतिशत है, जबकि चीन का अकेले 57.0 प्रतिशत का योगदान है। हमारे देश से कच्चे एवं सूखी अदरक का निर्यात अमेरिका, ब्रिटेन, जर्मनी, सउदीअरब व कई देशों को प्रतिवर्ष किया जाता है।

सारिणी (16.2) भारत में अदरक का क्षेत्रफल व उत्पादन

वर्ष	उत्पादन (टन)	मूल्य (लाख)
1997–1998	28,268.0	7,262.7
1998–1999	8,683.0	4,058.3
1999–2000	8,923.0	3,253.5
2000–2001	6,288.0	2,682.0
2001–2002	6,464.0	2,311.5
2002–2003	8,461.0	2,396.6
2003–2004	5,000.0	2,340.0
2004–2005	14,908.0	5,929.4
2005–2006	10,890.0	4,580.6
2006–2007	9,661.0	4,777.8
2007–2008	8,333.0	3,296.1
2008–2009	3,223.0	1,581.7

वैसे तो भारतवर्ष के प्रत्येक राज्यों में अदरक की खेती व्यापक पैमाने पर की जाती है, लेकिन अधिक उत्पादक राज्य ओड़िशा, केरल, कर्नाटक, अरुणाचल प्रदेश, पश्चिम बंगाल, सिक्किम, मेघालय, उत्तर पूर्व राज्यों, हिमाचल प्रदेश व मध्य प्रदेश है। अकेले केरल देश के कुल उपज का 70 प्रतिशत उत्पादन करता है। रहमान (2009) ने स्पष्ट किया कि अदरक पूर्वोत्तर क्षेत्र का प्रमुख नकदी फसल है जिसके अन्तर्गत 49 प्रतिशत क्षेत्रफल व 72 प्रतिशत उपज होती है। मिजोरम की उत्पादकता 84.0 टन प्रति हेक्टेयर है। उत्पादन का स्तर नीचे की सारिणी में दिया गया है।

सारिणी (16.3) भारतवर्ष से अदरक निर्यात की स्थिति

वर्ष	क्षेत्रफल ('000 हेक्टेयर)	उत्पादन ('000)	उपज (किलोग्राम/हेक्टेयर)
1997—1998	75.8	252.1	3,335.0
1998—1999	77.6	263.2	3,392.0
1999—2000	80.8	282.6	3,498.0
2000—2001	86.2	288.0	3,341.0
2001—2002	90.8	318.0	3,502.0
2002—2003	90.8	317.0	3,500.0
2003—2004	85.1	301.9	3,548.0
2004—2005	95.3	359.0	3,767.0
2005—2006	110.6	391.2	3,537.0
2006—2007	105.9	370.3	3,497.0

यह सत्य है कि अदरक का तेल व ओलियोरेजिन में भारत का 50.0 प्रतिशत का योगदान है। विश्व में लगभग 300,000.0 टन का आयात किया जाता है, जिसमें भारतवर्ष का योगदान 13,000.0 टन प्रति वर्ष है, जो मात्र पूरे उत्पादन का 2.0 प्रतिशत आता है। भारतवर्ष के अदरक प्रतिस्पर्धी देश चीन, नाइजिरिया व थाइलैण्ड है।

सारिणी (16.4) भारतवर्ष से अदरक लेने वाले (आयातक) विश्व के प्रमुख देश

देश	मूल्य (रुपये लाख)		मात्रा (000 टन)	
	2007—2008	2008—2009 (अप्रैल—जून)	2007—2008	2008—2009 (अप्रैल—जून)
संयुक्त राज्य अमेरिका	419.02	63.1	588.78	101.75
बांग्ला देश	408.93	137.24	4,254.07	1,346.62
यूनाइटेड किंगडम	354.76	122.87	459.60	136.06
स्पेन	210.20	115.43	305.23	106.10
मोरक्को	194.82	66.53	269.79	69.00
सऊदी अरब	184.79	60.69	234.5	95.86
जर्मनी	178.69	66.45	282.57	198.51
आस्ट्रेलिया	155.17	18.62	196.28	20.77
निदरलैण्ड	139.17	45.96	205.54	60.64

यमन रिपब्लिक	123.37	36.19	180.46	38.00
जापान	121.24	116.62	117.69	90.08
मलेशिया	81.78	24.77	144.94	47.40
कनाडा	79.58	16.43	118.91	25.9
बेल्जियम	71.7	2.69	71.62	2.38
इजराइल	70.06	6.61	92.11	7.00

भारतवर्ष से 1997–98 से 2008–09 तक विश्व स्तर पर किये गये निर्यात का विवरण नीचे की सारिणी में दिया गया है–

सारिणी (16.5) भारतवर्ष से अदरक का निर्यात

वर्ष	उत्पादन (टन)	मूल्य (लाख)
1997–1998	174,185	142,315
1998–1999	156,985	107,789
1999–2000	204,066	122,084
2000–2001	243,173	131,632
2001–2002	249,933	124,576
2002–2003	290,992	125,922
2003–2004	311,405	135,603
2004–2005	291,484	277,819
2005–2006	379,830	319,487
2006–2007	385,406	253,091

वानस्पतिक विवरण

अदरक जिंजीबेरेसी (Zingiberaceae) कुल का पौधा है, जिसके अन्तर्गत 1400 प्रजातियाँ (species) पायी जाती हैं। भारतवर्ष में 50 से ज्यादा प्रभेद उपलब्ध हैं। अदरक एक बहुवर्षीय फसल है। अदरक में पुष्पन कम देखा जाता है, लेकिन भारत के वेस्ट कोस्ट (west coast) में बहुतायत से पुष्पन अक्टूबर के महीने में होता है। प्रजातियों के अनुसार अदरक पीला, सफेद व लाल रंग का होता है। अदरक पतले व मोटे भूरे छिलके से ढका होता है। पौधा एक रेंगता भूमिगत राइजोम (underground rhizome) है, जिससे नई कलिकाएँ विकसित होकर जमीन के उपर निकलती हैं। पौधों की ऊँचाई लगभग 60.0–120.0 सेन्टी मीटर तक होती है, जिसमें लम्बी व सीधी पत्तियाँ लगती हैं। पूर्ण विकसित पौधों में पीला–हरा सुगन्धित पुष्प बनते हैं। पौधे का वायुवीय भाग पुष्प, मिथ्या तना व पत्तियाँ हैं, जिसका उपयोग न तो भोजन के लिए किया जाता है और न ही दवा के लिए।

पोषकीय महत्व

अदरक का उपयोग साग–सब्जी, चटनी तथा अचार बनाने में होता है। इसको कच्चे सलाद के साथ काट कर खाया जाता है। अदरक को सुखाकर सोंठ भी बनाते हैं। इसका इस्तेमाल दवा (medicine) के रूप में भी होता है। हर घर में इसकी खपत होने के कारण बाजार में इसकी माँग

हमेशा बनी रहती है। विदेशों में भी इसकी अच्छी खपत है। अदरक अनेकों फाइटो न्यूट्रीएन्ट्स (phyto nutrients) का प्रमुख स्रोत है। कुछ वर्षों से इसका व्यापक उपयोग दवा के अलावा मसाले के रुप में किया जा रहा है। ई0पू0 11वीं शताब्दी में पश्चिमी देशों के लोग ''छांछ या मट्ठा'' में इसका उपयोग स्वाद बढ़ाने के लिए करते थे। लगभग 200 वर्षों से इसका उपयोग माँस के साथ पकाने व अदरक पेस्ट बनाने के लिए किया जा रहा है। इंग्लैण्ड की महारानी ''एलिजाबेथ प्रथम'' ने अदरक की रोटी बनाने की खोज की, जो क्रिसमस त्योहार पर उत्तम भोज्य पदार्थ माना जाता है। अदरक व्यावसायियों के लिए अन्य मसालों के साथ एक उत्तम उत्पाद है। लगभग 13वीं व 14वीं शताब्दी में जब अरब के लोग अफ्रीका व जांजीवार की यात्रा की तो उन्होंने राइजोम (rhizome) का रोपण किया, जिससे इसका प्रचार–प्रसार बढ़ता गया। अदरक में पाये जाने वाले पोषक मूल्यों को सारिणी में दिया गया है।

सारिणी (16.6) अदरक में पाये जाने वाले पोषक तत्व (प्रति 100 ग्राम खाने योग्य भाग में)

पोषक तत्व	मूल्य
कार्बोहाइड्रेट	17.77 ग्राम
प्रोटीन	1.82 ग्राम
वसा	0.75 ग्राम
ऊर्जा	80 किलो कैलोरी
खाद्य रेशा	2.0 ग्राम
कोलिन	28.8 मिली ग्राम
फोलेट्स	11.0 माइक्रोग्राम
नियासीन	0.750 मिली ग्राम
पैण्टोथेनिक अम्ल	0.203 मिली ग्राम
पाइरिडाक्सीन	0.160 मिली ग्राम
विटामिन 'सी'	5 मिली ग्राम
विटामिन 'ई'	0.26 माइक्रोग्राम
विटामिन 'के'	0.1 माइक्रोग्राम
सोडियम	13.0 मिली ग्राम
पोटैशियम	415.0 मिली ग्राम
कैल्सियम	16.0 मिली ग्राम
लौह तत्व	0.60 मिली ग्राम
मैग्नीशियम	43 मिली ग्राम
मैग्नीज	0.229 मिली ग्राम
फास्फोरस	34 मिली ग्राम
तांबा	0.34 मिली ग्राम

स्रोतः यू0एस0डी0ए0 न्यूट्रिएन्ट डाटाबेस

पौधों से प्राप्त औषधियों में अदरक का महत्वपूर्ण स्थान है, जिसका उपयोग गठिया, तंत्रिका रोग, दाँत दर्द, मिर्गी, लू या धूप लगना, पेट के अपच व मधुमेह के रोगियों के लिए किया जाता है। इसके अलावा आँत नलिकाओं की समस्या से निजात दिलाता है। यह पेट के वायु विकार को दूर करता है। अदरक में अनेकों प्रति आक्सीकारण **(antooxidant)** घटक पाये जाते हैं। अदरक की गुणवत्ता उसमें विद्यमान वाष्पशील तेल जिन्जीरोल के कारण होता है।

उन्नतिशील किस्में

अदरक में पाये जाने वाले रेशे के आधार पर दो समूहों में बाँटा जा सकता है।

1. रेशे वाली
2. बिना रेशे वाली – बिना रेशे वाली किस्में अधिक पसन्द की जाती हैं क्योंकि उनसे सोंठ अच्छी बनती है।

   उपस्थापित एवं प्रचलित किस्मों को दो समूहों में विभाजित किया जा सकता है। 1. विदेशी तथा 2. देशी

1. विदेशी किस्में

हमारे देश में उपस्थापित किस्में (introduced varieties) ज्यादा उगाई जाती हैं। कुछ उपस्थापित किस्में निम्न हैं–

1. रायो–डी–जानैरो (Rio-de-Janeiro)

यह किस्म ब्राजील से उपस्थापित की गयी है, जिसे केरल क्षेत्र में बड़े पैमाने पर उगाया जाता है। एक तुलनात्मक अध्ययन में पाया गया है कि स्थानीय किस्मों से मात्र 12.0 टन प्रति हेक्टेयर उपज मिलती है जबकि इस आयातित प्रभेद से 20.0 टन प्रति हेक्टेयर उपज मिलती है। इस किस्म से संसाधित उत्पाद ज्यादा बनाये जाते हैं।

2. चायना (China)

यह किस्म अधिक पैदावार देती है।

उपरोक्त किस्मों के अलावा ताइवान से आयातित किस्म टाकुआंग (Ta-kuang) तथा चाइचियांग (Chi-chiang) मुलायम रेशा रहित गुण के कारण ज्यादा महत्वपूर्ण है।

2. देशी या स्थानीय किस्में

1. वांयड मानोटोडी – यह किस्म केरल में प्रचलित है।
2. नरसापत्तम – यह आन्ध्र प्रदेश में उगाई जाती है।
3. भारत तथा थिंगुपुई – ये किस्में आसाम में उगाई जाती है।
4. माराह (Marah) - यह आसाम की उन्नतिशील प्रभेद है, जो 17–23 टन प्रति हेक्टेयर तक उपज देती है। इसकी उपज रायो–डी–जानैरो के बराबर है।

सारिणी (16.7) भारतीय मसाला अनुसंधान संस्थान, कालिकट से विकसित किस्मों के गुण

किस्में	ताजा उपज (टन/ हेक्टेयर)	पकाव (दिनों में)	ओलियोरेजिन (प्रतिशत)	सुगंधित तेल (प्रतिशत)	रेशा (प्रतिशत)	शुष्क उत्पाद (प्रतिशत)
रेजाथा (Rejatha)	23.2	300	–	1.7	3.3	23.0
महिमा (Mahima)	22.4	200	–	2.4	4.0	19.0
आई0आई0एस0आर0 वरदा (IISR-Varada)	22.6	200	6.7	1.8	3.3–4.5	20.7
सुप्रभा (Suprabha)	16.6	229	8.9	1.9	4.4	20.5
सुरुचि (Suruchi)	11.6	218	10.0	2.0	3.8	23.5
सुरभि (Suravi)	17.5	225	10.2	2.1	4.0	23.5
हिमगिरि (Himagiri)	13.5	230	4.3	1.6	6.4	20.6
रायो–डी–जानैरो (Rio-de-Janeiro)	17.6	190	10.5	2.3	5.6	20.0
एन0डी0जी0–6 (N.D.G.-6)	13.5	220	10.0	2.2	4.5	20.2

स्रोतः इण्डियन इन्स्टीट्यूट आफ सपइसेज रिसर्च

जलवायु

अदरक का पौधा 1500.0 मीटर की ऊँचाई तक पनपते हुए देखा गया है। हिमालय के पहाड़ी क्षेत्रों में औसतन 300.0–900.0 मीटर की ऊँचाई तक खेती होती है। अदरक के लिए भारी वर्षा वाले उपोष्ण व आर्द्र जलवायु की जरूरत होती है लेकिन इसकी खेती शीतोष्ण जलवायु क्षेत्र में ग्रीष्म काल में की जा सकती है। यह 20.0 डिग्री सेल्सियस तापमान या कुहरा को बर्दास्त नहीं कर सकता है। इसकी फसल थोड़ी छाया में भी उगाई की जा सकती है, क्योंकि हल्के छायादार स्थान में फसलों की वृद्धि एवं विकास तेज होता है। अतः अन्तःवर्तीय फसल के रुप में भी ज्यादा महत्वपूर्ण है। इसलिए इसका रोपण वसन्त ऋतु में किया जाता है, जिससे जड़ों की खुदाई जाड़े से पूर्व किया जा सके। सुचारु वर्षा (150.0–300.0 सेन्टी मीटर) फसल के वृद्धि और फसल तैयार होते समय सूखा का मौसम काफी अनुकूल पाया गया है।

भूमि एवं भूमि की तैयारी

अदरक के लिए भुरभुरी बलुई–दोमट या दोमट भूमि जिसमें जल निकास अच्छा हो, उत्तम होती है। अनन्तपुर (आन्ध्र प्रदेश) का भारी लैटेराइट दोमट, फोटायम को मालावार क्षेत्र का लाल लैटेराइट तथा विन्नाड (केरल) की क्ले दोमट अदरक की खेती के लिए सर्वोत्तम है। कर्नाटक, महाराष्ट्र व आन्ध्र प्रदेश के अधिक उर्वर काली व क्ले मृदा में सिंचाई कर अधिक उपज प्राप्त की जाती है। लैटेराइट मृदा जिसमें 30 प्रतिशत से ज्यादा बालू न हो तथा 20 प्रतिशत क्ले हो उत्तम पाया गया है। अम्लीय मृदा में अदरक की उपज घट जाती है। वर्मी कम्पोस्ट व बायोगैस स्लरी का प्रयोग कर खेत की क्षारीयता कम की जा सकती है। वर्मी कम्पोस्ट के प्रयोग से कुल उपज, ताजी व सूखा भार,

प्ररोह व राइजोम ज्यादा बनता है (अहमद एवं सहयोगी, 2009)। खेत तैयार करने के लिए जमीन की मिट्टी पलटने वाले हल से 3–4 बार गहरी जुताई की जाती है तथा पाटा भी लगाया जाता है। इससे ढेलें टूट जाते हैं और मिट्टी भुरभुरी एवं समतल हो जाती है। खेत में सुविधानुसार क्यारियाँ तथा सिंचाई की नालियाँ बना ली जाती हैं।

पोषक तत्व प्रबंधन

अदरक एक ऐसी फसल है, जो मृदा से पोषक तत्वों का ज्यादा अवशोषण करती है। अतः फसल के एक चक्र में 400.0 किलो ग्राम नत्रजन, 145.0 किलो ग्राम फास्फोरस व 250.0 किलो ग्राम पोटाश का मृदा से शोषण होता है (लुजीयू एवं सहयोगी, 2004)। खेत की तैयारी करते समय लगभग 25.0–30.0 टन प्रति हेक्टेयर गोबर की सड़ी खाद मिट्टी में मिला दिया जाता है। इसके अतिरिक्त फसल को 100.0–125.0 किलो ग्राम नत्रजन, 50.0–60.0 किलो ग्राम सुपर फास्फेट तथा 80.0–100.0 किलो ग्राम पोटाश की आवश्यकता पड़ती है। नत्रजन की एक–तिहाई मात्रा तथा फास्फोरस और पोटाश की पूरी मात्रा प्रकन्द लगाने से पहले दी जाती है। बची हुई नत्रजन की मात्रा खड़ी फसल में बुआई के 45 व 90 दिन बाद दिया जाता है। यदि फसल कमजोर है तथा अच्छी प्रकार बढ़वार नहीं हो रही है, तो 2 प्रतिशत यूरिया का छिड़काव कर सकते हैं। पश्चिम बंगाल व गुजरात में 400.0 किलो ग्राम प्रति हेक्टेयर खली (नीम, महुवा, करंज आदि) को खेत में 3 बार प्रयोग किया जाता है। केरल की औसत मृदा उर्वरता में 375.0 किलो ग्राम सुपर फास्फेट, 300.0 किलो ग्राम अमोनियम सल्फेट या कैल्सियम अमोनियम नाइट्रेट तथा 25.0 किलो ग्राम म्यूरेट ऑफ पोटाश दिया जाता है। सुपर फास्फेट की पूर्ण मात्रा व पोटाश की आधी मात्रा गाँठ लगाने के पूर्व खेत में डालनी चाहिए तथा शेष पोटाश व नत्रजन की आधी मात्रा फसल लगाने के एक या दो महीने बाद देनी चाहिए। शेष नत्रजन को गाँठ रोपण के 3 महीने बाद देते हैं। अदरक की प्रजाति रायो–डी–जानैरो पर पोषकीय परीक्षण अम्बालावायल में 100.0 किलो ग्राम नत्रजन, 100.0 किलो ग्राम फास्फोरस तथा 200.0 किलो ग्राम पोटाश प्रति हेक्टेयर प्रयोग किया गया। कैल्शियम अमोनियम नाइट्रेट तथा सिंगल सुपर फास्फेट तथा म्यूरेट ऑफ पोटाश का प्रयोग परीक्षण हेतु किया गया, जिससे 43.0 टन प्रति हेक्टेयर अदरक की उपज प्राप्त हुई। वर्तमान समय में जिंजर मिक्सर (Ginger mixture) जिसमें नत्रजन, फास्फोरस व पोटाश का अनुपात 8:8:16 होता है, बाजार में उपलब्ध है, जिसका उपयोग अदरक उत्पादन में किया जा सकता है। लगभग 75.0 किलो ग्राम मिश्रण प्रति हेक्टेयर दिया जा सकता है। प्रयोग हेतु आधी मात्रा गाँठ लगाते समय तथा बची हुई आधी मात्रा दो महीने बाद दी जाती है। हिमाचल प्रदेश में 20.0 टन गोबर की सड़ी खाद तथा 50.0 किलो ग्राम फास्फोरस तथा 25.0 किलो ग्राम पोटाश गाँठ लगाते समय अधिक उपयुक्त पाया गया। पंजाब में 28.0 किलो ग्राम फास्फोरस तथा 50.0 किलो ग्राम नत्रजन प्रति हेक्टेयर देने की संस्तुति की गयी है। ओडिशा क्षेत्र में 60.0 किलो ग्राम नत्रजन, 40.0 किलो ग्राम फास्फोरस तथा 60.0 किलो ग्राम पोटाश को दो भागों में बाँटकर प्रयोग किया जाता है। जम्मू एवं कश्मीर के क्षेत्रों में 25.0 टन गोबर की सड़ी खाद के साथ 75.0 किलो ग्राम नत्रजन, 50.0 किलो ग्राम फास्फोरस तथा 75.0 किलो ग्राम पोटाश देने की अनुशंसा की गयी है। त्रिपुरा के अम्लीय क्षेत्र में पोटाश का उपयोग लाभकारी पाया गया है। फसल

में पलवार लगाना ज्यादा महत्वपूर्ण है। पहली बार पलवार खेत में गाँठ रोपण के बाद और दूसरी बार रोपण के 45 दिन बाद करना चाहिए। पलवार लगाने से खेत में नमी बनी रहती है और गाँठ के अंकुरण में सहायता करता है। सामान्यतः 10.0–15.0 टन हरी पत्तियों की पलवार लगायी जा सकती है। हिमाचल प्रदेश में सूखी पत्तियों की पलवार भी उपयोगी पाया गया है। हरी पत्तियों की पलवार लगाने के लिए स्ट्राइकंस, नक्सवोमिका तथा कैसिया अउरीकुलाटा का प्रयोग केरल व तमिलनाडु में किया जाता है। जहाँ पर हरी पत्तियाँ प्रचुरता से नहीं उपलब्ध होती है, सनई, मूंग, हार्सग्राम (**horse gram**), ढैंचा, ग्वार आदि के कतारों में किनारे की ओर बुआई की जाती है। पलवार का प्रयोग वर्षा समाप्त होने के बाद उपयुक्त पाया गया है। ढैंचा का पौधा 1.20 मीटर की ऊँचाई से काट देने पर अदरक के पौधे को छाया मिलती है।

गाँठ लगाने का समय

दक्षिण भारत में अदरक के गाँठों की बुआई वर्षाकाल (अप्रैल–मई से दिसम्बर) में तथा उत्तर एवं मध्य भारत में अदरक की बुआई सिंचित दशा में की जाती है। हिमाचल प्रदेश में अदरक की बुआई अप्रैल–मई में बहुतायत से की जाती है। पूर्वी भारत में इसकी बुआई मार्च में की जाती है। एक परीक्षण में (अम्बालवायल, केरल) पाया गया कि अगर अदरक की बुआई अप्रैल के प्रथम सप्ताह में किया जाये तो 100–200 प्रतिशत उपज स्थानीय किस्मों की बुआई मई–जून की तुलना में ज्यादा मिलती है। पहाड़ों के निचले हिस्सों में बुआई का क्रम मई–जून तक चलता रहता है। जम्मू क्षेत्र में अदरक की बुआई अप्रैल से प्रारम्भ होकर मई तक चलती रहती है।

बीज की मात्रा

अदरक का प्रवर्द्धन गाँठों द्वारा होता है। गाँठों को काटकर या छोटी–छोटी गाँठें लगाते हैं। प्रत्येक गाँठ या टुकड़े में कम से कम 2–3 आँखें होनी चाहिए तथा प्रत्येक टुकड़े का वजन 15–20 ग्राम होता है। सामान्यतः 40–50 ग्राम वाले गाँठ की तुलना में 20–30 ग्राम वाले गाँठ से प्ररोह कम विकसित होते हैं। सामान्यतः अदरक का बीज दर 900.0–1600.0 किलो ग्राम प्रति हेक्टेयर लगता है, जो औसतन 1200.0 किलो ग्राम होता है। अधिकतम बीज दर 2250.0–2750.0 किलो ग्राम प्रति हेक्टेयर हिमाचल प्रदेश के क्षेत्रों में लगाने से अच्छे परिणाम प्राप्त हुए हैं। अदरक लगाने के लिए आपसी दूरी 30.0–45.0 सेन्टी मीटर कतार से कतार तथा 15.0–20.0 सेन्टी मीटर पौध से पौध रखते हैं। बड़े गाँठ वाले अदरक को मेड़ पर लगाने तथा उचित खाद के प्रयोग से विकसित होने वाले गाँठ बड़े व आकर्षक होते हैं (प्रुथी, 1993)। बुआई के लिए 10.0–15.0 सेन्टी मीटर लम्बे, चिकने गाँठों का प्रयोग करना चाहिए। इन टूकड़ों को इण्डोफिल एम–45 के घोल में (25.0 ग्राम दवा को प्रति लीटर की दर से पानी में घोलकर) आधे घण्टे तक डुबोते हैं फिर छाया में सुखाकर बुआई की जाती है।

गाँठ लगाने की विधि

अदरक की गाँठों को दो प्रकार से लगाते हैं–

1. समतल क्यारियों में

समतल क्यारियाँ 1.0 मीटर चौड़ी, 3.0–6.0 मीटर लम्बी तथा 15.0 सेन्टी मीटर ऊँची उठी हुई क्यारियाँ बनाई जाती हैं। दो क्यारियों के बीच की दूरी 30.0 सेन्टी मीटर रखते हैं। इन क्यारियों में गाँठों को 15.0–20.0 सेन्टी मीटर की दूरी रखते हुए 25.0–30.0 सेन्टी मीटर की दूरी पर बनी कतारों में लगाते हैं।

2. मेड़ों पर

इस विधि में 45.0 सेन्टी मीटर दूरी पर मेड़ें बना ली जाती है तथा इन मेड़ों पर 30.0 सेन्टी मीटर की दूरी पर गाँठों को लगाया जाता है। गाँठ को 3.5–5.0 सेन्टी मीटर की गहराई पर लगाना उपयुक्त पाया जाता है।

सिंचाई जल प्रबंधन

गाँठें लगाने के तुरन्त बाद सिंचाई कर देनी चाहिए। सामान्यतः 15–20 दिन बाद गाँठों में अंकुरण हो जाता है। इस समय खेत का नम होना बहुत आवश्यक है और ऐसी स्थिति वर्षा प्रारम्भ होने तक बना रहना चाहिए। सिंचित दशा में अदरक की खेती करने के लिए 25–40 बार सिंचाई करनी पड़ती है और यह मौसम, फसल की अवधि व वर्षा पर निर्भर करता है। अदरक में गाँठों का अंकुरण, प्रकन्द के विकास व प्रकन्द के पकने की अवस्था क्रांतिक मानी जाती है। अतः उपरोक्त दशाओं में खेत का नम होना आवश्यक है। गर्मी के मौसम में एक सप्ताह के अन्तर पर तथा वर्षा ऋतु में आवश्यकतानुसार सिंचाई की जाती है। जल जमाव की स्थिति अदरक की फसल के लिए नुकसानदायक है।

निकाई–गुड़ाई व मिट्टी चढ़ाना

पहली बार अदरक के खेत से खरपतवार गाँठ रोपण के 30 दिन बाद करते हैं। दूसरी बार 75–90 दिन बाद तथा तीसरी बार 125–140 दिन बाद करना चाहिए। सामान्यतः प्रत्येक सिंचाई के बाद खुर्पी से खरपतवार निकाल देने चाहिए तथा साथ ही साथ गुड़ाई भी कर देनी चाहिए। जब पौधे 25.0–30.0 सेन्टी मीटर के हो जायें तो गुड़ाई करके मिट्टी चढ़ा दी जाती है। खेत में दो बार पलवार (पहली बार गाँठ रोपण के तुरन्त बाद व दूसरी बार गाँठ रोपण के 60 दिन बाद) लगाना आवश्यक है। पलवार के स्प में पुआल, जंगली घास–फूस, फसल अवशेष आदि लगाया जा सकता है। इससे जमाव में वृद्धि, वर्षा जल से बचाव, खरपतवार वृद्धि पर रोक, नमी संरक्षण तथा साफ्ट राट (soft rot) पर नियन्त्रण होता है (राजन 1999)।

फसल की खुदाई

अदरक की फसल खुदाई के योग्य लगभग 7–8 महीनें में (जनवरी–फरवरी) हो जाती है। अदरक की खुदाई बाजार में माँग व उसके उपयोग पर निर्भर करता है। स्थानीय बाजार के लिए अदरक की खुदाई कोमल अवस्था, कम तीखापन व कम रेशा की स्थिति में करनी चाहिए। मसालें

एवं तेल निकालने के लिए अदरक की खुदाई पूर्णतया पक जाने पर ही करते हैं। निश्चित तौर से इस अवस्था पर गाँठों पर रेशे ज्यादा बन जाते हैं। केरल में अधिकतम तेल व ओलियोरेजिन रोपण के 150–170 दिन बाद होती है। इसकी पहचान पत्तियों के पूर्णतया पीला पड़ने पर होती है। ऐसी की स्थिति में खुदाई हल्की कुदाली से की जाती है। खुदाई के पहले खेत की हल्की सिंचाई कर देनी चाहिए, जिससे खुदाई करने में आसानी हो जाती है एवं गाँठें साफ निकलती हैं तथा इनके टूटने का भय नहीं रहता है। खुदाई के बाद गाँठों को 2–3 बार पानी से धो कर साफ कर लेते हैं तथा एक दिन तक सूखने के लिए रख देते हैं। वैसे अदरक की खुदाई मृदा के प्रकार पर भी निर्भर करती है। सामान्यतः अदरक की खुदाई उपयोग के आधार पर निम्न भागों में बाँटा गया है–

- ताजे बाजार के लिए–रोपण के 5 महीने बाद।
- संसाधित पदार्थ–रोपण के 5–7 महीने बाद।
- सूखा अदरक–रोपण के 8–9 महीने बाद।
- सुगंधित तेल निकालने के लिए–रोपण के 8–9 महीने बाद।

उपज

इसकी स्थानीय किस्मों से 15.0–40.0 टन प्रति हेक्टेयर की उपज प्राप्त होती है लेकिन उन्नतिशील प्रभेद तथा उत्तम सस्य क्रियाओं को अपनाकर 60.0 टन प्रति हेक्टेयर तक उपज प्राप्त की जा सकती है।

खुदाई उपरान्त प्रबंधन

धुलाई, सफाई व सूखाई

ताजे अदरक हेतु गाँठों की अच्छी प्रकार धुलाई व सफाई की जाती है, जिससे गाँठों पर अवाँछित जड़ें, मिट्टी आदि न हों। वर्तमान समय में गाँठों की सफाई उच्च दबाव की मशीन से की जाती है, जिससे गाँठों पर किसी प्रकार के सूक्ष्म जीव न लगें रह जाये। स्थानीय तौर पर गाँठों को 10 मिनट तक खौलते पानी में रखने से सूक्ष्म जीव अक्रिय हो जाते हैं। इसके बाद गाँठों को धूप में रखकर सूखाया जाता है। कहीं–कहीं पर गाँठों से छिलके भी उतारे जाते हैं और नियंत्रित वातावरण में सूखाते हैं, जिससे गाँठों पर सूक्ष्म जीव व उसका किण्वन नहीं हो पाता। ऐसा करने से गाँठों में रेशा, तीखापन व तेल की मात्रा कम हो जाती है। छिलका उतारने के बाद गाँठों को 2–3 घण्टे तक पानी में डूबोया जाता है। इसके बाद 1.5–2.0 प्रतिशत कैल्सियम आक्साइड के घोल में 6.0 घण्टे तक रखकर बाहर निकाला जाता है व धूप में सूखाया जाता है। ऐसी स्थिति में कन्द हल्के चमकीले रंग के हो जाते हैं। भारतीय मसाला अनुसंधान केन्द्र, कालीकट में वैज्ञानिक पद्धति से अदरक को सूखाया जाता है, इसके लिए रातभर गाँठों को पानी में रखा जाता है, जिससे मिट्टी हट जाती है तथा मुलायम त्वचा को बाँस की खपच्चियों से रगड़कर साफ कर लिया जाता है। इसके बाद एक सप्ताह तक सूर्य की रोशनी में सूखाते हैं तथा पुनः 2.0 प्रतिशत कैल्सियम आक्साइड के घोल में 6 घण्टा तक रखने के बाद गाँठों को निकालकर अंतिम तौर पर सूखाई जाती है। सूखने

के बाद गाँठों में 8–10 प्रतिशत नमी होनी चाहिए और किसी भी दशा में 12.0 प्रतिशत से ज्यादा नमी नहीं होनी चाहिए। अदरक को 7–9 दिनों तक सूखाने पर उपरोक्त नमी की स्थिति प्राप्त की जा सकती है। अदरक को अगर काटकर सूखाया जाये तो मात्र 5–6 घण्टे में ही मशीन के द्वारा सूखाया जा सकता है, जबकि पूरे गाँठ को मशीन के द्वारा सूखाने में 16–18 घण्टे लगते हैं। सूखने के लिए 60 डिग्री सेल्सियस से ऊँचा तापमान नहीं रखना चाहिए, अन्यथा उपरी सतह बदरंग या काले रंग का हो जायेगा। सूखाने पर वजन भार में 60.0–70.0 प्रतिशत की कमी आती है। यह सही है कि सफाई व सूखाने की प्रक्रिया तेज गति से की जानी चाहिए, जिससे सूक्ष्म जीवों का प्रकोप या अन्य किसी प्रकार की रासायनिक क्रिया से बचा जा सके।

सोंठ तैयार करना

सोंठ तैयार करने के लिए पहले अदरक के छिलके को उतार दिया जाता है। अदरक का पतला छिल्का बाँस की छोटी नुकीली खपच्चियों की सहायता से निकाला जाता है। छिलका उतारने के पहले इसे रात भर पानी में डुबोकर रखते हैं। पुनः अच्छी तरह धो लिया जाता है तथा सूखने के लिए रख दिया जाता है। सूखने के बाद इसे बोरियों में भरकर एक बार फिर रगड़ा जाता है, जिससे शेष छिलका भी निकल जाता है। इन छिली हुई गाँठों को 8 दिन तक अच्छी तरह सुखाया जाता है। पुनः इन सूखी गाँठों को एक बार और मसल कर साफ कर दिया जाता है। एक हेक्टेयर में औसतन 15.0–25.0 क्विंटल तक सोंठ हो जाती है। इस प्रकार अदरक का लगभग 1/2 वॉ हिस्सा सोंठ के रूप में प्राप्त होता है।

श्रेणीकरण, पैकेजिंग एवं विपणन

आयात करने वाले देश अपने मानक के अनुसार स्वच्छ एवं गुणवत्तायुक्त अदरक की माँग करते हैं। भारत में उत्पादित अदरक में ज्यादा स्टार्च होता है और उसमें तीखापन जमैका के अदरक के समान होता है, लेकिन सुगंध कम स्वीकार्य वाला होता है। भारत में उत्पन्न अदरक में सुक्ष्म मात्रा में सिटराल के कारण फैंट लेमन जैसा गंध देता है। भारतीय अदरक तीन प्रकार के होते हैं–

कोचीन अदरक – यह मध्य केरल से आता है और छिलका हटाया हुआ तथा पीला से भूरा होता है।

कालीकट अदरक – यह मालावार से आता है, जो संतरे के रंग का या लाल भूरा होता है। यह प्रभेद अफ्रीकन अदरक के समान होता है। इसका उपरी छिलका हटा दिया जाता है। यह प्रजाति कोचीन अदरक की तुलना में निम्न गुणवत्ता का होता है।

कलकत्ता अदरक – यह कोचीन अदरक के समान है, जो उपर से 'धूसर' भूरे रंग का या धूसर नीले रंग का होता है।

भारतीय मानक में अदरक अनियमित आकार प्रकार का होता है, जो 20.0 मिली मीटर से कम लम्बा नहीं होना चाहिए।

सारिणी (16.8) अदरक का श्रेणीकरण

गुणवत्ता	श्रेणी–1	श्रेणी–2	श्रेणी–3
बाह्य पदार्थ (भार के आधार पर प्रतिशत) अधिकतम	2.0	3.0	5.0
कीट से नुकसान (भार के आधार पर प्रतिशत) अधिकतम टुकड़े 25.0	1.0	3.0	5.0
मिली मीटर से कम लम्बे न हों (भार के आधार पर प्रतिशत) अधिकतम	0.5	1.0	2.0
सड़े टुकड़े (भार के आधार पर प्रतिशत) अधिकतम	0.0	0.5	1.0
शुष्क पदार्थ (भार के आधार पर प्रतिशत) अधिकतम	22.0	20.0	18.0
वाष्पशील तेल (मिली मीटर/100 ग्राम) निम्नतम	0.7	0.5	0.3
रेशा शुष्क पदार्थ में (भार के आधार पर प्रतिशत) अधिकतम	8.0	10.0	12.0
अवाष्पशील इथर सत्व शुष्क पदार्थ (भार के आधार पर प्रतिशत) अधिकतम	5.0	3.0	2.0

भण्डारण

अदरक के सूखे प्रकन्द, टुकड़े या फॉक बनाकर निम्न तापक्रम (10.0–15.0 डिग्री सेल्सियस) पर भण्डारित किया जा सकता है। जब अदरक का भण्डारण 23.0–26.0 डिग्री सेल्सियस तापक्रम पर किया जाता है, तब 20.0 प्रतिशत तक ओलियोरेजिन (शुष्क भार) का नुकसान 3 महीने के अन्दर होता है। इतना ही नहीं इसमें उपस्थित जींजिराल भी कम हो जाता है। ताजे अदरक का भण्डारण ठण्ढे और आर्द्र वातावरण में किया जाता है। जहाँ पर उपयुक्त वातावरण उपलब्ध नहीं होता है, वहाँ शून्य ऊर्जा कक्ष का निर्माण कर भण्डारण किया जा सकता है। सामान्यत 10.0–12.0 डिग्री सेल्सियस तापमान व उच्च आर्द्रता पर भण्डारण करने से काफी लम्बे समय तक गुणवत्ता बनी रहती है। एक प्रयोग से स्पष्ट हुआ कि हवाई अदरक की गुणवत्ता 28 सप्ताह तक 12.5 डिग्री सेल्सियस तापमान व 90.0 प्रतिशत सापेक्ष आर्द्रता पर उत्तम पाया गया। इससे भार, रेशे की मात्रा, तेल की मात्रा, मिठास व फिनाल (phenol) भी यथावत था।

पौध संरक्षण

प्रमुख कीट एवं उनका प्रबन्धन

1. सूण्डी

यह एक बहुभक्षी कीट है। इस कीट का प्रकोप अदरक उगाने वाले क्षेत्रों में बढ़ता जा रहा है। जुलाई–अगस्त में इस कीट के ग्रब (grub) प्रकन्दों को मिट्टी के अन्दर खाते हैं जिससे कच्चे प्रकन्द सड़ने लगते हैं। कीट के प्रकोप का कोई भी लक्षण पौधे के ऊपर नहीं दिखायी देता है। पौधे स्वस्थ पौधों की तरह ही दिखते हैं। इस कीट द्वारा 10–40 प्रतिशत का नुकसान देखा गया है।

प्रबन्धन

1. अच्छी तरह सड़ी हुई खाद का प्रयोग करें।
2. बुआई के पहले 5 प्रतिशत एल्ड्रिन प्रति हेक्टेयर की दर से मिट्टी में मिला देना चाहिए।
3. प्रभावित फसल में डिमेक्रान 0.05 प्रतिशत का छिड़काव करें।

राइजोम मैंगट (Rhizome maggot)

इस कीट का प्रकोप खेतों व भण्डारण, दोनों में देखा गया है। मैगट प्रकन्दों में छेदकर अन्दर घुस जाते हैं, जिससे प्रकन्द सड़ने लगते हैं। यदि ग्रसित प्रकन्दों का भण्डारण किया जाता है तो स्वस्थ प्रकन्द भी प्रभावित हो जाते हैं तथा सड़ने लगते हैं। स्वस्थ बीज समूची फसल का आधार है। इसलिये रोगरहित प्रकन्दों का बीज हेतु चुनाव करें। रोगरहित प्रकन्दों का चुनाव हमेशा स्वस्थ खेत से ही किया जाना चाहिए। अदरक की खुदाई के बाद फसल अवशेषों को खेत में न छोड़ें। इन्हें एकत्रित कर नष्ट कर दें। मैगट को नियंत्रित करने के लिए भण्डारण में धुमीकरण करना चाहिए। बुआई के समय प्रकन्द पर इमिडाक्लोप्रिड (0.01 प्रतिशत) का छिड़काव करना चाहिए।

थ्रीप्स (Thrips)

यह कीट पौधे के अग्र भागों को नुकसान पहुँचाता है, जिससे पौधों की बढ़वार रुक जाती है। सामान्यतः इस कीट का प्रकोप केरल, हिमाचल प्रदेश, मध्य प्रदेश व महाराष्ट्र में ज्यादा होता है। बचाव के लिए संक्रमित बीज का प्रयोग नहीं करना चाहिए। प्रकन्दों को क्वीनालफास (0.1 प्रतिशत) से उपचारित करने के बाद ही भण्डारण करना चाहिए।

पत्ती मोड़क (Leaf folder)

पत्ती मोड़क (*Udaspes folus*) सुण्डियाँ पौधे पर आक्रमण कर पत्तियों को मोड़ देती हैं और अन्दर ही अन्दर खाकर नुकसान पहुँचाती हैं। नियंत्रण के लिए मोनोकोटोफास (0.05 प्रतिशत) छिड़काव करना चाहिए।

प्ररोह बेधक (Shoot borer)

प्ररोह बेधक (*Dichocrosis punctiferalis*) अदरक को नुकसान पहुँचाने वाला प्रमुख कीट है। सुण्डियाँ प्ररोह के मध्य भाग पर आक्रमण कर उसे खाने लगती हैं। परिणामतः पौधे पहले पीले पड़ते हैं तथा बाद में सूख जाते हैं। बचाव के लिए संक्रमित प्ररोह को खेत से बाहर कर देना चाहिए। नियंत्रण के लिए मोनोक्रोटोफास (0.05 प्रतिशत) छिड़काव करना चाहिए। अगर मोनोक्रोटोफास उपलब्ध न हो तो मैलाथियान (0.15 प्रतिशत) का छिड़काव किया जा सकता है।

रोग एवं उनका प्रबंधन

1. पत्तियों का धब्बा या कुलरिया रोग (Leaf spot)

यह बीमारी फिल्लोस्टीक्टा जिंजीबेरी (*Phyllosticta zingiberi* Ramakr.) तथा सेप्टोरिया जिंजीबेरीस (*Septoria zingiberis*) के आक्रमण से होता है। इस रोग में पत्तियों पर पीले नारंगी रंग के अनियमित धब्बे पड़ जाते हैं। अन्त में पत्तियाँ सूख जाती हैं, जिससे इनकी बढ़वार रूक जाती है।

प्रबन्धन

इसकी रोकथाम के लिए फसल पर फाइटोलान का 0.5 प्रतिशत का घोल बनाकर छिड़काव किया जाना चाहिए।

2. गाँठों का सड़ना या प्रकन्द विगलन (Rhizome rot or soft rot)

यह रोग फफूँद पिथियम एफैनीडर्मेटम (*Pythium aphanidermatum* Fitzp.), पिथियम ग्रासिले (*Pythium gracile* Schenk.) तथा फ्यूजेरियम सम्बूसिनम (*Fusarium sambucinum* Fuckel.) से फैलता है। इस रोग से ग्रसित पौधे स्वस्थ पत्तियों की अपेक्षा पीलापन लिए होते हैं। यह पीलापन पत्तियों के शीर्ष से शुरू होकर किनारों से नीचे की ओर फैलता है। रोगी पत्तियाँ सूखकर नीचे की तरफ लटक जाती हैं। मृदा की सतह के पास तना एवं प्रकन्द की सन्धि (joint) के पास जल सिक्त (water soaked) भूरा धब्बा बनाता है, जो बाद में पिलपिला (soft) हो जाता है। यदि आप पौधों को हाथ से खीचते हैं तो इसी स्थान से टूटकर पूरा पौधा हाथ में आ जाता है, परन्तु पौधा अपने आप नहीं गिरता है। तना संधि से यह सड़न प्रकन्द की ओर बढ़ता है तथा बाद में प्रकन्द भी सड़ने लगता है। खेत में इस रोग से प्रभावित प्रकन्दों को यदि भण्डारित किया जाता है तो इस दौरान भी सड़न की समस्या सामने आती है। इस रोग का फैलाव खेतों में हवा–बरसात के पानी तथा कृषि कार्य के दौरान कृषि यंत्रों द्वारा होता है। इस रोग का कवक मृत कार्बनिक पदार्थों जैसे कच्ची गोबर एवं पुराने सड़े अवशेष पदार्थों पर, मृदा में तथा रोगी प्रकन्दों पर उत्तरजीवी बना रहता है। अधिक वर्षा वाले क्षेत्रों, जहाँ खेतों पर जल निकास का उचित प्रबन्ध नहीं होता है, में इस रोग के प्रकोप की सम्भावना अधिक रहती है। इस रोग का फैलाव रोग ग्रसित प्रकन्दों को बीज के रूप में प्रयोग करने से एक स्थान से दूसरे स्थान पर फैलता है।

प्रबंधन

1. इसकी रोकथाम के लिए भूमि में जल निकास की अच्छी व्यवस्था करनी चाहिए।
2. रोगरहित प्रकन्द का चुनाव करना चाहिए।
3. बोने से पहले गाँठों को एगलाल 2.0 प्रतिशत या सेरेसन 0.25 प्रतिशत तथा कार्बेण्डाजिम के 2.5 ग्राम प्रति लीटर पानी में घोल बनाकर क्रमशः 30 मिनट तक डुबो देना चाहिए।
4. रीडोमिल एम0जेड0 (0.25 प्रतिशत) का सिंचाई जल के साथ मिलाना चाहिए।

पीला रोग (Yellow disease)

यह फ्यूजेरियम (*Fusarium* species) प्रजाति के फफूँद द्वारा होने वाला बहुत ही क्षतिकर रोग है। इस रोग की शुरूआत में अदरक की निचली पत्तियाँ किनारे से पीली पड़ने लगती है तथा धीरे–धीरे पूरी पत्ती पीली हो जाती है। रोगग्रसित पौधे बाद में मुरझाकर सूख जाते हैं, लेकिन पत्तियाँ जमीन पर नहीं गिरती हैं। मृदा की सतह के पास तने का भाग मुलायम व जलीय हो जाता है। संक्रमित प्रकन्द की बढ़वार रूक जाती है तथा प्रकन्द का भीतरी भाग भूरे रंग का हो जाता है तथा जड़ें सड़ने लगती हैं। इस रोग से प्रभावित खेत की पहचान यह है कि खेत में रोग के लक्षण जगह–जगह (patches) दिखायी देते हैं।

जीवाणु म्लानि रोग (Bacterial wilt diseses)

यह रोग अदरक का प्रमुख रोग है, जो रालस्टोनिया सोलेनोसिएरम (*Ralstonia solanacearum*) नामक जीवाणु द्वारा उत्पन्न होता है। इस रोग के प्रारम्भ में तने की सन्धि के पास जल सिक्त

धब्बा (water soaked) वाली लम्बी धारियाँ बनती है। इस रोग के लक्षण सबसे पहले पौधे की निचली पत्तियों पर दिखायी देतें हैं, जो किनारों पर पीले या तांबे के रंग के हो जाते हैं। धीरे–धीरे यह रोग ऊपर की तरफ बढ़ता है। बाद में पत्तियाँ मुरझा जाती है तथा पूरा पौधा सुख जाता है। इस रोग के पहचान का आसान तरीका यह है कि रोगी पौधे के तने अथवा प्रकन्दों को काटकर पानी में डालने पर पानी का रंग गंदला अथवा दूधिया हो जाता है। रोगी पौधों से प्राप्त प्रकन्दों की भण्डारण क्षमता कम हो जाती है तथा बीज के लिये बेकार हो जाते हैं। यह रोग संक्रमित प्रकन्दों की बुआई से फैलता है। इस रोग के जीवाणु ग्रसित प्रकन्दों के अवशेषों पर मिट्टी के अन्दर कई वर्षों तक उत्तरजीवी बने रहते हैं।

स्क्लेरोशियम विगलन

यह रोग स्क्लेरोशियम रोल्फसाई (*Sclerotium rolfsii*) नामक कवक के कारण होता है। रोग से प्रभावित पौधे की ऊपरी पत्तियों की नोक पीले रंग की हो जाती है। बाद में पूरा पौधा पीला पड़ जाता है तथा तना एवं प्रकन्द की सन्धि के पास जल सिक्त धब्बा दिखायी पड़ता है, जो बाद में गहरा भूरा हो जाता है। निचला हिस्सा सड़ने के कारण रोगग्रस्त पौधा जमीन पर गिर जाता हैं।

हल्दी (Turmeric)

वानस्पतिक नाम : कुरकुमा लोंगा (*Curcuma longa* L.) Syn.
कुरकुमा डोमेस्टिका (*Curcuma domestica* Valeton)
कुरकुमा एरोमैटिका (*Curcuma aromatic* 2*n*=42)
कुरकुमा एमाडा (*Curcuma amada* 2*n*=42)

कुल : जिंजीबेरेसी (Zingiberaceae)

गुणसूत्र संख्या : 2 एन = 63,74,77

हल्दी (कुरकुमा डोमेस्टिका) की खेती इसके भूमिगत कंदो, घन कन्दों व प्रकन्दों के लिए की जाती है। वाणिज्यक भाषा में इन्हीं कन्दों को हल्दी कहते हैं। हल्दी आदिकाल से ही भारत की एक महत्वपूर्ण मसाले वाली नकदी फसल रहीं है। वर्तमान समय में हल्दी को इण्डियन सैफरान (Indian Saffron) कहा जाता है। हल्दी का प्रयोग परिवार में परम्परागत से लेकर आधुनिक रहन–सहन की पृष्ठभूमि में भी यथावत हैं। भारतवासियों में हल्दी आध्यात्मिक, व्यावसायिक, औद्योगिक औषधीय एवं गृह उपयोग के महत्व के कारण लोकप्रिय है।

उद्भव एवं वितरण

हल्दी की उत्पत्ति के बारे में निश्चित रुप से कुछ नहीं कहा जा सकता। इतना अवश्य है कि इसकी उत्पत्ति दक्षिण–पूर्वी एशिया 'भारत' में हुई, जहाँ से इसका प्रचार–प्रसार उत्तर दक्षिण–पूर्वी भारत तथा इससे सटे हुए चीन के कुछ भागों व जावा में हुआ। वर्तमान समय में भी इस क्षेत्र के जंगलों में प्राकृतिक दशा में हल्दी के पौधे उगते हुए देखे जा सकते हैं। इस प्रकार हल्दी संपूर्ण उष्ण कटिबंधीय क्षेत्रों में फैली हुई है। 18वीं शताब्दी में पूर्वी अफ्रीका व 19वीं शताब्दी में पश्चिमी अफ्रीका तक इसका फैलाव हुआ। इसकी खेती समुद्र तल से 1500.0 मीटर ऊँचाई तक की जा सकती है। कुछ जंगली किस्में तो इससे भी अधिक ऊँचाई तक उगती हैं। भारत इसकी खेती के लिये संसार में प्रथम स्थान रखता है, जो विश्व की कुल उपज का लगभग 80 प्रतिशत अकेले पैदा करता है। इसके बाद बांग्ला देश का स्थान आता है। हल्दी की खेती के लिए अन्य प्रमुख देश जमैका, श्रीलंका, ताइवान, चीन, वर्मा, इण्डोनेशिया, ईस्ट इण्डिज, फीजी, थाइलैण्ड, क्वींस लैण्ड, फरमोसा द्वीप, पेरु आदि हैं। भारत में इसकी खेती 35000 हेक्टेयर भूमि में की जाती है तथा 65000.0 टन उत्पादन होता है। मुख्य रुप से हल्दी की खेती उत्तर प्रदेश, मध्य प्रदेश, पंजाब, राजस्थान, आन्ध्र प्रदेश, तमिलनाडु, महाराष्ट्र, ओडिशा तथा कर्नाटक में की जाती है। भारतवर्ष प्रति वर्ष अपनी कुल उपज का लगभग 94 प्रतिशत स्वयं उपभोग करता है तथा शेष 6 प्रतिशत दूसरे देशों को निर्यात करता है। वर्तमान में भी हल्दी की राष्ट्रीय उत्पादकता 4910 किलो ग्राम प्रति हेक्टेयर से कम है। निर्यात से प्रति वर्ष 100 करोड़ रुपये का लाभ होता है।

सारिणी (16.9) भारत में हल्दी का क्षेत्रफल व उत्पादन

वर्ष	क्षेत्रफल (हेक्टेयर)	उत्पादन (मैट्रिक टन)	उत्पादकता (कु0/हेक्टेयर)
1991–1992	1,17,590	3,49,600	29.7
1993–1994	1,48,400	7,07,400	47.7
1994–1995	1,49,400	6,52,000	43.6
1999–2000	1,61,300	6,53,600	40.5
2000–2001	1,87,431	7,19,609	38.4
2001–2002	1,62,950	5,52,300	33.9
2002–2003	1,49,710	5,25,740	35.1
2003–2004	1,50,730	5,65,470	37.5
2004–2005	1,58,060	7,15,360	45.2
2005–2006	1,73,005	8,55,763	49.5
2007–2008	1,81,000	8,90,000	49.1

स्रोतः स्पाइसेज बोर्ड, कोचीन (भारत सरकार)

भारत से हल्दी लेने वाले प्रमुख देश यूनाइटेड अरब अमीरात, बांग्ला देश, यूनाइटेड स्टेट, इरान, जापान, जर्मनी, निदरलैण्ड व आस्ट्रेलिया है।

सारिणी (16.10) हल्दी के निर्यात का सांख्यिकीय समीक्षा

वर्ष	मात्रा (मैट्रिक टन)	मूल्य (लाख रुपये में)
1990–1991	13,624	1648.0
1991–1992	19,661	3776.0
1992–1993	19,665	4836.0
1993–1994	25,250	5200.0
1994–1995	28,286	4518.0
1995–1996	26,675	4424.0
1996–1997	21,600	5471.0
1999–2000	35,556	12168.7
2000–2001	34,500	9168.0

स्रोतः स्पाइसेज बोर्ड, कोचीन (भारत सरकार)

वानस्पतिक विवरण

हल्दी एकबीजपत्रीय त्रिगुणित शाकीय (monocot triploid herbaceous) पौधा (80–150 सेन्टी मीटर ऊँचा है। हल्दी का प्रयोग में लाया जाने वाला भाग तना होता है, जिसे राइजोम (Rhizome) कहते हैं, जिससे प्राथमिक व द्वितियक अंगुलिकायें (primary and secondary fingers) निकलती हैं। हल्दी का पौधा वैसे बहुवर्षीय है लेकिन इसकी फसल एकवर्षीय ही होती है। इसकी जड़ें फूली हुई व रेशेदार (fibrous) होती हैं। इसका हरा तना दिखावटी होता है, जो पत्तियों (6-8 leaves) से बनता है। पत्तियाँ गहरे या हल्के हरे रंग की होती है। फूल निपत्रों (bracteate) के बीच से निकलता है जो जाईगोमार्फिक उभयलिंगी इपीगाइनस (zygomorphic, bisexual and epigynus) होते हैं। फूल के गूच्छे को सिलिल्ड्रिकल स्पाइक कहते हैं। हल्दी की खेती में कुरकुमा लोंगा (curcuma longa) किस्म का उपयोग 96 प्रतिशत क्षेत्रफल में किया जाता है। यह त्रिगुणित (2n=63) प्रभेद है।

पोषकीय महत्व

हल्दी का मुख्य उपयोग मसाले के रुप में किया जाता है। मसाले के रुप में हल्दी खाद्य पदार्थों का स्वाद बढ़ाने के साथ–साथ उनको अपने रंग से आकर्षक भी बनाती है। विभिन्न उपयोगों के कारण ही भारतीय जीवन में हल्दी का इतना महत्व रहा है कि धार्मिक उत्सवों व पूजा–पाठ आदि कार्यक्रमों में इसका एक पवित्र वस्तु के रूप में उपयोग होता है। हिन्दू धर्म में हल्दी को इतना शुभ मान गया है कि इसके बिना कोई भी अनुष्ठान पूरा नहीं होता। बच्चा पैदा होने के समय से ही हल्दी का प्रयोग किया जाता है। उबटन के रूप में शरीर पर मलने में भी इसे प्रयोग में लाया जाता है। हल्दी में प्रोटीन, सेलूलोज, पेन्टोज, मॉड़ी (starch) और अन्य तत्व होते हैं। इसमें स्टार्च की मात्रा 40 से 50 प्रतिशत तक पाई जाती है। हमारे देश में हल्दी का प्रयोग मसालों के अलावा औषधि जगत में दवाईयों के रुप में किया जाता है। प्रकन्द एवं पत्तियाँ आवश्यक तेल की भण्डार हैं। पत्तियों में 0.8–3.5 प्रतिशत तथा प्रकन्द में 5.0–6.0 प्रतिशत तक तेल पाया जाता है।

सारिणी (16.11) हल्दी के प्रमुख घटक एवं मात्रा

घटक	मात्रा (प्रतिशत में)
अल्फा फेलानड्रेन	1.00
सबीनेनो	0.60
सिनेओल	1.00
बोर्नेओल	1.00
जिन्जीबेरिन	25.00
सेस्क्वीटरपाइन्स	53.00

त्वचा को सुरक्षित रखने के गुणों के कारण इसको सौन्दर्य प्रसाधनों में भी प्रयोग किया जाता है। औद्योगिक रूप में इसका प्रयोग रंग बनाने, सूती, ऊँनी व रेशमी धागों को रंगने में होता है। हल्दी के अनेक उपयोग हैं, जैसे शरीर के कटे भाग पर हल्दी का चूर्ण लगाना, सर्दी–जुकाम में दूध के

साथ पिलाना, शरीर के जोड़ों के दर्द में तथा पुरानी खाँसी में हल्दी का पाक बनाकर खिलाना आदि सफल व आम उपयोग है। आयुर्वेद में हल्दी का उपयोग कई दवाईयों के निर्माण में होता है। हल्दी अपनी प्रतिजैविक क्रिया के कारण चर्म रोगों व अन्य संक्रामक रोगों के उपचार के काम में ली जा सकती है। हल्दी के पीले रंग को क्षार की क्रिया से भूरे रंग में बदला जा सकता है। हल्दी की क्षार के साथ इसी प्रक्रिया के कारण किसी पदार्थ में क्षारीयता का पता लगाने के लिए हल्दी पत्र का उपयोग किया जाता है। हल्दी की गुणवत्ता व पीलापन का आधार इसमें पाये जाने वाले रंगीन पदार्थ "क्यूरक्यूमिन" (curcumin) व वाष्पशील तेल की मात्रा है। क्यूरक्यूमिन (curcumin) की मात्रा काफी हद तक किस्म पर निर्भर है, परन्तु कटाई के समय फसल की अवस्था व वातावरण सम्बन्धी अन्य कारक भी इसकी मात्रा को प्रभावित करते हैं। ताजे हल्दी में वाष्पशील तेल 0.5–6.0 प्रतिशत तक पाया जाता है। सूखी हल्दी या चूर्ण में उपरोक्त कारकों के भेद के अनुसार क्यूरक्यूमिन की मात्रा 2.6–6.6 प्रतिशत तक है। निर्यात व भण्डारण में सुविधा हेतु हल्दी से वाष्पशील तेल की मात्रा 3.0–5.0 प्रतिशत तक व ओलियोरेजिन, जिसमें वाष्पशील तेल के अलावा रेजिन पदार्थ पाये जाते हैं उत्तम है। ओलियोरेजिन गहरे रंग का पदार्थ हैं, जो हल्दी के जगह काम में लिया जाता है। हल्दी में पीला रंग करक्यूमिन की वजह से होता है तथा महक और स्वाद वाष्पशील तेल (वोलेटाइल आयल) की वजह से होते हैं। वाष्पशील गुण करक्यूमिनोयड पिगमेन्ट के कारण होता है। इसमें करक्यूमिन की मात्रा 8–10 प्रतिशत तथा आवश्यक तेलों की मात्रा 4.0–4.5 प्रतिशत तक होती है।

सारिणी (16.12) हल्दी का औषधीय गुण

घटक / सत्व	**औषधीयगुण**
हल्दी पाउडर	घाव भरने में
इथेनाल सत्व	एन्टी–इन्फलैमेटोरी, हाइपोलिपेमिक
पेट्रोलियम इथर सत्व	एन्टी–इन्फलैमेटोरी, एन्टी फर्टीलिटी
एल्कोहलिक सत्व	एन्टी बैक्टेरियल
क्रुड इथर सत्व	एन्टी फंगल
क्लोरोफार्म	एन्टी फंगल
एक्वस सत्व	एन्टी फर्टिलिटी
उड़नशील तेल	एन्टी–इन्फलैमेटोरी, एन्टी बैक्टेरियल, एन्टी फंगल
करक्यूमिन	एन्टी बैक्टेरियल, एन्टी प्रोटोजोओन, एन्टी वायरल, हाइपोग्लाइसेमिक एन्टी कोआगुलेन्ट, एन्टी आक्सीडेन्ट, एन्टी ट्यूमर, एन्टी कारसेनोजेनिक,
अर–ट्यूमेरिन	एन्टी वेनम
मिथायल करक्यूमिन	एन्टी प्रोटोजोओन
डेमेथोक्सी करक्यूमिन	एन्टी आक्सीडेन्ट
बिसडेमेथोक्सी करक्यूमिन	एन्टी आक्सीडेन्ट
सोडियम करक्यूमिनेट	एन्टी–इन्फलैमेटोरी, एन्टी बैक्टेरियल

स्रोतः चटोपाध्याय एवं सहयोगी (2004)

उन्नतिशील किस्में

अच्छी उपज व बढ़िया हल्दी प्राप्त करने के लिये स्वस्थ एवं रोग व कीट रहित प्रजातियों का चयन करना चाहिये। अच्छी किस्म वह है, जिसमें रेशा कम तथा सुगन्ध की मात्रा अधिक हो। हल्दी की भारत में उगाई जाने वाली अनेक स्थानीय किस्में है। उन्नतिशील किस्मों का विकास अभी तक नहीं हुआ है। अधिक उपज के लिये निम्नलिखित किस्मों का चयन करना चाहिए।

को–1 (CO-1)

शुष्क परिस्थितियों एवं लवणीय भूमि के लिए उपयुक्त, 3.2 प्रतिशत कुरकुमिन (curcumin), व चमकीला नारंगी रंग वाली किस्म है जो 285 दिन में पककर तैयार होती है। इसकी पैदावार 5. 85 टन प्रति हेक्टेयर है।

कृष्णा (Krishna)

महाराष्ट्र द्वारा विकसित यह किस्म अधिक पैदावार, लम्बे व स्थूल, प्रकन्द, प्रकन्द छेदक, पूर्ण चित्ती व पर्ण धब्बे बीमारियों के प्रति प्रतिरोधी है। इसमें करक्यूमिन की मात्रा 2.8 प्रतिशत होती है। यह किस्म 235 दिन में पककर तैयार होती है तथा उपज 4.00 टन प्रति हेक्टेयर है।

सुगंधम (Sugandham)

सी0पी0सी0आर0आई0, कासरगोड के जननद्रव्य द्वारा कृंतक चयन से इस किस्म को विकासित किया गया है। यह किस्म अधिक पैदावार, ललाईयुक्त, पीला प्रकन्द व सुगठित लम्बी अंगुलियों, वाली होती है जिसमें अच्छी सौरभ होती है। यह किस्म 210 दिन में पककर तैयार होती है इसकी उपज 15.0 टन (ताजे प्रकंद) प्रति हेक्टेयर होती है।

पी0 टी0 एस0–10 (PTS-10)

यह किस्म एच0ए0आर0एस0, पोत्तन्गी द्वारा विकसित की गयी थी। इसके पौधों की औसत ऊँचाई 88.5 सेन्टी मीटर, राइजोम की लम्बाई 9.9 सेन्टी मीटर, राइजोम के अन्दर का रंग पीला, तेल तथा करक्यूमिन की प्रतिशत 5.2 व 9.3 तथा हल्दी प्राप्तांक (rercovery) प्रतिशत 31.1 है। साधारणतया यह किस्म 153 दिन में पककर तैयार हो जाती है तथा 20.6 टन तक प्रति हेक्टेयर उपज देती है।

पी0 टी0 एस0–24 (PTS-24)

इस जाति का विकास एच0ए0आर0एस0, पोत्तन्गी द्वारा किया गया है तथा इसके पौधों की ऊँचाई औसतन 88.2 सेन्टी मीटर, व्यातों की संख्या प्रति पौधा 2.7, प्रतिशत राइजोम की लम्बाई 10. 5 सेन्टी मीटर , राइजोम के अन्दर का रंग हल्का पीला, हल्दी प्राप्तांक (rercovery) प्रतिशत 26.0, करक्यूमिन प्रतिशत 9.3 तथा तेल प्रतिशत 4.4 है। यह किस्म लगभग 153 दिन में पककर तैयार हो जाती है और औसतन 20.0–21.0 टन प्रति हेक्टेयर तक उपज प्रदान करती है।

टी0 सुन्दर (T. Sundar)

यह किस्म अन्य किस्मों की अपेक्षा पकने में अधिक समय (158 दिन) लेती है तथा औसतन 13. 3 टन प्रति हेक्टेयर पैदावार देती है। इसका विकास भी एच0ए0आर0एस0 पोत्तन्गी द्वारा किया गया है। इसके पौधो की ऊँचाई 75.3 सेन्टी मीटर, व्यातों की संख्या 3.0, प्रारम्भिक राइजोम की लम्बाई 9.5 सेन्टी मीटर, हल्दी प्राप्तांक (rercovery) प्रतिशत 23.0 तथा राइजोम के अन्दर का रंग पीला होता है। इस किस्म में तेल प्रतिशत 4.3 तथा करक्यूमिन 6.0 तक पायी जाती है।

फुलवानी लोकल (Phulwani Local)

इस किस्म के पौधों की ऊँचाई 71.2 सेन्टी मीटर पकाने में 159 दिन का समय लगता है, व्यातों की संख्या 4.5 तथा प्रारम्भिक राइजोम की लम्बाई 5.5 सेन्टी मीटर होती है तथा हल्दी प्राप्तांक (rercovery) प्रतिशत 25.0 होती है। इसके राइजोम में तेल और करक्यूमिन प्रतिशत 4.4 तथा 7.5 होता है।

स्वर्णा (Swarna)

आसाम (पी0सी0टी0–8) के जननद्रव्य द्वारा इसका चयन कर कालीकट (एन0आर0सी0एस0) द्वारा विकसित किया गया। इसमें हल्दी शाखाओं के रूप में जमीन में बढ़ती है। इस किस्म में शुष्क पदार्थ का प्रतिशत अन्य किस्मों की अपेक्षा अधिक होता है। यह किस्म अधिक पैदावार, मध्यम आकार के प्रकन्द, गहरा नारंगी रंग, 8.7 प्रतिशत कुरकुमिन, तेल 7.0 प्रतिशत एवं प्रकंद लगन प्रतिरोधी क्षमता वाली है। यह किस्म 180 दिन में पककर तैयार होती है इसकी उपज 4.60 टन प्रति हेक्टेयर तैयार होती है।

रोमा (Roma)

ओडिशा कृषि विश्वविद्यालय, भुवानेश्वर (ओडिशा) द्वारा विकसित यह किस्म अधिक पैदावार, बीमारियों से कम प्रभावित, 9.3 प्रतिशत कुरकुमिन व 4.2 प्रतिशत तेल युक्त है। यह किस्म 6.43 टन प्रति हेक्टेयर उपज के साथ 253 दिन में पकती है।

सुरोमा (Suroma)

अधिक पैदावार वाली यह किस्म ओडिशा कृषि विश्वविद्यालय, भुवानेश्वर (ओडिशा) द्वारा विकसित की गई। इसके प्रकन्द बेलनाकार, नारंगी पीला गूदा, 9.3 प्रतिशत कुरकुमिन व 4.4 प्रतिशत तेल युक्त होते हैं। यह 210 दिन में पककर तैयार होती है तथा उपज 9.19 टन प्रति हेक्टेयर है।

सुदर्शन (Sudarshan)

एन0आर0सी0एस0, कालीकट द्वारा विकसित यह किस्म अधिक पैदावार, मोटे व स्थूल प्रकन्द 7.9 प्रतिशत कुरकुमिन 70 प्रतिशत तेल के लिए प्रसिद्ध है। यह किस्म 190 दिन में पककर तैयार हो जाती है तथा उपज 7.29 टन प्रति हेक्टेयर है।

सोनिया (Sonia)

आर0ए0यू0, ढोली बिहार द्वारा विकसित यह किस्म पुष्ट (सुघटित) छोटा व लम्बा प्रकन्द पर्णचित्ति (leaf blotch) से प्रतिरोधी व 8.4 प्रतिशत कुरकुमिन के लिए प्रसिद्ध है। यह किस्म 230 दिन में पककर तैयार होती है तथा इसकी उपज 4.00–5.00 टन प्रति हेक्टेयर है।

अन्य किस्में

महाराष्ट्र में दो प्रकार की हल्दी उगाई जाती है

- पहली किस्म कड़ी व चमकीले रंग की होती है, इसका प्रयोग रंगाई के लिए करते हैं।
- बड़ी, मुलायम व हल्के रंग की होती है। यह मसाले के लिए प्रयोग की जाती है।
- आसाम और पश्चिम बंगाल में देशी और पटानी किस्में तथा तामिलनाडु में चिन्ना नंदन, पेरम नंदन, बलागा तथा येला चागा किस्में उगाई जाती हैं।
- राष्ट्रीय मसाला अनुसंधान संस्थान, कालीकट, द्वारा निम्न किस्में विकसित की गई है। गोरखपुर सलैक्शन, सी0एल0एस0–15, सी0एल0एस–2, पी0टी0एस0–9, पी0टी0एस0–30, लोखण्डी (महाराष्ट्र), मद्रास मंजल लम्बी, चिन्ना तथा पेरूम आदि प्रमुख किस्में हैं।

जलवायु

हल्दी उपोष्ण तथा नम जलवायु का पौधा है। फसल की बुआई के बाद तथा प्रारम्भिक अवस्था में वानस्पतिक वृद्धि के समय अधिक वर्षा तथा कंद पकने के समय जाड़ा व सूखा मौसम अधिक लाभदायक सिद्ध होता है। हल्दी के पौधे छाया में संतोषजनक वृद्धि कर सकते हैं अतः केरल व आन्ध्र प्रदेश में कई जगह इसकी खेती सुपारी व नारियल के बगीचों में मिलवा फसल के रुप में भी की जाती हैं। इसकी खेती सिंचित और असिंचित दोनों इलाकों में खेती की जा सकती है। जिन क्षेत्रों में औसत वार्षिक वर्षा 225.0–250.0 सेन्टी मीटर तक होती है, वहाँ हल्दी की फसल को बिना सिंचाई के सफलतापूर्वक उगाया जा सकता है। फल परिपक्वता अवधि में पूर्ण शुष्क वातावरण की आवश्यकता होती है।

भूमि एवं भूमि की तैयारी

हल्दी के खेती के लिए जीवांश युक्त हल्की बलुई दोमट, भुरभुरी दोमट और चिकनी दोमट मिट्टी जिसमें जल निकास का उचित प्रबंध हो उत्तम होती है। ऊसर या क्षारीय भूमि इसकी खेती के लिए उपयुक्त नहीं है। मृदा में थोड़ी अम्लीयता, हल्दी के लिए लाभदायक है। यदि भूमि हल्की है तो उसमें गोबर की सड़ी हुई खाद का उपयोग करने से भूमि का तापमान बना रहता है, जिसके कारण अच्छा अंकुरण होता है। हल्दी की फसल के लिए खेत की तैयारी भली–भाँति करनी आवश्यक है। पहली बार गहरी जुताई मिट्टी पलटने वाले हल से और 3–4 जुताई देशी हल या कल्टीवेटर से करके मिट्टी को भुरभुरी बना लेना चाहिए। प्रत्येक जुताई के बाद पाटा लगाने से मिट्टी के ढेले भी टूट जाते हैं तथा भूमि से नमी का अनावश्यक ह्रास भी रुक जाता है। अन्तिम जुताई से पहले खेत में 25.00–30.00 टन प्रति हेक्टेयर की दर से गोबर खाद या कम्पोस्ट बिखेर दें ताकि आखिरी

जुताई के समय वह मृदा में एक समान मिल जाये। अन्तिम जुताई कें बाद पाटा लगाकर खेतों में सिंचाई व जल निकास की उचित व्यवस्था की जाती है। यदि भूमि भारी हो एवं जल निकास की उचित व्यवस्था न हो तो खेत में बुआई के लिए क्यारियों के स्थान पर 45.0–60.0 सेन्टी मीटर की दूरी पर मेड़ बनाई जाती है व इन मेड़ों पर बुआई की जाती है। दो मेड़ों के बीच की नालियों से सिंचाई व जल–निकास दोनो ही कार्य हो जाते हैं।

पोषक तत्व प्रबन्धन

हल्दी की फसल की अन्य फसलों की अपेक्षा कुछ अधिक खाद की जरूरत होती है। गोबर की अच्छी, सड़ी खाद 30.00–35.00 टन प्रति एक हेक्टेयर खेत की तैयारी के प्रथम चरण में ही डालकर भूमि में मिला देना चाहिए। रासायनिक खाद के रूप में 100.0–120.0 किलो ग्राम नत्रजन, 60.0–80.0 किलो ग्राम फास्फोरस तथा 80.0–100.0 किलो ग्राम पोटाश प्रति हेक्टेयर की आवश्यकता होती है। ध्यान रहे नत्रजन का आधा भाग तथा फास्फोरस व पोटाश की सम्पूर्ण मात्रा बीज लगाने से पूर्व खेत में मिट्टी में मिला देते हैं तथा शेष नत्रजन की आधी मात्रा खड़ी फसल में बीज लगाने के 2–3 माह बाद फैला देते हैं। खाद तथा उर्वरक की मात्रा, स्थान, मिट्टी की उर्वरा शक्ति आदि पर निर्भर करती है। विभिन्न प्रांतों के लिए भिन्न–भिन्न खाद तथा उर्वरक की मात्राओं की सिफारिश की गई है, जो निम्न प्रकार है –

सारिणी (16.13) राज्यवार पोषक तत्वों की मात्रा की संस्तुति

प्रान्त	खाद तथा उर्वरक की मात्रा
महाराष्ट्र	25.0 टन गोबर की खाद, 100.0 किलो ग्राम नत्रजन और 50.0 किलो ग्राम फास्फोरस प्रति हेक्टर।
गुजरात	100.0 किलो ग्राम नत्रजन, 35.0–40.0 किलो ग्राम फास्फोरस और 60 किलो ग्राम पोटाश प्रति हेक्टर।
तमिलनाडु	25.0 टन गोबर की खाद, 50.0–55.0 किलो ग्राम नत्रजन, फास्फोरस और पोटाश प्रतिहेक्टर।
पंजाब	10.0 टन गोबर की खाद, 35.0 किलो ग्राम नत्रजन, फास्फोरस और पोटाश प्रति हेक्टर।

बीज प्रकन्द का चुनाव व बीज प्रकन्द की मात्रा

हल्दी की फसल बीजों से भी उगाई जा कसती है, परन्तु आर्थिक दृष्टि से ऐसा उपयुक्त नहीं है तथा बीज से उगाये पौधों से प्रकन्द भी कम बनते हैं। अतः साधारणतया बीज सामग्री के रूप में प्रकन्द ही काम में लिये जाते हैं। पिछली फसल से बचाये गये स्वस्थ, आमतौर पर प्राथमिक प्रकन्दों का ही बीजों के रुप में प्रयोग किया जाता है। गाँठ स्वस्थ बीमारी व कीटों से रहित होनी चाहिए। सड़ी, कटी और क्षतिग्रस्त गाँठ बीजाई के काम में नहीं लानी चाहिए। यदि बीज खराब रहेगा तो अंकुरण कम होगा, फलस्वरूप पैदावार कम प्राप्त होगी। अगर प्रकन्द बड़े हों तो उनके टुकड़े किये जा सकते हैं। अगर सामग्री के रुप में द्वितीयक कन्द, जिनको "फिंगर्स" (fingers) कहते हैं, काम

में लें तो उनका उचित फुटान के लिए गीली मिट्टी व बुरादे से उपचारित कर लेना चाहिए। बोने के लिये प्राथमिक प्रकन्दों के टुकड़े (fingers) कोई भी काम में लिये जा सकते हैं। बीज के लिए हल्दी के बड़े–2 आकार की गाँठों का चयन करना चाहिये व 5.0–10.0 ग्राम भार व प्रत्येक गाँठ में कम से कम–3 आँखें होनी आवश्यक है। बुवाई में विलम्ब हो गया हो तो प्राथमिक प्रकन्द ही काम में लेना चाहिए। अच्छी पैदवार लेने के लिए 650.0–900.0 किलो ग्राम गाँठ प्रति हेक्टेयर की आवश्यकता होती है। हल्दी लगाने के समय का गाँठों के जमाव, वृद्धि व अच्छी उपज के लिये सीधा प्रभाव पड़ता है।

बीजोपचार

बीजाई से पूर्व एक घण्टे तक गाँठों को बेविस्टीन (0.5 प्रतिशत) या डाइथेन–एन–45 (0.3 प्रतिशत) घोल में 10–10 मिनट तक उपचारित करना चाहिए व उपचार के बाद छाया में सुखा लें। कटी हुई स्वस्थ गाँठों को 2.5 ग्राम इण्डोफिल–45 तथा 1.0 ग्राम बाविस्टिन को प्रति लीटर प्रति किलो ग्राम की दर से पानी में घोकलर उपचारित करना चाहिये।

बुआई का समय

सिंचित क्षेत्रों में बुआई मार्च से जुलाई तक तथा असिंचित क्षेत्रों में बुआई जून के मध्य में की जाती है।

बुआई की विधि

चयन की गई उपचारित गाँठों को समतल क्यारियों या मेड़ों पर कतारों में बुआई करें। कतार से कतार की दूरी 30.0–40.0 सेन्टी मीटर व गाँठ से गाँठ की दूरी 20.0–30.0 सेन्टी मीटर तथा गहराई 6.0–7.0 सेन्टी मीटर पर बुआई करना चाहिये। भारी मृदा व अधिक वर्षा वाले क्षेत्रों में बुआई का कार्य मेड़ों पर करना उचित रहता है। बुआई के बाद लगभग 30 दिन पर गाँठ अंकुरित होती है। सिंचित भूमि में अंकुरण थोड़ा जल्दी अर्थात 15–20 दिन में ही हो जाता है। बीज की मात्रा कन्दों के आकार पर निर्भर है। पलवार (mulch) किया बुआई के तुरन्त बाद करने से खेत में नमी बन रहेगी, अंकुरण शीध्र होगा तथा फसल की प्रारम्भिक अवस्था में सिंचाई की भी कम आवश्यकता होती है। तेज धूप से बचाव होता है तथा गाँठों का अंकुरण प्रभावित नहीं होता है तथा भूमि की उपजाऊपन में वृद्धि होती है। गाँठों को मिट्टी से ढक देना चाहिए व गोबर की खाद की 1.0–2.0 सेन्टी मीटर मोटी एक परत या घास व पत्तियों की तह से ढक दें। बुआई के लिये प्रातः काल का समय ही सर्वोत्तम रहता है। फसल की बुआई के तुरन्त बाद पलवार लगाना लाभदायक है। पलवार के लिए 15.0–20.0 टन प्रति हेक्टेयर की दर से ढैंचा, सनई या अन्य हरी पत्तियाँ उपयुक्त पाई गई हैं। पलवार से भूमि की नमी अधिक समय तक बनी रहती है, फसल का जमाव बढ़िया होता है तथा खरपतवार भी रुक जाते हैं। पलवार दो बार पहली बुवाई के तुरन्त बाद व दूसरी 50 दिन बाद लगानी चाहिए।

सिंचाई

हल्दी की फसल को जलवायु, भूमि की बनावट, वर्षा तथा पलवार के अनुसार सिंचाई की आवश्यकता होती है। गाँठें लगाने के बाद अगर नमी की कमी हो तो सिंचाई करें। हल्दी की पहली सिंचाई लगभग जून के मध्य में करनी चाहिए। जुलाई–अगस्त में सिंचाई की आवश्यकता नहीं होती है, लेकिन सितम्बर–अक्टूबर में आवश्यकता होने पर 15 दिन के अन्तराल पर सिंचाई करनी चाहिए। बरसात में प्रायः सिंचाई की कम आवश्यकता होती है, जबकि जाड़े में 10–15 दिन के अन्तराल पर सिंचाई करते रहना चाहिए। जिन खेतों में ढैंचा अथवा हरी पत्तियों की पलवार लगा दी गई हो, भूमि की नमी अधिक समय तक बनी रहती है। अतः ऐसे खेतों में सिंचाई की संख्या कम की जा सकती है। उचित जल निकास फसल के लिए आवश्यक है। इसके लिए खेत के चारों ओर 50.0 सेन्टी मीटर चौड़ी व 60.0 सेन्टी मीटर गहरी खाई बना दी जाती है, जिससे अवाँछित पानी खेत से बाहर चला जाता है।

निकाई–गुड़ाई एवं मिट्टी चढ़ाना

हल्दी की फसल को प्रारम्भिक अवस्था में खेत साफ तथा खरपतवार रहित रखने से पौधों की वानस्पतिक बढ़वार अच्छी होती है तथा कीटों एवं रोगों का भी प्रकोप कम होता है। इसलिये अंकुरण के बाद 3–4 माह तक प्रायः हर माह निकाई–गुड़ाई करनी चाहिये तथा प्रत्येक गुड़ाई के साथ हल्की सी मिट्टी चढ़ा देनी चाहिए अथवा जब पौधे 25.0–30.0 सेन्टी मीटर ऊँचाई वाले हो जायें, तब मिट्टी चढ़ा देनी चाहिए।

गाँठों (प्रकन्दों) की खुदाई

यह एक लम्बी अवधि की फसल है तथा इसे पकने में लगभग 7--9 महिने (150–160 दिन) लग जाता हैं। दिसम्बर से फरवरी तक पौधों की पत्तियाँ पीली पड़ जाने पर फसल पक जाती है। पौधों को भूमि के समीप से काटकर खेत की हल्की सिंचाई कर गाँठों की खुदाई फावड़े से अथवा हल चलाकर गाँठों को एकत्रित करनी चाहिए। खुदाई करते समय यह सावधानी रखें कि गाँठों को कोई नुकसान न पहुँचे। खुदाई के बाद पत्तियों एवं जड़ों को काट कर अलग कर दिया जाता है और गाँठों को धोकर 2–3 दिन के लिए छाया में रख दिया जाता है। इससे छिलका सख्त हो जाता है और गाँठों को क्षति नहीं पहुँचती। खुदाई के बाद जड़ें काट दी जाती है और उनमें लगी मिट्टी साफ कर दी जाती है।

अन्तः फसल

हल्दी एक छाया पसन्द फसल है अतः अन्तः फसल सबसे उपयुक्त विकल्प प्रदान करता है। हल्दी की फसल में प्रारम्भिक वृद्धि धीमी होती है। जिसके कारण निम्नलिखित फसलों की समाहित किया जा सकता है।

हल्दी + मिर्च	हल्दी + मूली (गीष्म कालीन)	हल्दी + भिण्डी
हल्दी + मक्का	हल्दी + गांठ गोभी (ग्रीष्म कालीन)	

फसल चक्र

हल्दी – गेंहूँ	हल्दी – गाजर	हल्दी – पालक
हल्दी – प्याज (हरा)	हल्दी – जौ	हल्दी – मेथी
हल्दी – गांठ गोभी	हल्दी – जई	

हल्दी तैयार करना

हल्दी की खुदाई के बाद गाँठों को एक महत्वपूर्ण एवं उपयोगी स्वरुप में लाने के लिए तैयारी करना आवश्यक है, क्योंकि पूरी तरह से क्यूरिंग (curing) करने के बाद ही इसका प्रयोग किया जा सकता है। हल्दी की गाँठों की बाजार में विक्रय करने से पहले इन्हें उबालना, सुखाना और रंगना पड़ता है। मिट्टी के बर्तनों में गाँठों को भरकर इतना पानी डालते हैं कि गाँठें डूब जायें। फिर बर्तनों को ऊपर से ढककर लगभग 1 घण्टे तक भट्टी पर रखकर गर्म किया जाता है ताकि गाँठें नरम हो जायें। इसके बाद गाँठों को 8–10 दिन धूप में सुखाकर तथा प्राकृतिक रंग से रंगा जाता है ताकि गाँठें चीकनी व चमकदार हो जायें। गुणवत्तायुक्त हल्दी की गाँठें प्राप्त करना निम्न बातों पर निर्भर करता है–

1. हल्दी का रंग और उसमें करक्यूमिन की मात्रा
2. स्वाद तथा सुगन्ध
3. गाँठों का आकार
4. गाँठों का चिकना या खुरदरा होना
5. गाँठों की परिपक्वता
6. गाँठों के परिवहन तथा तैयारी में बरती गयी सावधानियाँ

विधि

हल्दी तैयार करने की विधि को चार प्रमुख भागों में बाँटा जा सकता है–

1. गाँठों की सफाई
2. गाँठों को उबालना
3. गाँठों को सुखाना
4. गाँठों को रगड़कर चिकना करना

1. गाँठों की सफाई

(क) जड़ों एवं पत्तियों को हल्दी की गाँठों से तोड़ दें।

(ख) कटी व सड़ी हुई गाँठों को निकाल दें।

(ग) पानी में गाँठों को अच्छी तरह धुलाई कर दें जिससे मिट्टी, धुल आदि निकल जाये।

(घ) गाँठों को ढेर लगाकर पत्तियों से ढक दें जिससे वे पसीज जायें।

(ङ) बड़ी गाँठों को आवश्यकतानुसार काट कर छोटा कर लें।

2. गाँठों को उबालना

हल्दी की प्रकन्दों को साफ करके 5–7 दिन तक ढ़ेर में पत्तियों से अच्छी तरह ढक कर रखते हैं फिर ढेर से प्रकन्दों को निकालकर उनको आकार के अनुसार छोटे व बड़े आकार वाले प्रकन्दों में विभक्त कर देते हैं। फिर इनको मिट्टी के घड़ों या लोहे की कड़ाही में उबालते हैं। छोटे (ज्यादातर प्रकन्द) व बड़े (मातृ प्रकन्द) प्रकन्दों को अलग–अलग उबालते हैं। ध्यान रहे जिस बर्तन में गाँठें उबाली जा रही हैं, पूरी तरह पानी से न भरी हों तथा 5.0–7.0 सेन्टी मीटर रिक्त रखना चाहिए। उबालते समय पानी में थोड़ा गोबर, हल्दी की पत्तियाँ व गन्ने की पत्तियाँ डालने से हल्दी का रंग अधिक आकर्षक हो जाता है, परन्तु वैज्ञानिक ने गोबर की जगह चूने के पानी या सोडियम बाईकार्बोनेट या सोडियम कार्बोनेट के हल्के घोल की अनुशंसा की है। अब गाँठों को हल्की आँच पर 3–4 घण्टे तक उबाल लें। जब प्रकन्द मुलायम होकर अंगुलियों से दबने लग जायें तो उबालना बन्द कर दें। उबले हुए गाँठों को ज्यादा देर तक पकाना नहीं चाहिए। बर्तन में झाग तथा भाप में हल्की खुशबू आने लगे तो उबालने से वाष्पशील तेल की क्षति होती है।

उबालने की क्रिया के मुख्य उद्देश्य निम्नवत् है–

(क) गाँठों की अंकुरण शक्ति समाप्त करना

(ख) सुखने के समय में कमी लाना

(ग) गाँठों में स्टार्च को जीलेटनाइज करना

(घ) समान रंग की उबली हल्दी तैयार करना

हल्दी की गाँठों में अच्छी रंग लाने के लिए कभी–कभी क्षारीय पदार्थ जैसे चूने का पानी या सोडियम बाईकार्बोनेट या सोडियम कार्बोनेट के 0.05–0.1 प्रतिशत घोल का प्रयोग किया जाता है।

3. गाँठों को सुखाना

उबालने के बाद गाँठों को सूर्य के प्रकाश में 10–15 दिन तक सुखाया जाता है। उबली हुई गाँठों को पतली पर्त में ही फैलायें जिससे सभी गाँठों को उचित प्रकाश मिल सके और वे अच्छी तरह सूख जायें। रात में ओस से बचाने के लिए गाँठों का ढेर बनाकर किसी वस्तु से ढक देना चाहिए। पूर्णतः सूखने पर गाँठें कठोर हो जाती हैं।

4. गाँठों को रगड़कर चमकाना

गाँठों को चमकाना एक महत्वपूर्ण प्रक्रिया है। सूखने के बाद गाँठें खुरदरी तथा बदसूरत लगती है। इसके लिए उबली हुई गाँठों को किसी खुरदरी चीज से गाँठों को रगड़कर चमकाना आवश्यक होता है, जिससे वह पूर्णतया साफ हो जाती है। गाँठों को चमकाने का कार्य दो विधियों से किया जाता है–

(क) हाथ या पैर से रगड़ना–इस पद्धति में उबली गाँठों को लेकर हाथ या पैर से रगड़ते हैं। इस प्रक्रिया में समय ज्यादा लगता है और चमकाने में ज्यादा श्रम लगता है।

(ख) **ड्रम की सहायता से**—हल्दी की गाँठों को चमकाने के लिए दो प्रकार के ड्रम प्रयोग किये जाते हैं—

1. हस्त चालित 2. मशीन चालित

1. हस्त चालित

इस पद्धति में लकड़ी का ड्रम प्रयोग होता है, जो ढोलक के समान दोनों तरफ से बन्द होता है। इसमें एक द्वार होता है, जिससे हल्दी की गाँठें डाली जाती हैं। पूरा ड्रम एक हैण्डिल द्वारा घुमाया जाता है। इसकी सहायता से एक आदमी एक घण्टे में लगभग 10 किलो ग्राम हल्दी चिकनी कर सकता है। अतः इसकी कार्य क्षमता कम होती है।

2. मशीन चालित

दूसरी ओर मशीन चालित ड्रम लोहे का बना होता है। इसमें एक घण्टे में 500 किलो ग्राम तक गाँठे एक बार में चिकनी की जा सकती हैं।

गाँठों पर रंग चढ़ाना

हल्दी की गाँठों की रंगाई का कार्य दो प्रकार से किया जाता है

1. प्रथम तो सूखी रंगाई में पीले रंग के पाउडर को उपचारति गाँठों के ढेरों पर भली—भाँति मिला दिया जाता है।
2. दूसरी गीली रंगाई में रंग को घोलकर चमकी हुई गाँठों के ऊपर छिड़कते हुए गाँठों को उलटते—पलटते रहना चाहिए।

गाँठों का रंग अच्छा पीला करने के लिए ड्रम में पीसी हुई हल्दी के गाँठ का घोल बनाकर डाल दिया जाता है। उपर्युक्त तरह से सुखाई गयी गाँठों को एक ड्रम में डालकर उनके ऊपर 10.0 किलो ग्राम सूखी हल्दी को रगड़ने के लिए, 200.0 ग्राम पिसी हल्दी, 5.0 ग्राम सोडियम बाइसल्फेट तथा 5.0 ग्राम हाइड्रक्लोरिक अम्ल का घोल पर्याप्त होता है। सूखी व पॉलिश की हुई गाँठों को बोरियो में भरकर नमी रहित गोदामों मे रख दिया जाता है या बेच दिया जाता है।

उपज

सिंचित क्षेत्रों में शुद्ध फसल से 15.0—20.0 टन और असिंचित क्षेत्रों में 6.0—9.0 टन प्रति हेक्टेयर कच्ची हल्दी प्राप्त होती है। सुखाने के बाद कच्ची हल्दी की उपज 15—25 प्रतिशत तक कम बैठती है।

आमदनी

यदि 800 रु0 प्रति कुन्तल थोकभाव में बेचें तो 80,000 से 1,68,009 रु0 की कुल आय होती है जिसमें से 20,000—40,000 रुपये उत्पाद का खर्चा प्रति हेक्टेयर निकाल दें तो 6,000—1,28,000 रुपये की शुद्ध लाभ प्रति हेक्टेयर होती है, जो कि कई अन्य नगदी फसलों से कहीं ज्यादा है।

बीज प्रकन्दों का भण्डारण

बीज के लिए चुने हुए मातृ प्रकन्द या सुविकसित आँखों वाली फिंगर्स (fingers) छाँट कर रख ली जाती हैं। इस प्रकन्दों को 0.25 प्रतिशत सेरेसन कवकनाशी (fungicide) के घोल में डूबोकर छाया में सुखाते हैं। एक दिन सुखानें के बाद इसको जमीन में गड्ढा खोदकर उस गड्ढ़े में 10.0–15.0 सेन्टी मीटर ऊँची परत लगाकर लकड़ी के तख्ते से ढक देते हैं। प्रकन्दों की परत के नीचे तथा ऊपर सूखी घास या लकड़ी के बुरादे की पतली तह लगाना लाभदायक है। लकड़ी के तख्ते व प्रकन्दों की परत के मध्य 8–10 सेन्टी मीटर खाली स्थान छोड़ देते है, तथा तख्ते में भी हवा के लिए छेद कर दिये जाते है, ताकि प्रकन्दों को पर्याप्त मात्रा में हवा मिल सके। तख्ते पर मिट्टी व गोबर का लेप कर दिया जाता है। फसल की कटाई से अगली बुआई अर्थात 4–5 महीने तक ये प्रकन्द इसी अवस्था में रहते हैं। कई जगह खेत में ही कुछ क्षेत्र के प्रकन्दों को बीज के लिए छोड़ देते हैं। इस क्षेत्र को पत्तियों की मोटी तह से ढक दिया जाता है व बुवाई के समय इन प्रकन्दों को खोद लिया जाता है और बुआई के काम में लिया जता है।

पादप संरक्षण

प्रमुख कीड़े एवं उनका प्रबन्धन

वैसे हल्दी की फसल को किसी कीड़े से अधिक नुकसान नहीं होता है लेकिन कुछ हानि पहुँचाने वाले महत्वपूर्ण कीट इस प्रकार हैं।

थ्रिप्स (Thrips)

पत्तियों की निचली सतह से रस चसते हैं जिससे पत्तियाँ पीली पड़कर सूखने लगती है। इस कीट की रोकथाम इंडोसल्फान 0.03 प्रतिशत (3.0 मिली लीटर दवा प्रति लीटर पानी) में घोलकर छिड़काव करना चाहिए।

तना या प्रकंद छेदक कीट

कीट तनों व गाँठों में छेद करके काफी क्षति करता है तथा गाँठों में छेद होने से न तो हल्दी ही ठीक बनायी जा सकती है और न ही अच्छा बाजार मूल्य मिल पाता है। इस कीट की रोकथाम के लिये बुआई से पूर्व खेत को 20.0–25.0 किलो ग्राम एल्ड्रिन (5.0 प्रतिशत) प्रति एक हेक्टेयर से उपचारित करना चाहिए। इस दवा के प्रयोग से दीमक पर भी नियन्त्रण हो जाता है।

प्रमुख बीमारियाँ एवं उनका प्रबन्धन

वैसे हल्दी की फसल को किसी रोग से अधिक नुकसान नहीं होता है, लेकिन कुछ बीमारी निम्न हैं–

पत्ती धब्बा रोग (Leaf spot)

पत्ती धब्बा रोग (Leaf spot) दो प्रकार का होता है। पहला टेप्रीना मेक्यूलेंस (*Taprina maculans*) फफूँद तथा दूसरा कोलेटोट्राइकम वर्मीकुलेरिया (*Colletotrichum vermicularia*) फफूँद

द्वारा होता है। रोगी पौधों की पत्तियों पर अण्डाकार, लम्बे सफेद धब्बे पड़ जाते हैं तथा पौधा सूख जाता है व मर जाता है। कभी–2 सारी फसल समाप्त हो जाती है। इसकी रोकथाम के लिए फफूँदनाशक दवा जैसे–1 प्रतिशत बोर्डो या 0.2 प्रतिशत डायथेन एम–45 या लाइटौक्स या नीला थोथा 0.25 प्रतिशत (2.5 मिली ग्राम प्रति लीटर पानी) का छिड़काव करें।

गाँठ सड़न रोग (Root rot)

यह रोग हल्दी की फसल को सबसे अधिक क्षति पहुचाता है तथा कहीं–कहीं पर तो पूरी फसल को ही चौपट कर देता है। यह रोग फफूँद द्वारा पैदा होता है। बीमार पौधा निचली सतह से पीला होने लगता है तथा शुरु तो बीज गाँठ व मिट्टी में फफूँद के बीजाणुओं से होता है। रोगग्रस्त गाँठ नरम पड़ जाती है तथा देखने में आसानी से दब जाती है व सड़ जाती है। इस रोग की रोक थाम उचित जल निकास, स्वस्थ गाँठों का बीज के लिये चयन तथा गाँठों को बेविस्टीन (0.5 प्रतिशत) तथा डाइथेन–एम–45 (0.3 प्रतिशत) के घोल से गाँठों को 10–15 मिनट तक बीजोपचार से की जा सकती है। खेत में बीमारी के लक्षण दिखायी देते ही ब्लाइटाक्स या फाइटोलान, (2.0 ग्राम प्रति लीटर पानी) दवा का छिड़काव करें व 10–15 दिन के अन्तर से दोहरायें।

□□□

अध्याय 17

अन्य सब्जियाँ

Other Vegetables

सब्जी केला (Plantain)

वानस्पतिक नाम : म्यूसा एक्यूमिनेटा × म्यूसा बाल्बीसियाना (ए ए बी समूह) (*Musa acuminate* × *Musa balbisiana* (A A B group)

कुल : म्यूसेसी (Musaceae)

गुणसूत्र संख्या : 2 एन = 20

सब्जी केला (plantain) सामान्य हरे केले के समान दिखने वाला है लेकिन यह पूर्ण रुप से भिन्न प्रजाति है। यह प्रजाति स्टार्च से परिपूर्ण होती है और मिठापन कम या बिल्कुल नहीं होता है। अतः सब्जी के रुप में इसका उपयोग कम या ज्यादा विश्व के लगभग सभी केला उत्पादक देशों में किया जाता है। सब्जी के रुप में केले के फूल, फल एवं तने के आन्तरिक गूदेदार भाग का उपयोग होता है। विकसित फूल के सहपत्र (bract) से ढके भाग का प्रयोग करते हैं या पूरा फूल एवं विशेषकर उपर की नर कलिकायें (male bubs) उपयोग की जाती हैं। फ्रेन्च भाषा में इसे प्लान्टेन (plantain), स्पेनिश में प्लाटैनो (platano), जर्मन में प्लान्टाने (plantano) या कोचबनाने (kochbanane) के नाम से जाना जाता है। सब्जी केला को कभी–कभी पास्टा (pasta) या कैरिबियन पोटैटोस (potatoes of the caribbean) भी कहा जाता है। सामान्य केला की तुलना में सब्जी केला लम्बा (30.0–40.0 सेन्टी मीटर) व मोटे छिलके वाला (thicker) होता है। छिलके के उपर कभी–कभी भूरा धब्बा या उबड़–खाबड़ विषम संरचना देखने को मिलती है। जब छिलका हरा से पीले रंग का होता हो तो गूदे का रंग व बनावट

सुगन्ध व स्टार्च का अच्छा संगम प्रदर्शित करता है। उपर से छिलके का रंग हल्का गुलाबी (pink) व कसा गूदा होता है। इसकी मुख्य विशेषता यह है कि इसे कच्चे रुप में खाया नहीं जा सकता है। प्लाण्टेन में वे समूह सम्मिलित हैं, जिनको पकाकर सब्जी खाने के लिए उपयोग किया जाता है। प्लाण्टेन्स (plantains) को "पोटैटो आफ दी एअर (potatoes of the air) भी कहा जाता है। प्लाण्टेन दक्षिण पूर्वी एशिया पैसिफिक आइलैण्ड अमेरिका व अफ्रीका का महत्वपूर्ण खाद्य आहार है। वर्तमान में भारतवर्ष में सब्जी केला का उत्पादन 149 प्रतिशत तथा उत्पादकता में 71 प्रतिशत की वृद्धि दर्ज की है।

उद्‌भव एवं वितरण

म्यूसा (*Musa*) वंश का उद्‌भव स्थल दक्षिण एवं दक्षिण–पूर्व एशिया माना जाता है जिसे वर्तमान में मलेशिया तथा इण्डोनेशिया को अधिकारिक रूप से स्वीकार करते हैं। अनुवांशिक अध्ययनों से स्पष्ट होता है कि म्यूसा एक्यूमिनेटा (*Musa acuminata*) का उद्‌भव स्थल दक्षिण–पूर्व एशिया है जबकि म्यूसा बाल्बीसियाना (*Musa balbisiana*) को भारत में पूर्वोत्तर क्षेत्र का देशज कहा जाता है। सब्जी केला की खाने योग्य प्रजातियों का जनक म्यूसा एक्यूमिनेटा (*Musa acuminata*) है, जिसे म्यूसा पैराडिसिएका (*Musa paradisiaca*) के अन्तर्गत वर्गीकृत किया गया है। जंगली प्रभेद म्यूसा हेलाबेनेसिस (*Musa halabenesis*) सुमात्रा में तथा म्यूसा सैलासेंसिस (*Musa sallaccensis*) सुमात्रा व जावा में बहुलता से मिलता है जिसका उपयोग सब्जी केले के रुप में होता है। अफ्रीका में सब्जी केले का प्रसार प्रथम 1000 वर्ष ई0 में मलाया पालीनेसियन (Malay-Polynesian) जो मेडागास्कर में बस गये, उनके द्वारा हुआ या सम्भवतः अरब (Arabs) या भारतीय जो व्यापार करने के कारण अफ्रीका के पूर्वी समुद्री तट पर बस गये उनके द्वारा हुआ, ऐसा माना जाता है। अफ्रीका के यूगान्डा (Uganda) देश में केले की खेती व्यापक रुप से की जाती है और यहीं पर सब्जी केले की खेती भी पनपीं। पूरे विश्व में अफ्रीका अकेले 75 प्रतिशत सब्जी केले की आपूर्ति करता है। विश्व के 130 देशों में लगभग 8.25 मिलियन हेक्टेयर में खेती की जाती है, जिससे 97.38 मिलियन टन केला और सब्जी केला उत्पन्न होता है। विश्व में सबसे ज्यादा केला भारतवर्ष (19.71 प्रतिशत) में होता है जिसका उत्पादन 0.565 मिलियन हेक्टेयर से 19.19 मिलियन टन होता है। कोलम्बिया में सब्जी केला केवल मानव का प्रमुख आहार नहीं है बल्कि पशुओं का उत्तम चारा भी है।

वानस्पतिक विवरण

प्रकृति में केला की 50 से ज्यादा प्रजातियाँ हैं जिसमें सब्जी केला वंश म्यूसा (*Musa*) के अन्तर्गत आता है। म्यूसा म्यूसेसी (*Musaceae*) कुल के तीन वंशों में एक महत्वपूर्ण वंश है। केला की सामान्य रुप से उगाई जाने वाली प्रजातियाँ त्रिगुणित (Triploid) प्रकृति की होती है। सब्जी केला की उत्पत्ति म्यूसा एक्यूमिनेटा (*Musa accuminata*) व म्यूसा बाल्बीसियाना। (*Musa balbisiana*) से हुआ माना जाता है। इसमें म्यूसा एक्यूमिनेटा से "2 सेट" तथा म्यूसा बाल्बीसियाना से "एक सेट" जुड़कर समूह "ए ए बी" की संरचना की है, जो त्रिगुणित प्रकृति का होता है। केला एकबीजपत्रीय (monocot) शाकीय, बहुवर्षीय, 2.0–9.0 मीटर ऊँचा और बाहरी तना (pseudostem) पत्तियों के आवरण से ढका होता है। जड़ें झकड़ादार व पत्तियाँ एक–दूसरे पर चढ़कर पर्त (sheath) का निर्माण

करती हैं। सही तना जो जमीन के नीचे राइजोम या कार्म है। पत्तियाँ लम्बोतर 100.0–150.0 सेन्टी मीटर × 25.0–100.0 सेन्टी मीटर आकार की, जिसमें मुख्य शिरा (midrib) काफी मोटी होती है। पत्तियों में शिरा विन्यास जालिकावत होता है। जड़ों के पास से अनेकों घनकन्द (corm) विकसित होते हैं। प्रत्येक घनकन्द से एक शीर्ष पुष्पक्रम बाह्य तने से निकलता है। पुष्पक्रम संयुक्त स्पाइक (spike) होता है, जो खण्डों में विभेदित होता है। सम्पूर्ण स्पाइक लाल रंग के सहपत्र (bract) से ढ़का रहता है। पुष्प संरचना में मादा अंग नीचे की तरफ तथा नर अंग उपर बनते हैं। सामान्यतया फल बिना परागण के ही बनते हैं। फल को बेरी (berry) कहा जाता है, जो अर्द्धबेलनाकार तथा शीर्ष पर मुड़ा हुआ होता है। प्रत्येक गुच्छे में 12–20 पुष्प बनते हैं। पुष्प व फलों को संयुक्त रुप से बंच (bunch) कहते हैं और प्रत्येक फल गुच्छ को हैण्ड्स (hands) तथा प्रत्येक फल को फिंगर (finger) कहते है। इसके फल में सामान्यतः तीन उभरे हुए कतार मिलते हैं। म्यूसा पैराडिसिका (*Musa pardisiaca*) से भी प्लाण्टेन प्राप्त होते हैं। सब्जी केला या प्लाण्टेन के बीज को सिलियम हस्क (psyllium husks) कहते हैं।

पोषकीय महत्व

केले के विभिन्न भागों का उपयोग सब्जी के रुप में किया जाता है। सब्जी के रुप में फूल के उन भागों का प्रयोग किया जाता है जो सहपत्र से ढका होता है (हर्ट कहलाता है) या पूरा फूल एवं विशेषकर उपर की नर कलिकायें (male bubs) का उपयोग किया जाता है, इसको सलाद भी कहते हैं। थाइलैण्ड में केले के फूल की सब्जी का व्यापक प्रचलन है जहाँ पर फूलों से गर्म खट्टे 'सूप' तैयार किये जाते हैं। जंगली अवस्था में उपलब्ध बीज धारण करने वाली प्रजातियों के पुष्प ज्यादा उपयोगी होते हैं। कच्चे फलों का उपयोग विशेष रुप से सब्जी के लिए किया जाता है। कच्चे केले में स्टार्च ज्यादा होता है। अध्ययन में पाया गया कि कच्चे फलों की सब्जी बनाने पर (60 डिग्री सेल्सियस तापमान) विटामिन सहित अन्य पोषक तत्वों का ह्वास नहीं होता है (सिंह, 1969)। इण्डोनेशिया में फूल व फल के अतिरिक्त गूदेदार तने का उपयोग सब्जी व अन्य व्यंजन बनाने के लिए प्रयोग किया जाता है। सब्जी केले के फल का उपरी छिलका हटाकर 1.0–2.0 मिली मीटर मोटा स्लाइस बनाते हैं और तेल में तलकर चिप्स (Chips) बनाया जाता है। नाइजेरिया में सब्जी केला को भूनकर खाया जाता है। पूर्वी अफ्रीका में मटोके (matoke) व्यंजन तैयार किया जाता है। पत्तियों से सूप बनाया जाता है। सब्जी केले के फूल, फल एवं तने में पाये जाने वाले पोषक तत्वों को सारिणी में दिया गया है।

सारिणी (17.1) केले के फूल, फल एवं तनें में उपलब्ध पोषक तत्व (प्रति 100 ग्राम खाने योग्य भाग में)

पोषक तत्व	पोषक तत्व की मात्रा		
	फूल	फल (कच्चा)	तना
नमी (ग्राम)	89.9	83.2	88.3
प्रोटीन (ग्राम)	1.7	1.4	0.5
वसा (ग्राम)	0.7	0.2	0.1
खनिज लवण (ग्राम)	1.3	0.5	0.6

रेशा (ग्राम)	1.3	0.7	0.8
कार्बोहाइड्रेटस (ग्राम)	5.1	14.0	9.7
ऊर्जा (किलोकैलोरी)	34	64	42
कैल्सियम (मिली ग्राम)	32	10	10
फास्फोरस (मिली ग्राम)	42	29	10
लौह तत्व (मिली ग्राम)	1.6	6.27	1.1
कैरोटीन (माइक्रो ग्राम)	27	30	0
थाइमिन (मिली ग्राम)	0.05	0.05	0.02
राइबोफ्लेबिन (मिली ग्राम)	0.02	0.02	0.01
नियासिन (मिली ग्राम)	0.04	0.3	0.2
विटामिन 'सी'(मिली ग्राम)	16	21	7

स्रोतः गोपालन एवं सहयोगी, 1999।

सामान्य केला की तुलना में सब्जी केला में 10 गुना ज्यादा बिटा कैरोटिन (β-carotene) व ज्यादा मात्रा में विटामिन ए, सी, बी–6, पोटैशियम, फोलेट, आयरन व मैग्नेशियम पाया जाता है। पीले रंग के फलों में ज्यादा विटामिन 'ए' होता है। कैरीबियन (Caribbean) द्वारा सब्जी केला से पेट सम्बन्धी बीमारियों को दूर करने में सफलता प्राप्त की है। केले की सब्जी खाने से पेट का अल्सर नहीं होता है और अल्सर होने पर शीघ्र ठीक हो जाता है लेकिन हरा प्लाण्टेन की सब्जी प्रयोग करने से ही लाभ मिलता है। प्लाण्टेन का छिलका उतारना कठिन होता है लेकिन छिलकर ही उपयोग करना चाहिए। उबालकर छिलका हटाया जा सकता है। पूर्वी अफ्रीका में प्लाण्टेन का किण्डवन कर "वियर व शराब" बनाया जाता है।

उन्नतिशील किस्में

वर्तमान समय में सब्जी केला की अनेकों उन्नतिशील प्रजातियाँ उपलब्ध हैं जिनकी खेती सुगमतापूर्वक की जा सकती है। पकने की स्थिति के अनुसार सब्जी केला (प्लाण्टेन) हरा, पीला व काला होता है। कुछ प्रजातियाँ पकने पर गुलाबी व लाल रंग की हो जाती हैं। सब्जी केले का रंग पकने पर काला हो जाता है और उसमें सुगन्ध विकसित हो जाता है।

मोन्थन

सब्जी वाली किस्म मान्थन में शर्करा का रुप केवल ग्लूकोज ही होता है। इस किस्म के फल बहुत सख्त एवं छोटे होते हैं। पौधे ठंडक के प्रति ज्यादा सहनशील होते हैं। मैदानी भागों में विशेषकर उत्तर प्रदेश में यह किस्म ज्यादा लोकप्रिय है।

नरेन्द्रन

नरेन्द्रन किस्म को कहीं–कहीं पर रजेली (Rajeli) नाम से भी जाना जाता है। यह किस्म सब्जी तथा पके फल खाने के उद्देश्य से उत्तम माना जाता है। इस किस्म की खेती सबसे ज्यादा केरल

प्रान्त में की जाती है। इसके फल लम्बे, कोणयुक्त तथा मुड़े हुए होते हैं। पके हुए फल में स्टार्च की मात्रा पायी जाती है। सब्जी के अलावा इस किस्म से आटा, चिप्स आदि तैयार किया जाता है।

बत्तीसा (Bateesa)

मैदानी क्षेत्रों के लिए सबसे उपयुक्त किस्म है।

बोन्था (Bontha)

आर्द्र जलवायु वाले क्षेत्रों के लिए उपयुक्त है।

मुपात्ताइवजाई (Muppattaivazai)

मुपात्ताइवजाई किस्म मदुराई के क्षेत्र में उगाई जाने वाली केले की प्रमुख किस्म है। इस किस्म के केले के फल में तीन स्पष्ट धारियाँ होती हैं। यह किस्म बहुत लम्बाई में वृद्धि करती है और इसमें बनने वाले केले के फल गुच्छे में तथा ज्यादा वजन धारण करते हैं।

कुठिया (Kuthia)

कुठिया किस्म के पौधों की ऊँचाई लगभग 4.5 मीटर, घौंद सुडौल, औसत भार 14.46 किलो ग्राम, फलियों की लम्बाई 14.5 सेन्टी मीटर, मोटाई 5.00 सेन्टी मीटर, प्रत्येक फली का वजन 142.0 ग्राम तथा फसल तैयार होने में 412 दिन लगते हैं। इसके फल सब्जी एवं चिप्स के अलावा ताजा खाने के लिए उपयुक्त हैं। अतः यह एक बहुउद्‌देशीय किस्म है।

चककेला (Chak-Kela)

इस किस्म के पौधों की औसत ऊँचाई 4.57 मीटर, घौंद का भार 16.450 किलो ग्राम, फलियों की संख्या प्रति घौंद 113, फली की लम्बाई 16.6 सेन्टी मीटर, मोटाई 5.11 सेन्टी मीटर तथा फलियों का वजन 160.0 ग्राम होता है। सब्जी फसल तैयार होने में 398 दिन लगते हैं।

बरसेन (Barsen)

इस किस्म के पौधों की ऊँचाई 4.67 मीटर, घौंद का भार 16.00 किलो ग्राम, एक घौंद पर 9 हत्थे एवं 113 फलियाँ पायी जाती है। फलियों की लम्बाई 15.7 सेन्टी मीटर तथा मोटाई 4.5 सेन्टी मीटर और वजन 163.0 ग्राम होता है। सब्जी फसल तैयार होने में 442 दिन लगते हैं।

भोस (Bhos)

भोस किस्म के पौधों की लम्बाई 4.77 मीटर, घौंद का भार 15.983 किलो ग्राम, एक घौंद पर 7 हत्थे तथा 76 फलियाँ तथा फली की लम्बाई 19.8 सेन्टी मीटर, मोटाई 5.6 सेन्टी मीटर एवं वजन 219.0 ग्राम होता है। इसके फल सुडौल तथा देखने में आकर्षक होते हैं।

सब्जी वाली केले की अन्य प्रचलित किस्में

सब्जी केले की मुख्य किस्मों के अलावा स्थानीय स्तर पर प्रचलित अन्य किस्में कम्पेरगंज, चिनिया, दाखिनी सागर, बिउला, वर्दी चिनिया, गौरिया, बारसैन, न0–15 आदि हैं।

जलवायु

सब्जी केला उपोष्ण–आर्द्र जलवायु में पनपने वाला पौधा है। इसके पौधे समुद्र तट से 0–1200 मीटर की ऊँचाई तक पाये जाते हैं। सब्जी केला की म्यूसा एक्यूमिनेटा (*Musa acuminata*) एवं म्यूसा हेलाबेनेसिस (*Musa helabenesis*) समुद्र तल से 1800 मीटर की ऊँचाई तक पाया जाता है। जंगलों में स्वतंत्र रुप से इसके पौधे झरनों के किनारे, पहाडियों के नीचे व अन्य नम स्थानों में उगते हैं। जिन क्षेत्रों में 2000 मिली मीटर के उपर वार्षिक वर्षा होती है इसके पौधे सुगमता पूर्वक उगाये जा सकते हैं। पौध वृद्धि एवं विकास के लिए 26.0–28.0 डिग्री सेल्सियस का तापमान उपयुक्त होता है क्योंकि इस तापमान पर प्ररोह विकास तेज होता है। सामान्यतः 29.0–30.0 डिग्री सेल्सियस पर फल विकास तेज होता है और 16.0 डिग्री सेल्सियस तापमान पर सब्जी केला का विकास मन्द पड़ने लगता है। जब तापमान 15.0 डिग्री सेल्सियस से नीचे या 35.0 डिग्री सेल्सियस से उपर चला जाता है, सब्जी केला के पौधे ज्यादा प्रभावित होते हैं। पौध विकास रुक जाता है और पौधे मर जाते हैं। छायादार स्थान में भी सब्जी केला की खेती की जा सकती है। फल बनने के समय तेज हवा से फसल के गिरने से नुकसान होता है।

भूमि व भूमि की तैयारी

सब्जी केला की खेती करने के लिए गहरी व उर्वर मृदा सबसे उपयुक्त होती है। इसकी जड़ें 1.5 मीटर की गहराई तक पहुँच जाती हैं। सूखी, उथली, कंकरीली मृदा में पौधों का विकास कम ही होता है। जल निकास वाली दोमट मृदा सबसे उपयुक्त है। भारी मिट्टी में इसकी खेती करना उत्तम है लेकिन उसमें प्रचुर मात्रा में कार्बनिक पदार्थ होना चाहिए। इससे पौधों की जड़ों में वातायन होगा। सबसे उत्तम मृदा पी0एच0मान0 5.5–7.5 है। कुछ समय के लिए पौध जल जमाव भी सहन कर लेते हैं लेकिन उपज घट जाती है।

प्रसारण

सब्जी केला का प्रसारण निम्न प्रकार से किया जाता है–

1. बीज द्वारा
2. वर्धीय भाग द्वारा
3. ऊतक संवर्धन द्वारा।

1. बीज द्वारा (Seed)

कम स्तर पर केले के जंगली प्रभेदों का प्रसारण बीज से होता है। जब प्रसारण बीजों के द्वारा होता है, तो बीज की बुआई के 3–4 सप्ताह बाद बीजों में अंकुरण होता है। पौध तैयार होनें में ज्यादा समय लगता है।

2. वर्धीय भाग द्वारा (Vegetative)

सब्जी केला का प्रसारण ज्यादातर व्यावसायिक रुप से वर्धीय भागों द्वारा होता है सामान्य किस्मों का प्रसारण जमीन के अन्दर विद्यमान राइजोम (rhizome) से निकलती भुस्तारिकाओं (suckers) के द्वारा होता है। केले में सामान्यतः निम्न प्रकार के भुस्तारिकाएं पायी जाती हैं–

अ. स्वर्ड सकर्स (sword srckers)

ब. वाटर सकर्स (water srckers)

स्वर्ड सकर्स (sword srckers) के द्वारा केले का व्यावसायिक प्रसारण होता है क्योंकि स्वर्ड सकर्स में ओज एवं उपज क्षमता ज्यादा होता है। इस प्रकार के सकर्स में पत्तियाँ तलवार जैसी नुकीली होती हैं। प्रसारण के लिए स्वर्ड सकर्स हमेशा स्वस्थ पौधे से एकत्रित करना चाहिए। स्वर्ड सकर्स जब 15.0 सेन्टी मीटर व्यास व 50.0 सेन्टी मीटर ऊँचे हों, प्रसारण के लिए उत्तम होते हैं (स्टोवर तथा साइमन्डस, 1987)। स्वर्ड सकर्स को तेज फावड़े से खोदकर मातृ पौधे से अलग करना चाहिए। 30.0 सेन्टी मीटर से कम ऊँचे पौधों का रोपण नहीं करना चाहिए। वाटर सकर्स का प्रयोग प्रसारण के लिये नहीं करना चाहिए।

3. ऊतक संवर्धन द्वारा

उच्च प्रसारण दर, कठोरीकरण कर ज्यादा पौध स्थापन, एकसार पुष्पन व कटाई, अधिक आय, अधिक उपज, सूत्रकृमि, फफूँद व जीवाणु मुक्त पौध प्राप्त करने के लिए ऊतक संवर्धन तकनीक जिसमें "शूट टीप" (shoot tip) का प्रयोग होता है, ज्यादा उपयोगी हो रहा है।

प्रसारण का समय

सब्जी केला के प्रसारण का उपयुक्त समय बरसात का महीना है। अगर सकर्स उपलब्ध हों तो इसे फरवरी के महीने में भी लगाया जा सकता है। लगाते समय जड़ों को नम बनाये रखना चाहिए।

पौध रोपण दूरी

सब्जी केला लगाने के लिए गड्ढों का आकार 30.0×30.0×30.0 सेन्टी मीटर रखना चाहिए। महाराष्ट्र में 4500 पौध/हेक्टेयर तथा अन्य प्रान्त में 3000–3500 पौधा/हेक्टेयर तीन फसल चक्र (three crop cycle) में लगाया जाता है। इस पद्धति में कतार से कतार की दूरी 1.2 मीटर तथा दो कतारों के बीच दूरी 1.8–2.0 मीटर रखते हैं। पौध से पौध की दूरी 1.2 मीटर उपयुक्त है इतनी दूरी पर रोपण करने पर 5200 पौध प्रति हेक्टेयर लगाया जाता है। दूसरी परिवर्तित पद्धति में उच्च सघनता के लिए प्रत्येक गड्ढ़े में 3 सकर्स 1.8×3.6 मीटर या 2.0×3.2 मीटर पर स्थापित करते हैं। इससे 4500–4600 पौधे प्रति हेक्टेयर लगाते हैं। यह तकनीक तमिलनाडु, कर्नाटक व अन्य प्रान्तों में ज्यादा प्रचलित हो रही है। इससे 50 प्रतिशत उत्पादन बढ़ता है, 25 प्रतिशत उर्वरक व 30–40 प्रतिशत पानी की बचत होने से कुल लागत में कमी देखी जा सकती है। इस प्रकार रोपण करने से प्रारम्भिक समय में अन्य फसलों के साथ अन्तः फसल व ड्रिप सिंचाई पद्धति को अपनाया जा सकता है।

सिंचाई जल प्रबन्धन

सब्जी केला के लिए जमीन को लगातार नम बनाये रखना आवश्यक है। अध्ययन से पता चला है कि के केला 375,000 लीटर/हेक्टेयर प्रति सप्ताह शोषण करता है। इसकी कुछ प्रजातियाँ सूखा अवरोधी भी हैं, लेकिन यह मृदा की किस्म, मृदा संरचना, जल निकास, कार्बनिक पदार्थ आदि पर निर्भर करता है। सूखे क्षेत्रों में म्यूसा बाल्बीसियाना (*Musa balbisiana*) की खेती करना उत्तम है। ड्रिप सिंचाई पद्धति सबसे उयुक्त है। गन्नें की पत्तियों का पलवार (mulch) 5.0–6.0 टन प्रति हेक्टेयर उपयोग करने से उपज ज्यादा होती है। नमी बचाव हेतु पालीथीन का पलवार लगाने से जल संरक्षण होता है।

पोषक तत्व प्रबन्धन

केला की तुलना में सब्जी केला को खाद एवं उर्वरक की माँग पूर्णतया भिन्न होती है। नत्रजन एवं पोटाश की मात्रा सब्जी केला के लिए ज्यादा महत्वपूर्ण है। विश्लेषण से पता चला कि 30.0 टन उपज प्राप्त करने के लिए लगभग 250.0 किलोग्राम नत्रजन मृदा से अवशोषित होती है। सब्जी केला की जड़ों में माइकोराइजा (Mycorrhiza) विकसित होने के कारण फास्फोरस की कम आवश्यकता होती है। इसी प्रकार 250 किलो ग्राम पोटाश का अवशोषण प्रति हेक्टेयर आँका गया। सामान्यतया सब्जी केला के लिए 150.0–200.0 ग्राम नत्रजन, 40.0–60.0 ग्राम फास्फोरस तथा 200.0–300.0 ग्राम पोटाश प्रति पौध प्रति वर्ष देना चाहिए। अल्प मात्रा में जिंक, बोरान व मैग्नीज देने से उपज बढ़ती है। सब्जी केला की पेड़ी फसल (ratoon crop) के लिए 165.0 किलो ग्राम नत्रजन, 115.0 किलो ग्राम फास्फोरस तथा 288.0 किलो ग्राम पोटाश प्रति हेक्टेयर की आवश्यकता होती है। इसके अलावा फसल में 40.0 किलो ग्राम मैग्नेशियम आक्साइड तथा 25.0 किलो ग्राम गन्धक प्रति हेक्टेयर देने से सब्जी केला की उपज ज्यादा मिलती है। कैल्शियम व बोरान की कमी से भी पौधों का विकास प्रभावित होती है। अध्ययन में पाया गया कि एजोस्पीरील्लम (*Azospirillum*) व वैम (VAM) के संगम से उपज ज्यादा मिलती है। कार्बनिक पदार्थों के उपयोग से उपज के साथ सब्जी केला को ज्यादा समय तक रखने में आशातीत वृद्धि पायी गयी है। जीवाणु खादों में वैम (वेसीकुलर आरबसकुलर माइकोराइजा) एक प्रकार की कवक है, जो मृदा में स्वतंत्र रुप में उपलब्ध है। सहजीवी सम्बन्ध स्थापित करने के कारण पौध तैयार करने के लिए 20.0–25.0 ग्राम वैम (Vam) प्रयोग करना चाहिए। साधरणतया केले में 100 प्रतिशत नत्रजन, 50 प्रतिशत फास्फोरस तथा वैम कल्चर के संयुक्त प्रयोग से केले का वजन 142 ग्राम, फल की लम्बाई 17.93 सेन्टी मीटर, मोटाई 4.02 सेन्टी मीटर, कुल ठोस विलेय पदार्थ 19.8 प्रतिशत तथा प्रति 100.0 ग्राम वजन में एस्कोर्बिक अम्ल 7.6 मिली ग्राम पाया गया। अगर प्रत्येक गड्ढे में रोपण के समय 50.0–70.0 किलो ग्राम अच्छी प्रकार सड़ी गोबर की खाद वर्षा ऋतु में दे दिया जाये तो पौध विकास अच्छा होता है।

उपज

सब्जी केला की व्यावसायिक खेती करने से 40.0 टन प्रति हेक्टेयर उपज प्राप्त होती है।

पौध संरक्षण

• प्रमुख कीट एवं उनका प्रबन्धन

सब्जी केला को नुकसान पहुँचाने वाले प्रमुख कीट निम्नलिखित हैं–

बनाना विविल (Banana Weevil-*Cosmopolites sordidus*)

इस कीट के नियंत्रण हेतु जैव कारक जैसे विवेरिया प्रजाति (*Beaveria* sp.) तथा इ0पी0एन0 (EPN) हेट्रोरहैब्डीटीस इण्डिका (*Heterorhebditis indica*) का प्रयोग सुगमता से किया जा सकता है।

स्यूडोस्टेम बोरर (Pseudo stem-borer-*Odoiporus longicollis*)

माइट्स (Mites-*Tetranychus* sp.)

फूलों एवं फलों को नुकसान पहुँचाता है।

थ्रीप्स (Thrips)

फूलों एवं फलों को नुकसान पहुँचाता है।

बनाना एफीड (Banana aphid- *Pentalonia nigronervosa*)

इस कीट के द्वारा बनाना बन्ची टाप वाइरस (Banana Bunchy top virus- BBTV) का प्रसारण होता है, जो केला की भयंकर बीमारी मानी जाती है।

सारिणी (17.2) केला के प्रमुख कीट, लक्षण, प्रभावित राज्य व सुग्राही किस्में

कीट	प्रभावित राज्य	लक्षण	सुग्राही प्रजातियाँ
राइजोम बीवील (कम्पोलाइटिस सोर्डीडस)	केरल, आसाम, महाराष्ट्र, बिहार आन्ध्र प्रदेश	राइजोम में छिद्र बनना	नेन्द्रान पुवन मालभोग
स्यूडोस्टेम बोरर (आडाइपोरस लॉंगीकोलिस)	आन्ध्र प्रदेश, बिहार, आसाम, कर्नाटक	पौध से रस स्राव तथा छिद्र से गन्दगी बाहर निकलना	नेन्द्रान, कुनान, पुवन, रसथली
स्केयरिंग बीटील (बेसीलेप्टा सबकोस्टाटम)	बिहार, आसाम, पश्चिम बंगाल	केले की अंगुलियों पर पूरे धब्बे बन जाना	सभी प्रजाति
एफीड (पेन्टालोनिया निग्रोनरवोसा)	केरल, तमिलनाडु, कर्नाटक	प्ररोह का गुच्छा रुप धारण करना, पौधों का अनुत्पादक होना	सभी प्रजाति
मीली बग्स (आइसेरिया इजिप्टयाका)	दक्षिण प्रान्त व उत्तर पूर्वी राज्य	फलों का बदरंग होना	पिसांग अवाक
थ्रीप्स (थ्रीप्स फ्लोरम)	सभी केला उत्पादक प्रान्त	फलों पर भूरा धब्बा	कैवेंडिस, मोन्थान, सिल्क व सब्जी केला की अन्य किस्में

प्रमुख सूत्रकृमि एवं उनका प्रबन्धन

सब्जी केला को अनेकों प्रकार के सूत्रकृमि नुकसान पहुँचाते हैं।

बरोवींग निमेटोड (Burrowing Nematodes)

यह सूत्रकृमि (*Rodophlus similis*) देश के सभी भागों में पाया जाता है।

रुट लेसन निमेटोड (Root Lesion Nematode)

यह सूत्रकृमि (*Pratylenchus coffeae*) लगभग सभी केला उत्पादक राज्यों में फसल को नुकसान पहुँचाता है।

स्पाइरल निमेटोड (Spiral nematode)

यह सूत्रकृमि (*Helicotylenchus multicinctus* and *Helicotylenchus dihystera*) पूर्वोत्तर राज्यों में सब्जी केला फसल को ज्यादा नुकसान पहुँचाता है।

रुट नाट निमेटोड (Root-Knot Nematode)

यह सूत्रकृमि (*Meloidogyne incognita*) लगभग सभी राज्यों में सब्जी केला फसल को ज्यादा नुकसान पहुँचाता है।

सिस्ट निमेटोड (Cyst Nematode -*Heterodera oryziocola*)

यह सूत्रकृमि (*Heterodera oryziocola*) सबसे ज्यादा नुकसान केरल प्रान्त में करता है।

सारिणी (17.3) सब्जी केला के सूत्रकृमि, उनका वितरण एवं सुग्राही किस्में

सूत्रकृमि	वितरण	सुग्राही किस्में
रुट नाट निमेटोड (मेलिडोगाइन इन्कागनीटा)	तमिलनाडु, बिहार, आन्ध्र प्रदेश, कर्नाटक	नेन्द्रान
बरोवींग निमेटोड (रैडोफोलस सीमीलीस)	केरल, बिहार, महाराष्ट्र, आन्ध्र प्रदेश, कर्नाटक, गुजरात, तमिलनाडु	रोबस्टा, नेन्द्रान, पुवन,रस्थली, करपूरावल्ली
रुट लेसन निमेटोड (प्राटीलेन्कस कोफी)	केरल, तमिलनाडु, आन्ध्र प्रेदश, कर्नाटक, गुजरात	सभी व्यावसायिक किस्में
स्पाइरल निमेटोड हेलीकोटीलेन्कस मल्टीसिंकट्स	केरल, आसाम, बिहार, महाराष्ट्र, तमिलनाडु	सभी व्यावसायिक किस्में
सिस्ट निमेटोड (हेट्रोडेरा ओराइजीकोला)	केरल, कर्नाटक, आसाम	सभी व्यावसायिक किस्में

प्रबन्धन

खेत में सनई की हरी खाद तथा नीम खली के प्रयोग से ज्यादातर सूत्रकृमि के प्रकोप को कम किया जा सकता है। कुछ जैव कारक जैसे–स्यूडोमोनास फ्लूरोसेन्स (*Pseudomonas fluorescence*), पीसीलोमाइसीज लिलासिनस (*Paecilomyces lilacinus*) तथा ट्राइकोडर्मा विरीडी (*Trichoderma viride*) के प्रयोग से भी सूत्रकृमि की संख्या में कमी होती है। वैम ग्लोमस प्रजाति (VAM-*Glomus* sp.) के प्रयोग से भी सूत्रकृमि का प्रभावी प्रबन्ध सम्भव है।

• प्रमुख रोग एवं उनका प्रबन्धन

सब्जी केला में निम्नलिखित प्रकार के रोग लगते हैं–

फ्यूजेरियम विल्ट (*Fusarium* wilt)

यह बीमारी फ्यूजेरियम आक्सीस्पोरियम प्रजाति क्यूबेन्स (*Fusarium oxysporum* f. species *cubens*) के रेस–1 से होता है, जो रस्थली करपुरावल्ली पाचानन्दन व वीरुपाक्षी किस्म को नुकसान पहुँचाता है जबकि रेस–4 कैवेन्डिस समूह को नुकसान पहुँचाता है

लीफ स्पाट (Leaf spot)

बनाना ब्रेक्ट मोजैक वाइरस (Banana bract mosaic virus -BBr mv)

बनाना स्ट्रीक वाइरस (Banana streak virus, BSV)

बनाना बंची टाप वाइरस (Banana Bunchy Top virus, BBTV)

सिगाटोका (Sigatoka)

इसमें पीला सिगाटोका बीमारी (*Cercospra musae* or *Mycosphaerella* species) ज्यादा घातक है, जो समुद्री क्षेत्रों तथा आर्द्र वातावरण वाले केला उत्पादक क्षेत्रों में ज्यादा नुकसान पहुँचाता है।

हर्ट राट (Heart rot-*Erwinia* species)

यह उत्तक सवंर्धित केले के पौधे के लिए हर्ट राट (*Erwinia* species) ज्यादा घातक सिद्ध हो रहा है।

सरिणी (17.4) केले के प्रमुख रोग उनका वितरण एवं सुग्राही किस्में

रोग	लक्षण	सुग्राही किस्में
फ्यूजेरियम विल्ट / पनामा विल्ट (फ्यूजेरियम आक्सीस्पोरम प्रजाति क्यूबेन्स)	पौध रोपण के 5–6 माह बाद, पत्तियों का पीला पड़ना और आधार से पौध का फटना	मोन्थान, पोम, सिल्क नैपुवन प्सिंग अवाक

सिगाटोक लीफ स्पाट (माइकोस्फीरेल्ला प्रजाति)	प्राथमिक रुप में पत्तियों पर छोटे धब्बे, जो बाद में पीले पड़ते हैं या हरी धारियाँ बनाते हैं।	कैवेन्डिस व मैसूर की किस्में
हर्ट राट (इरविनिया कैरोटोवोरा)	रोपित सकर्स सड़कर दुर्गन्ध युक्त हो जाते हैं। आधार से सड़न होती है व सड़कर कई भागों में बँट जाता है।	उत्तक द्वारा विकसित पौधे, कैवेन्डिस, टोबस्टा, ग्रैन्ड नैने
सिगार इन्डराट (वर्टिसीलियम थियोब्रोमी ग्लोइओस्पोरियम म्यूसाराम)	फलियों के अग्र भाग पर सड़न व बाद में पूरा फल सड़ जाता है।	नेन्द्रान, नैपुवन व ब्लूगोई समूह
एन्थ्रेकनोज (कोलेटोट्राइकम म्यूसी)	फलों के छिलके पर काले धब्बे	कैवेन्डिस व अन्य व्यावसायिक किस्में

प्रबन्धन

विषाणु रोग के नियन्त्रण हेतु सफल दवाओं का विकास नहीं हुआ है अतः रोगयुक्त पौधों का चयन ही सबसे उत्तम तरीका है। अन्य बीमारियों से छुटकारा पाने के लिए उपयुक्त किस्में का चुनाव, फसल चक्र व उत्पादन तकनीक के माध्यम से सफलता प्राप्त की जा सकती है।

बाँस शीर्ष (Bamboo Shoot)

वानस्पतिक नाम : बम्बूसा प्रजाति (*Bambusa* species)
कुल : पोयेसी (Poaceae)
उप कुल : बम्बूसोआइडी (Bambusoideae)
गुणसूत्र संख्या : 2 एन = 72

फिलीपीन्स में इसे कवायान (Kawayan), कमारो (Chamorro), पियाओ (Piao), चीनी झू (Zhu), जापानी टके (Take), कोरीयन डे (Dae) या डिनामु (Daenamu) म्यानमार वा (Wa), वियतनामी ट्रे (Tre) हिन्दी में बाँस (Bans) या वानू (Vanoo) तथा इण्डोनेशिया में बम्बू (Bambu) के नाम से जानते हैं।

उद्भव एवं वितरण

बाँस की उत्पत्ति दक्षिण चीन से माना जाता है। बाँस की वृहद् विविधता ताइवान व जापान में देखा जा कसता है। इसकी प्रचुरता पूर्वी एशिया, शाखालीन से आस्ट्रेलिया, भारत, सहारा अफ्रीका, अमेरिका, संयुक्त राज्य अमेरिका, अर्जेन्टीना, यूरोप, कनाड़ा, अण्टार्कटिका में देखा जा सकता है। बाँस की 155 वंश व 1300 से ज्यादा प्रजातियाँ पूरे विश्व के उपोष्ण व समशीतोष्ण तथा उष्णकटिबन्धीय क्षेत्रों में लगभग 2.5 मिलियम क्षेत्रफल में पायी जाती है। भारत वर्ष में कुल 23 वंश व 125 प्रजातियाँ पायी जाती है जिनमें 58 प्रजातियाँ जो 6 वंशों में समाहित हैं, केवल पूर्वोत्तर राज्यों में उपलब्ध हैं। क्षेत्रफल की दृष्टि से बाँस की अनेकों प्रजातियाँ भारतवर्ष में लगभग 1,00,000 वर्ग किलो मीटर में छाया हुआ है, जो देश के सम्पूर्ण जंगल का 12.8 प्रतिशत है (शास्त्री, 2001, सोडेरस्ट्राम एवं काल्डेरोन, 1979, वर्मा एवं बहादुर, 1980)। चीन में बाँस का उत्पादन 32.2 मिलियन टन प्रतिवर्ष है (पाठक, 1989)।

सारिणी (17.5) राज्य वार बाँस विविधता (वंश व स्पीशीज)

क्षेत्र	वंभा	स्पीशीज	सन्दर्भ
पूर्वोत्तर क्षेत्र	16	58	बहादुर एवं जैन,1981
भारत	23	125	वर्मा एवं बहादुर, 1980
विश्व	75	1250	उपरेती तथा सुन्ड्रीयाल, 2001

वैसे बाँस का बहुयामी उपयोग (मकान निर्माण, गृह सज्जा समान, औषधि, भोज्य पदार्थ आदि) है जो मानव सभ्यता तथा मानव संस्कृति से जुड़ी हुई है। इसकी उपयोगिता को देखते हुए बाँस सुधार सम्बन्धी संसदीय समिति (कृषि) ने 13वीं लोकसभा की संख्या 15वीं में संस्तुति प्रदान की, जिससे जैव सम्पदा व विविधता का संरक्षण प्राप्त किया जा सके। भारत के पूर्वोत्तर राज्य को छोड़कर किसी अन्य जगह खाद्य के रुप में प्रचलित नहीं है।

सारिणी (17.6) बाँस के कोमल शीर्ष का उपयोग (खाद्य) की जाने वाली प्रजातियाँ

प्रदेश	बाँस की प्रजातियाँ	वानस्पतिक नाम
अरुणाचल प्रदेश	डेन्ड्रोक्लामस जीजैन्टियस	*Dendrocalamus giganteus*
	पेन्ड्रोक्लामस हामिलटोनी	*Dendrocalamus hamiltonii*
	फाइलोस्टाकिस बम्बूसोयड्स	*Phylostachys bambusoides*
	मेलोकाना बेसीफेरा	*Melocanna baccifera*
मणिपुर	बम्बूसा बालकुआ	*Bambusa balcooa*
	डेन्ड्रोक्लाम जीजैन्टयस	(*Dendrocalamus giganteus*)
	डेन्ड्रोक्लामस हामिलटोनी	(*Dendrocalamus hamiltonii*)
	डेन्ड्रोक्लामस लॉगीफैथस	(*Dendrocalamus longis phathus*)
	डेन्ड्रोक्लामस सिकिमेन्सिस	(*Dendrocalamus sikkimnesis*)
	मेलोकाना बेसीफेरा	(*Melocanna baccifera*)
	टैनो स्टाकीयम	(*Teinostachyum wightii*)
	छिंग्वा (बिना पहचान की प्रजाति)	(Chingwa, un-unidentified species)
मेघालय	बम्बूसा बालकुआ	(*Bambusa balcooa*)
	डेन्ड्रोक्लामस हामिलटोनी	(*Dendrocalamus hamiltonii*)
	मेलोकाना बेसिफेर	(*Melocana baccifera*)
मिजोरम	मेलोकाना बेसिफेरा	(*Melocanna baccifera*)
नागालैण्ड	डेन्ड्रोक्लामस हामिलटोनी	(*Dendrocalamus hamiltonii*)
	डेन्ड्रोक्लामस जीजैन्टियस	(*Dendrocalamus giganteus*)
	डेन्ड्रोक्लामस मेम्बानेसियस	(*Dendrocalamus embranaceus*)
	गिगान्टोक्लोआ रोस्ट्राटा	(*Gigantochloa rostrata*)
	खुप्री (बिना पहचान वाली प्रजाति)	(Khupri unidentified species)
त्रिपुरा	बम्बूसा बालकुआ	(*Bamboosa balcooa*)
	बम्बूसा पालीमार्फा	(*Bamboosa polymorpha*)
	बम्बूसा टुल्डा	(*Bamboosa tulda*)
	डेन्ड्रोक्लामस हामिलटोनी	(*Dendrocalamus hamiltonii*)
	मेलोकाना बेसीफेरा	(*Melocanna baccifera*)
	सिजोस्टाकियम डुल्लुआ	(*Schizostachyum dullooa*)

स्रोतः भट एवं सहयोगी, 2005

सारिणी (17.7) पूर्वोत्तर राज्यों में ताजे " बाँस शीर्ष" के उपयोग का प्रजातीय भागीदारी (प्रतिशत में)

बाँस की प्रजाति	अरुणाचल प्रदेश	मणिपुर	मेघालय	मिजोरम	नागालैण्ड	त्रिपुरा
बाम्बूसा बालकुआ	–	6.2	19.30	–	–	18.22
बम्बूसा पालीमार्फा	–	–	–	–	–	100.00
बम्बूसा टुल्डा	–	–	–	–	–	100.00
डेन्ड्रोक्लाम जीजैन्टियस	13.5	72.10	–	–	14.86	–
डेन्ड्रोक्लामस हामिलटोनी	7.61	0.40	18.80	–	13.20	0.69
डेन्ड्रोक्लामस हुकेरी	100.00	–	–	–	–	–
डेन्ड्रोक्लामस लांगीस्पाथस	–	100.00	–	–	–	–
डेन्ड्रोक्लामस मेम्ब्रानेसियस	–	–	–	–	100.00	–
डेन्ड्रोक्लामस सिकिमेन्सिस	–	100.00	–	–	–	–
गिगान्टोक्लोआ रोस्ट्राटा	–	–	–	–	100.00	–
मेलोकाना बेसीफेरा	6.03	10.31	11.88	50.21	–	21.57
फाइलोस्टाकिस बम्बूसोयाडस	100.00	–	–	–	–	–
सिजोस्टाकियम डुलुआ	–	–	–	–	–	100.00
टैनोस्टाकियम विहटी	–	100.00	–	–	–	–
छिंग्वा	–	100.00	–	–	–	–
खुप्री	–	–	–	–	100.00	–

स्रोत: भट एवं सहयोगी, 2005

लकड़ीदार वृक्षों में बाँस का पौधा विश्व में सबसे तेज वृद्धि करने वाला (121.00 सेन्टी मीटर प्रतिदिन व 1.5–2.0 इंच प्रति घण्टा) पौध है। कभी–कभी वृद्धि 100.0 सेन्टी मीटर प्रतिदिन होता है। प्रजातियों के उपयोग को देखा जाये तो डेन्ड्रोक्लामस हामिलटोनी एवं मेलोकाना बेसीफेरा सभी पूर्वोत्तर राज्यों में एक समान खाने की प्रथा है। अतः उपरोक्त दोनों प्रजातियों की खेती ज्यादा की जाती है। इसी प्रकार बम्बूसा बालकुआ तथा डेन्ड्रोक्लामस जीजैन्टियस की भी खेती बड़े पैमाने पर की जाती है। अन्य प्रजातियों की खेती कम होती है लेकिन बाजार में माँग ज्यादा रहती है। ताजे या प्रंसस्कृत बाँस शीर्ष का उपयोग थाइलैण्ड, चीन, डेनमार्क, फिलीपीन्स, ताइवान, तंजानिया, पूर्तोरिको, मलेशिया, सिंगापुर व जापान में स्वादिष्ट भोजन के लिए ज्यादा करते हैं। प्रजाति फिलोस्टाकिस हेटरोसाइक्ला प्यबीसेन्स (moso) जो सी0 हुकेरियाना व फाइलोस्टाकिस बम्बूसोयड्स (*Phylostachys bambusoides*) से कुछ बड़ा होता है, का जापान में सांस्कृतिक महत्व है। अतः भारत से इन दोनों प्रजातियों का निर्यात किया जा सकता है (शास्त्री, 2001)।

बाँस वंश के प्रकार

बाँस के वंशों को दो समूहों में विभाजित किया जा सकता है–

1. क्लम्पर (Clumper)
2. रनर (Runner)

सारिणी (17.8) बांस की महत्वपूर्ण प्रजातियाँ

क्लम्पर वंश (Clumper)	**रनर वंश (Runner)**
बम्बूसा (Bamboosa)	सिमोनोबाम्बूसा (Cimonobambusa)
चस्क्वी (Chusquea)	इण्डोंक्लामस (Indocalmus)
डेन्ड्रोक्लामस (Dendrocalamus)	फिलोस्टाकिस (Phyllostachys)
फारगेसिया (Forgesia)	प्लीयोब्लास्ट्स (Pleioblastus)
हिमालयाक्लामस (Himalayacalamus)	स्यूडोसासा (Pseudosasa)
ओटैटीया (Otatea)	सासा (Sasa)
थामोक्लामस (Thamocalamus)	सेमीअरन्डीनेरिया (Semiarundinaria)
	सिबाटिया (Shibatea)
	सिनोबाम्बूसा (Sinobambusa)

बाँस की पीली पत्ती व पीली तना वाली प्रजाति फिलोस्टाकिस औरिया (*Phyllostachys aurea*) तथा काली पत्ती तथा काली तना वाली प्रजाति को फिलोस्टाकिस निग्रा (*Phyllostachys nigra*) कहते हैं।

वानस्पतिक विवरण

बाँस एक बीज पत्री (monocot) पौधा है, जो पोएसी (Poaceae syn- Gramineae) कुल में आता है। यह लकड़ी युक्त, सदाबहार एवं बहुवर्षीय प्रकृति का होता है। इसका तना पर्व से जुड़ा होने के कारण क्लम्स (clums) कहलाता है। तने के आधार बिन्दु से कई राइजोम विकसित होते हैं। उपोष्ण क्षेत्र में पाये जाने वाले बाँस की प्रजातियाँ सीधी बढ़वार करती है जबकि शीतोष्ण क्षेत्र की प्रजातियाँ रेंगकर वृद्धि एवं विकास करती हैं। मातृ पौधे से कन्दिल टुकड़े लेकर प्रसारण करने से किसी भी वातारण में एक समान पुष्पन (synchronomous flowering) करते हैं। बाँस की कुछ प्रजातियाँ ऐसी हैं, जो पूरे जीवन काल में मात्र एक बार पुष्पन करती हैं और पुष्पन के बाद स्वतः पूरा पौधा सूखकर समाप्त हो जाता है।

पोषकीय महत्व

सब्जी के रुप में बाँस की उपयोगिता केवल मणिपुर, मिजोरम, नागालैण्ड, मेघालय, त्रिपुरा व अरुणाचल प्रदेश के कुछ भागों में ही है। बाँस के कोमल शीर्ष (tender bamboo shoots) का उपयोग अन्य प्रान्तों के लोग बड़े कम स्तर पर करते हैं। सब्जी के अलावा इसके कोमल शीर्ष का उपयोग अचार व क्विडन कर अन्य भोज्य पदार्थ बनाने में किया जाता है। सब्जी के रुप में खाने योग्य बाँस के गुणधर्म का विस्तृत विवेचना कम ही उपलब्ध है क्योंकि भारत के पूर्वोत्तर राज्यों में ही उपयोग किया जाता है (भट एवं सहयोगी, 2001, 2003 अ)। कुछ प्रमुख प्रजातियाँ जो खाने के लिए उपयोग में लायी जाती हैं, इनके उत्पादन, वितरण, भण्डारण व लाभ–हानि का विवरण कुछ शोधकर्ताओं द्वारा की गयी है (भट तथा बज्रवरुहा, 2004, उपरेती तथा सुन्द्रीयाल, 2001, सिंह एवं सहयोगी, 2003)। ताजे शीर्ष के उपयोग के अलावा ज्यादा मात्रा में किण्डवित (fermented) शीर्ष का उपयोग भी किया जाता है। लोगों का विश्वास है कि ज्यादा समय तक किण्वन करने से स्वाद में वृद्धि होती है।

सामान्यतया टुकड़े (slice) का किण्डवन 3–6 महीने तक, गूदा का एक महीने तक तथा सूर्य के रोशनी व तापमान द्वारा सुखाने पर 1–2 महीने तक रखने की आवश्यकता पड़ती है। भून कर खाने के लिए बाँस का शीर्ष एक अतिशीघ्र तैयार होने वाला भोज्य पदार्थ है (भट तथा बज्र वरुहा, 2004)। विभिन्न प्रान्तों में उपयोग किये जाने वाले बाँस की प्रजातियाँ तथा उपयोग की मात्रा निम्न हैं:

सारिणी (17.9) बाँस शीर्ष की उपयोग की जाने वाली प्रजातियाँ तथा उपयोग की मात्रा

प्रदेश	**बाँस की प्रजातियाँ**	**वानस्पतिक नाम**	**कुल उपभोग (टन प्रति हेक्टेयर)**
अरुणाचल प्रदेश	डेन्ड्रोक्लामस जीजैन्टियस	*Dendrocalamus giganteus*	142.99 ± 14.49
	पेन्ड्रोक्लामस हामिलटोनी	*Dendrocalamus hamiltonii*	1259.72 ± 121.48
	फाइलोस्टाकिस बम्बूसोयड्स	*Phylostachys bambusoides*	26.0 ± 2.81
	मेलोकाना बेसीफेरा	*Melocanna baccifera*	224.37 ± 43.52
मणिपुर	बम्बूसा बालकुआ	*Bambusa balcooa*	170.22 ± 12.10
	डेन्ड्रोक्लाम जीजैन्टयस	(*Dendrocalamus giganteus*)	788.64 ± 97.98
	डेन्ड्रोक्लामस हामिलटोनी	(*Dendrocalamus hamiltonii*)	6.75 ± 3.51
	डेन्ड्रोक्लामस लॉगीफैथस	(*Dendrocalamus longis phathus*)	5.02 ± 3.12
	डेन्ड्रोक्लामस सिकिमेन्सिस	(*Dendrocalamus sikkimnesis*)	1079.43 ± 108.12
	मेलोकाना बेसीफेरा	(*Melocanna baccifera*)	44.44 ± 7.42
	टैनो स्टाकीयम	(*Teinostachyum wightii*)	20.51 ± 6.24
	छिंग्वा (बिना पहचान की)	(Chingwa, un-unidentified species)	72.23 ± 22.25
मेघालय	बम्बूसा बालकुआ	(*Bambusa balcooa*)	52.65 ± 0.94
	डेन्ड्रोक्लामस हामिलटोनी	(*Dendrocalamus hamiltonii*)	558.65 ± 0.94
	मेलोकाना बेसिफेर	(*Melocana baccifera*)	51.27 ± 3.05
मिजोरम	मेलोकाना बेसिफेरा	(*Melocanna baccifera*)	432.63 ± 35.37
नागालैण्ड	डेन्ड्रोक्लामस हामिलटोनी	(*Dendrocalamus hamiltonii*)	237.39 ± 8.42
	डेन्ड्रोक्लामस जीजैन्टियस	(*Dendrocalamus giganteus*)	162.62 ± 8.66
	डेन्ड्रोक्लामस मेम्बानेसियस	(*Dendrocalamus membranaceus*)	6.06 ± 1.49
	गिगान्टोक्लोआ रोस्ट्राटा	(*Gigantochloa rostrata*)	25.74 ± 9.22
	खुप्री (बिना पहचान वाली)	(Khupri unidentified species)	9.76 ± 1.18
त्रिपुरा	बम्बूसा बालकुआ	(*Bamboosa balcooa*)	49.69 ± 7.78
	बम्बूसा पालीमार्फा	(*Bamboosa polymorpha*)	2.10 ± 1.03
	बम्बूसा टुल्डा	(*Bamboosa tulda*)	42.52 ± 8.24
	डेन्ड्रोक्लामस हामिलटोनी	(*Dendrocalamus hamiltonii*)	12.37 ± 5.95
	मेलोकाना बेसीफेरा	(*Melocanna baccifera*)	92.91 ± 15.57
	सिजोस्टाकियम डुल्लुआ	(*Schizostachyum dullooa*)	1.74 ± 0.83

स्रोत:भट एवं सहयोगी, 2005

सारिणी (17.10) किण्डवन व भूनकर उपयोग होने वाला राज्यवार बाँस शीर्ष उत्पाद

प्रान्त	बाँस के उपयोग होने वाले उत्पाद	बाजार में उपलब्धता (दिन)	उपभोग (टन / वर्ष)
अरुणाचल प्रदेश	किण्डवन द्वारा तैयार टुकड़े (slice)	180.00 ± 5.00	68.33 ± 4.14
	गूदा किण्डवन (crused fermented)	180.00 ± 5.00	573.35 ± 31.14
	किण्डवन किया गया सूखा पदार्थ	180.00 ± 7.00	19.39 ± 1.08
	सम्पूर्ण शीर्ष का किण्डवन	180.00 ± 2.00	106.07 ± 11.16
	सम्पूर्ण शीर्ष का भूना भाग	90.00 ± 6.00	101.21 ± 6.66
मणिपुर	मिश्रित किण्डवन	76.40 ± 19.10	226.40 ± 7.07
	शुद्ध या अर्द्ध किण्डवन पदार्थ	92.00 ± 3.25	16.52 ± 0.87
मेघालय	सम्पूर्ण शीर्ष का किण्डवन	70.00 ± 4.50	86.05 ± 12.25
नागालैण्ड	किण्डवन द्वारा तैयार टुकड़े	78.00 ± 3.48	40.78 ± 1.79
	शीर्ष का गूदा (उपरी भाग)	90.00 ± 7.11	2.37 ± 0.18
	शीर्ष का गूदा (निचली भाग)	77.60 ± 11.08	1.48 ± 0.09
	गूदा किण्डवन	67.18 ± 8.77	49.20 ± 0.87
	सूखा गूदा मिश्रित शीर्ष	70.00 ± 4.51	11.09 ± 0.27
	सम्पूर्ण शीर्ष का किण्डवन	71.00 ± 5.14	21.82 ± 0.63
	स्क्वाश (लीटर्स)	78.00 ± 5.71	7163.20 ± 1572.48
सिक्किम	उबला हुआ बाँस शीर्ष		
	चिमोनोबम्बूसा हुकेरीयाना	15.00 ± 7.50	3.70 ± 0.68
	डेन्ड्रोक्लामस हामिलटोनी	48.00 ± 6.00	22.94 ± 3.98

स्रोतः भट एवं सहयोगी, 2005

सामान्यतया बाँस की शीर्ष में ज्यादा मात्रा में प्रोटीन, कार्बोहाइड्रेट, विटामिन एवं खनिज लवण पाया जाता है। इसके मुलायम शीर्ष से सब्जी, सूप, पकौड़े आदि बनाये जाते हैं। इस सब्जी में वसा की मात्रा अल्प होती है। बाँस शीर्ष की प्रारम्भिक बढ़वार के समय सूर्य की प्रकाश ज्यादा होने के कारण स्वाद कड़ुवा हो जाता है (यामा गुच्ची, 1983)। यह बात सत्य है कि बाँस शीर्ष में एच0 सी0 एन0 (HCN) पाया जाता है, जो एक प्रकार से पोषक तत्व के विपरीत तत्व है। जनजातीय परिवार के लोग एच0सी0एन0 को कम करने के लिए उन्हें छोटे–छोटे टुकड़े में विभाजित करते हैं, सुखाते हैं, पानी या पानी व नमक के घोल में उबालते हैं एवं उबालने के बाद पानी को निकाल देते हैं। इसके अलावा कोमल शीर्ष को 10–15 मिनट तक गर्म पानी में रखते हैं या सामान्य तापक्रम वाले पानी में एक सप्ताह तक डुबोकर रखते हैं। बाँस शीर्ष में कम मात्रा में पाया जाने वाला अवाँछनीय गन्ध ''होमोजेन्टीसीक'' (HGA) के कारण होता है, जो सूक्ष्म मात्रा (100.0–250.0 माइक्रोग्राम प्रति 100.0 ग्राम होता है) जिसे दूर करना आवश्यक है। प्रजाति डेन्ड्रोक्लामस लेटीफ्लोरस के शीर्ष से चीन व ताइवान में शीशा बन्दी, सुखाने तथा अचार बनाने के लिए किया जाता है लेकिन इस प्रजाति को जापान व सिंगापुर में उत्तम प्रभेद नहीं माना जाता है। भारतीय बाजार में डिब्बा बंदी, सुखाने तथा अचार बनाने लिए डेन्ड्रोक्लामस सिकिमेन्सिस, डेन्ड्रोक्लामस मेम्ब्रानेसियस व गिगान्टोक्लोआ

रोस्टाटा सबसे उत्तम प्रभेद है। बाँस शीर्ष के उपयोग से ज्यादा कैलोरी प्राप्त होती है। बाँस शीर्ष से प्रचुर मात्रा में लिग्नीन्स व फिनोलिक अम्ल प्राप्त होता है, जिससे शरीर में कैन्सर विरोधी, जीवाणु विरोधी व फफूँद विरोधी गुण उत्पन्न होते हैं। सामान्यतया सभी बाँस में प्रुसिक अम्ल (Prussic acid) होता है लेकिन खाने योग्य बाँस में कम होता है, जो पकाने के पूर्व उबालकर समाप्त करते हैं।

सारिणी (17.11) बाँस शीर्ष में पाये जाने वाले पोषक तत्व (प्रति 100 ग्राम खाने योग्य भाग)

पोषक तत्व	मात्रा
पानी	88.8 ग्राम
प्रोटीन	3.9 ग्राम
वसा	0.5 ग्राम
कार्बोहाइड्रेट	5.7 ग्राम
रेशा	2.3 ग्राम
विटामिन 'ए'	0.04 (अन्तर्राष्ट्रीय इकाई)
विटामिन 'बी–1'	0.06 मिली ग्राम
विटामिन 'सी'	5.0 मिली ग्राम
कैलोरी	27.0 मिली ग्राम
पोटैशियम	340.0 मिली ग्राम
कैल्सियम	20.0 मिली ग्राम
फास्फोरस	65.0 मिली ग्राम
लौह तत्व	0.1 मिली ग्राम
थायमीन	0.08 मिली ग्राम

स्रोतः गोपालन एवं सहयोगी, 1999

बाँस शीर्ष में बीटा सिस्टेराल (β-sisterol), कैम्पेस्टराल (campesterol), स्टिग्मैस्टेराल (Stigmasterol), 4–हाइड्राक्सी बेन्जिलडीहाइड (4-hydroxy benzyldehyde) एल–ऐस्पैराजिन (L-asparagene) एवं साइएनोजेनिक यौगिक टेक्सीफाइलीन (Taxiphyllin) प्रचुर मात्रा में पाया जाता है। बाँस के शीर्ष का उपयोग औषधीय रुप में ज्यादा है। इसके उपयोग से खाना न पचने की समस्या सामाप्त होती है और पेट में पल रहे कीड़ों को मारने में सक्षम है। कम ऊर्जा प्रदान करने के कारण वजन नियंत्रण में सहायक है। उच्च रक्त चाप को नियंत्रित करने में रामबाण है। बाँस के बीज का उपयोग भी खाने के लिए किया जाता है क्योंकि बीज में प्रोटीन ज्यादा होती है और पाचन भी होता है। आसाम में कीण्डवन की गयी शीर्ष से खोरीसा (khorisa) बनाते हैं, जो प्रमुख व्यंजन है।

जलवायु

बाँस की अनेकों प्रजातियाँ है, जो ठण्डे वातावरण से गर्म वातावरण में अच्छी गुणवत्ता के शीर्ष पैदा करती हैं। इसके लिए गर्म/उष्ण आर्द्र मौसम सबसे उपयुक्त होता है। अतः स्पष्ट रुप से कहा जा सकता है कि बाँस की प्रजातियाँ 8.8 डिग्री सेल्सियस से 36.0 डिग्री सेल्सियस तापमान को सहन

कर लेता है। पाला इसके लिए सबसे नुकसानदायक है। ठण्डे वातावरण के बाँस पाला को सहन कर लेते हैं। कुछ ठण्डे वातावरण की प्रजातियाँ 20.0 डिग्री फारेनहाइट तक तापमान सहन कर सकती हैं। यूरोपीयन जलवायु इसके लिए उपयुक्त नहीं है। कम ठण्डक, गर्मी व आर्द्रता मिश्रित मौसम में बाँस शीर्ष ज्यादा बनते हैं। ठण्डक में विकसित होने वाले बाँस शीर्ष सबसे कोमल व स्वादिष्ट होता है तथा गर्मी का शीर्ष मोटा होता है। शीर्ष पैदा करने के लिए सूर्य की रोशनी ज्यादा चाहिए।

उन्नतिशील किस्में

चीन के बाद भारतवर्ष विश्व में बाँस उत्पाद में द्वितीय स्थान रखता है लेकिन बाँस की कोई व्यावसायिक किस्म उपलब्ध नहीं है। सब्जी के रुप में बम्बूसा, डेन्ड्रोक्लामस व फिलोस्टाकिस किस्म का उपयोग ज्यादा होता है। हल्की पीली व चमकदार किस्म के शीर्ष उपुयक्त होते हैं।

पौध प्रसारण

बाँस का प्रसारण निम्न प्रकार किया जा सकता है–

1. बीज द्वारा
2. कर्त्तन द्वारा
3. लेयरिंग द्वारा
4. बाँस का राइजोम विभाजन द्वारा
5. सूक्ष्म प्रवर्धन

1. बीज द्वारा (Through seeds)

प्रजाति के अनुसार कुछ बाँस में पुष्पन होता है और कुछ में पुष्पन बिल्कुल नहीं होता है। कुछ में पुष्पन 100 वर्षों बाद भी हीती है। अतः बीज द्वारा प्रसारण नहीं करते है लेकिन बीज से अनेकों नवीन प्रजातयों का विकास हुआ है। बीज में जमाव क्षमता मात्र 3–12 महीने तक होता है। बीज को रगड़ने (stratification) व रेफ्रीजरेशन (4–8 सप्ताह) करने से अच्छा जमाव होता है।

2. कर्त्तन द्वारा (Through cuttings)

बाँस में प्रसारण कर्त्तन द्वारा भी किया जाता है, लेकिन इस विधि से प्रसारित पौधे छोटे व कम संख्या में विकसित होते हैं। इसके 2–3 गाँठ वाले कर्त्तन को सीधे गमले में लगाया जाता है। पाली हाउस में बाँस के कर्त्तन सुगमता से विकसित होते हैं। कभी–कभी दो कलिका वाली कर्त्तन का भी उपयोग करते हैं।

3. लेयरिंग द्वारा प्रसारण (Lairing)

साधारण लेयरिंग पद्धति में बाँस को झुकाकर मिट्टी में दबा देते हैं और उसके उपर मिट्टी व खरपतवार आदि की पलवार चढ़ा देते हैं, जिससे गाँठों से नयी जड़ें विकसित हो जाती है और पौध विकसित हो जाते हैं। यह प्रसारण की उत्तम विधि है लेकिन इसमें समय ज्यादा लगता है।

''एयर लेयरिंग'' (मार्केटेज) के द्वारा पादप प्रसारण किया जाता है। इसके खड़े बाँस में ही पोषक तत्व गाँठों पर बाँध दिया जाता है। जड़ें विकसित होनें पर काटकर अलग कर लेते हैं। इसके लिए जूट के रेशे या पाटिंग मिश्रण प्रयोग करते हैं, इसे एयर लेयरिंग कहते हैं।

4. बाँस का राइजोम विभाजन कर प्रसारण (Rhizome)

वसन्त काल या गर्मी के प्रारम्भ में बाँस को गाँठ सहित काटकर अलग करते हैं और गमले में लगा दते हैं। इसके लिए जड़ों से राइजोम व जड़ को आफसेट्स (off-sets) एक या अधिक ''क्लम्स'' तैयार करते हैं। इसके लिए तेज फावड़ा व आरी का उपयोग किया जाता है। यह प्रसारण की सबसे उत्तम विधि हैं। आवश्यकता इस बात की है कि क्लम्स के साथ दो टुकड़े ''मदर व डाटर'' (mother or daughter) हो और इससे पौध प्रसारण व पौध स्थापन ज्यादा जल्दी होता है। ज्यादा ''क्लम्स'' निकालने से मातृ पौध कमजोर व हिलकर सूख सकती है। अतः सावधानी से राइजोम विभाजन करना आवश्यक है। प्रसारण की कोई विधि अपनायी जाये लेकिन प्रसारण के समय वातावरणीय आर्द्रता ज्यादा होनी चाहिए। मिट्टी हल्की होनी चाहिए, जिससे जड़ें निकल सकें।

5. सूक्ष्म प्रवर्धन (Micro propagation)

सूक्ष्म प्रबर्धन तकनीक के अन्तर्गत उत्तक संवर्धन किया जाता है और मात्र 1.0 वर्ग मीटर क्षेत्रफल में 200 पौधों को उगाया जा सकता है। इसके लिए कुछ कलिकाओं का चयन करते हैं और 4–8 महीने के अन्दर हजारों पौध तैयार हो जाते हैं।

भूमि एवं भूमि की तैयारी

सब्जी बाँस की खेती करने के लिए किसी भी प्रकार की मृदा उपयुक्त होती है। केवल शर्त यह है कि मृदा में कार्बनिक पदार्थ की मात्रा सबसे ज्यादा हो। दोमट व चिकनी मिट्टी उपयुक्त होना चाहिए। मृदा का पी0एच0 मान 5.5–6.5 के मध्य या हल्का अम्लीय होना चाहिए। बाँस की कोई प्रजाति लवणीय मृदा में नहीं होती है। सूखा रोधी बाँस की प्रजातियाँ उच्च पी0एच0 मान पर ज्यादा शीर्ष उत्पन्न करती है। खेत तैयार करते समय गहरी जुताई (30.0 सेन्टी मीटर) आवश्यक है जिससे जड़ें जल्द स्थापित हो जायें। बाँस शीर्ष अपनी मातृ कंद से 10.0–20.0 सेन्टी मीटर की परिधि में निकलते हैं।

पौध स्थापन

बाँस के पौध का उपयुक्त स्थापन समय वर्षा प्रारम्भ होने के पूर्व का समय है। कभी–कभी स्थापन उपयुक्त परिस्थितियाँ प्रदान वसन्त काल व ग्रीष्म मौसम में भी लगाया जा सकता है। पौध स्थापन के समय ध्यान देना चाहिए की जड़ों को झटका न लगे और परिवहन करने में सूख न जाये। सामान्यतया प्रति हेक्टेयर 400 पौधों का स्थापन किया जाता है। इनकी आपसी दूरी 5. 0 मीटर रखा जाता है। कहीं–कहीं यह दूरी 6.0–8.0 मीटर रखा जाता है। बाँस की जड़ों को लगाने के लिए गहराई 40.0–60.0 सेन्टी मीटर रखते हैं। एक हेक्टेयर क्षेत्रफल के रोपण के लिए 13,500–15,000 राइजोम के टुकड़ों की आवश्यकता है।

सिंचाई

विशेषकर गर्मी के मौसम में बाँस को ज्यादा मात्रा में पानी की आश्यकता होती है। अगर लगातार नमी न बनी रहे तो शीर्ष का विकास कम व व्यास तथा लम्बाई भी कम हो जाती है। इसलिए बाँस की खेती तालाबों, नहरों व दलदलीय स्थानों पर की जाती है। जब सुखा पड़ने की स्थिति हो तब बाँस को 15–20 दिन के अन्तराल पर सिंचाई करते रहना चाहिए। जल जमाव की स्थिति भी बाँस शीर्ष की गुणवत्ता को नुकसान पहुँचाता है।

मिट्टी चढ़ाना व पलवार लगाना

बाँस के शीर्ष तभी गुणवत्तायुक्त होते हैं जब उनकी जड़ों के आस–पास मिट्टी चढ़ी हों। इससे शीर्ष की बढ़वार तेज होता है और उसमें तीखापन का विकास बिल्कुल नहीं होता है। हमेशा कार्बनिक पदार्थ का पलवार 15.0–20.0 सेन्टी मीटर की ऊँचाई रखते हैं। इससे जड़ों को उष्मा मिलती है और शीर्ष के विकास हेतु उपयुक्त मात्रा में रोशनी प्राप्त होती है। अतः प्ररोह विकसित होने की प्रक्रिया तेज हो जाती है। अगर व्यावसायिक रुप से कार्बनिक खेती की जा रही है और कार्बनिक पलवार का उपयोग किया जा सकता है तो 30–40 दिन पहले बाजार योग्य प्ररोह मिल जाते हैं।

पोषक तत्व प्रबन्धन

बाँस से गुणवत्तायुक्त शीर्ष प्राप्त करने के लिए प्रचुर मात्रा में कार्बनिक व अकार्बनिक पोषक तत्वों का प्रयोग किया जाता है। पौध लगाते समय इसकी उपलब्धता से पौध स्थापन, शीर्ष विकास व जड़ों का फैलाव ज्यादा अच्छा होता है। बाँस को ज्यादा पोषक तत्वों की आवश्यकता होती है, जिसकी पूर्ति वर्ष भर किसी भी समय किया जा सकता है। जंगलों में उग रहे बाँस के पौधों की सन्तुलित विकास के लिए चूना का प्रयोग करना चाहिए। तत्व के रुप नत्रजन, फास्फोरस, व पोटाश को समय–समय पर देना अच्छा रहता है। मात्रात्मक माँग विश्लेषण परिस्थितियों के अनुसार नहीं किया गया है कि बाँस शीर्ष के लिए कितनी उर्वरक चाहिए। सामान्यतया एक हेक्टेयर क्षेत्रफल के लिए 30:40:50 किलो ग्राम नत्रजनःफास्फोरसःपोटाश की आवश्यकता है। सब्जी के लिए उपयोग होने वाले प्रभेद को कार्बनिक पदार्थ के साथ–साथ ज्यादा मात्रा में नत्रजन व पोटाश की आवश्यकता पड़ती है। अध्ययन में यह पाया गया है कि जिस खेत में ज्यादा पोषक तत्व उपलब्ध होता है, उनमें भी कुछ वर्षों बाद पोषक तत्व कम होने लगते हैं। चूँकि इसकी खेती जंगलों में या आस–पास होती है। अतः मृदा ज्यादा अम्लीय हो जाती है और मृदा अम्लीय होने के कारण खेत से फास्फोरस नीचे की तरफ रिसकर स्थिर हो जाता है और पौधों को उपलब्ध नहीं होता है।

खरपतवार प्रबन्धन

बाँस में ज्यादा शीर्ष का विकास हो इसके लिए आवश्यक है कि बाँस के जड़ों के आस–पास खरपतवार बढ़कर उनके पोषक तत्व, सूर्य की रोशनी आदि के लिए प्रतिस्पर्धा न करें और विकास में सहयोग करें। अतः खरपतवार को आस–पास से निकालते रहना चाहिए।

शीर्ष की कटाई

बाँस के शीर्ष की कटाई ऐस्परागस के समान कोमल नुकीला शीर्ष निकलने पर करना चाहिए। ऐसी अवस्था में शीर्ष मुलायम, मीठा और बिना लकड़ी (non-woody) होते हैं। अगर उनको जमीन की सतह से उपर विकसित होने दिया जाता है तो शीर्ष की सुगन्ध व कोमलता समाप्त होने लगती है तथा रेशा विकसित होने लगता है। सामान्यतया बाँस के शीर्ष की लम्बाई 20.0–30.0 सेन्टी मीटर के मध्य होना चाहिए। इसकी नुकीलापन बजार में आकर्षण का केन्द्र होता है। कटाई करते समय वजन प्रजाति के अनुसार 400.0–800.0 ग्राम या ज्यादा होता है। बाँस शीर्ष काटने के बाद शीध्र ही उपयोगी किया जाना चाहिए अन्यथा इसकी गुणवत्ता प्रभावित होती है।

विपणन

स्थानीय बाजार हो या अन्तर्राष्ट्रीय बाजार हो सभी जगह गुणवत्तायुक्त बाँस के शीर्ष की माँग होती है। आकार–प्रकार व वजन के अनुसार अलग–अलग स्थानों पर अलग–अलग प्रजातियों की पहचान बन गयी है। उदाहरण के लिए जापान में बन्दूक में लगने वाली गोली के समान प्रजाति की ज्यादा माँग है अतः सबसे ज्यादा माँग डेन्ड्रोक्लामस एस्पर (*Dendrocalamus saper*) की होती है। कुछ मात्रा में तीखापन लिए प्रजाति ट्राइसोस्टाकिस सियामेन्सिस (*Trysostachys siamensis*) की भी बाजार माँग है। परीक्षकों के आधार पर भारतीय प्रजातियाँ जैसे–डेन्ड्रोक्लामस जीजैन्टियस, डेन्ड्रोंक्लामस हामिल टोनी, डेन्ड्रोक्लामस सिकिमेन्सिस, डेन्ड्रोक्लामस लॉगीसपैथस, गीगान्टोक्लोआ, रोस्ट्ररटाटा व बम्बूसा बालकुआ को थाइलैण्ड तथा मेलोकाना बेसीफेरा, फाइलोस्टाकिया बम्बूसोयस, टोनोस्टाकियम बिहटी, सिजोस्टाकियम डुब्लुआ तथा सिजोस्टाकियम हुकेरियाना को थाइलैण्ड व जापान के बाजार में बेचा जा सकता है। बाजार में विक्रय हेतु उपयुक्त प्रजातियों के गुण धर्म को नीचे की सारिणी में दिया गया है–

सारिणी (17.12) प्रजाति के अनुसार आकार–प्रकार व भार (विपणन योग्य)

बाँस की प्रजाति	ताजे शीर्ष की लम्बाई (सेन्टी मीटर)	आधारीय व्यास (सेन्टी मीटर)	आकार	भार (किलोग्राम/शीर्ष)
बम्बूसा बालकुआ	27.58 ± 2.79	11.07 ± 1.44	शंक्वाकार, छोटा, पुष्ट	1.620 ± 0.97
बम्बुसा पालीमार्फा	21.00 ± 1.00	2.60 ± 0.60	लम्बोतर, मोटा	0.068 ± 0.023
बम्बूसा टुल्डा	23.88 ± 5.23	4.94 ± 1.28	लम्बोतर, मोटा	0.165 ± 0.520
डेन्ड्रोक्लामस जीजैन्टियस	34.63 ± 1.47	11.28 ± 1.10	छोटा, बन्दूक की गोली के समान, लम्बा शंक्वाकार	1.830 ± 0.91
डेन्ड्रोक्लामस हामिलटोनी	26.72 ± 0.97	6.98 ± 0.67	शंक्वाकार	0.501 ± 0.11
डेन्ड्रोक्लामस हुकेरी	30.55 ± 4.36	6.85 ± 1.11	शंक्वाकार से लम्बोतर	0.413 ± 0.040

डेन्ड्रोक्लामस लॉगीसपैथस	34.33 ± 2.05	4.03 ± 0.40	लम्बोतर	0.325 ± 0.069
डेन्ड्रोक्लामस मेम्ब्रानेसियस	28.51 ± 3.44	3.44 ± 1.12	शंक्वाकार से लम्बोतर	0.321 ± 0.080
गिगान्टोक्लोआ रोस्ट्राटा	35.00 ± 3.00	10.35 ± 0.80	शंक्वाकार	1.150 ± 0.150
मेलोकाना बेसीफेरा	24.65 ± 0.87	3.58 ± 0.34	लम्बोतर	0.173 ± 0.104
फिलोस्टाकिस बम्बूसोयाडस	28.15 ± 2.12	4.15 ± 1.20	लम्बोतर	0.125 ± 0.030
सिजोस्टाकियम डुल्लुआ	17.67 ± 2.05	1.03 ± 0.33	लम्बोतर	0.048 ± 0.002
टैनोस्टाकियम बिहटी	13.00 ± 4.36	0.84 ± 0.20	लम्बोतर	0.125 ± 0.020
छिंग्वा	27.33 ± 1.25	7.85 ± 0.40	लम्बोतर पतला	0.625 ± 0.325
खुप्री	27.50 ± 2.50	8.12 ± 0.80	शंक्वाकार सकरा	0.450 ± 0.210

स्रोत: भट एवं सहयोगी, 2005

सब्जी नागफनी (Vegetable Cactus)

वानस्पतिक नाम : ओपन्शिया फाइकस इण्डिका (*Opuntia ficus-indica*)
कुल : कैक्टेसी (Cactaceae)
गुणसूत्र संख्या : 2 एन = 22

उद्भव एवं वितरण

कैक्टेसी कुल में लगभग 130 वंश (genera) व 1,500 प्रजातियाँ (species) पायी जाती हैं, जो मुख्यतः नई दुनियाँ की वंशज हैं। नागफनी की खेती का प्रारम्भ मिसो–अमेरिकन सभ्यता (Miso-American civilization) से पूर्व की जाती रही है। खेती योग्य प्रजाति ओपन्शिया फाइकस इण्डिका (*Opuntia ficus indica*) को 16वीं शताब्दी में मैक्सिको से उत्तरी–अफ्रीका लाया गया। इसका वितरण भूमध्य क्षेत्र के भागों में बहुलता से मिलता है। इस फसल में विशेष कार्बन डाइआक्साइड (CO_2) का संश्लेषण होता है, जिसे क्रासुलेशियन एसीड मेटाबोलिज्म (CAM) कहते हैं, जो सामान्यतः 4–5 गुना पानी का रुपान्तरण सी–4 पौधों की तुलना में ठोस पदार्थ में देते हैं। ओपन्शिया एवं नोपालीया प्रजाति के मुलायम नये फल जिसे 'नोपालीटास' कहते हैं, का व्यापक उपयोग मैक्सिको (Mexico) एवं टेक्सास (Texas) में ताजी हरी सब्जी एवं सलाद के रुप में किया जाता है। इसी प्रकार उपस्थापित ओपन्शिया प्रजाति (*Opuntia* species) जिसे प्रिकली पियर्स कहते हैं, के फल काफी मीठे व अधिक आय प्रदायी हैं। इनके फल संयुक्त राज्य अमेरिका, चिली, मेक्सिको, ब्राजील, उत्तरी अफ्रीका, स्पेन इटली एवं ग्रीस में अन्य फलों की तरह बेचा जाता है। मेक्सिको, संयुक्त राज्य अमेरिका, स्पेन, इटली एवं उत्तरी अफ्रीका में मानव जीवन के आहार का एक प्रमुख अंग है।

पोषकीय महत्व

भारतवर्ष के शुष्क एवं बरानी क्षेत्रों में अनेकों कैक्टस की प्रजातियाँ जंगली पौधे के रुप में देखे जा सकते हैं। अतः ऐसे क्षेत्रों में हरी सब्जी के लिए कैक्टस को भी उगाया जा सकता है। यह बात सत्य है कि इसकी पत्तियों में प्रचुर मात्रा में प्रोटीन नहीं मिलता है, लेकिन शुष्क पदार्थ की मात्रा ज्यादा होने के कारण वर्षा आधारित क्षेत्रों में इसकी खेती की जा सकती है। ब्राजील में इसकी खेती जानवरों के लिए चारा हेतु उगाया जाता है। पत्तियों पर विद्यमान काँटों को जलाकर समाप्त करने के बाद जानवरों को खिलाते हैं। अनुपयोगी जमीन पर इसकी खेती आसानी से की जा सकती है। कैक्टस में विटामिन, शर्करा, खनिज लवण एवं अन्य अमिनों अम्ल प्रचुर मात्रा में पाया जाता है। इनके उपयोग से कोलेस्ट्राल से ग्रसित व्यक्ति को छुटकारा मिलती है। कैक्टस के फल में पाये जाने वाले पोषक तत्व को सारिणी में दिया गया है –

सारिणी (17.13) कैक्टस के फल में पाये जाने वाले पोषक तत्व (प्रति 100 ग्राम खाने योग्य भाग में)

पोषक तत्व	मात्रा
नमी	85.6 प्रतिशत
कुल विलेय पदार्थ	12–15 ब्रिक्स
पी0एच0	5.8 प्रतिशत
सुक्रोज	0.2 प्रतिशत
ग्लूकोज	7.0 प्रतिशत
फ्रक्टोस	4.8 प्रतिशत
क्रुड प्रोटीन	0.21 प्रतिशत
क्रुड वसा	0.12 प्रतिशत
क्रुड रेशा	0.02 प्रतिशत
राख	0.44 प्रतिशत
अम्ल	0.02 प्रतिशत
पेक्टीन	0.19 प्रतिशत
विटामिन 'सी'	22.0 मिली ग्राम
बीटा कैरोटीन	सूक्ष्म मात्रा में
ऊर्जा	47.30 किलो कैलोर
कैल्सियम	27.60 मिली ग्राम
मैग्नीसियम	27.20 मिली ग्राम
सोडियम	0.80 मिली ग्राम
पोटैशियम	161.00 मिली ग्राम
फास्फोरस	15.4 मिली ग्राम
लौह तत्व	1.5 मिली ग्राम

स्रोत: सिंह एव फेल्कर, 1998

'प्रिकली पीयर' यूरोपीय देशों की सब्जियों में एक महत्वपूर्ण घटक है। सामान्यतः मैक्सिको इटली दक्षिण अफ्रीका और ग्रीन प्रिकली पीयर के प्रमुख निर्यातक देश हैं। सब्जी के अलावा इसकी अन्य उपयोगिताओं में माक–धरकीन की तैयारी सलाद, जैम, सिरप, एल्कोहलिक पेय पदार्थ, फल–जूस, आदि हैं। इसकी पत्तियों से साबुन और बीजों से दवायें बनाई जाती हैं।

जलवायु

कैक्टस की खेती के लिए भारत की विभिन्न जलवायु क्षेत्र सबसे उत्तम माना जाता है, क्योंकि कैक्टस मुख्यतः रेतीली क्षेत्र का पौधा होने के कारण सूखा अवरोधी गुणों से भरपूर होता है। जिन क्षेत्रों में 800.0 मिली मीटर से ज्यादा वर्षा होती है, उन क्षेत्रों में इसकी खेती नहीं की जा सकती

है, क्योंकि ऐसे क्षेत्रों में कीड़ों एवं रोगों का प्रकोप बहुत ज्यादा होता है। कैक्टस के विकास के लिए गर्मी में ज्यादा उपयुक्त वातावरण मिलता है, क्योंकि कभी–कभी 300.0–600.0 मिली मीटर तक की वर्षा गर्मी में भी हो जाती है। तेज गर्मी के दिन और ठण्डा व शुष्क सर्दी जहाँ पर तापमान –5.0 डिग्री सेल्सियस से नीचे न आता हो, इसकी खेती के लिए उपयुक्त है। विकास एवं वृद्धि के लिए दिन गर्म तथा रात ठण्ड होनी चाहिए। अगर तापमान 0.0–5.0 डिग्री सेल्सियस के मध्य होने पर नागफनी के पौधे प्रभावित होते हैं।

भूमि एवं भूमि की तैयारी

कैक्टस के लिए बलुई या बलुई दोमट मिट्टी सबसे उपयुक्त मानी जाती है। इसकी खेती सफलतापूर्वक भारी मिट्टी में भी की जा सकती है, वशर्ते उसमें जीवांश के साथ–साथ जल निकास का उत्तम प्रबन्ध हो। यह बताना आवश्यक है कि इसकी खेती क्षारीय मिट्टी (**alkaline soil**) में भी की जा सकती है, जिनमें कैल्सियम एवं पोटैशियम प्रचुर मात्रा में उपलब्ध हो। कंकरीली एवं पथरीली जमीन विशेषतः पहाड़ों की ढलुवा जमीन इसकी खेती के लिए उपयुक्त है। अतः यही कहा जा सकता है कि किसी प्रकार की मृदा जिस पर अन्य फसलें उगाना मुश्किल है, कैक्टस के लिए उपयुक्त है लेकिन शर्त यह है कि खेत में पानी न रुकता हो।

प्रासारण एवं रोपण

कैक्टस स्वपरागित (**self pollinated**) व परपरागित (**cross pollinated**) दोनों प्रकार के होते हैं। इसका प्रसारण बीज एवं वर्धीय भागों द्वारा किया जाता है। सामान्यतः प्रसारण हेतु 1.0 वर्ष पुरानी पत्तियाँ जिसे पैड (**pad**) कहते हैं, का उपयोग किया जाता है। पत्तियों को उपर सीधे रखकर प्रसारण करना उत्तम रहता है। प्रसारण–पूर्व पत्तियों को एकत्रित कर 4–6 सप्ताह तक छाया में रखना चाहिए। इसके बाद ही प्रसारण हेतु प्रयोग करना चाहिए। इस विधि में पत्ती के उपरी भाग को सीधे उपर रखते हैं तथा कटे निचले भाग को एक तिहाई जमीन के अन्दर डाल देते हैं और दो तिहाई उपर की तरफ होता है। लगाने के पूर्व पत्तियों को 4–6 सप्ताह तक अर्द्ध छाया में सूखाना आवश्यक है। पत्तियों को लगाने के पूर्व किसी फफूँद नाशक रसायन से शोधित कर लेना चाहिए, जिससे मृदा जनित जड़ सड़न रोगाणुओं से मुक्ति मिल सके। पत्ती रोपण के तुरन्त बाद प्रत्येक थाले में 8.0–10.0 लीटर पानी देना आवश्यक है। इसके बाद थाले की जमीन को तब तक नम बनाये रखना चाहिए, जब तक उसमें नवीन पत्तियाँ निकलना प्रारम्भ न हो जायें। प्रिकली पीयर को ऊँची मेड़ों पर समतल जगह पर लगाना चाहिए। इसकी जड़ें 30.0–35.0 सेन्टी मीटर गहराई तक होती है, जहाँ जड़े तेज विकास करती हैं। अब जड़ों के पास बालू, नदी के किनारे की मिट्टी, गोबर या कम्पोस्ट की खाद देना चाहिए।

उन्नतिशील किस्में

सब्जी फसल के लिए सबसे उत्तम प्रभेद 'क्लोन 1308' है। इसकी इनर्मिस (**inermis**) प्रजाति काँटें रहित हैं, जिससे इसकी खेती व्यापक पैमाने पर की जाती है।

रोपण समय व दूरी

कैक्टस की पत्तियों का रोपण पूरे वर्ष किया जा सकता है, लेकिन सितम्बर–अक्टूबर व फरवरी–मार्च का महीना सबसे उत्तम माना जाता है। रोपण दूरी का निर्धारण प्रजातियों के गुण एवं उनके उगाने के उद्देश्य पर आधारित होता है। सामान्यतः इसका रोपण 80.0–100.0 सेन्टी मीटर के अन्तराल पर बनी कतारों में 30.0–40.0 सेन्टी मीटर की दूरी पर रोपण की जाती है। इतनी दूरी पर रोपण करने पर एक हेक्टेयर क्षेत्रफल हेतु 25,000–40,000 पौधों की आवश्यकता होती है।

पोषक तत्व प्रबन्धन

कैक्टस की अच्छी पैदावार प्राप्त करने के लिए पौधों को प्रचुर मात्रा में पोषक तत्व प्रदान करना चाहिए। खेत की अन्तिम जुताई के समय 100.0 टन प्रति हेक्टेयर की दर से अच्छी प्रकार सड़ी गोबर की खाद या वर्मी कम्पोस्ट मिलाकर पाटा चला देना चाहिए। अगर खेत में नत्रजन की प्रचुरता है, तो पौधों से प्राप्त होने वाले उत्पाद में क्रुड प्रोटीन (crude protein) भी ज्यादा होती है। सामान्यतः कैक्टस में 40:60:60 के अनुपात में नत्रजनःफास्फोरसःपोटाश देना उत्तम रहता है। प्रयोगों में यह पाया गया है कि अगर कैक्टस में सूक्ष्म पोषक तत्वों जैसे जिंक, मैग्नीज, कोबाल्ट, क्लोरिन आदि की उपलब्धता बढ़ा दी जाये तो अच्छे क्लेडोड (cladode) विकसित होते हैं। इतना ही नहीं सूक्ष्म तत्वों के सन्तुलन से ठण्डे मौसम में भी क्लेडोड प्रचुर मात्रा में निकलते हैं।

सिंचाई जल प्रबन्धन

सामान्यतया कैक्टस सूखा सहने की अपार क्षमता रखता है। अगर 300.0–600.0 मिली मीटर तक वर्षा एक बराबर पूरे वर्ष होती रहे तो, इसको अलग से गर्मी में भी पानी देने की आवश्यकता नहीं पड़ती है। अगर वर्षा कम होती है और वितरण भी छिट–पुट रहता है, तो 2–3 बार सिंचाई करने की आवश्यकता पड़ेगी। वह भी जब फल का प्रारम्भिक विकास व फल मोटा हो रहा हो, तो उपज बढ़ जाती है। इससे फल में फटाव भी नहीं होता है। चूँकि कैक्टस की जड़ें काफी उथली होती हैं, अतः सिंचाई की आवश्यकता पड़ती है। जहाँ कम वर्षा हो, भारी मिट्टी हो या जल निकास अच्छा न हो, वहाँ पर ड्रीप व स्पिंकलर से सिंचाई फायदेमंद रहता है। जहाँ पर मिट्टी ढलुआ, कमजोर या भारी हो, सामान्यतः 200 ड्रिप (drip) या स्प्रिंकलर (sprinkler) के द्वारा यह कार्य किया जा सकता है।

कटाई–छँटाई

कैक्टस की खेती में कटाई–छँटाई का बहुत ही महत्वपूर्ण योगदान है। यह प्रक्रिया सामान्यतः पौधों को उचित आकार देने के लिए किया जाता है, जिससे पौधों के बीच प्रकाश के लिए प्रतिस्पर्धा न हो। इसके अलावा कटाई–छँटाई से उपज में वृद्धि होती है। फलों की गुणवत्ता में सुधार होता है और पौधों में स्फूर्ति आ जाती है। कटाई–छँटाई का सबसे उपयुक्त समय तब है, जब पौधों से पत्तियों एवं फलों की तुड़ाई कर ली गयी हो तथा पौधों की वृद्धि न हो रही हो। पहले तो नीचे लटकने वाली व खराब पत्तियों को काटकर बाहर कर देना चाहिए। अगर वृद्धिकाल में पौधों की कटाई–छँटाई की जा रही हो, तो उपज में भारी कमी आयेगी।

उपज

1. सब्जी उपज

पौध रोपण के 2–3 महीने बाद क्लेडोड (cladode) की कटाई की जा सकती है, क्योंकि इस समय क्लेडोड मुलायम एवं रसीले होते हैं। सामान्यतः 20.0–25.0 सेन्टी मीटर लम्बे व 90.0–100.0 ग्राम वजन के क्लेडोड उत्तम होते हैं। उत्तम प्रभेद 'क्लोन 1308 द्वारा प्रतिवर्ष 80.0–90.0 टन प्रति हेक्टेयर उपज प्राप्त की जा सकती है। दक्षिण अफ्रीका, दक्षिण अमेरिका एवं संयुक्त राज्य अमेरिका में इसको ज्यादातर सब्जी के लिए ही उपयोग करते हैं।

2. फल उपज

कैक्टस के फलों की तुड़ाई पौध स्थापन के 3 वर्ष के बाद प्रारम्भ होती है। इसके पौधे से सबसे ज्यादा उपज 12 वर्ष से प्रारम्भ होकर 20 वर्ष तक होती रहती है। सामान्यतः फल 1–2 वर्ष पुरानी क्लेडोड्स प्राप्त होते हैं। दूसरी सब्जियों के व्यवहार के विपरीत इसमें पूर्ण फल का विकास तब होती है जब पहली बार उसमें पुष्पन होता है। परागण एवं निषेचन के बाद पूरी फल–थैली बीजों से भर जाती है। अच्छी प्राकर स्थापित पौध विन्यास 4.0 x 2.0 मीटर से लगभग 10.0–40.0 टन/हेक्टेयर उपज मिल जाती है। अच्छी सिंचाई व्यवस्था व पोषक प्रबन्धन से 1 वर्ष में 2 फसलें (मार्च–जुलाई एवं अक्टूबर–दिसम्बर) ली जा सकती है। चीली देश में "टूना" उत्पादन कम संरचना खर्च पर ज्यादा लाभदायक है।

3. चारा उपज

अगर सब्जी फसल के रुप में विक्रय न होने की स्थिति में पशुओं के लिए कैक्टस चारा का काम करता है। इससे दूध की गुणवत्ता बढ़ती है एवं सुगन्ध भी बढ़ जाता है। घी (butter) का रंग भी बढ़ जाता है। अगर पशुओं को कैक्टस खिलाकर दूध व दूध उत्पाद बाजार में आता है, तो उन्हें ज्यादा मूल्य प्राप्त होता है। अतः प्रिकली–पीयर एक अद्भूत चारा है। मैक्सिको एवं दक्षिण पश्चिम टैक्सास में " प्रोपेन टार्चेज" जिसे "पीयर वर्नर्स " कहा जाता है, काँटों को समाप्त करने के लिए किया जाता है।

फल निकालना (Fruit thining)

सामान्य एवं प्रिकली पीयर पत्ती में 30 की संख्या तक फल बनते हैं। अगर सभी फलों को पकने के लिए छोड़ा जाये, तो फल का आकार एवं गुणवत्ता दोनों खराब हो जाती है। औसतन अच्छी गुणवत्तायुक्त फल प्राप्त करने के लिए 10–15 फल/पत्ती छोड़ना उपयोगी है। फल कलिका व फूल पुष्पन के बीच का समय फल विगलन के लिए उत्तम माना जाता है। फल विगलन (fruit thinning) ऐसे होना चाहिए कि पास के अन्य फल प्रभावित न हों।

तुड़ाई एवं हस्तान्तरण

चूँकि क्लेडोड काफी कोमल होते हैं, अतः तुड़ाई व हस्तानान्तरण के समय बहुत ध्यान देने की आवश्यकता होती है। काँटों से बचाव के लिए तुड़ाई करते समय हाथ में दस्ताने का उपयोग करना

चाहिए। तुड़ाई के बाद काँटों को घास आदि पर रगड़कर या किसी कठोर वस्तु पर रखकर धुलाई या चक्रमण करना चाहिए। धुलाई या चक्रमण कर रहे रोयेदार ब्रुश (**brush**) की सहायता से करना चाहिए। काँटा रहित फलों की पैकिंग "अण्डा ट्रे" में रख कर स्टोर किया जाता है।

भण्डारण

तोड़े गये क्लेडोड को 10.0 डिग्री सेल्सियस से कम तापमान पर 10–12 दिनों तक भण्डारित किया जा सकता है। कम तापमान होने के कारण भण्डारित क्लेडोड में शीत क्षरण (**chilling injuri**) की सम्भावना ज्यादा रहती है। अगर तापमान 5.0 डिग्री सेल्सियस से नीचे आ जाता है, तो क्लेडोड के उत्तकों में अम्लता में तेजी से वृद्धि होती है। इसी प्रकार तापमान 20.0 डिग्री सेल्सियस से अधिक होने पर भण्डारित क्लेडोड के ऊतकों की अम्लता घटती है (कैन्टवेल, 1991)।

मशरुम (Mushroom)

भारत की आबादी का एक बहुत बड़ा हिस्सा (लगभग 80.0 प्रतिशत) शाकाहारी है, जिनके लिए प्रोटीन का मुख्य स्रोत विभिन्न प्रकार की दालें (अरहर, चना, मटर, मूंग, उड़द आदि) है। हमारे देश की बढ़ती जनसंख्या के कारण दालों की उपलब्धता को बनाये रखना मुश्किल है, जिससे कुपोषण ग्रस्त लोगों की जनसंख्या बढ़ती जा रही है। प्रकृति ने मानव जीवन को स्वस्थ एवं निरोग रखने के लिए अनेक प्रकार की अमूल्य वनस्पतियाँ प्रदान की है, इनमें से एक है मशरुम। मशरुम खाने योग्य फफूँद का फलनकाय भाग है। यह प्राकृतिक रुप से पुरानी लकड़ियों, धान के पुआल एवं अन्य कार्बनिक पदार्थों पर नम मौसमों में उगा हुआ देखा जा सकता है। अतः जानवर व दाल प्रोटीन से वंचित होने वाले लोगों के लिए मशरुम एक वरदान है। जैसे–जैसे लोगों को इसकी पौष्टिकता की जानकारी होती जा रही है वैसे–वैसे इन्हें खाने एवं उत्पादन करने का प्रचलन बढ़ता जा रहा है। वर्तमान में वैज्ञानिकों ने अनुसंधानों के आधार पर यह निष्कर्ष निकाला है कि मशरुम एक अत्यंत पौष्टिक वनस्पति है, जिसमें उच्च कोटी की सुपाच्य प्रोटीन तथा पर्याप्त मात्रा में विटामिन एवं खनिज लवण उपलब्ध है। प्राचीन साहित्य जैसे ग्रीक और रोमन ग्रन्थों में इसके उपयोग के बारे में विस्तृत विवरण मिलता है। मशरुम सामान्य रुप से एक प्रकार का कवक या फफूँद (fungus) है, जिसमें पर्णहरित (chlorophyll) नहीं होता है। अतः प्रकाश संश्लेषण न होने के कारण ये अपना भोजन स्वयं नहीं बना सकते। यह मृत जैव पदार्थों पर सहजीवी के रुप में उगते हैं। सामान्य बोलचाल की भाषा में इसे खुम्बी, छतरी या कुकुरमुत्ता नाम से भी जाना जाता है। रोमवासी इन्हें भगवान का आहार, चीनवासी मशरुम को जीवन को स्वस्थ रखने हेतु तेजवर्धन औषधि एवं बहुमूल्य स्वास्थ्यवर्धक आहार के रुप में, मेक्सिकन एवं भारतीय मशरुम को चिकित्सा (medicine) के रुप में एवं जादू के रुप में उपयोग करते थे। भारतवर्ष में मशरुम उत्पादन सन् 1970 में लगभग 100.0 टन था, जो सन् 2007 में बढ़कर 52.0 हजार टन हो गया है। वर्तमान में मशरूम का कुल उत्पादन 41.00 मैट्रिक टन है। मशरुम का उत्पादन यूरोप, उत्तरी अमेरिका तथा पूर्वी एशिया में अधिक होता है। भारत में पिछले 20 वर्षों से मशरुम उत्पादन एक औद्योगिक रुप में वरदान साबित हो रहा है।

सारिणी (17.14) विभिन्न वर्षों में मशरुम का उत्पादन

वर्ष	उत्पादन (000, मैट्रिक टन)
2001–02	40.0
2002–03	40.0
2003–04	40.0
2004–05	40.0
2005–06	35.0
2006–07	37.0
2007–08	37.0
2008–09	37.0
2009–2010	41.0
2010–2011	41.0

स्रोतः नेशनल हार्टीकल्चर डाटा बेस, (2010–2011)

एमीनो अम्ल	मशरुम में 20 प्रकार के अमीनों अम्ल पाये जाते हैं जिसमें लायसिन, मिथानिन, टिप्ट्रोफेन, थ्रियोनिन, आइसोलूसिन, हिस्टीडिन, ल्यूसिन, वेलिन एवं फिलाइल एनिलाइन मानव शरीर के लिए आवश्यक है। सामान्यतः ये सभी अमीनो अम्ल एक साथ किसी भी पदार्थ में नहीं पाये जाते हैं, जैसे धान्य, फसलों में लाइसिन एवं दलहनी फसलों में मिथियोनिन एवम् ट्रिप्टोफेन नहीं पाये जाते हैं जबकि मशरुम में यह सभी अमीनों अम्ल पाये जाते हैं।
वसा	विभिन्न प्रकार के मशरुम में 2.0–8.0 प्रतिशत सूखे भार के अनुसार वसा पाई जाती है। मशरुम में मुख्यतः 79.6–85.4 प्रतिशत असंतृप्त वसा अम्ल पाया जाता है, जिसमें लिनोलिक अम्ल 62.9–76.2 प्रतिशत पाया जाता हैं, जो हमारे भोजन में आवश्यक है, जबकि संतृप्त वसा अम्ल की मात्रा 14.6–20.7 प्रतिशत से भी कम पाई जाती है।
विटामिन्स	मशरुम विटामिन्स का अच्छा स्रोत है। इसमें कई प्रकार के विटामिन्स जैसे, थाइमिन, राइबोफ्लेविन, नियासिन, बायोटीन एवं एस्कार्बिक अम्ल पाया जाता है। मशरुम में 100.0 ग्राम सूखे भार के आधार पर 0.3–7.8 मिली ग्राम थाइमिन, 46.1–64.1 मिली ग्राम नाइसिन, 1.63–5.00 मिली ग्राम राइबोफ्लेविन व 3.2–8.4 मिली ग्राम एस्कार्बिक अम्ल पाया जाता है।
कार्बोहाइड्रेट	मशरुम में कार्बोहाइड्रेट्स की बहुत कम मात्रा पायी जाती है जो पानी में घुलनशील होती है एवं ये स्टार्च शर्करा के बदले गलाइकोजन, काइटिन एवं हेमीसेलुलोज के रुप में संचित रहते हैं।
रेशा	मशरुम में 4.0–27.6 प्रतिशत तक रेशा पाया जाता है, जो कब्ज के रोगियों हेतु अत्यंत लाभप्रद है।
खनिज लवण	मशरुम खनिज लवणों का एक अच्छा स्रोत है। इसमें पोटेशियम, लोहा, फॉस्फोरस, सोडियम, कैल्शियम, मैग्निशियम एवं ताँबा पाया जाता है। इनके अलावा मैग्नीज, जिंक एवं कैडिमियम की उपस्थिति भी पाई जाती है।
पानी	ताजा मशरुम के भार के आधार पर 85–92 प्रतिशत तक पानी की मात्रा पाई जाती है।
ऊर्जा	मशरुम कम कैलोरी वाला खाद्य पदार्थ है। सामान्यतः 100.0 ग्राम ताजा मशरुम से 35 किलो कैलोरी ऊर्जा प्राप्त होती है। अतः यह कम शारीरिक श्रम करने वाले लोंगों के लिए अत्यंन्त लाभकारी खाद्य पदार्थ है। पोषक गुणों के आधार पर इन्हे रोगियों के खान–पान में रखा गया है।

सब्जी प्रोटीन की तुलना में बहुमूल्य प्रोटीन खनिज–लवण, एमीनो अम्ल एवं अन्य खाद्य पोषक तत्व पाये जाते हैं।

औषधीय गुण

मशरुम का उपयोग खाद्यान में ही नहीं वरन् औषधीय गुणों में भी अतुलनीय है। इसके उपयोग से अनेक बीमारियाँ स्वतः ही ठीक हो जाती हैं। मशरुम की सिलोसिब सेमिलैंसिरा प्रजाति में "सिलोसिबीन कम्पाउण्ड" की वजह से आध्यात्मिक अहसास होता है। इस विशेषता के कारण सन्

1960 में हिप्पीज लोग इसे औषधि (drug) के रुप में प्रयोग करते थे। इसके औषधीय गुणों के आधार पर इसका उल्लेख ''चरक संहिता'' व ''सुश्रुत संहिता'' में भी किया गया है। प्रतिदिन के आहार में मशरुम के सेवन करने से बेरी–बेरी, स्कर्वी, कुष्ठ रोग, चर्म रोग, जलने से होने वाले जख्म, अम्ल, पित्त व गुर्दा के रोगों में लाभ पहुँचाता है। मशरुम में वसा व शर्करा की मात्रा बहुत कम होने के कारण महुमेह, रक्तचाप, कब्ज, ह्रदय आदि से ग्रसित रोगियों के लिए अच्छा भोजन मान गया है। कुछ मशरुम कैंसर तथा कुपोषण जनित रोगों से राहत दिलाते हैं। श्वेत बटन व ओयेस्टर मशरुम में पॉलीसैकराइड्स पाया जाता है, जो कैन्सर ट्यूमर वृद्धि (cancer tumer growth) को कम करने में फायदेमन्द साबित हुआ है। नेशनल कैंसर इन्स्टीट्यूट, अमेरिका के अनुसार मशरुम की गैनोडर्मा प्रजातियों (*Ganoderma species*) का रस एड्स रोगी को प्राम्भिक अवस्था में देने से यह एच0आई0वी0 (HIV) विषाणु को निष्क्रिय करने की क्षमता रखता है। यह रक्त में विद्यमान हेल्पर–टी कोशिकाओं को बढ़ा देता है और गैनोडर्मा ल्युसीडम (*Ganoderma lucidum*) के रस के कम अणुभार वाले अनुपात में टी कोशिकाओं को बिना प्रभावित किए ही एच0आई0वी0 विषाणु के विरुद्ध कार्य करता है। इस प्रकार यह कैंसर के साथ–साथ एड्स के इलाज के लिए लाभकारी है। मशरुम से हाइपरटेंशन, एन्थ्रोस्वलीरोसिस, मूत्रनली के संक्रमण, हेपेटाइटिस, पेट सम्बन्धी विकारों व बवासीर के उपचार में भी काफी सफलता मिल रही है। इसके सेवन से रक्त में प्लाज्मा लिपिड या कोलेस्ट्राल के स्तर में कमी आती है, जिससे एथेरोस्केलेरोसिस जो ह्रदय की बीमारी है, उसके विरुद्ध काफी लाभदायक है। चीन, कोरिया व जापान जैसे देश, इसे शक्तिवर्द्धक दवाओं के रुप में प्रयोग में ला रहे हैं। अभी एक नये अनुसंधान की रिपोर्ट के अनुसार यह पता चला है कि उत्तरी यूरोप के जंगलों में पाये जाने वाला छोटा काला मशरुम गुची (*Morchella* species) एन्टीबायोटिक (antibiotic) से भरपूर है और पेन्सिलीन की तरह क्षमता रखने वाला एन्टीबायोटिक हो सकता है। रिपोर्ट में कहा गया है कि ''सेडोप्लेक्टेनिया'' नामक फफूँद से तैयार पेप्टाइड ''प्लेक्टेसिन'' में पेन्सिलीन की तरह क्षमता होती है। अभी हाल में एक इटैलियन कम्पनी ने त्वचा को युवा रखने के लिए मशरुम थिरैपी को अपनाने की बात कही है। रोग किसी भी तरह का हो हमारे शरीर के सभी संरचनाओं को प्रभावित करता है। रोग के कारण भूख न लगना, पाचन शक्ति में अवरोध आ जाना, सामान्य रुप से देखा जाता है। मशरुम में उपस्थित क्षारीय राख पाचनशक्ति को प्राकृतिक रुप से बढ़ाता है, तथा कब्ज आदि भी ठीक हो जाता है। मशरुम के अनुपम औषधीय गुणों के कारण इसे पसंद किया जाता है। इसमें विषाणु से लड़नें की क्षमता होती है। इस कारण मशरुम के पौष्टिक गुणों का सेवन कर विभिन्न रोगों से निजात पाया जा सकता है। उपरोक्त कारणों से मशरुम की खपत दिन प्रतिदिन बढ़ती जा रही है, लेकिन हमारे देश में माँग के हिसाब से इसकी पैदावार कम है।

उच्च रक्तचाप

मशरुम का सेवन उच्च रक्तचाप (high blood pressure) से ग्रसित रोगियों के लिए सुझाया जाता है, क्योंकि इसमें पोटैशियम एवं सोडियम दोनों तत्व एक साथ उपलब्ध हैं। इन रोगियों को प्रतिदिन कम से कम 100 ग्राम मशरुम सूप अथवा सब्जी में सेवन करना चाहिए। यदि इसका सेवन लगातार 3–4 महीने तक किया जाता है तो उच्च रक्तचाप व हाइपरटेंशन का प्रभाव बहुत कम हो जायेगा।

मधुमेह

मधुमेह रोगियों को खनिज, विटामिन युक्त एवं बहुत अधिक मात्रा में प्रोटीन की आवश्यकता होती है। ये सभी तत्व मशरुम सेवन से प्राप्त किये जा सकते हैं। मशरुम में कार्बोहाइड्रेट की मात्रा बहुत कम स्टार्च के बदले ग्लायकोजन व हेमीसूल्यलोज के रुप में होती है। इसलिए मशरुम मधुमेह रोगियों के लिए आदर्श आहार है जिसे 150–200 ग्राम तक सेवन कर सकते हैं। मशरुम का सूप, सब्जी अथवा पकौड़े के रुप में ग्रहण किया जा सकता है।

कब्ज या अजीर्ण

कब्ज या अजीर्ण रोगों का निदान विभिन्न प्रकार की दवाओं से किया जाता है, जो कभी–कभी स्थाई अथवा अस्थाई ही होता है। मशरुम सेवन द्वारा रोग का स्थाई निदान हो जाता हैं। सामान्यतः 15–25 दिनों तक लगातार 100–150 ग्राम मशरुम का सेवन करने से यह रोग दूर हो जाता है।

मोटापा

आवश्यकता से अधिक शरीर भार को मोटापा रोग की संज्ञा दी जाती है। इस रोग का निदान कई तरह के व्यायाम, योग, प्राकृतिक चिकित्सा, उपवास आदि द्वारा किया जाता है। इन सभी विधियों में कम वसा के सेवन पर विशेष बल दिया जाता है। इन रोगियों के लिए मशरुम का सेवन अत्यधिक प्रभावशाली है। मशरुम में लिनोइक अम्ल की काफी मात्रा पायी जाती है तथा यह एक आवश्यक फैटी एसिड (fatty acid) माना जाता है। मशरुम में शर्करा (sugar) एवं स्टार्च (starch) नहीं होने के कारण इसे "डिलाइट ऑफ डाइबेटिक" कहा जाता है, इसलिए यह मोटापा दूर करने के लिए भी उपयोगी है। मशरुम को कम कैलारी का आहार माना जाता है। ऐसे रोगियों को प्रतिदिन 100.0–150.0 ग्राम मशरुम सूप व सब्जी के रुप में सेवन की सलाह दी जाती है।

ह्रदय रोगियों के लिए

ह्रदय रोगियों की संख्या दिन–प्रतिदिन बहुत अधिक होती जा रही है, जिसका मुख्य कारण आवश्यकता से अधिक व्यस्तता है। ह्रदय रोगियों को खान–पान पर विशेष ध्यान देना होता है, इसलिये कोलेस्ट्राल रहित वसा के सेवन की सलाह दिया जाता है। इसका सेवन किसी भी रुप में 100 ग्राम प्रतिदिन लिया जाना आवश्यक है।

कैंसर रोगियों के लिए

मशरुम के रासायनिक विश्लेषण में पाया गया है कि इसमें कैंसर निरोधी तत्व हैं तथा इसका सेवन कैंसर रोगियों के लिए लाभप्रद है। कैंसर ग्रसित रोगियों को प्रतिदिन 100.0 ग्राम इसका सेवन आवश्यक है।

कुपोषित रोगियों के लिए

भारत में कुपोषण से सर्वाधिक पीड़ित महिलायें, श्रमिक एवं बच्चे हैं। प्रोटीन एवं विटामिन की कमी इसमें बहुत मात्रा में देखी जा सकती है। इसका सेवन कुपोषण ग्रसित

रोगियों के लिए बताया गया है। मशरुम में प्रचुर मात्रा में प्रोटीन, खनिज व विटामिन्स पाया जाता है। मशरुम का सेवन लगातार एक माह तक करने से कुपोषण का निदान हो जाता है। मशरुम का सेवन सब्जी, पुलाव, अचार आदि के रुप में किया जा सकता है।

अन्य विकार ग्रसित रोगियों के लिए

- अमेनीता मस्केरिया नामक प्रजाति के मशरुम ऐसे एल्केलाइड की उत्पत्ति करते हैं, जिसके चूर्ण का उपयोग सूजी हुई गिल्टियों, सूजन, स्नायु सम्बन्धित रोगों और मिरगी जैसी बीमारियों को रोकने में किया जाता है।
- मशरुम में उपस्थित एमीनो एसीड शारीरिक उपापचय क्रियाओं (metabolic activities) को उत्प्रेरित करके शरीर को ओजस्वी एवं स्वस्थ बनाये रखते हैं। मशरुम से बनाया गया मल्हम (lotion) दिल की बीमारियों, गठिया, आँखों की जलन के लिए बाह्य एवं आन्तरिक रुप से अनुप्रयुक्त किया जाता है। नारकोटिक के रुप में भी इसका प्रयोग किया जाता है।
- मशरुम में अनेक ऐसे तत्व प्रचुर मात्रा में उपलब्ध हैं, जो हमें प्रोटोजोआ, विषाणु आदि रोगकारक से रक्षा करके शरीर में रोग प्रति रोधक क्षमता बढ़ाते हैं।
- मशरुम में कुछ रोग उत्पन्न करने वाली फफूँदनाशक पदार्थ भी पाये जाते हैं।

जलवायु

मशरुम प्रजातियों की वानस्पतिक वृद्धि (बीज फैलाव) व फसलकाय (फलन) अवस्था के लिए अनुकूल तापमान को देखने से स्पष्ट हो जाता है कि मशरुम को कृषि फसलों की भाँति फेर–बदलकर (फसल चक्र) में उगाया जा सकता है। जैसे मैदानी भागों व कम ऊँचाई पर स्थित पड़ाडी भागों में शरद ऋतु में श्वेत बटन मशरुम, ग्रीष्म ऋतु में ग्रीष्म कालीन श्वेत मशरुम व ढिंगरी तथा वर्षा ऋतु में धान के पुआल का मशरुम व दूधिया मशरुम। इसी प्रकार मैदानी भागों में श्वेत बटन मशरुम को शरद ऋतु में नवम्बर से फरवरी तक, ग्रीष्मकालीन श्वेत बटन मशरुम को सितम्बर से नवम्बर व फरवरी से अप्रैल तक, काले कठकर्ण मशरुम को फरवरी से अप्रैल तक, ढिंगरी मशरुम को सितम्बर से मई तक, धान के पुआल मशरुम को जुलाई से सितम्बर तक तथा दुधिया मशरुम को फरवरी से अप्रैल व जुलाई से सितम्बर तक उगाया जा सकता है।

सारिणी (17.19) कुछ प्रमुख खाद्य मशरुम के लिये अनुकूल तापमान

प्रचलित नाम	वैज्ञानिक नाम	अनुकूल तापमान (डिग्री सेन्टीग्रेड)	
		बीज फैलाव हेतु	फसल हेतु
श्वेत बटन मशरुम	एगेरिकस बाइसपोरस	22.0–25.0	14.0–18.0
ग्रीष्मकालीन श्वेत बटन मशरुम	एगेरिकस बाइटॉरकिस	28.0–30.0	25.0
कठकर्ण मशरुम	ऑरकुलेरिया प्रजातिया	20.0–34.0	12.0–30.0
शिटाके मशरुम	लेन्टीनुला इडोड्स	22.0–27.0	15.0–20.0
काबुल ढिंगरी मशरुम	प्लूरोटस इरिन्जाई	18.0–22.0	14.0–18.0

ढिंगरी मशरुम	प्लूरोटस फ्लेविलेट्स	25.0–30.0	22.0–26.0
ढिंगरी मशरुम	प्लूरोट्स फ्लोरिडा	25.0–30.0	18.0–22.0
ढिंगरी मशरुम	प्लूरोटस सजोर–काजू	25.0–32.0	22.0–26.0
धान के पुआल का मशरुम	वॉल्वेरियेला वॉल्वेसिया	32.0–34.0	28.0–32.0
दूधिया मशरुम	कैलोसाइबी इंडिका	25.0–30.0	30.0–35.0

मध्यम उँचाई पर स्थित पहाड़ी स्थानों में श्वेत बटन मशरुम को सितम्बर से मार्च तक, ग्रीष्मकालीन श्वेत बटन मशरुम को जुलाई से अगस्त तक व मार्च से मई तक, शिटाके मशरुम को अक्टूबर से फरवरी तक, ढिंगरी मशरुम पूरे वर्ष भर, काले कठकर्ण मशरुम को मार्च से मई तक तथा दूधिया मशरुम को अप्रैल से जून तक उगाया जा सकता है। अधिक ऊँचाई पर स्थित पहाड़ी क्षेत्रों में श्वेत बटन मशरुम को मार्च से नवम्बर तक, ढिंगरी मशरुम को मई से अगस्त तक तथा शिटाके मशरुम को दिसम्बर से अप्रैल तक उगाया जा सकता है। इसी प्रकार हमारे देश में अलग–अलग तरह की जलवायु वाले स्थानों में ऋतु–अनुसार भिन्न–भिन्न प्रकार के मशरुम फसल चक्र अपनाकर वर्ष भर ढिंगरी मशरुम, धान के पुआल का मशरुम व दूधिया मशरुम को प्राकृतिक वातावरण में उगाया जा सकता है। पूर्वोत्तर राज्यों में श्वेत बटन मशरुम, ढिंगरी मशरुम, शिटाके मशरुम व काले कठकर्ण मशरुम को उगाया जा सकता है। मध्य व पश्चिमी भारत में ढिंगरी मशरुम को ग्रीष्म ऋतु को छोड़कर अन्य सभी ऋतुओं में व दूधिया मशरुम की खेती वर्ष भर की जा सकती है। मशरुम उत्पादन की इस मौसमी वार्षिक योजनाओं पर अमल कर किसान वर्ष भर रोजगार प्राप्त कर मशरुम से आमदनी प्राप्त कर सकते हैं। एक ही प्रकार की मशरुम की खेती करते रहने से बीमारियों व कीड़े–मकोड़ें का प्रकोप भी बढ़ जाता है। मशरुम फसल चक्र को अपनाकर इनका प्रकोप कम किया जा सकता है। साथ ही देश के कुल मशरुम उत्पादन में बढ़ोत्तरी करने में सहयोग दे सकते हैं।

मशरुम की प्रजातियाँ एवं उनकी खेती

1. आयस्टर मशरुम या ''ढिंगरी मशरुम''

ढिंगरी मशरुम समशीतोष्ण कालीन मशरुम है, जिसे वर्ष पर्यन्त उगाया जा सकता है। इसकी उपज के लिए तापमान 20.0–30.0 डिग्री सेल्सियस आवश्यक होता है।

सारणी (17.20) ताजा ढिंगरी मशरुम में पोषक तत्व की मात्रा (प्रति 100 ग्राम खाने योग्य भाग में)

घटक	मात्रा
कार्बोहाइड्रेट	5.2 प्रतिशत
प्रोटीन	2.5 प्रतिशत
वसा	0.2 पतिशत
रेशा	1.3 प्रतिशत
राख	0.6 प्रतिशत
नमी	90.2 प्रतिशत

ढिंगरी मशरुम की प्रजातियाँ

ढिंगरी मशरुम की कई प्रजातियाँ प्रचलित हैं, जिनमें मुख्य–मुख्य प्रजातियों के नाम, प्रतीक एवं उगाने के समय आवश्यक तापमान निम्न है।

सारणी (17.21) प्रजातियों के अनुसार तापमान की आवश्यकता

प्रजाति का नाम	प्रतीक	तापमान
प्लूरोटस सिट्रीनोपिलेट्स	पी0सी0	22.0–35.0 डिग्री सेल्सियस
प्लूरोटस साजरकाजू	पी0–5, डी0–3	22.0–30.0 डिग्री सेल्सियस
प्लूरोटस फ्लोरिडा	पी0एफ0	18.0–28.0 डिग्री सेल्सियस

उत्पादन विधि

ढिंगरी मशरुम को उगाने हेतु भूसे को बिना सड़ाये केवल रासायनिक या गरम जल उपचार के बाद बीजाई करके उपज प्राप्त की जाती हैं। इस मशरुम का उत्पादन अनुकूल परिस्थितियों में 20–25 दिन में ही प्राप्त हो जाता है। ढिंगरी मशरुम के उत्पादन हेतु गेंहूँ का ताजा भूसा जिसकी लम्बाई 1.0–1.5 सेन्टी मीटर हो, जिसमें अन्य फसलों के अवशेष न हो एवं वर्षा से जलसिक्त भी न हो, उपयोग में लाया जाता है।

भूसे का उपचार

चयनित भूसे को रासायनिक उपचार या गरम जल उपचार के बाद बीजाई हेतु काम में लाया जाता है। रासायनिक उपचार विधि में सर्वप्रथम भूसे को प्लास्टिक के ड्रम में भरते हैं, फिर उपर से ड्रम में पानी डाला जाता है, ताकि भूसा पानी में डूब जाये एवं अच्छी तरह भींग जाये। अब प्रति 100 लीटर पानी के हिसाब से एक बाल्टी में कार्बण्डाजिम 6.0 ग्राम, नुवाक्रान 30.0 मिली लीटर तथा 250.0 मिली लीटर फार्मलिन लेकर थोड़ा पानी मिलाकर घोल बना लेते हैं। अब इस घोल को भूसा व पानी भरे ड्रम में चारों ओर घुमाते हुए डाल देते हैं। ड्रम का ढ़क्कन बन्द कर देते हैं तथा इसी अवस्था में 12–14 घण्टे तक उपचारित होने के लिए रख देते हैं। समय पूरा होने पर ड्रम से भूसे को ढलान वाली जगह पर डालते है, ताकि भूसे का अतिरिक्त पानी निकल जाये। गरम जल उपचार विधि में भूसे को 10.00–12.00 घण्टे साफ पानी में एक ड्रम में तर किया जाता है। बाद में उसे इस पानी से निकालकर दूसरे ड्रम में उबलते हुए पानी (जिसका तापमान 80.0 डिग्री सेल्सियस हो) में एक घण्टे तक पड़ा रहने देते हैं। यदि पानी का तापमान 70.0 डिग्री सेल्सियस हो तो डेढ घण्टे तक गरम पानी में रखते हैं। निर्धारित समय के पश्चात् गरम पानी से निकालकर ढ़लान वाली जगह पर अतिरिक्त पानी निकलने एवं भूसे का उपचार अवाँछित फफूँद, जीवाणुओं एवं कीटों के अण्डों से मुक्त करने हेतु किया जाता है। उपचारित भूसे में नमी की मात्रा की सही जाँच के लिए भूसे को हाथ की मुट्ठी में लेकर जोर से दबाये, यदि अँगुलियों के बीच से पानी नहीं निकले परन्तु हाथ नम हो जाये तो, यह बीजाई हेतु उपयुक्त अवस्था मानी जाती है। इस समय उपचारित भूसे में बीजाई करें।

बीजाई करना

ढिंगरी मशरुम में 2–3 प्रतिशत के हिसाब से बीज मिलाया जाता है अर्थात 100.0 किलो ग्राम गीले भूसे में 2.0–3.0 किलो ग्राम बीज स्पान (Spawn) मिलाया जाता है। बीज की मात्रा तापमान पर निर्भर करती है। तापमान अधिक होने पर बीज दर कम (2.0 प्रतिशत) कर दी जाती है तथा तापमान कम होने पर बीज दर अधिक (3.0 प्रतिशत) कर दी जाती हैं। उपचारित भूसे में बीज मिलाने की दो विधियाँ हैं।

1. मिश्रण/मिलवा विधि
2. परतदार विधि।

1. मिश्रण/मिलवा विधि

मिश्रण विधि में उपचारित भूसे में बीज–स्पॉन (spawn) को एक साथ पॉलिथिन की थैलियों में, जिनका आकार 45.0–60.0 सेन्टी मीटर हो, में भरा जाता है।

2. परतदार विधि

परतदार विधि में पॉलिथिन की थैलियों में भूसा भरा जाता है एवं 7.5 सेन्टी मीटर की ऊँचाई की परत बनने पर बीज छिड़का जाता है और पुनः भूसा डाला जाता है एवं 15.0 सेन्टी मीटर की ऊँचाई पर बीज छिड़का जाता है। इस प्रकार 4–5 परतों में बीजाई की जाती है। ध्यान देने योग्य बिन्दु यह है कि ऊपर व नीचे की ओर भूसे की परत ही होनी चाहिए। इस प्रकार तैयार किये हुए थैले को ताखों (racks) पर रखा जाता है। बीज बढ़वार के समय उत्पादन कक्ष का तापमान 20.0–25.0 डिग्री सेल्सियस के बीच एवं आर्द्रता 70.0–80.0 प्रतिशत होने पर बीज बढ़वार अच्छी होती है। इस समय बीजाई किये थैले को सिंचाई की जरुरत नहीं होती है। उपयुक्त नमी एवं तापमान पर 15 दिनों में बीज बढ़वार भूसे में अच्छी तरह से फैल जाती है।

थैलियों को हटाना

बीजाई पश्चात् रखे थैले को देखने पर यदि सफेद रंग की दूधिया बढ़वार दिखाई देने पर पॉलिथिन की थैलियों को हटा देना चाहिए। इसके लिए थैलियों के मुँह पर से रबर हटाकर थैलियों की बगलों पर हाथ घुमाते हैं, जिससे पॉलिथिन भूसे के पिण्ड से छूटकर अलग हो जाती है। अब थैलियों के नीचे के दोनों किनारों पर पकड़ कर थैले को उल्टा करके पॉलिथिन को ऊपर खींच लेते हैं, जिससे थैले के अन्दर का भूसा एक पिण्ड के रुप में बाहर निकल जाता है। इस पिण्ड को सीधा करके उत्पादन कक्ष में ताखों या टाँड या ढाँचा (racks) पर रख दिया जाता है। थैलियों को हटाने का कार्य सही बीज बढ़वार पर ही करना चाहिए, क्योंकि थैलियों को पूरी बढ़वार से पूर्व या कुछ दिन बाद हटाने से कुल उत्पादन पर प्रतिकूल प्रभाव पड़ता है।

सिंचाई जल प्रबन्धन

थैलियों को हटाने के बाद पानी देना प्रारम्भ कर देना चाहिए तथा निरन्तर अन्तिम मशरुम की तुड़ाई तक पानी देना चाहिए। पानी हमेशा फूट स्प्रेयर (foot sprayer) से ही देन चाहिए, किसी पाइप की सीधी धार से नहीं। सिंचाई की संख्या तापमान एवं कमरे में पायी जाने वाली नमी की मात्रा पर निर्भर करती है। प्रतिदिन कम से कम 2–3 बार सिंचाई अवश्य करें।

उपज

ढिंगरी मशरुम में थैलियाँ हटाने के 4–7 दिन बाद छोटी–छोटी खुम्ब निकलना प्रारम्भ हो जाती हैं, जो 3–4 दिन में पूर्ण आकार ले लेती हैं। थैलियाँ भरने के एक माह बाद उपज मिलना प्रारम्भ हो जाती है, जो प्रथम तुड़ाई से लेकर 2 माह तक प्राप्त होती रहती है। सामान्यतः 100.0 किलो ग्राम सूखे भूसे पर 60.0–70.0 किलो ग्राम ताजा मशरुम प्राप्त होती है।

तुड़ाई

ढिंगरी मशरुम की तुड़ाई का सही समय जब इसके किनारे सिकुड़ना या फटना प्रारम्भ न करें, उससे पहले होता है। इस समय पूर्ण विकसित मशरुम को हल्के हाथ से घुमाकर तोड़ना चाहिए।

सफाई एवं विपणन

मशरुम की तुड़ाई के पश्चात् डण्ठल के निचले सिरे पर लगे भूसे को हटा देवें तथा थोड़ा हिस्सा चाकू की सहायता से काट देवें। इस प्रकार मशरुम को पॉलिथिन की 100 गेज मोटी थैलियों में जिनमें 3–4 छिद्र हो, में डाल दिया जाता है एवं विपणन हेतु मण्डी भेज दिया जाता है।

बाजार भाव

ताजा ढिंगरी मशरुम का सरकारी मूल्य 70.00 रुपये प्रति किलो ग्राम एवं सूखी हुई मशरुम का मूल्य 500 रुपये प्रति किलो ग्राम है।

2. श्वेत दूधारी/दुध छाता मशरुम/मिल्की मशरुम (Milky mushroom)

मशरुम में सबसे अधिक लोकप्रिय श्वेत दुधारी मशरुम की है, जिसकी काश्त बड़े पैमाने पर हो रही है, क्योंकि यह अधिक तापक्रम (25.0–35.0 डिग्री सेल्सियस) पर सुगमतापूर्वक उगायी जा सकती है जबकि अन्य मशरुम इस तापक्रम पर उत्पादित नहीं किये जा सकते हैं। इसके अलावा इसकी उत्पादन तकनीक सरल है और अन्य की तुलना में उत्पादन क्षमता (60–70 प्रतिशत) भी अधिक है। श्वेत दुधारी मशरुम का वैज्ञानिक नाम–कैलोसाइबा इंडिका है। इसे स्थानीय भाषा में दूध छाता/सफेद या दुधारी मशरुम कहते हैं। अन्य मशरुम की तरह इसमें प्रोटीन 17.69 प्रतिशत, वसा 4.1 प्रतिशत, रेशेदार तत्व 3.4 प्रतिशत एवं कार्बोहाइड्रेट 64.26 प्रतिशत तक होता है। इसमें खनिज तत्व भी अधिक मात्रा में मौजूद होते है। इस मशरुम को रिले फसल (relay cropping) के रुप में (जब अन्य मशरुम के लिए उपयुक्त वातावरण मौजूद न हो) लिया जा सकता है। इसमें

कम्पोस्ट की आवश्यकता नहीं होती है। इसकी भंडारण क्षमता अन्य मशरुम की तुलना में अधिक हैं। इसका आकार बहुत ही आकर्षक होता है एवं सफेद दूध के समान रंग होने से इसे 'दूध छाता' भी कहते हैं।

दूध छाता मशरुम की संरचना

दुध छाता मशरुम का आकार छाता के समान होता है। इसकी टोपी (छतरी) का आकार 5.0–10.0 सेन्टी मीटर, डंठल का आकार 3.0–8.0 सेन्टी मीटर लम्बा एवं 1.5–3.0 सेन्टी मीटर चौड़ा होता है। टोपी की निचली सतह पर गिल्स (gills) पाये जाते हैं, इन गिल्स पर झिल्ली नहीं होती, बल्कि ये गिल्स खुले रहते हैं।

उगाने का समय एवं आवश्यक तापमान

दूध छाता मशरुम शीतोष्ण कालीन मशरुम है। यह मशरुम मार्च माह से नवम्बर माह तक आसानी से उगायी जा सकती है। इस मशरुम को उगाने के लिए 25.0–35.0 डिग्री सेल्सियस तापमान आवश्यक होता है। इसकी उपज 35–45 दिनों में प्राप्त होती है।

उत्पादन तकनीकी

उत्पादन तकनीकी अत्यंत सरल एवं उत्पादन क्षमता अधिक होने के कारण इसकी खेती अधिकतम प्रचलित होती है।

माध्यम

दूध छाता मशरुम को उगाने के लिए माध्यम के रुप में गेंहूँ का भूसा काम में लिया जाता है। ताजा फसल का भूसा जिसके टुकड़ों की लम्बाई 2.54–3.75 सेन्टी मीटर हो, काम में लिया जाता है। भूसा बारिश से भींगा हुआ न हो तथा इसमें अन्य फसल के अवशेष भी नहीं होने चाहिए।

भूसे का उपचार

भूसे का उपचार अवाँछित फफूँद, जीवाणुओं एवं कीटों के अण्डे से मुक्त करने के लिए किया जाता है। भूसे का उपचार दो विधियों से किया जाता है।

(अ) रासायनिक उपचार

(ब) गरम जल उपचार

(अ) रासायनिक उपचार

इस विधि में सर्वप्रथम प्लास्टिक के 200 लीटर पानी की क्षमता वाले ड्रम में गेंहूँ का ताजा भूसा भरा जाता है। इस ड्रम में गेंहूँ का सूखा भूसा 20.0 किलो ग्राम के लगभग आ जाता है। भूसा ड्रम में भरने के पश्चात् ड्रम में पानी भरा जाता है। इस ड्रम में भूसे के डालने से 100 लीटर पानी आयेगा। अब एक बाल्टी में 100 लीटर पानी के लिए कार्बण्डाजिम 5.0 ग्राम, नुवाकान 30.0 मिली लीटर तथा फार्मलीन 200 मिली लीटर का घोल बनाया जाता है। इस घोल को पानी व भूसा भरे ड्रम में चारों

ओर घुमाते हुए डाल दिया जाता है। तत्पश्चात् ड्रम का ढक्कन बंद कर दिया जाता है तथा इसी अवस्था में रासायनिक घोल में भूसे को 14 घण्टे तक उपचारित किया जाता है।

(ब) गरम जल उपचार

इस विधि में गेंहूँ के भूसे को 10–12 घण्टे तक साफ पानी में गलाया जाता है। इसके पश्चात् उसे उबलते पानी में एक घण्टे तक रख कर उपचारित किया जाता है।

उपचारित भूसे का पानी निथारना

दोनों ही विधियों के पश्चात् उपचारित भूसे को ढलान वाली जगह पर ड्रम से बाहर निकाला जाता है, ताकि पानी की अधिक मात्रा भूसे से निकल जाये। साथ ही गरम जल उपचार वाला भूसा ठण्डा भी हो जाए।

उत्पादन विधि

इस मशरुम को दो विधि द्वारा उत्पादित किया जा सकता है–

(अ) ट्रे विधि (Tray method)

(ब) पॉलीथीन बैग विधि (Polythin bag method)

(अ) ट्रे विधि (Tray method)

इस विधि में माध्यम को लकड़ी की बनी हुई ट्रे या एल्युमिनियम की बनी ट्रे में लेते हैं।

(ब) पोलीथीन थैला विधि (Polythin bag method)

यह विधि अत्यधिक सरल एवं कम खर्चीला है। इस विधि में निर्जमीकृत माध्यम को पोलीथीन थैला (bag) में लेते हैं। वर्तमान समय में उत्पादन हेतु पोलीथीन बैग विधि का उपयोग अधिक होता है, क्योंकि ये सस्ते दामों में सुगमता से उपलब्ध होते हैं। सामान्यतः 100 गेज की पोलीथीन थैली, जिसका आकार 56 x 35 सेन्टी मीटर हो, बहुत ही उपयुक्त होती है। पोलीथीन थैली को प्रयोग करते समय इसमें कई छिद्र बनाते हैं, जिसमें थैली के अन्दर वायु का समुचित आदान–प्रदान होता रहें एवं माध्यम खराब होने से बच जाए।

उपचारित भूसे में नमी की मात्रा का निर्धारण

उपचारित भूसे में नमी की मात्रा की सही जाँच के लिए भूसे को हाथ की मुट्ठी में लेकर जोर से दबायें, यदि अँगुलियों के बीच से पानी नहीं निकले, परन्तु हाथ नम हो जाए, तो यह बीजाई हेतु उपयुक्त अवस्था मानी जाती है। इस समय उपचारित भूसे में बीजाई करे।

मशरुम बीज (Spawn)

बीज की गुणवत्ता मशरुम उत्पादन का एक अहम पहलू है। सफेद दूधारी मशरुम का उच्च गुणवत्ता वाला बीज राष्ट्रीय खुम्ब उत्पादन केन्द्र, सोलन (हिमाचल प्रदेश), पौध रोग विभाग, इंदिरा

तुड़ाई

मशरुम के फलनकाय की सही अवस्था या इसकी परिपक्वता के आकार व लंबाई से लगाई जा सकती है। फलनकाय की प्रारंभिक अवस्था में इसके किनारे मोटे होते हैं एवं मुड़े हुये नहीं होते हैं। फलनकाय परिपक्व हो जाने पर फलनकाय के किनारे पतले एवं अन्दर की ओर मुड़ने लगते हैं। इसी समय फलनकाय को सावधानीपूर्वक हल्का सा मोड़ कर तोड़ लेना चाहिए। तोड़ने के पश्चात् इसका डंठल माध्यम में लगा नहीं होना चाहिए। जहाँ तक संभव हो सभी फलनकाय को एक ही साथ तोड़ लेना चाहिए और फिर पानी दे देना चाहिए। सामान्यतः 5–6 बार तुड़ाई की जा सकती है एवं एक किलो ग्राम सूखे भूसे से लगभग 600.0–700.0 ग्राम तक ताजा मशरुम प्राप्त किया जा सकता है।

बाजार भाव

ताजा दूध छाता मशरुम बाजार में 100–120 रुपये प्रति किलो ग्राम के हिसाब से बेची जाती है। सुखी हुई दूध छाता मशरुम 600–800 रुपये प्रति किलो ग्राम के हिसाब से बेची जाती है।

3. श्वेत बटन मशरुम (White Button Mushroom) की खेती

श्वेत बटन मशरुम एगेरिकस बाइस्पोरस (*Agaricus bisporus*) उगाने के लिए कम्पोस्ट की आवश्यकता होती है। कम्पोस्ट, भूसा, गेंहूँ का चापड़, यूरिया एवं जिप्सम को एक साथ मिलाकर व सड़ाकर तैयार किया जाता है। इस मिश्रण को कई तरह के सूक्ष्म जीव रासायनिक क्रिया द्वारा कार्बनिक पदार्थों का विघटन कर कम्पोस्ट में परिवर्तित कर देते हैं।

श्वेत बटन की प्रजातियाँ

श्वेत बटन की प्रभेदित एस–11 (S-11) अपने अधिक उपज व गुणवत्ता के कारण ज्यादा उगायी जाती है लेकिन वर्तमान समय में उन्नतिशील प्रभेद जैसे–एस–40, एक्स–13 व संकर प्रभेद यू–3 को किसानों के द्वारा ज्यादा उगाया जाने लगा है।

आवश्यक सामग्री

श्वेत बटन मशरुम को उगाने के लिए निम्नलिखित पदार्थों की आवश्यकता होती है–

सारिणी (17.22) सामग्री का विवरण

माध्यम	मात्रा
गेंहूँ का भूसा	आवश्यकतानुसार परन्तु कम से कम 500.0 किलो ग्राम
गेंहूँ का चापड़	100.0 किलो ग्राम सूखे भूसे में 15.0 किलो ग्राम
यूरिया	100.0 किलो ग्राम सुखे भूसे में 1.80 किलो ग्राम
जिप्सम	100.0 किलो ग्राम से सुखे भूसे में 3.0 किलो ग्राम
बाँस/लोहे/एल्युमिनियम के बोर्ड	तीन बोर्ड जिसकी ऊँचाई 1.5 मीटर, चौड़ाई 1.0 मीटर एवं लम्बाई आवश्यकतानुसार।

विधि

कम्पोस्ट बनाने में मुख्यतः दीर्घकालीन विधि को अपनाया जाता है। चूँकि यह विधि सरल, सस्ती एवं इसमें विशेष उपकरणों की आवश्यकता भी नहीं पड़ती है। इस विधि से कम्पोस्ट बनाने में 27 दिन का समय लगता है। इस विधि में भूसे एवं अन्य मिलाये जाने वाले मिश्रण को 7–8 बार उलट–पलट किया जाता है। इसमें निम्न क्रियाएँ की जाती है–

पूर्व गीली अवस्था

इसके लिये संपूर्ण भूसे को गीला किया जाता है। यह अवस्था दो–तीन बार में होती है एवं इसे प्रीवेंटिंग फेज (**preventive phase**) भी कहा जाता है। इस अवस्था में ध्यान इतना रखे कि भूसा पूर्णतः गीला हो जाये परन्तु भूसे से पानी रिसकर बाहर नहीं निकलने पाये। इस अवस्था के अंत में भूसे में गेंहूँ का चापड़ एवं यूरिया पुरी मात्रा में मिला देना चाहिए।

पायल बनाना

पूर्व गीली अवस्था का समय पूरा होने पर गीले भूसे, गेंहूँ का चापड़ एवं यूरिया के मिश्रण को बाँस/लोहे/एल्युमिनियम के बोर्डों में, जिनमें से दोनों ओर तथा एक पिछे की ओर लगाकर आयताकार आकृति बनाकर भरा जाता है। सामान्यतः 2–4 घण्टे पश्चात् इन बोर्डों को हटा दिया जाता है। इस समय भूसा एक निश्चित आकार (चौकोर ढेर) में ही बना रहता है, जिसे पायल नाम से जाना जाता है। यह पायल तिसरे दिन बनाई जाती है। पायल बनाते समय बीच–बीच में पानी डालते रहना चाहिए। पायल बनने के दो दिन बाद पहली पलटाई की जाती है।

पायल या भूसें की पलटाई

सारिणी (17.23) पायल की पलटाई

पलटाई	विवरण
पहली	पायल की पहली पलटाई 6वें दिन की जाती है। इसके लिए जिस तरफ प्रथम पायल बनाये उसके एक ओर बोर्ड नहीं लगाये। उस ओर तीनों बोर्डों को लगाकर पुनः एक बॉक्स जैसी आकृति का पायल बनाये जैसा पूर्व में बनाये थे। भूसे को तोड़कर इसे बाँस में भरा जाता है, तथा भरते समय ध्यान रखा जाता है कि पायल का उपर का भूसा नीचे, नीचे का भूसा उपर, बगल वाला बीच में एवं बीच वाला बाहर की ओर डालें, ताकि सारे भूसा का विघटन समान रुप से होता रहे। पायल बनाते समय बीच–बीच में भूसे में पानी समान मात्रा में डालते रहना चाहिए। पायल के पूरा बनने पर एवं बोर्डो को हटाने के तुरन्त पश्चात् पायल एवं फर्श पर नुवाक्रान कीटनाशी दवा का हल्का छिड़काव करना चाहिए ताकि पायल के पास वाले फर्श पर मक्खियाँ बैठकर अण्डे नहीं देने पाये, ताकि भूसे को मक्खियों के लार्वा (maggot) के संक्रमण से बचाया जा सके। पायल बनने के पश्चात् व बोर्डो के हटाने पर नुवाक्रान का हल्का छिड़काव तथा पायल बनाते समय भूसे पर नियमित पानी का छिड़काव आवश्यकतानुसार किया जाना चाहिए तथा यह दोनों क्रियाएँ प्रत्येक पलटाई पर अवश्य की जाती है।
दूसरी	यह पलटाई 9वें दिन की जाती है। इसमें सारी प्रक्रियाएँ प्रथम पलटाई वाली ही की जाती है।

उपज

इस विधि से बनी 100.0 किलो ग्राम खाद पर लगभग 10.0 किलो ग्राम तथा निर्जमीकृत खाद पर 20.0 किलो ग्राम पैदावार दो माह में ली जाती है।

पौध संरक्षण (Plant protection)

मशरुम को बीमारियों से बचाने के लिए 0.05 प्रतिशत बाविस्टीन का छिड़काव करना चाहिए। फसल समाप्त होने पर खाद को निकालकर फसल कक्ष से दूर हटाना चाहिए तथा पेटियों आदि को अच्छे से साफ कर 5.0 प्रतिशत फार्मलीन के घोल का छिड़काव करके पुनः प्रयोग में लाते हैं।

4. भीटाके मशरुम (Sitake Mushroom) की खेती

शिटाके मशरुम लेन्टिनुला की प्रजातियाँ है। शीटाके मशरुम की खेती पहाड़ी क्षेत्रों में बड़े कम पैमाने पर की जाती है, क्योंकि इसके उत्पादन में प्रयोग होने वाला "वुडेन लाग्स" (wooden logs) जिसके द्वारा इस मशरुम को विकसित किया जाता है, वह उपलब्ध नहीं होता है। वर्तमान समय में नवीन तकनीक के अविष्कार से अब इसे बुरादा (saw dust), राइस पालिश (rice polish) एवं कैल्शियम कार्बोनेट (Calcium carbonate) के मिश्रण पर सफलतापूर्वक उगाया जा सकता है। अन्य प्रक्रिया पहले जैसे ही अपनायी जाती है।

सारणी (17.24) शिटाके मशरुम हेतु प्रयोग में आने वाले भोज्य पदार्थ एवं वातावरण का तुलनात्मक अध्ययन

मशरुम के प्रकार	स्पान या बीज	मशरुम कल्चर	मइसीलियम वृद्धि हेतु तापमान (डिग्री सल्सियस)	फ्रक्टीफिकेशन हेतु तापमान (डिग्री सल्सियस)	उगाने हेतु आर्द्रता (प्रतिशत)
श्वेत बटन	खाद्य दानें	सिन्थेटिक कम्पोस्ट	25.0–27.0	15.0–18.0	80.0–90
ओयस्टर (ढिंगरी)	खाद्य, दानें, भूसा	कच्चा भूसा	24.0–29.0	20.0–24.0	65.0–75.0
ओयस्टर ढिंगरी	खाद्य, दानें, भूसा	कच्चा भूसा	25.0–30.0	22.0–27.0	70.0–80.0
शिटाके	सा डस्ट + राइस पोलिस + कैल्सियम कार्बोनेट	वुडेन लाग्स	20.0–25.0	16.0–23.0	75.0–85.0

मशरुम की प्रमुख बीमारियाँ तथा उनका प्रबंधन

अन्य फसलों की तरह मशरुम में भी कई प्रकार की बीमारियाँ लगती हैं। मशरुम को विशेष माध्यम पर कमरों में उगाये जाने की वजह से मशरुम में बीमारियों की सम्भावना और अधिक होती है तथा इसमें लगभग 90.0 प्रतिशत पानी मौजूद होती है। रोगों से होने वाला नुकसान इस बात पर निर्भर करता है कि रोग किस अवस्था में लग रहा है व कितना संक्रामक है। मशरुम में प्रायः देखे गये कवक जनित रोग इस प्रकार हैं–

1. भूरा परत (Brown Plaster)

बुआई की गई खाद में या बिछाई गई केसिंग की परत पर आटे की तरह सफेद कवक गोल–गोल घेरों में नजर आते हैं, जो बाद में भूरे हो जाते हैं। मशरुम इन स्थानों पर देर से निकलते हैं और कई बार निकलते ही नहीं हैं।

प्रबन्धन

पुरानी या अनुचित ढंग से तैयार की गई खाद, दूषित पानी तथा बन्द हवा के कारण यह रोग देखने में आता है। गीली खाद, अपर्याप्त हवा व अधिक तापमान के कारण यह तेजी से फैलता है। उचित सफाई इस रोग की रोकथाम के लिए आवश्यक है। रोग ग्रस्त भागों को हटाकर उस हिस्से पर 2.0 प्रतिशत फार्मलिन या 0.05 प्रतिशत बाविस्टिन छिड़कने से लाभ होता है। खाद में पानी की मात्रा 70.0 प्रतिशत से कम होनी चाहिए।

2. सफेद परत (White Plaster)

केसिंग मिट्टी पर आटे की तरह सफेद फफूँद दिखाई देती है, जो अन्त तक सफेद ही बनी रहती है। इसके कारण मशरुम के कवक जाल का फैलना और खुम्ब उत्पादन कम हो जाता है।

प्रबन्धन

सफाई का विशेष ध्यान रखना चाहिए और ध्यान रहे कि खाद की क्षारीयता 8.0 से कम ही हो। बाविस्टिन (0.05 प्रतिशत) या थिरम (0.08 प्रतिशत) का छिड़काव 10 दिन के अन्तराल पर करने से इस बीमारी को नियंत्रित किया जा सकता है।

3. इन्की कैप (कोपराइनस खुम्ब)

इन्की कैप (कोपराइनस खुम्ब) मशरुम के थैलों में कई बार मशरुम के स्थान पर लम्बे डण्डे वाली टोपियों के रुप में काले रंग के मशरुम निकलते हैं। यह खाद में बटन मशरुम के लिए उपलब्ध भोजन को कम करते हैं और मशरुम को फैलनें से रोकते हैं।

प्रबन्धन

खाद में बुआई के समय अमोनियम की गन्ध बिल्कुल नहीं होनी चाहिए। बचाव हेतु इस खुम्ब को उखाड़कर कहीं दूर फेंकना चाहिए अथवा गड्ढों में दबा देना चाहिए।

4. पीला फफूँद (Yellow fungus)

पीली–भूरी परत, जो किनारो पर सफेद तथा उभरी हुई होती है। खाद व केसिंग के बीज के हिस्से में पीले–भूरे रंग का स्ट्रोमा (stroma) पाया जाता है।

□□□

अध्याय 18

वृक्षीय सब्जियाँ

Tree Vegetables

प्रकृति में अनेकों प्रकार के एकवर्षीय (annual) एवं बहुवर्षीय (perennial) फल वृक्ष हैं, जिनके कोमल टहनियों, पुष्पों एवं फलों से सब्जी प्राप्त होती है। भारतवर्ष में 50 से ज्यादा प्रकार के फलवृक्ष सब्जी के लिए जाने जाते हैं। उदाहरण के लिए सहजन, करीपत्ता, कटहल, लसोरा, मंकीजैक, ब्रेड फ्रूट, एगफ्रूट, सिलोनओलीव, दुरियन, एलिफैण्ट एप्पल, गार्डेनिया, घेन, जाइण्ट ग्रांडिला, जलपायी, केर, कटकुलरिया, करमल, महुआ, मोरेण्डा, पण्डानस, पिण्डालू, ओलिया, तिमला, स्टर्कुला, केला, पपीता, खेजड़ी, ट्री बिंस (tree beans) आदि सब्जी उत्पादकों के बीच ज्यादा महत्वपूर्ण हैं। इसके अलावा प्रकृति में अनेकों प्रकार के फल उपयोगी एवं जंगली पौधे भी हैं, जिनसे सब्जियाँ प्राप्त होती हैं। जंगलों में निवास करने वाले आदिवासियों द्वारा गूलर के कोमल फलों की सब्जी या भुर्ता बनाकर खाते हैं। इसी प्रकार उत्तर प्रदेश व बिहार में महुआ के कोमल फलों से रसदार सब्जी व चोखा बनाया जाता है। इन फलदार वृक्षों की खेती करके ज्यादा लाभ कमाया जा सकता है, क्योंकि इनकी देखभाल में ज्यादा लागत नहीं आती है। इसके अलावा सबसे बड़ा लाभ कार्बनिक विधि से प्राप्त होने वाला उत्पाद भी है, जिसका उपभोक्ता में ज्यादा माग रहती है। फलदार वृक्षों से ज्यादा से ज्यादा उपज भी मिलती है। उदाहरण के लिए कटहल से प्रति पौध 5.0–6.0 टन फल प्राप्त होता है, जो प्रति इकाई ज्यादा है। ये फलदार वृक्ष विभिन्न जलवायु व दशा में पूर्णतया अनुकूलित हो जाते हैं और इनके पौध संरक्षण में किसी भी प्रकार का खर्च नहीं आता है। अतः उत्पाद हानिकारक रसायन से मुक्त होते हैं।

सहजन (Drumstick)

वानस्पतिक नाम : मोरिंगा ओलीफेरा (*Moringa oleifera* Lam.)

कुल : मोरिंगेसी (Moringaceae)

गुणसूत्र संख्या : 2 एन = 28

इस महत्वपूर्ण वृक्षीय सब्जी को शोभजना (संस्कृत), मुंगना, सैजन, सहजन (हिन्दी), सजीना (बंग्ला), अचाधदा, शेवगी (मराठी), मिधोसरागेवो, सरागेवो (गुजराती), मलुगा, टेला मुन्गा (तेलगू), मुंरगाई (तमिल), नुगे (कन्नड़), मुरिना सिगरू, मोरिंगा (मलयालम), ऐजना, सहजन (असम), सजीना (उड़ीया), सेन्जना, सोनजना (पंजाब) तथा मुगा अरक (सत्ताल) के नाम से जाना जाता है।

सहजन एक महत्वपूर्ण सब्जी वाला मध्यम वृक्ष है जिसके फल, फूल व पत्ती, सब्जी के रूप में प्रयोग किया जाता है। इसके औषधीय गुणों के महत्व को स्वीकार करते हुए प्रत्येक परिवार अपने गृह वाटिका या घर के आस–पास सहजन के 2–4 पौधों को अवश्य रोपण करते हैं। अगर सहजन के पौधे खेत के चारों तरफ मेड़ पर लगाये जाते हैं, तो सब्जी की आपूर्ति के साथ–2 उनकी पत्तियाँ खेत के लिए कार्बनिक तत्व के रूप में भी सहयोग करती हैं। सहजन सामाजिक वानिकी का महत्वपूर्ण घटक है (नौटीयाल एवं वेंकटरमन, 1987)। वर्तमान समय में भारतवर्ष से सहजन का निर्यात बड़े पैमाने पर किया जा रहा है।

उद्‌भव एवं वितरण

सहजन की उत्पत्ति भारत एवं पाकिस्तान से हुई है। जान (1996) ने सहजन की चीन में प्रवेशन (introduction) के बारे में विस्तृत जानकारी एकत्र की है। उनके अनुसार भारतीय एवं मलायम लोगों ने इसे सर्वप्रथम मकाओ क्षेत्र में लाये जहाँ से यह कैन्टान (Cantan) पहुँचा और वहाँ से इसे कालान्तर में काली मिर्च को सहारा देने के लिये उगाना शुरू किया गया। भारत के अलावा यह दक्षिण पूर्व एशिया, वेस्ट इण्डिज, क्यूबा, इजिप्ट आदि देशों में पाया जाता है। इसकी खेती भारत के लगभग सभी प्रान्तों में कम या ज्यादा की जाती है। इसकी फलियाँ व कोमल पत्तियाँ सब्जी की प्रमुख स्रोत हैं, जिससे कुपोषण जनित व्याधियों से छुटकारा मिलती है। सहजन उष्ण एवं उपोष्ण जलवायु का तेज वृद्धि करने वाला वृक्ष है (कुमार एवं सहयोगी, 2000)। भारत सहजन की कोमल फलियों का सबसे बड़ा उत्पादक (38,000 हेक्टेयर क्षेत्रफल से 1.0–1.3 मिलियन टन प्रति वर्ष) देश है (एनानिमस, (एन0एच0बी, 2006)। क्षेत्रफल (15,665 हेक्टेयर) एवं उत्पादन की दृष्टि से आंध्र प्रदेश प्रथम, कर्नाटक द्वितीय (10,280 हेक्टेयर) एवं तमिलनाडु तृतीय (7,408 हेक्टेयर) स्थान पर है।

वानस्पतिक विवरण

सहजन मध्यम आकार (ऊँचाई लगभग 10.0 मीटर) का पौधा है। इसकी छाल लकड़ीनुमा सफेद या भूरे रंग की होती है जिसमें मोटे रेशे पाये जाते हैं। छाल से सफेद रंग का गोंद निकलता है। नये प्रोह सफेद हरे या बैगनी रंग के होते हैं। पत्तियाँ संयुक्त, तीन छत्रक वाली (tripinnate),

व 50.0–60.0 सेन्टीमीटर लम्बी होती हैं। पर्णवृन्त 4.0–15.0 सेन्टीमीटर लम्बे एवं मोटे होते हैं। पुष्पक्रम 8.0–30.0 सेन्टीमीटर लम्बी शाखा में निकलते हैं जिसमें असंख्य सफेद या क्रीमी रंग के सुगन्धित पुष्प विकसित होते हैं। पुष्प का बाह्य दल पुंज नलिकानुमा, 5 पिण्डो वाला एवं हरे रंग का होता है। दल पुंज 5, 1–2 सेन्टीमीटर लम्बे, पुंकेसर 5, वर्तिका नलिकानुमा और ऊपर की तरफ सकरी होती है। फलियाँ लम्बी (10.0–50.0 सेन्टी मीटर), त्रिकोणीय एवं हरे रंग की होती हैं।

उत्तर भारत के मैदानी क्षेत्रों में सहजन जनवरी–फरवरी में पुष्पन करता है। परागण के अंकुरण पर अध्ययन करते हुए सिंह एवं सहयोगी (1983) ने स्पष्ट किया कि 31.32–41.65 μm के आकार के परागकण अंकुरण करते हैं जबकि 22.0–33.22 μm के परागकण नपुंसक होते हैं। ताजे परागकणों की अंकुरण क्षमता अधिक थी। परागकणों को 6 प्रतिशत सुक्रोज और 15 पी0पी0एम0 बोरिक अम्ल के माध्यम से 24 घन्टे तक सूगमतापूर्वक भण्डारित किया जा सकता है। सहजन में अत्यधिक फल धारण (31.26 प्रतिशत) हाथ द्वारा ताजे परागकणों से परागण करने पर पाया गया। सहजन में प्राकृतिक परागण कारपेन्टर बी या मक्खी जाइलोकार्पा लटीपेस (*Xylocarpa latipes*) तथा जाइलोकार्पा प्यूबीसेन्स (*Xylocarpa pubesens*) द्वारा होता है। ये मक्खियाँ मुख्य रूप से दिन के समय सक्रिय रहती हैं और 6.0 बजे सुबह से 3.0 बजे अपराहन तक सक्रिय रूप से परागण करती हैं।

सहजन में फल का विकास आन्तरिक आविजन आक्सिन (auxin) एवं साइटोकाइनिन (cytokinine) के द्वारा नियन्त्रित होती है (अरूयर एवं सहयोगी, 1981, नागर एवं सहयोगी, 1982)। सहजन का फल लम्बवत रूप में शीघ्रता से बढ़ता है। इसके 30.0–40.0 सेन्टीमीटर लम्बे फल में आक्जिन (auxin) के 4 घटक जिसमें दो मुख्य रूप से इण्डोल एसीटिक अम्ल (indoleacetic acid) और इण्डोल एसीटो नाइट्राइल (indol aceto nitrile) होते हैं। अध्ययन में पाया गया कि आक्जिन की सक्रियता उस समय सर्वाधिक थी जब फलियाँ 25.0–30.0 सेन्टीमीटर लम्बी थी लेकिन 50.0 सेन्टी मीटर से अधिक लम्बी होने पर आक्जिन की सक्रियता घट गयी। सामान्यतः 15.0–20.0 सेन्टीमीटर फली की लम्बाई तक प्रति ग्राम फल वजन के आधार पर 1.0 माइक्रोग्राम साइटोकाइनिन का स्तर बढ़ा और इसके बाद वह स्थिर हो गया।

सारिणी (18.1) परागण का समय एवं फल धारण क्षमता

परागण का समय	फल धारण प्रतिशत
ताजे परागकण	31.26
4 घंटे बाद	23.58
8 घंटे बाद	18.35
12 घंटे बाद	10.09
16 घंटे बाद	6.56
20 घंटे बाद	3.12
24 घंटे बाद	0.29
28 घंटे बाद	कुछ नहीं

पोषकीय महत्व

सहजन की अपरिपक्व कोमल फलियों एवं पत्तियों से प्रचुर मात्रा में कार्बोहाइड्रेट, प्रोटीन, विटामिन्स (ए0बी0सी0 आदि) तथा खनिज लवण जैसे कैल्सियम, फास्फोरस लौह आदि प्राप्त होते हैं। इनके उपयोग से अनकों प्रकार के खनिज लवण, विटामिन्स, प्रोटीन्स आदि प्रचुर मात्रा में प्राप्त होता है। एक साधारण विश्लेषण में पाया गाया है कि सहजन की पत्तियों में गाजर से अधिक "विटामिन ए" हरी मटर से अधिक प्रोटीन, नीबू वर्गीय फलों से अधिक "विटामिन्स सी" दूध से अधिक कैल्सियम, केला से अधिक पोटैशियम तथा पालक एवं चौलाई से अधिक लौह तत्व पाये जाते हैं। इसके अलावा भोजन में इस सब्जी से सबसे अधिक मूल्यवान घटक "रेशा" 8.4 प्रतिशत प्राप्त होता हैं, जो उत्तम पाचन व आतों की सफाई में मदद करता है। सामान्यतः गर्भवती एवं स्तनपान कराने वाली महिलाओं को अगर हरी पत्तियाँ या सूखी पत्तियाँ उनके आहार में दिया जाये, तो उनका स्वास्थ्य एवं बच्चे का विकास अच्छा होता है। प्रयोग से पता चलता है कि अगर सहजन की पत्ती का पावडर (लगभग 50.0 ग्राम) प्रतिदिन आहार में आपूर्ति किया जाये, तो गर्भवती एवं दूध पिलाने वाली माताओं की 21.0 प्रतिशत प्रोटीन, 84.0 प्रतिशत कैल्सियम, 94.0 प्रतिशत लौह तत्व, 14.3 प्रतिशत विटामिन 'ए' एवं 10.0 प्रतिशत विटामिन'सी', की आपूर्ति सहजता से हो जाती है। अगर छोटे बच्चे जिनकी उम्र 1–3 वर्ष तक है, को 7.0–8.0 ग्राम सूखी पत्ती का पावडर प्रति दिन पीने को दिया जाये तो 14.0 प्रतिशत प्रोटीन, 40.0 प्रतिशत कैल्सियम, 23.0 प्रतिशत लौह तत्व तथा 10.0 प्रतिशत के आसपास विटामिन 'ए' की आपूर्ति स्वतः हो जाती है।

सारिणी (18.2) सहजन के विभिन्न भागों में पोषक तत्व की मात्रा (प्रति 100 ग्राम खाने योग्य भाग में)

घटक	पत्तियों में	पत्तियों के पाउडर में	फलियों में
खाये जाने योग्य भाग (प्रतिशत में)	75	100	83
जल (प्रतिशत में)	75	7.5	86.9
ऊर्जा (किलो कैलोरी)	92	205	26
प्रोटीन (ग्राम)	6.7	27.1	2.5
वसा	1.7	2.3	0.1
कार्बोहाइड्रेट (ग्राम)	13.4	38.2	3.7
रेशा (ग्राम)	0.9	19.2	4.8
खनिज तत्व (ग्राम)	2.3	–	2.0
कैल्सियम (मिली ग्राम)	440.0	2003.0	30.0
मैग्नीशियम (मिली ग्राम)	24.0	368.0	24.0
फास्फोरस (मिली ग्राम)	70.0	204.0	110.0
पोटैशियम (मिली ग्राम)	259.0	1324.0	259.0
कॉपर (मिली ग्राम)	1.1	0.57	3.1
आयरन (मिली ग्राम)	7.0	28.2	5.3
सल्फर (मिली ग्राम)	137.0	870.0	137.0
बीटा–कैरोटिन (विटामिन 'ए') (मिली ग्राम)	6.8	16.3	0.11

थाइमिन (विटामिन 'ब–1') (मिली ग्राम)	0.21	2.64	0.05
राइबोफ्लेविन (विटामिन 'ब–2') (मिली ग्राम)	0.05	20.5	0.07
नियासिन (मिली ग्राम)	0.8	—	0.2
विटामिन 'सी' (मिली ग्राम)	220.0	17.3	120.0
विटामिन 'ई' (मिली ग्राम)	—	113.0	—

स्रोतः मार्टिन प्राइस, 1984

वाशिंगटन एवं इंग्लैण्ड में हो रहे शोध कार्यों से पता चला है कि सहजन एक कल्पवृक्ष के रूप में जमीन पर प्रकृति ने सम्भालकर रखा है। सहजन के औषधीय गुणों का विशेष विवरण आयुर्वेद में मिलता है। सहजन का तासीर गर्म माना जाता है। अतः यह एक उत्तम वीर्य वर्द्धक सब्जी है। पत्तियों या छाले का सत (अर्क) निकालकर सेवन किया जाये, तो उच्च रक्तचाप व थायरायड वाले मरीजों को ज्यादा लाभ मिलता है (तहलियानी एवं कार, 2000)। लौह तत्व की अधिकता के कारण यह रक्त शोधन में भी सहायक है। बढ़ी हुई तिल्ली से ग्रसित मरीजों को इसका उपयोग ज्यादा राहत पहुँचाता है। यह पेट की कब्ज को दूर करता है। बच्चों को अगर दस्त या उल्टी हो रही है, तो सहजन की हरी पत्ती के रस को देने से तुरन्त आराम मिलता है। सहजन की हरी पत्तियों एवं फलियों में कैरोटिन, प्रो–विटामिन 'ए' की मात्रा लगभग 4.07 मिली ग्राम प्रति 100 ग्राम खाने योग्य भाग में उपलब्ध होता है जिससे अंधापन, रतौंधी, मोतियाबिन्द आदि से छुटकारा मिलती है क्योंकि ये तत्व आँतों में पहुँचकर रेटिनाल में बदल जाते हैं। इसके छाल का काढ़ा बनाकर पीने से गुर्दे व मुत्राशय की पथरी स्वतः टूट–टूट कर पेशाब के रास्ते बाहर निकल जाती है। पत्तियों, फूलों एवं फलों का सूप या काढ़ा के रूप में प्रयोग करने से पसीना अधिक आता हैं और बुखार से राहत मिलती है। इसके सेवन से कमर दर्द, जोड़ों का दर्द, वायु विकार आदि से छुटकारा मिलता है। पत्तियों के रस को शक्कर के साथ मिलाकर लगातार 2 सप्ताह तक प्रयोग करने पर पेट में बनने वाला वातलागुल्म (वायु गोल) जिससे पेट में असहनीय दर्द होता है, वह दूर होती है। सहजन एक उत्तेजक सब्जी है। अतः इसके प्रयोग से रक्त धमनियाँ विकसित व फैल जाती है, और रक्त का संचार सुचारू रूप से होता है, जिससे हृदयाघात (heart attack) नही होता है। पौध के छाल का काढ़ा बनाकर उसका गरारा करने पर गले की सूजन व टॉसिल के दर्द में राहत मिलती है। छाल के रस में एक चौथाई मात्रा शहद मिलाकर प्रयोग करने पर टॉसिल में राहत मिलती है। पत्तियों को काली मिर्च के साथ पीसकर माथे पर लेप किया जाये, तो दर्द से राहत मिलती है। फास्फोरस की अधिकता (70.0 मिली ग्राम प्रति 100 ग्राम खाने योग्य भाग में) के कारण मानसिक कमजोरी दूर हो जाती है और स्मरण शक्ति अच्छी हो जाती है। इसके बीज के वसा अम्ल में मुख्य रूप से ट्राईग्लीसराइड (triglicerides) पाया जाता है और इसके बीज जैव प्रति रोधी गुण (antibiotic properties) वाले होते है। इसमें पाये जाने वाले 4 अल्फा एल रेम नोसिल आक्सी बेन्जाइल आइसोथाइओसाइनेट (4a L. rhmnosyl-oxybenzyl-isothiocyanate) के कारण होती है। सहजन के बीज का उपयोग सुडान में पानी शुद्ध करने के लिये किया जाता है (जान, 1981, जान एवं सहयोगी, 1986)। सहजन के वृक्ष औधोगिक रूप से भी उपयोगी है (भट्टाचार्य एवं सहयोगी, 1982, मेयर एवं स्टेल्ज, 1993, पलाडा, 1996 तथा टौशर, 1994)।

सारिणी (18.3) सहजन की पत्तियों में पाये जाने वाले आवश्यक एमीनो अम्ल

आवश्यक एमीनो अम्ल	मात्रा
आर्जिनीन (Arginine)	380 मिलीग्राम
हिस्टीडिन (Histidine)	140 मिलीग्राम
लाइसिन (lysine)	320 मिलीग्राम
ट्रिप्टोफेन	100 मिलीग्राम
फिनाइल एलेसिन (Phenyl ulanine)	290 मिलीग्राम
टायरोसिन (Tyrosine)	–
मेथियोनिन (Methionine)	110 मिलीग्राम
सिस्टीन (Cystine)	130 मिलीग्राम
थ्रियोनिन (Threonine)	250 मिलीग्राम
ल्यूसिन (Lucine)	460 मिलीग्राम

उन्नतिशील किस्में

सहजन की किस्मों को मुख्यतः दो समूहों में बाँटा जा सकता है–

1. एकवर्षीय (Annual)

एक वर्षीय सहजन की प्रचलित किस्में पी0के0एम0–1 (PKM-1) एवं पी0के0एम0–2 (PKM-2) हैं, जो तमिलनाडु कृषि एवं प्रौद्योगिकी विश्वविद्यालय, तमिलनाडु, कोयम्बटूर द्वारा विकसित की गयी हैं। इन किस्मों की फलियाँ पौध–रोपण के 8–10 महीने बाद अप्रैल–मई के महीने में तुड़ाई के लिए तैयार हो जाती है।

2. बहुवर्षीय (Perennial)

दक्षिण एवं उत्तर भारत में सहजन की बहुवर्षीय किस्में ज्यादा प्रचलित हैं। दक्षिण भारत की बहुवर्षीय प्रमुख किस्में–चवकाचेरी मूरिंगाई, कट्टू मूरिंगाई, पाल मूरिंगाई, पूना मूरिंगाई, कोडिगल मूरिंगाई आदि हैं। उत्तरी भारत में मुख्यतया स्थानीय बहुवर्षीय किस्में उगाई जाती हैं।

इसकी कुछ उन्नतिशील किस्मों का वर्णन निम्न है –

चवाकचेरी मुरिंगाई (Chavakkacheri Muringai)

यह श्री लंका से उपस्थापित (introduced) प्रभेद है। इसकी फलियाँ बहुत लम्बी (90.0–120.0 सेन्टीमीटर) होती हैं।

चे मुरिंगाई (Cha Muringai)

यह श्री लंका से उपस्थापित (introduced) प्रभेद है। इसके पौधे मध्यम ऊँचाई के होते हैं। इसमें वर्ष भर फूल–फल आते हैं। इसकी फलियाँ लम्बी और फलियों का शिरा लाल होता है।

जाफना टाइप (Jafna Type)

सहजन की इस प्रभेद को हमारे देश में श्री लंका से लाया गया है। इस प्रभेद के पौध रोपण के दूसरे वर्ष से प्रति पौध लगभग 400 फलियाँ मिल जाती हैं। फलियाँ 60.0–90.0 सेन्टी मीटर लम्बी, मुलायम एवं अच्छे स्वाद वाली होती हैं।

कट्टु मुरिंगाई (Kattu Muringai)

इस प्रभेद को तमिलनाडु के कृषि विभाग द्वारा विकसित किया गया है। इसके पौधे झाड़ीनुमा होते हैं, जिससे फलियों की तुड़ाई काफी सुविधा पूर्वक होती है। इसका प्रसारण बीज द्वारा किया जा सकता है। पौध रोपण के मात्र 6 महीने बाद ही फलत होने लगती है। फलियाँ 25.0–30.0 सेन्टी मीटर लम्बी होती हैं।

कोडिगल मुरिंगाई (Kodiyal Muringai)

यह तमिलनाडु की प्रमुख किस्म है। इसके पौधे छोटी बढ़वार के होते हैं। इसकी पत्तियाँ एवं फलियों दोनों बहुत स्वादिष्ट होती हैं। फलियाँ मोटी, गूदेदार एवं 20–25 सेन्टी मीटर लम्बी होती हैं।

पी.के.एम.–1 (P.K.M.-1)

यह एक वर्षीय किस्म है जिसके पौधे छोटे एवं झाड़ीनुमा होते हैं। इसमें पौधे लगाने के 90–100 दिन बाद ही फल आना प्रारम्भ हो जाता है। फलियाँ 65.0–70.0 सेन्टी मीटर लम्बी और काफी मोटी (6.3 सेन्टी मीटर व्यास) की होती है।

पूना मुरिंगाई (Poona Muringai)

इस किस्म को तिरूनेवेल्ली कटावोमैन और कन्याकुमारी जिलों में गृह वाटिका में प्रचुरता से उगाया जाता है।

याजफनम मुरिंगाई (Yazphanam Muringai)

इस किस्म को तमिलनाडु राज्य के सलेम और मदुराई जिलों में गृह वाटिका तथा चहार दीवारी के किनारे बहुतायत से उगाया जाता है। इसका प्रसारण कलम के द्वारा किया जाता हैं। एक बार लगाने पर पौधा 5–6 वर्ष तक फलत में रहता है।

जलवायु

सहजन गर्म, अर्द्धशुष्क एवं नम जलवायु में समुद्र के तटवर्ती क्षेत्रों से लेकर 13000 मीटर की ऊँचाई तक आसानी से उगाया जा सकता है लेकिन 1600 मीटर की अधिक ऊँचाई पर वृद्धि एवं विकास पर विपरित प्रभाव पड़ता है (कैसेरल एवं सहयोगी, 1991)। सहजन के लिए उपयुक्त तापमान 25.0–30.0 डिग्री सेल्सियस है। सहजन के पौधे 760–2250 मिली मीटर वर्षा पर भली–भाँति उगता है। एकवर्षीय सहजन कम तापमान (10.0 डिग्री सेल्सियस से कम) के प्रति बहुत संवेदनशील होता है। सहजन के पुष्प 40.0 डिग्री सेल्सियस तापमान पर झड़ जाते हैं।

भूमि एवं भूमि की तैयारी

सहजन को सभी प्रकार की मृदा में सफलतापूर्वक उगाया जा सकता है, लेकिन उचित जल निकास वाली बलुई दोमट मृदा इसकी खेती के लिए अच्छी होती है। सहजन जल भराव के प्रति बहुत ही संवेदनशील है और 2–3 दिन के जल भराव की दशा में पौधा पीला पड़ जाता है तथा बाद में सूख जाता हैं। मृदा में लवणता अधिक होने पर उत्स्वेदन (**transpiration**) बढ़ जाता है (वालीया एवं सहयोगी, 1993)। सहजन को 4.5–8.9 मृदा पी0एच0 मान पर सफलता पूर्वक उगाया जा सकता है। वैलिया एवं सहयोगी (1993) ने विनिमय योग्य सोडियम प्रतिशत (**exchangeable sodium percent**) का पौध की वृद्धि एवं रासायनिक संघटनों पर किये गये अध्ययन में पाया कि विनिमय योग्य सोडियम की दर 40 प्रतिशत से अधिक होने पर पौधों की बढ़वार पत्तियों की संख्या, पौधों की मोटाई फैलाव, व जड़ की लम्बाई पर प्रतिकूल प्रभाव पड़ा। जड़ की मोटाई और संख्या, विनिमय योग्य सोडियम की 3.82 प्रतिशत पर 3–5 गुना अधिक पाई गयी और विनिमय योग्य सोडियम को दर 60 प्रतिशत से अधिक होने पर पौधों के रोपण के 120 दिन बाद पत्तियाँ झड़ना एवं गिरना प्रारम्भ हो गया। इसके अलावा नत्रजन, फास्फोरस, पोटाशियम, कैल्सियम, मैग्नीशियम और गंधक का प्रतिशत घट गया।

पौध प्रसारण

बहुवर्षीय सहजन का प्रसारण मुख्यतः तने द्वारा किया जाता है जबकि एकवर्षीय किस्मों का प्रसारण व्यावसायिक स्तर पर बीज से किया जाता है।

1. तना द्वारा प्रसारण

बहुवर्षीय किस्मों में कलम (तना) की लम्बाई 1.0–1.5 मीटर व मोटाई 14.0–16.0 सेन्टी मीटर होना चाहिए। बहुवर्षीय पौधों का प्रसारण पौध से पौध की दूरी 3.0–5.0 मीटर रखते हुए अप्रैल–मई में 25.0–30.0 सेन्टी मीटर की गहराई पर मई–जून में (पीटर एवं देवदास 1989) तने को जमीन में डाल कर करते हैं।

2. बीज द्वारा पौध बनाकर प्रसारण

एकवर्षीय किस्मों में प्रसारण बीज के माध्यम से करते हैं लेकिन ध्यान रहे कि बीज में जमाव केवल 6 महीने तक ही होता है। अतः अधिक पुराना बीज नहीं होना चाहिए। बुआई से पूर्व बीज को 18–24 घण्टे तक पानी में भिंगोने से अंकुरण शीघ्र व अच्छा होता हैं। सर्वप्रथम बीज को पौध ाशाला में या पॉलीथिन की थैलियों में उगाना चाहिए। पॉलीथिन की थैलियों में 24 घन्टे तक भिगाये, बीज की 1.3 सेन्टीमीटर की गहराई पर बुआई करने से अंकुरण 5–6 दिन में हो जाता है (वर्मा 1973) तथा रोपण योग्य पौधे मात्र 25–30 दिन में ही तैयार हो जाते हैं। पॉलीथिन की थैलियों में उगाने से पौधे की अच्छी बढ़वार के अतिरिक्त रोपण करने पर पौधे शीघ्र स्थापित हो जाते हैं, क्योंकि उन्हें मिट्‌टी सहित बिना उखाड़े ही लगाया जाता है। पॉलीथिन की थैलियों में मिश्रण भरते समय गोबर की सड़ी खाद, बालू एवं मिट्‌टी का अनुपात 1:1:1 होना चाहिए तथा प्रत्येक थैली में उचित वायु

गमन एवं जल निकास के लिए कम से कम 5 छिद्र थैली के निचले हिस्से में होना चाहिए। उत्तर भारत में एकवर्षीय सहजन की बुआई का उपयुक्त समय मध्य जून से अगस्त तक है। बीज की बुआई 2.5–3.0 सेन्टी मीटर की गहराई पर करते हैं।

पौध रोपण

जब पौधा 25.0–30.0 सेन्टी मीटर बढ़वार प्राप्त कर ले तथा उसमें 6–7 संयुक्त पत्तियाँ निकल आयें, तब पौध रोपण के लिए तैयार मानी जाती है। पॉलीथिन की थैलियों में तैयार सहजन का पौधा 30 दिनों में रोपण के योग्य हो जाता है। प्रारम्भिक अवस्था में एकवर्षीय सहजन में जड़ों का विकास बहुत कम होता है। अतः पौध रोपण, बिना जड़ को नुकसान पहुँचाये मिट्टी के गोले सहित करने चाहिए। रोपण से पूर्व खेत में 50.0 घन सेन्टी मीटर (50.0×50.0×50.0 सेन्टी मीटर) का गड्ढा खोदकर प्रति गड्ढा 4.0–5.0 किलो ग्राम गोबर की सड़ी खाद या कम्पोस्ट एवं 10.0 ग्राम फ्यूराडान मिट्टी में मिलाकर भर देते हैं। पौध रोपण के समय नत्रजन की एक चौथाई, फास्फोरस की पूरी मात्रा एवं पोटास की आधी मात्रा मिट्टी में अच्छी तरह मिलाकर रोपण करना चाहिए। सहजन चूँकि जल भराव के प्रति बहुत ही संवेदनशील है, इसलिए इसकी रोपण भूमि की सतह से 15.0 सेन्टी मीटर ऊपर मिट्टी का ढेर बनाकर या मेंड़ पर करनी चाहिए। बहुवर्षीय सहजन की कलम को 3.0–5.0 मीटर की दूरी पर लगाया जाता है। एकवर्षीय सहजन का फैलाव ज्यादा नहीं होता है, इसलिए इसे कम दूरी पर लगाते हैं। एकवर्षीय सहजन में कतार से कतार की दूरी 2.0–2.5 मीटर तथा पौधे से पौधे की दूरी 1.5–2.0 मीटर रखा जाता है। प्रति इकाई ज्यादा पौध समायोजित करने और प्रति हेक्टेयर अधिक उपज प्राप्त करने के लिए पौध रोपण की दूरी 2.5×2.0 मीटर (2000 पौध प्रति हेक्टेयर पर करना चाहिए।

पोषक तत्व प्रबंधन

सहजन के पौध रोपण से पूर्व प्रत्येक गड्ढ़े में 4.0–5.0 किलो ग्राम गोबर की अच्छी प्रकार सड़ी खाद या कम्पोस्ट मिट्टी में मिलाकर भर दी जाती है। सहजन से अच्छी उपज प्राप्त करने के लिए 250.0 ग्राम नत्रजन, 100.0–125.0 ग्राम फास्फोरस एवं 100.0–125.0 ग्राम पोटाश प्रति पौधा उपयोग करने की संस्तुति की गयी है। पौध रोपण के समय नत्रजन की एक–चौथाई, फास्फोरस की पूरी एवं पोटाश की आधी मात्रा देनी चाहिए। शेष नत्रजन की मात्रा को 2 बराबर भागों में बाँटकर पौध रोपण से 145–160 दिनों के अन्दर अथवा फूल आने से पूर्व (फरवरी–मार्च) एवं फलियों के विकास के समय देना चाहिए (सुथान्तीरापन्डीयन एवं सहयोगी, 1999)। पोटाश की शेष आधी मात्रा फूल आने से पूर्व जड़ों के आसपास डालकर मिट्टी चढ़ा देना चाहिए। केरल में बिना उर्वरक के व जड़ की 10.0 सेन्टी मीटर खुदाई कर राख, सड़ी पत्ती, गोबर की अच्छी प्रकार सड़ी खाद या कम्पोस्ट मिलाकर खेती करते हैं (रामचन्द्रन एवं सहयोगी, 1980)। विजयकुमार (2000) ने पौध रोपण के 90 दिन जिब्रेलिक अम्ल (GA_3) का छिड़काव कर फल गुणों जैसे फल की लम्बाई, बीज की संख्या, गूदे की मात्रा आदि में वृद्धि देखी।

सिंचाई जल प्रबन्धन

उत्तर भारत के मैदानी भागों में प्रारम्भ के 3–4 महीनों में सिंचाई की आवश्यकता नहीं पड़ती है, क्योंकि उक्त अवधि में पर्याप्त वर्षा होती है। परन्तु मार्च–जून तक सिंचाई की समुचित व्यवस्था आवश्यक है। फूल आने एवं फलियों की विकास के समय पानी की कमी होने पर उपज प्रभावित होता है। ग्रीष्मकाल में सिंचाई 7–10 दिनों के अन्तराल पर एवं नवम्बर से फरवरी तक 15–20 दिनों के अन्तराल सिंचाई पर करनी चाहिए।

फलियों की तुड़ाई

सहजन की बहुवर्षीय (perennial) स्थानीय किस्मों में फलियों की तुड़ाई मार्च–अप्रैल में शाखाओं को काटकर की जाती है। इन किस्मों से फलियों की उपलब्धता 20–25 दिनों तक रहती है, जबकि एकवर्षीय किस्मों में फलियों की उपलब्धता 35–40 दिनों तक रहती है। एकवर्षीय (annual) फलियाँ पौध रोपण के 8–10 महीने बाद तैयार हो जाती है। इस प्रकार जुलाई–अगस्त में रोपण किये गये पौधों से फलियाँ अप्रैल–मई में खाने योग्य तैयार हो जाती हैं। इनसे कुछ फलियाँ सितम्बर–अक्टूबर में भी प्राप्त होती हैं, लेकिन इनकी संख्या कम होती है। फलियाँ पुष्प निषेचन के 20–30 दिनों बाद खाने योग्य हो जाती है। उत्तर भारत में कम रेशे वाली मुलायम फलियाँ पसन्द की जाती हैं। ऐसी फलियाँ निषेचन के 15–20 दिनों बाद ही खाने योग्य हो जाती हैं। सामान्य वृद्धि होने पर फलियाँ पुष्प परागोदवन के 80–85 दिन बाद प्राप्त होती हैं।

उपज

बहुवर्षीय स्थानीय किस्मों से प्रति पौधा लगभग 25.0–30.0 किलो ग्राम खाने योग्य कोमल फलियाँ प्राप्त होती हैं। एकवर्षीय सहजन में प्रति पौधा 100–150 फलियाँ लगती है। उचित देखभाल से एकवर्षीय सहजन में 4.0–5.0 किलो ग्राम उपज प्रति पौधा प्राप्त की जा सकती है। इस प्रकार एकवर्षीय किस्मों से लगभग 5.0–6.0 टन उपज प्रति हेक्टेयर प्राप्त की जा सकती है।

पौध संरक्षण

• प्रमुख कीट एवं उनका प्रबंधन

सहजन के फसल में मुख्य रूप से निम्तलिखित कीटों का प्रकोप होता है–

फल मक्खी (Fruit fly)

सहजन में फलमक्खी (गिटोना स्पीसीज) का प्रकोप ज्यादा होता है, जिससे 15.0–20.0 प्रतिशत तक का नुकसान होता है।

प्रबंधन

नियनत्रण के लिए डाइक्लोरोवास (नुवान) दवा की 1.0 मिली लीटर मात्रा प्रति लीटर पानी में डालकर पर्णीय छिड़काव करना चाहिए।

पत्ती सूड़ी

पत्ती सूड़ी (नूर्डा ब्लीटेलिस) सहजन में पत्ती सूड़ी का प्रकोप बहुत कम होता है। अगर इस कीट का आक्रमण होता है, प्रारम्भिक रूप से कीट कोमल पत्तियों को नुकसान पहुँचाता है।

प्रबंधन

इसके नियन्त्रण के लिए मोनोक्रोटोफास दवा की 0.75 मिली लीटर मात्रा प्रति लीटर पानी की दर से घोलकर छिड़काव करने से मुक्ति मिल जाती है।

एफीड (Aphid)

सहजन के पौधे जब छोटी अवस्था में होते हैं तो एफीड (एफिस क्रेकीवोरा) कीट का प्रकोप देखने को मिलता है। नियन्त्रण के लिए इण्डोसल्फान की 1.0 मिलीलीटर मात्रा प्रति लीटर पानी में डालकर छिड़ककाव करना चाहिए।

• प्रमुख रोग एवं उनका प्रबंधन

सहजन में बीमारियों से ज्यादा नुकसान नहीं होता है। इसमें लगने वाले प्रमुख रोग निम्नलिखित है।

1. पर्ण धब्बा (सर्कोस्पोरा स्पीसीज)
2. एन्थ्रेकनोज
3. रस्ट

नियंत्रण

उपरोक्त बीमारियों के नियंत्रण के लिए हेक्साकोनाजोल 1.0 मिली लीटर दवा प्रति 4.0 लीटर में या वेलीटान 0.5 ग्राम प्रति लीटर पानी की दर से घोल बनाकर 1–2 बार छिड़काव करें। दो छिड़काव के बीच 10–15 दिनों का अन्तराल रखना चाहिए।

करी पत्ता (Curry leaf)

वानस्पतिक नाम : मुर्रया कोइनिगी (*Murraya koeniggii* (L.) Spreng.)

कुल : रुटेसी (Rutuaceae)

गुणसूत्र संख्या : 2 एन = 18

भारतवर्ष में करी पत्ता को मीठा नीम (हिन्दी), बरसुंगा (बंगाली), करुवेप्पिलई (तमिल), कुरी पत्ता गंधेला, कथनीम, बारियंगा आदि नामों से जाना जाता है। यह एक प्रमुख औषधीय फसल है, जिसे एशियन–इण्डियन व्यंजनों को स्वादिष्ट व सुगन्धित बनाने में बहुतायत से प्रयोग किया जाता है। इस पौधे का उल्लेख प्राचीन तमिल अभिनव संगम साहित्य (ईसा पूर्व दूसरी शताब्दी) में मिलता है, जिनमें इस पौधे को 'कंचका नरुमुरी' कहा गया है। तमिल में करी का वास्तविक अर्थ 'रस' होता है, वेपिलाई नीम पत्ते को कहते हैं। इसका तात्पर्य यह है कि परम्परागत रुप से इस पौधे को नीम का एक प्रकार माना गया है लेकिन यह 'करी' (curry) बनाने में उपयोगी होता है। अंग्रेजों ने इसका गलत अर्थ लगाया, उन्होनें 'करी' को मसालेदार/मसाला समझा, क्योंकि 'रस' प्रायः मसालेदार होता है तथा इस पौधे का नाम करी लीफ/प्लान्ट (curry leaf/plant) रखा है।

उद्‌भव एवं वितरण

करी पत्ता भारत वर्ष का मूल वंशज (Indian origin- North India) है, जिसका वितरण भारतवर्ष के ठण्ड क्षेत्र (पूर्वी हिमालय) को छोड़कर सर्वत्र मूल रुप या जंगली रुप में पाया जाता है। सामान्यतः बाह्य हिमालय में रावी नदी के पूर्वी भाग की ओर 5000 फीट की ऊँचाई तक आसाम, चित्तगांव, उपरी और निचले बर्मा में पाया जाने वाला यह पौधा प्रायद्वीपीय भारत के सदाबहार एवं पर्णपाती जंगलों में झाड़–झंखाड के रुप में पाया जाता है (थोमस एवं वारादरसन, 2006)। दक्षिण भारतीय प्रवासियों के साथ करी पत्ता मलेशिया, दक्षिण अफ्रीका और रियूनियन आइलैण्ड पहुँचा। वर्मा देश में भी इसकी संख्या ज्यादा है। गृह वाटिका में इस महत्वपूर्ण पौधे को भारत के प्रत्येक प्रान्तों में उगाया जाता है। व्यावसायिक रुप से इसकी खेती तमिलनाडु एवं कर्नाटक में किया जाता है। कम स्तर पर इसकी खेती पश्चिम बंगाल, आसाम व डकन प्लेटू में किया जाता है।

वानस्पतिक विवरण

करी पत्ता एक अर्द्ध पतझड़ (semi deciduous) सुगन्धित वृक्ष/झाड़ी नुमा पौध है, जिसकी ऊँचाई 3.0–5.0 मीटर तक होता है। तना गहरे रंग से लेकर भूरा तक होता है, जिस पर काफी छोटे–2 धब्बे होते हैं। पत्तियाँ एकान्तर (alternate), 25.0–30.0 सेन्टी मीटर लम्बी बिना रोम कूप के होते हैं। पुष्प विन्यास कोरीम्बी फार्म साइमोस पैनिकल वाले होते हैं तथा छोटे व ज्यादा संख्या में बनते हैं। पुष्पों का रंग सफेद व लगभग 1.0 सेन्टी मीटर लम्बे होते हैं। पुष्प आपस में सटे हुए व गुच्छे में विकसित होते हैं। बीज में चिपचिपा गूदे (mucilaginous pulp) का आवरण लगा होता है।

पोषकीय महत्व

करी पत्ता में सबसे ज्यादा पोषक तत्व हरी पत्तियों में होता है, इसके बाद जड़ व तना में होता है। करी पत्ता के पौधों की पत्तियाँ स्वाद में हल्की तीखी व अम्लता लिये होती है, जो सुखने पर भी अपनी सुगंधता बरकरार रखती हैं। करी पत्ता का उपयोग बहुत सूक्ष्म मात्रा में व्यंजनों में सुगन्ध व स्वाद उत्पन्न करने के लिए किया जाता है। दक्षिण भारतीय व्यंजनों में करी पत्ता की बहुलता देखी जा सकती है। इसका ज्यादा उपयोग माँसाहार, समुद्री भोज्य (sea food) मछलियों, चटनी, अचार, पावडर आदि में होता है। करी पत्ता के विभिन्न उत्पाद अदरक, काली मिर्च, मिर्च, जीरा, धनिया, लहसुन, मेथी, हल्दी आदि को मिश्रित कर तैयार किये जाते हैं। इसकी पत्तियों के उपयोग के पीछे सबसे बड़ी रहस्य यह है कि इसमें उच्च प्रतिकारक (anti-oxidant) व एन्टी कार्सिनोजेनिक (anti-carcinogenic) गुण पाया जाता है (खान एवं सहयोगी, 1997, खानुम एवं सहयोगी, 2001)। वर्तमान समय में यह बहुउपयोगी पौधा बन गया है, जिसका विपणन प्रत्येक देश में किया जा रहा है (पलानीस्वामी, 2001, जोसकुट्टी, 2008)। करी पत्ता का पोषकीय गुण नीचे की सारिणी में दिया गया है।

सारिणी (18.4) करी पत्ता का पोषकीय मूल्य (खाने योग्य प्रति 100 ग्राम भाग में)

घटक	पोषकीय मूल्य
प्रोटीन	6.1 ग्राम
वसा	1.0 ग्राम
कार्बोहाइड्रेट्स	18.7 ग्राम
कैल्सियम	830.0 मिली ग्राम
राख	9.0 ग्राम
नत्रजन	6.4 ग्राम
रेशा	3.7 ग्राम
फास्फोरस	57.0 मिली ग्राम
विटामिन 'ए'	126000.0 (अन्तर्राष्ट्रीय इकाई)
विटामिन 'सी'	4.0 मिली ग्राम

स्रोत: गोपालन एवं सहयोगी, 1999

पत्तियों में पाये जाने वाले प्रोटीन में आवश्यक एमीनो अम्ल सन्तुलित मात्रा में उपलब्ध होते हैं, जिसमें लाइसिन (lysine) व गन्धक (sulphur) सबसे ज्यादा होता है, जिससे शाकाहारी भोजन का स्वाद बढ़ता है। इसकी पत्तियों में कैल्सियम भी प्रचुर मात्रा में पाया जाता है। इसके अलावा इनमें अन्य वृक्षों के समान कुछ एमीनों अम्ल जैसे–एस्परजीनीन (asperginine), ग्लाइसीन (glysine), सेरीन (serine), एस्पार्टिक अम्ल (aspartic acid), ग्लूटामिक एसीड (glutamic acid), लाइसिन (lysine), अर्जीनीन (arginine) व हिस्टीडीन (histidine) अल्फाटोकोफेराल (α tocopheral), बीटा कैरोटीन (β arotene) व ल्यूटिन (lutin) भी प्रचुर मात्रा में पाया जाता है।

सारिणी (18.5) करी पत्ता में पाये जाने वाले प्रति कारक व विटामिन्स (प्रति 100 ग्राम सूखे भाग में)

करी पत्ता	ल्यूटिन (पी0क्यू0 / ग्राम)	अल्फा टोकेफेराल एन0जी0 / ग्राम	बीटा कैरोटिन एन0जी0 / ग्राम	क्लोरोफिल मिली ग्राम / ग्राम
ताजे	22±2.8	592±10.1	511±10.5	27±1.2
हवा द्वारा सूखाने पर	10±2.1	515±8.5	357±1.3	18.9±1.1

पत्तियाँ एवं जड़ें कड़ुवी होती हैं (सालीकुट्टी, 2001)। औषधीय रुप में करी पत्ता की पत्तियों, छालों एवं जड़ों का उपयोग आयुर्वेदिक यूनानी दवाओं (शक्तिवर्धक एवं क्षुद्यावर्धक) को बनाने में होता है। पत्तियों का प्रयोग पाइल्स, सूजन, खुजली व शरीर में गर्मी के नियन्त्रण में बहुतायत से किया जाता है (कुमार एवं सहयोगी, 1999, वालीया एवं सहयोगी, 1993)। यह न केवल पाचन को बढ़ाता है अपितु पेचिश को भी रोकता है। तने के छिलके का उपयोग कटे–फटे व विषधर जानवरों के काटने पर बाहर से पुल्टिस लगाने में किया जाता है। इसकी हरी पत्तियों को चबाकर खाने से दस्त (dysentry or diarrhea) में लाभ होता है (ओमनकुट्टी, 2007)। अगर किसी को उल्टी हो रही है, तो पत्तियों को भूनकर उपयोग करना चाहिए। जड़ें दस्तावर होती हैं और अर्क / सत्व गुर्दा के दर्द को समाप्त करता है। इसके अलावा श्वांस सम्बन्धी बीमारियों, गले में जलन व चिड़चिड़ापन (irritation), मसूड़ों व दाँतों का दर्द, माँसपेंशियों में दर्द, उल्टी, असमय बाल पकना, पेट सम्बन्धी रोगों, मधुमेह आदि में सहायक है। औषधीय उपयोग के साथ–साथ इसकी पत्तियों को सूखाकर मसाला पाउडर के रुप में विदेशों में निर्यात किया जाता है। इसकी पत्तियों से एक गहरे पीले रंग का तीखा, मसाले की सुगन्ध व लौंग के स्वाद जैसा तेल निकलता है, जिसे ''करी पत्ता तेल'' कहते हैं। पत्तियों से निकलेने वाले तेल में ''सेनिजिन'' व फूलों से ''यूरेयिन'' पाया जाता है। छाल और जड़ों को एक उत्तेजक के रुप में चिकित्सकों द्वारा इस्तेमाल किया जाता है।

जलवायु एवं भूमि

करी पत्ता मुख्यतः गर्म जलवायु में उगाया जाता है। इसकी खेती के लिए 26.0–37.0 डिग्री सेल्सियस तापमान उचित रहता है। इसके पौधे 37.00 डिग्री सेन्टी ग्रेड तक तापमान सहन कर सकते हैं। इसके पौधे 1500.0–1655.0 मीटर की ऊँचाई तक मिलते हैं (थोमस एवं वारादरसन, 2006)। यद्यपि करी पत्ता विभिन्न प्रकार की मिट्टी में उगाया जा सकता है फिर भी इसकी अच्छी उपज हेतु कार्बनिक पदार्थों से युक्त लाल बलुई दोमट मिट्टी उत्तम रहती है।

उन्नतिशील किस्में

सामान्यतः इसकी खेती के लिये स्थानीय किस्मों का उपयोग किया जाता है। तमिलनाडु के विभिन्न स्थानों में करी पत्ता की स्थानीय किस्म 'सेनकम्बू' का प्रयोग बहुतायत से किया जाता है। वर्तमान में धारवाड़ कृषि विश्वविद्यालय, धारवाड़ (कर्नाटक) द्वारा दो किस्में विकसित की गयी है।

डी0डब्ल्यू0डी0–1 (DWD-1)

इस किस्म की पत्तियाँ गहरी हरी व चमकीली होती हैं। इसमें तेल की मात्रा 5.22 प्रतिशत होती है। यह किस्म कम तापमान के प्रति संवेदनशील होती है इसलिये ठण्डे मौसम में इनकी कलिकाओं का फुटाव कम होता है। इस किस्म की पत्तियों को बिना गुणवत्ता नष्ट किये 50.0 डिग्री सेल्सियस तापमान पर नमी रहित किया जा सकता है एवं सूखे पाउडर में परिवर्तित कर सकते हैं।

डी0डब्ल्यू0डी0–2 (DWD-2)

इस किस्म की पत्तियाँ हल्के हरे रंग की होती है। इसमें तेल की मात्रा 4.09 प्रतिशत होती है। यह किस्म कम तापमान के प्रति सहनशील होती है। अतः ठंडे मौसम में कलिकाओं का फुटाव अच्छा होता है और इससे उत्पादकों को अतिरिक्त आमदनी प्राप्त होती है।

पौध प्रवर्धन

करी पत्ता का प्रवर्धन बीज एवं जड़ के पास से विकसित जड़ सकर्स (root suckers) द्वारा किया जाता है।

• बीज (Seed) द्वारा प्रवर्धन

सामान्यतः इसका प्रवर्धन बीजों द्वारा किया जाता है। बीज अच्छे पके फलों को अधिक उत्पादकता वाले पेड़ से प्राप्त करना चाहिए। एक फल से 2–3 बीज प्राप्त होते हैं। बीजों को मानसून पूर्व पौधशाला में उचित आकार की 1.0×1.0 मीटर, जमीन से 30.0 सेन्टी मीटर उठी हुई क्यारियों में बुआई करना चाहिए। क्यारियों में कतार से कतार की दूरी 10.0 सेन्टी मीटर रखना चाहिए। सामान्यतः 3 सप्ताह में बीज अंकुरित हो जाते हैं। बीजों को थैलियों में भी उगाया जा सकता है। इसके लिए पालीइथीइलीन थैलियों का आकार 15×10 इंच रखते हैं। इसमें 1:1:1 के अनुपात में मिट्टी, बालू व गोबर की अच्छी प्रकार सड़ी खाद का मिश्रण भरकर एक–एक बीज की बुआई करते हैं। इस पद्धति में भी बीजों का जमाव 3 सप्ताह में होता है और एक वर्ष पुराने नर्सरी पौध का मुख्य खेत में रोपण किया जाता है। पौध रोपण के एक माह पूर्व 30.0×30.0×30.0 सेन्टी मीटर के गड्ढे 2.0×2.0 मीटर की दूरी पर बनाते हैं। इसके पश्चात् गड्ढों को आधा सड़ी हुई गोबर की खाद व मिट्टी के मिश्रण से भर लेना चाहिए। सामान्यतः 1 वर्ष की पौध का प्रत्येक गड्ढ़े में एक पौध के हिसाब से रोपण कर करना चाहिए।

• जड़ सकर्स द्वारा प्रवर्धन

करी पत्ता का प्रसारण जड़ सकर्स (root suckers) के माध्यम से भी किया जा सकता है। जड़ों के पास अनेकों सकर्स विकसित होते हैं। इन सकर्स को मुख्य जड़ के पास से वर्षा ऋतु में सावधानी पूर्वक अलग किया जाता है और अलगाव के तुरन्त बाद रोपण कर देना चाहिए। जड़ सकर्स लगाने के लिए अच्छी प्रकार तैयार खेत में 30.0×30.0×30.0 सेन्टी मीटर के आकार के गड्ढे 4.0×4.0 मीटर की दूरी पर तैयार करना चाहिए। रोपण पूर्व प्रत्येक गड्ढ़े में 10.0 किलो ग्राम अच्छी प्रकार सड़ी गोबर की खाद का प्रयोग आवश्यक है।

पोषक तत्व प्रबन्धन

करी पत्ता को कार्बनिक खाद की अधिक आवश्यकता होती है। पौधों की रोपाई से पूर्व 20.0 किलो ग्राम गोबर की सड़ी हुई खाद प्रत्येक गड्ढे के हिसाब से मिलावें। प्रतिवर्ष तुड़ाई अथवा कटाई के बाद 20.0 किलो ग्राम सड़ी गोबर की खाद अतिरिक्त रुप से देना चाहिए।

सिंचाई

पौधों को 5–7 दिन के अन्तराल पर 3 साल तक सिंचित करें। तत्पश्चात यह अन्तराल बढ़ाकर 15 दिन कर देना चाहिए। सभी गड्ढों को नालियों के द्वारा मिला देना चाहिए ताकि सिंचाई में सुविधा रहे।

पौध की कँटाई–छँटाई

पौधों को 1 मीटर की ऊँचाई के होने के बाद इन्हें उपर से काट–छाँट देना चाहिए, जिससे पौधों में नई फुटाव हो सकें व पौधों को झाड़ीनुमा आकार मिल सके। इससे पत्तियों की तुड़ाई में आसानी रहती है।

उपज

पत्तियों की तुड़ाई एक वर्ष बाद प्रारम्भ कर देना चाहिए व वर्ष में चार बार इसकी तुड़ाई कर सकते हैं। इसकी उपज दूसरे वर्ष में लगभग 5.0 टन/हेक्टेयर व चौथे वर्ष में 10.0 टन/हेक्टेयर होती है। चार वर्ष के पश्चात उपज 20.0 टन/हेक्टेयर प्राप्त होती है। करी पत्ता की तुड़ाई 2.0–2.5 महीने के अन्तराल पर करना चाहिए। अच्छा सस्य प्रबन्धन से 20–25 वर्षों तक लगातार अच्छी उपज प्राप्त की जा सकती है।

सारिणी (18.6) पौध उम्र के अनुसार पत्ती उपज

पौधों की उम्र	पत्ती उपज (किलो ग्राम/हेक्टेयर)
प्रथम वर्ष	400.00
द्वितीय एवं तृतीय वर्ष	2000.00–2200.00
चतुर्थ वर्ष	2500
पांच वर्ष एवं उसके बाद	3500.0–5000.0

स्रोतः वालीया एवं सहयोगी, 1993

ट्री टोमैटो या टोमारिल्लो
(Tree Tomato or Tomarillo)

वानस्पतिक नाम : साइफोमान्ड्रा बीटैसिया
(*Cyphomandra betacea* Sendt. syn. *Solanum betaceum* Cav.)
साइफोमैन्ड्रा हार्टवेगी (*Cyphomandra hortwegi* Sendt.)

कुल : सोलेनेसी (Solanaceae)

गुणसूत्र संख्या : 2 एन = 24

ट्री टोमैटो (विलायती टमाटर) वृक्ष रुप में पाया जाने वाला प्रकृति का अनमोल धरोहर है। यह टमाटर के समान महत्वपूर्ण नहीं है, लेकिन सब्जी के रुप में इसका उपयोग कम स्तर पर बहुत पहले से होता चला आ रहा है। क्षेत्रीय भाषाओं में इसे टोमाटे, टोमाटे एक्ट्राजेरो, टोमाटे डी0 अरबोल, टोमाटे ग्रान्डील्ला, ग्रान्डील्ला पीक्स व काक्सलान पीक्स (ग्वाटे माला), टोमाटे डी पालो, (होन्डूरास), अरबोरे डी टोमाटे, टोमाटे डी0 अरबोरे (ब्राजील), लाइमा टोमाटे, टोमाटे डी0 मोन्टे, सीमा (बोलबिया) पेपीनो डी0 अरबोल (कोलम्बिया), टोमाटे डुल्सी (इक्वाडोर), टोमाटे सीमारान (कोस्टरीका) तथा टोमाटे फ्रान्सेस (बेनेजुएला, ब्राजील) नामों से जानते हैं। हिन्दी में पेड़ टमाटर तथा मणिपुर में खामेन असिम्बा कहते हैं। वर्ष 1970 या कुछ पहले न्यजीलैण्ड में इसे टोमारिल्लो (tomarillo) कहा गया, जो वर्तमान में हर जगह प्रयोग होता है।

उद्भव एवं वितरण

यह निश्चित रुप से नहीं कहा जा सकता है कि ट्री टोमैटो या टोमारिल्लो का उत्पत्ति स्थल कहाँ है? लेकिन इसकी बहुलता को देखते हुए पेरु का एन्डेस पर्वत व सम्भवतः चीन, इक्वाडोर और वोलीविया उद्भव स्थल माना जाता है (बोह्स, 1989)। अर्जेन्टिना, ब्राजील व कोलम्बिया में भी इसके पौधे पाये जाते हैं। वेनेजुयेला में इसकी खेती होती है और प्राकृतिक रुप से भी पौधे मिलते हैं। कोस्टारीका, ग्वाटेमाला, जमैका, ट्यूटोरिका व हैती में इसकी खेती की जाती है। ऐसा विश्वास किया जाता है कि बहुत पहले पूर्वी अफ्रीका, एशिया व पूर्वी इन्डिस में इसका पौध लाया गया होगा। भारतवर्ष में ट्री टोमैटो के पौधे नीलगीरी की पहाड़ियों व आसाम के जंगलों में बहुतायत से मिलते हैं। इसका वितरण मलाया, श्रीलंका, क्वीन्सलैण्ड, आस्ट्रेलिया आदि देशों में हो चुका है। न्यूगनिया के आस्ट्रेलियन भाग में इसकी खेती व्यावसायिक रुप से की जाती है। सामान्यतः भारतवर्ष में ट्री टोमैटो 250.0–6000.0 मीटर की ऊँचाई तक मिलते हैं। मेघालय में 4000–5000 मीटर की ऊँचाई वाले क्षेत्रों जैसे–मलावी, शिलांग आदि में बहुतायक से मिलते हैं (राय एवं भुजेल, 1997)। घाटियों एवं पहाड़ों के तलहटी में गृह वाटिका या गमले में भी उगाते हैं। भारतवर्ष में ट्री टोमैटो की विभिन्न प्रजातीयों जैसे साइफोमान्ड्रा बीटैसिया, (*Cyphomandra betacea*), साइफोमान्ड्रा क्रासीफोलिया (*Cyphomandra crassifolia*), साइफोमान्ड्रा लेटैसिया (*Cyphomandra letacea*), तथा साइफोमान्ड्रा

नरान्जीला (*Cyphomandra naranjilla*) को लाया गया है। इस फसल के पौधे वुल्गारिया (1) पूर्वी अफ्रीका (1), फ्रान्स (1), स्पेन (1), यूनाइटेड किंगडम (2) तथा वेनेजुएल (1) से प्राप्त किये गये हैं (फोगट एवं सहयोगी, 2006)।

वानस्पतिक विवरण

ट्री–टोमैटो का पौधा सख्त तने वाला, तेज वृद्धि करने वाला, उथले जड़ों वाला तथा 3.0–3.5 मीटर ऊँचा (झाड़ीनुमा) होता है। कभी–कभी इसके पौधे बढ़कर 7.5 मीटर ऊँचे हो जाते हैं। उपर का शीर्ष कटा होता है और शाखाएँ मोटी होती हैं। पत्तियाँ सदैव हरी रहने वाली, आधार पर ह्रदयाकार, अग्र भाग नुकीला, 10.0–35.0 सेन्टी मीटर लम्बी, 4.0–12.0 सेन्टी मीटर चौड़ी, पतली, मुलायम बालयुक्त शिरा विन्यास व उभरी होती हैं। पर्णवृन्त 7.0–10.0 सेन्टी मीटर लम्बा होता है। पुष्प छोटे व गुच्छे में पीले या हल्के नीले रंग के विकसित होते हैं, जो 1.25–2.0 सेन्टी मीटर चौड़े होते हैं। पुष्प नुकीला 5 भागों में विभाजित, 5 पुतन्तु व हरे–बैगनी रंग के बाह्य दलपुंज होते हैं, जिससे कस्तूरी की गंध आती है। अण्डाशय द्विकोष्ठिय, बीजाण्ड असंख्य, वर्तिकाग्र छोटा व फल बेरी (berry) कहलाता है। लम्बी डण्ठल पर फल (berry) संख्या में 3–12 के गुच्छें में बनते हैं। फल अण्डाकार तथा दोनों किनारों पर नुकीला होता है। फल 5.0–10.0 सेन्टी मीटर लम्बे तथा 4.0–5.0 सेन्टी मीटर चौड़े होते हैं। फल का छिलका गहरा बैगनी, रक्त जैसा लाल, सन्तरे के रंग जैसा पीला व लाल होता है। गूदे का आकार सन्तरा के रंग का या लाल या पीला या दूधिया पीला होता है। फल मुलायम, रसदार व खट्टा होता है। बीज छोटे, सख्त, हल्के और तीखापन लिए होते हैं। फल सुगन्धित होते हैं। पौधा तेज वृद्धि करता है और वृद्धि के साथ पुरानी पत्तियाँ गिरती जाती हैं। पुष्पन के बाद शीर्ष भाग की वृद्धि होती है। पुष्प स्वपरागित होते हैं, जिससे परागण कीट व हवा दोनों से होता है। ट्री टोमैटो एक स्व–निषेचित पौध है जिसमें परागण हमेशा मधुमक्खियों के द्वारा होता है। बिना–निषेचित पुष्प जल्द ही नीचे गिर जाते हैं। पुष्पन के 21–24 दिन बाद फल तुड़ाई के लिये पक जाते हैं।

पोषकीय महत्व

ट्री–टोमैटो के पीले या बैगनी रंग के फलों के अन्दर हल्के नारंगी रंग के गूदे व काले रंग का बीज होता है। फलों में खटास व सुगन्ध होने के कारण इसका उपयोग सब्जी, चटनी आदि बनाने के लिए प्रयोग किया जाता है (राय एवं भुजेल, 1997)। इसके अलावा फलों को प्रसंस्कृत कर गुणवत्ता युक्त जैम, जेली, आइसक्रीम आदि तैयार किया जाता है। पोषकीय गुणों के अलावा ट्री–टोमैटो के फलों का उपयोग औषधीय रुप से भी किया जाता है। इसके उपयोग से प्रतिरक्षा तंत्र मजबूत होता है (मोर्टन, 1987)। कोमल पत्तियाँ एवं प्ररोह सब्जी के रुप में प्रयोग की जाती है। इसके प्रति 100 ग्राम खाने योग्य भाग में पोषक पदार्थों की मात्रा निम्नवत होती है।

सारिणी (18.7) ट्री–टोमैटो के फल का पोषक मूल्य (प्रति 100 ग्राम खाने योग्य भाग में)

पोषक तत्व	मात्रा
नमी	85.5 ग्राम
प्रोटीन	1.5 ग्राम

कार्बोहाइड्रेट्स	12.5 ग्राम
ऊर्जा	53.0 किलो कैलारी
वसा	0.3 ग्राम
रेशा	2.60 ग्राम
राख	1.00 ग्राम
विटामिन "ए"	150 अन्तर्राष्ट्रीय इकाई
विटामिन "सी"	22.0 मिली ग्राम
विटामिन "बी–1"	0.04 मिली ग्राम
विटामिन "बी–2"	0.04 मिली ग्राम
नियासिन	1.0 मिली ग्राम
कैल्सियम	33.0 मिली ग्राम
फास्फोरस	22.0 मिली ग्राम
लौह तत्व	0.7 मिली ग्राम

स्रोतः प्रोहेन्स एवं सहयोगी, 1993

उन्नतिशील किस्में

ट्री–टोमैटो की कोई विकसित किस्म नहीं है (हेज, 1957)। केवल रंग व आकार के आधार पर स्थानीय किस्मों की खेती होती है। बाजार में लाल रंग के फलों की माँग ज्यादा होती है। ज्यादा गहरे लाल रंग वाले प्रभेद को "काला" (black) कहते हैं। इसकी खेती व्यापक पैमाने पर की जाती है। पीले रंग की किस्म को संरक्षित पदार्थ बनाने के लिए उत्तम माना जाता है क्योंकि इसमें अच्छा सुगन्ध होता है। जहाँ का वातावरण बादलों से प्रभावित होता है वहाँ कम लाल तथा कम खट्टा एवं सुगन्धित किस्म विकसित होती है जबकि ठण्डे एवं साफ आकाश की दशा में पीले फल विकसित होते हैं, जिसमें सुगन्ध व स्वाद अच्छा होता है।

नीलगीरी की पहाड़ियों में गहरे बैंगनी रंग की माँग पीला व लाल रंग की तुलना में ज्यादा होता है। कुछ प्रचलित किस्में इस प्रकार हैं–

1. इक्वाडोरियन आरेंज
2. गोल्डमाइन
3. इंका गोल्ड
4. ओराटिया रेड
5. रोथामर
6. रूबी रेड
7. सालिड गोल्ड
8. येलो

जलवायु

ट्री–टोमैटो उष्ण जलवायु का पौधा न होकर उपोष्ण या समशीतोष्ण जलवायु का पौधा है, जो 1000 मीटर की ऊँचाई वाले क्षेत्रों में उगते हैं। सामान्यतः समुद्र तल से 2000 मीटर की ऊँचाई वाले क्षेत्र, जहाँ का तापमान औसतन 10.0 डिग्री सेल्सियस से अधिक होता है, पौधे सुगमता से उगते हैं। इसके पौधों में वृद्धि एवं विकास इक्वाडोर में 1525.0–3050.0 मीटर की ऊँचाई पर अच्छा होता है। भारतवर्ष में इसका पौधा 305.0–2288.0 मीटर की ऊँचाई पर वृद्धि एवं पुष्पन करता है। ठण्ड जलवायु के निचली ढलान क्षेत्रों में भी इसके पौधे पाये जाते हैं। जब तापमान 10.0 डिग्री सेल्सियस के उपर होता है, इसका पौधा जीवित रहता है लेकिन जब तापमान–2.2 डिग्री सेल्सियस के आसपास होता है (थाकुर एवं सहयोगी, 1988) तब कुछ शाखाएँ समाप्त होने लगती हैं। मुख्य व मोटी शाखाओं पर किसी प्रकार का प्रभाव नहीं होता है। तेज हवाओं से पौधों का बचाव आवश्यक हैं, क्योंकि उथली जड़ वाली प्रकृति के कारण उखड़ जाती हैं। इसकी शाखाएँ भी भंगुर होती है जो सुगमता से टूट जाती हैं। अतः पौधों की कटाई–छँटाई करके उसको सही आकार में रखा जाना आवश्यक है (थाकुर एवं सहयोगी, 1988)। ट्री टोमैटो का पौधा पाला के प्रति ज्यादा संवेदनशील होता है। अगर विकसित फलों पर दिन में तेज सूर्य की रोशनी पड़े और रात में ठण्डक पड़े तो अच्छी सुगन्ध फलों में विकसित होती है। तेज हवा की गति से पौधों की शाखाएँ टूट जाती हैं।

भूमि एवं भूमि की तैयारी

ट्री टोमैटो को भुर–भुरी जल निकास वाली एवं वातायन युक्त मृदा की आवश्यकता होती है। बहुत कड़ी परत व कम आक्सीजन धारण करने वाली मृदा उपयोगी नहीं मानी जाती है। इसके लिए सबसे उपयुक्त मिट्टी दोमट मिट्टी है। जल निकास वाली मृदा में पौधों की जड़ों का विकास अच्छा होता है, जिस मृदा में जल जमाव होता है, पौधे जल्द ही (2–3 दिनों में) मर जाते हैं।

प्रसारण

1. बीज द्वारा प्रसारण

ट्री टोमैटो के प्रसारण के लिए बीज या कर्त्तन का उपयोग किया जाता है। बीज से प्रसारित पौधों में शखाएँ ज्यादा निकलती हैं, और सीधे वृद्धि करती हैं जिससे पौधों का आकार उत्तम होता है। बीज प्रसारित पौधों में विभिन्नता कम होती है। बीज का चुनाव ऐसे पौधे से करना चाहिए। जिसके फल लाल रंग के हों तथा बीज व गूदा काले रंग का हो। पीले फल से पके बीजों का भी चयन कर सकते हैं। कर्त्तन से प्रसारित पौधे छोटे व शाखाएँ निचली सतह की तरफ बढ़ती है। कर्त्तन प्रसारित पौधे पूर्णतया मातृ पौधे के समान होते हैं। चयनित बीज को अच्छी प्रकार साफ करके छायादार स्थान में सूखा लेते हैं। इसके बाद बीजों को 24 घण्टे तक फ्रिजर में रखते हैं जिससे बीज जमाव जल्द हो जाये। फ्रिजर से बीज निकालकर 15×10 इंच के पालीइथिलीन थैलों में मिट्टी:बालू:खाद (1:1:1) के अनुपात में तैयार मिश्रण को भरकर बुआई करते हैं। बीजों का जमाव 4–6 दिन में हो जाता है। जब पौधे 60.0 सेन्टी मीटर के हो जायें तो मुख्य खेत में पौध रोपण करना चाहिए।

2. कलम द्वारा प्रसारण

ट्री टोमैटो को कलम द्वारा प्रसारित करने के लिए 1–2 वर्ष पुरानी शाखाओं से 45.0–100.0 सेन्टी मीटर लम्बी और 10–30 मिली मीटर मोटी तना कर्त्तन तैयार की जाती है। कर्त्तन द्वारा विकसित पौधे, बीज प्रसारित पौधों की तुलना में छोटे एवं धने होते हैं। अतः पौधों को उचित आकार देने के लिए ज्यादा कटाई–छँटाई की आवश्यकता नहीं होती है। न्यूजीलैण्ड में सोलेनम मौरिटिनम (*Solanum mauritianum*) के मातृ पौधों पर ट्री टोमैटो की ग्रेफ्टिंग तैयार कर छोटे पौधे रखने की तकनीक अपनायी जाती है। अतः ऐसे पौधों को सहारा देकर उत्पादन किया जा सकता है।

पौध स्थापन

भारतवर्ष में ट्री टोमैटो के पौधों का स्थापन अच्छी प्रकार तैयार खेत में किया जाता है। इसके लिए छोटे–छोटे गड्ढ़े 1.2–1.5 मीटर की दूरी पर तैयार करते हैं। कर्त्तन द्वारा तैयार पौधों का रोपण 1–2 वर्ष पुराने होने पर ही करना चाहिए। कभी–कभी 10.0–25.0 मिली मीटर मोटी तथा 45.0–75.0 सेन्टी मीटर लम्बी पत्ती विहिन टहनियों को सीधे खेत में लगा देते हैं। न्यूजीलैण्ड में ट्री टोमैटो के पौधे एकल या दोहरी पक्तियों में स्थापित किये जाते हैं जिसके लिए 2.5×2.0 मीटर या 4.5× 1.5 मीटर का अन्तराल रखा जाता है। इस प्रकार एक हेक्टेयर में सामान्यतया 1000–2000 पौधे स्थापित होते हैं। न्यूजीलैण्ड में इसे नीबू के बगीचे में अन्तः फसल के रुप में उगाया जाता है।

पोषक तत्व प्रबन्धन

ट्री टोमैटो के लिए नत्रजन, फास्फोरस व पोटैशियम प्रत्येक की 0.25–1.0 किलो ग्राम मात्रा का आधा भाग अगेती वसन्त आगमन होने पर तथा आधा भाग गर्मी समाप्त होते समय देना उपयुक्त रहता है लेकिन अच्छा होगा कि 5–6 साल पुराने पौधे को सुपर फास्फेट की दो भाग मात्रा मिलाकर पोषण करें।

सस्य क्रिया

ट्री टोमैटो की जड़ें उथली होती हैं, अतः सस्य क्रियाएँ उथली ही की जाती है जिससे जड़ों को किसी प्रकार का नुकसान न हों। कार्बनिक पलवार (mulching) के प्रयोग से इसकी बढवार पर अच्छा प्रभाव पड़ता है। अगर पौधों की ऊँचाई 1 मीटर हो जाये तो काटॅ–छाँट कर सही आकार देना चाहिए। इससे पौधे नियमित रुप से फसल में रहते हैं।

खरपतवार प्रबन्धन

ट्री टोमैटो के प्रारम्भिक वर्षों में खेत से खरपतवार निकाल देने से पौधों की वृद्धि एवं विकास ज्यादा अच्छी होती है।

कटाई–छँटाई

प्रथम वर्ष में जब पौधे 0.9–1.2 मीटर की ऊँचाई तक बढ़ जायें तब काट देना (छटाई) उत्तम रहता है। इससे पार्श्व शाखाएँ निकलकर तेज वृद्धि करती हैं। वैसे तो प्रत्येक वर्ष फल लगने के बाद

छँटाई कर देने से दूसरी शाखाएँ निकलकर पुष्पन व फलन करती हैं। ऐसी प्रक्रिया के न अपनाने पर मातृ शाखाओं के दूसरी जगह से पार्श्व शाखाएँ विकसित होकर पुष्पन करती हैं, जो संख्या में कम होती हैं।

सिंचाई जल प्रबन्धन

ट्री टोमैटो ज्यादा समय तक सूखे को सहन नही कर सकता है, अतः आवश्यकतानुसार प्रचुर मात्रा में पानी रहना चाहिए। जल संरक्षण करने के लिए कार्बनिक पलवार ज्यादा उपयोगी है।

उपज

सामान्यतः ट्री टोमैटो में पुष्पन व फलन 1.5–2.0 वर्ष बाद प्रारम्भ हो जाता है और लगातार 5–6 वर्षों तक उपज प्राप्त होती रहती है। अगर अच्छी प्रकार सस्य क्रियाएँ सम्पादित की जायें और पोषक तत्व प्रदान की जाये तो 11–12 वर्षों तक अच्छी उपज मिलती रहती है। इसके बाद उपज में गिरावट प्रारम्भ होती है। पौधों पर मार्च–अप्रैल के महीने में फूल आना आरम्भ होता है। फल सितम्बर से लेकर दिसम्बर माह तक उपलब्ध रहते हैं। अगर कच्चे फलों की तुड़ाई की गयी है तो रखने पर वे नहीं पकते हैं अतः पूर्ण रुप से पके फलों की ही तुड़ाई करनी चाहिए। इस प्रकार 5–7 महीने की फसल में फलों की कई बार तुड़ाई करनी पड़ती है। फल की तुड़ाई डंठलयुक्त अवस्था में करनी चाहिए। भारतवर्ष में प्रत्येक पौधे से औसतन 20.0–30.0 किलो ग्राम फल प्रतिवर्ष प्राप्त होते हैं। न्यूजीलैण्ड में ट्री टोमैटो की उपज 15.0–17.0 टन प्रति हेक्टेयर होती है।

भण्डारण

ट्री टोमैटो के फल काफी सख्त एवं छिलके बहुत चिकने होते हैं, जिससे इनकी भण्डारण क्षमता ज्यादा होती है। सामान्य तापक्रम पर इसके फलों का भण्डारण एक सप्ताह तक सुगमतापूर्वक किया जा सकता है, जबकि 3.5±1 डिग्री सेल्सियस तापमान पर फलों को 8 सप्ताह तक भण्डारित किया जा सकता है।

पौध संरक्षण

• प्रमुख रोग एवं उनका प्रबन्धन

चूर्णिल आसिता (Powdery mildew)

ट्री टोमैटो में चूर्णिल आसिता इरीसीफी प्रजाति (*Erysiphe sp.*) तथा औडियम प्रजाति (*Oidium sp.*) के कवक से संक्रमण होता है। जब इसकी नवीन शाखाएँ अप्रैल महीनों में विकसित होती है तब इस कवक का भयंकर प्रकोप होता है। कोमल पत्तियों व शाखाओं पर सफेद चूर्ण की पर्त जमा हो जाती है। प्रकोप की पराकाष्ठा मई–जून के महीने में देखने को मिलती है। प्रभावित प्रतियाँ झड़ जाती हैं। नियन्त्रण के लिए प्रकोप होने के पूर्व ही सल्फेक्स के 0.2 प्रतिशत या कैराथेन के 0.2 प्रतिशत घोल का 15 दिन के अन्तराल पर छिड़काव करना चाहिए।

विषाणु रोग

ट्री टोमैटो सामान्यतः मोजैक विषाणु (mosaic virus), कुकुम्बर मोजैक विषाणु (cucumber mosaic virus), पोटैटो मोजैक विषाणु (Potato mosaic virus), एरेबिया मोजैक (Arabia mosaic) आदि से ग्रसित होता है, जो पत्तियों व फलों को संक्रमित करते हैं। कभी–कभी ट्री टोमैटो के नवीन पौधों पर बुटलेस विषाणु (Bootlace virus) का संक्रमण होता है। विषाणु मुख्यत एफीड से फैलते हैं। बचाव के लिए संक्रमित पौधों को उखाड़कर जला देना चाहिए। रोपण हमेशा विषाणु मुक्त बीज व ग्रेफ्टिंग (grafting) से ही करना चाहिए।

• प्रमुख कीट एवं उनका प्रबन्धन

कैटरपिलर (Catterpillar)

ट्री टोमैटो के पौधे जब पौधशाला में होते हैं या छोटे अवस्था में होते हैं, कैटरपिटलर पत्तियों में छेद बनाकर काफी नुकसान करते हैं लेकिन बड़े पौधों में इस कीट से कोई नुकसान नहीं होता है। नियन्त्रण के लिए इण्डोसल्फान नामक दवा की 0.75 मिली लीटर मात्रा प्रति लीटर पानी में डालकर छिड़काव करनी चाहिए।

फलमक्खी (Fruitfly)

ट्री टोमैटो में कभी–कभी फल मक्खी का आक्रमण होता है, जो फलों में अण्डा देकर जयादा नुकसान पहुँचाते हैं। नियंत्रण के लिए रोगार दवा की 0.75 मिली लीटर मात्रा प्रति लीटर पानी में डालकर छिड़काव करनी चाहिए।

सूत्रकृमि (Nematode)

ट्री टोमैटो के पौधो पर जड़गांठ सूत्रकृमि (root knot nematode) जो मेलाइडोगाइन प्रजाति (*Meloidogyne* sp.) के द्वारा होता है। सूत्रकृमि के संक्रमण से पौधे की वृद्धि रुक जाती है और पौध ा पीला पड़ने लगता है। कभी–कभी पौधे में अफलत की स्थिति देखी जाती है। सूत्रकृमि से बचाव के लिए पौध रोपण के समय प्रत्येक गड्ढे में 500 ग्राम नीम की खली डालना चाहिए।

ट्री बीन (Tree bean)

वानस्पतिक नाम : पर्किया राक्सबर्घाई (*Parkia roxburghii* G. Dom) syn. *P. javaniica*

कुल : मिमोसेसी (Mimosaceae)

गुणसूत्र संख्या : 2 एन = 40

उत्तर पूर्वी क्षेत्रों विशेषतः मणिपुर एवं मिजोरम के लिए ''ट्री बीन''(Tree bean) एक सामान्य पेड़ है, जिसको अनेकों प्रकार से उपयोग किया जाता है। इसे स्थानीय भाषा में ''यांगचक''(Yongchak) (मणिपुर) और ''यान्ताक'' (आसाम) भी कहते हैं। यह महत्वपूर्ण पेड़ लगभग प्रत्येक घर के गृहवाटिका या घर के आसपास पाया जाता है। जंगलों में प्राकृतिक रूप से उगता रहता है। झूम खेती (स्थान बदल–बदलकर खेती करना) के लिए भी ट्री बीन एक उत्तम वृक्ष है। यह जमीन में नत्रजन तत्व का स्थिरीकरण करता हैं तथा मृदा क्षरण को रोकता है।

उद्भव एवं वितरण

दक्षिया एशिया के कुछ देशों जैसे मलेशिया, इण्डोनेशिया, कोरिया, थाइलैण्ड, एवं मयंमार में इसकी कोमल फलियाँ सब्जी के रूप में ज्यादा उपयोग किया जाता है। वंश पर्किया (*Parkia*) के अर्न्तगत 40 स्पीशीज (species) हैं जिनमें केवल 3 स्पीशीज भारत में पाया जाता है (विल्सि, 1983)।

वानस्पतिक विवरण

''ट्री बीन'' के पेड़ मध्यम ऊँचाई (10.0–12.0 मीटर) के होते हैं, जिनमें अनकों शाखाएँ बनती हैं। पेड़ की पत्तियाँ द्विपिच्छकी (bipinnate) होती हैं। इसकी पत्तियाँ बड़े कम समय में पुष्पन के पूर्व सुख जाती है। इसके पुष्प विन्यास हेड या कैपिटुलम (head or capitulam) कहलाते हैं। इसमें पुष्प टर्मिनल (terminal) होने के साथ साथ गुच्छे में बनते हैं। इस पर पीले सफेद पुष्प विकसित होते हैं। ये पुष्प उपरी भाग पर छोटी डालियों पर लटकते हैं। पुष्पन सितम्बर–अक्टूबर के महीने में होती है और पेड़ पर फलधारण नवम्बर व दिसम्बर के महीने में होता है। फलियाँ 10–15 के गुच्छे में बनती हैं, जो 25.–40.0 सेन्टी मीटर लम्बी व 2.0–4.0 सेन्टी मीटर मोटी होती हैं। फल अपरिपक्व अवस्था में मुलायम, गूदेदार एवं चमकीले हरे रंग के होते हैं। पकने पर फलियाँ काले रंग की हो जाती हैं। यह अवस्था मार्च से अप्रैल के महीने में आता है।

पोषकीय महत्व

ट्री बीन की लम्बी मुलायम फलियाँ बहुत ही स्वादिष्ट सब्जी के लिए मणिपुर एवं मिजोरम में जानी जाती हैं। त्रिपुरा में भी इसको सब्जी के रूप में प्रयोग किया जाता है। मणिपुर एवं मिजोरम में लगभग छः महीने तक लोग इस प्रमुख वृक्ष पर अपने जीवन यापन के लिए आश्रित रहते हैं। स्थानीय स्वाद एवं माँग के अनुसार फलियों के पकने की विभिन्न अवस्थाओं पर उपयोग की जाती है। मुख्यतः ताजी फलियों को ही सब्जी के रूप में उपयोग करते हैं, लेकिन इसे प्रसंस्करण करके

उपयोग में लाया जा सकता है। मुलायम एवं पक कर तैयार फलियाँ अनेकों प्रकार से उपयोग में लायी जाती हैं। फलियों के उपरी छिलके को खुरचकर छोटे–छोटे टुकड़े बनाते हैं और चटनी (इरोम्बा) बनाने में इन टुकड़ों का उपयोग करते हैं। पके पुष्पों एवं नवीन टहनियों को "करी" एवं "सलाद" बनाने हेतु उत्तम माना जाता है। इनकी फलियों के छिलके को खुरचकर धूप में सुखाया जाता है। इन सुखी फलियों को बेमौसम से ज्यादा मूल्य पर बेचा जाता है। सूखे बीजों को भी ज्यादा मूल्य पर बाजार में बेचा जाता है। ट्री बीन्स के फलियों एवं पत्तियों में उपलब्ध पोषक तत्वों की मात्रा को नीचे की सारिणी में दिया गया है।

सारिणी (18.8) ट्री बीन्स के फलियों एवं पत्तियों में उपलब्ध पोषक तत्वों की मात्रा

घटक	फलियाँ				पत्तियाँ
	अतिकोमल	नवीन	पकी	ज्यादा पकी	
नमी (प्रतिशत)	83.30	78.50	76.10	59.50	62.30
विटामिन 'सी' (मिली ग्राम / 100 ग्राम)	10.20	6.46	7.00	6.10	–
वसा (प्रतिशत)	0.25	0.43	0.98	20.98	2.30
रेशा (प्रतिशत)	10.80	14.30	20.10	9.50	19.50
प्रोटीन (प्रतिशत)	18.12	13.84	14.46	19.59	18.80
राख (प्रतिशत)	5.10	5.10	5.30	4.45	6.40
फास्फोरस (मिली ग्राम / 100 ग्राम)	240	240	220	160	–
लौह तत्व (मिली ग्राम / 100 ग्राम)	46.60	59.90	77.10	34.9	–

स्रोतः अरोरा, आर.के., 1981, नेटीव फूड प्लान्ट्स आफ नार्थ इस्टर्न ट्राइब्स

पत्तियाँ, पशुओं के लिए उच्च चारा एवं खेत के लिए हरी खाद हैं। इस वृक्ष का स्थानीय औषधियों में बहुत ज्यादा उपयोग किया जाता है। वृक्ष के छाल का अर्क, फलियों का छिलका और पत्तियाँ, अतिसार और पेचिश में रामवाण साबित हुई है। इतना ही नहीं छाल के अर्क का उपयोग कपड़ो को रंगने में किया जाता है। इसकी शाखाओं को जलावन के रूप में इमारती सामान या जल शोधन करने तथा घरेलू उपयोगी सामान तैयार करने में किये जाते हैं। काफी एवं चाय के बगीचे में पेड़ की छाया इस वृक्ष से प्राप्त किया जाता है (ध्यानी एवं चौहान, 1990)। इसे सड़कों के किनारे लगाया जाता है। कभी–2 इसके पीले सफेद फूलों हेतु बगीचें में लगाया जाता है।

जलवायु

सामान्यतः "ट्री बीन्स" का वृक्ष मध्यम ठण्डक वाले क्षेत्रों में अच्छी प्रकार विकास करता है। यह समुद्र तल से 1200.0 मीटर तक के ऊँचाई वाले वातावरण को सहन करने की क्षमता रखता है।

पौध प्रसारण

इस वृक्ष का प्रसारण दो विधियों से किया जाता है।

1. बीजों के द्वारा प्रसारण
2. तना कर्त्तन द्वारा

1. बीजों के द्वारा प्रसारण

ट्री बीन्स के पौध का प्रसारण सामान्यतः बीजों के माध्यम से किया जाता है। स्थानीय प्रचलित कहावतों के अनुसार प्रथम 6 बीजों को जो आधारीय भाग पर पकी फलियाँ हों, एकत्रित किया जाता है। उनका विश्वास है कि ये बीज जल्दी एवं पूर्णतयाः जमाव करते हैं तथा इनमें फल भी जल्दी आते हैं। खेत में सीधे बीज की बुआई करते हैं।

2. तना कर्त्तन द्वारा

इसका व्यावसायिक प्रसारण तना द्वारा भी किया जा सकता है। कर्त्तन के लिए 100.0 सेन्टी मीटर लम्बे तने का चुनाव करते हैं, जिसका व्यास 7.0–8.0 सेन्टी मीटर उत्तम रहता है।

भूमि एवं भूमि की तैयारी

ट्री बीन्स अनकों प्रकार की मिट्टी में सफलतापूर्वक स्थापित हो जाती है, लेकिन वृद्धि, विकास एवं अधिक उपज प्राप्त करने के लिए अच्छे जल निकास वाली मृदा जिसका पी0एच0 मान 6.0–7.0 है, ज्यादा उपयोगी है। जिस खेत में इस वृक्ष को लगाना हो, उसकी 3–4 बार मिट्टी पलटने वाले हल से गहरी जुताई करनी चाहिए। प्रत्येक जुताई के बाद खेत में पाटा अवश्य लगाना चाहिए। इससे खेत समतल हो जाता है।

पौध स्थापन एवं पोषक तत्व प्रबन्धन

पौध लगाने के लिए 7.0 मीटर × 7.0 मीटर की दूरी पर, 1.0 मीटर × 1.0 मीटर ×1.0 मीटर आकार के गड्ढों की खुदाई करनी चाहिए। प्रत्येक गड्ढे में 10.0 किलो ग्राम गोबर की सड़ी खाद, 150.0 ग्राम यूरिया, 300.0 ग्राम सिंगलसुपर फास्फेट एवं 80.0 ग्राम म्यूरेट ऑफ पोटाश, नीम या कंरज की खली डालकर पौध स्थापन करना चाहिए। पाँच वर्षों बाद इन उर्वरकों की मात्रा बढ़ाते हुए 325.0 ग्राम यूरिया, 625.0 ग्राम सिंगल सुपर फास्फेट और 165.0 ग्राम म्यूरेट आफ पोटाश देना उत्तम रहता है। प्रत्येक वर्ष 10.0–15.0 किलो ग्राम गोबर की सड़ी खाद अन्य उर्वरकों के साथ मिलाकर पलवार लगाते समय देने पर पौधों में वृद्धि ज्यादा होती है। इसकी खेती अकेला या अमरूद, आम, नीबू वर्गीय फलों, अन्नानास (Pine apple) आदि के साथ करते हैं।

पौध लगाने का समय

ट्री बिन्स के लगाने का उत्तम समय मई–जून का महीना है क्योंकि पौध रोपण के कुछ दिनों बाद वर्षा हो जाने से पौध पूर्ण रूपेण स्थापित हो जाता है।

फलियों की तुड़ाई

पौध लगाने के 6.0 महीना बाद फलियाँ मिलने लगती हैं। पौधों का जीवन काल 80–90 वर्ष होती है। ट्री बीन्स आर्थिक सम्पन्नता प्रदान करने वाला वृक्ष है। इसकी 1.0 किलो ग्राम फलियों की कीमत 10.0–30.0 रूपया है। इसकी मूल्य अक्टूबर–नवम्बर के महीने में 50.0 रू0 प्रति किलो ग्राम तक हो जाता है। अतः एक पौध से 8,000–10,000 रूपये प्रति वर्ष मिलता है (भुइयां, 1996)।

खेजड़ी या सांगरी (Khejri or Sangri)

वानस्पतिक नाम : प्रोसोपिस सिनेरैरिया एल0 (*Prosopis cineraria* L.)
कुल : फाबेसी (Fabaceae)
गुणसूत्र संख्या : 2 एन = 28

इस महत्वपूर्ण सब्जी वृक्ष को विभिन्न स्थानों पर खेजड़ी, जन्द, सांगरी (राजस्थान), जन्द (पंजाब), कांदी (सिन्ध), समी या सुमरी (गुजरात) आदि नामों से जानते हैं। शुष्क क्षेत्रों में खेजड़ी वृक्ष का महत्व और उसकी उपयोगिता उसके गुणवत्ता के कारण सदैव रही है। इस वृक्ष की विविध उपयोगिताओं के कारण इसे ''मरु भूमि का कल्पवृक्ष'' भी कहा जाता है। पूर्ण विकसित पौधों को राजस्थान के लोग खेजड़ा कहते हैं। परन्तु बहुवचन में लोग खेजड़िये ही कहते हैं। खेजड़ा मरु क्षेत्र की वह प्रजाति है, जिसमें अकाल के समय में भी दृढ़ता से जीवित रहने की अद्‌भुत क्षमता होती है।

उद्‌भव एवं वितरण

खेजड़ी भारतीय मूल का पौधा है, जो पंजाब के मैदानी भाग, पश्चिमी राजस्थान व गुजरात में बहुलता से पाया जाता है। इसकी उपलब्धता बुन्देलखण्ड, दिल्ली व आगरा के आसपास भी है। इसके अलावा खेजड़ी महाराष्ट्र (नासिक के पास), आन्ध्र प्रदेश, कर्नाटक एवं दक्षिण गोदावरी के शुष्क क्षेत्रों में भी पाया जाता है। विश्व स्तर पर इसके पौधे पाकिस्तान, अफगानिस्तान व इरान में पाये जाते हैं।

वानस्पतिक विवरण

खेजड़ी के पौधे 6.5 मीटर तक ऊँचे होते हैं, जो 15–20 वर्षों में धीमी गति से विकसित होते हैं। वृक्ष की जड़ें झकड़ा (tap root) व सीधी होती हैं जिसकी लम्बाई 3.0 मीटर तक होती हैं। वृक्ष की टहनियाँ पतली, धुसर रंग वाली, खुरदूरी व कटीली होती हैं। तने का छिलका सिनेरियस होता है, गाठें काटेंदार होती हैं, पत्तियाँ जुगेट (jugate), ग्लैबरस या प्यूबेरुलस (glabrous or puberulous), पेटियोल (petiole), रैकिस (rachis) 0.5–4.0 सेन्टी मीटर व कटाव 2.0–7.0 सेन्टी मीटर लम्बा होता है। इसकी प्रत्येक सीक में लगभग 12 फलक होते हैं। पुष्प पीले रंग के होते हैं। पुष्प के बाह्य दलपुंज छोटा (truncate) 0.8–1.2 मिली मीटर लम्बे व दलपुंज 3.5 मिली मीटर लम्बे होते हैं। पुरानी पंखुड़ियाँ पीछे की तरफ मुड़ जाती हैं। परागकोष 0.8–1.0 मिली मीटर लम्बा, वर्तिकाग्र ग्लैबरस (glabrous) होता है। फल चिकने व लगभग 8.0–19.0 सेन्टी मीटर लम्बें व 4.0–7.0 मिली मीटर व्यास के होते हैं। फल का छिलका भंगूर होता है। कच्चे फलियों को राजस्थान के लोग सांगरिये कहते हैं और पकने पर इन्हें ''खोखा'' भी कहते हैं। ये खोखे थोड़े मीठे होते हैं। बीज दूर–दूर बनते हैं, जो सामान्यतः 6.0 मिली मीटर लम्बे होते हैं। प्रत्येक फली में 6–9 या 10 बीज बनते हैं। पौधे की वृद्धि धीमे–धीमे होती है अर्थात् 8–10 वर्षों में मात्र 5.0–6.0 फीट वृद्धि होती है। जब पेड़ का रुप धारण कर लेता है तो इसके बढ़ने की गति पहले से ज्यादा हो जाती है और 15–20 वर्षों में यह पूर्ण वृक्ष बन जाता है।

पोषकीय महत्व

खेजड़ी के वृक्ष पर लगने वाले हरी सांगरियों की सब्जी बनाकर खायी जाती है। इसकी सब्जी बड़ी ही स्वादिष्ट होती है। मुलायम फलियों में प्रोटीन (18.0 प्रतिशत), कार्बोहाइड्रेट (56.0 प्रतिशत) व खनिज लवण जैसे फास्फोरस (0.4 प्रतिशत), कैल्सियम (0.4 प्रतिशत) व लौह तत्व (0.2 प्रतिशत) होता है। विकसित फलियों को सूखाकर या उबालने के बाद सूखाकर संरक्षित कर लेते हैं, जिसे कभी भी सब्जी के लिए उपयोग में लायी जा सकती है। उबली व सूखाई गयी सांगरियों को राजस्थान से बाहर निर्यात की जाती है। पके हुए फल (खोखा) में 5.14 प्रतिशत प्रोटीन व 6.16 प्रतिशत शर्करा होती है। खेजड़ी की ताजी पत्तियों में प्रोटीन (15.3 प्रतिशत), खाद्य रेशा (17.5 प्रतिशत), राख (10.0 प्रतिशत), ई0ई0 (3.2 प्रतिशत), एन0एफ0ई0 (54.0 प्रतिशत), कैल्सियम (2.65 प्रतिशत) व फास्फोरस (0.24 प्रतिशत) पाया जाता है (गोहल, 1981)। इसके अलावा पत्तियों में 2.9 प्रतिशत नत्रजन, 0.4 प्रतिशत फास्फोरस, 1.4 प्रतिशत पोटैशियम तथा 2.8 प्रतिशत कैल्सियम आक्साइड पाया जाता है (डब्ल्यू0ओ0आई0, 1948–76)। इसमें पाइपरीडिन–3, ओल एल्कलाइड (piperidine-3ol-alkaloid) भी पाया जाता है (जेवर्स एवं सहयोगी, 1976)। मार्च–अप्रैल के महीने में खेजड़ी के पुराने वृक्षों में फूलों के साथ–साथ बहुत ही छोटे–छोटे मिश्री के दाने के समान संरचना विकसित होती है, जो मीठी होती है और लोग इसे बड़े चाव से खाते हैं। आयुर्वेद शास्त्र के अनुसार पत्तियों का रस सेवन करने से भ्रम, मानसिक दुर्बलता असाध्य अतिसार, कृमि, रक्त विकार तथा पित्त विकार जैसी भयंकर व्याधियाँ भी ठीक हो जाती है। मनुष्य उदरसूल रोग में भी इसका सेवन करते हैं। इसकी छाल को पानी के साथ पत्थर पर घीसकर फोड़े–फुँसी आदि में लगाते हैं।

इसकी पत्तियाँ पशुओं के लिए पौष्टिक चारा है, जिसके खाने से गाय, भैंस, बकरियों आदि में दूध की मात्रा बढ़ती है। पशुओं में विटामिन की कमी को पूरा करता है व पशुओं में रोग निरोधी क्षमता विकसित करता है। अध्ययन में यह पाया गया है कि इस वृक्ष के नीचे पैदा होने वाली फसल अच्छी व ज्यादा उपज प्रदान करती है। ऐसा अन्य पेड़ों की छाया में नहीं देखा गया है। इसका प्रमुख कारण तो इसकी जड़ों का नीचे की तरफ विकसित होना और दूसरा इसके पत्तों का खाद के रुप में जल्दी सड़ने से फसलों को पौष्टिक तत्वों का उपलब्ध होना है। पशुपालक पेड़ की पत्तियों को गूड़ में पकाकर नयी ब्याही गाय, बकरी, भैंस आदि को देते हैं, जिससे उनका दूध नहीं सूखता है।

उन्नतिशील किस्में

खेजड़ी की कोई विकसित किस्म नहीं है। उपलब्ध स्थानीय किस्मों को ही उगाया जाता है।

थार शोभा (Thar Shobha)

खेजड़ी की उन्नतिशील किस्म थारशोभा (खेजड़ी सेलेक्सन–1) का विकास केन्द्रीय शुष्क बागवानी संस्थान, विकानेर (राजस्थान) द्वारा विकास किया गया है। यह प्रजाति गुणवत्तायुक्त फलियों के लिए जाना जाता है। कलम द्वारा तैयार पौध मात्र 5 वर्षो में फल देने लगता है। जिससे 4.25 किलो ग्राम सांग्री (Sangri) तथा 6.27 किलो ग्राम लुंग (Loong) मिलता है। फलियों की लम्बाई

18.25 से लेकर 21.15 सेन्टी मीटर तथा भार 2.15–2.75 ग्राम होता है। हरी फलियों में बीजों की संख्या 15–20 तक होता है। कोमल फलियाँ सीधी हल्की हरी, गोलाकार चौड़ी मुलायम तथा मीठी होती हैं। यह किस्म उच्च एवं निम्न तापक्रम के प्रति सहनशील है। अतः शुष्क मौसम में भी अच्छी प्रकार वृद्धि एवं विकास करती है। इस किस्म की खेती बरानी क्षेत्रों में की जा सकती है (समाधिया एवं मोरे, 2008)।

सारिणी (18.9) थार शोभा प्रजाति का गुणधर्म

गुण	औसत	मध्य
पत्ती की लम्बाई (सेन्टी मीटर)	0.61–1.19	0.95
पत्ती की चौड़ाई (सेन्टी मीटर)	0.42–0.61	0.49
पत्तियों की संख्या प्रति पत्रक	18.2–25.8	23.15
पत्रक की लम्बाई (सेन्टी मीटर)	6.01–8.89	7.07
पत्रक की संख्या प्रति संयुक्त पत्रक	3.15–7.85	6.05
गाँठ पर्व की लम्बाई (सेन्टी मीटर)	2.91–4.19	3.41
पत्तियों की संख्या प्रति संयुक्त पत्रक	115.2–170.5	141.5
पुष्प स्पाइक की लम्बाई (सेन्टी मीटर)	10.9–15.8	13.17
कलिका की संख्या प्रति पुष्प स्पाइक	74.5–130.5	111.4
पुष्प स्पाइक की संख्या प्रति गुच्छ	5.2–11.8	8.55
विकसित पुष्प की संख्या प्रति स्पाइक	25.5–77.5	49.9
फलियों की संख्या प्रति स्पाइक	3.2–6.8	5.33
फलियों की संख्या प्रति गुच्छ	16.5–54.5	26.8
पकी फलियों की संख्या प्रति स्पाइक	3.1–6.9	5.3
पकी फलियों की संख्या प्रति गुच्छ	16.8–55.2	26.8

सारिणी (18.10) थार शोभा प्रजाति के फलियों का गुणधर्म

फली की अवस्था	फली की लम्बाई (सेन्टी मीटर)		फली की चौड़ाई (सेन्टी मीटर)		फल भार (ग्राम)		विशेष गुण
	औसत	मध्य	औसत	मध्य	औसत	मध्य	
अवस्था–I (बहुत कोमल संगरी)	13.1–18.4	15.34	0.17–0.22	0.19	0.97–1.12	0.98	अलग न होने योग्य
अवस्था–II (कोमल संगरी प्रसंस्करण के लिए)	14.2–18.7	16.36	0.25–0.38	0.33	1.24–1.65	1.41	अलग न होने योग्य
अवस्था–III (संगरी बीन्स के रूप में)	14.9–20.2	17.05	0.32–0.42	0.35	1.45–1.75	1.58	अलग न होने योग्य

सारिणी (18.11) थार शोभा प्रजाति के फलियों का गुणधर्म

गुण	अवस्था-IV (पकी फलियाँ जिसकी सब्जी बनायी जा सकती है।)		अवस्था-V (पकी फलियाँ जिसकी सब्जी नहीं बनायी जा सकती है।)		अवस्था-VI (पुर्ण पकी फलियाँ जिसे खोखा कहते हैं।)	
	औसत	**मध्य**	**औसत**	**मध्य**	**औसत**	**मध्य**
फली की लम्बाई (सेन्टी मीटर)	16.8–21.2	18.41	16.6–27.7	22.07	13.5–22.5	17.7
फली की चौड़ाई (सेन्टी मीटर)	0.33–0.49	0.44	0.52–0.68	0.58	0.49–0.65	0.56
फल भार (ग्राम)	2.15–2.48	2.39	4.85–5.65	5.29	1.65–2.15	1.85
बीज प्रति फली	10.2–14.8	11.95	16.45–22.12	19.58	11.15–16.85	13.75
बीज भार प्रति फली (ग्राम)	0.387–0.405	0.395	0.91–1.12	0.98	0.49–0.72	0.64
गूदा का भार प्रति फली (ग्राम)	0.92–1.01	0.95	3.86–4.55	3.98	0.85–1.35	1.22

जलवायु

खेजड़ी मुख्यतः शुष्क जलवायु का पौधा है, जो 500.0 मिली मीटर से कम वार्षिक वर्षा वाले क्षेत्रों में सुगमता से उगता है। इसके पेड़ अधिक वर्षा वाले क्षेत्रों में नहीं पनपते हैं। तापमान की विभिन्नता जैसे अधिक गर्मी (40.0–60.0 डिग्री सेल्सियस) व ठण्डक (9.0–16.0 डिग्री सेल्सियस) के साथ कुहरा जो सामान्यतः दिसम्बर–जनवरी में होता है, सहन कर लेता है।

भूमि एवं भूमि की तैयारी

खेजड़ी का पौधा ऊँची–नीची किसी भी प्रकार की बेकार जमीन पर सुगमतापूर्वक उगाया जा सकता है। जलोढ़ मृदा जिनमें बालू व चिकनी मिट्टी का उपयुक्त समिश्रण हो, इसके लिए उपयुक्त है। इसके पौधे मध्यम क्षारीय भूमि में भी उगते हैं। इसका पौधा 6.5–9.8 पी0एच0 मान पर भी वृद्धि एवं विकास करता है।

पौध प्रसारण

खेजड़ी का पौधा दो विधियों से प्रसारित किया जा सकता है–

1. बीजों के द्वारा
2. वर्धीय भागों के द्वारा (जड़ भूस्तारिकाओं, गुटी व कलिका विधि)

1. बीजों के द्वारा

प्राकृतिक रुप से खेजड़ी का प्रसारण स्वतः बीजों द्वारा होता रहता है। बीज में जमाव की क्षमता लम्बी अवधि तक होती है। बीज की बुआई सामान्यतः 2.0 × 2.0 मीटर की दूरी पर करते हैं। बीज की बुआई करने से 24 घण्टे पहले तक बीज को पानी में भिंगोकर रखना चाहिए।

2. वर्धीय भागों के द्वारा (जड़ भूस्तारिकाओं, गुटी व कलिका विधि)

वर्धीय भागों द्वारा प्रसारण करने के लिए निम्नलिखित विधियाँ अपनायी जाती हैं–

(अ) जड़ भूस्तारिकाओं द्वारा प्रसारण

अधिकांशतः जड़ भूस्तारिकाएँ जो पौधों के पास से विकसित होती हैं, निकालकर रोपण कर दिया जाता है।

(ब) गुटी द्वारा प्रसारण

खेजड़ी का प्रसारण गुटी बाँधकर भी किया जा सकता है, लेकिन गुटी ज्यादा सफल नहीं है। इससे विकसित पौधे रोपण करने पर ज्यादा सूख जाते हैं व अधिक वर्षा सहन नहीं कर पाते हैं।

(स) कलिका विधि से प्रसारण

खेजड़ी का पौध प्रसारण पैच (patch) व शील्ड (shield) कलिका विधि से भी किया जा सकता है। पैच बडिंग में 76 प्रतिशत तक सफलता मिलती है। इस विधि में छाल से लिये गये कलिका को मूलवृन्त पर बने खाँचा में स्थापित करते हैं। कलिका स्थापन का कार्य सुबह या सायंकाल करना चाहिए। सूर्य की तेज रोशनी व वर्षा से बचाव के लिए चौड़ी पत्तियों से कलिका को ढक देना चाहिए। मातृवृन्त से विकसित हो रहे टहनियों के अग्र प्ररोह को काटकर अलग कर देना चाहिए (पारीक, 2002)।

टाप वर्किंग (Top working)

खेजड़ी में अग्र प्ररोह की कटाई का ज्यादा महत्व है क्योंकि इस प्रक्रिया से अनुत्पादक टहनियों को काटकर निकाल दिया जाता है। सामान्यतः दो या दो वर्ष से अधिक पुराने पौधों का चयन किया जाता है। एक या दो तना जिसका व्यास 1.0 सेन्टी मीटर या उससे ज्यादा हो और सतह से विकसित हो रही हो, 30.0–60.0 सेन्टी मीटर जमीनी सतह से छोड़कर काट देना चाहिए। अब इन्हीं तनों पर छिलका हटाकर पैच बनाते हैं जिसका आकार 2.5×1.0 सेन्टी मीटर होता है।

शील्ड कलिका विधि में ''टी'' कटाव अपनाते हैं।

शीर्ष कटाई (Heading back)

खेजड़ी में शीर्ष कटाई 1.0–2.0 मीटर की ऊँचाई पर 2–3 शाखा छोड़कर करते हैं। यह प्रक्रिया मध्य दिसम्बर में की जाती है। शीर्ष कटाई के बाद मुख्य धड़ या मुख्य शाखा से अनेकों शाखाएँ

विकसित होती हैं। अब इनमें से 2–3 शाखाएँ मुख्य धड़ पर या दो शाखा प्रत्येक मुख्य शाखा पर चयन कर रखते हैं और शेष को काट दिया जाता है।

तुड़ाई एवं उपज

खेजड़ियों में पुष्पन मार्च (चैत मास) के महीने में आता है। पूर्ण विकसित व कोमल मुलायम फलियों को सब्जी बनाने के लिए तुड़ाई की जाती है। फलियों की उपज पौधे के आकार व उम्र पर निर्भर करता है। सामान्यतः 0.5–1.2 टन प्रति हेक्टेयर तक उपज प्राप्त हो जाती है। बाजार में फलियों को 20.0–25.0 रुपये प्रति किलो ग्राम की दर से बेचा जाता है। सूखी फलियों को 100.0–125.0 रुपये प्रति किलो ग्राम की दर से बेचा जाता है।

पौध संरक्षण

• प्रमुख कीट एवं उनका प्रबन्धन

जड़ छेदक कीट

यह कीट खेजड़ी के जड़ में प्रवेश कर तिरछी सुरंग बनाती है। जड़ों के ग्रसित हो जाने से पौधों को पोषक तत्व प्राप्त नहीं होता है और पेड़ सूखने लगते हैं।

प्रबंधन

- वर्षाकाल के दिनों में कीट के प्रौढ़ भृंगों को प्रकाश पाश (light trap) या खेतों में अलाव जलाकर आकर्षित कर मार देते हैं।
- कीट ग्रसित पेड़ों पर इण्डोसल्फान 35 ई0सी0 की 5.0 मिली लीटर प्रति लीटर पानी में घोल बनाकर छिड़काव करना चाहिए।
- पेड़ों की जड़ों में क्लोरोपाइरिफास की 20 ई0सी0 (15.0 मिली लीटर प्रति वृक्ष) का प्रयोग करना चाहिए।

कटहल (Jackfruit)

वानस्पतिक नाम : आट्रोकार्पस हेट्रोफाइलस (*Artocarpus heterophyllus*)

कुल : मोरेसी (Moraceae)

गुणसूत्र संख्या : 2 एन = 4 एन = 56

भारतवर्ष के वर्तमान परिप्रेक्ष्य में जहाँ पर सीमित साधनों का समावेश तथा लगातार वृद्धिकारक जनसंख्या का दबाव किसी भी देश के विकास में पर्याप्त मानव संतुलित पोषण के साथ खाद्य पदार्थों की संतुलित आपूर्ति एक चुनौती का विषय है। भोज्य पदार्थों के गुण व संतुलित मात्रा व्यापक कुपोषण की सबसे बड़ी चुनौती है और देश के विभिन्न वातावरण में उगायी जाने वाली उपोष्ण एवं उष्ण फलों की कच्ची अवस्था में सब्जियाँ, विटामिन, खनिज एवं एण्टी आक्सीडेण्ट की उच्च स्रोत हैं। उष्ण फलों की श्रेणी में कटहल एक ऐसा ही फल है, जिसकी कच्ची अवस्था में सब्जी बनायी जाती है। बदलते परिवेश में कटहल की बागवानी, अनुपयुक्त भूमि पर बाग की सीमाओं एवं घर के आँगन एवं पीछे छोटे स्तर पर भी संकुचित है। यद्यपि आने वाले समय में इसकी व्यावसायिक स्तर पर बागवानी की अपार सम्भावनाएँ हैं।

उद्भव एवं वितरण

सामान्य रुप से कटहल भारत के सभी स्थानों पर देखा जा सकता है। पूर्वी उत्तर प्रदेश में प्रायः सभी घरों के आस–पास अवश्य दिखाई देते हैं। इतिहासकारों ने स्पष्ट किया है कि भारत में कटहल के पौधों को प्राचीनकाल से ही लोग बागों में लगाते आ रहे हैं। कटहल की उत्पत्ति दक्षिण भारत की पश्चिमी घाटी के जंगलों से हुआ और धीरे–धीरे इसका वितरण अन्य पड़ोसी राज्यों, दक्षिण पूर्वी एशियाई देशों एवं दक्षिण पूर्वी चीन में पहुँचा। भारत में इसकी खेती व्यापक रुप से उत्तर प्रदेश, बिहार, पश्चिम बंगाल, ओडिशा, कर्नाटक, तमिलनाडु, केरल, महाराष्ट्र एवं पूर्वोत्तर राज्यों जैसे–आसाम, मेघालय एवं त्रिपुरा में भलि भाँति की जा रही है। विश्व में कटहल का सबसे अधिक उत्पादन बांग्ला देश, भारत, इण्डोनेशिया, मलेशिया, बर्मा, मारिशस, फिलिपिन्स तथा श्री लंका आदि देशों में होता है। कटहल के अन्तर्गत कुल क्षेत्रफल 102552.0 हेक्टेयर है, जिससे कुल उपज 1436570.0 मैट्रिक टन प्राप्त होता है। औसत उत्पादकता 20.0–27.0 टन प्रति हेक्टेयर पैदा होती है। मलेशिया एवं फिलिपिन्स से ज्यादातर कटहल का निर्यात अमेरिका को होता है। एशियाई देशों में मुख्य निर्यातकों के रुप में थाईलैण्ड, और मलेशिया है। भारतवर्ष में ज्यादातर पौधे बीज द्वारा तैयार होते हैं अतः अन्तर्राष्ट्रीय मानक के अनुरुप नहीं है।

वानस्पतिक विवरण

कटहल मोरेसी (Moraceae) कुल का एक महत्वपूर्ण वृक्ष है, जिसकी ऊँचाई 20.0–30.0 मीटर तक होती है। इसके नर एवं मादा पुष्प एक साथ एक ही शाखा पर बनते हैं। इसके नवजात फल का आकार 1.0–3.0 किलो ग्राम तक होता है। इसमें लगने वाले फल वृद्धि करके बड़े एवं लगभग 30.0 किलो ग्राम वजन तक हो जाते हैं। फल के उपर कँटीली संरचना पायी जाती है

तथा फल में 60–220 तक बीज पाये जाते हैं। सामान्यतः कटहल का पौधा सदाबहार पौधा कहलाता है क्योंकि इसकी पत्तियाँ वर्ष भर हरी–भरी बनी रहती हैं। इसके पौधे से दूध निकलता है।

पोषकीय महत्व

यह सत्य है कि उत्तर प्रदेश एवं अन्य सटे हुए राज्यों में इसके कच्चे फलों से सब्जी लोग बड़े चाव से खाते हैं, लेकिन दक्षिण भारत में इसके पके फलों को उपयोग में लाते हैं। कटहल का फल पकने के बाद एक प्रकार का सुगंध उत्पन्न करता है, जो इसमें पाये जाने वाले इस्टर (ester) के कारण होती है। कटहल एक ऐसा पौधा है जिसके सभी भागों को उपयोग में लाया जा सकता है लेकिन आर्थिक उन्नति हेतु एक महत्वपूर्ण फल है। फलों के सभी घटकों को मानव उपभोग हेतु भोजन के रुप में एवं अपशिष्ट को पशुओं के भोजन खासकर भेड़–बकरियों हेतु चारे के रुप में उपयोग की जा सकती हैं। पौष्टिक तत्वों से भरपूर कच्चे फलों को स्वयं एवं मछली, चिकन एवं अण्डे के साथ सब्जी बनाकर उपयोग में लाया जा सकता है। उत्तर भारतीय भोजन में कटहल का उच्च स्थान है और इसको शाकाहारी मँास के रुप में काफी लोकप्रिय है। इसके कच्चे फलों में पोटैशियम, वसा, कार्बोहाइड्रेट, खनिज लवण तथा विटामिन प्रचुर मात्रा में पाया जाता है। कटहल के विभिन्न भागों में उपलब्ध खाद्य पोषक तत्वों की संरचना नीचे की सारिणी में दी गयी है–

सारिणी (18.12) कटहल के विभिन्न भागों में उपलब्ध खाद्य पोषक तत्व (प्रति 100 ग्राम खाने योग्य भाग में आधार पर)

पोषक तत्व	कच्चा फल	पका फल	बीज
नमी (ग्राम)	76.2–85.2	72.0–90.0	51.0–64.5
प्रोटीन (ग्राम)	2.0–2.6	1.20–1.9	6.6–7.04
वसा (ग्राम)	0.1–0.6	0.10–0.4	0.40–0.43
कार्बोहाइड्रेट (ग्राम)	9.4–11.5	16.0–25.4	25.8–38.4
रेशा (ग्राम)	2.6–3.6	1.0–1.5	1.0–1.5
कुल मिठास (ग्राम)	–	20.6	–
कुल लवण (ग्राम)	0.9	0.87–0.9	0.9–1.2
कैल्सियम (मिली ग्राम / ग्राम)	30.0–73.2	20.0–37.0	50.0
मैग्नीशियम (मिली ग्राम / ग्राम)	–	27	54.0
फास्फोरस (मिली ग्राम / ग्राम)	20.0–57.2	38.0–41.0	38.0–97.0
पोटैशियम (मिली ग्राम / ग्राम)	207–323	191–407	246.0
सोडियम (मिली ग्राम / ग्राम)	3.0–35.0	20.0–41.0	63.3
लोहा (मिली ग्राम / ग्राम)	0.4–1.9	0.5–1.1	1.5
विटामिन 'ए' (आई0यू0)	30	175–540	10.0–17.0
थाइमिन (मिली ग्राम / ग्राम)	0.05–0.15	0.03–0.09	0.25
राइबोफ्लेविन (मिली ग्राम / ग्राम)	0.05–0.2	0.05–0.4	0.11–0.3
विटामिन 'सी' (मिली ग्राम / ग्राम)	12.0–14.0	7.0–10.0	11.0
कैलोरिफीक ऊर्जा (के0जे0)	50–210	88–410	133–139

स्रोतः एनोनिमस 1997, के प्रसार बुलेनिट नं0 22, भारतीय बागवानी अनुसंधान संस्थान, बैंग्लुरू (कर्नाटक)

कटहल के फलों से विभिन्न प्रकार के संसाधित उत्पाद जैसे—अचार, पापड़ एवं चिप्स बनाने में किया जा रहा है। अन्तर्राष्ट्रीय एवं राष्ट्रीय बाजारों में ताजे फलों एवं सब्जियों के अलावा अनेक प्रकार के संसाधित प्रसंस्कृत उत्पाद एक से बढ़कर एक नये पैक में देखने को मिलते हैं।

उन्नतिशील किस्में

भारत में कटहल की कोई विशेष प्रजातियों की सिफारिश नहीं की गयी है, हालांकि स्थानों के अनुसार स्थानीय नाम दिये गये हैं। कटहल के विभिन्न प्रकार के जननद्रव्यों को विभिन्न स्थानों पर विभिन्न नामों से उगाया जाता रहा है। भारत में सीलोन लंका के नाम से बीजों द्वारा प्रवर्धित करके लगाया गया क्लोन 5.0–20.0 किलो ग्राम वजन वाले फल उत्पन्न करते हैं। भारत के रुद्राक्षों एवं सिंगापुर जैक (सीटमोन जैक) को ज्यादातर बीज से प्रवर्धित करने के बावजूद भी 5.20 किलो ग्राम के फल प्राप्त हो रहे हैं। ज्यादातर स्थानीय नाम विभिन्न स्थानीय जातियों के गुणवत्ता से मिलता है जैसे गुलाबी का अर्थ, रोज सेन्टेड', चम्पा का अर्थ 'चैम्पेडेक' और हजारी अर्थ का तात्पर्य काफी मात्रा में फलों की उत्पत्ति है। भारतवर्ष में उपलब्ध कटहल की प्रजातियों को दो समूहों में बाँटा गया है।

1. बर्का– उत्तर प्रदेश में इस समूह के फलों को कटहली के नाम से जानते हैं और छोटे आकार के फल आने के कारण सब्जी के लिए ज्यादा उपयुक्त मानते हैं।
2. कापा–कापा समूह को स्थानीय लोगों द्वारा कटहल के नाम से जाना जाता है। उत्तर प्रदेश एवं आस पास के क्षेत्रों में इस समूह के फल कुछ हद तक स्वाद में खट्टे एवं 40.0 किलो ग्राम वजन वाले, गूदेदार व मिठास के लिए जाने जाते हैं।

इसी प्रकार उत्तर भारतीय क्षेत्रों में कुछ अन्य प्रजातियाँ जैसे मुट्टन, वारिका, हरैलिवा, भदोहवां, खरदा और घूसला भी स्थानीय स्तर पर प्रसिद्ध हैं। विश्व में उपलब्ध कटहल की प्रजातियों में मुख्य रुप से आस्ट्रेलिया–गोल्डेन, ब्लैक गोल्ड, हनीगोल्ड, लिमनगोल्ड एवं चाइना चम्पागोल्ड ज्यादा मशहूर है।

सारिणी (18.13) विश्व में उपलब्ध कटहल के प्रमुख जननद्रव्य

देश का नाम	किस्म का नाम
भारत	कुली, वारीका, लेरिसल, घिला, करचा, रुद्राक्षी, चम्पा, हजारी, गुलाबी, सफेदा, खाजा, भूसिल, भरैया, हाण्डा, टी–नगरजैक
इण्डोनेशिया	वेलीपाला, कापा, मटन
बांग्लादेश	कैप्डेल, मिनी, टबाओं, टोपा, हजारी, चाला, गोल, कौआ, खाजा
मलेशिया	जे–30, जे–31, एन0एस0–1, ना0–2, ना0–29, ना0–31
मयन्मार	टलैंग, काला
फिलिपिन्स	जे–01, जे–02, टी0वी0सी0, तूरेस
श्रीलंका	वेला, वारका, पेनवारका, खुरुवारका, सिंगापुर जैक / सीलोजैक
थाइलैण्ड	डैग रस्मी, कुनवीचान, हा–नुम–नौग, खा–नुम–लामउड
फ्लोरिडा / संयुक्त राज्य अमेरिका	हनी गोल्ड, लेमनगोल्ड, जे0–30, एन0एस0–1, टवाउमे, डिलाइटफूल, ब्लैक गोल्स, चीनी, डैग एसी, ग्लैक्सी, गोल्डेन नगेट

जलवायु

कटहल उष्ट कटिबंधीय जलवायु के अनुकूल है लेकिन इसकी बागवानी उपोष्ण जलवायु में भी की जा सकती है। इसकी बागवानी उष्ण कटिबंधीय क्षेत्रों में 1600 मीटर समुद्र तल की ऊँचाई तक सुगमता से की जा सकती है। इसके लिए गर्म आर्द्र जलवायु के साथ–साथ 1000–1500 मिली मीटर वितरित वर्षा की आवश्यकता होती है। भूमि में लगातार ज्यादा नमी एवं बाढ़ की स्थिति उचित विकास के लिए अवाँछनीय है।

मृदा

कटहल की फसल के लिए गहरी दोमट मिट्टी एवं बलुई दोमट भूमि काफी उपयुक्त मानी जाती है। साथ ही जल स्तर ऊँचा नहीं होना चाहिए अन्यथा पौधा सूख जाता है। वैसे कटहल के पौधे भारी मृदा तथा लैटेराइट मृदा में भी आसानी से उगाये जा सकते हैं।

प्रवर्धन

कटहल का प्रवर्धन दो प्रकार से किया जाता है–

1. बीज द्वारा प्रवर्धन
2. वानस्पतिक विधि द्वारा प्रवर्धन

1. बीज द्वारा प्रवर्धन

सामान्य रुप से कटहल का प्रवर्धन बीज द्वारा ही किया जाता है। बीज के अच्छे जमाव के लिए नेप्थलिन एसिटिक एसिड के 25 पी0पी0एम0 के घोल में बीज को 24 घण्टे तक भींगो देने पर अंकुरण अच्छा होता है। इस विधि द्वारा प्रवर्धित पौधे गुणवत्ता में अच्छे नहीं होते हैं।

2. वानस्पतिक विधि द्वारा प्रवर्धन

फलों की गुणवत्ता तथा छोटे आकार के वृक्षों का चयन निश्चित तौर वानस्पतिक प्रवर्धन के माध्यम से करना चाहिए। कटहल की वानस्पतिक प्रवर्धन मुख्य रुप से इपीकोटाइल कोमल शाख रोपण, गुटी, लेयरिंग, ग्रैफ्टिंग, वडिंग एवं ऊतक संवर्धन द्वारा किया जा सकता है। ग्रैफ्टिंग विधि से पौध तैयार करने के लिए अप्रैल व मई का महीना सबसे उत्तम है क्योंकि इस समय 50–90 प्रतिशत पौधे तैयार किये जा सकते हैं। इपीकोटाइल कोमल शाख कलम बंधन द्वारा कटहल का वानस्पतिक प्रवर्धन व्यावसायिक बागवानी के लिए सबसे उत्तम विधि है। कलम बंधन के अलावा जून–जुलाई के महीने में चश्मा कलिकाओं द्वारा भी वानस्पतिक प्रवर्धन किया जा सकता है।

पौध रोपण

सामान्य तौर पर कटहल के पौध को रोपण करने के लिए वर्गाकार विधि का प्रयोग करते हैं। यदि मृदा कम उर्वर है तो शट्भुजाकार विधि द्वारा रोपण करते हैं। सामान्य उर्वर भूमि में बीज द्वारा

प्रवर्धन पौधों हेतु पौधे से पौधे एवं पंक्ति से पंक्ति की दूरी 12.0×12.0 मीटर (70 पौधे प्रति हेक्टेयर) रखते हैं जबकि अन्य प्रकार की भूमि में यह दूरी 10.0×10.0 मीटर की दूरी पर भी किया जा सकता है। वर्षा ऋतु के पहले उपरोक्त दूरी के रेखांकन के पश्चात् 1.0×1.0×1.0 मीटर के गड्ढों को तैयार करके गोबर की खाद (30.0 किलो ग्राम), नीम की खली (1.0 किलो ग्राम) व सुपर फास्फेट (500.0 ग्राम) जमीन की सतह से 15.0–22.0 सेन्टी मीटर तक भर लिया जाता है और पहली वर्षा के बाद मिट्टी में जब समुचित ओट आ जाये तो पौधशाला से पौधों को निकाल कर गड्ढों में रोपित कर दिया जाता है। अगर सिंचाई की सुविधा उपलब्ध हो तो कटहल का पौध रोपण मार्च–अप्रैल के महीने में किया जा सकता है। पौध रोपण का सबसे उपयुक्त समय जून से अगस्त के बीच का समय होता है। रोपण के समय पौधे की मूल जड़ किसी प्रकार से प्रभावित नहीं होना चाहिए अन्यथा पौधा सूख जायेगा।

पोषक तत्व प्रबंधन

कटहल में पोषण की आवश्यकता, प्रवर्धन का तरीका, पौधों की उम्र, पौधे से पौधे की दूरी और मिट्टी की उर्वरक क्षमता के अनुसार पड़ती है। एक पूर्ण विकसित पौधे के लिए 50.0–60.0 किलो ग्राम गोबर की सड़ी खाद के साथ 75.0 ग्राम नत्रजन, 400.0 ग्राम फास्फोरस एवं 500.0 ग्राम पोटाश की सिफारिश की गयी है। परिपक्व पेड़ों के लिए खाद एवं उर्वरक की सिफारिश प्रथम बार फूल आने के पश्चात् ही शुरु करना चाहिए। कुछ रसायनिक उर्वरकों के प्रयोग की मात्रा नीचे की सारिणी में दिया गया है–

सारिणी (18.14) पौधे की उम्र के अनुसार रासायनिक उर्वरकों के प्रयोग की संस्तुति

पोषक तत्व का नाम	**पौधे की उम्र**		
	1–3 वर्ष	**4–7 वर्ष**	**7 वर्ष के उपर**
नत्रजन (ग्राम)	200.0	400.0	60.0
फास्फोरस (ग्राम)	120.0	240.0	300.0
पोटैशियम (ग्राम)	60.0	120.0	240.0

पौधों की सधाई एवं कटाई–छँटाई

कटहल एक सदाबहार वृक्ष है। इसलिए शुरु के समय में कटहल के रोपण के पश्चात् प्रथम वर्ष में कटाई–छँटाई की आवश्यकता नहीं होती है। द्वितीय वर्ष में कटाई का मुख्य उद्देश्य कटहल के वृक्ष से अतिशीघ्र फलन एवं समुचित आकार की छतरी विकसित करना होता है। इसलिए मुख्य शाखाओं की कटाई–छँटाई करके पार्श्व शाखाओं को विकसित एवं वृद्धि हेतु प्रेरित करते हैं। वानस्पतिक प्रवर्धन द्वारा तैयार किये गये वृक्ष ज्यादातर बौने प्रकृति के होते हैं, लेकिन प्रारम्भिक वर्षों में पौध रोपण के पश्चात् काफी बड़ी मात्रा में शाखाओं का विकास एवं वृद्धि होती है। इसलिए शाखाओं को एक मजबूत आकार एवं मुख्य तने को काफी मजबूती प्रदान करने की जरुरत होती है। इसके अलावा कटहल के बाग में प्रति वर्ष सूखे, कीट बीमारियों से ग्रसित शाखाओं एवं शाखाओं के उपर परजीवी पौधों को कृन्तन करते रहना चाहिए।

सिंचाई जल प्रबन्धन

वर्तमान समय में कटहल के पौधों में विशेष सिंचाई व्यवस्था की प्रणाली नहीं है और ज्यादातर कटहल के वृक्ष मानसून के दौरान वर्षा का पानी या मुख्य तौर पर बगीचे की मुख्य फसल की सिंचाई के साथ कटहल की भी आवश्यकता पूरी हो जाती है। कटहल के पौधों के आस–पास ज्यादा पानी का ठहराव तने एवं जड़ों का विकास अवरुद्ध कर देता है तथा पौधा मर भी सकता है। नये बगीचों में स्थापित वृक्षों को कम से कम 3–4 वर्षों तक सिंचाई की समुचित व्यवस्था करना आवश्यक एवं लाभप्रद होता है।

फूल आना

कटहल में आम तौर पर पुष्पन दिसम्बर से शुरु होकर मार्च तक जारी रहता है लेकिन असमान्य तथा भौगोलिक स्तर पर फूलों के निकलने का मौसम सितम्बर से अक्टूबर होता है। कटहल एकलिंगी वृक्ष है, जिसमें नर एवं मादा पुष्प एक ही पेड़ पर निकलते हैं। यद्यपि नर पुष्प मादा पुष्प से पूर्णतया भिन्न होते हैं।

परागण

कटहल एनिमोफिलस प्रजाति है, जिसमें परागण कीटों एवं हवा द्वारा होता है। सामान्य रुप से नर पुष्पों में एक विशेष गुणवत्ता वाली मिठास एवं सुगंधित मधु और जले हुए चीनी जैसे परागकण छोटी–छोटी मक्खियों और बिटिल्स को आकर्षित करते हैं और परागकणों को परागकोष से निकलने में मदद करते हैं। मादा फूलों का परागण पश्चात् एक स्वरुप, सामान्य आकृति वाले और मध्यम आकार के फलों का विकास मादा स्पाइक्स के प्रयाग परागण का सीधा सम्बन्ध है। अपर्याप्त परागण की अवस्था में मादा स्पाइक्स (female spikes) छोटे–छोटे असमान्य आकृति वाले फलों की उत्पत्ति को बढ़ावा देते हैं। परागण की कमी से शुरु के समय मादा फूलों का टूटकर काफी मात्रा में गिर जाते हैं लेकिन शुरु के समय में फलों का जल्दी गिरना स्वस्थ कार्यिकी प्राकृतिक विरलन की प्रक्रिया होती है।

फलों की तुड़ाई

फूल आने के करीब 90–110 दिन में कटहल के फलों की तुड़ाई की जा सकती है। फल जून की अंतिम सप्ताह तक पूरी तरह तुड़ाई के लिए तैयार हो जाते हैं। सब्जी के लिए फल 500.0 ग्राम वजन के हो जायें तो उनका प्रयोग आसानी से किया जा सकता है। अपरिपक्व अवस्था में फलों के उपर काँटों एवं आधार पर गहरे हरे रंग की विशेषता होती है।

उपज

करीब 10 वर्षों के बाद कटहल के पौधे में फल आना प्रारम्भ हो जाता है। कटहल में हर वर्ष फल आते हैं लेकिन फलों की मात्रा घट–बढ़ जाती है। औसतन 250 फल प्रति पौधा प्राप्त होता है जिसमें एक फल का औसतन वजन 1.0–20.0 किलो ग्राम तक पाया जाता है। अधिक बड़े फल कम मात्रा में पौधे पर बनते हैं।

ब्रेड फ्रूट (Bread Fruit)

वानस्पतिक नाम : आर्टोकारपस कम्युनिस फ्रास्ट0 समानार्थ आर्टोकारपस अल्टीलिस (*Artocarpus communis* Forst. Syn. *Artocarpus altilis* (Park.) *Fosberg*.)

कुल : मोरेसी (Moraceae)

गुणसूत्र संख्या : 2 एन = 56 (बीजयुक्त)
2 एन = 81 (बीजरहित)

प्रकृति में पाया जाने वाला ब्रेड फ्रूट (Bread Fruit) एक अनमोल फलदार वृक्ष है, जिसके कोमल फलों का सब्जी के रुप में उपयोग किया जाता है। मुलायम फलों से अनेकों प्रकार के प्रसंस्कृत उत्पाद भी बनाये जा सकते हैं। इस वृक्ष को श्री लंका में धेल (Dhel), फिलिपिन्स में कमांसी (Kamansi), इण्डोनेशिया में सुकुन (Sukun), मलेशिया में बुआह सुकुन (Buah Sukun), फिजी में उटो (Uto) थाइलैण्ड में साके (Sake) एवं हैती (Haiti) में लाम वेरीटाब (Lam Varitab) कहते हैं। इसे अंग्रेजी में ब्रेड फ्रूट, हिन्दी में विलायती कटहल तथा मलयालम में कडाप्पीलावू, कडापलव, सिमापलत एवं कडाचक्का के नाम से जाना जाता है। संस्कृत में इसे गुद्रापनासा (Kshudrapanasa) के नाम से जानते हैं। कुछ देशों में ब्रेड फ्रूट (Bread fruit) भोजन का मुख्य अवयव माना जाता है। जहाँ पर उसे वहीं स्थान प्राप्त है, जो ब्रेड का ब्रिटिश में प्राप्त है। ब्रिटिश के लोग ही इसे ब्रेड फ्रूट (Bread Fruit) कहना प्रारम्भ किये। ब्रेड फ्रूट (Bread fruit) एक विदेशी फल वृक्ष है।

उद्भव एवं वितरण

सर्वप्रथम पोलिनेशियन ने इस पौधे को 3500 वर्ष पूर्व न्यूगुनिया में उगते हुए देखा। इसके बाद इसे ताईवान लाया गया और खेती प्रारम्भ हुई। ब्रेड फ्रूट (Bread fruit) उष्ण जलवायु (tropical climate) का पौधा है। विश्वास किया जाता है कि इसकी उत्पत्ति मलयान आर्कीपेलैगो (Malayan Archipelago) से हुआ है, जहाँ पर इसकी खेती प्राचीनकाल से चली आ रही है। उत्पत्ति स्थल से इसका प्रसार पैसिफिक आइलैण्ड में हुआ। भारतवर्ष में इसकी वितरण खेती या जंगली रुप में प्राचीनकाल में सर्वत्र देखने को मिलता था लेकिन वर्तमान में इसकी सघनता दक्षिण क्षेत्र के पश्चिम समुद्र तटीय भाग (West Coast) में ज्यादा है। इण्डोनेशियन ने इस महत्वपूर्ण सब्जी वृक्ष को दक्षिणपूर्व एशिया के समुद्री किनारों पर रोपण किया।

वानस्पतिक विवरण

ब्रेड फ्रूट (Bread Fruit) का पूर्ण विकसित वृक्ष जंगल में बड़ा ही सुन्दर (handsomest) लगता है। इसकी ऊँचाई 12.0–18.0 मीटर तक तथा कभी–कभी 25.0 मीटर तक होती है। इसमें चक्राकार (ovate), माँसल (leathery) व बड़ी पत्तियाँ विकसित होती हैं, जो आधार पर पूर्ण (entire) तथा 3–9 पत्ती उगाने वाला (pinnately lobed) जैसा होता है। एक ही पौधे पर नर व मादा पुष्प अलग–अलग पुष्पक्रम पर विकसित होते हैं। नर पुष्प घने, पीले व गदाकार (club shaped) होते हैं, जिसे कैटकिंस

(catkins) कहते हैं। मादा पुष्प संख्या में ज्यादा होते हैं व आपस में जुड़कर एक बड़े काँटेंदार शीर्ष (prickly head) की रचना स्पंजी आश्रय (spongy receptacle) पर विकसित करते हैं। फल सामान्यतः अण्डाकार या गोल एवं 10.0–15.0 सेन्टी मीटर व्यास के होते हैं। कोमल अवस्था में फल हरे होते हैं लेकिन पकने के समय भूरे रंग के होते हैं या पुरी लम्बाई में पीले रंग के हो जाते हैं। कच्चे फल का गूदा रेसेदार व सफेद होता है जबकि पके फल पीले रंग के हो जाते हैं। इस वृक्ष की छोटी–छोटी डालियों पर फल बनते हैं। प्रत्येक गुच्छे में 2–3 फल बनते हैं। हाथ द्वारा परागित फल में फल का आकार सामान्य की तुलना में दो गुना से ज्यादा बड़ा हो जाता है। प्राकृतिक परागण से फल का विकास तो होता है, लेकिन फलों का आकार टेढ़ा–मेढ़ा हो जाता है। पुष्पक्रम में मादा पुष्प प्रातः 7–10 बजे तक पुष्पित होते हैं और प्रत्येक पुष्प का विकास अवधि 72 घण्टे तक का होता है। हस्त परागण करने के लिए सुबह 6.30 से 9.00 बजे तक का समय उपयुक्त होता है।

ब्रेड फ्रूट (Bread fruit) दो प्रकार के होते हैं–

1. बीजरहित (Seedless)
2. बीजयुक्त (Seeded)

इसके बीज सिंघाड़े (chestnut) जैसे आकार के होते हैं, जो 3/4 इंच लम्बे, भूरे तथा गहरे धारीदार होते हैं। ब्रेड फ्रूट के सबसे ज्यादा जननद्रव्य को वनस्पति वैज्ञानिक डायने रागोने (Diane Ragone) ने 20 वर्षो के यात्रा के द्वारा 50 पैसिफिक आइलैण्ड्स से एकत्रित कर 10 एकड़ में रोपण किया है।

पोषकीय महत्व

ब्रेड फ्रूट (Bread Fruit) को कच्चा या पकाकर खाया जाता है। ब्रेड फ्रूट कार्बोहाइड्रेट व स्टार्च का प्रमुख स्रोत है। पोलीनेसिया (Polynesia) के लोगों का यह प्रमुख भोजन है। फल के ज्यादा अन्दर का भाग (गूदा) सब्जी बनाकर खाया जाता है, जिसका स्वाद व संरचना आलू जैसा लगता है। ब्रेड फ्रूट (Bread fruit) में 27.89 प्रतिशत कार्बोहाइड्रेट पाया जाता है, जबकि आलू में कार्बोहाइड्रेट की मात्रा 22.90 प्रतिशत होती है। इसके फल में कैल्सियम प्रचुर मात्रा में पाया जाता है। यह विटामिन 'ए' तथा विटामिन 'बी' का प्रमुख स्रोत है। ब्रिटिश के सोलोमान आईलैण्ड प्रोटेक्टोरेट (Solomon Islands Protectrate) के लोग ब्रेड फ्रूट (Bread Fruit) को आग में भूनते हैं और प्रसंस्करण कर बेमौसम में उपयोग करते हैं। दक्षिण भारत में इसे सब्जी के रुप में उपयोग करते हैं। इसके पोषकीय गुण को नीचे की सारिणी में दिया गया है।

सारिणी (18.15) ब्रेड फ्रूट का पोषकीय गुण (प्रति 100 ग्राम खाने योग्य भाग में)

पोषक तत्व	मात्रा
नमी	79.5 ग्राम
प्रोटीन	1.5 ग्राम
वसा	0.20 ग्राम

खनिज लवण	0.90 ग्राम
रेशा	2.10 ग्राम
कार्बोहाइड्रेट	15.80 ग्राम
कैल्सियम	40.00 मिली ग्राम
लोहा	0.50 मिली ग्राम
कैरोटिन	9.00 मिली ग्राम
थियामिन	0.04 मिली ग्राम
रिबोफ्लेविन	0.07 मिली ग्राम
नियासिन	–
विटामिन 'सी'	21.0 मिली ग्राम
ऊर्जा	71 किलो कैलोरी
फास्फोरस	30.00 मिली ग्राम

ब्रेड फ्रूट के बीजों को उबालकर या भूनकर खाया जाता है। वेस्टइण्डिज में पत्तियों से अर्क या सत्व निकालकर सेवन करने से रक्तचाप में सुधार होता है एवं अस्थमा में राहत मिलती है। सामान्यतः पौधे के छाल, तना तथा उससे निकलने वाले दूध जैसे स्राव को औषधि के रुप में प्रयोग करते हैं।

प्रसारण

ब्रेड फ्रूट के बीजयुक्त प्रजाति का प्रसारण सामान्यतः बीज द्वारा किया जाता है, लेकिन बीजरहित प्रजाति का प्रसारण वर्धीय भाग से किया जाता है। बीजयुक्त प्रजातियों के फल से बीज निकालने के बाद जमाव क्षमता समाप्त या कम हो जाती है। अतः फल से बीज निकालने के बाद तुरन्त खेत में लगा देना चाहिए। वानस्पतिक विधि द्वारा प्रसारण करने हेतु जड़ कर्तन (root cuttings) या हवा कलम (air layering) का प्रयोग किया जाता है।

जलवायु

ब्रेड फ्रूट की खेती 650 मीटर की ऊँचाई वाला जलवायु सबसे उपयुक्त हैं लेकिन इसके पौधे 1550 मीटर की ऊँचाई तक वृद्धि एवं विकास करते हैं। ऐसे क्षेत्र जहाँ वर्षा 1500–3000 मिली मीटर प्रतिवर्ष हो, ब्रेड फ्रूट के लिये उत्तम हैं।

उन्नतिशील किस्में

इसकी 200 उन्नतिशील किस्मों के बारे में सन् 1921 मारक्यूसेस (Marquesas) द्वारा जानकारी दी गयी तथा साउथ पैसीफिक कमीशन द्वारा सन् 1966 में सर्वेक्षण किया गया। बीज युक्त एवं बीज रहित 70 प्रजातियों का विवरण फिजी द्वारा उपलब्ध कराया गया है। इन्हें पत्तियों की संरचना के आधार पर 8 समूहों में बाँटा गया है। इसकी कुछ प्रचलित किस्में इस प्रकार है।

अरावेयी (Aravei)

इस किस्म के फल 10.0–30.0 सेन्टी मीटर लम्बे 15.0–22.0 सेन्टी मीटर होते हैं।

हवाना (Havana)

फल अण्डाकार गोले, काँटेंदार, गूदा सुनहरा पीला, अधिक मीठा तथा सुगन्धित होता है। पकाने पर शीघ्र पकता है और गूदे फैल जाते हैं। यह ब्रेड फ्रूट की सबसे उत्तम किस्म मानी जाती है।

माओही (Maohi)

इसके फल गोल (15.0 सेन्टी मीटर चौड़े), चमकीला, पीला, हरा जिस पर लाल धारियाँ, काँटेंदार तथा पकाने पर अच्छी सुगन्ध देती है।

पइया (Paea)

फल बहुत बड़े (28.0 सेन्टी मीटर लम्बे), फल हल्के हरे, गूदा चमकीला पीला, मीठा व सुगन्धित होता है।

पेई (Pae)

फल बड़ा, काँटेंदार, गूदा हल्का हरा–पीला व सुगन्धित होता है।

इसके अलावा पूक्रो (Pucro), रेयर (Rare), रेयर अमी (Rare Aumee) रेयर अटिया भी ऊगाई जाती हैं।

भूमि एवं भूमि की तैयारी

ब्रेड फ्रूट की खेती, दोमट, अम्लीय व भारी मिट्टी में सुगमता से की जा सकती हैं। इसके लिए जमीन ढलुवा हो तो उत्तम है।

फलों की तुड़ाई

ब्रेड फ्रूट की कटाई के लिए उत्तम पहचान जब फल में छेद करने पर दूध निकलकर बूँद रूप ले ले। फलों की तुड़ाई हाथ या मशीन से की जा सकती है।

उपज

ब्रेड फ्रूट की साउथ पैसिफिक क्षेत्र में प्रति वृक्ष 50–150 फल मिलते हैं जबकि औसत उपज 150–200 फल प्रति वर्ष है। कुल उपज प्रतिवर्ष 16–32 टन प्रति हेक्टेयर है।

पौध संरक्षण

ब्रेड फ्रूट पर साफ्ट स्केल व मिली बग का प्रकोप ज्यादा होता है। कीट नाशी जैसे मोनोक्रोटाफास या फालिडाल का प्रयोग किया जा सकता है। इसी प्रकार इसमें साफ्ट राट, डाइ बैक, फ्यूजेरियम तथा पिथियम का प्रकोप भी होता है। नियत्रण के लिए ट्राइकोडर्मा का प्रयोग उत्तम है।

लसोड़ा (Lasora)

वानस्पतिक नाम : कोर्डिया डाइकोटोमा फ्रास्ट. (*Cordia dichotoma* Farst.)

कुल : कारडीएसी (Cardiaceae)

गुणसूत्र संख्या : 2 एन = 48

लसोड़ा पूर्णतया भारतीय मूल का एक विशालकाय वृक्ष है। इसे भारतीय चेरी भी कहते हैं। लसोड़ा शुष्क तथा अर्द्ध शुष्क जलवायु में पाया जाने वाला पौधा है। लसोड़ा भारत में मुख्य रुप से राजस्थान, मध्य प्रदेश, उत्तर प्रदेश, पंजाब, महाराष्ट्र तथा गुजरात में पाया जाता है।

वानस्पतिक विवरण

इसका पौधा मध्यम से 15.0 मीटर तक ऊँचा तथा 1.5 मीटर मोटा होता है। लसोड़ा के पौधे में मार्च से मई तक फूल आता है। फूल जनवरी से ही दिखाई देने लगता है। इसके फूल सफेद रंग के उभयलिंगी होते हैं। इसके फूल प्रायः रात्रि 8 बजे तक खिल जाते हैं, जो सुबह तक खिले रहते हैं। इसके अविकसित फल गहरे हरे रंग के होते हैं। इसके फल गोलाकार होते हैं। पकने के बाद फल में गोंद की मात्रा बढ़ जाती है। इस अवस्था में लसोड़ा पीले रंग से हल्के पीले रंग का दिखाई पड़ता है।

पोषकीय महत्व

लसोड़ा के कच्चे एवं पके फलों का बहुत उपयोग होता है। इसके कच्चे फल का उपयोग प्रायः सब्जी के लिए किया जाता है। इसके पके फल को बच्चे बहुत पसन्द करते हैं। लसोड़ा की पत्तियों का प्रयोग चारे के रुप में किया जाता है। बकरियाँ इसे बड़े चाव से खाती हैं। इसमें 16 प्रतिशत प्रोटीन तथा 27 प्रतिशत तक रेशा पाया जाता है। इसकी लकड़ियों का प्रयोग विभिन्न प्रकार के फर्निचर बनाने में किया जाता है। इसकी लकड़ी बहुत चिकनी होती हैं तथा मध्यम कठोर होती हैं। इसके छाल से टैनिन का निर्माण किया जाता है तथा लकड़ियों को जलाने के लिए उपयोग में लाया जाता है तथा औषधियों में मुख्य रुप से चेस्ट रोगों तथा पेशाब की बीमारियों में इसका उपयोग लाभकारी पाया जाता है।

जलवायु

लसोड़ा का पौधा अत्यधिक गर्मी तथा अत्यधिक सर्दी दोनों सहन करने की क्षमता रखता है। लसोड़ा 1.0–49.0 डिग्री सेल्सियस तक सफलतापूर्वक उगाया जा सकता है। जहाँ वर्षा 250.0–3000.0 मिली मीटर तक हो, वहाँ भी इसे सफलतापूर्वक उगाया जा सकता है।

भूमि एवं भूमि की तैयारी

लसोड़ा के लिए अत्यधिक उर्वर मृदा की आवश्यकता पड़ती है। कम उर्वर मृदा में पौधों की बढ़वार ठीक से नहीं हो पाती है। इसके लिए बलुई दोमट मृदा सबसे उपयुक्त है। लसोड़ा एक कठोर स्वभाव का पौधा है। इसके लिए मृदा में नमी का होना आवश्यक है।

उन्नतिशील किस्में

लसोड़ा की कोई विशेष किस्म नहीं है। स्थानीय पौधों से प्राप्त बीज ही प्रमुख किस्म मानी जाती है।

प्रवर्धन

लसोड़ा का प्रवर्धन अधिकतर बीज द्वारा करते हैं, लेकिन पौधों में गुटी बनाकर सफलतापूर्वक प्रवर्धित किया जा सकता है।

पौध रोपण

पौध रोपण के लिए 0.45–0.60 वर्ग मीटर का गड्ढा तैयार करते हैं। उसमें 8.0–10.0 किलो ग्राम सड़ी गोबर की खाद डालते हैं तथा पौधे को 6.0 मीटर की दूरी पर लगाते हैं।

सिंचाई जल प्रबन्धन

लसोड़ा एक कठोर किस्म का पौधा है। ठंडक में 15–20 दिन के अन्तराल पर सिंचाई की आवश्यकता पड़ती है जबकि गर्मी के दिनों में 8–12 दिन के अन्तराल पर सिंचाई करते रहना चाहिए।

पोषक तत्व प्रबन्धन

प्रति वयस्क पौधे में 20.0–25.0 किलो ग्राम सड़ी गोबर की खाद तथा 500.0 ग्राम नाइट्रोजन, 100.0 ग्राम फास्फोस तथा 100.0 ग्राम पोटैशियम का प्रयोग करते हैं। नाइट्रोजन की मात्रा का प्रयोग दो बार में करते हैं। पहली बार जुलाई–अगस्त में तथा दूसरी बार फरवरी एवं मार्च में करते हैं तथा फास्फोरस एवं पोटैशियम की पूरी मात्रा एक बार में प्रयोग करते हैं।

फलत

लसोड़ा का पौधा 7–10 वर्ष की अवस्था में फल देना प्रारम्भ करता है। लसोड़ा के पौधे की फलत पौधे की उम्र के उपर निर्भर करती है। नवजात पौधे में करीब 4.0–5.0 किलो ग्राम तक फल आते हैं, लेकिन एक पूर्ण वयस्क पौधे में 30.0–40.0 किलो ग्राम तक फल आते हैं।

पौध संरक्षण

लसोड़ा की पौधे को बकरियों एवं गायों से ज्यादा नुकसान पहुँचता है। फलों का नुकसान बन्दरों एवं चिड़ियों द्वारा अधिक किया जाता है। लसोड़ा की पत्तियों पर पत्ती खाने वाला कीड़ा तथा फल मक्खी से होता है। इसके लिए मोनोक्रोटोफास्ट 0.04 प्रतिशत के घोल का छिड़काव करना चाहिए।

गुलर (Anjir)

वानस्पतिक नाम : फाइकस रेशमोसा (*Ficus recemosa*)

कुल : मोरेसी (Moraceae)

गुणसूत्र संख्या : 2 एन = 28

प्रकृति में गुलर स्वतंत्र अवस्था में एक विशालकाय वृक्ष है। यह सामान्यतः भारत के शुष्क एवं अर्द्ध शुष्क क्षेत्रों में पाया जाता है। चाहे खेत की उपजाऊ भूमि हो अथवा पहाड़ अथवा पठार हो, गुलर को देखा जा सकता है। इस पौधे का अलग–अलग भाषा में अलग–अलग नाम है। जैसे–संस्कृत एवं मराठी में उटुम्बरा कहते हैं। गुजराती में उटुम्बटा, अरबी भाषा में जमिझ तथा फारसी में अजीरे आदम कहते हैं। गुलर के पौधे पर अनेकों तरह के जीव एवं चिड़ियों का बसेरा रहता है तथा यह वृक्ष उन जीवों को भोजन प्रदान करता है। गुलर के पौधे जैव विविधता का भी संरक्षण करते हैं। यह अत्यधिक कार्बन डाई आक्साइड की मात्रा का अवशोषण कर उसके बदले में आक्सीजन को उत्पन्न करता है, जो पर्यावरण के संतुलन में अहम भूमिका निभाता है।

वानस्पतिक विवरण

यह बहुत ही कम समय में अपना वृद्धि एवं विकास कर लेता है। इसके पौधे से दूध निकलता है। गुलर के पौधे पर फूल नहीं आते हैं। इसकी शाखाओं पर ही फल लगते हैं। इसके फल गोल अंजीर की तरह होते हैं।

पोषकीय महत्व

गुलर शीतल, गर्म संधानकारक, रुक्ष कशैला आस्थिसंधान कारक, चेहरे में चमक उत्पन्न करने वाला एवं कफ–पित्त अतिसार रोग को नष्ट करने वाला होता है। गुलर की छाल अत्यन्त शीतल वर्धक कसैला, गर्भ हितकारी एवं वर्ण विनाशक है। इसके कोमल फल स्तम्भक, कफपित्त एवं रुधिर दोष नाशक होते हैं। गुलर का फल वमन (उल्टी) एवं प्रदर रोग विनाशक है। इसका कच्चा फल कसैला, रुधिकारी अम्लीय माँस वर्धक एवं रुधिर दोषकारी होता है। इसके पके फल मधुर, कृमिनाशक, रुचिकारक, अत्यन्त शीतल, रक्तदोष, पित्तदोष शोक एवं मुर्छा नाशक होता है। गुलर के कच्चे फलों को तोड़कर उसे कुटा जाता है और उसके अन्दर की भूसी (बीज) को निकालते हैं। उसके बाद गुलर के फलों को उबालकर सब्जी बनाते हैं तथा इसी तरह इसके फलों से स्वादिष्ट चोखा भी बनाया जाता है।

जलवायु

गुलर गर्म एवं सर्द सभी प्रकार की जलवायु में सफलतापूर्वक उगाया जा सकता है। अत्यधि
ाक वर्षा वाले क्षेत्रों में भी इसे सुगमतापूर्वक उगाया जा सकता है।

भूमि एवं भूमि की तैयारी

गुलर के लिए अत्यधिक उर्वर मृदा की आवश्यकता नहीं होती है। पौधे जब अत्यन्त छोटे होते हैं, उस समय इन्हें पोषक तत्वों की आवश्यकता होती है। गुलर प्रायः कंकरीली–पथरीली मृदाओं को अधिक पसन्द करता है। प्रायः सभी प्रकार की मृदाओं में इसके पौधों को स्थापित कर उगाया जा सकता है।

उन्नतिशील किस्में

गुलर की अभी तक कोई विकसित किस्म नहीं है। प्रायः जंगली अवस्था में स्वतंत्र रुप से पाया जाता है। गुलर के फल को जब चिड़ियाँ खाकर विष्ठा (वीट) करती हैं तो वहीं बीज प्रकृति में उपयुक्त वातावरण पाने से जमकर वृक्ष का स्वरुप धारण कर लेते हैं।

प्रवर्धन

इसका प्रवर्धन बीज के द्वारा अथवा गुटी के द्वारा किया जा सकता है। इसके बीज सीधे नहीं जमते हैं। इसलिए इनके पौधे के आस–पास बहुत सारे छोटे–छोटे पौधे जमे रहते हैं। इन्हें नर्सरी में ले जाकर लगा देते हैं।

पौध रोपण

गुलर प्रायः प्रकृति में स्वतंत्र रुप में जमते रहते हैं। इसकी विशेष सुरक्षा की आवश्यकता नहीं पड़ती है। प्रकृति इनकी सुरक्षा स्वयं करती है। यदि पौध रोपण की आवश्यकता पड़ती है तो 1.0 × 1.0 × 1.0 मीटर गड्ढा तैयार कर लेते हैं। उसमें 10.0 किलो ग्राम सड़ी गोबर की खाद डालकर पौध रोपण अगस्त–सितम्बर माह तक कर देते हैं।

सिंचाई जल प्रबन्धन

गुलर के पौध हेतु विशेष सिंचाई की आवश्यकता नहीं पड़ती है। छोटे पौधों को गर्मी के दिनों में 10 दिन के अन्तराल पर सिंचाई कर देनी चाहिए।

फलत

गुलर का पौधा 7–10 वर्ष बाद फल देना प्रारम्भ कर देता है।

□□□

अध्याय 19

सन्दर्भ

References

Abusaleha and Dutta, O.P. (1995). IIHR-8: High yielding ridge gourd. *Indian Horticulture.* **40(3)**: 8-9.

Agarwal, R.L. (1980). Seed Technology. Oxford and IBH Publishing Co. Pvt. Ltd. New Delhi, pp. 685.

Aiyar, A.K. and Yagnanarayana. (1956).The antiquity of some field and forest flora of India. Bangalore Printing and Publishing Co. Ltd.

Ali, S.A., Mishra, A.K., Yadav, L. N. and Mauyra, K.N. (1993). Variability and correlation studies in coriander. *International J. Tropical Agri.* 11(1):40-42.

Allchin, F.R. (1969). Early cultivated plants in India and Pakistan. In: "The domestication and exploration of plants and animals". Eds. P. J. Ucko and G.W. Dimbleby. Gerald Duckworth and Co., London.

Anonymous (1873). Ain-i-Akbari. English Translation by H. Blochman. Ed. S.L. Goomer. Aadiesh Book Depot. Delhi.

Anonymous (2006). National Horticulture Data Base.

Arora, A.K., Vashistha, R.N. and Pratap, P.S. (1989). Effect of cytozyme and miraculan on yield of cauliflower, cabbage and knol khol. *Haryana J. Hortic. Sic.* 18(2): 94-98.

Arora, P.M., Gautam, K.C., Gautam, O.P. and Mani V.S. (1966). Proceeding of third weed control seminar, H.A.U. Hisar.

Arora, R.K. (1981). Native food plants of the north eastern tribals. In: "Glimpses of Indian Ethnobotany". Ed. S.K. Jain. Oxford and IBH, Delhi. pp. 91-106.

Arora, R.K. and Hardas, M.W. (1977). *Hodgsonia heteroclite* an oil rich cucurbit. *J. Bombay Nat. His. Soc.* 74(3): 559-561.

Arora, R.K. and Nayar, E.R. (1984).Wild relatives of crop plants in India. NBPGR Sci. Monograph, No. 7. Indian Council of Agricultural Research, New Delhi.

Arya, P.S., Sagar, V. and Singh, S.R. (1998). Studies on the effect of NPK nutrition on seed yield and yield attributes in pea *Pisum sativum* L.) *Haryana Journal of Horticulture Sciences*. 27(1): 53-55.

Aykroyd, W.R. (1963). The nutritive value of Indian foods and the planning of satisfactory diets. ICMR special reprints, 42, New Delhi.

Backer-Dillinger, J. (1956). Handbuch des gesantus gemiisebanes 6 Ed. Paul Parey, Berlin & Hamburg.

Bagchi, D.K., Banerjee, A. and Sasmal, B.C. (1989). Studies on plant growth and pod development in the winged bean (*Psophocarpus tetragonolobus* L.). *Trop. Agric., Trinidad*, **66:** 240-242.

Bahadur, K.N. and Jain, S.S. (1981). Rare Bamboos in India. *Indian J. Forestry*. 4: 280-286.

Baily, L.H. (1950). The Standard Cyclopedia of Horticulture. The Mac Millan Co. New York.

Baily, L.H. (1964). *Manual of cultivated plants*. The Machmillan Company, New York.

Baldeo, R., Chaudhary, G.R. and Jat, A.S. (2004). Nutrient depletion by weeds, weed control efficiency and productivity of pearl millet as influences by introcropping system and weed management *Indian J. Agril. Sci.* 74(10): 534-538.

Banga, O. (1976). In, Simmonds, N.W. (Ed.) Evolution of crop plants. Longman, London.

Basu, R.N., Bose, T.K., Chattopadhyay, K., Gupta, D.N., Dhar, N. Kundu, C. Mitra, R., Lal, P. and Pathak, G. (1975). *Indian Agric.* 19: 91-96.

Behra, T.K. and Singh, N. (2002). Inter-specific crosses between egg plant (*Solanum melongena* L.) with related *Solanum* species. *Scientia Horticulture*. **95(2):** 165-172.

Berry, S.K., Kalra, C.L., Sehgal, R.C., Kulkarni, S.G., Kaur Sukhvir, Arora, S.K. and Sharma, B.R. (1988). Quality characteristics of seeds of five okra (*Abelmoschus esculentus* L.) cultivars. *J. Food. Sci. Technol.'* **25:** 303-305.

Bhalla, J.S. and Sandhu, G.S. (1973). Varietal susceptibility of different turnip and radish varieties to mustard aphid (*Lipaphis erysimi* Kalt.) *Punjab Vegetable Grower*. **8(4):** 28-29.

Bhardwaj, M.L. and Sharma, P.P. (1993). Evaluation of tomato genotypes for cold tolerance. Golden Jubilee Sym. on Hort. Res. Changing Scenario, held on May 24-28 at IIHR, Bangalore, India.

Bhatt, B.P. and Bujarbaruah, K.M. (2004). Potential Edible Bamboo Species of NEH Region: Production Potential, Cost-Benefit, Nutritional Security and Management Strategies. Technical Bulletin, ICAR Publication, Meghalaya, India.

Bhatt, B.P., Singh, R., Mishra, L.K., Tomar, J.M.S., Singh, M., Chauhan, D.S., Dhyani, S.K., Singh, K.A., Dhiman, K.R. and Datta, M. (2001). Agroforestry research and practices: An overview. In: Steps towards Modernization of Agriculture in NEH Region (eds. N.D. Verma and B. P. Bhatt) pp. 365-392.

Bhattacharya, S.B., Das, A.K. and Banerji, N. (1982). Chemical investigations on the gum exudates from Sonja (*Moringa oleifera*), *Carbohydrate Res.***102:** 253-262.

Bhuyan, T.C. (1996). *Parkia roxburghii*-the tree bean. *Rain Forest News*, **1(1):** 1-2.

Bhyan, B.S., Batra, V.K., Singh, J. and Thakral, K.K. (2004). Effect of weed competition on quality of pea seed. Haryan Journal of Horticultural Sciences. **33(1-2):** 130-131.

Bindra, A.D., Dubey, Y.P. and Rana, M.C. (2008). Complementory effect of biofertilizers and nitrogen levels on seed crop of french bean (*Phaseolus vulgaris* L.) under dry temperate conditions of H.P. *Himachal J. Agril.* Res. 34: 15-17.

Bindra, O.S. and Mahal, M.S. (1981). Varietal resistance in eggplant (*Solanum melongena* L.) to the cotton jassid (*Amrasca biguttula biguttula* Ishidada). *Phytoparasitica.* **9(2):** 119-131.

Bohs, L.A. (1989). Ethnobotany of the genus *Cyphomandra* (Solanaceae). *Econ. Bot.*, **43(2):** 143-163.

Bose, T.K. and Som, M.G. (1986). Vegetable crops in India. Naya Prokash, 206, Bidhan Sarani, Kolkata (India).

Boswell, V.R. (1949). Our vegetable travelers. National Geographic Magazine. **96:** 145-217.

Bryan, E., Daressa, T. T., Gbetibouo, G.A. and Rainglar, C. (2009). Adaptation to climate change in Ethiopia and South Africa: Option and constrains. *Environmental Science and Policy*, **12:** 413-426.

Bryan, E., Daressa, T. T.., Gbetibouo, G.A. and Rainglar, C. (2009). Adaptation to climate change in Ethiopia and South Africa: Option and constrains. *Environmental Science and Policy*, **12:** 413-426.

Buckles, D. (1995). Velvet bean (*Mucuna pruriens*): A new plant with a history. *Economic Botany*, **49(1):** 13-25.

Caius, J.F. (1989). The medicinal and poisonous legumes of India, Scientific Publishers, Jodhpur, pp. 70-71.

Cantwell, M., Nie X., Zong, R.J. and Yamaguchi, M. (1996). Asian Vegetables : Selected fruit and leafy types. Progress in new crops. Ed: Janick, J. Arlington, VA, ASHS. p. 488-495.

Cardi, T. and Earle, E.D. (1997). Production of new CMS *Brassica oleracea* by transfer of 'Anand' cytoplasm from *Brassica rapa* through protoplast fusion. *Theor. Appl. Genet.* 94: 204-212.

Castro, O.G. and Valencia, M.A. (1973). The influence of waxing on tomato storage. *Ravista ICA*.**8:** 311-327.

Chadha, K.L. (1992). Vitamin 'A' and 'C' food. *Indian Horticulture.* **37(3):** 4-9.

Chakravarty, A.K. (1986). Cowpea: In vegetable crops in India, Bose, T.K. and Som, M.G. eds. Naya Prakash, Calcutta.pp. 517-519.

Chakravarty, H. (1959). Monograph on Indian Cucurbitaceae. *Records of Botanical Survey of India*. 14(1):1-29.

Chakravarty, H.L. (1982). Fascicles of Flora of India-II. Cucurbitaceae. *Botanical Survey of India*. pp. 136.

Chandola, R.P. (2002). Popularizing cultivation of horse radish. *Indian Horticulture*, pp.10.

Chatterjee, S.S. (1990). Cole crops. In: Vegetable Crops in India (Bose, T.K. and Som, M.F., ed.) Naya Prokash, Calcutta.

Chatterjee, S.S. and Mukherjee, S.K. (1957). Studies on vegetables in West Bengal II: Seed production of cabbage (*Brassica oleracea* var. *capitata*). *Indian J. Hort*. 22:60-68.

Chatterjee, S.S. and Swarup, V. (1972). Indian cauliflower has still greater future. *Indian Horticulture*. 17: 18-20.

Chauhan, D.V.S. (1972). Vegetables Production in India. National Book Trust, New Delhi, India.

Chaurasia, O.P. and Singh, Brahma (2000). Potential wild leafy vegetables from Ladakh. *Indian Horticulture* 45(2): 4-5.

Chaurasia, S.N.S., De, Nirmal; Singh, K.P. Banerjee, M.K. and Rai, M. (2003). Nursery management in vegetables. Technical Bulletin 15, pp. 36, IIVR, Varanasi.

Chelliah, S. and Sambandam, C.N. (19740. Evaluation of muskmelon (*Cucumis melo* L.) accessions and *Cucumis callosus* for resistance to the fruit fly (*Dacus cucurbitae*). *Indian J. Hort*. **31(4):** 346-348.

Chheda, U.R. and Fatokum, C.A. (1984). Numerical analysis of variation patterns in okra. *Bot. Gaz*. 143(2):253-261.

Chonkar, V.S. and Jha, R.N. (1963). The use of starters and plant growth regulators in transplanting of cabbage (*Brassica oleracea* var. *capitata* L.) and their response on growth and yield. *Indian J. Hort*. 20(2): 123-128.

Chonkar, V.S. and Singh, R. (1964). Effect of gibberellic acid on growth, yield and quality of cabbage. *Indian J. Hort*. 21(1): 50-63.

Choudhary, B. (1964). *Vegetables*, Published by National *Book Trust*, New Delhi.

Choudhary, B. (1967). *Vegetables*, Published by National *Book Trust*, New Delhi.

Choudhary, B. (1979). *Vegetables*, Published by National *Book Trust*, New Delhi.

Choudhary, B. (1990). *Vegetables*, Published by National *Book Trust*, New Delhi

Choudhary, B. (2000). *Vegetables*, Published by National *Book Trust*, New Delhi, pp. 141-150

Choudhary, B. and Sirohi, P.S. (1975). 'Pusa Chetki': an early maturing profitable radish. *Indian Horticulture*, **20:** 15-16.

Choudhary, B. And Sirohi, P.S. (1976). 'Pusa Sweti' : an early maturing tropical turnip. *Indian Horticulture*. **21(2):** 13-15.

Choudhury, B. and Tiwari, R.N. (1993). Tomato 'Pusa Gaurav': An all purpose variety. *Indian Horticulture*. **37(4):** 14-15.

Claydon, A. (1975). A review of the nutritional value of the winged bean (*Psophocarpus tetragonolobus* L.), with special reference Papua New Guinea. *Science in New Guinea*, **3(2):** 102-114.

Crisp, P. and Tapsell, C.R. (1993). Cauliflower (*Brassica oleracea* L.). In: Genetic Improvement of Vegetable Crops. Eds. G.Kalloo and B.O. Bergh, Pergamon Press. Oxford, pp. 157-178.

Cubrero, J.I. (1973). Evolutionary trends in *Vicia faba*. *Appl. Genet*. **43:** 59-65.

Das, M.K., Maity, T.K. and Som, M.G. (1987). Growth and yield of pointed gourd (*Trichosanthes dioica* Roxb.) as influenced by nitrogen and phosphorus fertilizer. *Veg. Sci*. **14:** 18-26.

Das, P.C. (1992). Cole Crops. In: Vegetable Crops in India. Kalyani Publishers, India, pp. 48.

Dash, A.N., Patanaik, N.C. and Nandi, A. (1988). Reaction of some garden pea cultivars to pea leaf miner (*Phytomyza atricornis* (Meign.) (Diptera: Agromyzidae) in Orissa. *Environmental Ecology*. **6(2):** 530-531.

Davis, D.R., Berry, G.J., Heath, M.C. and Dawkins, T.C.K. (1985). Pea (*Pisum sativum* L.), pp.147-198. In: Summerfield, R.J. and Roberts, E.H. (Eds.). Williams Collins Sons and Co. Ltd. London, U.K.

Davis, D.W. Oelke, E.A., Opinger, E.S. Doll, J.D., Hanson, C.V. and Putnam, D.H. (2000). Alternative field crops manual http: www.hort.

De Candolle, A. (1896). Origin of cultivated plants, Ed. 1, 264 pp. Hafnar Publishing Co., New York.

De Candolle, A. (1896). Origin of cultivated plants, Ed. 2, 468 pp. Hafnar Publishing Co., New York.

De, N., Pandey, S., Singh, K.P. and Rai, M. (2003). Integrated Development of Gourds and Melons. Tech. Bull. 26, IIVR, Varanasi (U.P.).

Desai, U.T. and Musmade, A.M. (1998). Pumpkin, squashes and gourds. In Handbook of vegetables science and technology, production, composition, storage and processing. Ed: Salunkhe, D.K. and Kadam, S.S. pp. 273-298.

Deshpande, A.A., Venkatasubbaiah, K., Bankapur, V.M. and Nalawadi, U.G. (1979). Studies on floral biology of bitter gourd (*Momordica charantia* L.). *Mysore Journal of Agricultural Sciences*. **13(2):**156-159.

Dhankar, B.S., Saharan, B.S. and Pandita, M.L. (1997). Okra 'Varsha Uphar' is resistant to YVMV. *Indian Horticulture*. **41 (4):** 50-51.

Dhillan, G.S. and Singh, Mohan (1993). 'Matar Ageta-6' : An early high yielding garden pea. *Indian Horticulture*. **37 (4):** 16-17.

Dhooria, M.S. and Bindra, O.S. (1977). Incidence of *Tetranychus neocaledonicus* and *Tetranychus cinnabarinus* (Acarina: Tetranychidae) on different varieties of brinjal. *Journal of Research, Punjab Agricultural University*. **14(1):** 63-65.

Dhooria, M.S. and Sandhu, G.S. (1974). Infestations of two spotted red spider mite (*Tetranychus telarius* L.) on water melon and muskmelon in Punjab. *Punjab Vegetable Grower*. **9(1):** 13-14.

Dhooria, M.S. and Sukhija, B.S. (1986). Susceptibility of different varieties/ selections of muskmelon to vegetable mite (*Tetranychus cinnabarinus*) under field conditions. *Punjab Vegetable Grower*. **21:** 42-43.

Dhyani, S.K. and Chouhan, D.S. (1990). Nitrogen fixing trees for agroforestry in Meghalaya. *Indian J. Hill Fmg.*, **3(2):** 65-68.

Dickson, M.H. and Wallace, D.H. (1986). Cabbage breeding. In: Breeding Vegetable Crops (Ed. M.J. Basset). AVI Publishing Company, Inc. West Fort, Connecticut, pp. 395-431.

Doi, K., Matsura, M., Kavara, A. and Baba, S. (1979). Treatment of diabetes with Comanon (*Conjack manan*). *Lancent*. 1987-988.

Duke, J.A. (1981). Handbook of legumes of world economic importance. New York, Plenum.

Dutta, O.P. (1992). Genetic diversity in cucurbits. *Indian Horticulture*. 37(1): 35-36.

Dutta, O.P. (1996). New ridge gourd from IIHR: 'Arka Sumeet' and 'Arka Sujat'. *Indian Horticulture*. **40(4):** 30-31.

East, E.M. and Jones, D.F. (192). Genetic studies on the protein content of maize. *Genetics*, **5:** 543-610.

Edelstein, M. (2004). Grafting vegetable crop plants: Pros and Cons. *Acta Horticulturae*, 65.

Fang, Z., Liu, Y., Lou, P. and Liu, G. (2005). Current trends in cabbage breeding. *Journal of New Seeds*, 6(2-3): 75-107.

FAO STAT (2001).http://apps.fao.org/page/form.

Faris, D.G. (1965). The origin and evolution to the cultivated forms of *Vigna sinensis*. *Canadian J. Genet. & Cytol.* **7:** 433-452.

Farooqi, A.A. and Sree Ramu, B.S. (2001). Cultivation of medicinal and aromatic crops, Universities Press, New Delhi, pp. 74.

Fedorov (1974). Chromosome number of flowering plants. Atto koetlz. Science Publishers, 624, Korning Stein, West Germany.

Flint, H.L. (1970). Importance of seed sources to propagation. Combined Proc. Int. Plant Propagator's Society, Wooster, Ohio **20:**171-179.

Fordham, A.J. (1971). Canadian hemlock variants and their propagation. Combined Proc. Int. *Plant Propagator's Society*, Wooster, Ohio **20:**470-475.

Garcia, V.V. and Palmer, J.K. (1980). Proximate analysis of five varieties of winged beans [*Psophocarpus tetragonolobus* (L.)DC.]. *International Journal of Food Science & Technology*, **15(5):** 469-476.

Gautam, O.P. Arora, P.N., Mani, V.S. and Gautam, K.C. (1966). Proceeding of Second Weed Control Seminar, H.A.U. Hisar, pp. 14-17.

George, R.A.T. (1999). Vegetable seed production. CABI Publishing. pp. 327.

Gill, C.K. and Chadha, M.L. (1979). Resistance in brinjal to shoot and fruit borer (*Leucinodes orbonalis* Guen.). *Indian J. Hort.* **36(1):** 67-71.

Gill, C.K., Dhooria, M.S. and Chadha, M.L. (1984). Relative susceptibility of some varieties of brinjal to *Euzophera perticella* Ragonet. *Indian J. Ento.* **46(2):** 239-240.

Gill, C.K., Kanwar, J.S. and Nandpuri, K.S. (1980). A note on field evaluation of different tomato varieties for resistance to fruit borer (*Heliothis armigera* Hubner.). *Punjab Vegetable Grower.* **1:** 34-36.

Gill, H.S. (1989). Cole crops. *Indian Horticulture,* **33&34(4&1):** 52-53.

Gill, H.S., Kataria, A.S. and Balakrishnan, K. A. (1988). Vegetable Research: Highlights, PDVR, Tech. Bulletin-2, IARI, New Delhi.

Gill, H.S., Sharma, S.R. and Kapoor, K.S. (1987). 'Pusa Himjyoti': a cauliflower for the hills. (1989). *Indian Horticulture.* **32(2):** 13.

Gingras, D., Oliveria, D.D. and Gingras, J. (1997). Honey bees and the production of cucumber in Quebec (Canada). *Acta Hort.*437:395-399.

Gopalan, G., Ramasastri, B. V. and Balasubramanian, S. C. (1987). Nutritive value of Indian foods. National Institute of Nutrition (ICMR), Hyderabad, India.

Gopalan, G., Ramasastri, B.V. and Balasubramanian, S.C. (1985). Nutritive value of Indian foods. National Institute of Nutrition. ICMR, Hyderabad, India

Gopalan, G., Ramasastri, B.V. and Balasubramanian, S.C. (1999). Nutritive value of Indian foods. National Institute of Nutrition. ICMR, Hyderabad, India.

Gopalan, G., Ramasastri, B.V. and Balasubramanian, S.C. (2004). Nutritive value of Indian foods. National Institute of Nutrition. ICMR, Hyderabad, India

Gross, J. (1991). Pigments in vegetables: Chlorophylls and carotenoids. AVI Book, Van Nostrand Reinold Pub. New York.

Gupta, A. and Rao, G.G. (1979). Studies on the response of Okra, *Abelmoschus esculentus* (L.). Moench. to nitrogen fertilization and irrigation. *Indian J. Hort.* 36(2): 177-182.

Gupta, A.K., Samnotra, R.K. and Sudan, S.K. (1997). Influence of seed treatment and fertilizer application on quantitative performance of pea (*Pisum sativum* L.) cv. Bonneville. *Haryana Journal of Horticulture Science.* 26(1-2): 151-153.

Hameed, S.F. (1970). Note on the effect of some organic additives on the incidence of root knot nematode in tomato. *Indian J.Agric. Sci.* 40(3):207-210.

Hamrick, J.I. and Luihait (1979). Characteristics and electrophoretically detectable genetic variation in plants. *Annu. Rew. Syst. Ecol.* 10:173-200.

Hanelt, P. (1980). Taxonomy, evolution and history. In: Onion and allied crops. Vol.I (Robino Witch, H.D. and Brewester, J.L. eds.) CRC Press. Boca Raton, Florida, pp.26.

Haque, M.A. (1997). Badhati Abadi, Badhata Shaharikaran, Dubata Paryavaran. *Vigyan Pragati*. **6:** 9-15.

Hawkes, J.G. (1983). The diversity of crop plants. Harvard University Press, Cambridge

Hays, H.K. and Garber, R.J. (1919). Synthetic production of high protein corn in relation to breeding. *Journal of American Society of Agronomy*. **11:** 309-318.

Hazra P. And Som, M.G. (1999). Technology for Vegetable Production and Improvement. Noya Prokash. Kolkata. pp. 255-290.

Helm, J. (1963). Morphologisch-taxonomische. G. tiederungder Kultursippen von *Brassica Oleracea* Kulturplanzei. 11: 91-210.

Hinata, K. (1975). Effect of CO_2 for overcoming self-incompatibility of different genotypes in *Brassica oleracea* L. *Incompatibility News Lett.* 5:60.

Hochreutiner, B.P.G. (1900). Revision du genere *Hibiscus. Ann. Conserv. Jard. Bot. Genve.* **4:** 23-191.

Hodgkin, T., Lyon, G.D. and Dickinson, H.G. (1988). Recognition in flowering plants: A comparison of the *Brassica* self-incompatibility system and plant pathogen interaction. *New Phytol*, 110: 557-569.

Hooker, J.D.(1985). Flora of British India. Vol.II, L. Recve. and Co., London, pp. 625-626.

Hosmani, M.H. and Hosmani, M.M. (1984). Screening of herbicides in cowpea. *Indian J. Weed Science*. 16: 131-132.

Huyskens, S., Mendilinger, S., Benzioni, A. and Ventura, M. (1992). Optimization of agro-techniques for cultivating *Momordica charantia* L. *Journal of Horti. Sci.* **67(2):** 259-264.

Hybl, M., Urban, J., Vaclavikova, J. and Griga, M. (1998). The evaluation of field pea and garden pea cultivars for starch amylase content. 3rd European Conference on grain legumes. Opportunities for high quality, health and added value crops to meet European demands. Valladolid Spain, 14-19 Nov., pp.383.

International Workshop (1990). 'Okra Genetic Resources' held at the National Bureau of Plant Genetic Resources, New Delhi, India. 8-12, October.1990.

Jahn, S.A.A. (1981). Traditional water purification in tropical developing countries: existing methods and potential applications. Manual No. 117, Pub. GTZ, Eschborn, Germany.

Jahn, S.A.A., Musnad, H.A, and Burgstaller, H. (1986). The tree that purifies water: Cultivating multipurpose Moringaceae in the Sudan. *Unasylva*. 38: 23-28.

Jain, R.K., Bhutani, R.D., Kalloo, Bhatti, D.S. and Singh, K. (1990). Do not fear root knot nematode, sow tomato 'Hisar Lalit'. *Indian Horticulture*. **36(2):** 24-27.

Jain, V.K. (1981). Cowpea varieties for different states. *Seeds and Farms*. **7:** 27-30.

Jambhale, N.D. and Nerkar, Y.S. (1986). 'Parbhani Kranti' : a yellow vein mosaic resistant okra. *Hortscience*. **21:** 1470-1471.

Janick, I., Schety, R.W., Woods, F.W. and Ruttan, V.W. (1969). Plant Science. Freeman. San Francisco.

Jassal, N.S. Nandpuri, K.S. and Randhawa, K.S. (1970). Studies on the effect of irrigation and certain doses of N.P. and K. on weight of fruit and yield of muskmelon. *Punjab Hort. J.* 10: 143-149.

Jayappa, B.G. and Lingappa, S. (1988). Causes of resistance to *Aphis craccivora* Koch. in cowpea germplasm in India. *Tropical Pest Management.* **34(1):** 59-61.

Jayaram, R. and Ramiah, S. (1980). Response of cowpea to phosphorus and growth regulators. *Madras Agric. J.* 5: 102-105.

Jenkins, J.M. (1662). Natural self-pollination in cucumbers. *Proc. Am. Soc. Hort. Sci.* **40:** 411.

Jirik, J. (1985). Efektivni metoda vyroby F_1 osiva raneho zelf. Roslinna Vyroba, 31:569-577.

Jones, H.A. (1923). Pollination and self-fertility in the onion. Proc. of *Am. Soc. of Hort. Sci.*, 20:191.

Josekutty, K.A. (2008). Know the spice-Curry leaf. *Spice India.* **21(5):** 28-31.

Joy, Larkcom (1994). The vegetable Garden Displayed. *The Royal Horticultural Society*, 80 Vincent Square London SW 1P2PE.

Kabeerthumma, S., Mohan Kumar, B. And Nair, P.G. (1987). Nutrient uptake and their utilization by Yam, Aroids and Coleus (Tech. Bull.-10), CTCRI, Thiruvantapuram, Kerela, India.

Kalda, T.S., Tewari. R.N., Singh, Ram, Singh, N. and Verma, T.S. (1995). Cabbage 'Pusa Mukta'. *Indian Horticulture.* **40(1):** 12.

Kale, P.B., Mohod, U.V., Dod, V.N. and Jakhar, H.S. (1986.). Screening of brinjal (*Solanum* spp.) for resistance to shoot and fruit borer (*Leucinodes orbonalis* G.) under field conditions. *Veg. Sci,* **13(2):** 376-383.

Kalia, P. and Singh, Y. (2004). Palam Kanchan: A new Nutritious Broccoli. *Indian Horticulture.* 36.

Kalia, P., Chandel, K.S. and Pathania, N.K. (2004). Palam Hirday: A new radish. *Indian Horticulture.* 33.

Kaliappan, R. and Rajagopal, A. (1970). Effect of salinity on the South Indian field crops: Germination and early vigour in chillies (*Capsicum annuum* Linn.). *Madras Agric. J.* 57(4):231-233.

Kalloo, G. (1988). Vegetable Breeding Vol. II. CRC Press, Florida, pp. 95-140.

Kalloo, G. and Bhutani, R.D. (1993). Improvement of tomato. In: Advances in Horticulture (Chadha, K.L. and Kalloo, G. Ed.). Malhotra Publishing House, New Delhi.

Kalloo, G. and Pandey, A.K. (1997) Vision-2020, Perspective Plan of PDVR, Varanasi.

Kalloo, G., Banerjee, M.K. and Singh, B. (1992). Tomato 'Hisar Lalima'. *Indian Horticulture.* **37(1):** 4-5.

Kalloo, G., Baswana, K.S. and Sharma, N.C. (1993). Muskmelon 'Hisar Madhur' is early fruiting. *Indian Horticulture.* **38(2):** 12.

Kalloo, G., Dixit, J. and Baswana, K.S. (1991). 'Hisar Shyamal' is superior to 'BR-112' brinjal. *Indian Horticulture.* **36(2):** 29.

Kalloo, G., Dudi, B.S., Singh, A. and Balyan, D.S. (1993). 'Hisar Harit' : a new pea. *Indian Horticulture.* **38(2):** 11.

Kalloo, G., Sharma, N.K. and Baswana, K.S. (1993). The oblong brinjal 'Hisar Jamuni': *Indian Horticulture.* **38(2)** : 10.

Kamalanathan, S., Thamburaj, S. Subbaiah, R. and Seemanthani, R. 91972). Influence of time of sowing flowering and fruiting behaviour of pumpkin (*Cucurbita moschata* L.) and ash gourd (*Benincasa hispida* L.) *Madras Agric J.* **59** : 231-234.

Kashyap, R.K. and Verma, A.N. (1983). Relative susceptibility of okra to shoot and fruit borer (*Earias* spp.). *Indian Journal of Ecology.* **10 (2)** : 303-309.

Kashyap, R.K. Bhutani, R.D. and Kalloo, G. (1982). Relative susceptibility and variability against fruit borer in tomato. *Punjab Horticulture Journal,* **12:** 190-193.

Katyal, S.L. and Chadha, K.L. (1988). Vegetable Growing in India. Oxford and IBH Pub. Co. Pvt. Ltd. New Delhi (India) pp.157.

Kaur, C., T.S., Sukhija, B.S. and Saimbhi, M.S. (1978). Relative susceptibility of different varieties of onion (*Allium cepa* L.) to *Thrips tabaci. Punjab Horticulture Journal.* **13:**1-4.

Kay. D. (1979). Food Legumes Tropical Products Institute (TPI). TPI crop and product Digest, No.3, pp. 26-47.

Khah, E.M. Akoumianakis, K.A. and Passam, H.C. (2005). Green house seed production of two dwarf green bean cultivars in relation to the duration of irrigation *Hort. Sci.* **40**: 443-445.

Khalil, S. and Mandurah, H.M. (1990). Effect of water defficiency and kinetin on growth and nitrogen metabolism of cowpea plants. *Journal of Agronomy and Crop Science,* **164 (2)** : 93-99.

Khan, Abdul, G. (2005). Role of soil microbes in the rhizospheres of plants growing on trace metal contaminated soils in phytoremediation- A review. *Journal of Trace Element in medicine & Biology,* **18** : 355-364.

Khan, S.H., Ahmad, N., Jabeen, N. Chattoo, M.A. and Narayan, S. (2008). Evaluation of various kale (*Brassica oleracea* var. *acephala* L.) genotypes for yield and yield attributing traits over environments. *Environment and Ecology* **26 (3)** : 1141-1145.

Khan, T.N. (1976). Papua New Guinea: A center of genetic diversity in winged bean [*Psophocarpus tetragonolobus* (L.) DC.]. *Euphytica.* **25** : 693-706.

Khare, V.A., Lawande, K.E, Ajri, D.S. and Kale, P.N. (1986). Occurrence of insect pest of different cauliflower cultivars. *Current Research Reporter.* **2(2)** : 205-208.

Khurana, S.K., Mangal, J.L. and Singh, G.R. (1988). Chemical weed control in cucurbits: A review. *Agric. Rev.* **9** : 69-80.

Knott, P. (1980). Handbook for vegetable growers. John Wiley & Sons, New York.

Koebner, R.M.D. and Summers, R.W. (2003). 21st Century Wheat Breeding: Plot Selection or Plate Selection? *Trends Biotech.* **21:** 59-63.

Krishnamurthi, S. And Subramanian, D. (1954). Some investigations on the types of flowers in brinjal (*Solanum melongena* L.) based on style length and their fruit set under natural conditions in response to 2, 4 Dichlorophenoxy acetic acid as plant growth regulator. *Indian J. Hort.* **11(2):**63-66.

Krishnaswamy, S. and Subramanian, D. (1954). Some investigation on the types of flowers in brinjal based on style length and their fruit set under natural conditions and in response to 2,4-D as plant growth regulator. *Indian J. Hort.* **11(2):** 63-66.

Kucera, V. (1985). Vyuziti autoinkompatibilnich linif z odrudy "Pusa Katki" k Zfskani vychoziho material pro hybridni slechteni kvetaku (*Brassica oleracea* L. var. *botrytis* L. sub var. *cauliflora* DC). *Zahradnictvi*, **12** : 285-297.

Kucera, V. (1990). Prekonavani autoinkompatibility u *Brassica oleracea* roztokem chloride sodneho. *Zahradnictvi*, **17** : 13-16.

Kucera, V. and Cerny, J. (1992). Moznosti vyuziti vybranych F_1 hybridu pro ziskani autoinkompatibilnich linii kvetaku (*Brassica oleracea* L. var. *botrytis* L. sub var. cauliflora DC). *Zahradnictvi*, **19** : 241-248.

Kumar, S., Sharma, J.P. and Kumar, S. (2008). Response of knol khol (*Brassica oleracea* L. var. *gongylodes*) cv. G-40 to various integrated nutrient management practices. *J. Research, SKUAST-J.* **7 (2):**257-261.

Kumar, S., Singh, R.C. and Kumar, S. (2000). Evaluation of *Moringa, Ann. Agril. Res.* 21: 148-151.

Kumar, V.S., Sharma, A., Tiwari, R. and Kumar, S. (1999). *Murraya koenigii* (curry leaf): A review,. *Journal of Medicine and Aromatic Plant Sciences*, 21: 1109-1144.

Ladizinsky, G. (1975). A new *Cicer* from Turkey.Notes, Roy, Bot. Gard. Edinb. **34:** 201-202.

Lal, B.S. and Verma, S.K. (1959). Variability of resistance in onion varieties against onion thrips (*Thrips tabaci*). *Science and Culture*, **24(2):** 575-576.

Lal, O.P., Gill, H.S. and Singh, R. (19870. Varietal resistance in cabbage against mustard aphid (*Lipaphis erysimi* Kalt.). *Cruciferae Newsletter*, **12:** 83.

Lal, T. and Singh, S. (19930. 'Cowpea-263' is dual season vegetable. *Indian Horticulture.* **37(4):** 18-20.

Larcom, J. (1991). Oriental Vegetables: The complete guide for kitchen garden, London, pp. 232.

Lee, S.K. and Kader, A.A. (2000). Pre harvest and post harvest factors influencing vitamin C content of horticultural crops. *Postharv. Biol. Technol.* **20:** 207-220.

Lester, R.N., Jaeger, P.M.L., Spieirings, B., Bleijendaal, H.P.O. and Holloway, H.L.O. (1990). African eggplants-A review of collecting in West Africa. *Plant Genetic Resources Newsletter*. **18/12**: 17-26.

Lila Babu (2000). Biochemical composition and nutritive value of sweet potato. Coarse Document I. Fourth International Training Course on "Integrated Production and Processing Technologies for Sweet Potato", Thiruvananthapuram. pp.125-133.

Lujiu, Li, Guo Xisheng, Gao Jiejun, Ding Nan and Zhang Lin. (2004). Ginger response to Potassium in Anhui Province. *Better Crops*. Vol.88No.1.

Luthra, J.P. and Yadav, V.S. (2004). MHY-3: A new muskmelon. *Indian Horticulture, pp*. 35.

Madan, M.S. (1995). 'Bangalore Rose' a small onion for export. *Indian Horticulture*. **40(1):** 4-5.

Maity. T.K. and Sanyal, D. (2004). PPIC-IP workshop on Review & Refinement of fertilizer Recommendation for Major Crops of West Bengal.

Makashava, R.K.H. (1983). The Pea. Oxonian Press. Pvt. Ltd., New Delhi.

Malik, Y.S, Singh, S.S. and Pandita, M.L. (1981). Effect of salinity on okra [*Abelmoschus esculentus* (L.) Moench.], *Haryana J. Hortic. Sci.*, **10:** 236-241.

Mani, V.P. and Sridhar. (1995). 'V.L.-3' for hilly area. *Indian Horticulture*. **40(1):** 8-9.

Mariani, C., DeBeuckeleer, M., Truettne, J. and Goldberg, R.B. (1990). Introduction of male sterility in plant by chimeric ribonuclease gene. *Nature*, **347** : 737-741.

Mariani, C., Gossele, V., De Beuckeleer, M., DeBlock, M., Goldberg, R.B., Degreef, W. and Leemans, J. (1992). A chimeric ribonuclease inhibitor gene restores fertility to male sterile plants. *Nature*. **357:** 384-387.

Martin, F.W. (1982). A second edible okra species and its hybrids with common okra. *Ann. Bot.*, **50:** 277-283.

Martin, F.W. and Delpin, H. (1978).Vegetable for Hot Humid Tropics: The winged bean (*Psophocarpus tetragonolobus*). USDA Bulletin, New Orleans, p.22.

Martin, F.W. and Telak, L. (1979). Vegetable for the Hot Humid Tropics. Part-6. *Amaranthus and Celosia*. Science and Education Administration, U.S.D.A.

Masefield, G.B. (1973). *Psophocarpus tetragonolobus*: A crop with a future. Field Crop Abstracts, **26 (4)**: 157-160.

Maurya, I.B. (2003). Agrotechniques of kachari and spine gourd. Winter School on "Exploitation of Underutilized Horticultural Crops, 5-7th Nov., Deptt. of Horticulture, College of Agriculture, MPUAT, Rajasthan, pp. 56-63.

Maurya, K.R., Barooah, S., Bhattacharya, R.K. and Goswami, R.K. (1985). Standardization of male plant population in pointed gourd. *Ann. Agr. Sci*. **30:** 1405-1411.

Mayer, F. And Stelz, E. (1993). *Moringa stenopetala* provides food and low-cost water purification. *Agroforestry today*, **5:** 16-18.

Medikus, F.K. (1987). Ueber einge kunstliche Geschlechter aus der Malvenfamilie, den der klasse der Monadelphien. *Mannheim*. 45-46.

Mehta, Y.R. (1959). Vegetable growing in Uttar Pradesh. *Bull. Agric. Inform*. U.P.

Mehto, D. N. and Lal, B.S. (1981). Comparative susceptibility of different brinjal cultivars against brinjal fruit and shoot borer. *Indian Journal of Entomology*. **43(1):** 108-109.

Mishra, R. (1993). Aravi Patta Ka Jhulsa Rog. *Phal Phul*. **16(3):** 20-22.

Mishra, R.S. and Sriram, S. (2002). Medicinal value and export potential of tropical tuber crops. In: Recent progress in medicinal plant, Vol. 5, Crop Improvement, Production Technology and Commerce (Eds. Gobil, J.N., Pandey, J. Shivkumar, B.G. and Singh, V.K. Sci. Tech. Pub. USA).

Mishra, S.K., Vishwarkarma, S.N. and Kushwaha, K.P.S. (2004). Effect of soil solarization and chemical seed treatment on seeding of cauliflower, tomato, and onion. *Progressive Horticulture*, **36 (2)**: 356-359.

Mizrach, A., Nahir, D. and Raman, B. (19850. Use of penetrometer in tomato. *Soc. Agri. Eng*. **85**:13.

Morales, P.P. and Curl, C. (1986). A physiological method for total satonin determination in quinoa samples. *Re. Boliv. Quim*. **6 (1)**: 13.

More, T.A. (2001). Watermelon. In: Vegetables, tuber crops and species by S. Thomburaj & N. Singh, ICAR, 262-271.

More, T.A. and Jagtap, K.B. (2011). Hi-Tech. Floriculture: A technology to buffer climate change. Int. Conference on "Issues for Climate Change, Land Use Diversification and Biotechnological Tools for Livelihood Security. Organized by Hi-Tech Horticultural Society, Meerut and Held At SVPUniv. & Tech. Meerut.

More, T.A., Sawant, S.V. and Jadhav, S.B. (2002). Phule Surekha: A new French bean variety. *Indian Horticulture*. pp. 21-24.

Morton, J. (1987). Tree Tomato. In: Fruits of warm climates. (Eds: Julia F.Morton, Miami, FL.) p. 437-440.

Mote, U.N. (19780. Studies on the varietal rsistance of okra (*Abelmoschus esculentus* L.) to fruit borer (*Earias fabia* Stoll.) under field conditions. *Veg. Sci*. **5(1):** 47-49.

Murashige, T. and Skoog, F. (1962). A revised medium for rapid growth and bioassays with tobacco tissue cultures. *Physical. Plant*, **15:** 473-497.

Nakamura, P., Yamada, T., Kodotani, N., Itagaki, Y. and Oka, M. (1974). Stidies on the haploid method of breeding in tobacco. *SABRO Journal*. **6:** 107-131.

Nandpuri, K.S. and Singh, K. (1973). Physico Systematic studies on muskmelon under alkaline soil conditions. *Rajasthan Agriculture*. 8: 33-37.

Nandpuri, K.S., Lal, T. And Dhiman, J.S. (1995). Muskmelom 'Punjab Rasila'. *Indian Horticulture*. **40(3):** 4.

Narsinghani, V.G. and Bedi, R. (1989). Peas. *Indian Horticulture*. **37&34:** 20-23.

Narsinghani, V.G. and Tewari, A. (1993). Improvement of garden pea. In: Advances in Horticulture, vol.5. (Chadha, K.L. and Kalloo, G. Eds.). Malhotra Publishing House, New Delhi.

Nath, P. (1964). Resistance of cucurbits to red pumpkin beetle. *Indian J. Hort.* **21(1):** 77-78.

Nath, P. (1966). Varietal resistance of gourds to fruit fly. *Indian J. Hort.* **23(1&2):** 69-78.

Nath, P. and Thakur, M.R. (1965). Evaluation for new pumpkins beetle resistance in gourds. *Indian J. Hort.* **22(3&4):** 330-339.

Nath, P., Velayudhan, Sundari and Singh, D.P. (2002). Vegetables for Tropical Region. Publication and Information Division, ICAR, New Delhi. pp.52-62.

Nath. P., Subramanyam, S. and Dutta, O. P. (1987). Vegetable for tropical region, ICAR Publication, New Delhi.

National Horticultur Data Base (2010-2011). Vegetable crops.

National Horticultural Board (1992-93). Data Base. Ministry of Agriculture, Govt. Of India.

Nattuvetty, V.R. and Chen, P. (1980). Maturity sorting of green tomatoes based on light transmittance through regions of fruit. *Trans. A.S.A.E.* **23:** 515-518.

Nautiyal, B.P and Venkataraman, K.G. (1987). *Moringa* (Drumstick)-An ideal tree for social forestry: Growing conditions and uses-Part I. *Myforest,* **23(1):** 53-58.

Netrapal, Pachauri, D.C., Bhagchandani, P.M. and Sharma, R.K. (1993). Carrot 'Pusa Meghali' for the tropics. . *Indian Horticulture.* **38(1):** 35.

Newstrom, L. (1990). Origin and evolution of Chayote, *Sechium edule*. In: Biology and utilization of the Cucurbitaceae. (D.M. Bates, R.W. Robinson and C. Jeffrey, eds.). pp 141-149. Cornell University Press, Ithaca, NY.

Nieuwhof, M. (1961). Male sterility in Brussels sprout, cauliflower and cabbage. *Euphytica* **10**: 351-356.

Nieuwhof, M. (1963). Hybrid breeding in early spring cabbage. *Euphytica* **12**: 189-197.

Nikanishi, T., Esashi, T. and Hinata, K. (1975). Self seed production by CO_2 gas treatment in self incompatible cabbage. *Euphytica* **24:**117.

Nizamudeen, M.S. and Dharamasena (2004). Performance of chilli under drip irrigation with mulch. *Annals of Sri Lanka*. Department of Agriculture, 4: 89-94.

Omanakutty, M. (2007). Medicinal properties of curry leaf. *Spice India,* **20(5):** 4-5.

Osuji, G.E. (1990). Tillage and mulching effects on seed zone soil environment and cowpea seedling growth in the humid tropics. *Soil use and Management*. 6(3): 152-156.

Osunkoya, O.O. and Sobogun, O.A. (1989). Growth Characteristics of Cowpea (*Vigna unguiculata*) seedlings as affected by depth to water table *Annals of Botany.,* 64(5): 505-513.

Pagmas, P. and Nawata, E. (2008). Sensitive stages of fruit and seed development of chilli pepper (*Capsicum annuum* var. *shishito* L.) exposed to high temperature. *Science & Horticulturae,* 117:21-25.

Palada, M.C. (1996). Moringa (*Moringa oleifera* Lam): a versatile tree crop with horticultural potential in the subtropical United States, *HortSci.*, **31**:794-797.

Palaniswamy, S. and Chellaih, S. (1986). Screening of brinjal accessions to carmine spider mite (*Tetranychus cinabarinus* Bosd.). *South Indian Horticulture*. **34(4)**: 240-243.

Palaniswamy, S. and Subramanium, T.R. (1977). Varietal reactions of bhendi to red spider mite (*Tetranychus telarius* L.) and (*Tetranychus cinabarinus* Bosd.). *South Indian Horticulture*. **25(1)**: 40-42.

Panda, N, Mahapatra, A. and Sahoo, M. (1971). Field evaluation of some brinjal varieties for resistance to shoot and fruit borer (*Leucinodes orbonalis* Guen.). *Indian Journal of Agricultural Sciences*.**41(7)**: 597-601.

Pandey, A.K. (1998). Bharat Mein Sabzi Utpadan; Pramukh Kismein aur Vikash ke Takniken-Vikram Mudralya, Varanasi.

Pandey, A.K. (2009). Nai Sabjiyan, Daya Publishing House, New Delhi.

Pandey, A.K. Singh, B. Singh M. Bhardwaj, D.R. and Singh, S. (2011). Ash gourd. [*Benincasa hispida* (Thunb.) Cogn] IIVR Tech. Bulletin No. 38.

Pandey, R.P., Chandra, A., Mehta, A.K., Naidu, A.K. and Verma, B.K. (1996). Vegetable Crops varieties. Bulletin, JNKVV., Jabalpur.

Pandey, U.B. (1994). Bharat Mein Pyaj Ke Kheti. Tech. Bull. No.6, NHRDF, Nasik, India.

Pandey, U.B. (1995). Onion and garlic export: Problems and Prospects. In: Proceedings, Silver Jubilee National Symposium on Advances in Research and Development in Horticulture for Export, held at CCSH HAU, Haryana, 28-30, Jan., pp-68.

Pandit, M.K., Som, M.G. and Maity, T.K. (1997). Effect of plant densities on growth and yield of pointed gourd (*Trichosanthes dioica* Roxb.). *The Hort. J.* **10**: 89-92.

Pandita, M.L. and Lal, S. (1990). Leafy vegetables. In: Vegetable Crops in India (Bose, T.K. and Som, M.G., ed.). Noya Prokash, Clcutta.

Pandita, M.L. and Pratap, P.S. (1990). Peas. In: Vegetable Crops in India (Eds. Bose, T.K. and Som, M.G.,). Noya Prokash, Clcutta.

Pandita, M.L., Arora, S.K., Pratap, P.S., Dahia, M.S., Dhanwan, P., Gandhi, S.K. and Mehra, R. (1995). New Chillies 'H.C.-28' and 'H.C.-44'. *Indian Horticulture*.**40(3)**: 10-11.

Parthasarathy, V.A. (1986). Cluster Bean. In: Vegetable Crops in India (Eds. Bose, T.K. and Som, M.G.) Noya Prokash, 206, Bidhan Sarani, Calcutta, India, pp. 529-534.

Parthipan, S. and Kulasofriya, S.A. (1989). Effect of nitrogen and potassium based fertilizers on nitrogen fixation in the winged bean (*Psophocarpus tetragonolobus*). *MIRCEN Journal*, **5(3)**: 335-341.

Pathak, P.S. (1989). Bamboo resources in the world. Paper presented in the seminar on Silviculture and Management of Bbamboo, Jabalpur, India, pp. 78-87.

Pathak, V.N. (1988). Management of post harvest diseases of fruits in India. Spl. Lect. Presented in 6th workshop of AICRP on Post Harvest Technology of horticultural crops. KKV, Dapoli (M.S.), India.

Patil, C.S., Moholkar, P.R. and Ajri, D.S. (1986). Studies on the moth attraction and egg laying preference of shoot and fruit borer (*Earias vitella* Stoll.) on different varities of okra. *Current Research Reporter*. Mahatama Phule Agricultural University, **2(2)**: 289-291.

Pearce, K. and Lester, R.N. (1979). The Biology and Taxonomy of the Solanaceae. Linn. Soc. Ser. 615-628. Academic Press, London.

Peet, M.M. and Wolfe, D.W. (2000). Crop ecosystem responses to climatic changes. Vegetable crops. In: Climatic changes and global crop production. CAB International, pp. 213-243.

Peksen, E., Bozoglu, H., Peksen, A. and Gulumser, A.(2002). Determination of the effect of different row spacings on yield and some other properties of pea (*Pisum sativum* L.) cultivars sown in spring and autumn. *Acta Horticulturae*, **579**:313-318.

Peter, K.V. (1998). Knol Khol. In: Genetics and Breeding of Vegetables. ICAR, New Delhi, pp.57.

Peter, K.V. (1998). Knol Kohl. In: Genetics and Breeding of Vegetables. ICAR, New Delhi, pp.57.

Peter, K.V. and Devdas, V.S. (1989). Leafy vegetables. *Indian Horticulture*. **33 & 34 (4)**: 8-11.

Peter, K.V. and Devdas, Y.S. (1998). Leafy vegetables. *Indian Horticulture*. **33 & 34** (4&1): 8-11.

Prakash, C. and Verma, T.S. (2004). Heterosis in cytoplasmic male sterile lines of cabbage (*Brassica oleracea* var. *capitata*). *Cruciferae Newsletter* **25**: 49-50.

Prakash, C. Verma, T.S. and Kumar, P.R. (2003). Genetic analysis of cabbage (*Brassica oleracea* var. *capitata*) using self-incompatible lines. *Indian J. Agric. Sci.* 73(7): 412-413

Prakash, V. and Bhardwaj, S.N. (1965). Influence of foliar application of molybdenum and cobalt on growth of cabbage. *Indian J. Hort.* 22(3&4): 349-350.

Prasad, D.N. and Prakash, R. (1968). Floral biology of brinjal. *Indian J. Sci.* 38: 1053-1061.

Pratap, T., Joshi, B.D. and Galwey, N. (1998). Chenopods (*Chenopodium* spp.). Promoting the conservation and use of under-utilized and neglected crops 22, IPGRI, Rome, Italy, pp 67.

Pritchard, M.K. and Warren, G.F. (1979). Oxyfluorfen for pre-plant incorporated weed control in transplanted tomato and melons. In Abstracts of Meeting of the *'Weed Science Society of America'*. p. 44

Prohens, J., Ruitz, J.J. and nuez, F. (1998). In: A Text Book on Pomology, Vol.III (Ed. T.K. Chattopadhyay), Kalyani Publishers, New Delhi, pp. 205-215.

Pruthi, J.S. (2001). Minor spices and condiments: crop management and post harvest technology. ICAR, New Delhi. pp.49-84.

Pundir, J.P.S. and Porwal, R. (1999). Effect of spacing and fertilizers on growth, yield and physical fruit quality of chilli (*Capsicum annuum* L.) cultivars. *Journal of spices and Aromatic Crops*, **8(1)**: 23-27.

Puri, S.N. (1995). 'Samanvit Paudh Sanrachhan'. In: Badalte Parivesh mein Krishi Anusandhan Evam Vikas Ke Naya Ayam (eds. M. Rai and R.D. Sharma). 99-105.

Purohit, S.P. and Nath, Prem (1969). Studies on floral biology in spinach beet. *Madras Agric. J.* **57(2)**: 98-105.

Pursglov, J.W. (1977). Tropical Crops, Dicotyledons Longman Group Ltd. London.

Purushthaman, S.M., Rajagopalan, B., Doraiswamy, S. and Lakshmanan, P. (1998). A mosaic disease of bitter gourd occurring in Kerela. *Madras Agri. J.* **85(3-4)**:181-183.

Rai, M., Vidyashankar, G.S., Sisodia, G.S., Yadav, T.P.S. and Singh, R.M. (1992). In Arunachal Pradesh replace local Taro with Kandyam 'C-7'. *Indian Horticulture*.**37 (1)**: 28-29.

Rai, N. and Yadav, D.S. (2005). Knol Khol. In: Advances in Vegetable Production. Researchco Co. Book Centre, New Delhi. pp. 31.

Rai, N., Yadav, D.S., Nath, A. and Yadav, R.K. (2002). Chow-chow a poor man vegetable in NEH region. *Indian Farming*. **52**: 18-20.

Rai, N., Yadav, R.K. and Yadav, D.S. (2005). Genetic variability studies in chow-chow (*Sechium edule*). *Veg. Sci.* **32(2)**: 184-186.

Rai, S. and Bhujel, R.B. (1997). Tree tomato:future vegetable crop. *Indian Horticulture*, 42: Cover III.

Raj, K.G. and Kumaraswami,T. (1979). Screening of eggplant for resistance to *Epilachna vigantioctopunctata* F. *Science and Culture*. **45(2)**: 60-61.

Rajendran, R.C., Gopalakrishnan, T.R. and Peter, K.V. (1983). Effect of graded dose of N.P. and K. on yield of pumpkin. *Agril. Resh. J. Kerala*, **21**: 51-54.

Rajmal, D.P., Chandra Shekhar, V. and Kumar, K.S. (1973). Availability of iron to school children from Amaranth cooked in two different utensils. *Indian Journal of Nutrition Dietetics*. **10**: 233-229.

Rajput, J.C., Palve, S.B., Kanade, V.M. and Wagh, R.G. (1994). 'Konkan Bhusan'- a dwarf hyacinth bean. *Indian Horticulture*. **38 (4)**: 7.

Rajput, J.C., Patil, B.P. and Palve, S.B. (1994). 'Sheetal' cucumber may be raised as kharif and summer crops. *Indian Horticulture*, **36 (2)**: 36-37.

Ram, D. (2007). Hybrid seed production of bitter gourd. In : Hybrid seed production of vegetable crops. Winter School at IIVR, Varanasi, 04-24 Dec. pp. 54-60.

Ram, D. and Pandey, A.K. (1998). Hari Sabjee ke liye kunduru ugayen. *Phal-Phul*, pp. 30-32.

Ram, D., Banerjee, M.K., Pandey, S. and Srivastava, U. (2001). Collection and evaluation of kartoli (*Momordica dioica* Roxb.). *Indian J. Plant Genet. Resour.***14**: 114-116.

Ram, D., Kalloo, G. and Banerjee, M.K. (2002). Popularizing kakrol and kartoli: the indigenous nutritious vegetables. *Indian Horticulture*, Oct.-Dec., 6-9.

Ram, D., Kalloo, G., Banerjee, M.K. and Singh, Billu. (2003). Seedless and long duration fruiting pointed gourd (*Trichosanthes dioica* Roxb.). *Indian J. Genet. Resour.* **16(2):** 163-164.

Ram, D., Rai, M., Pandey, S., Singh, B., Lal, H. and Pal, A.K. (2003). An under-exploited species Bankunari (*Solena amplexicaulis*): Its exploration and preliminary evaluation. *Indian J. Plant Genet. Resour.***16(3):** 267-268.

Ram, Harihar (1996). Introductory Bulletin on Vegetables. Deptt. Of Vegetable Science. G.B. Pant Univ. Of Agriculture and Technology. Pantnagar, India.

Ramachandran, C., Peter, K.V. and Gopalakrishnan, P.K. (1980). Drumstick (*Moringa oleifera*): a multipurpose Indian Vegetable. *Econ. Bot.* **34(3):** 276-283.

Ramadoss, S. and Shivprakasam, M.L. (1989). Effect of fungicides and insecticides on rhizobium and rhizobium cowpea symbiosis. *Madras Agric J.* **75 (3)**: 25-27.

Ramaswamy, N., Vijaikumar, M. and Sundarrajan, S. (1985). 'CO-2': tapioca for food and industry. *Indian Horticulture.* **30 (3):** 21-22.

Rana, M.C., Singh, A., Rana, S.S. and Singh, N. (2007). Integrated pest management in pea (*Pisum sativum* L.) under Lahaul valley conditions of Himachal Pradesh. *Indian J. Agril. Sci.* **77 (1)**: 59-61.

Randhawa, K.S. and Saimbhi, M.S. (1976). Effect of weedicide in carrot. *Haryana. J. Hortic. Sci.* 5: 210-215.

Rao, A.V. and Rao, L.G. (2007). "Carotenoids and human health". *Pharmacol. Res.* **55(3):** 207-216.

Rastogi, R.P. and Mehrotra, B.N. (1994). Compendium of Indian medicinal plants, Vol. 5, CDRI, Lucknow, pp.554.

Raut, U.M. and Sonone, H.N. (1980). Tolerance in brinjal varieties to shoot and fruit borer (*Leucinodes orbonalis* Guen.). *Veg. Sci.* **7(1):** 74-78.

Reiners, S. and Riggs, D.I.M. (1999). Plant population affects yield and fruit size of pumpkin. *HortSci.*, 34(6): 1076-1078.

Reyes, M.E.C., Gildemacher, B.H. and Jansen, G.J. (1994). *Momordica charantia* L. In: Plant Resources of Southeast Asia: Vegetables. (Ed. Siemonsma, J.S. and K. Piluek). Wageningen, The Netherlands, Pudoc Scientific Publishers pp.206-210.

Roggen, H.P. and Van Dijk, A.J. (1976). Thermally aided pollination: a new method of breaking self-incompatibility in *Brassica oleracea* L. *Euphytica* **22:** 643.

Rosa, J.T. Jr. (1925). Sex expression in spinach. *Bilgardia.* **1:** 259-274.

Roy, A.K., Medhi, G. and Rathiah (1992). 'VC-42-1': tomato for disease prone area. *Indian Horticulture.* **37 (1):** 6-7.

Rubatzky, V. E. And Yamaguchi, M. (1997). World Vegetable: Principles, Production and Nutritive Values (2nd edition). Chapman and Hall, International Publishing, New York, USA.

Rundfeldt, H. (1960). Untersuchungen Zur Zuchtung des Koptkohls (*B. oleracea* L. var. *capitata*). *Z. Pflanzenz* 44:30-62.

Sadasiva, A.T., Deshpandey, A.A. and Madhvareddy, K. (1996). 'Arka Meghali': a new rainfed tomato. *Indian Horticulture*. **41 (2):** 6-7.

Sadik, S. (1962). Morphology of the curd of cauliflower. *Am. J. Bot*. 49: 290.

Saimbhi, M.S. (1993). Agro techniques for cucurbits. *Advances in Horticulture*. 5: 401-432.

Saimbhi, M.S. (1993). Agro techniques for cucurbits. *Advances in Horticulture*. **5**:401-432.

Salikutty, J. and Peter, K.V. (2001). Curry leaf: In Hand Book of Herbs and Spices. Wood Head Publishing Limited, Cambridge, England: 168-172.

Samadia, D.K. (2007). Arid Vegetables. In: Underutilized and underexploited Horticultural Crops, (Eds. K.V. Peter). pp. 153-174.

Samadia, D.K. and More, T.A. (2008). New bottle gourd: Thar Samridhi. *Indian Horticulture*. **53(2)**:21.

Samadia, D.K. and More, T.A. (2008). Thar Shobha: A new released variety of Khejri for vegetable type Sangri production. Abst. in National Seminar "Opportunities and Chalanges of Arid Horticulture for Nutrition and Livelihood, March, 8-9, pp. 25

Samadia, D.K. and Pareek, O.P. (2007).Two *Cucumis* (kachri) varieties of arid region. *ICAR News* **6(2):** 15-16.

Sandhu, G.S., Dhillon, G.S., Sodhi, A.S. and Singh, D. (1975). Comparative incidence of pea stem fly (*Ophiomyia phaseoli*) on pea germplasm. *Punjab Vegetable Grower*. 10 (3&4): 84-92.

Sandhu, G.S., Sharma, B.R., Singh, B. and Bhalla, J.S. (1974). Sources of resistance to jassid and white fly in okra germplasm. *Crop Improvement*, 1(1&2): 77-81.

Sandhu, K.S., Bali, P.S. and Randhawa, K.S. (1986). Weed control in Gherkin. *J. Res. Punjab Agril. Univ*. 23: 49-53.

Sanmugavelu (1989). Production technology of vegetable crops. Oxford and IBH Publishers, New Delhi.

Sanwal, S.K., Yadav, R.K. and De, L.C. (2007). Under utilized vegetables of North Eastern Region. *Indian Horticulture*. Jan.-Feb., 18-21.

Sanwal, S.K., Yadav, R.K., Singh, P.K. and Rai, N. (2008). Variability and genetic diversity studies in indigenous chow-chow genotypes of northeast India. *Indian J. Hort. Sci*. **65(2):** 167-170.

Sastry, C.B. (2001).Bamboo: Timber for 21st century. Draft paper for International Network for bamboo and Rattans (INBAR), pp. 10.

Satpathy, S. and Rai, S. (2002). Managing vegetable pests: An eco-friendly way. *Indian Horticulture*. pp. 11.

Saxena, R.C. (1970). Relative susceptibility of different varieties of onion (*Allium cepa* L.) to *Caliothrips indicus* Bagn. *Indian Journal of Entomology*. **32 (1):** 98-100.

Saxena, R.K. and Thomas. T.A. (1988). 'Balkan Tomato': an introduction from Bulgaria suited to winter cultivation in northern plains. *Indian Horticulture*. **33 (2):** 9-11.

Schumann, K.M. (1980): Malvaceae, Dans: Engler, H. & K. Prantl. *Die natur lichen pfanzenfamilien*. **3(6):** 30-53.

Sehgal, J.L., Mandal, D.K., Mandal, C., and Vadivelu, S. (1992). Agro-ecological regions of India. Tech. Bull. NBSS Pub. No.24. NBSS & LUP (ICAR), Nagpur, pp.130.

Seshadari, V.S. (1986). Cucurbits. In: Vegetable crops in India (Eds. Bose, T.K. and Som, M.G.) Naya Prokash, 206, Bidhan Sarani, Kolkata (India).pp. 91-164.

Shalini, S.B., Channal, H.T., Hebsur, N.S., Oharmati, P.R. and Saramgamath, P.A. (2002). Effect of integrated nitrogen management on nutrient uptake in knol-khol yield and nutrient availability in soil. *Karnataka J. Agric. Science*. 15(1): 43-46.

Sharma, B. D., Paul Samy, S. and Hore, D.K. (1994). *Solanum gilo* Raddi-A less known vegetable of North-Eastern India. *Indian J. Pl. Genet. Resources*. 7(1): 109-111.

Sharma, B.R., Dhillon, T.S. and Arora, S.K. (1993). New bottle gourd 'Punjab Komal'. *Indian Horticulture*. **38 (2):** 8-9.

Sharma, J.P. (2002). Crop Production Technology for cold arid region. Kalyani Publishers, Ludhiana. pp. 286.

Sharma, S. R. and Gill, H.S. (1999). Cauliflower Pusa Sarad. *Indian Horticulture*. 44:7-8.

Sharma, S.K. and Singh, Harman (2002). Effect of seed rate and NPK fertilizers on green pod production of pea cultivar Arkel *Veg. Sci.* **29 (1-2)** : 96-98.

Sharma, S.R., Gill, H.S. and Bagthchandani, P.M. (1987). 'Brown Spanish': a long day onion for the hills. *Indian Horticulture*. **32 (3):** 17-18.

Sharma, S.R., Gill, H.S., Pachauri, D.S. and Sharma, R.K. (1994). 'Pusa Himlata': a new climbing French bean. *Indian Horticulture*. **38 (4):** 12-13.

Sharma, S.R., Singh, R and Singh, N. (2001). Pusa Ageti: A new heat tolerant cabbage. *Indian Horticulture*. 23.

Shetty, Y.V., Natraju, S.P., Sheshadri, T. and Gurumurthy, B.R. (2003). Studies on nutrient uptake and yield response in chilli as influenced by liming and K. application. *Karnataka Journal of Agrilcultural Sciences*. 16(2): 239-244.

Shivarkar, D.T. and Dumbre, R.B. (1985). Bionomics and control of melon fly. *Journal of Maharashtra Agricultural University*. **10 (3):** 298-300.

Shivashankaramurthy, T.C., Nagegowda, V., Basavaiah and Farooqui, A.A. (2007). Influence of nitrogen and potassium on the yield and quality of gherkin. *Indian J. Hort*. **64(2):** 228-230.

Shri Dhar, Sinha, M.K., Mani, V.P., Prakash, V., Bhatt, J.C. and Lal, S. (2004). Vivek Matar 8: A new Garden pea. *Indian Horticulture*, 20-21 (July-September).

Siemonsma, J.S. (1982). La culture du gombo (*Abelmoschus* spp.) Legume fruit tropical avec reference special a la Cote d'Ivoire. Thesis Univ. Waeningen, the Netherlands.

Simmonds, N.W. (1976). Evolution of Crop Plants, ed. 1, 306 pp. Longman, New York.

Sims, E.T. Jr., Hood, C.E. and Webb, B.K. (1977). Evaluation of totally mechanised tomato harvesting system. *Proc. Fla. Sta. Hort. Soc.* **89**: 139-140.

Singh D.K., Lekh Chand, Singh, K.N. and Singh J.K. (2006). Effect of differen biofertilizers in combination with chemical fertilizers on pea (*Pisum sativum* L.) under temperate kashir conditions. *Environment and ecology*, **245 (53)** : 684-686.

Singh, A.K. (1990). Cytogenetics and evoluation in the Cucurbitaceae. pp.10-28. In: Biology and utilization of the Cucurbitaceae. (D.M. Bates, R.W. Robinson and C. Jeffrey, eds.). Cornell University Press, Ithaca, NY.

Singh, A.K. and Narayan, R. (2004). Variability studies in tomato under cold arid condition of Ladakh. *The Horticulture Journal*. **17 (1)** : 67-72.

Singh, A.K., Singh, R.D., and Singh, J.P. (1989). Studies on floral biology of pointed gourd (*Trichosanthes dioica* Roxb. *Veg. Sci.* **16:** 185-190.)

Singh, B., Yadav, J. R., Srivastava, J.P. and Singh, S.P. (2006). Azad Arvi-1: a new *Colocasia*. *Indian Horticulture*. **51 (2):** 10

Singh, D. and Patel, R.N. (1990). 'Pusa Komal': a cowpea for vegetable. *Indian Horticulture*. **26 (1):** 25-26.

Singh, D., Ramzan, M. and Gill, S.P.S. (1977). Field incidence of thrips on different onion cultivars at Ludhiana. *Punjab Horticulture Journal*. **17 (2):** 159-160.

Singh, D., Sindhu, A.S. and Thakur, J.C. (1987). Relative resistance of onion and garlic to thrips, *Thrips tabaci*. *Journal of Research, Punjab Agriculture University*. **23(3):** 424-427.

Singh, D., Singh, H. and Brar, T.S. (1987). Influence of varieties and date of planting of radish steckling on infestation of mustard aphid (*Lipaphis erysimi* (Kalt.).). *Journal of Research, Punjab Agriculture University*, **24 (3):** 396-398.

Singh, D.K., Bhonde, S.R., Singh, L. and Pandey, U.B. (2002). Production and Post Harvest Technology of garlic. Nat. Seminar on "Changing Scenario in the production system of Hill Horticultural Crops" held at HRS, TNAU, Ooty, Feb. 20-21, pp-195.

Singh, G. and Felker, P (1998). Cactus: New World Foods. *Indian Horticulture*, 27-31 (April-June).

Singh, H.B. and Joshi, S.A. (1960). Our Leafy Vegetables. ICAR Farm Bull. No.56.

Singh, H.B. and Sikka, S.M. (1955). 'Pusa Makhmali': a new variety of lady's finger. *Indian Farming*. **4:** 27-29.

Singh, H.R., Mann, J.S., Pandey, U.B., Singh, L. and Bhonde, S.R. (2002). Onion and Garlic: Production and Utilization (Tech. Bull.), pp. 6.

Singh, J., Kalloo, G and Singh, K.P. (2001). Vegetable Crops: Nutritional Security. Tech. Bull.6, Published by Indian Institute of Vegetable Research, Varanasi (U.P.). pp. 30-37

Singh, K. (1989). Pointed gourd. *Indian Horticulture*. **33 & 34 (4&1):** 33-37.

Singh, K. (1991). Sabzion Ke Beej Utpadan. N.D. University of Agriculture & Technology, Faizabad, (U.P.).

Singh, K., Madan, S.P.S. and Saimbhi, M.S. (1990). Effect of nitrogen and spacing on growth, yield and quality of pumpkin (*Cucurbita moschata* Duch ex poir. P.A.U.J. Resh. 40: 133-138.

Singh, K.P., Singh, J.R.P. and Rai, V. (1982).'Rajendra Shakarkand-5': a new sweet potato. *Indian Horticulture*. **26 (4):** 5-6.

Singh, M., Pandey, A.K. and Bhardwaj, D.R. (2012). Phool Gobhi Evam Band Gobhi Mein Kism Vikash. *Krishika Sodh Patrika*. 1(1): 50-58.

Singh, N. and Joshi, P. (1993). Khira Vargiya Sabzian: ICAR Publication, New Delhi.

Singh, N. and Pal, N. (2004). Onion. In: Text Book of Vegetables, tuber crops and species, ICAR, New Delhi. pp. 165.

Singh, N.P., Bhardwaj, A.K., Kumar, A. and Singh, K.H. (2004). Knol Khol. In: Modern Technology on Vegetable Production. International Book Distributing Co. Charbagh, Lucknow, pp. 139.

Singh, P. (1981). Losses of vegetables and fruits and their control. *Hort. India*. **16** : 21.

Singh, P.K. (2000). Utilization and seed production of vegetable varieties in India. *J. New Seeds* 2: 37-42.

Singh, P.K., Singh, N.P. and Kumar, P. (1990). The effect of phosphorus and potash on yield of cowpea (*Vigna unguiculata* L.) cv. Pusa Komal. *Haryana Journal of Hortic. Sci.* 19(1-2): 210-212.

Singh, R. and Chonkar, V.S. (1965). Some effects of alpha NAA and 2, 4-D on growth, yield and quality of cabbage (*Brassica oleracea* L. var. *capitata*). *Indian J. Hort.* **22(3&4):** 322-329.

Singh, R. and Sharma, S. R. (2001). Cole crops. In: Thamburaj, S. and Singh, N. (Eds.). Text Book of Vegetables, Tuber crops and Spices. Directorate of Information and Publications of Agriculture, Indian Council of Agricultural Research, New Delhi. pp. 76-96.

Singh, R., Gill, H.S. and Chatterjee, S.S. (1994). Cauliflower 'Pusa Early Synthetic: *Indian Horticulture*. **39 (2):** 13-15.

Singh, S.P. (1976). All about cucurbits. *Farmer and Parliament* **11 (4)** : 15-16.

Singh, S.S. Malik, Y.S., Pandita, M.L. and Singh, G.P. (1982). Salt tolerance studies in cabbage (*Brassica oleracea* var. *capitata* L.) and knol khol (*Brassica oleracea* var. *caulorapa* L.). *Haryana J. Hortic. Sci.* **11 (1-2)** : 81-84.

Singh, V.P. and Paroda, R.S. (1983). The winged bean: A review. *Haryana J.Hort. Sci.* **12 (3&4)** : 200-211.

Sirohi, P.S. and Choudhury, B. (1988). 'Pusa Vishes': a bitter gourd for summer. *Indian Horticulture*. **32(4):** 21-22.

Sirohi, P.S. and Sivakami, N. (1995). For summer amaranth 'Pusa Kirti'. *Indian Horticulture*. **40(1):** 17-19.

Sirohi, P.S., Choudhury, B. and Kalda, T.S. (1991). Pumpkin ' Pusa Vishwas' for tropical and sub-tropical growing area. *Indian Horticulture*, **36(1):** 24-25.

Sirohi, P.S., Sivakami, N. and Choudhury, B. (1988).'Pusa Naveen' bottle gourd compact and early maturing. *Indian Horticulture*. **32(4): 16**-17.

Sobti, S.N. and Singh, S.D. (1961). A chromosome survey of Indian medicinal plants. Part I. Proc. *Indian Acad. Sci.* 54: 138-144.

Soderstrom, T. and Calderon, C.E. (19790. A commentary on the bamboos (Poaceae: Bambusoideae). *Biotropica*. **11** : 161-172.

Srinivasan, K., Pal, A.B. and Brahmappa. (1979). Evaluation of bottle gourd (*Lagenaria siceraria* (Mol.) Standl.) germplasm for resistance to red pumpkin beetle (*Raphidopalpa foveicollis* Lucas.).*South Indian Horticulture*. **27(1):**79-84.

Srinivasan, P.M. and Basheer, M. (1961). Some borer resistant brinjals. *Indian Farming*. **11 (8):** 19.

Srinivasan, P.M. and Narayanaswami, P.S. (1961). Varietal susceptibility in bhindi (*Abelmoschus esculentus* L.) to the shoot and fruit borer (*Earias fabia* Stoll.) and (*Earias insulana* Boisd.). *Madaras Agriculture Journal*. **48(9):** 345-346.

Stephenson, R.A. (1980). Field studies on winged bean growth and yield. In: The Winged Bean. Papers presented in the first International Symposium on Developing the Potentials of the Winged Bean, January1978, Manila. Sponsored by the Philippine Council for Agriculture and Resources Research, Los Banos, Laguna, Philippines.

Subbaratnam, G.V., Bhutani, D.K. and Murthy Rao, B.H.K. (1983). Leaf characters of brinjal governing resistance to jassid (*Amrasca biguttula biguttula* Ishid.). *Indian Journal of Entomology*. **45 (2):** 171-173.

Sundararajan, S. and Muthukrishnan, C.R. (1982). A high yielding ash gourd. *Indian Horticulture*. **27** : 15.

Sutariya, R.N. (1961). A Text Book of Systematic Botany. Ramnik P. Kothariya, Gandhi Road, Ahmedabad.

Suthanthirapandian, I.R., Sambandamurthy, S and Irulappan, I. (1989). Variations in seedling population of annual *Moringa*. *South Indian Horticulture*, **35:5**, 301-302.

Tahiliani, P. and Kar, A. (2000). Role of *Moringa oleifera* leaf extract in the regulation of thyroid hormone status in adult male and female rats. *Pharmacol Res.* **41 (3)** : 319-323.

Tandon, H.L.S. (1991). Fertilizer recommendations for horticultural crops-A Guide Book. IInd edition. Fertilizer Development and Consultation Organisation, New Delhi.

Tauscher, B. (1994). Water treatment by flocculant compounds of higher plants. *Plant Res. Development*, 40: 56-70.

Taylor, A.G. (1997). Seed storage, germination and quality. In: Wein, H.C. (ed.) 'The physiology of vegetable crops'. CAB International, Wallingford, U.K., pp. 1-36.

Teli, V.S. and Dalaya, V.P. (1981). Studies of varietal resistance in okra (*Abelmoschus esculentus*) to shoot and fruit borer (*Earias vittella*). *South Indian Horticulture*. **29(1):** 54-60.

Thakur, M.R. and Arora, S.K. (1988). 'Punjab-7': a virus resistant variety of okra. *Progressive Farming*. 24: 13-14.

Thakur, N.S.A., Sharma, Y.P. and Barwal, R.N. (1988). Tree tomato cultivation in Meghalaya. *Indian Farming*, 37: 3.

Thamburaj, S. and Singh, Narendra (2003).Vegetables, Tuber crops and Spices. DIPA, ICAR, New Delhi. pp. 254-261.

Thangaraj, T. and Vijaykumaran, M. (2004). Fenugreek. In, text book of vegetables, tuber crops and spices (Thamburaj, S and Singh, N. Ed.). ICAR, New Delhi. Pp364-371.

Thankamma Pillai, P.K., Nair, S.G., Abraham, K. and Rajendran, P.G. (1993). Breeding success in tuber crops. *Indian Horticulture*. **33(3):** 10-11.

Thomas, J. And Varadarsan, S. (2006). Curry leaf: to flavour or to poisson. Spice India, **19 (5)** : 6-7.

Thompson, C.H. and Kelly, C.W. (1957). Vegetable Crops. Mc. Graw Hill Book Co. Inc. U.S.A.

Thompson, K.F and Taylor, J.P. (1966). Non-linear dominance relationship between S-alleles. *Heredity* **21**: 345-362.

Thompson, K.F. (1976). Evolution of crop plants (Ed. Simmonds, N.W.) Longman, London and New York, pp. 19-52.

Tiwari, R. and Chhonkar, V.S. (1967). Studies on the effects of foliar application of urea on growth and yield of tomato (*Lycopersicon esculentum* Mill.). *Indian J. Hort.* **24 (3&4):** 173-179.

Tiwari, R.N., Pachauri, D.C. and Sharma, P.K. (2001). Pusa Sadabahar: a new variety. *Indian Horticulture* **46 (3)** : 11, 24.

Tiwari, V.P. (1991). Chilli 'Pusa Jawala' chiefely for industry and export. *Indian Horticulture*, **35(4):** 24-27.

Tomar, B.S., Singh, Balraj and Hassan, M. (2004). Effect of irrigation method on seed yield and seed quality in onion cv. Pusa Madhvi. *Seed Research* **32** : 1.

Tomar, B.S., Singh, Balraj and Negi, H.C.S. (2005). Onion seed production under drip irrigation. *Indian Horticulture*. **49 (4)** :24-25.

Toole, E.H. (1957). Storage of vegetable seeds. USDA, Leaflet, 220, pp.8

Upreti, T.C. and Sundriyal, R.C. (2001). Bamboo and cane resources of Arunachal Pradesh: Utilization pattern and implications for management. *Bamboo Science and Culture*. **15 (1)** : 20-34.

Uthamaswamy, S., Subramaniam, T.R. and Shantharam, G. (1974). Evaluation of okra (*Abelmoschus esculentus*) for resistance to aphid (*Aphis gossypii*). *Indian Journal of Entomology*. **36(4):** 366-367.

Valia, R.Z., Patil, V.K., Patel, Z.N. and Kapadia, P.K. (1993). Physiological responses of Drumstick (*Moringa oleifera* Lam.) to varying levels of ESP. *Indian J. Plant Physiol*. **36 (4)** : 261-262.

Van Loo, J., Cummings, J., Delzenne, N., Englyst, H., Frank, A., Hopkins, M, Kok, N., Macfarlane, G., Newton, D., Quigley, M., Roberfroid, M., Van, V.T. and Van den Heuvel, E. (1995). Functional food properties of non-digestible oligosaccharides: a consensus report from the ENDO project (DGXII AIRII-CT94-1095). *British J. Nutr.* **81:**121-132.

Varmah, J.C. and Bahadur, K.N. (1980). Country report on bamboo. In: Bamboo Research in India (eds. G. Lessard and A. Chouinard), pp. 19-46. IDRC, Singapore and Canada.

Vashishtha, R.N. and Choudhury, B. (1971). Studies on resistance to red pumpkin beetle (*Aulacophora foveicollis*) in muskmelon, bottle gourd and water melon. *Progressive Horticulture*. **2 (4):** 396-398.

Veeraragavathatham, D., Venakatachalam, R. and Jayashankar, S. (1988). Studies on the performance of winged bean at different spacing levels. *South Indian Horticulture*, **36(1-2):** 18-20.

Verdcourt, B. (1970). Studies in the Leguminosae (Paplionoidae) for the flora of Tropical East Africa-IV. *Kew Bulletin*. **24:** 507-569.

Vered, Y., Grosskopf, I., Palevitch, D., Hasrat, A., Charach, G., Weintraub, M.S. and Graff, E. (1997). The influence of broad bean (*Vicia faba*) seedling on urinary sodium excretion. *Planta Med*. **63:** 237-240.

Verma T.S., Gill, H.S., Joshi, S. and Ram, A. (1992). The purple 'Pusa Anupam' brinjal bears fruits in cluster. *Indian Horticulture*. **37(1):** 8-9.

Verma, S.P. (1993). Uplabdhian: Kandiya Phaslon Per Samanwit Anusandhan. *Phal-Phul*. **6(3):** 8-12.

Verma, S.P., Nanda, S.K. and Kurup, G.T. (1993). Kandiya Phaslen Samsyaen Aur Sambhavanayen. *Phal-Phul*, **6(3):** 4-6.

Verma, Shillini and Dohroo, N.P. (2005). Effect of spacing on the development of Fusarium wilt in autumn pea. *Plant Disease Research, Ludhiana* **20 (2)** : 180-183.

Vijay, O.P., Nath, P. and Jalikop, S.H. (1977). Studies on floral biology in long and round type brinjal. *Indian J. Agric. Sci.*, **47**: 288-291.

Vijayvergia, V.A. (1999). Prospects for Fighting Poverty, Hunger and Malnutrition. International Conference on Indigenous Vegetables and Legumes. Held at ICRSAT, Hyderabad (A.P.).

Vikrant, H.S., Malik, C.V.S. and Singh, B.P. (2005). Influence of farm yard manure and phosphorus application on grain yield and economics of cowpea. *Crop Research.* Hisar, **20 (1)** : 87-90.

Vinning, G. (1995). Market Compendium of Asian Vegetables. RIRDC Research Paper No. 95/12. Canberra, Rural Industries Research and Development Corporation, pp.386

Waskar, D.P., Damame, S.V. and Gaikwad, R.S. (1998a). Influence of packaging material and storage environments on shelf life of leafy vegetables. *Agric. Sci. Digest.* **18(4):** 264-266.

Watanabe, M. and Hinata, K. (1999). Self-incompatibility. In: Gomez-Campo C. (ed.), Biology of *Brassica* coenospecies. Elsevier Science. Amsterdam, *The Netherlands.* 149-183.

West, E.L., Todd, W.R., Mason, H.S. and Van Bouggen, J.T. (1966). TextBook of Biochemistry. pp. 538, 1218.

Willis, J.C. (1973). A Dictionary of the Flowering Plants and Ferns. Eighth Edition. Cambridge University Press, Cambridge ET Alibi. pp. 1245.

Willium, J.J. (1993). Under-utilized pulses and vegetables. Chapman & Hall, 2-6. Boundary Road, London.

Yadav, R.K., Rai, N., Yadav, D.S. and Asati, B.S. (2005). Genetic variability and correlation studies for fruit characters in chow-chow (*Sechium edule*). *The Hort. J.* **18(2):** 106-109.

Yamaguchi, M. (1983). World Vegetables.AVI, New York.

Yawalkar, K.S. (1980). Vegetable crops in India, Ed-II, pp.163-165. Agri-Horticultural Publishing House, Nagpur (MS)

Yawlkar, K.S., Jatake, P.N. and Srivastava, M.M.P. (1962). *Commercial Fertilizers in India. Agric. Hort. Publ. House*, Nagpur

Yokoo, T., Koga, T. and Omarn, T. (1961). Agricultural Bulletin. Sagar University. **12**: 157-163.

Zeven, A.C. and J.M.J. de Wet. (1982). Dictionary of Cultivated Plants and Regions of Diversity, Wageningen. No. 259.

Zeven, A.C. and Zhukovsky, P.M. (1975). Dictionary of Cultivated Plants and Their Centers of Diversity. Pudoc., Wageningen, pp. 219.

□□□